Physik

Elektrizität · Optik
Raum und Zeit

D1997012

Horst Hänsel/Werner Neumann

Physik

Elektrizität · Optik
Raum und Zeit

Mit Übungsaufgaben
von Erich Hudel · Axel Mertens · Roland Stolle

Mit 373 Abbildungen und 26 Tabellen

Spektrum Akademischer Verlag Heidelberg · Berlin · Oxford

Das **Titelbild** zeigt eine abstrakte Grafik von Don Carroll
(© THE IMAGE BANK/Don Carroll)

Bildnachweis:
Die Porträts stellten zur Verfügung: Archenhold-Sternwarte, Berlin; Horst Hänsel; Werner Neumann

Die Deutsche Bibliothek – CIP-Einheitsaufnahme

Hänsel, Horst:
Physik/Horst Hänsel; Werner Neumann. – Heidelberg;
Berlin; Oxford: Spektrum, Akad. Verl.
NE: Neumann, Werner:
Elektrizität, Optik, Raum und Zeit: mit 26 Tabellen/mit
Übungsaufgaben von Erich Hudel ... – 1993
ISBN 3-86025-304-2

© 1993 Spektrum Akademischer Verlag GmbH Heidelberg · Berlin · Oxford

Alle Rechte, insbesondere die der Übersetzung in fremde Sprachen, sind vorbehalten. Kein Teil des Buches darf ohne schriftliche Genehmigung des Verlages photokopiert oder in irgendeiner anderen Form reproduziert oder in eine von Maschinen verwendbare Sprache übertragen oder übersetzt werden.

Lektorat: Peter Ackermann, Caputh
Produktion: Erdmute Wendland, Birgit Burkhardt
Umschlaggestaltung: Claus Rieger, Heidelberg
Satz: Hagedornsatz, Berlin
Druck und Verarbeitung: Franz Spiegel Buch GmbH, Ulm

Spektrum Akademischer Verlag GmbH Heidelberg · Berlin · Oxford

EIN VERLAG DER SPEKTRUM FACHVERLAGE GMBH

Vorwort

Die Elektrizitätslehre, die Wellen- und die Strahlenoptik und Grundgedanken der relativistischen Physik bilden den Inhalt des zweiten Bandes unserer Darstellung der Physik, ergänzt durch einige Bemerkungen zur elektronenoptischen Abbildung.

Die Behandlung der elektrischen, magnetischen und optischen Erscheinungen beschränkt sich im wesentlichen auf die phänomenologische Betrachtungsweise. Die mikrophysikalische Begründung der Erscheinungen bleibt den Bänden III und IV vorbehalten. Auf eine eingehende Besprechung elektrotechnischer und elektronischer Probleme wird verzichtet, da die den Techniker interessierende Vielfalt der Erscheinungen und Anwendungsmöglichkeiten den Rahmen dieser auf die Grundlagen der Physik gerichteten Darstellung sprengen würde.

Das vorliegende Lehrbuch ist durch eine vollständige Neubearbeitung und Neugestaltung unserer Studienbuchreihe „Physik, eine Darstellung der Grundlagen" entstanden, die von 1972–78 im Deutschen Verlag der Wissenschaften erschienen ist. Die inhaltliche Erweiterung umfaßt u.a. auch Aufgaben zu jedem Kapitel.

Große Aufmerksamkeit haben wir auch in diesem Band auf eine exakte physikalische Begriffsbildung gelegt und uns deshalb auch hier bemüht, die Definitionen der physikalischen Größen und die Charakterisierung der verwendeten Denkmodelle einschließlich ihrer Grenzen möglichst klar herauszuarbeiten. Wichtige Erkenntnisse und Gesetzmäßigkeiten werden als Sätze formuliert. Um dem Leser die Unterscheidung zwischen Definitionen und Sätzen zu erleichtern, werden sie durch eine voneinander verschiedene Farbgebung hervorgehoben. Ihre Numerierung erfolgt nicht wie die der Gleichungen im Text, sondern auf der Marginalie, wodurch ihr Auffinden erleichtert werden soll. Die in Band I eingeführte Numerierungsart wird beibehalten. Im einzelnen bedeutet z.B. (5.3) die dritte Gleichung im Kapitel 5, (D 5.3) die dritte Definition im Kapitel 5, (S 5.3) der dritte Satz im Kapitel 5 und (A 5.3) die dritte Gleichung im Anhang A.5. Sind diese Angaben zusätzlich mit I versehen, wie z.B. bei (I 5.3), so sind die der Numerierung entsprechenden Gleichungen, Definitionen oder Sätze in Band I gemeint. Skalare physikalische Größen sind kursiv, vektorielle halbfett kursiv und tensorielle halbfett gerade gesetzt. Weiterhin sind die zur vierdimensionalen Schreibweise in der speziellen Relativitätstheorie verwendeten Größen im Druck hervorgehoben.

Manchmal bilden Gruppen von Gleichungen inhaltlich eine Einheit. In solchen Fällen wird für sie alle dieselbe Gleichungsnummer gewählt, aber ein kleiner arabischer Buchstabe hinzugefügt. In gleicher Weise wird verfahren, wenn eine Aussage im gewählten Gedankengang noch nicht in der endgültigen Weise formuliert werden kann. So wird die Dielektrizitätskonstante zunächst durch (D 1.3a) definiert, ehe mit (D 1.3) die endgültige Definition folgt.

Der vorliegende Band unserer Darstellung der Physik schließt an den ersten Band „Mechanik und Wärmelehre“ an, ist aber als eigenständiges Lehrbuch zu der eingangs genannten Thematik konzipiert. Deshalb werden die im Band I ausführlich behandelten Begriffe und Gesetzmäßigkeiten aus dem Gebiet Schwingungen und Wellen, die nun für die elektromagnetischen Wellen benötigt werden, im Anhang nochmals kurz zusammengefaßt. Der Anhang enthält weiterhin in knapper Form notwendige mathematische Grundlagen, insbesondere zur Differential- und Integralrechnung, zur Vektoralgebra und -analysis und zu den komplexen Zahlen. In ihm sind, um Unterbrechungen des physikalischen Gedankenganges zu vermeiden, auch umfangreichere mathematische Herleitungen von physikalischen Gesetzen und erforderliche Nebenrechnungen untergebracht.

Wir haben versucht, die Zweckmäßigkeit der physikalischen Begriffsbildungen und Theorieansätze deutlich zu machen, um einerseits auf diese Weise die Sicht auf physikalische Problemstellungen zu lenken und andererseits den Übergang zur Arbeits- und Denkweise der theoretischen Physik möglichst problemlos zu gewährleisten. Die Herleitung sämtlicher Gleichungen sollte ohne große Schwierigkeiten nachvollziehbar sein. Dazu dienen die ausführlichen Hinweise auf bereits besprochene Zusammenhänge oder auf den Anhang. Der fortgeschrittenere Leser möge uns diese Ausführlichkeit verzeihen.

Unsere Darstellung der Physik ist gedacht sowohl für die Grundausbildung des zukünftigen Diplom-Physikers und Physiklehrers als auch für Studierende mit dem Nebenfach Physik oder der Ingenieurwissenschaften. Möge sie diesem Interessentenkreis eine Hilfe während des Studiums und vielleicht auch hin und wieder in ihrer späteren Praxis sein.

Für jedes Kapitel haben die Herren Dr. Hudl, Dr. Mertens und Dr. Stolle einige Aufgaben ausgewählt und die im Anhang zu findenden Lösungen angegeben. Wir danken ihnen für ihr bereitwilliges Eingehen auf unser Konzept. Einen Teil der Physiker-Porträts verdanken wir den Herren Dr. Ackermann und Dr. Kretschmar. Für die Hilfe und Sorgfalt beim Korrekturlesen danken wir Frau Maria Hänsel und Frau Karla Neumann, und für viele anregende Diskussionen Herrn Dr. Peter Ackermann als Lektor.

Horst Hänsel
Werner Neumann

Inhalt

Anhang 603

1 Elektrische Ladung, statische elektrische und magnetische Felder

1.1 Elektrische Ladung, statische elektrische Felder

1.1.1 Grundgrößenart elektrische Ladung, Basiseinheit Coulomb

Bereits THALES war die Tatsache bekannt, daß Bernstein (griech. elektron) nach Reiben – zum Beispiel an einem Tuch – leichte kleine Körper anzuziehen vermag. Zwischen dem geriebenen Bernstein und dem kleinen angezogenen Körper muß sich also ein Kraftfeld aufbauen. Der englische Arzt GILBERT erkannte um 1600 die Identität dieser auch bei vielen anderen Stoffen beobachteten Kräfte. Nach ihm bezeichnet man die mit derartigen Kraftfeldern verbundenen physikalischen Erscheinungen als *elektrische Erscheinungen*.

THALES VON MILET (um 580 v. u. Z.)

elektrische Erscheinungen

Die experimentelle Erfahrung zeigt, daß sich die Ursache dieser Kräfte und damit die Gesetze der Elektrizitätslehre nicht mehr im Rahmen der Mechanik erklären lassen. Für das Verständnis der elektrischen Erscheinungen wird eine Erweiterung dieses Rahmens erforderlich. Die elektrischen Erscheinungen können mit den in Band I behandelten Begriffen und Gesetzen der Mechanik in Übereinstimmung gebracht werden, wenn man als neue Größe die *elektrische Ladung* q einführt. Man geht davon aus, daß der Bernstein durch den Reibungsvorgang eine Ladung q erhält.

elektrische Ladung

Weiter zeigt sich, daß man die geladenen elektrischen Körper in zwei Klassen einteilen muß: geladene Körper der gleichen Klasse stoßen sich ab, geladene Körper aus unterschiedlichen Klassen ziehen sich an. Man erfaßt diesen Sachverhalt dadurch, daß der Größe Ladung ein positives ($q > 0$) oder negatives ($q < 0$) Vorzeichen zugeordnet wird und sagt: Ladungen gleichen Vorzeichens stoßen sich ab, Ladungen ungleichen Vorzeichens ziehen sich an.

positive Ladung
negative Ladung

Die Zuordnung, welche Ladungen als positiv, welche als negativ anzusehen sind, geht auf LICHTENBERG zurück. Er legte 1777 das Ladungsvorzeichen so fest, daß die auf einem Glasstab beim Reiben auftretenden elektrischen Ladungen als positiv, die beim Reiben eines Hartgummistabes auf diesem Stab auftretenden elektrischen Ladungen als negativ anzusehen sind. Durch diese willkürliche Festlegung erhält das *Elektron* (siehe Abschnitt 3.1) ein negatives Ladungsvorzeichen. Damit wandern beim Stromfluß in Metallen die Ladungen vom negativen zum positiven Pol. Aus heutiger Sicht würde man darum wohl die Vorzeichenfestlegung besser umgekehrt treffen.

WILLIAM GILBERT (1540–1603)

Weiter zeigt die Erfahrung, daß elektrische Ladungen die Eigenschaft der Additivität besitzen. So bringt die Aussage, ein Körper sei positiv bzw. negativ geladen, nur zum Ausdruck, daß in dem Körper die positive bzw. die negative Ladung überwiegt. Ist die Gesamtladung des Körpers gleich Null, so kann daraus nur geschlossen werden, daß die positiven und negativen elektrischen Ladungen im Körper einander kompensieren. Führt man von einem elektrisch neutralen Körper negative Ladungen ab, so erscheint er positiv geladen.

Zusammenfassend kann man vorstehende Befunde auch so ausdrücken: Positive und negative Ladungen gehorchen bezüglich multiplikativer und additiver Verknüpfungen den gleichen Gesetzmäßigkeiten wie positive und negative Zahlen.

elektrische Waage

Die beschriebenen Eigenschaften der elektrischen Ladung lassen sich mit der in Abb. 1.1 dargestellten Waage demonstrieren. Tragen die beiden voneinander elektrisch isolierten metallischen Teller keine Ladungen, dann befindet sich der Waagebalken im Gleichgewicht (Abb. 1.1a). Bringt man unterschiedliche Ladungen auf die Teller, indem man zum Beispiel den Teller T_1 mit einem geriebenen Glas-, den Teller T_2 mit einem geriebenen Hartgummistab berührt, so ziehen sich die beiden Teller an (Abb. 1.1b). Werden die Teller dagegen mit dem gleichen Stab berührt, so stoßen sie sich ab (Abb. 1.1c). Ein gleichnamig elektrisch geladenes Papierbüschel bläht sich auf (Abb. 1.2), da auf Grund der Abstoßungskräfte alle Teile des Büschels einen möglichst großen Abstand voneinander einzunehmen suchen.

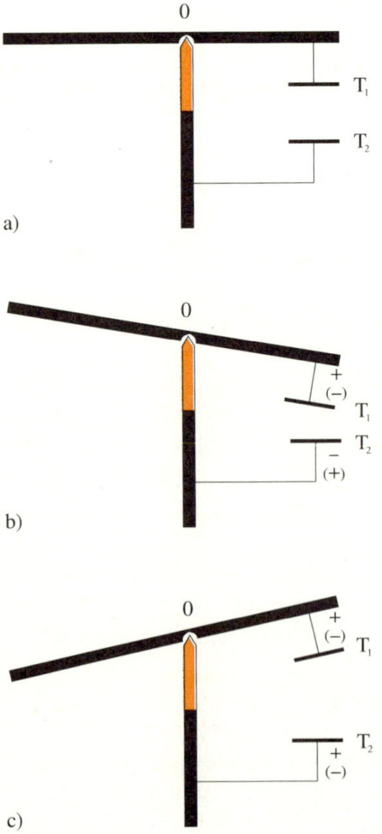

Abb. 1.1
Ladungs-Waage (0 Drehpunkt, T_1 und T_2 zwei voneinander isolierte Teller, ▬ Isolator, ▬ Metall)
a) ungeladen
b) Teller tragen Ladungen entgegengesetzten Vorzeichens
c) Teller tragen Ladungen gleichen Vorzeichens

Georg Christoph Lichtenberg (1744–1799)

Abb. 1.2 Spreizen eines gleichnamig geladenen Papierbüschels

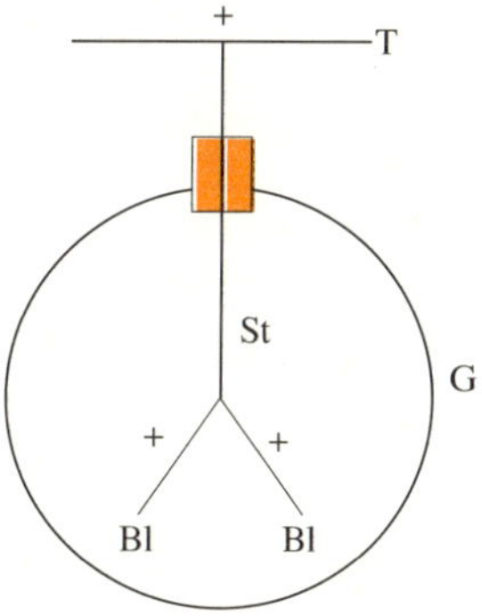

Abb. 1.3 Zur Wirkungsweise des Elektrometers

Die Kraftwirkung zwischen Ladungen wird bei dem zum Nachweis von Ladungen dienenden statischen *Elektrometer* (Elektroskop) ausgenutzt. Seinen prinzipiellen Aufbau zeigt Abb. 1.3. An dem metallischen Teller T ist der metallische Stab St befestigt. Er wird isoliert in das Gehäuse G eingeführt. Am Ende des Stabes befinden sich zwei dünne Goldblättchen Bl. Bringt man auf den Teller des Elektrometers Ladungen q gleichen Vorzeichens, so verteilen sie sich infolge ihrer gegenseitigen Abstoßung gleichmäßig auf den Teller, den metallischen Stab und die Goldblättchen. Da die Ladungen auf den Goldblättchen gleiches Vorzeichen besitzen, versuchen sie, einen möglichst großen Abstand voneinander einzunehmen. Dies führt zur Spreizung der Blättchen. Die Größe dieser Spreizung stellt ein Maß für die Ladungsmenge auf dem Elektrometer dar.

Elektrometer

Zusammenfassend zeigen die Erfahrungen:

Es existieren positive und negative elektrische Ladungen. Positive und negative elektrische Ladungen verhalten sich bezüglich der multiplikativen und additiven Verknüpfung wie positive und nega-

(S. 1.1)
Existenz der elektrischen Ladung q

tive Zahlen. Elektrische Ladungen ungleichen Vorzeichens üben anziehende, elektrische Ladungen gleichen Vorzeichens abstoßende Kräfte aufeinander aus.

Die experimentelle Erfahrung ergibt weiterhin:

(S 1.2) Erhaltungssatz der elektrischen Ladung

In einem abgeschlossenen physikalischen System bleibt die Summe aus positiver und negativer elektrischer Ladung konstant (Erhaltungssatz der elektrischen Ladung).

Für viele Probleme erweist sich folgendes Denkmodell als zweckmäßig:

(D 1.1) Elektrische Punktladung

Eine elektrische Punktladung ist eine elektrische Ladung, die man sich in einem Punkt konzentriert denkt (Denkmodell elektrische Punktladung).

Das Denkmodell elektrische Punktladung hat für die Elektrizitätslehre die gleiche Bedeutung wie das Denkmodell Massenpunkt für die Mechanik.

Jede Nachweismöglichkeit von elektrischen Ladungen beruht auf den Kraftwirkungen zwischen ihnen (vgl. u.a. das Elektrometer). Führt man für die elektrische Ladung noch eine Maßeinheit ein, zum Beispiel durch die Festlegung einer Ladungseinheit beim Vorliegen eines bestimmten Kraftfeldes bei gegebener Ladungsverteilung, dann besitzt der eingeführte Begriff elektrische Ladung alle nach (I D 1.1) erforderlichen Merkmale einer physikalischen Größe. Das Meßobjekt ist dasjenige physikalische System, dessen elektrische Ladung bestimmt werden soll, die Meßapparatur ist die Apparatur zur Messung der Kraftwirkungen zwischen diesen Ladungen (z.B. ein Elektrometer), die Meßvorschrift ist die Vorschrift zur Anwendung der Meßapparatur (z.B. Messung der Spreizung der Blättchen im Elektrometer), und die Maßeinheit wird durch die nachstehende Definition festgelegt. Da zur Einführung der Größenart elektrische Ladung keine andere physikalische Größenart benutzt wurde, ist die elektrische Ladung eine Grundgrößenart.

André Marie Ampère (1775–1835)

Als Basiseinheit der Ladung dient die Amperesekunde (As) oder das Coulomb (C). Wir legen diese Einheit fest durch die *vorläufige* Definition:

(D 1.2) Basiseinheit 1 Coulomb (1C)

Üben zwei elektrische Punktladungen gleichen Betrages im Abstand 1 m im Vakuum aufeinander die Kraft

$$F = \frac{10^{12}}{4\pi \cdot 8{,}85418782}\,\mathrm{N}$$

aus, dann besitzt jede dieser Punktladungen die Ladung 1 Amperesekunde (1 As) oder die Basiseinheit 1 Coulomb (1 C).

Aus meßtechnischen Gründen wird gesetzlich nicht die Einheit der Ladung, sondern die der Stromstärke (Ampere) als Basiseinheit gewählt.

Wir kommen auf diese Festlegung im Abschnitt 2.6.2.1 zurück. Für den systematischen Aufbau der Elektrizitätslehre erscheint uns die Einführung der Basiseinheit Coulomb jedoch günstiger.

Die Einheiten werden in vorliegender Darstellung ausschließlich im Internationalen Einheitensystem (SI-System) angegeben. Zur Umrechnung in andere Systeme siehe Abschnitt 8, insbesondere Tabelle 8.1.

CHARLES AUGUSTIN DE COULOMB (1736–1806)

1.1.2 Coulombsches Gesetz, Dielektrizitätskonstante

Im Abstand r von der Punktladung q_1 befinde sich eine zweite Punktladung q_2. Nach der experimentellen Erfahrung wirkt die Ladung q_1 mit der Kraft

$$\boldsymbol{F} = \text{const}\,\frac{q_1 \cdot q_2}{r^2}\,\boldsymbol{r}^0 \tag{1.1}$$

auf q_2, wobei die Proportionalitätskonstante vom Material im Raum zwischen beiden Punktladungen abhängig ist und der Vektor $\boldsymbol{r} = r\boldsymbol{r}^0$ von q_1 nach q_2 weist.

Befinden sich die beiden Punktladungen im Vakuum, so folgt mit (D 1.2) aus (1.1) für die Proportionalitätskonstante const $= \dfrac{10^{12}}{4\pi \cdot 8{,}85418782}\,\dfrac{\text{Nm}^2}{\text{C}^2}$. Aus rechentechnischen Gründen (siehe Abschnitt 8) spaltet man in dem bei (D 1.2) benutzten Einheitensystem den Faktor 4π ab und schreibt für die Proportionalitätskonstante in (1.1) const $= \dfrac{1}{4\pi\varepsilon}$. Für das Vakuum benutzt man statt ε die Bezeichnung ε_0.

(D 1.3a)
Dielektrizitätskonstante ε
Elektrische Feldkonstante ε_0
Dielektrizitätszahl ε_r

Die die Größe der Kraft zwischen elektrischen Ladungen mitbestimmende Materialkonstante ε heißt Dielektrizitätskonstante, ε_0 Dielektrizitätskonstante des Vakuums oder elektrische Feldkonstante und das Verhältnis

$$\varepsilon_r = \frac{\varepsilon}{\varepsilon_0}$$

Dielektrizitätszahl.

Die Dielektrizitätszahl ist eine reine Zahl. Sie gibt an, wieviel Mal die Dielektrizitätskonstante des betrachteten Mediums größer ist als die des Vakuums. Da für das Vakuum nach (D 1.3a) $\varepsilon_r = 1$ gilt und nach der experimentellen Erfahrung $\varepsilon \geqq \varepsilon_0$ ist, folgt $\varepsilon_r \geqq 1$. In Tabelle 1.1 sind für einige Stoffe die Werte für die statischen Dielektrizitätszahlen zusammengestellt. Eine Methode zu ihrer experimentellen Bestimmung wird in Abschnitt 1.1.4.3.2 gegeben.

In (D 1.3a) ist die Definition (D 1.2) der Maßeinheit C implizit enthalten. Das ist dadurch bedingt, daß beiden Definitionen die in (1.1) ausgedrückte Erfahrung zugrunde liegt. Eine vom Maßsystem unabhängige Definition für ε wird später durch (D 1.3) gegeben.

Tabelle 1.1
Statische Dielektrizitätszahl einiger fester Stoffe, Flüssigkeiten und Gase

Feste Körper	ε_r
Diamant	16,5
Eis ($\vartheta = -20\,°C$)	16
Glimmer	4,5–8,0
Gummi	2,5–3,5
Paraffin	2,0–2,3
Porzellan	5,5–6,0
Quarzglas	3,7

Flüssigkeiten	ε_r
Äthylalkohol	26
Benzol	2,3
Blausäure	95
Helium ($\vartheta = -270{,}8\,°C$)	1,058
Methylalkohol	32
Paraffinöl	2,1
Petroläther	1,9
Wasser ($\vartheta = 0\,°C$)	88
($\vartheta = 18\,°C$)	81,1
($\vartheta = 40\,°C$)	73,4
Wasserstoff ($\vartheta = -253{,}1\,°C$)	1,2

Gase	ε_r
He ($\vartheta = 0\,°C$)	1,000074
Ar ($\vartheta = 0\,°C$)	1,00056
H_2 ($\vartheta = 0\,°C$)	1,000264
($\vartheta = 20\,°C$)	1,000273
Hg ($\vartheta = 400\,°C$)	1,0074
Wasserdampf	1,00705
N_2 ($\vartheta = 0\,°C$)	1,000606
($\vartheta = 20\,°C$)	1,000581
CO_2 ($\vartheta = 0\,°C$)	1,000946
Luft ($p = 1$ atm, $\vartheta = 0\,°C$)	1,000576
($p = 1$ atm, $\vartheta = 18\,°C$)	1,000546
($p = 20$ atm, $\vartheta = 0\,°C$)	1,01080
($p = 60$ atm, $\vartheta = 0\,°C$)	1,03291
($p = 100$ atm, $\vartheta = 0\,°C$)	1,05404

Mit (D 1.3a), (D 1.2) und (S 1.1) kann für (1.1) geschrieben werden (vgl. Abb. 1.4):

(S 1.3)
Coulombsches Gesetz

Ist $\boldsymbol{r}$ der vom Ort der elektrischen Punktladung q_1 zum Ort der Punktladung q_2 weisende Ortsvektor und ist der Raum zwischen beiden Ladungen mit dem Medium der Dielektrizitätskonstanten $\varepsilon = \varepsilon_0 \varepsilon_r$ ausgefüllt, dann wirkt die elektrische Punktladung q_1 auf die Punktladung q_2 mit der Kraft

$$\boldsymbol{F} = \frac{q_1 q_2}{4\pi\varepsilon_0\varepsilon_r r^2}\,\boldsymbol{r}^0$$

(Coulombsches Gesetz).

Alessandro Graf Volta (1745–1827)

Besitzen die beiden Ladungen q_1 und q_2 gleiches Vorzeichen ($q_1 q_2 > 0$), dann gilt nach (S 1.3) $\boldsymbol{F} \uparrow\uparrow \boldsymbol{r}^0$ (abstoßende Kraft, vgl. (S 1.1) und Abb. 1.4a). Besitzen die beiden Ladungen dagegen unterschiedliche Vorzeichen ($q_1 q_2 < 0$), so gilt $\boldsymbol{F} \downarrow\uparrow \boldsymbol{r}^0$ (anziehende Kraft, Abb. 1.4b).

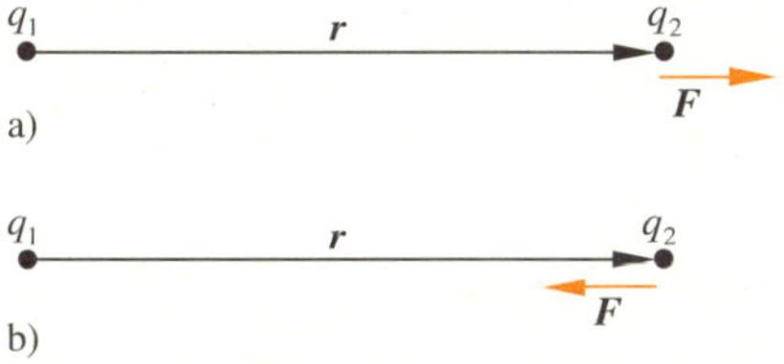

Abb. 1.4
Zum Coulombschen Gesetz
a) $q_1 q_2 > 0$, Ladungen stoßen sich ab
b) $q_1 q_2 < 0$, Ladungen ziehen sich an

Vergleich von Coulombschem Gesetz und Gravitationsgesetz

Das Coulombsche Gesetz ist mathematisch dem Gravitationsgesetz (I S 3.13) bis auf das Vorzeichen analog. Physikalisch unterscheiden sich die beiden Gesetze dagegen grundlegend. Während wir positive und negative elektrische Ladungen kennen, besitzt die Masse stets ein positives Vorzeichen. Daher folgt aus dem Gravitationsgesetz immer eine Massenanziehung. Gravitationskräfte lassen sich daher nicht wie die Coulomb-Kräfte gegenseitig kompensieren.

Für die weiteren Betrachtungen erweist sich die Einführung der Maßeinheit Volt durch

(D 1.4)
Maßeinheit Volt (V)

$$1\,\text{Volt} = 1\,\text{V} = \frac{1\,\text{N} \cdot 1\,\text{m}}{1\,\text{C}}$$

als zweckmäßig, wobei N (Newton) die bekannte Maßeinheit der Kraft ($1\,\text{N} = 1\,\text{kg} \cdot 1\,\text{m} \cdot 1\,\text{s}^{-2}$, (I D 3.9)) bedeutet. Mit dieser Festlegung folgt aus dem Coulombschen Gesetz unter Beachtung von (D 1.2) als Wert der elektrischen Feldkonstanten

Wert von ε_0 im SI-System

$$\varepsilon_0 = (8{,}85418782 \pm 0{,}00000007) \cdot 10^{-12}\,\text{As}\,\text{V}^{-1}\,\text{m}^{-1}. \qquad (1.2)$$

1.1.3 Elektrisches Feld, elektrische Feldstärke, elektrisches Potential

Nach (S 1.1) existiert zwischen den Ladungen einer vorgegebenen elektrischen Ladungsverteilung ein Kraftfeld $\boldsymbol{F}$, das sowohl von der Größe der einzelnen Ladungen und ihrem Vorzeichen als auch von der Ladungsverteilung selbst abhängig ist. Wir suchen eine physikalische Größe zur Beschreibung der durch die Anwesenheit von Ladungen bedingten und

elektrisches Feld

als *elektrisches Feld* bezeichneten elektrischen Erscheinung. Die Kraft ist hierfür nicht geeignet, da nach (S 1.3) die Kraft der Punktladung q_1 auf die Punktladung q_2 nicht nur von der Ladung q_1, ihrem Abstand r von q_2 und dem Medium zwischen diesen Ladungen abhängig ist, sondern auch von q_2 selbst. Deshalb wird folgender Weg beschritten: In das

Probeladung

gegebene elektrische Feld wird an den Ort P die elektrische *Probeladung* q_p gebracht und die Kraft $\boldsymbol{F}$ auf diese Probeladung gemessen. Nach (S 1.3) ist der Quotient aus gemessener Kraft $\boldsymbol{F}$ und Probeladung q_p

$$\boldsymbol{E} = \frac{\boldsymbol{F}}{q_\mathrm{p}}$$

unabhängig von der Größe der Probeladung q_p. Die Größe $\boldsymbol{E}$ stellt damit ein Maß für das auszumessende Feld dar, wenn verhindert wird, daß das eigene Feld der Probeladung q_p das auszumessende Feld stört. Die Probeladung q_p muß daher genügend klein gewählt werden.

(D 1.5)
Elektrische Feldstärke $\boldsymbol{E}$

Bringt man an den Ort P eines elektrischen Feldes die elektrische Probeladung q_p und mißt die auf diese Probeladung wirkende Kraft $\boldsymbol{F}$, so heißt die Größe

$$\boldsymbol{E} = \frac{\boldsymbol{F}}{q_\mathrm{p}}$$

elektrische Feldstärke am Ort P. (Die Probeladung q_p muß hierzu so klein gewählt werden, daß ihr eigenes Feld das vorgegebene Feld nicht stört.)

Mögliche Maßeinheit: $[E] = \mathrm{V\,m^{-1}}$.

$\boldsymbol{E}_1$ sei die elektrische Feldstärke im Punkt P_1. Wir gehen vom Punkt P_1 in Richtung $\boldsymbol{E}_1^0$ um die Strecke ds zum infinitesimal dicht benachbarten Punkt P_2 weiter und bestimmen dort die Feldstärke $\boldsymbol{E}_2$, gehen dann weiter in Richtung $\boldsymbol{E}_2^0$ zum infinitesimal benachbarten Punkt P_3, bestimmen dort $\boldsymbol{E}_3$ usw. Die von den Vektoren $\mathrm{d}\boldsymbol{s}_i = \boldsymbol{E}_i^0 \mathrm{d}s$ festgelegte Raumkurve heißt

elektrische Feldlinie

elektrische Feldlinie (Abb. 1.5).

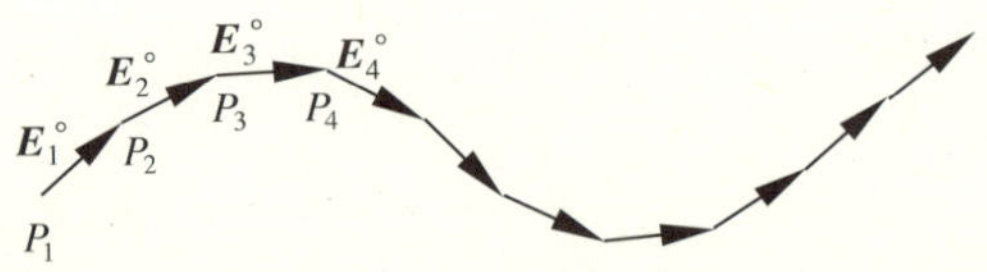

Abb. 1.5
Zur Konstruktion einer elektrischen Feldlinie

Darstellung elektrischer Feldlinien

Der Verlauf elektrischer Feldlinien kann in manchen Fällen auch experimentell sichtbar gemacht werden. Hierzu wird die Ladungsverteilung durch geeignet geformte Metallteile nachgebildet. Diese Metallteile werden in eine gut isolierende Flüssigkeit (z.B. Rizinusöl) eingebettet und entsprechend elektrisch geladen. Streut man auf die Flüssigkeit kleine Grießkörner, so richten sich diese in Richtung der elektrischen Feldlinien aus (Abb. 1.6). Dieser Effekt erklärt sich dadurch, daß das vorliegende elektrische Feld in den Grießkörnern eine Ladungstrennung hervorruft (elektrische Polarisation, vgl. Bd. IV). Diese Ladungstrennung bewirkt elektrische Kräfte zwischen benachbarten Grießkörnern, wodurch sie sich perlenkettenartig entlang der elektrischen Feldlinien anordnen (vgl. Abb. 1.6). Durch Polarisation eines nadelförmigen Körpers in einem elektrischen Feld wird ein Kräftepaar hervorgerufen, das den Körper in die Richtung der elektrischen Feldlinien dreht (vgl. Abb. 1.7, Abb. 1.15 und Abschn. 1.1.3.1.3).

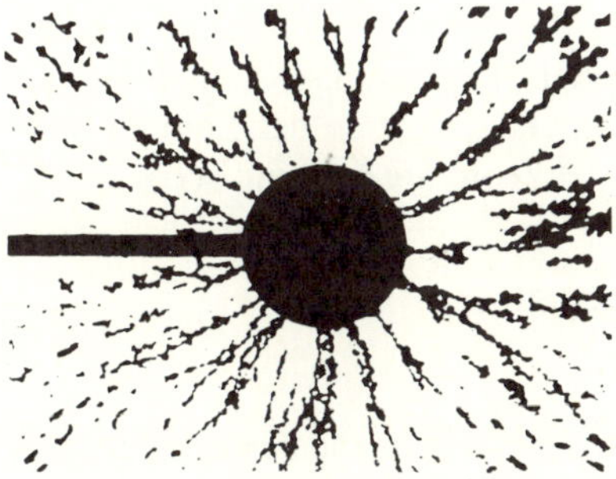

a)

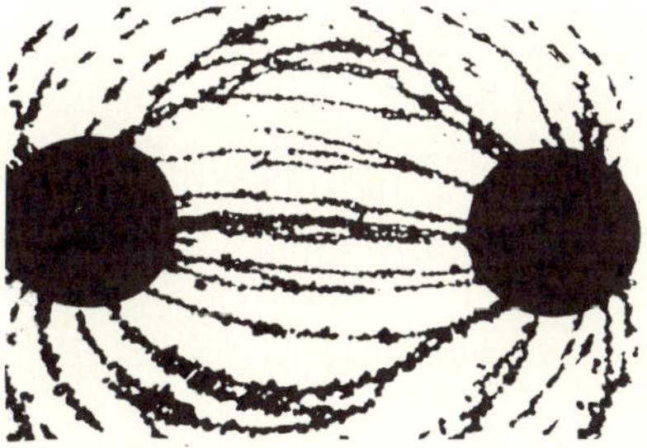

b)

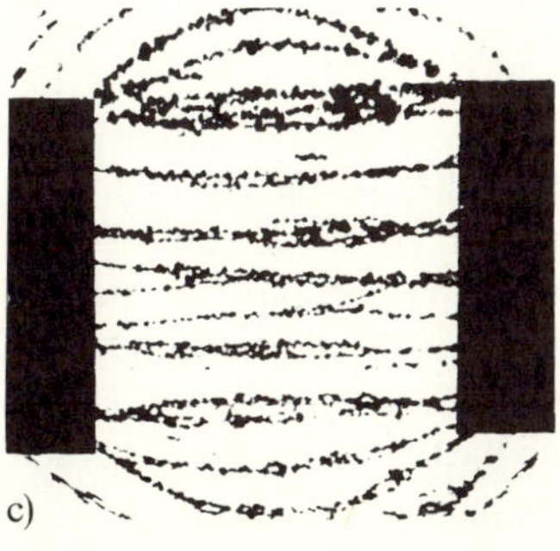

c)

Abb. 1.6
Experimentelle Nachbildung des Feldlinienverlaufs
a) Feld einer geladenen Kugel
b) Feld zwischen zwei Kugeln, die Ladungen unterschiedlichen Vorzeichens tragen
c) Feld eines Plattenkondensators

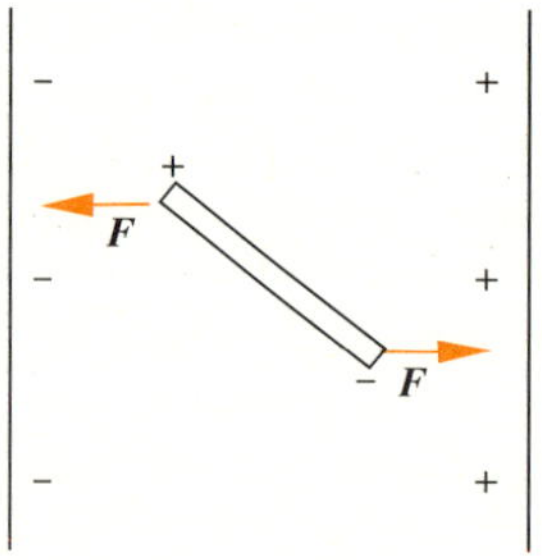

Abb. 1.7
Zur Erläuterung der experimentellen Nachbildung des Feldlinienverlaufes

elektrostatisches Feld

Wir wollen für das weitere die Existenz eines zeitlich unveränderlichen elektrischen Feldes $\boldsymbol{E}$ (*elektrostatisches Feld*) voraussetzen. In diesem Feld werde die Punktladung $q_p = q \neq 0$ unter der Voraussetzung $E \gg E_p$ vom Punkt P_1 zum Punkt P_2 auf dem Wege $\boldsymbol{s}_1$ bzw. $\boldsymbol{s}_2$ verschoben (Abb. 1.8). Nach (D 1.5) muß bei der Verschiebung der Ladung q im *vorgegebenen* Feld $\boldsymbol{E}$ zur Überwindung der elektrischen Kräfte die Kraft $\boldsymbol{F} = -q\boldsymbol{E}$ aufgebracht werden. Nach (I D 3.14) gilt daher für die an der Ladung q bei ihrer Verschiebung auf den Wegen $\boldsymbol{s}_i (i = 1,2)$ im Feld $\boldsymbol{E}$ zu verrichtende Arbeit

$$W_{Ai} = \int_{\substack{P_1 \\ \boldsymbol{s}_i}}^{P_2} \boldsymbol{F} \cdot \mathrm{d}\boldsymbol{s} = -q \int_{\substack{P_1 \\ \boldsymbol{s}_i}}^{P_2} \boldsymbol{E} \cdot \mathrm{d}\boldsymbol{s} \qquad (i = 1,2). \tag{1.3a}$$

Man beachte, daß W_A durch die getroffene Vorzeichenfestlegung dann positiv wird, wenn bei der Verschiebung der Ladung q im Feld $\boldsymbol{E}$ *gegen* die elektrischen Kräfte Arbeit zu verrichten ist. Wird dagegen von den elektrischen Kräften Arbeit verrichtet, so wird W_A negativ.

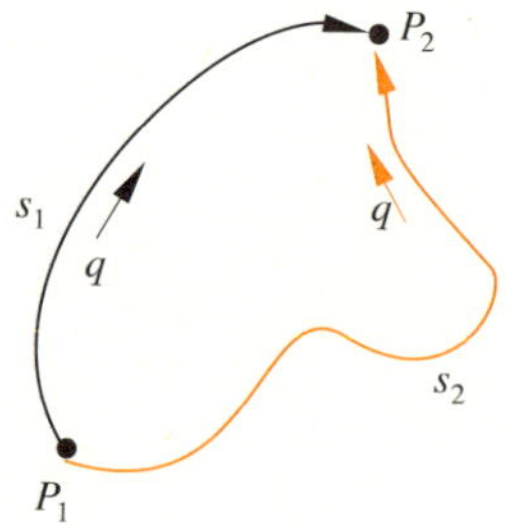

Abb. 1.8
Verschiebung der Probeladung $q_p = q$ zwischen den Punkten P_1 und P_2 in einem elektrischen Feld

Wir wollen $W_{A_1} \neq W_{A_2}$ voraussetzen. Ohne Einschränkung der allgemeinen Gültigkeit der nachfolgenden Betrachtung können wir annehmen, die am System auf dem Weg $\boldsymbol{s}_2$ verrichtete Arbeit W_{A_2} sei größer als die Arbeit W_{A_1} auf dem Weg $\boldsymbol{s}_1 (W_{A_2} > W_{A_1})$. Bringen wir die Ladung auf dem Weg $\boldsymbol{s}_1$ von P_1 nach P_2 und auf dem Weg $\boldsymbol{s}_2$ zurück zum Punkt P_1, so hätten wir insgesamt Arbeit gewonnen, d.h., wir hätten – im Widerspruch zum ersten Hauptsatz der Wärmelehre – das perpetuum mobile 1. Art konstruiert. Die Voraussetzung $W_{A_1} \neq W_{A_2}$ ist also falsch. Somit folgt aus (1.3a) unter Beachtung von $q \neq 0$ und A.5:

In einem elektrostatischen Feld ist das Linienintegral

$\int_{P_1}^{P_2} \boldsymbol{E} \cdot \mathrm{d}\boldsymbol{s}$ unabhängig vom Wege,

d.h., es gilt für jeden beliebigen geschlossenen Weg

$\oint \boldsymbol{E} \cdot \mathrm{d}\boldsymbol{s} = 0$

bzw. in jedem Raumpunkt

$\operatorname{rot} \boldsymbol{E} = 0.$

(S 1.4)
Arbeit im elektrostatischen Feld

Nach (S 1.4) und (1.3a) ist die beim Verschieben der Ladung q vom Punkt P_1 nach dem Punkt P_2 verrichtete Arbeit *nur* eine Funktion des Anfangs- und des Endpunktes der Verschiebung. Wir können daher schreiben:

$$W_A = -q \int_{P_1}^{P_2} \boldsymbol{E} \cdot \mathrm{d}\boldsymbol{s} = -q(\varphi(P_1) - \varphi(P_2)) = -qU_{12} \qquad (1.3)$$

oder

$$\int_{P_1}^{P_2} \boldsymbol{E} \cdot \mathrm{d}\boldsymbol{s} = \varphi(P_1) - \varphi(P_2) = U_{12}\,. \qquad (1.4)$$

Dies führt zu der Festlegung:

Die Funktion φ in

$\int_{P_1}^{P} \boldsymbol{E} \cdot \mathrm{d}\boldsymbol{s} = \varphi(P_1) - \varphi(P)$

heißt elektrisches Potential, der Funktionswert $\varphi(P)$ des elektrischen Potentials im Punkt P das elektrische Potential des Punktes P, die Differenz

$U_{12} = \varphi(P_1) - \varphi(P_2)$

die zwischen den Punkten P_1 und P_2 liegende elektrische Potentialdifferenz oder elektrische Spannung.

(D 1.6)
Elektrisches Potential φ
Elektrische Spannung U

Mögliche Maßeinheit: $[\varphi] = [U] = \mathrm{V}$.

Mechanisches Potential W_p ($[W_p] = \mathrm{Nm}$ vgl. Abschnitt I 3.8.2.) und elektrisches Potential bzw. elektrische Spannung sind nicht Größen gleicher Größenart. Erst das Produkt $q\varphi$ gibt uns die potentielle Energie der Ladung. Der Verschiebung der Ladung q von P_1 nach P_2 entspricht daher eine Veränderung ihrer potentiellen Energie um

$$W_{p2} - W_{p1} = q(\varphi(P_2) - \varphi(P_1)) = -qU_{12}\,. \qquad (1.3b)$$

Da ein frei beweglicher Körper stets die Lage einzunehmen versucht, die dem Minimum seiner potentiellen Energie entspricht (vgl. (I S 5.6)), geht damit eine frei bewegliche Ladung q vom Punkt P_1 in den Punkt P_2 von selbst über, wenn $q\varphi(P_2) < q\varphi(P_1)$.

Äquipotentialfläche
Äquipotentiallinie

Besitzen alle Punkte einer Fläche gleiche Werte des elektrischen Potentials, so nennt man sie *Äquipotentialfläche*. Die Schnittstellen der Äquipotentialfläche mit bestimmten Schnittebenen werden *Äquipotentiallinien* genannt.

Für den Zusammenhang zwischen elektrischem Potential und elektrischer Feldstärke gilt nach (S 1.4), (A 5.4), der in (1.4) getroffenen Festlegung des Vorzeichens von φ und A. 4 bzw. (A 10.7):

(S 1.5)
$\boldsymbol{E} = -\operatorname{grad} \varphi$

Zwischen der elektrischen Feldstärke $\boldsymbol{E}$ und dem elektrischen Potential φ besteht die Beziehung

$$\boldsymbol{E} = -\operatorname{grad} \varphi .$$

Die elektrische Feldstärke zeigt in Richtung abnehmenden elektrischen Potentials und steht auf den Äquipotentialflächen senkrecht.

Zweckmäßigkeit des elektrischen Potentials

Die Bedeutung des elektrischen Potentials φ ist darin zu sehen, daß mit seiner Hilfe das Vektorfeld $\boldsymbol{E}$ (bestimmt durch *drei* skalare Ortsfunktionen) auf *eine* skalare Ortsfunktion φ zurückgeführt wird, aus welcher durch Gradientenbildung (d.h. durch die einfach durchzuführende Differentialoperation (A 10.3)) sofort das Vektorfeld erhalten werden kann. Dadurch werden bestimmte mathematische Betrachtungen vereinfacht. So kann für eine vorliegende Ladungsverteilung die elektrische Feldstärke leichter über das elektrische Potential als unmittelbar berechnet werden.

Zur Formulierung des mathematischen Zusammenhanges von q und φ wird die Raumladungsdichte eingeführt:

(D 1.7)
Raumladungsdichte ϱ

Die Größe

$$\varrho = \lim_{\Delta V \to 0} \frac{\Delta q}{\Delta V} = \frac{\mathrm{d}q}{\mathrm{d}V}$$

heißt Raumladungsdichte am Ort des Volumens $\Delta V \to 0$.

Mögliche Maßeinheit: $[\varrho] = \mathrm{Cm}^{-3}$.

Wie in A. 18 gezeigt, genügt das elektrische Potential φ der partiellen Differentialgleichung

Poissonsche Differentialgleichung

$$\frac{\partial^2 \varphi}{\partial x^2} + \frac{\partial^2 \varphi}{\partial y^2} + \frac{\partial^2 \varphi}{\partial z^2} = -\frac{\varrho}{\varepsilon} \tag{1.5}$$

(*Poissonsche Differentialgleichung*).

Für den unendlichen Raum erhält man als Lösung der Poissonschen Differentialgleichung (vgl. (A24.10))

$$\varphi(P) = \frac{1}{4\pi\varepsilon_0} \int_V \frac{\varrho}{\varepsilon_r r} \, \mathrm{d}V. \tag{1.5a}$$

In (1.5a) bedeutet r den Abstand des Integrationspunktes vom *Aufpunkt P*, d.h. von dem Punkt, für den das elektrische Potential berechnet werden soll.

Aufpunkt

Bei vorgegebener Raumladungsdichte ist das elektrische Potential prinzipiell aus (1.5a) berechenbar (siehe z.B. (A24.1)). Jedoch gelingt die Angabe von φ für jeden Raumpunkt nur in Spezialfällen. Man ist daher zur Ermittlung von φ meist auf experimentelle Methoden angewiesen.

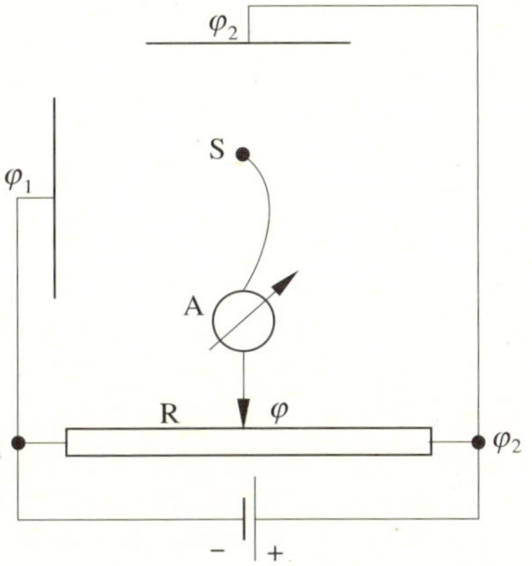

Abb. 1.9
Zur Wirkungsweise des elektrolytischen Troges. R Potentiometer, φ variabel abgreifbares Potential, $\varphi_1 \leqq \varphi \leqq \varphi_2$, S Sonde, A Nullinstrument

SIMEON DENIS POISSON (1787–1840)

Die Äquipotentiallinien einer vorgegebenen Leiteranordnung lassen sich u.a. mit dem *elektrolytischen Trog* ermitteln. Hierzu wird ein (meist vergrößertes bzw. verkleinertes) Modell der zu untersuchenden Leiteranordnung in eine elektrisch leitende Flüssigkeit (z.B. Leitungswasser) gebracht. Mit Hilfe einer Potentiometerschaltung (vgl. Abschnitt 2.3.1.3) erhalten die einzelnen Elektroden das gewünschte elektrische Potential (Abb. 1.9). Mit einer Sonde S bekannten Potentials wird die Flüssigkeitsoberfläche abgefahren. An den Stellen, an denen das Potential in der Flüssigkeit mit dem der Sonde übereinstimmt, kann im Sondenkreis kein Strom fließen (vgl. Abschnitt 2.2.). Mit der Sonde werden daher auf der Flüssigkeitsoberfläche alle die Punkte gesucht, für die der Strommesser A (*Nullinstrument*) keinen Stromfluß zeigt. Die so gefundenen Punkte sind Punkte gleichen Potentials. Ihre Verbindung gibt die Äquipotentiallinie, die der Schnittlinie der entsprechenden Äquipotentialfläche mit der Flüssigkeitsoberfläche entspricht. Durch eine Vielzahl derartiger Messungen mit verschiedenen Sondenpotentialen können die Äquipotentialflächen der Leiteranordnung gefunden werden. Zur Vermeidung von Polarisationserscheinungen (vgl. Abschn. 3.3.2) werden die Messungen statt mit Gleich- meist mit Wechselspannung vorgenommen.

elektrolytischer Trog

Nach $\boldsymbol{E} = -\operatorname{grad} \varphi$ (S 1.5) und $\boldsymbol{F} = q\boldsymbol{E}$ (D 1.5) bzw. (1.3b) bewegt sich eine frei bewegliche positive Ladung ($q > 0$) in Richtung abnehmenden elektrischen Potentials, eine negative Ladung ($q < 0$) in Richtung zunehmenden elektrischen Potentials, (Abb. 1.10).

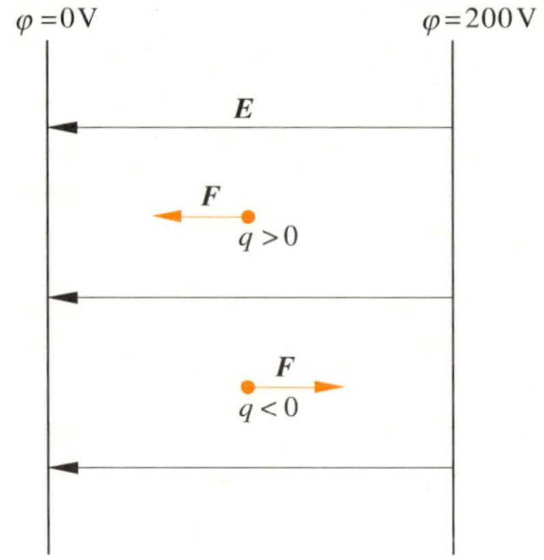

Abb. 1.10
Festlegung des Vorzeichens für eine auf die Ladung q im elektrischen Feld wirkende Kraft

das elektrische Potential ist nur bis auf eine additive Konstante festgelegt

(S 1.5) bzw. (1.4) legt den Wert des elektrischen Potentials nur bis auf eine additive Konstante fest. Diese ist frei wählbar. Die Vieldeutigkeit des elektrischen Potentials ist praktisch belanglos, da physikalisch nur elektrische Potentialdifferenzen bedeutsam sind, bei der Differenzbildung aber die unbekannte Konstante herausfällt. Vielfach wird die additive Konstante so gewählt, daß das elektrische Potential im Unendlichen verschwindet. Mit $\varphi(P_1)=\varphi(\infty)=0$ und $P_2=P$ geht (1.3b) dann über in

$$W_p = q\,\varphi(P). \tag{1.3c}$$

(1.3c) entspricht der Energie, die man benötigt, um die Ladung q vom Unendlichen zum Punkt P zu bringen.

1.1.3.1 Einige spezielle elektrische Felder

1.1.3.1.1 Elektrische Punktladung

Es sollen die elektrischen Feldlinien und die Äquipotentialflächen einer Punktladung q bestimmt werden. Wir benutzen hierzu das Coulombsche Gesetz (S 1.3). Danach wirkt im Feld der Punktladung q auf die Probeladung q_p am Ort $\boldsymbol{r}$ die Kraft

$$\boldsymbol{F}=\frac{q\,q_p}{4\pi\varepsilon_0\varepsilon_r r^2}\,\boldsymbol{r}^0.$$

Nach $\boldsymbol{E}=\boldsymbol{F}/q_p$ (D 1.5) ist diesem Punkt damit die Feldstärke

Feldlinien und Äquipotentialflächen einer Punktladung

$$\boldsymbol{E}=\frac{q}{4\pi\varepsilon_0\varepsilon_r r^2}\,\boldsymbol{r}^0 \tag{1.6a}$$

zuzuordnen. Das elektrische Feld der Punktladung q ist radialsymmetrisch (Abb. 1.11). Wählen wir als Wert der Potentialfunktion in unendlicher Entfernung von der Punktladung den Wert Null, so bekommen wir nach

(1.4) und (A 3.5) für das Potential im Abstand r von der Punktladung

$$\int_r^\infty \boldsymbol{E}\,\mathrm{d}\boldsymbol{r} = \varphi(r) - \varphi(\infty) = \varphi(r) = \frac{q}{4\pi\varepsilon_0\varepsilon_r}\int_r^\infty \frac{\mathrm{d}r}{r^2},$$

woraus nach Integration (vgl. (A 2.30))

$$\varphi(r) = \frac{q}{4\pi\varepsilon_0\varepsilon_r r} \qquad (1.6\text{b})$$

folgt.

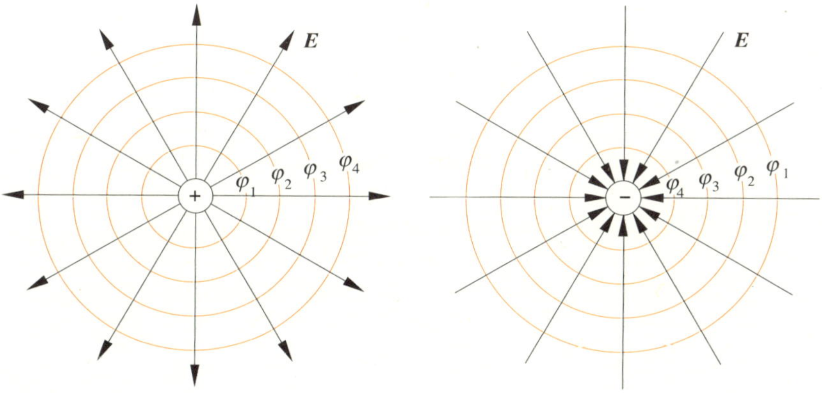

Abb. 1.11
Feldlinien (———) und Äquipotentiallinien (———) einer Punktladung,
$\varphi_1 > \varphi_2 > \varphi_3 > \varphi_4$

Das Potential ist kugelsymmetrisch. Die Äquipotentialflächen sind die Oberflächen konzentrischer Kugeln, deren Mittelpunkt am Ort der Punktladung liegt. Die Feldlinien entspringen an der positiven Ladung (*Quellen* des elektrischen Feldes) und enden an der negativen (*Senken* des elektrischen Feldes) (s. Abb. 1.11).

Quellen und Senken des elektrischen Feldes

1.1.3.1.2 Elektrischer Dipol

In der Elektrizitätslehre, Optik und Atomphysik können viele Probleme mit einer Ladungsanordnung erfaßt werden, die man als elektrischen Dipol bezeichnet:

Eine Ladungsanordnung von zwei Punktladungen gleichen Betrages q, aber unterschiedlicher Vorzeichen im Abstand d, aus einer Entfernung groß gegenüber d betrachtet, heißt elektrischer Dipol,

(D 1.8)
elektrischer Dipol
elektrisches Dipolmoment $\boldsymbol{m}_{\text{el}}$

die Größe

$\boldsymbol{m}_{\mathrm{el}} = q\,\boldsymbol{d}$

Moment des elektrischen Dipoles oder elektrisches Dipolmoment ($\boldsymbol{d}$ Vektor von $-q$ nach $+q$).

Mögliche Maßeinheit: $[m_{\mathrm{el}}] = \mathrm{Cm}$.

Wir wollen das Potential des elektrischen Dipols berechnen (Abb. 1.12). Es werde wieder so normiert, daß es im Unendlichen verschwindet. Nach (1.6b) hat das Potential von zwei Punktladungen gleichen Betrages, aber unterschiedlicher Vorzeichen mit beliebigem Abstand d im Punkt P den Wert

Potential des elektrischen Dipols

$$\varphi = \frac{q}{4\pi\varepsilon_0\varepsilon_r}\left(\frac{1}{r_1} - \frac{1}{r_2}\right).$$

Wird beachtet, daß für einen Dipol nach (D 1.8) $d \ll r_1$ angenommen werden muß, so folgt näherungsweise $r_1 \approx r_2 = r$ und $r_1 - r_2 = d\cos\alpha$. Damit ergibt sich für das gesuchte Potential

$$\varphi = \frac{q}{4\pi\varepsilon_0\varepsilon_r}\,\frac{r_2 - r_1}{r^2} = \frac{q\,d\cos\alpha}{4\pi\varepsilon_0\varepsilon_r r^2}$$

oder, unter Beachtung von (D 1.8) und der Richtungsfestsetzung der Vektoren $\boldsymbol{m}_{\mathrm{el}}$ und $\boldsymbol{r}$,

$$\varphi = \frac{\boldsymbol{m}_{\mathrm{el}} \cdot \boldsymbol{r}^0}{4\pi\varepsilon_0\varepsilon_r r^2}. \tag{1.7}$$

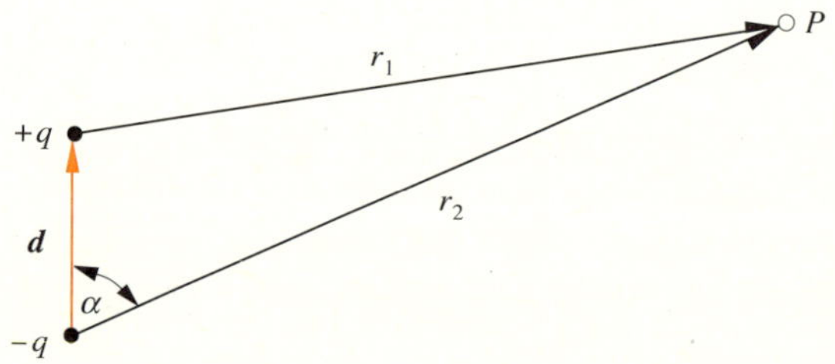

Abb. 1.12
Zur Berechnung des Dipolfeldes

Nach $\boldsymbol{E} = -\mathrm{grad}\,\varphi$ (S 1.5) wird der Betrag des Dipolfeldes vom Dipolmoment und nicht allein von der Ladung bestimmt. Es ist daher gleichgültig, ob zwei große Ladungen in kleinem Abstand oder zwei kleine Ladungen in entsprechend großem Abstand vorhanden sind, sofern das Produkt qd unverändert bleibt.

Das Potential des Dipols ist rotationssymmetrisch mit der Richtung $\boldsymbol{m}_{\mathrm{el}}^0$ als Rotationsachse (*Dipolachse*). Da nach (1.7) und (A 3.5b) das Potential für die Dipolachse (z-Achse, $\boldsymbol{m}_{\mathrm{el}}^0 \uparrow\uparrow \boldsymbol{k} = \boldsymbol{r}^0$) die Werte

$$\varphi = \frac{m_{\mathrm{el}}}{4\pi\varepsilon_0\varepsilon_r z^2}$$

annimmt, folgt nach (S 1.5), (A 10.3) und (A 2.9) für die elektrische Feldstärke in der Dipolachse

$$E_z = \frac{m_{el}}{2\pi\varepsilon_0\varepsilon_r z^3}\,. \tag{1.7a}$$

Abb. 1.13 zeigt die Feld- und die Äquipotentiallinien des elektrischen Dipols.

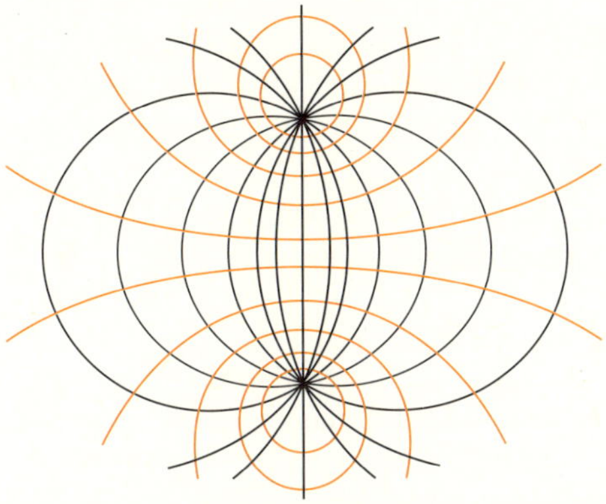

Abb. 1.13
Feldlinien (——) und Äquipotentiallinien (——) eines elektrischen Dipols

1.1.3.1.3 Homogenes elektrisches Feld

Besitzt die elektrische Feldstärke in jedem Raumpunkt den gleichen Betrag und die gleiche Richtung, so spricht man von einem *homogenen elektrischen Feld.* Ein solches Feld liegt z. B. vor, wenn zwei ebene, zueinander parallele und unendlich ausgedehnte metallische Platten vom Abstand d (*Plattenkondensator*) unterschiedlich elektrisch geladen werden (Abb. 1.14). Die Potentialdifferenz zwischen den Platten betrage U_{12}. Nach (1.4) gilt

homogenes elektrisches Feld

Plattenkondensator

$$\int_{P_1}^{P_2} \boldsymbol{E}\cdot \mathrm{d}\boldsymbol{s} = U_{12}\,,$$

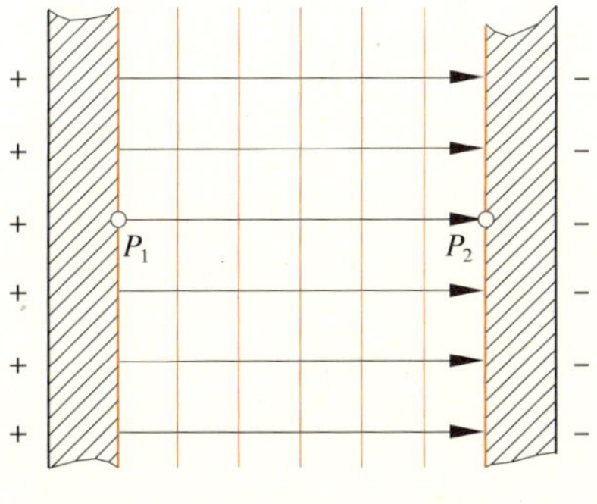

Abb. 1.14
Feldlinien (——) und Äquipotentiallinien (——) zwischen zwei unendlichen, ungleich geladenen parallelen Ebenen

wobei der Punkt P_1 auf der Platte 1, der Punkt P_2 auf der Platte 2 liegt. Der Integrationsweg ist nach (S 1.4) beliebig. Wir wählen ihn so, daß der Punkt P_2 den kürzesten Abstand (d.h. Abstand d) vom Punkt P_1 bekommt, d.h., wir integrieren längs der elektrischen Feldlinie. Es folgt unter Beachtung von (A 3.5)

$$\int_{P_1}^{P_2} \boldsymbol{E} \cdot \mathrm{d}\boldsymbol{s} = \int_{P_1}^{P_2} E \,\mathrm{d}s = E \int_{P_1}^{P_2} \mathrm{d}s = Ed = U_{12}$$

oder mit $U_{12} = U$

$$E = \frac{U}{d}. \tag{1.8}$$

Drehung eines freien elektrischen Dipols

Nach $\boldsymbol{F} = q\boldsymbol{E}$ (D 1.5) und (D 1.8) unterliegt ein elektrischer Dipol im homogenen elektrischen Feld der resultierenden Kraft

$$\boldsymbol{F} = q\boldsymbol{E} - q\boldsymbol{E} = \boldsymbol{0},$$

d.h., im homogenen elektrischen Feld wirkt auf einen Dipol nur ein resultierendes Kräftepaar (vgl. Abb. 1.7). Wie in Bd. I gezeigt (siehe (I S 5.5)), bewirkt dieses Kräftepaar nur eine Drehung des elektrischen Dipols um seinen Massenmittelpunkt, seine Lage bleibt dabei unverändert. Für das für diese Drehung verantwortliche Drehmoment M ergibt sich (vgl. Abb. 1.15)

$$M = sF = dqE \sin\alpha$$

oder, bei Beachtung von $\boldsymbol{M} = \boldsymbol{s} \times \boldsymbol{F}$ (I D 5.3), $\boldsymbol{m} = q\boldsymbol{d}$ (D 1.8) und (A 3.7)

$$\boldsymbol{M} = \boldsymbol{m}_{\mathrm{el}} \times \boldsymbol{E}. \tag{1.9}$$

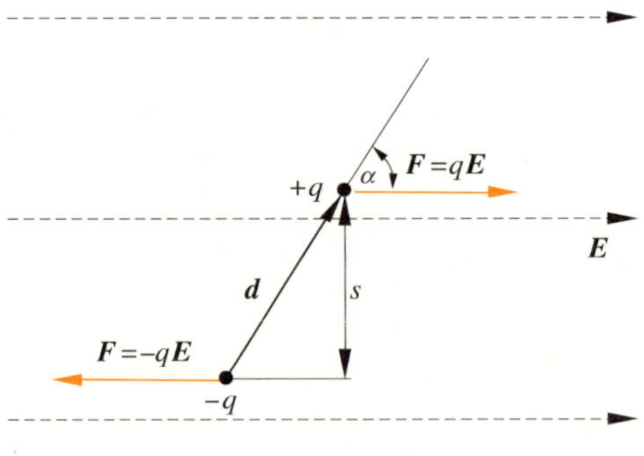

Abb. 1.15 Elektrischer Dipol im homogenen elektrischen Feld

Der Dipol erfährt im homogenen elektrischen Feld solange eine Drehung, bis $\boldsymbol{m}_{\mathrm{el}}$ und $\boldsymbol{E}$ gleichgerichtet sind. Auf Grund dieser Tatsache kann auf bereits geschilderte Weise der Verlauf der elektrischen Feldlinien sichtbar gemacht werden (vgl. Abb. 1.6 und zugehörigen Text), da in den Abmessungen der zur Darstellung benutzten Grießkörner das elektrische Feld als homogen angesehen werden kann.

1.1.4 Elektrische Ladungen auf Leitern

1.1.4.1 Influenz

Bringt man einen positiv geladenen Glasstab oder negativ geladenen Hartgummistab in die Nähe des Metalltellers eines Elektrometers, so beobachtet man einen Ausschlag, auch wenn das Elektrometer gar nicht vom Stab berührt wird (Abb. 1.16a). Lädt man ein Elektrometer negativ auf und nähert dem geladenen Elektrometer den Glasstab, so verkleinert sich der Ausschlag des Elektrometers. Nähert man dagegen dem geladenen Elektrometer den Hartgummistab, so vergrößert sich der Ausschlag. Entfernt man den Stab, so geht der Ausschlag auf seinen ursprünglichen Wert zurück (Abb. 1.16b).

Bringt man in ein homogenes elektrisches Feld (z.B. zwischen die Platten eines Plattenkondensators) zwei aufeinandergepreßte Metallplatten und trennt im elektrischen Feld diese Platten plötzlich voneinander, so zeigen sie eine elektrische Ladung gleichen Betrages, aber unterschiedlicher Vorzeichen. Die Platte, die der positiven Potentialfläche zugewandt war, besitzt ein negatives Ladungsvorzeichen, die Platte, die der negativen Potentialfläche zugewandt war, ein positives (Abb. 1.16c). Die beschriebenen Erscheinungen werden mit dem Begriff *Influenz* erfaßt.

Influenz

Die Erscheinungen der Influenz werden zwanglos erklärbar, wenn man frei bewegliche Ladungen (quasifreie Ladungen, vgl. Abschn. 3.2.1.) im Metall annimmt. Stoffe, in denen Ladungen wandern können, bezeichnet man als *elektrische Leiter* und die wandernden Ladungen in ihnen als *elektrischen Strom*. Wie in Abschnitt 3.2.1.2 gezeigt wird, liegen in Metallen negative quasifreie Ladungsträger (*Elektronen*) vor. Bei der folgenden Erklärung der Influenz wird von der Existenz von Elektronen in metallischen Leitern ausgegangen.

Stoffe mit freien Ladungsträgern
elektrischer Strom

Bei Annäherung des positiv geladenen Glasstabes an das Elektrometer werden nach (S 1.1) negative Ladungen von den Goldblättchen und vom Halterungsstab zum Teller hingezogen. Es tritt eine Anhäufung negativer Ladungen im Teller und eine gleichzeitige Verarmung der Blättchen an negativen Ladungen auf, d.h. eine positive Überschußladung in den Blättchen. Das Elektrometer zeigt einen Ausschlag (Abb. 1.16a). Beim Entfernen des Stabes wandern die negativen Ladungen zu den Blättchen zurück. Es erfolgt der Ladungsausgleich; der Elektrometerausschlag verschwindet. Ist dagegen vor der Annäherung des Stabes das Elektrometer negativ aufgeladen, so wird ein Teil dieser negativen Ladung bei Annäherung des Glasstabes von den Blättchen zum Teller des Elektrometers gezogen. Die negative Überschußladung der Blättchen nimmt ab; der Ausschlag des Elektrometers geht zurück. Nähert man nun aber den negativ geladenen Hartgummistab, so wandern infolge elektrostatischer Abstoßung zusätzlich negative Ladungen vom Teller zu den Blättchen, die damit noch stärker negativ geladen werden; der Ausschlag des Elektrometers nimmt zu (Abb. 1.16b). Bringt man in einem elektrischen Feld zwei Metallplatten in engen Kontakt, so wandern nach (D 1.5) die negativen Ladungen entgegengesetzt zur Richtung des elektrischen Feldes. Dies führt zur

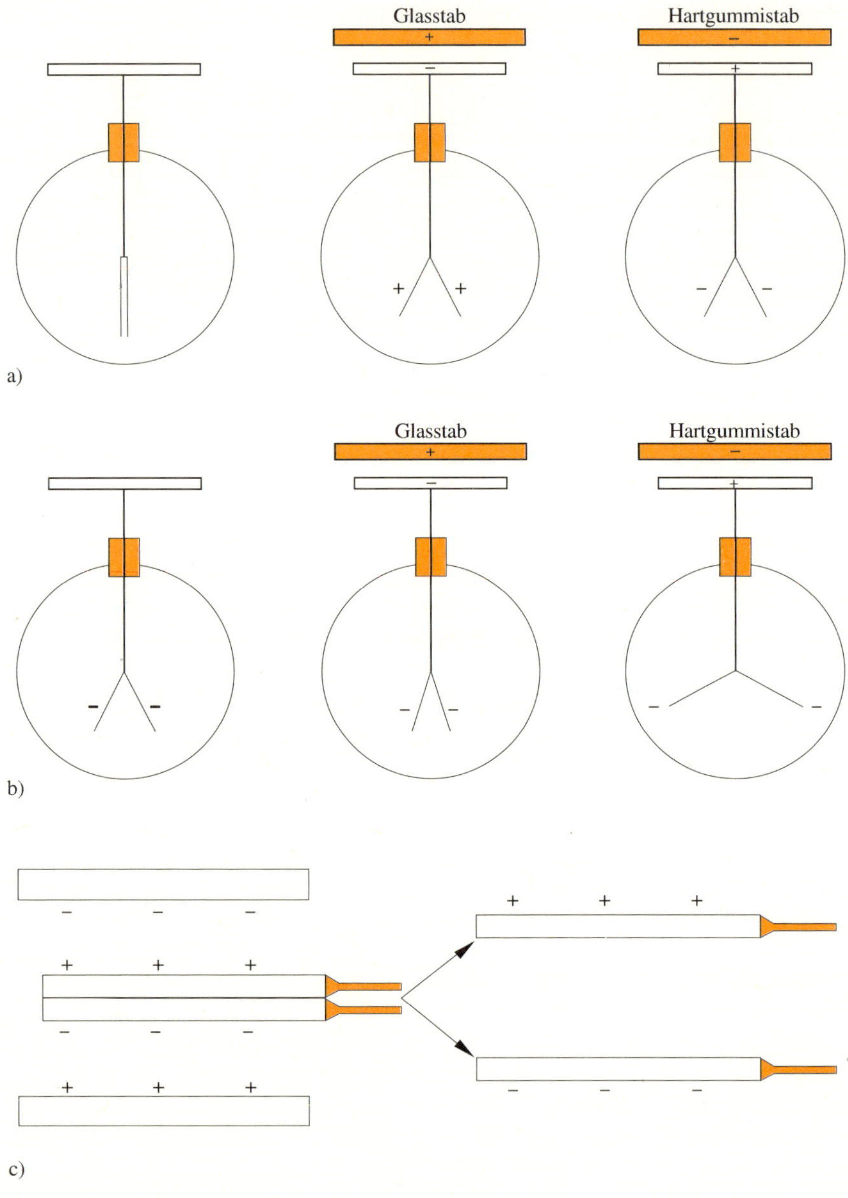

Abb. 1.16 Versuche zur Influenz (schematisch)

Anhäufung von negativen Ladungen in der einen Platte. Die andere Platte verliert diese negative Ladung, sie ist um diesen Ladungsbetrag positiv geladen. Eine plötzliche Trennung der beiden Platten führt zur Ladungstrennung (Abb. 1.16c).

Wären positive freie Ladungsträger im Metall vorhanden, so würde man die gleichen Influenzeffekte beobachten. Aus den Erscheinungen der Influenz kann daher wohl auf die Existenz quasifreier Ladungsträger im Metall geschlossen werden, nicht aber auf ihr Vorzeichen.

Aus vorstehenden Betrachtungen folgt:

Jeder elektrische Leiter enthält quasifreie elektrische Ladungen. **(S 1.6)** elektrische Leiter

In Metallen beträgt die Anzahl der quasifreien Ladungen (Elektronen) bis zu 10^{23} pro cm^3 (vgl. Tab. 3.1)

Es gibt aber auch eine Vielzahl von Stoffen (z.B. SiO_2, Glas, Teflon, Gummi, Bernstein), die keine Influenz zeigen. Man bezeichnet sie als *Nichtleiter oder Isolatoren.* Im idealen Nichtleiter ist das Wandern von elektrischen Ladungen unmöglich.

Nichtleiter Isolatoren

Es gibt weder den idealen Nichtleiter noch den idealen Leiter. Auch die auf eine bestimmte Stelle einer Glasplatte gebrachten Ladungen verteilen sich – wie beim Metall – nach einer bestimmten, wenn auch äußerst langen Zeit auf die gesamte Platte. Vergleicht man aber die hierfür benötigten Zeiten, so unterscheiden sich diese um Größenordnungen (bis zu 27 Größenordnungen, vgl. die Tabellen 3.1 und 3.6.) Daher unterscheidet sich die Klasse der elektrischen Leiter von der der elektrischen Nichtleiter in bezug auf ihr elektrisches Leitungsvermögen grundsätzlich.

Zwischen den Klassen der Nichtleiter und Leiter gibt es ein großes Übergangsgebiet, das weder von den Leitern noch von den Nichtleitern streng abgrenzbar ist.

Die elektrischen Leitungsvorgänge in den verschiedenen Stoffen werden im Zusammenhang in Kap. 3 behandelt.

1.1.4.2 Elektrische Feldstärke und elektrisches Potential im Innern und an der Oberfläche stromfreier Leiter

In einem *stromfreien* elektrischen Leiter muß für jeden Punkt im Innern des Leiters

$$\boldsymbol{E}=\boldsymbol{0} \qquad (1.10a)$$

gelten. Wäre die Bedingung $\boldsymbol{E}=\boldsymbol{0}$ für ein bestimmtes Gebiet im Innern des Leiters verletzt, so würden nach (S 1.6), $\boldsymbol{F}=q\boldsymbol{E}$ (D 1.5) und dem 1. Newtonschen Axiom $\boldsymbol{F}=\dfrac{\mathrm{d}(m\boldsymbol{v})}{\mathrm{d}t}$ (I S 3.5) die Ladungen im elektrischen Feld wandern, und im Widerspruch zur Voraussetzung müßte ein elektrischer Strom fließen.

Nach $\boldsymbol{E}=-\operatorname{grad}\varphi$ (S 1.5), (1.10a) und (A 10.3) gilt wegen $\varphi=0$ für den ganzen Leiter

$$\varphi=\text{const.} \qquad (1.10b)$$

Die Oberfläche des nicht stromdurchflossenen Leiters bildet eine Äquipotentialfläche. Da nach (S 1.5) der Gradient senkrecht zu den Äquipotentialflächen steht, muß an der Oberfläche des Leiters für die Tangential-

die Oberfläche des stromfreien Leiters ist eine Äquipotentialfläche komponente der Feldstärke

$$\boldsymbol{E}_t = 0 \tag{1.10c}$$

gelten: Die elektrischen Feldlinien münden senkrecht in die Leiteroberfläche. Da die Ladungen nur innerhalb des Leiters frei beweglich sind und sie ihn ohne Zufuhr einer ausreichend großen Energie nicht verlassen können (siehe Abschnitt 3.2.1.5), ist auch die Oberfläche des Leiters stromfrei.

Abbildung 1.17 zeigt eine isolierte metallische Kugel im Feld eines Plattenkondensators. Durch Influenz treten auf der metallischen Kugel Oberflächenladungen auf, die das homogene elektrische Feld des Plattenkondensators verzerren.

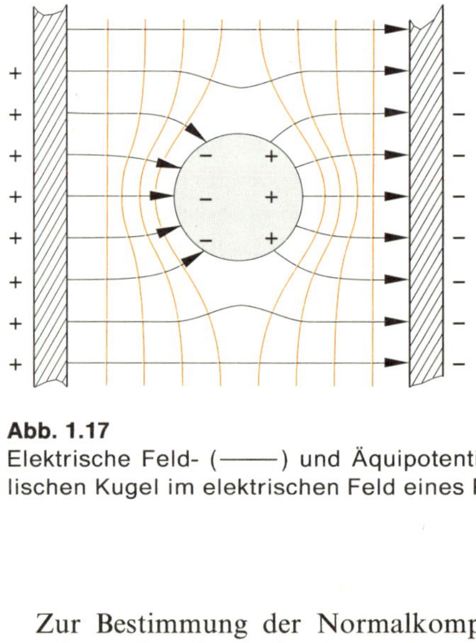

Abb. 1.17
Elektrische Feld- (——) und Äquipotentiallinien (——) einer isolierten metallischen Kugel im elektrischen Feld eines Plattenkondensators

Zur Bestimmung der Normalkomponente der elektrischen Feldstärke an der Leiteroberfläche (Komponente von $\boldsymbol{E}$ in Richtung der äußeren Flächennormalen des Leiters) betrachten wir eine metallische Hohlkugel vom äußeren Radius R. Sie sei mit der Ladung q geladen. Nach (S 1.1) verteilt sich die Ladung gleichmäßig auf die gesamte Oberfläche der Hohlkugel, und zwar *nur* auf ihre äußere Oberfläche, während die innere ladungsfrei bleibt (Abb. 1.18). Dieser Effekt beruht darauf, daß die im Leiter vorhandenen gleichnamigen Ladungen auf Grund ihrer Abstoßung den größten Abstand voneinander einzunehmen suchen und das wegen ihrer freien Beweglichkeit auch können. Sie wandern zur äußeren Oberfläche.

Nach (1.10a) und (S 1.5) muß auf der Kugeloberfläche und in der metallischen Kugel bzw. ihrem Hohlraum $(r \leqq R)$ $\varphi = \text{const}$ gelten. Für $r > R$ stimmt das Feld- und Äquipotentiallinienbild der geladenen Kugel mit dem der Punktladung überein (vgl. Abb. 1.18 und 1.11). Um das elektrische Potential außerhalb der Kugel angeben zu können, braucht man sich daher nur die Gesamtladung der Kugel in ihrem Mittelpunkt konzentriert zu denken. Mit (1.6b) erhält man

$$\varphi = \frac{q}{4\pi\varepsilon_0\varepsilon_r R} = \text{const} \qquad (r \leqq R),$$

$$\varphi = \frac{q}{4\pi\varepsilon_0\varepsilon_r r} \qquad (r > R) \tag{1.11}$$

und nach (S 1.5), (A 10.3) und (A 2.9) für die Normalkomponente der elektrischen Feldstärke an der Kugeloberfläche ($r = R$)

$$\boldsymbol{E}_n = \frac{q}{4\pi\varepsilon_0\varepsilon_r R^2}\boldsymbol{r}^0 . \tag{1.11a}$$

$\boldsymbol{E}_n$ an der Oberfläche einer Kugel

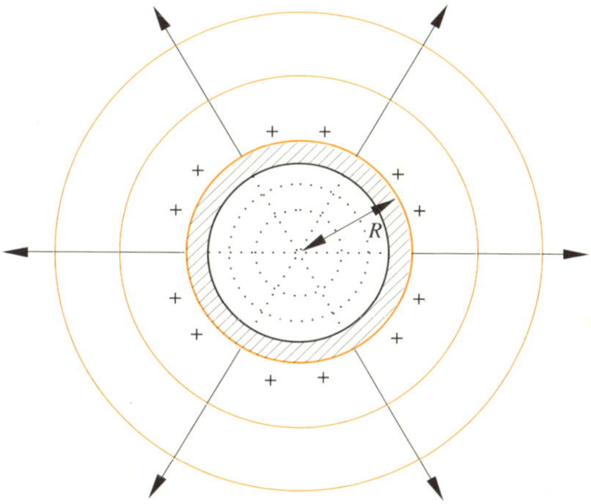

Abb. 1.18
Feldlinien (——) und Äquipotentiallinien (——) einer geladenen Metallkugel.
····· Feld- und Äquipotentiallinien einer Punktladung im Mittelpunkt der Kugel

Die Feldstärke an der Oberfläche der Kugel ist bei gegebener Ladung dem Quadrat des Kugelradius R umgekehrt proportional. Dies erklärt die hohe elektrische Feldstärke an geladenen metallischen Spitzen: sie ist die Folge des extrem kleinen Krümmungsradius. An Spitzen können so hohe Feldstärken auftreten, daß ein Absprühen von Ladungen erfolgt. Das ist z.B. durch folgenden Versuch nachweisbar: Ein metallischer Körper der in Abb. 1.19 gezeigten Form wird in seinem Massenmittelpunkt S drehbar gelagert, die isolierte Rotationsachse denke man sich senkrecht zur Papierebene. Wird er nun mit Hilfe des nachstehend beschriebenen Bandgenerators elektrisch geladen, so beginnt er im Gegensinn zur Absprührichtung zu rotieren, da nach dem Impulserhaltungssatz (vgl. (I S 4.5)) sich die Summe der Impulse der abgesprühten Ladungen und des Körpers zu Null ergeben muß.

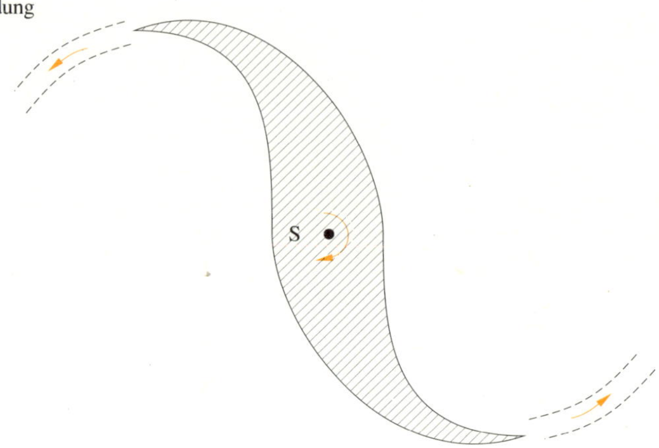

Abb. 1.19 Zum Nachweis der von Spitzen abgesprühten Ladungen

Die abgesprühten Ladungen wechselwirken mit den Atomen der die Spitze umgebenden Luft, wodurch eine rötlich-violette Leuchterscheinung hervorgerufen wird (s. Abb. 1.20). Im Gegensatz zu der in Abschnitt 3.2.4 besprochenen Glimmentladung tritt diese Entladungsform schon bei Atmosphärendruck auf. Sie wird als *Korona-* oder *Spitzenentladung* bezeichnet. Da bei dieser Entladungsart die gesamte Spannung in unmittelbarer Nähe der Spitze abfällt, ist es für den Vorgang unerheblich, in welcher Entfernung von der Spitze die Gegenelektrode liegt.

Korona(Spitzen)-Entladung

Derartige Entladungen sind schon seit Jahrhunderten in der Seefahrt als sogenannte *Elmsfeuer* bekannt. Man versteht darunter die an den Mastspitzen der Schiffe vor Gewittern mitunter zu beobachtenden Leuchteffekte. Auch an Hochspannungsleitungen können Spitzenentladungen auftreten und zu erheblichen Energieverlusten führen. Man versucht sie durch

Elmsfeuer

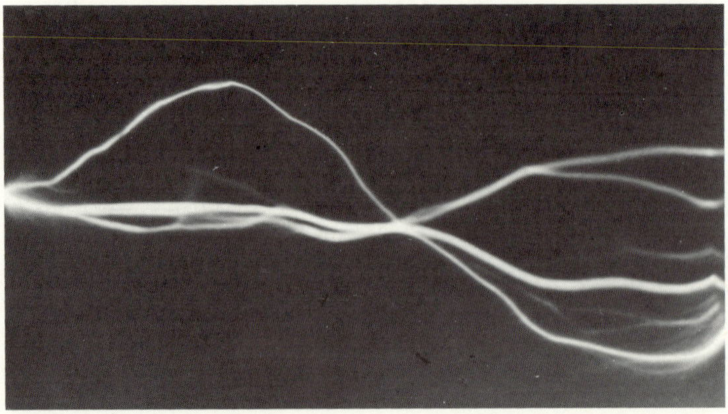

Abb. 1.20 Spitzenentladung

einen möglichst großen Leitungsdurchmesser und durch Vermeidung von Spitzen jeglicher Art klein zu halten.

Gleichung (1.11) zeigt auch, daß eine Punktladung real nicht existiert, denn für $R \to 0$ folgt $\varphi \to \infty$. Die Konzentration einer Ladung in einem Punkt würde nach (1.3c) eine unendlich große Energie erfordern.

Punktladungen können real nicht existieren

Nach (1.11) ist der gesamte Innenraum einer Hohlkugel feldfrei ($\boldsymbol{E} = \boldsymbol{0}$). Diese Gesetzmäßigkeit behält auch für das Innere beliebiger, geschlossener Leiterflächen Gültigkeit. Gegenstände im Innern eines geschlossenen metallischen Behälters sind demnach von äußeren elektrischen Störfeldern abgeschirmt. Da man die Geräte meist visuell beobachten muß, bringt man sie nicht in einen geschlossenen Metallbehälter, sondern umschließt sie durch ein engmaschiges Drahtnetz (*Faraday-Käfig*). Die Abschirmung der Geräte von äußeren elektrischen Störfeldern ist dann nicht mehr hundertprozentig, aber meist ausreichend.

Abschirmung von Störfeldern

Faraday-Käfig

Auf der Feldfreiheit im Innern von Leitern beruht auch die Wirkungsweise des *Bandgenerators* zur Erzeugung hoher Spannungen (Abb. 1.21a). Ein endloses nichtleitendes Band B (z.B. Gummiband) läuft auf den Rollen R. Über die Spitze Sp werden auf das Band Ladungen gesprüht. Das Band befördert diese Ladungen wie ein Förderband zum Ladungsabnehmer A. Vom Abnehmer wandern die Ladungen zur inneren Oberfläche des Hohlkugelsegmentes K und von dort infolge des genannten Effektes zur äußeren Oberfläche der Hohlkugel. Damit ist die innere Oberfläche des Hohlkugelsegmentes stets ladungsfrei, und es können kontinuierlich Ladungen vom Band zur Kugel wandern. Die Ladungsanhäufung an der äußeren Oberfläche der Kugel wird durch die elektrische Isolation der

MICHAEL FARADAY (1791–1867)

Bandgenerator

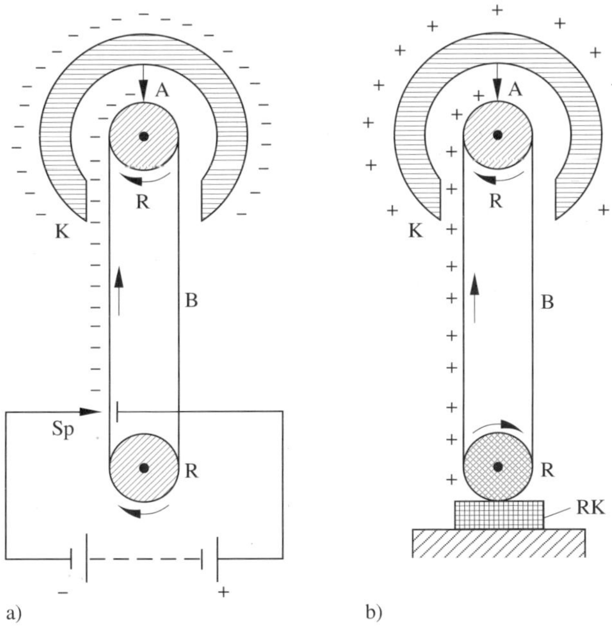

Abb. 1.21 Bandgenerator a) fremderregt b) selbsterregt

Bauteile des Generators beschränkt. Mit modernen Generatoren lassen sich Spannungen bis zu etwa 10 MV erreichen.

Bei kleineren Geräten, z. B. Demonstrationsgeräten, werden die Ladungen nicht aufgesprüht; stattdessen nutzt man zur Ladungstrennung die Reibung zwischen dem Band und einem Reibungskörper oder einer Reibungsrolle (sieh Abb. 1.21b). Je nach dem gewählten Material lädt sich das Band negativ oder positiv auf.

Für die weiteren Überlegungen führen wir ein:

(D 1.9) Flächenladungsdichte σ

Die Größe

$$\sigma = \lim_{\Delta A \to 0} \frac{\Delta q}{\Delta A} = \frac{\mathrm{d}q}{\mathrm{d}A}$$

heißt Flächenladungsdichte am Ort der Fläche $\Delta A \to 0$.

Mögliche Maßeinheit: $[\sigma] = \mathrm{C\,m^{-2}}$.

homogene, inhomogene Ladungsverteilung

Die Flächenladungsdichte kann in jedem Punkt der betrachteten Fläche gleich sein (homogene Ladungsverteilung, z. B. die Ladungsverteilung auf einer nicht mit ihrer Umwelt in Wechselwirkung stehenden isolierten metallischen Kugel), sie braucht es aber nicht (inhomogene Ladungsverteilung, z. B. die Influenzladung auf einer metallischen Kugel im homogenen elektrischen Feld).

Nach (1.11a) gilt mit (D 1.9), $A = 4\pi R^2$ und $\boldsymbol{r}^0 = \boldsymbol{A}^0$ für die Normalkomponente der Feldstärke an der Oberfläche der Kugel

$$\boldsymbol{E}_\mathrm{n} = \frac{\sigma}{\varepsilon_0 \varepsilon_\mathrm{r}} \boldsymbol{A}^0 . \tag{1.11b}$$

Da (1.11b) für beliebig gestaltete Oberflächen Gültigkeit besitzt, ergibt sich:

(S 1.7) Potential- und Feldstärkeverhältnisse am stromfreien elektrischen Leiter

Ein stromfreier elektrischer Leiter besitzt ein konstantes elektrisches Potential, seine Oberfläche ist eine Äquipotentialfläche.
Für die elektrische Feldstärke im Innern des Leiters gilt $\boldsymbol{E} = \boldsymbol{0}$.
Auf der gesamten Leiteroberfläche steht die elektrische Feldstärke senkrecht:

$$\boldsymbol{E}_\mathrm{t} = \boldsymbol{0},$$

$$\boldsymbol{E}_\mathrm{n} = \frac{\sigma}{\varepsilon_0 \varepsilon_\mathrm{r}} \boldsymbol{A}^0 .$$

(S 1.7) ist eine unmittelbare Folge der in Abschn. 9.1 behandelten Stetigkeitsbedingungen für die elektrischen Feldgrößen beim Durchgang durch Grenzflächen.

1.1.4.3 Elektrische Kapazität

Für viele Überlegungen in der Elektrizitätslehre und der Elektrotechnik ist eine quantitative Angabe über die Aufnahmefähigkeit eines Leitersystems bei der Ladungsspeicherung notwendig. Diesem Zweck dient die Größe elektrische Kapazität:

Befindet sich auf dem elektrisch isolierten Leiter 1 die Ladung $q > 0$, auf dem elektrisch isolierten Leiter 2 die Ladung $-q$, so heißt das Verhältnis der Ladung q zur Spannung $U_{12} = U$ zwischen beiden Leitern

$$C = \frac{q}{U}$$

die elektrische Kapazität des Leitersystems.

(D 1.10) elektrische Kapazität C

Mögliche Maßeinheit: $[C] = \mathrm{C\,V^{-1}}$. Dafür ist die spezielle Maßeinheit Farad für die elektrische Kapazität gebräuchlich:

$$1\ \mathrm{Farad} = 1\ \mathrm{F} = 1\ \mathrm{C} \cdot 1\ \mathrm{V^{-1}}\,.$$

(D 1.11) Maßeinheit Farad (F)

Für praktische Zwecke ist die Maßeinheit Farad um Größenordnungen zu groß, so daß technische Kapazitäten in mF, µF usw. angegeben werden.

Zwischen einer elektrisch isoliert aufgestellten, die Ladung $q > 0$ tragenden metallischen Kugel vom Radius $R_1 = R$ und der unendlich fernen Potentialfläche (Kugelfläche mit $R_2 \to \infty$) liegt nach (1.11) und (D 1.6) die Spannung

$$\varphi(R) - \varphi(\infty) = U_{12} = \frac{q}{4\pi\varepsilon_0\varepsilon_r R}\,.$$

Die Kapazität dieser Leiteranordnung ist dann nach (D 1.10)

$$C = 4\pi\varepsilon_0\varepsilon_r R\,. \qquad (1.12a)$$

Eine metallische Kugel vom Radius der Erde ($R = 6{,}37 \cdot 10^6$ m) hat nach (1.12a), (1.2) und (D 1.11) im Vakuum nur eine Kapazität von 0,71 mF! Soll eine Kugel die Kapazität 1 F besitzen, erfordert das einen Radius von angenähert 10^{10} m.

elektrische Kapazität einer Kugel

Die Kapazität der isoliert aufgestellten leitenden Kugel ist eine charakteristische Konstante dieser speziellen Leiteranordnung, denn sie hängt nur vom Radius der Kugel und ihrem Einbettungsmedium ab. Sie ist unabhängig von der Ladung und der Spannung. Diese Tatsache gilt nicht nur für die Kugel, sondern für alle Leitersysteme.

Die elektrische Kapazität eines Leitersystems ist eine charakteristische Konstante dieses Leitersystems, die nur von seiner geometrischen Struktur und dem Einbettungsmedium abhängt.

(S 1.8) C ist eine charakteristische Konstante des Leitersystems

In den nachfolgenden Abschnitten wird die elektrische Kapazität eines Kugel- und eines Plattenkondensators berechnet.

1.1.4.3.1 Kugelkondensator

Ein Kugelkondensator besteht aus zwei metallischen konzentrischen Kugelflächen der Radien R_1 und R_2 ($R_2 > R_1$), deren Zwischenraum mit einem Isolator der Dielektrizitätskonstanten $\varepsilon = \varepsilon_0 \varepsilon_r$ ausgefüllt ist. Die innere Kugelfläche besitze die Ladung $+q$, die äußere die Ladung $-q$ (Abb. 1.22). Das elektrische Feld der Ladung auf der äußeren Kugel ist nach (1.11) und (S 1.5) im Kugelinneren Null, die Spannung zwischen beiden Kugeln ist deshalb allein durch das Feld der inneren Kugel gegeben:

$$\varphi(R_1) - \varphi(R_2) = U_{12} = \frac{q}{4\pi\varepsilon_0\varepsilon_r}\left(\frac{1}{R_1} - \frac{1}{R_2}\right)$$

und damit nach (D 1.10) als Kapazität des Kugelkondensators

Elektrische Kapazität eines Kugelkondensators

$$C = \frac{4\pi\varepsilon_0\varepsilon_r}{\dfrac{1}{R_1} - \dfrac{1}{R_2}}. \tag{1.12}$$

Die Kapazität der isoliert aufgestellten metallischen Kugel vom Radius R (siehe (1.12a)) ergibt sich als Sonderfall von (1.12) für $R_1 = R$ und $R_2 = \infty$.

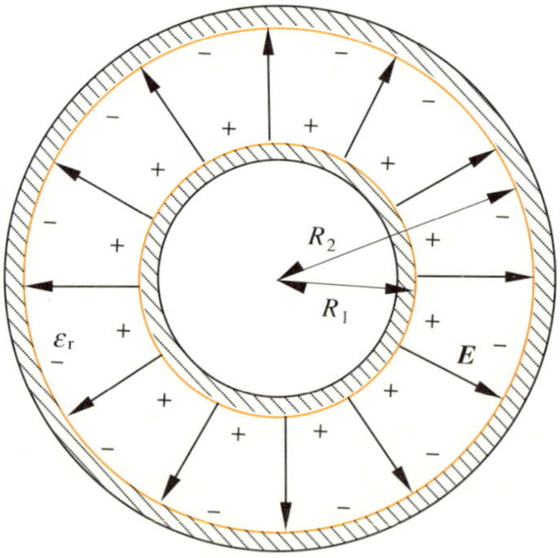

Abb. 1.22 Kugelkondensator

Ladung eines Kondensators

Die Gesamtladung auf dem Kondensator ist gleich Null. Trotzdem ist es üblich, die Ladung $q > 0$ als Ladung des Kondensators zu bezeichnen, d. h., ihn durch den Betrag der Ladung zu charakterisieren, die sich auf jeder seiner beiden Flächen befindet.

1.1.4.3.2 Plattenkondensator

Der Plattenkondensator besteht aus zwei parallelen leitenden Ebenen der Fläche A im Abstand d (Abb. 1.23). Die eine Platte trage die Ladung $+q$, die andere die Ladung $-q$. Der Raum zwischen den Platten sei mit einem

Isolator der Dielektrizitätskonstanten $\varepsilon = \varepsilon_0 \varepsilon_r$ ausgefüllt, von den Randstörungen des Feldes werde abgesehen. Aus (D 1.9), (S 1.7) und (1.8) folgt für die Ladung des Kondensators

$$q = A\sigma = \frac{A\,U\,\varepsilon_0\,\varepsilon_r}{d} \qquad (1.13\text{a})$$

und damit nach (D 1.10) als Kapazität des Plattenkondensators

$$C = \frac{A\,\varepsilon_0\,\varepsilon_r}{d}. \qquad (1.13)$$

elektrische Kapazität eines Plattenkondensators

Die Kapazität des Kondensators wird um so größer, je größer seine Plattenfläche, je größer die Dielektrizitätszahl des Isolationsmaterials und je kleiner der Plattenabstand ist.

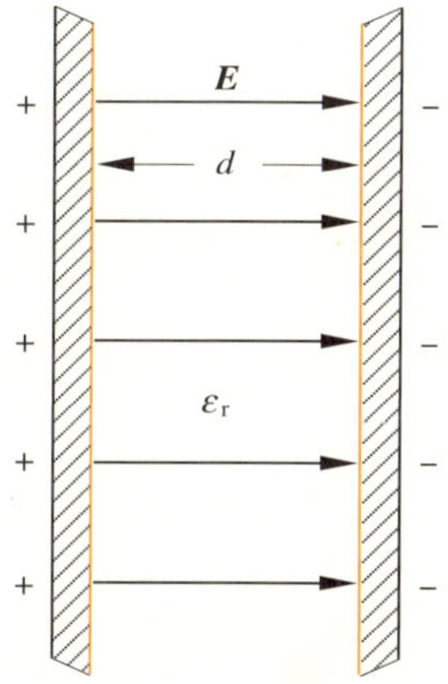

Abb. 1.23 Plattenkondensator

Vergleicht man zwei Plattenkondensatoren mit gleichem geometrischen Aufbau, aber verschiedenen Isolationsmaterialien, so gilt

$$\frac{C_1}{C_2} = \frac{\varepsilon_{r,1}}{\varepsilon_{r,2}}. \qquad (1.13\text{b})$$

Ist eine Dielektrizitätszahl bekannt (z.B. Vakuum, $\varepsilon_{r,1} = 1$), so läßt sich die andere durch Messen der Kapazitäten C_1 und C_2 bestimmen. Mit einem derartigen Verfahren kann aber nur die Dielektrizitätszahl, nicht die Dielektrizitätskonstante bestimmt werden.

Die Kraftwirkung zwischen den Platten eines Kondensators kann recht erheblich sein. Zu ihrer Berechnung betrachten wir Abbildung 1.24. Eine einzelne, die Ladung $+q$ tragende Metallplatte ruft das elektrische Feld $\boldsymbol{E}_{\mathrm{Pl}}$ hervor. Eine isoliert und parallel zu ihr im Abstand d angeordnete gleichgroße zweite Platte mit der Ladung $-q$ verursacht das Feld $-\boldsymbol{E}_{\mathrm{Pl}}$. Aus der Überlagerung beider Felder ergibt sich das resultierende Feld $\boldsymbol{E}$ zwischen den Platten des Plattenkondensators:

$$\boldsymbol{E} = 2\,\boldsymbol{E}_{\mathrm{Pl}}.$$

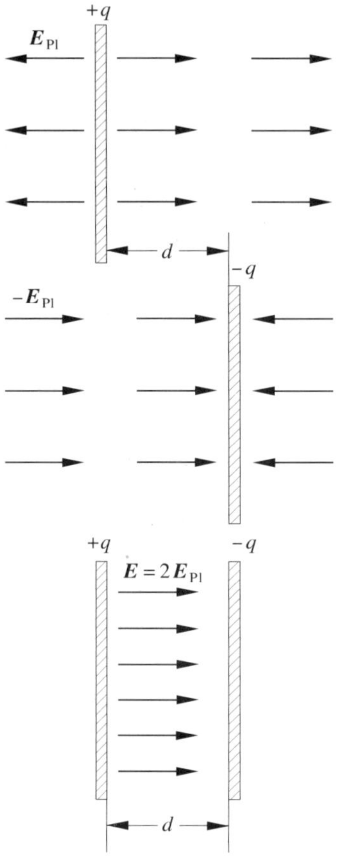

Abb. 1.24
Zur Berechnung der Kraftwirkung zwischen den Platten eines Kondensators

Nach (D 1.5) zieht die positiv geladene Platte die negativ geladene mit der Kraft

$$\boldsymbol{F} = q\,\boldsymbol{E}_{Pl} = q\,\frac{\boldsymbol{E}}{2}$$

an. Nach (S 1.7) kann unter Beachtung von (D 1.9) für E auch

$$E = \frac{q}{\varepsilon_0\,\varepsilon_r\,A}$$

geschrieben werden. Somit folgt

$$F = \frac{q\,E}{2} = \frac{q^2}{2\,\varepsilon_0\,\varepsilon_r\,A}$$

oder mit (1.13a)

Kraftwirkung zwischen den Platten eines Kondensators

$$F = \frac{A\,U^2\,\varepsilon_0\,\varepsilon_r}{2d^2}\,. \qquad (1.13c)$$

Die Kraft zwischen den Platten wächst bei gegebenen U und ε_r quadratisch mit abnehmendem Plattenabstand.

Die Beziehung (1.13c) gestattet es, die Spannungsmessung auf eine Kraftmessung zurückzuführen (*Kirchhoffsche Potentialwaage,* s. Abb. 1.25). Benutzt werden zwei metallische Platten der Fläche A in Luft ($\varepsilon_r = 1$). Die Platte $\mathrm{Pl_I}$ hängt isoliert an dem einen Hebel einer Hebelwaage. Im ladungsfreien Zustand hat sie den Abstand d von der ebenfalls isoliert aufgestellten Platte $\mathrm{Pl_{II}}$, die Waage befindet sich dann im Gleichgewicht. Bei Aufladung wird $\mathrm{Pl_I}$ mit der Kraft F an $\mathrm{Pl_{II}}$ herangezogen. Das Gleichgewicht der Waage erfordert das Gewicht $G = F = mg$ am anderen Hebel. Mißt man m, so ist nach (1.13c) die Spannung U zwischen den Platten bekannt. Historisch hat dieses Meßverfahren Bedeutung für die Festlegung der Einheit Volt gehabt.

Kirchhoffsche Potentialwaage

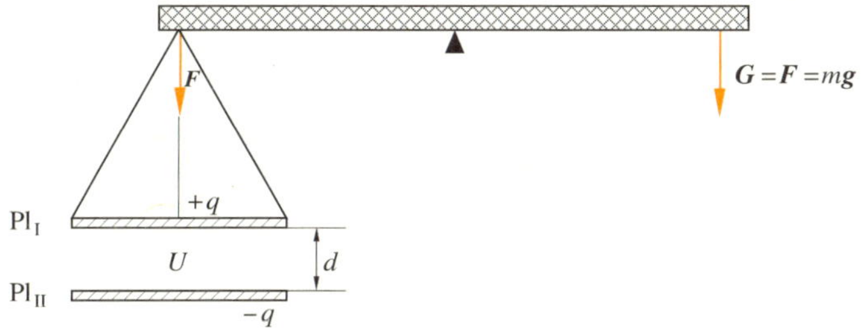

Abb. 1.25 Kirchhoffsche Potentialwaage

GUSTAV ROBERT KIRCHHOFF (1824–1887)

Bei der Herleitung von (1.13) wurde ein homogenes Feld zwischen den Platten vorausgesetzt, d.h. die Randstörungen wurden vernachlässigt. Der dadurch bedingte Fehler wird um so größer, je kleiner A/d ist.

1.1.5 Elektrische Verschiebung

Die Beziehung (D 1.5) definiert die elektrische Feldstärke durch die auf eine Probeladung im gegebenen elektrischen Feld wirkende Kraft. Wir wollen jetzt die elektrischen Erscheinungen mit Hilfe der *felderzeugenden Ladungen* beschreiben.

Nach (1.6a) ist das elektrische Feld einer Punktladung q darstellbar durch

$$\boldsymbol{E} = \frac{q}{4\pi\varepsilon_0\varepsilon_r r^2}\,\boldsymbol{r}^0 .$$

Wir umschließen diese felderzeugende Punktladung q durch eine Kugelfläche vom Radius r mit dem Mittelpunkt in der Ladung (vgl. Abb. 1.11) und berechnen das geschlossene Oberflächenintegral $\oint \varepsilon_0\varepsilon_r \boldsymbol{E}\cdot \mathrm{d}\boldsymbol{A}$ über die Kugelfläche A. Unter Beachtung von $\boldsymbol{E}\uparrow\uparrow\boldsymbol{r}^0$ für $q>0$ (bzw. $\boldsymbol{E}\uparrow\downarrow\boldsymbol{r}^0$ für

$q < 0$), (A 3.5) und $A = 4\pi r^2$ gilt

$$\oint_{\text{Kugel}} \varepsilon_0 \varepsilon_r \boldsymbol{E} \cdot \mathrm{d}\boldsymbol{A} = \frac{q}{4\pi r^2} \oint_{\text{Kugel}} \mathrm{d}A = \frac{q}{4\pi r^2} 4\pi r^2$$

oder

$$\oint_{\text{Kugel}} \varepsilon_0 \varepsilon_r \boldsymbol{E} \cdot \mathrm{d}\boldsymbol{A} = q . \tag{1.14}$$

(1.14) legt folgende Definition nahe:

(D 1.12) elektrische Verschiebung $\boldsymbol{D}$

Wird die elektrische Ladung q von der beliebigen geschlossenen Fläche A umgeben, so heißt der Vektor $\boldsymbol{D}$ im Integral

$$\oint_A \boldsymbol{D} \cdot \mathrm{d}\boldsymbol{A} = q$$

elektrische Verschiebung.

Mögliche Maßeinheit: $[D] = \mathrm{C\,m^{-2}}$.

Nach (D 1.12) sind die felderzeugenden Ladungen q die Quellen bzw. Senken des Vektorfeldes der elektrischen Verschiebung. Die Vektoren $\boldsymbol{D}$ entspringen an den positiven Ladungen und enden an den negativen (vgl. A. 6).

Die Feldgrößen $\boldsymbol{E}$ und $\boldsymbol{D}$ unterscheiden sich grundsätzlich. Während die elektrische Feldstärke eine Größe der Größenart $\frac{\text{Kraft}}{\text{Ladung}}$ ist, ist die elektrische Verschiebung eine Größe der Größenart $\frac{\text{Ladung}}{\text{Fläche}}$.

Für den Zusammenhang zwischen elektrischer Feldstärke $\boldsymbol{E}$ und elektrischer Verschiebung $\boldsymbol{D}$ einer Punktladung ergibt der Vergleich von (1.14) mit (D 1.12) unter Beachtung von $\varepsilon = \varepsilon_0 \varepsilon_r$ (D 1.3a)

$$\boldsymbol{D} = \varepsilon_0 \varepsilon_r \boldsymbol{E} = \varepsilon \boldsymbol{E} .$$

Erfahrungsgemäß kann auch für beliebige Felder der Zusammenhang zwischen $\boldsymbol{E}$ und $\boldsymbol{D}$ in guter Näherung als linear angesehen werden (siehe auch Bd. IV).

(S 1.9) $\boldsymbol{D} = \varepsilon_0 \varepsilon_r \boldsymbol{E}$

Die elektrische Verschiebung ist linear von der elektrischen Feldstärke abhängig:

$$\boldsymbol{D} = \varepsilon \boldsymbol{E} = \varepsilon_0 \varepsilon_r \boldsymbol{E}.$$

Da die Vektoren $\boldsymbol{E}$ und $\boldsymbol{D}$ unabhängig voneinander durch (D 1.5) und (D 1.12) definiert sind, wird durch (S 1.9) zugleich die Dielektrizitätskonstante unabhängig vom Maßsystem festgelegt:

(D 1.3) Dielektrizitätskonstante ε

Die Proportionalitätskonstante ε in der Beziehung $\boldsymbol{D} = \varepsilon \boldsymbol{E}$ heißt Dielektrizitätskonstante.

Für viele Probleme ist es ausreichend, die Dielektrizitätskonstante als *skalare* Materialkonstante (homogenes Medium) oder als *skalare* Ortsfunktion (inhomogenes Medium) aufzufassen. Für schnell veränderliche elektrische Felder kann ε außerdem eine Funktion der Frequenz werden ($\varepsilon = \varepsilon(\nu)$). Für bestimmte Probleme (z. B. in der Kristalloptik, siehe Abschn. 10.3) ist die Dielektrizitätskonstante keine skalare Größe, sondern ein symmetrischer Tensor 2. Stufe. Die elektrische Verschiebung ist dann eine lineare Vektorfunktion der elektrischen Feldstärke.

1.1.6 Elektrisches Feld als Träger der elektrostatischen Energie

Zwischen einem Leitersystem und einem gewählten Bezugspotential (z. B. dem Potential einer unendlich entfernten Leiterfläche) liege die Spannung $U_{12} = U$. Wir bringen die Ladung q vom Bezugspotential auf das Leitersystem und berechnen die hierbei verrichtete Arbeit. Nach (D 1.10) bewirkt eine Veränderung der Ladung des Leitersystems zugleich eine Veränderung der Potentialdifferenz, so daß $U = U(q)$ gilt. Unter Beachtung dieser Tatsache erhält man aus (1.3) für die verrichtete Arbeit

$$W_A = W_{el} = \int_q U(q)\,dq$$

oder mit (D 1.10), (S 1.8) und (A 2.30)

$$W_{el} = \int \frac{q\,dq}{C} = \frac{q^2}{2C} = \frac{qU}{2}. \tag{1.15a}$$

Die Energie W_{el} wird als *elektrostatische Energie* des Leitersystems bezeichnet. Wir können in (1.15a) die Größe qU durch die elektrischen Feldgrößen $\boldsymbol{E}$ und $\boldsymbol{D}$ ersetzen und so das elektrische Feld als Träger der elektrostatischen Energie ansehen. Das sei am Beispiel des Plattenkondensators erläutert. Das Bezugspotential sei die eine Platte, auf die andere Platte bringen wir die Ladung q. Mit (1.13a), (1.8) und dem Volumen $V = Ad$ des Kondensators folgt

elektrostatische Energie

$$qU = \frac{AU^2 \varepsilon_0 \varepsilon_r}{d} = E^2 V \varepsilon_0 \varepsilon_r,$$

somit aus (1.15a) unter Beachtung von (D 1.12) und (A 2.30)

$$W_{el} = \frac{\varepsilon_0 \varepsilon_r E^2 V}{2} = \frac{1}{2}(\boldsymbol{D} \cdot \boldsymbol{E})\, V \tag{1.15b}$$

und für die Energiedichte $w = W/V$ (vgl. (I D 10.10)) im Plattenkondensator

$$w_{el} = \frac{\boldsymbol{D} \cdot \boldsymbol{E}}{2}.$$

Dieses Ergebnis läßt sich auf beliebige Leitersysteme erweitern:

(S 1.10)
Energiedichte im elektrischen Feld

Das elektrische Feld ist Träger der elektrostatischen Energie. Für die elektrische Energiedichte gilt

$$w_{el} = \frac{\boldsymbol{D} \cdot \boldsymbol{E}}{2} .$$

1.2 Statische magnetische Felder

1.2.1 Grunderscheinungen des Magnetismus

magnetische Erscheinungen
Magnetismus
magnetische Kräfte

Neben den elektrischen Erscheinungen kennt man seit langem andere, die ihnen wohl ähneln, mit ihnen aber nicht identisch sind. Sie werden als *magnetische Erscheinungen* oder als die Erscheinungen des *Magnetismus* bezeichnet. Sie äußern sich wie die elektrischen Erscheinungen u.a. in bestimmten Kraftwirkungen (*magnetische Kräfte*). Die magnetischen Kraftwirkungen des Magneteisensteins waren ebenfalls schon THALES VON MILET bekannt. Die älteste Anwendung des Magnetismus ist die Ausnutzung der Nord-Süd-Einstellung der Magnetnadel im magnetischen Erdfeld zur Orientierung.

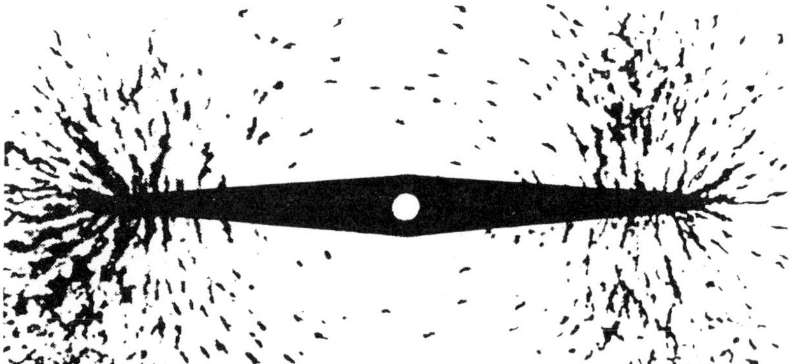

Abb. 1.26 Magnetische Pole einer Magnetnadel

magnetische Pole

Bestreut man eine Magnetnadel mit Eisenpulver, so häufen sich die Eisenfeilspäne an zwei bestimmten Stellen der Magnetnadel (siehe Abb. 1.26). Man bezeichnet diese Häufungsstellen als *magnetische Pole*. Weiter zeigt die experimentelle Erfahrung, daß jeder *Magnet zwei* Pole gleich großer Kraftwirkung, aber unterschiedlichen Vorzeichens besitzt.

Das Vorzeichen der Pole wurde willkürlich durch die Einstellung der Magnetnadel im erdmagnetischen Feld festgelegt. Der nach Norden weisende Pol der Magnetnadel heißt *magnetischer Nordpol,* der nach Süden weisende Pol *magnetischer Südpol* des Magneten. Gleichnamige magnetische Pole stoßen sich wie gleichnamige elektrische Ladungen ab, ungleichnamige Pole ziehen sich wie zwei elektrische Ladungen unterschiedlichen Vorzeichens an.

magnetischer Nordpol
magnetischer Südpol

Es gibt positive und negative magnetische Pole (magnetische Nordpole und magnetische Südpole). Ungleichnamige Pole üben anziehende, gleichnamige abstoßende Kräfte aufeinander aus.

(S 1.11)
Kraftwirkung zwischen magnetischen Polen

Einen fundamentalen Unterschied zwischen elektrischen und magnetischen Erscheinungen erkennt man, wenn man versucht, die ungleichnamigen Pole einer Magnetnadel zu trennen. Zerteilt man den Magneten in der Mitte, so entstehen an der Bruchfläche jeweils zwei neue ungleichnamige Pole gleicher Stärke, so daß die beiden Teilstücke wieder zwei ungleichnamige Pole gleicher Stärke besitzen. Eine wiederholte Teilung führt immer zum gleichen Resultat. Es gibt auch keinen magnetischen Parallelversuch zu der möglichen Übertragung elektrischer Ladungen von einem Körper auf einen anderen. Das führt zu der experimentell gewonnenen Erkenntnis:

Es gibt keine magnetischen Monopole.

(S 1.12a)
es gibt keine magnetischen Monopole

Demzufolge kann im Gegensatz zur möglichen Wanderung elektrischer Ladungen in Leitern auch nicht beobachtet werden, daß magnetische Monopole in Stoffen wandern. Hieraus folgt als weiterer fundamentaler Unterschied zu den Erscheinungen der Elektrizität:

Es gibt keine magnetischen Leiter.

(S 1.13)
es gibt keine magnetischen Leiter

Jeder Stoff behält seine magnetischen Erscheinungen bei, bis durch innere Gefügeänderungen des Materials sein Magnetismus zerstört wird.

Man kann, um Analogien zur Elektrostatik herzustellen, einen Magnetpol durch die Größenart *magnetische Polstärke* charakterisieren. Die Polstärke des Nordpols wird mit $+p$, die des Südpols mit $-p$ bezeichnet. Da es aber keine magnetischen Monopole gibt, führt man die magnetische Polstärke auf elektrische Größen zurück (siehe Abschnitt 1.2.2), sie ist also keine Grundgrößenart.

magnetische Polstärke

1.2.2 Coulombsches Gesetz für Magnetpole

Im Abstand r vom Magnetpol der Polstärke p_1 befinde sich ein zweiter Magnetpol der Polstärke p_2. Dabei wird vorausgesetzt, daß jeder der beiden Pole eine im Vergleich zum Abstand r kleine Ausdehnung besitzt.

Dann kann das Denkmodell magnetischer Punktpol Anwendung finden:

(D 1.13) magnetischer Punktpol

Ein magnetischer Pol, dessen magnetische Polstärke in einem Punkt konzentriert ist, heißt magnetischer Punktpol.

Nach der experimentellen Erfahrung gilt für die Kraft, mit der ein magnetischer Punktpol p_1 auf einen Punktpol p_2 im Abstand $\boldsymbol{r}$ wirkt,

$$\boldsymbol{F} = \text{const}\,\frac{p_1 p_2}{r^2}\,\boldsymbol{r}^0. \tag{1.16}$$

Die Proportionalitätskonstante ist hier wie in der entsprechenden Gleichung der Elektrostatik (1.1) vom Material zwischen den beiden Magnetpolen abhängig und $\boldsymbol{r}^0$ wie dort gerichtet. Aus historischen Gründen setzt man in (1.16) $\text{const} = \frac{\mu}{4\pi}$, so daß dem ε der Elektrostatik die Konstante $\frac{1}{\mu}$ der Magnetostatik entspricht (vgl. Tabelle 1.5).

(D 1.14a) Permeabilität μ magnetische Feldkonstante μ_0 Permeabilitätszahl μ_r

Die die Größe der Kraft zwischen Magnetpolen mitbestimmende Materialkonstante μ heißt Permeabilität, μ_0 Permeabilität des Vakuums oder magnetische Feldkonstante und das Verhältnis

$$\mu_r = \frac{\mu}{\mu_0}$$

Permeabilitätszahl.

Da die magnetische Polstärke durch elektrische Größen ausdrückbar ist, ist durch die Wahl der elektrischen Einheiten auch die magnetische Feldkonstante μ_0 festgelegt.

Wie in (S 7.3) gezeigt wird, besteht zwischen den Größen ε_0 und μ_0 mit c als Vakuumlichtgeschwindigkeit die Beziehung

Zusammenhang von ε_0 und μ_0

$$\varepsilon_0 \mu_0 = \frac{1}{c^2} \quad (c = 2{,}99792458 \cdot 10^8\,\text{ms}^{-1}),$$

womit für μ_0 im Internationalen Einheitensystem bei Beachtung von (1.2) der Wert

Wert von μ_0 im SI-System

$$\mu_0 = 4\pi \cdot 10^{-7}\,\text{Vs}\,\text{A}^{-1}\,\text{m}^{-1} \tag{1.17}$$

folgt.

(D 1.14a) ist ebenso wie (D 1.3a) auf das SI-System bezogen. Eine vom Maßsystem unabhängige Definition für μ wird in (D 1.14) gegeben.

Setzt man in (1.16) $\text{const} = \frac{\mu}{4\pi}$ ein, so ergibt sich mit (1.17) und (D 1.4) als mögliche Maßeinheit für die magnetische Polstärke $[p] = \text{Am}$.

In völliger Analogie zu (S 1.3) kann formuliert werden:

(S 1.14) Coulombsches Gesetz für Magnetpole

Ist $\boldsymbol{r}$ der vom Punktpol der magnetischen Polstärke p_1 zum Punktpol der magnetischen Polstärke p_2 weisende Ortsvektor und ist der Raum zwischen beiden Punktpolen mit dem Medium der Permeabilität $\mu = \mu_0 \mu_r$ ausgefüllt, dann wirkt p_1 auf p_2 mit der Kraft

$$\boldsymbol{F} = \frac{p_1 p_2 \mu_0 \mu_r}{4\pi r^2} \boldsymbol{r}^0$$

(Coulombsches Gesetz für magnetische Punktpole).

Besitzen die beiden Punktpole p_1 und p_2 gleiches Vorzeichen ($p_1 p_2 > 0$), dann gilt nach (S 1.14) $\boldsymbol{F} \uparrow\uparrow \boldsymbol{r}^0$. Der Punktpol p_2 wird vom Punktpol p_1 abgestoßen (vgl. (S 1.11) und Abb. 1.27a). Besitzen dagegen die beiden Punktpole p_1 und p_2 unterschiedliche Vorzeichen ($p_1 p_2 < 0$), so gilt $\boldsymbol{F} \downarrow\uparrow \boldsymbol{r}^0$; der Punktpol p_2 wird vom Punktpol p_1 angezogen (vgl. (S 1.11) und Abb. 1.27b).

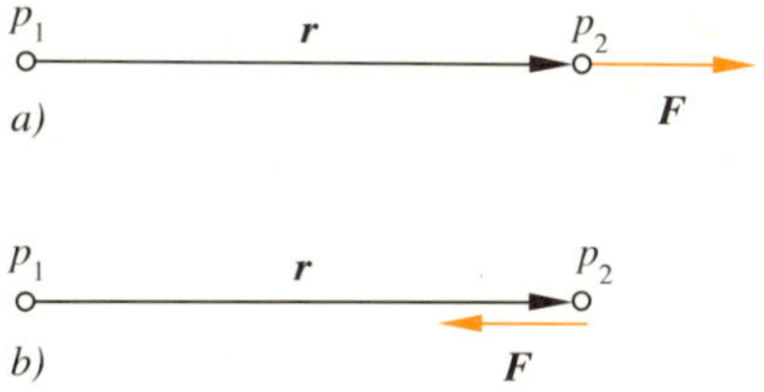

Abb. 1.27
Zum Coulombschen Gesetz für Magnetpole
a) $p_1 p_2 > 0$, Pole stoßen sich ab
b) $p_1 p_2 < 0$, Pole ziehen sich an

Die Permeabilität μ ist für dia- und paramagnetische Stoffe eine Materialkonstante, für Ferromagnetika zusätzlich eine Funktion der magnetischen Feldstärke (vgl. (D 1.20)). Die Permeabilitätszahl gibt an, um wieviel Mal die Permeabilität des betrachteten Mediums größer als die des Vakuums ist. Für das Vakuum gilt nach Definition $\mu_r = 1$.

Man unterscheidet u. a.

– *Diamagnetika* ($\mu_r < 1$) — Diamagnetika

Die Permeabilitätszahl ist etwas kleiner als 1 (Tabelle 1.2). Ein diamagnetischer Stoff wird aus einem inhomogenen magnetischen Feld herausgetrieben.

Tabelle 1.2
μ_r für einige Diamagnetika

Stoff	μ_r
Antimon	0,999884
Benzol	0,999992
Gold	0,999971
Kohlendioxid (gasförmig)	0,999999990
Kupfer	0,999990
Quecksilber	0,999967
Silber	0,999975
Wasser	0,999991
Wasserstoff (gasförmig)	0,9999999977
Wismut	0,999832
Zink	0,999987

Paramagnetika

– *Paramagnetika* ($\mu_r > 1$)

Die Permeabilitätszahl ist etwas größer als 1 (Tabelle 1.3). Ein paramagnetischer Stoff wird in ein inhomogenes Magnetfeld hineingezogen.

Tabelle 1.3
μ_r für einige Paramagnetika

Stoff	μ_r
Eisenchlorid	1,003758
Luft	1,0000004
Nickelchlorid	1,001973
Sauerstoff (gasförmig)	1,003400
Sauerstoff (fest)	1,006000

Ferromagnetika

– *Ferromagnetika* ($\mu_r = \mu_r(H), \quad \mu_{r,\max} \gg 1$)

μ_r ist für Ferromagnetika keine Materialkonstante

Die Permeabilitätszahl ist eine Funktion der anliegenden magnetischen Feldstärke (Abb. 1.28). μ_r durchläuft ein Maximum und nähert sich für sehr große Feldstärken asymptotisch dem Wert $\mu_r = 1$. Die Maximalwerte von μ_r können bis zu 10^5 betragen (Tabelle 1.4). Ein ferromagnetischer Stoff wird stark in ein inhomogenes magnetisches Feld hineingezogen.

Tabelle 1.4
μ_r für einige Ferromagnetika für $H=0$ und $\mu_{r,max}$

Stoff	**Zusammensetzung**	μ_r **für** $H=0$	$\mu_{r,max}$
Eisen	96% Fe, 4% Si	400	8000
Heuslersche Legierung	75,6% Cu, 14,2% Mn, 10,1% Al	48	80
Hipernik	50% Ni, 50% Fe	5000	56000
Hyperm 20	20% Cr, 5% Al, 75% Fe	650	10000
Kobalt	96% Co, 1,4% C, 0,8% Ni, 0,25% Mn, 0,9% Fe, 0,4% Si	84	175
μ-Metall	76% Ni, 17% Fe, 5% Cu, 2%Cr	12000	45000
Cr-Permalloy	78,5% Ni, 3,8% Cr, 17,7% Fe	12000	62000
Mo-Permalloy	78,5% Ni, 3,8% Mo, 17,7% Fe	20000	75000

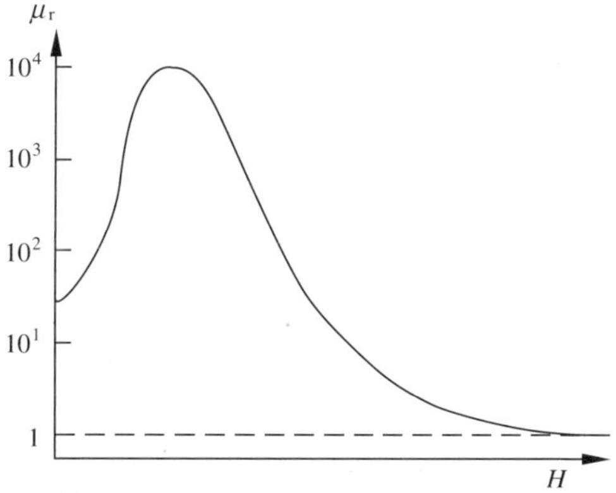

Abb. 1.28
μ_r für einen ferromagnetischen Stoff als Funktion der anliegenden Feldstärke H (schematisch)

Die mikrophysikalische Begründung der dia-, para- und ferromagnetischen Eigenschaften der Stoffe erfolgt umfassend in Bd. IV.

1.2.3 Magnetische Induktion

Die Größe magnetische Induktion wird analog der Größe elektrische Feldstärke eingeführt. Wir bringen in das gegebene *magnetische Feld* einen magnetischen Probepol der Polstärke p_p und messen die Kraft $\boldsymbol{F}$ auf diesen Probepol. Nach (S 1.14) ist der Quotient aus gemessener Kraft $\boldsymbol{F}$ und Polstärke p_p des Probepoles,

$$\boldsymbol{B}=\frac{\boldsymbol{F}}{p_p},$$

unabhängig von p_p. Die Größe $\boldsymbol{B}$ stellt damit ein Maß für das gegebene magnetische Feld dar, wenn verhindert wird, daß das eigene Feld des Probepols das auszumessende Feld stört. p_p muß daher geeignet klein gewählt werden.

(D 1.15)
magnetische Induktion $\boldsymbol{B}$

Bringt man an den Ort P eines magnetischen Feldes einen Probepol der Polstärke p_p und mißt die auf den Probepol wirkende Kraft $\boldsymbol{F}$, so heißt die Größe

$$\boldsymbol{B} = \frac{\boldsymbol{F}}{p_p}$$

magnetische Induktion am Ort P. Der Probepol p_p muß hierzu so klein gewählt werden, daß sein eigenes Feld das vorgegebene Feld nicht stört.

Mit (D 1.4) und $[p] = \mathrm{Am}$ folgt aus (D 1.15) als mögliche Maßeinheit für die magnetische Induktion $[B] = \mathrm{Vs\,m^{-2}}$. Das führt zur Festlegung der Einheit Tesla:

(D 1.16)
Maßeinheit Tesla (T)

$$1\,\mathrm{Tesla} = 1\,\mathrm{T} = 1\,\mathrm{V} \cdot 1\,\mathrm{s} \cdot 1\,\mathrm{m}^{-2}.$$

Für die Beschreibung des magnetischen Feldes hat der Feldvektor $\boldsymbol{B}$ die gleiche Bedeutung wie der Feldvektor $\boldsymbol{E}$ für die Beschreibung des elektrischen Feldes.

magnetische Feldlinien

Der Feldverlauf kann durch *magnetische Feldlinien* veranschaulicht werden. Die Konstruktionsvorschrift der elektrischen Feldlinie (vgl. Abb. 1.5) ist auf die magnetische Feldlinie übertragbar.

Mit Hilfe von Eisenfeilspänen läßt sich der Verlauf der magnetischen Feldlinien experimentell sichtbar machen. Die Eisenfeilspäne stellen sich in Feldrichtung ein (Abb. 1.29).

NICOLA TESLA (1856–1943)

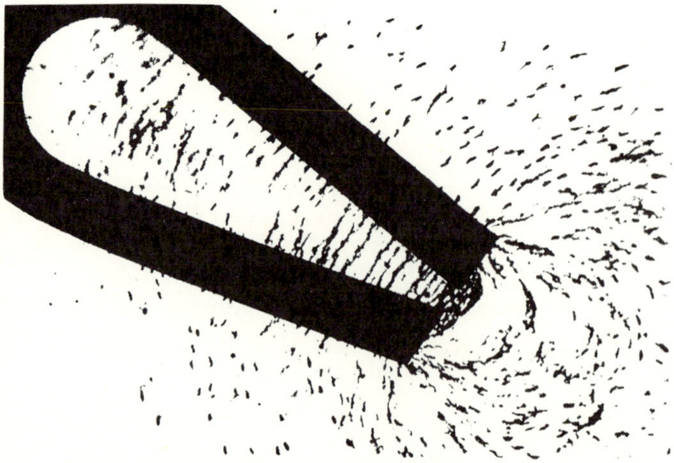

Abb. 1.29 Feldlinien eines Hufeisenmagneten

Zur Deutung dieses Effektes führen wir analog dem elektrischen Dipol (siehe (D 1.8)) den magnetischen Dipol ein (Abb. 1.30).

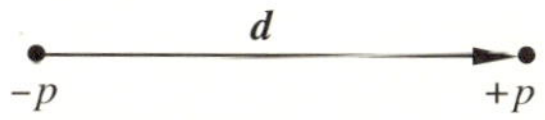

Abb. 1.30 Magnetischer Dipol

Eine Magnetpolanordnung von zwei magnetischen Punktpolen gleichen Betrages, aber unterschiedlicher Vorzeichen im Abstand *d*, aus einer Entfernung groß gegenüber *d* betrachtet, heißt magnetischer Dipol, die Größe

$\boldsymbol{m}_{\mathrm{m}} = p\boldsymbol{d}$

Moment des magnetischen Dipoles oder magnetisches Dipolmoment ($\boldsymbol{d}$ Vektor von $-p$ nach $+p$).

(D 1.17) magnetischer Dipol magnetisches Dipolmoment $\boldsymbol{m}_{\mathrm{m}}$

Mögliche Maßeinheit: $[m_{\mathrm{m}}] = \mathrm{Am}^2$.

Im Gegensatz zum magnetischen Monopol kann die Existenz des magnetischen Dipols experimentell nachgewiesen werden (z. B. Stabmagnet).

Nach (D 1.15) und (D 1.17) unterliegt ein magnetischer Dipol im *homogenen magnetischen Feld* ($\boldsymbol{B} = \mathbf{const}$) der resultierenden Kraft

$$\boldsymbol{F} = p\boldsymbol{B} - p\boldsymbol{B} = \mathbf{0},$$

d. h., im homogenen magnetischen Feld wirkt auf den Dipol nur ein resultierendes Kräftepaar (Abb. 1.31). Für sein resultierendes Drehmoment $M = sF$ (I S 5.5) folgt nach (D 1.15) und (D 1.17)

magnetischer Dipol im homogenen magnetischen Feld

$$M = sF = d\,p\,B\sin\alpha$$

oder unter Beachtung von $\boldsymbol{M} = \boldsymbol{s} \times \boldsymbol{F}$ (I D 5.3), $\boldsymbol{m}_{\mathrm{m}} = p\,\boldsymbol{d}$ (D 1.17) und (A 3.7)

$$\boldsymbol{M} = \boldsymbol{m}_{\mathrm{m}} \times \boldsymbol{B}. \tag{1.18}$$

Der magnetische Dipol erfährt im homogenen magnetischen Feld solange eine Drehung, bis $\boldsymbol{m}$ und $\boldsymbol{B}$ gleichgerichtet sind.

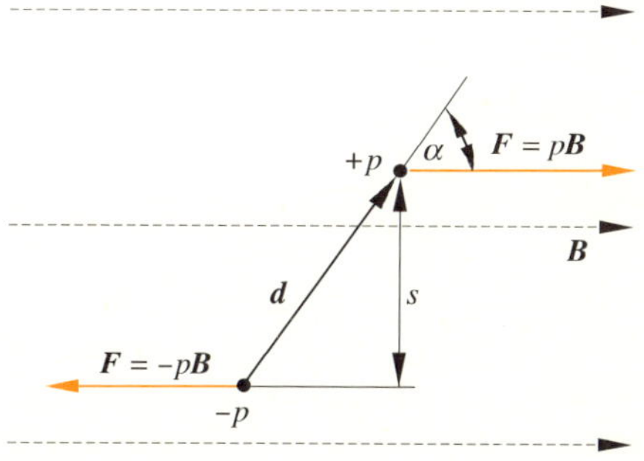

Abb. 1.31 Magnetischer Dipol im homogenen magnetischen Feld

Mit (1.18) ist die besprochene Methode zur Darstellung magnetischer Feldlinien erklärbar. Die Eisenfeilspäne sind kleine magnetische Dipole. Das magnetische Feld kann in den Abmessungen der Eisenfeilspäne als homogen angesehen werden. Das Magnetfeld bewirkt daher weiter nichts als eine Ausrichtung der Eisenfeilspäne in Feldrichtung.

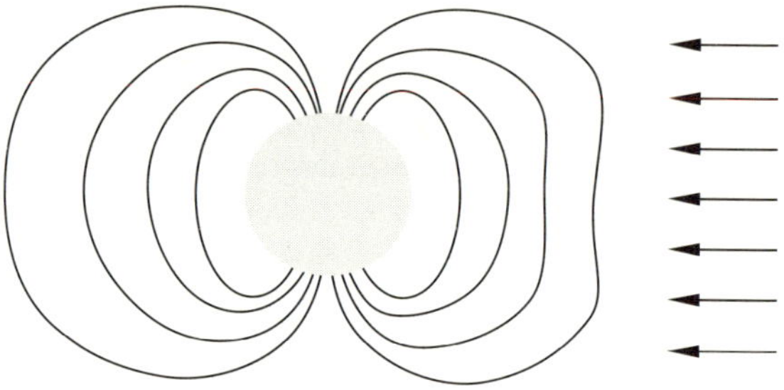

Abb. 1.32 Magnetfeld der Erde

Bis in die fünfziger Jahre nahm man an, daß das erdmagnetische Feld in guter Näherung als Feld eines magnetischen Dipols mit Sitz im Erdmittelpunkt darstellbar ist. Satellitenbeobachtungen zeigten jedoch, daß als Folge der von der Sonne einfallenden Teilchenstrahlung (Sonnenwind) in erdfernen Regionen erhebliche Abweichungen von diesem Feldverlauf auftreten (Abb. 1.32).

1.2.4 Magnetische Feldstärke, magnetische Energiedichte

Für viele Erscheinungen der Elektrizitätslehre (z.B. für alle Induktionserscheinungen) ist nicht die magnetische Induktion, sondern der magnetische Fluß durch eine Fläche maßgebend. Er wird folgendermaßen eingeführt:

(D 1.18) magnetischer Fluß Φ

Die Größe

$$\Phi = \int_A \boldsymbol{B} \cdot \mathrm{d}\boldsymbol{A}$$

heißt magnetischer Fluß durch die Fläche A.

Mögliche Maßeinheit: $[\Phi] = \mathrm{Vs}$. Für diese Maßeinheit ist auch die Bezeichnung Weber gebräuchlich:

(D 1.19) Maßeinheit Weber (Wb)

1 Weber $\hat{=}$ 1 Wb = 1 V · 1 s.

Erstreckt man in Analogie zur Elektrostatik das Integral über eine geschlossene Fläche, so darf der Erfahrungssatz (S 1.12a) nicht unbeachtet bleiben: es gibt keine magnetischen Monopole. Magnetischer Nord- und magnetischer Südpol bilden eine Einheit und können nicht voneinander getrennt werden. Demzufolge enthält jedes von einer beliebig kleinen Fläche umschlossene Volumen beide Pole, und deshalb müssen aus ihm genausoviele magnetische Feldlinien aus- wie eintreten. Das bedeutet, daß die magnetischen **B**-Linien im Gegensatz zu den elektrischen Feldlinien grundsätzlich geschlossene Kurven sind. Abbildung 1.33 zeigt als Beispiel die Feldlinien eines Stabmagneten. Nach den durchgeführten Überlegungen kann nun (S. 1.12a) präzisiert werden (vgl. A. 6):

B-Linien sind stets geschlossen

Es gibt keine magnetischen Monopole. Der magnetische Fluß durch jede beliebige geschlossene Fläche A verschwindet:

$$\oint \boldsymbol{B} \cdot \mathrm{d}\boldsymbol{A} = 0 .$$

(S 1.12)
$\oint \boldsymbol{B} \cdot \mathrm{d}\boldsymbol{A} = 0$

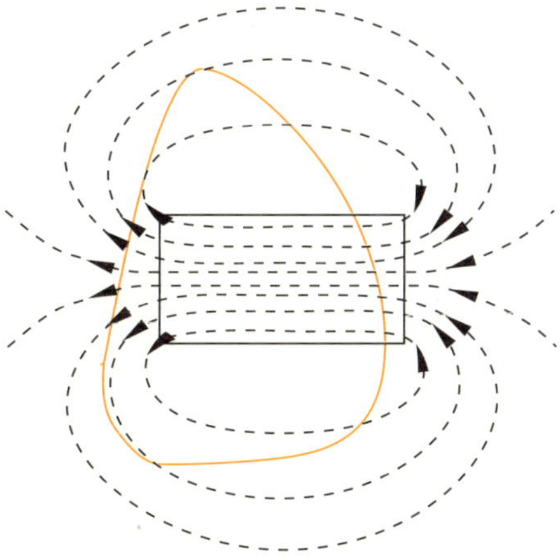

Abb. 1.33
Feldlinien des **B**-Feldes eines idealisierten Stabmagneten mit möglicher Integrationsfläche

Wilhelm Eduard Weber
(1804–1891)

Nach (S 1.14) und (D 1.15) folgt für einen Punktpol

$$\frac{\boldsymbol{B}}{\mu_0 \mu_r} = \frac{p \boldsymbol{r}^0}{4\pi r^2} .$$

Wird der Punktpol von einer Kugelfläche A mit dem Mittelpunkt im Punktpol umschlossen, so erhält man bei Beachtung von $\boldsymbol{B} \uparrow\uparrow \boldsymbol{r}^0$ für $p > 0$ (bzw. mit $\boldsymbol{B} \uparrow\downarrow \boldsymbol{r}^0$ für $p < 0$), (A 3.5) und $A = 4\pi r^2$ für das Oberflächenintegral über diese Kugel

$$\oint_{\text{Kugel}} \frac{\boldsymbol{B} \cdot \mathrm{d}\boldsymbol{A}}{\mu_0 \mu_r} = \frac{p}{4\pi r^2} \oint_{\text{Kugel}} \mathrm{d}A = p. \tag{1.19}$$

Analog zum elektrischen Fall wird definiert:

(D 1.20) magnetische Feldstärke $\boldsymbol{H}$

Wird ein Magnetpol der Polstärke p von einer beliebigen Fläche A umgeben, so heißt der Vektor $\boldsymbol{H}$ im Integral

$$\oint_A \boldsymbol{H} \cdot \mathrm{d}\boldsymbol{A} = p$$

magnetische Feldstärke.

Mögliche Maßeinheit: $[H] = \mathrm{Am}^{-1}$.

(1.19) steht in scheinbarem Widerspruch zu (S 1.12), denn zieht man für $p \neq 0$ die Permeabilität $\mu = \mu_0 \mu_r$ vor das Integral, so widersprechen sich beide Beziehungen, da $\mu_0 \mu_r \neq 0$. Dieser Widerspruch löst sich dadurch, daß die angenommene Operation für $p \neq 0$ nicht möglich ist. Nach der Erfahrung treten magnetische Pole nie getrennt auf; der isolierte Magnetpol ist für vorstehende Überlegung kein brauchbares Denkmodell. Die Pole eines Stabmagneten liegen an seinen Enden. Will man sie einzeln erfassen, so muß die Integrationsfläche durch die Mittelebene des Stabes erstreckt und über den Außenraum des Magneten geschlossen werden (Abb. 1.34). Beim Durchgang durch die Grenzfläche Magnetstab – Außenraum verändert sich μ_r sprunghaft. μ_r ist daher in (1.19) keine Konstante und kann damit auch nicht vor das Integral gezogen werden (vgl. auch Abschnitt 6.1.1).

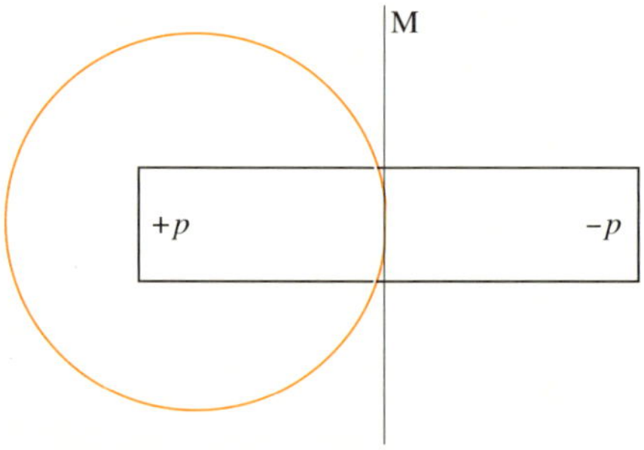

Abb. 1.34
Magnetpole eines Stabmagneten. —— mögliche Integrationsfläche zur Isolation eines der Pole, M Mittelebene des Magneten

die Magnetpole sind die Quellen ($p > 0$) oder die Senken ($p < 0$) des $\boldsymbol{H}$-Feldes

Nach (D 1.20) sind die Magnetpole die Quellen des Vektorfeldes $\boldsymbol{H}$. Im Gegensatz zu den stets geschlossenen $\boldsymbol{B}$-Linien entspringen die Vektoren $\boldsymbol{H}$ am positiven Magnetpol und enden am negativen. Abb. 1.35 zeigt dieses unterschiedliche Verhalten der Felder $\boldsymbol{B}$ und $\boldsymbol{H}$ für den Stabmagneten.

Unterscheidung zwischen $\boldsymbol{B}$-Feld und $\boldsymbol{H}$-Feld

Die magnetischen Feldgrößen $\boldsymbol{B}$ und $\boldsymbol{H}$ unterscheiden sich grundsätzlich. Während die magnetische Induktion eine Größe der Größenart $\dfrac{\text{Kraft}}{\text{Polstärke}}$ ist, ist die magnetische Feldstärke eine Größe der Größenart $\dfrac{\text{Polstärke}}{\text{Fläche}}$.

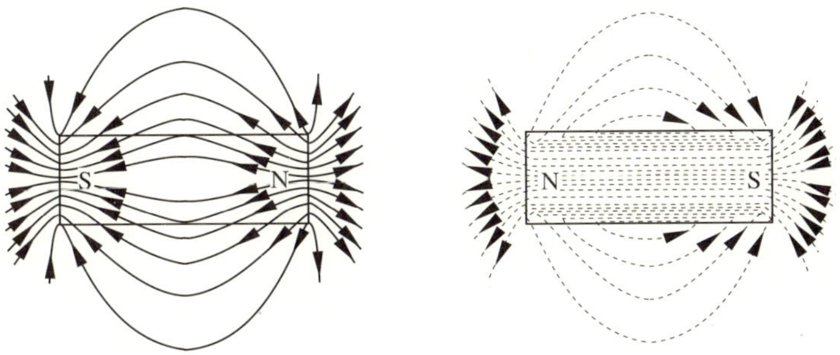

a) b)

Abb. 1.35
a) Feldlinien des $\boldsymbol{H}$-Feldes eines Stabmagneten
b) Feldlinien des $\boldsymbol{B}$-Feldes eines Stabmagneten

Die magnetische Feldstärke $\boldsymbol{H}$ ist analog der elektrischen Verschiebung $\boldsymbol{D}$ definiert (vgl. (D 1.20) mit (D 1.12)), die magnetische Induktion $\boldsymbol{B}$ analog der elektrischen Feldstärke $\boldsymbol{E}$ (vgl. (D 1.15) mit (D 1.5)). Daher sind $\boldsymbol{H}$ und $\boldsymbol{D}$ bzw. $\boldsymbol{B}$ und $\boldsymbol{E}$ die einander entsprechenden magnetischen und elektrischen Feldvektoren (vgl. Tabelle 1.5) und nicht umgekehrt, wie vielfach aus der historisch entstandenen Benennung der Größen geschlossen wird.

sich entsprechende Feldvektoren sind $\boldsymbol{E}$ und $\boldsymbol{B}$ sowie $\boldsymbol{D}$ und $\boldsymbol{H}$

Für den Zusammenhang zwischen magnetischer Induktion $\boldsymbol{B}$ und magnetischer Feldstärke $\boldsymbol{H}$ eines Punktpoles ergibt der Vergleich von (1.19) mit (D 1.20) unter Beachtung von (D 1.14a)

$$\boldsymbol{B} = \mu_0 \mu_r \boldsymbol{H}.$$

Auch hier ist für die meisten Felder dieser lineare Zusammenhang eine gute Näherung.

Der Vektor der magnetischen Induktion ist linear vom Vektor der magnetischen Feldstärke abhängig:

$$\boldsymbol{B} = \mu \boldsymbol{H} = \mu_0 \mu_r \boldsymbol{H}.$$

(S 1.15)
$\boldsymbol{B} = \mu_0 \mu_r \boldsymbol{H}$

Da die Vektoren $\boldsymbol{B}$ und $\boldsymbol{H}$ unabhängig voneinander definiert sind (siehe (D 1.15) und (D 1.20)), kann man festlegen:

Die Proportionalitätskonstante μ in der Beziehung $\boldsymbol{B} = \mu \boldsymbol{H}$ heißt Permeabilität.

(D 1.14)
Permeabilität μ

Für die dia- und paramagnetischen Substanzen ist die Permeabilität eine Materialkonstante (siehe Tabelle 1.2 und 1.3), bei Ferromagnetika ist die Permeabilität eine Funktion der erregenden magnetischen Feldstärke (siehe Abb. 1.28). Auf Grund der Analogie zwischen elektrostatischen und magnetostatischen Erscheinungen findet man analog zu (S 1.10)

Tabelle 1.5
Gegenüberstellung einiger wichtiger Größen von Elektro- und Magnetostatik

Elektrostatik	**Magnetostatik**
Existenz einer elektrischen Ladung (S 1.1)	Es gibt keine magnetischen Monopole (S 1.12)
Denkmodell elektrische Punktladung (D 1.1)	Denkmodell magnetischer Punktpol (D 1.13)
Elektrische Feldstärke $\boldsymbol{E}=\frac{\boldsymbol{F}}{q_\mathrm{p}}$ (D 1.5)	Magnetische Induktion $\boldsymbol{B}=\frac{\boldsymbol{F}}{p_\mathrm{p}}$ (D 1.15)
Elektrische Verschiebung $\oint \boldsymbol{D}\cdot \mathrm{d}\boldsymbol{A}=q$ (D 1.12)	Magnetische Feldstärke $\oint \boldsymbol{H}\cdot \mathrm{d}\boldsymbol{A}=p$ (D 1.20)
Dielektrizitätskonstante ε $\boldsymbol{D}=\varepsilon\boldsymbol{E}$ (D 1.3)	Reziproke Permeabilität μ^{-1} $\boldsymbol{H}=\frac{1}{\mu}\boldsymbol{B}$ (D 1.14)
Dielektrizitätszahl $\varepsilon_\mathrm{r}=\frac{\varepsilon}{\varepsilon_0}$ (D 1.3a)	Reziproke Permeabilitätszahl $\frac{1}{\mu_\mathrm{r}}=\frac{\mu_0}{\mu}$ (D 1.14a)
Elektrischer Fluß $\int \boldsymbol{E}\cdot \mathrm{d}\boldsymbol{A}$ (wurde hier nicht eingeführt)	Magnetischer Fluß $\Phi=\int \boldsymbol{B}\cdot \mathrm{d}\boldsymbol{A}$ (D 1.18)
Coulombsches Gesetz für elektrische Punktladungen $\boldsymbol{F}=\frac{q_1 q_2}{4\pi\varepsilon_0\varepsilon_\mathrm{r} r^2}\boldsymbol{r}^0$ (S 1.3)	Coulombsches Gesetz für magnetische Punktpole $\boldsymbol{F}=\frac{p_1 p_2 \mu_0 \mu_\mathrm{r}}{4\pi r^2}\boldsymbol{r}^0$ (S 1.14)
Elektrisches Dipolmoment $\boldsymbol{m}_\mathrm{el}=q\boldsymbol{d}$ (D 1.8)	Magnetisches Dipolmoment $\boldsymbol{m}_\mathrm{m}=p\boldsymbol{d}$ (D 1.17)
Elektrische Energiedichte $w_\mathrm{el}=\frac{\boldsymbol{E}\cdot\boldsymbol{D}}{2}$ (S 1.10)	Magnetische Energiedichte $w_\mathrm{m}=\frac{\boldsymbol{B}\cdot\boldsymbol{H}}{2}$ (S 1.16)

(vgl. auch Abschn. 4.2.):

Das magnetische Feld ist Träger der magnetischen Energie. Für die magnetische Energiedichte gilt

$$w_m = \frac{\boldsymbol{H} \cdot \boldsymbol{B}}{2}.$$

(S 1.16)
Energiedichte im magnetischen Feld

In Tabelle 1.5 sind die Zusammenhänge zwischen dem elektrostatischen und dem magnetostatischen Feld nochmals zusammengestellt.

1.3 Aufgaben

1.1

Vier gleichgroße positive Punktladungen q befinden sich an den Eckpunkten eines Quadrates mit der Seitenlänge a (s. Abbildung).

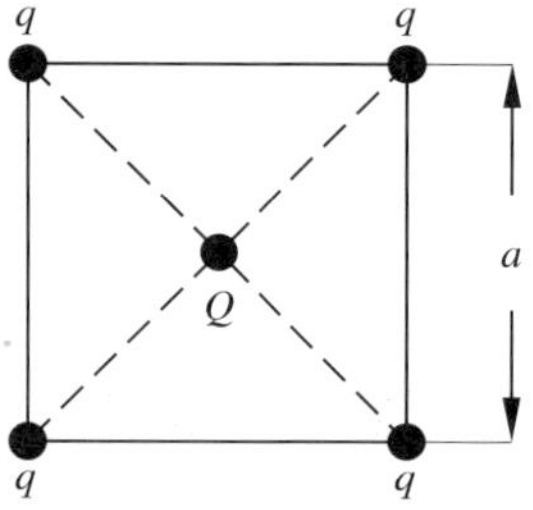

Welche Ladung Q müßte im Mittelpunkt des Quadrates angeordnet werden, damit das Gesamtsystem aller Ladungen im Gleichgewicht ist?

1.2

Ein Drahtring mit dem Radius R ist aufgeladen und trägt die Ladung q. Berechnen Sie das elektrische Potential φ und die elektrische Feldstärke $\boldsymbol{E}$ für einen beliebigen Punkt P der Ringachse, der vom Ringmittelpunkt die Entfernung r hat (s. Abbildung)!

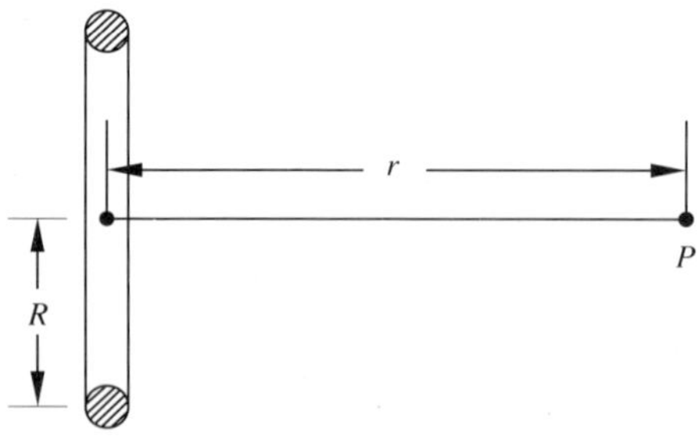

Geben Sie aus der allgemeinen Beziehung für $\boldsymbol{E}$ die Spezialfälle für $r = 0$ und $r \gg R$ an!

1.3

Ein Teilchen mit einem elektrischen Dipolmoment $\boldsymbol{m}_{\mathrm{el}}$ befindet sich im Abstand r von einem geraden, unendlich langen dünnen Draht, der eine Ladung λ pro Längeneinheit trägt. Der Vektor des Dipolmomentes liegt mit dem Draht in einer Ebene (s. Abbildung).

a) Wie groß sind die Kraft und das Drehmoment, welche auf das Teilchen wirken, wenn der Vektor $\boldsymbol{m}_{\mathrm{el}}$ senkrecht zum Draht steht?

b) Wie groß sind Kraft und Drehmoment, wenn $\boldsymbol{m}_{\mathrm{el}}$ dem Draht parallel ist?

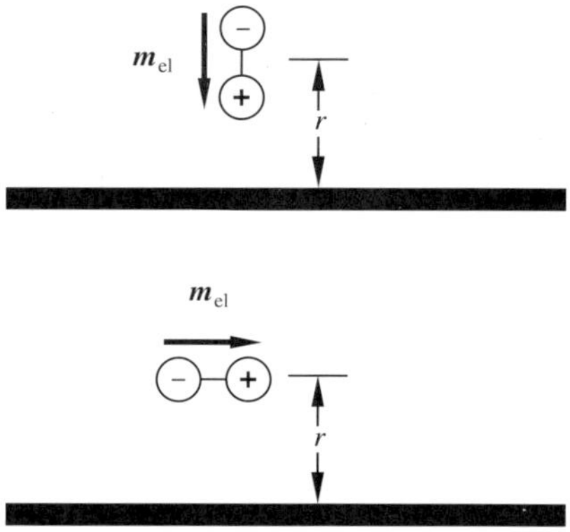

1.4

Welchen Krümmungsradius müssen die Ecken eines auf 200 kV aufgeladenen Leiters mindestens haben, wenn die Durchschlagspannung für Luft 20 kV/cm beträgt?

Hinweis: Man setze das Potentialgefälle an der Oberfläche der Ecken des Leiters näherungsweise dem einer Kugel!

1.5

Gegeben ist die Raumladungsverteilung

$$\varrho(r) = k\,\frac{\mathrm{e}^{-\frac{2r}{a}}}{r^2} \quad (a,\ k \text{ Konstanten}).$$

a) Man bestimme die Gesamtladung Q im Raum!
b) Man berechne die elektrische Feldstärke $E(r)$!

1.6

An einem Plattenkondensator ($d = 1$ cm, $A = 100\,\text{cm}^2$) liegt eine Spannung von 300 V. Zwischen den Platten befinden sich als Dielektrikum eine planparallele Glasplatte ($d_1 = 0{,}5$ cm, $\varepsilon_{r1} = 6$) und eine Paraffinplatte ($d_2 = 0{,}5$ cm, $\varepsilon_{r2} = 2$).

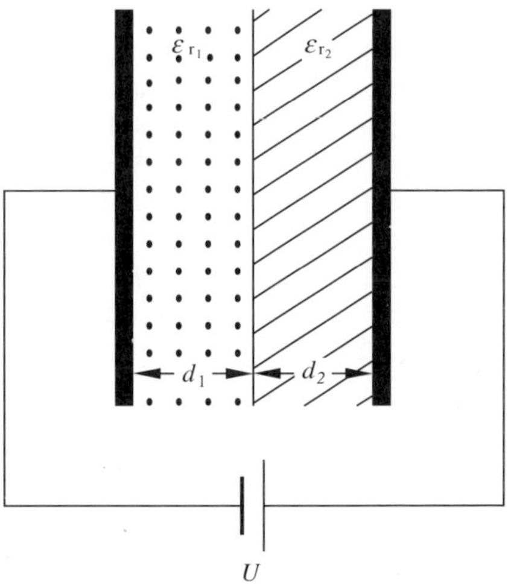

Zu berechnen sind:

a) Die elektrische Feldstärke und der Spannungsabfall in jeder Schicht.
b) Die Kapazität des Kondensators.
c) Die elektrische Verschiebung D auf den Platten und im Kondensator.
d) Die Änderungen von E, U und D, wenn man den Kondensator von der Spannungsquelle trennt und danach das Dielektrikum aus dem Kondensator entfernt.

1.7

Berechnen Sie die Kapazität der Erde als Kugelkondensator!
Welches Potential würde die Erdoberfläche erhalten, wenn man auf ihr eine positive Ladung von 1 C gleichmäßig verteilen würde? (In unendlicher Entfernung sei das Potential Null.)

1.8

Zwei Kondensatoren mit den Kapazitäten $C_1 = 1\,\mu\text{F}$ und $C_2 = 2\,\mu\text{F}$ werden mit einer Spannung von 100 V aufgeladen. Nach Trennung von der Spannungsquelle wird die positive Platte des ersten Kondensators mit der negativen Platte des zweiten Kondensators verbunden und umgekehrt.
Welche Spannung liegt danach an den Kondensatoren?

2 Stationärer Strom

2.1 Stromstärke, Stromdichte

Bringt man einen Leiter in ein elektrisches Feld, so bewirkt die Influenz eine Umverteilung seiner Ladungsträger in der Weise, daß das Feld im Leiterinneren wieder Null wird (Abschn. 1.1.4.2). In einem realen Leiter benötigt dieser Vorgang eine von Null verschiedene Zeit, die um so größer ist, je weiter die Ladungsträger wandern müssen. Man kann deshalb z. B. an den beiden Enden eines Metalldrahtes unterschiedliche Potentiale aufrecht erhalten, wodurch im Draht ein *elektrischer Strom* verursacht wird.

elektrischer Strom

Die Potentialdifferenz zwischen zwei Punkten (z. B. den Enden eines metallischen Leiters) wird durch *Spannungsquellen* aufrechterhalten. Technische Spannungsquellen arbeiten zumeist nach dem Prinzip der elektromagnetischen Induktion (Wechsel- und Gleichstromgeneratoren, siehe Abschnitt 5.6) oder sind elektrochemischer Natur (z. B. Normalelemente, Bleiakkumulatoren, siehe Abschn. 3.2.3.2). Wir wollen im weiteren die Existenz einer Spannungsquelle voraussetzen, ohne weiter nach ihrer Wirkungsweise zu fragen. Die Anschlußstelle (-klemme) der Spannungsquelle mit höherem Potential heißt ihr *Pluspol* (durch + gekennzeichnet), diejenige mit niedrigerem Potential ihr *Minuspol* (durch − gekennzeichnet). Ferner wollen wir die Meßbarkeit der Spannung voraussetzen. Hierzu geeignete Geräte werden in Abschnitt 2.7 besprochen. Die verwendeten Schaltzeichen sind aus Tabelle 2.1 zu entnehmen.

Spannungsquelle

Plus- und Minuspol einer Spannungsquelle

Bringt man auf die Platten eines Kondensators die Ladung q und verbindet die Platten danach mit einem Leiter, so erfolgt Ladungsausgleich; es fließt ein elektrischer Strom.

(D 2.1) elektrische Stromstärke I

Jede gerichtete Bewegung von elektrischen Ladungen heißt elektrischer Strom. Fließt durch den Querschnitt A in der Zeit Δt die Ladungsmenge Δq, dann heißt

$$I = \lim_{\Delta t \to 0} \frac{\Delta q}{\Delta t} = \frac{dq}{dt}$$

elektrische Stromstärke des durch A fließenden elektrischen Stromes.

Mögliche Maßeinheit: $[I] = A$.

Tabelle 2.1
Verwendete Schaltzeichen

Schaltzeichen	Bedeutung
	widerstandsfreie Leitung
	Leitungskreuzung ohne Verbindung
	Leitungskreuzung mit Verbindung
	Schalter
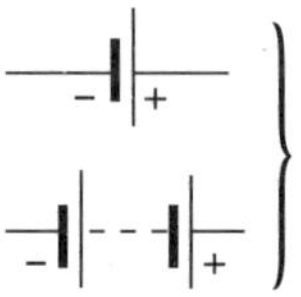	Gleichspannungsquelle, Urspannung
—	Gleichspannung
~	Wechselspannung
≂	Gleich- oder Wechselspannung
≈	Hochfrequenzspannung
	Anschlußklemmen
	Abschirmung
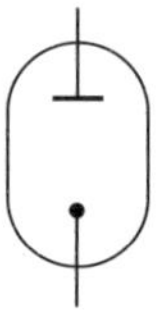	Vakuumdiode
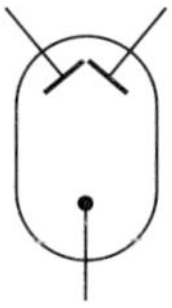	Doppeldiode
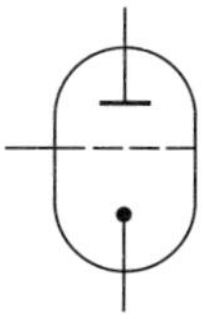	Triode
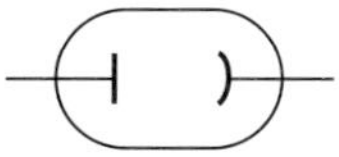	Photozelle
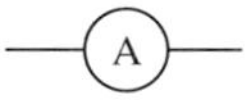	Amperemeter
	Erdung
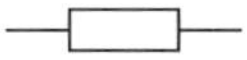	Wirkwiderstand
	stetig einstellbarer elektrischer Widerstand
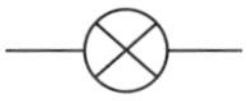	Glühlampe
	Glimmlampe
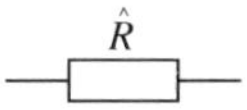	Widerstand mit dem Widerstandsoperator $\hat{R}$
	elektrische Kapazität
	Induktivität
	Induktivität mit Eisenkern
	Transformator
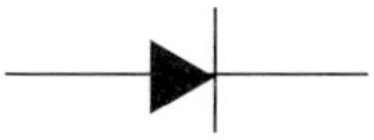	Halbleiterdiode
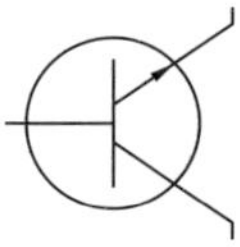	Bipolartransistor
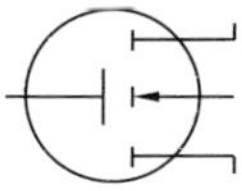	Feldeffekttransistor (n-Kanal-Anreicherungstyp)
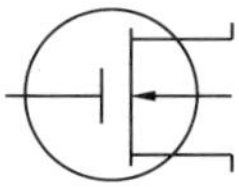	Feldeffekttransistor (n-Kanal-Verarmungstyp)
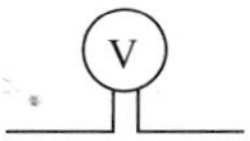	Voltmeter
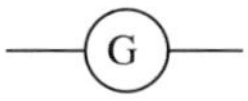	Galvanometer

Vielfach interessiert nicht die Größe Stromstärke selbst, sondern der Quotient aus Stromstärke und durchflossener Leiterfläche, die Größe elektrische Stromdichte (Abb. 2.1):

(D 2.2) elektrische Stromdichte $\boldsymbol{J}$

Durchfließt ein elektrischer Strom der Stärke I die Fläche $\boldsymbol{A}$, so heißt die Größe $\boldsymbol{J} = J\boldsymbol{E}^0$ im Integral

$$I = \int_A \boldsymbol{J} \cdot \mathrm{d}\boldsymbol{A}$$

elektrische Stromdichte. Der Richtungssinn von $\mathrm{d}\boldsymbol{A}$ ist so zu wählen, daß

$$\boldsymbol{J} \cdot \mathrm{d}\boldsymbol{A} \geqq 0$$

gilt.

Mögliche Maßeinheit: $[J] = \mathrm{Am}^{-2}$.

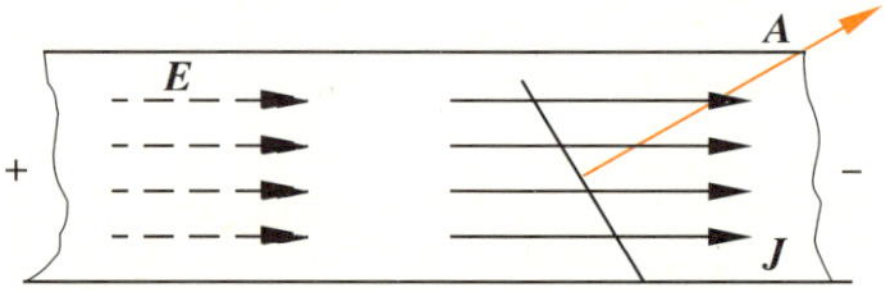

Abb. 2.1 Zur Definition der elektrischen Stromdichte $\boldsymbol{J}$

Analog wird festgelegt, daß die Stromrichtung als positiv zu rechnen ist, wenn der Strom vom Plus- zum Minuspol fließt. Dies ist u.a. für die Anwendung der Kirchhoffschen Gesetze (vgl. Abschnitt 2.3) wesentlich.

Wir betrachten ein bestimmtes Volumen des vom Strom I durchflossenen Leiters und umschließen dieses Volumen V mit der Integrationsfläche A. Es gilt dann

$$\oint_A \boldsymbol{J} \cdot \mathrm{d}\boldsymbol{A} = -\frac{\partial q}{\partial t}, \tag{2.1a}$$

denn nach (D 2.1) und (D 2.2) muß $\mathrm{d}t \oint_A \boldsymbol{J} \cdot \mathrm{d}\boldsymbol{A}$ der in der Zeit $\mathrm{d}t$ durch die Fläche A abfließenden Ladung $\mathrm{d}q$ entsprechen.

Sind das Raumladungsdichtefeld ϱ des Leiters und die Form des Leiters bekannt, dann läßt sich nach (D 1.7) seine Gesamtladung aus

$$q = \int_V \varrho \, \mathrm{d}V \tag{2.2}$$

errechnen.

Carl Friedrich Gauss (1777–1855)

Wendet man auf (2.1a) unter Beachtung von (2.2) den Gaußschen Satz (A 10.16) an, so folgt

$$\int_V \operatorname{div} \boldsymbol{J} \, \mathrm{d}V = -\int_V \frac{\partial \varrho}{\partial t} \, \mathrm{d}V$$

oder, da diese Bedingung für jedes Volumen gelten muß,

$$\operatorname{div} \boldsymbol{J} + \frac{\partial \varrho}{\partial t} = 0. \qquad (2.1)$$

(2.1) wird als *Kontinuitätsgleichung* bezeichnet.

Kontinuitätsgleichung

Bei den hier vorausgesetzten zeitlich unabhängigen Feldern kann keine zeitliche Veränderung von ϱ auftreten, d.h., es ist $\frac{\partial \varrho}{\partial t} = 0$. Nach (2.1) gilt somit für den zeitlich unveränderlichen (*stationären*) Strom $\operatorname{div} \boldsymbol{J} = 0$. Bei Beachtung von A. 6 können wir daher schreiben:

stationärer Strom

(S 2.1) Kontinuitätsgleichung für den stationären Strom

Die Stromdichte des stationären Stromes ist quellenfrei:

$\operatorname{div} \boldsymbol{J} = 0.$

(S 2.1) besagt, daß durch den Stromfluß an keiner Stelle im Leiter eine Ladungsanhäufung auftreten kann, die Ladungsdichte ist für alle Punkte des Leiters konstant. Beim stationären Strom verhalten sich die Ladungsträger genauso wie die Moleküle einer inkompressiblen Flüssigkeitsströmung (vgl. Abschnitt I 6.5.1). Fließt in einer bestimmten Zeit eine bestimmte Ladungsmenge von einem Pol der Spannungsquelle in den Leiter, so muß in der gleichen Zeit dieselbe Ladungsmenge vom Leiter zum anderen Pol der Spannungsquelle übergehen.

2.2 Ohmsches Gesetz

Zwischen den Klemmen einer Spannungsquelle liege die Spannung U. Unter ihrer Wirkung fließt im Leiter der Strom I. Wir führen ein:

(D 2.3a) Wirkwiderstand R Wirkleitwert G

Fließt unter der Wirkung der elektrischen Spannung U im Leiter ein elektrischer Strom der elektrischen Stromstärke I, so heißt

$$R = \frac{U}{I}$$

Wirkwiderstand des Leiters,

$$G = \frac{1}{R} = \frac{I}{U}$$

Wirkleitwert des Leiters.

Mögliche Maßeinheiten: $[R] = \mathrm{VA}^{-1}$; $[G] = \mathrm{AV}^{-1}$.

Dies führt zur Einführung spezieller Maßeinheiten:

(D 2.4) Maßeinheit Ohm (Ω) Maßeinheit Siemens (S)

$$1\,\text{Ohm} = 1\,\Omega = 1\,\text{V} \cdot 1\,\text{A}^{-1}$$
$$1\,\text{Siemens} = 1\,\text{S} = 1\,\text{A} \cdot 1\,\text{V}^{-1} = 1\,\Omega^{-1}\,.$$

Georg Simon Ohm (1789–1854)

Ein homogener elektrischer Leiter mit der Länge l und mit dem konstanten Querschnitt A liege an einer Spannungsquelle der Spannung U. Nach der experimentellen Erfahrung gilt für die Stromstärke I des im Leiter fließenden Stromes

$$I = \sigma \frac{A}{l} U = RU. \tag{2.3a}$$

Die Proportionalitätskonstante σ heißt *elektrische Leitfähigkeit*.

Der Beziehung (2.3a) kann man noch eine allgemeinere Form geben. Sie folgt aus

$$\frac{I}{A} = \sigma \frac{U}{l}$$

bei Beachtung der Definition der Stromdichte (D 2.2) sowie der Zusammenhänge zwischen Spannung und Feldstärke (D 1.6) und zwischen den Richtungen von Stromdichte und Feldstärke (D 2.2):

$$\boldsymbol{J} = \sigma \boldsymbol{E}. \tag{2.3}$$

σ ist durch (2.3) für jeden Ort des Leiters unabhängig von seiner Geometrie festgelegt.

(D 2.3b) elektrische Leitfähigkeit σ

Die Größe σ in der Beziehung $\boldsymbol{J} = \sigma \boldsymbol{E}$ heißt elektrische Leitfähigkeit des leitenden Materials.

Mögliche Maßeinheit: $[\sigma] = \Omega^{-1}\,\text{m}^{-1}$.

Man beachte, daß die Größen Wirkwiderstand und elektrische Leitfähigkeit miteinander verknüpft sind (siehe z.B. (2.3a)). Der Wirkwiderstand stellt aber nur einen Mittelwert der elektrischen Leitungseigenschaften eines gegebenen Körpers dar, während die elektrische Leitfähigkeit nach (D 2.3b) (zumindest theoretisch) für jeden Punkt des Körpers angegeben werden kann. Für elektrisch anisotrope Körper muß der Skalar σ durch einen Tensor 2. Stufe ersetzt werden. Die Stromdichte ist dann entsprechend (I A 16.1a) eine lineare Vektorfunktion der Feldstärke.

Werner von Siemens (1816–1892)

Die in der Gleichung (2.3a) fixierte experimentelle Erfahrung bringt eine Proportionalität zwischen Strom und Spannung zum Ausdruck. Bei hohen Feldstärken können aber auch Abweichungen von dieser Proportionalität auftreten, das Leitermaterial kann sich dann nichtlinear verhalten. Da sich in Metallen aber keine so hohen Feldstärken aufrecht erhalten lassen, verhalten sich metallische Leiter praktisch immer linear. An Substanzen mit geringer Leitfähigkeit läßt sich dagegen nichtlineares Verhalten unter Bedingungen beobachten, die durchaus von praktischem Interesse sind.

Die Definitionen für den Widerstand und die elektrische Leitfähigkeit schließen nichtlineares Verhalten jedoch nicht aus. Anknüpfend an (2.3a) ist deshalb zu formulieren:

Die elektrische Leitfähigkeit σ ist bei nicht zu hohen elektrischen Feldstärken eine Materialkonstante.
Der Wirkwiderstand R eines homogenen Leiters hängt dann nur von der Leitfähigkeit des Leitermaterials und seiner geometrischen Form ab:

(S 2.2) Ohmsches Gesetz

$R = \frac{U}{I}$ ist unabhängig von der Spannung.

Weiterhin besteht dann Proportionalität zwischen Stromdichte und Feldstärke:

$\boldsymbol{J} = \sigma \boldsymbol{E}$ mit feldstärkeunabhängigem σ.

(Ohmsches Gesetz)

2.3 Kirchhoffsche Gesetze der Stromverzweigung

Zum Verständnis elektrischer Schaltungen sind die *Kirchhoffschen Gesetze der Stromverzweigung* unentbehrlich. Bevor sie besprochen werden, soll aber noch auf einige in der Elektrotechnik und Elektronik in diesem Zusammenhang benutzte Begriffe eingegangen werden.

Während die elektrische Leitfähigkeit eine Materialkonstante ist, wird der Begriff Widerstand als eine charakteristische Größe für ein einzelnes elektronisches Bauelement, ein Gerät oder auch eine ganze elektrische Anlage verwendet. Das elektronische Bauelement Widerstand, ein Kondensator, ein Akkumulator usw. sind Beispiele für *Zweipole*. Für einen Zweipol ist lediglich charakteristisch, daß er für seinen Einbau in eine elektrische Schaltung zwei Anschlußstellen besitzt. Ein Zweipol kann also auch ein ganzes Gerät symbolisieren. Enthält ein Zweipol Spannungsquellen, nennt man ihn *aktiv*, sonst *passiv*.

Zweipol

aktiver Zweipol
passiver Zweipol

Durch Zusammenschaltung von Zweipolen entsteht ein *elektrisches Netzwerk*. Sind die an einem Zweipol anliegende Spannung und der durch ihn hindurchfließende Strom proportional zueinander, so spricht man von einem *linearen Zweipol*. Zum Beispiel ist das Bauelement Widerstand ein linearer Zweipol. Für eine Vielzahl von Bauelementen beruht deren Wirkungsweise aber gerade auf einem nichtlinearen Zusammenhang von Strom und Spannung. Beispiele für nichtlineare Zweipole sind Dioden, Schaltelemente usw. Enthält ein Netzwerk ausschließlich lineare Bauelemente, dann bezeichnet man es als *lineares Netzwerk*. Lineare Netzwerke bilden eine wichtige Teilgruppe elektrischer Netzwerke. Wir wollen uns nun mit Schlußfolgerungen befassen, die aus dem Ohmschen Gesetz für lineare Netzwerke herzuleiten sind.

elektrisches Netzwerk

linearer Zweipol

lineares Netzwerk

Stromverzweigungspunkt eines elektrischen Netzwerkes

Sind mit einem Schaltpunkt in einem Netzwerk mehr als zwei Zweipole verbunden, so ist er ein *Stromverzweigungspunkt*. Die einem Stromverzweigungspunkt eines Netzwerkes zufließenden Ströme werden mit positiven Vorzeichen gekennzeichnet (Abb. 2.2), die von ihm wegfließenden Ströme mit negativen Vorzeichen. Da beim stationären Stromfluß nach (S 2.1) keine Stellen mit Ladungsanhäufung oder -verarmung vorkommen, gilt:

(S 2.3a)
1. Kirchhoffsches Gesetz

Die Summe der einem Stromverzweigungspunkt eines Netzwerkes zufließenden Ströme $+I_i\,(i=1, 2, ..., l)$ ist dem Betrag nach gleich der Summe der vom Verzweigungspunkt wegfließenden Ströme $-I_i\,(i=l+1, l+2, ..., n)$ oder

$$\sum_{i=1}^{n} I_i = 0$$

(1. Kirchhoffsches Gesetz).

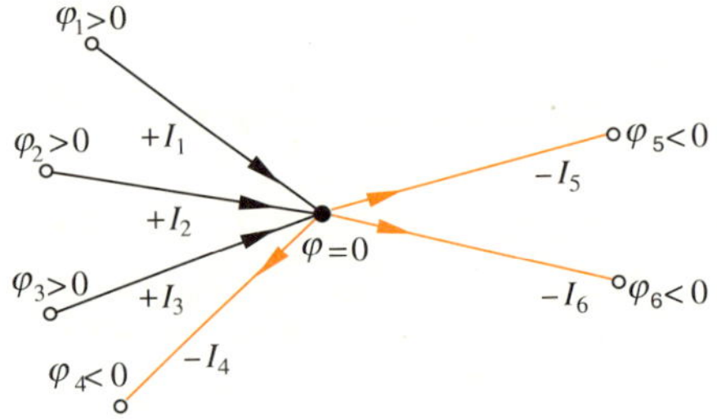

Abb. 2.2
Zur Vorzeichenfestlegung der einem Stromverzweigungspunkt zufließenden bzw. von ihm abfließenden Ströme

Neben dem ersten Kirchhoffschen Gesetz liegt der Berechnung von Netzwerken noch ein zweites zugrunde. Zu seiner Formulierung werden noch zwei weitere Begriffe eingeführt. Man nennt den zwischen zwei benachbarten Stromverzweigungspunkten liegenden Teil eines Netzwerkes einen *Zweig*. Eine Aneinanderreihung verschiedener Zweige mit identischem Anfangs- und Endpunkt heißt *Masche* (Abb. 2.3).

Zweig und Masche eines elektrischen Netzwerkes

Wir legen in einer beliebigen Masche eines Netzwerkes willkürlich eine Umlaufrichtung fest und bezeichnen die Potentiale in den Stromverzweigungspunkten der Masche mit $\varphi_1, \varphi_2, ..., \varphi_n$. Da man sich nach einem vollen Umlauf wieder auf dem Ausgangspotential befindet, gilt für die Summe der Spannungen U_{ij} zwischen je zwei benachbarten Stromverzweigungspunkten mit den Potentialen φ_i und φ_j

$$U_{21} + U_{32} + \cdots + U_{1n} = 0\,. \tag{2.4}$$

Eine Masche mit vier Stromverzweigungspunkten ist in Abbildung 2.3 dargestellt.

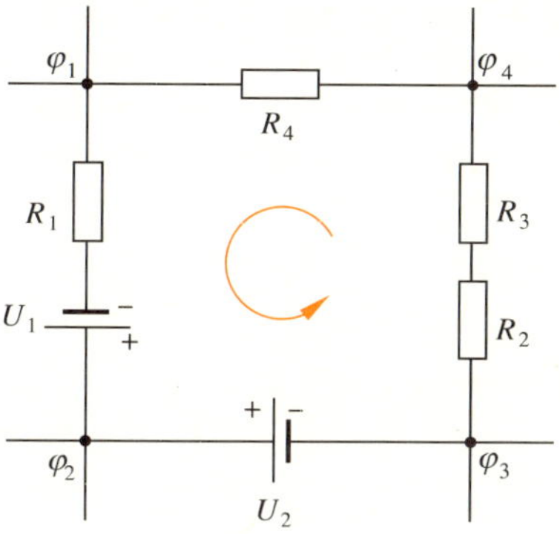

Abb. 2.3 Masche eines Netzwerkes

Die Spannung zwischen zwei Stromverzweigungspunkten setzt sich aus *Spannungsabfällen* IR an stromdurchflossenen Widerständen (vgl. (S 2.2)) und *Urspannungen* U zusammen (Urspannungen sind idealisierte Spannungsquellen mit dem Innenwiderstand $R_i = 0$, vgl. Abschn. 2.3.1.4). Dabei sind die Vorzeichen der Ströme und Spannungen durch die bereits besprochenen Definitionen festgelegt. Beim Fortschreiten vom Punkt i zum Punkt j ist die Spannung $U_{ij} = \varphi_i - \varphi_j$ nach (D 1.6) positiv, wenn $\varphi_i > \varphi_j$ gilt. Die positive Richtung eines Zweigstromes weist nach (D 2.2) ebenfalls vom höheren Potential $\varphi_i > \varphi_j$ zum niedrigeren Potential φ_j. In einem Stromkreis mit nur einer Spannungsquelle fließt somit der Strom im äußeren Stromkreis vom Pluspol zum Minuspol (vgl. Abschn. 2.1) und in der Spannungsquelle vom Minuspol zum Pluspol (vgl. Abb. 2.4). Das Vorzeichen des Spannungsabfalles $U_R = IR$ ist entsprechend durch das Vorzeichen des Stromes durch den Widerstand festgelegt. Mit diesen Vorzeichenregeln liest man z.B. aus Abbildung 2.4 bei Umlauf in Richtung des Stromes die Gleichung $-U + U_2 + U_1 = 0$ ab, und für eine beliebige Masche eines linearen Netzwerkes folgt aus (2.4) die Maschenregel:

Spannungsabfall

Urspannung

Vorzeichenfestlegungen für die Anwendung der Maschenregel

In jeder Masche eines Netzwerkes ist die Summe der Urspannungen U_k gleich der Summe der Spannungsabfälle $I_l R_l$:

$$\sum_{\substack{\circlearrowright \\ \text{Masche}}} U_k = \sum_{\substack{\circlearrowright \\ \text{Masche}}} I_l R_l \,.$$

(2. Kirchhoffsches Gesetz)

(S 2.3b)
2. Kirchhoffsches Gesetz

Mit Hilfe der beiden Kirchhoffschen Gesetze lassen sich für ein gegebenes Netzwerk bei bekannten Bauelementen sämtliche Zweigströme und damit auch das Potential in jedem interessierenden Punkt des Netzwerkes berechnen. Die Anzahl der Unbekannten und damit der aufzustellenden voneinander unabhängigen Gleichungen ist durch die Anzahl der Zweige gegeben. Die für die Anwendung der Kirchhoffschen Gesetze erforderlichen Richtungen der Zweigströme können dabei zunächst willkürlich vorgegeben werden. Wählt man eine Stromrichtung der wirklichen entgegengesetzt, erhält man bei der Lösung des Gleichungssystems für diesen Zweigstrom einen negativen Wert. Da sich bei Änderung der Umlaufrichtung sämtliche Vorzeichen ändern, gilt (S 2.3b) unabhängig von der willkürlich gewählten Umlaufrichtung.

2.3.1 Einige Anwendungen der Kirchhoffschen Gesetze

2.3.1.1 Reihenschaltung von Wirkwiderständen

Reihenschaltung von Wirkwiderständen

Wird eine Kombination von Widerständen vom gleichen Strom durchflossen, so spricht man von *Reihenschaltung*. Wir betrachten die Reihenschaltung von zwei Wirkwiderständen R_1 und R_2 (Abb. 2.4). Nach dem Ohmschen Gesetz (S 2.2) und dem 1. Kirchhoffschen Gesetz (S 2.3a) folgt für die Teilspannungen U_1 und U_2 an den Wirkwiderständen R_1 und R_2

$$U_1 = IR_1 ,$$
$$U_2 = IR_2 , \tag{2.5a}$$

nach dem 2. Kirchhoffschen Gesetz (S 2.3b) mit dem Gesamtwirkwiderstand R des Netzwerkes und der Gesamtspannung U am Netzwerk

$$U = U_1 + U_2 = IR , \tag{2.5b}$$

und somit nach (2.5a) und (2.5b) für den gesuchten Gesamtwirkwiderstand R

$$R = R_1 + R_2 . \tag{2.5}$$

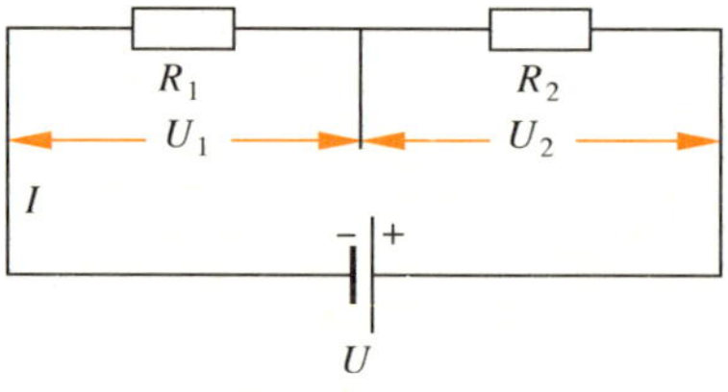

Abb. 2.4
Reihenschaltung von zwei Wirkwiderständen

Da der Wirkwiderstand R wiederum mit einem Wirkwiderstand R_3 in Reihe geschaltet werden kann usf., läßt sich die Aussage von (2.5) auf beliebig viele Widerstände erweitern:

(S 2.4a)
Gesamtwirkwiderstand einer Reihenschaltung

Bei einer Reihenschaltung von n Wirkwiderständen R_i $(i = 1, 2, 3, \ldots n)$ ergibt sich der Gesamtwirkwiderstand R des Netzwerkes durch Addition der Einzelwirkwiderstände:

$$R = \sum_{i=1}^{n} R_i .$$

2.3.1.2 Parallelschaltung von Wirkwiderständen

Liegt an mehreren Widerständen die gleiche Spannung, so spricht man von *Parallelschaltung* der Widerstände. Nach dem Ohmschen Gesetz (S 2.2) folgt für die Ströme durch zwei parallel geschaltete Wirkwiderstände (Abb. 2.5)

Parallelschaltung von Wirkwiderständen

$$I_1 = \frac{U}{R_1}$$
$$I_2 = \frac{U}{R_2}\,. \tag{2.6a}$$

Nach dem 1. Kirchhoffschen Gesetz (S 2.3a) folgt damit mit dem Gesamtwirkwiderstand R des Netzwerkes für den Gesamtstrom I

$$I = \frac{U}{R} = I_1 + I_2\,, \tag{2.6b}$$

und somit nach (2.6a) und (2.6b) für den reziproken Gesamtwirkwiderstand

$$\frac{1}{R} = \frac{1}{R_1} + \frac{1}{R_2}$$

bzw. für den Gesamtwirkleitwert $G = R^{-1}$ (s. (D 2.3a))

$$G = G_1 + G_2\,. \tag{2.6}$$

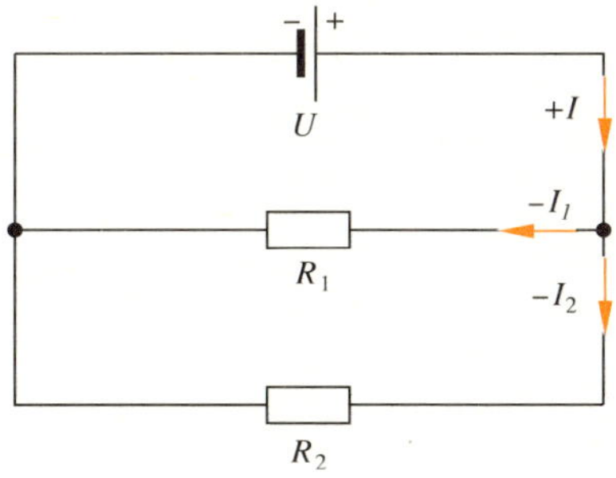

Abb. 2.5
Parallelschaltung von zwei Wirkwiderständen

Da der Wirkwiderstand R (Wirkleitwert G) wiederum parallel zu einem Wirkwiderstand R_3 (Wirkleitwert G_3) geschaltet werden kann usf., liefert diese Verallgemeinerung den Satz:

Bei Parallelschaltung von n Wirkwiderständen R_i ($i = 1, 2, 3, \dots n$) der Wirkleitwerte G_i ($i = 1, 2, 3, \dots n$) ergibt sich der Gesamtwirkleitwert G des Netzwerkes durch Addition der Einzelwirkleitwerte

$$G = \sum_{i=1}^{n} G_i\,.$$

(S 2.4b)
Gesamtwirkleitwert einer Parallelschaltung

2.3.1.3 Potentiometer

An einen homogenen Wirkwiderstand R der Länge l und gleichbleibenden Querschnittes (z. B. einen Draht) werde eine Spannung U angelegt. Die dann zwischen dem Punkt P_0 und dem durch die Koordinate x gegebenen Punkt P abfallende Spannung U_x (Abb. 2.6a) ist zu berechnen. Da sich das Potential des Punktes P linear mit seinem Abstand x vom Punkte P_0 verändert, folgt

$$U_x : U = x : l$$

oder

$$U_x = U\frac{x}{l} \quad (0 \leq x \leq l)\,. \tag{2.7}$$

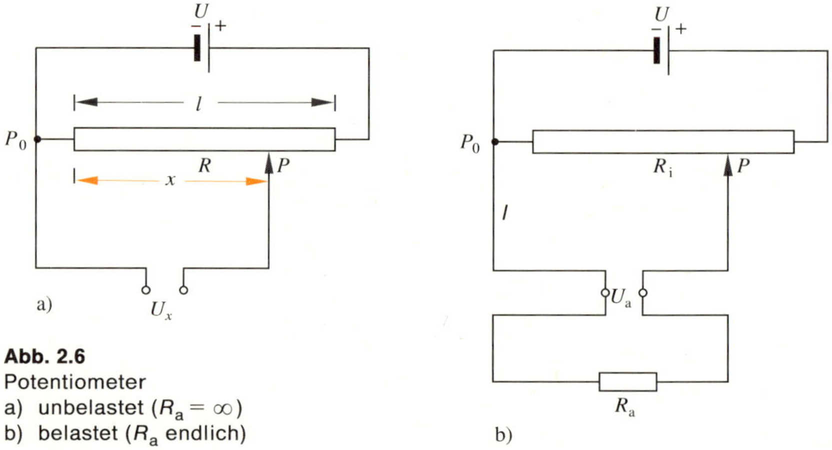

Abb. 2.6
Potentiometer
a) unbelastet ($R_a = \infty$)
b) belastet (R_a endlich)

Potentiometer-schaltung

belastetes Potentiometer

Man kann an dem Wirkwiderstand jede Spannung zwischen 0 und U abgreifen (*Spannungsteiler-* oder *Potentiometerschaltung*). Will man die Spannung U_x in irgendeiner Form ausnutzen, so wird an sie eine Last mit dem Wirkwiderstand R_a gelegt. Der Maschenstrom I im Lastwiderstand durchfließt dann auch den Potentiometerwirkwiderstand R_i zwischen den Punkten P_0 und P (Abb. 2.6b). Nach dem Ohmschen Gesetz bedingt der Laststrom einen Spannungsabfall zwischen den Punkten P_0 und P um $U_i = IR_i$, die Spannung am Potentiometer beträgt nicht mehr U_x, sondern nur noch $U_a = U_x - IR_i$. Liegt die Spannung $U_i = IR_i$ in der Größenordnung von U_x, so wird U_a durch U_i merklich verkleinert, die Spannung bricht zusammen. Damit das Zusammenbrechen der Spannung am Potentiometer verhindert wird, muß daher stets $R_a \gg R_i$ gewählt werden (Spannungsanpassung, vgl. Abschnitt 5.4.2.3.3).

2.3.1.4 Urspannung, innerer Wirkwiderstand einer Spannungsquelle, Kompensationsschaltung

Nach (S 2.1) sind stationäre Ströme stets quellenfrei. Damit fließt in einem geschlossenen Stromkreis der Strom nicht nur durch den Lastwiderstand R_a, sondern auch durch die Spannungsquelle selbst (Abb. 2.7). Der Wirkwiderstand R_i der Spannungsquelle wird als ihr *innerer Wirkwiderstand* bezeichnet, und die im stromlosen Fall ($I=0$, $R_a=\infty$) an den Anschlußklemmen liegende Spannung U wird *Urspannung* der Spannungsquelle genannt. Für einen endlichen Widerstand R_a folgt mit dem Ohmschen Gesetz (S 2.2) und mit (S 2.4a) für den dann fließenden Strom

innerer Wirkwiderstand einer Spannungsquelle

Urspannung

$$I=\frac{U}{R_a+R_i}. \tag{2.7a}$$

Damit erhält man durch nochmalige Anwendung des Ohmschen Gesetzes für den Spannungsabfall U_i im Inneren der Spannungsquelle

$$U_i=I R_i=\frac{U R_i}{R_a+R_i}=\frac{U}{1+\dfrac{R_a}{R_i}}. \tag{2.7b}$$

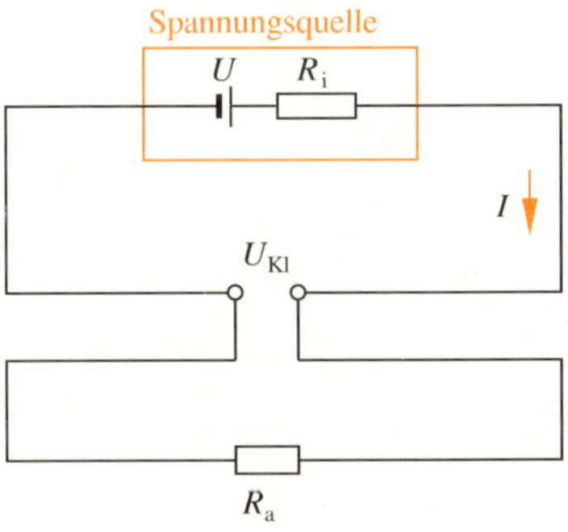

Abb. 2.7
Zum inneren Wirkwiderstand einer Spannungsquelle

Bei Stromfluß mißt man daher an den Klemmen der Spannungsquelle nicht die Urspannung U, sondern die *Klemmenspannung*

Klemmenspannung

$$U_{Kl}=U-U_i=\frac{U R_a}{R_a+R_i}=\frac{U}{1+\dfrac{R_i}{R_a}}. \tag{2.8}$$

Wählt man $R_a \gg R_i$, so gilt $U \approx U_{Kl}$, die Klemmenspannung ist praktisch die Urspannung.

Schließt man die Klemmen der Spannungsquelle kurz, d.h., verbindet man sie mit einem Leiter vom Wirkwiderstand $R_a \ll R_i$, so gilt nach (2.7a) für den *Kurzschlußstrom* $I_K \approx \dfrac{U}{R_i}$. Durch Messung des Kurzschlußstromes

Kurzschlußstrom

und der Urspannung der Spannungsquelle ist ihr innerer Wirkwiderstand prinzipiell bestimmbar.

Die exakte Messung einer Urspannung ist streng genommen nach (2.8) nur im Fall $R_a = \infty$ möglich, d.h. bei statischer Messung. Sie wird um so problematischer, je größer der Innenwiderstand der unbekannten Spannungsquelle ist. Einen Ausweg bietet dann die *Kompensationsschaltung*. Ihr Prinzipschaltbild zeigt Abbildung 2.8. Ihr Grundgedanke ist, eine hochohmige Spannungsquelle U im stromlosen Zustand mit einer niederohmigen Spannungsquelle U_v zu vergleichen, für die in ausreichend guter Näherung $R_i \ll R_a$ erfüllt ist. In Abbildung 2.8 ist R_a der Potentiometerwiderstand R, der für die Anwendung der Methode ebenso wie U_v bekannt sein muß. Zum beabsichtigten Spannungsvergleich wird der Potentiometerkontakt P so eingestellt, daß der die Spannungsquelle U enthaltende Zweig stromlos wird. U ist dann gleich dem Spannungsabfall, der durch U_v zwischen den Punkten P_0 und P des Widerstandes R hervorgerufen wird, und kann somit nach (2.7) berechnet werden.

Kompensationsschaltung

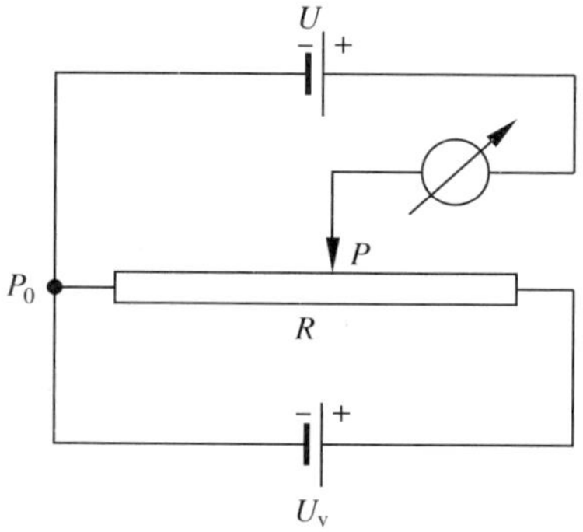

Abb. 2.8
Kompensationsschaltung zur Messung der Urspannung einer Spannungsquelle

Das hier skizzierte Kompensationsverfahren wird häufig angewandt, wenn in der elektrischen Meßtechnik oder der Regelungstechnik physikalische Größen durch geeignete physikalische Effekte als elektrische Spannungen dargestellt werden, die dann nur als relativ hochohmige Spannungsquellen realisiert werden können. Auch die umgekehrte Problemstellung ist von praktischer Bedeutung: Zur Kalibrierung von Spannungsquellen mit hoher Genauigkeit ist der Vergleich mit Spannungsnormalen erforderlich, die nur als sogenannte Normalelemente (vgl. Abschn. 3.2.3.2) mit relativ hohem Innenwiderstand zur Verfügung stehen. In diesem Fall ist in Abbildung 2.8 U_v unbekannt und U durch das bekannte Normalelement gegeben.

2.4 Joulesche Wärme

Das Verschieben der Ladung q vom Potential $\varphi(P_1)$ zum Potential $\varphi(P_2)$ erfordert nach (1.3) die Arbeit

$$W_A = -qU_{12} = -qU.$$

Damit wird nach (D 2.1) vom Leiter in der Zeit t die Energie

$$W_j = -W_A = IUt$$

Joulesche Wärme

aufgenommen. W_j wird als *Joulesche Wärme* bezeichnet.

Die Leistungsaufnahme $P_j = \mathrm{d}W_j/\mathrm{d}t$ (vgl. (I D 3.16)) des Leiters ergibt sich somit zu

$$P_j = IU.$$

James Prescott Joule (1818–1889)

Beachtet man noch das Ohmsche Gesetz, so kann für $P_j = IU$ auch

$$P_j = I^2 R$$

geschrieben werden. Die vom Leiter aufgenommene Leistung wächst quadratisch mit der Stromstärke. Deshalb wird zur möglichst verlustarmen Übertragung von Elektroenergie eine möglichst hohe Spannung und damit eine möglichst niedrige Stromstärke gewählt.

(S 2.5) Energieaufnahme eines elektrischen Leiters

Fließt unter Wirkung der Spannung U der stationäre Strom I, so wird vom Leiter in der Zeit t die Energie

$$W_j = IUt$$

bzw. die Leistung

$$P_j = IU = I^2 R$$

aufgenommen.

Mögliche Maßeinheiten: $[W_j] = \mathrm{VC}$, $[P_j] = \mathrm{VA}$.

Dies führt zur Einführung der speziellen Energieeinheit Wattsekunde:

(D 2.5) Maßeinheit Wattsekunde (Ws)

1 Wattsekunde = 1 Ws = 1 A · 1 V · 1 s.

James Watt (1736–1819)

Zwischen der in der Mechanik und der Thermodynamik benutzten Energieeinheit (vgl. (I D 3.15))

$$1\ \text{Joule} = 1\ \mathrm{J} = 1\ \mathrm{N} \cdot 1\ \mathrm{m} \tag{2.9}$$

($1\ \mathrm{N} = 1\ \mathrm{kg} \cdot 1\ \mathrm{m} \cdot 1\ \mathrm{s}^{-2}$, (I D 3.9)) und der Wattsekunde besteht nach (D 1.4) und (D 2.5) der schon in Bd. I benutzte Zusammenhang

$$1\ \mathrm{J} = 1\ \mathrm{Ws}. \tag{2.10}$$

Entsprechend (D 2.5) wird die elektrische Leistung in Watt (W) angegeben.

Maßeinheit Watt (W)

Besitzt ein homogener Leiter den Querschnitt A und die Länge l, so kann mit $I = JA$ (D 2.2), $U = E/l$ (1.8) und dem in (D 2.2) festgelegten

Vorzeichen von J unter Beachtung der skalaren Produktbildung zweier Vektoren (A 3.5) für P_j auch

$$P_j = \boldsymbol{E} \cdot \boldsymbol{J} A l = \boldsymbol{E} \cdot \boldsymbol{J} V$$

oder

$$p_j = \frac{P_j}{V} = \boldsymbol{E} \cdot \boldsymbol{J} \tag{2.11}$$

Leistungsdichte

geschrieben werden. p_j heißt *Leistungsdichte.*

2.5 Magnetfeld des stationären Stromes

Nähert man einem stromdurchflossenen Leiter eine Magnetnadel, so bemerkt man einen Ausschlag der Nadel. Die Größe des Ausschlages hängt sowohl von der Entfernung Nadel – Leiter als auch von der Stärke des fließenden Stromes ab. Richtungsumkehr der elektrischen Feldstärke ruft eine Richtungsumkehr des Ausschlages der Nadel hervor. Die Richtung des Nadelausschlages hängt also von der Bewegungsrichtung der Ladungsträger im Leiter ab (OERSTED, 1820). Bei der praktischen Durchführung dieser Experimente muß man beachten, daß sich das erdmagnetische Feld dem untersuchten Feld überlagert und somit bei zu kleinen Strömen die Messung stören kann.

Oerstedscher Versuch

Die genannten Versuche zeigen:

(S 2.6)
Magnetfeld als Eigenschaft eines elektrischen Stromes

Jeder stromdurchflossene Leiter ist von einem Magnetfeld umgeben.

Abb. 2.9 Magnetische Feldlinien um einen stromdurchflossenen Draht

HANS CHRISTIAN OERSTED (1777–1851)

Mit Eisenfeilspänen kann man sich einen Überblick über den Verlauf der magnetischen Feldlinien um einen Leiter mit kreisförmigem Querschnitt verschaffen: Die $\boldsymbol{B}$- und die $\boldsymbol{H}$-Linien verlaufen in Ebenen senkrecht zur Drahtachse und umgeben in jeder dieser Ebenen den Leiter in konzentrischen Kreisen mit dem Mittelpunkt in der Drahtachse (Abb. 2.9). Die Richtung der Feldlinien erhält man aus der Ablenkung der Magnetnadel. Blickt man in Richtung des Vektors der elektrischen Feldstärke, dann verlaufen sie in mathematisch negativem Drehsinn (Uhrzeigersinn, Rechtsschraube).

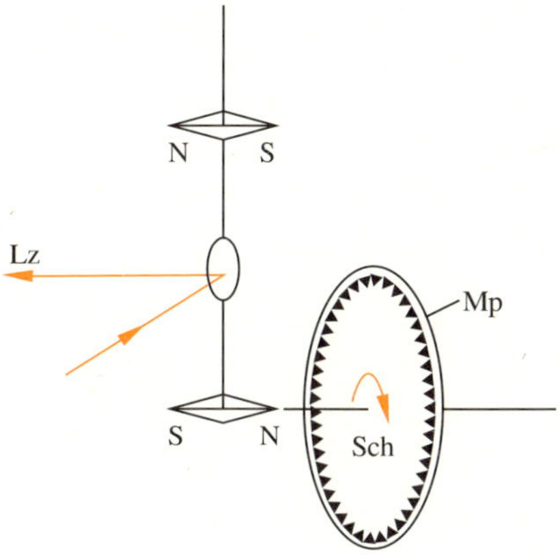

Abb. 2.10
Rowlandscher Versuch (schematisch)

Rowlandscher Versuch

Henry Rowland (1848–1901)

Rowland wies 1873 nach, daß schnell bewegte elektrische Ladungen genau dieselben magnetischen Erscheinungen hervorrufen wie stromdurchflossene Leiter, die Wanderung von Ladungen im Leiter damit als eigentliche Ursache des Magnetfeldes des Stromes anzusehen ist. Abbildung 2.10 zeigt den prinzipiellen Aufbau der Rowlandschen Versuchsanordnung. Auf dem Rand der drehbaren Scheibe Sch aus nichtleitendem Material sind in gleichen Abständen Metallplättchen Mp angebracht. Vor der Scheibe hängen an einem Faden zwei gleiche Magnete. Ihre Felder sind um 180° gegeneinander gedreht. Die Wirkung des Erdfeldes auf ihre Drehung ist damit ausgeschaltet (*astatische Magnetanordnung*). Werden die Metallplättchen mit der elektrischen Ladung q versehen und die Scheibe in schnelle Rotation versetzt, so zeigt der Lichtzeiger Lz einen Ausschlag. Die schnell bewegte Ladung ist genau wie der Leiterstrom mit einem Magnetfeld verbunden. Eine Umkehr des Ladungsvorzeichens oder des Drehsinnes der Scheibe führt zur Umkehr des Ausschlages des Lichtzeigers. Werden dagegen Vorzeichen der Ladung und Drehsinn der Scheibe gleichzeitig vertauscht, so bleibt der Ausschlag des Zeigers unverändert. Aus der Richtung des Magnetfeldes eines Stromes kann daher nicht auf das Ladungsträgervorzeichen geschlossen werden, da mit der Vertauschung des Ladungsträgervorzeichens stets ein Vorzeichenwechsel des Geschwindigkeitsvektors verbunden ist.

astatische Magnetanordnung

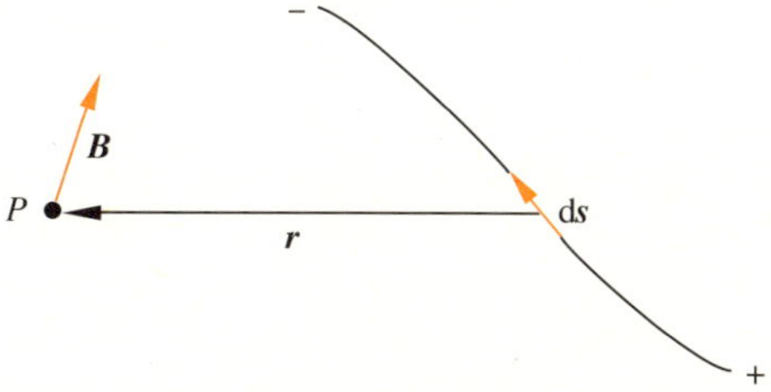

Abb. 2.11 Zum Biot-Savartschen Gesetz

Für den Zusammenhang von Leiterstrom und Magnetfeld folgt aus theoretischen Betrachtungen (vgl. A. 25 und Abb. 2.11):

(S 2.7)
Biot-Savartsches Gesetz

FELIX SAVART (1791–1841)

JEAN BAPTISTE BIOT (1774–1862)

Die magnetische Induktion $\boldsymbol{B}$ eines vom Strom I durchflossenen drahtförmigen Leiters ergibt sich im Aufpunkt P zu

$$\boldsymbol{B}(P) = \frac{I\mu_0\mu_r}{4\pi}\int\limits_{\text{Leiter}} \frac{\mathrm{d}\boldsymbol{s}\times\boldsymbol{r}}{r^3}$$

($\boldsymbol{r}$ Vektor vom Leiterelement $\mathrm{d}\boldsymbol{s} = \boldsymbol{E}^0\,\mathrm{d}s$ zum Aufpunkt P, μ_r Permeabilitätszahl des Einbettungsmediums).
(Biot-Savartsches Gesetz).

2.5.1 Magnetfelder spezieller Leiteranordnungen

2.5.1.1 Magnetfeld des Kreisstromes

Ein kreisförmiger Leiter vom Radius R liege in der x, y-Ebene eines rechtwinkligen kartesischen Koordinatensystems konzentrisch zum Ursprung und werde vom Strom I durchflossen (Abb. 2.12). Die Richtung der positiven z-Achse sei durch $\boldsymbol{k} = \boldsymbol{E}^0 \times \boldsymbol{R}^0$ ($\boldsymbol{R}^0$ Vektor vom Mittelpunkt des Leiterkreises zum Leiterelement $\mathrm{d}\boldsymbol{s}$) festgelegt. Der Aufpunkt P befinde sich auf der z-Achse im Abstand $r = \sqrt{R^2 + z^2}$ vom Leiter. Nach (A 16.4) erhält man für das Magnetfeld im Aufpunkt

$$\boldsymbol{B}_z = \frac{I\mu_0\mu_r R^2(\boldsymbol{R}^0\times\boldsymbol{E}^0)}{2(R^2+z^2)^{\frac{3}{2}}}\,. \tag{2.12}$$

Im Mittelpunkt des Leiterkreises ($z = 0$) findet man die magnetische Induktion

$$\boldsymbol{B}_z = \frac{I\mu_0\mu_r(\boldsymbol{R}^0\times\boldsymbol{E}^0)}{2R} \quad (z=0)\,, \tag{2.12a}$$

für Punkte auf der z-Achse in großer Entfernung vom Leiter

$$\boldsymbol{B}_z = \frac{I\mu_0\mu_r R^2(\boldsymbol{R}^0\times\boldsymbol{E}^0)}{2z^3} \quad (z \gg R)\,. \tag{2.12b}$$

Wir wollen jetzt einen magnetischen Dipol betrachten, der sich anstelle des zum Koordinatenursprungspunkt konzentrischen Kreisstromes im Koordinatenursprungspunkt befindet. Sein Dipolmoment zeige in Richtung der positiven z-Achse. Für die magnetische Induktion des Dipols längs der Dipolachse folgt aus (1.7a) unter Beachtung, daß beim Übergang von den elektrischen zu den magnetischen Erscheinungen $\boldsymbol{E}$ durch $\boldsymbol{B}$, $\boldsymbol{m}_{el}$

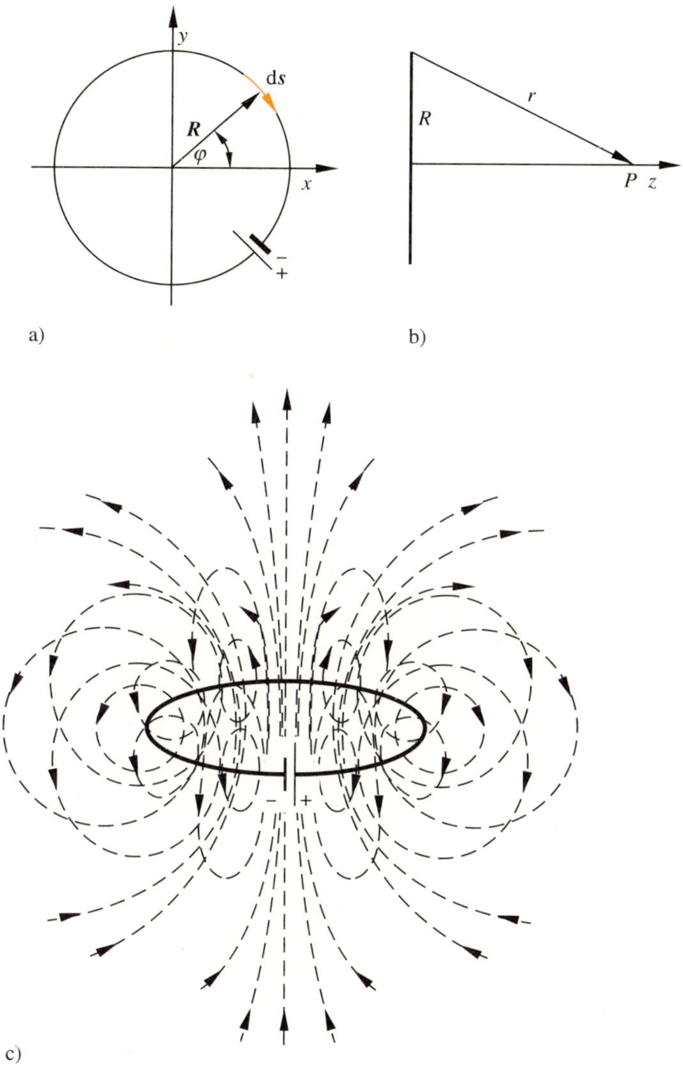

Abb. 2.12
Zum Magnetfeld eines Kreisstromes
a) Kreisstrom in der x, y-Ebene
b) Festlegung des Aufpunktes P
c) Magnetfeld des Kreisstromes

durch $\boldsymbol{m}_{\mathrm{m}}$ und ε durch $\frac{1}{\mu}$ zu ersetzen sind (vgl. Tab. 1.5),

$$\boldsymbol{B}_z = \frac{\boldsymbol{m}_{\mathrm{m}} \mu_0 \mu_{\mathrm{r}}}{2 \pi z^3}. \tag{2.13}$$

Ein Vergleich von (2.13) mit (2.12b) zeigt, daß ein Kreistrom vom Radius R in großer Entfernung vom Leiter ($z \gg R$) das gleiche magnetische

Feld hervorruft wie ein magnetischer Dipol vom Dipolmoment

$$\boldsymbol{m}_{\mathrm{m}} = I R^2 \pi (\boldsymbol{R}^0 \times \boldsymbol{E}^0)$$

in seinem Mittelpunkt.

(S 2.8)
magnetisches Feld eines Kreisstromes

Ein Kreisstrom I vom Radius R ruft in großer Entfernung r vom Leiter ($r \gg R$) das gleiche Magnetfeld wie ein magnetischer Dipol im Mittelpunkt des Kreisstromes vom Dipolmoment

$$\boldsymbol{m}_{\mathrm{m}} = I R^2 \pi (\boldsymbol{R}^0 \times \boldsymbol{E}^0)$$

hervor ($\boldsymbol{R}^0$ Vektor vom Mittelpunkt des Kreisstromes zu den Leiterelementen, $\boldsymbol{E}^0$ Richtung der Feldstärke im Leiter).

2.5.1.2 Magnetfeld einer stromdurchflossenen Spule

Spule

Viele aneinandergereihte Kreisströme gleicher Stromrichtung mit Mittelpunkten auf einer gemeinsamen Geraden und mit meist gleichem Radius bezeichnet man als *Spule* (Abb. 2.13). Die Länge der Spule sei l, ihre Windungszahl (Anzahl der Kreisströme) N. Die Spulenachse werde wieder als z-Achse eines Koordinatensystems gewählt, der Spulenmittelpunkt liege bei $z = 0$. Wir wollen die magnetische Induktion auf der Spulenachse berechnen. Nach (2.12) trägt der zwischen $z = \zeta$ und $z = \zeta + \mathrm{d}\zeta$ liegende Windungsanteil $\mathrm{d}N = \frac{N}{l}\mathrm{d}\zeta$ der Spule zum Gesamtfeld an der Stelle z

$$\mathrm{d}\boldsymbol{B}_z = \frac{I \mu_0 \mu_{\mathrm{r}} R^2 N (\boldsymbol{R}^0 \times \boldsymbol{E}^0)}{2l (R^2 + (z-\zeta)^2)^{\frac{3}{2}}} \mathrm{d}\zeta$$

bei. Das Gesamtfeld der Spule an der Stelle z erhält man hieraus durch Integration über die gesamte Spule zu

$$\boldsymbol{B}_z = \frac{I \mu_0 \mu_{\mathrm{r}} R^2 N (\boldsymbol{R}^0 \times \boldsymbol{E}^0)}{2l} \int\limits_{-\frac{l}{2}}^{\frac{l}{2}} \frac{\mathrm{d}\zeta}{(R^2 + (z-\zeta)^2)^{\frac{3}{2}}}$$

oder mit (A 2.28) und (A 2.30) für das Feld auf der Spulenachse

Magnetfeld auf der Spulenachse

$$\boldsymbol{B}_z = \frac{I \mu_0 \mu_{\mathrm{r}} N (\boldsymbol{R}^0 \times \boldsymbol{E}^0)}{2l} \left[\frac{\frac{z+l}{2}}{\sqrt{R^2 + \left(z + \frac{l}{2}\right)^2}} - \frac{\frac{z-l}{2}}{\sqrt{R^2 + \left(z - \frac{l}{2}\right)^2}} \right]. \quad (2.14)$$

Das magnetische Feld der Spule entspricht praktisch dem des Stabmagneten (vgl. Abb. 2.13 mit Abb. 1.32).

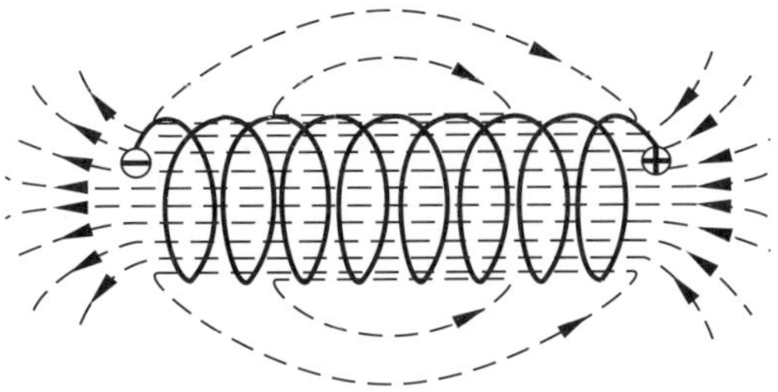

Abb. 2.13 Magnetfeld einer stromdurchflossenen Spule

Für das Feld in der Achse einer sehr langen Spule ($l \gg R$) ergibt sich aus (2.14) für weit im Inneren der Spule ($l \gg |z|$) liegende Aufpunkte

$$\boldsymbol{B}_z = \frac{I \mu_0 \mu_r N}{l} (\boldsymbol{R}^0 \times \boldsymbol{E}^0) \quad (l \gg |z|, \, l \gg R). \tag{2.14a}$$

Magnetfeld auf der Achse einer unendlich langen Spule

Das magnetische Feld in einer unendlich ausgedehnten Spule ist in Achsennähe homogen.

2.6 Kraftwirkungen auf bewegte Ladungen

2.6.1 Lorentz-Kraft

Im magnetischen Feld bewegte elektrische Ladungen unterliegen im allgemeinen einer Kraft, die erstmals von Lorentz berechnet und deshalb nach ihm benannt wurde.

Zur Berechnung der Lorentz-Kraft gehen wir von einem vom Strom I durchflossenen Leiterelement $\mathrm{d}\boldsymbol{s}$ aus. Nach dem Biot-Savartschen Gesetz (S. 2.7) erzeugt es im Aufpunkt P das Magnetfeld

$$\mathrm{d}\boldsymbol{B} = \frac{I \mu_0 \mu_r}{4\pi r^3} \mathrm{d}\boldsymbol{s} \times \boldsymbol{r}$$

und wirkt somit nach $\boldsymbol{B} = \boldsymbol{F}/p$ (D 1.15) auf einen im Aufpunkt befindlichen Magnetpol p mit der Kraft

$$\mathrm{d}\boldsymbol{F}_{\mathrm{LP}} = p \, \mathrm{d}\boldsymbol{B} = \frac{I \mu_0 \mu_r p}{4\pi r^3} \mathrm{d}\boldsymbol{s} \times \boldsymbol{r}.$$

Nach dem 2. Newtonschen Axiom (vgl. (I S 3.7): Übt ein physikalisches System a auf ein physikalisches System b die Kraft $\boldsymbol{F}_{ab}$ aus, dann übt auch das System b eine Kraft $\boldsymbol{F}_{ba} = -\boldsymbol{F}_{ab}$ auf a aus.) wirkt der Magnetpol seinerseits mit der Kraft

$$\mathrm{d}\boldsymbol{F}_{\mathrm{PL}} = -\frac{I\mu_0\mu_{\mathrm{r}}p}{4\pi r^3}\,\mathrm{d}\boldsymbol{s}\times\boldsymbol{r} \tag{2.15a}$$

auf das Leiterelement.

Für die vom Magnetpol am Ort des Leiters hervorgerufene magnetische Induktion erhält man aus (1.6a) unter Beachtung, daß beim Übergang von der Elektrostatik zur Magnetostatik q durch p, $\boldsymbol{E}$ durch $\boldsymbol{B}$ und ε durch $\frac{1}{\mu}$ zu ersetzen sind (vgl. Tab. 1.5), und bei Berücksichtigung der unterschiedlichen Vorzeichenfestlegung von $\boldsymbol{r}$ in (2.15a) und (1.6a) (in (1.6a) zeigt $\boldsymbol{r}$ von der Ladung weg, in (2.15a) dagegen zum Magnetpol hin)

$$\boldsymbol{B} = -\frac{\mu_0\mu_{\mathrm{r}}p\boldsymbol{r}}{4\pi r^3}. \tag{2.16}$$

Wird (2.16) in (2.15a) eingesetzt, so ergibt sich

$$\mathrm{d}\boldsymbol{F}_{\mathrm{PL}} = I(\mathrm{d}\boldsymbol{s}\times\boldsymbol{B}) \tag{2.15b}$$

oder mit $I = \frac{\mathrm{d}q}{\mathrm{d}t}$ (D 2.1)

$$\mathrm{d}\boldsymbol{F}_{\mathrm{PL}} = \frac{\mathrm{d}q}{\mathrm{d}t}(\mathrm{d}\boldsymbol{s}\times\boldsymbol{B}). \tag{2.15c}$$

Bedeutet $\boldsymbol{v}$ die Geschwindigkeit, mit der sich die Ladung $\mathrm{d}q$ im Leiter bewegt, so kann mit $\boldsymbol{v} = \frac{\mathrm{d}\boldsymbol{s}}{\mathrm{d}t}$ für (2.15c) auch

$$\mathrm{d}\boldsymbol{F}_{\mathrm{PL}} = \frac{\mathrm{d}q}{\mathrm{d}t}(\boldsymbol{v}\,\mathrm{d}t\times\boldsymbol{B}) = \mathrm{d}q(\boldsymbol{v}\times\boldsymbol{B})$$

geschrieben werden, woraus durch Integration über $\mathrm{d}q$

$$\boldsymbol{F}_{\mathrm{PL}} = q(\boldsymbol{v}\times\boldsymbol{B})$$

folgt.

(S 2.9) Lorentz-Kraft

Bewegt sich eine elektrische Ladung q im Magnetfeld $\boldsymbol{B}$ mit der Geschwindigkeit $\boldsymbol{v}$, so wirkt auf sie die Kraft

$$\boldsymbol{F} = q(\boldsymbol{v}\times\boldsymbol{B})$$

(Lorentz-Kraft).

Nach (S 2.9) und (A 3.7c) verschwindet die auf die bewegte elektrische Ladung einwirkende Kraft nur dann, wenn die Geschwindigkeit $\boldsymbol{v}$ der Ladung und die magnetische Induktion $\boldsymbol{B}$ parallel oder antiparallel zueinander gerichtet sind.

Die Lorentz-Kraft steht stets senkrecht zur Geschwindigkeit des elektrisch geladenen Teilchens. Nach der Definition der Arbeit

$$W_{\mathrm{A}} = \int \boldsymbol{F}\cdot\mathrm{d}\boldsymbol{s}$$

(s. (I D 3.14)), $d\boldsymbol{s} = \boldsymbol{v}\,dt$ und der Definition des skalaren Produktes (A 3.5) kann sie daher am Teilchen keine Arbeit verrichten. Ihre Wirkung beruht ausschließlich auf einer Veränderung der Geschwindigkeitsrichtung $\boldsymbol{v}^0$, der Betrag der Geschwindigkeit bleibt erhalten.

die Lorentz-Kraft kann keine Arbeit verrichten

Technische Anwendung findet die Lorentz-Kraft u.a. im Teilchenbeschleuniger und im Massenspektrographen (siehe Bd. III).

HENDRIK ANTOON LORENTZ (1853–1928) Nobelpreis 1902

2.6.2 Kraftwirkungen zwischen Strömen

Eine unmittelbare Folge der Lorentz-Kraft ist die gegenseitige Anziehung bzw. Abstoßung stromdurchflossener Leiter. Zur Erklärung dieser Erscheinung betrachten wir zwei parallele Leiter, die vom gleichen Strom I in gleicher Richtung durchflossen werden. Das Vorzeichen der Ladungen im Leiter werde als negativ ($q < 0$) vorausgesetzt (vgl. Abschnitt 3.2.1.1). Nach (D 1.5) bewegen sich die Ladungsträger entgegengesetzt zur Feldrichtung. Beide Ströme sind nach (S 2.6) von einem Magnetfeld umgeben (Abb. 2.14a). Jedes der beiden Magnetfelder durchsetzt den anderen Leiter so, daß sich die Leiter in Magnetfeldern entgegengesetzter Richtung befinden. Auf Grund des die Leiter durchsetzenden magnetischen Feldes wirkt auf die in den Leitern wandernden Ladungen die Lorentz-Kraft. Da die Feldlinien durch die beiden Leiter antiparallel sind, sind es nach (S 2.9) und (A 3.7) auch die Kräfte auf die jeweiligen Ladungsträger (Abb. 2.14b). Die beiden Leiter ziehen also einander an. Ein positives Ladungsträgervorzeichen führt zum gleichen Ergebnis, denn mit dem Vorzeichenwechsel von q ist, wenn sich die Richtung von $\boldsymbol{E}$ nicht ändert, auch ein Vorzeichenwechsel von $\boldsymbol{v}$ verbunden. Da nun aber die Lorentz-Kraft nur vom Produkt beider Größen abhängig ist, gelten damit obige Überlegungen sowohl für positive als auch für negative Ladungsträger. Aus der Anzie-

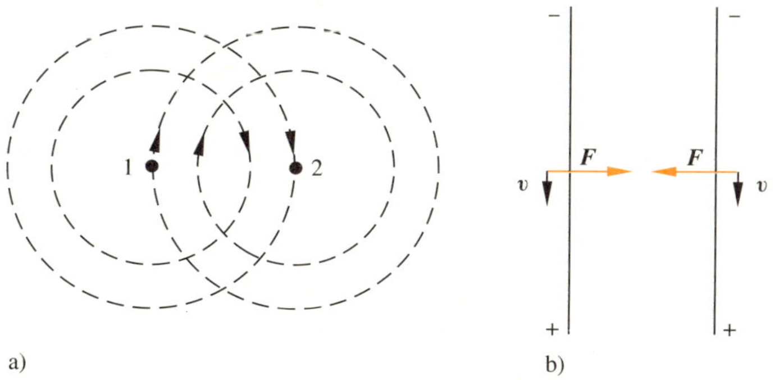

Abb. 2.14
Zwei in gleicher Richtung vom Strom durchflossene Leiter ziehen sich an
a) ***E*** zeigt in die Papierebene hinein
b) am Ort des rechten Leiters zeigt ***B*** in die Papierebene hinein, am Ort des linken aus der Papierebene heraus

hung bzw. Abstoßung stromdurchflossener Leiter kann also nicht auf das Vorzeichen der Ladungsträger geschlossen werden.

Werden die beiden Leiter von entgegengesetzt gerichteten Strömen durchflossen, so muß in obigen Überlegungen eine Geschwindigkeit ihr Vorzeichen wechseln. Dies führt zum Vorzeichenwechsel des Magnetfeldes durch den anderen Leiter. Nach (S 2.9) wechselt damit für beide Leiter die Lorentz-Kraft ihr Vorzeichen, die Leiter stoßen sich ab (Abb. 2.15).

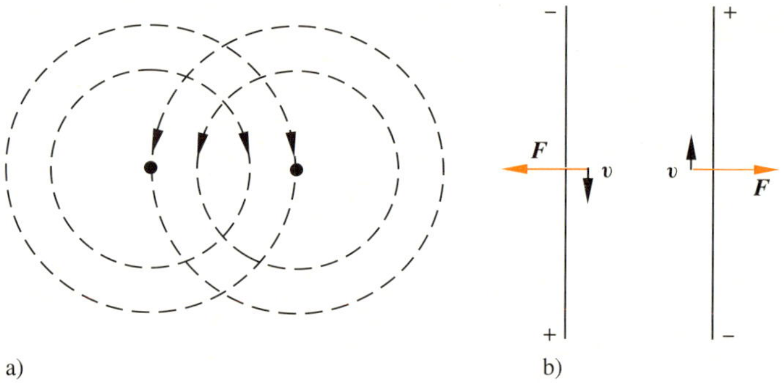

Abb. 2.15
Zwei in entgegengesetzter Richtung vom Strom durchflossene Leiter stoßen sich ab
a) ***E*** zeigt beim linken Leiter in die Papierebene hinein, beim rechten aus ihr heraus
b) ***B*** zeigt am Ort beider Leiter in die Papierebene hinein

(S 2.10) Kraftwirkung zwischen zwei parallelen stromdurchflossenen Leitern

Zwei parallele Leiter, die von Strömen gleicher Richtung durchflossen werden, ziehen sich an, zwei parallele Leiter, die von entgegengesetzt gerichteten Strömen durchflossen werden, stoßen sich ab.

Bei großen Stromstärken können die Kräfte zwischen den stromdurchflossenen Leitern beträchtliche Werte annehmen. Das muß beim Bau von elektrischen Maschinen (z. B. Generatoren zur Stromerzeugung, Transformatoren, Spulen) durch entsprechende Konstruktionen und Auswahl der Materialien berücksichtigt werden.

2.6.2.1 Basiseinheit Coulomb

Die Basiseinheit Coulomb wurde in (D 1.2) durch die statische Kraft zwischen zwei Punktladungen eingeführt. Da diese Definition meßtechnisch ungünstig ist, wird heute die Maßeinheit Ampere und damit die Basiseinheit Coulomb mit Hilfe der Kraftwirkung zwischen zwei Strömen festgelegt.

Nach (A 17.2) wirkt zwischen zwei im Abstand d voneinander befindlichen parallelen Leitern in einem Medium der Permeabilitätszahl μ_r, die von den Strömen I_1 bzw. I_2 durchflossen werden, auf einem Abschnitt der Länge l die Kraft

$$F = \frac{\mu_0 \mu_r l I_1 I_2}{2\pi d}. \qquad (2.17)$$

Wählt man $\mu_r = 1$, $l = 1$ m, $d = 1$ m und $I_1 = I_2 = 1$ A, so folgt aus (2.17) mit dem durch (1.17) festgelegten Wert für μ_0 und der durch (D 1.4) eingeführten Maßeinheit Volt für die Kraft zwischen den parallelen Leitern $F = 2 \cdot 10^{-7}$ N. Daher wird festgelegt:

Die Maßeinheit 1 Ampere (1 A) ist die Stärke des zeitlich unveränderlichen elektrischen Stromes durch zwei geradlinige, parallele, unendlich lange Leiter der Permeabilitätszahl $\mu_r = 1$ von vernachlässigbarem Querschnitt, die einen Abstand 1 m haben und zwischen denen die durch den Strom elektrodynamisch hervorgerufene Kraft im leeren Raum je 1 m Länge der Doppelleitung $2 \cdot 10^{-7}$ N beträgt. Ein Strom der Stärke 1 A transportiert in einer Sekunde die Ladung 1 As = 1 Coulomb (1 C).

(D 2.6)
Maßeinheit
Ampere (A)
Basiseinheit
Coulomb (C)

Die Definitionen (D 2.6) und (D 1.2) für das Coulomb sind gleichwertig, denn sie führen wie gezeigt zum gleichen Wert (1.17) für μ_0.

2.7 Strom- und Spannungsmesser

In diesem Abschnitt soll nur das Prinzip geläufiger Strom- und Spannungsmesser erläutert werden. Auf die Beschreibung ihres technischen Aufbaus wird bewußt verzichtet. Ebenso bleiben digitale elektronische Meßverfahren unberücksichtigt.

Zur Strom- und Spannungsmessung kann u.a. das mit dem Stromfluß verbundene magnetische Feld und seine Wechselwirkung mit anderen Magnetfeldern genutzt werden. Bei den *Drehspulinstrumenten* läßt man den zu messenden Strom bzw. einen bekannten Anteil von ihm durch eine in einem statischen Magnetfeld drehbare Spule (Drehspule) fließen (Abb. 2.16). Durch Anbringen einer geeigneten magnetischen Abschirmung (Metallgehäuse) läßt es sich erreichen, daß der Einfluß des erdmagnetischen Feldes oder anderer magnetischer Felder auf die Messung vernachlässigbar ist. In der Nullage ($I = 0$) steht die Spulenachse zu den sie durchsetzenden magnetischen Feldlinien des Permanentmagneten senkrecht. Bei Stromfluß versucht sie sich parallel zur Richtung der Feldlinien des Permanentmagneten einzustellen. Durch die Drehung der Spulenachse in Richtung der Feldlinien des Permanentmagneten wird zum Beispiel eine Feder Fe gespannt, oder wie bei sehr empfindlichen Geräten lediglich der Aufhängedraht der Spule verdrillt. Es stellt sich eine bestimmte zum Stromfluß proportionale Gleichgewichtslage der Spule ein. Sie kann mit Hilfe des Zeigers Z an der Skala Sk abgelesen werden. Da nach (2.14) das

Drehspulinstrument

Magnetfeld der Spule der Stromstärke I proportional ist, erhält die Skala eine lineare Teilung.

Nach dem Biot-Savartschen Gesetz (S 2.7) ist die Richtung des Magnetfeldes und damit die Richtung des Drehmomentes der Drehspule von der Stromrichtung abhängig. Deshalb lassen sich mit Drehspulgeräten unmittelbar nur Gleichströme messen. Durch Einbau eines Gleichrichters können sie auch zur Messung von Wechselströmen Verwendung finden.

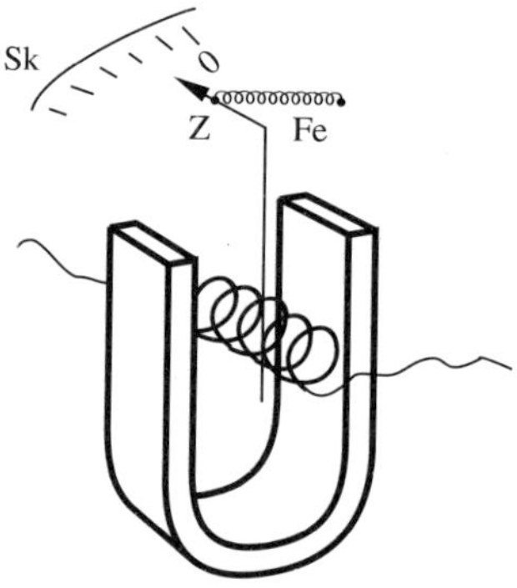

Abb. 2.16 Drehspulgalvanometer

Dynamometer

Beim *Dynamometer* wird der Permanentmagnet des Drehspulinstrumentes durch eine ortsfeste Spule ersetzt. Die Achsen beider Spulen stehen senkrecht zueinander und senkrecht zur Drehachse der Drehspule (Abb. 2.17). Der zu messende Strom bzw. ein bestimmter Anteil von ihm durchfließt die beiden Spulen. Stromdurchflossene Spulen können bezüglich ihrer magnetischen Wirkungen durch Stabmagnete ersetzt werden (vgl. Abb. 2.13). Die Drehspule Ds versucht daher ihre Spulenachse parallel zur Achse der festen Spule S einzustellen. Da die Nullstellung durch die Feder Fe festgelegt wird, spannt sich diese, und je nach wirkendem Drehmoment stellt sich der mit ihr fest verbundene Zeiger Z ein. Da nach (2.14) das magnetische Feld der Spulen proportional I, das wirkende Drehmoment also proportional I^2 ist, wird die Skala quadratisch geteilt. Ein Wechsel der Stromrichtung ist mit einem gleichzeitigen Vorzeichenwechsel beider Magnetfelder verbunden. Das resultierende Drehmoment bleibt daher von einem Vorzeichenwechsel des Stromes unberührt; Wechselströme sind somit unmittelbar meßbar.

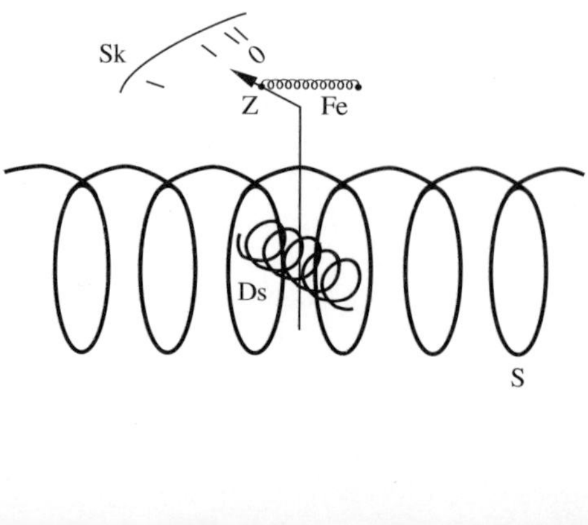

Abb. 2.17 Dynamometer

Jedes Strommeßgerät (*Amperemeter*) ist auch als Spannungsmesser (*Voltmeter*) brauchbar. Wird das Meßgerät V wie in Abb. 2.18a in den Stromkreis geschaltet, so kann prinzipiell aus dem bekannten Innenwiderstand R_i des Gerätes und dem durch das Gerät fließenden Strom mit Hilfe des Ohmschen Gesetzes die unbekannte, an R_i liegende Spannung berechnet bzw. die Skala des Meßgerätes geeicht werden. Meist ist R_i aber so klein, daß nur Spannungen im Millivoltbereich direkt an das Meßsystem gelegt werden können. Zur Messung größerer Spannungen schaltet man in Reihe mit der unbekannten Spannungsquelle und dem Meßsystem einen bekannten und genügend großen *Vorwiderstand* R_v (Abb. 2.18b) und vermeidet so eine Überlastung des Meßsystems. Zwischen den Buchsen des Meßgerätes liegt dann der Wirkwiderstand $R_i + R_v$.

Amperemeter
Voltmeter

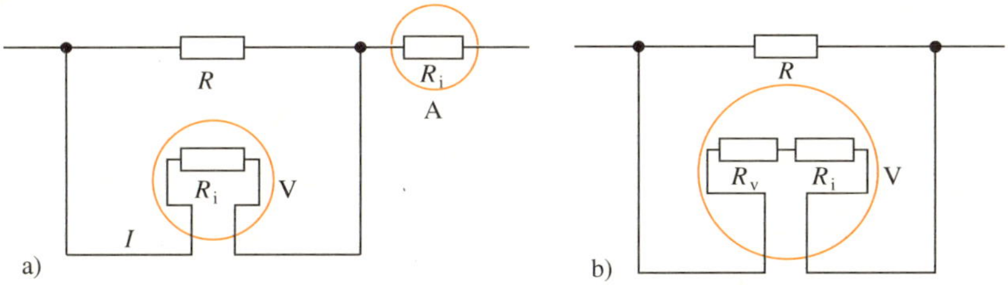

Abb. 2.18
Zur Strom- und Spannungsmessung
a) Messung des Stromes bzw. der Spannung am Wirkwiderstand *R* durch die Meßgeräte A und V
b) Voltmeter mit Vorwiderstand

Soll der durch einen Wirkwiderstand *R* (oder durch ein anderes Bauelement) fließende Strom gemessen werden, so darf für eine genaue Messung der Innenwiderstand R_i des Amperemeters den durch *R* fließenden Strom nicht begrenzen, es muß $R \gg R_i$, für eine *ideale Strommessung* $R_i = 0$ sein. Entsprechend darf für eine genaue Spannungsmessung der Innenwiderstand R_i des Voltmeters den Spannungsabfall an *R* nicht wesentlich beeinflussen. Daraus folgt die Forderung $R_i \gg R$ oder für eine *ideale Spannungsmessung* $R_i = \infty$.

ideale Strommessung
ideale Spannungsmessung

Fließen bei einer Messung durch das Meßsystem Ströme $< 10^{-7}$ A, so bezeichnet man das Meßgerät im allgemeinen als *Galvanometer*. In A. 26 wird die Galvanometermeßtechnik näher erläutert. Die dabei erfolgende Charakterisierung eines Galvanometers durch seine Empfindlichkeit, durch das Zeitverhalten seiner Anzeige nach Meßwertänderungen und durch die Problematik der Anpassung zwischen Meßgerät und Meßobjekt stellt unabhängig vom gewählten Meßsystem Galvanometer eine ganz allgemein anzuwendende Betrachtungsweise dar.

Galvanometer

2.8 Aufgaben

2.1
Gegeben ist ein Kreisring mit dem Innenradius r_1 und dem Außenradius r_2. Die Querschnittsfläche des Ringmaterials ist rechteckig und hat die Höhe h (s. Abbildung). Das Material hat den spezifischen elektrischen Widerstand ϱ.
Wie groß ist der Wirkwiderstand des Kreisringes, wenn man
a) den Kreisring auseinanderschneidet und die beiden Schnittflächen als Stromzuführung verwendet;
und
b) den Kreisring unverändert läßt und dafür die beiden begrenzenden Zylinderflächen als Stromzuführungen benutzt?

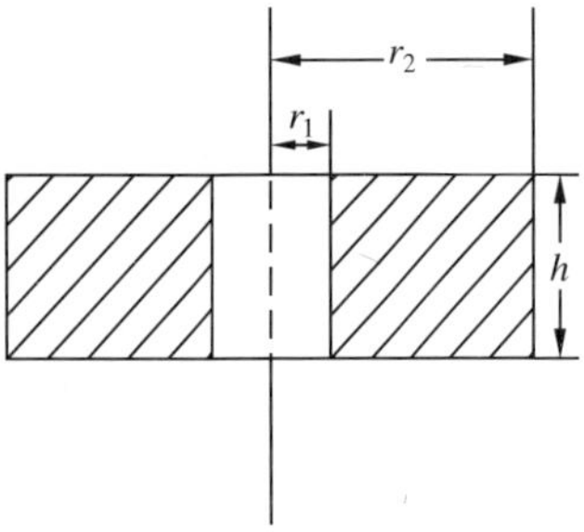

2.2
Gegeben ist die in der Abbildung gezeigte Schaltung mit den Spannungen $U_1 = 1{,}3$ V, $U_2 = 1{,}5$ V und $U_3 = 2$ V sowie den Wirkwiderständen $R = 0{,}2\,\Omega$ und $R_a = 0{,}55\,\Omega$.
Wie groß sind die Ströme I_1, I_2 und I_3?

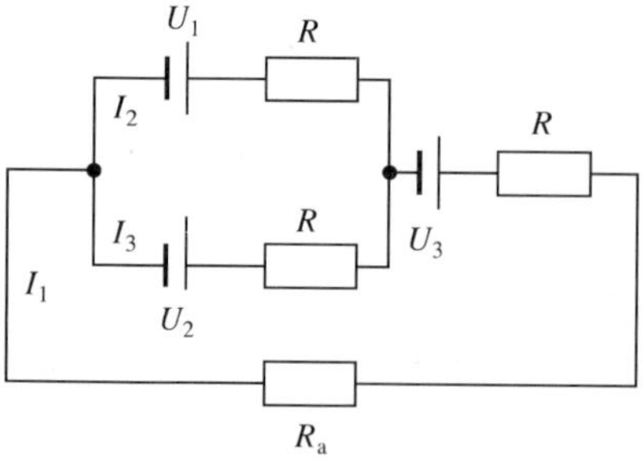

2.3
Wie muß man N Spannungsquellen in y Stromzweigen zu je x in Reihe geschalteten Spannungsquellen anordnen, damit bei einem äußeren Wirkwiderstand R_a die Stromstärke im Stromkreis maximal wird! Jede Spannungsquelle hat den inneren Wirkwiderstand R_i und die Urspannung U_0.
Welche allgemeine Beziehung ergibt sich zwischen einem wählbaren äußeren Wirkwiderstand R_a und dem resultierenden inneren Wirkwiderstand R_{ig} des aktiven Zweipols?
(*Zahlenbeispiel:* $R_a = 2{,}4\,\Omega$, $R_i = 0{,}2\,\Omega$, $N = 48$)

2.4
Eine Spannungsquelle mit der Urspannung U und dem konstanten inneren Wirkwiderstand R_i ist an einen veränderlichen äußeren Wirkwiderstand R_a angeschlossen.
a) Berechnen Sie die aufgenommenen Leistungen P_i und P_a als Funktion von R_a!
b) Bei welchem äußeren Wirkwiderstand R_a erreicht P_a sein Maximum?
c) Stellen Sie P_i und P_a in Einheiten U^2/R_i als Funktion von R_a/R_i dar!

2.5
Man berechne das Magnetfeld $\boldsymbol{B}$ im Punkt P der gegebenen Drahtanordnung mit Hilfe des Biot-Savartschen Gesetzes!

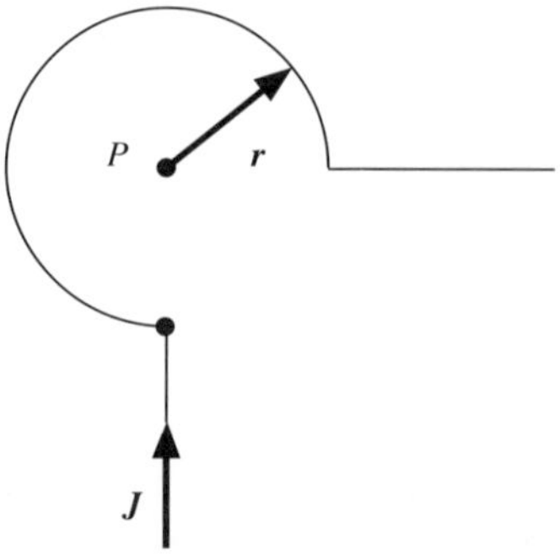

2.6
Durch die Spannung $U = 3\,\text{kV}$ werden Elektronen beschleunigt und gelangen in das homogene Magnetfeld einer Zylinderspule (Windungszahl $N = 5000$, Länge $l = 25\,\text{cm}$) unter dem Winkel $\Phi = 30^0$ zur Spulenachse. Der Spulenstrom ist $I = 1\,\text{A}$.
Wie groß ist die Ganghöhe s der Schraubenbahn der Elektronen? (Relativistische Effekte können unberücksichtigt bleiben.)

2.7
Elektronen werden durch eine Spannung von 100 V beschleunigt und gelangen senkrecht zu den Feldlinien in ein homogenes Magnetfeld der Feldstärke $268\,\text{Am}^{-1}$.
Berechnen Sie den Durchmesser der Kreisbahn, die sie im Magnetfeld beschreiben!

3 Stromleitung in Festkörpern, Flüssigkeiten und Gasen

3.1 Elektronen

3.1.1 Elektrische Elementarladung, Versuch von Millikan

elektrische Elementarladung

Die bisherigen experimentellen Ergebnisse zeigen, daß jede Ladung q als ganzzahliges Vielfaches einer *elektrischen Elementarladung* e aufgefaßt werden muß. Elektrische Ladungen sind demzufolge nicht beliebig teilbar.

Felix Ehrenhaft (1879–1951)

Eine der genauesten Methoden zur Bestimmung der elektrischen Elementarladung e wurde 1909 von Millikan entwickelt. Er führte eine zuerst von Ehrenhaft angegebene Versuchsmethodik zu höchster Präzision. Das Experiment beruht auf der bekannten Tatsache, daß sich bestimmte Flüssigkeiten (z. B. Öle) beim Zerstäuben elektrisch aufladen.

Versuch von Millikan zur Bestimmung der elektrischen Elementarladung

Beim Millikanschen Versuch zerstäubt man in einem Plattenkondensator Öl zu möglichst kleinen Tröpfchen. Sie tragen dann nur wenige elektrische Elementarladungen. Die Platten des Kondensators werden parallel zur Erdoberfläche ausgerichtet, so daß die Vektoren von Schwerkraft und elektrischem Feld je nach Polung parallel bzw. antiparallel gerichtet sind. Die Bewegung eines ausgewählten Tröpfchens wird mit einem Koordinatenmikroskop verfolgt (Abb. 3.1).

Wir betrachten die Bewegung eines kugelförmigen Öltröpfchens der Ladung $q = -ze$ (z positive ganze Zahl). Sein Radius R und seine Masse m_{Tr} sind zunächst unbekannt. Um diese Größen zu bestimmen, wird zuerst die Bewegung bei ausgeschaltetem elektrischen Feld verfolgt. Neben dem Gewicht $\boldsymbol{G} = m\boldsymbol{g}$ (I 3.21) wirken dann auf das Tröpfchen der Auftrieb, den es in Luft erfährt (vgl. (I S 6.6)), und die nach dem Stokesschen Gesetz (I 6.26) seiner Geschwindigkeit $\boldsymbol{v}_{\mathrm{oF}} = -v_{\mathrm{oF}}\boldsymbol{k}$ proportionale Reibungskraft (der Index oF bedeutet „ohne elektrisches Feld“). Drückt man die Masse des Öltröpfchens und die Masse der von ihm verdrängten Luft durch das Pro-

Robert Andrew Millikan (1868–1953) Nobelpreis 1923

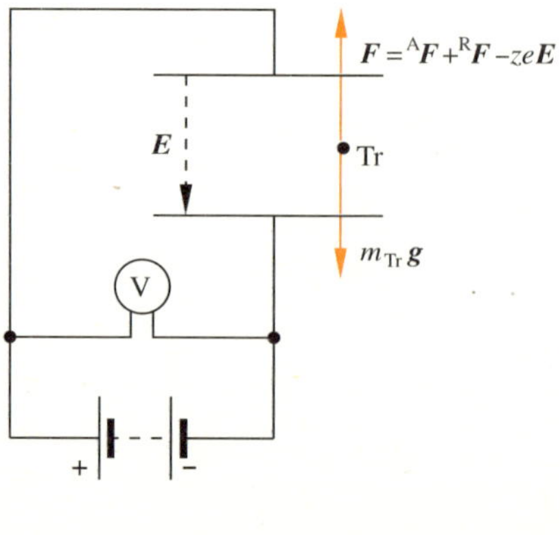

Abb. 3.1
Versuch von Millikan zur Bestimmung der elektrischen Elementarladung

dukt aus den Dichten ϱ_{Tr} des Tröpfchens bzw. ϱ_{L} der Luft und dem Volumen aus und bezeichnet η_{L} die dynamische Viskosität der Luft, so folgt mit $\boldsymbol{k} = -\boldsymbol{g}^0$ für

$$\text{die Schwerkraft} \quad {}^{\mathrm{S}}\boldsymbol{F} = -\frac{4\pi R^3}{3}\,\varrho_{\mathrm{Tr}}\,g\,\boldsymbol{k}, \tag{3.1a}$$

$$\text{die Auftriebskraft} \quad {}^{\mathrm{A}}\boldsymbol{F} = \frac{4\pi R^3}{3}\,\varrho_{\mathrm{L}}\,g\,\boldsymbol{k} \tag{3.1b}$$

und die

$$\text{Reibungskraft} \quad {}^{\mathrm{R}}\boldsymbol{F} = 6\pi\eta_{\mathrm{L}} R\, v_{\mathrm{oF}}\,\boldsymbol{k}. \tag{3.1c}$$

Da die Reibungskraft der Geschwindigkeit des Tröpfchens proportional ist, wird zu einer bestimmen Zeit t_0 der Fall erreicht, daß Reibungskraft plus Auftriebskraft der Schwerkraft das Gleichgewicht halten. Nach dem Galileischen Trägheitsgesetz (I S 3.6) fällt das Teilchen dann mit konstanter Geschwindigkeit.

Im weiteren wird $t > t_0$ vorausgesetzt. Aus der Gleichgewichtsbedingung ${}^{\mathrm{S}}\boldsymbol{F} = {}^{\mathrm{A}}\boldsymbol{F} + {}^{\mathrm{R}}\boldsymbol{F}$, (3.1a), (3.1b) und (3.1c) folgt

$$\frac{4\pi R^3}{3}\,\varrho_{\mathrm{Tr}}\,g = \frac{4\pi R^3}{3}\,\varrho_{\mathrm{L}}\,g + 6\pi\eta_{\mathrm{L}} R\, v_{\mathrm{oF}} \tag{3.2a}$$

und somit für den Tröpfchenradius

$$R = \frac{3}{\sqrt{2}}\sqrt{\frac{\eta_{\mathrm{L}}\, v_{\mathrm{oF}}}{g(\varrho_{\mathrm{Tr}} - \varrho_{\mathrm{L}})}}. \tag{3.2}$$

Nach (3.2) kann der Tröpfchenradius aus der gemessenen Geschwindigkeit und einigen Stoffkonstanten bestimmt werden. Wie nachfolgend gezeigt, wird er aber zur Bestimmung von e gar nicht benötigt.

Zur Ermittlung der Tröpfchenladung könnte prinzipiell ein solches Kondensatorfeld gewählt werden, daß durch seine Kraftwirkung $F = -ze\boldsymbol{E}$ gerade die Schwerkraft minus Auftriebskraft kompensiert und das Tröpfchen zum Schweben gebracht wird. Die Bestimmung des Schwebezustandes ist aber zu ungenau; deshalb wird experimentell ein etwas anderer Weg beschritten. Durch Zuschalten des Feldes $E = \dfrac{U}{d}$ wird die Fallgeschwindigkeit des Teilchens auf v_{mF} vermindert (Index mF bedeutet mit elektrischem Feld). Analog zu (3.2a) gilt dann

$$\frac{4\pi R^3}{3}\,\varrho_{\mathrm{Tr}}\,g = \frac{4\pi R^3}{3}\,\varrho_{\mathrm{L}}\,g + 6\pi\eta_{\mathrm{L}} R\, v_{\mathrm{mF}} + zeE$$

und mit (3.2a)

$$zeE = 6\pi\eta_{\mathrm{L}} R(v_{\mathrm{oF}} - v_{\mathrm{mF}}). \tag{3.3a}$$

Wird in (3.3a) noch (3.2) eingesetzt, so ergibt sich

$$ze = \frac{9\sqrt{2}\,\pi\, v_{oF}^{1/2}\,(v_{oF} - v_{mF})\,\eta_L^{3/2}}{E(\varrho_{Tr} - \varrho_L)^{1/2}\, g^{1/2}} \,. \tag{3.3}$$

Da (3.3) nur bekannte bzw. meßbare Größen enthält, kann ze errechnet werden. Der kleinste gemessene Wert entspricht der Elementarladung.

Die Präzisionsmessungen von MILLIKAN ergaben:

(S 3.1) Existenz und Zahlenwert der elektrischen Elementarladung e

Nach der experimentellen Erfahrung ergibt sich jede elektrische Ladung q als ganzzahliges Vielfaches der Elementarladung e:

$q = \pm z e$ (z ganze positive Zahl)

mit

$e = (1{,}602\,1892 \pm 0{,}000\,0046)\; 10^{-19}$ C.

Wegen des sehr kleinen Zahlenwertes der Elementarladung können alle Ströme als kontinuierlich veränderlich angesehen werden. Ein meßbarer Einfluß der Elementarladung ist nach (S 3.1) praktisch erst für $I < 10^{-18}$ A zu erwarten.

Auf Grund theoretischer Symmetriebetrachtungen bei Elementarteilchen wurden hypothetisch Teilchen mit den Ladungen $\pm \frac{1}{3} e$ (Quarks, Bd. III) eingeführt. Freie Quarks konnten bisher experimentell nicht nachgewiesen werden. Selbst wenn es gelänge, so würde dies nur den Betrag der elektrischen Elementarladung verändern, ihre Existenz dagegen nicht in Zweifel ziehen.

3.1.2 Ladung und Masse des Elektrons

Erfahrungsgemäß kann eine elektrische Ladung nie für sich allein, sondern nur in Verbindung mit einer Masse auftreten.

(S 3.2) Ladungen sind an Masse gekoppelt

Eine elektrische Ladung ist stets mit einer Masse verbunden.

Elektronen

JOHNSTONE STONEY (1826–1911)

ARTHUR SCHUSTER (1851–1934)

Erhitzt man ein Metall oder bestrahlt es mit ultraviolettem Licht, dann können aus dem Metall elektrisch geladene Teilchen austreten (*thermische Elektronenemission* bzw. *äußerer lichtelektrischer Effekt,* vgl. 3.4.1, 3.4.2 und Bd. III). Wie man aus ihrer Ablenkung in Magnetfeldern erkennt (s. u.), sind sie negativ geladen. Diese Teilchen werden nach STONEY (1890) *Elektronen* genannt. Alle Vergleiche ihrer Eigenschaften zeigen, daß es die gleichen Teilchen sind, die sich beim Millikanschen Versuch an die Öltröpfchen anlagern und deren Aufladung bewirken. Damit ist ihre Ladung bekannt und gleich der Elementarladung ($q_e = -e$).

Die Bestimmung der Elektronenmasse m_e erfolgt mit der in Abbildung 3.2 dargestellten Versuchsmethodik (SCHUSTER, 1902). In einem evakuierten Glaskolben ($p<1$ Pa) befindet sich gegenüber der Elektronenquelle (Glüh*katode* K) ein Metallblech auf höherem Potential (*Anode* A) mit einer Bohrung Bo. Die Potentialdifferenz zwischen Anode und Katode betrage $U_{AK}>0$. Die aus der Katode austretenden Elektronen werden nach (1.3b) im Raum zwischen Katode und Anode beschleunigt und treten durch die Bohrung der Anode in den von elektrischen Feldern freien Raum. Liegen keine zusätzlichen magnetischen Felder vor, so bewegen sie sich dort wegen $\boldsymbol{F}=q\boldsymbol{E}=\boldsymbol{0}$ (D 1.5) nach dem Galileischen Trägheitsgesetz (I S 3.6) gleichförmig geradlinig.

Versuch von SCHUSTER zur Bestimmung der spezifischen Ladung des Elektrons

Katode
Anode

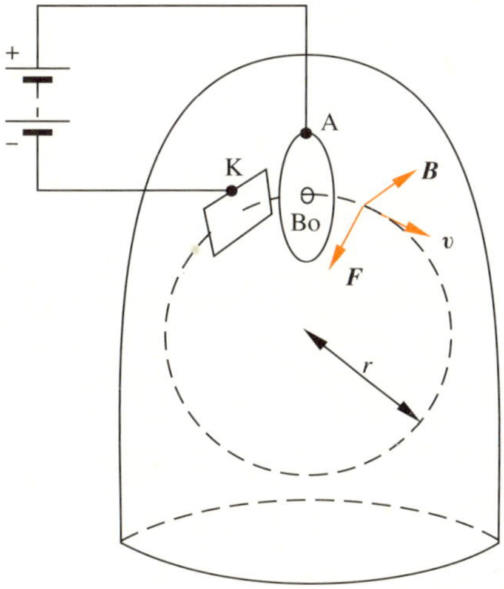

Abb. 3.2
Versuch von SCHUSTER zur Ermittlung der spezifischen Ladung des Elektrons

Besitzt ein frei bewegliches Teilchen der Masse m und Ladung q am Ort P_1 mit dem elektrostatischen Potential $\varphi(P_1)$ die Geschwindigkeit v_1 und am Ort P_2 des Potentials $\varphi(P_2)$ die Geschwindigkeit v_2, so gilt nach (1.3b) und (D 1.6) für die Veränderung seiner kinetischen Energie $mv^2/2$ (I S 3.17)

$$\frac{m}{2}\,{v_2}^2-\frac{m}{2}\,{v_1}^2=q(\varphi(P_1)-\varphi(P_2))=qU_{12}\,. \tag{3.4}$$

Tritt ein Elektron ($m=m_e$, $q=-e$) mit der Geschwindigkeit $v_1=0$ aus der Katode aus und durchläuft zwischen Katode und Anode die Spannung $U_{AK}=-U_{12}$, so erreicht es am Ort P_2 der Anode eine Geschwindigkeit $v_2=v$ und besitzt nach (3.4) dort die kinetische Energie

$$\frac{m_e}{2}\,v^2=eU_{AK}\,. \tag{3.4a}$$

Von der relativistischen Massenveränderlichkeit (s. Abschn. 14.2.3.2) werde hier abgesehen.

Legt man senkrecht zur Elektronenbahn zusätzlich ein homogenes magnetisches Feld, dann wird das Elektron durch die Lorentz-Kraft (S 2.9) senkrecht zu $\boldsymbol{v}$ und $\boldsymbol{B}$ abgelenkt. Da diese nur die Geschwindigkeitsrichtung, aber nicht den Betrag der Geschwindigkeit verändert (vgl. Abschnitt 1.3.6.1), wirkt auf das Elektron nur die Normalkraft

$$\boldsymbol{F}_n = m \frac{v^2}{r} \boldsymbol{n}^0$$

(vgl. (I 3.12b)), und mit (A 3.7c) folgt

$$e v B = m_e \frac{v^2}{r} \qquad (3.5a)$$

oder mit (3.4a)

$$\frac{e}{m_e} = \frac{2U_{AK}}{B^2 r^2} . \qquad (3.5)$$

Die Elektronen durchlaufen im Magnetfeld eine Kreisbahn vom Radius r. Durch eine genügend große magnetische Induktion kann erreicht werden, daß sie das Magnetfeld nicht verlassen und auf einen Vollkreis im Glaskolben gezwungen werden.

Durch Stoßprozesse mit den Atomen eines geeigneten Füllgases im Glaskolben (z.B. Quecksilberdampf) regen die Elektronen diese zum Leuchten an (vgl. Bd. III). Der Kreis läßt sich daher erkennen und vermessen und mit den bekannten Werten U_{AK} und B nach (3.5) die *spezifische Ladung* $\frac{e}{m_e}$ des Elektrons errechnen. Da man die Elektronenladung kennt, ist auch m_e bestimmt.

spezifische Ladung des Elektrons

Präzisionsmessungen ergaben:

spezifische Ladung und Masse des Elektrons

$$\frac{e}{m_e} = (1{,}758\,8047) \pm 0{,}000\,0049)\ 10^{11}\ \mathrm{C\,kg^{-1}} , \qquad (3.6a)$$

$$m_e = (9{,}109\,534 \pm 0{,}000\,047) \cdot 10^{-31}\ \mathrm{kg} . \qquad (3.6b)$$

Die Masse des Elektrons beträgt ca. ein Zweitausendstel der des Wasserstoffatoms (vgl. (I 8.34)):

Verhältnis von Wasserstoffatom- zu Elektronenmasse

$$\frac{m_H}{m_e} = 1{,}836 \cdot 10^3 . \qquad (3.6c)$$

Im Abschnitt I 8.5 wurde mit Hilfe der Molekularkinetik die Größe der Atome experimentell abgeschätzt. Es liegt nahe, in Analogie dazu auch für die Elektronen eine Kugelgestalt anzunehmen und ihre Größe durch den Kugelradius R_e zu charakterisieren. Das experimentelle Verfahren zur Bestimmung der Atomdurchmesser ist aber auf Elektronen nicht übertragbar, da sie im Gegensatz zu den neutralen Atomen elektrisch geladen sind. Deshalb sind für die Wechselwirkung zwischen ihnen nicht die Zusammenstöße im Sinne der Molekularkinetik entscheidend, sondern abstoßende elektrische Kräfte. Ein experimentelles Verfahren zur Bestimmung von R_e gibt es demzufolge nicht. Man ist auf eine theoretische Abschätzung für R_e angewiesen. Sie basiert auf der Annahme, daß die gesamte Ruhenergie

Ermittlung des klassischen Elektronenradius

(s. (S 14.17)) des Elektrons seine elektrostatische Energie ist. Die elektrostatische Energie des Elektrons muß aufgewendet werden, um die Ladung e auf die Oberfläche einer Kugel vom Radius R_e zu bringen. Mit (S 14.17), (1.6b) und (1.3c) ergibt sich

$$m_e c^2 = W_{Pe} = \frac{e^2}{4\pi\varepsilon_0 R_e}$$

und daraus durch Einsetzen der entsprechenden Konstanten m_e (3.6b), c (7.22), ε_0 (1.2) und e (S 3.1)

klassischer Elektronenradius

$$R_e = (2{,}817938 \pm 0{,}000007)\, 10^{-15}\,\text{m}. \tag{3.6d}$$

Dieser abgeschätzte *klassische Elektronenradius* erscheint in bezug auf den experimentell bestimmbaren Atomradius von $\approx 10^{-10}$ m recht plausibel. Man darf trotzdem nicht übersehen, daß er auf zwei Hypothesen beruht, nämlich, daß die elektrostatische Energie des Elektrons seiner Ruhenergie gleichgesetzt werden kann und daß das Coulombsche Gesetz bis zu Längen von 10^{-15} m Gültigkeit besitzt. Wenn auch neuere Experimente letztere Annahme zu bestätigen scheinen, bleibt auf Grund seines hypothetischen Ansatzes der klassische Elektronenradius doch eine fragwürdige Größe.

3.2 Elektrische Leitung in Festkörpern

3.2.1 Metalle

3.2.1.1 Elektronengas der Metalle

Die elektrische Leitung der Metalle beruht nach (S 1.6) auf der Wanderung quasifreier Ladungsträger im Metall. Das ist überzeugend mit folgendem Experiment nachzuweisen (Abb. 3.3): Ein drehbares metallisches Rad taucht in eine Wanne mit Quecksilber. Radachse und Quecksilber werden über einen Schalter mit einer Spannungsquelle verbunden. Zwischen Radachse und Quecksilberwanne wird parallel zur Radachse ein magnetisches Feld gelegt. Nach Schließen des Schalters fließt zwischen dem Radmittelpunkt und dem Quecksilberkontakt ein elektrischer Strom. Gleichzeitig beginnt das Rad zu rotieren. Diese Rotation ist eine Folge der an den wandernden Ladungen angreifenden Lorentz-Kraft, denn nach (S 2.9) werden durch sie die wandernden Ladungen senkrecht zu $\boldsymbol{v}$ und $\boldsymbol{B}$ abgelenkt. Die Impulserhaltung (siehe (I S 4.5)) führt zur Rotation des Rades.

experimenteller Nachweis quasifreier Ladungsträger im Metall

Aus der Rotationsrichtung kann nicht auf das Vorzeichen der wandernden Ladungsträger geschlossen werden. Umkehr des Ladungsvorzeichens bedingt nach (D 1.5) und $\boldsymbol{F} = \frac{\mathrm{d}m\,\boldsymbol{v}}{\mathrm{d}t}$ (I 3.9) auch einen Vorzeichenwechsel der Geschwindigkeit der wandernden Ladungen. Da die Lorentz-Kraft aber vom Produkt beider Größen abhängig ist, wird die Richtung der Lorentz-Kraft und somit die Rotationsrichtung des Rades vom Vorzeichenwechsel der Ladung nicht beeinflußt. Die Rotationsrichtung des Rades wird ausschließlich durch die Polung der Kontakte und die Richtung von $\boldsymbol{B}$ festgelegt. Das Experiment beweist daher nur, daß der elektrische Stromfluß in Metallen auf der Wanderung quasifreier Ladungsträger beruht, über die Natur dieser Ladungen gibt es jedoch keinen Aufschluß.

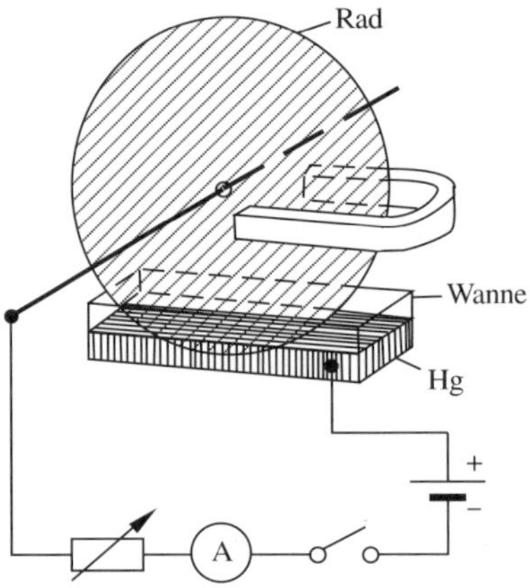

Abb. 3.3
Zum Nachweis quasifreier Ladungsträger im Metall

Betrachtet man die Lötstelle zweier Metalle, so beobachtet man auch nach noch so langem Stromfluß kein Ineinanderwandern der Metalle als Folge des Stromflusses. Das legt den Gedanken nahe, daß der Stromfluß im Metall nicht wie zum Beispiel in Elektrolyten (siehe Abschn. 3.3.1) durch Ionen zustande kommt, sondern durch wandernde Elektronen. Den Beweis dieser Aussage konnte TOLMAN erbringen. Seinem Versuch liegt

Versuch von TOLMAN

folgender physikalischer Vorgang zugrunde: Wird ein Metallkörper plötzlich abgebremst, so bewegen sich im Metall die quasifreien Ladungen infolge ihrer Trägheit (siehe (I S 3.6)) weiter. Betrachtet man diesen Vorgang in bezug auf ein mit dem Metallkörper fest verbundenes Koordinatensystem, so kann man ihn auch so interpretieren, daß an den Ladungsträgern die Trägheitskraft $-m\boldsymbol{a}$ angreift (vgl. Abschn. 14.3.1). Nach (D 1.5) registriert so der mit dem Metallkörper mitbewegte Beobachter die Feldstärke

$$-m\boldsymbol{a} = -q\boldsymbol{E}$$

oder

$$\frac{q}{m} = \frac{a}{E}\,. \tag{3.7}$$

RICHARD C. TOLMAN (1881–1948)

Da a und E meßbar sind, kann nach (3.7) die spezifische Ladung der im Metall quasifreien Ladungsträger bestimmt werden. Beim entsprechenden Experiment wird aus meßtechnischen Gründen die einmalige Abbremsung des Metallkörpers durch die Drehschwingung einer zylindrischen Kupferspule um ihre Achse ersetzt. Die an ihr durch die Schwingung auftretende Wechselspannung kann man messen, damit E bestimmen und entsprechend (3.7) die spezifische Ladung q/m berechnen. Das Experiment ergab $q/m = 1{,}76 \cdot 10^{11}\ \mathrm{C\,kg^{-1}}$, also nach (3.6a) die spezifische Ladung des Elektrons.

Jedes Metall enthält quasifreie Elektronen. Der Stromfluß im metallischen Leiter beruht auf der Wanderung der quasifreien Elektronen im angelegten elektrischen Feld.

(S 3.3)
Metalle enthalten quasifreie Elektronen

Die Anzahl der quasifreien Elektronen ist aus kombinierten Leitfähigkeits- und Hall-Effekt-Messungen bestimmbar (siehe nachfolgenden Abschnitt). Sie ist enorm groß (ca. 10^{22} bis 10^{23} Elektronen pro cm^3, Tab. 3.1).

Auf Grund gewisser Analogien zwischen den Atomen eines Gases und den quasifreien Elektronen im Metall spricht man auch vom *Elektronengas* der Metalle.

Elektronengas der Metalle

3.2.1.2 Ladungsträgerbeweglichkeit, Hall-Effekt

In einem metallischen Leiter vom Querschnitt A fließe als Folge der Feldstärke $\boldsymbol{E}$ der Strom I. Die im Leitervolumen vorhandene Anzahl quasifreier Elektronen betrage N. Für die weiteren Betrachtungen führen wir ein:

Ist N die Teilchenanzahl in einem Volumen V, so heißt

$$n = \frac{N}{V}$$

Teilchenanzahldichte.

(D 3.1)
Teilchenanzahldichte n

Die gerichtete Geschwindigkeit der Elektronen sei $\boldsymbol{v}_\mathrm{e}$. In der Zeit Δt fließt dann nach (D 3.1) und $\boldsymbol{v} = \frac{\mathrm{d}\boldsymbol{s}}{\mathrm{d}t}$ (I 3.4) durch den Querschnitt des Leiters die Ladung

$$\Delta q = neAv_\mathrm{e}\,\Delta t, \qquad (3.8)$$

woraus sich nach (D 2.1) und (D 2.2) für die Stromstärke und Stromdichte im Leiter

$$I = neAv_\mathrm{e}, \qquad (3.9\mathrm{a})$$

$$\boldsymbol{J} = -nev_\mathrm{e}\,\boldsymbol{v}_\mathrm{e}^0 \qquad (3.9\mathrm{b})$$

ergibt. Wird weiter das Ohmsche Gesetz (S 2.2) beachtet, so folgt für den Zusammenhang von elektrischer Feldstärke und Elektronengeschwindig-

Tabelle 3.1
Elektrische Leitfähigkeit σ sowie Ladungsträgeranzahldichte n und Beweglichkeit b der quasifreien Elektronen in einigen Metallen, DebyeTemperaturen Θ_D

Metall	$\dfrac{\sigma \cdot 10^{-5}}{\Omega^{-1}\,\mathrm{cm}^{-1}}$	$\dfrac{n}{10^{22}\,\mathrm{cm}^{-3}}$	$\dfrac{b}{\mathrm{cm}^2\,\mathrm{V}^{-1}\,\mathrm{s}^{-1}}$	$\dfrac{\Theta_D}{\mathrm{K}}$
Lithium	1,2	4,6	16	430
Natrium	2,3	2,5	57	160
Kalium	1,6	1,34	75	99
Rubidium	1,6	1,08	52	
Cäsium	0,5	0,86	37	40
Kupfer	6,5	8,50	47	310
Silber	6,7	5,76	72	220
Gold	5,0	5,90	53	175

keit die Beziehung

$$\boldsymbol{E} = -\frac{ne}{\sigma}\boldsymbol{v}_e\,. \tag{3.10}$$

Da n, e und σ konstant sind, muß für konstantes $\boldsymbol{E}$ auch $\boldsymbol{v}_e$ konstant sein. Die Elektronen bewegen sich im Metall unter Wirkung eines äußeren elektrischen Feldes mit konstanter Geschwindigkeit. Das ist nur so zu erklären, daß auf die Elektronen weitere Kräfte, verursacht durch ihre Wechselwirkung mit den Metallionen, wirken. Im Gleichgewichtsfall kompensieren diese die von $\boldsymbol{E}$ bewirkte Kraft. Man spricht deshalb (vgl. (S 3.3)) von *quasifreien Elektronen* im Metall. Dies soll die Tatsache zum Ausdruck bringen, daß die Elektronen nicht völlig frei im Metall beweglich sind, sondern Wechselwirkungen mit den Metallionen unterliegen, die ihre Wanderungsgeschwindigkeit im elektrischen Feld begrenzen. Vollständig freie Elektronen dagegen werden im konstanten elektrischen Feld durch die Kraft $\boldsymbol{F} = -e\boldsymbol{E}$ (D 1.5) nach dem 1. Newtonschen Axiom (I S 3.5) gleichmäßig beschleunigt bewegt, für sie ist die nachfolgend eingeführte Beweglichkeit keine zweckmäßige Größe und deshalb auch nicht definiert.

Bedeutung des Begriffes quasifrei
quasifreie Elektronen im Metall

Nach (3.10) ist $v_e E^{-1}$ eine Konstante. Es ist daher naheliegend, statt der Geschwindigkeit v der Ladungen die Größe Beweglichkeit einzuführen:

(D 3.2)
Ladungsträgerbeweglichkeit b

Bewegt sich die elektrische Ladung q unter Wirkung des elektrischen Feldes $\boldsymbol{E}$ mit der Geschwindigkeit $\boldsymbol{v}$, so heißt

$$b = \frac{v}{E}$$

Beweglichkeit der Ladung.

Mögliche Maßeinheit: $[b] = \mathrm{m}^2\,\mathrm{V}^{-1}\,\mathrm{s}^{-1}$.

Wird in (3.9a), (3.9b) und (3.10) die Elektronengeschwindigkeit v_e durch die Beweglichkeit b ersetzt, so gehen diese Beziehungen über in ($\boldsymbol{E}^0 = -\boldsymbol{v}_e{}^0$)

$$I = neAbE, \tag{3.9c}$$

$$\boldsymbol{J} = neb\boldsymbol{E}, \tag{3.9d}$$

$$\sigma = neb. \tag{3.10a}$$

Nach (3.10a) hängt die Leitfähigkeit σ vom Produkt aus Ladungsträgerdichte und Beweglichkeit ab. Leitfähigkeitsmessungen allein sind daher zur Bestimmung von n und b unzureichend. Die Bestimmung von Ladungsträgerdichte n und Beweglichkeit b erfordert deshalb ein kombiniertes Meßprogramm, z.B. die Messung der Leitfähigkeit und der im folgenden beschriebenen Hall-Spannung.

Der metallische Leiter besitze den rechteckigen Querschnitt $A = ld$ (Abb. 3.4) und werde vom Strom I durchflossen. Zusätzlich wird senkrecht zur Elektronengeschwindigkeit $\boldsymbol{v}_e$ ein homogenes magnetisches Feld der Induktion $\boldsymbol{B}$ gelegt. Als Folge der Lorentz-Kraft (S 2.9) werden die sich mit der Geschwindigkeit $\boldsymbol{v}_e$ bewegenden Elektronen abgelenkt (in Abb. 3.4 zur Deckfläche). Das führt zu einer Elektronenanreicherung auf der einen Seite des Leiters, auf der gegenüberliegenden nach (S 1.2) zur Elektronenverarmung (*Hall-Effekt*).

Hall-Effekt

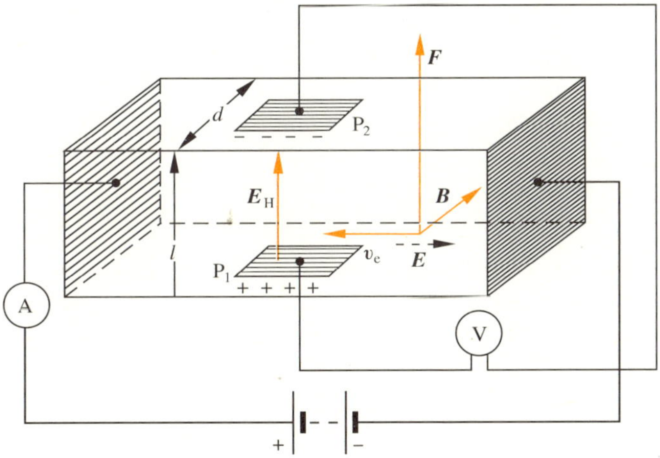

Abb. 3.4 Zum Hall-Effekt in metallischen Leitern

EDWIN HERBERT HALL (1855–1938)

Das mit den Raumladungen entstehende elektrische Feld $\boldsymbol{E}_H$ übt auf diese eine der Lorentz-Kraft entgegengerichtete Kraft aus und begrenzt die Raumladung. Nach Erreichen des Gleichgewichtszustandes gilt unter Beachtung von $\boldsymbol{F} = q\boldsymbol{E}$ (D 1.5), der Lorentz-Kraft $\boldsymbol{F} = q(\boldsymbol{v} \times \boldsymbol{B})$ (S 2.9), (A 3.7c) und $b = v/E$ (D 3.2)

$$F = eE_H = eBv_e = eBbE$$

oder

$$E_H = BbE. \tag{3.11a}$$

Als Folge des Feldes E_H mißt man zwischen den Elektroden P_1 und P_2 die *Hall-Spannung* U_H, die sich nach (1.8) zu

Hall-Spannung

$$U_H = E_H l = BblE$$

ergibt, woraus mit (3.9c) und $A = ld$

$$U_H = \frac{IB}{ned} \tag{3.11}$$

folgt. Da die Größen B, d und e bekannt sind und I und U_H gemessen werden können, ist n gefunden. Über (3.10a) ist nach Messung von σ dann auch b bekannt. Weiter kann aus dem Vorzeichen der Hall-Spannung das Vorzeichen der quasifreien Ladungsträger entnommen werden (siehe Abb. 3.4).

Die Ladungsträgerdichten können für einige Metalle aus Tabelle 3.1 entnommen werden. Sie liegen zwischen 10^{22} und 10^{23} Elektronen pro cm^3 und erweisen sich als nahezu unabhängig von der Temperatur. Sie sind gegenüber den Teilchenanzahldichten der Gase (vgl. Bd. I) enorm groß. Das Elektronengas der Metalle weist daher auch andere Gesetzmäßigkeiten auf als die gewöhnlichen Gase. Seine Eigenschaften werden im Zusammenhang in Band IV behandelt.

Fließt in einem Kupferleiter ($n = 8{,}5 \cdot 10^{22}\,cm^{-3}$, vgl. Tab. 3.1) vom Querschnitt $A = 1\,mm^2$ ein Strom $I = 1\,A$, so bewegen sich nach (D 3.2), (3.9c) und (S 3.1) unter Wirkung des Feldes die quasifreien Elektronen mit der kleinen Geschwindigkeit $v_e = 7{,}4 \cdot 10^{-5}\,ms^{-1}$. Die große Signalgeschwindigkeit in elektrischen Netzwerken (z. B. im Fernsprechnetz) ist also nicht durch eine große Wanderungsgeschwindigkeit der quasifreien Metallelektronen bedingt. Die Ursache hierfür liegt vielmehr in der großen Ausbreitungsgeschwindigkeit des den Stromfluß hervorrufenden elektrischen Feldes (vgl. Abschnitt 7.2.1.1).

Signalgeschwindigkeit in Leitersystemen entspricht nicht der Geschwindigkeit der Elektronen

3.2.1.3 Temperaturabhängigkeit der Leitfähigkeit

Da die Ladungsträgerdichte in Metallen temperaturunabhängig ist (vgl. Abschn. 3.2.1.2), muß die Temperaturabhängigkeit der Leitfähigkeit nach $\sigma = neb$ (s. (3.10a)) durch die Temperaturabhängigkeit der Beweglichkeit bedingt sein. Deshalb wird auf diese Größe nun näher eingegangen.

Ein freies Elektron (z. B. ein Elektron im Vakuum) besitzt im konstanten elektrischen Feld $\boldsymbol{E}$ nach $\boldsymbol{F} = -e\boldsymbol{E}$ (D 1.5) und $\boldsymbol{F} = m_e \boldsymbol{a}$ (I S 3.5) eine zeitabhängige Geschwindigkeit:

$$\boldsymbol{v}_e = -\frac{e}{m_e} t \boldsymbol{E} \tag{3.12}$$

($v_e \sim t$ gilt dabei nur für den nichtrelativistischen Fall, d.h. für eine geschwindigkeitsunabhängige Masse). Die Beziehung (3.12) widerspricht jedoch den dem Ohmschen Gesetz (S 2.2) unterworfenen Leitungsprozessen, denn sie führt mit (3.9a) zu $I \sim t$. Beobachtet wird jedoch ein zeitlich konstanter und nur von $\boldsymbol{E}$ abhängiger Strom, der durch die Stoffkonstante σ und damit durch das Produkt nb (vgl. (3.10a)) charakterisiert ist.

Die Existenz der Stoffkonstanten Beweglichkeit b wurde bereits im Abschnitt 3.2.1.2 mit Wechselwirkungen zwischen den aus diesem Grunde als quasifrei bezeichneten Elektronen und den Metallionen begründet. Im wesentlichen wird diese Wechselwirkung durch zwei Prozesse bestimmt: Die Wechselwirkung der Elektronen mit den infolge der Wärmeenergie schwingenden Metallatomen bzw. -ionen (*Elektron-Phonon-Streuung*) und die Wechselwirkung mit elektrisch neutralen Störstellen im Metallkristall (*Streuung an neutralen Störstellen*). Als *Störstellen* oder *Punktdefekte* bezeichnet man lokale Abweichungen vom regelmäßigen Aufbau eines kristallinen Festkörpers von atomarer Dimension. Sie können strukturelle Ursachen haben oder durch Fremdatome, d.h. durch chemische Verunreinigungen, bedingt sein und sowohl geladen als auch elektrisch neutral sein. Die genannten Streumechanismen werden ausführlich in Bd. IV diskutiert. Den stationären Wert für $\boldsymbol{v}_e$ erhält man, wenn man in (3.12) für t die *mittlere Stoß-* oder *Relaxationszeit* τ_R der Elektronen einführt:

Elektron-Phonon Streuung

Streuung an neutralen Störstellen

Punktdefekt

Die Zeit τ_R, in der sich die quasifreien Elektronen im Festkörper im Mittel ohne Zusammenstoß bewegen, heißt ihre mittlere Stoß- oder Relaxationszeit.

(D 3.3)
Relaxationszeit (mittlere Stoßzeit) τ_R

Setzt man in (3.12) $t = \tau_R = \text{const}$, dann folgt aus (3,9b)

$$\boldsymbol{J} = n \frac{e^2}{m_e} \tau_R \boldsymbol{E} = \sigma \boldsymbol{E}$$

mit

$$\sigma = \frac{n e^2 \tau_R}{m_e}. \qquad (3.13)$$

σ ist also feldstärkeunabhängig, (3.13) entspricht damit dem in (S 2.2) formulierten Ohmschen Gesetz. Da die Feldstärke in Metallen infolge der großen Leitfähigkeit praktisch niemals große Werte annimmt, kann nahezu uneingeschränkt festgestellt werden:

Der Strom in metallischen Leitern genügt dem Ohmschen Gesetz.

(S 3.4)
im metallischen Leiter ist $I \sim U$

Aus (3.13) kann durch Messung von σ und n die Relaxationszeit τ_R gewonnen werden. Man findet z.B. für Kupfer $\tau_{R,Cu} \approx 3 \cdot 10^{-9}$ s bei 4 K.

Wie die Hall-Spannungsmessungen zeigen, ist die Ladungsträgerdichte n in Metallen temperaturunabhängig. Die Abhängigkeit der elektrischen Leitfähigkeit von der Temperatur wird allein durch die Relaxationszeit τ_R hervorgerufen.

n ist für Metalle unabhängig von T

Um Aussagen über den Temperaturgang von τ_R machen zu können, muß der zugrunde liegende Streuprozeß analysiert werden. Das ist nur mit Hilfe der Quantentheorie möglich und soll hier nicht näher untersucht werden. Prinzipiell können die Elektronen mehreren Streumechanismen unterliegen, die entsprechend unterschiedlich zu behandeln sind und zu verschiedenen Relaxationszeiten führen. Die kleinste Relaxationszeit beeinflußt den Transportvorgang am stärksten.

spezifischer Widerstand ϱ

Wie schon erwähnt, erweisen sich für Metalle die Elektron-Phonon-Streuung (Relaxationszeit $\tau_{R,l}$) und die Streuung an Störstellen (Relaxationszeit $\tau_{R,i}$) als die Mechanismen, die den *spezifischen elektrischen Widerstand* $\varrho = \sigma^{-1}$ bestimmen. Da beide Streuvorgänge voneinander unabhängig sind, kann man

$$\frac{1}{\sigma} = \varrho = \varrho_l + \varrho_i \tag{3.14}$$

setzen, d.h. eine resultierende Relaxationszeit

$$\frac{1}{\tau_R} = \frac{1}{\tau_{R,l}} + \frac{1}{\tau_{R,i}} \tag{3.15}$$

einführen.

Da die Stärke der Schwingungen der Metallatome mit steigender Temperatur zunimmt, ist auch eine Zunahme von ϱ_l mit T zu erwarten. Die Theorie liefert für Metalle in guter Näherung

$\varrho_l = f(T)$ für Metalle

$$\varrho_l \sim T \quad \text{für} \quad T \gg \Theta_D, \qquad \varrho_l \sim T^5 \quad \text{für} \quad T \ll \Theta_D. \tag{3.16}$$

Debye-Temperatur

Θ_D ist eine charakteristische Temperatur, die sogenannte *Debye-Temperatur*. Sie kann für einige Metalle aus Tab. 3.1 entnommen werden.

ϱ_i ist dagegen temperaturunabhängig:

$\varrho_i = f(T)$ für Metalle

$$\varrho_i(T) = \text{const.} \tag{3.16a}$$

Aus (3.14), (3.15), (3.16) und (3.16a) folgt

$$\varrho(T) = \varrho_i + \varrho_l(T). \tag{3.17}$$

spezifischer Restwiderstand ϱ_i von Metallen

Für sehr tiefe Temperaturen strebt ϱ_l gegen Null, der spezifische Widerstand des Metalles entspricht dann dem temperaturunabhängigen *spezifischen Restwiderstand* ϱ_i (vgl. Abb. 3.5).

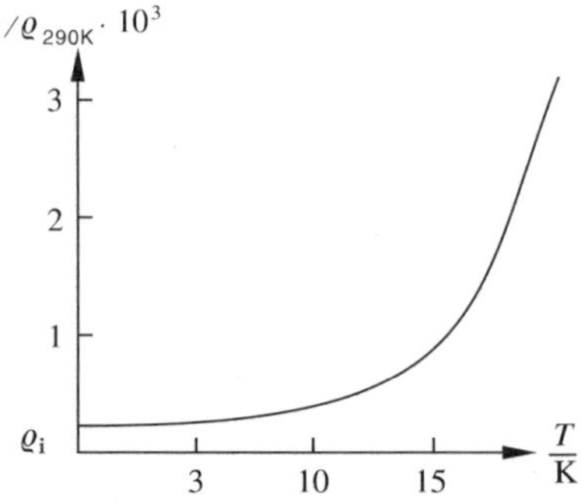

Abb. 3.5 $\frac{\rho}{\rho_{290K}} = f(T)$ für Natrium

Für Temperaturen $T \gg \Theta_D$ ist meist $\varrho_l \gg \varrho_i$, die Temperaturabhängigkeit von ϱ kann dann mit dem Temperaturkoeffizienten β angenähert durch

$$\varrho = \varrho_0(1 + \beta \vartheta) \tag{3.18}$$

Temperaturabhängigkeit des spezifischen Widerstandes von Metallen für $T \gg \Theta_D$

dargestellt werden. Für die meisten Metalle gilt $\beta \approx \frac{1}{250}$ °C^{-1} (siehe Tab. 3.2). β nähert sich dem thermischen Ausdehnungskoeffizienten $\frac{1}{273{,}15}$ °C^{-1} des idealen Gases (vgl. (I 7.6a)) um so mehr, je reiner das betreffende Metall ist.

Tabelle 3.2
Elektrische Leitfähigkeit σ und Temperaturkoeffizient β von Metallen bei 0°C

Metall	$\dfrac{\sigma}{\Omega^{-1}\,\mathrm{cm}^{-1}}$	$\dfrac{\beta}{°\mathrm{C}^{-1}}$
Aluminium	$4{,}2 \cdot 10^5$	$\frac{1}{214}$
Titan	$2{,}3 \cdot 10^4$	$\frac{1}{233}$
Niob	$7{,}7 \cdot 10^4$	$\frac{1}{250}$
Molybdän	$2{,}0 \cdot 10^5$	$\frac{1}{212}$
Wolfram	$2{,}0 \cdot 10^5$	$\frac{1}{210}$
Eisen	$1{,}1 \cdot 10^5$	$\frac{1}{152}$
Nickel	$1{,}7 \cdot 10^5$	$\frac{1}{152}$
Platin	$1{,}0 \cdot 10^5$	$\frac{1}{256}$
Kupfer	$6{,}5 \cdot 10^5$	$\frac{1}{253}$
Silber	$6{,}7 \cdot 10^5$	$\frac{1}{238}$
Gold	$5{,}0 \cdot 10^5$	$\frac{1}{244}$

PETER JOSEPH WILHELM DEBYE
(1884–1966)
Nobelpreis 1936

Für Legierungen oder größere Temperaturintervalle ist die lineare Beziehung (3.18) für die Temperaturabhängigkeit des spezifischen Widerstandes durch höhere Potenzen von ϑ zu ergänzen:

$$\varrho = \varrho_0 (1 + \beta_1 \vartheta + \beta_2 \vartheta^2 + \ldots). \tag{3.18a}$$

Für die Legierung Konstantan z.B. ist $\beta_2 < 0$, und ϱ durchläuft dadurch ein Maximum ϱ_{max}. Da sich ϱ in der Umgebung von ϱ_{max} nur wenig mit der Temperatur verändert, lassen sich durch derartige Legierungen für Arbeitstemperaturen in der Nähe dieses Maximums Widerstände mit äußerst kleiner thermischer Widerstandsänderung herstellen. Solche Metallegierungen werden u.a. für Präzisionswiderstände benötigt.

Sprungtemperatur
Supraleiter

Für bestimmte Metalle und Legierungen springt bei einer bestimmten charakteristischen Temperatur T_c (*Sprungtemperatur*) in Nähe des absoluten Nullpunktes der elektrische Widerstand auf einen nicht mehr zu messenden Wert. Das Metall bzw. die Legierung wird zu einem *Supraleiter*. Dieser Effekt wurde zuerst an Quecksilber gefunden (Kamerlingh Onnes, (1911)). Abbildung 3.6 zeigt den Übergang zum supraleitenden Zustand für Quecksilber, Tab. 3.3 gibt für einige Metalle die Sprungtemperaturen an.

Tabelle 3.3
Sprungtemperatur T_c für einige supraleitende Metalle

Element	$\frac{T_c}{K}$
Aluminium	1,17
Blei	7,22
Cadmium	0,56
Gallium	1,10
Indium	3,41
Iridium	0,14
β-Lanthan	6,2
Niobium	8,9
Osmium	0,71
α-Quecksilber	4,15
β-Quecksilber	3,95
Rhenium	1,70
Ruthenium	0,49
Tantal	4,48
Thallium	2,39
Titan	0,40
α-Uran	0,68
Vanadium	5,03
Zink	0,85
Zinn	3,72
Zirkonium	0,75

Heike Kamerlingh Onnes (1853–1926) Nobelpreis 1913

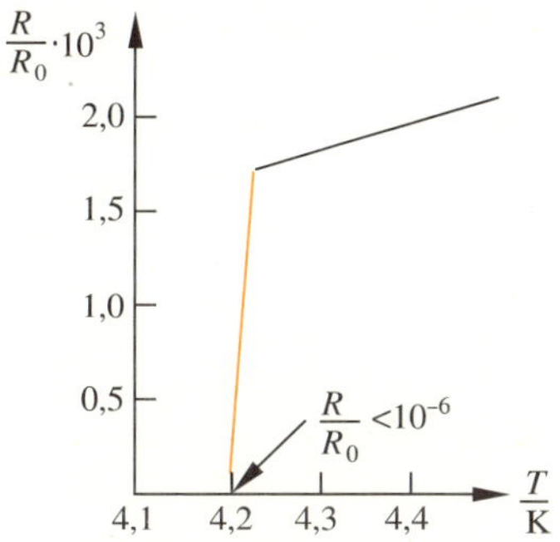

Abb. 3.6
Übergang von Quecksilber in den supraleitenden Zustand

Außer den metallischen supraleitenden Elementfestkörpern sind heute mehr als 10^3 supraleitende Legierungen und intermetallische Verbindungen bekannt (vgl. Tab. 3.4). Man fand sowohl supraleitende Legierungen aus zwei Supraleitern als auch aus einem Supra- und einem Normalleiter

Tabelle 3.4
Maximale Sprungtemperatur T_c für einige supraleitende Verbindungen

Verbindung	$\frac{T_c}{K}$
Nb_2Se	23,2
$Nb_{12}Al_3Ge$	20,5
Nb_3Sn	18,05
$Nb(C_{0,3}N_{0,7})$	17,8
Nb_3Al	17,5
V_3Si	17,1
V_3Ga	16,5
NbN	16,0
MoN	12,0
Nb_3Au	11,5
La_3In	10,4
MoC	9,26
Pb_2Au	7,0
V_3Ge	6,0
TaSi	4,4
Ti_2Co	3,44
$SEBa_2Cu_3O_7$ (SE bedeutet die Seltenen Erden Y, Eu oder Cd)	92
$Bi_2Sr_2Ca_{n-1}Cu_nO_{2n+4}$ (+ Pb-Dotierung)	122
$Tl_2Ba_2Ca_nCu_{n+1}O_{2n+6}$	127
$Tl_1A_2Ca_{n-1}Cu_nO_{2n+3}$ (A bedeutet Sr oder Ba)	122

Karl Alexander Müller
geb. 1927
Nobelpreis 1987

Johannes Georg Bednorz
geb. 1950
Nobelpreis 1987

und sogar aus zwei Normalleitern (z.B. Au_2Bi). Sogar das Polyschwefelnitrid $(SN)_x$, das kein einziges Metallatom enthält, erwies sich als Supraleiter mit der Sprungtemperatur $T_c = 0{,}3$ K. Die höchsten Sprungtemperaturen dieser Verbindungsklassen zeigen die Niobiumverbindungen. So fand man 1974 bei der intermetallischen Verbindung Nb_2Se die bis dahin höchste Sprungtemperatur von 23,2 K.

1986 fanden BEDNORZ und MÜLLER eine oxidische supraleitende Verbindung der Zusammensetzung $(La,Ba)_2CuO_4$ mit einer Sprungtemperatur von etwa 30 K. Diese Entdeckung leitete eine ganz neue Entwicklungsphase der Supraleitung ein. Stoffe mit einer Sprungtemperatur $T_c > 30$ K werden *Hochtemperatursupraleiter* genannt. 1987 wurde die Verbindung $YBa_2Cu_3O_7$ als Supraleiter mit einer Sprungtemperatur bei 92 K bekannt. Sie war damit der erste Supraleiter, der mit flüssigem Stickstoff gekühlt werden konnte. 1988 fand man dann Verbindungen mit Sprungtemperaturen oberhalb von 100 K. Die Verbindung mit der gegenwärtig höchsten bekannten Sprungtemperatur von $T_c = 127$ K ist das $Tl_2Ba_2Ca_nCu_{1+n}O_{6+2n}$ ($n = 0, 1, 2$).

Hochtemperatursupraleiter

Anwendungen der Supraleitung

Schon heute findet die Supraleitung mannigfaltige Anwendung in Forschung und Technik: in supraleitenden Magneten zur Erreichung hoher magnetischer Feldstärken, bei Hochstromleitern, die z.B. zur Ableitung des Generatorstromes eines Kraftwerkes zum Umspannwerk hin dienen, und durch die Nutzung des Josephson-Effektes in den sogenannten SQUIDs (**S**uperconducting **Qu**antum **I**nterferometer **D**evices, vgl. Bd. IV). Die SQUIDs sind die empfindlichsten Magnetfeldsensoren und gestatten den Aufbau der genauesten Spannungsnormale. Hochtemperatursupraleitende Schichten werden schon kommerziell zur Magnetfeldabschirmung genutzt. Mit ihnen lassen sich magnetische Störfelder um einen Faktor bis zu 10^{-5} schwächen. Ebenfalls konnten mit supraleitenden Schichten die empfindlichsten Strahlungsdetektoren für den langwelligen ultraroten Spektralbereich entwickelt werden. Diese Detektoren werden bei der Temperatur $T = T_c$ betrieben. Durch die Temperaturerhöhung bei Strahlungseinfall geht der supraleitende Zustand in den normalleitenden Zustand über. Die Tatsache, daß bei einer kritischen Feldstärke H_c jeder Supraleiter normalleitend wird, kann in der Energietechnik zur Vermeidung von hohen Kurzschlußströmen in Netzwerken genutzt werden.

SQUID

BRION DAVID JOSEPHSON
geb. 1940
Nobelpreis 1973

Die mikrophysikalische Deutung der metallischen Leitung und der Effekte der Supraleitung nebst Anwendungen werden ausführlich in Bd. IV diskutiert.

3.2.1.4 Wärmeleitung, Wiedemann-Franz-Gesetz

Wärmeleitung der Metalle ist durch ihr Elektronengas bedingt

Erfahrungsgemäß ist die Wärmeleitfähigkeit $\varkappa$ (vgl. (I 8.31)) der Metalle bis zu zwei Größenordnungen größer als die der Halbleiter und Isolatoren. Es muß deshalb angenommen werden, daß das Elektronengas den wesentlichen Beitrag zur Wärmeleitfähigkeit in Metallen liefert.

Schon 1853 fanden Wiedemann und Franz, daß das Verhältnis der Wärmeleitfähigkeit zur elektrischen Leitfähigkeit $\varkappa/\sigma$ für alle Metalle annähernd den gleichen Wert besitzt. 1872 formulierte Lorenz diese Aussage in folgendem Gesetz:

Rudolph Franz (1827–1902)

Arnold Sommerfeld (1868–1951)

(S 3.5) Wiedemann-Franz-Gesetz

Bei gleichen Temperaturen T weit oberhalb der Debye-Temperatur ($T \gg \Theta_D$) ergibt das Verhältnis von Wärmeleitfähigkeit $\varkappa$ zu elektrischer Leitfähigkeit σ für alle Metalle dieselbe Konstante:

$$\frac{\varkappa}{\sigma} = LT \quad \text{mit} \quad L = 2{,}45 \cdot 10^{-8}\,\mathrm{V^2 K^{-2}}$$

(*Wiedemann-Franz-Gesetz*).

Gustav Wiedemann (1826–1899)

Den in (S 3.5) auftretenden Zahlenfaktor konnte Sommerfeld 1928 theoretisch begründen.

In Übereinstimmung mit der experimentellen Erfahrung sind gute elektrische Leiter (z. B. Kupfer) auch gute Wärmeleiter, schlechte elektrische Leiter (z. B. Glas) schlechte Wärmeleiter.

Die theoretische Begründung des Wiedemann-Franz-Gesetzes (vgl. Bd. IV) basiert auf der Voraussetzung, daß die Relaxationszeiten τ_R für elektrische und thermische Prozesse gleich sind. Für $T \ll \Theta_D$ ist diese Voraussetzung nicht mehr gegeben, das Wiedemann-Franz-Gesetz gilt deshalb nur für $T \gg \Theta_D$.

Ludwig Lorenz (1829–1891)

3.2.1.5 Elektronenemission aus Metallen

Austrittsarbeit

Die quasifreien Elektronen in Metallen sind an das Metall gebunden. Will man sie aus dem Metallverband lösen, so bedarf es der Zufuhr von Energie, die Elektronen müssen beim Verlassen des Metalls die *Austrittsarbeit* Φ verrichten. Ein Grund dafür ist, daß das Metall beim Austreten eines Elektrons positiv zurückbleibt und damit zwischen beiden eine elektrostatische Anziehungskraft wirkt. Nach (1.3b) ist die potentielle Energie der Elektronen im leeren Außenraum (Vakuum) um den Betrag der Austrittsarbeit höher als im Metall selbst. Dieser Sachverhalt kann mit (1.3) auch so interpretiert werden, daß die Elektronen beim Austritt aus dem Metall die Potentialdifferenz $U_{MV} = \dfrac{\Phi}{e}$ zu überwinden haben.

Als Maßeinheit für die Austrittsarbeit wird zweckmäßigerweise das Elektronenvolt benutzt. Es ist wie folgt festgelegt:

(D 3.4) Maßeinheit Elektronenvolt (eV)

Die Energie, die ein Elektron beim Durchlaufen der Potentialdifferenz $U = 1\,\mathrm{V}$ im Vakuum gewinnt, heißt 1 Elektronenvolt (1 eV).

Nach (S 3.1) gilt mit (D 2.5) und (2.10)

Umrechnung von eV in Ws bzw. J

$$\begin{aligned} 1\,\text{Elektronenvolt} = 1\,\mathrm{eV} &= 1{,}6021892 \cdot 10^{-19}\,\mathrm{Ws} \\ &= 1{,}6021892 \cdot 10^{-19}\,\mathrm{J}. \end{aligned} \qquad (3.19)$$

Tabelle 3.5
Austrittsarbeit für einige Metalle

Metall	$\frac{\Phi}{\text{eV}}$
Lithium	2,69
Natrium	2,29
Kalium	2,25
Cäsium	1,94
Magnesium	3,67
Calcium	3,20
Barium	2,56
Aluminium	4,23
Wolfram	4,54
Nickel	5,01
Silber	4,63
Germanium	4,66

In Tabelle 3.5 sind die Austrittsarbeiten einiger Metalle zusammengestellt. Die Werte für Metalloxide liegen niedriger, z. B. $\Phi = 1{,}1$ eV für BaO.

thermische Emission
Fotoemission
Sekundärelektronenemission
Feldemission

Je nachdem, auf welche Art die Energiezufuhr an das elektronenemittierende Metall erfolgt, unterscheidet man: *thermische Emission* oder *Glühemission* (Erwärmung des Metalles), *lichtelektrische* oder *Fotoemission* (Strahlungseinwirkung) und *Sekundärelektronenemission* (Aufprall von primären Elektronen oder Ionen). Weiterhin kann durch hohe Feldstärken ($> 10^9\,\text{Vm}^{-1}$) eine Auslösung von Elektronen aus dem Metall erreicht werden (*Feldemission*, siehe Abschn. 1.1.4.2 und Bd. IV). Die Polung hat hierbei so zu erfolgen, daß das elektronenemittierende Metall auf dem niedrigeren Potential liegt.

3.2.1.5.1 Thermische Elektronenemission, Richardsonsche Gleichung

Wird ein Metall erhitzt, so treten aus ihm Elektronen aus. Die Anzahl der thermisch emittierten Elektronen ist außer von den geometrischen Abmessungen des Metalls noch von seiner Temperatur und einer Materialkonstanten, der *Austrittsarbeit*, abhängig.

Vakuumdiode

Oxidkatode

Näheren Aufschluß über die thermische Emission kann man durch Messung der Strom-Spannungs-Kennlinie einer Vakuumdiode gewinnen (Abb. 3.7). Eine *Vakuumdiode* besteht aus zwei Elektroden (Katode K und Anode A) in einem evakuierten Glaskolben ($p < 10^{-3}$ Pa). Die Oberflächenschicht der emittierenden Katode besteht meist aus Erdalkalioxiden (*Oxidkatode*), die eine geringe Austrittsarbeit besitzen. Die Heizung der Katode erfolgt i. allg. indirekt durch einen zusätzlichen, gegenüber der Katode isolierten Heizdraht. Legt man zwischen Anode und Katode eine

Spannung U_{AK} (*Anodenspannung*), und zwar so, daß die Anode sich gegenüber der Katode auf höherem Potential befindet, so fließt ein Strom (*Anodenstrom*), da die thermisch emittierten Elektronen im angelegten Feld zur Anode wandern.

Anodenspannung

Anodenstrom

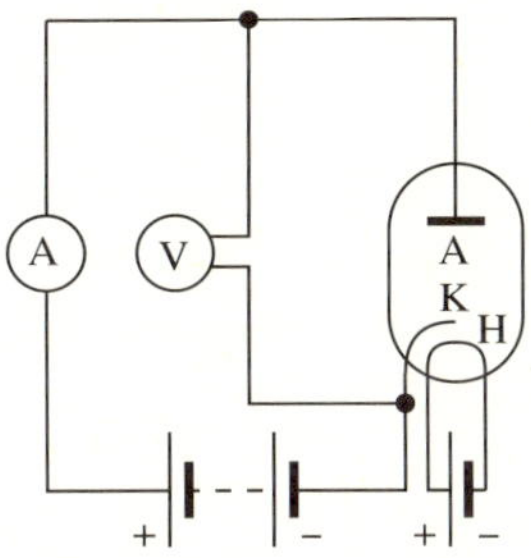

Abb. 3.7 Aufnahme der Kennlinie einer Diode

Der Verlauf des Anodenstromes I_A als Funktion der Anodenspannung U_{AK} weist ein Maximum des Anstieges auf. Bei Vakuumdioden mit einer Metallkatode strebt der Anodenstrom mit steigender Anodenspannung einem Maximalwert zu, den man als *Sättigungsstrom* bezeichnet (Abb. 3.8). Alle von der Katode emittierten Elektronen tragen dann zum Strom bei (s. unten). Dieses *Sättigungsgebiet* verschiebt sich zu um so höheren Spannungen, je höher die Katodentemperatur gewählt wird. Bei Oxidkatoden steigt der Strom im Sättigungsgebiet noch ein wenig an, erreicht also keinen konstanten Wert.

Sättigungsstrom

Sättigungsgebiet

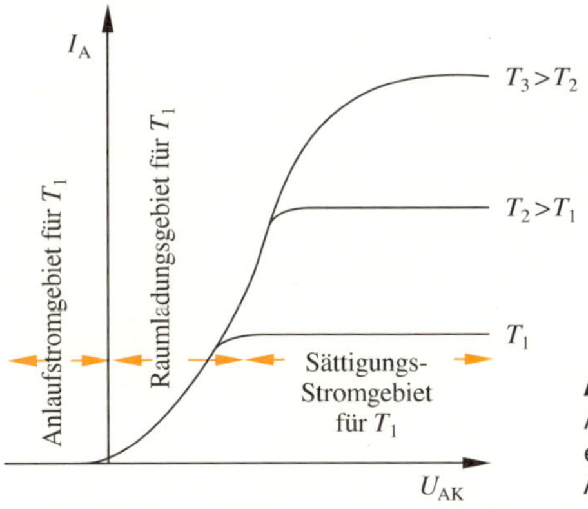

Abb. 3.8
Abhängigkeit des Anodenstromes I_{AK} einer Elektronenröhre von der Anodenspannung U_{AK}

Owen William Richardson (1879–1959) Nobelpreis 1928

Für die Abhängigkeit der Sättigungsstromdichte J_S von der Temperatur T und der Austrittsarbeit Φ der Katode fand Richardson auf Grund statistischer Überlegungen zur Geschwindigkeitsverteilung im Elektronengas des Katodenmaterials (vgl. Bd. IV)

Richardson-Gleichung

$$J_S = C T^2 \, e^{-\frac{\Phi}{kT}} \qquad (3.20)$$

(k Boltzmann-Konstante, siehe (I D 8.4)).

Walter Schottky
(1866–1976)

(3.20) heißt *Richardsonsche Gleichung*. In die Konstante C geht unter anderem auch die geometrische Form der Katode ein. Da die Austrittsarbeit und die Temperatur im Exponenten der e-Funktion in (3.20) stehen, kann die Sättigungsstromstärke vor allem über diese beiden Größen beeinflußt werden.

Betrachtet man die thermische Elektronenemission in Analogie zum Verdampfungsvorgang einer Flüssigkeit, so wird die Richardsonsche Gleichung leicht verständlich. Nach (I A 30.2) nimmt der Dampfdruck der Flüssigkeit und damit die Anzahl der in die dampfförmige Phase übergehenden Flüssigkeitsmoleküle exponentiell mit wachsender Temperatur und abnehmender Verdampfungswärme zu. Nach (3.20) zeigen die vom Metall ins Vakuum übergehenden Elektronen ein analoges Verhalten, denn ihre Anzahl nimmt ebenfalls exponentiell mit wachsender Temperatur und abnehmender Austrittsarbeit zu. An die Stelle der Phasenumwandlungswärme für ein Flüssigkeitsmolekül beim Verdampfungsprozeß tritt bei der thermischen Elektronenemission die Austrittsarbeit. Auf Grund dieser Analogie wird die thermische Elektronenemission auch als „Verdampfen der Elektronen aus dem Metall" interpretiert.

Irving Langmuir
(1881–1957)
Nobelpreis 1932

Entsprechend (S 1.2) lädt sich beim Austritt der Elektronen die Katode positiv gegenüber ihrer Umgebung auf. Sie ist deshalb von einer *negativen Raumladung* umgeben. Bei entsprechender Größe verhindert diese Raumladung ein weiteres Austreten der negativ geladenen Elektronen. Ihre Existenz bewirkt, daß der Sättigungsstrom sich nicht für beliebig kleine Spannungen einzustellen vermag. Der Anodenstrom ist von der anliegenden Spannung abhängig (*Raumladungsgebiet*, siehe Abb. 3.8).

Jeder Katodentemperatur entspricht ein bestimmter Gleichgewichtszustand der die Katode umgebenden negativen Raumladung. Bei Anwachsen der Anodenspannung wird der Gleichgewichtszustand der Raumladung immer mehr gestört. Sie wird in Abhängigkeit von der anliegenden Spannung abgebaut. Das Raumladungsgebiet geht in das Sättigungsgebiet über.

Raumladungsgebiet

Für den Zusammenhang zwischen Stromdichte und anliegender Spannung gilt im Raumladungsgebiet für ebene Elektroden die *Schottky-Langmuirsche Raumladungsgleichung* (vgl. A. 19)

Schottky-Langmuir-Raumladungsgleichung

$$J = \frac{4\varepsilon_0 \sqrt{2\frac{e}{m_e}}\, U_{AK}^{3/2}}{9d^2} \qquad (3.21)$$

(d Abstand Anode–Katode).

Im Sättigungsgebiet ist die Raumladung vollkommen abgebaut. Alle aus der Katode austretenden Elektronen erreichen ungehindert die Anode.

Anlaufstromgebiet

Selbst für Werte $U_{AK} < 0$ ist in Abbildung 3.8 noch ein Strom zu beobachten (*Anlaufstromgebiet*). Er rührt daher, daß für die austretenden Elektronen eine Maxwellsche Geschwindigkeitsverteilung vorliegt (siehe Bd. I), ein Teil von ihnen somit eine genügend große Energie zur Überwindung des Gegenfeldes besitzt.

3.2.1.5.1.1 Vakuumdiode, Triode

Der prinzipielle Aufbau einer *Elektronenröhre* mit zwei Elektroden entspricht Abb. 3.7. Die Katode kann a) *direkt* (Katode ist mit dem Heizdraht identisch) oder b) *indirekt* (Katode ist vom Heizdraht elektrisch isoliert) geheizt werden (Abb. 3.9). Je nach Anzahl der Elektroden unterscheidet man *Dioden* (Zweielektrodenröhren), *Trioden* (Dreielektrodenröhren), *Tetroden* (Vierelektrodenröhren), *Pentoden* (Fünfelektrodenröhren) usw. Wir wollen uns auf die Betrachtung der prinzipiellen Wirkungsweise von Vakuumdiode und Triode beschränken.

Elektronenröhre

Diode
Triode
Tetrode
Pentode

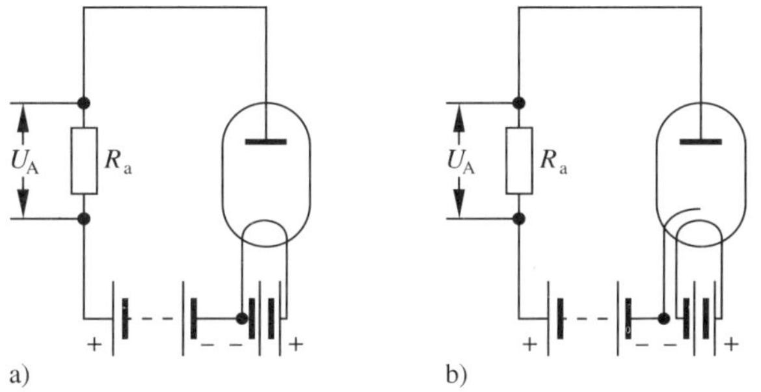

Abb. 3.9
Diode
a) direkt geheizt
b) indirekt geheizt

Ist bei einer Vakuumdiode – wie in Abbildung 3.9 angenommen – $U_{AK} > 0$, so fließt durch den Widerstand R_a (*Arbeitswiderstand*) der Anodenstrom I_A; nach (S 2.2) kann am Arbeitswiderstand der Spannungsabfall $U_A = I_A R_a$ abgegriffen werden. Ist dagegen $U_{AK} < 0$, d.h. das Potential der Anode kleiner als das der Katode, so werden die Elektronen von der Anode ferngehalten (vgl. Abb. 3.8). Ein Anodenstrom kann nicht fließen, der Spannungsabfall am Arbeitswiderstand ist Null. Der Sperreffekt der Vakuumdiode für $U_{AK} < 0$ läßt sich u.a. zur Gleichrichtung von Wechselspannungen (vgl. Abschnitt 5.7.1) verwenden. Die gleichzurichtende Wechselspannung liegt zwischen Anode und Katode. Am Arbeitswiderstand kann nur für die Zeiten ein endlicher Spannungsabfall abgegriffen werden, für die $U_{AK} > 0$ ist.

Arbeitswiderstand

Gleichrichtereffekt der Vakumdiode

Trioden erhalten zur Steuerung des Anodenstromes eine weitere Elektrode (*Steuergitter*) zwischen Anode und Katode (Abb. 3.10). Das Steuergitter besteht aus einem feinen Metallnetz, sein Potential wird etwas kleiner als das der Katode gewählt. Durch diese Wahl des Gitterpotentials und die Formgebung des Gitters wird erreicht, daß praktisch der gesamte von der Katode ausgehende Strom die Anode erreicht und der über das Gitter zur Katode zurückfließende Anteil (der Gitterstrom) nahezu Null ist. Durch das Steuergitter läßt sich das elektrische Feld zwischen Anode und Katode beeinflussen. Damit kann innerhalb bestimmter Grenzen durch das Gitterpotential der Anodenstrom gesteuert werden, wie aus den in Abbildung 3.11 dargestellten Gitterspannungs-Anodenstrom-*Kennlinien* der Triode ersichtlich ist. Wird der vorgegebenen Gittergleichspannung

Steuergitter der Triode

Verstärkereffekt der Triode

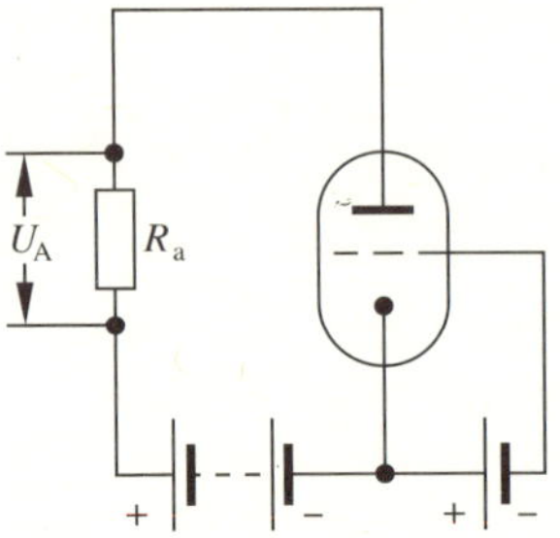

Abb. 3.10 Triode

eine kleine Wechselspannung überlagert, so schwankt der Anodenstrom im Rhythmus dieser überlagerten Spannung. Am Arbeitswiderstand kann ein verstärktes Signal dieser Spannung abgegriffen werden. Erfolgt die Wahl der Gittervorspannung so, daß man im annähernd linearen Teil der Kennlinien verbleibt, so sind die dem Gitter aufgeprägte Spannung und die vom Arbeitswiderstand abgegriffene praktisch einander proportional. Die dem Gitter aufgeprägte Spannung wird linear *verstärkt* (vgl. auch Abschn. 5.7.2). Da der Gitterstrom außerordentlich klein ist, erfolgt die Steuerung des Anodenstromes durch das Gitterpotential praktisch leistungslos und infolge der geringen Masse der Elektronen auch weitgehend trägheitsfrei.

HEINRICH BARKHAUSEN (1881–1956)

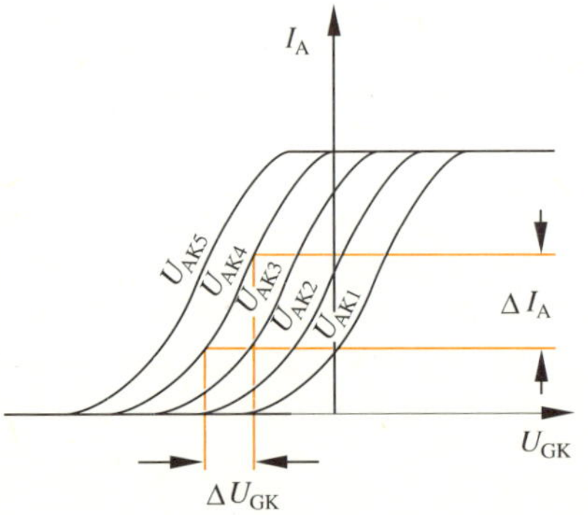

Abb. 3.11 Gitterspannungs-Anodenstrom-Kennlinien einer Triode ($U_{AK1} < U_{AK2} < U_{AK3} < U_{AK4} < U_{AK5}$)

Trioden finden weiter Anwendung zur Erzeugung ungedämpfter elektrischer Schwingungen (vgl. Rückkopplungsschaltung Abschnitt 5.8).

Die Triode wird charakterisiert durch die Größen

Innerer Widerstand, Steilheit und Durchgriff einer Triode

Innerer Widerstand $$R_i = \left(\frac{\partial U_{AK}}{\partial I_A}\right)_{U_{GK}}, \tag{3.22a}$$

Steilheit $$S = \left(\frac{\partial I_A}{\partial U_{GK}}\right)_{U_{AK}}, \tag{3.22b}$$

Durchgriff $$D = -\left(\frac{\partial U_{GK}}{\partial U_{AK}}\right)_{I_A}. \tag{3.22c}$$

Bei konstanter Gitterspannung ruft die kleine Anodenspannungsänderung ΔU_{AK} eine Veränderung des Anodenstromes um $\Delta I_A = \Delta U_{AK} R_i^{-1}$ hervor, bei konstanter Anodenspannung führt die kleine Gitterspannungsänderung ΔU_{GK} zur Anodenstromänderung $\Delta I_A = \Delta U_{GK} S$, und bei konstantem Anodenstrom bewirkt die kleine Gitterspannungsänderung ΔU_{GK} die Anodenspannungsänderung $\Delta U_{AK} = -\Delta U_{GK} D^{-1}$.

Nach (3.22a), (3.22b), (3.22c) und (A 2.18) sind die Größen R_i, S und D verknüpft durch

Barkhausensche Röhrenformel

$$R_i S D = -1 \tag{3.22}$$

(Barkhausensche Röhrenformel).

Heutzutage werden Vakuumdioden und Trioden nur noch in Spezialfällen zur Gleichrichtung und Verstärkung eingesetzt.

3.2.1.5.1.2 Elektronenstrahloszillograf

Die Erzeugung von Elektronenstrahlen durch thermische Emission findet auch in den 1897 erstmalig von Braun angegebenen Elektronenstrahlröhren Anwendung. Diese werden in großem Umfang nicht nur in der Fernseh- und Computertechnik, sondern auch in der modernen Meßtechnik in Elektronenstrahloszillografen verwendet. Das Wirkprinzip ist dabei die Ablenkung von Elektronenstrahlen in elektrostatischen Feldern.

Ablenkung eines Elektronenstrahles im Plattenkondensator

Ein Elektronenstrahlbündel von geringem Querschnitt durchlaufe mit der Geschwindigkeit v_{0z} das Feld eines Plattenkondensators (Abb. 3.12). Die Plattenebenen liegen parallel zur x, z-Ebene eines kartesischen Koordinatensystems. Die Elektronenquelle (Glühkatode und durchbohrte Anode) werde so justiert, daß im feldfreien Fall die Richtung des Elektronenstrahls mit der positiven z-Richtung des Koordinatensystems zusammenfällt. Wird an den Kondensator eine Spannung gelegt, so wirkt nach (D 1.5) auf die Elektronen die Kraft

$$\boldsymbol{F}_y = -e\,\boldsymbol{E}_y \tag{3.23a}$$

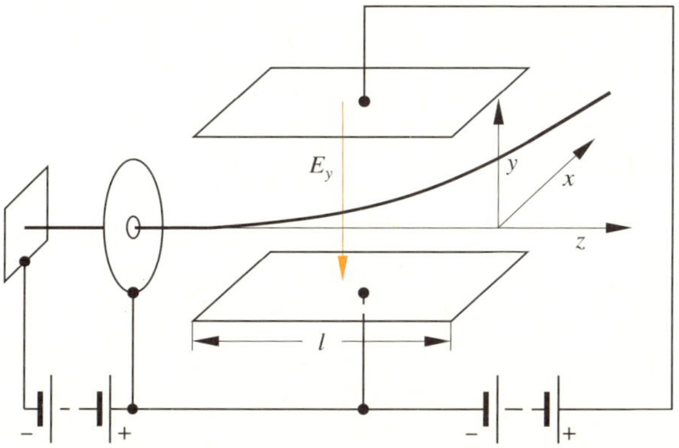

Abb. 3.12 Ablenkung eines Elektronenstrahles im Kondensatorfeld

Ferdinand Braun (1850–1918) Nobelpreis 1909

(E_y Feld zwischen den Platten des Kondensators), womit nach dem Grundgesetz der Mechanik $F_y = m\dfrac{d^2 y}{dt^2}$ (I 3.13) für die Auslenkung des Elektronenstrahles die Differentialgleichung

$$m_e \frac{d^2 y}{dt^2} = -eE_y \tag{3.23b}$$

folgt. Integration ergibt mit den Anfangswerten $v_{0y} = 0$ und $y_0 = 0$ für $t = 0$ (Zeit des Eintrittes der Elektronen in den Kondensator)

$$\frac{dy}{dt} = v_y = -\frac{eE_y}{m_e}t, \tag{3.24a}$$

$$y = -\frac{eE_y}{2m_e}t^2 . \tag{3.24b}$$

Da die Elektronen den Kondensator in der Zeit $t = l/v_{0z}$ (l Kondensatorlänge) durchlaufen, folgt aus (3.24b) für die gesuchte Ablenkung des Elektronenstrahles im Kondensator

$$y = -\frac{eE_y l^2}{2m_e v_{0z}^2} . \tag{3.25}$$

Nach (3.23b) erfährt das Elektron im Kondensatorfeld eine konstante Beschleunigung. Die Ablenkung ist nach (3.25) der Feldstärke, d.h. nach (1.8) der am Kondensator anliegenden Spannung, proportional. Die Proportionalitätskonstante wird durch die spezifische Ladung des Elektrons, die Länge des Kondensators und die Strahlspannung U_{AK} $\left(\dfrac{m_e}{2}v_{0z}^2 = eU_{AK},\right.$ vgl. (3.4a)$\left.\right)$ festgelegt. Gilt $E_y < 0$, so erfolgt die Abklenkung in die positive y-Richtung, für $E_y > 0$ in die negative.

Die zur anliegenden Spannung proportionale Ablenkung der Elektronen im Kondensatorfeld wird beim *Elektronenstrahloszillografen* zur Darstellung zeitlich veränderlicher Spannungen ausgenutzt. In einem evakuierten Glaskolben wird mittels eines speziellen Elektronenstrahlsystems ein Elektronenstrahlbündel mit geringem Querschnitt und bestimmter Energie erzeugt. Der Elektronenstrahl durchsetzt zwei um 90° zueinander gekreuzte Plattenkondensatoren (Abb. 3.13) und fällt dann auf einen Leuchtschirm. An die Platten des einen Kondensators wird die zu messende Spannung U gelegt, während zur Zeitauflösung dem anderen Kondensator eine Kippspannung U_K (vgl. Abschnitt I 9.2.1.1 und Abb. 3.14) aufgeprägt wird. Wie gezeigt, ist die Auslenkung des Strahles in den aufeinander senkrecht stehenden Richtungen den jeweiligen Spannungen proportional. Wird die Periode der Kippspannung auf die darzustellende periodische Spannung abgestimmt, d.h. der Zeitablauf der Kippspannung durch einen Triggerimpuls ausgelöst, so erhält man auf dem Leuchtschirm ein stehendes Bild der zeitlich periodischen Spannung U.

Elektronenstrahloszillograf

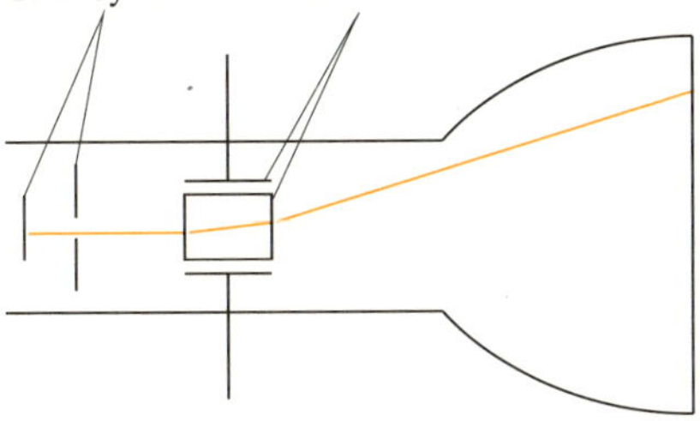

Abb. 3.13
Röhre eines Elektronenstrahloszillografen (schematisch)

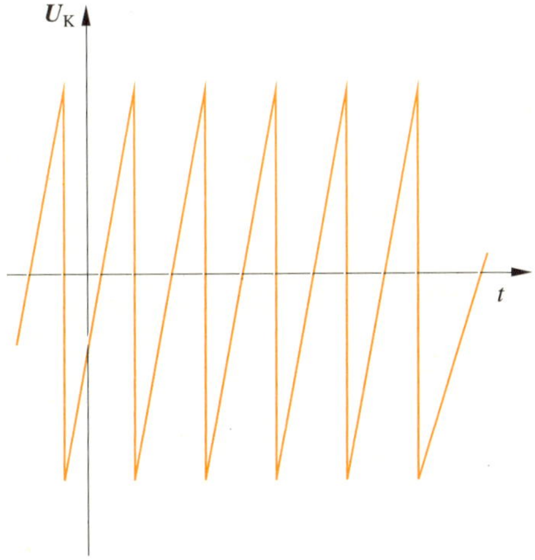

Abb. 3.14 Kippspannung $U_K = f(t)$

In Radargeräten durchläuft der unabgelenkte Elektronenstrahl infolge eines aufgeprägten Drehfeldes einen Kreis. Die eigentliche Ablenkung des Elektronenstrahles erfolgt in radialer Richtung durch einen Zylinderkondensator.

3.2.1.5.2 Fotoemission

Äußerer lichtelektrischer Effekt

Kurzwelliges Licht vermag aus Metallen Elektronen auszulösen (*äußerer lichtelektrischer Effekt* oder *Hallwachs-Effekt*). Wird zum Beispiel eine isolierte Metallplatte elektrisch negativ aufgeladen und mit dem ultravioletten Strahlungsanteil einer Quecksilberhochdrucklampe bestrahlt, so verliert sie nach kurzer Zeit ihre negative Ladung. Nach (S 1.2) ist diese Tatsache sofort zwanglos erklärbar, wenn man als Folge der Bestrahlung den Austritt von negativen Ladungen aus der Platte annimmt. Die Ablenkung dieser Ladungen in elektrischen und magnetischen Feldern erbrachte 1899 den Beweis, daß es sich bei den austretenden negativen Ladungen um Elektronen handelt.

Anwendung findet die Fotoemission u.a. in der Fotozelle. Mit ihr lassen sich Lichtsignale in Spannungssignale wandeln.

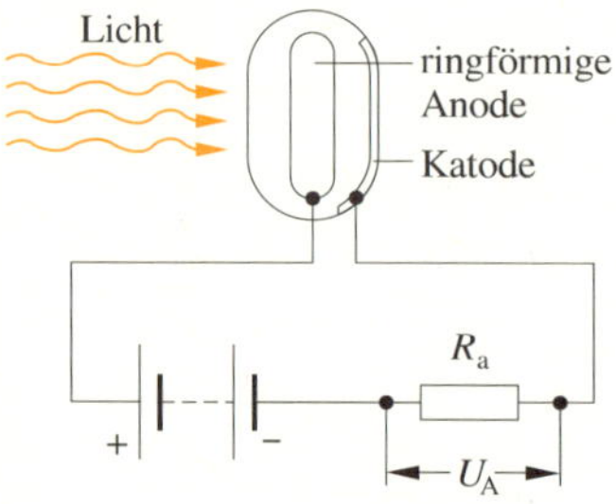

Abb. 3.15 Fotozelle

WILHELM HALLWACHS (1859–1922)

Wirkungsweise von Fotozellen

Die *Fotozelle* besteht aus einem Vakuumgefäß mit Fotokatode und Anode (Abb. 3.15). Wird die Fotokatode mit Licht geeigneter Wellenlänge bestrahlt, so treten aus ihr Elektronen aus, die unter Wirkung der anliegenden Anodenspannung zur Anode wandern. Am Arbeitswiderstand R_a kann dann eine der Lichtintensität proportionale Spannung U_A abgegriffen werden. Durch spezielle Gasfüllungen der Fotozelle wird eine zusätzliche Verstärkerwirkung erreicht (Stoßionisation, siehe Abschn. 3.2.4).

3.2.1.5.3 Sekundärelektronenemission

Sekundärelektronen
Sekundärelektronenemission

Prallen Elektronen (*Primärelektronen*) bestimmter Energie auf ein Metall, so können sie je nach ihrer Energie aus diesem weitere Elektronen (*Sekundärelektronen*) auslösen (*Sekundärelektronenemission*). Die Anzahl der pro Primärelektron ausgelösten Sekundärelektronen (Sekundärelektronenemissionsfaktor) hängt sowohl vom Metall als auch von der Energie der Primärelektronen ab. Die meisten Metalle zeigen einen maximalen Sekundärelektronenemissionsfaktor für Primärelektronenenergien von ca. 800 eV. Er liegt zwischen 1,0 und 1,5. Durch spezielle Behandlung bestimmter Metalle (z. B. Cäsium) können auch Werte von 10 erreicht werden. Werden in einer entsprechenden Anordnung fünf derartige Metallelektroden hintereinander geschaltet, so bekommt man theoretisch für jedes Primärelektron 10^5 Sekundärelektronen. Dieses Verstärkerprinzip findet seine technische Anwendung im *Sekundärelektronenvervielfacher* (s. Abb. 3.16). Er besteht aus einer in einer evakuierten Glasröhre untergebrachten Anordnung aus einer hochempfindlichen Fotokatode FK, mehreren Prallanoden PA (auch als Dynoden bezeichnet) und einer Auffanganode A. Fällt Licht auf die Fotokatode, so werden aus dieser durch den äußeren lichtelektrischen Effekt Elektronen ausgelöst und anschließend im Feld zwischen der Foto-

Sekundärelektronenvervielfacher

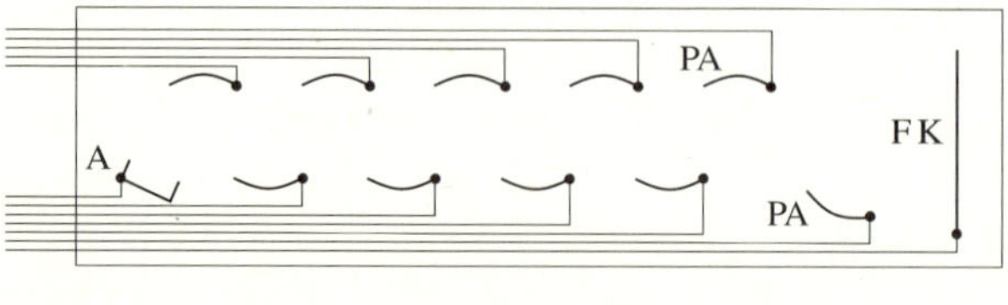

Abb. 3.16 Sekundärelektronenvervielfacher

katode und der ersten Prallanode beschleunigt. Beim Auftreffen der Elektronen auf die Prallanode wird eine mehrfache Anzahl von Sekundärelektronen emittiert. Dabei sind die Auswahl des Metalles für die Prallanode und die Beschleunigungsspannung von Bedeutung. In einer Kaskade aus zehn und mehr Prallanoden erfolgt eine Verstärkung des ursprünglichen Fotostromes um mehrere Größenordnungen. Die Spannung zwischen zwei aufeinander folgenden Prallanoden beträgt etwa 100 V. Sekundärelektronenvervielfacher finden z. B. in der Fotometrie, in Szintillationszählern (vgl. Band III) und in Fernsehaufnahmekameras Anwendung.

3.2.2 Halbleiter und Isolatoren

3.2.2.1 Allgemeine Leitungseigenschaften nichtmetallischer Festkörper

Es ist üblich, eine grobe Einteilung der Festkörper bezüglich ihrer elektrischen Leitungseigenschaften in drei große Gruppen vorzunehmen: in Metalle, *Halbleiter* und *Isolierstoffe*. Wie ein Vergleich der beiden Tabellen 3.1 und 3.6 zeigt, besitzen Halbleiter und Isolierstoffe gegenüber Metallen eine um Größenordnungen kleinere Leitfähigkeit. Zwischen Metallen und Isolierstoffen ist dieser Unterschied eine alltägliche Erfahrung. Ein weiterer Unterschied zwischen Metallen einerseits und Halbleitern und Isolatoren andererseits zeigt sich in der Temperaturabhängigkeit der elektrischen Leitfähigkeit σ: Nach Abschnitt 3.2.1.3 ist für Metalle in einem weiten

Metalle, Halbleiter, Isolierstoffe

Vergleich von Halbleitern und Isolierstoffen mit Metallen

Tabelle 3.6
Elektrische Leitfähigkeit σ von Halbleitern und Isolierstoffen bei Zimmertemperatur

Stoff	$\frac{\sigma}{\Omega^{-1}\,\mathrm{cm}^{-1}}$
Selen	$1 \cdot 10^{-7}$
Germanium	$2 \cdot 10^{-2}$
Diamant	10^{-16}
Graphit	10^{3}
Kohlenstoffelektrode	10^{2}
Bernstein	$< 10^{-20}$
Glas	ca. 10^{-14}
Quarzglas	$< 10^{-19}$
Glimmer	10^{-17}
Hartgummi	10^{-16}
Paraffin	10^{-18}
Porzellan	ca. 10^{-10}
Polytetrafluoräthylen (PTFE, Teflon)	$< 10^{-19}$

Temperaturbereich eine lineare Abnahme von σ mit steigender Temperatur charakteristisch, für Halbleiter und Isolatoren hingegen findet man im allgemeinen einen exponentiellen Anstieg:

$\sigma = f(T)$ für Halbleiter und Isolatoren

$$\sigma = \sigma_0 \, e^{-\frac{\Delta W}{2kT}} . \tag{3.26}$$

Stellt man (3.26) in der Form $\ln \sigma = f(1/T)$ grafisch dar, so ergibt sich eine Gerade. Aus ihrem Anstieg kann die Größe ΔW ermittelt werden, die man *thermische Aktivierungsenergie* nennt. Die Temperaturabhängigkeit (3.26) wird auf diese Weise experimentell überzeugend bestätigt. Die Abbildungen 3.17 und 3.18 demonstrieren das für den Isolierstoff Polyethylenterephthalat und den Halbleiter Germanium. In beiden Beispielen setzt sich $\ln \sigma = f(1/T)$ aus zwei Geradenabschnitten zusammen. Das kann zwei Ursachen haben. Es kann in dem Temperaturbereich, der dem Übergang von einer Geraden zur anderen entspricht, eine strukturelle Veränderung des Festkörpers vor sich gehen und sich dadurch die Aktivierungsenergie in diesem Temperaturbereich verändern. Die gemessene Kurve $\ln \sigma = f(1/T)$ kann aber auch durch zwei Anteile zur Leitfähigkeit bedingt

thermische Aktivierungsenergie

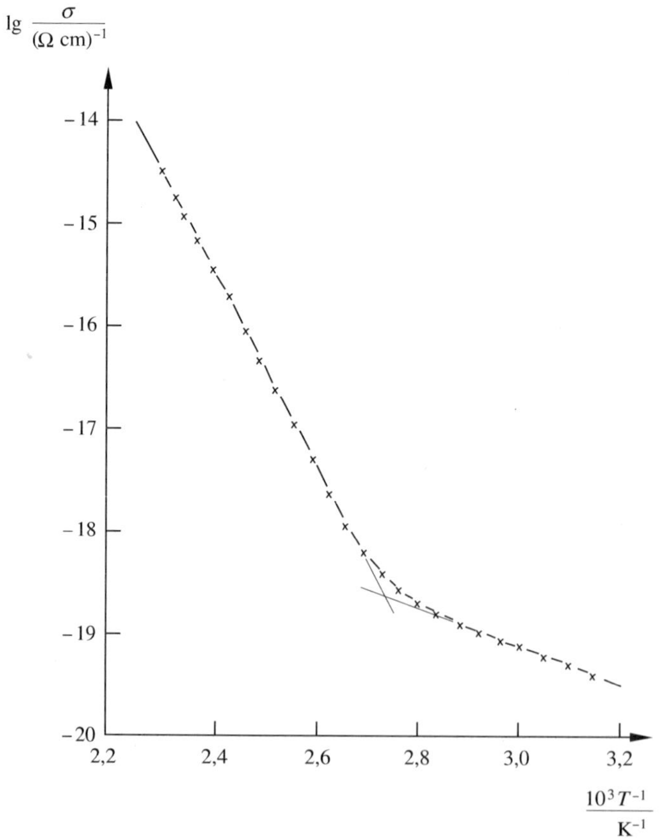

Abb. 3.17 $\sigma = f(1/T)$ für den Isolierstoff Polyethylenterephthalat

sein, die durch verschiedene ΔW charakterisiert sind. Bei tieferen Temperaturen dominiert dann der Abschnitt mit der kleineren, bei höheren Temperaturen der mit der größeren Aktivierungsenergie. Für Polyethylenterephthalat trifft die erstgenannte, für Germanium die zweite Ursache zu. Es gibt auch Substanzen, bei denen mehr als zwei Geradenabschnittc gemessen werden. Aus (3.26) ist auch abzulesen, daß im Gegensatz zu Metallen bei Halbleitern und Isolatoren die elektrische Leitfähigkeit bei Annäherung an den absoluten Nullpunkt der Temperatur verschwindet.

Weiterhin ist für Halbleiter z.B. durch Messung des Hall-Effektes (vgl. Abschn 3.2.1.2) aus dem Vorzeichen der Hall-Spannung zu schließen, daß in ihnen wiederum im Gegensatz zu den Metallen auch positive Ladungsträger auftreten. Der Ladungstransport wird sowohl von quasifreien Elektronen (Ladung $-e$, Teilchenanzahldichte oder Ladungsträgerkonzentration n) als auch von *Defektelektronen* (Ladung $+e$, Teilchenanzahldichte p) getragen. Letztere bezeichnet man oft auch als *Löcher*.

Defektelektronen
Löcher

Von den beiden Ladungsträgerarten kann eine stark überwiegen, ebenso tritt aber auch der Fall $p \approx n$ auf. Die Beziehung (3.10a) muß daher zu

$$\sigma = e(n b_n + p b_p) \qquad (3.27)$$

erweitert werden. b_n bzw. b_p bedeuten dabei die Beweglichkeiten der quasifreien Elektronen bzw. Defektelektronen.

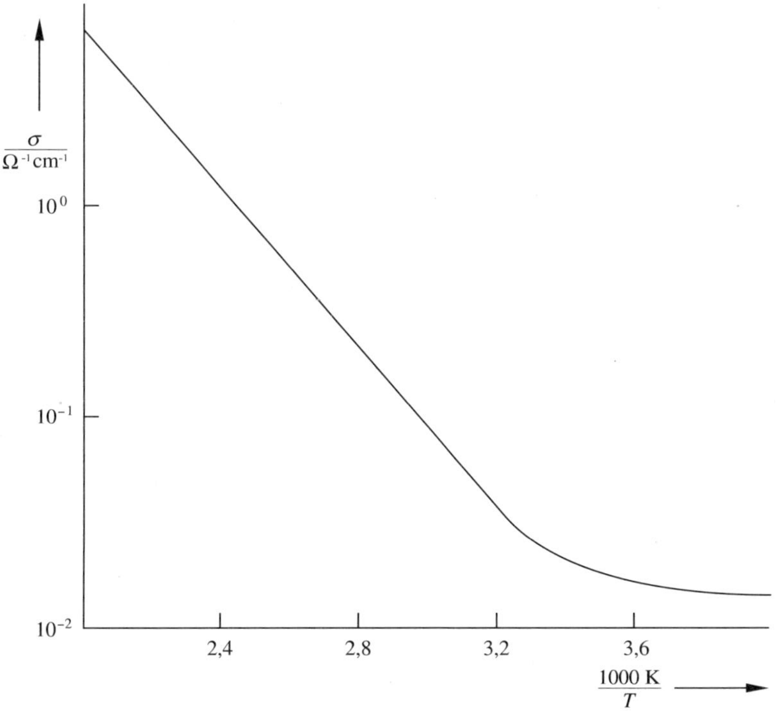

Abb. 3.18 $\sigma = f(1/T)$ für den Halbleiter Germanium

Infolge der im Vergleich zu Metallen sehr viel kleineren Leitfähigkeit können in Halbleitern und erst recht in Isolierstoffen so große elektrische Felder aufrecht erhalten werden, daß nichtlineare Effekte wirksam werden können, d.h. σ feldstärkeabhängig wird. Bei kleineren Feldstärken gilt jedoch bei ihnen ebenfalls Proportionalität zwischen Strom und Spannung:

(S 3.6)
$\sigma(\boldsymbol{E})$ in Halbleitern

Bei nicht zu großen elektrischen Feldstärken gilt in Halbleitern das Ohmsche Gesetz.

Für Halbleiter können die Teilchenanzahldichten n und p und die zugehörigen Beweglichkeiten wiederum durch eine kombinierte Leitfähigkeits- und Hall-Spannungsmessung ermittelt werden. Beziehung (3.11) bedarf dazu einer Erweiterung (s. Bd. IV).

Unterscheidung zwischen Halbleiter und Isolator

Zwischen Halbleitern und Isolatoren besteht hinsichtlich des elektrischen Leitungsmechanismus kein qualitativer Unterschied, sondern nur ein quantitativer. Die Grenzen sind fließend und im Prinzip willkürlich. Vielfach nennt man Stoffe mit einer thermischen Aktivierungsenergie $< 2{,}5$ eV Halbleiter und Stoffe mit $\Delta W \geq 2{,}5$ eV Isolatoren.

3.2.2.2 Eigenleitung und Störstellenleitung in Halbleitern

Das Auftreten von elektrischen Strömen in Halbleitern und die Meßbarkeit einer Hall-Spannung beweisen, daß auch in Halbleitern elektronische Ladungsträger existieren. Es ist zu erwarten, daß die Beweglichkeit der Ladungsträger wie beim metallischen Leiter durch die Wechselwirkung mit Phononen und Störstellen begrenzt wird und mit zunehmender Temperatur abnimmt. Das bedeutet nach (3.27) aber, daß die exponentielle Temperaturabhängigkeit der Leitfähigkeit durch $n(T)$ bzw. $p(T)$ verursacht wird. Dabei ist es eine für die technische Anwendung überaus wichtige Tatsache, daß die elektrische Leitfähigkeit vom Reinheitsgrad des Halbleiters abhängig ist. Bereits extrem kleine Mengen von Fremdatomen können die Leitfähigkeit eines Halbleiterkristalles entscheidend verändern. Das nutzt man in der Halbleiterphysik aus und erzeugt durch eine gezielte Verunreinigung mit ausgewählten Substanzen Störstellen im Halbleiterkristall. Diese gewollte Verunreinigung eines sehr reinen Halbleitermaterials nennt man *Dotierung*. Ersetzt man in reinem Silicium z.B. jedes 10^5te Siliciumatom durch ein Boratom, so steigt die Leitfähigkeit bei Zimmertemperatur dadurch auf das Tausendfache an. Man hat in Halbleitern demzufolge zwischen der Leitfähigkeit der reinen Substanz und der Leitfähigkeit unter dem Einfluß der Störstellen zu unterscheiden, man spricht von *Eigenleitung* und *Störstellenleitung*. Die Wirksamkeit der Störstellen beruht auf einer Reduzierung der thermischen Aktivierungsenergie des Leitungsmechanismus. In Abb. 3.18 ist der Geradenabschnitt mit dem geringeren Anstieg der Störstellenleitung, der mit dem steileren Anstieg der Eigenleitung zuzuordnen. Mit steigender Temperatur geht die Störstellenleitung

Dotierung

Eigenleitung
Störstellenleitung

je nach der Höhe der Störstellendichte früher oder später in die Eigenleitung über. Im Gegensatz zur Aktivierungsenergie der Störstellenleitung ist die Aktivierungsenergie der Eigenleitung eine Materialkonstante.

Ein chemisch hundertprozentig reiner Halbleiterkristall würde ausschließlich Eigenleitung zeigen, die Funktion $\ln\sigma = f(1/T)$ also aus einem einzigen Geradenabschnitt bestehen. In der Praxis tritt zu tiefen Temperaturen hin aber immer Störstellenleitung auf. Durch physikalische Reinigungsverfahren ist man in der Lage, hochreine Kristalle mit einem relativen Störstellengehalt von 10^{-9} und weniger herzustellen. Zur Entwicklung geeigneter Reinigungsverfahren gab die Halbleiterphysik primär den Anstoß.

3.2.2.2.1 Eigenleitung

Zunächst sollen die Verhältnisse bei Eigenleitung etwas genauer betrachtet werden. Für sie ist die Gleichheit der Ladungsträgerkonzentrationen n und p der Elektronen und Defektelektronen charakteristisch. In diesem Fall sollte man annehmen, daß bei der Messung des Hall-Effektes die resultierende Hallspannung durch Kompensation der Anteile der beiden Ladungsträgerarten nach (3.11) verschwindet. Das kann bei ausreichend hohen Magnetfeldstärken auch beobachtet werden. Bei schwachen Magnetfeldern dagegen müssen die Streuprozesse berücksichtigt werden, und dann mißt man wegen der für Elektronen und Defektelektronen unterschiedlichen Beweglichkeiten auch bei Eigenleitung eine Hall-Spannung (siehe Bd. IV).

Weil ein Halbleiterkristall so wie jeder Festkörper von Natur aus, d.h. wenn er keinen Aufladeprozeduren unterworfen wurde, nach außen elektrisch neutral ist, kann für ihn eine *Neutralitätsbedingung* formuliert werden. Im Fall der Eigenleitung lautet diese

$$n = p = \sqrt{np} = n_\mathrm{i} \quad \text{(bei Eigenleitung)}. \tag{3.28}$$

Neutralitätsbedingung bei Eigenleitung

Inversionsdichte

n_i bezeichnet man als *Inversionsdichte* des Eigenhalbleiters.

Aus theoretischen Überlegungen (vgl. Bd. IV) erhält man für die Temperaturabhängigkeit der Inversionsdichte

$$n_\mathrm{i} = \sqrt{pn} = n_0\, T^{3/2}\, \mathrm{e}^{-\frac{\Delta W_\mathrm{i}}{2kT}}. \tag{3.29}$$

Temperaturabhängigkeit der Inversionsdichte

Die thermische Aktivierungsenergie ΔW_i des Eigenhalbleiters ist eine Materialkonstante. Sie kann für einige bekannte Halbleitermaterialien aus Tabelle 3.7 entnommen werden. Das Experiment bestätigt die Beziehung (3.29). Während nach Abschnitt 3.2.1.2 die Teilchenanzahldichte n der quasifreien Elektronen im Metall praktisch temperaturunabhängig ist, wächst die Inversionsdichte n_i des Eigenhalbleiters exponentiell mit steigender Temperatur und abnehmender thermischer Aktivierungsenergie.

Die Existenz einer begrenzten Beweglichkeit der Elektronen und Defektelektronen ist in Halbleitern wie in Metallen eine Folge ihrer Wechselwirkung mit Phononen und Störstellen. Bei Zimmertemperatur und darüber dominiert meist die Wechselwirkung mit Phononen. Nach (3.13) ist die Beweglichkeit b proportional der Relaxationszeit τ_R. Diese wiederum ist der mittleren thermischen Geschwindigkeit $\bar{v}$ der Elektronen bzw. Defektelektronen und der Stoßwahrscheinlichkeit $w_{stoß}$ umgekehrt proportional, so daß

$$b \sim \tau_R \sim \frac{1}{\bar{v}\, w_{stoß}} \tag{3.30}$$

gilt. Bei den in Halbleitern allgemein vorliegenden Werten für die Ladungsträgerkonzentrationen kann auf die Elektronen bzw. Defektelektronen die in Bd. I behandelte Boltzmann-Statistik Anwendung finden. Nach ihr besteht zwischen der Temperatur T und der mittleren kinetischen Energie der Elektronen des Elektronengases der Zusammenhang (vgl. (I S 8.4))

$$\frac{m_e}{2}\,\overline{v^2} = \frac{3}{2}\,kT. \tag{3.31}$$

Tabelle 3.7
Thermische Aktivierungsenergie ΔW_i, Inversionsdichte n_i und Ladungsträgerbeweglichkeiten b_p und b_n für einige Halbleiter bei einer Temperatur von 300 K

Substanz	ΔW_i / eV	n_i / cm^{-3}	b_n / $cm^2\,V^{-1}\,s^{-1}$	b_p / $cm^2\,V^{-1}\,s^{-1}$
Ge	0,67	$2{,}3 \cdot 10^{13}$	3900	1900
Si	1,12	$1{,}8 \cdot 10^{11}$ (333 K)	1500	600
Diamant	5,47	1	1800	1600
InSb	0,16	$1{,}5 \cdot 10^{16}$	78000	750
GaAs	1,43	$1{,}3 \cdot 10^{6}$	8500	400
CdS	2,42	—	300	50

Da $\bar{v} \sim \sqrt{\overline{v^2}}$ (siehe (I 8.24)), ist $\bar{v}$ demzufolge der Wurzel aus der Temperatur proportional: $\bar{v} \sim \sqrt{T}$. Die Stoßwahrscheinlichkeit ist der Schwingungsenergie W der Kristallbausteine proportional. Bei Temperaturen $T \gg \Theta_D$ gilt für sie nach dem Gleichverteilungssatz (I S 8.6) $W = kT$ und damit $w_{stoß} \sim T$. Einsetzen von $\bar{v} \sim \sqrt{T}$ und $w_{stoß} \sim T$ in (3.31) ergibt

Temperaturabhängigkeit der Ladungsträgerbeweglichkeit

$$b = b_0\, T^{-\frac{3}{2}} \tag{3.32}$$

und damit nach (3.29) und (3.27) in Übereinstimmung mit (3.26) für die Leitfähigkeit σ_i des Eigenhalbleiters

$\sigma_i = f(T)$ für Eigenleitung

$$\sigma_i = \sigma_{0i}\, e^{-\frac{\Delta W_i}{2kT}}. \tag{3.33}$$

Die exponentielle Zunahme der Leitfähigkeit des Eigenhalbleiters mit der Temperatur ist also praktisch durch die exponentielle Zunahme der Teilchenanzahldichten n und p der Elektronen und Defektelektronen mit steigender Temperatur bedingt.

3.2.2.2.2 Störstellenleitung

Ersetzt man z.B. in einem Germaniumkristall ein Ge-Atom durch ein Atom eines fünfwertigen Elementes (z.B. durch ein Phosphor-, Arsen- oder Antimonatom), dann kann von diesem leicht ein Elektron abgespalten werden, welches zusätzlich zum Ladungstransport beiträgt. Das eingebaute Fremdatom wirkt als Elektronenspender. Man bezeichnet daher derartige Fremdatome in einem Halbleiterkristall als *Donatoren*. Baut man statt eines fünfwertigen Fremdatoms ein dreiwertiges ein (z.B. ein Aluminium-, Gallium- oder Indiumatom), so wirkt dieses als Elektronenfänger (*Akzeptor*), und es kann daher ein zusätzliches Defektelektron entstehen. Die entsprechende mikrophysikalische Begründung dieser Vorgänge ist in Bd. IV gegeben.

Donator

Akzeptor

Durch Dotierung kann also $n \gg p$ oder $p \gg n$ erreicht werden. Man spricht im ersten Fall ($n \gg p$) von *n-Leitung*, im zweiten ($p \gg n$) von *p-Leitung*. Die Neutralitätsbedingung (3.28) geht dann über in

n-Leitung
p-Leitung

$$np = n_i^2 \text{ (bei Störstellenleitung).} \tag{3.34}$$

Neutralitätsbedingung bei Störstellenleitung

Es kann also in einem Halbleiter bei Vorliegen des thermodynamischen Gleichgewichtes stets nur n auf Kosten von p oder p auf Kosten von n vergrößert werden (s. Abb. 3.19). Aus dieser Tatsache erklärt sich auch die Bezeichnung Inversionsdichte. Überschreitet n oder p den Wert n_i, so tritt ein Umschlag (eine Inversion) des Leitungstyps auf.

Man bezeichnet nun die Art der Ladungsträger, deren Teilchenanzahldichte die Inversionsdichte überschreitet, als *Majoritätsträger*, die andere Art als *Minoritätsträger*. Da die Ladungsträgerkonzentrationen n und p nur endliche Werte annehmen können, treten Majoritäts- und Minoritätsträger nach (3.34) stets gekoppelt auf.

Majoritätsträger
Minoritätsträger

Analog zu (3.33) erhält man bei Störstellenleitung im Fall eines n-Leiters

$$\sigma_s = \sigma_{0s}(T)\, e^{-\frac{\Delta W_D}{2kT}} \quad (\Delta W_D \ll \Delta W_i). \tag{3.35}$$

$\sigma_S = f(T)$ für Störstellenleitung

Für p-Leiter ist lediglich die thermische Aktivierungsenergie ΔW_D der Donatoren durch die der Akzeptoren ΔW_A zu ersetzen. Im Gegensatz zu σ_{i0} ist $\sigma_{0s}(T)$ leicht temperaturabhängig. Da die Exponentialfunktion e^x mit x stärker wächst als jede Potenz von x (s. A. 13), nimmt σ_s praktisch exponentiell mit der Temperatur zu.

Die Ungleichung $\Delta W_D \ll \Delta W_i$ erklärt sich daraus, daß von einem Donator leichter als von einem Atom des Wirtskristalles Elektronen thermisch abgespalten werden können.

Da $\Delta W_D \ll \Delta W_i$ und $\Delta W_A \ll \Delta W_i$ gilt, überwiegt bei tiefen Temperaturen die Störstellenleitung. Nach Erschöpfung der Donatoren bzw. Akzeptoren nähern sich die Ladungsträgerkonzentrationen der des Eigenleiters und

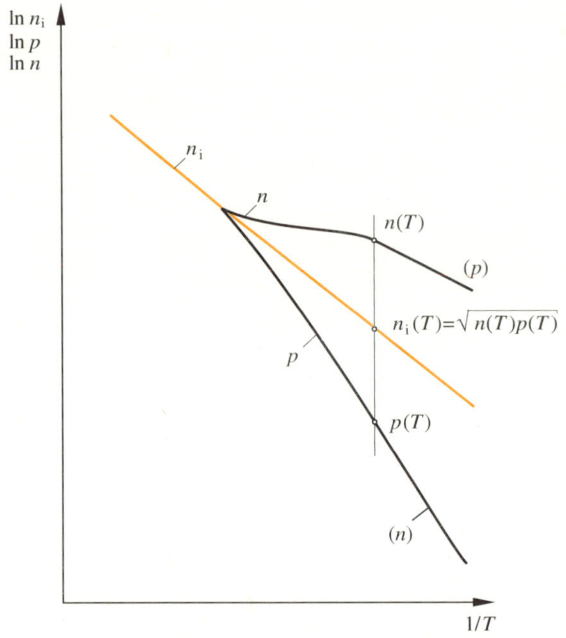

Abb. 3.19
ln[$n(T)$] und ln[$p(T)$] bei Eigen- und Störstellenleitung eines n-Halbleiters

gehen bei noch weiter wachsender Temperatur in diese über. Bei hinreichend niedrigen Temperaturen dominiert die Störstellenleitung, bei hinreichend hohen die Eigenleitung.

Ab welcher Temperatur ein Halbleiter Eigenleitung zeigt, hängt von seiner Donatoren- und Akzeptorendichte und damit letztlich von seiner Reinheit ab. Die hierfür zu stellenden Reinheitsforderungen sind enorm. So liegt für Raumtemperaturen die Eigenleitungskonzentration von Germanium bei etwa $2 \cdot 10^{13}\ \text{cm}^{-3}$, von Silizium bei etwa $1{,}5 \cdot 10^{10}\ \text{cm}^{-3}$. Sollen die Substanzen schon bei Raumtemperaturen eigenleitend sein, dann müssen die Donator- und Akzeptorkonzentration kleiner als diese Werte sein. Da $1\ \text{cm}^3$ Substanz ca. 10^{23} Atome enthält, bedeutet dies, daß bei Germanium-Kristallen höchstens auf jedes 10^{10}-te Germaniumatom ein Donator bzw. Akzeptor kommen darf, bei Silizium-Kristallen sogar nur ein Fremdatom auf jedes 10^{13}te Siliziumatom! Die niedrigste Fremdatomkonzentration, die man bisher erreichen konnte, liegt bei etwa 10^{10} Fremdatomen pro cm^3. Daher konnte bei Raumtemperaturen im Germanium Eigenleitung erreicht werden, dagegen bisher nicht im Silicium.

Reinheitsforderungen an einen Halbleiter

Mit steigender Temperatur tritt immer der Zustand ein, daß von allen vorhandenen Störstellen ein Elektron abgespalten wurde. Die Störstellenleitung kann dann nicht weiter mit der Temperatur ansteigen, man spricht von *Störstellenerschöpfung*. Tritt dieser Zustand ein, ehe die Eigenleitung den Wert der Störstellenleitung erreicht hat, dann wird die Temperaturabhängigkeit der Gesamtleitfähigkeit des Kristalles für einen begrenzten Temperaturbereich, nämlich solange $\sigma_s > \sigma_i$ gilt, durch die Temperaturabhängigkeit der Beweglichkeit bestimmt.

Störstellenerschöpfung

3.2.2.3 pn-Übergang, gleichrichtende und verstärkende Bauelemente

Elektronische Bauelemente wie Halbleiterdioden, Transistoren, Thyristoren u.a. bestehen im wesentlichen aus einem Halbleiterkristall, in dem zwei oder mehr Bereiche mit unterschiedlicher Dotierung existieren. Sie sind also vom Aufbau her inhomogen. Die aneinander grenzenden Bereiche unterscheiden sich dabei insbesondere durch ihren Leitungscharakter, d.h., es grenzen jeweils ein n-leitendes und ein p-leitendes Gebiet aneinander.

Die unterschiedlichen Dotierungen in dem Kristall lassen sich erzeugen, indem man unterschiedliche Fremdatome, die entweder als Donatoren oder als Akzeptoren wirken, in den Kristall eindiffundieren läßt. Eine andere Möglichkeit des Einbringens der Fremdatome in den Halbleiterkristall ist, ihn im Hochvakuum mit einem Strahl beschleunigter Ionen zu beschießen (*Ionenimplantation*). Ionenimplantation

Der Übergang vom n-leitenden zum p-leitenden Gebiet im Kristall erfolgt nicht durch einen abrupten Wechsel der Störstellenkonzentrationen, sondern er ist durch ein Übergangsgebiet gekennzeichnet, das man als *pn-Übergang* bezeichnet. pn-Übergang

pn-Übergänge besitzen Gleichrichtereigenschaften, die durch die Art der Ortsabhängigkeit der Ladungsträgerdichten verursacht werden. Abbildung 3.20 zeigt die Verhältnisse unter Voraussetzung gleicher Donatoren- und Akzeptorenkonzentration: $n_D = n_A$. Die z-Achse liegt senkecht zum pn-Übergang, ihr Nullpunkt ist in den durch $n = p$ charakterisierten Inversionspunkt gelegt. Nach der Neutralitätsbedingung $np = n_i^2$ (3.34) ist sofort verständlich, daß auch an jedem Ort des p-Gebietes Elektronen und umgekehrt überall im n-Gebiet Defektelektronen vorhanden sein müssen, denn sonst verschwände auch n_i an diesen Stellen. Außerdem wird das Eindringen der Minoritätsträger in das Gebiet der jeweils anderen La-

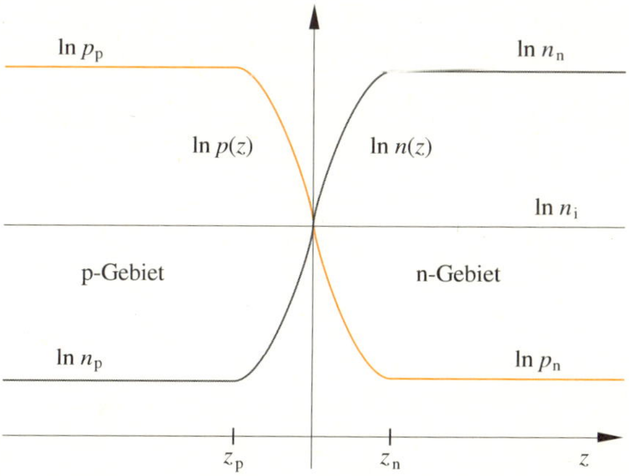

Abb. 3.20
Ortsabhängigkeit der Ladungsträgerkonzentrationen beim unbelasteten pn-Übergang ($n_D = n_A$)

dungsträgerart auch nach den Gesetzen der Diffusion gefordert, denn die für die beiden Ladungsträgerarten bestehenden Dichtegradienten in den Richtungen $+z$ bzw. $-z$ verursachen Teilchenströme (vgl. (I 8.32)). Diese bewirken aber gleichzeitig eine Ladungsumverteilung. Durch das Abwandern von Elektronen bleiben die ortsfesten positiven Störstellenionen in der Randzone des n-Gebietes zurück, gleichzeitig wandern positive Defektelektronen ein, und somit entsteht eine Zone mit positiver *Raumladung*. Entsprechend entsteht in der Randzone des p-Gebietes eine negative Raumladung. Durch die beiden Raumladungen wird ein elektrisches Feld aufgebaut. Dieses elektrische Feld wirkt dem Diffusionsvorgang entgegen, und es kommt bereits bei sehr kleinen Minoritätsträgerkonzentrationen zu einem Gleichgewicht zwischen den beiden wirkenden Kräften. Die dem elektrischen Feld zugeordnete Spannung heißt *Diffusionsspannung*.

Raumladung

Diffusionsspannung

Durch die Diffusion wird also ein sprunghafter Wechsel der Ladungsträgerdichten an der Grenze zwischen p- und n-Gebiet verhindert und die Entstehung des pn-Überganges mit von Null verschiedener Ausdehnung verursacht. Da die Inversionsdichte des Halbleitermaterials n_i ausschließlich von der Temperatur abhängt und im n-Gebiet $n \gg n_i$ sowie im p-Gebiet $p \gg n_i$ gilt, ist im Inversionspunkt wegen $n = p = n_i$ die Ladungsträgerdichte sehr niedrig. Der pn-Übergang ist eine Zone der *Ladungsträger-Verarmung*. Deshalb ist der Widerstand $R_Ü$ im Bereich des pn-Überganges sehr groß gegenüber dem Widerstand des p- und des n-Gebietes des Halbleiterkristalles, dem sogenannten *Bahnwiderstand* R_B.

Ladungsträger-Verarmung

Bahnwiderstand

Halbleiterdiode

Ein Halbleiterkristall mit einem pn-Übergang stellt eine *Halbleiterdiode* dar (meist nur kurz als Diode bezeichnet). Der Gesamtwiderstand der Diode ist

$$R_D = R_B + R_Ü . \tag{3.36}$$

Strom-Spannungs-Kennlinie einer Diode

Die Gleichrichtereigenschaften einer Diode sind umfassend aus ihrer *Strom-Spannungs-Charakteristik* oder *-Kennlinie* zu ersehen, d.h. aus der Darstellung des durch sie hindurchfließenden Stromes in Abhängigkeit von der an ihr anliegenden Spannung. Die Kennlinie kann mit der in Abbildung 3.21 dargestellten Schaltung gemessen werden. Weil der Dioden-

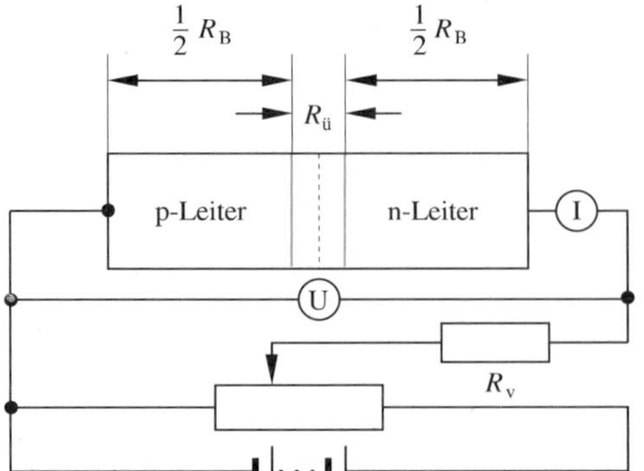

Abb. 3.21
Schaltung zur Aufnahme der Strom-Spannungs-Charakteristik einer Halbleiterdiode

widerstand in Durchlaßrichtung sehr klein wird, ist ein Vorwiderstand R_V zur Strombegrenzung zweckmäßig. Wird das p-Gebiet mit dem positiven, das n-Gebiet mit dem negativen Pol der Spannungsquelle verbunden, so fließen aus dem p-Gebiet Defektelektronen, aus dem n-Gebiet Elektronen in den pn-Übergang. Er wird von Ladungsträgern überflutet (s. Abb. 3.22) und verliert so mehr oder weniger seinen den Stromfluß begrenzenden Widerstand (*Durchlaßrichtung*). Bei entgegengesetzter Polung wandern dagegen weitere Elektronen und Defektelektronen aus dem pn-Übergang und aus seiner Nähe ab, die Zone der Ladungsträgerverarmung dehnt sich aus, und $R_Ü$ nimmt zu (*Sperrichtung*).

Durchlaßrichtung

Sperrichtung

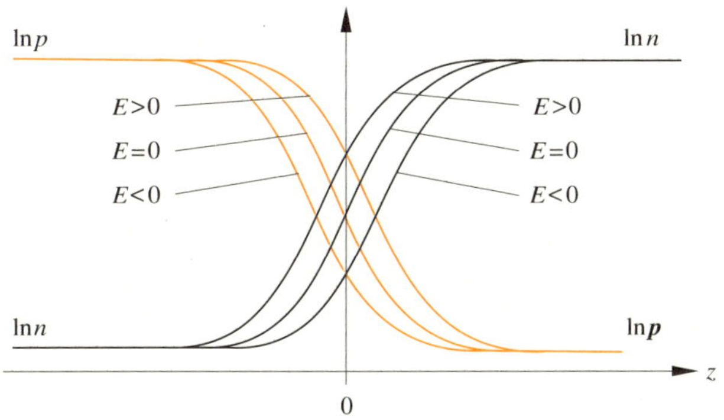

Abb. 3.22 Zum Gleichrichtereffekt des pn-Überganges

Man kann zeigen (s. Bd. IV), daß der Leitwert $1/R_ü$ des pn-Überganges in Durchlaßrichtung exponentiell mit der Spannung zunimmt. Der Durchlaßstrom durch die Diode wird zu höheren Spannungen hin durch den Bahnwiderstand begrenzt und steigt dann, weil Halbleiter nach (S 3.6) ohmsches Verhalten aufweisen, praktisch linear mit steigender Spannung an (Abb. 3.23). Der relativ scharfe Knick der Durchlaß-Kennlinie wird durch die Diffusionsspannung U_{Diff} verursacht, die in Durchlaßrichtung der äußeren Spannung entgegengerichtet ist. Die Diode wird also erst dann geöffnet, wenn die anliegende Spannung den Wert U_{Diff} erreicht hat. Der Sperrstrom ist etwa 3 Größenordnungen kleiner als der Strom in Durchlaßrichtung. Er fließt im Gegensatz zur Vakuumdiode in die dem Durchlaßstrom entgegengesetzte Richtung. Für die Anwendung ist wichtig, daß eine maximale Sperrspannung nicht überschritten werden darf, da sonst akute Durchschlagsgefahr besteht.

Ganz ähnlich wie pn-Übergänge verhalten sich *Metall-Halbleiter-Kontakte*. Auch bei ihnen führen halbleiterseitig auftretende Zonen der Ladungsträgerverarmung zu Gleichrichtereffekten. Die Zuordnung der Sperr- bzw. Durchlaßrichtung zur entsprechenden Polung hängt davon ab, ob ein n-Halbleiter oder ein p-Halbleiter mit dem Metall kontaktiert ist. Sie ist aus Abbildung 3.24 ersichtlich.

Metall-Halbleiter-Kontakt

JOHN BARDEEN
(1908–1991)
Nobelpreis 1956 und 1972

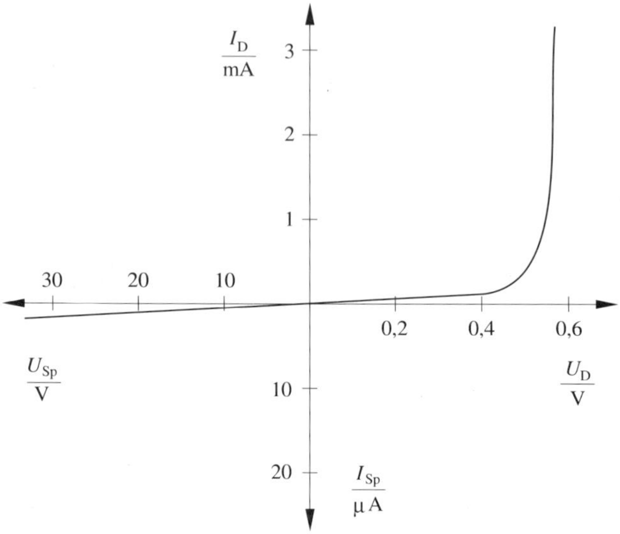

Abb. 3.23 Durchlaß- und Sperrstrom einer Halbleiterdiode

WALTER BRATTAIN
(1902–1987)
Nobelpreis 1956

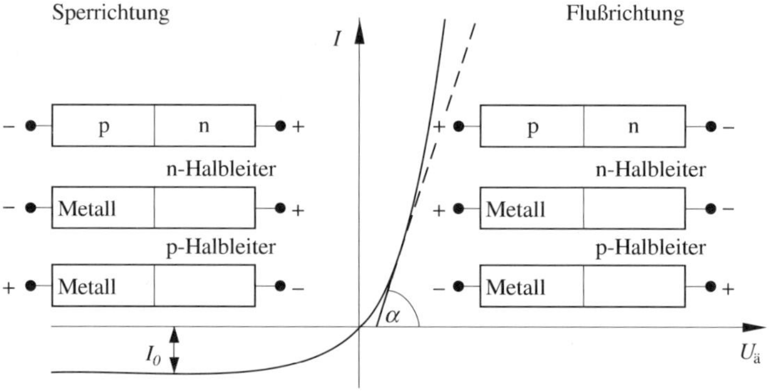

Abb. 3.24
Kennlinie eines gleichrichtenden Metall-Halbleiter-Kontaktes mit dem Widerstand $R_Ü$ (——) und des gesamten Gleichrichters mit dem Widerstand $R_Ü + R_M + R_H$ (– – –). Im unteren Kurvenbereich stimmen beide Kennlinien praktisch überein. Die Polung für die Fluß- und Sperrichtung ist angegeben.

WILLIAM SHOCKLEY
(1910–1989)
Nobelpreis 1956

Von herausragender Bedeutung für die Halbleiterphysik und die Elektronik war die Entdeckung des Transistoreffektes durch BARDEEN, BRATTAIN und SHOCKLEY im Jahre 1948. Entsprechend der überaus umfangreichen Anwendung des Transistors gibt es heute Transistoren mit unterschiedlichen Wirkungsprinzipien. Noch vielfältiger sind die Variationen bezüglich der Konstruktionen und der Herstellungsweisen. Transistoren existieren als Strukturlelemente in integrierten Schaltungen ebenso wie als einzelne Bauelemente. Gegenwärtig sind insbesondere die bipolaren Flächentransistoren und die MIS-Feldeffekttransistoren (siehe Folgendes) zu nennen. Das Wort *Transistor* selbst ist aus einer Abkürzung der beiden englischen Wörter *trans*fer-res*istor* entstanden.

Transistor

Der 1948 erfundene erste Transistor war ein Spitzentransistor, bei dem zwei feine Metallspitzen auf einen als *Basis* bezeichneten Germaniumkristall aufgedrückt waren. An den Spitzentransistor erinnert noch das Schaltsymbol des Flächentransistors (s. Abb. 3.25). Die beiden Metall-Halbleiter-Kontakte wirken als Gleichrichter, wobei der eine in Durchlaßrichtung gepolt ist und als *Emitter* bezeichnet wird, der andere *Kollektor* heißt und in Sperrichtung gepolt ist. Wir denken uns auf einen p-Halbleiter eine Spitze aufgesetzt und diese negativ gegenüber dem Halbleiter vorgespannt. Auf Grund der hohen Spitzenfeldstärke (vgl. Abschn. 1.1.4.2, inbesondere (1.11a)) können dann Elektronen aus der Spitze in den Halbleiter übergehen. Man bezeichnet diesen Vorgang als *Ladungsträgerinjektion* und, da es sich bei den übergehenden Elektronen um Minoritätsträger des p-Halbleiters handelt, speziell als *Minoritätsträgerinjektion.*

Basis

Emitter

Kollektor

Ladunsgträger-
injektion

Minoritätsträger-
injektion

Der Vorgang der Ladungsträgerinjektion ist mit der Elektronenemission aus einer Katode ins Vakuum vergleichbar und bedeutet allgemein den Eintritt von Ladungsträgern in einen Körper, wodurch sich dessen Ladungszustand verändert.

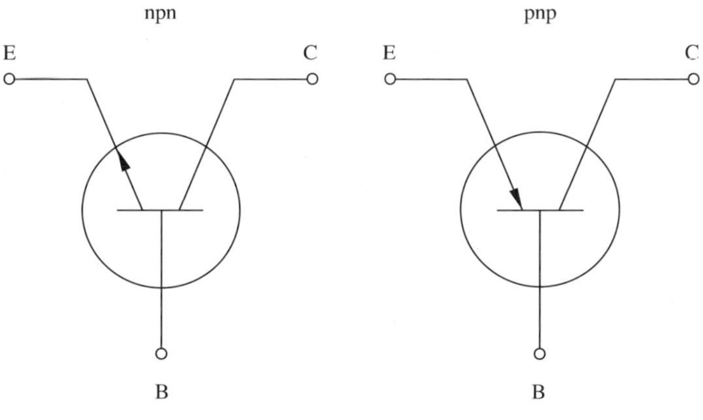

Abb. 3.25 Schaltungssymbol des npn- und pnp-Transistors

Der *Transistoreffekt* besteht nun darin, den gesperrten Gleichrichter durch Ladungsträgerinjektion vom Emitter aus leitfähig und damit steuerbar zu machen. Das soll näher an einem *Flächentransistor* (auch Planartransistor) erläutert werden. Flächentransistoren gehören zu den Bipolartransistoren, da sowohl Elektronen als auch Defektelektronen zum Ladungsstransport beitragen. Sie bestehen aus zwei pn-Übergängen, die so dicht beieinander liegen, daß sie sich gegenseitig beeinflussen können. Abbildung 3.26 zeigt den Aufbau schematisch. Das mittlere, zu beiden pn-Übergängen gehörende Gebiet der drei unterschiedlich dotierten Bereiche

Transistoreffekt

Flächentransistor

ist die Basis und kann sowohl ein n-Gebiet (pnp-Transistor) oder ein p-Gebiet (npn-Transistor) sein.

Wir wollen einen npn-Transistor betrachten. Bei ihm sind Emitter und Kollektor n-Gebiete. Eine Spannung U_{BE} zwischen Emitter und Basis polt den pn-Übergang zwischen ihnen in Durchlaßrichtung, eine Spannung U_{BC} zwischen Basis und Kollektor den zweiten pn-Übergang in Sperrrichtung. Dadurch werden vom Emitter Elektronen in die Basis injiziert und bilden den Emitterstrom I_E. Von dort können sie durch Vereinigung

Rekombination

(*Rekombination*) mit den Defektelektronen als Teil des Basisstromes I_B über die Basiselektrode zur Spannungsquelle U_{BE} zurückfließen. (Die in Abbildung 3.26 eingezeichneten Stromrichtungen entsprechen den festgelegten Vorzeichenregeln und sind den Flußrichtungen der Elektronen entgegengerichtet.) Man macht aber das Basisgebiet zwischen Emitter und Kollektor so dünn, daß der größte Teil der Elektronen nicht rekombiniert, sondern bis in das Kollektorgebiet hineindiffundieren kann. Unterstützt wird dieser Vorgang durch eine niedrige Dotierung der Basis und der dadurch bedingten geringen Rekombinationsrate. Im Kollektorgebiet geraten die vom Emitter stammenden Elektronen unter den Einfluß der positiven Kollektorelektrode und bilden einen Kollektorstrom I_C. Der Kollektorstrom kann also über den Emitterstrom gesteuert werden. Der Flächentransistor ist damit ein stromgesteuertes Bauelement.

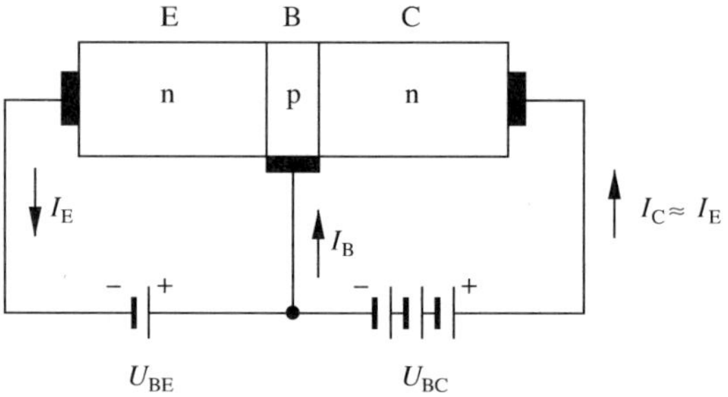

Abb. 3.26 Aufbau eines npn-Flächentransistors

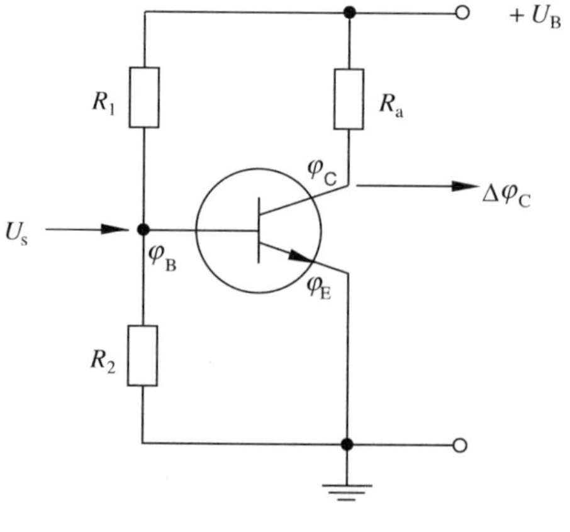

Abb. 3.27 Emitterschaltung

Transistor-Verstärkung Emitterschaltung

Die gebräuchlichsten Transistor-Verstärker-Schaltungen sind von der in Abbildung 3.27 dargestellten Art, der *Emitterschaltung*. Der Emitter befindet sich dabei auf dem Potential $\varphi_E = 0$. Mit Hilfe der Betriebsspannungsquelle U_B und dem durch die Widerstände R_1 und R_2 gebildeten Potentiometer wird das Basispotential φ_B sowie unter Berücksichtigung des Spannungsabfalles $I_C \cdot R_a$ am Arbeitswiderstand R_a auch das Kollektorpotential φ_C festgelegt. Das muß so erfolgen, daß $\varphi_C > \varphi_B > \varphi_E$ und damit die beiden pn-Übergänge in der richtigen Weise gepolt sind. Läßt man nun zusätzlich auf die Basis ein gegenüber $\varphi_B - \varphi_E$ kleines Wechselspannungssignal U_S einwirken, so verändern sich I_E und I_C und damit auch φ_C. Die Änderung $\Delta\varphi_C$ des Kollektorpotentials ist vor allem durch die beträchtliche Widerstandsänderung des in Sperrichtung gepolten pn-Überganges zwischen Basis und Kollektor bestimmt. Deshalb läßt sich $\Delta\varphi_C \gg U_S$ erreichen, d.h. eine ausreichend gute Spannungsverstärkung. Ebenso gilt in der Emitterschaltung $\Delta I_E \approx \Delta I_C > \Delta I_B$. Es liegt also auch eine Stromverstärkung vor. Dieser Sachverhalt spiegelt sich auch in den in Abbildung 3.28 dargestellten Transistor-Kennlinien wider. Der Teil a zeigt das Strom-Spannungsverhalten im Kollektorkreis und damit den Verstärkerausgangskreis für verschiedene Basisströme als Parameter. Ihr Verlauf entspricht qualitativ der Sperrkennlinie einer Halbleiterdiode. Der Teil b stellt den

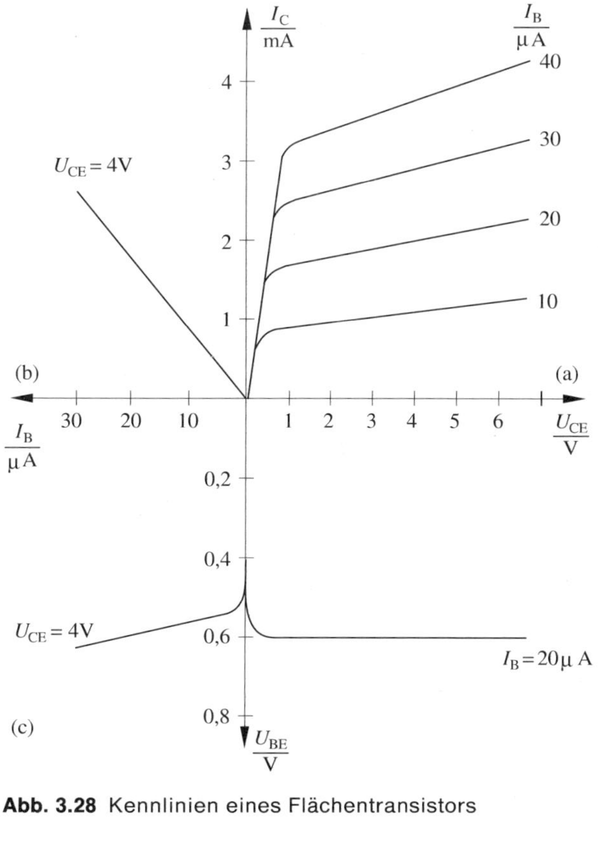

Abb. 3.28 Kennlinien eines Flächentransistors

Verstärkerausgangsstrom I_C in Abhängigkeit vom Verstärkereingangsstrom I_B dar. Es ergibt sich nahezu eine Proportionalität, und man liest als Stromverstärkung einen Wert von $\Delta I_C/\Delta I_B \approx 100$ ab. Im Teil c ist die Strom-Spannungs-Kennlinie des Basis-Emitter-Kreises, d.h. des Verstärkereingangskreises wiedergegeben. Ihr Verlauf entspricht dem der Durchgangskennlinie einer Halbleiterdiode. Aus den Kennlinien und der Verstärkerschaltung in Abb. 3.27 ist abzulesen, daß bei einer Vergrößerung der Signalspannung U_S auch die Größen φ_B, U_{BE}, I_B und I_C anwachsen. Ein Anwachsen des Kollektorstromes I_C hat aber eine Vergrößerung des Spannungsabfalles am Widerstand R_a und damit Absenkung des Potentials φ_C zur Folge. Die Verstärkereingangsspannung U_S und die Verstärkerausgangsspannung $\Delta\varphi_C$ sind also gegeneinander um 180° phasenverschoben.

Mit der Entwicklung der Halbleiterdiode und des Bipolartransistors wurde eine Revolution in der Elektronik und von ihr ausgehend auch in anderen Bereichen der Technik eingeleitet. Die heute übliche Bauelementendichte in elektronischen Geräten wäre mit Röhren allein wegen der bei ihnen notwendigen Katodenheizungen und den damit verbundenen Problemen der Wärmeableitung nicht realisierbar. Mehr oder weniger scherzhaft wird die Röhrentechnik in der ersten Hälfte unseres Jahrhunderts deshalb mitunter auch als „Irrweg der Elektronik" bezeichnet.

Der Bipolartransistor hat gegenüber der Verstärkerröhre jedoch auch den Nachteil, daß der Eingangswiderstand, d.h. der in Durchlaßrichtung gepolte pn-Übergang zwischen Emitter und Basis, niedriger als der Ausgangswiderstand ist. Die Steuerung erfolgt als Stromsteuerung und ist nicht leistungslos. Das Steuergitter einer Verstärkerröhre wirkt hingegen weitgehend elektrostatisch. Diesen Nachteil des Bipolartransistors besitzen die *Feldeffekttransistoren* nicht. Ihr Wirkungsprinzip beruht auf einer ebenfalls weitgehend elektrostatischen Beeinflussung des Leitwertes eines leitfähigen Kanals in einem Halbleiterplättchen durch eine Steuerspannung. Da der Strom in diesem Kanal von nur einer Ladungsträgerart getragen wird, bezeichnet man diese Transistoren auch als *Unipolartransistoren*. Der Kanalleitwert kann auf zwei unterschiedliche Arten gesteuert werden. Bei *MIS-Feldeffekttransistoren* erfolgt die Steuerung durch Änderung der Ladungsträgerdichte im Kanal. Abbbildung 3.29 zeigt eine Variante im prinzipiellen Aufbau.

Feldeffekttransistoren (Unipolartransistoren)

MIS-Feldeffekttransistor

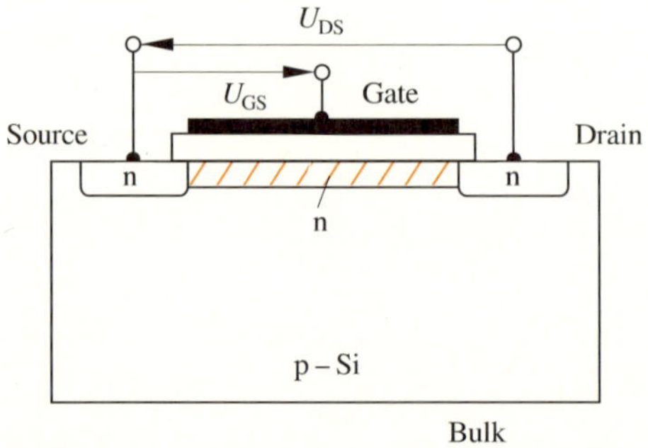

Abb. 3.29
MIS-Feldeffekttransistor

Die Abkürzung MIS gibt Aufschluß über das Bauprinzip und bedeutet **M**etall-**I**solator-**S**emiconductor (Halbleiter). In einem als *Bulk* bezeichneten Halbleiterplättchen aus p-Si werden durch hohe Dotierung zwei n-Gebiete hoher Leitfähigkeit erzeugt. Sie werden als *Source* (Quelle) und *Drain* (Senke) bezeichnet. Durch eine Isolatorschicht (meist aus SiO_2) vom n-Si-Halbleiter getrennt befindet sich zwischen Source und Drain eine metallische Steuerelektrode, das *Gate* (Tor). Die Anordnung Metall(Gate)-Isolator-Halbleiter stellt einen Kondensator dar. Durch Anlegen einer Steuerspannung U_{SG} zwischen Gate und Source werden an der Halbleiteroberfläche Ladungsträger influenziert, die die Leitfähigkeit des Halbleiterkristalles im Kanal zwischen Source und Drain verändern. Wird die Leitfähigkeit erhöht, ist der Transistor vom *Anreicherungstyp*, wird sie erniedrigt, dann ist er vom *Verarmungstyp*. Ist das Halbleiterplättchen aus p-Si, so fließt im Kanal ein Elektronenstrom, ist es auf n-Si, dann fließt ein Defektelektronenstrom. Es ist also auch zwischen *n-Kanal-* und *p-Kanal-Transistoren* und somit insgesamt zwischen vier Typen von MIS-Feldeffekttransistoren zu unterscheiden.

Bulk

Source

Drain

Gate

Die Polung der Spannung U_{SD} zwischen Source und Drain erfolgt immer so, daß die den Kanalstrom bildenden Ladungsträger aus Source austreten und zu Drain hin abgesaugt werden. Bei der Polung der Spannung U_{SG} ist davon auszugehen, daß die Ladungsträger des Kanalstromes bezüglich der Dotierung des Bulk-Kristalles Minoritätsträger sind. Die Majoritätsträger sind beim Anreicherungstyp aus dem Kanal zu verdrängen, beim Verarmungstyp anzureichern.

Für den in Abbildung 3.29 dargestellten n-Kanal-Verarmungstyp eines MIS-Feldeffekttransistors ist die Polung dort angegeben. Abbildung 3.30 zeigt für diesen Typ die Strom-Spannungs-Kennlinie des Ausgangsstromkreises sowie die Steuer- oder Transferkennlinie. Während der Verlauf der Ausgangskennlinien der einzelnen Feldeffekttransistortypen gleich ist, unterscheiden sich die Steuerkennlinien in ihrer Lage. Auf Einzelheiten im Verlauf der Kennlinien von Feldeffekttransistoren soll hier nicht weiter ein-

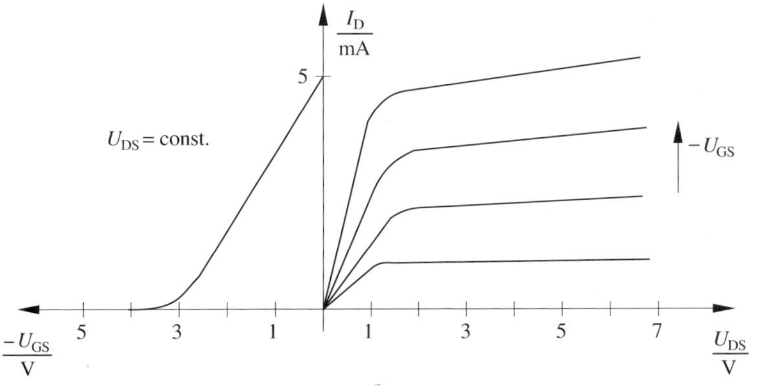

Abb. 3.30
Strom-Spannungs-Kennlinie und Transferkennlinie eines MIS-Feldeffekttransistors

gegangen werden, jedoch die oben erwähnte weitere Möglichkeit der Steuerung des Kanalleitwertes noch genannt werden. Läßt man in Abbildung 3.29 die Isolatorschicht weg, dann liegt die metallische Elektrode direkt auf dem Halbleiterkristall. Im Kontaktbereich kann eine mehr oder weniger breite Zone der Ladungsträgerverarmung und damit ein *Sperrschicht-Feldeffekttransistor* mit Metall-Halbleiter-Übergang entstehen. Bei ihm steuert die Gatespannung den Kanalleitwert durch die Dicke der Sperrschicht und engt damit den Kanalquerschnitt mehr oder weniger stark ein.

Sperrschicht-Feldeffekttransistor

3.2.2.4 Isolatoren

Wie in Abschnitt 3.2.2.1 gezeigt, besitzen Isolatoren die gleiche Temperaturabhängigkeit der Leitfähigkeit wie die Halbleiter (vgl. Abb. 3.17). Ihre Leitfähigkeit kann jedoch um viele Größenordnungen kleiner sein (siehe u.a. Tab. 3.6). Dies hat zwei Gründe. Erstens ist die Ladungsträgerdichte bei gleicher Temperatur in Isolatoren wesentlich geringer als in Halbleitern. Zweitens ist die Beweglichkeit der Ladungsträger wesentlich kleiner ($< 10^{-4}\,\mathrm{cm^2/Vs}$). Dadurch ist in Isolatoren im allgemeinen auch die Hall-Spannung so klein, daß sie nicht mehr gemessen werden kann. Andere Methoden, die einen experimentellen Zugang zur Größe Beweglichkeit ermöglichen, werden in Bd. IV angegeben.

Durch die geringe Leitfähigkeit können in Isolatoren große Feldstärken erzeugt werden. Im allgemeinen gilt für hohe Feldstärken das Ohmsche Gesetz nicht mehr, und der Strom steigt überproportional mit der Spannung an. Da Isolatoren in der Technik häufig hohen Feldstärken ($E > 10^5\,\mathrm{V/cm}$) ausgesetzt sind, ist für sie dieses Verhalten von besonderem Interesse.

3.2.2.5 Kontaktspannung

Betrachtet werden zwei Metalle mit unterschiedlichen Austrittsarbeiten Φ_i ($i = 1, 2$) für ihre quasifreien Elektronen (vgl. Abschn. 3.2.1.5). An den Metallen liege keine äußere Spannung. Φ_1 sei die kleinere der beiden Austrittsarbeiten: $\Phi_1 < \Phi_2$. Die Metalle seien zunächst sehr weit voneinander entfernt. Zur Gewährleistung eines einheitlichen Nullpunktes der Energieskalen beider Metalle werden alle Angaben auf die Energie $W_\infty = -e\,\varphi_\infty$ (*Vakuumpotential*) bezogen, die die Elektronen in unendlich großer Entfernung vom Metall besitzen. Beim Austritt aus dem Metall haben dann die Elektronen des Metalles 1 die Energieschwelle $W_1 = W_\infty - \Phi_1$ und die des Metalles 2 die Energieschwelle $W_2 = W_\infty - \Phi_2$ zu überwinden (s. Abb. 3.31a). Die beiden Energieverläufe sind unabhängig voneinander, die durch das jeweilige Elektronengas festgelegten Energien W_1 und W_2 unterschiedlich. Dies verändert sich grundlegend, wenn man die Metalle dicht gegenüberstellt oder sich berühren läßt. Beide emittieren thermische Elektronen. Vom Metall 1 gehen Elektronen zum Metall 2 über und umge-

Vakuumpotential

kehrt. Wegen $\Phi_1 < \Phi_2$ ist die Elektronenstromdichte vom Metall 1 zum Metall 2 größer als in der Gegenrichtung, denn sie wächst nach der Richardsonschen Gleichung (3.20) exponentiell mit abnehmender Austrittsarbeit. Demzufolge lädt sich die dem Metall 2 zugewandte Oberfläche des Metalls 1 positiv, die entsprechende Oberfläche von Metall 2 negativ auf (vgl. Abb. 3.31b). In der Grenzfläche beider Metalle bildet sich eine *elektrische Doppelschicht*. Ihr elektrisches Feld ist so gerichtet, daß es den Elektronenübergang vom Metall 1 zum Metall 2 behindert und in umgekehrter Richtung fördert. Damit stellt sich ein Gleichgewichtszustand ein, bei dem im Mittel zwischen beiden Metallen die gleiche Anzahl von Elektronen übergeht und dem eine einheitliche Energie $W_1 = W_2$ entspricht. Die den Gleichgewichtszustand aufrechterhaltende Potentialdifferenz zwischen den Metallen wird als *Kontaktspannung* (VOLTA 1793), *Berührungsspannung* oder *Volta-Spannung* bezeichnet.

elektrische Doppelschicht

Kontaktspannung (Volta-Spannung)

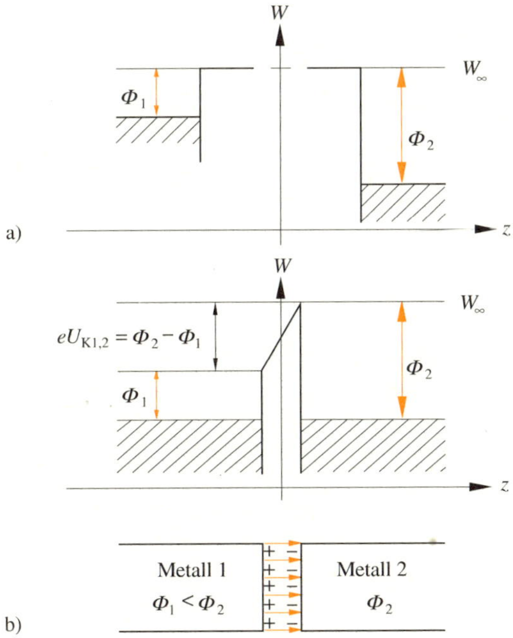

Abb. 3.31
Zur Kontaktspannung
a) Metalle nicht im Kontakt
b) Metalle im Kontakt

Kontaktspannungen treten nicht nur an Kontakten zwischen Metall und Metall, sondern auch zwischen Metallen, Halbleitern und Isolatoren in beliebiger Kombination auf. Allerdings besteht zwischen metallischen Kontakten und Kontakten mit Halbleitern oder Isolatoren ein prinzipieller Unterschied. Bei den Metall-Metall-Kontakten finden wir die Potentialänderung ausschließlich im Zwischenraum beider Oberflächen, das mittlere Potential innerhalb der Metalle bleibt konstant, auf den sich gegenüberstehenden Grenzflächen der Metalle bauen sich lediglich Oberflächenladungen entgegengesetzter Polarität auf (vgl. Abb. 3.31b). Dies liegt daran, daß im Metall ein Elektronengas sehr hoher Teilchenanzahldichte vorliegt, die Anzahl der Elektronen also so groß ist, daß lokale Dichteänderungen sofort ausgeglichen werden. Die Dichte der Elektronen eines Halbleiters ist dagegen um Größenordnungen kleiner, Konzentrationsunterschiede im Innern des Halbleiters können sich nicht mehr völlig ausgleichen. Damit erstreckt sich die Potentialänderung nicht nur wie beim Metall auf den Zwischenraum, sondern greift auf eine Randschicht des Halbleiters über und führt dort zu einer Raumladung. Man spricht bei derartigen Kontakten deshalb vielfach auch von einer *Diffusions*- statt von einer Kontaktspannung.

Diffusionsspannung

Kontakt- und Diffusionsspannungen lassen sich leicht im Experiment nachweisen, ihre Messung ist dagegen schwierig, u.a. darum, weil man ideal glatte und reine Oberflächen nicht herzustellen vermag. Man mißt dadurch in den meisten Fällen nicht allein die Kontaktspannung als Materialkonstante, sondern gleichzeitig ihre Beeinflussung durch die zufällige Oberflächenbeschaffenheit. Bringt man z.B. zwei Isolatoren in innigen Kontakt, dann bleiben bei plötzlicher Trennung die Ladungen auf den Grenzflächen erhalten, die Grenzfläche des einen Isolators ist positiv, die des anderen negativ geladen. Dies ist der Elementarvorgang der in Abschnitt 1.1.1 beschriebenen „Reibungselektrizität“. Der Reibungsvorgang dient dabei also nur dem innigen Kontakt beider Nichtleiter.

Elementarvorgang der Reibungselektrizität

Während die Kontaktspannung nur einige Volt beträgt, werden beim Trennen von Isolatoren Spannungen bis zu 10^5 V beobachtet, wie man an der Länge der „Trennfunken“ erkennt. Zur Erklärung dieses Phänomens werden die Oberflächen der Isolatoren als ideal glatt und rein angesehen. Diese ebenen Flächen haben dann einen Abstand in der Größenordnung des Atomdurchmessers, d.h. von $d \approx 10^{-10}$ m. Sie bilden einen Plattenkondensator. Nach (1.13) ist die Kapazität C des Plattenkondensators dem Plattenabstand d umgekehrt proportional ($C \sim d^{-1}$), zwischen Plattenladung q, Plattenspannung U und Kapazität C besteht nach (D 1.10) der Zusammenhang $C = q/U$. Entfernt man die Platten auf einen Abstand von z.B. 1 cm, so sinkt die Kapazität um den Faktor 10^{-8} und, da die Ladungen nicht abfließen können, erhöht sich U auf das 10^8fache. Das führt bei einer Kontaktspannung von 1 V zu einer Trennspannung von 10^8 V. Die experimentellen Werte bleiben um mindestens 3 Größenordnungen unter diesen theoretischen Abschätzungen, weil im Experiment die Voraussetzung einer ideal glatten Oberfläche nicht realisierbar ist.

Trennspannung von Nichtleitern

Beim Trennen eines Metall-Metall-Kontaktes werden dagegen nur Trennspannungen bis etwa 10^2 V erreicht. Die Ladungen sind auf der Trennfläche praktisch frei beweglich, ein Verkanten der Platten beim Trennvorgang ist nie ganz zu vermeiden. Im Gegensatz zum Isolator ist daher der Anfangswert der Kapazität durch den Plattenabstand gegeben, bei dem die letzte Verbindung der Platten abreißt. Durch die Struktur der Plattenoberfläche, ihr Verkanten beim Trennen usf. liegt dieser Wert für d um Größenordnungen über dem, der für Isolatoren erreichbar ist.

Trennspannung von Metallen

Auch die Kontaktspannung eines Metall-Isolator-Kontaktes kann leicht nachgewiesen werden. Man stellt hierzu z.B. ein Blei-Schwefelblumen-Gemisch her und läßt dieses in einen metallischen Becher fallen, der auf einem Elektrometer steht. Bläst man beim Fallen des Gemisches den Schwefel heraus, d.h., löst man den Kontakt zwischen Schwefel und Blei, so lädt sich der Becher auf, und das Elektrometer zeigt einen Ausschlag.

Als Kontaktspannung $U_{K1,2}$ erhält man nach Abbildung 3.31b

$$U_{K1,2} = \frac{\Phi_2 - \Phi_1}{e} . \qquad (3.37)$$

Die Grenzfläche des Metalls mit der niedrigeren Austrittsarbeit besitzt das höhere Potential, lädt sich also positiv gegenüber der Grenzfläche des anderen Metalles auf (vgl. Abb. 3.31b).

Messung der Kontaktspannung

Kontaktpotentiale werden meist mit einer auf KELVIN zurückgehenden Kompensationsmethode gemessen. Abbildung 3.32 zeigt das Prinzipschaltbild der verwendeten Anordnung. Das Kontaktpotential $U_{K1,2}$ zwischen zwei einen Kondensator bildenden Metallplatten wird duch die äußere Spannung U kompensiert. Um die Kompensation von $U_{K1,2}$ durch U trotz der Hochohmigkeit der Kondensatoranordnung meßtechnisch erfassen zu können, werden die Metalle als Platten eines Schwingkondensators ausgebildet. Bei Gleichheit beider Spannungen wird die Ladung des Kondensators Null; bei der Abstandsänderung der Platten während ihrer Schwingungen gegeneinander ist dann ebenfalls der Strom I Null, der durch das Amperemeter A fließt. Man mißt deshalb bei schwingendem Kondensator die Wechselstromkomponente des Stromes I in Abhängigkeit von U. Die zum Wert $I = 0$ gehörige Spannung ist die gesuchte Kontaktspannung.

Lord KELVIN of Largs (WILLIAM THOMSON) (1824–1907)

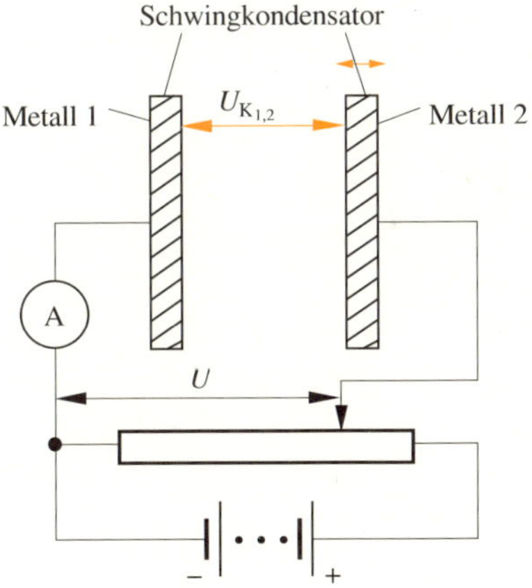

Abb. 3.32 Anordnung zur Messung der Kontaktspannung

Die Aussage von (S 1.7), daß ein metallischer Leiter konstantes Potential besitzt, gilt also nur für den homogenen Leiter. An den Kontaktstellen treten Kontaktspannungen und damit Potentialsprünge auf.

Wir betrachten den in Abb. 3.33 dargestellten Ring aus sechs Metallen. Alle Metalle befinden sich auf *gleicher* Temperatur. Die Kontaktspannung zwischen den Metallen 1 und 6 ist nach (3.37)

$$U_{K1,6} = U_{K1,2} + U_{K2,3} + U_{K3,4} + U_{K4,5} + U_{K5,6}$$
$$= \frac{1}{e}\left[(\Phi_2 - \Phi_1) + (\Phi_3 - \Phi_2) + (\Phi_4 - \Phi_3) + (\Phi_5 - \Phi_4) + (\Phi_6 - \Phi_5)\right]$$

oder

$$U_{K1,6} = \frac{\Phi_6 - \Phi_1}{e}\,.$$

In dem Sonderfall, daß die Metalle 1 und 6 gleich sind, folgt $U_{K1,6} = 0$ (vgl. Abb. 3.33b). Man kann also allgemein formulieren:

(S 3.7) Summe von Kontaktspannungen

Die Kontaktspannung zwischen zwei Metallen ist unabhängig davon, wieviele Metalle noch dazwischengeschaltet sind, sofern die Temperaturen aller Metalle gleich sind. Die Summe aller Kontaktspannungen in einer geschlossenen Anordnung miteinander in Kontakt stehender Metalle gleicher Temperatur ist Null.

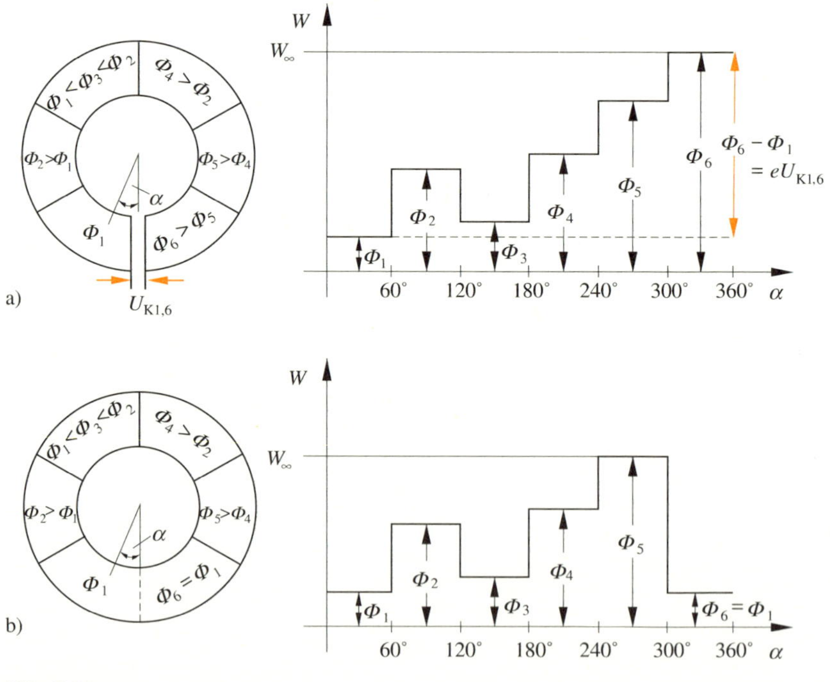

Abb. 3.33
Zur Kontaktspannungsreihe
a) Die Kontaktspannung zwischen den Metallen 1 und 6 ist von den dazwischen geschalteten Metallen unabhängig
b) In einem geschlossenen Ring ist die Summe der Kontaktspannungen gleich Null

Ordnet man alle Metalle in einer Reihe nach wachsender Austrittsarbeit an, so lädt sich ein Metall beim Kontakt mit einem in der Reihe nach ihm stehenden Metall positiv, beim Kontakt mit einem vor ihm stehenden Metall negativ auf (Voltasche *Kontaktspannungsreihe)*.

Voltasche Kontaktspannungsreihe

Als Bezugselektrode der Kontaktspannungsreihe mit dem Bezugspotential $U_K = 0$ dient die sogenannte *Wasserstoffelektrode*. Sie besteht aus einer mit Platinmohr überzogenen Platinelektrode, die von H_2 umspült wird und die in eine 1-normale Säure taucht (vgl. auch Abschnitt 3.3.2). Tab. 3.8 gibt die auf die Wasserstoffelektrode bezogenen Werte von U_K für eine Temperatur von 25° C an.

Wasserstoffelektrode

Tabelle 3.8
Voltasche Kontaktspannungsreihe der Metalle für $\vartheta = 25\,°C$

Metall	U_K/V
Li	−2,96
K	−2,92
Ca	−2,76
Na	−2,71
Mg	−2,34
Al	−1,33
Mn	−1,10
Zn	−0,76
Cr	−0,51
Fe	−0,44
Cd	−0,40
Co	−0,28
Ni	−0,23
Sn	−0,16
Pb	−0,12
H_2	0,00
Cu	+0,35
Ag	+0,79
Hg	+0,85
Au	+1,36
Pt	+1,60

Besitzen nicht mehr alle Kontakte die gleiche Temperatur oder ersetzt man in einer geschlossenen Anordnung ein Metall durch einen Elektrolyten, dann verliert (S 3.7) seine Gültigkeit. Die Summe der Kontaktspannungen ist ungleich Null, in der geschlossenen Anordnung fließt ein Strom.

3.2.2.5.1 *Thermospannung, Peltier-Effekt*

Thermostrom
Thermospannung
Seebeck-Effekt
THOMAS JOHANN SEEBECK (1770–1831)
Thermoelement

Nach (S 3.7) ist die Summe aller Kontaktspannungen in einer geschlossenen Anordnung miteinander verbundener Metalle Null, wenn sich alle Punkte auf gleicher Temperatur befinden. Wird dagegen ein Kontakt (z. B. eine Lötstelle) anders temperiert, dann gilt diese Aussage nicht mehr, im Kreis fließt ein Strom (*Thermostrom*). Die ihn hervorrufende Spannung nennt man *Thermo-EMK, Thermokraft* oder *Thermospannung*. Dieser Effekt wurde 1821 von SEEBECK entdeckt und wird daher auch *Seebeck-Effekt* genannt. Wir betrachten die in Abb. 3.34 dargestellte Anordnung (*Thermoelement*). Die Kontakte K_1 und K_2 zwischen den unterschiedlichen Metallen 1 und 2 befinden sich auf unterschiedlichen Temperaturen T_1 und $T_2 > T_1$. Ein Voltmeter ist mit Drähten aus gleichem Material mit dem Metall 2 verbunden. Die entsprechenden Kontakte K_3 und K_4 befinden sich auf gleicher Temperatur ($T_3 = T_4$). Gleichartige Zuleitungsdrähte müssen verwendet werden, damit die Messung der Thermospannung nicht durch zusätzlich auftretende Kontaktspannungen verfälscht wird.

Die Existenz der Thermospannung bedeutet nach (S 3.7), daß die Kontaktspannungen temperaturabhängig sein müssen: $U_{K1,2}(T_1) \neq U_{K1,2}(T_2)$. Daraus ist nach (3.37) auch auf die Temperaturabhängigkeit der Austrittsarbeit zu schließen: $\Phi = \Phi(T)$.

Die Thermospannung $U_{th1,2}$ zwischen dem Metall 1 und dem Bezugsmetall 2 wird dann als positiv angesehen, wenn am wärmeren Kontakt die Elektronen vom Metall 1 zum Bezugsmetall 2 übergehen. Für das in

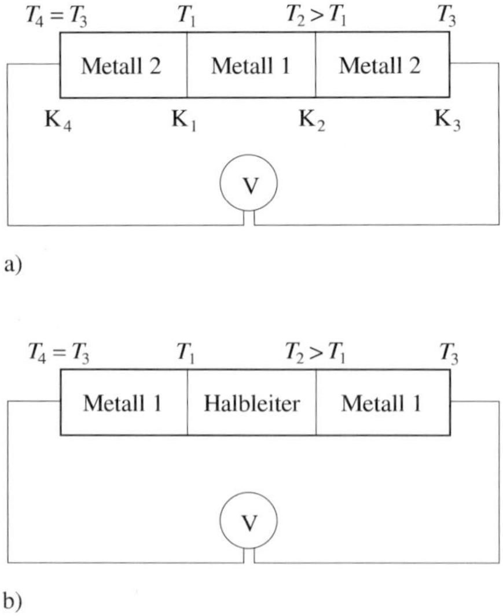

Abb. 3.34
Zur Thermospannung
a) Metall-Metall-Thermoelement
b) Metall-Halbleiter-Thermoelement

Abb. 3.34 dargestellte Thermoelement ist die zwischen den Kontakten K_3 und K_4 bzw. K_1 und K_2 gemessene Spannung U_{K43} die Thermospannung zwischen den Metallen 1 und 2. Soll diese positiv bzw. negativ sein, dann muß für die Temperaturabhängigkeit der Kontaktspannung

$$U_{\mathrm{th}1,2} = U_{\mathrm{K}2,1}(T_2) + U_{K1,2}(T_1) \gtrless 0$$

oder

$$\Delta U_{\mathrm{K}} = U_{\mathrm{K}1,2}(T_1) - U_{\mathrm{K}1,2}(T_2) \begin{cases} >0 & \text{für } U_{\mathrm{th}1,2} > 0 \\ <0 & \text{für } U_{\mathrm{th}1,2} < 0 \end{cases} \qquad (3.38)$$

gelten.

Die Thermospannung zwischen zwei Metallen hängt von der Temperaturdifferenz der beiden Kontakte ab. Deshalb wird meist nicht die Thermospannung selbst, sondern die *differentielle Thermospannung* $\mathrm{d}U_{\mathrm{th}1,2}/\mathrm{d}T_2$ bei einer bestimmten Temperatur T_1 (z. B. 0 °C) angegeben.

differentielle Thermospannung

Wie die Kontaktspannungen, so lassen sich auch die differentiellen Thermospannungen in einer *thermoelektrischen Spannungsreihe* anordnen (siehe Tab. 3.9). Jedes Metall der Reihe ist gegenüber den nachfolgenden thermoelektrisch positiv, gegenüber den vorstehenden thermoelektrisch negativ. Die Absolutwerte der differentiellen Thermospannungen werden gegenüber einem Bezugsmetall (in Tab. 3.9 Kupfer) festgelegt. Es bekommt den Wert Null. Alle links von ihm stehenden Metalle sind gegenüber dem Bezugsmetall thermoelektrisch positiv, alle rechts von ihm stehenden thermoelektrisch negativ. Die angegebenen Werte stellen die differentielle Spannung gegenüber dem Bezugsmetall dar, die differentielle Thermospannung zwischen den Metallen 1 und 2 ergibt sich aus der Differenz ihrer auf Kupfer bezogenen Werte.

thermoelektrische Spannungsreihe

Tabelle 3.9
Thermoelektrische Spannungsreihen in bezug auf Kupfer und 0 °C

Metall	Se	Te	Ge	Sb	Fe	Li	Ce	Mo	Zn	Cd
$\frac{\mathrm{d}U_{\mathrm{thM,Cu}}/\mathrm{d}T}{\mu\mathrm{V/grad}}$	+997	+397	+297	+32	+13,4	+8,7	+4,4	+3,1	+0,3	+0,2

Metall	Au	Cu	Re	Ag	W	Cs	Sn	Pb	Mg	Al
$\frac{\mathrm{d}U_{\mathrm{thM,Cu}}/\mathrm{d}T}{\mu\mathrm{V/grad}}$	+0,1	±0	−0,1	−0,2	−1,1	−2,4	−2,6	−2,8	−3,0	−3,2

Metall	Pt	Hg	Na	Pd	Ca	K	Co	Ni	Bi
$\frac{\mathrm{d}U_{\mathrm{thM,Cu}}/\mathrm{d}T}{\mu\mathrm{V/grad}}$	−5,9	−6,0	−7,0	−8,3	−10,8	−14,3	−20,1	−20,4	−72,8

Die angegebenen Werte in der thermoelektrischen Spannungsreihe gelten nur für äußerst reine Metalle. Geringste Verunreinigungen können die Stellung des Metalls stark verschieben.

Erfahrungsgemäß ist die Temperaturabhängigkeit der Thermospannung für die meisten Metallkombinationen durch

$$U_{\mathrm{th}1,2} = a(T - T_1) + \frac{b}{2}(T - T_1)^2 \tag{3.39}$$

darstellbar. a und b sind zwei Konstanten, die im allgemeinen außer von den beiden miteinander kontaktierten Metallen auch von der Bezugstemperatur T_1 abhängig sind. Für die differentielle Thermospannung gilt dann nach (3.39)

Temperaturabhängigkeit der differentiellen Thermospannung

$$\frac{\mathrm{d}U_{\mathrm{th}1,2}}{\mathrm{d}T} = a + b(T - T_1). \tag{3.39a}$$

Die differentielle Thermospannung ist eine lineare Funktion der Temperatur.

Für bestimmte Kombinationen (z.B. Kupfer-Konstantan) ist für einen weiten Temperaturbereich $b \approx 0$ und a unabhängig von T_1. Die Thermospannung ist dann linear vom Temperaturunterschied beider Lötstellen abhängig, die differentielle Thermospannung eine Konstante des Systems.

Die differentiellen Thermospannungen der Metalle liegen etwa zwischen 10^{-4} und 10^{-6} V/grd. Thermospannungen sind demzufolge relativ kleine Spannungen. Trotz dieser kleinen Spannungen können große Thermoströme fließen (größer als 50 A). Dies läßt sich u.a. mit folgendem Experiment belegen. Ein Kupferstab von etwa 1 cm Durchmesser und somit äußerst kleinem spezifischen Widerstand wird in der in Abbildung 3.35 gezeigten Art gebogen und mit mehreren eingelöteten Konstantanblechen zu einem geschlossenen Stromkreis ergänzt. Die eine Lötstelle wird mit einer Flamme erhitzt, die andere durch Eis gekühlt. Als Indikator für die

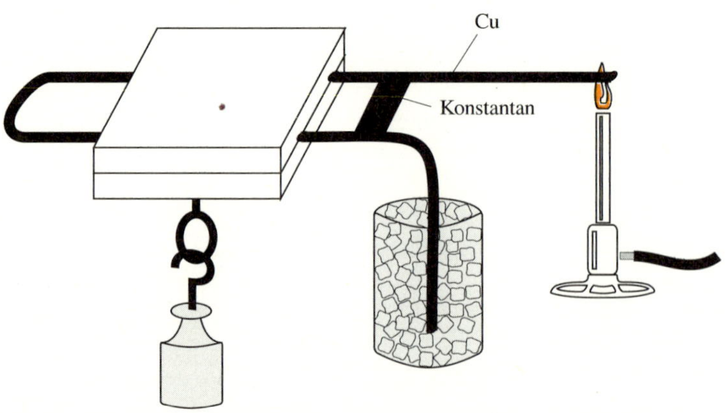

Abb. 3.35 Experimentelle Anordnung zum Nachweis eines großen Thermostromes

Größe des fließenden Thermostroms wird das mit dem Stromfluß verbundene Magnetfeld genutzt. Hierzu werden zwei passend geformte Eisenstücke auf den Kupferstab gedrückt und zusätzlich mit einem Gewicht belastet. Der Thermostrom ist so groß, daß man Massen von mehreren Kilogramm anhängen kann.

Auch an Metall-Halbleiter-Kontakten findet man Thermospannungen. Bei ihnen sind die differentiellen Thermospannungen um 2 bis 3 Größenordnungen größer als die an Metall-Metall-Kontakten. Ordnet man sie in die thermoelektrische Spannungsreihe ein, so findet man bis auf wenige Ausnahmen, daß die Halbleiter oberhalb bzw. unterhalb der Metalle liegen. Ein bestimmter Halbleiter ist also gegenüber *allen* Metallen entweder thermoelektrisch positiv oder negativ, und zwar sind die p-Halbleiter gegenüber den Metallen thermoelektrisch positiv, die n-Halbleiter thermoelektrisch negativ. Die Bestimmung des Vorzeichens der Thermokraft eines Halbleiters gegenüber einem Metall erlaubt daher sofort eine Aussage darüber, ob ein p- oder n-Leiter vorliegt.

p-Halbleiter sind gegenüber allen Metallen thermoelektrisch positiv, n-Halbleiter gegenüber allen Metallen thermoelektrisch negativ.

(S 3.8) Thermospannungen für Metall-Halbleiterkombinationen

Thermoelemente finden eine umfangreiche Anwendung bei der Temperaturmessung.

Die Umkehr des Seebeck-Effektes ist der *Peltier-Effekt*. Wird an die in Abbildung 3.36 dargestellte Metallkombination eine Spannung gelegt, so tritt mit dem elektrischen Strom gleichzeitig ein Wärmestrom auf. Das führt zur Erwärmung der einen und zur Abkühlung der anderen Lötstelle. Es erwärmt sich die Lötstelle, die beim Seebeck-Effekt bei gleicher Richtung des Thermostromes die kältere ist. Der Wärmestrom erweist sich als proportional zum elektrischen Strom:

Peltier-Effekt

Jean Charles Alexandre Peltier (1785–1845)

$$\frac{dQ}{dt} = \pi I, \tag{3.40}$$

wobei π der *Peltier-Koeffizient* ist. Er stellt für eine bestimmte Materialkombination eine charakteristische Konstante dar.

Peltier-Koeffizient

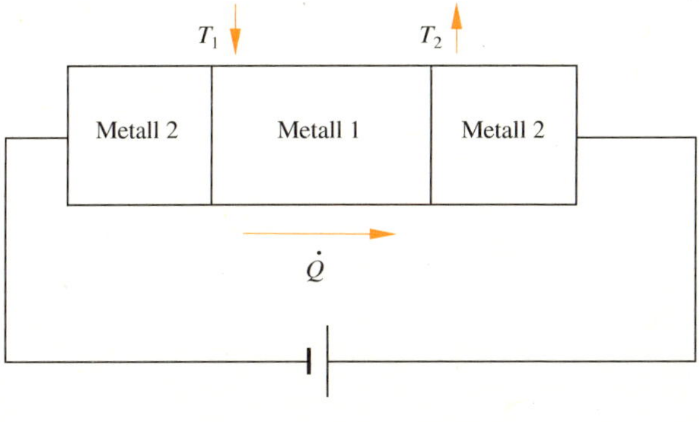

Abb. 3.36
Zum Peltier-Effekt

Zwischen der differentiellen Thermospannung und dem Peltier-Koeffizienten besteht die Beziehung (s. Bd. IV)

$$\frac{\mathrm{d}U_{\mathrm{th}}}{\mathrm{d}T}=\frac{\pi}{T}. \tag{3.41}$$

Peltier-Elemente auf Halbleiterbasis finden als Kühlzellen insbesondere kleiner Objekte Anwendung. Als Halbleitermaterialien werden dazu Verbindungen von Wismut oder Antimon mit Tellur oder Selen eingesetzt. Praktisch erreicht man mit ihnen Temperaturdifferenzen von etwa 50 Grad.

3.3 Elektrische Leitung in Flüssigkeiten

3.3.1 Elektrolytische Dissoziation, Faradaysches Gesetz

Mehrfach destilliertes Wasser erweist sich als ausgezeichneter Nichtleiter. Durch einen geringen Zusatz eines Salzes, einer Säure oder einer Base wird es jedoch gut elektrisch leitend.

Der Stromfluß durch Lösungen ist *stets* mit einem nachweisbaren Massetransport verbunden. Diese Tatsache zwingt zu der Annahme, daß hier der Ladungstransport nicht durch Elektronen oder Defektelektronen, sondern durch Ionen geschieht. *Ionen* sind elektrisch geladene Teilchen, die durch *Ionisation*, d.h. durch Abgabe (oder Anlagerung) von Elektronen aus (an) einem Atom oder Molekül oder durch elektrolytische Dissoziation (siehe unten) aus einem neutralen Molekül entstanden sind. Das Symbol $X^{(f+)}$ kennzeichnet ein Ion mit einem Defizit von f Elektronen gegenüber dem neutralen Zustand, das Symbol $X^{(f-)}$ entsprechend ein Ion mit einem Überschuß von f Elektronen.

Ionen

Ionisation

In Lösung muß demnach ein Teil der Moleküle AB der gelösten Substanz in Ionen zerfallen:

$$\mathrm{AB} \xrightleftharpoons{\text{Lösungsmittel}} \mathrm{A}^{(f+)}+\mathrm{B}^{(f-)}. \tag{3.42}$$

Hierbei soll der Doppelpfeil andeuten, daß sich in der Lösung ein thermodynamisches Gleichgewicht zwischen den „ungeteilten“ gelösten Molekülen und ihren Ionen einstellt. Dieser Vorgang der Ionenbildung heißt *elektrolytische Dissoziation*, das entstehende Gleichgewicht (3.42) zwischen Ionen und Molekülen *Dissoziationsgleichgewicht*. Die elektrolytische Dissoziation ist nicht auf das Lösungsmittel Wasser beschränkt, sondern sie tritt auch bei in anderen Lösungsmitteln gelösten Substanzen auf und ist auch in Schmelzen möglich.

elektrolytische Dissoziation

Dissoziationsgleichgewicht

Ein Lösungsmittel kann auch selbst dissoziieren. Sogar mehrfach destilliertes Wasser ist ein, wenngleich äußerst schwacher, Elektrolyt. Von 10^9 Wassermolekülen dissoziieren ein bis zwei.

Im Gegensatz zur elektrolytischen können bei der thermischen Dissoziation die Moleküle auch in neutrale Teile zerfallen. Flüssige und feste Stoffe mit Ionenleitfähigkeit nennt man *Elektrolyte* oder *Ionenleiter*.

Elektrolyte
Ionenleiter

Den für Elektrolyte charakteristischen Zusammenhang zwischen transportierter Ladung q und transportierter Masse m fand 1833 FARADAY:

(S 3.9)
Faradaysches Gesetz
Faraday-Konstante

Das Verhältnis der durch die Ionen in einem Elektrolyten transportierten Ladung q zu der durch sie transportierten Masse m ergibt sich zu

$$\frac{q\, m_{\text{mol}}}{m} = f F,$$

wobei f die chemische Wertigkeit der die Ladung transportierenden Ionen und

$$F = (9{,}648455 \pm 0{,}000027)10^4 \text{ C mol}^{-1}$$

die Faraday-Konstante bedeuten
(Faradaysches Gesetz).

SVANTE ARRHENIUS
(1859–1927)
Nobelpreis 1903

m_{mol} bedeutet nach (I D 7.6a) die objektmengenbezogene (molare) Masse $m_{\text{mol}} = M_r \cdot \text{g mol}^{-1}$ der gelösten Substanz, M_r ihre relative Molekülmasse.

Die Hypothese der elektrolytischen Dissoziation geht auf ARRHENIUS (1884) zurück. Mit dieser Vorstellung und der Annahme, daß die Bausteine des Moleküls entsprechend ihrer Wertigkeit f in der Lösung f-fach geladene Ionen bilden, ist das Faradaysche Gesetz sofort verständlich. Im elektrischen Feld wandern die positiven Ionen zur Katode (*Kationen*), die negativen zur Anode (*Anionen*). Durch den Elektrolyten fließt ein elektrischer und gleichzeitig ein Masse-Strom.

Anion
Kation

In einem Elektrolyten werde durch einwertige Ionen ($f = 1$) die in einem Mol Substanz enthaltene Masse $m = m_{\text{mol}}$ mol und damit nach der Definition (I D 8.2) der Avogadroschen Konstanten N_A zugleich die Ladung $q = e N_A$ mol transportiert. (S 3.9) nimmt dann für diesen Spezialfall die Form

$$\frac{e N_A \,\text{mol}\, m_{\text{mol}}}{m_{\text{mol}}\, \text{mol}} = e N_A = F \tag{3.43}$$

an. Diese Beziehung gestattet, die Hypothese der elektrolytischen Dissoziation unmittelbar zu überprüfen, denn es kann aus ihr entweder bei bekanntem e die Avogadrosche Konstante N_A oder bei bekanntem N_A die Elementarladung e ermittelt werden. Der so gefundene Wert für N_A bzw. e stimmt mit dem auf anderen Wegen ermittelten überein; die These der elektrolytischen Dissoziation wird damit bestätigt. Auf Grund derartiger Überlegungen hat schon 1881 HELMHOLTZ auf die Existenz einer kleinsten elektrischen Ladung geschlossen.

HERMANN VON HELMHOLTZ
(1821–1894)

Ein Elektrolyt wird durch seinen *Dissoziationsgrad* $\alpha \leqq 1$ charakterisiert. α gibt an, welcher Bruchteil der gelösten Moleküle im betrachteten Lösungsmittel in Ionen zerfallen ist. Der Dissoziationsgrad läßt sich unter

Dissoziationsgrad

Experimentelle Bestimmung des Dissoziationsgrades

anderem mit Hilfe des osmotischen Druckes π (vgl. Abschn. I 7.5.3) bestimmen. Nach (I 7.43) ergibt sich der osmotische Druck unter Beachtung von $R = N_A k$ (I D 8,4) zu

$$\pi V_L = \frac{m_S}{m_{S,mol}} k N_A T \tag{3.44}$$

(V_L Volumen der Lösung, m_S Masse der gelösten Substanz). Der osmotische Druck wird gemessen und außerdem nach (3.44) berechnet. Für Nichtelektrolyte stimmen Theorie und Experiment überein. Ein Elektrolyt zeigt dagegen einen größeren osmotischen Druck π^* als erwartet ($\pi^* > \pi$). Nach (3.44) heißt dies, daß pro Mol $N_A{}^*$ statt N_A Teilchen vorliegen müssen ($N_A{}^* > N_A$), ein Teil der Moleküle demnach in der Lösung zerfällt. Die Bestimmung von π^* ermöglicht die Bestimmung von $N_A{}^*$ und damit die von α.

Wir wollen annehmen, daß jedes der gelösten Moleküle in z Ionen zerfallen kann. Besitzt der Elektrolyt den Dissoziationsgrad α, dann zerfallen pro Mol gelöster Substanz $N_A \alpha$ Moleküle in $M_A \alpha z$ Ionen, während $N_A(1-\alpha)$ Moleküle pro Mol nicht dissoziieren. Für die Gesamtzahl der gelösten Teilchen pro Mol des Elektrolyten gilt dann

$$N_A{}^* = N_A(1-\alpha) + N_A \alpha z$$

oder

$$\alpha = \frac{N_A{}^* - N_A}{N_A(z-1)} . \tag{3.45}$$

Mißt man den osmotischen Druck π^* des Elektrolyten, so kann man mit diesem Meßwert aus der analog zu (3.44) gültigen Beziehung

$$\pi^* V_L = \frac{m_S}{m_{S,mol}} k N_A{}^* T \tag{3.44a}$$

$N_A{}^*$ errechnen, womit nach (3.45) auch der Dissoziationsgrad α bekannt ist.

binärer Elektrolyt

Zerfällt das Molekül in zwei Ionen ($z = 2$, *binärer Elektrolyt*), dann folgt aus (3.45) $N_A{}^* = N_A(1+\alpha)$ und damit für (3.44a)

$$\pi^* V_L = \frac{m_S}{m_{S,mol}} k N_A (1+\alpha) T . \tag{3.44b}$$

Der Dissoziationsgrad ist sowohl von der Konzentration der Lösung als auch von ihrer Temperatur stark abhängig. Für sehr verdünnte Lösungen kann er praktisch eins betragen.

starker Elektrolyt
schwacher Elektrolyt

Ein Elektrolyt mit dem Dissoziationsgrad $\alpha \approx 1$ heißt *starker Elektrolyt*. Liegt dagegen das Dissoziationsgleichgewicht weit auf der Seite der undissoziierten Verbindung, dann spricht man von einem *schwachen Elektrolyten*. Mehrfach destilliertes Wasser als äußerst schwacher Elektrolyt besitzt bei Zimmertemperatur einen Dissoziationsgrad von $\alpha_{H_2O} = 1{,}8 \cdot 10^{-9}$.

Bezeichnen wir mit b^+ und b^- die Beweglichkeiten der positiven und negativen Ionen, mit n^+ und f^+ bzw. n^- und f^- ihre Teilchenanzahldichten und die Anzahl ihrer Elementarladungen, dann kann analog (3.27) für die Leitfähigkeit von Elektrolyten

$$\sigma = e(n^+ f^+ b^+ + n^- f^- b^-)$$

oder, da auf Grund des Ladungserhaltungssatzes (S 1.2) $n^+ f^+ = n^- f^-$ gilt,

$$\sigma = e n^+ f^+ (b^+ + b^-) \tag{3.46}$$

geschrieben werden.

Nach der experimentellen Erfahrung gilt bei nicht zu hohen Feldstärken ($E < 10^5$ Vcm^{-1}):

Der Stromzufluß in Elektrolyten genügt dem Ohmschen Gesetz.

(S 3.10)
in Elektrolyten gilt
$I \sim U$

Die Gültigkeit des Ohmschen Gesetzes bedeutet $\sigma(E) = \text{const.}$ Aus (3.46) folgt damit und mit der Tatsache, daß für einen Elektrolyten $n^+ f^+$ allein vom Dissoziationsgrad abhängt, auch die Feldstärkeunabhängigkeit der Ionenbeweglichkeiten.

Bestimmung der Ionenbeweglichkeiten

Sind der Dissoziationsgrad und die Leitfähigkeit gemessen worden, dann kann aus (3.46) die Summe der Ionenbeweglichkeiten bestimmt werden. Eine getrennte Bestimmung von b^+ und b^- erfordert jedoch noch eine weitere Bestimmungsgleichung. Diese kann der mit dem Strom verbundene Massetransport liefern. In der Zeit Δt werde zur Anode die Ladung Δq^- und die Masse Δm_A, zur Katode die Ladung Δq^+ und die Masse Δm_K transportiert. Mit $\Delta q = I\,dt$ (D 2.1), $I = neAbE$ (3.9c) und der Elektrodenfläche A folgt dann

$$\frac{\Delta q^+}{\Delta m_K} = \frac{n^+ f^+ b^+ e A E\,\Delta t}{\Delta m_K}; \qquad \frac{\Delta q^-}{\Delta m_A} = \frac{n^- f^- b^- e A E\,\Delta t}{\Delta m_A}$$

oder, da nach dem Faradayschen Gesetz (S 3.9)

$$\frac{\Delta q^+}{f^+\,\Delta m_K} = \frac{F}{m_{mol}} = \frac{\Delta q^-}{f^-\,\Delta m_A},$$

d.h.

$$\frac{n^+ b^+}{\Delta m_K} = \frac{n^- b^-}{\Delta m_A}$$

gilt, mit $n^+ f^+ = n^- f^-$

$$\frac{\Delta m_A}{\Delta m_K} = \frac{f^+ b^-}{f^- b^+}. \tag{3.47}$$

Demnach können bei bekannter elektrolytischer Dissoziation des Moleküls (f^+ und f^- bekannt) und bekanntem Dissoziationsgrad ($n^+ f^+$ bekannt) durch eine kombinierte Messung der elektrischen Leitfähigkeit σ und des Verhältnisses $\Delta m_K / \Delta m_A$ der in einer bestimmten Zeit zu den Elektroden transportierten Massen die Ionenbeweglichkeiten gemessen werden. Sie sind in der Regel um den Faktor 10^{-4} kleiner als die Elektronenbeweglichkeiten in Metallen (vgl. Tabelle 3.10 mit Tabelle 3.1).

Tabelle 3.10
Ionenbeweglichkeiten in wäßriger Lösung bei 18 °C und unendlicher Verdünnung

Kationen	$\frac{b^+}{\text{cm}^2\,\text{V}^{-1}\,\text{s}^{-1}}\,10^4$	Anionen	$\frac{b^-}{\text{cm}^2\,\text{V}^{-1}\,\text{s}^{-1}}\,10^4$
H^+	31,5	OH^-	17,4
Li^+	3,3	Cl^-	6,9
Na^+	4,3	Br^-	6,7
K^+	6,5	J^-	6,7
Cs^+	6,8	SO_4^{--}	7,1
Ag^+	5,4		
Zn^{++}	4,8		

Temperaturabhängigkeit der Ionenbeweglichkeit

Die Ionenbeweglichkeit wächst mit steigender Temperatur. Dies kann anschaulich durch die Abnahme der dynamischen Viskosität (vgl. Bd. I) mit wachsender Temperatur erklärt werden. Weiter verändert sich aber auch der Dissoziationsgrad mit der Temperatur. Im allgemeinen nimmt α (und damit auch n) mit wachsender Temperatur ab. Da nach (3.46) das Produkt von n und b die Temperaturabhängigkeit von σ bestimmt, ist letztere sehr verwickelt. Meist dominiert die Temperaturabhängigkeit von b, so daß die Leitfähigkeit eines Elektrolyten mit der Temperatur wächst.

Als Beispiele werden die Lösungen von KOH, NaCl, H_2SO_4 und $CuSO_4$ in Wasser betrachtet. Für diese Spezialfälle nimmt (3.42) die Form

$$\text{KOH} \overset{\text{H}_2\text{O}}{\leftrightarrows} \text{K}^+ + \text{OH}^-, \tag{3.48a}$$

$$\text{NaCl} \overset{\text{H}_2\text{O}}{\leftrightarrows} \text{Na}^+ + \text{Cl}^-, \tag{3.48b}$$

$$\text{H}_2\text{SO}_4 \overset{\text{H}_2\text{O}}{\leftrightarrows} 2\text{H}^+ + \text{SO}_4^{--}, \tag{3.48c}$$

$$\text{CuSO}_4 \overset{\text{H}_2\text{O}}{\leftrightarrows} \text{Cu}^{++} + \text{SO}_4^{--} \tag{3.48d}$$

Metalle und Wasserstoff sind Kationen Säurereste und die OH-Gruppe sind Anionen

an. Metalle und Wasserstoff sind demnach Kationen, Säurereste und die OH-Gruppe Anionen. Die Atome (z. B. Na) verhalten sich gegenüber dem Lösungsmittel Wasser chemisch ganz anders als ihre Ionen. Während Na sofort sehr heftig mit Wasser reagiert, ist Na^+ gegenüber Wasser chemisch träge. Diese Tatsache kann heute zwanglos aus dem Atomaufbau erklärt werden (vgl. Bd. III). Um die Jahrhundertwende jedoch war sie kaum verständlich und diente daher vielfach als Beweis für die Unhaltbarkeit der Theorie der elektrolytischen Dissoziation. Erst wenn die Ionen an den Elektroden ihre Ladung abgegeben haben, werden sie reaktionsfähig, und es kommt in vielen Fällen mit den Elektroden bzw. dem

Lösungsmittel zu *chemischen Sekundärreaktionen*. Werden diese nicht beachtet, so kann man leicht zu Fehlurteilen über den eigentlichen Vorgang im Elektrolyten kommen. Zum Beispiel wandern im Elektrolyten (3.48a) die Ionen K^+ und OH^-, im Elektrolyten (3.48d) die Ionen Cu^{++} und SO_4^{--}. Im ersten Fall finden an den Elektroden die chemischen Prozesse

chemische Sekundärreaktionen bei der Elektrolyse

$$2K + 2H_2O = 2KOH + H_2 \qquad \text{(Katode)}$$

und

$$4OH = 2H_2O + O_2 \qquad \text{(Anode)}$$

statt, im zweiten wird an der Katode Kupfer abgeschieden, an der Anode erfolgt unter Voraussetzung von Kupferelektroden die Sekundärreaktion

$$SO_4 + Cu = CuSO_4\,.$$

Im ersten Fall steigen an den Elektroden gasförmiger Sauerstoff O_2 und Wasserstoff H_2 im Volumenverhältnis 1:2 auf. Es wäre aber falsch, diese Erscheinung als Zersetzung des Wassers durch den Stromfluß, d.h. so zu deuten, als ob O^{--}- und H^+-Ionen wandern. Im zweiten Fall wird auf der Katode Kupfer elektrolytisch abgeschieden, während ein äquivalenter Anteil der Anode in Lösung geht.

Die technische Anwendung der Elektrolyse ist vielseitig. Sie wird u.a. großtechnisch genutzt zur Gewinnung von Metallen (z.B. Al, Cu), zur elektrolytischen Reinigung von Metallen (z.B. Cu), zur Herstellung von galvanischen Überzügen (z.B. Verchromen) und zur Gewinnung von schwerem aus natürlichem Wasser (vgl. Bd. III).

Stromfluß durch Ionen kann auch in Festkörpern auftreten. Z.B. ist Glas bei Zimmertemperatur ein guter Nichtleiter. Erwärmt man es jedoch auf eine Temperatur von mehreren hundert °C, dann werden seine Ionen so beweglich, daß man bei Anlegen einer Spannung einen merklichen Stromfluß im Glas nachweisen kann. Die Joulesche Wärme heizt das Glas weiter auf, die Ionen werden noch beweglicher, und der Stromfluß nimmt weiter zu. Dieser Prozeß kann bis zum Schmelzen des Glases führen.

feste Elektrolyte

3.3.2 Galvanische Elemente

Während des Stromflusses durch einen Elektrolyten findet an der Katode immer der Übergang von der elektronischen Leitung im Metall zur ionischen Leitung im Elektrolyten, an der Anode der Übergang in umgekehrter Richtung statt. Dieser Übergang ist im allgemeinen von chemischen Sekundärreaktionen begleitet (vgl. Abschn. 3.3.1), an denen in den meisten Fällen auch das Elektrodenmaterial beteiligt ist.

Die elektrolytische Leitung war im vorangegangenen Abschnitt zunächst in der Weise betrachtet worden, daß die als Elektroden dienenden Metalle als inert angesehen wurden. Beim Kontakt zwischen einem Elektrodenmetall und einem Elektrolyten tritt jedoch ebenso wie beim Kontakt zwischen zwei festen Körpern eine Kontaktspannung auf, die durch einen Ladungsübertritt verursacht wird und die im allgemeinen außerdem mit einem chemischen Stoffumsatz verbunden ist. Man nennt den Gesamtvorgang, der durch Ladungsaustausch und Stoffumsatz charakterisiert ist, eine *elektrochemische Reaktion*. An der Katode werden dabei Elektronen an den Elektrolyten abgegeben, während an der Anode Elektronen von Elektrolytionen abgegeben werden oder positive Metallionen in Lösung gehen. Die Vorgänge an den beiden Elektroden sind also prinzipiell nicht gleich. Außerdem können sich die beteiligten Materialien voneinander unterscheiden. Wegen dieser Unterschiede sind an der Anode und der Katode unterschiedliche Kontaktpotentiale zu erwarten. Zwischen Anode und Katode ist dann eine elektrische Spannung zu messen. Beim Schließen des äußeren Stromkreises kann auch über eine längere Zeit ein stationärer elektrischer Strom fließen. Die dafür notwendige Energie wird durch den chemischen Stoffumsatz aufgebracht. Man nennt eine derartige Anordnung ein *galvanisches Element*.

elektrochemische Reaktion

galvanisches Element

Taucht man eine Zinkplatte in einen Elektrolyten aus $ZnSO_4 + H_2O$ und eine Kupferplatte in einen Elektrolyten aus $CuSO_4 + H_2O$ und trennt beide Elektrolyten durch eine poröse Tonwand (*Daniell-Element*, Abb. 3.37), so kann man zwischen beiden Platten eine Potentialdifferenz messen, die der Voltaschen Spannungsreihe (s. Tab. 3.8) entspricht. Bei 25 °C beträgt die Spannung $U = U_{Cu} - U_{Zn} = (0{,}35 - (-0{,}76))\mathrm{V} = 1{,}11\ \mathrm{V}$.

Bei einem galvanischen Element bildet das Metall den positiven Pol, welches in der Spannungsreihe rechts steht. Würde man z.B. in obiger Anordnung Zink durch Platin ersetzen, dann wäre Kupfer der negative Pol.

ALOISIO LUIGI GALVANI (1737–1798)

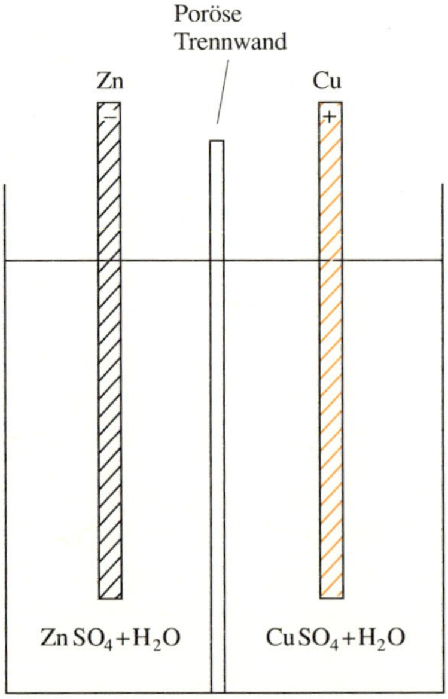

Abb. 3.37 Daniell-Element

Daniell-Element

JOHN FREDERIC DANIELL (1790–1845)

Vorstehend wurde die Spannung des galvanischen Elementes mit Hilfe der Voltaschen Spannungsreihe berechnet. Sie gibt uns aber eigentlich nicht, wie benötigt, die Spannung des Metalles gegenüber dem Elektrolyten, sondern gegenüber der Wasserstoffelektrode. Trotzdem ist dieses Vorgehen möglich und richtig, weil die uns unbekannte Spannung zwischen Elektrolyt und Wasserstoffelektrode die Spannungen U_{Cu} und U_{Zn} um den gleichen Wert verändert und somit bei der Differenzbildung $U_{Cu} - U_{Zn}$ herausfällt. Bei dieser Betrachtung wurde allerdings unberücksichtigt gelassen, daß sich auch zwischen den beiden Elektrolyten eine Kontaktspannung einstellt. Sie ist aber äußerst klein und kann damit gegenüber den anderen Kontaktspannungen vernachlässigt werden.

Verbindet man die beiden Platten des galvanischen Elementes, so fließt im äußeren Leiter ein Elektronenstrom vom Zink zum Kupfer. Um die Ladungsbilanz in der Zinkelektrode nicht zu verändern, muß dann für die abgeflossene Elektronenladung eine entsprechend Anzahl von positiven Zinkionen Zn^{++} in Lösung gehen, während durch Abscheidung von Cu^{++}-Ionen des Elektrolyten auf der Kupferelektrode die Ladung der zum Kupfer übergegangenen Elektronen neutralisiert wird.

Galvanische Elemente haben als *Spannungsnormale* große Bedeutung in der Meßtechnik. Die Genauigkeit von Spannungsnormalen ist aber nur solange aufrechtzuerhalten, solange ihnen keine Energie entnommen wird, solange sie also nicht belastet werden. Ihre Anwendung erfolgt deshalb in der Weise, daß man beim Vergleich des Spannungsnormals mit einer zu messenden Spannungsquelle oder mit dem Spannungsabfall an einem zu kalibrierenden Potentiometer die Kompensationsmethode anwendet (vgl. Abschnitt 2.3.1.4). Das Spannungsnormal ist dabei in den stromlosen Zweig der Kompensationsschaltung zu legen. Abbildung 3.38 zeigt den Aufbau des *Weston-Normalelementes*, welches im unbelasteten Zustand bei 0 °C eine Urspannung von 1,0187 V hat.

Spannungsnormale

Weston-Normalelement

Edward Weston (1850–1936)

Benutzt man beim Stromfluß durch einen Elektrolyten zwei gleichartige Elektroden (z.B. Platinelektroden in verdünnter Schwefelsäure), so besit-

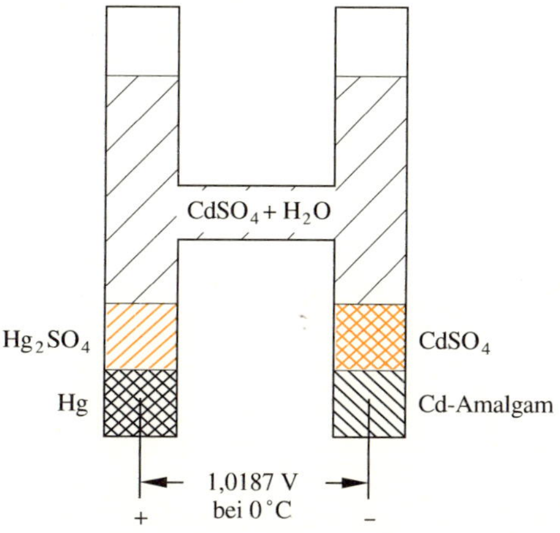

Abb. 3.38 Weston-Normalelement

elektrolytische Polarisationsspannung

zen nach Abschalten der äußeren Spannungsquelle beide Platten eine Potentialdifferenz. Man bezeichnet diese als *elektrolytische Polarisationsspannung*. Dabei wird die ursprüngliche Anode zum negativen Pol, die ursprüngliche Katode zum positiven Pol der Polarisationsspannung. Die elektrolytische Polarisationsspannung ist also der äußeren Spannung entgegengesetzt gerichtet und behindert demzufolge den Stromfluß durch den Elektrolyten.

Die Ursache der elektrolytischen Polarisationsspannung ist die Veränderung der Elektrodenoberflächen durch die Abscheidung der Kationen bzw. Anionen auf ihnen. Im oben genannten Beispiel erfolgt eine Abscheidung von H_2 auf der Katode und von O_2 auf der Anode, wodurch sich ein galvanisches Element bildet, welches der äußeren Spannung entgegenwirkt.

Akkumulatoren (Sekundärelemente)

Wirkungsweise des Bleiakkumulators

Die elektrolytische Polarisationsspannung wird in den *Sekundärelementen* oder *Akkumulatoren* zur Ladungsspeicherung genutzt. Beim *Bleiakkumulator* stellt man zwei Bleiplatten in Schwefelsäure (H_2SO_4), die sich dadurch mit einer Schicht Bleisulfat ($PbSO_4$) überziehen. Verbindet man die Platten mit den Polen einer Spannungsquelle, so fließt ein Strom, der sogenannte *Ladestrom*. Bei diesem Ladevorgang laufen an den Bleiplatten folgende Reaktionen ab:

Ladevorgang

$$\text{Anode:}\quad PbSO_4 + SO_4^{--} + 2H_2O \rightarrow PbO_2 + 2H_2SO_4$$

$$\text{Katode:}\quad PbSO_4 + 2H^+ \rightarrow Pb + H_2SO_4\,.$$

Am Ende des Ladevorganges besteht die Katode aus reinem Blei, die Anode ist mit einer Bleisuperoxidschicht überzogen. Verbindet man jetzt die beiden Platten über einen Arbeitswiderstand, so fließt ein *Entladestrom*. Er führt zu folgenden Reaktionen:

Entladevorgang

$$\text{Anode:}\quad PbO_2 + 2H^+ + H_2SO_4 \rightarrow PbSO_4 + 2H_2O$$

$$\text{Katode:}\quad Pb + SO_4^{--} \rightarrow PbSO_4\,.$$

Damit ist der ursprüngliche Zustand des Akkumulators wiederhergestellt. Das Laden und Entladen kann zyklisch wiederholt werden. Akkumulatoren dienen deshalb zur Speicherung elektrischer Energie.

Brennstoffzellen

Galvanische Elemente, die durch direkte Umsetzung der chemischen Reaktionsenergie in elektrische Energie zur Energiegewinnung eingesetzt werden können, nennt man *Brennstoffzellen*. Dazu sind hohe Leistungen bezüglich der eingesetzten Massen, günstige Energie-Wirkungsgrade ($>50\%$) und geeignete Strom-Spannungs-Charakteristiken notwendig. Gegenwärtig ist der Einsatz von Brennstoffzellen noch auf Spezialzwecke beschränkt. Sie dienten z.B. in den Apollo-Weltraumkapseln als elektrische Energiequellen.

3.4 Elektrische Leitung in Gasen

Der Ladungstransport durch Gase erweist sich als stark vom Gasdruck abhängig. Die Untersuchung der elektrischen Leitungsphänomene erfolgt deshalb zweckmäßig in evakuierbaren Glasgefäßen. Das in Abbildung 3.39a dargestellte Glasrohr sei mit dem zu untersuchenden Gas gefüllt. Es besitzt zwei eingeschmolzene Elektroden. Legt man an diese eine Spannung von einigen hundert Volt, so fließt bei Atmosphärendruck ($p \approx 10^5$ Pa) praktisch kein Strom; das Füllgas ist elektrisch nichtleitend. Verringert man den Druck im Rohr stetig, dann setzt bei einem Druck von einigen 10^2 Pa plötzlich ein Stromfluß im Gas ein. Gleichzeitig zeigen sich ganz charakteristische Leuchterscheinungen des Füllgases. Man spricht von einer elektrischen *Gasentladung*. Ihr plötzliches Einsetzen heißt *Zündung* der Gasentladung.

Gasentladung
Zündung einer Gasentladung

Der zum Zündvorgang führende Generationsmechanismus kommt folgendermaßen zustande: Als Folge der stets vorhandenen Radioaktivität und Höhenstrahlung finden im Gas ständig Ionisations- und Rekombinationsprozesse statt, so daß in jedem Gas stets eine geringe Anzahl von Elektronen und Ionen vorliegt. Sie werden im anliegenden Feld beschleunigt. Bei Atmosphärendruck ist jedoch die mittlere freie Weglänge $\bar{l}$ der Elektronen so klein, daß die zwischen zwei Zusammenstößen aufgenommene Energie bei den üblichen Feldstärken nicht für eine weitere Ionisation von Gasmolekülen ausreicht. Mit sinkendem Druck jedoch wird $\bar{l}$ größer ($\bar{l} \sim p^{-1}$, vgl. Abschnitt I 8.3.8.1) und damit auch die Energieaufnahme der Elektronen zwischen zwei Stößen. Schließlich wird ein so großer Wert von $\bar{l}$ erreicht, daß die Elektronen durch Stoß Gasmoleküle zu ionisieren vermögen. Durch *Stoßionisation* bildet sich eine Elektronenlawine: Statt eines Elektrons wandern dann zwei Elektronen zur Anode. Nach Durchlaufen einer bestimmten Strecke sind beide wiederum zur Stoßionisation fähig; statt zwei liegen dann vier Elektronen vor usw. (vgl. Abb. 3.40). Die Gasentladung zündet.

Stoßionisation

Bedarf es zum stationären Betrieb der Gasentladung der ständigen Zufuhr von Ladungsträgern (z.B. durch Glühen der Katode), so spricht man von einer *unselbständigen Gasentladung*. Ist sie dagegen in der Lage, sich selbst aufrechtzuerhalten, dann heißt sie *selbständige Gasentladung*.

selbständige Gasentladung
unselbständige Gasentladung

Die das Zünden der Gasentladung bewirkende Elektronenlawine wandert im anliegenden Feld zur Anode. Eine selbständige Gasentladung kann sich demzufolge nur dann einstellen, wenn die beim Zündvorgang einmal entstandene Ladungsträgerkonzentration durch ständige Generationsprozesse aufrechterhalten wird. Damit sich eine stationäre Stoßionisation ausbilden kann, müssen daher im entsprechenden Zeitintervall wieder so viele Elektronen durch Stöße freigesetzt werden, wie zur Anode abgewandert oder durch Rekombinationsprozesse verlorengegangen sind.

Stöße zwischen Ionen und Neutralgasmolekülen kommen hierzu als Erzeugungsmechanismus kaum in Betracht, da die von einem Ion zwischen zwei Stößen aufgenommene Energie nur in Ausnahmefällen zur Ionisation eines Neutralgasmoleküls ausreicht. Die notwendigen freien Elektronen müssen damit beim Aufprall der Ionen auf die Katode geschaffen werden. Dies kann geschehen durch

- Auslösung von Elektronen durch Ionenstoß,
- thermische Elektronenemission als Folge der Aufheizung der Katode durch Ionenbombardement.

Den ersten Prozeß finden wir in der Glimm-, den zweiten in der Bogenentladung. Eine bekannte unselbständige Entladung stellt der elektrische Funken dar (vgl. Abschn. 1.1.4.2).

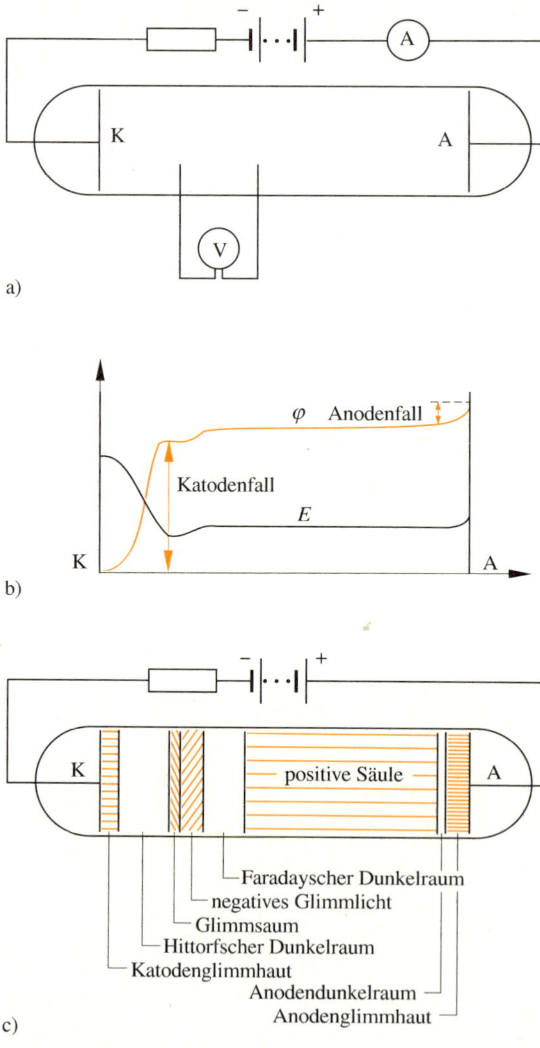

Abb. 3.39
Glimmentladung
a) Glimmentladung mit eingebauten Sonden zur Bestimmung der Potentialverhältnisse in der Entladung
b) Potential- (——) und Feldstärkeverlauf (——)
c) charakteristische Leuchtzonen

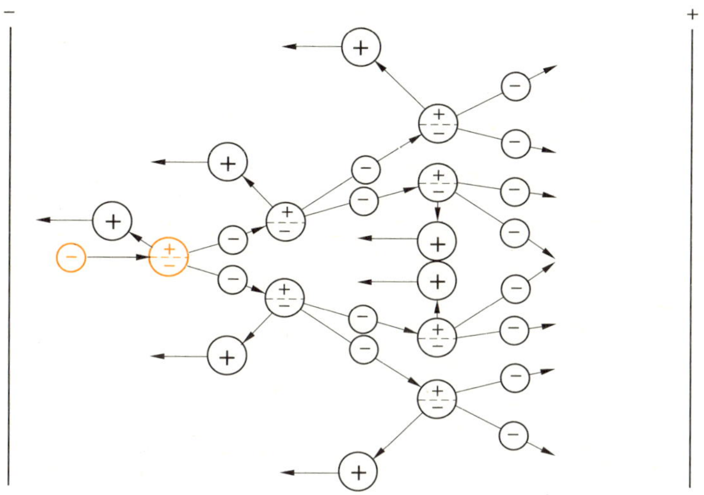

Abb. 3.40 Bildung einer Ladungsträgerlawine (schematisch)

Entladungen sind nicht nur auf Drücke von einigen 10^2 Pa und weniger beschränkt (*Niederdruckentladung*). Gasentladungen vermögen sich unter bestimmten Versuchsbedingungen genauso in Gasen von Atmosphärendruck und höher auszubilden (*Hochdruckentladungen*). Zwischen beiden Entladungsformen bestehen Unterschiede, die jedoch nicht von prinzipieller Art sind.

Niederdruckentladung
Hochdruckentladung

Gasentladungen werden nach der Größe der Stromträgerdichte eingeteilt in Dunkelentladungen, Glimmentladungen, Bogenentladungen und Höchststromentladungen.

Da sich in jeder Entladung mehr oder weniger große Raumladungen ausbilden und der Generationsprozeß von der Größe des fließenden Stromes abhängt, genügt der Strom in einer Gasentladung mit Ausnahme der Dunkelentladung nicht dem Ohmschen Gesetz.

(S 3.11)
Strom-Spannungs-Abhängigkeit in Gasentladungen

Der Stromfluß in Gasentladungen gehorcht, bis auf die Ausnahme der Dunkelentladung, nicht dem Ohmschen Gesetz.

Dunkelentladung

Die dem Ohmschen Gesetz gehorchende *Dunkelentladung* ist eine unselbständige Gasentladung. Die dabei wirksamen Ladungsträger entstehen durch Fremdionisation, die z.B. durch den natürlichen radioaktiven Untergrund oder die durch Strahlungsquellen verschiedenster Art in der Umgebung verursacht werden kann und wodurch praktisch immer für eine von Null verschiedene Ionenkonzentration im Gas gesorgt wird. Die Dunkelentladung weist nur kleine Stromstärken auf, ist von einer nur geringen Lichtemission begleitet und nur bei so kleinen Spannungen zu beoachten, bei denen andere Formen der Gasentladung noch nicht möglich sind, d.h., daß eine Dunkelentladung meist vorliegt, bevor eine selbständige Gasentladung zündet.

Dunkelentladungen finden technische Anwendung u.a. bei der Ionisationskammer, bei Zählrohren und gasgefüllten Fotozellen.

Koronaentladung (Spitzenentladung)

Korona- oder *Spitzenentladungen* sind Entladungen kleiner Stromstärke, die an Spitzen, hochspannungsführenden Elektroden oder Leitungen auftreten können, sofern die Feldstärke dazu ausreicht (vgl. u.a. Abschn. 1.1.4.2), die auf Grund der natürlichen Ionisation (vgl. Bd. IV) stets in der Umgebung vorhandenen Elektronen und Ionen so zu beschleunigen, daß sie durch Stoßionisation weitere Ladungsträger erzeugen. Die mit der Koronaentladung verbundene Leuchterscheinung (die *Korona*) ist auf die Nähe der Spitze bzw. Leitung beschränkt. An einer Spitze hat sie die Form eines verästelten, schwach leuchtenden Büschels (vgl. Abb. 1.20). Zur Gegenelektrode (z.B. zur Erde) setzt sich die Entladung als nur indirekt nachweisbare Dunkelentladung fort.

Korona

An Hochspannungsleitungen können Koronaentladungen zu merklichen Leistungsverlusten führen. Sie wachsen mit dem Quadrat der Spannung.

Glimmentladung

Die *Glimmentladung* ist eine Niederdruckentladung (p beträgt 1 bis einige 10^2 Pa). Sie erfordert eine relativ hohe Brennspannung, und ihre Stromstärke liegt im mA-Bereich. Sie besitzt ganz charakteristische Leuchtzonen. Durch eingebrachte Sonden (eingeschmolzene dünne Drähte, die in die Entladung ragen) können der Potential- und der Feldstärkeverlauf in der Entladung statisch gemessen werden. Den ermittelten Potential- und Feldstärkeverlauf zeigt Abb. 3.39b. Die Kennzeichnung der Leuchtzonen ist aus Abb. 3.39c zu entnehmen.

Verschiebt man die Katode in Richtung Anode, so können die positive Säule, der Faradaysche Dunkelraum und Teile des negativen Glimmlichtes zum Verschwinden gebracht werden (vgl. Abb. 3.41). Verhindert man jedoch die Ausbildung des negativen Glimmlichtes vollständig, dann verlischt die Entladung. Eine stationäre Glimmentladung kann demzufolge nur dann aufrechterhalten werden, wenn sich die katodenseitigen Bereiche der Entladung einschließlich eines gewissen Teiles des negativen Glimmlichtes ungehindert auszubilden vermögen. Der positiven Säule dagegen kann jede gewünschte Gestalt gegeben werden (vgl. Abb. 3.41b), was z.B. die spezielle Formgebung von Leuchtstoffröhren ermöglicht.

Wilhelm Hittorf (1824–1914)

Der angenommene Mechanismus der Ladungsträgererzeugung erklärt den Feldstärkeverlauf in Abb. 3.39b und die damit in Zusammenhang stehenden charakteristischen Leuchtzonen der Glimmentladung. Die aus der Katode durch Stoß ausgelösten Elektronen müssen eine bestimmte Strecke ohne Wechselwirkung mit den Gasmolekülen durchlaufen, um die zur Stoßionisation notwendige Energie aufnehmen zu können. Dies geschieht im *Hittorfschen Dunkelraum*. Im *Glimmsaum* setzt dann die Stoßionisation ein und erstreckt sich über den gesamten Bereich des *negativen Glimmlichtes*. Der *Glimmsaum* ist daher vom Hittorfschen Dunkelraum scharf abgegrenzt, während das negative Glimmlicht diffus in den *Faradayschen Dunkelraum* übergeht, denn eine scharf definierte obere Grenze des Bereiches der Stoßionisation ist nicht vorhanden.

Hittorfscher Dunkelraum
Glimmsaum
negatives Glimmlicht
Faradayscher Dunkelraum

Die Anregung von Atomen ist mit der darauf folgenden Abstrahlung von Licht durch das Atom verbunden, da ein Atom im allgemeinen von einem angeregten Zustand in den Grundzustand durch Abstrahlung einer

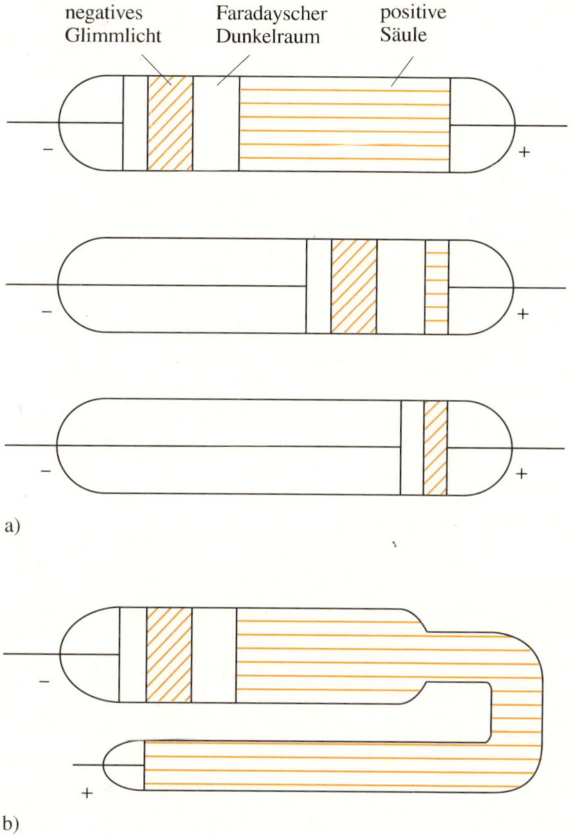

Abb. 3.41
Zur Ausbildung der Leuchtzonen in einer Glimmentladung
a) Wird die Entfernung Katode-Anode verkürzt, dann verkleinert sich zunächst die positive Säule. Beim weiteren Heranrücken der Katode an die Anode verschwindet sie ganz, danach der Faradaysche Dunkelraum. Die Ausbildungsmöglichkeit eines gewissen Teiles des negativen Glimmlichtes ist jedoch für die stationäre Glimmentladung notwendig.
b) Die positive Säule paßt sich der Form des Entladungsgefäßes an.

elektromagnetischen Welle übergeht (s. Bd. III). Das bewirkt das intensive Leuchten der Entladung im Bereich des Glimmsaumes und des negativen Glimmlichtes. Auch ist sofort verständlich, daß für die Ausbildung einer stationären Entladung stets ein gewisser Bereich des negativen Glimmlichtes vorhanden sein muß; denn fehlen das negative Glimmlicht und der Glimmsaum, dann fehlt auch der Bereich der Stoßionisation. Eine fortwährende Ladungsträgergeneration kann nicht stattfinden, die Entladung muß erlöschen.

Wegen der großen Massenunterschiede von Elektronen und Ionen (s. (3.6c)) wandern die Elektronen wesentlich schneller zur Anode als die Ionen zur Katode. Vor der Katode tritt eine relative Verarmung von Elektronen ein; es baut sich eine positive Raumladung auf, die einen großen Spannungsabfall vor der Katode bedingt (*Katodenfall*, vgl. Abb. 3.39b). Im Katodenfall erhalten die positiven Ionen die notwendige Energie zur Elektronensekundäremission aus der Katode und die ausgelösten Elektronen die notwendige Energie zur erneuten Stoßionisation. Die Ausbildung des Katodenfalles ist damit zur fortlaufenden Generation von Ladungsträgern unbedingt notwendig. Während man also durch Verkleinern der Entladungsstrecke wie oben geschildert die positive Säule und den Faradayschen Dunkelraum abschneiden kann, ohne daß die Entladung dabei erlischt, muß der Katodenfall erhalten bleiben.

Katodenfall

Als Folge der Stoßionisation im negativen Glimmlicht verlieren die Elektronen in diesem einen wesentlichen Teil ihrer Energie. Im angrenzenden Faradayschen Dunkelraum haben sie ihre Ionisationsfähigkeit praktisch verloren, da zur Ionisation eines Atoms eine Mindestenergie erforderlich ist. Der Faradaysche Dunkelraum leuchtet gegenüber seinen Nachbarbereichen nur äußerst schwach und erscheint daher in bezug auf seine Umgebung dunkel.

positive Säule

Im Bereich der *positiven Säule* laufen sehr komplizierte Vorgänge ab. Die Existenz der positiven Säule ist durch die Wandung um die Entladung bedingt. Ein Teil der Elektronen trifft auf die Glaswand und rekombiniert dort. Da der Strom konstant bleiben muß, kann nach $\boldsymbol{J} = -ne\boldsymbol{v}_e$ (vgl. (3.9b)) dieser Ladungsverlust nur durch eine größere Elektronengeschwindigkeit ausgeglichen werden. Die Energie der Elektronen nimmt zu. Sie sind wieder zur Ionisation von Gasmolekülen in der Lage bzw. können die Moleküle zur Lichtaussendung anregen. In der positiven Säule existiert daher ein Gemisch von Elektronen, positiven und negativen Ionen und von angeregten Molekülen bzw. Atomen. Es ist in größeren Bereichen raumladungsfrei, d.h. *quasineutral*, denn die elektrische Feldstärke ist im Bereich der positiven Säule konstant (vgl. Abb. 3.39b). In ein Volumenelement der positiven Säule können nur soviel Ladungsträger eines Vorzeichens ein- wie austreten. Ein derartiges hochionisiertes quasineutrales Gasgemisch aus Ionen, Elektronen, angeregten und nichtangeregten neutralen Atomen und Molekülen, die durch Stöße, Rekombinations-, Emissions-, Anregungs- und Absorptionsprozesse in Wechselwirkung stehen, bezeichnet man nach LANGMUIR als *Plasma*. Bei hohen Stromstärken kann die Leitfähigkeit von Plasmen die Größenordnung der metallischen Leitfähigkeit erreichen.

Plasma

Die positiven Ionen der positiven Säule wandern zur Katode bzw. rekombinieren mit Elektronen auf der Glaswand. Anodenseitig müssen deshalb positive Ionen nachgeliefert werden. Diese Verarmung an positiven Ladungsträgern bewirkt an der Grenze der positiven Säule zur Anode eine negative Raumladung. Sie führt zur Ausbildung des *Anodenfalles*. Die Elektronen werden nochmals beschleunigt und können so durch Stoßionisation die notwendigen positiven Ionen erzeugen.

Anodenfall

Die Farben von positiver Säule und negativem Glimmlicht sind charakteristisch für das Füllgas der Röhre (vgl. Tab. 3.11). Man kann daher zumeist schon aus der Farbe der Leuchterscheinungen die Gasart erkennen.

Tabelle 3.11
Normaler Katodenfall in Volt für verschiedene Gase und Katodenmaterialien, Farbe des negativen Glimmlichtes und der positiven Säule für verschiedene Gase

Katodenmetall \ Gas	Luft	H_2	He	N_2	Ne	Ar	Hg
Cu	252	215	177	208	221	129	417
Ag	279	216	165	233	150	130	318
Fe	269	198	153	214	152	130	390
Farbe des negativen Glimmlichtes	blau	hellblau	grün	blau	orange	blau	gelbweiß
Farbe der positiven Säule	rosa	rosa	violett	rot	rot	tiefrot	grünlich

Bei Gasentladungslampen ist allerdings zu beachten, daß sie zur Farbanpassung und zur Wandlung des ultravioletten Anteiles in sichtbares Licht meist mit zusätzlichen Lumineszenzschichten (vgl. Bd. III) versehen werden, die die charakteristische Farbe des Füllgases verändern.

Die Ansatzfläche der Entladung auf der Katode ist der Stromstärke proportional. Solange sie die Katode noch nicht völlig bedeckt, ist der Katodenfall sowohl vom Gasdruck als auch von der Größe des fließenden Stromes unabhängig. Er hängt ausschließlich vom Elekrodenmaterial und von der Gasart ab (*normaler Katodenfall*, vgl. Tab. 3.11). Bedeckt dagegen die Entladungsansatzfläche völlig die Katodenoberfläche, dann ist der Katodenfall zusätzlich eine Funktion der Stromstärke und des Gasdruckes. Er steigt rasch mit wachsender Stromstärke an (*anormaler Katodenfall*).

normaler Katodenfall

anormaler Katodenfall

Der Stromfluß bestimmt maßgeblich den Generationsmechanismus. Dies hat zur Folge, daß Gasentladungen über weite Bereiche des *I*-*U*-Diagrammes eine negative Strom-Spannungs-Charakteristik zeigen (*negative Charakteristik*), d.h., die Brennspannung fällt mit wachsender Stromstärke ab (vgl. Abb. 3.42).

(S 3.12) Strom-Spannungs-Charakteristik einer Gasentladung

Die Strom-Spannungs-Charakteristik von Gasentladungen weist über weite Bereiche einen negativen Verlauf auf.

Eine negativ verlaufende *I*-*U*-Charakteristik hat zur Folge, daß der Strom unbegrenzt – im Realfall bis zur Zerstörung eines Teiles des Stromkreises – anwachsen kann. Zur Stabilisierung einer Gasentladung muß deshalb in Reihe mit der Entladungsstrecke und der Spannungsquelle ein strombegrenzender Widerstand geschaltet werden.

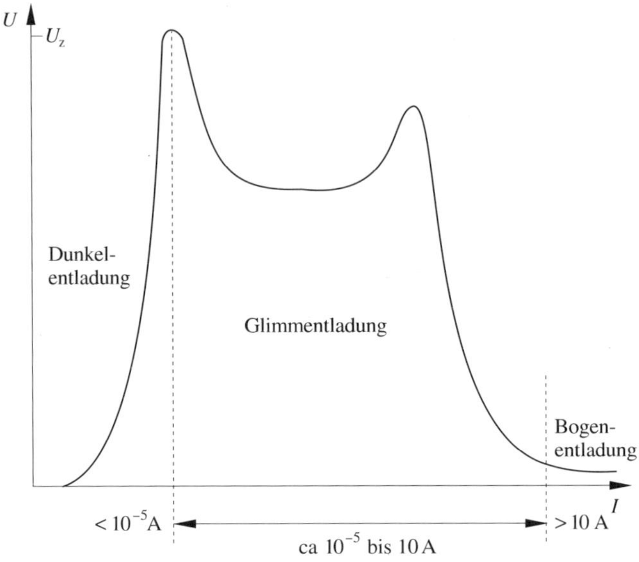

Abb. 3.42 Charakteristik einer Gasentladung

JOSEPH JOHN THOMSON
(1856–1940)
Nobelpreis 1906

Verringert man den Druck einer Glimmentladung, so werden die Leuchterscheinungen immer diffuser und verschwinden bei einigen Pascal gänzlich. Zuerst verschwindet die positive Säule (das negative Glimmlicht erfüllt das gesamte Entladungsrohr), dann das negative Glimmlicht. Gleichzeitig beginnen die der Katode gegenüberliegenden Wände bläulichgrün zu fluoreszieren. Die aus der Katode ausgelösten Elektronen pflanzen sich unabhängig von der Lage der Anode (vgl. Abb. 3.43) senkrecht zur Katodenoberfläche geradlinig fort. Diese spezielle Elektronenstrahlung bezeichnet man – historisch bedingt – als *Katodenstrahlen*. Der Aufprall der Elektronen auf die Wand führt zur Fluoreszenz. Legt man senkrecht zur Elektronengeschwindigkeit ein homogenes magnetisches Feld an, so werden die geladenen Teilchen entsprechend den Überlegungen von Abschnitt 3.2 auf eine Kreisbahn gezwungen, und aus (3.5) kann ihre spezifische Ladung ermittelt werden. THOMSON erhielt als Ergebnis den Wert e/m_e für Elektronen und wies die Identität zwischen Katoden- und Elektronenstrahlen nach.

Katodenstrahlen

Versieht man die Katode einer Glimmentladung mit Bohrungen (Kanälen), dann tritt ein Teil der auf sie auffallenden positiven Ionen in den feldfreien Raum hinter der Katode ein (siehe Abb. 3.44). Diese Ionenstrahlen wurden 1886 von GOLDSTEIN entdeckt und *Kanalstrahlen* genannt.

Kanalstrahlen

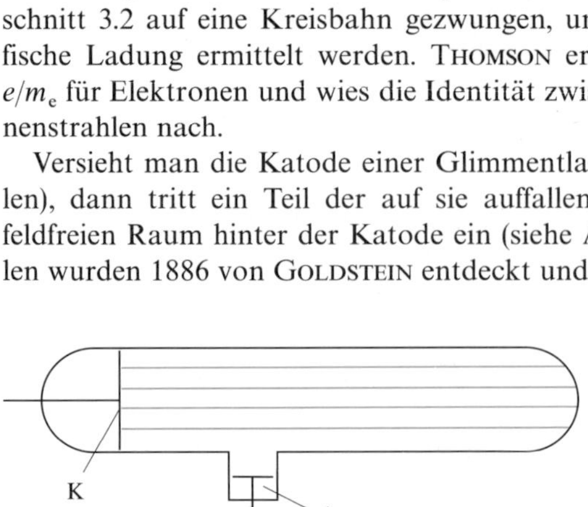

Abb. 3.43 Katodenstrahlrohr

Die Kanalstrahlen bestätigen ebenfalls die gegebene Hypothese über den Ladungsträgermechanismus der Gasentladung. Schirmt man einen Teil des Glimmsaumes durch die Blende Bl von der Katode ab (siehe Abb. 3.44), dann fehlt dieser Bereich auch in den Kanalstrahlen. Die Ionen müssen demnach im Glimmsaum bzw. in dem hinter ihm liegenden Bereich der Entladung erzeugt werden.

EUGEN GOLDSTEIN (1850–1931)

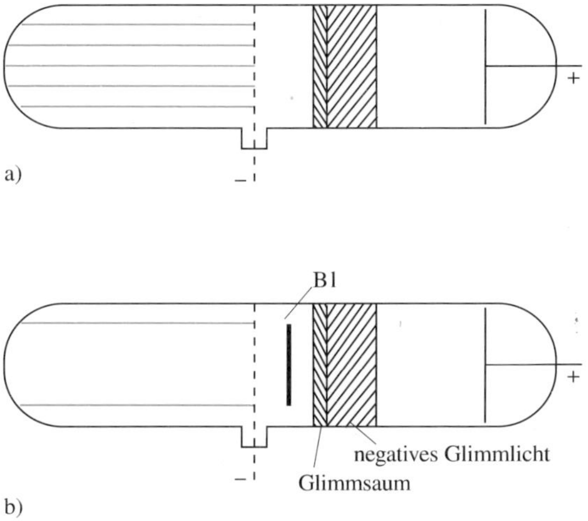

Abb. 3.44
Kanalstrahlrohr
a) Ein Teil der auf die Katode fallenden Ionen tritt durch die Bohrungen hindurch und als Kanalstrahlen in den feldfreien Raum
b) Die Ionen stammen aus dem negativen Glimmlicht, denn durch die Blende Bl kann ein Teil der Kanalstrahlen unterdrückt werden

Bogenentladung

Die *Bogenentladung* ist meist eine Hochdruckentladung (p bis 100 at), sie erfordert eine relativ niedrige Brennspannung (einige 10 V), ihre Stromstärke kann bis zu einigen 100 A betragen. Allgemein bekannt ist die Bogenentladung zwischen zwei Kohleelektroden in Luft bei Normaldruck (*Kohlebogenlampe*).

Kohlebogenlampe

Physikalisch unterscheiden sich Glimm- und Bogenentladung im unterschiedlichen Mechanismus der Elektronenauslösung aus der Katode. Bei der Glimmentladung geschieht dies durch Sekundärelektronenemission (Ionenstoß), bei der Bogenentladung dagegen thermisch. Die Katode wird als Folge der großen Zahl der aufprallenden Ionen so stark aufgeheizt, daß sie durch thermische Elektronenemission einen großen Strom zu liefern vermag. Die Größe des bei der Bogenentladung fließenden Stromes hat einen im Vergleich zur Glimmentladung kleineren Widerstand der Entladungsstrecke und damit auch eine kleinere Brennspannung zur Folge. Die für die Zündung der Bogenentladung erforderliche Spannung (Zündspannung) liegt deutlich über der Brennspannung. In der Praxis wird deswegen eine Bogenentladung oft auch in der Weise gezündet, daß man mit einer Elektrode zunächst die andere berührt, auf diese Weise einen großen Strom erzeugt, der den im Vergleich zum Gesamtwiderstand des Stromkreises großen Kontaktwiderstand an der Berührungsstelle aufheizt und so die thermische Elektronenemission ermöglicht. Diese setzt dann sofort ein, wenn die Elektroden auf eine der Anordnung angepaßte Distanz gebracht werden.

Wird der Strom einer Glimmentladung nicht durch einen Widerstand begrenzt, so kann sie als Folge ihrer negativen Charakteristik in eine Bogenentladung übergehen (vgl. Abb. 3.42). Auch die Bogenentladung besitzt im allgemeinen eine negative Charakteristik. Sie benötigt damit ebenfalls für den stationären Betrieb einen strombegrenzenden Widerstand. Durch entsprechende Wahl von Stromstärke und Gasdruck kann demnach die Form der Gasentladung verändert werden (vgl. Abb. 3.45).

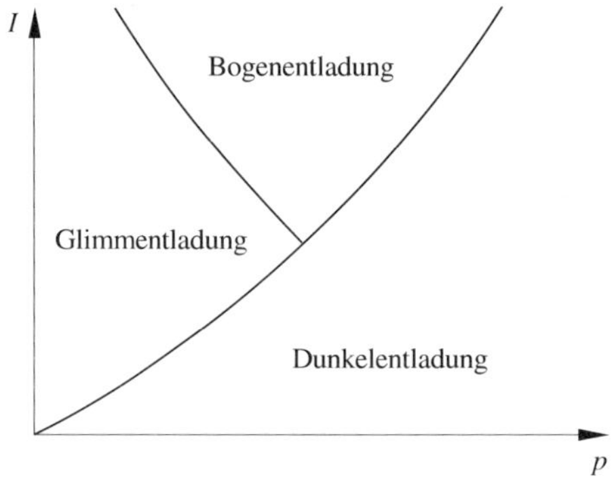

Abb. 3.45
Durch die Wahl der Entladungsstromstärke und des Entladungsdruckes läßt sich die Art der Gasentladung festlegen

Funkenentladung

Der elektrische Funken oder die *Funkenentladung* ist eine unselbständige Bogenentladung. Bei genügend hoher Spannung zwischen zwei Elektroden springt ein Funken über. Die Durchschlagsspannung hängt stark von der Elektrodengeometrie und dem Ionisationsgrad der Gasstrecke ab. Die Länge der Strecke in atmosphärischer Luft, bei der bei gegebener Spannung zwischen zwei Elektroden gerade der Durchschlag erfolgt, heißt *Funkenschlagweite*. Sie beträgt für eine Spannung von 10^5 V zwischen zwei Spitzen ca. 20 cm. Unter bestimmten Bedingungen kann die Funkenentladung in die Bogenentladung übergehen. Eine bekannte Funkenentladung ist der Blitz. Die Entladungsspannungen betragen bis zu einigen GV, die Entladungsstromstärken bis zu etwa 20 kA.

Funkenschlagweite

Höchststromentladung (Pinchentladung)

Pincheffekt

Eine *Höchststrom-* oder *Pinchentladung* ist eine elektrische Gasentladung so hoher Stromstärke, daß die positive Säule durch das Magnetfeld des Entladungsstromes schlauchartig eingeschnürt wird (*magnetischer Pincheffekt*). Wegen ihrer großen Stromstärke können Höchststromentladungen nur im Impulsbetrieb betrieben werden.

Die Erscheinungsformen von Gasentladungen erweisen sich als sehr vielfältig. Ihre Klassifizierung läßt sich gegenüber dem in diesem Abschnitt gegebenen Rahmen noch weiter verfeinern.

Abschließend soll noch der Einfluß verschiedener Ursachen auf die Zündspannung einer Gasentladung wiedergegeben werden, der zweckmäßig in Form der sogenannten *Paschen-Kurven* dargestellt werden kann. In Abbildung 3.46 sind als Elektrodenanordnung zwei ebene, parallel zueinander angeordnete Platten vorausgesetzt. Die Zündspannung U_Z ist dann vom Produkt aus Gasdruck p und Elektrodenabstand d abhängig sowie von der Art des Gases. Aus den Paschenkurven läßt sich insbesondere das Isolationsvermögen von Gasen erkennen. Charakteristisch sind dabei die Abnahme der Zündspannung mit sinkendem Druck bis zu einem Minimum bei einigen 10^2 Pa. Das ist der für Glimmentladungen typische Betriebsdruck (siehe oben). Von diesem Minimum aus zur Hochvakuumseite hin verbessert sich das Isolationsvermögen dann sehr schnell.

Paschen-Kurven

FRIEDRICH PASCHEN (1865–1947)

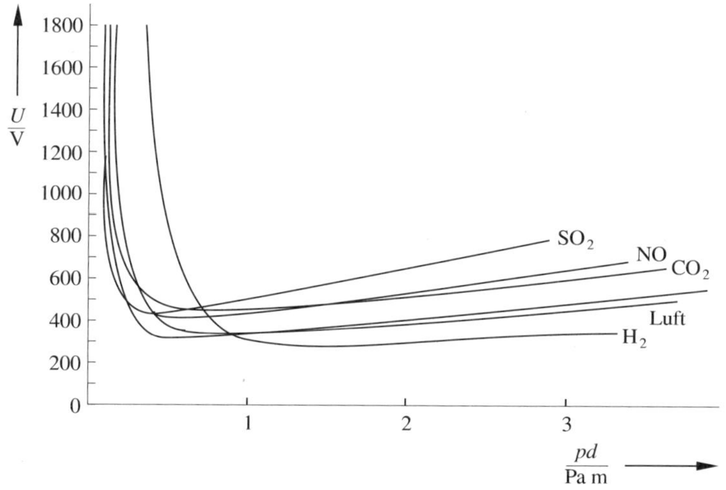

Abb. 3.46 Paschen-Kurven

Gasentladungen werden vielseitig technisch genutzt, z. B. als Lichtquellen (Glimmlampe, Leuchtstofflampe, Hochdrucklampe, Bogenlampe), als Zähler für Kernprozesse (Ionisationskammer, Gasentladungszählrohre, (vgl. Bd. III)), oder der Pinch-Effekt zur Stabilisierung der Plasmen in Kernfusionsanlagen (vgl. Bd. III).

3.5 Aufgaben

3.1
Berechnen Sie die Beweglichkeit der Elektronen in Eisen bei 0° C unter der Annahme, daß pro Eisen-Atom ein quasifreies Elektron existiere!

3.2
Ein quaderförmiges Wismutblättchen hat die Abmessungen Länge 3 cm, Breite 0,8 cm und die Masse 2,6 mg ($\varrho_{Bi} = 9{,}8\,\mathrm{gcm^{-3}}$).
Fließt ein Strom vom 40 mA längs durch die Wismut-Probe, so wird bei einem senkrecht zur Papierebene verlaufenden Magnetfeld mit der magnetischen Induktion 0,06 $\mathrm{Vsm^{-2}}$ eine *Hall-Spannung* $U_H = 1{,}6\,\mathrm{mV}$ gemessen.
Berechnen Sie die Ladungsträgerdichte in Wismut sowie das Verhältnis der Zahl der Gitterbausteine zur Zahl der an der Stromleitung beteiligten Elektronen!

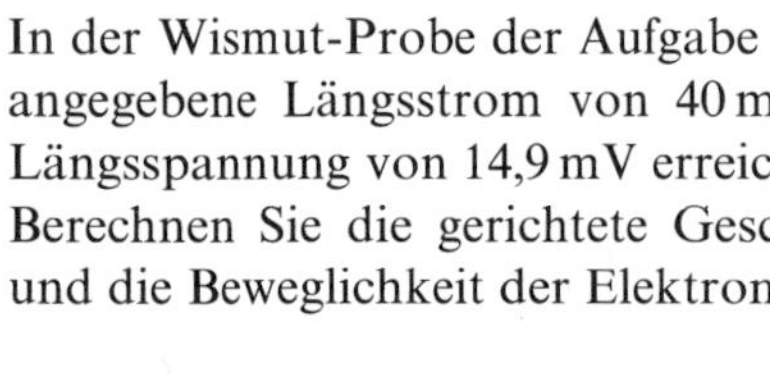

3.3
In der Wismut-Probe der Aufgabe 3.2 wird der angegebene Längsstrom von 40 mA bei einer Längsspannung von 14,9 mV erreicht.
Berechnen Sie die gerichtete Geschwindigkeit und die Beweglichkeit der Elektronen!

3.4
Durch Reihenschaltung von zwei zylindrischen Stäben gleicher Länge aus Kohlenstoff ($\sigma_c = 2{,}5 \cdot 10^2\,\Omega^{-1}\,\mathrm{cm}^{-1}$; $\beta_c = -8 \cdot 10^{-3}\,\mathrm{K}^{-1}$) und Nickel ($\sigma_{Ni} = 1{,}7 \cdot 10^5\,\Omega^{-1}\,\mathrm{cm}^{-1}$; $\beta_{Ni} = 6{,}58 \cdot 10^{-3}\,\mathrm{K}^{-1}$) soll ein Bauelement mit (näherungsweise) temperaturunabhängigem Widerstand geschaffen werden.
Welches Verhältnis müssen die Durchmesser der beiden Stäbe haben?

3.5
In der Bildröhre eines Oszillografen wird der Elektronenstrahl durch eine Spannung von 3000 V beschleunigt und parallel zu den Platten eines Kondensators eingeschossen.
Berechnen Sie die für eine Ablenkung um 5 Grad erforderliche Kondensatorspannung, wenn die Platten eine Länge von 2 cm und einen Abstand von 0,5 cm haben!

3.6
Eine Siliziumprobe hat bei 20° C einen Widerstand von 100 Ω. Bei einer Temperatur von 50° C ist der Widerstand auf 12,8 Ω gesunken.
Berechnen Sie die thermische Aktivierungsenergie des Halbleiters!

3.7
In 3 Litern verdünnter Salzsäure sei 1 mol HCL vollständig dissoziiert.
Berechnen Sie die Teilchendichten der positiven und der negativen Ionen!

3.8
Welche Masse hat das Aluminium, das in einer Stunde aus einer Al_2O_3-Schmelze elektrolytisch abgeschieden wird, wenn ein Strom von 35 kA fließt?

3.9
Beim Stromdurchgang durch einen Elektrolyten werden durch einen Strom von 0,8 A in 28 Minuten 112 mg eines zweiwertigen Stoffes abgeschieden.
Bestimmen Sie die molare Masse der abgeschiedenen Ionen!

4 Induktion

4.1 Induktionsgesetz

Die Enden einer Spule werden mit einem Galvanometer verbunden. Danach werden folgende Experimente durchgeführt:

1. Der Nordpol eines Permanentmagneten werde von einem markierten Ort in der Zeit t_1 der Spule genähert, seine Längsachse liege dabei auf der verlängerten Spulenachse (Abb. 4.1a). Man beobachtet am Galvanometer einen Ausschlag, folglich fließt durch das Galvanometer ein Strom (*Induktionsstrom*). Ist die Zeitdauer t_1 der Annäherung des Magneten an die Spule klein gegenüber der Schwingungsdauer T des Galvanometers ($t \ll T$), so ist der Ausschlag des Galvanometers proportional der hindurchgeflossenen Ladung (ballistische Messung, siehe A. 26). Der Ausschlag und damit auch die durch das Galvanometer fließende Ladung erweisen sich als nur von der Anfangs- und Endlage der Spule abhängig. Induktionsstrom
2. Wird der Magnet in der Zeit t_1 zur Ausgangslage zurückgebracht, dann beobachtet man einen gleich großen Galvanometerausschlag wie in 1., aber in entgegengesetzter Richtung (Abb. 4.1b).
3. Bilden Längsachse des Magneten und Spulenachse den von Null verschiedenen Winkel α (Abb. 4.1c), so bleiben die in 1. und 2. beschriebenen Erscheinungen erhalten, nur der Ausschlag des Galvanometers wird kleiner, und zwar um so mehr, je mehr sich der Winkel α dem Wert $\pi/2$ nähert.
4. Vertauscht man in den Experimenten 1 bis 3 Nord- und Südpol, so bleiben alle bisherigen Erscheinungen mit dem Unterschied erhalten, daß die jeweiligen Galvanometerausschläge in entgegengesetzter Richtung erfolgen (Abb. 4.1d).
5. Richtet man Magnet und Spule wie im 1. Experiment aus und läßt den Magneten um eine Achse senkrecht zu seiner Längsachse mit einer Periodendauer rotieren, die wesentlich größer als die Schwingungsperiode des Galvanometers ist, dann pendelt der Galvanometerausschlag mit der gleichen Periodendauer zwischen einem positiven und einem negativen Wert gleichen Betrages (Abb. 4.1e).
6. Die Ergebnisse der Experimente 1 bis 5 bleiben unverändert, wenn bei ihrer Durchführung der Permanentmagnet ruht und mit der Spule die entsprechenden Bewegungen durchgeführt werden.
7. Alle Ergebnisse der Experimente 1 bis 6 bleiben erhalten, wenn der Permanentmagnet durch eine stromdurchflossene Spule ersetzt wird. Diese Tatsache ist nach den Ausführungen in Abschnitt 2.5.1.2 zu er-

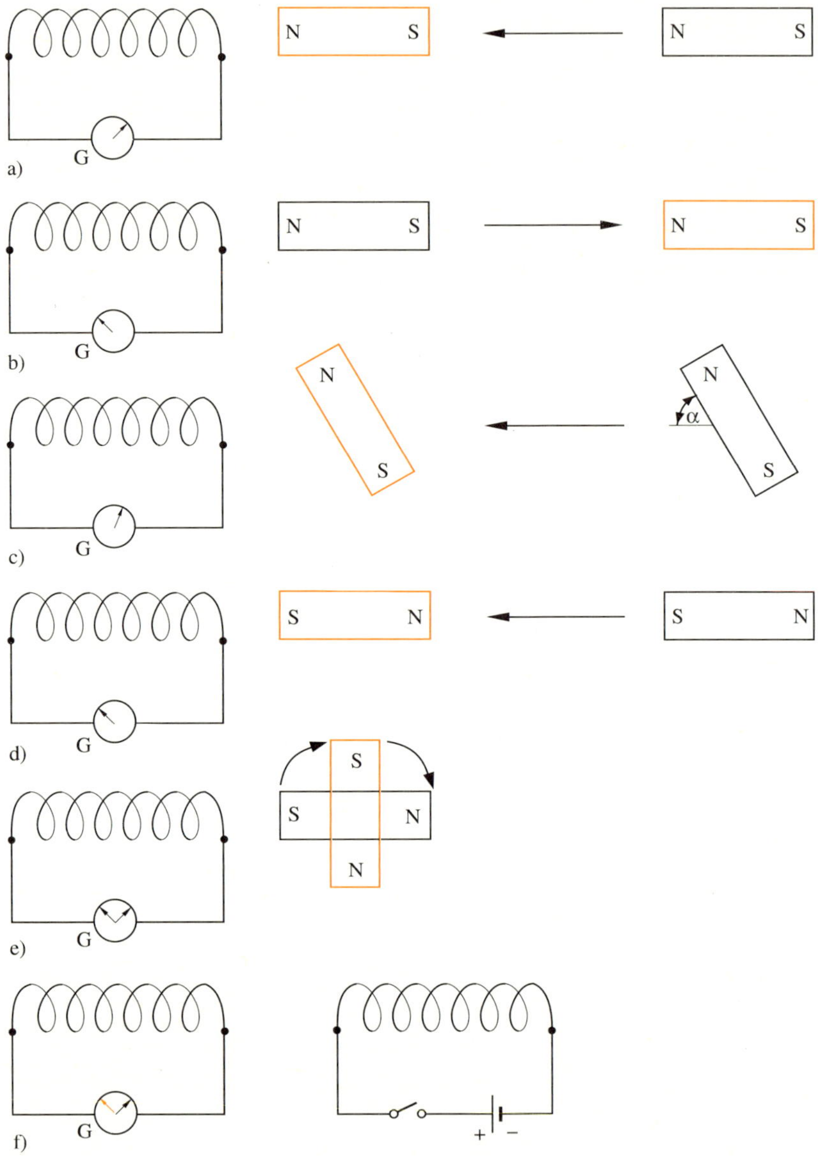

Abb. 4.1
Versuche zur Induktion
N S Anfangslage, N S Endlage des Magneten

a) Galvanometerausschlag bei axialer Annäherung des Nordpoles eines Permanentmagneten an eine Spule
b) Gleichgroßer entgegengesetzter Ausschlag bei Entfernung des Magneten
c) Geringerer Galvanometerausschlag bei schräger Lage des Magneten
d) Umkehrung der Magnetfeldrichtung gegenüber a) ergibt entgegengesetzt gleichen Galvanometerausschlag
e) Rotation des Magneten um eine Rotationsachse senkrecht zur Papierebene ergibt einen periodischen Galvanometerausschlag gleicher Frequenz
f) ↗ Einschaltvorgang, ↖ Ausschaltvorgang

warten, da eine stromdurchflossene Spule sich in bezug auf ihre magnetischen Erscheinungen wie ein Stabmagnet verhält (vgl. Abb. 2.13).

8. Im weiteren wird die mit dem Galvanometer verbundene Spule als *Induktionsspule* bezeichnet. Vor die Induktionsspule werde eine zweite Spule gestellt. Die Achsen beider Spulen liegen auf einer Geraden (Abb. 4.1f). Läßt man durch die zweite Spule den Strom I fließen, so schlägt das Galvanometer beim Einschalten aus. Schaltet man den Strom I mit umgekehrter Stromrichtung ein, ändert sich auch die Richtung des Galvanometerausschlages.
9. Beim Ausschalten des Stromes I beobachtet man einen gleichgroßen Galvanometerausschlag wie in 8., aber in entgegengesetzter Richtung.
10. Eine Veränderung der Windungszahl der Induktionsspule auf das n-fache bei sonst unveränderten Versuchsbedingungen führt zum n-fachen Ausschlag des Galvanometers.
11. Füllt man bei Konstanz aller anderen Versuchsparameter die vorher leere Induktionsspule ($\mu_r = 1$) mit einem Medium der Permeabilitätszahl $\mu_r > 1$, dann vergrößert sich der Galvanometerausschlag auf das μ_r-fache.
12. Ein Permanentmagnet steht wie im 1. Experiment vor der Induktionsspule. Wird der Querschnitt der Spule (z. B. durch Zusammendrücken) verändert, beobachtet man ebenfalls einen Ausschlag des Galvanometers.

Induktionsspule

Die soeben genannten experimentellen Erfahrungen werden unter dem Begriff *Induktionserscheinungen* oder kurz *Induktion* zusammengefaßt. In den beschriebenen Experimenten fließt infolge der Induktion ein Induktionsstrom durch das Galvanometer. Dieser Strom ist u. a. auch vom Innenwiderstand des Galvanometers abhängig, er ist damit zur Charakterisierung der Induktionserscheinungen ungeeignet. Nach dem Ohmschen Gesetz (S 2.2) erfordert ein Stromfluß durch einen Leiter eine Spannung an seinen Enden (in unseren Experimenten an den Anschlußklemmen des Galvanometers). Die Spannung, die den Induktionsstrom hervorruft, wird als *Induktionsspannung* U_{ind} bezeichnet. Die Größe Induktionsspannung dient zur Charakterisierung der Induktionserscheinungen.

Induktionserscheinungen

Induktionsspannung

Faraday erkannte 1831, daß alle Erscheinungen der Induktion auf folgendem Gesetz beruhen (vgl. Abb. 4.2):

(S 4.1)
Faradaysches Induktionsgesetz

Jede zeitliche Veränderung des magnetischen Flusses durch eine Fläche A ruft in der die Fläche umschließenden Randkurve eine Spannung (Induktionsspannung) U_{ind} hervor. Sie ist der zeitlichen Änderung des magnetischen Flusses proportional. Der Induktionsstrom ist so gerichtet, daß für den Induktionsvorgang Arbeit verrichtet werden muß:

$$U_{ind} = -\frac{d}{dt}\int_A \boldsymbol{B} \cdot d\boldsymbol{A}$$

(Faradaysches Induktionsgesetz).

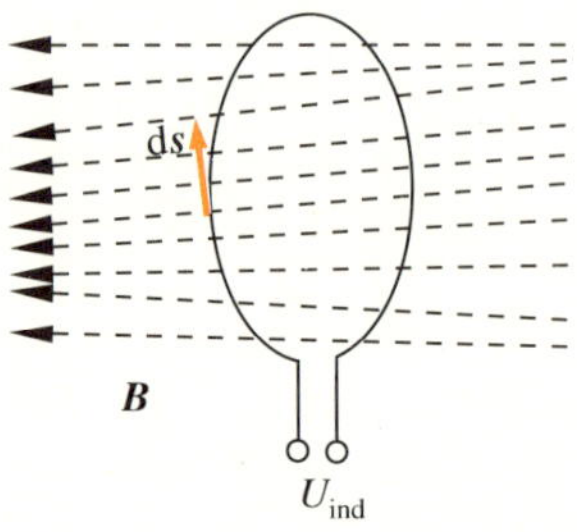

Abb. 4.2 Zum Induktionsgesetz

Lenzsche Regel

Die Vorzeichenfestsetzung in (S 4.1) geht auf LENZ (1834) zurück und wird daher oft als *Lenzsche Regel* bezeichnet.

Die Lenzsche Regel (vgl. Abb. 4.3) ist eine unmittelbare Folge des 1. Hauptsatzes der Thermodynamik (siehe (I S 7.2a)). Gälte sie nicht, so würde zum Beispiel für die Annäherung eines Magneten an eine Induktionsspule keine Arbeit benötigt. Der Magnet würde sich dann auf Grund der wirkenden Anziehungskräfte von selbst auf die Spule zubewegen und so ohne Verrichtung einer Arbeit am System der induzierte Strom immer mehr zunehmen. Das perpetuum mobile 1. Art wäre geschaffen.

HEINRICH FRIEDRICH EMIL LENZ (1804–1865)

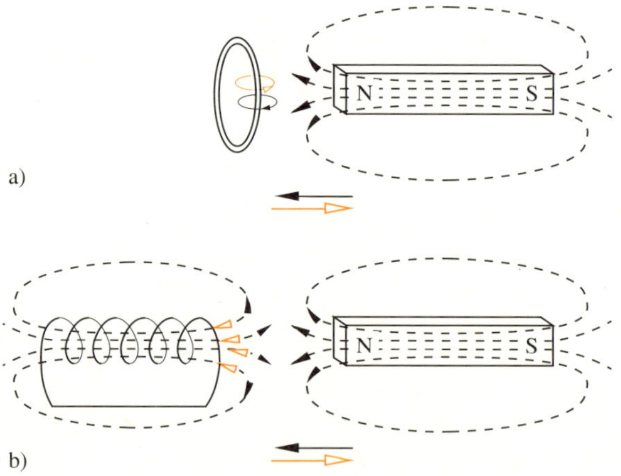

Abb. 4.3
Zur Deutung der Lenzschen Regel
Bei Annäherung des Magneten bildet sich in der Leiterschleife bzw. Spule ein Induktionsstrom mit einem derartig gerichteten Magnetfeld aus, daß die weitere Annäherung behindert wird. Beim Entfernen liegen die Verhältnisse analog

Zum Nachweis der Lenzschen Regel

Versieht man eine Spule hoher Windungszahl mit einem Eisenkern und steckt über diesen Eisenkern einen Aluminiumring, so wird beim Einschalten des Spulenstromes der Aluminiumring von der Spule weggeschleudert (siehe Abb. 4.4). Dieser Effekt ist eine unmittelbare Folge der Lenzschen Regel. Magnetfeld der Spule und Magnetfeld des beim Einschaltvorgang im Ring induzierten Stromes sind einander entgegengerichtet. Die beiden Magnetfelder stoßen einander ab. Da der Ring einen sehr kleinen elektrischen Widerstand besitzt, fließt nach dem Ohmschen Gesetz (2.2) in ihm ein großer Spulenstrom, der nach (2.14) mit einem relativ großen Magnetfeld verbunden ist und deshalb eine starke Abstoßung des Ringes bewirkt.

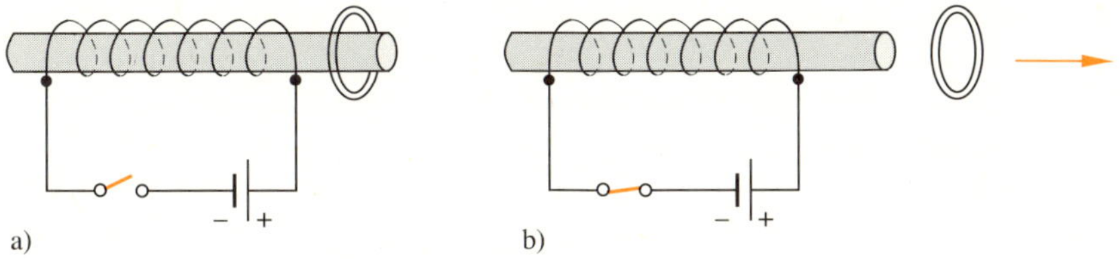

Abb. 4.4 Zum Nachweis der Lenzschen Regel

Alle beschriebenen Experimente sind zwanglos mit dem Faradayschen Induktionsgesetz erklärbar. Jede Art der Abstandsänderung zwischen Stabmagnet und Spule und ebenso die Rotation des Stabmagneten vor der Spule oder umgekehrt der Spule vor dem Stabmagneten bewirkt eine zeitliche Veränderung des magnetischen Flusses durch die Spule und somit in ihr eine Induktionsspannung (Experimente 1, 2, 3 und 5). Dabei ist es gleichgültig, ob die Spule dem Magneten oder der Magnet der Spule genähert wird (Experimente 6). Bilden Längsachse des Magneten und Spulenachse miteinander den Winkel α, so wird nach (D 1.18) und (A 3.5) der magnetische Fluß durch die Spule um so kleiner, je mehr sich der Winkel α dem Wert $\pi/2$ nähert. Um so kleiner wird dann aber auch die zeitliche Veränderung des magnetischen Flusses bei Annäherung des Magneten und somit nach (S 4.1) die induzierte Spannung (Experiment 3). Vertauscht man die Pole des Magneten, so verändert sich die Richtung (das Vorzeichen) von $\boldsymbol{B}$, damit auch das Vorzeichen der induzierten Spannung (Experiment 4).

Wenn eine Verringerung und eine Vergrößerung des Abstandes zwischen Spule und Magnet einander abwechseln, so wechselt auch das Vorzeichen der zeitlichen Änderung des magnetischen Flusses und somit nach (S 4.1) das Vorzeichen der induzierten Spannung (Experiment 2). Wird bei Konstanz aller anderen Versuchsparameter der Permanentmagnet durch eine Spule ersetzt, so bedeutet das nur einen Austausch der experimentellen Vorrichtung zur Realisierung des magnetischen Feldes. Die Induktionserscheinungen werden nicht beeinflußt (Experiment 7). Beim Einschalten oder Ausschalten des Stromes in einer Spule wird gleichzeitig ein magnetisches Feld auf- bzw. abgebaut. Dieses zeitlich veränderliche Feld ruft eine zeitliche Veränderung des magnetischen Flusses durch die Induktionsspule hervor und somit in ihr eine Induktionsspannung (Experiment 8). Nach dem Biot-Savartschen Gesetz (S 2.7) ist mit der Umkehr der Stromrichtung eine Umkehr der Richtung von $\boldsymbol{B}$ und damit nach (S 4.1) eine Umkehr des Vorzeichnes der Induktionsspannung in der Spule verbunden (Experiment 8). Einschalt- und Ausschaltvorgang haben eine zeitliche Veränderung des magnetischen Flusses durch die Induktionsspule mit entgegengesetzten Vorzeichen zur Folge. Sie ergeben Induktionsspannungen mit umgekehrten Vorzeichen (Experiment 9). Eine Vergrößerung der Windungszahl der Induktionsspule auf das n-fache ist gleichbedeutend mit einer n-fachen Vergrößerung der vom Leiter umschlossenen Fläche. Nach (D 1.18) vergrößert sich damit der magnetische Fluß durch die Spule auf das n-fache und damit nach (S. 4.1) bei Konstanz aller anderen Versuchsbedingungen auch die in ihr induzierte Spannung (Experiment 10). Füllt man die Induktionsspule mit einem Medium der Permeabilitätszahl μ_r, dann verändert sich nach (D 1.18) und (2.14) der magnetische Fluß durch die Spule um das μ_r-fache und somit bei Konstanz aller anderen Versuchsparameter nach (S 4.1) auch die Induktionsspannung (Experiment 11). Wird der Querschnitt der Spule verändert, so ist dies nach (D 1.18) mit einer Veränderung des magnetischen Flusses durch die Spule verbunden. Nach (S. 4.1) wird in der Spule eine Spannung induziert (Experiment 12).

Die Erscheinungen der Induktion in einem metallischen Leiter sind eine unmittelbare Folge der Wechselwirkung zwischen den im Leiter vorhandenen quasifreien Elektronen und den äußeren magnetischen Feldern. Wird zum Beispiel ein Leiter mit der Geschwindigkeit $\boldsymbol{v}$ im Magnetfeld $\boldsymbol{B}$ bewegt, so unterliegen nach (S 2.9) seine quasifreien Elektronen der Lorentz-Kraft, unter deren Wirkung sie sich verschieben: Im Leiter fließt ein Induktionsstrom. Nach (S 2.9) und (D 1.5) wird bei Vorliegen eines zeitlich unveränderlichen magnetischen Feldes im Leiter die Feldstärke

$$\boldsymbol{E}_{\text{ind}} = \boldsymbol{v} \times \boldsymbol{B} \tag{4.1a}$$

und damit nach (D 1.6) die Spannung

$$U_{\text{ind}} = \int_{P_1}^{P_2} \boldsymbol{E}_{\text{ind}} \cdot \mathrm{d}\boldsymbol{s} = \int_{P_1}^{P_2} \boldsymbol{v} \times \boldsymbol{B} \cdot \mathrm{d}\boldsymbol{s} \tag{4.1b}$$

induziert.

Beispiele zum Induktionsgesetz

Wir betrachten einige Beispiele zum Faradayschen Induktionsgesetz:

Ein Draht der Länge l und der Orientierung $\boldsymbol{l}^0$ werde mit der konstanten Geschwindigkeit $\boldsymbol{v}$ durch ein homogenes Magnetfeld $\boldsymbol{B}$ hindurchgezogen. $\boldsymbol{l}$ liege senkrecht zu $\boldsymbol{v}$, die Vektoren $\boldsymbol{v}$, $\boldsymbol{B}$ und $\boldsymbol{l}$ bilden ein Rechtssystem (Abb. 4.5). Für die Spannung zwischen den Schleifkontakten P_1 und P_2 folgt nach (4.1b) unter Beachtung von $\mathrm{d}\boldsymbol{s} = \boldsymbol{v}\,\mathrm{d}t$ (I D 3.4), (A 3.5), (A 3.7c), (A 2.25) und (A 2.29)

$$U_{\text{ind}} = lvB \sin(\boldsymbol{v}, \boldsymbol{B})\,. \tag{4.2a}$$

Um dieses Ergebnis auf (S 4.1) zurückführen zu können, müssen wir den geschlossenen Leiterkreis $P_1 P_2 G P_1$ aus dem Draht, dem Galvanometer und den Zuleitungen zum Galvanometer betrachten. Die vom Magnetfeld innerhalb dieses geschlossenen Leiterkreises durchsetzte Fläche ändert sich unter Beachtung von $\mathrm{d}\boldsymbol{s} = \boldsymbol{v}\,\mathrm{d}t$ mit der Zeit $\mathrm{d}t$ um

$$\mathrm{d}A = lv\,\mathrm{d}t\,.$$

Somit folgt unter Beachtung von (A 3.5) und $\cos(\pi/2 \mp x) = \pm\sin x$

$$\boldsymbol{B}\cdot\mathrm{d}\boldsymbol{A} = \mathrm{d}\int_A \boldsymbol{B}\cdot\mathrm{d}\boldsymbol{A} = Blv\cos(\boldsymbol{B}, \boldsymbol{A}^0)\,\mathrm{d}t$$

$$= -Blv\sin(\boldsymbol{v}, \boldsymbol{B})\,\mathrm{d}t$$

und durch Einsetzen in (4.2a) in voller Übereinstimmung zu (S 4.1)

$$U_{\text{ind}} = -\frac{\mathrm{d}}{\mathrm{d}t}\int_A \boldsymbol{B}\cdot\mathrm{d}\boldsymbol{A}\,.$$

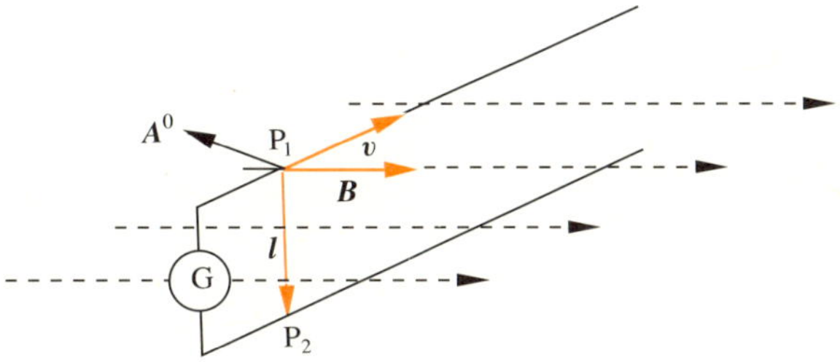

Abb. 4.5 Zur Induktion in bewegten Leitern

Ein Teilbereich A eines Leiters, zum Beispiel eines Drahtes oder eines Metallbleches, werde von einem zeitlich unveränderlichen Magnetfeld $\boldsymbol{B}$ durchsetzt. Bewegt sich der Leiter mit der Geschwindigkeit $\boldsymbol{v}$, so daß jeweils ein gleichgroßer, aber anderer Leiterbereich vom Magnetfeld erfaßt wird, dann kann an den Schleifkontakten K_1 und K_2 (Abb. 4.6) die Spannung U_{ind} abgegriffen werden. Ihr gemessener Wert steht mit (4.1a) in Übereinstimmung. Das Auftreten dieser Spannung könnte zunächst als Widerspruch zu (S 4.1) aufgefaßt werden, da sowohl der magnetische Fluß durch die Fläche als auch die Größe A der Fläche konstant sind. Weil aber laufend ein anderer Teil des bewegten Leiters vom Magnetfeld durchsetzt wird, führt die zeitliche Differentation von $\int_A \boldsymbol{B}\cdot\mathrm{d}\boldsymbol{A}$ in (S 4.1) nach (A 20.3) zu

$$U_{\text{ind}} = -\int_A \frac{\partial\boldsymbol{B}}{\partial t}\cdot\mathrm{d}\boldsymbol{A} + \oint_{\substack{\text{Randkurve } \boldsymbol{s}\\ \text{von } A}} (\boldsymbol{v}\times\boldsymbol{B})\cdot\mathrm{d}\boldsymbol{s}\,, \qquad (4.1)$$

woraus für den Sonderfall eines zeitlich konstanten magnetischen Feldes $\left(\frac{\partial\boldsymbol{B}}{\partial t} = \boldsymbol{0}\right)$ (4.1b) folgt.

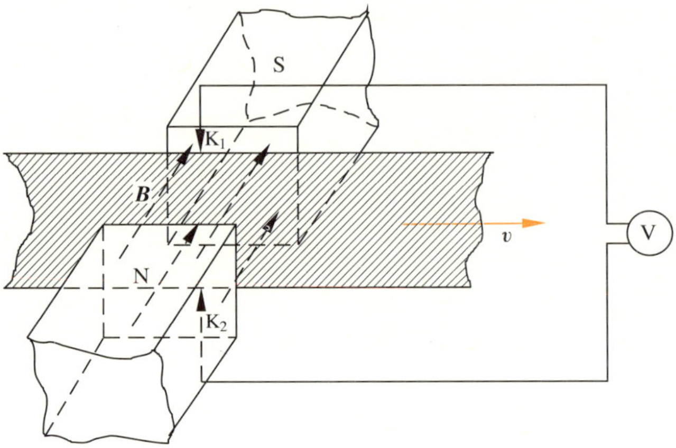

Abb. 4.6 Induktion in bewegten Leitern

Die Betrachtung des Vorganges auf der Basis des Induktionsgesetzes (S 4.1) führt also zum gleichen Ergebnis wie die Vorstellung, daß die mit dem Leiter mitbewegten Ladungsträger durch die Lorentz-Kraft zu den Kontakten K_1 und K_2 hin abgelenkt werden.

4.1.1 Wirbelströme

Auch in ausgedehnten metallischen Leitern können Ströme induziert werden. Die Stromlinien sind in sich geschlossen (Abb. 4.7). Man spricht deshalb von *Wirbelströmen*.

Wirbelströme

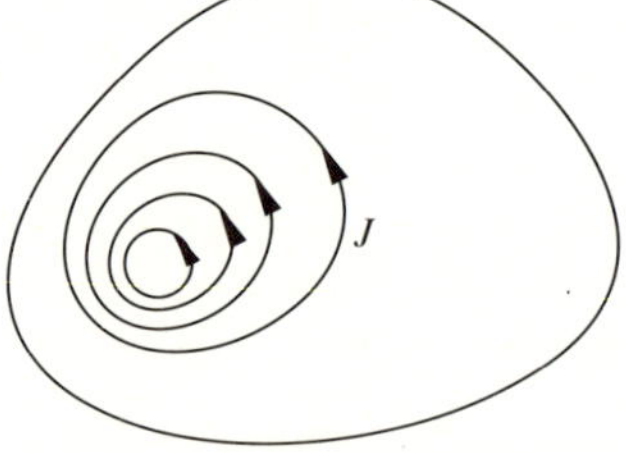

Abb. 4.7
Wirbelströme in einem ausgedehnten metallischen Leiter

Nachweis von Wirbelströmen

Die Existenz der Wirbelströme wurde 1825 von ARAGO nachgewiesen. Eine Kupferscheibe Sch rotiere um eine vertikale Achse (Abb. 4.8). Über dieser Scheibe befinde sich eine um die gleiche Achse drehbare Magnetnadel M. Zur Vermeidung von Luftströmungen sind Nadel und Metallscheibe durch eine Platte Pl aus elektrisch nichtleitendem Material (z. B. Glas) getrennt. Das Magnetfeld der Nadel induziert in der rotierenden Scheibe Wirbelströme, deren magnetische Felder mit dem Feld der Nadel in Wechselwirkung treten. Die Nadel beginnt im gleichen Umlaufsinn wie die Metallscheibe zu rotieren.

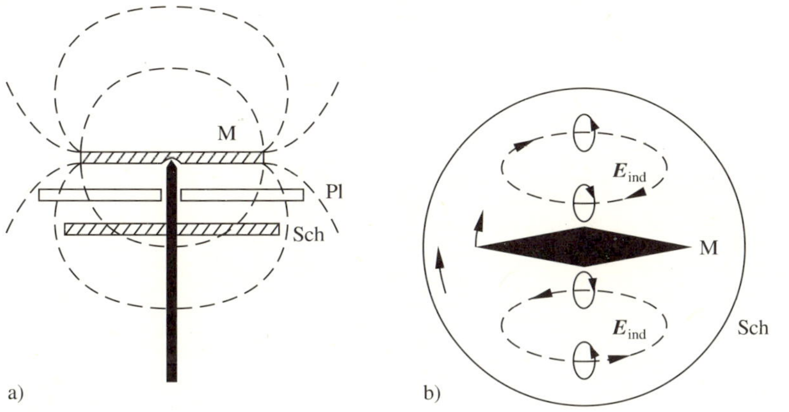

DOMINIQUE FRANCOIS JEAN ARAGO (1786–1853)

Abb. 4.8
Versuch von ARAGO zum Nachweis von Wirbelströmen in ausgedehnten metallischen Leitern

Ein Teil einer rotierenden Kupferscheibe Sch durchsetze den Luftspalt eines Elektromagneten (Abb. 4.9). Nach Einschalten des Spulenstromes wird die Rotation der Scheibe stark gebremst. In der Kupferscheibe werden Wirbelströme induziert. Sie führen zu einer beträchtlichen Erwärmung der Kupferscheibe (vgl. (S 2.5)). Sieht man vom Einschaltvorgang ab, so kann nach dem 1. Hauptsatz der Thermodynamik (vgl. (I S 7.2a)) der entsprechende Äquivalentbetrag an Energie nur der Rotationsenergie der Scheibe entzogen werden, da die Lorentz-Kraft keine Arbeit zu verrichten vermag (vgl. Abschnitt 2.6.1). Die Scheibe wird abgebremst (Prinzip der *Wirbelstrombremse*).

Wirbelstrombremse

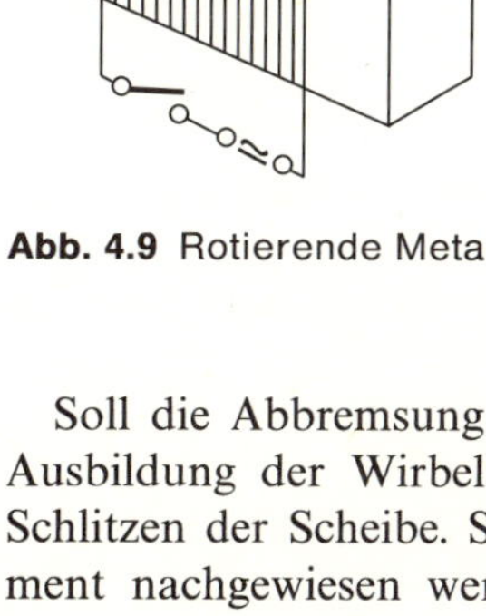

Abb. 4.9 Rotierende Metallscheibe im Magnetfeld

Soll die Abbremsung der Scheibe vermieden werden, so muß man die Ausbildung der Wirbelströme verhindern. Das gelingt durch geeignetes Schlitzen der Scheibe. Sehr anschaulich kann dies mit folgendem Experiment nachgewiesen werden. Ein rechteckiger metallischer Pendelkörper

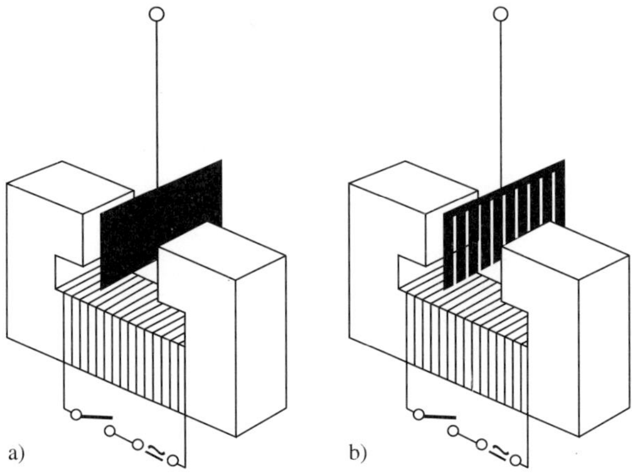

Abb. 4.10
Pendelbewegung einer Metallplatte im Magnetfeld
a) Wirbelströme können sich ausbilden. Pendel kommt sehr schnell zur Ruhe
b) Die Ausbildung von Wirbelströmen wird durch Schlitzen des Pendelkörpers weitgehend verhindert

schwinge im Luftspalt eines Elektromagneten (siehe Abb. 4.10a). Nach Einschalten des Spulenstromes kommt das Pendel infolge der Wirbelstrombremsung sehr schnell zur Ruhe. Wird der Pendelkörper dagegen in der in Abbildung 4.10b dargestellten Weise geschlitzt, besitzt das Magnetfeld einen wesentlich geringeren Einfluß auf die Pendelbewegung, da das Schlitzen des Pendelkörpers die Ausbildung der Wirbelströme weitgehend verhindert.

4.2 Eigen- und Gegeninduktion in Stromkreisen

Zwei voneinander getrennte Stromkreise werden von den elektrischen Strömen I_1 und I_2 durchflossen. Nach dem Biot-Savartschen Gesetz (S 2.7) sind die Ströme mit den Magnetfeldern $\boldsymbol{B}_1$ und $\boldsymbol{B}_2$ verbunden, die in den Leitersystemen magnetische Flüsse bedingen. Wir betrachten das mit dem Strom I_1 verbundene Magnetfeld $\boldsymbol{B}_1$. Es ruft nach (D 1.18) im Leiter 2 den magnetischen Fluß

$$\Phi_{12} = \int_{A_2} \boldsymbol{B}_1 \cdot \mathrm{d}\boldsymbol{A}_2 \tag{4.3a}$$

hervor. Beachten wir das Biot-Savartsche Gesetz (S 2.7), so geht (4.3a) über in

$$\Phi_{12} = I_1 \int_{A_2} \int_{\text{Leiter 1}} \frac{\mu_0 \mu_r (\mathrm{d}\boldsymbol{s}_1 \times \boldsymbol{r}_{12}) \cdot \mathrm{d}\boldsymbol{A}_2}{4\pi r_{12}^3} \,. \tag{4.3b}$$

($\boldsymbol{r}_{12}$ Vektor vom Leiterelement $\mathrm{d}\boldsymbol{s}_1$ des Leiters 1 zum Flächenelement $\mathrm{d}\boldsymbol{A}_2$ des Leiters 2.)

Für die weiteren Überlegungen werden folgende Abkürzungen eingeführt:

Die Größe

$$L_{lk} = \int\limits_{A_k} \int\limits_{\text{Leiter } l} \frac{\mu_0 \mu_r (\mathrm{d}\boldsymbol{s}_l \times \boldsymbol{r}_{lk}) \cdot \mathrm{d}\boldsymbol{A}_k}{4\pi r_{lk}^3}$$

($\boldsymbol{r}_{lk}$ Vektor vom Leiterelement $\mathrm{d}\boldsymbol{s}_l$ des Leiters l zum Flächenelement $\mathrm{d}\boldsymbol{A}_k$ des Leiters k)

heißt für

$l \neq k$ Gegeninduktionskoeffizient des Leiters,
$l = k$ Eigeninduktionskoeffizient oder Induktivität des Leiters.

(D 4.1)
Gegeninduktionskoeffizient
Eigeninduktionskoeffizient

Die Induktionskoeffizienten hängen nach (D 4.1) nur von der geometrischen Struktur der Leiter und der Permeabilitätszahl μ_r des Mediums zwischen den als eindimensional vorausgesetzten Leitern ab.

Die Induktionskoeffizienten hängen von der geometrischen Anordnung der Leiter und von der Permeabilitätszahl des Einbettungsmediums ab.

(S 4.2)
Die Induktionskoeffizienten sind Konstanten des Leitersystems

Mit dem Gegeninduktionskoeffizienten L_{12} schreibt sich (4.3b)

$$\Phi_{12} = I_1 L_{12}\,. \tag{4.4a}$$

Das Magnetfeld $\boldsymbol{B}_1$ durchsetzt aber auch den Leiter 1 selbst und führt damit auch im Leiter 1 zu einem magnetischen Fluß

$$\Phi_{11} = \int\limits_{A_1} \boldsymbol{B}_1 \cdot \mathrm{d}\boldsymbol{A}_1 \tag{4.3c}$$

bzw. mit (S 2.7)

$$\Phi_{11} = I_1 \int\limits_{A_1} \int\limits_{\text{Leiter } 1} \frac{\mu_0 \mu_r (\mathrm{d}\boldsymbol{s}_1 \times \boldsymbol{r}_{11}) \cdot \mathrm{d}\boldsymbol{A}_1}{4\pi r_{11}^3} \tag{4.3d}$$

($\boldsymbol{r}_{11}$ Vektor vom Leiterelement $\mathrm{d}\boldsymbol{s}_1$ zum Flächenelement $\mathrm{d}\boldsymbol{A}_1$ des Leiters 1).

Wird in (4.3d) entsprechend (D 4.1) der Eigeninduktionskoeffizient L_{11} eingeführt, dann kann für den magnetischen Fluß durch den Leiter 1

$$\Phi_{11} = I_1 L_{11} \tag{4.4b}$$

geschrieben werden.

Analog zu (4.4a) und (4.4b) ruft der Strom I_2 die magnetischen Flüsse

$$\Phi_{21} = I_2 L_{21} \tag{4.4c}$$

$$\Phi_{22} = I_2 L_{22} \tag{4.4d}$$

hervor.

Aus Symmetriegründen (siehe (D 4.1)) genügen die Gegeninduktionskoeffizienten der Beziehung

$$L_{lk} = L_{kl} \,. \tag{4.5}$$

Eine Veränderung der Stromstärken I_1 und I_2 in den Stromkreisen 1 und 2 führt nach dem Faradayschen Induktionsgesetz (S 4.1) unter Beachtung von (4.4a) bis (4.4d) und (4.5) in den Leiterkreisen 1 und 2 zur Induktion der Spannungen

$$U_{\mathrm{ind},\,1} = -L_{11}\frac{\mathrm{d}I_1}{\mathrm{d}t} - L_{12}\frac{\mathrm{d}I_2}{\mathrm{d}t}\,, \tag{4.6a}$$

$$U_{\mathrm{ind},\,2} = -L_{22}\frac{\mathrm{d}I_2}{\mathrm{d}t} - L_{12}\frac{\mathrm{d}I_2}{\mathrm{d}t}\,. \tag{4.6b}$$

Als mögliche Maßeinheit für die Induktionskoeffizienten ergibt sich hieraus $[L] = \mathrm{Vs\,A^{-1}}$. Man führt für sie eine spezielle Bezeichnung ein:

(D 4.2) Maßeinheit Henry (H)

$$1\,\text{Henry} = 1\,\mathrm{H} = 1\,\mathrm{V}\cdot 1\,\mathrm{s}\cdot 1\,\mathrm{A}^{-1}\,.$$

Für technische Induktivitäten (z. B. Spulen) ist die Maßeinheit Henry im allgemeinen zu groß. Induktivitäten werden daher meist in μH bzw. mH angegeben.

Ein- und Ausschaltvorgang in Stromkreisen mit Induktivitäten

Ein Stromkreis bestehe aus der Spannungsquelle U, einem Wirkwiderstand R, einem Schalter S und einer Spule mit der Eigeninduktivität $L_{11} = L$ (vgl. Abb. 4.11a). Die Wirkwiderstände von Spule und Zuleitungsdrähten seien mit in R erfaßt. Im stationären Fall fließt im Stromkreis nach dem Ohmschen Gesetz (S 2.2) der Strom $I_0 = U/R$. Wir betrachten den Einschaltvorgang. Nach (4.6a) wird beim Einschalten des Stromes im Leiter die Spannung ($L_{11} = L, L_{21} = 0, I_1 = I, U_{\mathrm{ind},1} = U_{\mathrm{ind}}$)

$$U_{\mathrm{ind}} = -L\frac{\mathrm{d}I}{\mathrm{d}t} \tag{4.7}$$

induziert. Sie führt nach (S 2.2) im Leiter zum Stromfluß

$$I_{\mathrm{ind}} = \frac{U_{\mathrm{ind}}}{R}\,. \tag{4.8}$$

JOSEPH HENRY (1766–1844)

Aus (4.7) und (4.8) folgt für den beim Einschaltvorgang induzierten zeitabhängigen Strom die Differentialgleichung

$$-L\frac{\mathrm{d}I_{\mathrm{ind}}}{\mathrm{d}t} = I_{\mathrm{ind}}R\,, \tag{4.9a}$$

woraus sich nach Trennung der Variablen (vgl. I A. 17)

$$\frac{\mathrm{d}I_{\mathrm{ind}}}{I_{\mathrm{ind}}} = -\frac{R}{L}\,\mathrm{d}t$$

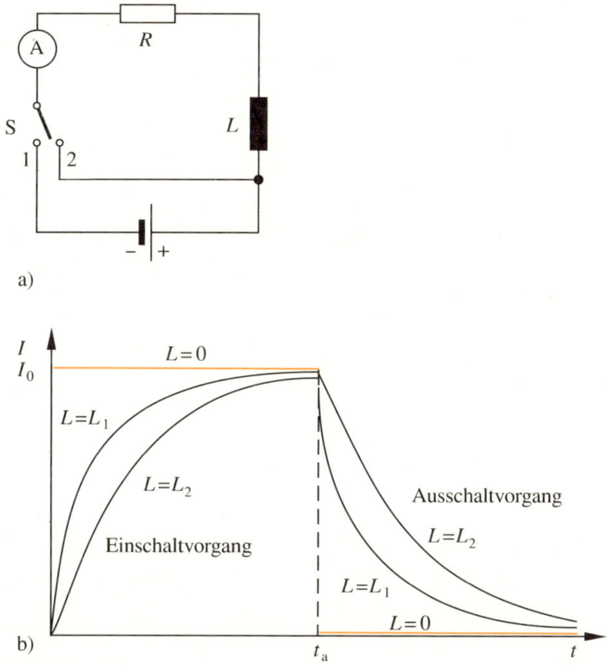

Abb. 4.11
Zum Strom-Zeit-Verlauf beim Ein- und Ausschaltvorgang eines elektrischen Stromes
a) Schaltung
b) Stromverlauf nach Einschalten bei $t = 0$ und Ausschalten bei $t = t_a$ $(0 < L_1 < L_2)$

und durch Integration (vgl. (A 2.29) und (A 2.37))

$$I_{\text{ind}} = C\mathrm{e}^{-\frac{R}{L}t} \tag{4.9b}$$

ergibt. Nach der Lenzschen Regel ist der Induktionsstrom I_{ind} dem stationären Strom I_0 cntgegengerichtet, so daß wir für den Gesamtstrom im Leiter

$$I = I_0 - I_{\text{ind}} = I_0 - C\mathrm{e}^{-\frac{R}{L}t} \tag{4.9c}$$

erhalten. Legen wir den Nullpunkt der Zeitzählung ($t = 0$) an den Beginn des Einschaltvorganges, so gilt für $t = 0$ auch $I = 0$. Diese Anfangsbedingung ergibt sich aus der Tatsache, daß die Induktivität im Stromkreis jede durch äußere Eingriffe erfolgende Stromänderung verzögert und dadurch eine sprunghafte Stromänderung unmöglich macht.

Wird die Anfangsbedingung $I(t = 0) = 0$ in (4.9c) eingesetzt, so ergibt sich die Konstante C zu $C = I_0$, und wir erhalten für den zeitlichen Verlauf des Stromes I

$$I = I_0\left(1 - \mathrm{e}^{-\frac{R}{L}t}\right). \tag{4.9}$$

Der Strom nähert sich dem stationären Wert I_0 asymptotisch, und zwar um so langsamer, je größer L ist (siehe Abb. 4.11). Derartige Vorgänge werden als *Relaxationsvorgänge* bezeichnet.

Relaxationsvorgang

Eine qualitative Bestätigung von (4.9) kann mit Hilfe der in Abbildung 4.12 gegebenen Schaltung erfolgen. Zwei gleiche Glühlampen G_1 und G_2 werden über einen gemeinsamen Schalter und die gleichen Wirkwiderstände R an die gleiche Spannungsquelle U gelegt (siehe Abb. 4.12). Der Stromkreis mit der Glühlampe G_2 besitze zusätzlich die Induktivität L. Experimentell läßt sich dies zum Beispiel dadurch erreichen, daß man in diesem Stromkreis eine Spule mit dem Wirkwiderstand $R_{Sp} \ll R$ verwendet (Spulen besitzen nach (D 4.1) eine große Induktivität). Beim Schließen des Schalters leuchtet die Glühlampe G_1 sofort auf, während die andere erst nach einer bestimmten Zeit ihre volle Leuchtkraft erreicht.

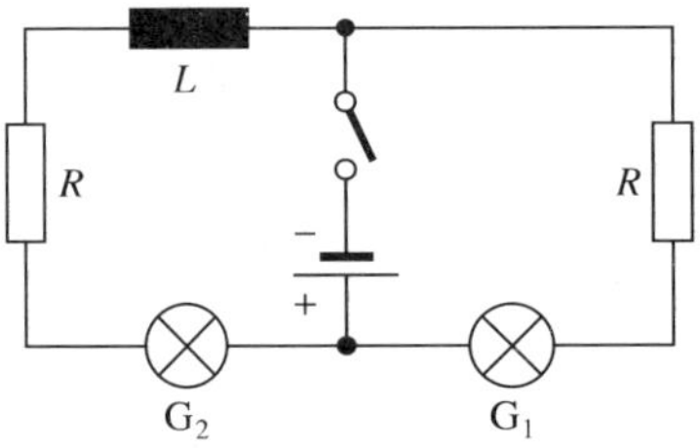

Abb. 4.12
Zum Ein- und Ausschalten von Glühlampen bei Vorhandensein bzw. Fehlen einer Induktivität

Beim Ausschalten der Spannung (in Abbildung 4.11a Übergang von Schalterstellung 1 in Schalterstellung 2) wird in der Spule L ebenfalls eine Spannung induziert. Da beim Ausschaltvorgang der magnetische Fluß durch den Leiter abnimmt, ist der Induktionsstrom beim Ausschaltvorgang dem beim Einschaltvorgang entgegengerichtet, d.h., beim Ausschaltvorgang besitzt der Induktionsstrom I_{ind} die Richtung von I_0. Aus (4.9b) folgt so für den mit dem Ausschalten verbundenen Induktionsstrom

$$I = I_{ind} = C e^{-\frac{R}{L}t} . \quad (4.10a)$$

Legen wir den Nullpunkt der Zeitzählung ($t = 0$) an den Beginn des Ausschaltvorganges ($I = I_0$), so gilt nach (4.10a) für den zeitlichen Verlauf des beim Ausschaltvorgang induzierten Stromes

$$I = I_0 e^{-\frac{R}{L}t} . \quad (4.10)$$

Der Strom im Leiter klingt um so langsamer ab, je größer L ist (siehe Abb. 4.11b).

Mit der in Abbildung 4.13 dargestellten Schaltung kann die Induktionswirkung bei Ausschaltvorgängen eindrucksvoll demonstriert werden. Eine Spule mit der Eigeninduktivität L und mit dem Wirkwiderstand R_{Sp} ist über einen Schalter S an eine Spannungsquelle der Spannung U gelegt.

Parallel zu ihr liegt eine Glühlampe mit dem Wirkwiderstand R_G. Um einen möglichst großen Wert für L zu erreichen, wird eine Spule mit Eisenkern verwendet. Unmittelbar nach der Öffnung des Schalters zur Zeit $t=0$ wird die Spule auf Grund ihrer verzögernden Wirkung gegenüber Stromänderungen vom Strom I_0 durchflossen (vgl. (4.10)). Nach dem Ohmschen Gesetz (S 2.2) gilt daher für den fließenden Strom bei Ausschalten der Spannung

$$I_0 = \frac{U}{R_{Sp}}. \tag{4.11a}$$

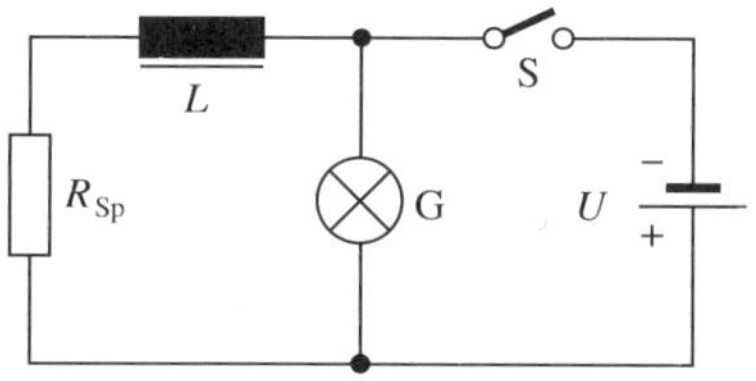

Abb. 4.13
Zum Nachweis der bei Ausschaltvorgängen auftretenden Induktionsspannung

Nach Öffnen des Schalters bilden Spule und Glühlampe einen geschlossenen Stromkreis. Der Strom I_0 muß daher auch durch die Glühlampe fließen. Für die an der Glühlampe liegende Induktionsspannung gilt nach (S 2.2) unter der Voraussetzung $R_G \gg R_{Sp}$

$$U_{ind} = R_G I_0 \tag{4.11b}$$

oder unter Beachtung von (4.11a)

$$U_{ind} = U \frac{R_G}{R_{Sp}}. \tag{4.11}$$

Da $R_G \gg R_{Sp}$ ist, liegt beim Öffnen des Schalters an der Glühlampe eine Spannung, die größer ist als die Spannung der abgeschalteten Spannungsquelle. Die Glühlampe leuchtet hell auf. Durch entsprechende Wahl des Widerstandsverhältnisses $\frac{R_G}{R_{Sp}}$ kann die induzierte Spannung U_{ind} so groß gemacht werden, daß die Wendel der Lampe durchbrennt.

Das Spannungsverhältnis $\frac{U_{ind}}{U}$ ist unabhängig von der Induktivität L der Spule. Wir kommen auf diese Tatsache unten nochmals zurück.

Die mit Ein- und Ausschaltvorgängen von Strömen verbundenen Induktionserscheinungen sind vielfach störend. Daher werden Präzisionswiderstände mit einer *bifilaren Wicklung* versehen. Der aufzuwickelnde Draht wird zuerst in der Mitte um 180° eingeknickt und dann die so entstandenen Hälften isoliert voneinander zusammen aufgewickelt. Jede

bifilare Wicklung von Widerständen

Windung wird demzufolge vom Strom auch im gegenläufigen Sinne durchlaufen. Der Strom im Präzisionswiderstand besitzt dann nach (S 2.7) nahezu kein Magnetfeld, die Eigeninduktivität des Widerstandes ist nach (D 4.1) angenähert Null (siehe Abb. 4.14).

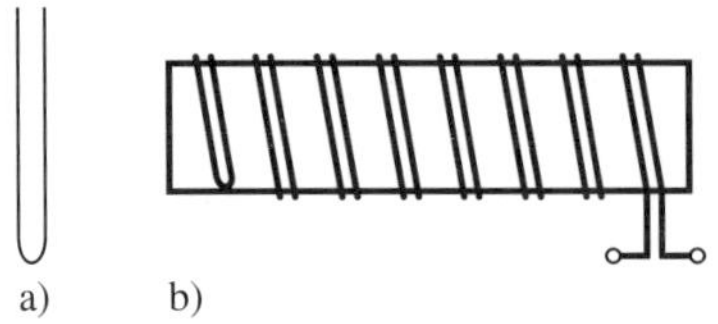

Abb. 4.14
Bifilare Wicklung:
Ein isolierter Draht wird entsprechend (a) gebogen und so aufgewickelt (b).

Zum Aufrechterhalten des Stromes nach Ausschalten der Spannungsquelle ist Energie erforderlich. Da diese nicht mehr von der Spannungsquelle geliefert wird, kann nur das mit dem Stromfluß verbundene Magnetfeld als Sitz dieser Energie angesehen werden. Aus $\mathrm{d}W = UI\mathrm{d}t$ (S 2.5) folgt mit dem Ohmschen Gesetz $U = IR$ (S 2.2), (4.10), (A 2.28) und (A 2.36) für die magnetische Feldenergie

$$W_\mathrm{m} = \int_0^\infty UI\,\mathrm{d}t = \int_0^\infty I^2 R\,\mathrm{d}t = I_0^2 R \int_0^\infty \mathrm{e}^{-\frac{2R}{L}t}\,\mathrm{d}t = \frac{I_0^2}{2}L\,.$$

(S 4.3) Magnetische Feldenergie des elektrischen Stromes

Die magnetische Feldenergie des elektrischen Stromes I in einem Leiter der Eigeninduktivität L beträgt

$$W_\mathrm{m} = \frac{LI^2}{2}\,.$$

In dem in Abbildung 4.13 skizzierten Experiment ist nach (4.11) das Spannungsverhältnis $\frac{U_\mathrm{ind}}{U}$ von der Eigeninduktivität der Spule unabhängig. Es ist aber hierbei zu beachten, daß zum Aufleuchten der Lampe bzw. zum Durchbrennen ihrer Wendel eine bestimmte Energie notwendig ist. Diese wird der magnetischen Feldenergie entnommen. Nach (S 4.3) ist die magnetische Feldenergie bei vorgegebener Stromstärke um so größer, je größer L ist. Zum Aufleuchten der Glühlampe ist daher ein bestimmter Mindestwert der Induktivität der Spule erforderlich.

Wir betrachten eine Spule der Windungszahl N, der Länge l und des Querschnittes A. Ihr Durchmesser sei sehr viel kleiner als ihre Länge, so daß ihr magnetisches Feld näherungsweise durch das Feld einer unendlich langen Spule ersetzt werden kann. Dann gilt nach (2.14a) und (S 1.15) für ihre magnetische Feldstärke

$$H = \frac{IN}{l}, \qquad (4.12a)$$

nach (D 1.18) für den magnetischen Fluß durch die Spule

$$\Phi = N B A \tag{4.12b}$$

und nach (S 4.3) und (4.4b) für ihre magnetische Feldenergie

$$W_m = \frac{\Phi I}{2} . \tag{4.12c}$$

Werden in (4.12c) mit Hilfe von (4.12a), (4.12b), (S 1.15) und (A 3.5) die Größen I und Φ eliminiert, so folgt die magnetische Feldenergie

$$W_m = \frac{B H A l}{2} = \frac{\boldsymbol{B} \cdot \boldsymbol{H} A l}{2} , \tag{4.12}$$

oder mit der Energiedichte $w = W/V$ (I D 10.10) in voller Übereinstimmung mit (S 1.16) für die magnetische Energiedichte in der Spule

$$w_m = \frac{\boldsymbol{B} \cdot \boldsymbol{H}}{2} .$$

4.3 Aufgaben

4.1
Ein Hohlzylinder mit der Höhe h und den Radien r_1 und r_2 (s. Abbildung) befindet sich in einem zeitabhängigen Magnetfeld $B = ct$ (c Konstante), dessen Feldlinien parallel zur Zylinderachse verlaufen. Der spezifische elektrische Widerstand des Ringmaterials sei ϱ.

a) Wie groß ist der durch Induktion in einem differentiellen Hohlzylinder der Dicke dr hervorgerufene Strom?
b) Wie groß ist der Strom im gesamten Hohlzylinder?

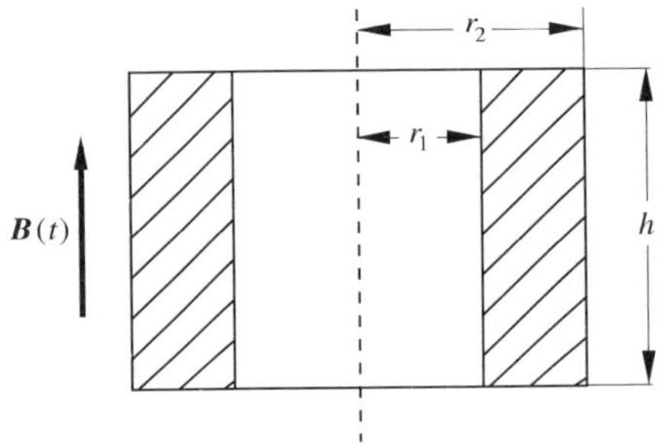

4.2
Durch einen unendlich langen geraden Draht fließe der Strom I. Im Abstand r (s. Abbildung) wird parallel zum Stromleiter ein Draht der Länge l mit der konstanten Geschwindigkeit $\boldsymbol{v}$ vorbeigezogen.
Wie groß ist die zwischen den Drahtenden induzierte Spannung?

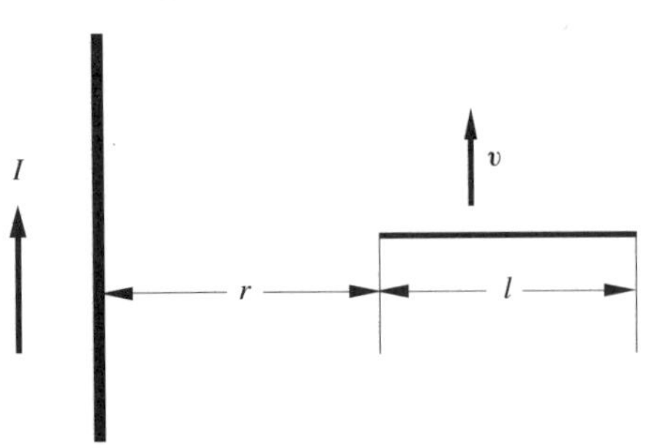

4.3
Parallel zu einem langen geraden Draht, der vom konstanten Strom I durchflossen wird, befindet sich zur Zeit $t = 0$ im Abstand r_0 ein Leiterstück der Länge l. Dieses Leiterstück wird mit konstanter Geschwindigkeit $\boldsymbol{v}$ senkrecht zum Strom bewegt.
Man bestimme die im Leiterstück induzierte Spannung als Funktion der Zeit!

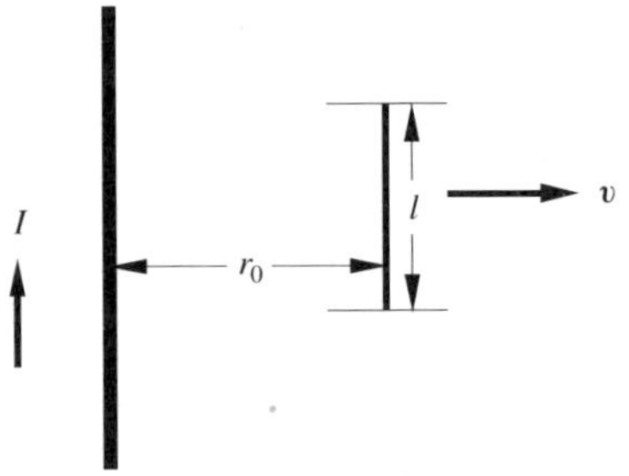

4.4
Ein gerader Leiter der Länge $l = 15$ cm rotiert in einem homogenen Magnetfeld ($B = 0{,}5$ T) mit der Frequenz $\nu = 60$ Hz um eine Achse A, die sich an einem Leiterende befindet. Achse und Magnetfeld sind zueinander parallel.

a) Welche Spannung wird zwischen den Stabenden induziert?
b) Wo befindet sich der Pluspol der induzierten Spannung?

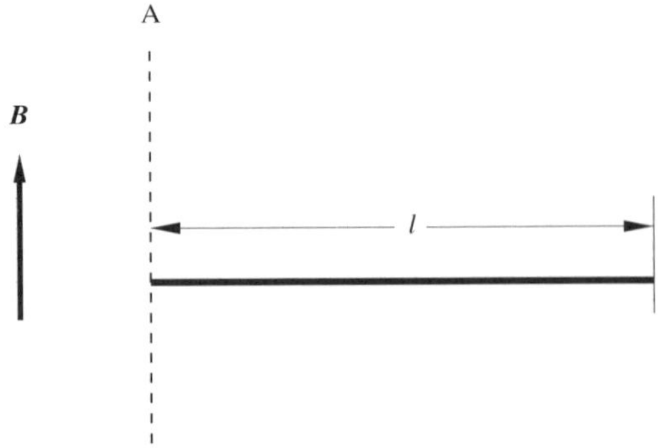

4.5

Der in einem geraden Draht fließende Wechselstrom $I = I_0 \cos \omega t$ soll mit Hilfe einer rechteckigen Induktionsspule (Kantenlänge a, Windungszahl N) gemessen werden. Die Spule befindet sich im Abstand a (s. Abbildung) vom Draht. Ihre Flächennormale steht senkrecht zum fließenden Strom.
Berechnen Sie den allgemeinen Ausdruck für die Induktionsspannung U_{ind}!

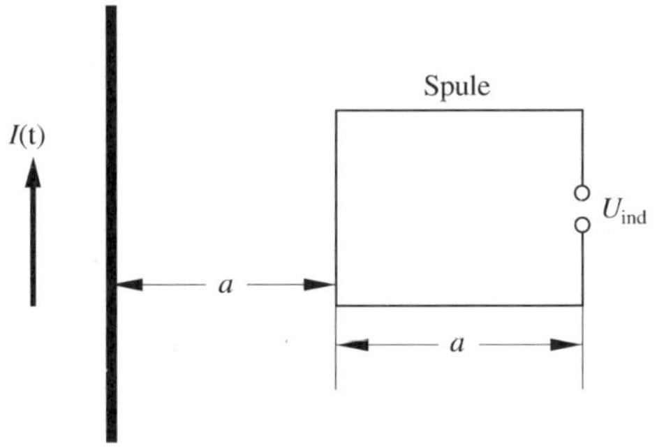

5 Quasistatische Felder

5.1 Quasistatische Näherung

In einem statischen elektrischen Feld ist das Linienintegral über die elektrische Feldstärke unabhängig vom gewählten Weg (vgl. (S 1.4)). Deshalb kann das elektrische Potential als eine skalare Größe eingeführt werden (vgl. (D 1.6)), die statt der vektoriellen elektrischen Feldstärke zur Beschreibung des elektrischen Feldes herangezogen werden kann (S 1.5). Der elektrische Zustand eines elektrischen Netzwerkes wird dann zweckmäßig durch die Spannung als Potentialdifferenz zwischen verschiedenen Punkten des Netzwerkes erfaßt.

In einem nichtstatischen, d.h. in einem zeitlich veränderlichen Feld ist dieses Vorgehen neu zu durchdenken.

In einem elektrischen Netzwerk kann eine zeitliche Änderung der Feldgrößen z.B. durch Induktionsvorgänge verursacht werden. Denkt man sich nun ein zeitlich veränderliches Feld derart, daß sich die Feldänderung von einem Ort aus mit endlicher Geschwindigkeit in die verschiedenen Richtungen ausbreitet, dann ist das zu einem gegebenen Zeitpunkt gebildete Linienintegral über die Feldstärke nicht mehr unabhängig vom Weg. Damit kann es nicht mehr durch ein Potential beschrieben werden, d.h., in diesem zeitlich veränderlichen Feld existiert kein elektrisches Potential. In vielen praktisch relevanten Fällen kann man aber für zeitlich veränderliche elektrische Felder in sehr guter Näherung annehmen, daß die Ausbreitung des Feldes praktisch unendlich schnell und damit die mit ihr verbundene Änderung der Feldstärke im gesamten Raum synchron erfolgt, Laufzeiteffekte also vernachlässigbar sind. Unter dieser Bedingung bleiben die statisch eingeführten Begriffe elektrisches Potential und elektrische Spannung weiter anwendbar. Man nennt die genannte Näherung die *quasistatische Näherung* und ein sich synchron im ganzen Raum veränderndes Feld ein *quasistatisches Feld*.

quasistatische Näherung

Wie in (S 7.3) gezeigt wird, breitet sich ein elektromagnetisches Signal mit Lichtgeschwindigkeit aus, d.h. im Vakuum mit einer Geschwindigkeit von angenähert $3 \cdot 10^8\,\mathrm{ms}^{-1}$. Ist ein elektrisches Feld mit der Frequenz $\nu = 50\,\mathrm{Hz}$ zeitlich periodisch (*technischer Wechselstrom*, siehe 5.6), dann durchläuft das elektrische Signal während der Periodendauer $T = 2 \cdot 10^{-2}\,\mathrm{s}$ eine Strecke von angenähert 6000 km. Werden nur Leiterlängen $< 60\,\mathrm{km}$ betrachtet, d.h. mit Abmessungen, die nur 1% und weniger als der vom Signal in einer Periodendauer zurückgelegte Weg betragen, so kann man die quasistatische Näherung ohne wesentlichen Fehler anwenden, da die Laufzeitunterschiede im Netzwerk höchstens ein Prozent der Feldstärkewerte ausmachen. Kommt dagegen die Leiterlänge in die Größenordnung von 1000 km und mehr (z.B. bei einer Überlandleitung), so werden die Einflüsse der Laufzeit auf die Feldstärkewerte beträchtlich.

Ob ein vorgegebenes Netzwerk quasistatisch behandelt werden kann oder nicht, hängt bei vorgegebener Netzwerkausdehnung von der Frequenz des Feldes ab. Während bei Frequenzen von 50 Hz ein Leitersystem von maximal 60 km Ausdehnung in guter Näherung quasistatisch behandelt werden darf, ist diese Möglichkeit für eine Frequenz von 1 MHz nicht mehr gegeben. Lassen wir für die Anwendung der quasistatischen Näherung wieder Laufzeiteinflüsse auf den Wert der elektrischen Feldgrößen von höchstens einem Prozent zu, so darf bei einer Frequenz von 1 MHz die Leiterlänge nicht mehr als 3 m betragen.

Bleibt in einem elektrischen Netzwerk zu jedem Zeitpunkt der Einfluß der Laufzeit des elektrischen Feldes auf alle Momentanwerte des Feldes unter einer sehr kleinen vorgegebenen Schranke, dann können die für statische Felder definierten Größen elektrisches Potential und elektrische Spannung in diesem System Anwendung finden.
(Quasistatische Näherung)

(S 5.1)
quasistatische Näherung

Wir wollen im gesamten Abschnitt 5 die Voraussetzungen für die Anwendung der quasistatischen Näherung als erfüllt betrachten.

5.2 Wechselspannung, Wechelstrom

Vor dem Lesen dieses Kapitels wird die Wiederholung des Abschnitts I 9, Schwingungen, bzw. dessen kurze Zusammenfassung A. 14 empfohlen, weil viele dort im Detail erörterte Probleme im Nachfolgenden Anwendung auf die Elektrizitätslehre finden.

Verändern sich elektrische Spannung bzw. elektrischer Strom zeitlich periodisch in der Form

$$U = U_0 \cos(\omega t + \varphi_U)$$

bzw.

$$I = I_0 \cos(\omega t + \varphi_I),$$

so heißen sie harmonische Wechselspannung bzw. harmonischer Wechselstrom, die Größen

$$U_{\text{eff}} = \frac{U_0}{\sqrt{2}}$$

bzw.

$$I_{\text{eff}} = \frac{I_0}{\sqrt{2}}$$

ihre Effektivwerte.

(D 5.1)
harmonische Wechselspannung
harmonischer Wechselstrom
Effektivwerte von Strom und Spannung

Alle Überlegungen des Abschnittes I 9.1.1 sind sofort auf Wechselspannung und Wechselstrom übertragbar. U_0 und I_0 sind die Amplituden von Wechselspannung und -strom, $\omega t + \varphi_U$ und $\omega t + \varphi_I$ die Phasen von Spannung und Strom, φ_U und φ_I die entsprechenden Phasenkonstanten und $\omega = 2\pi\nu = \frac{2\pi}{T}$ die Kreisfrequenz. Die physikalische Bedeutung der Effektivwerte von Spannung und Strom wird in Abschnitt 5.4.1 erläutert.

Beliebig zeitlich periodische Veränderungen von U bzw. I sind durch Überlagerung von harmonischen Wechselspannungen bzw. -strömen darstellbar (Fourier-Reihe, vgl. Abschnitt I 9.2, insbesondere (I S9.8)). Beliebig zeitabhängige Spannungen und Ströme (z.B. Rechteckimpulse) können nach (I S 9.9) durch ein Fourier-Integral ausgedrückt werden. Im folgenden wird – falls nicht ausdrücklich anders vermerkt – immer harmonische Periodizität vorausgesetzt und der Kürze wegen nur von Wechselspannungen und -strömen gesprochen.

Analog (I S 9.1) können für lineare Operationen die Ausdrücke für Wechselspannung und -strom durch die *komplexen Darstellungen*

komplexe Darstellung harmonischer Wechselspannungen und -ströme

$$\hat{U} = U_0\,\mathrm{e}^{\mathrm{i}(\omega t + \varphi_U)}, \tag{5.1}$$

$$\hat{I} = I_0\,\mathrm{e}^{\mathrm{i}(\omega t + \varphi_I)} \tag{5.2}$$

ersetzt werden. Der physikalische Inhalt ist dem Realteil von $\hat{U}$ bzw. $\hat{I}$ zugeordnet.

Entsprechend (I D9.4) und (D 5.1) werden Amplituden und Phasen zu den komplexen Amplituden von Spannung und Strom

$$\hat{U}_0 = U_0\,\mathrm{e}^{\mathrm{i}\varphi_U} = U_{\mathrm{eff}}\sqrt{2}\,\mathrm{e}^{\mathrm{i}\varphi_U}, \tag{5.1a}$$

$$\hat{I}_0 = I_0\,\mathrm{e}^{\mathrm{i}\varphi_I} = I_{\mathrm{eff}}\sqrt{2}\,\mathrm{e}^{\mathrm{i}\varphi_I} \tag{5.2a}$$

zusammengefaßt.

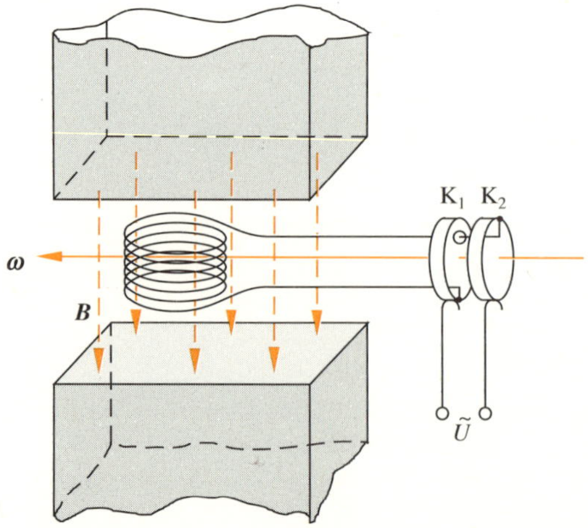

Abb. 5.1 Erzeugung einer Wechselspannung nach dem Induktionsprinzip

Für die Anwendbarkeit der komplexen Darstellung von Wechselspannung und -strom gilt (I S 9.1). Nach diesem Satz kann die komplexe Darstellung (5.1) bzw. (5.2) nur für alle die Probleme Anwendung finden, bei denen lineare Operationen der komplexen Größen auftreten. Sie versagt also z. B. schon bei der Berechnung der Leistungsaufnahme des Wechselstromkreises (vgl. Abschn. 5.4.1).

Erzeugung einer Wechselspannung

Eine Wechselspannung kann mit einer Spule erzeugt werden, die mit einer Winkelgeschwindigkeit ω im Luftspalt eines Elektromagneten rotiert (Abb. 5.1). Die Rotationsachse wird zu diesem Zweck senkrecht zur Spulenachse und senkrecht zu den Feldlinien im Luftspalt des Magneten angeordnet. Der magnetische Fluß durch die rotierende Spule ist dann mit der Kreisfrequenz ω zeitlich harmonisch veränderlich (vgl. (D 1.18)):

$$\Phi = \Phi_0 \sin(\omega t + \varphi) .$$

Nach dem Faradayschen Induktionsgesetz und (D 1.18) ergibt sich für die in der Spule induzierte Spannung

$$\begin{aligned} U_{\text{ind}} &= -\omega \Phi_0 \cos(\omega t + \varphi) \\ &= U_0 \cos(\omega t + \varphi_U) . \end{aligned}$$

Die Wechselspannung zwischen den Klemmen der Spule kann durch die Schleifkontakte K_1 und K_2 abgegriffen werden. Alle großtechnischen Spannungserzeuger sind auf diesem Induktionsprinzip aufgebaut (siehe Abschnitt 5.6).

5.3 Elektrische Schwingungen

Ein elektrischer Wirkwiderstand R, eine Induktivität L (z. B. Spule) und eine Kapazität C werden in Reihe geschaltet und an die Wechselspannungsquelle $U(t)$ gelegt (Abb. 5.2). Wirkwiderstand, Kapazität, Induktivität und Zuleitungen werden als ideal angenommen, d. h., die Zuleitungen haben weder einen Wirkwiderstand, noch eine Kapazität, noch eine Induktivität, der Wirkwiderstand besitzt keine Induktivität und keine Kapazität usw.

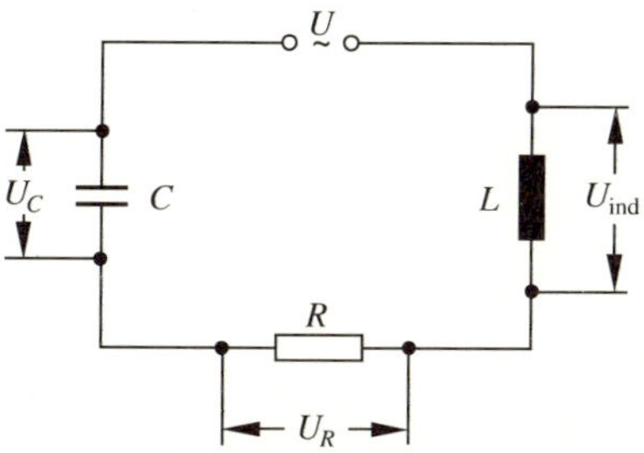

Abb. 5.2 Reihenschwingkreis

Nach dem 2. Kirchhoffschen Gesetz (vgl. (S 2.3 b) und Abb. 5.2) gilt

$$U + U_{\text{ind}} = U_C + U_R, \tag{5.3}$$

wobei U_C die Spannung an der Kapazität, U_R die Spannung am Wirkwiderstand und U_{ind} die in der Induktivität induzierte Spannung bedeuten. Nach (D 1.10), (S 2.2) und (4.7) gilt für diese Spannungen

$$U_C = \frac{q}{C},$$

$$U_R = RI,$$

$$U_{\text{ind}} = -L\frac{\mathrm{d}I}{\mathrm{d}t},$$

womit für (5.3)

$$U = \frac{q}{C} + RI + L\frac{\mathrm{d}I}{\mathrm{d}t} \tag{5.3a}$$

geschrieben werden kann.

(5.3 a) und $I = \frac{\mathrm{d}q}{\mathrm{d}t}$ (vgl. (D 2.1)) stellen ein System von zwei linearen gewöhnlichen Differentialgleichungen 1. Ordnung zur Bestimmung von I dar. Dieses Differentialgleichungssystem ist leicht in eine gewöhnliche lineare Differentialgleichung 2. Ordnung überführbar, indem (5.3a) nach t differenziert und in diese Gleichung $I = \frac{\mathrm{d}q}{\mathrm{d}t}$ eingesetzt wird:

$$L\frac{\mathrm{d}^2 I}{\mathrm{d}t^2} + R\frac{\mathrm{d}I}{\mathrm{d}t} + \frac{I}{C} = \frac{\mathrm{d}U}{\mathrm{d}t}. \tag{5.4}$$

Durch diese Differentialgleichung ist bei bekannter Zeitabhängigkeit der Spannung der Stromverlauf im Netzwerk eindeutig bestimmt.

5.3.1 Ungedämpfte elektrische Schwingungen

Wir betrachten den Fall

$$L \neq 0, \quad C \neq \infty, \quad U = 0, \quad R = O.$$

Der Stromkreis besteht aus einer Reihenschaltung von Induktivität L und Kapazität C (Abb. 5.3a). Auf die Kapazität werde zu einer bestimmten Zeit die Ladung q gebracht. Der Strom genügt nach (5.4) der Differentialgleichung

$$L\frac{\mathrm{d}^2 I}{\mathrm{d}t^2} + \frac{I}{C} = 0, \tag{5.5a}$$

oder mit der Abkürzung

$$\omega_0{}^2 = \frac{1}{LC}$$

der Differentialgleichung

$$\frac{\mathrm{d}^2 I}{\mathrm{d}t^2} + \omega_0{}^2 I = 0. \tag{5.5}$$

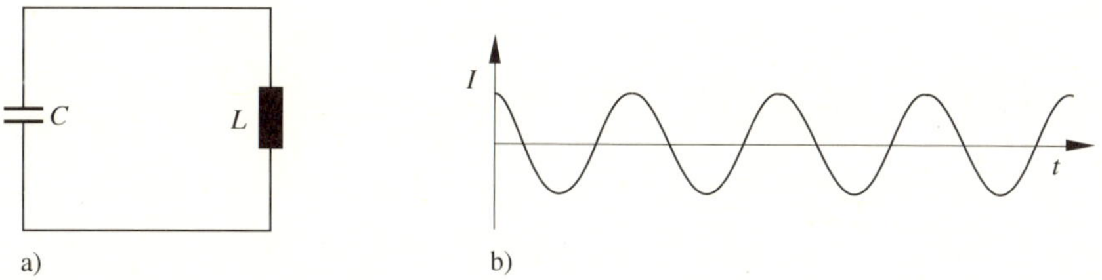

Abb. 5.3
Ungedämpfte elektrische Schwingung
a) Schaltung
b) Strom-Zeit-Verlauf

Die Stromstärke genügt der Schwingungsdifferentialgleichung (A 14.5). Demzufolge hat der Strom-Zeit-Verlauf die Form einer harmonischen Schwingung (Wechselstrom, siehe (D 5.1) und Abb. 5.3b):

$$I = I_0 \cos(\omega_0 t + \varphi_I) \tag{5.6}$$

mit der Kreisfrequenz

$$\omega_0 = \frac{1}{\sqrt{LC}}, \tag{5.6a}$$

oder unter Beachtung von (A 14.3) mit der Frequenz

$$\nu_0 = \frac{1}{2\pi\sqrt{LC}} \tag{5.6b}$$

bzw. der Periodendauer

$$T = 2\pi\sqrt{LC}. \tag{5.6c}$$

Man spricht von einer *ungedämpften elektrischen Schwingung*. Das spezielle Netzwerk heißt *Schwingkreis*. (5.6c) wird vielfach als *Thomsonsche Schwingungsformel* bezeichnet.

ungedämpfte elektrische Schwingung
Schwingkreis
Thomsonsche Schwingungsformel
WILLIAM THOMSON (Lord KELVIN)

5.3.2 Gedämpfte elektrische Schwingungen, aperiodischer Fall

Wir betrachten den Fall

$$L \neq 0, \ C \neq \infty, \ R \neq 0, \ U = 0.$$

Der Stromkreis besteht aus einer Reihenschaltung von Induktivität L, Kapazität C und Wirkwiderstand R (Abb. 5.4a). Dieser Fall berücksichtigt gegenüber dem vorstehenden die Tatsache, daß die Wirkwiderstände der Zuleitungsdrähte, der technischen Induktivitäten und Kapazitäten nicht beliebig klein gemacht werden können, d.h. stets existieren. Er entspricht daher der Wirklichkeit. Nach (5.4) genügt der Strom der Diffentialgleichung

$$L\frac{\mathrm{d}^2 I}{\mathrm{d}t^2} + R\frac{\mathrm{d}I}{\mathrm{d}t} + \frac{I}{C} = 0. \tag{5.7}$$

Der Vergleich von (5.7) mit der Differentialgleichung (A 14.6) des gedämpften Federschwingers zeigt, daß $I \mathrel{\hat{=}} x$, $L \mathrel{\hat{=}} m$, $R \mathrel{\hat{=}} R$ und $C \mathrel{\hat{=}} \frac{1}{D}$. Damit können die Lösungen (A 14.6a) bis (A 14.6c) von (A 14.6) sofort auf unser Problem übertragen werden. Wir haben dann folgende drei Fälle zu unterscheiden:

$$\boxed{\frac{R^2}{4L^2} > \frac{1}{LC}}$$

$$I = \mathrm{e}^{-\frac{R}{2L}t}\left[I_{01}\,\mathrm{e}^{+\sqrt{\frac{R^2}{4L^2}-\frac{1}{LC}}\,t} + I_{02}\,\mathrm{e}^{-\sqrt{\frac{R^2}{4L^2}-\frac{1}{LC}}\,t}\right]. \tag{5.8a}$$

aperiodischer Fall

I ist nicht periodisch von der Zeit abhängig (*aperiodischer Fall*, Abb. 5.4b). Da $\mathrm{e}^{-\frac{R}{2L}t}$ mit wachsendem t stärker gegen Null geht als $\mathrm{e}^{\sqrt{\frac{R^2}{4L^2}-\frac{1}{LC}}\,t}$ gegen Unendlich $\left(\sqrt{\frac{R^2}{4L^2}-\frac{1}{LC}}\right.$ ist nach Voraussetzung kleiner als $\left.\frac{R}{2L}\right)$, nimmt der Strom praktisch exponentiell mit der Zeit ab.

$$\boxed{\frac{R^2}{4L^2} < \frac{1}{LC}}$$

$$I = I_0\,\mathrm{e}^{-\frac{R}{2L}t}\cos(\omega t + \varphi_I) \tag{5.8b}$$

mit

$$\omega = \sqrt{\frac{1}{LC} - \frac{R^2}{4L^2}} < \omega_0 \,. \qquad (5.8c)$$

Man erhält eine *exponentiell gedämpfte elektrische Schwingung* (Abb. 5.4c). Ihre Frequenz ist stets kleiner als die der ungedämpften (vgl. (5.8c) mit (5.6a)).

exponentiell gedämpfte elektrische Schwingung

$$\boxed{\frac{R^2}{4L^2} = \frac{1}{LC}}$$

$$I = e^{-\frac{R}{2L}t}\,[I_{01} + I_{02}^{*}t] \,. \qquad (5.8d)$$

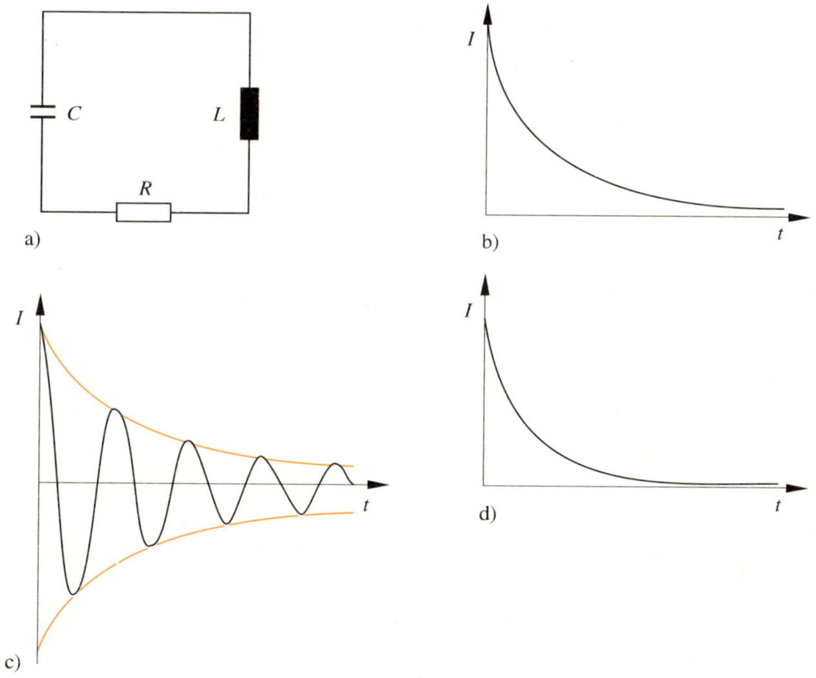

Abb. 5.4 Gedämpfte elektrische Schwingung
a) Schaltung

b) aperiodischer Fall $\left(\frac{R^2}{4L^2} > \frac{1}{LC}\right)$

c) exponentiell gedämpfte elektrische Schwingung $\left(\frac{R^2}{4L^2} < \frac{1}{LC}\right)$

d) aperiodischer Grenzfall $\left(\frac{R^2}{4L^2} = \frac{1}{LC}\right)$

aperiodischer Grenzfall

I ist nicht periodisch von der Zeit abhängig (*aperiodischer Grenzfall*). Da $e^{-\frac{R}{2m}t}$ mit wachsendem t stärker gegen Null geht als t selbst gegen Unendlich (vgl. A 13.4), nimmt der Strom praktisch exponentiell mit der Zeit ab. Qualitativ unterscheidet sich damit dieser Fall nicht vom aperiodischen, $I(t)$ ist aber etwas stärker gedämpft.

Welcher der drei Fälle eintritt, ist durch die Werte von L, C und R festgelegt. Läßt man bei vorgegebenen Werten von L und C den Wirkwiderstand von $R=0$ an wachsen, dann geht die ungedämpfte elektrische Schwingung ($R=0$, (5.6)) zuerst in die exponentiell gedämpfte (5.8b) über, beim weiteren Anwachsen von R diese in den aperiodischen Grenzfall (5.8d) und dann in den aperiodischen Fall (5.8a). Die Dämpfung ist durch die Energieumwandlung im Wirkwiderstand bedingt (Joulesche Wärme, vgl. (S 2.5)).

5.3.3 Erzwungene elektrische Schwingungen

Wir betrachten den Fall

$$L \neq 0\,, \quad C \neq \infty\,, \quad R \neq 0\,, \quad U = U_0 \cos \omega_{\ddot{a}} t\,.$$

Zum Ausgleich der Energieverluste im gedämpften Schwingkreis wird an ihn zusätzlich die Wechselspannung $U = U_0 \cos \omega_{\ddot{a}} t$ gelegt. Nach (5.4), (A 2.7) und (A 2.11) genügt die elektrische Stromstärke der Differentialgleichung

$$L \frac{d^2 I}{dt^2} + R \frac{dI}{dt} + \frac{I}{C} = -U_0\, \omega_{\ddot{a}} \sin \omega_{\ddot{a}} t\,. \tag{5.9}$$

Der Vergleich von (5.9) mit der Differentialgleichung (A 14.7) des zu erzwungenen Schwingungen angeregten Federschwingers zeigt, daß $I \mathrel{\hat{=}} x$, $L \mathrel{\hat{=}} m$, $R \mathrel{\hat{=}} R$, $C \mathrel{\hat{=}} \frac{1}{D}$ und $U_0\, \omega_{\ddot{a}} \cos\left(\omega_{\ddot{a}} t + \frac{\pi}{2}\right) \mathrel{\hat{=}} F_0 \cos \omega_{\ddot{a}} t$. Analog zu (A 14.7a), (A 14.8a) und (A 14.8b) folgt:

(S 5.2)
erzwungene elektrische Schwingung

Liegt an einer Reihenschaltung von Wirkwiderstand R, elektrischer Induktivität L und elektrischer Kapazität C die Wechselspannung

$U = U_0 \cos(\omega_{\ddot{a}} t + \varphi_U)$,

so ist nach Ablauf einer bestimmten Einschwingzeit der elektrische Strom gegeben durch

$I = I_0 \cos(\omega_{\ddot{a}} t + \varphi_I)$.

Seine Amplitude ergibt sich mit der Eigenkreisfrequenz ω_0 des ungedämpften Systems zu

$$I_0 = \frac{\dfrac{U_0 \omega_ä}{L}}{\sqrt{(\omega_0^2 - \omega_ä^2)^2 + \dfrac{R^2 \omega_ä^2}{L^2}}}.$$

Zwischen Spannung und Strom besteht die Phasendifferenz

$$\varphi = \varphi_U - \varphi_I = \arctan \frac{\dfrac{\omega_ä R}{L}}{\omega_0^2 - \omega_ä^2}.$$

Der Strom schwingt mit der gleichen Frequenz wie die anliegende Spannung. Man bezeichnet diesen Vorgang als *erzwungene elektrische Schwingung*.

5.4 Ohmsches Gesetz für Wechselstrom

Eine Wechselspannung U werde an die Reihenschaltung aus Wirkwiderstand R, Induktivität L und Kapazität C gelegt. Nach Ablauf der Einschwingzeit stellt sich im Leiterkreis entsprechend (S 5.2) ein Wechselstrom gleicher Frequenz ein, wobei die Stromstärke I und die Spannung U der Differentialgleichung (5.4) genügen. Nach (5.1), (5,2), (A 2.7) und (A 2.14 a) gilt

$$\frac{\mathrm{d}\hat{U}}{\mathrm{d}t} = \mathrm{i}\omega \hat{U}, \qquad \frac{\mathrm{d}\hat{I}}{\mathrm{d}t} = \mathrm{i}\omega \hat{I}, \qquad (5.10\text{a, b})$$

$$\frac{\mathrm{d}^2 \hat{I}}{\mathrm{d}t^2} = -\omega^2 \hat{I} \qquad (5.10\text{c})$$

und nach Einsetzen dieser Werte in die Differentialgleichung (5.4) bei Beachtung von (5.1 a) und (5.2 a)

$$\hat{U}_0 = \left(R + \mathrm{i}\left(\omega L - \frac{1}{\omega C}\right)\right)\hat{I}_0. \qquad (5.10)$$

Um (5.10) in Analogie zum Ohmschen Gesetz im Gleichstromkreis (vgl. Abschnitt 2.2) interpretieren zu können, erweisen sich die folgenden Definitionen als zweckmäßig:

(D 5.2) Widerstandsoperator $\hat{R}$

Fließt unter der Wirkung einer durch den Operator $\hat{U}$ beschriebenen Spannung durch einen Zweipol ein durch den Operator $\hat{I}$ beschriebener Strom, so heißt

$\hat{R} = \dfrac{\hat{U}}{\hat{I}}$ elektrischer Widerstandsoperator,

Leitwertoperator $\hat{G}$
Wirkwiderstand (Resistanz) R
Wirkleitwert (Konduktanz) G
Blindwiderstand (Reaktanz) R_{Bl}
Blindleitwert (Suszeptanz) G_{Bl}
Scheinwiderstand (Impedanz) R_{Sch}
Scheinleitwert (Admittanz) G_{Sch}
induktiver Widerstand R_L
kapazitiver Widerstand R_C

$\hat{G} = \frac{1}{\hat{R}}$ elektrischer Leitwertoperator,

der Realteil R von $\hat{R}$ Wirkwiderstand oder Resistanz,

der Realteil G von $\hat{G}$ Wirkleitwert oder Konduktanz,

der Imaginärteil R_{Bl} von $\hat{R}$ Blindwiderstand oder Reaktanz,

der Imaginärteil G_{Bl} von $\hat{G}$ Blindleitwert oder Suszeptanz,

$|\hat{R}| = \sqrt{R^2 + R^2{}_{Bl}} = R_{Sch}$ Scheinwiderstand oder Impedanz,

$|\hat{G}| = \sqrt{G^2 + G^2{}_{Bl}} = G_{Sch}$ Scheinleitwert oder Admittanz.

Speziell heißen die Blindwiderstände

$R_L = \omega L$ induktiver Widerstand

und

$R_C = 1/\omega C$ kapazitiver Widerstand.

Mögliche Maßeinheiten: $[R] = [R_L] = [R_C] = [R_{Sch}] = [R_{Bl}] = \Omega$, $[G] = \mathrm{S}$. Durch Einführung des elektrischen Widerstandsoperators $\hat{R}$ ist das Ohmsche Gesetz in der Form

$$\hat{U} = \hat{R}\hat{I}$$

auch auf Wechselstromkreise anwendbar.

Widerstandsoperator für beliebige periodische Zeitfunktionen

Wenn $\hat{U}$ und $\hat{I}$ beliebige periodische Funktionen sind, ist im allgemeinen auch $\hat{R}$ zeitabhängig. Das ist z.B. der Fall, wenn an einen Kondensator oder an eine Spule eine Rechteckspannung gelegt wird. Dann ist die Spannung am Zweipol jeweils während einer Halbperiode konstant, aber der Strom ändert sich exponentiell. Der Zweipol kann deshalb nicht durch den Widerstand zu einer bestimmten Zeit, sondern nur durch die gesamte Zeitfunktion $\hat{R} = \hat{R}(t)$ charakterisiert werden. Ist die an dem Zweipol anliegende Spannung hingegen harmonisch und somit durch (5.1) darstellbar, so fließt im eingeschwungenen Zustand ein Wechselstrom mit gleicher Frequenz (vgl. (5.2)) durch den Zweipol. Dann gilt für jeden beliebigen Zeitpunkt

Widerstandsoperator für harmonische Zeitfunktionen

$$\hat{R} = \frac{\hat{U}}{\hat{I}} = \frac{\hat{U}_0}{\hat{I}_0} = \text{const.}$$

Wendet man die Definitionen (D 5.2) nun auf die für eine Reihenschaltung gültige Beziehung (5.10) an, so folgt:

(S 5.3) Ohmsches Gesetz für eine RLC-Reihenschaltung

In einer Reihenschaltung von Wirkwiderstand R, Induktivität L und Kapazität C ist das Verhältnis von komplexer Spannungs- zu komplexer Stromamplitude unabhängig von der herrschenden Feldstärke gleich dem elektrischen Widerstandsoperator

$$\frac{\hat{U}_0}{\hat{I}_0} = \hat{R} = R + \mathrm{i}\left(\omega L - \frac{1}{\omega C}\right).$$

Der Betrag des elektrischen Widerstandsoperators, d.h. der Scheinwiderstand, ist gleich dem Verhältnis von Effektivspannung zu Effektivstromstärke:

$$R_{\mathrm{Sch}} = \sqrt{R^2 + \left(\omega L - \frac{1}{\omega C}\right)^2} = \frac{U_{\mathrm{eff}}}{I_{\mathrm{eff}}};$$

das Argument des elektrischen Widerstandsoperators ist gleich der Phasenverschiebung zwischen anliegender elektrischer Spannung und elektrischem Strom:

$$\arg \hat{R} = \varphi_U - \varphi_I = \varphi$$

oder

$$\tan \varphi = \tan(\varphi_U - \varphi_I) = \frac{\omega L - \dfrac{1}{\omega C}}{R}.$$

(Ohmsches Gesetz für eine RLC-Reihenschaltung)

Man beachte, daß der elektrische Widerstandsoperator $\hat{R}$ komplex ist und daß nach (S 5.3) sowohl sein Absolutbetrag als auch sein Argument physikalische Bedeutung besitzen.

Induktiver bzw. kapazitiver Widerstand sind Sonderfälle des Scheinwiderstandes für $R=0$, $C=\infty$, $L\neq 0$ bzw. $R=0$, $L=0$, $C\neq\infty$. Nach (D 5.2) verschwindet der kapazitive Widerstand für die Kapazität $C=\infty$, ein Stromkreis mit vernachlässigbarem kapazitivem Widerstand ist also mit $C=\infty$ zu beschreiben und nicht, wie vielfach irrtümlich angenommen, durch $C=0$. Die physikalische Bedeutung der Größen Wirk- und Blindwiderstand wird weiter unten besprochen.

Bei vorgegebenem Spannungseffektivwert U_{eff} der Wechselspannung U ist nach (S 5.3) der Effektivwert des Stromes durch die angenommene Widerstandsanordnung

$$I_{\mathrm{eff}} = \frac{U_{\mathrm{eff}}}{\sqrt{R^2 + \left(\omega L - \dfrac{1}{\omega C}\right)^2}}$$

von der Kreisfrequenz ω der Wechselspannungsquelle abhängig. Der Vergleich mit (I S 9.3) zeigt, daß hier gleichartige Verhältnisse vorliegen wie beim erzwungen schwingenden Federschwinger. Es treten daher auch gleichartige Resonanzvorgänge auf.

Resonanzkurve

Die Darstellung des funktionalen Zusammenhangs $I_{\text{eff}} = f(\omega)$ heißt *Resonanzkurve* (Abb. 5.5; siehe auch Abb. I 9.10). Die Resonanzkurve erreicht ihr Maximum bei der Kreisfrequenz

$$\omega_{\text{R}} = \sqrt{\omega_0{}^2 - \frac{R^2}{2L^2}}\,. \tag{5.11}$$

Man erhält diese Beziehung aus (A 14.9), indem man in ihr entsprechend dem Übergang vom Federschwinger zu den elektrischen Schwingungen m durch L ersetzt.

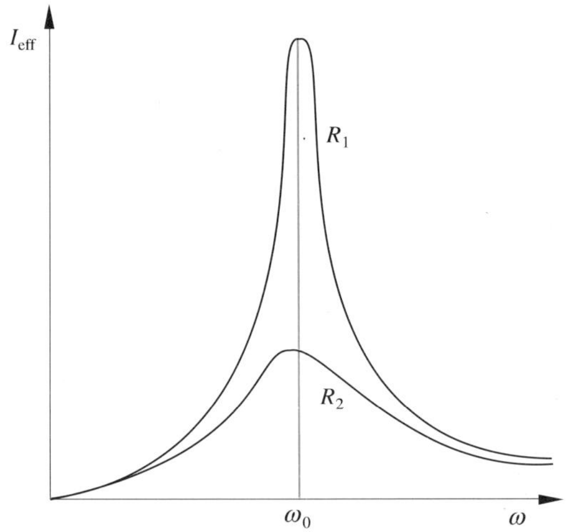

Abb. 5.5
Resonanzkurve ($R_1 < R_2$)

Resonanzmaximum

Nach (S 5.3) ist das *Resonanzmaximum* um so stärker ausgeprägt, je weniger das System gedämpft ist, d.h. je kleiner der Wirkwiderstand im Stromkreis ist. Für den Idealfall des ungedämpften Systems ($R = 0$) strebt bei ω_{R} die Resonanzkurve gegen Unendlich. Da in allen Schaltungen durch die Zuleitungsdrähte usf. stets ein endlicher Wert für R vorliegt, kann dieser theoretische Fall in der Praxis nicht auftreten. Selbst dann, wenn $R = 0$ experimentell erreichbar wäre, würde sich die unendlich große Amplitude erst nach einer unendlich langen Einschwingzeit einstellen.

In Abb. 5.6 sind induktiver Widerstand $R_L = \omega L$ und kapazitiver Widerstand $R_C = \dfrac{1}{\omega C}$ an die gleiche Wechselspannungsquelle gelegt. Zusätzlich befinde sich in jedem Stromkreis eine Glühlampe vom gleichen Typ. Wächst bei konstanter Effektivspannung U_{eff} der Wechselspannungsquelle die Frequenz von Null beginnend stetig an, so leuchtet zuerst die Glühlampe G_1 hell, die Glühlampe G_2 bleibt dunkel. Bei Zunahme der Frequenz beginnt allmählich die Glühlampe G_2 zu leuchten, während sich die Helligkeit der Glühlampe G_1 verringert. Bei sehr großen Frequenzen besitzt die Glühlampe G_2 ihre volle Helligkeit, während G_1 verlischt. Diese Erscheinung ist eine unmittelbare Folge der unterschiedlichen Frequenzabhängigkeit von induktivem und kapazitivem Widerstand. Für $\omega = 0$ ist der induktive Widerstand $R_L = 0$, während der kapazitive unendlich groß wird ($R_C = \infty$). Durch die Glühlampe G_2 kann kein Strom fließen. Für sehr großes ω wird dagegen der induktive Widerstand groß, der kapazitive vernachlässigbar klein. Die Glühlampe G_1 verlischt, G_2 erreicht ihre volle Helligkeit.

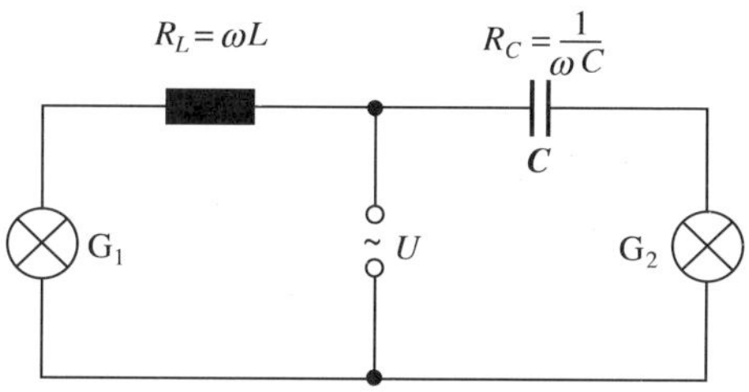

Abb. 5.6
Zum Nachweis des gegenläufigen Frequenzverhaltens von induktivem und kapazitivem Widerstand

Sind Wechselspannungsquelle, Kapazität, Induktivität und Wirkwiderstand in Reihe geschaltet, so gilt für die Phasenverschiebung zwischen Strom und Spannung nach (S 5.3):

Phasenverschiebung in einer *RLC*-Reihenschaltung

$\omega \ll \omega_0 = \frac{1}{\sqrt{LC}}$ $\quad \varphi = \varphi_U - \varphi_I \approx -\frac{\pi}{2}$ Der Strom eilt der Spannung um $\frac{\pi}{2}$ voraus.

$\omega = \omega_0 = \frac{1}{\sqrt{LC}}$ $\quad \varphi = \varphi_U - \varphi_I = 0$ Strom und Spannung besitzen gleiche Phase.

$\omega \gg \omega_0 = \frac{1}{\sqrt{LC}}$ $\quad \varphi = \varphi_U - \varphi_I \approx \frac{\pi}{2}$ Die Spannung eilt dem Strom um $\frac{\pi}{2}$ voraus.

Abbildung 5.7 zeigt die Phasenverschiebung als Funktion der Kreisfrequenz der Wechselspannungsquelle. $\varphi = \varphi_U - \varphi_I$ verändert sich in der Nähe der Resonanzstelle um so stärker, je weniger das System gedämpft ist. Im Idealfall der ungedämpften elektrischen Schwingung springt die Phasenverschiebung zwischen der anliegenden Spannung und dem Strom für wachsendes ω bei $\omega = \omega_R = \omega_0$ von $\varphi = -\frac{\pi}{2}$ auf $\varphi = \frac{\pi}{2}$ (*Phasensprung*).

Phasensprung

Im mechanischen Fall liegen dagegen die möglichen Werte der Phasenverschiebung von Erreger und Resonator im Intervall $0 \leqq \varphi \leqq \pi$. Für $\omega = \omega_0$

findet man dort die Phasenverschiebung $\varphi = \frac{\pi}{2}$ (vgl. Abb. I 9.11), im vorliegenden elektrischen Fall $\varphi = 0$. Das liegt daran, daß sich bei der gewählten Darstellung in den Differentialgleichungen (5.9) und (I 9.18b) nicht die Ausdrücke $F_0 \cos \omega_{ä} t$ und $U_0 \cos \omega_{ä} t$, sondern $F_0 \cos \omega_{ä} t$ und $U_0 \omega_{ä} \cos\left(\omega_{ä} t + \frac{\pi}{2}\right)$ entsprechen. Das unterschiedliche Phasenverhalten ist der einzige prinzipielle Unterschied zwischen elektrischen und mechanischen Schwingungen.

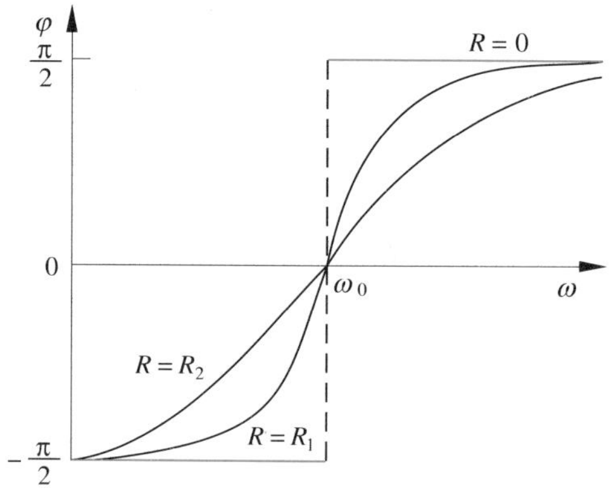

Abb. 5.7
Phasenverschiebung $\varphi = \varphi_U - \varphi_I$ im Reihenschwingkreis ($0 < R_1 < R_2$) als Funktion der Kreisfrequenz ω

Bei Vorliegen eines reinen Wirkwiderstandes oder einer reinen Induktivität oder einer reinen Kapazität wird die Phasenverschiebung zwischen anliegender Wechselspannung und fließendem Wechselstrom unabhängig von der Frequenz der Wechselspannungsquelle. Für diese wichtigen Sonderfälle erhält man aus (S 5.3):

(S 5.4)
Phasenverschiebung zwischen Strom und Spannung für R, L und C

An einem Wirkwiderstand oder einer Induktivität oder einer elektrischen Kapazität ist die Phasenverschiebung $\varphi = \varphi_U - \varphi_I$ zwischen anliegender Wechselspannung und fließendem Wechselstrom unabhängig von der Frequenz der Wechselspannung.
Für die Phasenverschiebung gilt an einem Wirkwiderstand

$\varphi = 0$ (Strom und Spannung sind in Phase),

an einer Induktivität

$\varphi = \frac{\pi}{2}$ (die Spannung eilt dem Strom um $\frac{\pi}{2}$ voraus),

an einer elektrischen Kapazität

$\varphi = -\frac{\pi}{2}$ (der Strom eilt der Spannung um $\frac{\pi}{2}$ voraus).

Das Ohmsche Gesetz $\frac{U}{I} = R$ (S 2.2) für Gleichstrom geht in das Ohmsche Gesetz $\frac{\hat{U}_0}{\hat{I}_0} = \hat{R}$ des Wechselstromes über, wenn in ihm die reellen Größen Spannung U, Stromstärke I und Wirkwiderstand R durch die komplexe Spannungsamplitude $\hat{U}_0$, die komplexe Stromamplitude $\hat{I}_0$ und den elektrischen Widerstandsoperator $\hat{R}$ ersetzt werden. Daher bleiben auch die Aussagen der beiden Kirchhoffschen Gesetze (S 2.3a, b) und die Gesetzmäßigkeiten für die Reihen- und Parallelschaltungen von Widerständen (S 2.4a, b) für Wechselströme gültig, wenn nur in ihnen die reellen Größen U, I und R durch die entsprechenden komplexen Größen $\hat{U}_0$, $\hat{I}_0$ und $\hat{R}$ ersetzt werden.

(S 5.5) Kirchhoffsche Gesetze im Wechselstromkreis

Die Kirchhoffschen Gesetze (S 2.3a, b) und die für Reihen- und Parallelschaltungen von Widerständen gültigen Gesetzmäßigkeiten (S 2.4a, b) gelten auch für harmonische Wechselspannungen und -ströme, wenn in ihnen die reellen Größen U, I und R durch die komplexen Größen $\hat{U}_0$, $\hat{I}_0$ und $\hat{R}$ ersetzt werden.

Nach den Beziehungen (D 5.2) und (S 5.5) ist einer Induktivität der Widerstandsoperator $\hat{R}_L = \mathrm{i}\omega L = \hat{G}_L^{-1}$ und einer Kapazität der Widerstandsoperator $\hat{R}_c = \frac{-\mathrm{i}}{\omega C} = \hat{G}^{-1}$ zuzuordnen.

Bei Reihenschaltung beider Bauelemente gilt dann $\hat{R} = \hat{R}_L + \hat{R}_C$, bei Parallelschaltung $\hat{G} = \hat{G}_L + \hat{G}_C$.

5.4.1 Wirk- und Blindleistung

Sind für ein elektrisches Netzwerk die Spannung und der zugehörige Strom zeitlich periodisch veränderlich, so ist nur die Angabe des zeitlichen Mittelwertes der vom Netzwerk aufgenommenen Energie sinnvoll. Während einer Periode wird nach (S 2.5) vom Leiter die Energie

$$W_\mathrm{j} = \int_0^T U I \,\mathrm{d}t$$

aufgenommen. Hieraus ergibt sich mit $P = \frac{\mathrm{d}W}{\mathrm{d}t}$ (I D 3.16) und (S 2.2) für die mittlere elektrische Leistung

$$P_\mathrm{j} = \frac{W_\mathrm{j}}{T} = \frac{1}{T} \int_0^T U I \,\mathrm{d}t = \frac{U_0 I_0}{T} \int_0^T \cos \omega t \cos(\omega t - \varphi) \,\mathrm{d}t\,,$$

woraus durch Integration folgt (siehe A. 22):

$$P_\mathrm{j} = \frac{U_0 I_0}{2} \cos\varphi = U_\mathrm{eff} I_\mathrm{eff} \cos\varphi\,.$$

Bei dieser Ableitung kann die komplexe Darstellung von Spannung und Strom keine Anwendung finden, da die quadratische Form der Beziehung $W_j = \int UI\,dt$ die Voraussetzung für die Anwendbarkeit der komplexen Schreibweise verletzt (vgl. A. 14).

Die Leistungsaufnahme des Wechselstromkreises hängt außer von den Effektivwerten von Spannung und Strom auch noch von der Phasenverschiebung zwischen Spannung und Strom ab. Sie erreicht bei konstanten Werten von Effektivspannung und -strom für die Phasenverschiebung $\varphi = 0$ ihr Maximum, d.h., wenn allein ein Wirkwiderstand vorliegt (S 5.4). Die Leistungsaufnahme beträgt dann $P_j = U_{eff} I_{eff}$. Die durch (D 5.1) eingeführten Effektivwerte von Spannung und Strom ermöglichen daher für diesen wichtigen Sonderfall die Beibehaltung der Gleichstrombeziehung $P_j = IU$ (siehe (S 2.5)) unter der Bedingung, daß die zur Messung von Wechselspannungen und -strömen verwendeten Geräte die Effektivwerte von Spannung und Strom anzeigen.

Nach (S 5.4) wird für einen reinen Blindwiderstand die Phasenverschiebung zwischen Spannung und Strom $\varphi = \pm\frac{\pi}{2}$, also $\cos\varphi = 0$.

leistungsloser Strom

Trotz Stromfluß wird vom Leiter im zeitlichen Mittel keine Leistung aufgenommen. Man spricht von einem *leistungslosen Strom.*

(S 5.6)
Leistungsaufnahme im Wechselstromkreis

Die Leistungsaufnahme eines Widerstandes im Wechselstromkreis beträgt

$$P_j = U_{eff} I_{eff} \cos\varphi = I_{eff}^2 \,|\hat{R}|\cos\varphi\,,$$

wobei U_{eff} den Effektivwert der Spannung am Widerstand, I_{eff} den Effektivwert des Stromes durch den Widerstand und φ die Phasenverschiebung zwischen Spannung und Strom bedeutet. Ein Wirkwiderstand ($\varphi = 0$) nimmt die Leistung $P_j = U_{eff} I_{eff}$ auf, während der Stromfluß durch einen Blindwiderstand

$\left(\varphi = \pm\frac{\pi}{2}\right)$ leistungslos ($P_j = 0$) erfolgt.

Mit Blindwiderständen (Induktivitäten und Kapazitäten) können Wechselströme leistungslos begrenzt werden. Hierin liegt der Vorteil der vielfach in der Technik zur Strombegrenzung statt Wirkwiderständen benutzten *Drosselspulen.*

Drosselspule

Mehrere mit einer Wechselspannung in Reihe geschaltete Widerstände werden vom gleichen Wechselstrom durchflossen. Die Spannungsabfälle an den einzelnen Widerständen haben außer einer unterschiedlichen Amplitude im allgemeinen auch eine unterschiedliche Phasenverschiebung gegenüber diesem Strom. Bei Parallelschaltung liegt an allen Widerständen die gleiche Wechselspannung, die Ströme in den einzelnen Zweigen sind aber im allgemeinen gegeneinander und gegenüber dieser Wechselspannung phasenverschoben. In verzweigten Stromkreisen, in denen sowohl Parallel- als auch Reihenschaltungen auftreten, wird der Umfang der

Berechnung aller Ströme und Spannungen mitunter recht erheblich (vgl. z. B. Abschnitt 5.4.2.3.4).

Abbildung 5.8 stellt den elektrischen Widerstandsoperator $\hat{R}$ einer *RLC*-Reihenschaltung in der Gaußschen Zahlenebene dar (Zeigerdiagramm, vgl. A. 14). Der Winkel φ des Zeigers $\hat{R}$ mit der reellen Achse gibt nach (S 5.3) und (I A 8.9b) die Phasenverschiebung zwischen Spannung und Strom an, der Absolutbetrag $|\hat{R}|$ des Zeigers nach (S 5.3) und (I A 8.9a) den Scheinwiderstand, d.h. das Verhältnis von Effektivspannung und Effektivstrom. Die Projektion von $|\hat{R}|$ auf die reelle Achse ergibt den Wirkwiderstand, die Projektion von $|\hat{R}|$ auf die imaginäre Achse den Blindwiderstand.

Zeigerdiagramm des Widerstands-operators

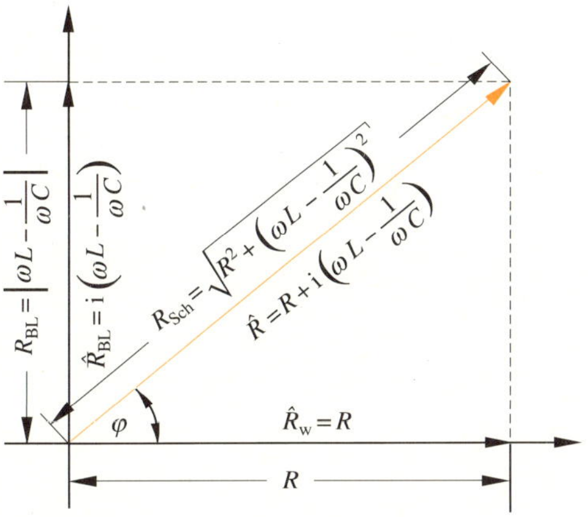

Abb. 5.8
Zeigerdiagramm des elektrischen Widerstandsoperators für eine *RLC*-Reihenschaltung

Mit Hilfe von Zeigerdiagrammen sind viele Aufgaben der Elektrotechnik auf grafischem Wege lösbar (siehe z. B. die Berechnung des T-und Π-Gliedes in den Abschnitten 5.4.2.3.4 und 5.4.2.3.5).

5.4.2 Elektrotechnische Eigenschaften einiger spezieller Vierpole

Elektrische Geräte oder Baugruppen wie Verstärker, Gleichrichter, Umformer, Wandler, Filter, Leitungssysteme usw. dienen zur Übertragung von elektrischer Energie oder von Signalen oder zu deren Umwandlung. Ihnen ist gemeinsam, daß sie ein Eingangsbuchsenpaar besitzen, an das die Eingangsgröße (Spannung oder auch Strom) geführt wird, und ein Ausgangsbuchsenpaar, dem die Ausgangsgröße entnommen wird. In Analogie zum Zweipol (vgl. Abschn. 2.3) nennt man sie *Vierpole*. Das ist aber nicht eine nur formale Sammelbezeichnung, sondern der Begriff Vierpol hat sich

Vierpole

bewährt, weil der Zusammenhang zwischen den Ausgangs- und Eingangsgrößen der unterschiedlichsten Vierpole auf die gleiche Art und Weise beschrieben werden kann. Einige Grundgedanken dazu enthält der Abschnitt 5.4.2.3. Ebenso wie bei Zweipolen unterscheidet man *aktive und passive Vierpole* (je nachdem, ob sie Spannungsquellen enthalten oder nicht) und *lineare und nichtlineare Vierpole*. Ein linearer Vierpol ist durch eine lineare Abhängigkeit der Ausgangsgröße von der Eingangsgröße charakterisiert. Dabei ist es wie z. B. bei Verstärkern möglich, daß diese Abhängigkeit zwar für kleine Eingangsgrößen linear ist, für große Werte dagegen nichtlinear wird. Auch z. B. die im Abschnitt 2.3.1.3 besprochene Potentiometerschaltung kann als Vierpol betrachtet werden, wenn man die am Gesamtwiderstand anliegende Spannung U als Eingangsgröße ansieht.

aktive Vierpole
passive Vierpole
lineare Vierpole
nichtlineare Vierpole

5.4.2.1 Reihenresonanzkreis

Wir betrachten nochmals eine Reihenschaltung aus einer Induktivität L, einer Kapazität C und einer Wechselspannung U (Abb. 5.9a). Der Wirkwiderstand der Drähte werde als vernachlässigbar klein angesehen ($R \approx 0$). Für die effektive Stromstärke gilt nach (S 5.3)

$$I_{\text{eff}} = \frac{U_{\text{eff}}}{\left|\omega L - \dfrac{1}{\omega C}\right|} . \qquad (5.12\text{a})$$

Die Resonanzkreisfrequenz ($\omega = \omega_{\text{R}}$, $I_{\text{eff}} \to \infty$) des Reihenresonanzkreises ergibt sich aus (5.12a) in voller Übereinstimmung mit der Thomsonschen Schwingungsformel (siehe (5.6a)) zu

$$\omega_{\text{R}} = \omega_0 = \frac{1}{\sqrt{LC}} \qquad (\textit{Reihenresonanzkreis}) .$$

Bei $\omega = \omega_{\text{R}}$ wächst der Strom über alle Grenzen. Dieser theoretische Fall kann in der Praxis nicht auftreten, da stets ein kleiner Wirkwiderstand vorhanden ist. Die Resonanzkurve besitzt dann nicht bei ω_0, sondern nach (5.11) bei

$$\omega_{\text{R}} = \sqrt{\omega_0^2 - \frac{R^2}{2L^2}}$$

ein ausgeprägtes Maximum (vgl. Abb. 5.9b).

Die Differenz $\Delta\omega = \omega_2 - \omega_1$ der beiden Kreisfrequenzen ω_1 und ω_2, für die die Resonanzkurve auf die Werte $\dfrac{I_{\text{eff,max}}}{\sqrt{2}}$ abgefallen ist, bezeichnet man als *Bandbreite* des Resonanzkreises.

Bandbreite

Mißt man im Resonanzfall oder in unmittelbarer Nähe der Resonanzfrequenz die Spannung $U_{L\,\text{eff}}$ an der Induktivität und die Spannung $U_{C\,\text{eff}}$ an der Kapazität, so stellt man fest, daß diese Werte weitaus größer sind als

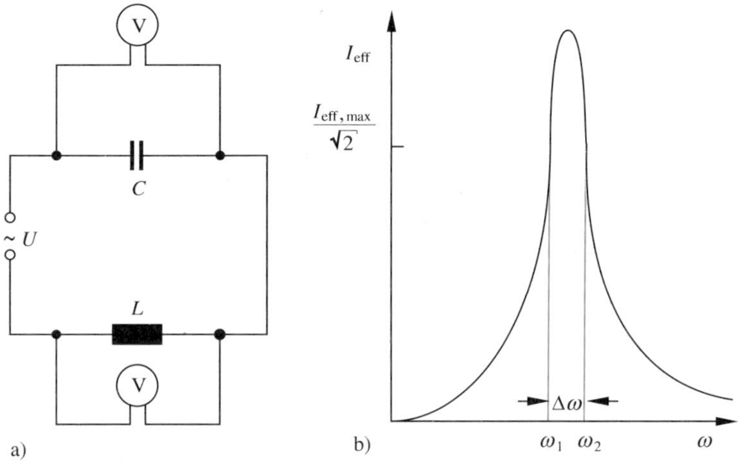

Abb. 5.9
Reihenschwingkreis
a) Schaltung
b) Resonanzkurve

die Gesamtspannung U_{eff} am Schwingkreis (*Spannungsüberhöhung*). Im Resonanzfall sind die Effektivwerte beider Spannungen gleich ($U_{L\,\text{eff}} = U_{C\,\text{eff}}$), die Spannungen selbst um π phasenverschoben ($\hat{U}_{L0} = -\hat{U}_{C0}$). Nach dem Ohmschen Gesetz für Wechselstrom (S 5.3) gilt mit (D 5.2) für die komplexen Spannungsamplituden $\hat{U}_{L0}$ und $\hat{U}_{C0}$ der Spannungen an der Induktivität und Kapazität

Spannungsüberhöhung

$$\hat{U}_{L0} = \mathrm{i}\omega L \hat{I}_0 , \tag{5.12b}$$

$$\hat{U}_{C0} = \frac{\hat{I}_0}{\mathrm{i}\omega C} \tag{5.12c}$$

und für die komplexe Amplitude des Stromes

$$\hat{I}_0 = \frac{\hat{U}_0}{\mathrm{i}\left(\omega L - \dfrac{1}{\omega C}\right)} . \tag{5.12d}$$

Elimination der komplexen Stromamplitude aus (5.12b) und (5.12c) mit Hilfe von (5.12d), (A 1.1) und (A 1.1b) ergibt für die gesuchten Spannungsamplituden und Effektivwerte

$$\hat{U}_{L0} = \frac{\hat{U}_0}{1 - \dfrac{1}{\omega^2 LC}} ; \qquad U_{L\,\text{eff}} = \frac{U_{\text{eff}}}{\left|1 - \dfrac{1}{\omega^2 LC}\right|} ; \tag{5.12e}$$

$$\hat{U}_{C0} = \frac{\hat{U}_0}{1 - \omega^2 LC} ; \qquad U_{C\,\text{eff}} = \frac{U_{\text{eff}}}{|1 - \omega^2 LC|} . \tag{5.12f}$$

Nähert sich die Kreisfrequenz der Wechselspannungsquelle der Resonanzkreisfrequenz $\omega_R = \omega_0 = \frac{1}{\sqrt{LC}}$, so können bei endlicher Gesamtspannung theoretisch die Teilspannungen $\hat{U}_L$ und $\hat{U}_C$ mit einer gegenseitigen Phasenverschiebung von π über alle Grenzen wachsen.

Die Spannungserhöhung ist technisch, z.B. zur Transformation von Spannungen, nicht nutzbar. Denn würde man z.B. in der in Abb. 5.9a dargestellten Schaltung das Voltmeter an der Induktivität durch einen Verbraucher ersetzen, so würde man damit auch die Phasenverschiebung verändern und damit die Spannungsüberhöhung beseitigen.

5.4.2.2 Parallelresonanzkreis

Eine Induktivität L und eine Kapazität C werden parallel an eine Wechselspannung U geschaltet (Abb. 5.10a). Der Wirkwiderstand sei vernachlässigbar klein ($R \approx 0$). Nach dem Ohmschen Gesetz gilt für das Verhältnis von komplexer Spannungs- zu komplexer Stromamplitude unter Beachtung von (S 5.5), (S 2.4b) und (D 5.2)

$$\frac{\hat{U}_0}{\hat{I}_0} = \frac{1}{\mathrm{i}\left(\omega C - \frac{1}{\omega L}\right)} \tag{5.13a}$$

und somit für den Effektivwert der Gesamtstromstärke nach (5.1a), (5.2a), (A 1.1) und (A 1.1b)

$$I_{\mathrm{eff}} = \left|\omega C - \frac{1}{\omega L}\right| U_{\mathrm{eff}}\,. \tag{5.13b}$$

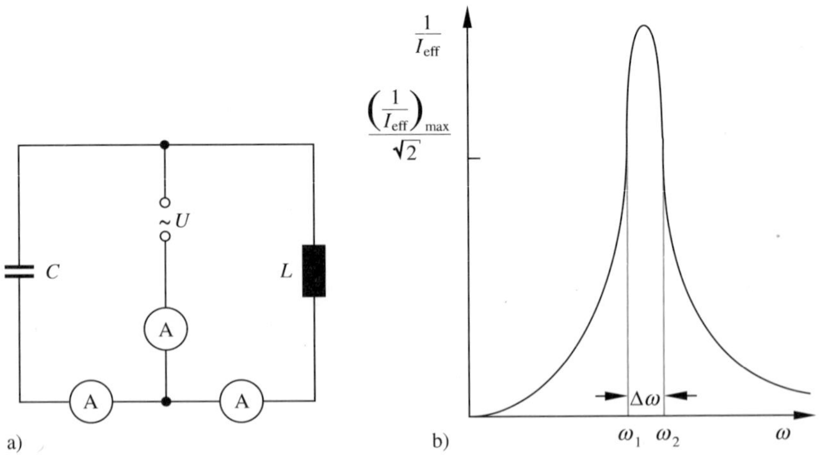

Abb. 5.10
Parallelschwingkreis
a) Schaltung
b) Resonanzkurve

Nähert sich die Kreisfrequenz ω der Wechselspannungsquelle der Kreisfrequenz $\omega_{\mathrm{R}} = \omega_0 = \frac{1}{\sqrt{LC}}$, so geht I_{eff} gegen Null. Man spricht auch in diesem Fall von Resonanz (*Parallelresonanzkreis*). In der Praxis bleibt im Fall der Resonanz stets ein kleiner Gesamtstrom bestehen, da immer ein kleiner Wirkwiderstand vorhanden ist. Die Resonanzkurve $\frac{1}{I_{\mathrm{eff}}} = f(\omega)$ besitzt daher für $\omega = \omega_{\mathrm{R}}$ nur ein ausgeprägtes Maximum (Abb. 5.10b).

Parallelresonanzkreis

Im Resonanzfall oder in unmittelbarer Nähe der Resonanzfrequenz mißt man für $I_{L\,\mathrm{eff}}$ und $I_{C\,\mathrm{eff}}$ in den beiden Teilkreisen weitaus größere Werte als für die effektive Gesamtstromstärke I_{eff} (*Stromüberhöhung*). Im Resonanzfall sind die Effektivwerte beider Ströme gleich und die Ströme selbst um π phasenverschoben ($\hat{I}_{L0} = -\hat{I}_{C0}$).

Stromüberhöhung

Für die komplexen Stromamplituden $\hat{I}_{L0}$ und $\hat{I}_{C0}$ in den beiden Teilkreisen gilt mit (D 5.2) und dem Ohmschen Gesetz für Wechselstrom (S 5.3)

$$\hat{I}_{L0} = \frac{\hat{U}_0}{\mathrm{i}\omega L}, \tag{5.13c}$$

$$\hat{I}_{C0} = \mathrm{i}\omega C \hat{U}_0, \tag{5.13d}$$

oder bei Berücksichtigung von (5.13a), (A 1.1) und (A 1.1b)

$$\hat{I}_{L0} = \frac{\hat{I}_0}{1-\omega^2 LC}; \qquad I_{L\,\mathrm{eff}} = \frac{I_{\mathrm{eff}}}{|1-\omega^2 LC|}; \tag{5.13e}$$

$$\hat{I}_{C0} = \frac{\hat{I}_0}{1-\frac{1}{\omega^2 LC}}; \qquad I_{C\,\mathrm{eff}} = \frac{I_{\mathrm{eff}}}{\left|1-\frac{1}{\omega^2 LC}\right|}. \tag{5.13f}$$

Nähert sich die Kreisfrequenz der Wechselspannungsquelle der Resonanzkreisfrequenz $\omega_R = \omega_0 = \frac{1}{\sqrt{LC}}$, so können theoretisch bei gegen Null gehendem Gesamtstrom die Teilströme $\hat{I}_L$ und $\hat{I}_C$ mit einer gegenseitigen Phasenverschiebung von π über alle Grenzen wachsen.

5.4.2.3 Übertragungseigenschaften von Netzwerken

Die Berechnung der Übertragungseigenschaften unterschiedlichster Netzwerke ist eine wesentliche Aufgabe der Elektrotechnik. Sie erfolgt auf der Grundlage der allgemeinen physikalischen Gesetzmäßigkeiten in elektrischen Netzwerken. Um zu erläutern, auf welche Weise die Übertragungseigenschaften charakterisiert werden, betrachten wir eine Reihenschaltung von zwei Widerständen $\hat{R}_1 = R_1 \pm \mathrm{i}\omega L$ und $\hat{R}_2 = R_2$ mit einem Buchsenpaar (siehe auch Abschnitt 4.2 und Abb. 5.11). Die Eingangsgröße sei eine an das Buchsenpaar anzulegende Spannung U_{E}, die Ausgangsgröße der Spannungsabfall U_{A} am Wirkwiderstand R_2.

Ändert sich die Eingangsspannung zur Zeit $t=0$ sprunghaft von Null auf U_E, so gilt mit $R=R_1+R_2$ analog zu (4.9)

$$U_A(t)=U_{A0}\left(1-e^{-\frac{R}{L}t}\right)=U_{A0}\left(1-e^{-\frac{t}{T}}\right). \tag{5.14}$$

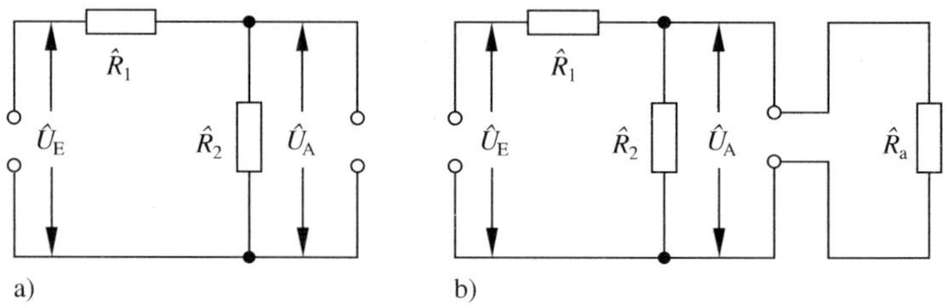

Abb. 5.11
Spannungsteiler
a) Spannungsteilerschaltung
b) Spannungsteiler mit Belastungswiderstand

U_A erreicht erst nach einer gewissen Verzögerung seinen Endwert. Diese Verzögerung ist ein Charakteristikum für die Übertragungseigenschaften des jeweiligen Netzgliedes. Sie wird quantitativ im vorliegenden Beispiel

Zeitkonstante

durch die *Zeitkonstante* $T=\frac{L}{R}$ in (5.14) erfaßt. T ist eine Größe der Größenart Zeit. Durch die Angabe von T wird ausgesagt, daß sich die Ausgangsgröße nach Ablauf der Zeit T bis auf den $\frac{1}{e}$-ten Teil ihrem Endwert genähert hat. Es ist zum Beispiel bei der Messung einer Größe A in Abhängigkeit von der Zeit wichtig, die Zeitkonstante der verwendeten Meßeinrichtung zu kennen. Die Messung von $A(t)$ mit der vorgesehenen Meßeinrichtung ist nur dann sinnvoll, wenn sich A in einem Zeitintervall von der Dauer der Zeitkonstanten T der Meßvorrichtung nicht wesentlich verändert.

Wird das Buchsenpaar an eine Wechselspannung $U_E=U_{E0}\cos\omega t$ angeschlossen, so liegt am Wirkwiderstand R_2 im eingeschwungenen Zustand eine Wechselspannung U_A der gleichen Frequenz. Dagegen unterscheiden sich nach (S 2.3b) und (S 5.3) die Amplituden und Phasen der beiden Spannungen. Es folgt

$$U_A=U_{A0}\cos(\omega t+\varphi).$$

Das Amplitudenverhältnis von Ausgangs- und Eingangsgröße sowie die auftretende Phasenverschiebung sind für diesen Fall einer anliegenden Wechselspannung für das Übertragungsverhalten charakteristisch. Beide

Angaben werden im Übertragungsfaktor zusammengefaßt:

Wird mit $\hat{U}_A$ die Ausgangsgröße und mit $\hat{U}_E$ die Eingangsgröße eines Vierpoles bezeichnet, so heißt für den eingeschwungenen Zustand das Verhältnis

$$\hat{v} = \frac{\hat{U}_{A0}}{\hat{U}_{E0}}$$

Übertragungsfaktor.

(D 5.3)
Übertragungsfaktor $\hat{v}$

Mit (5.1a), (5.2a) und (D 5.3) folgt

$$\hat{v} = \frac{U_{A0}}{U_{E0}} e^{i(\varphi_A - \varphi_E)} = \frac{U_{A\,\mathrm{eff}}}{U_{E\,\mathrm{eff}}} e^{i\varphi}.$$

Somit gilt:

Der Betrag des Übertragungsfaktors $\hat{v}$ eines Vierpols ist das Verhältnis der Effektivwerte von Ausgangs- und Eingangsspannung:

$$|\hat{v}| = \frac{U_{A\,\mathrm{eff}}}{U_{E\,\mathrm{eff}}},$$

sein Argument ihre Phasendifferenz:

$$\arg \hat{v} = \varphi_A - \varphi_E = \varphi.$$

(S 5.7)
Betrag und Argument des Übertragungsfaktors

Die Abhängigkeit des Betrages des Übertragungsfaktors von der Frequenz $|\hat{v}| = f(\omega)$ bezeichnet man als Frequenzgang des Amplitudenverhältnisses oder kurz als *Amplitudengang*, entsprechend $\varphi = \varphi(\omega)$ als *Phasengang*.

Amplitudengang
Phasengang

Für das betrachtete Beispiel folgt aus (D 5.3) mit $\hat{U}_{A0} = \hat{R}_a \hat{I}_0$ und $\hat{U}_{E0} = \hat{R}_e \hat{I}_0$

$$\hat{v} = \frac{\hat{R}_a}{\hat{R}_e} = \frac{R_2}{R_1 + R_2 + i\omega L}. \tag{5.15}$$

Hieraus ist ersichtlich, daß der Übertragungsfaktor eines Vierpoles im allgemeinen frequenzabhängig ist. Besteht der Vierpol wie im vorliegenden Fall nur aus Wirkwiderständen, Kapazitäten und Induktivitäten, so ist $\hat{v}$ unabhängig von $\hat{U}_{E0}$. Dagegen tritt im allgemeinen Fall auch eine Abhängigkeit von der Eingangsgröße auf, zum Beispiel, wenn außer den erwähnten Bauelementen Elektronenröhren im Vierpol enthalten sind. Die Ursache dafür ist die nur begrenzte Linearität der Kennlinien (siehe Abschn. 5.7.2). Der Vierpol verhält sich dann nichtlinear.

Wir betrachten nun zwei hintereinandergeschaltete Vierpole, d.h., daß die Ausgangsklemmen des ersten Vierpols mit den Eingangsklemmen eines zweiten Vierpols verbunden sind. Für den Übertragungsfaktor des auf diese Weise gebildeten Gesamtvierpols ergibt sich mit den Übertragungsfaktoren der beiden einzelnen Vierpole

$$\hat{v}_1 = \frac{\hat{U}_{A01}}{\hat{U}_{E01}}, \tag{5.16a}$$

$$\hat{v}_2 = \frac{\hat{U}_{A02}}{\hat{U}_{E02}}, \tag{5.16b}$$

und mit $\hat{U}_{A01} = \hat{U}_{E02}$ das Verhältnis

$$\hat{v} = \frac{\hat{U}_{A01}}{\hat{U}_{E02}} = \hat{v}_1 \cdot \hat{v}_2 . \tag{5.16}$$

Sind die Ausgangsklemmen des Vierpoles 1 offen, so ist seine Ausgangsspannung $\hat{U}_{A0} = \hat{R}_a \hat{I}_0$. Schaltet man das Netzwerk 2 in der beschriebenen Weise zu, ändert sich der Widerstandsoperator zwischen den Ausgangsklemmen und damit auch die Ausgangsspannung: $\hat{U}_{A1} = \hat{U}_{E2} \neq \hat{U}_{A0}$. Die Eingangsgröße eines Netzwerkes wird also durch das Netzwerk selbst beeinflußt. Für ein nur aus Wirkwiderständen bestehendes Potentiometer wurde dieser Sachverhalt schon in Abschnitt 2.3.1.3 erläutert. In vielen Fällen (z. B. bei Anschluß eines Empfängers an einen Verstärker) wird man daran interessiert sein, die Eingangsgröße beim Zusammenschalten möglichst nicht zu verkleinern. Die beiden Vierpole müssen zu diesem Zweck einander angepaßt werden. Je nachdem, ob eine große Eingangsspannung oder ein möglichst großer Leistungsübergang gewünscht wird, spricht man von *Spannungs-* oder von *Leistungsanpassung*. Im Abschnitt 5.4.2.3.3 wird hierauf noch näher eingegangen. Fragen der Anpassung sind in Verbindung mit der Energieabsorption in Netzwerken ebenfalls wichtige Elemente der Übertragungstechnik.

Spannungsanpassung
Leistungsanpassung

5.4.2.3.1 Spannungsteiler

Eine Spannungsteilerschaltung (siehe Abschnitt 2.3.1.3) bestehe aus zwei beliebigen durch $\hat{R}_1$ und $\hat{R}_2$ beschriebenen Wechselstromwiderständen (Abb. 5.11a). Unter der Voraussetzung, daß beide Widerstände vom gleichen Strom durchflossen werden, d.h. für einen gegenüber $|\hat{R}_2|$ großen Lastwiderstand $|\hat{R}_a| \gg |\hat{R}_2|$ (siehe Abb. 5.11b), ergibt sich der Übertragungsfaktor nach (D 5.3) zu

$$\hat{v} = \frac{\hat{I}_0 \hat{R}_2}{\hat{I}_0(\hat{R}_1 + \hat{R}_2)} = \frac{\hat{R}_2}{\hat{R}_1 + \hat{R}_2} . \tag{5.17a}$$

Daraus folgt mit $z = |z| \, e^{i\varphi}$ und (S 5.7)

$$\hat{v} = \frac{|\hat{R}_2|}{|\hat{R}_1 + \hat{R}_2|} e^{i\varphi} = \frac{U_{A\,eff}}{U_{E\,eff}} e^{i\varphi} . \tag{5.17}$$

Die Effektivwerte von Ausgangs- zu Eingangsspannung verhalten sich wie der Scheinwiderstand des Ausgangswiderstandes zum Scheinwiderstand des Gesamtwiderstandes. Die Ausgangsspannung weist gegenüber der Eingangsspannung eine Phasenverschiebung auf. Spannungsteiler können deshalb zur gezielten Veränderung der Phasenkonstanten zwischen zwei Spannungen dienen. Da nach (S 5.3) im allgemeinen sowohl der Scheinwiderstand als auch die Phasenkonstante φ frequenzabhängig sind, ändert sich im allgemeinen auch das Verhältnis der Effektivwerte von $\hat{U}_A$ und $\hat{U}_E$ und die Phasenverschiebung zwischen ihnen mit der Frequenz.

In den Sonderfällen, daß die durch $\hat{R}_1$ und $\hat{R}_2$ beschriebenen Wechselstromwiderstände beide nur Wirkwiderstände, beide nur kapazitive oder beide nur induktive Widerstände sind, folgt aus (5.17a) mit (D 5.2)

$$v = \frac{R_2}{R_1 + R_2}, \tag{5.18a}$$

$$v = \frac{C_1}{C_1 + C_2}, \tag{5.18b}$$

$$\text{bzw.} \quad v = \frac{L_2}{L_1 + L_2}. \tag{5.18c}$$

Ohmscher, induktiver und kapazitiver Spannungsteiler

Ohmsscher, induktiver und *kapazitiver Spannungsteiler* sind frequenzunabhängig, und v ist für alle drei Sonderfälle reell (vgl. auch (S 5.3)), d. h., es tritt keine Phasenverschiebung zwischen Eingangs- und Ausgangsgrößen auf. Induktive und kapazitive Spannungsteiler transformieren nach (S 5.6) die elektrische Spannung praktisch leistungslos. In der Hochfrequenztechnik findet meist der kapazitive Spannungsteiler Anwendung.

5.4.2.3.2 Siebglied

Der induktive und der kapazitive Widerstand sind frequenzabhängig. Deshalb können mit ihnen auch Spannungsteiler aufgebaut werden, deren Übertragungsfaktoren frequenzabhängig sind. Zwei derartige Spannungsteiler sollen nachfolgend besprochen werden.

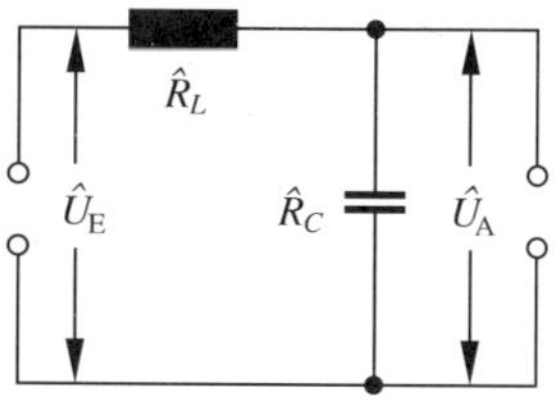

Abb. 5.12 Siebglied

Der in Abbildung 5.12 dargestellte Spannungsteiler besteht aus einem induktiven und einem kapazitiven Widerstand. Für den Betrag seines Übertragungsfaktors folgt aus (5.17a) und (D 5.2)

$$v = \frac{1}{|1 - \omega^2 LC|}. \tag{5.19a}$$

Für niedrige Frequenzen gilt

$\omega^2 LC \ll 1$, also $v \approx 1$,

für hohe Frequenzen dagegen

$$\omega^2 LC \gg 1, \text{ also } v \approx 0 .$$

Mit einem derartigen Vierpol können Wechselströme aus Gleichströmen bzw. hochfrequente Wechselströme aus niederfrequenten Wechselströmen ausgesiebt werden. Man spricht deshalb von *Siebgliedern* oder *Filtern*. Wird die Ausgangsspannung statt von $\hat{R}_C$ von $\hat{R}_L$ abgegriffen, so folgt anstelle von (5.19a)

Siebglieder (Filter)

$$v = \frac{1}{\left|1 - \frac{1}{\omega^2 LC}\right|} . \tag{5.19b}$$

Für niedrige Frequenzen wird $v \approx 0$, für hohe Frequenzen $v \approx 1$. Mit diesem Filter lassen sich niederfrequente Wechselströme aus hochfrequenten aussieben.

Statt der beschriebenen LC-Glieder benutzt man in der Elektronik meist *RC-Glieder* als Siebglieder. Die Frequenzabhängigkeit von $|\hat{v}|$ ist dann zwar nicht so groß, aber es lassen sich die benötigten Wirkwiderstände wesentlich einfacher als geeignete Induktivitäten herstellen. Außerdem besitzen sie keine Resonanzstelle.

RC-Glied

Liegt am Eingang eines RC-Gliedes die Spannung $\hat{U}_E$, so fließt im unbelasteten Fall der Strom

$$\hat{I} = \frac{\hat{U}_E}{R - i\frac{1}{\omega C}} ,$$

und die Spannungsabfälle an R und C betragen

$$\hat{U}_R = \frac{R}{R - i\frac{1}{\omega C}} \hat{U}_E = \frac{1}{1 - i\frac{1}{\omega RC}} \hat{U}_E ,$$

$$\hat{U}_C = \frac{-i\frac{1}{\omega C}}{R - i\frac{1}{\omega C}} \hat{U}_E = \frac{1}{-i\omega RC + 1} \hat{U}_E .$$

Wählt man $\hat{U}_R$ als Ausgangsgröße, so verschwindet nach (S 5.7) der Übertragungsfaktor für $\omega \to 0$, d.h. der RC-Spannungsteiler wird bevorzugt von hohen Frequenzen passiert (*Hochpaß*). Mit $\hat{U}_C$ als Ausgangsgröße passieren hingegen tiefe Frequenzen bevorzugt (*Tiefpaß*). Für den Wert $\omega_{\text{grenz}} = 1/RC$ ist der Betrag des Übertragungsfaktors auf den Wert $1/\sqrt{2}$ abgesunken. In Abbildung 5.13 ist das Übertragungsverhalten des RC-Gliedes als Hochpaß und als Tiefpaß dargestellt.

Hochpaß
Tiefpaß

Das Phasenverhalten ist am besten an Hand des Zeigerdiagrammes zu verfolgen. In diesem ist aber wegen der besseren Übersichtlichkeit im Gegensatz zu den oben angegebenen Gleichungen der Phasenwinkel des

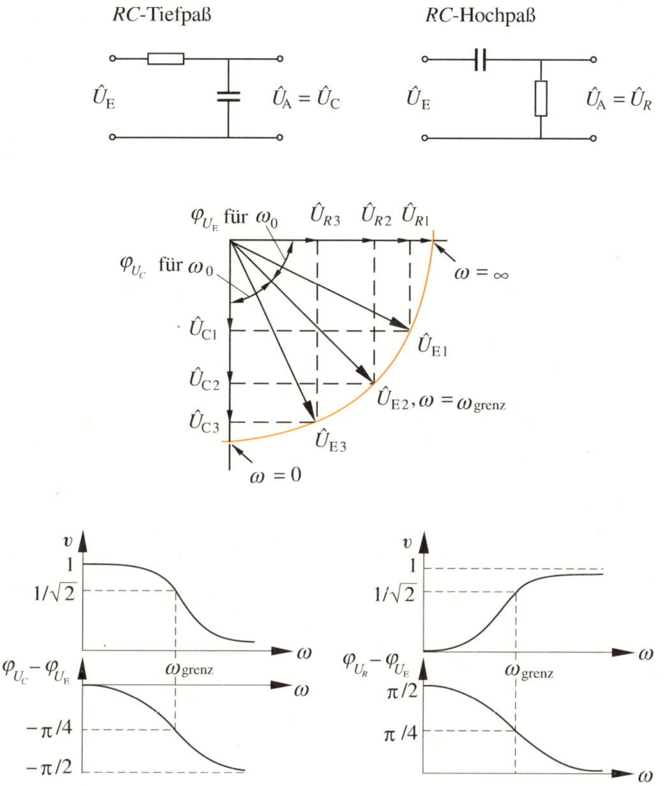

Abb. 5.13 Übertragungsverhalten des *RC*-Gliedes

Stromes und damit auch der des Spannungsabfalles $\hat{U}_R = \hat{I}R$ zu Null festgelegt worden.

Man kann mit Hilfe von Vierpolen auch Frequenzbereiche $\omega_1 < \omega < \omega_2$ aus der Mitte der Frequenzskala selektieren. Dazu kann man z.B. die Resonanzkurven des Reihenschwingkreises (Abb. 5.9b) und des Parallelschwingkreises (Abb. 5.10b) ausnutzen, indem man sie in Schaltungen entsprechend Abb. 5.14 anordnet. Der Reihenschwingkreis läßt dann ein Frequenzband im Resonanzbereich passieren (*Bandpaß*), während beim Bandpaß

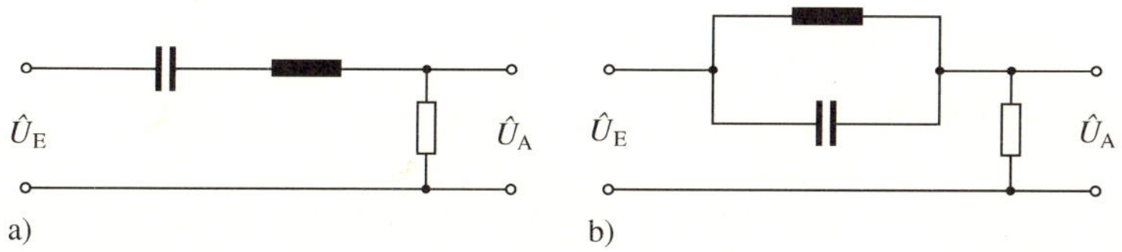

Abb. 5.14
Selektierung von Frequenzbereichen
a) Bandpaß
b) Bandsperre

Parallelschwingkreis der Gesamtstrom und damit auch der Spannungsabfall am Ausgangswiderstand im Resonanzbereich ein Minimum aufweisen (*Bandsperre*).

Bandsperre

Neben dem Amplitudengang von Vierpolen wird auch ihr Phasengang ausgenutzt. Man verändert auf diese Weise die Phasenlage der Ausgangsspannung gegenüber einer Bezugsspannung auf gezielte Weise. Zu diesem Zweck ausgenutzte Vierpole nennt man *Phasenschieber*.

Phasenschieber

5.4.2.3.3 Anpassung einer Wechselspannungsquelle

Eine Wechselspannungsquelle habe die Leerlaufspannung U und den Innenwiderstand $\hat{R}_i$. Sie werde mit dem Außenwiderstand $\hat{R}_a$ belastet. Für die komplexe Amplitude $\hat{U}_{K10}$ der Klemmenspannung und die komplexe Amplitude $\hat{I}_0$ des Stromes durch den Belastungswiderstand $\hat{R}_a$ ergibt sich nach (S 5.5) und (2.8)

$$\hat{U}_{K10} = \frac{\hat{U}_0}{1 + \dfrac{\hat{R}_i}{\hat{R}_a}}, \tag{5.20a}$$

$$\hat{I}_0 = \frac{\hat{U}_0}{\hat{R}_a + \hat{R}_i} \tag{5.20b}$$

und somit nach (S 5.6), (D 5.2), (5.1a), (5.2a) und (A 1.3) für die von der Quelle dem Außenwiderstand $\hat{R}_a$ zugeführte Leistung

$$P_j = \frac{R_a U_{eff}^2}{(R_a + R_i)^2 + |\hat{R}_{i\,Bl} + \hat{R}_{a\,Bl}|^2}. \tag{5.20c}$$

Gilt $|\hat{R}_a| \gg |\hat{R}_i|$, so ist nach (5.20a) und entsprechend Abschnitt 1.3.3.1 die Klemmenspannung praktisch mit der Leerlaufspannung identisch und unabhängig von der Belastung (*Spannungsanpassung*). Diese Anpassung der Verbraucher liegt z. B. beim Netzwerk der Energieversorgung vor.

Spannungsanpassung

Der Innenwiderstand der Spannungsquelle sei vorgegeben ($\hat{R}_i = R_i + \mathrm{i} R_{i\,Bl}$). Dann ist P_j eine Funktion von Wirkanteil R_a und Blindanteil $R_{a\,Bl}$ des Außenwiderstandes. R_a und $\hat{R}_{a\,Bl}$ sollen nun so gewählt werden, daß die dem Außenwiderstand zugeführte Leistung maximal wird. Nach (5.20c) ist hierfür $\hat{R}_{a\,Bl} = -\hat{R}_{i\,Bl}$ notwendig, und (5.20c) geht über in

$$P_j = \frac{R_a U_{eff}^2}{(R_a + R_i)^2}.$$

R_a wird entsprechend A. 2 aus $\dfrac{\mathrm{d}P_j}{\mathrm{d}R_a} = 0$ bestimmt. Nach (A 2.7), (A 2.9), (A 2.8) und (A 2.4) folgt

$$\frac{1}{U_{eff}^2}\frac{\mathrm{d}P_j}{\mathrm{d}R_a} = \frac{1}{(R_a + R_i)^2} - \frac{2R_a}{(R_a + R_i)^3} = \frac{R_i - R_a}{(R_a + R_i)^3} = 0$$

oder

$$R_a = R_i .$$

Man erhält für die maximale Leistungsaufnahme durch den Außenwiderstand

$$P_{j\,max} = \frac{U_{eff}^2}{4R_i} . \tag{5.21}$$

Die Bedingungen für diese optimale *Leistungsanpassung* zwischen Wechselspannungsquelle und Außenwiderstand sind

Leistungsanpassung

$$\begin{aligned} R_a &= R_i \\ \hat{R}_{a\,Bl} &= -\hat{R}_{i\,Bl} . \end{aligned} \tag{5.21a}$$

5.4.2.3.4 T-*Glied*

Der in Abb. 5.15 dargestellte Vierpol heißt T-*Glied.* Er wirkt wie ein *LC*-Glied oder ein *RC*-Glied als Hoch- oder als Tiefpaß und wird in der aus Abbildung 5.16 ersichtlichen Weise zwischen die Wechselspannungsquelle mit dem Innenwiderstand $\hat{R}_i$ und den Lastwiderstand $\hat{R}_a$ geschaltet. Dabei kann man das T-Glied so auswählen und dimensionieren, daß die Güte der Anpassung zwischen $\hat{R}_i$ und $\hat{R}_a$ im Bereich der das T-Glied passierenden Frequenzen nicht verändert wird.

T-Glied

T-Glied als Filter

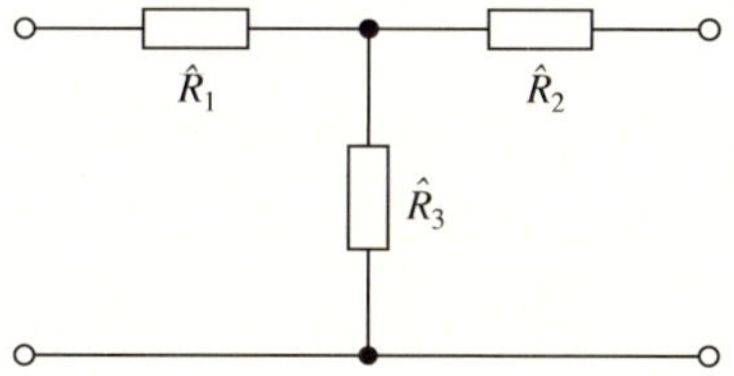

Abb. 5.15 T-Glied

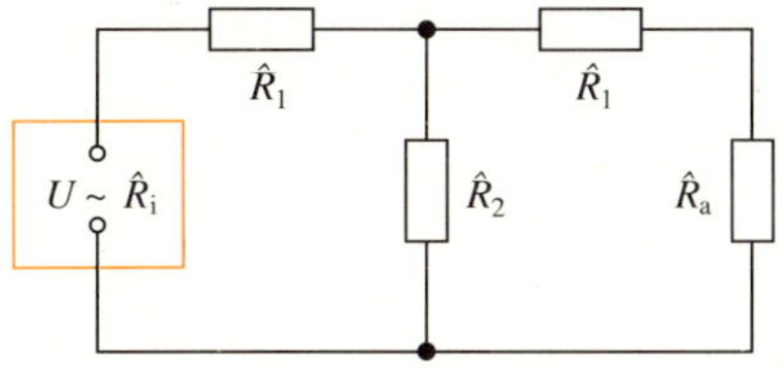

Abb. 5.16
Spezielles T-Glied zur Leistungsanpassung des Lastwiderstandes $\hat{R}_a$ an die Spannungsquelle mit dem Innenwiderstand R_i

Wir wollen den Fall betrachten, daß $\hat{R}_i$ und $\hat{R}_a$ Wirkwiderstände sind. Dann wird bei Spannungsanpassung $R_a \gg R_i$, bei Leistungsanpassung $R_a = R_i$ gewählt. Um die Anpassung nicht zu verändern, werden für die Widerstände des T-Gliedes Blindwiderstände verwendet. Wir gehen weiterhin von einem symmetrischen T-Glied aus. Bei vorgegebenem Widerstand $|\hat{R}_1| = R_{1Bl}$ soll dann R_{2Bl} so gewählt werden, daß im wesentlichen nur Frequenzen im Bereich $0 \leq \omega \leq \omega_{\text{grenz}}$ bzw. $\omega_{\text{grenz}} \leq \omega \leq \infty$ das T-Glied passieren können. Die notwendigen Überlegungen erfolgen mit Hilfe eines Zeigerdiagrammes. Die relativ aufwendige rechnerische Lösung ist im Anhang A. 23 zu finden.

Der Zeiger des als reell vorausgesetzten Verbraucherwiderstandes R_a liegt mit der Spitze im Punkt P auf der reellen Achse des Zeigerdiagrammes (vgl. Abb. 5.17a). Da die Anpassung zwischen R_a und R_i durch Zwischenschalten des T-Gliedes nicht verändert werden soll, muß der aus R_a und dem T-Glied gebildete Gesamtwiderstand mit R_a identisch sein. Nach schrittweisem Zuschalten der drei Widerstände des T-Gliedes muß man im Zeigerdiagramm also wieder zum Punkt P zurückkehren. Zunächst wird zu R_a der Blindwiderstand $\hat{R}_1$ in Reihe geschaltet (siehe Abb. 5.17b). Die Zeigerspitze verschiebt sich dadurch von P längs einer Parallelen zur imaginären Achse zum Punkt P' bzw. P'', je nachdem, ob ein Tiefpaß (siehe Abb. 5.18) oder ein Hochpaß (siehe Abb. 5.19) gewünscht wird. Ohne Einschränkung der Allgemeingültigkeit der weiteren Betrachtungen wollen wir die Verschiebung nach P' voraussetzen. Wird der Zeiger nach P'' verschoben, dann wird der Kreis in Abbildung 5.17c nur im umgekehrten Sinn durchlaufen. Nach (D 5.2), (A 1.7) und (A 1.1b) entspricht dem zugehörigen Widerstandsoperator $\hat{R}'$ der Leitwertoperator

$$\hat{G}' = \frac{1}{\hat{R}'} = \frac{1}{\hat{R}_a + \hat{R}_1} = \frac{1}{R_a + \hat{R}_{1\text{Bl}}} = \frac{R_a - \hat{R}_{1\text{Bl}}}{R_a{}^2 + R_{1\text{Bl}}^2}. \tag{5.22a}$$

Nach (D 5.2), (S 5.5) und (S 2.4b) läßt eine zusätzliche Parallelschaltung des Blindwiderstandes $\hat{R}_2$ den Realteil von $\hat{G}'$

$$G_W{}' = \frac{R_a}{R_a{}^2 + R_{1\text{Bl}}^2} \tag{5.22b}$$

unverändert. Dem Realteil $G_W{}'$ von $\hat{G}'$ entspricht nach (D 5.2) der Wirkwiderstand $R^* = \dfrac{1}{G_W{}'}$, für den unter Beachtung von (5.22b), $\hat{R}' = \hat{R}_a + \hat{R}_{1\text{Bl}}$ und (A 1.1b)

$$R^* R_a = R_a{}^2 + R_{1\text{Bl}}^2 = |\hat{R}'|^2 \tag{5.22c}$$

folgt. (5.22c) legt den geometrischen Ort für die Spitze aller Widerstandsoperatoren $\hat{R}^*$ mit gleichem Wirkleitwert $G_W{}' = \dfrac{1}{R^*}$ fest. Dieser geometrische Ort ist ein Kreis, der durch den Nullpunkt und durch den Punkt P' geht und dessen Mittelpunktskoordinate auf der reellen Achse liegt. Zum Beweis betrachten wir Abbildung 5.17c. Die Strecke $\overline{OP'}$ ist zugleich die Länge des Zeigers $\hat{R}^*$, wenn seine Spitze im Punkt P' liegt. Da nun für das rechtwinklige Dreieck der Satz gilt: „Das Quadrat einer Kathete (hier $|\hat{R}'|^2$) ist gleich dem Produkt der Hypotenuse (hier R^*) und der Projektion (hier R_a) dieser Kathete auf die Hypotenuse“, ist mit (5.22c) der Beweis erbracht.

Der Parallelwiderstand $\hat{R}_2$ wird so gewählt, daß wir auf dem Kreis gleichen Wirkleitwertes vom P' zum Schnittpunkt P'' des Kreises mit der

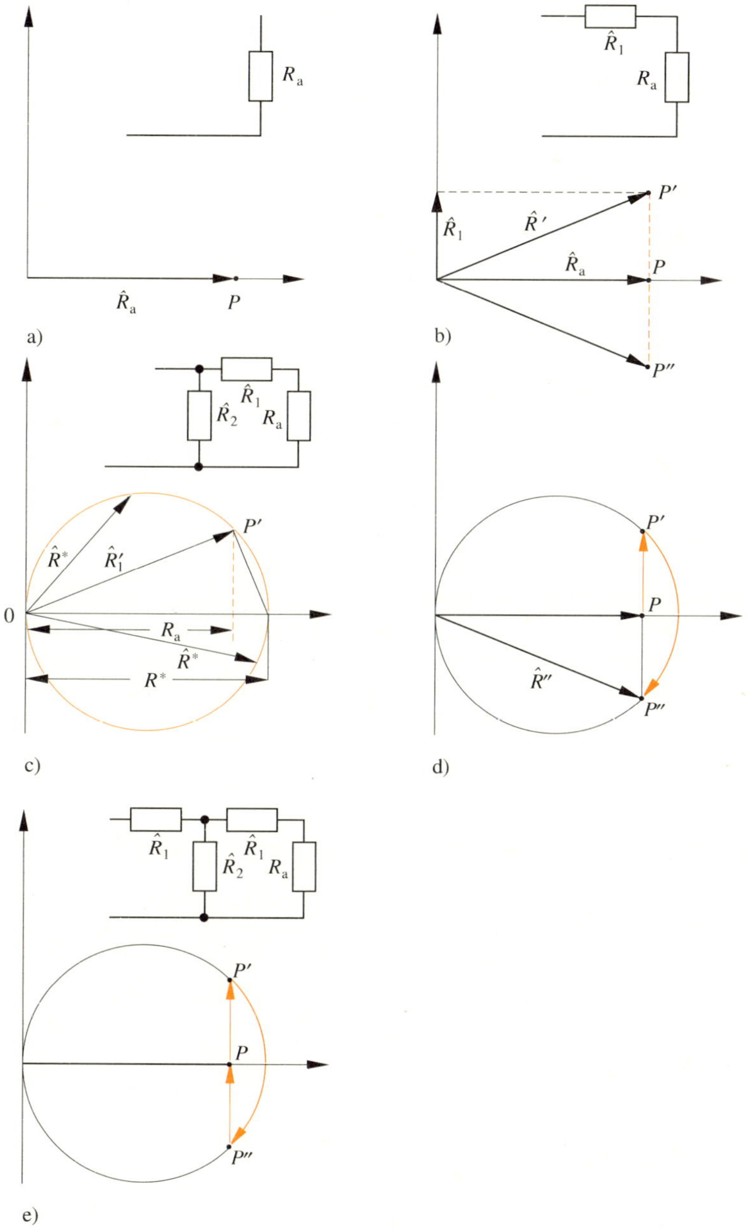

Abb. 5.17 Zur schrittweisen Berechnung des T-Gliedes von Abb. 5.16
a) Zeiger des Wirkwiderstandes $\hat{R}_a$
b) Reihenschaltung von $\hat{R}_a$ und Blindwiderstand $\hat{R}_1$
c) Bei zusätzlicher Parallelschaltung von $\hat{R}^*$ liegt die Spitze des resultierenden Zeigers auf einem Kreis
d) Reihenschaltung von $\hat{R}_a$ und $\hat{R}_1$ und zusätzliche Parallelschaltung eines speziellen Blindwiderstandes $\hat{R}_2$
e) Vervollständigung des T-Gliedes durch Hinzuschaltung eines weiteren Widerstandes $\hat{R}_1$

Geraden durch die Punkte P und P' gelangen (Abb. 5.17d). Die Länge der Strecke $\overline{P''P'}$ ist dann gleich dem Doppelten der Länge der Strecke $\overline{PP'}$. Demzufolge gilt für den Leitwert $\hat{G}_2$ des parallel geschalteten Widerstandes die Bedingung

$$\hat{G}_2 = -2\hat{G}'_{\mathrm{Bl}}$$

oder

$$\hat{R}_2 = -\frac{1}{2\hat{G}'_{\mathrm{Bl}}}. \tag{5.22d}$$

Kompensationsbeziehung für das T-Glied

Mit (5.22a) ergibt sich daraus zur Bestimmung von $R_{2\mathrm{Bl}}$ die *Kompensationsbeziehung*

$$R_{2\mathrm{Bl}} = \frac{R_{\mathrm{a}}{}^2 + R_{1\mathrm{Bl}}^2}{2R_{1\mathrm{Bl}}}. \tag{5.22}$$

Nur dann, wenn $R_{2\mathrm{Bl}}$ diese Bedingung erfüllt, wird die Zeigerspitze durch abschließende Zuschaltung von $\hat{R}_1$ in Reihe wie gefordert zum Ausgangspunkt zurückgeführt (siehe Abb. 5.17e). Der Betrag des Gesamtwiderstandes ist damit R_{a}. Auf Grund der entgegengesetzten Vorzeichen von $\hat{G}_2$ und $\hat{G}'_{\mathrm{Bl}}$ (siehe (5.22d)) kann nach (D 5.2) $R_{1\mathrm{Bl}}$ nur ein induktiver und $R_{2\mathrm{Bl}}$ nur ein kapazitiver Widerstand oder umgekehrt sein.

Wir betrachten die Schaltung in Abbildung 5.18a. Nach (D 5.2) gilt für die Kreisfrequenz $\omega = 0$

$$R_{1\mathrm{Bl}} = R_L = \omega L = 0, \qquad R_{2\mathrm{Bl}} = R_C = \frac{1}{\omega C} = \infty$$

und daher nach (D 5.3) für den Betrag des Übertragungsfaktors der Spannung

$$|\hat{v}| = \frac{U_{\mathrm{A\,eff}}}{U_{\mathrm{E\,eff}}} = 1.$$

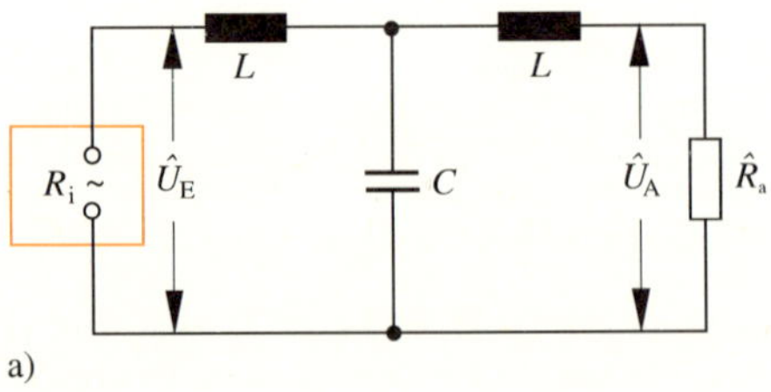

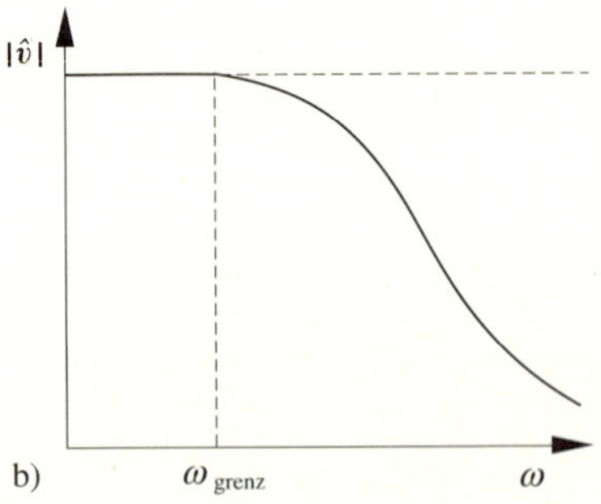

Abb. 5.18
Tiefpaß für den Durchlässigkeitsbereich $0 \leqslant \omega \leqslant \omega_{\mathrm{grenz}}$
a) Schaltung
b) $|\hat{v}| = f(\omega)$

Für die nach (5.22) durch

$$C = \frac{2L}{R_a^{\,2} + \omega_{\text{grenz}}^2 L^2}$$

festgelegte Kreisfrequenz ω_{grenz} ist der Gesamtwiderstand des durch R_a belasteten T-Gliedes der Abbildung 5.18 ebenfalls R_a (vgl. Abb. 5.17e) und damit der Übertragungsfaktor $\hat{v} = \hat{U}_{A0}/\hat{U}_{E0} = R_a/R_a$ ebenfalls 1. Für $\omega \neq \omega_{\text{grenz}}$ dagegen gilt die Kompensationsbedingung (5.22) nicht, der Gesamtwiderstand hat damit einen anderen Wert. Im Fall $\omega < \omega_{\text{grenz}}$ ist das aber für $|\hat{v}|$ praktisch ohne Bedeutung, weil sich gegenüber den Werten für $\omega = \omega_{\text{grenz}}$ der induktive Widerstand nur noch erniedrigt, der kapazitive erhöht. $|\hat{v}| \approx 1$ gilt daher auch im Intervall $0 < \omega < \omega_{\text{grenz}}$. Für $\omega > \omega_{\text{grenz}}$ wird die Beziehung (5.22) mit wachsender Kreisfrequenz immer weniger erfüllt. Der induktive Widerstand nimmt zu, der kapazitive ab. Bei $\omega \gg \omega_{\text{grenz}}$ schließt die Kapazität den Ausgang praktisch kurz, die Spannung U_A bricht zusammen, $|\hat{v}|$ geht gegen Null. Die Widerstandskombination wirkt wie ein *RC*- oder *LC*-Glied als *Filter*. Es läßt die Wechselströme der Kreisfrequenzen $0 \leqq \omega \leqq \omega_{\text{grenz}}$ praktisch ungehindert passieren, während es für $\omega \gg \omega_{\text{grenz}}$ sperrt (Abb. 5.18). T-Glied als Filter

Gegenüber den in Abschnitt 5.4.2.3.2 besprochenen Siebgliedern haben T-Glieder den Vorteil, daß unabhängig von ihrer Dimensionierung die Widerstände R_a und R_i aneinander angepaßt werden können ($R_a = R_i$ bei Leistungsanpassung, $R_a \gg R_i$ bei Spannungsanpassung).

Das in Abbildung 5.19 dargestellte T-Glied ist für Kreisfrequenzen im Intervall $\omega_{\text{grenz}} \leqq \omega \leqq \infty$ durchlässig und sperrt für $\omega \ll \omega_{\text{grenz}}$. Für $\omega \to \infty$ gilt nach (D 5.2) $R_{1\text{Bl}} = R_C = 0$ und $R_{2\text{Bl}} = R_L = \infty$ und damit nach (D 5.3) für den Betrag des Übertragungsfaktors

$$|\hat{v}| = \frac{U_{\text{A eff}}}{U_{\text{E eff}}} = 1\,.$$

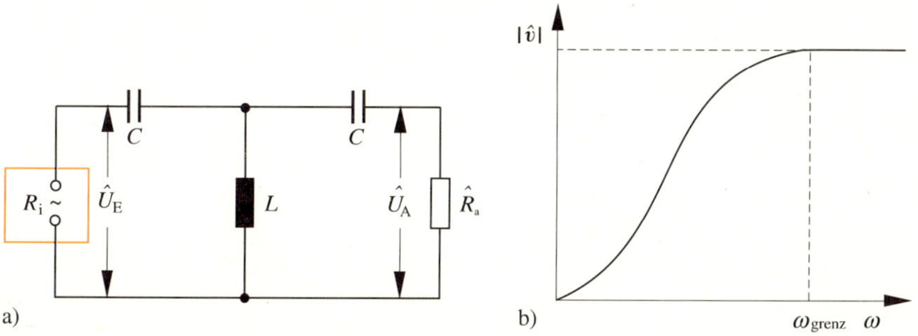

Abb. 5.19
Hochpaß für den Durchlässigkeitsbereich $\omega_{\text{grenz}} \leqslant \omega \leqslant \infty$
a) Schaltung
b) $|\hat{v}| = f(\omega)$

Für die nach (5.22) durch

$$L = \frac{C R_a^{\,2} + \dfrac{1}{\omega_{\text{grenz}}^2 C}}{2}$$

festgelegte Kreisfrequenz ω_{grenz} ist ebenfalls $|\hat{v}| = 1$. Im analogen Gedankengang wie soeben für das in Abbildung 5.18 dargestellte T-Glied schließt man auf das angeführte, in Abb. 5.19 dargestellte Frequenzverhalten des Übertragungsfaktors.

5.4.2.3.5 *Π-Glied*

Π-Glied
Π-Glied als Filter

Das in Abb. 5.20 dargestellte Übertragungsglied heißt Π-Glied. Seine Funktionsweise ist der des T-Gliedes analog.

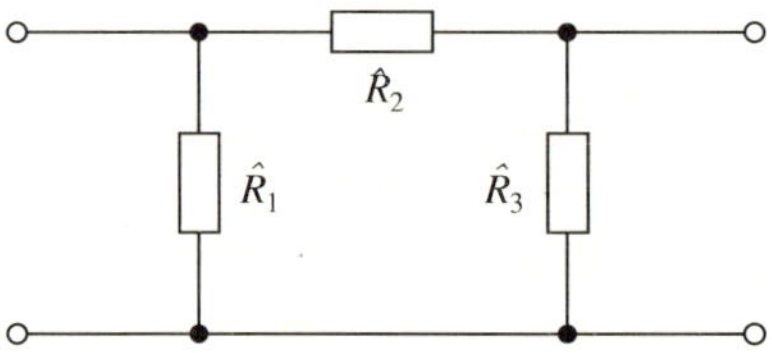

Abb. 5.20 Π-Glied

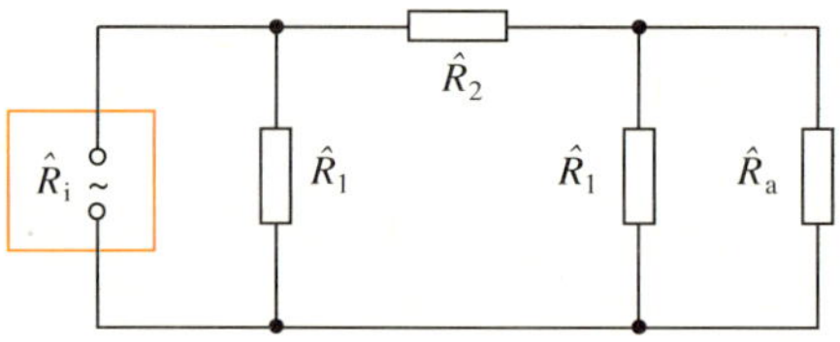

Abb. 5.21
Spezielles Π-Glied zur Leistungsanpassung des Lastwiderstandes $\hat{R}_a$ an die Spannungsquelle mit dem Innenwiderstand R_i

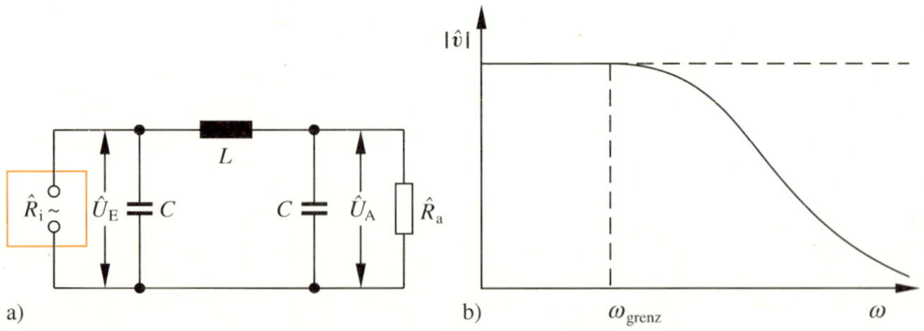

Abb. 5.22
Tiefpaß für den Durchlässigkeitsbereich $0 \leqslant \omega \leqslant \omega_{\text{grenz}}$
a) Schaltung
b) $|\hat{v}| = f(\omega)$

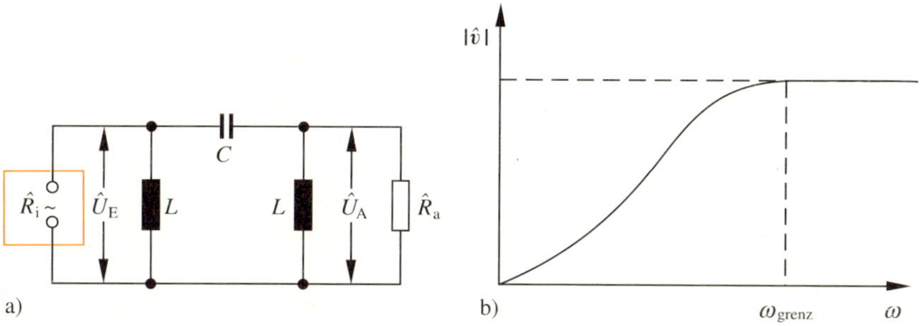

Abb. 5.23
Hochpaß für den Durchlässigkeitsbereich $\omega_{grenz} \leqslant \omega \leqslant \infty$
a) Schaltung
b) $|\hat{v}| = f(\omega)$

Die Kompensationsbeziehung (5.22) kann sofort auf das Π-Glied übertragen werden. Nach (S 5.5) sind beim Übergang vom T- zum Π-Glied (vgl. Abb. 5.16 mit Abb. 5.21) in den Formeln für das T-Glied die Widerstände durch die entsprechenden Leitwerte zu ersetzen. Man erhält so aus (5.22) als Kompensationsbeziehung für das Π-Glied ($\hat{R}_{2\mathrm{Bl}} \triangleq 1/\hat{R}_{2\mathrm{Bl}}$, $\hat{R}_a \triangleq 1/\hat{R}_a$, $\hat{R}_{1\mathrm{Bl}} \triangleq 1/\hat{R}_{1\mathrm{Bl}}$)

Kompensationsbeziehung für das Π-Glied

$$R_{2\mathrm{Bl}} = \frac{2R_{1\mathrm{Bl}}R_a^{\,2}}{R_a^{\,2} + R_{1\mathrm{Bl}}^2}\,. \tag{5.23}$$

Mit (5.23) läßt sich analog zum T-Glied zeigen, daß die Schaltung in Abbildung 5.22a für Kreisfrequenzen im Bereich $0 \leqq \omega \leqq \omega_{grenz}$ (Abb. 5.22b), die Schaltung in Abbildung 5.23a im Bereich $\omega_{grenz} \leqq \omega \leqq \infty$ (Abb. 5.23b) durchlässig ist.

5.4.2.4 Transformator

Abbildung 5.24 stellt einen *Transformator* dar. Er besteht aus zwei Spulen mit den Windungszahlen N_p und N_s, die über einen Eisenkern in Gestalt eines rechteckigen Rahmens gewickelt sind. Wird eine Wechselspannung U_p an eine der Spulen (die *Primärspule*) gelegt, so bildet sich nach (S 2.6) um diese Primärspule ein zeitlich veränderliches Magnetfeld gleicher Frequenz aus, das die zweite Spule (die *Sekundärspule*) durchsetzt und in ihr nach (S 4.1) eine Wechselspannung gleicher Frequenz induziert. Der magnetische Fluß durch eine Spulenwindung sei $\Phi = \Phi_0 \cos(\omega t + \varphi)$ oder, indem man (A 14.2a) sinngemäß auf Φ anwendet,

Transformator

Primärspule

Sekundärspule

$$\hat{\Phi} = \hat{\Phi}_0\, e^{i\omega t}\,. \tag{5.24a}$$

Infolge des geschlossenen Eisenkernes durchsetzt der magnetische Fluß Φ alle Windungen sowohl der Primär- als auch der Sekundärspule. Die magnetischen Gesamtflüsse durch die Primär- und die Sekundärspule er-

Wirkungsweise des Transformators

geben sich zu

$$\hat{\Phi}_p = N_p \hat{\Phi}, \tag{5.24b}$$

$$\hat{\Phi}_s = N_s \hat{\Phi}. \tag{5.24c}$$

Wird weiter beachtet, daß die in der Sekundärspule induzierte Spannung gegenüber der angelegten um π phasenverschoben ist (Lenzsche Regel), so folgt für die komplexen Spannungsamplituden an der Primär- und Sekundärspule nach (S 4.1), (5.24a), (5.24b) und (5.24c)

$$\hat{U}_{p0} = N_p \frac{d\hat{\Phi}_0}{dt},$$

$$\hat{U}_{s0} = -N_s \frac{d\hat{\Phi}_0}{dt}$$

oder

$$\hat{U}_{s0} = -\frac{N_s}{N_p} \hat{U}_{p0}. \tag{5.24}$$

An der Sekundärspule kann durch entsprechende Wahl der Windungszahlen N_p und N_s von Primär- und Sekundärspule jede gewünschte Spannung innerhalb der technischen Möglichkeiten (begrenzt z.B. durch Isolationsprobleme) abgegriffen werden (*Transformator*). Zwischen Primär- und Sekundärspannung besteht eine Phasenverschiebung von π. Entsprechend (S 5.6) sind bei unbelasteter Sekundärspule ($R = \infty$ in Abb. 5.24) Primärspannung und -strom um $\pi/2$ phasenverschoben. Bei sehr hoher Belastung der Sekundärspule ($R \approx 0$ in Abb. 5.24) sind dagegen sowohl Primärspannung und -strom als auch Sekundärspannung und -strom in Phase, Primär- und Sekundärstrom daher um π phasenverschoben.

Ein gleiches Verhalten zweier durch Induktionsvorgänge gekoppelter Ströme hatten wir schon bei dem in Abb. 4.4 beschriebenen Versuch zum Nachweis der Lenzschen Regel diskutiert.

Bei technischen Transformatoren wird zur Vermeidung von Wirbelstromverlusten (vgl. Abschnitt 4.1.1) der Eisenkern aus voneinander isolierten Metallblechen gefertigt.

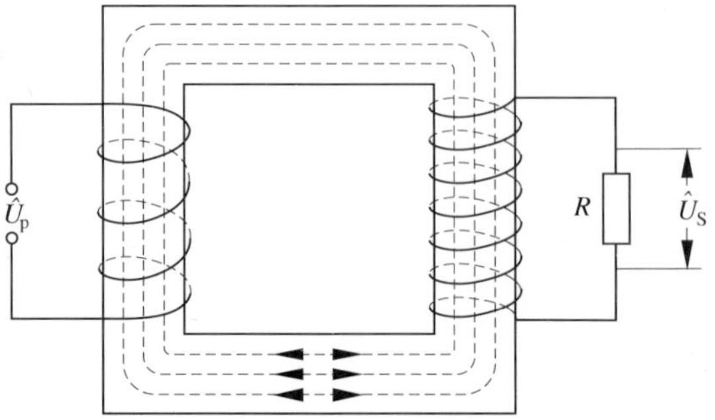

Abb. 5.24 Transformator

5.4.2.4.1 Tesla-Transformator

Tesla-Transformator

Mit dem Tesla-Transformator (siehe Abb. 5.25a) können hochfrequente (mit Frequenzen bis zu 19^9 Hz) hohe Spannungen erzeugt werden. Mit Hilfe eines Hochspannungstransformators T wird die niederfrequente Wechselspannung U auf eine hohe Spannung transformiert und mit ihr die Kapazität C geladen. Die Funkenstrecke F (zwei Metallkugeln mit be-

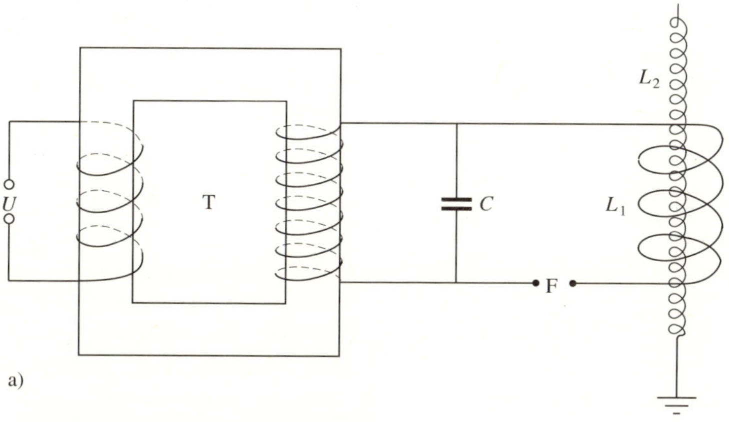

a)

b)

Abb. 5.25
Tesla-Transformator
a) Prinzipschaltbild
b) Durch eine hochfrequente Wechselspannung erzeugte Koronaentladung

stimmten Abstand in Luft) übernimmt die Funktion des Schalters in dem aus der kleinen Kapazität C und der kleinen Induktivität L_1 gebildeten Schwingkreis. Erreicht die Spannung an der Kapazität C einen bestimmten Wert, so schlägt ein Funken über. Der Schwingkreis ist geschlossen. Auf Grund der kleinen Werte von L_1 und C laufen in ihm nach (5.8c) elektrische Schwingungen hoher Frequenz mit abnehmender Amplitude ab. Dieser Vorgang wiederholt sich im Rhythmus der Wechselspannung U. Die Spule L_1 dient gleichzeitig als Primärspule eines weiteren Transformators, dessen Sekundärspule L_2 eine sehr hohe Windungszahl besitzt. Nach (5.24) wird damit in ihr eine sehr große Wechselspannung mit der hohen Eigenfrequenz des Schwingkreises induziert.

Wird das eine Ende der Sekundärspule geerdet, das andere zu einer Spitze ausgebildet, so gehen von dieser bei genügend hoher Spannung in die umgebende Luft Koronaentladungen aus, die meterlang werden können (vgl. Abb. 5.25b und Abschn. 1.1.4.2).

5.5 Skineffekt

Skineffekt

Hochfrequente Wechselströme werden aus dem Innern des Leiters zur Leiteroberfläche gedrängt (*Skineffekt*). Die Stromdichte ist nicht mehr über dem gesamten Leiterquerschnitt konstant (Abb. 5.26a). Bei geeigneter Wahl von Drahtstärke und Frequenz der Wechselspannungsquelle kann im Innern des Drahtes der Vektor der Stromdichte sogar entgegengesetzt zum Gesamtstrom gerichtet sein (Abb. 5.26b).

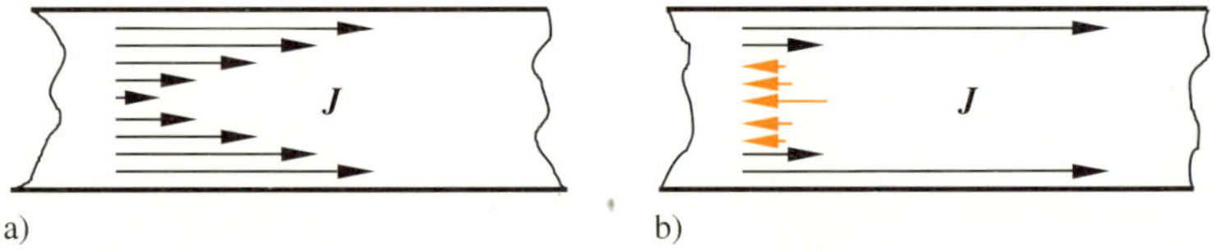

Abb. 5.26 Skineffekt

Die Deutung des Skineffektes gelingt mit Hilfe des Induktionsgesetzes. Abbildung 5.27 zeigt das Momentanbild der elektrischen Feldstärke im Leiter. Nach (S 2.6) umgibt sich der stromdurchflossene Leiter mit einem Magnetfeld, das auch das Innere des Leiters durchsetzt. Die Stromstärke verändert sich mit der Kreisfrequenz ω der anliegenden Wechselspannungsquelle und damit auch die magnetische Feldstärke. Im Innern des Leiters wird durch den zeitlich veränderlichen magnetischen Fluß nach (S 4.1) eine Spannung (ein elektrisches Feld $\boldsymbol{E}_{\text{ind}}$) induziert (Abb. 5.27b). Dieses induzierte Feld ist im Innern des Leiters dem anliegenden Feld $\boldsymbol{E}$ entgegengerichtet, schwächt demzufolge das resultierende Feld $\boldsymbol{E}_{\text{g}}$ und damit auch die Stromstärke im Innern des Leiters (Abb. 5.27c). In den Randzonen des Leiters findet man dagegen die umgekehrte Erscheinung. Da es sich um eine Induktionserscheinung handelt, wird der Effekt um so größer, je höher die Frequenz der anliegenden Spannung ist.

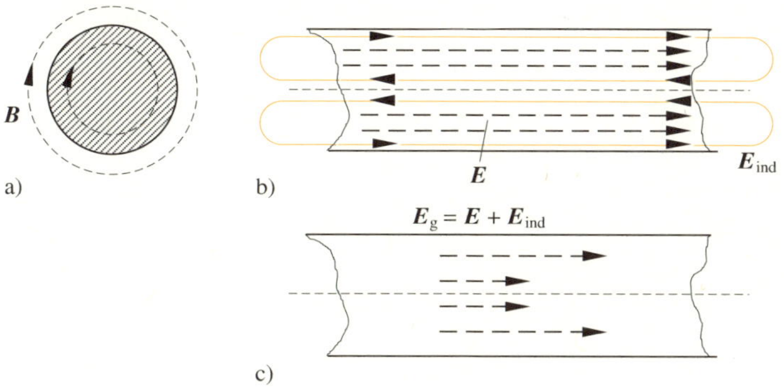

Abb. 5.27
Zur Deutung des Skineffektes
a) Querschnitt durch den stromdurchflossenen Leiter (Feldstärke ***E*** zeigt in die Papierebene hinein)
b) Längsschnitt durch den stromdurchflossenen Leiter (über der Mittellinie zeigt ***B*** aus der Papierebene heraus, unter ihr in die Papierebene hinein)
c) $\boldsymbol{E}_g = \boldsymbol{E} + \boldsymbol{E}_{ind}$

Wegen des Skineffektes findet in der Hochfrequenztechnik statt massiver Drähte zumeist die durch Verdrillung vieler dünner Drähte (Vergrößerung der Oberfläche) gewonnene Hochfrequenzlitze Anwendung.

Verbindet man mit dem nicht geerdeten Ende der Sekundärspule eines Tesla-Transformators eine Anschlußklemme einer Glühlampe und hält die leitende Verbindung zur anderen Anschlußklemme in der Hand, so leuchtet die Glühlampe auf, ohne daß man etwas vom Strom spürt. Der Stromfluß erfolgt lediglich an der Körperoberfläche, d.h. auf der Haut. Dadurch erklärt sich auch der Name des Effektes (skin: englisch für Haut).

5.6 Wirkungweise von Generatoren und Motoren

In diesem Abschnitt sollen die physikalischen Grundlagen technischer Spannungserzeuger (*Generatoren*) und *Motoren* dargelegt werden. In bezug auf ihren technischen Aufbau sei auf die entsprechende Spezialliteratur verwiesen.

Generatoren
Motoren

Großtechnische Generatoren arbeiten mit dem Prinzip der Induktion. Eine Spule mit Eisenkern wird im Feld eines Permanentmagneten gedreht. Die Rotationsachse steht senkrecht zur Spulenachse und senkrecht zu den Feldlinien im Luftspalt des Magneten. Werden die Enden der Spule an zwei voneinander elektrisch isolierte Halbringe (*Kollektor*) geführt, so kann von ihnen mittels Schleifkontakten eine pulsierende Gleichspannung abgenommen werden (Abb. 5.28). Führt man dagegen die Enden der Spule an zwei voneinander isolierte Vollringe, erhält man eine Wechselspannung.

Kollektor eines Generators

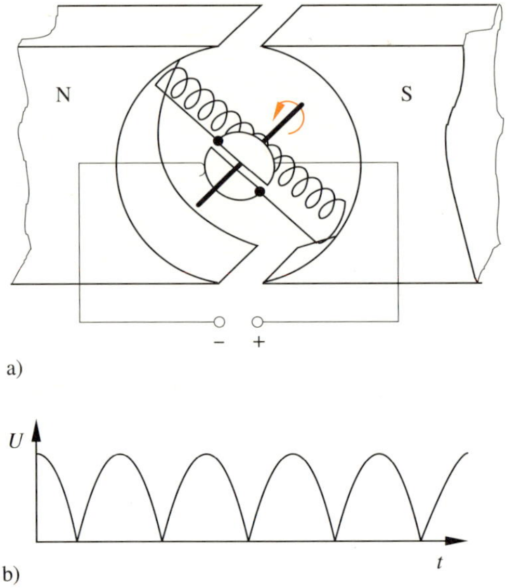

Abb. 5.28
Gleichspannungsgenerator mit einer rotierenden Spule
a) Prinzip des Gleichspannungsgenerators
b) induzierte „pulsierende" Gleichspannung

Dynamo-Prinzip

WERNER VON SIEMENS (1816–1892)

Hauptschlußmaschine
Nebenschlußmaschine

Der Wirkungsgrad der Spannungserzeugung kann wesentlich durch die Verwendung von Elektromagneten statt Permanentmagneten verbessert werden. Der für den Elektromagneten notwendige Strom wird zunächst durch Selbsterregung geliefert (*Dynamoprinzip* von SIEMENS). Entweder durchfließt der gesamte vom Generator an den Verbraucher gelieferte Strom den *Elektromagneten* (*Hauptschlußmaschine*, Abb. 5.29a) oder nur ein bestimmter konstanter Teilstrom von ihm (*Nebenschlußmaschine*, Abb. 5.29b).

Aus technischen Gründen läßt man meist nicht die Spule, sondern das Magnetfeld rotieren. Da für die Induktion nach (S 4.1) nur die zeitliche Veränderung des magnetischen Flusses maßgebend ist, verändert dies

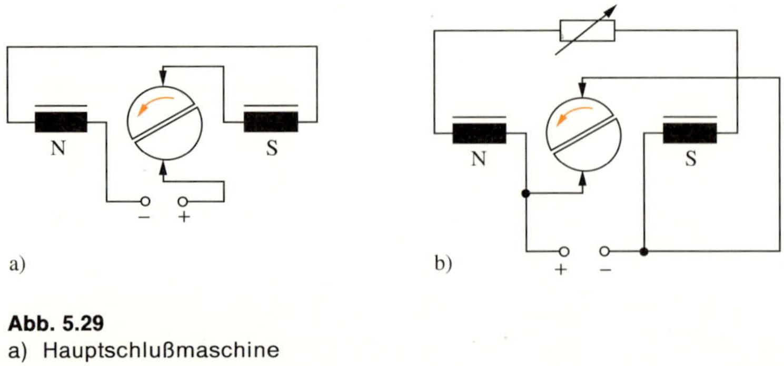

Abb. 5.29
a) Hauptschlußmaschine
b) Nebenschlußmaschine

nichts am physikalischen Vorgang. Diese Anordnung hat aber den Vorteil, daß dann bei einer Nebenschlußmaschine nur der Strom für den rotierenden Elektromagneten durch Schleifkontakte (Bürsten) zugeführt zu werden braucht, der wesentlich größere Laststrom dagegen von feststehenden Kontakten entnommen werden kann.

Eine wesentliche Glättung der erzeugten Gleichspannung gelingt, indem man beim Gleichstromgenerator statt einer Spule mehrere gegeneinander versetzte Spulen verwendet. Abbildung 5.30 zeigt ein senkrecht zueinander stehendes Spulenpaar. Die in den beiden Spulen induzierten Spannungen sind um $\frac{\pi}{2}$ phasenverschoben (Abb. 5.31a). Arbeitet man mit einem vierteiligen Kollektor, so kann am Generator ihre Überlagerungsspannung ab-

Geglättete Gleichspannung

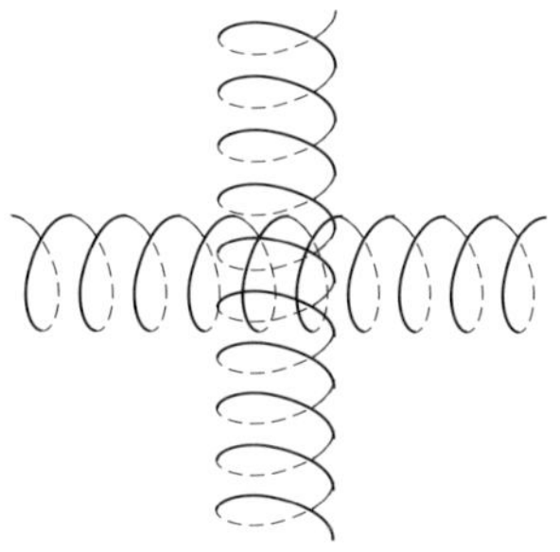

Abb. 5.30
Senkrecht zueinander angeordnetes Spulenpaar

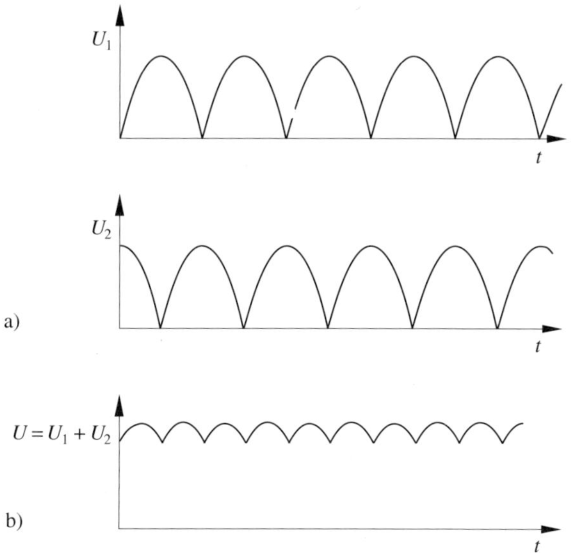

Abb. 5.31
Spannung an einem Generator mit zwei senkrecht zueinander angeordneten Spulen
a) In den Spulen induzierte Spannungen U_1 und U_2
b) Summe der in beiden Spulen induzierten Spannungen

gegriffen werden, die gegenüber den beiden Einzelspannungen stark geglättet ist (vgl. Abb. 5.31a mit Abb. 5.31b). Durch Verwendung mehrerer gegeneinander versetzter Spulen läßt sich die Glättung der erzeugten Gleichspannung weiter verbessern.

Dreiphasenwechselspannung

Bei Wechselspannungsgeneratoren finden drei Spulen Verwendung, deren Achsen gegenseitig einen Winkel von 60° einschließen (Abb. 5.32a). Werden die Drähte der Spulen voneinander getrennt nach außen geführt, so können an den einzelnen Spulen drei getrennte Wechselspannungen abgegriffen werden, die in ihren Phasen um 120° verschoben sind (*Dreiphasenwechselspannung* (Abb. 5.32b)). Da nach (S 1.5) das Potential eines Leiters nur bis auf eine additive Konstante festgelegt ist, kann je eine

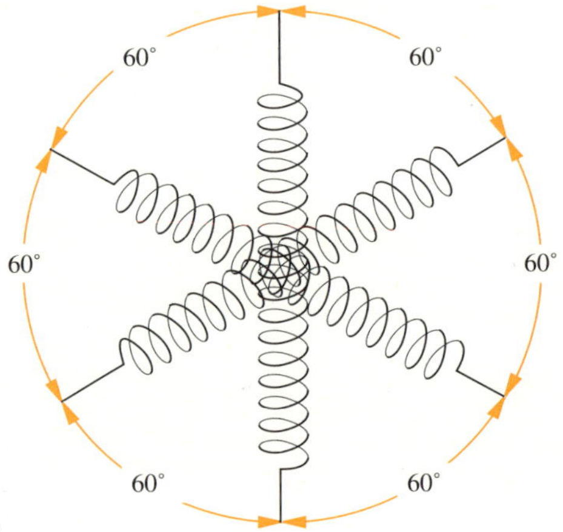

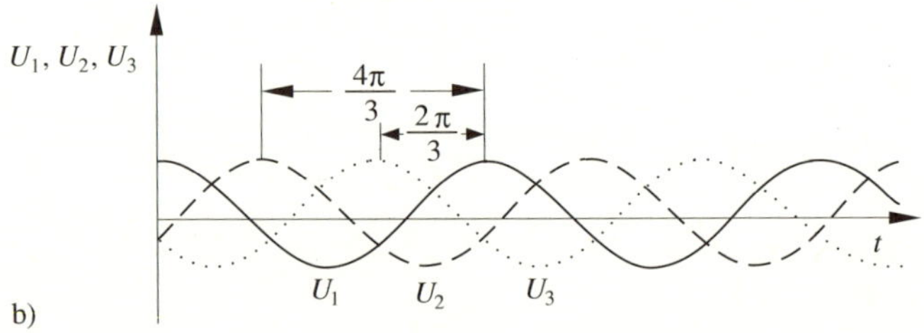

Abb. 5.32
Dreiphasenwechselspannungsgenerator
a) Spulenanordnung
b) Dreiphasenwechselspannung

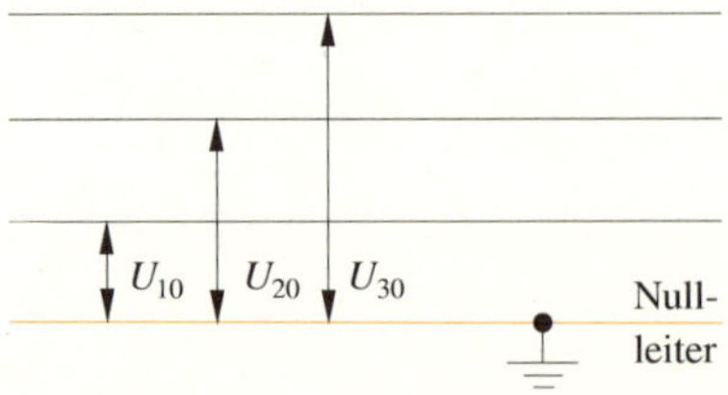

Abb. 5.33
Übertragungsleitung für den Dreiphasenwechselstrom

Anschlußklemme der Spulen auf ein gemeinsames Potential (das Erdpotential) gelegt werden (Abb. 5.33). Das wird zum Beispiel durch die *Sternschaltung* erreicht (Abb. 5.34). Bei gleicher Belastung der drei Phasen ist der Gesamtstrom im gemeinsamen Leiter (dem *Nulleiter*) Null (s. u.), man kommt dann mit drei Leitungen aus.

Sternschaltung

Nulleiter

Die Effektivspannungen $U_{10\,\mathrm{eff}}$, $U_{20\,\mathrm{eff}}$ und $U_{30\,\mathrm{eff}}$ der drei Spannungen U_{10}, U_{20} und U_{30} gegenüber dem gemeinsamen Potential betragen in technischen Wechselspannungsnetzen meist $U_{i0\,\mathrm{eff}} = U_{0\,\mathrm{eff}} = 220\,\mathrm{V}$ bzw. 240 V ($i = 1, 2, 3$). Für die Spannung U_{12} zwischen den Klemmen 1 und 2 (siehe Abb. 5.34) erhält man (die Phasenkonstante der Spannung an Spule 1 wird zu Null gewählt)

$$U_{12} = U_{10} - U_{20} = U_0 \cos \omega t - U_0 \cos\left(\omega t + \frac{2\pi}{3}\right). \tag{5.25a}$$

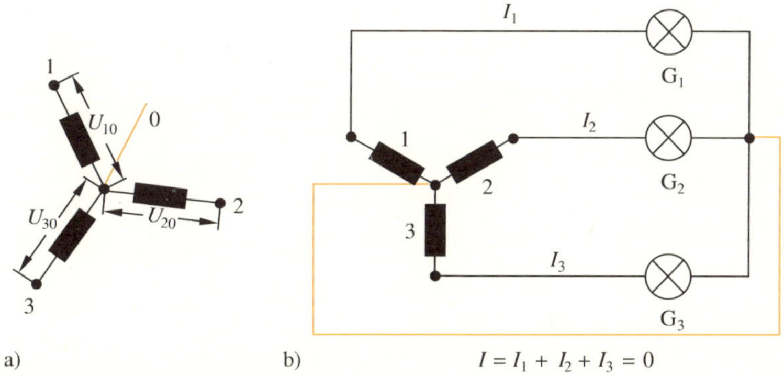

Abb. 5.34 Sternschaltung

Unter Beachtung von

$$\cos(x_1 \pm x_2) = \cos x_1 \cos x_2 \mp \sin x_1 \sin x_2$$

und

$$\begin{aligned}
&\sin\frac{2\pi}{3} = -\sin\frac{4\pi}{3} = \frac{1}{2}\sqrt{3} \\
&\cos\frac{2\pi}{3} = \cos\frac{4\pi}{3} = -\frac{1}{2} \\
&\cos\frac{\pi}{6} = \frac{\sqrt{3}}{2} \\
&\sin\frac{\pi}{6} = \frac{1}{2}
\end{aligned} \tag{5.25b}$$

läßt sich U_{12} weiter umformen:

$$U_{12} = U_0 \left[\cos\omega t - \cos\omega t \cos\frac{2\pi}{3} + \sin\omega t \sin\frac{2\pi}{3} \right]$$

$$= U_0 \left[\cos\omega t + \frac{1}{2}\cos\omega t + \frac{1}{2}\sqrt{3}\sin\omega t \right]$$

$$= U_0 \left[\frac{3}{2}\cos\omega t + \frac{1}{2}\sqrt{3}\sin\omega t \right]$$

$$= U_0 \sqrt{3} \left[\frac{\sqrt{3}}{2}\cos\omega t + \frac{1}{2}\sin\omega t \right]$$

$$= U_0 \sqrt{3} \left[\cos\frac{\pi}{6}\cos\omega t + \sin\frac{\pi}{6}\sin\omega t \right]$$

$$U_{12} = U_0 \sqrt{3} \cos\left(\omega t - \frac{\pi}{6}\right). \tag{5.25c}$$

Die Spannung U_{12} ist gegenüber der Spannung U_{10} um 30° phasenverschoben, gegenüber der Spannung U_{20} um 150°. Die Effektivspannung zwischen den beiden Phasen beträgt

Spannung zwischen zwei Phasen bei Sternschaltung

$$U_{12\,\mathrm{eff}} = U_{0\,\mathrm{eff}} \sqrt{3} = 382\,\mathrm{V} \text{ bzw. } 416\,\mathrm{V}. \tag{5.25}$$

Den gleichen Effektivspannungswert findet man zwischen den anderen Phasen.

Bei gleicher Belastung der drei Phasen ist der Gesamtstrom im Nulleiter Null, denn mit

$$I_1 = I_0 \cos\omega t$$

für den Strom durch die Spule 1 folgt entsprechend der vorliegenden Phasenverschiebung für die Ströme in den beiden anderen Spulen

$$I_2 = I_0 \cos\left(\omega t + \frac{2\pi}{3}\right),$$

$$I_3 = I_0 \cos\left(\omega t + \frac{4\pi}{3}\right)$$

und somit für ihre Summe

$$I = I_1 + I_2 + I_3 = 0, \tag{5.26}$$

denn es ist

$$I = I_1 + I_2 + I_3 = I_0 \left[\cos\omega t + \cos\left(\omega t + \frac{2\pi}{3}\right) + \cos\left(\omega t + \frac{4\pi}{3}\right) \right]$$

und bei Beachtung von (5.25b)

$$I = I_0 \left[\cos \omega t + \cos \omega t \cos \frac{2\pi}{3} - \sin \omega t \sin \frac{2\pi}{3} \right.$$

$$\left. + \cos \omega t \cos \frac{4\pi}{3} - \sin \omega t \sin \frac{4\pi}{3} \right]$$

$$= I_0 \left[\cos \omega t - \frac{1}{2} \cos \omega t - \frac{1}{2} \sqrt{3} \sin \omega t - \frac{1}{2} \cos \omega t \right.$$

$$\left. + \frac{1}{2} \sqrt{3} \sin \omega t \right] = 0 .$$

Bei gleicher Belastung aller Phasen wird der Nulleiter gar nicht benötigt (Abb. 5.34b). Werden die drei Phasen nicht gleichmäßig belastet, so fließt auch im Nulleiter ein Strom, allerdings mit wesentlich kleinerer Stromstärke als in den anderen Leitern. Der Nulleiter wird daher vielfach mit einem wesentlich kleineren Leiterquerschnitt als die anderen Leiter ausgelegt. Man ist im öffentlichen Stromnetz daran interessiert, alle drei Phasen möglichst gleichmäßig zu belasten und Phasenverschiebungen durch Blindströme zu vermeiden.

Eine andere Möglichkeit der Übertragung des Dreiphasenstromes zum Verbraucher durch nur drei Leitungen ist die *Dreieckschaltung* (Abb. 5.35a). Diese Schaltung ist möglich, weil bei gleicher Belastung der Phasen die Summe der in den Spulen induzierten Spannungen (vgl. Abb. 5.35b)

Dreieckschaltung

$$U = U_{12} + U_{23} + U_{31} = 0 \tag{5.27}$$

ist. Dieses Ergebnis gewinnt man sofort, wenn man in der Herleitung von (5.26) die Stromstärke durch die entsprechenden Spannungswerte ersetzt.

Fließen in den einzelnen Leiterzweigen die Effektivströme $I_{1\,\mathrm{eff}} = I_{2\,\mathrm{eff}} = I_{3\,\mathrm{eff}} = I_{0\,\mathrm{eff}}$, dann ergeben sich analog zur Herleitung von (5.25) die Effektivströme $I_{\mathrm{Sp\,eff}}$ durch die Spulen zu

$$I_{\mathrm{Sp\,eff}} = I_{0\,\mathrm{eff}} \sqrt{3} . \tag{5.28}$$

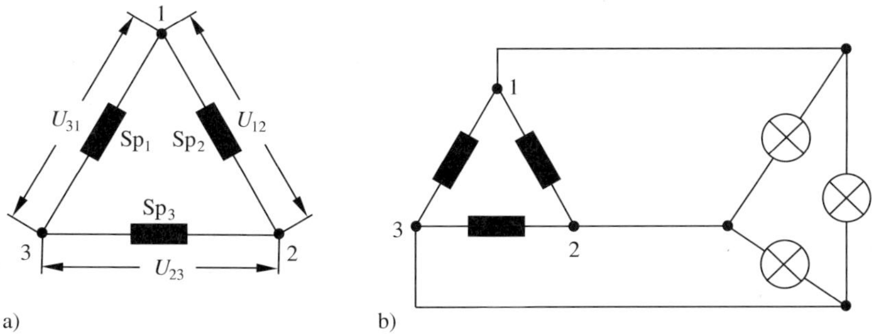

Abb. 5.35 Dreieckschaltung

Nach (5.25), (5.26), (5.27) und (5.28) gilt

Vergleich von Stern- und Dreieckschaltung

für die Sternschaltung:

Spule und Lastwiderstand liegen in Reihe,

die Spannung zwischen zwei Spulen ist gleich dem $\sqrt{3}$-fachen der Spannung zwischen einer Spule und dem Nulleiter;

für die Dreieckschaltung:

Spule und Lastwiderstand liegen parallel,

die Stromstärke durch eine Spule ist gleich dem $\sqrt{3}$-fachen des Stromes durch den zugehörigen Lastwiderstand.

Deshalb wird die Sternschaltung für hohe Leitungsspannungen, die Dreieckschaltung für große Leitungsströme bevorzugt.

Drehstrommotor

Jeder Spannungserzeuger kann im Prinzip als Motor betrieben werden, indem man an seine Anschlußklemmen eine entsprechende Wechselspannung legt. Vielfach benutzt werden *Drehstrommotoren*. Ihr Aufbauprinzip zeigt Abbildung 5.36. Benachbarte Spulenachsen bilden einen Winkel von jeweils 60° (vgl. auch Abb. 5.32a), ihre Anschlußklemmen sind in Form der Sternschaltung an eine Dreiphasenwechselspannungsquelle der Kreisfrequenz ω angeschlossen. Nach (S 2.6) umgibt sich jede Spule mit einem magnetischen Feld. Die so erzeugten drei magnetischen Felder verändern sich mit gleicher Frequenz wie die Spulenströme und weisen auch deren Phasenverschiebungen auf. Das resultierende Magnetfeld verändert daher periodisch seine Richtung. Die Zeitdauer eines Umlaufes beträgt $T=\frac{2\pi}{\omega}$

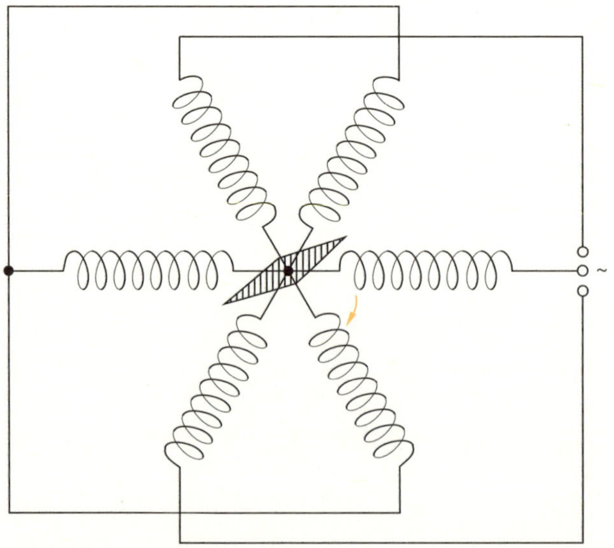

Abb. 5.36 Prinzip des Drehstrommotors

(*magnetisches Drehfeld*). Stellt man zwischen die Spulen eine Magnetnadel, so rotiert sie mit der Winkelgeschwindigkeit $\omega = \frac{2\pi}{T}$.

magnetisches Drehfeld

Beim Drehstrommotor verwendet man statt der Magnetnadel den *Kurzschlußanker*. Er besteht im Prinzip aus einem Eisenzylinder, der zur Vermeidung von Wirbelstromverlusten aus Eisenblechen gefertigt wird.

Kurzschlußanker

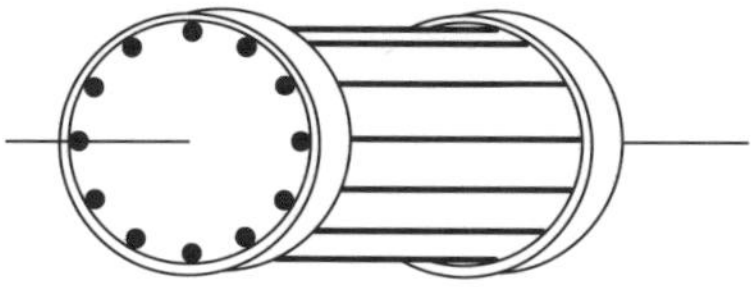

Abb. 5.37 Kurzschlußanker

In ihm sind Längsnuten eingefräst und mit Kupferstäben ausgefüllt (Abb. 5.37). Das magnetische Drehfeld induziert in den Kupferstäben Wirbelströme. Diese bedingen Magnetfelder. Durch deren Wechselwirkung mit dem magnetischen Drehfeld rotiert der Anker mit der Frequenz des Drehfeldes (vgl. den Versuch von ARAGO in Abb. 4.8).

5.7 Gleichrichtung und Verstärkung von Wechselspannungen

5.7.1 Gleichrichtung

In Abschnitt 3.2.1.5.1.1 wurde gezeigt, daß durch eine Vakuumdiode nur dann ein elektrischer Strom fließen kann, wenn sich die Anode auf höherem Potential als die Katode befindet ($U_{AK} > 0$). Darauf beruht eine Möglichkeit der Gleichrichtung von Wechselspannungen und -strömen durch Elektronenröhren. Das Prinzipschaltbild zeigt Abbildung 5.38a. Die gleichzurichtende Wechselspannung wird primärseitig an den Transformator T gelegt. Die Sekundärspule liegt im Anodenkreis einer Diode. Im Anodenkreis fließt nur zu den Zeiten ein Strom, zu denen $U_{AK} > 0$ ist. Für alle anderen Zeiten sperrt die Röhre den Stromfluß; die zugehörige Halbschwingung der Wechselspannung wird unterdrückt (*Einweggleichrichtung*). Am Arbeitswiderstand R_a kann die dem positiven Anodenstrom proportionale Gleichspannung U_a abgegriffen werden (vgl. Abb. 5.39).

Einweggleichrichtung

Heute werden statt Elektronenröhren Halbleiterdioden zur Gleichrichtung von Wechselspannungen genutzt. Abb. 5.38b zeigt das Schaltbild. Nach Abb. 3.23 fließt durch einen pn-Übergang nur dann ein merklicher Strom, wenn das p-Gebiet der Halbleiterdiode sich auf positiverem Potential befindet als das n-Gebiet. Die Verwendung von Halbleiterdioden statt Elektronenröhren hat u.a. die Vorteile, daß die Heizung sowie die relativ hohe Anodenspannung wegfallen und eine beträchtliche Miniaturisierung der Bauelemente möglich wird.

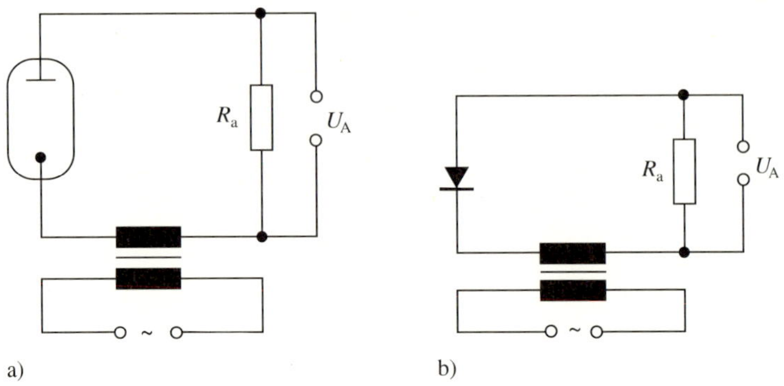

Abb. 5.38
Einweggleichrichtung
a) mit Vakuumdiode
b) mit Halbleiterdiode

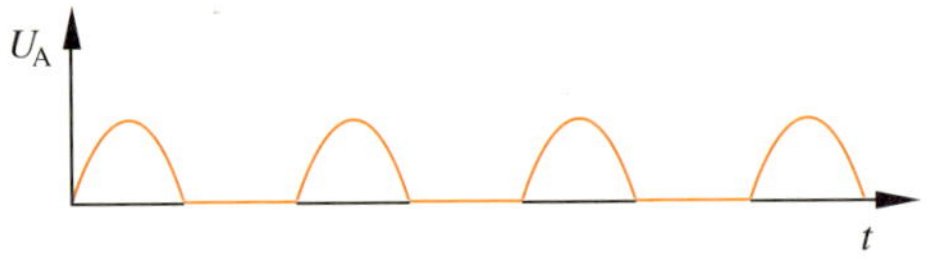

Abb. 5.39
$U_A(t)$ bei Einweggleichrichtung

Zweiweggleichrichtung
Zweiphasen-Einwegschaltung

Brückenschaltung (Grätzschaltung)

Die Einweggleichrichtung ist ungünstig, weil sie nur die positive Halbschwingung der gleichzurichtenden Spannung ausnutzt. Dieser Nachteil wird bei der *Zweiweggleichrichtung* vermieden. Abbildung 5.40a zeigt die *Zweiphasen-Einwegschaltung*, bei der zwei Halbleiterdioden verwendet werden. Die Halbleiterdiode D_1 ist für eine, die Diode D_2 für die andere Halbperiode in Durchlaßrichtung geschaltet, so daß die Durchlaßströme in den beiden Halbperioden den Arbeitswiderstand in gleicher Richtung durchfließen. Allerdings wird in dieser Schaltung die Ausgangsspannung durch den Mittelabgriff am Transformator halbiert. Das läßt sich durch die *Brückenschaltung* (*Grätzschaltung*) vermeiden (siehe Abb. 5.40b). Bei ihr werden vier Halbleiterdioden genutzt. Ist am Transformatoranschluß oben der positive Pol, dann fließt der Strom über D_3, R_a und D_1 zum unteren Pol, bei umgekehrter Polung über D_4, R_a und D_2 zum oberen Pol. Bei beiden Halbperioden ist demnach die Stromrichtung durch den Arbeitswiderstand R_a dieselbe. Den zeitlichen Verlauf der Ausgangsspannung U_A bei Zweiweggleichrichtung zeigt Abbildung 5.41. Ohne zusätzliche Maßnahmen zur Glättung erreicht U_A nach jeder Halbperiode in einem Zeitpunkt den Wert Null (Abb. 5.41a). Streng genommen ist die Spannung bei Schaltungen mit Halbleiterdioden nicht nur in dem Zeitpunkt Null, in dem die Eingangswechselspannung den Wert Null durchläuft, sondern in dem Zeitintervall vom Unterschreiten der Diffusionsspannung bei der einen Diode (siehe Abb. 3.8) bis zum Überschreiten dieses Wertes bei der anderen Diode.

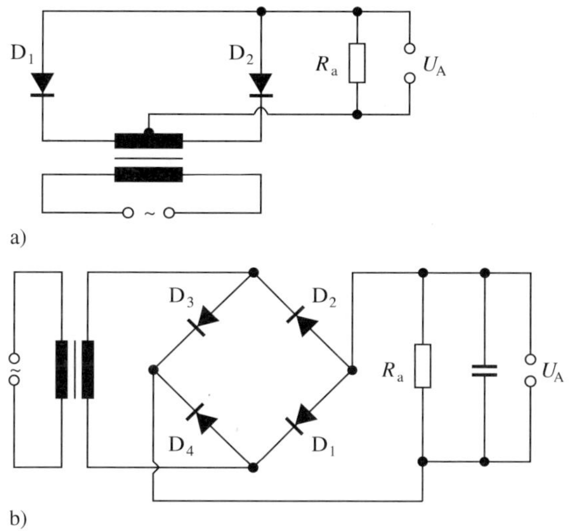

Abb. 5.40
Zweiweggleichrichtung
a) Zweiphasen-Einwegschaltung
b) Brückenschaltung

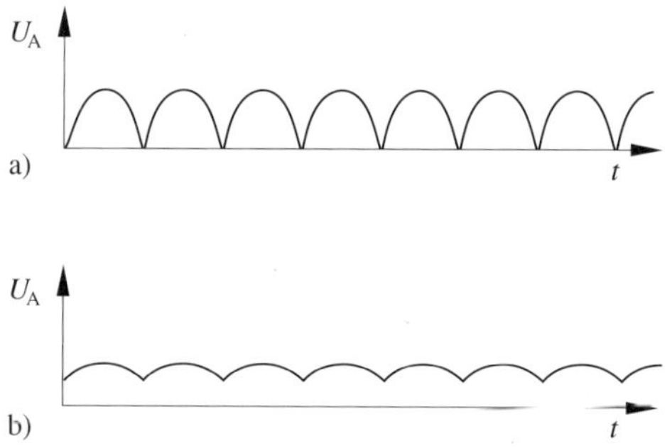

Abb. 5.41
$U_A\,(t)$ bei Zweiweggleichrichtung
a) ohne Glättung
b) mit Glättung

Meist wird zum Arbeitswiderstand ein Kondensator parallelgeschaltet (Abb. 5.40b). Dieser lädt sich während des Spannungsanstieges auf und reduziert dadurch das Spannungsmaximum. Der Entladungsvorgang während des Spannungsniederganges erhöht dann aber das Spannungsminimum. Somit werden die Schwankungen der gleichgerichteten Spannung wesentlich vermindert (*Glättung*, siehe Abb. 5.41b). Die Glättung kann noch durch ein nachgeschaltetes Siebglied verbessert werden, wozu i. allg. ein RC-Tiefpaß dient. Glättung

5.7.2 Verstärkung

Verstärkerschaltung

Als verstärkendes Bauelement in *Verstärkerschaltungen* finden überwiegend Transistoren Anwendung. Eine gebräuchliche Grundschaltung wurde bereits in Abschnitt 3.2.2.3 besprochen. Die Abbildung 3.27 ist lediglich noch durch eine zweckmäßige Variante der Einkopplung der zu verstärkenden Signalspannung U_S bzw. der Auskopplung der verstärkten Ausgangsspannung U_A zu ergänzen. Dazu werden üblicherweise Kondensatoren verwendet (*Koppelkondensatoren* C_K, vgl. Abb. 5.42). Sie bilden für die von der Betriebsspannungsquelle U_B ausgehenden Gleichströme einen unendlichen Widerstand und verhindern eine Gleichstrombelastung der Signalsspannungsquelle bzw. des Signalempfängers. Andererseits müssen sie im Frequenzbereich der zu verstärkenden Wechselspannungen ausreichend niederohmig sein. Der Koppelkondensator am Eingang bildet mit R_2 und der am Ausgang mit R_a einen RC-Hochpaß. Dabei ist zu berücksichtigen, daß R_a über den verschwindend kleinen Innenwiderstand der Betriebsspannungsquelle ebenso wie R_2 mit einer Seite auf Massepotential liegt. C_{K1} und C_{K2} sind dann so zu dimensionieren, daß $C_{K1} R_2 < \nu^{-1}$ und $C_{K2} R_a < \nu^{-1}$ gilt, wenn ν die kleinste Frequenz der zu verstärkenden Wechselströme ist.

Koppelkondensator

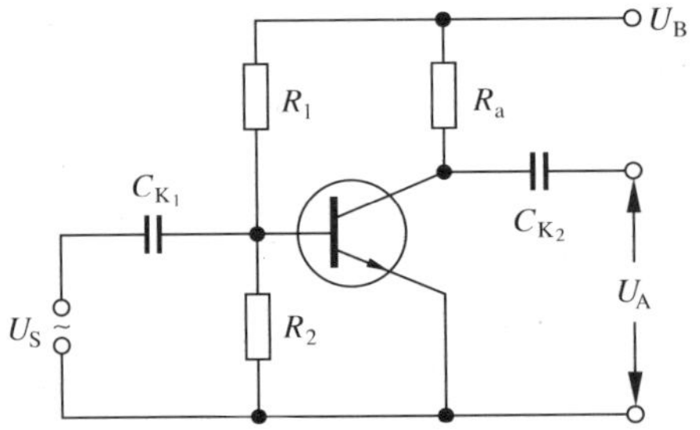

Abb. 5.42 Verstärkerschaltung

5.8 Rückkopplung

Die in Abschnitt 5.3.1 behandelten ungedämpften elektrischen Schwingungen sind insofern ein theoretischer Grenzfall, als man weder ideale elektrische Kapazitäten und Induktivitäten herzustellen vermag noch die Wirkwiderstände der zur Verschaltung der Kapazität und Induktivität notwendigen Drähte vollständig ausschließen kann. Der praktisch zu realisierende elektrische Schwingkreis entspricht daher dem in der Abbildung 5.4c dargestellten Fall. Die elektrische Schwingung ist durch die im Wirkwiderstand R auftretende Joulesche Wärme exponentiell gedämpft, falls dieser Verlust an elektrischer Energie nicht durch eine zusätzliche äußere Energiequelle ausgeglichen wird.

Die Erzeugung ungedämpfter elektrischer Schwingungen mit gewünschter Kreisfrequenz ω_0 gelingt mit Rückkopplungsschaltungen. Unter einer *Rückkopplungsschaltung* allgemein versteht man eine Anordnung der in Abbildung 5.43 dargestellten Art: ein Teil $|\hat{k}| \leq 1$ der Ausgangsspannung $\hat{U}_A$ eines Verstärkers wird über ein Rückkopplungsnetzwerk an den Eingang zurückgeführt. Wenn die rückgekoppelte Spannung $\hat{k}\hat{U}_A$ von der Eingangsspannung $\hat{U}_E$ subtrahiert wird, spricht man von *Gegenkopplung*. Gegenkopplungen werden zur Stabilisierung von Verstärkerschaltungen und zu Steuerzwecken angewandt. Wird die rückgekoppelte Spannung zu $\hat{U}_E$ addiert, so liegt *Mitkopplung* vor.

Rückkopplungsschaltung

Gegenkopplung

Mitkopplung

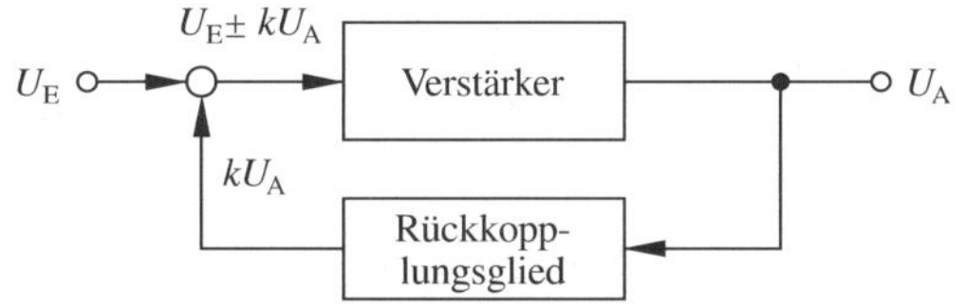

Abb. 5.43 Rückkopplungsschaltung

Mitkopplungen dienen zur Erzeugung ungedämpfter elektrischer Schwingungen, sind also ein Grundelement elektronischer Generatoren. Seiner Einfachheit halber soll hier der *Meißner-Generator* näher betrachtet werden (Abb. 5.44). Das Rückkopplungsnetzwerk besteht bei ihm aus einem Transformator. Die eine Spule L des Transformators ist die Induktivität eines Schwingkreises, der in Abb. 5.44 den Arbeitswiderstand R_a im Kollektorkreis eines Transistorverstärkers ersetzt. Die Schwingungen des Schwingkreises werden auf die zweite Spule L_R des Transformators übertragen, die direkt im Basis-Emitterkreis liegt. Damit wirkt die in L_R induzierte Spannung als Eingangsspannung des Verstärkers. Der Kondensator C_2 bewirkt den wechselstrommäßigen Kurzschluß des Widerstandes R_2.

Meißner-Generator

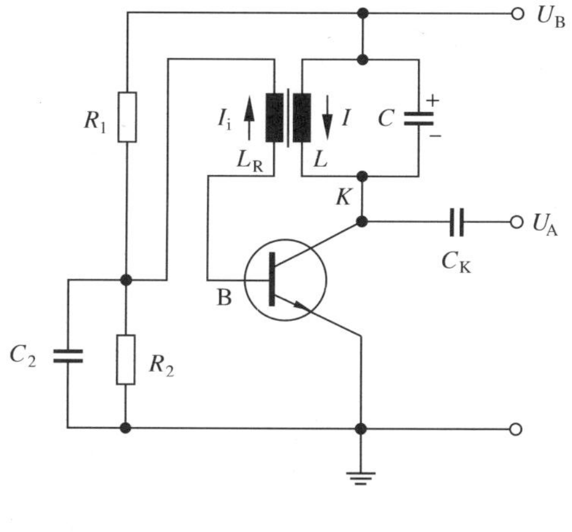

Abb. 5.44 Meißner-Generator

ALEXANDER MEISSNER (1883–1958)

Die Dämpfung der Schwingung im Schwingkreis wird durch Energiezufuhr vom Verstärker ausgeglichen. Zum qualitativen Verständnis des Vorganges gehen wir von dem willkürlich gewählten Zustand aus, daß die obere Kondensatorplatte im Schwingkreis positiv ist. Dann fließt der Entladestrom durch L zum Punkt K hin, somit steigt das Potential dort an. Der Strom durch L bewirkt in L_R einen Strom von der Basis B weg, das Potential in B fällt ab. Der Abfall der Basis-Emitter-Spannung erniedrigt den Kollektorstrom, das Potential in K wird dadurch erhöht und der Vorgang im Schwingkreis damit verstärkt. Mit einem in der skizzierten Art rückgekoppelten Triodenverstärker hat MEISSNER bereits 1913 ungedämpfte elektrische Schwingungen erzeugt. Heute werden komplizierte

RC-Generatoren

RC-Netzwerke als Rückkopplungsglieder bevorzugt (*RC-Generatoren*).

5.9 Aufgaben

5.1
Ein Wirkwiderstand $R = 10\,\Omega$, eine Induktivität $L = 2\,\text{mH}$ und eine Kapazität $C = 10\,\mu\text{F}$ sind in Reihe geschaltet und liegen an einem Generator, der eine Wechselspannung mit der Spannungsamplitude von $U_0 = 100\,\text{V}$ und der Frequenz $\nu = 1\,\text{kHz}$ liefert.
Man berechne die Spannungen, die über der Kapazität bzw. der Induktivität abfallen.

5.2
In der Schaltung von Aufgabe 5.1 wird die Generatorfrequenz verändert.
Für welche Frequenzen erreichen die Spannungen an der Kapazität und an der Induktivität ihre Maximalwerte und wie groß sind diese?

5.3
Eine geladene Kapazität $C = 2\,\mu\text{F}$ wird durch eine Spule mit den folgenden Daten entladen: Windungszahl $N = 1000$, Spulenlänge $l = 1\,\text{m}$, Spulenfläche $A = 10^{-2}\,\text{m}^2$, Drahtquerschnitt $q = 10^{-6}\,\text{m}^2$, spezifischer elektrischer Widerstand des Drahtmaterials $\varrho = 1{,}72 \cdot 10^{-8}\,\Omega\text{m}$.
Wie groß ist das Verhältnis zweier aufeinander folgender Stromamplituden?

5.4
Ein Wirkwiderstand R_1 und eine Induktivität L sind in Reihe geschaltet und liegen an einer Wechselspannung U_{eff}.
Wie groß muß ein parallel zur Induktivität geschalteter Wirkwiderstand R_2 sein, damit dieser den Effektivwert des durch die Schaltung fließenden Stromes nicht verändert?

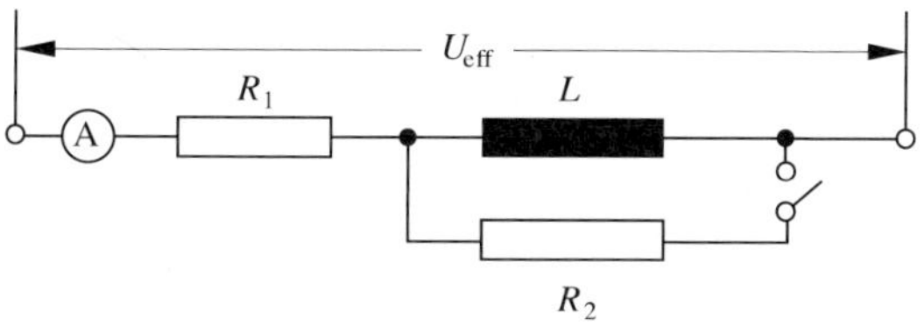

5.5
Ein Wirkwiderstand $R = 500\,\Omega$ und eine Induktivität $L = 60\,\text{mH}$ sind in Reihe geschaltet.
Welche Kapazität C muß bei einer Kreisfrequenz der Wechselspannung $\omega = 5000\,\text{s}^{-1}$ parallel geschaltet werden, damit der elektrische Widerstandsoperator reell wird?
Welchen Wert hat dann der Gesamtwiderstand der Schaltung?

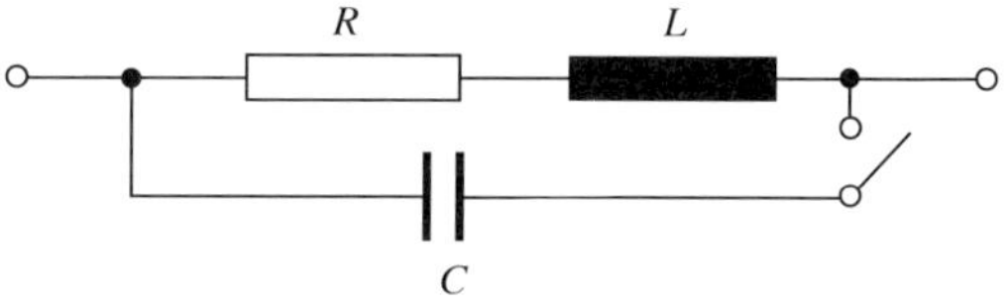

5.6
An die Eingänge der beiden unten in der Abbildung gezeigten Vierpole, bestehend aus einem Wirkwiderstand R_1 und der Kapazität C bzw. der Induktivität L und dem Wirkwiderstand R_2, wird die gleiche Wechselspannung $\hat{U}_{\text{E}}$ gelegt.

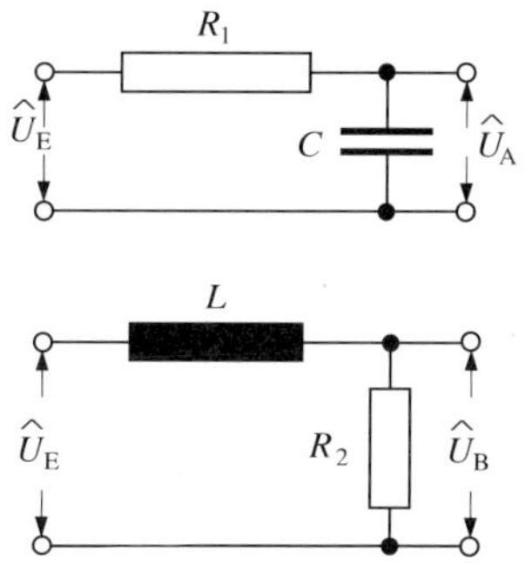

Wie groß muß die Induktivität L als Funktion von C, R_1 und R_2 gewählt werden, damit die Ausgangsspannung $\hat{U}_{\text{A}}$, die über C abfällt, und die Ausgangsspannung $\hat{U}_{\text{B}}$, die über R_2 abfällt, in Betrag und in Phase gleich sind?

5.7

Die in der Abbildung angegebene Schaltung stellt einen Bandpaß dar, d. h., die am Brückenglied (Parallelschaltung von Kapazität C und Induktivität L) abfallende Wechselspannung $\hat{U}_2$ ist frequenzabhängig.

a) Wie lautet der Ausdruck für $\hat{U}_2$ als Funktion von $\hat{U}_1$ und ω?

b) Bei welcher Frequenz ω besitzt $U_{2\,\mathrm{eff}}$ ein relatives Minimum und wie groß ist $U_{2\,\mathrm{eff}}$ in diesem Fall?

c) Wie groß ist die Phasenverschiebung zwischen $\hat{U}_1$ und $\hat{U}_2$ im Fall b)?

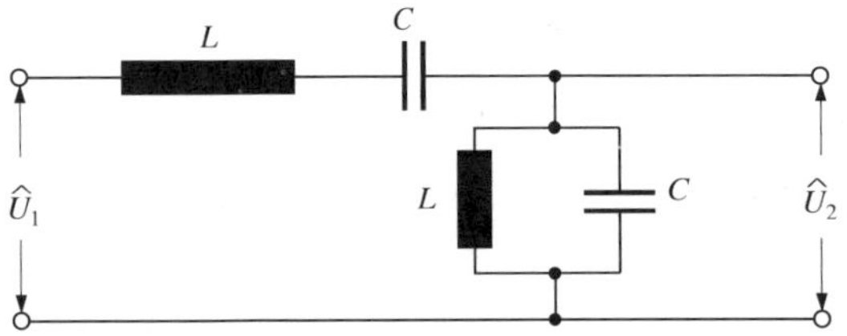

5.8

Ein Wechselstrommotor nimmt bei einer Effektivspannung von 220 V ($\nu = 50\,\mathrm{Hz}$) eine Wirkleistung von 1,8 kW auf. Der Leistungsfaktor $\cos\varphi$ beträgt 0,8.

a) Welche Kapazität muß zum Motor parallel geschaltet werden, damit der Leistungsfaktor $\cos\varphi = 1$ wird?

b) Wie groß ist das Verhältnis der auftretenden Effektivströme mit und ohne Kondensator?

6 Axiomatik der Elektrodynamik und Optik

6.1 Elektrische Randspannung, magnetische Spannung, magnetische Randspannung

Für den elektrostatischen Fall gilt nach (S 1.4) $\oint \boldsymbol{E} \cdot \mathrm{d}\boldsymbol{s} = 0$. Diese Gesetzmäßigkeit ermöglicht die Einführung der Größen elektrisches Potential und elektrische Spannung (vgl. (S 1.5)). Für ein zeitlich veränderliches Feld gilt diese Beziehung noch annähernd im quasistatischen Fall, allgemein aber nicht. Um auch beliebig zeitlich veränderliche elektrische Felder erfassen zu können, wird eingeführt:

Die Größe

$$U = \oint \boldsymbol{E} \cdot \mathrm{d}\boldsymbol{s}$$

heißt elektrische Randspannung.

(D 6.1) elektrische Randspannung

Geschlossene elektrische Feldlinien treten u.a. bei Wirbelströmen (siehe Abb. 4.8) und bei elektromagnetischen Wellen (siehe Kapitel 7) auf. Für statische elektrische Felder verschwindet die elektrische Randspannung (vgl. (S 1.4)).

Analog zum elektrischen Fall wird für das magnetische Feld eingeführt:

Die Größe

$$\int_{P_1, s}^{P_2} \boldsymbol{H} \cdot \mathrm{d}\boldsymbol{s}$$

heißt magnetische Spannung zwischen den Punkten P_1 und P_2, die Größe

$$\oint \boldsymbol{H} \cdot \mathrm{d}\boldsymbol{s}$$

magnetische Randspannung.

(D 6.2) magnetische Randspannung

Geschlossene magnetische Feldlinien findet man u.a. um einen stromdurchflossenen Leiter (vgl. Abb. 2.12) und bei elektromagnetischen Wellen (siehe Kapitel 7).

Magnetische Spannungen lassen sich mit langgestreckten Induktionsspulen messen. Sie werden von der Spulenmitte aus in geradzahligen Lagen gewickelt, so daß sich die Zuleitungsdrähte in der Mitte der Spule befinden (Abb. 6.1a). Durch diese Wicklungsvorschrift wird erreicht, daß

Messung der magnetischen Randspannung

die Anordnung ausschließlich als Induktionsspule großer Länge wirkt und zusätzliche Induktionswirkungen durch die Zuleitungen vermieden werden.

Die Gesamtwindungszahl der Spule sei N, ihre Länge l. Wir denken uns die beliebig gekrümmte Spule durch einen Polygonzug aus m geradlinigen Teilstrecken $\Delta \boldsymbol{s}_i (i = 1, 2, \ldots, m)$ angenähert (Abb. 6.1b). Der Mittelwert der die Spule durchsetzenden magnetischen Feldstärke in der i-ten Teilung sei $\boldsymbol{H}_i$. Mit A als Wicklungsquerschnitt einer Spulenwindung und der Windungszahl $\Delta s_i \frac{N}{l}$ der Spule auf der Teilstrecke $\Delta \boldsymbol{s}_i$ ergibt sich für den magnetischen Fluß durch den i-ten Teil der Spule nach (D 1.18) und $\boldsymbol{B} = \mu \boldsymbol{H}$ (S 1.15) unter Beachtung von $\boldsymbol{A}_i^0 \uparrow\uparrow \Delta \boldsymbol{s}_i$

$$\Phi_i = \mu A (\boldsymbol{H}_i \cdot \Delta \boldsymbol{s}_i) \frac{N}{l} \tag{6.1a}$$

und damit in Näherung für den magnetischen Fluß durch die gesamte Spule

$$\Phi \approx \frac{\mu A N}{l} \sum_{i=1}^{m} \boldsymbol{H}_i \cdot \Delta \boldsymbol{s}_i. \tag{6.1b}$$

Gleichung (6.1b) nähert sich um so besser der gesuchten Größe Φ an, je kleiner die Teilungen $\Delta \boldsymbol{s}_i$ und je größer damit ihre Anzahl m gewählt werden. Läßt man die Teilungszahl m gegen Unendlich und damit ihre Größe Δs_i gegen Null gehen, so erhält man nach (A 5.2a) statt der Summe in (6.1b) das Linienintegral über $\boldsymbol{H} \cdot \mathrm{d}\boldsymbol{s}$ zwischen den Endpunkten P_1 und

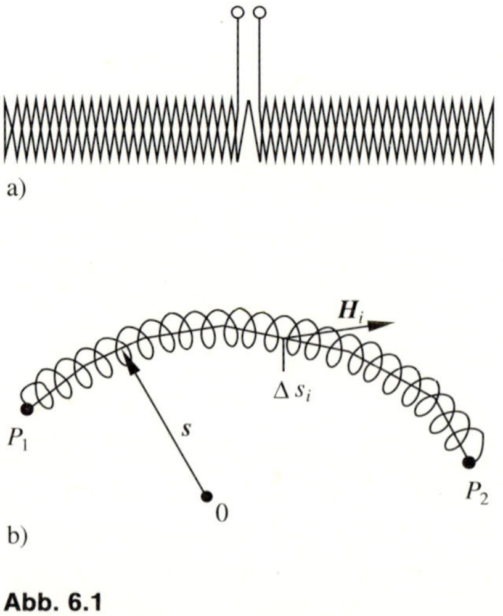

Abb. 6.1
Zur Messung der magnetischen Spannung
a) Wicklung einer Induktionsspule, die als magnetischer Spannungsmesser Verwendung finden kann
b) Zur Herleitung von (6.1) (Der besseren Übersicht wegen wurde nur eine Wicklungslage gezeichnet.)

P_2 längs des Weges $\boldsymbol{s}$ und damit für den gesamten magnetischen Fluß

$$\Phi = \frac{\mu A N}{l} \int_{P_1 \atop \boldsymbol{s}}^{P_2} \boldsymbol{H} \cdot \mathrm{d}\boldsymbol{s}\,. \tag{6.1}$$

Verbindet man die Spule mit einem Galvanometer der Schwingungsdauer T und ändert das magnetische Feld in der Zeit t ($t \ll T$) vom Wert $H = 0$ auf $H = H$, dann wird in der Spule nach (S 4.1) und (6.1) die Spannung

$$U_{\text{ind}} = -\frac{\mathrm{d}}{\mathrm{d}t}\frac{\mu A N}{l} \int_{P_1 \atop \boldsymbol{s}}^{P_2} \boldsymbol{H} \cdot \mathrm{d}\boldsymbol{s}$$

induziert, und am Galvanometer kann der Spannungsstoß

$$\int_0^t U_{\text{ind}}\,\mathrm{d}t = -\frac{\mu A N}{l} \int_0^H \mathrm{d} \int_{P_1 \atop \boldsymbol{s}}^{P_2} \boldsymbol{H} \cdot \mathrm{d}\boldsymbol{s} = -\frac{\mu A N}{l} \int_{P_1 \atop \boldsymbol{s}}^{P_2} \boldsymbol{H} \cdot \mathrm{d}\boldsymbol{s} \tag{6.2}$$

abgelesen werden (siehe A. 26).

Da der Faktor $\frac{\mu A N}{l}$ eine Apparatekonstante der Spule darstellt, kann durch Messung des Spannungsstoßes $\int_0^t U_{\text{ind}}\,\mathrm{d}t$ der Wert der magnetischen Spannung $\int_{P_1 \atop \boldsymbol{s}}^{P_2} \boldsymbol{H} \cdot \mathrm{d}\boldsymbol{s}$ experimentell ermittelt werden.

Es lassen sich die folgenden Fälle unterscheiden:

Ist der durch die Lage der Spule festgelegte Integrationsweg $\boldsymbol{s}$ eine nicht geschlossene Kurve (offener Integrationsweg), so ist der Wert des Integrales $\int_{P_1 \atop \boldsymbol{s}}^{P_2} \boldsymbol{H} \cdot \mathrm{d}\boldsymbol{s}$ unabhängig vom Weg $\boldsymbol{s}$, d.h. nur von der Lage des Anfangs- und des Endpunktes der Spule abhängig (Abb. 6.2a).

Ergebnisse der Messung der magnetischen Spannung

Liegt ein geschlossener Integrationsweg vor (die beiden Enden der Spule liegen aufeinander), der den Stromdichtevektor $\boldsymbol{J}$ eines stromdurchflossenen Leiters in Form einer Rechtsschraube umgibt (Abb. 6.2b), so gilt

$$\oint \boldsymbol{H} \cdot \mathrm{d}\boldsymbol{s} = {}_{(-)}^{\;+} I\,,$$

wenn die Spule den stromdurchflossenen Leiter einmal im (bzw. im entgegengesetzten) Sinne der Vorzeichenfestlegung umfaßt (Abb. 6.2b),

$$\oint \boldsymbol{H} \cdot \mathrm{d}\boldsymbol{s} = {}_{(-)}^{\;+} n I\,,$$

wenn die Spule den stromdurchflossenen Leiter n-mal im (bzw. im entgegengesetzten) Sinne der Vorzeichenfestlegung umfaßt (Abb. 6.2c),

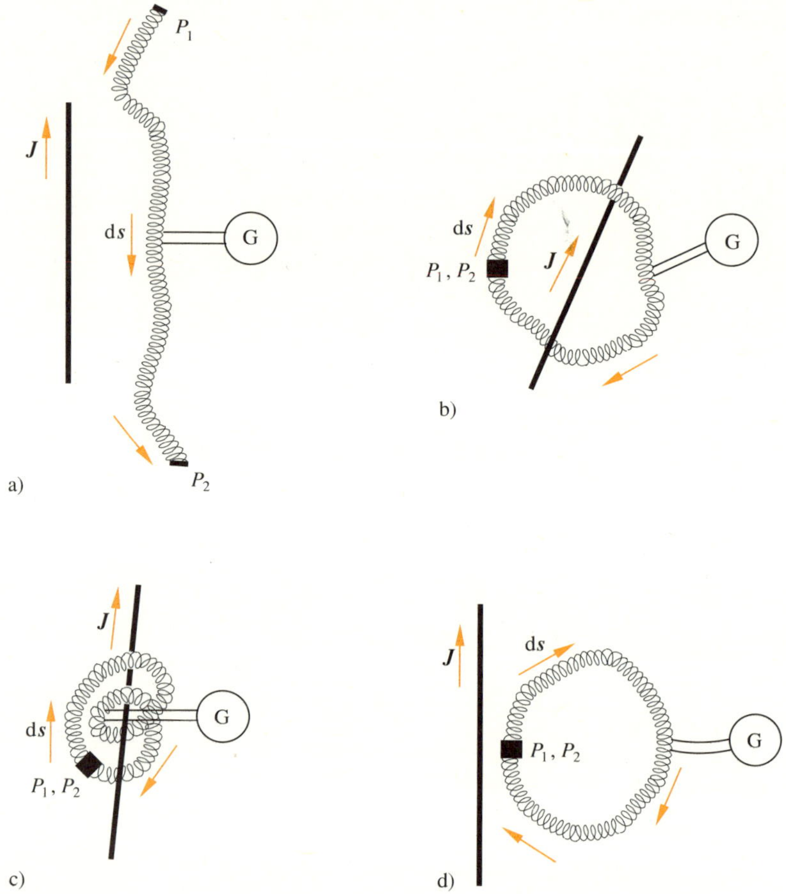

Abb. 6.2
Messung der magnetischen Spannung. Die Vektoren d**s** kennzeichnen unter Berücksichtigung der Besonderheit der Spulenwicklung den Integrationsweg (die Berandungskurve)

a) Offener Integrationsweg:

$$\int_{P_1}^{P_2} \boldsymbol{H} \cdot d\boldsymbol{s}$$

ist unabhängig vom Weg.

b) Der geschlossene Integrationsweg umfaßt den stromdurchflossenen Leiter einmal in Richtung einer Rechtsschraube:

$$\oint \boldsymbol{H} \cdot d\boldsymbol{s} = I.$$

c) Der geschlossene Integrationsweg umfaßt den stromdurchflossenen Leiter zweimal in Richtung einer Rechtsschraube:

$$\oint \boldsymbol{H} \cdot d\boldsymbol{s} = 2I.$$

d) Der geschlossene Integrationsweg umfaßt keinen Leiter:

$$\oint \boldsymbol{H} \cdot d\boldsymbol{s} = 0.$$

$\oint \boldsymbol{H} \cdot \mathrm{d}\boldsymbol{s} = 0,$ wenn die Spule keinen stromdurchflossenen Leiter umfaßt (Abb. 6.2d).

Die experimentellen Ergebnisse lassen sich unter Beachtung von (D 2.2) zu folgendem Satz zusammenfassen:

(S 6.1) Zusammenhang von magnetischer Randspannung und Stromdichte

Für einen offenen, sich nicht überschneidenden Integrationsweg ist der Wert des Integrales $\int_{P_1}^{P_2} \boldsymbol{H} \cdot \mathrm{d}\boldsymbol{s}$ unabhängig vom Weg. Für einen geschlossenen Integrationsweg gilt

$$\oint_s \boldsymbol{H} \cdot \mathrm{d}\boldsymbol{s} = \int_A \boldsymbol{J} \cdot \mathrm{d}\boldsymbol{A}$$

(A ist die vom Integrationsweg $\boldsymbol{s}$ umschlossene Fläche).

Einen stromdurchflossenen Leiter umgeben die magnetischen Feldlinien in Form von konzentrischen Kreisen (siehe Abb. 2.9). Integrieren wir außerhalb des Leiters im Abstand r von der Leiterachse längs einer magnetischen Feldlinie, so folgt für den Betrag der magnetischen Feldstärke im Abstand r von der Leiterachse aus (S 6.1) und (D 2.2)

$$\oint_{\text{Kreis}} \boldsymbol{H} \cdot \mathrm{d}\boldsymbol{s} = \oint_{\text{Kreis}} H \,\mathrm{d}s = H \oint_{\text{Kreis}} \mathrm{d}s = H\, 2\pi r = I$$

oder

$$H = \frac{I}{2\pi r}. \tag{6.3}$$

6.1.1 Skalares magnetisches Potential

Nach (S 6.1) und (A 5.4) kann die magnetische Feldstärke $\boldsymbol{H}$ auf ein skalares magnetisches Potential zurückgeführt werden, falls der Integrationsweg keinen stromdurchflossenen Leiter umfaßt.

(S 6.2) Darstellbarkeit der magnetischen Feldstärke durch ein skalares magnetisches Potential

Umschließt der Integrationsweg im Integral $\int_{P_1}^{P_2} \boldsymbol{H} \cdot \mathrm{d}\boldsymbol{s}$ keinen elektrischen Strom, so ist die magnetische Feldstärke $\boldsymbol{H}$ aus einem skalaren magnetischen Potential φ_m herleitbar. Es gilt

$$\boldsymbol{H} = -\operatorname{grad} \varphi_\mathrm{m}$$

bzw.

$$\int_{P_1}^{P_2} \boldsymbol{H} \cdot \mathrm{d}\boldsymbol{s} = \varphi_\mathrm{m}(P_1) - \varphi_\mathrm{m}(P_2) = U_{\mathrm{m}12}.$$

magnetische Spannung

In Analogie zur elektrischen Spannung wird U_m als *magnetische Spannung* bezeichnet.

In Abschnitt 1.2.4 wurde erläutert, warum (1.19) nicht im Widerspruch zu (S 1.12) steht. Nachfolgende Betrachtungen dienen zur Ergänzung und Erweiterung dieser Überlegungen. Nach (S 1.12) und (A 10.16) gilt im ganzen Raum div $\boldsymbol{B}=0$ und damit nach (S 1.15) und (A 10.11)

$$\operatorname{div} \boldsymbol{B} = \operatorname{div} \mu_0 \mu_r \boldsymbol{H} = \mu_0 \mu_r \operatorname{div} \boldsymbol{H} + \boldsymbol{H} \cdot \operatorname{grad} \mu_0 \mu_r = 0$$

und mit der Abkürzung

$$\varrho_m = -\frac{1}{\mu_r} \boldsymbol{H} \cdot \operatorname{grad} \mu_r \tag{6.4a}$$

in Analogie zum elektrischen Fall (vgl. (6.9c))

$$\operatorname{div} \boldsymbol{H} = \varrho_m \,. \tag{6.4b}$$

magnetische Dichte

ϱ_m wird vielfach als *magnetische Dichte* bezeichnet. ϱ_m kann nach (6.4a) nur für Medien mit ortsabhängiger Permeabilitätszahl ungleich Null sein, für Medien mit einheitlicher Permeabilitätszahl gilt stets $\varrho_m = 0$. Setzt man analog (2.2)

$$p = \int_V \varrho_m \, \mathrm{d}V, \tag{6.4c}$$

so folgt aus (6.4b) bei Beachtung des Gaußschen Satzes (A 10.16) in Übereinstimmung mit (D 1.20)

$$\int_V \operatorname{div} \boldsymbol{H} \mathrm{d}V = \oint_A \boldsymbol{H} \cdot \mathrm{d}\boldsymbol{A} = \int_V \varrho_m \, \mathrm{d}V = p \,.$$

Poissonsche Differentialgleichung für das magnetische Potential

φ_m genügt nach (6.4b), (S 6.2), (A 10.10) und (A 10.2) genau wie das elektrische Potential φ der Poissonschen Differentialgleichung

$$\nabla^2 \varphi_m = \frac{\partial^2 \varphi_m}{\partial x^2} + \frac{\partial^2 \varphi_m}{\partial y^2} + \frac{\partial^2 \varphi_m}{\partial z^2} = -\varrho_m \,, \tag{6.4}$$

Laplacesche Differentialgleichung

die für ein Medium mit einheitlicher Permeabilitätszahl in die *Laplacesche Differentialgleichung*

$$\nabla^2 \varphi_m = \frac{\partial^2 \varphi_m}{\partial x^2} + \frac{\partial^2 \varphi_m}{\partial y^2} + \frac{\partial^2 \varphi_m}{\partial z^2} = 0 \tag{6.4d}$$

übergeht.

PIERRE SIMON LAPLACE (1749–1827)

Umschließt dagegen der Integrationsweg einen elektrischen Strom I, so wird nach (S 6.1) das skalare magnetische Potential um $(n_k - n_i) I$ vieldeutig (n_k Anzahl der Umläufe in positiver Richtung, n_i Anzahl der Umläufe in negativer Richtung). Durch einen geeignet gewählten Verzweigungsschnitt läßt sich auch dann das skalare magnetische Potential wieder eindeutig machen. Im Rahmen dieser einführenden Darstellung wird auf diese Problematik nicht weiter eingegangen.

6.1.2 Magnetisches Vektorpotential

Nach (S 1.12) und dem Gaußschen Satz (A 1.16) genügt die magnetische Induktion $\boldsymbol{B}$ der Bedingung

$$\operatorname{div} \boldsymbol{B} = 0\,.$$

Sie beinhaltet die durch (S 1.12) in Integralform formulierte Erfahrung, daß im ganzen Raum das Vektorfeld $\boldsymbol{B}$ weder Quellen noch Senken besitzt.

Da nach (A 10.6) div rot $\boldsymbol{A} = 0$ für jeden beliebigen Vektor $\boldsymbol{A}$ gilt, kann man

$$\boldsymbol{B} = \operatorname{rot} \boldsymbol{A}$$

Zweckmäßigkeit der Größe magnetisches Vektorpotential

setzen. Durch diese Festlegung wird die magnetische Induktion $\boldsymbol{B}$ auf das Vektorfeld $\boldsymbol{A}$ zurückgeführt. Man nennt $\boldsymbol{A}$ das magnetische Vektorpotential von $\boldsymbol{B}$. Die Verwendung des magnetischen Vektorpotentials $\boldsymbol{A}$ statt der magnetischen Induktion $\boldsymbol{B}$ hat unter anderem den Vorteil, daß es infolge seiner Festlegung die Quellen- und Senkenfreiheit der magnetischen Induktion $\boldsymbol{B}$ garantiert.

Durch (S 1.5) und (S 6.2) sind elektrostatisches und skalares magnetisches Potential nur bis auf eine additive Konstante bestimmt, das magnetische Vektorpotential durch rot $\boldsymbol{A} = \boldsymbol{B}$ sogar nur bis auf einen additiven Gradienten einer beliebigen Ortsfunktion f. Genügt nämlich $\boldsymbol{A}$ der Bedingung rot $\boldsymbol{A} = \boldsymbol{B}$, so genügt ihr auch

$$\boldsymbol{A} = \boldsymbol{A}_1 + \operatorname{grad} f\,, \tag{6.5}$$

da nach (A 10.15) und (A 10.7)

$$\operatorname{rot} \boldsymbol{A} = \operatorname{rot} \boldsymbol{A}_1 + \operatorname{rot}\operatorname{grad} f = \operatorname{rot} \boldsymbol{A}_1 \tag{6.5a}$$

gilt. $\boldsymbol{A}$ und $\boldsymbol{A}_1$ sind damit mögliche magnetische Vektorpotentiale zum selben $\boldsymbol{B}$. Um diese Vieldeutigkeit von $\boldsymbol{A}$ zu beseitigen, wenden wir auf (6.5) die Vektordifferentialoperation Divergenz an. Mit (A 10.14) und (A 10.10) folgt

$$\begin{aligned}\operatorname{div} \boldsymbol{A} &= \operatorname{div} \boldsymbol{A}_1 + \operatorname{div}\operatorname{grad} f \\ &= \operatorname{div} \boldsymbol{A}_1 + \nabla^2 f\,.\end{aligned} \tag{6.5b}$$

Für den statischen Fall legt man die noch unbekannte Funktion f derart fest, daß sie der Differentialgleichung $\nabla^2 f = -\operatorname{div} \boldsymbol{A}_1$ genügt. Diese Festlegung ist nach (6.5b) gleichwertig mit div $\boldsymbol{A} = 0$.

(D 6.3) magnetisches Vektorpotential $\boldsymbol{A}$

Das durch die Bedingungen

rot $\boldsymbol{A} = \boldsymbol{B}$

und für den statischen Fall

div $\boldsymbol{A} = 0$

festgelegte Vektorfeld $\boldsymbol{A}$ heißt magnetisches Vektorpotential der magnetischen Induktion $\boldsymbol{B}$.

Wenden wir den Stokesschen Satz (A 10.17) auf (S 6.1) an, so folgt für den stationären Strom

George Gabriel Stokes (1819–1903)

$$\oint_s \boldsymbol{H} \cdot \mathrm{d}\boldsymbol{s} = \int_A \operatorname{rot} \boldsymbol{H} \cdot \mathrm{d}\boldsymbol{A} = \int_A \boldsymbol{J} \cdot \mathrm{d}\boldsymbol{A}$$

oder

$$\oint_A (\operatorname{rot} \boldsymbol{H} - \boldsymbol{J}) \cdot \mathrm{d}\boldsymbol{A} = 0 . \tag{6.6a}$$

(6.6a) gilt für jede Fläche A. Das ist nur dann möglich, wenn der Integrand selbst verschwindet, d.h., wenn

$$\operatorname{rot} \boldsymbol{H} = \boldsymbol{J} \tag{6.6}$$

gilt.

Betrachtet man ein Medium mit konstanter Permeabilitätszahl und beachtet (S 1.15), (A 2.3) und (A 10.8), so folgt aus (6.6) und (D 6.3)

$$\boldsymbol{J} = \operatorname{rot} \boldsymbol{H} = \operatorname{rot} \frac{\boldsymbol{B}}{\mu} = \frac{1}{\mu} \operatorname{rot} \boldsymbol{B} = \frac{1}{\mu} \operatorname{rot} \operatorname{rot} \boldsymbol{A}$$

$$= \frac{1}{\mu} (\operatorname{grad} \operatorname{div} \boldsymbol{A} - \nabla^2 \boldsymbol{A}) = -\frac{\nabla^2 \boldsymbol{A}}{\mu}$$

und somit im stationären Fall zur Berechnung von $\boldsymbol{A}$ die Differentialgleichung

$$\nabla^2 \boldsymbol{A} = -\mu \boldsymbol{J} . \tag{6.7}$$

Kennt man das Vektorfeld $\boldsymbol{J}$, so kann aus (6.7) prinzipiell das zugehörige magnetische Vektorpotential berechnet werden. Nach (D 6.3) ist dann die mit $\boldsymbol{J}$ verbundene magnetische Induktion $\boldsymbol{B}$ bekannt. In A. 25 sind diese Überlegungen für das mit dem stationären Strom verbundene Magnetfeld durchgeführt.

James Clerk Maxwell (1831–1879)

6.2 Verschiebungsstrom

Wird an eine Reihenschaltung von Wirkwiderstand und elektrischer Kapazität eine Wechselspannung U gelegt, so fließt durch die Schaltung ein Strom (vgl. Abschnitt 5.4.2.1), obwohl der metallische Leiter durch den Kondensator unterbrochen ist.

Nach (S 2.6) ist jeder stromdurchflossene Leiter von einem Magnetfeld umgeben. Gleiches beobachtet man auch zwischen den Platten des Kondensators (Abb. 6.3). Auch hier umgibt sich das *zeitlich veränderliche* elektrische Feld mit geschlossenen magnetischen Feldlinien. Sieht man das mit dem Stromfluß verbundene Magnetfeld als Hauptkennzeichen eines elektrischen Stromes an, so ist es nach Maxwell (1864) sinnvoll, auch von einem Stromfluß durch den Kondensator zu sprechen. Zur Unterscheidung dieses Stromes vom bisher ausschließlich betrachteten Leitungsstrom bezeichnet man ihn als *elektrischen Verschiebungsstrom,* eine Bezeichnungsweise, deren eigentliche Bedeutung erst durch die mikrophysikalische Betrachtung dieser Erscheinung verständlich wird (vgl. Bd. IV).

elektrischer Verschiebungsstrom

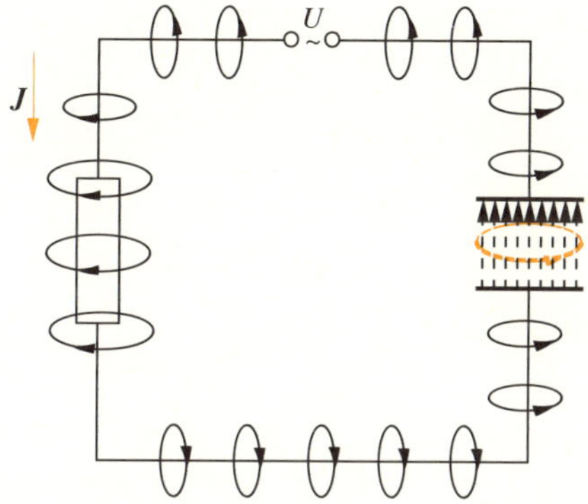

Abb. 6.3
Verschiebungsstrom zwischen zwei Kondensatorplatten

Zur exakten Definition des Verschiebungsstromes wird von (D 1.12) ausgegangen und die Integrationsfläche mit der Oberfläche A des Kondensators gleichgesetzt. Für die Ladung des Kondensators gilt dann

$$q = \oint_A \boldsymbol{D} \cdot \mathrm{d}\boldsymbol{A}$$

und somit nach (D 2.1) für den Verschiebungsstrom im Dielektrikum (Isolator)

$$I_\mathrm{v} = \oint_A \frac{\partial \boldsymbol{D}}{\partial t} \cdot \mathrm{d}\boldsymbol{A}\,.$$

Ein Vergleich mit (D 2.2) legt folgende Definition nahe:

Die Größe

$$I_\mathrm{v} = \int_A \frac{\partial \boldsymbol{D}}{\partial t} \cdot \mathrm{d}\boldsymbol{A}$$

heißt elektrischer Verschiebungsstrom durch die Fläche A, die Größe

$$\boldsymbol{J}_\mathrm{v} = \frac{\partial \boldsymbol{D}}{\partial t} = \dot{\boldsymbol{D}}$$

Verschiebungsstromdichte.

(D 6.4)
Verschiebungsstrom I_v
Verschiebungsstromdichte $\dot{\boldsymbol{D}}$

Im stationären Fall ist $\dot{\boldsymbol{D}} = \boldsymbol{0}$ und damit auch $\boldsymbol{J}_v = \boldsymbol{0}$. Stationäre Ströme sind demzufolge immer Leitungsströme. Verschiebungsströme treten nur bei elektrischen Wechselfeldern auf. Zusammenfassend folgt:

(S 6.3)
Gesamtstromdichte $\boldsymbol{J}_g$

Der Verschiebungsstrom ist wie der Leitungsstrom von geschlossenen magnetischen Feldlinien umgeben.
Ströme sind stets geschlossen. Die Gesamtstromdichte $\boldsymbol{J}_g$ ergibt sich zu

$$\boldsymbol{J}_g = \boldsymbol{J} + \boldsymbol{J}_v = \boldsymbol{J} + \dot{\boldsymbol{D}}\,.$$

6.3 Maxwellsche Gleichungen

Alle unsere bisherigen Erkenntnisse über elektrische Ladungen und elektrische und magnetische Felder bestätigen, daß deren makroskopische Eigenschaften theoretisch beschrieben werden können, wenn man dabei von dem im weiteren dargestellten *Axiomensystem* ausgeht. Dieses Axiomensystem ist von gleicher fundamentaler Bedeutung wie die Newtonschen Axiome der Mechanik und die Hauptsätze der Thermodynamik. Man bezeichnet den Teilbereich der Physik, dem dieses Axiomensystem zugrunde liegt, als phänomenologische Elektrodynamik und Optik.

Axiomensystem

Axiomensystem der Elektrodynamik und Optik

Die Axiomatik der Elektrodynamik und Optik wurde 1864 von Maxwell formuliert und 1884 von Hertz in ihre endgültige Form gebracht. Maxwell erkannte, daß die Sätze (S 4.1) und (S 2.6) bzw. (S 6.1) unter Beachtung von (D 6.1), (D 6.2) und (S 6.3) verallgemeinerungsfähig sind und auf beliebige Stromkreise und Netzwerke und für beliebig zeitabhängige elektrische und magnetische Felder angewendet werden können. Diese verallgemeinerten Beziehungen werden daher als *Maxwellsche Gleichungen* bezeichnet.

Maxwellsche Gleichungen

(S 6.4a)
1. Maxwellsche Gleichung

Die zeitliche Veränderung des magnetischen Flusses durch die Fläche A ruft in der Berandung $\boldsymbol{s}$ der Fläche eine elektrische Randspannung von gleichem Betrag, aber entgegengesetztem Vorzeichen hervor:

$$\frac{\mathrm{d}}{\mathrm{d}t}\int_A \boldsymbol{B}\cdot\mathrm{d}\boldsymbol{A} = -\oint_s \boldsymbol{E}\cdot\mathrm{d}\boldsymbol{s}$$

(1. Maxwellsche Gleichung).

Die 2. Maxwellsche Gleichung stellt eine Erweiterung von (S 6.1) auf zeitabhängige Felder dar. Maxwell erkannte, daß eine adäquate theoretische Beschreibung des experimentellen Materials nur gelingt, wenn in (S 6.1) der Stromdichtevektor $\boldsymbol{J}$ durch den Gesamtstromdichtevektor $\boldsymbol{J}_g$ entsprechend (S 6.3) ersetzt wird.

Der durch die Fläche A fließende Gesamtstrom $\int_A (\boldsymbol{J}+\dot{\boldsymbol{D}}) \cdot \mathrm{d}\boldsymbol{A}$ ruft in der Berandung s der Fläche eine gleichgroße magnetische Randspannung

$$\int_A (\boldsymbol{J}+\dot{\boldsymbol{D}}) \cdot \mathrm{d}\boldsymbol{A} = \oint_s \boldsymbol{H} \cdot \mathrm{d}\boldsymbol{s}$$

hervor (2. Maxwellsche Gleichung).

(S 6.4b)
2. Maxwellsche Gleichung

Als weitere Erfahrungstatsachen kommen hinzu, daß nach (D 1.12) als Quellen und Senken des Vektors $\boldsymbol{D}$ die elektrischen Ladungen angesehen werden müssen:

$$q = \oint_A \boldsymbol{D} \cdot \mathrm{d}\boldsymbol{A},$$

daß es aber nach (S 1.12) keine magnetischen Monopole gibt, d.h., daß für jede geschlossene Fläche

$$\oint_A \boldsymbol{B} \cdot \mathrm{d}\boldsymbol{A} = 0$$

gilt.

HEINRICH HERTZ (1857–1894)

Die genannten Beziehungen enthalten eine größere Anzahl von unbekannten Größen als Gleichungen zu ihrer Bestimmung vorhanden sind. In den vier Gleichungen kommen als Unbekannte die fünf Vektoren $\boldsymbol{E}$, $\boldsymbol{D}$, $\boldsymbol{H}$, $\boldsymbol{B}$, $\boldsymbol{J}$ und die skalare Größe q vor. Durch die Beziehung $\oint_A \boldsymbol{D} \cdot \mathrm{d}\boldsymbol{A} = q$ wird die skalare Größe q festgelegt, während durch $\oint_A \boldsymbol{B} \cdot \mathrm{d}\boldsymbol{A}$ die ihr entsprechende magnetische Größe zu Null bestimmt wird. Somit können zur Bestimmung der fünf Vektorgrößen nur noch die beiden Maxwellschen Gleichungen dienen. Drei Vektoren bleiben unbestimmt. Um das Gleichungssystem eindeutig lösbar zu machen, werden daher noch drei Vektorgleichungen benötigt. Man verwendet hierfür die drei *Materialgleichungen* (S 1.9), (S 1.15) und (S 2.3) und kommt so zum

Axiomensystem der Elektrodynamik und Optik in Integralform:

Axiomensystem der Elektrodynamik und Optik in Integralform

1. Maxwellsche Gleichung

$$\frac{\mathrm{d}}{\mathrm{d}t} \int_A \boldsymbol{B} \cdot \mathrm{d}\boldsymbol{A} = -\oint_s \boldsymbol{E} \cdot \mathrm{d}\boldsymbol{s} \tag{6.8a}$$

2. Maxwellsche Gleichung

$$\int_A (\boldsymbol{J}+\dot{\boldsymbol{D}}) \cdot \mathrm{d}\boldsymbol{A} = \oint_s \boldsymbol{H} \cdot \mathrm{d}\boldsymbol{s} \tag{6.8b}$$

Zusatzaxiome

$$\oint_A \boldsymbol{D} \cdot \mathrm{d}\boldsymbol{A} = q \tag{6.8c}$$

$$\oint_A \boldsymbol{B} \cdot \mathrm{d}\boldsymbol{A} = 0 \tag{6.8d}$$

Materialgleichungen

$$\boldsymbol{D} = \varepsilon_0 \varepsilon_\mathrm{r} \boldsymbol{E} \tag{6.8e}$$

$$\boldsymbol{B} = \mu_0 \mu_\mathrm{r} \boldsymbol{H} \tag{6.8f}$$

$$\boldsymbol{J} = \sigma \boldsymbol{E}\,. \tag{6.8g}$$

Die integrale Struktur der Gleichungen (6.8a) bis (6.8d) ist für die Lösung vieler Probleme unzweckmäßig. Sie werden daher oft in Form von Differentialgleichungen geschrieben. Mit Hilfe des Stokesschen Satzes (A 10.17) kann für (6.8a) unter Voraussetzung *ruhender Medien* (zeitliche Differentiation und räumliche Integration sind dann vertauschbar)

$$\int_A \dot{\boldsymbol{B}} \cdot \mathrm{d}\boldsymbol{A} = -\oint_s \boldsymbol{E} \cdot \mathrm{d}\boldsymbol{s} = -\int_A \operatorname{rot} \boldsymbol{E} \cdot \mathrm{d}\boldsymbol{A}$$

oder

$$\int_A (\dot{\boldsymbol{B}} + \operatorname{rot} \boldsymbol{E}) \cdot \mathrm{d}\boldsymbol{A} = 0$$

geschrieben werden. Diese Gleichung muß für jede Fläche A Gültigkeit besitzen. Das ist nur möglich, wenn der Integrand verschwindet, d.h., wenn

$$\operatorname{rot} \boldsymbol{E} = -\dot{\boldsymbol{B}}$$

gilt. Durch eine analoge Betrachtung folgt aus (6.8b)

$$\operatorname{rot} \boldsymbol{H} = \dot{\boldsymbol{D}} + \boldsymbol{J}\,.$$

Unter Beachtung von (D 1.7) ergibt die Anwendung des Gaußschen Satzes (A 10.16) auf (6.8c)

$$\oint_A \boldsymbol{D} \cdot \mathrm{d}\boldsymbol{A} = \int_V \operatorname{div} \boldsymbol{D} \, \mathrm{d}V = q = \int_V \varrho \, \mathrm{d}V$$

oder

$$\int_V (\operatorname{div} \boldsymbol{D} - \varrho) \, \mathrm{d}V = 0\,.$$

Diese Gleichung muß für jedes Volumen Gültigkeit besitzen. Das ist nur möglich, wenn der Integrand verschwindet, d.h. wenn

$$\operatorname{div} \boldsymbol{D} = \varrho$$

gilt. Durch eine analoge Betrachtung folgt aus (6.8d) die u.a. schon in Abschnitt 6.1.2 verwendete Beziehung

$$\operatorname{div} \boldsymbol{B} = 0 .$$

Damit erhalten wir das

Axiomensystem der Elektrodynamik und Optik in Differentialform:

Axiomensystem der Elektrodynamik und Optik in Differentialform

1. Maxwellsche Gleichung

$$\operatorname{rot} \boldsymbol{E} = -\dot{\boldsymbol{B}} \tag{6.9a}$$

2. Maxwellsche Gleichung

$$\operatorname{rot} \boldsymbol{H} = \dot{\boldsymbol{D}} + \boldsymbol{J} \tag{6.9b}$$

Zusatzaxiome

$$\operatorname{div} \boldsymbol{D} = \varrho \tag{6.9c}$$

$$\operatorname{div} \boldsymbol{B} = 0 \tag{6.9d}$$

Materialgleichungen

$$\boldsymbol{D} = \varepsilon_0 \varepsilon_r \boldsymbol{E} \tag{6.8e}$$

$$\boldsymbol{B} = \mu_0 \mu_r \boldsymbol{H} \tag{6.8f}$$

$$\boldsymbol{J} = \sigma \boldsymbol{E} . \tag{6.8g}$$

Nach (6.9c) sind die positiven elektrischen Ladungen die Quellen, die negativen elektrischen Ladungen die Senken der elektrischen Verschiebung, während (6.9d) die bekannte Tatsache wiedergibt, daß die magnetische Induktion weder Quellen noch Senken besitzt.

Aus vorstehendem Axiomensystem sind alle bisher besprochenen Gesetzmäßigkeiten der Elektrodynamik und Optik (vgl. u.a. Kapitel 9) herleitbar. Dies wird in A. 24 für einige spezielle Probleme der Elektrostatik gezeigt.

Eine Darstellung des Axiomensystems der Elektrodynamik und Optik im vierdimensionalen Raum-Zeit-Kontinuum wird in Abschnitt 14.2.3.3.1.2 gegeben.

6.4 Aufgaben

6.1
Kreisförmige Kondensatorplatten mit dem Radius R und dem Plattenabstand d befinden sich im Vakuum. Über zwei lange gerade Zuleitungen wird an diese eine Wechselspannung $U = U_0 \cos \omega t$ angelegt. Berechnen Sie $H = H\,(r, t)$ für $r \geq R$!

6.2
Berechnen Sie den Betrag von rot $\boldsymbol{H}$ im Inneren des Kondensators der Aufgabe 6.1!

6.3
Ein Plattenkondensator wird über einen in Reihe geschalteten Widerstand von $10\,\mathrm{k\Omega}$ an eine Gleichspannung von 1 kV angeschlossen. Der Plattendurchmesser sei 40 cm, der Plattenabstand 1 mm, die Leitfähigkeit des Dielektrikums $\sigma = 10^{-6}\,\Omega^{-1}\,\mathrm{m}^{-1}$.
Berechnen Sie die magnetische Feldstärke auf der Berandung des Kondensators unmittelbar nach dem Einschalten des Stromes und im stationären Zustand!

6.4
Eine gestreckte Spule von 50 cm Länge habe 500 Windungen und einen Eisenkern mit der Permeabilitätszahl $\mu_r = 400$. Berechnen Sie den Maximalwert von $|\mathrm{rot}\,\boldsymbol{E}|$ im Eisenkern, wenn durch die Spule ein harmonischer Wechselstrom mit $I_{\mathrm{eff}} = 1$ A und $\nu = 50$ Hz fließt!

6.5
Eine Kupfer-Hohlkugel mit dem Radius 10 cm befinde sich in Paraffinöl mit der Dielektrizitätszahl $\varepsilon_r = 2{,}1$ und trage die Ladung $q = 2 \cdot 10^{-7}$ C. Berechnen Sie mit Hilfe eines Zusatzaxioms und einer Materialgleichung die elektrische Feldstärke an der Kugeloberfläche!

6.6
Man löse in Analogie zur Elektrostatik (vgl. A. 24) die Differentialgleichung (6.4)

$$\nabla^2 \varphi_m = -\varrho_m$$

für den magnetischen Punktpol p, dessen Gegenpol man sich im Unendlichen liegend denkt, und berechne die Kraftwirkung zwischen den Punktpolen p_1 und p_2!

7 Elektrische und magnetische Wellenfelder

7.1 Elektromagnetische Wellen längs Drähten

Sind die Abmessungen eines Netzwerkes und die Frequenz der anliegenden Wechselspannung nicht so aufeinander abgestimmt, daß die quasistatische Näherung anwendbar ist, dann wird die endliche Ausbreitungsgeschwindigkeit des elektrischen Feldes für den ablaufenden physikalischen Vorgang mitbestimmend bzw. entscheidend.

Nachweis der endlichen Ausbreitungsgeschwindigkeit des elektrischen Feldes

Von der Endlichkeit der Ausbreitungsgeschwindigkeit des elektrischen Feldes überzeugt man sich leicht durch folgendes Experiment: Ein rechteckig gebogener Leiter wird in der Mitte einer Seite aufgeschnitten und mit einer Glimmlampe überbrückt (Abb. 7.1). Verbindet man den Punkt des Leitersystems, der von den beiden Elektroden der Glimmlampe den gleichen Abstand hat (P_1 in Abb. 7.1), mit einem Pol einer hochfrequenten Wechselspannungsquelle (z. B. mit einer Stelle eines elektrischen Schwingkreises), dann leuchtet die Glimmlampe nicht, denn das elektrische Feld benötigt zur Ausbreitung in den Leiterstücken 1 und 2 die gleiche Zeit. Die Spannung zwischen den Elektroden der Glimmlampe ist deshalb zu jeder Zeit Null. Verschiebt man den Kontakt vom symmetrischen Punkt P_1 in den unsymmetrischen P_2, dann werden die beiden Teilwege 1 und 2 unterschiedlich. Bei endlicher Ausbreitungsgeschwindigkeit des Feldes erreicht dieselbe Spannungsphase die beiden Elektroden nicht mehr gleichzeitig, zwischen ihnen stellt sich im allgemeinen eine Potentialdifferenz ein, die Glimmlampe leuchtet auf.

Lecher-System (Doppelleitung)

Ernst Lecher (1856–1926)

Ein Widerstand R_a werde über eine Doppelleitung mit einer hochfrequenten Wechselspannung verbunden (siehe Abb. 7.2a). Das Verhalten von elektrischem Strom und elektrischer Spannung in einer derartigen Leiteranordnung wurde erstmalig 1890 von Lecher untersucht. Sie wird daher oft als *Lecher-System* bezeichnet.

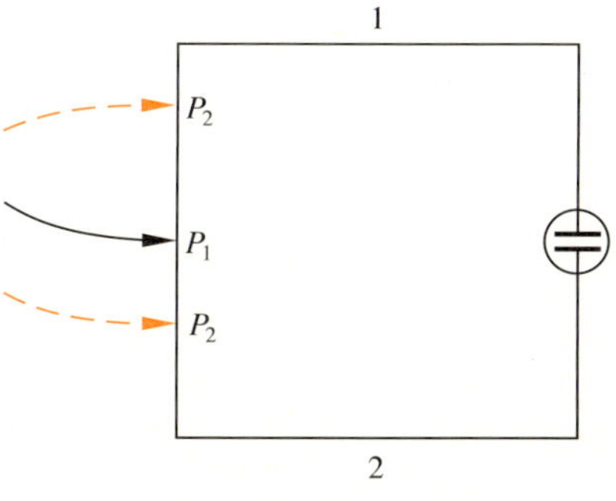

Abb. 7.1
Zum Nachweis der endlichen Ausbreitungsgeschwindingkeit des elektrischen Feldes.

Der Wirkwiderstand bzw. die Induktivität längs der Leitung betrage pro Längeneinheit der Leitung ${}^1R$ bzw. ${}^1L$. Außerdem bildet die Doppelleitung eine Kapazität, und es kann – zum Beispiel infolge mangelnder gegenseitiger Isolation beider Drähte – ein Wirkleitwert zwischen den Drähten vorliegen. Die Werte dieser Größen pro Längeneinheit der Leitung seien ${}^1C$ und ${}^1G$.

Auf Grund der endlichen Ausbreitungsgeschwindigkeit des elektrischen Feldes hängen die Spannung zwischen sich entsprechenden Punkten der Leitung und der Strom in der Leitung sowohl von der Zeit als auch vom betrachteten Ort der Leitung ab. Wird die Leiterrichtung zur z-Richtung eines Koordinatensystems gewählt, so gilt für die Spannung $\hat{U}$ zwischen dem Punkt P an der Stelle z des einen und dem Punkt P' an der Stelle z des anderen Drahtes der Doppelleitung $\hat{U} = \hat{U}(z, t)$ und für den Strom durch jeden der beiden Punkte $\hat{I} = \hat{I}(z, t)$ (siehe Abb. 7.2b).

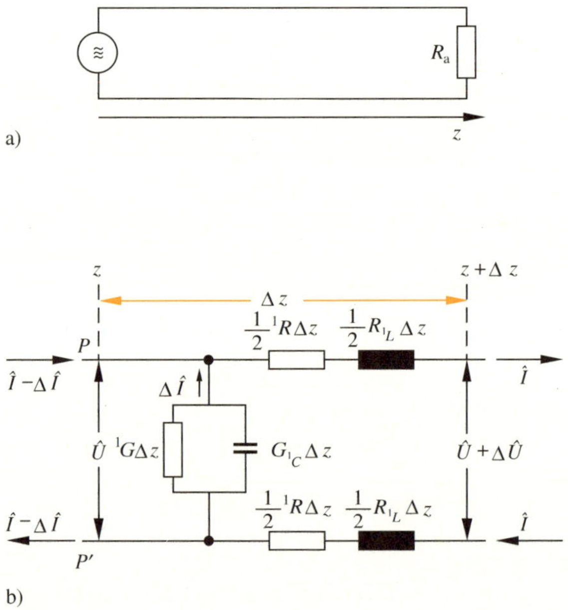

Abb. 7.2
Lecher-System
a) Doppelleitung
b) Ersatzschaltbild für einen Abschnitt der Länge Δz eines Lecher-Systems

Nach (S 5.1) kann immer eine genügend kleine Strecke Δz der Doppelleitung angegeben werden, für die die quasistatische Näherung anwendbar ist. Nach Abbildung 7.2b erhält man mit (S 5.5) und (S 2.3b) die Änderung der Spannung $\hat{U}$ zwischen den Stellen z und $z + \Delta z$ der Doppelleitung aus

$$-\hat{U} + \frac{1}{2}(\hat{U}_R + \hat{U}_L) + \hat{U} + \Delta\hat{U} + \frac{1}{2}(\hat{U}_R + \hat{U}_L) = 0.$$

Für eine harmonische Generatorspannung ergibt sich nach (S 5.3), (D 5.2), (5.2) und

$$\hat{U}_L = \mathrm{i}\omega\, {}^1L \Delta z\, \hat{I} = {}^1L \Delta z \frac{\partial \hat{I}}{\partial t}$$

die Beziehung

$${}^1L \frac{\partial \hat{I}}{\partial t} + {}^1R \hat{I} + \frac{\Delta \hat{U}}{\Delta z} = 0\,. \tag{7.1a}$$

Nach (S 5.5) und (S 2.3a) bleibt auch die 1. Kirchhoffsche Regel anwendbar. Für den Stromverzweigungspunkt P in Abb. 7.2b gilt mit (D 5.2)

$$\hat{I} - \Delta\hat{I} = \hat{I} + \hat{U}\,({}^1G + \mathrm{i}\omega\, {}^1C)\Delta z$$

oder mit (5.1)

$${}^1C \frac{\partial \hat{U}}{\partial t} + {}^1G \hat{U} + \frac{\Delta \hat{I}}{\Delta z} = 0\,. \tag{7.1b}$$

Nach (S 5.1) ist die quasistatische Näherung um so besser erfüllt, je kleiner Δz gewählt wird. Wir führen daher in (7.1a) und (7.1b) den Grenzübergang $\Delta z \to 0$ durch. Die Differenzquotienten gehen dann entsprechend (A 2.20) in die partiellen Differentialquotienten nach z über. Man erhält zur Bestimmung von $\hat{I}$ und $\hat{U}$ das Differentialgleichungssystem

$${}^1L \frac{\partial \hat{I}}{\partial t} + {}^1R \hat{I} + \frac{\partial \hat{U}}{\partial z} = 0\,, \tag{7.1c}$$

$${}^1C \frac{\partial \hat{U}}{\partial t} + {}^1G \hat{U} + \frac{\partial \hat{I}}{\partial z} = 0\,. \tag{7.1d}$$

Wird aus ihm $\hat{I}$ bzw. $\hat{U}$ eliminiert, dann folgt

$${}^1L\,{}^1C \frac{\partial^2 \hat{U}}{\partial t^2} + ({}^1R\,{}^1C + {}^1L\,{}^1G) \frac{\partial \hat{U}}{\partial t} + {}^1R\,{}^1G \hat{U} - \frac{\partial^2 \hat{U}}{\partial z^2} = 0\,, \tag{7.2a}$$

$${}^1L\,{}^1C \frac{\partial^2 \hat{I}}{\partial t^2} + ({}^1R\,{}^1C + {}^1L\,{}^1G) \frac{\partial \hat{I}}{\partial t} + {}^1R\,{}^1G \hat{I} - \frac{\partial^2 \hat{I}}{\partial z^2} = 0\,, \tag{7.2b}$$

Spannung und Strom genügen der gleichen Differentialgleichung, sie zeigen gleiche Zeit- und Ortsabhängigkeiten längs der Leitung.

Wir nehmen im folgenden vereinfachend an, daß der Wirkwiderstand der Leitungsdrähte und der Wirkleitwert zwischen ihnen vernachlässigbar klein sind (${}^1R = 0$, ${}^1G = 0$, *ideale Doppelleitung*). Die Differentialgleichungen (7.2a) und (7.2b) gehen für diesen Sonderfall über in die Wellendifferentialgleichungen (vgl. (A 15.6))

ideale Doppelleitung

$$\frac{\partial^2 \hat{U}}{\partial z^2} - {}^1L\,{}^1C \frac{\partial^2 \hat{U}}{\partial t^2} = 0\,, \tag{7.2c}$$

$$\frac{\partial^2 \hat{I}}{\partial z^2} - {}^1L\,{}^1C \frac{\partial^2 \hat{I}}{\partial t^2} = 0\,. \tag{7.2d}$$

Ein Vergleich mit (A 15.6) ergibt, daß sich Spannung und Strom längs der idealen Doppelleitung in Form von ungedämpften harmonischen Wellen mit der Phasengeschwindigkeit

$$v_{\mathrm{ph}} = \frac{1}{\sqrt{{}^1L\,{}^1C}} \tag{7.3}$$

fortpflanzen.

Beträgt der Abstand der beiden Leiter d und der Drahtradius r, so ergeben sich aus theoretischen Betrachtungen für ${}^1L$ und ${}^1C$ die Werte

$$ {}^1L = \frac{\mu_0\,\mu_{\mathrm{r}}}{\pi} \ln\frac{d}{r}, $$

$$ {}^1C = \frac{\pi\,\varepsilon_0\,\varepsilon_{\mathrm{r}}}{\ln\dfrac{d}{r}} $$

und damit v_{ph}. Auf die Ableitung wird hier verzichtet, weil der zusammenfassende Satz (S 7.1) im folgenden Abschnitt allgemein hergeleitet wird.

μ_{r} und ε_{r} beziehen sich auf das Medium, in dem das Lecher-System eingebettet ist. Werden die Werte für ${}^1L$ und ${}^1C$ in obige Beziehung für v_{ph} eingesetzt, dann folgt:

(S 7.1) Phasengeschwindigkeit von Spannungs- und Stromwelle auf einer idealen Doppelleitung

Wird an eine ideale Doppelleitung eine Wechselspannung gelegt, so breiten sich Spannung und Strom längs der Leitung in Form von ungedämpften harmonischen Wellen der Phasengeschwindigkeit

$$\boldsymbol{v}_{\mathrm{ph}} = \frac{\boldsymbol{n}^0}{\sqrt{\varepsilon_0\,\varepsilon_{\mathrm{r}}\,\mu_0\,\mu_{\mathrm{r}}}}$$

aus.

Sind die Drähte in Luft gespannt ($\varepsilon_{\mathrm{rL}} \approx 1$, $\mu_{\mathrm{rL}} \approx 1$), dann beträgt die Phasengeschwindigkeit $v_{\mathrm{ph}} \approx c = 3 \cdot 10^8\ \mathrm{ms^{-1}}$. Da Luft praktisch ein dispersionsfreies Medium ist, ist dieser Wert nach (A 15.5a) zugleich auch die Signalgeschwindigkeit (Gruppengeschwindigkeit) der Welle.

Spannungs- und Stromwelle bei kurzgeschlossener Doppelleitung

Die durch eine Doppelleitung übertragene Leistung ist vom Abschlußwiderstand R_{a} abhängig. Im ersten Sonderfall wird angenommen, das Ende der Doppelleitung sei kurzgeschlossen (Abschlußwiderstand $R_{\mathrm{a}} = 0$, Abb. 7.3a). Mit (S 7.1) und $\boldsymbol{k} \cdot \boldsymbol{s} = z$ ist die Spannung nach (A 15.1) darstellbar durch

$$\hat{U}_1 = U_{01}\,\mathrm{e}^{\mathrm{i}(\omega t - kz)}\,.$$

Als Nullpunkt $z = 0$ des Koordinatensystems wird das kurzgeschlossene Ende der Leitung gewählt, an dem die Spannung zu jedem Zeitpunkt den Wert $U = 0$ haben muß, da nach (S 5.3) der Spannungsabfall am Abschlußwiderstand $R_{\mathrm{a}} = 0$ stets Null ist. Das ist nur dann möglich, wenn die Welle mit einem Phasensprung von π am kurzgeschlossenen Ende der Leitung reflektiert wird, denn nach (A 15.9) überlagern sich dann ankommende

Welle und reflektierte Welle zu

$$\hat{U} = U_{01}\, e^{i(\omega t - kz)} + U_{01}\, e^{i(\omega t + kz + \pi)}$$

oder mit $e^{i\pi} = -1$ (siehe (A 1.8)) zu

$$\hat{U} = U_{01}\, e^{i(\omega t - kz)} - U_{01}\, e^{i(\omega t + kz)},$$

woraus $\hat{U} = 0$ für $z = 0$ folgt. Wird noch (A 1.10) beachtet, so kann mit $e^{-i\frac{\pi}{2}} = -i$ (siehe (A 1.8))

$$\hat{U} = 2U_{01} \sin kz\, e^{i(\omega t - \pi/2)} \tag{7.4a}$$

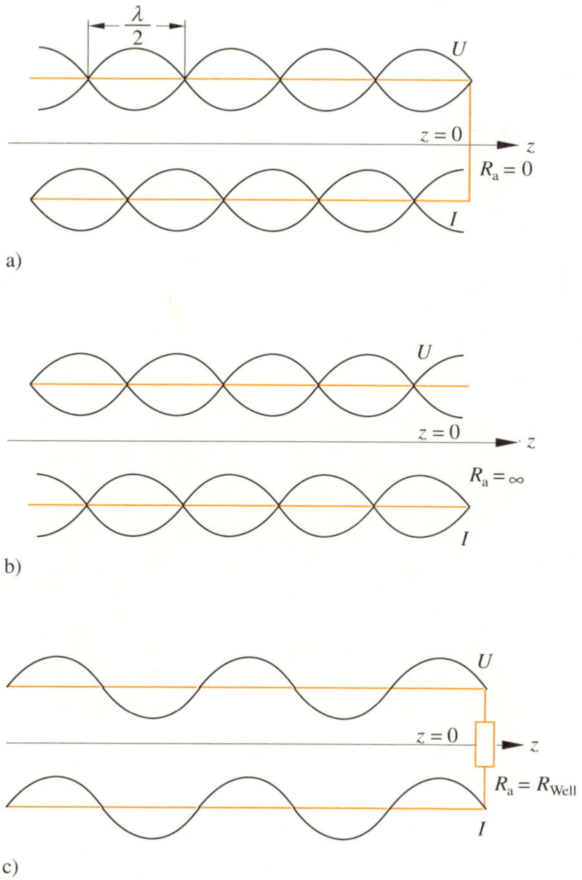

Abb. 7.3
Momentanbilder der Spannungs- und Stromwellen längs eines Lecher-Systems (auf jeweils einem Leitungsdraht dargestellt)
a) kurzgeschlossene Leitung
b) offene Leitung
c) mit dem Wellenwiderstand abgeschlossene Leitung

geschrieben werden. Nach (A 15.10) liegt für $\hat{U}$ eine stehende Welle längs der Leitung vor (siehe Abb. 7.3a). Ein Knoten der Spannung liegt am kurzgeschlossenen Ende der Leitung.

Der Strom bildet ebenfalls längs der Leitung eine stehende Welle. Zwischen Spannung und Strom besteht nach (S 5.6) die Phasenverschiebung $\pi/2$, da keine Leistung an den Abschlußwiderstand abgegeben werden kann und deshalb längs der Leitung keine Energie transportiert wird. Benachbarte Spannungs- und Stromknoten besitzen daher einen Abstand von $\lambda/4$. Am Ende der Leitung befindet sich ein Strombauch.

Die Strom- und Spannungsbäuche lassen sich experimentell leicht nachweisen. Man fährt hierzu das Lecher-System längs eines Drahtes bzw. zwischen den beiden Leitern mit einer Glüh- bzw. Glimmlampe ab (Abb. 7.4). An den Strom- bzw. Spannungsbäuchen leuchten die Lampen hell auf, während sie an den Knoten vollkommen erlöschen.

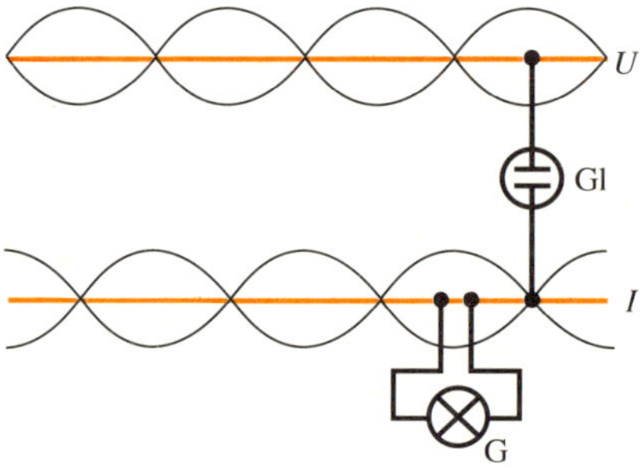

Abb. 7.4
Zum Nachweis der Strom- und der Spannungsbäuche
Am Spannungsbauch leuchtet die Glimmlampe Gl, am Strombauch die Glühlampe G

Zur Abhängigkeit der Phasengeschwindigkeit von der Dielektrizitätszahl

Mit dieser experimentellen Anordnung läßt sich auch die Abhängigkeit der Phasengeschwindigkeit der Welle von der Dielektrizitätszahl ε_r bestätigen. Man bestimmt zuerst den Abstand der Strom- bzw. Spannungsbäuche in Luft, dann nochmal nach Eintauchen des Systems in destilliertes Wasser. Der Abstand verringert sich auf ca. 1/9 seines ursprünglichen Wertes, denn als Folge der hohen Dielektrizitätszahl des Wassers ($\varepsilon_r = 81$) gegenüber der der Luft ($\varepsilon_r = 1$) verkleinert sich nach (S 7.1) beim Eintauchen des Systems die Phasengeschwindigkeit auf 1/9 ihres Wertes in Luft und damit nach $v_{Ph} = \lambda f$ im gleichen Verhältnis auch die Wellenlänge.

Wird das ideale Lecher-System im zweiten Sonderfall mit einem unendlich großen Abschlußwiderstand ($R_a = \infty$, offene Leitung) abgeschlossen, so muß der Strom

Spannungs- und Stromwelle bei offener Doppelleitung

$$\hat{I} = I_{01}\, e^{i(\omega t - kz)}$$

am Leitungsende zu jedem Zeitpunkt den Wert Null besitzen. Die Stromwelle wird deshalb mit einem Phasensprung von π am offenen Ende der

Leitung reflektiert. Die vorausgegangenen Überlegungen für die Spannungswelle der kurzgeschlossenen Leitung werden damit auf die Stromwelle der offenen Leitung übertragbar. Wir erhalten

$$\hat{I} = 2I_{01} \sin kz \, e^{i(\omega t - \pi/2)} . \tag{7.4b}$$

Der Strom ist längs der Leitung durch eine stehende Welle darstellbar (Abb. 7.3b). Da keine Leistung an einen Verbraucher abgegeben werden kann ($R_a = \infty$), besteht zwischen Strom und Spannung wieder eine Phasenverschiebung von $\pi/2$, der gegenseitige Abstand benachbarter Spannungs- und Stromknoten beträgt ebenfalls $\lambda/4$. Am offenen Ende der Leitung befindet sich ein Spannungsbauch und ein Stromknoten (vgl. Abb. 7.3b).

Für die weiteren Überlegungen führen wir ein:

(D 7.1) Wellenwiderstand R_{Well}

Die Größe

$$R_{\text{Well}} = \sqrt{\frac{^1L}{^1C}}$$

heißt Wellenwiderstand der idealen Doppelleitung.

Mögliche Maßeinheit: $[R_{\text{Well}}] = \Omega$.

Nach (S 7.1) sind Spannung und Strom auf der idealen Doppelleitung darstellbar durch

$$\hat{U} = U_0 e^{i(\omega t - kz + \varphi_U)}$$

$$\hat{I} = I_0 e^{i(\omega t - kz + \varphi_I)} .$$

Hierbei ist vorausgesetzt, daß sich Strom- und Spannungswelle nur in positiver z-Richtung auf der Leitung fortpflanzen.

Setzt man $\hat{U}$ und $\hat{I}$ unter Beachtung von (A 2.7) und (A 2.14a) in (7.1c) ein, so folgt für die ideale Doppelleitung

$$ik\hat{U} = {}^1L\hat{I}i\omega$$

und somit bei Beachtung von (A 15.4), (7.3), (D 7.1), (5.1a) und (5.2a) für jede Stelle der Leitung

$$\hat{U}_0 = \sqrt{\frac{^1L}{^1C}} \hat{I}_0 = R_{\text{Well}} \hat{I}_0 . \tag{7.4}$$

Nach (S 5.3) ist das Verhältnis von Effektivspannung U_{eff} zu Effektivstrom I_{eff} an jeder Stelle der Leitung gleich dem Wellenwiderstand R_{Well}, Strom und Spannung befinden sich in Phase.

Spannungs- und Stromwelle bei mit dem Wellenwiderstand abgeschlossener Doppelleitung

Wird das Lecher-System mit dem Wellenwiderstand abgeschlossen (dritter Sonderfall, $R_a = R_{\text{Well}}$), dann gilt nach (S 5.3) genau wie an jeder anderen Stelle der Leitung auch im Abschlußwiderstand $\hat{U}_0 = R_{\text{Well}} \hat{I}_0$. Es erfolgt deshalb sowohl für die Spannungs- als auch für die Stromwelle ein stetiger und somit vollständiger Übergang in den Abschlußwiderstand. Eine Reflexion findet nicht statt (siehe Abb. 7.3c).

Entspricht der Abschlußwiderstand keinem der drei behandelten Sonderfälle, so tritt ein Teil der Welle in den Abschlußwiderstand über, der andere Teil wird reflektiert.

(S 7.2)
Übertragungseigenschaften der idealen Doppelleitung

Wird die ideale Doppelleitung mit dem Abschlußwiderstand $R = 0$ oder $R_a = \infty$ abgeschlossen, so erfolgt eine vollständige Reflexion der Spannungs- und der Stromwelle. Der gegenseitige Abstand von benachbarten Spannungs- und Stromknoten beträgt $\lambda/4$. Bei kurzgeschlossener Leitung befindet sich am Ende der Leitung ein Spannungsknoten, bei offener Leitung ein Stromknoten.
Wird der Wellenwiderstand als Abschlußwiderstand der Leitung gewählt ($R_a = R_{\mathrm{Well}}$), dann wird die gesamte Leistung dem Abschlußwiderstand zugeführt (Leistungsanpassung der Doppelleitung). Es erfolgt keine Reflexion der Spannungs- und der Stromwelle am Abschlußwiderstand. Gilt weder $R_a = 0$ noch $R_a = \infty$ oder $R_a = R_{\mathrm{Well}}$, dann geht ein Teil der Leistung in R_a über, der andere Teil wird reflektiert.

Anpassung eines Abschlußwiderstands an eine Doppelleitung

Soll ein Abschlußwiderstand über eine Doppelleitung an eine Wechselspannungsquelle angeschlossen werden (z. B. der Verstärkereingang eines Fernsehgerätes an die Antenne), so müssen zur Vermeidung störender und leistungsmindernder Reflexionen Doppelleitung und Abschlußwiderstand so aufeinander abgestimmt sein, daß der Abschlußwiderstand dem Wellenwiderstand der Leitung entspricht. Ist das nicht der Fall, so ist durch zusätzliche Widerstandsglieder (Anpassungsglieder) der Wellenwiderstand der Leitung auf den Abschlußwiderstand zu transformieren (vgl. Abschnitt 5.4.2.3.4).

Nach (D 1.6) und (S 1.5) ist mit der Spannung stets ein elektrisches Feld und nach (S 2.6) mit dem elektrischen Strom stets ein magnetisches Feld verbunden. Daher pflanzen sich längs eines Lecher-Systems sowohl ein elektrisches als auch ein magnetisches Feld wellenförmig fort. Dies führt zur Festlegung:

(D 7.2)
elektromagnetische Welle

Die wellenförmige Ausbreitung von elektrischem und magnetischem Feld heißt elektromagnetische Welle.

Schwingungsrichtung der Feldvektoren bei einer elektromagnetischen Welle

Die Vektoren $\boldsymbol{E}$ und $\boldsymbol{H}$ stehen senkrecht aufeinander und senkrecht zu den Drahtachsen, d.h. senkrecht zur Ausbreitungsrichtung der Wellen (siehe Abb. 7.5).

Die mit dem Lecher-System verbundene elektromagnetische Welle ist eine *Transversalwelle*. Beachtet man die Vorzeichen von $\boldsymbol{E}$ (siehe (S 1.5) und (6.8g)) und $\boldsymbol{H}$ (siehe (S 2.7), (S 7.1) und (6.8e)), so erkennt man, daß die Vektoren $\boldsymbol{D}$, $\boldsymbol{H}$ und $\boldsymbol{v}_{\mathrm{ph}}$ ein Rechtssystem bilden ($\boldsymbol{v}_{\mathrm{ph}}^0 = \boldsymbol{D}^0 \times \boldsymbol{H}^0$).

Ist die Doppelleitung am Ende kurzgeschlossen oder offen, so muß analog den Spannungs- und Stromwellen auch das elektrische und magnetische Feld stehende Wellen bilden. Die Lage der Knoten des elektrischen Wellenfeldes ist mit der Lage der Knoten der Spannungswelle, die Lage

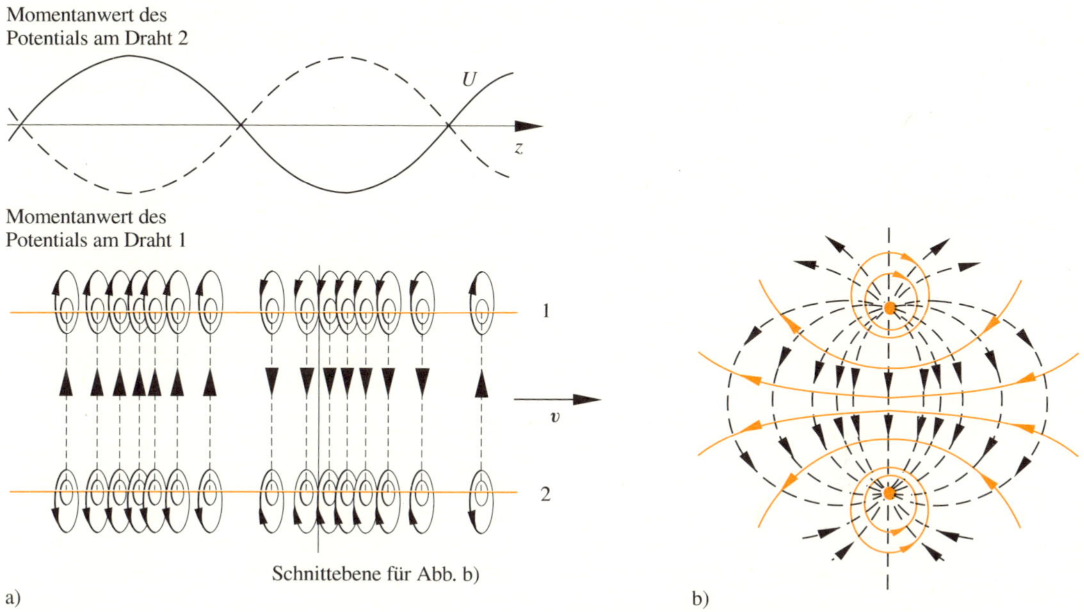

Abb. 7.5
Momentanbild von elektrischem und magnetischem Feld beim Lecher-System. Die Doppelleitung ist mit dem Wellenwiderstand abgeschlossen. Strom und Spannung befinden sich in Phase. Die Dichten der elektrischen und der magnetischen Feldlinien charakterisieren die Stärke des elektrischen und des magnetischen Feldes
a) Schnittebene parallel zu $\boldsymbol{J}$
b) Schnittebene senkrecht zu $\boldsymbol{J}$

der Knoten des magnetischen Feldes mit der Lage der Knoten der Stromwelle identisch.

In einen kreisförmigen elektrischen Schwingkreis sei eine Glimmlampe eingebaut (Abb. 7.6). Die Frequenz des Schwingkreises werde durch die Wahl von Kapazität und Induktivität auf die Frequenz der am Lecher-System liegenden Spannung abgestimmt. Liegt die Ebene des Schwing-

experimenteller Nachweis der Spannungs- und Stromwelle

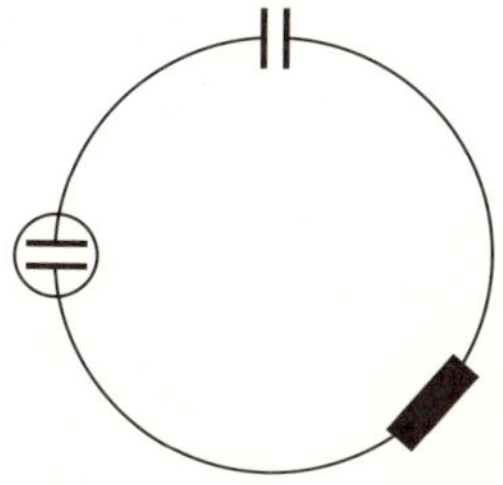

Abb. 7.6
Schwingkreis zum Nachweis der elektromagnetischen Welle

kreises parallel zum Lecher-System, so leuchtet die Glimmlampe maximal an den Strombäuchen, denn dort ruft das stehende magnetische Feld die größte Veränderung des magnetischen Flusses durch die Schwingkreisebene hervor und damit nach (S 4.1) die größte im Schwingkreis induzierte Spannung. Stellt man dagegen die Ebene des Schwingkreises senkrecht zum Lecher-System, dann leuchtet die Glimmlampe durch Influenz (vgl. Abschnitt 1.1.4.1) maximal an den Bäuchen des elektrischen Wellenfeldes.

Die Gruppengeschwindigkeit (siehe (A 15.5)) der Spannungs- bzw. Stromwelle längs der Leitung bestimmt die Übertragungsgeschwindigkeit eines Signals. Hierdurch erklärt sich, daß trotz der kleinen Wanderungsgeschwindigkeit der Elektronen im Leiter ein Signal mit großer Geschwindigkeit übertragen wird, zum Beispiel auf einem in Luft eingebetteten idealen Lecher-System mit der Geschwindigkeit von annähernd $3 \cdot 10^8\,\mathrm{ms}^{-1}$.

reale Doppelleitung

In realen Doppelleitungen (${}^1R \neq 0$, ${}^1G \neq 0$) verlaufen die Wellen gedämpft. Die Dämpfung ist durch die Größen ${}^1R$ und ${}^1G$ bestimmt. Ebenfalls wird die Phasengeschwindigkeit der Wellen durch ${}^1R$ und ${}^1G$ beeinflußt. Sie ist frequenzabhängig. Man bezeichnet die Frequenzabhängigkeit von v_{ph} als *Dispersion*. Liegt Dispersion vor, dann unterscheiden sich nach (A 15.5) Phasen- und Gruppengeschwindigkeit der Welle voneinander.

Dispersion

7.2 Freie elektromagnetische Wellen

7.2.1 Elektromagnetische Wellen im unbegrenzten Raum

7.2.1.1 Ungedämpfte elektromagnetische Wellen

Die Existenz elektromagnetischer Wellen ist 1865 als Schlußfolgerung aus der Maxwellschen Theorie als Hypothese formuliert worden. Der erst später erbrachte experimentelle Nachweis kann als eine glänzende Bestätigung für die Richtigkeit des Axiomensystems der Elektrodynamik und Optik angesehen werden.

Die Existenz elektromagnetischer Wellen folgt aus den Maxwellschen Gleichungen

Für die weiteren Betrachtungen wird ein Dielektrikum (d.h. ein nichtleitendes Medium) vorausgesetzt, das ideal nichtleitend ($\boldsymbol{J} = \boldsymbol{0}$, da $\sigma = 0$), raumladungsfrei ($\varrho = 0$) und homogen (ε_{r} und μ_{r} ortsunabhängig) ist und für das ε_{r} und μ_{r} weiterhin als zeitunabhängig angenommen werden können. Eliminiert man unter diesen Voraussetzungen den Feldvektor $\boldsymbol{E}$ bzw. $\boldsymbol{H}$ aus dem Axiomensystem der Elektrodynamik und Optik, so erhält man nach (A 27.2a) und (A 27.2b) für $\boldsymbol{E}$ und $\boldsymbol{H}$ die Differentialgleichungen

$$\nabla^2 \boldsymbol{E} - \frac{1}{v_{\mathrm{ph}}^2} \frac{\partial^2 \boldsymbol{E}}{\partial t^2} = \boldsymbol{0} \tag{7.5a}$$

und

Wellendifferentialgleichung für $\boldsymbol{E}$ und $\boldsymbol{H}$

$$\nabla^2 \boldsymbol{H} - \frac{1}{v_{\mathrm{ph}}^2} \frac{\partial^2 \boldsymbol{H}}{\partial t^2} = \boldsymbol{0} \tag{7.5b}$$

mit

$$v_{\mathrm{ph}}^2 = \frac{1}{\varepsilon_0 \varepsilon_r \mu_0 \mu_r}.$$

Der Vergleich der Differentialgleichungen für $\boldsymbol{E}$ und $\boldsymbol{H}$ mit (A 15.6) zeigt bei Beachtung von (D 7.2), daß aus dem Axiomensystem der Elektrodynamik und Optik die Existenz einer elektromagnetischen Welle mit der schon beim Lecher-System gefundenen Phasengeschwindigkeit (S 7.1) gefolgert werden kann. Diese Welle ist stets transversal. Zum Beweis gehen wir von der ebenen harmonischen Welle

Nachweis der Transversalität der elektromagnetischen Welle

$$\hat{\boldsymbol{E}} = \boldsymbol{E}_0\, \mathrm{e}^{\mathrm{i}(\omega t - kz)} \tag{7.6}$$

als spezielle Lösung von (7.5a) aus und zerlegen sie nach (A 3.3) in drei Komponenten:

$$\hat{\boldsymbol{E}} = \hat{E}_x \boldsymbol{i} + \hat{E}_y \boldsymbol{j} + \hat{E}_z \boldsymbol{k}$$

mit

$$\begin{aligned} \hat{E}_x &= E_{0x}\, \mathrm{e}^{\mathrm{i}(\omega t - kz)}, \\ \hat{E}_y &= E_{0y}\, \mathrm{e}^{\mathrm{i}(\omega t - kz)}, \\ \hat{E}_z &= E_{0z}\, \mathrm{e}^{\mathrm{i}(\omega t - kz)}. \end{aligned} \tag{7.6a}$$

Setzt man (7.6a) in (6.9c) unter Beachtung von (A 6.3), der Konstanz von ε_r und von $\varrho = 0$ ein, so folgt

$$\operatorname{div} \hat{\boldsymbol{E}} = \frac{\partial \hat{E}_x}{\partial x} + \frac{\partial \hat{E}_y}{\partial y} + \frac{\partial \hat{E}_z}{\partial z} = 0 + 0 - \mathrm{i}k\hat{E}_z = 0$$

oder (wenn von einem überlagerten konstanten Feld abgesehen wird)

$$\hat{E}_z = 0.$$

Eine Komponente $\boldsymbol{E}_z$ in Ausbreitungsrichtung der Welle existiert nicht. Da nach (6.9d) und (6.8f) wegen der Ortsunabhängigkeit von μ_r auch $\operatorname{div} \boldsymbol{H} = 0$ gilt, ist auch $\boldsymbol{H}_z = \boldsymbol{0}$, womit die Transversalität der elektromagnetischen Welle bewiesen ist.

Weiter soll gezeigt werden, daß $\boldsymbol{E}$, $\boldsymbol{H}$ und $\boldsymbol{v}_{\mathrm{ph}}$ senkrecht aufeinander stehen und ein Rechtssystem bilden. Da – wie soeben gezeigt – $\boldsymbol{E}$ auf $\boldsymbol{v}_{\mathrm{ph}}$ senkrecht steht, kann ohne Einschränkung der allgemeinen Gültigkeit der weiteren Überlegungen die Richtung von $\boldsymbol{E}$ zur positiven x-Richtung, die Richtung von $\boldsymbol{v}_{\mathrm{ph}}$ zur positiven z-Richtung eines kartesischen Koordinatensystems gewählt werden. Für dieses spezielle Koordinatensystem schreibt sich (7.6)

Nachweis von $\boldsymbol{E}^0 \times \boldsymbol{H}^0 = \boldsymbol{v}_{\mathrm{Ph}}^0$

$$\hat{\boldsymbol{E}} = E_0 \boldsymbol{i}\, \mathrm{e}^{\mathrm{i}(\omega t - kz)}. \tag{7.6b}$$

Setzt man (7.6b) in die 1. Maxwellsche Gleichung (5.9a) ein, so findet man mit (A 7.7) und (A 2.7) und (A 2.14a)

$$\dot{\hat{\boldsymbol{B}}} = -\operatorname{rot} \hat{\boldsymbol{E}} = -\frac{\partial \hat{\boldsymbol{E}}}{\partial z}\boldsymbol{j} = \mathrm{i}k\hat{E}\boldsymbol{j}$$

und mit (6.8f) durch zeitliche Integration (vgl. (A 2.36), (A 2.29) und (A 2.25))

$$\hat{\boldsymbol{H}} = \frac{\mathrm{i}k\boldsymbol{j}}{\mu_0 \mu_r} \int \hat{E}\,\mathrm{d}t = \frac{k}{\mu_0 \mu_r \omega} \hat{E}\boldsymbol{j},$$

woraus bei Beachtung von (A 15.3), (A 15.4) und $v_{ph}^2 = \dfrac{1}{\varepsilon_0 \varepsilon_r \mu_0 \mu_r}$

$$\hat{\boldsymbol{H}} = \sqrt{\frac{\varepsilon_0 \varepsilon_r}{\mu_0 \mu_r}}\, E_0 \boldsymbol{j} \mathrm{e}^{\mathrm{i}(\omega t - kz)} \tag{7.6c}$$

folgt. Mit (6.8e), (A 15.4) und (A 3.7) lassen sich vorstehende Ergebnisse wie folgt zusammenfassen:

(S 7.3)
Eigenschaften der elektromagnetischen Welle

Die elektromagnetische Welle ist eine Transversalwelle, bei der elektrische Verschiebung $\boldsymbol{D}$, magnetische Feldstärke $\boldsymbol{H}$ und Wellennormale $\boldsymbol{n}^0$ senkrecht zueinander gerichtet sind und ein Rechtssystem bilden:

$$\boldsymbol{v}_{ph}^0 = \boldsymbol{n}^0 = \boldsymbol{D}^0 \times \boldsymbol{H}^0 .$$

Die Phasengeschwindigkeit der elektromagnetischen Welle beträgt

$$\boldsymbol{v}_{ph} = \frac{\boldsymbol{n}^0}{\sqrt{\varepsilon_0 \varepsilon_r \mu_0 \mu_r}},$$

wobei ε_r und μ_r die Dielektrizitäts- und Permeabilitätszahl des Ausbreitungsmediums bedeuten.

Nach (6.8c) gilt in isotropen Medien $\boldsymbol{E}^0 = \boldsymbol{D}^0$, nach Abschnitt 10.3.1.2 dagegen gilt in anisotropen Medien $\boldsymbol{E}^0 \neq \boldsymbol{D}^0$. Da für elektromagnetische Wellen in anisotropen Medien $\boldsymbol{D}^0$ senkrecht zu $\boldsymbol{n}^0$ gilt, wurde (S 7.3) mit $\boldsymbol{D}^0$ statt mit $\boldsymbol{E}^0$ formuliert. Er ist damit allgemeingültig.

Eine besondere Bezeichnung trägt die Geschwindigkeit einer elektromagnetischen Welle im Vakuum:

(D 7.3)
Vakuumlichtgeschwindigkeit c

$$c = \frac{1}{\sqrt{\varepsilon_0 \mu_0}}$$

heißt Vakuumlichtgeschwindigkeit.

Die Vakuumlichtgeschwindigkeit ist eine charakteristische Naturkonstante. Ihr Zahlenwert ist heute festgelegt und dient zur Definition der Basiseinheit Meter (Näheres siehe Abschn. I 2.2 und Abschn. 7.2.3).

Da das Vakuum dispersionsfrei ist, folgt aus (S 7.3), (D 7.3) und (A 15.5a):

(S 7.4)
Im Vakuum gilt $v_g = c$

Im Vakuum sind Gruppen- und Phasengeschwindigkeit aller elektromagnetischen Wellen gleich der Vakuumlichtgeschwindigkeit:

$$v_{ph} = v_g = c \quad \text{(im Vakuum)}.$$

7.2.1.2 Gedämpfte elektromagnetische Wellen

Die Überlegungen von Abschnitt 7.2.1.1 werden nun auf elektrisch leitende Medien erweitert ($\sigma \neq 0$). Nach (A 27.2a) und (A 27.2b) genügen die Feldvektoren $\boldsymbol{E}$ und $\boldsymbol{H}$ dann den Differentialgleichungen

$$\nabla^2 \boldsymbol{E} - \varepsilon_0 \varepsilon_r \mu_0 \mu_r \frac{\partial^2 \boldsymbol{E}}{\partial t^2} - \mu_0 \mu_r \sigma \frac{\partial \boldsymbol{E}}{\partial t} = \boldsymbol{0}$$

und

$$\nabla^2 \boldsymbol{H} - \varepsilon_0 \varepsilon_r \mu_0 \mu_r \frac{\partial^2 \boldsymbol{H}}{\partial t^2} - \mu_0 \mu_r \sigma \frac{\partial \boldsymbol{H}}{\partial t} = \boldsymbol{0}$$

oder, wenn eine harmonische Welle (vgl. (A 15.1a) und (A 15.1b)) vorausgesetzt wird, wegen

$$\frac{\partial \hat{\boldsymbol{E}}}{\partial t} = \mathrm{i}\omega \hat{\boldsymbol{E}}, \qquad \frac{\partial^2 \hat{\boldsymbol{E}}}{\partial t^2} = -\omega^2 \hat{\boldsymbol{E}}, \qquad \frac{\partial \hat{\boldsymbol{H}}}{\partial t} = \mathrm{i}\omega \hat{\boldsymbol{H}}$$

und

$$\frac{\partial^2 \hat{\boldsymbol{H}}}{\partial t^2} = -\omega^2 \hat{\boldsymbol{H}}$$

den Wellendifferentialgleichungen

$$\nabla^2 \hat{\boldsymbol{E}}_0 + (\varepsilon_0 \varepsilon_r \mu_0 \mu_r \omega^2 - \mathrm{i}\omega \sigma \mu_0 \mu_r) \hat{\boldsymbol{E}}_0 = \boldsymbol{0}, \tag{7.7a}$$

$$\nabla^2 \hat{\boldsymbol{H}}_0 + (\varepsilon_0 \varepsilon_r \mu_0 \mu_r \omega^2 - \mathrm{i}\omega \sigma \mu_0 \mu_r) \hat{\boldsymbol{H}}_0 = \boldsymbol{0} \tag{7.7b}$$

mit

$$\hat{\boldsymbol{E}} = \hat{\boldsymbol{E}}_0 \mathrm{e}^{\mathrm{i}\omega t}, \tag{7.8a}$$

$$\hat{\boldsymbol{H}} = \hat{\boldsymbol{H}}_0 \mathrm{e}^{\mathrm{i}\omega t}. \tag{7.8b}$$

Man beachte, daß die Voraussetzung einer harmonischen Welle keine Einschränkung der Allgemeingültigkeit nachfolgender Betrachtungen beinhaltet, da nach A. 15 und (I S 10.13) jede Welle durch Überlagerung harmonischer Wellen darstellbar ist.

Für den speziellen Fall des Nichtleiters gehen (7.7a) und (7.7b) nach (S 7.3) und (A 15.4) über in

$$\nabla^2 \hat{\boldsymbol{E}}_0 + k^2 \hat{\boldsymbol{E}}_0 = \boldsymbol{0}, \tag{7.9a}$$

$$\nabla^2 \hat{\boldsymbol{H}}_0 + k^2 \hat{\boldsymbol{H}}_0 = \boldsymbol{0}. \tag{7.9b}$$

Nach (7.6) und (7.8a) ist

$$\hat{\boldsymbol{E}}_0 = \boldsymbol{E}_0 \mathrm{e}^{-\mathrm{i}kz} \tag{7.10a}$$

eine mögliche Lösung von (7.9a). Da die Differentialgleichung (7.9a) bzw. (7.9b) nur den ortsabhängigen Anteil einer harmonischen Welle bestimmt, wird sie oft als *zeitfreie Wellengleichung* der harmonischen Welle bezeichnet.

zeitfreie Wellengleichung

komplexe Kreiswellenzahl $\hat{k}$

Durch Einführung der *komplexen Kreiswellenzahl* $\hat{k}$ mit

$$\hat{k}^2 = \varepsilon_0 \varepsilon_r \mu_0 \mu_r \omega^2 - \mathrm{i}\omega\sigma\mu_0\mu_r \tag{7.11}$$

können (7.7a) und (7.7b) in die gleiche Form wie (7.9a) und (7.9b) überführt werden:

$$\nabla^2 \hat{\boldsymbol{E}}_0 + \hat{k}^2 \hat{\boldsymbol{E}}_0 = \boldsymbol{0}, \tag{7.7c}$$

$$\nabla^2 \hat{\boldsymbol{H}}_0 + \hat{k}^2 \hat{\boldsymbol{H}}_0 = \boldsymbol{0}. \tag{7.7d}$$

Da nach (A 1.1) jede komplexe Zahl in Real- und Imaginärteil zerlegbar ist und nach (7.7c) und (7.9a) für den Fall des Nichtleiters die komplexe Kreiswellenzahl $\hat{k}$ in die reelle übergehen muß, kann für $\hat{k}$

$$\hat{k} = k(1 - \mathrm{i}\varkappa) \qquad (\varkappa > 0)$$

geschrieben werden, wobei sich nach (A 28.3a) und (A 28.3b) die Größen k und $k\varkappa$ darstellen lassen durch

$$k = \omega \sqrt{\frac{\mu_0 \mu_r}{2}\left(\sqrt{\varepsilon_0^{\,2} \varepsilon_r^{\,2} + \frac{\sigma^2}{\omega^2}} + \varepsilon_0 \varepsilon_r\right)},$$

$$k\varkappa = \omega \sqrt{\frac{\mu_0 \mu_r}{2}\left(\sqrt{\varepsilon_0^{\,2} \varepsilon_r^{\,2} + \frac{\sigma^2}{\omega^2}} - \varepsilon_0 \varepsilon_r\right)}.$$

Für den Spezialfall des Nichtleiters ($\sigma = 0$) ist nach (S 7.3) und (A 15.4) die in $\hat{k}$ eingehende Größe k die reelle Kreiswellenzahl k.

Analog zu (7.10a) folgt mit $\hat{k} = k(1 - \mathrm{i}\varkappa)$ und (A 1.1a) als *mögliche* Lösung von (7.7c)

$$\hat{\boldsymbol{E}}_0 = \boldsymbol{E}_0 \mathrm{e}^{-\mathrm{i}\hat{k}z} \tag{7.10b}$$

und mit (7.8a)

$$\hat{\boldsymbol{E}} = \boldsymbol{E}_0 \mathrm{e}^{\mathrm{i}(\omega t - \hat{k}z)} = \boldsymbol{E}_0\, \mathrm{e}^{-k\varkappa z} \mathrm{e}^{\mathrm{i}(\omega t - kz)}. \tag{7.12}$$

exponentiell gedämpfte elektromagnetische Welle

Absorptionskoeffizient

Die Amplitude der Welle ist exponentiell gedämpft (*exponentiell gedämpfte elektromagnetische Welle*). Die Dämpfung wird durch Absorption eines Teiles der mit der elektromagnetischen Welle mitgeführten Energie verursacht. Die Größe der Absorption wird durch den *Absorptionskoeffizienten* $n\varkappa$ bestimmt (Näheres s. Abschn. 3.6). Da mit $\sigma \to 0$ auch $\varkappa \to 0$ geht, ist in der Lösung (7.12) die Ausbreitung der elektromagnetischen Welle im Nichtleiter als Spezialfall enthalten.

Wie man sich leicht überzeugt, ist die exponentiell gedämpfte *inhomogene Welle*

$$\hat{\boldsymbol{E}} = \boldsymbol{E}_0 \mathrm{e}^{-k_1 x} \mathrm{e}^{\mathrm{i}(\omega t - k_2 z)} \tag{7.12a}$$

ebenfalls eine mögliche Lösung von (7.7a). Die Größen k_1 und k_2 müssen hierbei so bestimmt werden, daß (7.12a) der Differentialgleichung (7.7a) genügt.

Als *homogen* bezeichnet man eine Welle, bei der die Flächen konstanter Phase mit den Flächen konstanter Amplitude übereinstimmen. Dies ist z.B. für die ebene Welle oder die Kugelwelle (siehe (A 15.1) bzw. (A 15.2)) der Fall. In (7.12a) sind dagegen die Flächen konstanter Amplitude Ebenen senkrecht zur x-Achse, die Flächen konstanter Phase Ebenen senkrecht zur z-Achse. Die obige Bedingung ist nicht mehr erfüllt. Man nennt sie daher *inhomogene* Welle.

homogene Welle

inhomogene Welle

Fällt eine ebene elektromagnetische Welle schräg aus einem Nichtleiter in ein leitendes Medium, so ist sie im leitenden Medium inhomogen. Nur bei senkrechtem Auffall findet man im Leiter eine gedämpfte homogene Welle.

(S 7.5)
Ausbreitung elektromagnetischer Wellen in einem elektrisch leitenden Medium

Im elektrischen Leiter wird die Amplitude einer elektromagnetischen Welle exponentiell gedämpft. Die Gesetze der absorptionsfreien elektromagnetischen Welle lassen sich auf den Fall des Leiters übertragen, indem man die Kreiswellenzahl k des ungedämpften Falles durch die komplexe Kreiswellenzahl

$$\hat{k} = k(1 - \mathrm{i}\varkappa)$$

mit

$$k = \omega \sqrt{\frac{\mu_0 \mu_r}{2}\left(\sqrt{\varepsilon_0{}^2 \varepsilon_r{}^2 + \frac{\sigma^2}{\omega^2}} + \varepsilon_0 \varepsilon_r\right)},$$

$$k\varkappa = \omega \sqrt{\frac{\mu_0 \mu_r}{2}\left(\sqrt{\varepsilon_0{}^2 \varepsilon_r{}^2 + \frac{\sigma^2}{\omega^2}} - \varepsilon_0 \varepsilon_r\right)}$$

ersetzt.

Nach (7.12) klingt die Amplitude der gedämpften elektromagnetischen Welle mit z ab. Die Strecke $z = d$, die die Welle durchlaufen muß, bis ihre Amplitude auf den e-ten Teil abgeklungen ist, bezeichnet man als *Eindringtiefe*. Sie ergibt sich nach (7.12) zu $d = \frac{1}{k\varkappa}$. Berechnet man $k\varkappa$ für einen guten elektrischen Leiter (z.B. Silber oder Kupfer), so findet man für eine elektromagnetische Welle der Wellenlänge $\lambda = 1\,\mu\text{m}$ (nahes Ultrarot, siehe Abschn. 7.2.2) die Eindringtiefe $d \approx 5\,\text{nm}$ (d.h. einige Atomabstände, vgl. Abschn. I 8.5), für $\lambda = 1\,\text{cm}$ (Zentimeterwellen) $d \approx 500\,\text{nm}$, für $\lambda = 1\,\text{m}$ (Ultrakurzwellen) $d \approx 5\,\mu\text{m}$ und für $\lambda = 100\,\text{m}$ (Mittelwellensender) $d \approx 50\,\mu\text{m}$. Die Abschirmung dieser Wellen ist mit dünnen Blechen möglich. Für sehr hohe Frequenzen (z.B. Röntgenstrahlen) wird $\frac{\sigma^2}{\omega^2} \ll \varepsilon_0{}^2 \varepsilon_r{}^2$, die Eindringtiefe damit praktisch unabhängig von der Leitfähigkeit.

Eindringtiefe

Nach vorstehenden Betrachtungen müßte jede elektromagnetische Welle im Nichtleiter ungedämpft, im elektrischen Leiter dagegen gedämpft verlaufen. Die experimentelle Erfahrung bestätigt diese Aussage nicht immer: zum Beispiel wird Licht durch eine elektrisch nichtleitende Gummischicht stark absorbiert, während es durch eine elektrisch leitende wäßrige Kochsalzlösung praktisch ungedämpft hindurchgeht. Die Ursache dieser Diskrepanz ist die starke Frequenz- und damit Zeitabhängigkeit von ε_r, μ_r und σ in diesen Fällen, die der gemachten Voraussetzung widerspricht. Die Phasengeschwindigkeit der Welle ist damit nach (S. 7.3) eine Funktion der Frequenz. Beachtet man die vorliegende Dispersion, dann stehen Experiment und Theorie im Einklang (s. Bd. IV).

Die von uns angenommene Frequenzunabhängigkeit von ε_r, μ_r und σ erfüllen alle Medien für Wellenlängen von etwa einem Meter an aufwärts.

7.2.1.3 Elektrodynamische Potentiale

Setzt man das magnetische Vektorpotential $\boldsymbol{A}$ (D 6.3) in die 1. Maxwellsche Gleichung (6.9a) ein, so folgt mit (A 10.15)

$$\operatorname{rot}(\boldsymbol{E}+\dot{\boldsymbol{A}})=\boldsymbol{0}. \tag{7.13a}$$

Deshalb kann $\boldsymbol{E}+\dot{\boldsymbol{A}}$ nach (A 10.7) als Gradient einer skalaren Funktion $\varphi_S(x, y, z, t)$ in der Form

$$\boldsymbol{E}+\dot{\boldsymbol{A}}=-\operatorname{grad}\varphi_S \tag{7.13}$$

dargestellt werden.

skalares elektrisches Potential
elektrodynamische Potentiale

Man bezeichnet φ_S als *skalares elektrisches Potential,* die beiden Größen φ_S und $\boldsymbol{A}$ zusammen als *elektrodynamische Potentiale*. Das skalare elektrische Potential geht im stationären Fall ($\dot{\boldsymbol{A}}=\boldsymbol{0}$) in das elektrische Potential φ über (vgl. (7.13a) mit (S 1.4) und (7.13) mit (S 1.5)).

Für homogene Medien ($\varepsilon_r=\text{const}$, $\mu_r=\text{const}$) genügen die elektrodynamischen Potentiale den Differentialgleichungen (vgl. (A 29.3) und (A 29.4))

$$\nabla^2\boldsymbol{A}-\frac{1}{v_{ph}^2}\frac{\partial^2\boldsymbol{A}}{\partial t^2}=-\mu\boldsymbol{J} \tag{7.14a}$$

und

$$\nabla^2\varphi_S-\frac{1}{v_{ph}^2}\frac{\partial^2\varphi_S}{\partial t^2}=-\frac{\varrho}{\varepsilon}, \tag{7.14b}$$

wenn die prinzipiell frei wählbaren Senken und Quellen von $\boldsymbol{A}$ (vgl. Abschnitt 6.1.2, insbesondere (6.5b)) durch

$$\operatorname{div}\boldsymbol{A}+\frac{1}{v_{ph}^2}\frac{\partial\varphi_S}{\partial t}=0 \tag{7.14c}$$

festgelegt werden.

Ist das betrachtete Medium zusätzlich raumladungsfrei und stromfrei ($\varrho = 0$, $\boldsymbol{J} = \boldsymbol{0}$), dann spezialisieren sich (7.14a) und (7.14b) zu

$$\nabla^2 \boldsymbol{A} - \frac{1}{v_{\text{ph}}^2} \frac{\partial^2 \boldsymbol{A}}{\partial t^2} = \boldsymbol{0}, \tag{7.15a}$$

$$\nabla^2 \varphi_{\text{S}} - \frac{1}{v_{\text{ph}}^2} \frac{\partial^2 \varphi_{\text{S}}}{\partial t^2} = 0. \tag{7.15b}$$

Die elektrodynamischen Potentiale $\boldsymbol{A}$ und φ_{S} genügen für diesen Fall ebenfalls der Wellendifferentialgleichung (vgl. (7.5a) und (7.5b)).

Im statischen Fall geht (7.14b) in die Poissonsche Differentialgleichung für das elektrische Potential (vgl. (1.5)), (7.14a) in (6.7) und (7.14c) in (D 6.3) über.

7.2.1.4 Energiebilanz im elektromagnetischen Feld, Poynting-Vektor

Multipliziert man die erste Maxwellsche Gleichung (6.9a) skalar mit $\boldsymbol{H}$:

$$\boldsymbol{H} \cdot \operatorname{rot} \boldsymbol{E} = -\boldsymbol{H} \cdot \dot{\boldsymbol{B}},$$

die zweite Maxwellsche Gleichung (6.9b) skalar mit $\boldsymbol{E}$:

$$\boldsymbol{E} \cdot \operatorname{rot} \boldsymbol{H} = \boldsymbol{E} \cdot \dot{\boldsymbol{D}} + \boldsymbol{E} \cdot \boldsymbol{J},$$

und subtrahiert beide Gleichungen voneinander, so erhält man mit (A 10.12)

$$\boldsymbol{H} \cdot \operatorname{rot} \boldsymbol{E} - \boldsymbol{E} \cdot \operatorname{rot} \boldsymbol{H} = \operatorname{div} \boldsymbol{E} \times \boldsymbol{H} = -\boldsymbol{H}\dot{\boldsymbol{B}} - \boldsymbol{E}\dot{\boldsymbol{D}} - \boldsymbol{E}\boldsymbol{J}. \tag{7.16a}$$

John Henry Poynting (1852–1914)

Für die weiteren Überlegungen erweist es sich als zweckmäßig, für das vektorielle Produkt $\boldsymbol{E} \times \boldsymbol{H}$ einen speziellen Vektor einzuführen:

> $\boldsymbol{S} = \boldsymbol{E} \times \boldsymbol{H}$
>
> heißt Poynting-Vektor.

(D 7.4) Poynting-Vektor $\boldsymbol{S}$

Mögliche Maßeinheit: $[S] = \text{Wm}^{-2}$.

Aus (7.16a) folgt mit (D 7.4)

$$\boldsymbol{E} \cdot \dot{\boldsymbol{D}} + H \cdot \dot{\boldsymbol{B}} + \boldsymbol{E} \cdot \boldsymbol{J} + \operatorname{div} \boldsymbol{S} = 0 \tag{7.16b}$$

oder mit (S 1.10), (S 1.16), (2.11) und $w = \dfrac{\mathrm{d}W}{\mathrm{d}V}$

$$\frac{\partial w_{\text{el}}}{\partial t} + \frac{\partial w_{\text{m}}}{\partial t} + p_{\text{j}} + \operatorname{div} \boldsymbol{S} = 0. \tag{7.16}$$

Um die physikalische Bedeutung des Poynting-Vektors zu erkennen, nehmen wir in (7.16) $p_{\text{j}} = 0$ an und integrieren unter Beachtung des

Gaußschen Satzes (A 10.16) über ein beliebiges Volumen V:

$$\int_V \operatorname{div} \boldsymbol{S} \, \mathrm{d}V = \oint_A \boldsymbol{S} \cdot \mathrm{d}\boldsymbol{A} = -\frac{\partial}{\partial t} \int_V (w_{\mathrm{el}} + w_{\mathrm{m}}) \, \mathrm{d}V. \qquad (7.17)$$

Der rechte Term entspricht der zeitlichen Änderung der elektromagnetischen Feldenergie im betrachteten Volumen V. Da nach Voraussetzung Joulesche Wärme als Ursache dieser Energieänderung auszuschließen ist, kann die Energieänderung nur durch Energiestrahlung durch die das Volumen begrenzende Oberfläche A erfolgen. Der Poynting-Vektor gibt also die Energiestromdichte durch die Oberfläche des Volumens an (POYNTING 1884).

(S 7.6) Physikalische Bedeutung des Poynting-Vektors

Der Poynting-Vektor $\boldsymbol{S}$ gibt die Energiestromdichte an, die mit dem elektromagnetischen Feld verbunden ist.

Da für das isotrope Medium nach (6.8e) $\boldsymbol{E}^0 = \boldsymbol{D}^0$ gilt, kann aus (S 7.6) und (S 7.3) geschlossen werden:

(S 7.7) $\boldsymbol{S}^0$ im isotropen Medium

Im isotropen Medium erfolgt die mit der elektromagnetischen Welle verbundene Energieströmung in Richtung der Wellennormalen.

Poyntingscher Satz

(7.16) wird oft als *Poyntingscher Satz* bezeichnet. Er ermöglicht die Berechnung der Energiebilanz im elektromagnetischen Feld.

7.2.1.5 Experimenteller Nachweis elektromagnetischer Wellen

Der experimentelle Nachweis der elektromagnetischen Wellen gelang HERTZ 1888. Ihm standen hierzu weder Verstärkerbauelemente zur Erzeugung hochfrequenter elektrischer Schwingungen noch geeignete einfache Detektoren wie z. B. Glimmlampen zum Nachweis der übertragenen Welle zur Verfügung. Er nutzte daher sowohl zur Erzeugung der elektrischen Schwingungen als auch zu ihrem Nachweis im Empfänger Funkenstrecken, deren Geometrie auf das entsprechende Experiment zugeschnitten war.

Da für die elektromagnetische Welle die Phasengeschwindigkeit $v_{\mathrm{ph}} = \lambda \nu \approx 3 \cdot 10^8 \, \mathrm{ms}^{-1}$ beträgt, benötigt man Frequenzen von mindestens 10^8 Hz, um zu praktikablen Wellenlängen bzw. Abmessungen der Funkenstrecken zu gelangen.

Nach der Thomsonschen Schwingungsformel (5.6a) beträgt die Kreisfrequenz des ungedämpften elektrischen Schwingkreises $\omega_0 = \frac{1}{\sqrt{LC}}$. Wird ein großes ω gewünscht, so müssen L und C möglichst kleine Werte annehmen. Das läßt sich in folgender Weise erreichen (Abb. 7.7): Als Induktivität des Schwingkreises wird die geringe Eigeninduktivität des

Leiters verwendet (Übergang von Abb. 7.7a zu Abb. 7.7b). Nach (1.13) ist die Kapazität eines Plattenkondensators um so kleiner, je größer der Plattenabstand und je kleiner die Plattenfläche gewählt werden. Der Plattenabstand wird am größten, wenn der Schwingkreis vollkommen aufgebogen wird (Übergang von Abb. 7.7b zu Abb. 7.7c), die Plattenfläche am kleinsten, wenn man sie auf den Durchmesser des Drahtes beschränkt (Übergang von Abb. 7.7c zu Abb. 7.7d). Einen linearen Leiter, in dem nur auf Grund seiner Eigeninduktivität und -kapazität elektrische Schwingungen ablaufen, bezeichnet man als *Hertzschen Dipol* oder *Hertzschen Oszillator*.

Hertzscher Dipol

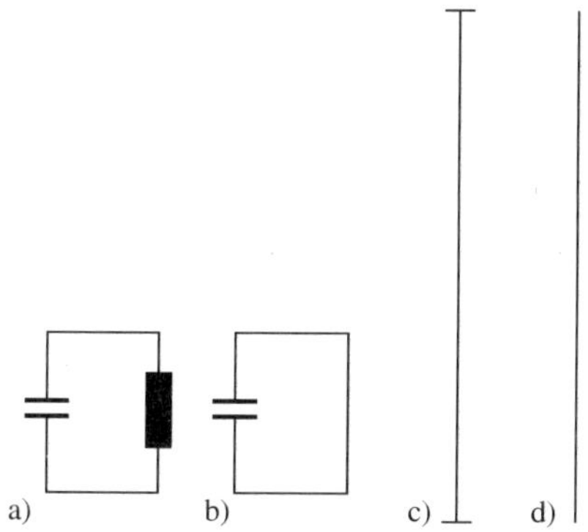

Abb. 7.7
Übergang vom ungedämpften Schwingkreis zum Hertzschen Dipol

Ein Hertzscher Dipol kann als Antenne sowohl zum Empfangen als auch zum Senden elektromagnetischer Wellen dienen. Man kann im Raum sich frei ausbreitende Hertzsche Wellen erzeugen, in dem man mit der verstärkten Ausgangsspannung eines Generators (vgl. Abschn. 5.8) einen auf die Generatorschwingung abgestimmten Dipol als Antenne speist (Abb. 7.8). Der Schwingkreis des Generators muß eine ausreichend hohe Frequenz besitzen. Bei der Anregung des Dipols zu erzwungenen Schwingungen ist ein sehr flacher Verlauf der Resonanzkurve festzustellen. Das weist auf eine große Dämpfung der Schwingungen im Dipol hin, die durch den Verstärker im Generator ausgeglichen wird. Ein derart hoher Energieverlust kann aber nicht durch das Entstehen von Joulescher Wärme im Dipol verursacht werden. Auch auf diesem Wege muß somit indirekt auf die Abstrahlung der Energie vom Dipol in Form elektromagnetischer Wellen geschlossen werden.

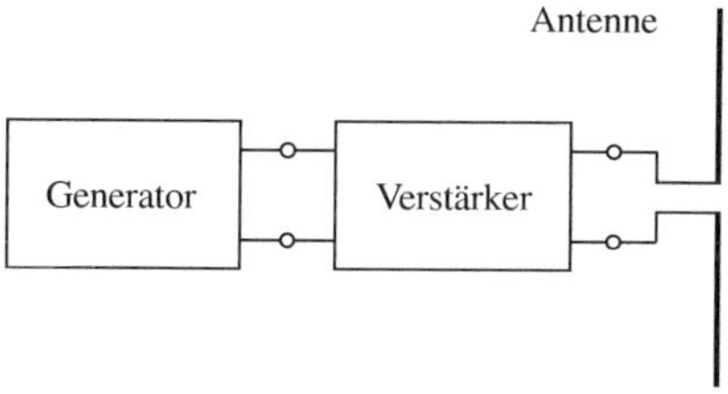

Abb. 7.8
Prinzipschaltbild des Senders

Spannung und Strom bilden beim Hertzschen Dipol eine stehende Welle

An den Enden des schwingenden Dipols muß der Strom zu allen Zeiten den Wert Null annehmen. Nach den Überlegungen von Abschnitt 7.1. ist das nur möglich, wenn der Strom eine stehende Welle mit Knoten an den Dipolenden bildet. Da im Dipol von Energieverlusten in Form von Joulescher Wärme abgesehen werden kann, besitzen nach (S 5.6) Spannung und Strom eine Phasenverschiebung von $\pi/2$. Die Spannung im Dipol bildet somit ebenfalls eine stehende Welle mit Spannungsbäuchen am Ende des Dipols (Abb. 7.9a). Diese Strom- und Spannungsbäuche lassen sich auf gleiche Weise wie die Strom- und Spannungswellen längs Drähten nachweisen (vgl. Abb. 7.4). Eine am Dipol entlang geführte Glühlampe leuchtet in der Dipolmitte am intensivsten, zu den Dipolenden hin geht die Helligkeit auf den Wert Null zurück (Abb. 7.9b). Wird dagegen ein Kontakt einer Glimmlampe am Dipol entlang geführt, so leuchtet sie am Ende des Dipols maximal und verlischt in seiner Mitte (Abb. 7.9c). Man beachte, daß hier auf Grund der hohen Frequenzen zwischen dem anderen Kontakt und der Erde ein Verschiebungsstrom fließt.

Grundwelle

Da der Abstand benachbarter Stromknoten $\lambda/2$ beträgt, ist bei der Dipollänge l die größtmögliche Wellenlänge λ (Wellenlänge der *Grundwelle*)

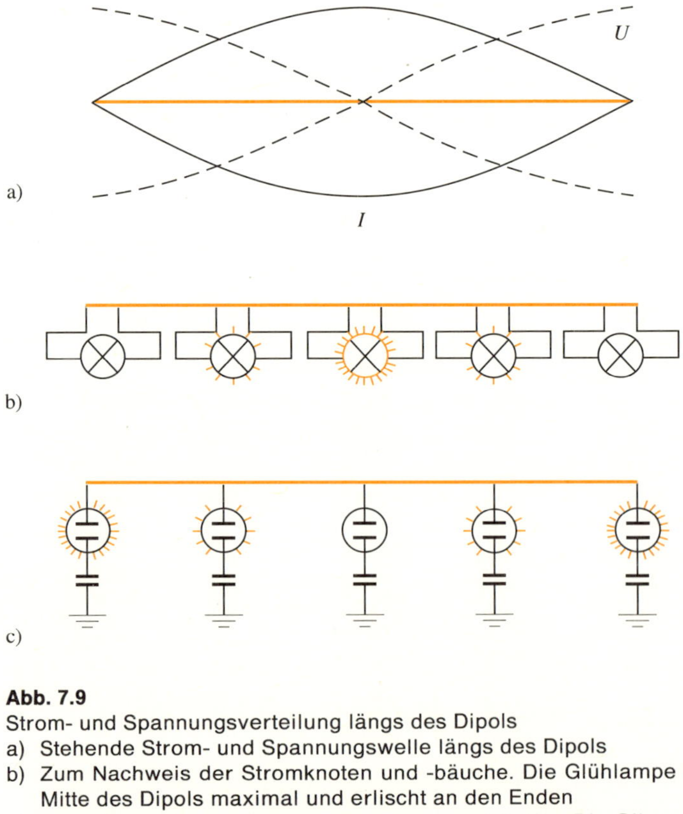

Abb. 7.9
Strom- und Spannungsverteilung längs des Dipols
a) Stehende Strom- und Spannungswelle längs des Dipols
b) Zum Nachweis der Stromknoten und -bäuche. Die Glühlampe leuchtet in der Mitte des Dipols maximal und erlischt an den Enden
c) Zum Nachweis der Spannungsknoten und -bäuche. Die Glimmlampe leuchtet an den Enden des Dipols maximal und erlischt in seiner Mitte

der abgestrahlten Welle gegeben durch (siehe Abb. 7.10a)

$$\lambda = 2l. \qquad (7.18a)$$

Bilden sich weitere Stromknoten aus, dann spricht man von *Oberwellen.* Bei Berücksichtigung der Oberwellen gilt statt (7.18a)

Oberwellen

$$\lambda = \frac{2l}{N+1} \qquad (N = 0, 1, 2, ...).$$

Die Laufzahl N charakterisiert die Ordnung der Oberwellen. Sie entspricht der Gesamtzahl der Stromknoten abzüglich der beiden Knoten an den Dipolenden. Abbildung 7.10 zeigt die stehende Grundwelle und die stehenden Oberwellen eines Hertzschen Dipols bis zur 3. Ordnung.

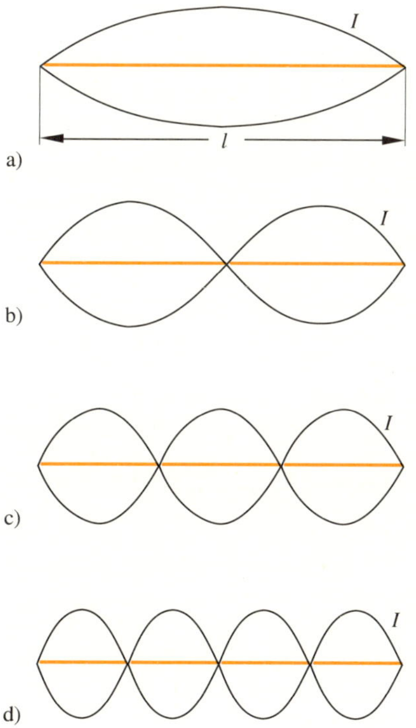

Abb. 7.10
Stehende Grund- und Oberwellen längs eines Hertzschen Dipols
a) Grundwelle
b) 1. Oberwelle
c) 2. Oberwelle
d) 3. Oberwelle

Hertz berechnete das elektromagnetische Feld in der näheren und weiteren Umgebung eines schwingenden elektrischen Dipols. Durch (D 1.8) ist der elektrische Dipol nur für große Entfernungen von der Dipolachse erklärt. Die Hertzschen Überlegungen gehen über diese Festlegung hinaus. Die Ergebnisse von Abschnitt 1.1.3.1.2 sind deshalb für die von Hertz beschriebenen Vorgänge in der näheren Umgebung des Dipols nicht unmittelbar anwendbar. Die folgenden Betrachtungen sind Ergebnisse der Hertzschen Untersuchungen.

Elektrische und magnetische Feldlinien beim Hertzschen Dipol

Abbildung 7.11a zeigt schematisch das elektrische Feld um den Hertzschen Oszillator in verschiedenen Schwingungsphasen, Abbildung 7.11b das zugehörige magnetische Feld. Zur Diskussion dieser Feldlinienbilder betrachten wir die Vorgänge in einer die Dipolachse enthaltenden Ebene. Zur Zeit $t=0$ besitzen die beiden Teilhälften die Ladung Null. Mit wachsendem t lade sich die obere Hälfte des Dipols positiv, die untere negativ auf, das elektrische Feld des Dipols (vgl. Abb. 7.11a mit Abb. 1.13) erreicht zum Zeitpunkt $t=\frac{T}{4}$ sein Maximum. Dann beginnt der Ladungsfluß in ungekehrter Richtung. Das führt zum Einschnüren der elektrischen Feldlinien $\left(\text{siehe die Darstellung für } t=\frac{3}{8}T\right)$. Für $t=\frac{T}{2}$ ist die Ladung des Dipols wieder Null. Ein Zurückfluten der Feldenergie in die Antenne ist auf Grund ihrer endlichen Ausbreitungsgeschwindigkeit unmöglich. Die Feldlinien lösen sich vom Dipol und wandern als geschlossene Feldlinien in den Raum. Für $\frac{T}{2} \leqq t \leqq T$ wiederholt sich der Vorgang, aber mit umgekehrter Feldrichtung.

Nach Abbildung 2.9 umgeben die magnetischen Feldlinien den Dipol in konzentrischen Kreisen. Ladungsumkehr bedeutet nach (S 2.7) Richtungsumkehr des magnetischen Feldes. Die magnetischen Feldlinien wandern mit gleicher Geschwindigkeit wie die elektrischen in den Raum (Abb. 7.11b).

Abbildung 7.12 zeigt schematisch das elektrische Feldlinienbild nach Ablauf einiger Perioden. Die von uns schon allgemein geschlußfolgerte Tatsache, daß bei jeder elektromagnetischen Welle $\boldsymbol{E}$ und $\boldsymbol{H}$ aufeinander senkrecht stehen, finden wir selbstverständlich auch hier bestätigt. In unmittelbarer Nähe des Dipols (*Nahzone*, $r \ll \lambda$) liegt eine Phasenverschiebung zwischen $\boldsymbol{E}$ und $\boldsymbol{H}$ von $\frac{\pi}{2}$ vor, für große Entfernungen vom Dipol (*Fernzone*, $r \gg \lambda$) sind $\boldsymbol{E}$ und $\boldsymbol{H}$ in Phase.

Nah- und Fernzone des Dipols

Spiegelebene des Dipols

Das Feldlinienbild von Abbildung 7.12 ist mit Bezug auf die *Spiegelebene* (Mittelebene) des Dipols symmetrisch. Da nach (S 1.7) die elektrische Feldstärke auf der Leiteroberfläche senkrecht steht, bleibt der Feldverlauf oberhalb der Spiegelebene erhalten, wenn man diese durch eine elektrisch leitende Fläche ersetzt (Abb. 7.13). Bei technischen Sendern kann die Erde die Funktion dieser leitenden Fläche übernehmen.

Nach (A 15.8) ist die mittlere Energiedichte einer Welle dem Quadrat ihrer Amplitude proportional, im Fall der elektromagnetischen Welle also proportional dem zeitlichen Mittelwert von $\boldsymbol{E}^2$ bzw. von $\boldsymbol{H}^2$. Ein Maß für die Energieabstrahlung des Dipols ist nach (D 7.4) und (S 7.6) der Poynting-Vektor $\boldsymbol{S}=\boldsymbol{E}\times\boldsymbol{H}$. Entsprechend dem Feldlinienbild von Abbildung 7.12 erfolgt die maximale Abstrahlung der Energie senkrecht zum Dipol in seiner Spiegelebene, während in Richtung der Dipolachse überhaupt keine Energie abgestrahlt wird, da $\boldsymbol{S}$ nach (D 7.4) und (A 3.7c) stets senkrecht zu $\boldsymbol{E}$ und $\boldsymbol{H}$ gerichtet sein muß, $\boldsymbol{S}$ somit keine Komponente in Richtung der Dipolachse besitzen kann. Die aus der Hertzschen Theorie folgende Strah-

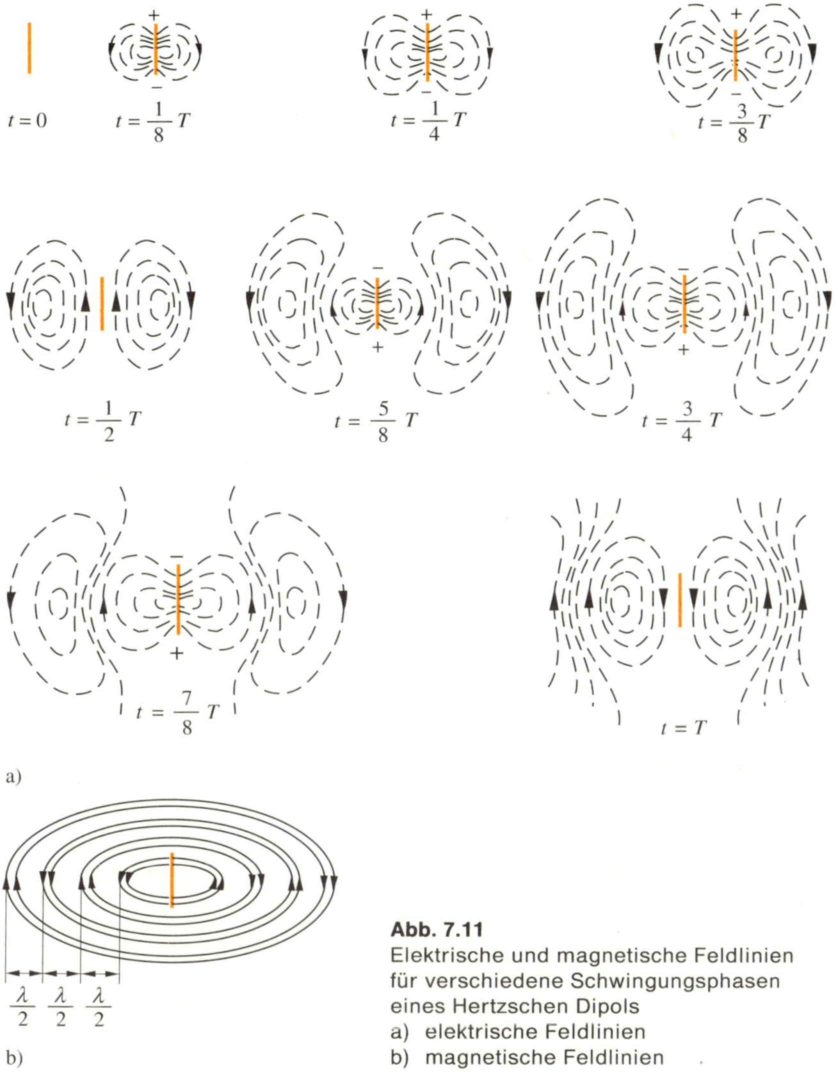

Abb. 7.11
Elektrische und magnetische Feldlinien für verschiedene Schwingungsphasen eines Hertzschen Dipols
a) elektrische Feldlinien
b) magnetische Feldlinien

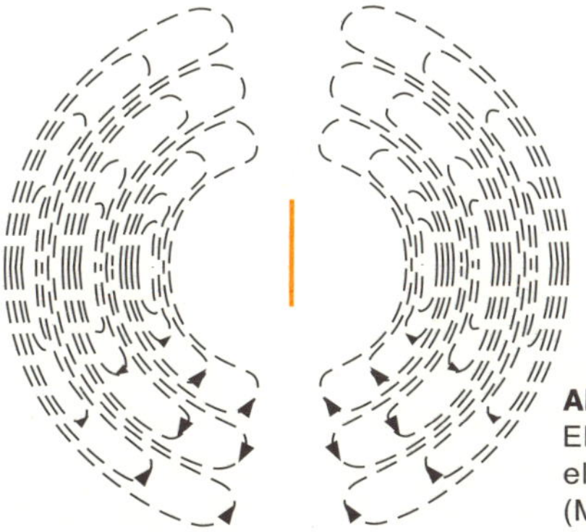

Abb. 7.12
Elektrisches Feldlinienbild einer elektromagnetischen Welle (Momentanbild)

lungscharakteristik eines Dipols

Strahlungscharakteristik des Dipols

$$|\boldsymbol{S}| \sim \sin^2 \vartheta \tag{7.19}$$

(ϑ Winkel zwischen Dipolachse und $\boldsymbol{S}$)

ist in Abbildung 7.14 dargestellt. Am günstigsten kann ein Sender in der Nähe der Spiegelebene des Sendedipols empfangen werden. Die Empfangsantenne ist so auszurichten, daß ihre Dipolachse in der Schwingungsebene der vom Dipol abgestrahlten Welle liegt (siehe (D 7.5) und (S 7.8)).

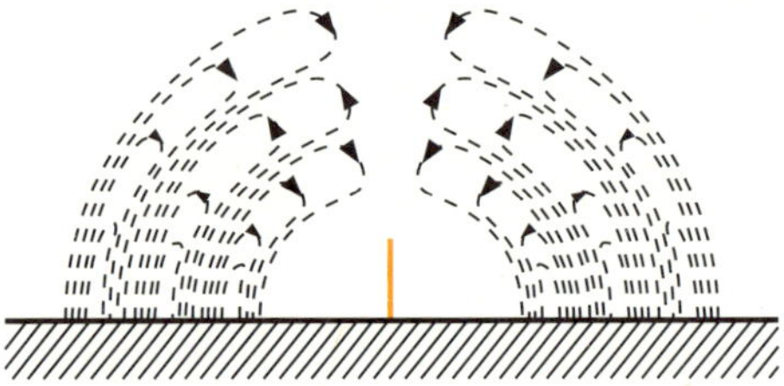

Abb. 7.13 Zur Symmetrie elektromagnetischer Wellen

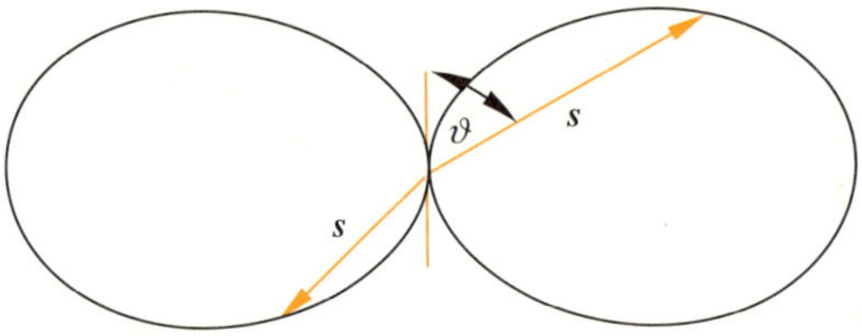

Abb. 7.14 Strahlungscharakteristik des Dipols

Der experimentelle Nachweis der elektromagnetischen Welle im Raum kann mit einer gleichen Anordnung erfolgen, wie sie zum Nachweis der elektromagnetischen Welle längs Drähten benutzt wurde (vgl. Abb. 7.6). Ein rechteckig geformter Leiter, welcher durch geeignete Abmessungen auf die Frequenz des Senders (der Sendeantenne) abgestimmt ist, wird an einer Seite aufgeschnitten und an dieser Stelle mit einer Glühlampe überbrückt. Im Feld des Senders kann sich auf dem rechteckigen Leiter durch Influenz eine Spannungswelle ausbilden oder als Folge des zeitlich veränderlichen magnetischen Flusses durch die Leiterebene eine elektrische Spannung induziert werden.

Wir betrachten die Spiegelebene des strahlenden Sendedipols. Hat der Nachweisdipol die Stellung a) in Abbildung 7.15, so steht das elektrische Feld in allen Punkten senkrecht zur Leiterebene, während das magnetische Feld in der Leiterebene liegt. Es kann weder durch Influenz noch durch Induktion eine Spannung hervorgerufen werden. Die Glühlampe leuchtet nicht. In der Stellung b) steht das magnetische Feld stets senkrecht zur

Leiterebene. Der zeitlich veränderliche magnetische Fluß ruft nach (S 4.1) im Leiter eine induzierte Spannung hervor. Bei genügend hoher Sendeleistung leuchtet die Glühlampe auf, und zwar unabhängig davon, an welcher Stelle sich die Glühlampe in der betrachteten Ebene befindet. In der Stellung c) liegt die Leiterebene des Nachweisdipols praktisch parallel zu den magnetischen Feldlinien. Eine Induktionsspannung kann nicht auftreten. Das elektrische Feld liegt parallel zu zwei Leiterseiten. In diesen Leiterstücken ruft die Feldstärke eine Spannung hervor. Auf Grund der unsymmetrischen Lage der Glühlampe leuchtet diese auf (genügend hohe Sendeleistung vorausgesetzt). Dreht man dagegen den Nachweisdipol in die symmetrische Stellung d), so liegen die Zuleitungsdrähte der Lampe auf gleichem Potential, die Lampe verlischt.

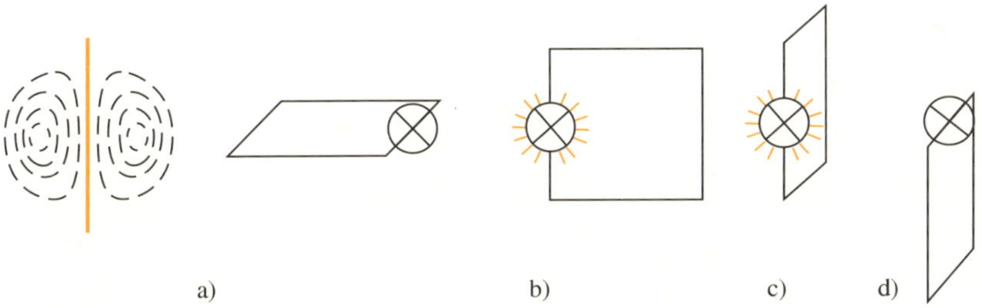

Abb. 7.15
Zum Nachweis des elektromagnetischen Feldes einer elektromagnetischen Welle

Die elektrische Feldstärke der vom Dipol abgestrahlten elektromagnetischen Welle liegt in der von der Ausbreitungsrichtung und der Dipolachse aufgespannten Ebene (siehe Abb. 7.12). Die Welle ist somit nach Abschnitt 10.3.1 linear polarisiert.

Die Ebene, die den Vektor $\boldsymbol{E}$ einer linear polarisierten elektromagnetischen Welle enthält, heißt Schwingungsebene der elektromagnetischen Welle, diejenige, die den Vektor $\boldsymbol{H}$ enthält, Polarisationsebene.

(D 7.5)
Schwingungsebene
Polarisationsebene

Nach (S 7.3) stehen Schwingungs- und Polarisationsebene zueinander senkrecht.

Mit (D 7.5) folgt:

Vom Hertzschen Dipol wird eine linear polarisierte elektromagnetische Welle abgestrahlt. Die Schwingungsebene ist durch die Dipolachse und den Vektor der Phasengeschwindigkeit festgelegt. Die maximale Energieabstrahlung erfolgt in der Spiegelebene des Dipols senkrecht zur Dipolachse. In Richtung der Dipolachse erfolgt keine Abstrahlung von Energie.

(S 7.8)
Abstrahlungseigenschaften des Hertzschen Dipols

7.2.2 Elektromagnetisches Spektrum

elektromagnetsiches Spektrum

Die uns zur Zeit bekannten elektromagnetischen Wellen überstreichen einen Wellenlängenbereich von ca. 10^7 m bis 10^{-15} m, d.h. von ungefähr 22 Größenordnungen! Die Gesamtheit aller dieser Wellen bezeichnet man als *elektromagnetisches Spektrum* (Abb. 7.16). Die Klassifizierung der elektromagnetischen Wellen berücksichtigt vor allem die Art und Weise ihrer Entstehung. Dabei treten Überlappungen zwischen einigen der aus Tabelle 7.1 ersichtlichen Teilbereiche auf. Die Festlegung der Grenzen ist deshalb nicht frei von Willkür.

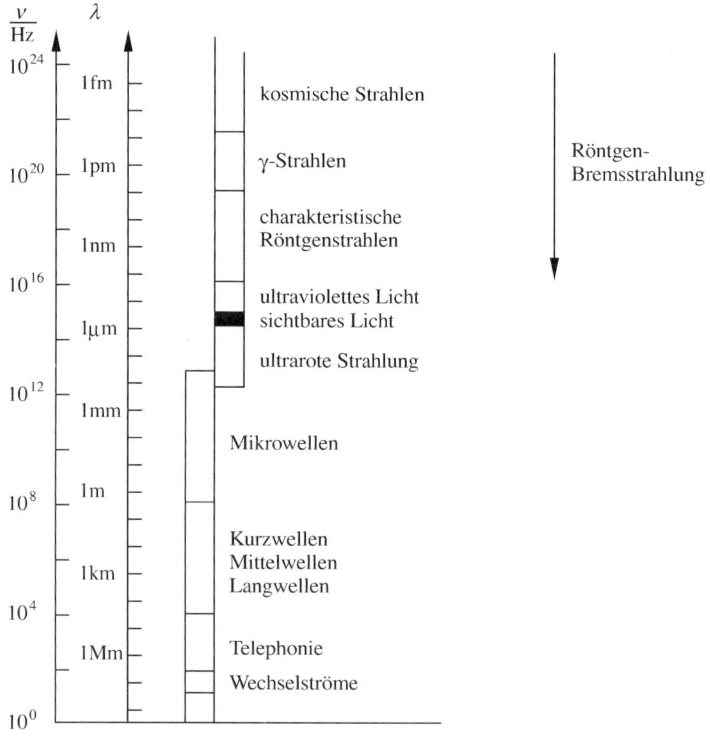

Abb. 7.16 Elektromagnetisches Spektrum

HENRY BECQUEREL (1852–1908) Nobelpreis 1903

VIKTOR FRANZ HESS (1883–1964) Nobelpreis 1936

Die historische Entwicklung unserer Kenntnisse über das elektromagnetische Spektrum kann aus Abb. 7.17 entnommen werden. Um das Jahr 1800 war nur der sichtbare Bereich des elektromagnetischen Spektrums bekannt, der bis zum Jahre 1880 eine gewisse Erweiterung zu kürzeren bzw. längeren Wellen hin erfuhr. Am Ende des vorigen Jahrhunderts wurden die Hertzschen Wellen 1888, die Röntgenstrahlen 1895 und durch BECQUEREL die Kernstrahlung (γ-Strahlung) 1896 entdeckt, 1912 die kosmische Strahlung durch HESS. Der Anschluß der einzelnen Bereiche aneinander gelang erst in den dreißiger Jahren unseres Jahrhunderts.

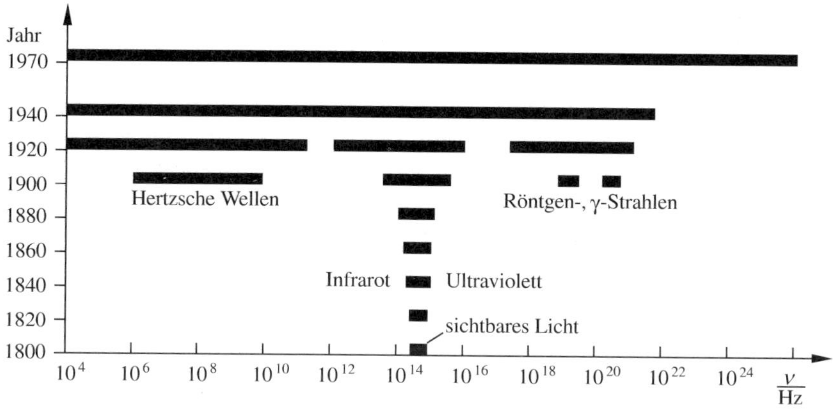

Abb. 7.17
Historische Entwicklung unserer Kenntnis des elektromagnetischen Spektrums

Nach (S 7.4) besitzen im Vakuum alle elektromagnetischen Wellen die gleiche Gruppen- und Phasengeschwindigkeit c.

Wie man aus Abb. 7.16 entnehmen kann, ist auch das Licht eine elektromagnetische Welle. Die Wellenoptik ist damit ein Teilbereich der Elektrodynamik. Sie wird in den nachfolgenden Abschnitten ausführlich behandelt.

Wilhelm Conrad Röntgen
(1845–1923)
Nobelpreis 1901

Tabelle 7.1
Einteilung des elektromagnetischen Spektrums

Bezeichnung	**Wellenlängenbereich**
Hertzsche Wellen	$2 \cdot 10^7$ m bis 10^{-4} m
Ultrarotes Gebiet	10^{-4} m bis $7{,}8 \cdot 10^{-7}$ m
Sichtbares (optisches) Gebiet	$7{,}8 \cdot 10^{-7}$ m bis $3{,}6 \cdot 10^{-7}$ m
Ultraviolettes Gebiet	$3{,}6 \cdot 10^{-7}$ m bis $1{,}4 \cdot 10^{-8}$ m
Röntgenstrahlen	$1{,}4 \cdot 10^{-8}$ m bis $1 \cdot 10^{-14}$ m
γ-Strahlen	$1 \cdot 10^{-11}$ m bis 10^{-13} m
Kosmische Strahlung	$\lambda < 10^{-13}$ m

7.2.3 Vakuumlichtgeschwindigkeit

Lichtgeschwindigkeitsbestimmung von Römer

Die Endlichkeit der Lichtgeschwindigkeit wurde 1676 von Römer an Hand von astronomischen Beobachtungen entdeckt. Römer verglich die bei zwei verschiedenen Entfernungen zwischen Jupiter und Erde beobachteten Eintrittszeiten eines Jupitermondes mit bekannter Umlaufdauer ($T = 42$ h 28 min 36 s) in den Jupiterschatten mit den vorausberechneten

OLAF RÖMER
(1640–1710)

und schloß aus der sich ergebenden Zeitdifferenz auf die Lichtgeschwindigkeit. Als Zeitnullpunkt wurde der Eintritt des Jupitermondes in den Jupiterschatten bei der geringsten Entfernung zwischen Jupiter und Erde gewählt (Stellung 1 in Abb. 7.18). Die Anzahl der Verfinsterungen des Mondes innerhalb eines halben Jahres beträgt 130. Bei der 131. Verfinsterung befindet sich die Erde in der größten Entfernung vom Jupiter (Stellung 2 der Erde in Abb. 7.18). Da die Umlaufdauer des Jupiters um die Sonne ca. 12 a beträgt (vgl. Tab. I 3.1b), kann die Eigenbewegung des Jupiters in erster Näherung vernachlässigt werden. Der Eintritt der 131. Verfinsterung des Jupitermondes wird aus seiner bekannten Umlaufdauer vorausberechnet und mit dem astronomisch beobachteten Zeitpunkt verglichen. Der beobachtete Eintritt des Mondes in den Jupiterschatten liegt 10^3 s später als der berechnete. Von RÖMER wurde dieses Ergebnis so gedeutet, daß diese Zeitdifferenz von $\Delta t = 10^3$ s der Zeit entspricht, die das Licht zum Durchlaufen des Erdbahndurchmessers ($2r = 3 \cdot 10^{11}$ m) benötigt. Damit ergibt sich für die Lichtgeschwindigkeit

$$c = \frac{2r}{\Delta t} = \frac{3 \cdot 10^{11}\,\text{m}}{10^3\,\text{s}} = 3 \cdot 10^8\,\text{ms}^{-1}.$$

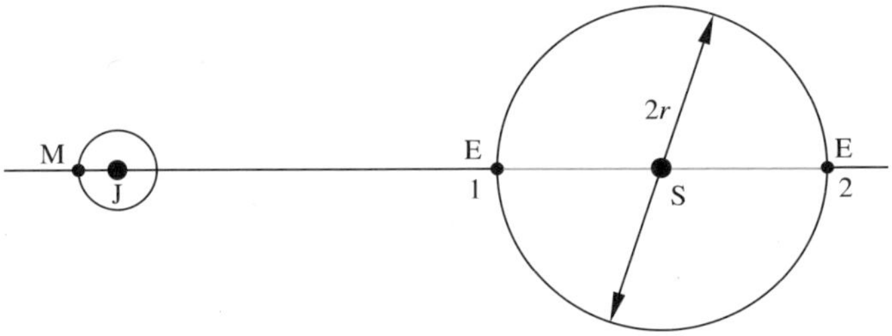

Abb. 7.18
Bestimmung der Lichtgeschwindigkeit nach RÖMER
(S Sonne, E Erde, J Jupiter, M Jupitermond)

Lichtgeschwindigkeitsbestimmung von FIZEAU

Im Jahre 1849 gelang FIZEAU die erste irdische Lichtgeschwindigkeitsbestimmung. Seinen Versuchsaufbau zeigt schematisch Abb. 7.19. Das Licht der Lichtquelle L fällt unter einem Winkel von 45° auf den halbdurchlässigen Spiegel Sp_1. Durch ihn wird das Licht auf den Rand des rotierenden Zahnrades Zr gelenkt. Es tritt durch eine Zahnradlücke und trifft auf einen zweiten Spiegel Sp_2. Von ihm wird es senkrecht reflektiert und kann, falls es auf seinem Rückweg wieder auf eine Zahnradlücke trifft, vom Beobachter B wahrgenommen werden. Die Frequenz des rotierenden Zahnrades betrage ν, die Anzahl der Zahnradlücken n. Der Abstand Zahnrad – Spiegel 2 sei s. Das Licht passiere auf seinem Weg zum Spiegel 2 zur Zeit $t = 0$ eine Lücke des Zahnrades. Für eine Umdrehung benötigt das Rad die Zeit $\frac{1}{\nu}$. Bis zur Freigabe des Lichtweges durch die nächste

Lücke verstreicht somit die Zeit

$$t = \frac{1}{\nu n}. \tag{7.20a}$$

Soll das Licht zum Beobachter gelangen, so muß diese Zeit mit der Zeit übereinstimmen, die das Licht zum Durchlaufen der Strecke vom Zahnrad zum Spiegel 2 und zurück benötigt. Demzufolge gilt für die gesuchte Lichtgeschwindigkeit

$$c = \frac{2s}{t} = 2 s \nu n. \tag{7.20}$$

ARMAND HIPPOLYTE FIZEAU (1819–1896)

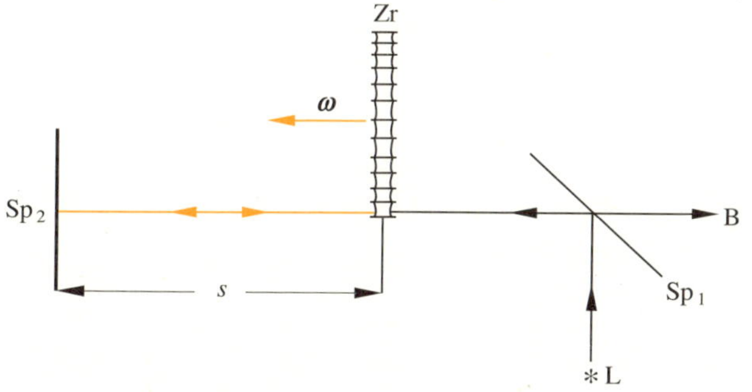

Abb. 7.19 Bestimmung der Lichtgeschwindigkeit nach FIZEAU

In (7.20) sind s und n vorgegebene Werte (bei FIZEAU $s = 8{,}633$ km, $n = 720$). Die Frequenz ν ist die kleinste Frequenz des Zahnrades, bei der die Lichtquelle vom Beobachter wahrgenommen werden kann. Steigert man die Frequenz, so bleibt für den Beobachter die Lichtquelle solange durch das Zahnrad verdeckt, bis die Frequenz den Wert 2ν angenommen hat. Die Lichtquelle ist demnach nicht nur für die Frequenz ν, sondern für alle Frequenzen $N\nu$ ($N = 1, 2, 3, ...$) sichtbar.

Lichtgeschwindigkeitsbestimmung von FOUCAULT

Durch den Einsatz eines Drehspiegels gelang es 1850 FOUCAULT, den zur Lichtgeschwindigkeitsmessung benötigten Lichtweg (RÖMER $3 \cdot 10^{11}$ m, FIZEAU $8{,}6 \cdot 10^{3}$ m) auf einige Meter zu reduzieren. Den Versuchsaufbau zeigt Abb. 7.20. Das von der Lichtquelle L ausgehende Licht fällt im Punkt P_1 auf den Drehspiegel Sp_1 (Drehachse senkrecht zur Zeichenebene). Es wird entsprechend (S 9.2 reflektiert und trifft im Punkt P_2 auf einen sphärischen Spiegel Sp_2. Der Mittelpunkt der Kugelfläche von Sp_2 ist der Punkt P_1. Das Licht wird daher stets zum Punkt P_1 reflektiert. Der Spiegel 1 hat sich während der Zeit Δt, die das Licht zum Durchlaufen der Strecke $\overline{P_1 P_2}$ und zurück benötigt, um den Winkel $\Delta\varphi$ gedreht. Der Einfallswinkel des Lichtes ändert sich und somit auch der Reflexionswinkel. Das Licht wird nicht zur Lichtquelle zurückreflektiert, sondern trifft im Punkt P_3 auf den Schirm S. Der Abstand Lichtquelle – Spiegel 1 betrage s_1, der Abstand der beiden Spiegel s_2, der Abstand des Auftreff-

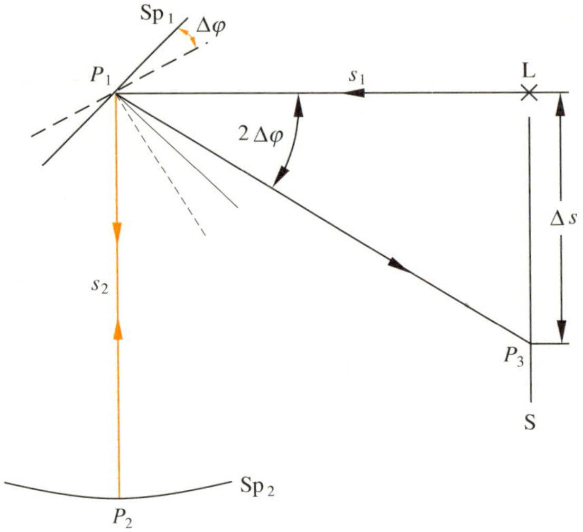

Abb. 7.20 Bestimmung der Lichtgeschwindigkeit nach Foucault

punktes von der Lichtquelle Δs und die Winkelgeschwindigkeit des Drehspiegels ω. Das Licht benötigt zum Durchlaufen der Strecke $2s_2$ die Zeit

$$\Delta t = \frac{2s_2}{c},$$

in der sich der Spiegel um den Winkel

$$\Delta\varphi = \omega\,\Delta t = \frac{2\omega s_2}{c} \tag{7.21a}$$

weitergedreht hat. Nach dem Reflexionsgesetz liegt zwischen den Lichtwegen $\overline{LP_1}$ und $\overline{P_1P_3}$ der Winkel $2\Delta\varphi$. Für diesen Winkel folgt (der Kreisbogen kann wegen der Kleinheit der Strecke Δs durch eine Gerade ersetzt werden)

Leon Foucault
(1819–1868)

$$\Delta\varphi = \frac{\Delta s}{2s_1}. \tag{7.21b}$$

Elimination von $\Delta\varphi$ aus (7.21a) und (7.21b) ergibt

$$c = \frac{4s_1 s_2 \omega}{\Delta s}. \tag{7.21}$$

s_1, s_2 und ω sind Apparatekonstanten, die Größe Δs wird gemessen. Bei Foucault betrugen diese Werte $s_1 = 1\,\text{m}$, $s_2 = 4\,\text{m}$, $\omega = 2{,}51 \cdot 10^4\,\text{Hz}$, Δs bestimmte sich zu $\Delta s = 0{,}268\,\text{mm}$.

In der zweiten Hälfte des 19. Jahrhunderts konnte die Genauigkeit der Meßanordnungen von Fizeau und Foucault erheblich verbessert werden,

z. B. durch den Einsatz von Kerr-Zellen (vgl. Abschn. 10.3.2.2.4) statt eines Zahnrades und durch die Nutzung von Mehrfachreflexionen.

Durch die Entdeckung der anderen elektromagnetischen Wellen wurde es möglich, die Lichtgeschwindigkeit durch nichtoptische Meßverfahren zu ermitteln, z. B. durch Messung der Ausbreitungsgeschwindigkeit von elektrischen Wellen längs Drähten. Für Präzisionsbestimmungen von c fanden stehende elektrische Wellen in Hohlraumresonanten Anwendung.

nichtoptische Verfahren zur Bestimmung von c

Das derzeit genaueste Meßverfahren zur Bestimmung von c beruht auf dem Laser-Effekt (vgl. Bd. III). Diese Methode gestattet es, aus Strahlungsübergängen unabhängig voneinander die Wellenlänge λ und die zugehörige Frequenz ν und damit $c = \lambda \nu$ zu ermitteln. Die Genauigkeit bei der ersten Bestimmung von c nach dieser Methode im Jahr 1972 betrug ± 100 m/s. 1973 gelang schon eine Steigerung auf $\pm 1{,}2$ m/s. Diese Messung ergab einen Wert von

$$c = 299\,792\,458 \text{ m/s}. \tag{7.22}$$

Wert von c

Er führte 1983 zu einer Verbesserung der Meterdefinition (vgl. Abschn. I 2.2.1):

> Die Basiseinheit 1 Meter (1 m) ist die Länge der Strecke, die das Licht im Vakuum während der Zeit
> 1/299 792 458 s durchläuft.

(D 7.6)
c als Basis der Meterdefinition

Durch diese Meterdefinition ist die Naturkonstante Lichtgeschwindigkeit auf den Wert (7.22) festgelegt.

7.3 Aufgaben

7.1
Eine ideale Lecher-Leitung wird an einen Sender der Frequenz 357,1 MHz angeschlossen. Ihr Ende sei kurzgeschlossen. Berechnen Sie die Abstände der letzten beiden Spannungs- und Stromknoten vom Ende der Leitung für den Fall, daß sich die Leitung in Luft befindet! Welche Abstände ergeben sich bei Einbettung des Lecher-Systems in Benzol ($\varepsilon_r = 2{,}3$)?

7.2
Beweisen Sie für ein magnetisch isotropes Dielektrikum, daß eine sich in z-Richtung ausbreitende ebene harmonische elektromagnetische Welle keine z-Komponente der magnetischen Feldstärke besitzen kann!

7.3
Beweisen Sie mit Hilfe einer Maxwellschen Gleichung, daß bei einer harmonischen elektromagnetischen Welle in einem Medium mit konstanten μ_r und ε_r die elektrische und die magnetische Feldstärke nicht gegeneinander phasenverschoben sind!

7.4
Gegeben sei eine Welle $\hat{E} = E_0 \mathrm{e}^{\mathrm{i}(\omega t - kz)}$.
Welche Welle muß überlagert werden, damit eine stehende Welle entsteht? Leiten Sie die Gleichung der stehenden Welle unter Benutzung der Eulerschen Beziehung her!

7.5
Eine ebene elektromagnetische Welle mit $\hat{E} = E_0 \mathrm{e}^{\mathrm{i}(\omega t - kz)}$ und der Frequenz $\nu = 5 \cdot 10^9$ Hz wird an einer Metallwand vollkommen in sich selbst reflektiert. Berechnen Sie für einen Punkt 0,9075 m vor der Metallwand den Gangunterschied der interferierenden Wellen, die Amplitude der resultierenden Welle und die relative Intensität im Vergleich zu Stellen maximaler Intensität!

7.6
Wie dick muß eine Aluminium-Schicht sein, damit die Amplitude einer elektromagnetischen Welle der Wellenlänge $\lambda = 3$ cm in ihr auf 1 Promille abnimmt?
(Für einen guten elektrischen Leiter kann $\varepsilon_0 \varepsilon_r \ll \sigma/\omega$ angenommen werden.)

7.7
Zur Bestimmung der Lichtgeschwindigkeit verwendete 1849 FIZEAU ein Zahnrad mit 720 Zähnen. Die Entfernung vom Zahnrad zum Spiegel betrug 8,633 km. Bei einer Drehzahl von $12{,}6\ \mathrm{s}^{-1}$ beobachtete er erstmals eine Verdunkelung des Gesichtsfeldes. Berechnen Sie die so bestimmte Ausbreitungsgeschwindigkeit des Lichts!

8 Einheitensysteme der Elektrizitätslehre

In der Elektrizitätslehre finden die verschiedensten *Einheitensysteme* Anwendung. Sie bereiten vor allem dem Anfänger zum Teil erhebliche Schwierigkeiten. Es soll daher hier ein Überblick über die gebräuchlichsten Einheitensysteme gegeben werden.

Einheitensysteme

Im vorliegenden Abschnitt 8 werden die Größen stets mit Bezug auf ein bestimmtes Einheitensystem betrachtet. Da Verwechslungen mit Größengleichungen praktisch auszuschließen sind, werden an den Maßzahlen die mit (I D 1.1) eingeführten Symbole { } weggelassen.

Zur Systematisierung der Einheitensysteme werden mit den *Ausgleichsfaktoren* $C_1 \neq 0$ und $C_2 \neq 0$ nachfolgende Größen eingeführt:

Ausgleichsfaktoren C_1 und C_2

$$\left.\begin{aligned} &\boldsymbol{E}^* = \frac{\boldsymbol{E}}{C_1}, && \boldsymbol{B}^* = \boldsymbol{B},\\ &\boldsymbol{D}^* = C_2 \boldsymbol{D}, && \boldsymbol{H}^* = \frac{C_2}{C_1}\boldsymbol{H},\\ &\varepsilon_0{}^* = C_1 C_2 \varepsilon_0, && \mu_0{}^* = \frac{C_1}{C_2}\mu_0,\\ &\boldsymbol{J}^* = \boldsymbol{J},\\ &\varrho^* = \varrho,\\ &\sigma^* = C_1 \sigma. \end{aligned}\right\} \tag{8.1}$$

Die Werte von C_1 und C_2 sind durch das jeweilige Einheitensystem festgelegt.

Wählt man $C_2 = 1$, so nennt man das entsprechende System ein *rationales System,* wählt man $C_2 = 4\pi$, nennt man es *nichtrational.* Bis auf das Internationale Einheitensystem (SI-System, siehe Abschnitt 8.1) finden praktisch nur nichtrationale Systeme Verwendung.

rationales System
nichtrationales System

SI-System

Durch Einsetzen der Beziehungen (8.1) in das Axiomensystem der Elektrodynamik und Optik in Differentialform (vgl. (6.9a), (6.9b), (6.9c), (6.9d), (6.8e), (6.8f), (6.8g)) erhält man

$$\begin{aligned} &C_1 \operatorname{rot} \boldsymbol{E}^* = -\dot{\boldsymbol{B}}^*, && \operatorname{div} \boldsymbol{D}^* = C_2 \varrho^*,\\ &C_1 \operatorname{rot} \boldsymbol{H}^* = \dot{\boldsymbol{D}}^* + C_2 \boldsymbol{J}^*, && \operatorname{div} \boldsymbol{B}^* = 0\\ &\boldsymbol{D}^* = \varepsilon_0{}^* \varepsilon_r \boldsymbol{E}^*, && \boldsymbol{B}^* = \mu_0{}^* \mu_r \boldsymbol{H}^*,\\ &\boldsymbol{J}^* = \sigma^* \boldsymbol{E}^*. \end{aligned} \tag{8.2}$$

Aus (8.1), (D 7.3) und (S 7.3) folgt

$$\varepsilon_0{}^* \mu_0{}^* = \frac{C_1{}^2}{c^2}, \qquad v_{\mathrm{ph}}^2 = \frac{C_1{}^2}{\varepsilon_r \mu_r \varepsilon_0{}^* \mu_0{}^*}. \tag{8.3}$$

Führt man unter Beachtung von (D 7.4) die Größen $\boldsymbol{E}^*$, $\boldsymbol{D}^*$, $\boldsymbol{B}^*$, H* und $\boldsymbol{J}^*$ in den Poyntingschen Satz (7.16b) ein, so folgt

$$C_1 \left[\frac{\boldsymbol{E}^* \cdot \dot{\boldsymbol{D}}^*}{C_2} + \frac{\dot{\boldsymbol{B}}^* \cdot \boldsymbol{H}^*}{C_2} + \boldsymbol{E}^* \cdot \boldsymbol{J}^* + \operatorname{div} \frac{C_1}{C_2} (\boldsymbol{E}^* \times \boldsymbol{H}^*) \right] = 0$$

oder, da $C_1 \neq 0$,

$$\frac{\boldsymbol{E}^* \cdot \dot{\boldsymbol{D}}^*}{C_2} + \frac{\dot{\boldsymbol{B}}^* \cdot \boldsymbol{H}^*}{C_2} + \boldsymbol{E}^* \cdot \boldsymbol{J}^* + \operatorname{div} \frac{C_1}{C_2} (\boldsymbol{E}^* \times \boldsymbol{H}^*) = 0 .$$

Setzt man zur Abkürzung

$$w_{\mathrm{el}}{}^* = \frac{\boldsymbol{E}^* \cdot \boldsymbol{D}^*}{2 C_2}, \qquad w_{\mathrm{m}}{}^* = \frac{\boldsymbol{B}^* \cdot \boldsymbol{H}^*}{2 C_2}, \qquad \frac{\partial w_j{}^*}{\partial t} = \boldsymbol{E}^* \cdot \boldsymbol{J}^*, \qquad \boldsymbol{S}^* = \frac{C_1}{C_2} (\boldsymbol{E}^* \times \boldsymbol{H}^*), \tag{8.4}$$

dann geht in Analogie zu (7.16) vorstehende Beziehung über in

$$\frac{\partial w_{\mathrm{el}}^*}{\partial t} + \frac{\partial w_{\mathrm{m}}{}^*}{\partial t} + \frac{\partial w_j{}^*}{\partial t} + \operatorname{div} \boldsymbol{S}^* = 0 .$$

8.1 Internationales Einheitensystem (SI)

Das Internationale Einheitensystem (Système International d'Unités, abgekürzt in allen Sprachen SI) ist das für die Anwendung in allen Ländern empfohlene System von Einheiten physikalischer und technischer Größen. Es wurde 1960 von der 11. Generalkonferenz für Maß und Gewicht angenommen und ist auch für die Bundesrepublik Deutschland verbindlich. Dem in der vorliegenden Darstellung der Elektrodynamik entwickelten Einheitensystem ist das SI zugrunde gelegt.

Da SI-fremde Einheitensysteme aber häufig in der älteren Standardliteratur zu finden sind und aus pragmatischen Gründen auf bestimmten Gebieten, z.B. in der Atomphysik, mitunter auch gegenwärtig noch angewendet werden, erscheint trotz der internationalen Festlegung ein Eingehen auf sie noch notwendig.

Das SI wird festgelegt durch

$$C_1 = C_2 = 1\,, \qquad (8.5)$$

$$\varepsilon_0{}^* = 8{,}854\,187\,82 \cdot 10^{-12}\,\mathrm{As\,V^{-1}\,m^{-1}}\,.$$

Benutzt werden die Grundgrößenarten Länge l, Zeit t, Masse m, Stromstärke I, Lichtstärke I und Temperatur T mit den Basiseinheiten

Grundgrößenarten des SI-Systems

$$[l] = \mathrm{m}\,,$$

$$[t] = \mathrm{s}\,,$$

$$[m] = \mathrm{kg}\,, \qquad (8.6)$$

$$[I] = \mathrm{A}\,,$$

$$[I] = \mathrm{cd}\,,$$

$$[T] = \mathrm{K}\,.$$

Die elektrische und die magnetische Feldkonstante besitzen nach (8.1), (8.3), (8.5) und (7.23) die Werte (vgl. (1.2) und (1.17))

elektrische und magnetische Feldkonstante im SI-System

$$\varepsilon_0 = 8{,}854\,187\,82 \cdot 10^{-12}\,\mathrm{As\,V^{-1}\,m^{-1}}\,,$$

$$\mu_0 = 1{,}256\,637\,06 \cdot 10^{-6}\,\mathrm{Vs\,A^{-1}\,m^{-1}}\,.$$

Durch die spezielle Wahl von C_1 und C_2 (vgl. (8.3)) sind die Größen mit „*" und die ohne „*" identisch. Durch Einsetzen des durch (8.5) festgelegten Wertes von ε_0 in die Größengleichungen der vorstehenden Abschnitte gehen diese in die Zahlenwertgleichungen bezüglich des SI über.

8.2 Elektrostatisches CGS-System

Das elektrostatische CGS-System wird festgelegt durch

$$C_1 = 1\,,$$

$$C_2 = 4\pi\,, \qquad (8.7)$$

$$\varepsilon_0{}^* = 1\,.$$

Benutzt werden die Grundgrößenarten Länge l, Zeit t, Masse m, Lichtstärke I und Temperatur T mit den festgelegten Basiseinheiten

Grundgrößenarten des elektrostatischen CGS-Systems

$$[l] = \mathrm{cm}\,,$$

$$[I] = \mathrm{cd}\,,$$

$$[t] = \mathrm{s}\,, \qquad (8.8)$$

$$[T] = \mathrm{K}\,,$$

$$[m] = \mathrm{g}\,.$$

Nach (8.7), (8.1) und (8.3) besitzen die elektrische und die magnetische Feldkonstante die Werte

elektrische und magnetische Feldkonstante im elektrostatischen CGS-System

$$\varepsilon_0 = \frac{1}{4\pi}, \qquad (8.9)$$

$$\mu_0 = \frac{4\pi}{c^2}.$$

Die elektrische Ladung (bzw. Stromstärke) wird zu einer abgeleiteten Größenart. Eine entsprechende Maßeinheit kann mit Hilfe des Coulombschen Gesetzes festgelegt werden. Setzt man (8.9) in (S 1.3) ein, so folgt die Zahlenwertgleichung

$$F = \frac{q_1 q_2}{\varepsilon_r r^2}, \qquad (8.10)$$

woraus mit $[F] = \text{cm g s}^{-2}$ und $[r] = \text{cm}$ für die elektrische Ladung die Maßeinheit $[q] = \text{cm}^{\frac{3}{2}}\,\text{g}^{\frac{1}{2}}\,\text{s}^{-1}$ folgt. Dies führt zur Festlegung:

(D 8.1) elektrostatische CGS-Einheit

1 elektrostatische CGS-Einheit = 1 el. stat. CGS = $1\,\text{cm}^{\frac{3}{2}} \cdot 1\,\text{g}^{\frac{1}{2}} \cdot 1\,\text{s}^{-1}$.

Den Umrechnungsfaktor zwischen der Ladungseinheit C und der elektrostatischen CGS-Einheit gewinnt man durch einen Vergleich von (1.2) mit (8.7). Da eine Umrechnungsbeziehung der Form

$$1\,\text{C} = f \cdot \text{el. stat. CGS} \qquad (8.11\text{a})$$

bestehen muß, folgt unter Beachtung von (D 1.4) und (D 8.1)

$$\frac{\text{C}}{\text{Vm}} = \frac{\text{C}^2}{\text{Nm}^2} = \frac{f^2\,(\text{el. stat. CGS})^2}{10^5\,\text{cm gs}^{-2}\,10^4\,\text{cm}^2} = \frac{f^2}{10^9}$$

und somit nach (1.2) und (8.9)

$$\varepsilon_0 = 8{,}854\,187\,82 \cdot 10^{-12}\,\text{C V}^{-1}\,\text{m}^{-1} = 8{,}854\,187\,82 \cdot 10^{-12} f^2\, 10^{-9} = \frac{1}{4\pi}$$

oder

$$f = 2{,}997\,92 \cdot 10^9, \qquad (8.11\text{b})$$

demzufolge mit (8.11a) für die gesuchte Umrechnungsbeziehung

$$1\,\text{C} = 2{,}997\,92 \cdot 10^9\,\text{el. stat. CGS}. \qquad (8.11)$$

Axiomensystem der Elektrodynamik und Optik für das elektrostatische CGS-System

Das Axiomensystem der Elektrodynamik und Optik besitzt im elektrostatischen CGS-System nach (8.2), (8.7) und (8.3) die Form

$$\text{rot}\,\boldsymbol{E}^* = -\dot{\boldsymbol{B}}^*, \qquad \text{div}\,\boldsymbol{D}^* = 4\pi\varrho^*,$$

$$\text{rot}\,\boldsymbol{H}^* = \dot{\boldsymbol{D}}^* + 4\pi\boldsymbol{J}^*, \qquad \text{div}\,\boldsymbol{B}^* = 0,$$

$$\boldsymbol{D}^* = \varepsilon_r \boldsymbol{E}^*, \qquad (8.12)$$

$$\boldsymbol{B}^* = \frac{\mu_r}{c^2}\boldsymbol{H}^*,$$

$$\boldsymbol{J}^* = \sigma^* \boldsymbol{E}^*;$$

für die elektrische und magnetische Energiedichte und den Poynting-Vektor ergibt sich mit (8.4)

$$w_{\mathrm{el}}^* = \frac{\boldsymbol{E}^* \cdot \boldsymbol{D}^*}{8\pi},$$

$$w_{\mathrm{m}}{}^* = \frac{\boldsymbol{B}^* \cdot \boldsymbol{H}^*}{8\pi}, \qquad (8.13)$$

$$\boldsymbol{S}^* = \frac{\boldsymbol{E}^* \times \boldsymbol{H}^*}{4\pi}.$$

(8.3) nimmt nach (8.7) und (8.1) die Form

$$\varepsilon_0{}^* \mu_0{}^* = \frac{1}{c^2} \qquad (8.14)$$

$$v_{\mathrm{ph}}^2 = \frac{c^2}{\varepsilon_{\mathrm{r}} \mu_{\mathrm{r}}}$$

an.

8.3 Elektromagnetisches CGS-System

Das elektromagnetische CGS-System wird festgelegt durch

$$C_1 = 1,$$

$$C_2 = 4\pi, \qquad (8.15)$$

$$\mu_0{}^* = 1\,.$$

Benutzt werden wie im elektrostatischen CGS-System die Grundgrößenarten Länge l, Zeit t, Masse m, Lichtstärke I und Temperatur T mit den Basiseinheiten

Grundgrößenarten des elektromagnetischen CGS-Systems

$$[l] = \mathrm{cm}, \qquad [I] = \mathrm{cd},$$

$$[t] = \mathrm{s}, \qquad [T] = \mathrm{K},$$

$$[m] = \mathrm{g}.$$

Elektrische und magnetische Feldkonstante ε_0 und μ_0 besitzen nach (8.15), (8.1) und (8.3) die Werte

elektrische und magnetische Feldkonstante im elektromagnetischen CGS-System

$$\varepsilon_0 = \frac{1}{4\pi c^2}, \qquad (8.16)$$

$$\mu_0 = 4\pi\,.$$

Die elektrische Ladung (bzw. Stromstärke) ist wie im elektrostatischen CGS-System eine abgeleitete Größenart. Setzt man (8.16) in (S 1.3) ein, so folgt die Zahlenwertgleichung

$$F = \frac{q_1 q_2 c^2}{\varepsilon_r r^2}, \tag{8.17}$$

woraus mit $[F] = \text{cm g s}^{-2}$, $[c^2] = \text{cm}^2\,\text{s}^{-2}$ und $[r^2] = \text{cm}^2$ für die Ladung die Maßeinheit $[q] = \text{cm}^{\frac{1}{2}}\,\text{g}^{\frac{1}{2}}$ folgt. Dies führt zur Festlegung:

(D 8.2) elektromagnetische CGS-Einheit

1 elektromagnetische CGS-Einheit = 1 el. mag. CGS = $1\,\text{cm}^{\frac{1}{2}} \cdot 1\,\text{g}^{\frac{1}{2}}$.

Den Umrechnungsfaktor f zwischen den Ladungseinheiten C und el. mag. CGS gewinnt man durch Vergleich von (1.17) mit (8.16). Da eine Umrechnungsbeziehung der Form

$$1\,\text{C} = f \cdot \text{el. mag. CGS} \tag{8.18a}$$

bestehen muß, folgt unter Beachtung von (D 1.4), $1\,\text{N} = 1\,\text{kg}\;1\,\text{m}\;1\,\text{s}^{-2}$ und (D 8.2)

$$\frac{\text{Vs}}{\text{Am}} = \frac{\text{N}}{\text{A}^2} = \frac{\text{Ns}^2}{\text{A}^2\,\text{s}^2} = \frac{10^5\,\text{cm gs}^{-2}\,\text{s}^2}{f^2\,(\text{el. mag. CGS})^2} = \frac{10^5}{f^2}$$

und somit nach (1.17) und (8.16)

$$\mu_0 = 1{,}25663706 \cdot 10^{-6}\,\text{Vs}\,\text{A}^{-1}\,\text{m}^{-1} = 1{,}25663706 \cdot 10^{-1} \cdot f^{-2} = 4\pi$$

oder

$$f = 10^{-1},$$

demzufolge mit (8.18a) für die gesuchte Umrechnungsbeziehung

$$1\,\text{C} = 0{,}1\,\text{el. mag. CGS}. \tag{8.18}$$

Das Axiomensystem der Elektrodynamik und Optik besitzt im elektromagnetischen CGS-System nach (8.2), (8.15) und (8.3) die Form

Axiomensystem der Elektrodynamik und Optik für das elektromagnetische CGS-System

$$\begin{aligned} &\operatorname{rot} \boldsymbol{E}^* = -\dot{\boldsymbol{B}}^*, && \operatorname{div} \boldsymbol{D}^* = 4\pi\varrho^*, \\ &\operatorname{rot} \boldsymbol{H}^* = \dot{\boldsymbol{D}}^* + 4\pi \boldsymbol{J}^*, && \operatorname{div} \boldsymbol{B}^* = 0, \\ &\boldsymbol{D}^* = \frac{\varepsilon_r}{c^2}\boldsymbol{E}^*, \\ &\boldsymbol{B}^* = \mu_r \boldsymbol{H}^*, \\ &\boldsymbol{J}^* = \sigma^* \boldsymbol{E}^*; \end{aligned} \tag{8.19}$$

mit (8.4) ergibt sich für die elektrische und magnetische Energiedichte und den Poynting-Vektor

$$\begin{aligned} w_{el}^* &= \frac{\boldsymbol{E}^* \cdot \boldsymbol{D}^*}{8\pi}, \\ w_m^* &= \frac{\boldsymbol{B}^* \cdot \boldsymbol{H}^*}{8\pi}, \\ \boldsymbol{S}^* &= \frac{\boldsymbol{E}^* \times \boldsymbol{H}^*}{4\pi}. \end{aligned} \tag{8.20}$$

Die Beziehungen (8.3) nehmen nach (8.15) und (8.1) die Form

$$\varepsilon_0{}^* \mu_0{}^* = \frac{1}{c^2} \tag{8.21}$$

$$v_{\mathrm{ph}}^2 = \frac{c^2}{\varepsilon_{\mathrm{r}} \mu_{\mathrm{r}}}$$

an.

Als besondere Maßeinheiten werden festgelegt:
für die magnetische Induktion $\boldsymbol{B}$ die Maßeinheit Gauß:

$$1\ \text{Gauß} = 1\ \text{Gs} = 1 \cdot \text{cm}^{-\frac{1}{2}} \cdot 1\ \text{g}^{\frac{1}{2}} \cdot 1\ \text{s}^{-1},$$

(D 8.3)
Maßeinheit Gauß (Gs)

für die magnetische Feldstärke $\boldsymbol{H}$ die Maßeinheit Oersted:

$$1\ \text{Oersted} = 1\ \text{Oe} = 1 \cdot \text{cm}^{-\frac{1}{2}} \cdot 1\ \text{g}^{\frac{1}{2}} \cdot 1\ \text{s}^{-1},$$

(D 8.4)
Maßeinheit
Oersted (Oe)

und für den Kraftfluß Φ die Maßeinheit Maxwell:

$$1\ \text{Maxwell} = 1\ \text{Mx} = 1 \cdot \text{cm}^{\frac{3}{2}} \cdot 1\ \text{g}^{\frac{1}{2}} \cdot 1\ \text{s}^{-1}.$$

(D 8.5)
Maßeinheit
Maxwell (Mx)

Mißt man $\boldsymbol{B}$ in Tesla bzw. im elektromagnetischen System in Gauß, so besteht zwischen beiden Maßeinheiten nach (D 1.16), (D 1.4), (8.18), (D 8.2) und (D 8.3) die Umrechnungsbeziehung

$$\begin{aligned} 1\ \text{T} &= 1\ \text{Vs}\,\text{m}^{-2} = 1\ \text{Nm}^{-1}\,\text{A}^{-1} = 1\ \text{kg}\,\text{A}^{-1}\,\text{s}^{-2} = 10^3\,\text{g}\,\text{C}^{-1}\,\text{s}^{-1} \\ &= 10^4\,\text{g}\,(\text{el. mag. CGS})^{-1}\,\text{s}^{-1} = 10^4\,\text{cm}^{-\frac{1}{2}}\,\text{g}^{\frac{1}{2}}\,\text{s}^{-1} \\ &= 10^4\,\text{Gs} \end{aligned} \tag{8.22}$$

Will man die für die magnetische Feldstärke $\boldsymbol{H}$ möglichen Einheiten Am^{-1} und Oe ineinander umrechnen, so muß beachtet werden, daß die Einheit Am^{-1} in einem rationalen System ($C_2 = 1$), die Einheit Oe dagegen für ein nichtrationales System ($C_2 = 4\pi$) definiert ist. Nach (8.1) unterscheiden sich wegen $C_1 = 1$ in beiden Systemen $\boldsymbol{B}^*$ und $\boldsymbol{B}$, $\boldsymbol{E}^*$ und $\boldsymbol{E}$, $\boldsymbol{J}^*$ und J nicht. Dagegen gilt $\boldsymbol{H}^* = 4\pi \boldsymbol{H}$ und $\boldsymbol{D}^* = 4\pi \boldsymbol{D}$. Dieser Faktor 4π muß beim Übergang vom rationalen zum nichtrationalen System daher stets bei $\boldsymbol{H}$ und $\boldsymbol{D}$ Berücksichtigung finden (Tab. 8.1). Demzufolge ergibt sich nach (8.1), (8.18) und (D 8.2)

$$\begin{aligned} 1\ \text{Am}^{-1} &= 1\ \text{C}\,\text{m}^{-1}\,\text{s}^{-1} = 10^{-1}\,(\text{el. mag. CGS})\,\text{m}^{-1}\,\text{s}^{-1} \\ &= 10^{-3}\,(\text{el. mag. CGS})\,\text{cm}^{-1}\,\text{s}^{-1} = 10^{-3}\,\text{cm}^{-\frac{1}{2}}\,\text{g}^{\frac{1}{2}}\,\text{s}^{-1}, \end{aligned}$$

mit (D 8.4), $H^* = 4\pi H$, (8.1) und (8.5)

$$\begin{aligned} H &= \{H\} \cdot \text{Oe} = \{H\}\,[H]_{\text{el.mag.}} = \{H\}\,(4\pi)^{-1}\,[H^*]_{\text{el.mag.}} \\ &= \{H\}\,(4\pi)^{-1}\,10^3\,[H^*]_{\text{SI}} = \{H\}\,(4\pi)^{-1}\,10^3\,[H]_{\text{SI}} = \{H\}\,(4\pi)^{-1}\,10^3\,\text{Am}^{-1} \end{aligned}$$

und für die Umrechnung der Maßeinheiten Oersted und Am^{-1}

$$1\ \text{Oe} = \frac{10^3}{4\pi}\,\text{Am}^{-1}. \tag{8.23}$$

8.4 Gaußsches Einheitensystem

Im elektrostatischen CGS-System werden die magnetischen Größen in elektrostatischen, im elektromagnetischen System die elektrostatischen Größen in elektromagnetischen Einheiten gemessen. Zur Beseitigung dieses Nachteils hat man *gemischte Systeme* entwickelt, in denen die elektrischen Größen in elektrostatischen CGS-Einheiten, die magnetischen Größen dagegen in elektromagnetischen CGS-Einheiten gemessen werden.

gemischte Systeme

Das am meisten verwendete gemischte System ist das Gaußsche. Es wird festgelegt durch

$$C_1 = c\,,\qquad C_2 = 4\pi\,,\qquad \varepsilon_0{}^* = 1\,. \tag{8.24}$$

Benutzt werden die gleichen Grundgrößenarten wie im elektrostatischen und elektromagnetischen CGS-System mit den gleichen Festlegungen für die Basiseinheiten:

Grundgrößenarten des Gaußschen Systems

$$[l] = \mathrm{cm}\,,\quad [I] = \mathrm{cd}\,,\quad [t] = \mathrm{s}\,,\quad [T] = \mathrm{K}\,,\quad [m] = \mathrm{g}\,.$$

Nach (8.2), (8.24) und (8.3) besitzt das Axiomensystem der Elektrodynamik und Optik im Gaußschen System die Form

Axiomensystem der Elektrodynamik und Optik im Gaußschen System

$$\begin{aligned} &c\,\mathrm{rot}\,\boldsymbol{E}^* = -\dot{\boldsymbol{B}}^*\,, && \mathrm{div}\,\boldsymbol{D}^* = 4\pi\varrho^*\,,\\ &c\,\mathrm{rot}\,\boldsymbol{H}^* = \dot{\boldsymbol{D}}^* + 4\pi\boldsymbol{J}^*\,, && \mathrm{div}\,\boldsymbol{B}^* = 0\,,\\ &\boldsymbol{D}^* = \varepsilon_r\boldsymbol{E}^*\,, &&\\ &\boldsymbol{B}^* = \mu_r\boldsymbol{H}^*\,, &&\\ &\boldsymbol{J}^* = \sigma^*\boldsymbol{E}^*\,; && \end{aligned} \tag{8.25}$$

für die elektrische und magnetische Energiedichte und den Poynting-Vektor ergibt sich (vgl. (8.4))

$$w_{\mathrm{el}}^* = \frac{\boldsymbol{E}^*\cdot\boldsymbol{D}^*}{8\pi}\,,\qquad w_{\mathrm{m}}{}^* = \frac{\boldsymbol{B}^*\cdot\boldsymbol{H}^*}{8\pi}\,,\qquad \boldsymbol{S}^* = \frac{c(\boldsymbol{E}^*\times\boldsymbol{H}^*)}{4\pi}\,. \tag{8.26}$$

Die Beziehungen (8.3) nehmen mit (8.24) und (8.1) die Form

$$\varepsilon_0{}^* \mu_0{}^* = 1\,, \qquad v_{\mathrm{ph}}^2 = \frac{c^2}{\varepsilon_{\mathrm{r}} \mu_{\mathrm{r}}} \tag{8.27}$$

an.

Für statische Felder folgt aus (8.25) in Übereinstimmung mit (S 1.4) und (S 1.5)

$$\operatorname{rot} \boldsymbol{E}^* = \boldsymbol{0}\,, \tag{8.28a}$$

d.h.,

$$\boldsymbol{E}^* = -\operatorname{grad} \varphi\,. \tag{8.28b}$$

Gilt $\varepsilon_{\mathrm{r}} = \mathrm{const}$, so folgt mit $\boldsymbol{D}^* = \varepsilon_{\mathrm{r}} \boldsymbol{E}^*$, $\operatorname{div} \boldsymbol{D}^* = 4\pi\varrho^*$ und (A 10.10) für φ die Differentialgleichung

$$\operatorname{div} \varepsilon_{\mathrm{r}} \boldsymbol{E}^* = \varepsilon_{\mathrm{r}} \operatorname{div} \boldsymbol{E}^* = -\varepsilon_{\mathrm{r}} \operatorname{div} \operatorname{grad} \varphi = 4\pi\varrho^*$$

oder

$$\nabla^2 \varphi = -\frac{4\pi\varrho^*}{\varepsilon_{\mathrm{r}}}\,. \tag{8.28}$$

Vergleicht man unter Beachtung von (A 24.1a) und (A 24.2) die Beziehung (8.28) mit (1.5) und (1.6a), so gewinnt man als Lösung

$$\boldsymbol{E}^* = \frac{q}{\varepsilon_{\mathrm{r}} r^2} \boldsymbol{r}^0\,, \tag{8.29a}$$

woraus mit (D 1.5) für das Coulombsche Gesetz

$$\boldsymbol{F} = \frac{q_1 q_2}{\varepsilon_{\mathrm{r}} r^2} \boldsymbol{r}^0 \tag{8.29}$$

folgt.

Völlig analog gewinnt man das Coulombsche Gesetz für den magnetischen Fall:

$$\boldsymbol{F} = \frac{p_1 p_2 \mu_{\mathrm{r}}}{r^2} \boldsymbol{r}^0\,. \tag{8.30}$$

Nach (8.29) und (8.30) sind elektrische Ladung und magnetische Polstärke von gleicher Größenart ($[q] = [p] = \mathrm{cm}^{3/2}\,\mathrm{g}^{1/2}\,\mathrm{s}^{-1}$). Entsprechend (D 8.1) findet als Maßeinheit für q und p die el. stat. CGS-Einheit Anwendung. Nach (D 1.5), (D 1.15) und (8.25) sind die vier Feldvektoren $\boldsymbol{E}^*$, $\boldsymbol{D}^*$, $\boldsymbol{B}^*$ und $\boldsymbol{H}^*$ Vektoren gleicher Größenart.

In Tabelle 8.1 auf der folgenden Seite sind für den Übergang vom Internationalen Einheitensystem in ein anderes Einheitensystem die Umrechnungsbeziehungen für einige wichtige Einheiten zusammengestellt.

Tabelle 8.1
Umrechnungsbeziehungen für einige Maßeinheiten
($\{c\}$ Maßzahl von (7.22))

Größe	**SI**	**elektrostatisches CGS-System**	**elektromagnetisches CGS-System**	**Gaußsches System**
Länge l	1 m	10^2 cm	10^2 cm	10^2 cm
Zeit t	1 s	1 s	1 s	1 s
Masse m	1 kg	10^3 g	10^3 g	10^3 g
Kraft F	1 N	$10^5\,\mathrm{cm\,g\,s^{-2}}$	$10^5\,\mathrm{cm\,g\,s^{-2}}$	$10^5\,\mathrm{cm\,g\,s^{-2}}$
Arbeit W_A	1 Nm = 1 Ws	$10^7\,\mathrm{cm^2\,g\,s^{-2}}$	$10^7\,\mathrm{cm^2\,g\,s^{-2}}$	$10^7\,\mathrm{cm^2\,g\,s^{-2}}$
Leistung P	1 W	$10^7\,\mathrm{cm^2\,g\,s^{-3}}$	$10^7\,\mathrm{cm^2\,g\,s^{-3}}$	$10^7\,\mathrm{cm^2\,g\,s^{-3}}$
Energiedichte w	$\frac{1\,\mathrm{Ws}}{\mathrm{m^3}} = \frac{1\,\mathrm{N}}{\mathrm{m^2}}$	$10^1\,\mathrm{cm^{-1}\,g\,s^{-2}}$	$10^1\,\mathrm{cm^{-1}\,g\,s^{-2}}$	$10^1\,\mathrm{cm^{-1}\,g\,s^{-2}}$
Elektrische Stromstärke I	1 A	$10\,\{c\}\,\mathrm{cm^{\frac{3}{2}}\,g^{\frac{1}{2}}\,s^{-2}}$	$0{,}1\,\mathrm{cm^{\frac{1}{2}}\,g^{\frac{1}{2}}\,s^{-2}}$	$10\,\{c\}\,\mathrm{cm^{\frac{3}{2}}\,g^{\frac{1}{2}}\,s^{-2}}$
Elektrische Ladung q	1 C	$10\,\{c\}$ el.stat.-CGS $= 10\,\{c\}\,\mathrm{cm^{\frac{3}{2}}\,g^{\frac{1}{2}}\,s^{-1}}$	0,1 el.mag.-CGS $= 0{,}1\,\mathrm{cm^{\frac{1}{2}}\,g^{\frac{1}{2}}}$	$10\,\{c\}$ el.stat.-CGS $= 10\,\{c\}\,\mathrm{cm^{\frac{3}{2}}\,g^{\frac{1}{2}}\,s^{-1}}$
Elektrische Spannung U	1 V	$10^6\,\{c\}^{-1}\,\mathrm{cm^{\frac{1}{2}}\,g^{\frac{1}{2}}\,s^{-1}}$	$10^8\,\mathrm{cm^{\frac{3}{2}}\,g^{\frac{1}{2}}\,s^{-2}}$	$10^6\,\{c\}^{-1}\,\mathrm{cm^{\frac{1}{2}}\,g^{\frac{1}{2}}\,s^{-1}}$
Elektrische Feldstärke E	$1\,\mathrm{V\,m^{-1}}$	$10^4\,\{c\}\,\mathrm{cm^{-\frac{1}{2}}\,g^{\frac{1}{2}}\,s^{-1}}$	$10^6\,\mathrm{cm^{\frac{1}{2}}\,g^{\frac{1}{2}}\,s^{-2}}$	$10^4\,\{c\}\,\mathrm{cm^{-\frac{1}{2}}\,g^{\frac{1}{2}}\,s^{-1}}$
Elektrische Verschiebung D	$1\,\mathrm{C\,m^{-2}}$	$4\pi\cdot 10^{-3}\,\{c\}\,\mathrm{cm^{-\frac{1}{2}}\,g^{\frac{1}{2}}\,s^{-1}}$	$4\pi\cdot 10^{-5}\,\mathrm{cm^{-\frac{3}{2}}\,g^{\frac{1}{2}}}$	$4\pi\cdot 10^{-3}\,\{c\}\,\mathrm{cm^{-\frac{1}{2}}\,g^{\frac{1}{2}}\,s^{-1}}$
Magnetische Induktion B	$1\,\mathrm{Vs\,m^{-2}}$	$10^2\,\{c\}^{-1}\,\mathrm{cm^{-\frac{3}{2}}\,g^{\frac{1}{2}}}$	$10^4\,\mathrm{cm^{-\frac{1}{2}}\,g^{\frac{1}{2}}\,s^{-1}}$ $= 10^4$ Gs	$10^4\,\mathrm{cm^{-\frac{1}{2}}\,g^{\frac{1}{2}}\,s^{-1}}$ $= 10^4$ Gs
Magnetische Feldstärke H	$1\,\mathrm{A\,m^{-1}}$	$4\pi\cdot 10^{-1}\,\{c\}\,\mathrm{cm^{\frac{1}{2}}\,g^{\frac{1}{2}}\,s^{-2}}$	$4\pi\cdot 10^{-3}\,\mathrm{cm^{-\frac{1}{2}}\,g^{\frac{1}{2}}\,s^{-1}}$ $= 4\pi\cdot 10^{-3}$ Oe	$4\pi\cdot 10^{-3}\,\mathrm{cm^{-\frac{1}{2}}\,g^{\frac{1}{2}}\,s^{-1}}$ $= 4\pi\cdot 10^{-3}$ Oe
Magnetischer Fluß Φ	1 Vs	$10^6\,\{c\}^{-1}\,\mathrm{cm^{\frac{1}{2}}\,g^{\frac{1}{2}}}$	$10^8\,\mathrm{cm^{\frac{3}{2}}\,g^{\frac{1}{2}}\,s^{-1}}$ $= 10^8$ Mx	$10^8\,\mathrm{cm^{\frac{3}{2}}\,g^{\frac{1}{2}}\,s^{-1}}$ $= 10^8$ Mx
Wirkwiderstand R	$1\,\Omega$	$10^5\,\{c\}^{-2}\,\mathrm{cm^{-1}\,s}$	$10^9\,\mathrm{cm\,s^{-1}}$	$10^5\,\{c\}^{-2}\,\mathrm{cm^{-1}\,s}$
Elektrische Kapazität C	1 F	$10^{-5}\,\{c\}^2\,\mathrm{cm}$	$10^{-9}\,\mathrm{cm^{-1}\,s^2}$	$10^{-5}\,\{c\}^2\,\mathrm{cm}$
Induktivität L	1 H	$10^5\,\{c\}^{-2}\,\mathrm{cm^{-1}\,s^2}$	10^9 cm	10^9 cm

9 Reflexion und Berechnung elektromagnetischer Wellen

9.1 Stetigkeitsbedingungen für die Feldvektoren beim Durchgang durch Grenzflächen

Im Abschnitt 7.2.1 wurde für den unbegrenzten Raum die Ausbreitung elektromagnetischer Wellen im Vakuum bzw. im homogenen Dielektrikum behandelt. Nun soll das Verhalten elektromagnetischer Wellen an der idealen glatten Grenzfläche zwischen zwei verschiedenen Stoffen (auch optische *Medien* genannt) betrachtet werden. Das Medium 1 wird durch die Dielektrizitätszahl ε_{r1} und die Permeabilitätszahl μ_{r1} charakterisiert, das Medium 2 durch ε_{r2} und μ_{r2}. Untersucht wird das Verhalten der vier Feldvektoren $\boldsymbol{E}$, $\boldsymbol{D}$, $\boldsymbol{B}$ und $\boldsymbol{H}$ an der Grenzfläche beider Medien. Hierzu denken wir uns ein beliebiges Teilstück dieser Grenzfläche durch den in Abb. 9.1 angegebenen Weg umschlossen. Auf die von $\boldsymbol{s}$ umschlossene Fläche A wenden wir die 1. Maxwellsche Gleichung (6.8a)

optische Medien

$$\frac{\mathrm{d}}{\mathrm{d}t}\int_A \boldsymbol{B}\cdot\mathrm{d}\boldsymbol{A} = -\oint_s \boldsymbol{E}\cdot\mathrm{d}\boldsymbol{s}$$

an. Wählt man den Integrationsweg so, daß er beliebig dicht über und beliebig dicht unter der Grenzfläche verläuft ($s_n \to 0$, $A = s_n s_t \to 0$), so folgt

$$\boldsymbol{E}_{1t}\cdot\boldsymbol{s}_{2t} + \boldsymbol{E}_{2t}\cdot\boldsymbol{s}_{2t} = 0 \tag{9.1}$$

oder, da $\boldsymbol{s}_{1t} = -\boldsymbol{s}_{2t}$ gilt,

$$\boldsymbol{E}_{1t} = \boldsymbol{E}_{2t}\,. \tag{9.2a}$$

Durch vollkommen analoge Betrachtungen folgt aus (6.8b)

$$\boldsymbol{H}_{1t} = \boldsymbol{H}_{2t} \tag{9.2b}$$

(sofern J in der Grenzfläche endlich bleibt).

Die Tangentialkomponenten der Vektoren $\boldsymbol{E}$ und $\boldsymbol{H}$ verhalten sich an der Grenzfläche stetig.

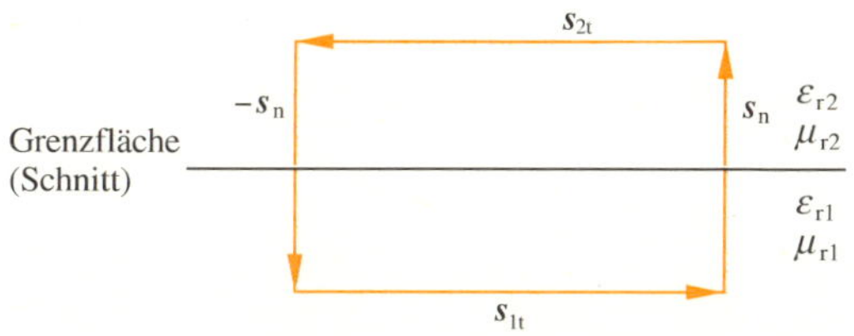

Abb. 9.1 Die Grenzfläche umschließender Integrationsweg

Fließt durch ein Medium ein hochfrequenter Strom, so kann der Skineffekt derartig stark sein, daß J nicht mehr als endlich zu betrachten ist. In diesem Falle gilt Gleichung (9.2b) nicht.

Für die weiteren Überlegungen umschließen wir ein beliebiges Teilstück der Grenzfläche mit der in Abbildung 9.2 dargestellten geschlossenen Fläche und wenden auf das von ihr umschlossene Volumen V unter Beachtung von (2.2) die Beziehung (6.8c)

$$\oint_A \boldsymbol{D} \cdot \mathrm{d}\boldsymbol{A} = \int_V \varrho \, \mathrm{d}V \tag{9.3}$$

an. Wird die Integrationsfläche über der Grenzfläche zusammengezogen, so daß h und $V = A_1 h$ gegen Null gehen, so folgt mit (D 1.9)

$$\boldsymbol{D}_{1\mathrm{n}} \cdot \boldsymbol{A}_1 + \boldsymbol{D}_{2\mathrm{n}} \cdot \boldsymbol{A}_2 = \sigma \boldsymbol{A}_1{}^0 \cdot \boldsymbol{A}_1$$

oder

$$\boldsymbol{D}_{1\mathrm{n}} - \boldsymbol{D}_{2\mathrm{n}} = \sigma \boldsymbol{A}_1^0 . \tag{9.4a}$$

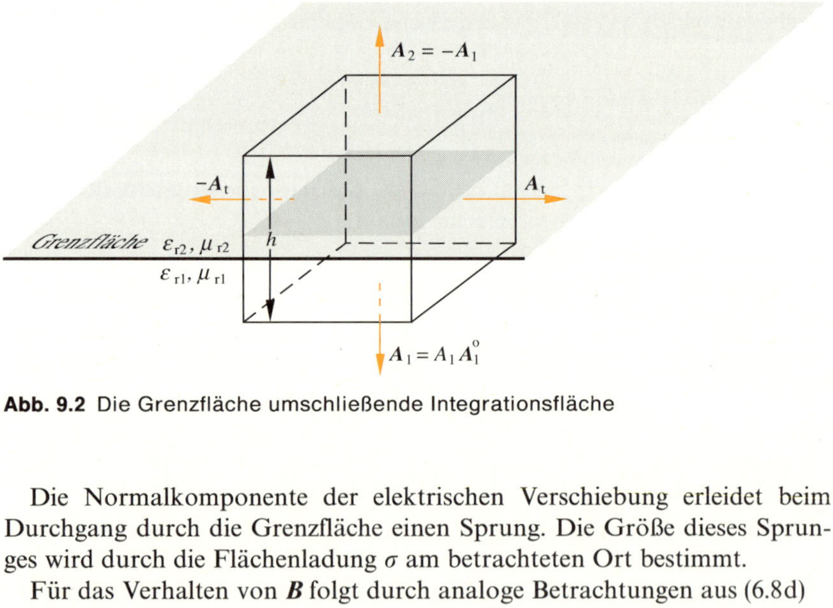

Abb. 9.2 Die Grenzfläche umschließende Integrationsfläche

Die Normalkomponente der elektrischen Verschiebung erleidet beim Durchgang durch die Grenzfläche einen Sprung. Die Größe dieses Sprunges wird durch die Flächenladung σ am betrachteten Ort bestimmt.

Für das Verhalten von $\boldsymbol{B}$ folgt durch analoge Betrachtungen aus (6.8d)

$$\boldsymbol{B}_{1\mathrm{n}} = \boldsymbol{B}_{2\mathrm{n}} . \tag{9.4b}$$

Die Normalkomponente der magnetischen Induktion verhält sich an der Grenzfläche stetig.

(S 9.1)
Verhalten der Feldvektoren an der Grenzschicht zweier Medien

An der Grenzfläche zweier Medien verhalten sich die Tangentialkomponenten der Feldvektoren $\boldsymbol{E}$ und $\boldsymbol{H}$ und die Normalkomponente des Feldvektors $\boldsymbol{B}$ stetig, während die Normalkomponente des Feldvektors $\boldsymbol{D}$ einen Sprung erleidet:

$$\boldsymbol{E}_{1t} = \boldsymbol{E}_{2t}, \qquad \boldsymbol{H}_{1t} = \boldsymbol{H}_{2t}$$

$$\boldsymbol{B}_{1n} = \boldsymbol{B}_{2n}, \qquad \boldsymbol{D}_{1n} - \boldsymbol{D}_{2n} = \sigma \boldsymbol{A}_1^0$$

($\boldsymbol{A}_1^0$ weist von der Grenzfläche in das Medium 1 hinein).

Aus dem hier betrachteten allgemeinen Verhalten der Feldvektoren an Grenzflächen folgt auch speziell das Verhalten der elektrischen Feldstärke an Leiteroberflächen (vgl. (S 1.7)), d.h. an der Grenzfläche zwischen einem Isolator (Medium 1) und einem als stromfrei vorausgesetzten Leiter (Medium 2). Da innerhalb eines stromfreien Leiters die Feldvektoren $\boldsymbol{E}$ und $\boldsymbol{D} = \varepsilon_0 \varepsilon_r \boldsymbol{E}$ verschwinden, folgt aus $\boldsymbol{E}_{2t} = \boldsymbol{0}$ mit (9.2a) auch $\boldsymbol{E}_{1t} = \boldsymbol{0}$ und mit $\boldsymbol{D}_{2n} = \boldsymbol{0}$ aus (9.4a) in Übereinstimmung mit (S 1.7)

$$\boldsymbol{D}_{1n} = \boldsymbol{D}_n = \varepsilon_0 \varepsilon_r \boldsymbol{E}_n = \sigma \boldsymbol{A}^0.$$

9.2 Reflexions- und Brechungsgesetz

Trifft eine elektromagnetische Welle schräg auf eine ideal glatte Grenzfläche zweier Medien, so können *reguläre Reflexion* und *Brechung* auftreten. Im allgemeinen treten beide Vorgänge gleichzeitig auf (vgl. Band I, Abschnitt 10.4.1.1.1 und 10.4.1.1.2).

reguläre Reflexion
Brechung

Zur Behandlung der Reflexion und der Brechung elektromagnetischer Wellen empfiehlt sich die Einführung der Größe Brechzahl:

(D 9.1)
Brechzahl n

Das Verhältnis der Vakuumlichtgeschwindigkeit c zur Phasengeschwindigkeit v_{ph} der elektromagnetischen Welle in einem Medium heißt Brechzahl n dieses Mediums,

$$n = \frac{c}{v_{\text{ph}}}.$$

Die Größe Brechzahl ist eine reine Zahl. Definitionsgemäß ist die Brechzahl des Vakuums $n = 1$. In Tabelle 9.1 sind die Brechzahlen einiger optischer Medien zusammengestellt.

Von zwei optischen Medien unterschiedlicher Brechzahl heißt dasjenige mit größerer Brechzahl das *optisch dichtere Medium*, dasjenige mit kleinerer Brechzahl das *optisch dünnere Medium*.

optisch dichteres Medium
optisch dünneres Medium

Auf die ebene Grenzfläche zweier Medien mit den Brechzahlen n_e und n_b falle in der in Abbildung 9.3 skizzierten Weise eine ebene Welle

Herleitung des Reflexions- und Brechungsgesetzes

$$\boldsymbol{E} = \boldsymbol{E}_0 \, \mathrm{e}^{\mathrm{i}(\omega t - k(\boldsymbol{s} \cdot \boldsymbol{n}^0) + \varphi)}, \tag{9.5a}$$

wobei $\boldsymbol{s} = x\boldsymbol{i} + y\boldsymbol{j} + z\boldsymbol{k}$ der Ortsvektor ist.

Mit $v_{\text{ph}} = \omega/k$ (A 15.4) und $n = c/v_{\text{ph}}$ (D 9.1) erhält (9.5a) die Form

$$\boldsymbol{E} = \boldsymbol{E}_0 \, \mathrm{e}^{\mathrm{i}\varphi} \, \mathrm{e}^{\mathrm{i}\omega\left(t - \frac{n(\boldsymbol{s} \cdot \boldsymbol{n}^0)}{c}\right)}. \tag{9.5}$$

Tabelle 9.1
n, $n\varkappa$ und $R_\perp$ einiger Substanzen für die Wellenlänge $\lambda = 589{,}3$ nm bei 20° C

Stoff	n	$n\varkappa$	$R_\perp$ %
Natrium	0,044	2,42	97,1
Silber	0,18	3,64	95,9
Aluminium	1,44	3,66	72,5
Kupfer	0,62	2,63	74,1
Platin	2,06	3,54	59,0
Blei	2,01	3,48	62,1
Quecksilber	1,62	4,96	78,4
Wasser	1,333	–	2,0
Quarzglas	1,459	–	3,5
Diamant	2,417	–	17,2

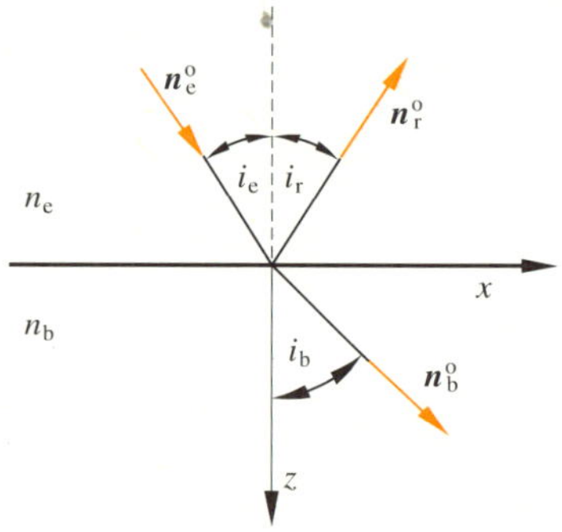

Abb. 9.3
Zum Brechungs- und zum Reflexionsgesetz

Die Grenzfläche bilde die x, y-Ebene eines kartesischen Koordinatensystems. Seine Orientierung erfolgt so, daß der Normalenvektor $\boldsymbol{n}_e{}^0$ der einfallenden Welle in der x, z-Ebene liegt und eine positive z-Koordinate bekommt. Nach dieser Festlegung besitzt die einfallende Welle nach (9.5), (A 3.1) und (A 3.3) die Form

$$\boldsymbol{E}_e = \boldsymbol{E}_{0e}\, e^{i\varphi_e} e^{i\omega_e\left(t - \frac{n_e(\boldsymbol{s}\cdot\boldsymbol{n}_e^0)}{c}\right)} \tag{9.6}$$

mit

$$\boldsymbol{n}_e^0 = \sin i_e \boldsymbol{i} + \cos i_e \boldsymbol{k}. \tag{9.6a}$$

Prinzipiell könnten die Normalenvektoren $\boldsymbol{n}_r^0$ und $\boldsymbol{n}_b^0$ der reflektierten bzw. gebrochenen Welle entgegen dem in Abbildung 9.3 dargestellten Verlauf außerhalb der x, z-Ebene liegen. Es werde angenommen, daß die Projektion von $\boldsymbol{n}_r^0$ auf die x, y-Ebene mit der x-Achse einen Winkel β, die Projektion von $\boldsymbol{n}_b^0$ auf die x, y-Ebene mit der x-Achse einen Winkel γ

bildet. In diesem denkbaren allgemeinsten Fall bekommt man für die reflektierte und die gebrochene Welle die Darstellungen

$$\boldsymbol{E}_\mathrm{r} = \boldsymbol{E}_{0\mathrm{r}} \mathrm{e}^{\mathrm{i}\varphi_\mathrm{r}} \mathrm{e}^{\mathrm{i}\omega_\mathrm{r}\left(t - \frac{n_\mathrm{e}(\boldsymbol{s} \cdot \boldsymbol{n}_\mathrm{r}^0)}{c}\right)} \tag{9.7}$$

mit

$$\boldsymbol{n}_\mathrm{r}^0 = \sin i_\mathrm{r} \cos\beta\, \boldsymbol{i} + \sin i_\mathrm{r} \sin\beta\, \boldsymbol{j} - \cos i_\mathrm{r}\, \boldsymbol{k} \tag{9.7a}$$

und

$$\boldsymbol{E}_\mathrm{b} = \boldsymbol{E}_{0\mathrm{b}} \mathrm{e}^{\mathrm{i}\varphi_\mathrm{b}} \mathrm{e}^{\mathrm{i}\omega_\mathrm{b}\left(t - \frac{n_\mathrm{b}(\boldsymbol{s} \cdot \boldsymbol{n}_\mathrm{b}^0)}{c}\right)} \tag{9.8}$$

mit n_b als Brechzahl des 2. Mediums und mit der Ausbreitungsrichtung $\boldsymbol{n}_\mathrm{b}^0$ in diesem Medium

$$\boldsymbol{n}_\mathrm{b}^0 = \sin i_\mathrm{b} \cos\gamma\, \boldsymbol{i} + \sin i_\mathrm{b} \sin\gamma\, \boldsymbol{j} + \cos i_\mathrm{b}\, \boldsymbol{k}\,. \tag{9.8a}$$

Die Bedingung (9.2a) nimmt für den vorliegenden Fall die Form

$$\boldsymbol{E}_\mathrm{et} + \boldsymbol{E}_\mathrm{rt} = \boldsymbol{E}_\mathrm{bt} \quad (\text{für } z = 0;\ x,\ y,\ t \text{ beliebig}) \tag{9.9}$$

an. Setzt man (9.6), (9.7), (9.8) unter Beachtung von (9.6a), (9.7a), (9.8a), (A 2.3), (A 3.5b) in (9.9) ein, so folgt

$$\boldsymbol{E}_{0\mathrm{et}} \mathrm{e}^{\mathrm{i}\varphi_\mathrm{e}} \mathrm{e}^{\mathrm{i}\omega_\mathrm{e}\left(t - \frac{n_\mathrm{e} x \sin i_\mathrm{e}}{c}\right)} + \boldsymbol{E}_{0\mathrm{rt}} \mathrm{e}^{\mathrm{i}\varphi_\mathrm{r}} \mathrm{e}^{\mathrm{i}\omega_\mathrm{r}\left(t - \frac{n_\mathrm{e} x \sin i_\mathrm{r} \cos\beta + n_\mathrm{e} y \sin i_\mathrm{r} \sin\beta}{c}\right)}$$

$$= \boldsymbol{E}_{0\mathrm{bt}} \mathrm{e}^{\mathrm{i}\varphi_\mathrm{b}} \mathrm{e}^{\mathrm{i}\omega_\mathrm{b}\left(t - \frac{n_\mathrm{b} x \sin i_\mathrm{b} \cos\gamma + n_\mathrm{b} y \sin i_\mathrm{b} \sin\gamma}{c}\right)}. \tag{9.10a}$$

(9.10a) muß für beliebige x, y, φ_e und t gelten. Das ist nur dann möglich, wenn die drei Exponenten, die x, y und t enthalten, gleich sind. Durch Koeffizientenvergleich lassen sich aus dieser notwendigen Gleichheit Bedingungen für die Frequenzen und Winkel ableiten:

a) Der Vergleich der Koeffizienten von t liefert

$$\omega_\mathrm{e} = \omega_\mathrm{r} = \omega_\mathrm{b} = \omega\,,$$

d.h., bei Reflexion und Brechung tritt keine Frequenzänderung auf.

b) Der Vergleich der Koeffizienten von y liefert

$$0 = n_\mathrm{e} \sin i_\mathrm{r} \sin\beta = n_\mathrm{b} \sin i_\mathrm{b} \sin\gamma\,.$$

Da im allgemeinen $\sin i_\mathrm{r} \neq 0$, $\sin i_\mathrm{b} \neq 0$, $n_\mathrm{e} \neq 0$ und $n_\mathrm{b} \neq 0$, folgt

$$\beta = \gamma = 0\,,$$

d.h., die Wellennormalen von einfallender, reflektierter und gebrochener Welle liegen in einer Ebene.

c) Der Vergleich der Koeffizienten von x liefert

unter Beachtung von $\beta = \gamma = 0$

$$n_e \sin i_e = n_e \sin i_r = n_b \sin i_b$$

oder

$$i_e = i_r ,$$

$$\frac{\sin i_e}{\sin i_b} = \frac{n_b}{n_e} .$$

Mit vorstehenden Bedingungen geht (9.10a) über in

$$\boldsymbol{E}_{0\mathrm{et}} \mathrm{e}^{\mathrm{i}\varphi_e} + \boldsymbol{E}_{0\mathrm{rt}} \mathrm{e}^{\mathrm{i}\varphi_r} = \boldsymbol{E}_{0\mathrm{bt}} \mathrm{e}^{\mathrm{i}\varphi_b} \tag{9.10b}$$

und nach Multiplikation mit $\mathrm{e}^{-\mathrm{i}\varphi_e}$ in

$$\boldsymbol{E}_{0\mathrm{et}} + \boldsymbol{E}_{0\mathrm{rt}} \mathrm{e}^{\mathrm{i}(\varphi_r - \varphi_e)} = \boldsymbol{E}_{0\mathrm{bt}} \mathrm{e}^{\mathrm{i}(\varphi_b - \varphi_e)} . \tag{9.10c}$$

(9.10c) muß für jedes φ_e gelten, d.h., es können nach (A 1.8) zwischen φ_e, φ_r und φ_b nur die Beziehungen

$$\left.\begin{aligned} \varphi_r &= \varphi_e \\ \varphi_b &= \varphi_e \end{aligned}\right\} \quad \text{oder} \quad \left\{\begin{aligned} \varphi_r &= \varphi_e \pm \pi \\ \varphi_b &= \varphi_e \pm \pi \end{aligned}\right.$$

bestehen. Bei Reflexion und Brechung ist demzufolge nur ein Phasensprung um π möglich. Wie in Abschn. 9.4 gezeigt wird, tritt bei der der Reflexion am optisch dünneren Medium und der Brechung kein Phasensprung auf; bei der Reflexion am optisch dichteren Medium findet man den Phasensprung π.

Wird statt der $\boldsymbol{E}$-Welle die $\boldsymbol{H}$-Welle betrachtet, so folgt mit der Bedingung $\boldsymbol{H}_{1t} = \boldsymbol{H}_{2t}$ dasselbe Ergebnis.

Damit gilt das *Reflexionsgesetz*:

(S 9.2)
Reflexionsgesetz

Bei der Reflexion einer elektromagnetischen Welle
liegen die Wellennormalen von einfallender und reflektierter Welle und die Grenzflächennormale am Reflexionsort in einer Ebene,
besteht zwischen Einfallswinkel i_e und Reflexionswinkel i_r die Beziehung $i_e = i_r$,
erfolgt keine Veränderung der Frequenz,
tritt ein Phasensprung von 0 bei Reflexion am optisch dünneren, von π bei Reflexion am optisch dichteren Medium auf.

Das *Brechungsgesetz* läßt sich zusammenfassend in der folgenden Weise formulieren:

(S 9.3)
Brechungsgesetz

Bei der Brechung einer elektromagnetischen Welle
liegen die Wellennormalen von einfallender und gebrochener Welle und die Grenzflächennormale am Reflexionsort in einer Ebene,

besteht zwischen der Richtung der einfallenden und der gebrochenen Welle die Beziehung

$$\frac{\sin i_e}{\sin i_b} = \frac{n_b}{n_e}$$

(n_e Brechzahl des Mediums, in dem sich die einfallende Welle fortpfanzt, n_b Brechzahl des Mediums, in dem sich die gebrochene Welle fortpflanzt),
erfolgt keine Veränderung von Phase und Frequenz.

Bei der Laserstrahlung können Reflexion und Brechung infolge der sehr hohen Intensitäten mit Frequenzänderungen verbunden sein. Diese nichtlinearen Effekte werden eingehend in Bd. III erörtert. Für die herkömmlichen Lichtquellen der Optik spielen sie keine Rolle.

Ist die Grenzfläche nicht ideal glatt, sondern rauh, und liegen die Erhebungen und Vertiefungen in der Größenordnung der Wellenlänge, so tritt statt der bisher betrachteten regulären Reflexion die *diffuse Reflexion* auf. Durch diffuse Reflexion wird die einfallende Energie der Welle in viele Richtungen gestreut. Die diffuse Reflexion genügt deshalb nicht dem Reflexionsgesetz.

diffuse Reflexion

Vielfach lassen sich die Reflexion und die Brechung vereinfachend durch die der einfallenden, der reflektierten und der gebrochenen Welle zuzuordnenden *Strahlen* beschreiben. Hierzu werden zu einer bestimmten Zeit $t = t_1$ zu allen Punkten einer bestimmten Phasenfläche die Normaleneinheitsvektoren $\boldsymbol{n}^0$ der Wellen konstruiert. Da diese Phasenfläche mit der Zeit ihre Lage verändert, durchlaufen in Abhängigkeit von der Zeit die Endpunkte der Vektoren $\boldsymbol{n}^0$ bestimmte Kurven (vgl. Abb. 9.4). Sie werden als die der Welle zugeordneten *Strahlen* bezeichnet. Für gewisse Probleme ist es vollkommen ausreichend, statt des Wellenvorganges nur den Strahlenverlauf zu verfolgen. Zum Beispiel basiert die gesamte geometrische Optik auf dem Strahlenmodell (s. Kapitel 11).

Strahlen

Man beachte, daß der Strahl einer Welle nur ein rein rechnerisches und anschauliches Hilfsmittel darstellt, ihm aber keine eigentliche physikalische Bedeutung zukommt. Der Strahl kann auch wegen der Beugungserscheinungen nicht – wie es gelegentlich geschieht – als ein Wellenbündel unendlich kleinen Querschnittes definiert werden.

Vorstehende Überlegungen gelten nach (9.6) nur für das Dielektrikum ($\sigma = 0$). Sie sollen jetzt auf das absorbierende Medium ($\sigma \neq 0$) übertragen werden. Da nach (A 15.4), (D 9.3) und (S 7.5)

$$\frac{\hat{k} c}{\omega} = \frac{k c}{\omega}(1 - \mathrm{i}\kappa) = n(1 - \mathrm{i}\kappa) = \hat{n}$$

folgt, führen wir ein:

$$\hat{n} = n(1 - \mathrm{i}\kappa)$$

heißt komplexe Brechzahl des absorbierenden Mediums.

(D 9.2)
komplexe Brechzahl $\hat{n}$

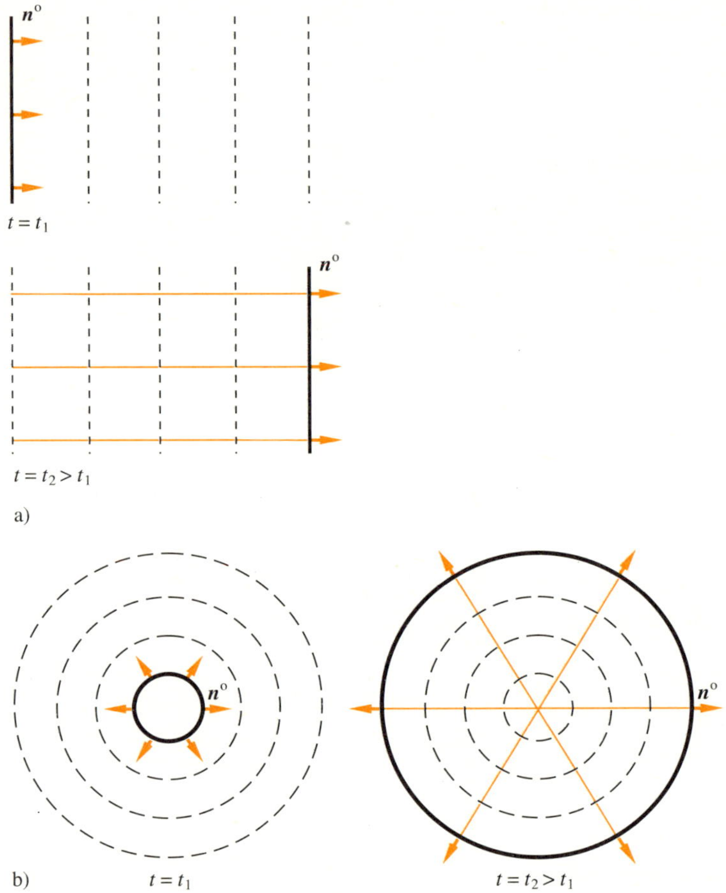

Abb. 9.4
Konstruktion der einer ebenen Welle (a) und einer Kugelwelle (b) zugeordneten Strahlen

Im absorbierenden Medium pflanze sich eine ebene harmonische Welle in Richtung $\boldsymbol{n}_e^0$ fort. Nach (S 7.5), (A 15.1a) und (D 9.2) ist sie darstellbar durch

$$\hat{\boldsymbol{E}} = \hat{\boldsymbol{E}}_0 \mathrm{e}^{\mathrm{i}\varphi} \mathrm{e}^{\mathrm{i}\omega\left(t - \frac{\hat{n}(\boldsymbol{s} \cdot \boldsymbol{n}_e^0)}{c}\right)} . \tag{9.11}$$

Der Vergleich mit der Ausgangsgleichung (9.6) für die Herleitung des Reflexions- und des Brechungsgesetzes ergibt die folgende Erweiterung:

(S 9.4) Reflexion und Brechung in absorbierenden Medien

Die Gesetzmäßigkeiten für die Reflexion und die Brechung elektromagnetischer Wellen an der Grenze zweier Dielektrika gehen in die betreffenden für absorbierende Medien über, wenn in ihnen die reellen Brechzahlen n durch die entsprechenden komplexen Brechzahlen $\hat{n}$ ersetzt werden.

Nach (9.11), (D 9.2) und (D 9.1) bestimmt auch für das absorbierende Medium $n = c/v_{ph}$ die Phasengeschwindigkeit der Welle, während $n\kappa$ ein Maß für ihre Absorption ist. Man bezeichnet daher n ebenfalls als Brechzahl des absorbierenden Mediums, $n\kappa$ als seinen *Absorptionskoeffizienten*. Damit sind sowohl der Real- als auch der Imaginärteil der komplexen Brechzahl auf meßbare physikalische Größen zurückgeführt.

Absorptions-koeffizient

Wegen der meist äußerst geringen Eindringtiefe der Welle (siehe Abschn. 7.2.1.2) werden n und $n\kappa$ aus Reflexionsmessungen gewonnen. Ein hierzu geeignetes Meßverfahren wird in Abschnitt 9.6 besprochen. Für einige Metalle können die Brechzahl n und der Absorptionskoeffizient $n\kappa$ der Tabelle 9.1 entnommen werden.

9.3 Maxwellsche Relation

Reflexions- und Brechungsgesetz sind eine unmittelbare Folge der für die Tangentialkomponenten von $\boldsymbol{E}$ und $\boldsymbol{H}$ gültigen Stetigkeitsbedingungen (S 9.1) beim Durchgang durch Grenzflächen.

Aus (S 7.3) ergibt sich mit (D 9.1)

$$n = \sqrt{\varepsilon_r \mu_r} \tag{9.11a}$$

oder, da für Isolatoren $\mu_r \approx 1$ gilt (vgl. Tab. 1.2 und 1.3), die *Maxwellsche Relation*

Maxwellsche Relation

$$n^2 = \varepsilon_r \,. \tag{9.11}$$

Die Maxwellsche Relation wird von Gasen und Dämpfen, deren Moleküle kovalent (vgl. Bd. III) gebunden sind, recht gut erfüllt. Zum Beleg dieser Aussage sind in Tabelle 9.2 die Werte von $\sqrt{\varepsilon_r}$ für einige derartige Gase den Brechzahlen im sichtbaren Spektralbereich gegenübergestellt.

Tabelle 9.2
Zur Maxwellschen Relation

Stoff	n	$\sqrt{\varepsilon_r}$
Luft	1,000294	1,000295
CO_2	1,000449	1,000473
CO	1,000346	1,000345
H_2	1,000138	1,000312
CH_4	1,000443	1,000472

Im allgemeinen muß man bei der Anwendung von (9.11) aber berücksichtigen, daß bei Vorliegen von Dispersion nach (D 9.1) sowohl die Brechzahl als nach (S 7.1) auch die Dielektrizitätszahl frequenzabhängig sind. In (9.11) können dann nicht einerseits der elektrostatisch bestimmte,

Maxwellsche Relation versagt bei Vorliegen einer Dispersion

also für die Frequenz Null gültige Wert von ε_r (*statische Dielektrizitätszahl*) und andererseits der für den sichtbaren Spektralbereich gültige Wert von n eingesetzt werden. So weichen die statische Dielektrizitätszahl und der Wert von n^2 für flüssige und feste Stoffe in der Regel beträchtlich voneinander ab. Als Beispiel dient das Wasser. Während die Messung seiner statischen Dielektrizitätszahl $\varepsilon_r \approx 81$ ergibt, liefert die Messung seiner Brechzahl im sichtbaren Bereich nicht 9, wie es (9.11) entspräche, sondern $n = 1{,}33$.

9.4 Fresnelsche Formeln

Aufteilung der Intensität auf reflektierte und gebrochene Welle

Im vorstehenden Abschnitt wurden die Reflexion und die Brechung elektromagnetischer Wellen behandelt. Dabei blieb aber die Frage unberührt, wie sich die Intensität des auf eine ebene Grenzfläche zweier Medien auffallenden Lichtes auf die gebrochene und die reflektierte Welle aufteilt. Bei ihrer Beantwortung erweist es sich als notwendig, die Schwingungsrichtung der Feldvektoren zu berücksichtigen. Wir gehen davon aus, daß eine ebene Welle

$$\hat{\boldsymbol{E}} = \boldsymbol{E}_0 \mathrm{e}^{\mathrm{i}(\omega t - k(\boldsymbol{s} \cdot \boldsymbol{n}^0) + \varphi)}$$

auf die ebene Grenzfläche zweier Medien der Brechzahlen n_e und n_b fällt. In die Grenzfläche legen wir die x-y-Ebene eines kartesischen Koordinatensystems. Seine Orientierung erfolgt so, daß der Ausbreitungsvektor $\boldsymbol{n}_e^0$ der einfallenden Welle in der x-z-Ebene liegt und eine positive z-Koordinate besitzt (vgl. Abb. 9.3). Einfallende Welle $\boldsymbol{E}_e$, reflektierte $\boldsymbol{E}_r$ und gebrochene $\boldsymbol{E}_b$ besitzen dann die Normalenrichtungen

$$\boldsymbol{n}_e^0 = \sin i_e \boldsymbol{i} + \cos i_e \boldsymbol{k}, \tag{9.12a}$$

$$\boldsymbol{n}_r^0 = \sin i_e \boldsymbol{i} - \cos i_e \boldsymbol{k}, \tag{9.12b}$$

$$\boldsymbol{n}_b^0 = \sin i_b \boldsymbol{i} + \cos i_b \boldsymbol{k}. \tag{9.12c}$$

Nach (7.6c), (S 7.3) und (A 3.8) ergibt sich für die magnetische Feldstärke

$$\boldsymbol{H} = \sqrt{\frac{\varepsilon_0 \varepsilon_r}{\mu_0 \mu_r}} (\boldsymbol{n}^0 \times \boldsymbol{E})$$

oder bei Beachtung von $\sqrt{\varepsilon_r} = n/\sqrt{\mu_r}$

$$\boldsymbol{H} = \sqrt{\frac{\varepsilon_0}{\mu_0 \mu_r^2}}\, n(\boldsymbol{n}^0 \times \boldsymbol{E}) .$$

Der Durchgang der Tangentialkomponenten der elektrischen und der magnetischen Feldstärke durch die Grenzfläche erfolgt stetig (S 9.1). Somit müssen die Amplituden $\boldsymbol{E}_0$ und $\boldsymbol{H}_0$ des elektrischen und magnetischen

Anteils der Welle den Bedingungen

$$\boldsymbol{E}_{0ei} + \boldsymbol{E}_{0ri} = \boldsymbol{E}_{0bi} \quad (i = x, y)\,, \tag{9.13a}$$

$$(\boldsymbol{n}_e^0 \times \boldsymbol{E}_{0e})_i + (\boldsymbol{n}_r^0 \times \boldsymbol{E}_{0r})_i = \frac{n_b}{n_e}(\boldsymbol{n}_b^0 \times \boldsymbol{E}_{0b})_i \quad (i = x, y) \tag{9.13b}$$

genügen.

Herleitung der Fresnelschen Formeln

Die Amplitude $\boldsymbol{E}_0$ der elektrischen Feldstärke wird nun in eine Komponente $\boldsymbol{E}_{0p} = \boldsymbol{E}_{0x} + \boldsymbol{E}_{0z}$ in der Einfallsebene und in eine Komponente $\boldsymbol{E}_{0s} = \boldsymbol{E}_{0y}$ senkrecht dazu zerlegt (vgl. Abb. 9.5):

$$\boldsymbol{E}_0 = \boldsymbol{E}_{0s} + \boldsymbol{E}_{0p}\,. \tag{9.14}$$

Dabei werden die positiven Richtungen von $\boldsymbol{E}_{ep}$, $\boldsymbol{E}_{rp}$ und $\boldsymbol{E}_{bp}$ so festgelegt, daß jeweils die sich entsprechenden Vektoren $\boldsymbol{E}_p$, $\boldsymbol{E}_s$ und $\boldsymbol{n}^0$ ein Rechtssystem bilden (siehe Abb. 9.5). Es gilt dann

$$E_{0ex} = E_{0ep}\cos i_e;\; E_{0rx} = -E_{0rp}\cos i_e;\; E_{0bx} = E_{0bp}\cos i_b\,, \tag{9.15a}$$

$$E_{0ey} = E_{0es};\; E_{0ry} = E_{0rs};\; E_{0by} = E_{0bs}\,, \tag{9.15b}$$

$$E_{0ez} = -E_{0ep}\sin i_e;\; E_{0rz} = -E_{0rp}\sin i_e;\; E_{0bz} = -E_{0bp}\sin i_b \tag{9.15c}$$

und weiter mit (A 3.10a), (9.12) und (9.15)

$$(\boldsymbol{n}_e^0 \times \boldsymbol{E}_{0e})_x = n_{ey}^0 E_{0ez} - n_{ez}^0 E_{0ey} = -E_{0es}\cos i_e\,.$$

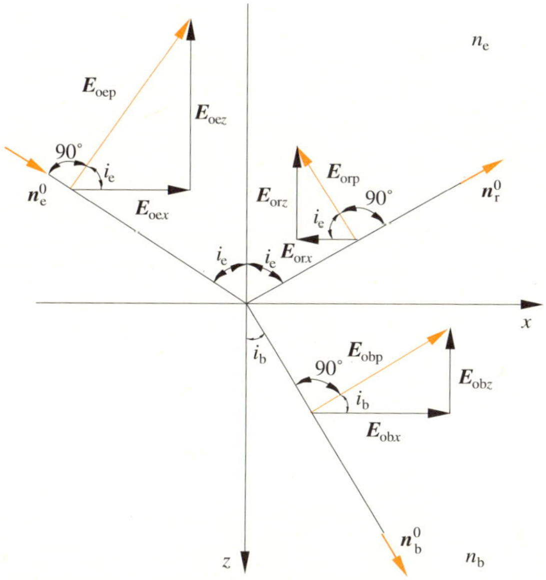

Abb. 9.5
Zur Herleitung der Fresnelschen Formeln.
Die Koordinate E_s wird positiv gezählt, wenn die Senkrechtkomponente der jeweiligen Welle aus der Papierebene herauszeigt.

Analog folgen

$$(\boldsymbol{n}_e^0 \times \boldsymbol{E}_{0e})_x = -E_{0es}\cos i_e;\ (\boldsymbol{n}_r^0 \times \boldsymbol{E}_{0r})_x = E_{0rs}\cos i_e;$$
$$(\boldsymbol{n}_b^0 \times \boldsymbol{E}_{0b})_x = -E_{0bs}\cos i_b; \tag{9.15d}$$

$$(\boldsymbol{n}_e^0 \times \boldsymbol{E}_{0e})_y = E_{0ep};\ (\boldsymbol{n}_r^0 \times \boldsymbol{E}_{0r})_y = E_{0rp};\ (\boldsymbol{n}_b^0 \times \boldsymbol{E}_{0b})_y = E_{0bp}\,. \tag{9.15e}$$

Durch Einsetzen der Beziehungen (9.15a) bis (9.15e) in die Stetigkeitsbedingungen (9.13a) und (9.13b) gewinnt man das Gleichungssystem

$$(E_{0ep} - E_{0rp})\cos i_e = E_{0bp}\cos i_b\,, \tag{9.16a}$$

$$E_{0es} + E_{0rs} = E_{0bs}\,, \tag{9.16b}$$

$$(E_{0es} - E_{0rs})\cos i_e = \frac{n_b}{n_e} E_{0bs}\cos i_b\,, \tag{9.16c}$$

$$E_{0ep} + E_{0rp} = \frac{n_b}{n_e} E_{0bp}\,. \tag{9.16d}$$

Durch seine Auflösung nach den Größen E_{0rp}, E_{0rs}, E_{0bp} und E_{0bs} können diese als Funktion der Eingangsgrößen E_{0ep} und E_{0es} und des Einfallswinkels i_e dargestellt werden. Man erhält (siehe A. 37) die *Fresnelschen Formeln*

Fresnelsche Formeln

$$\boldsymbol{E}_{0rp} = \pi_r \boldsymbol{E}_{0ep};\quad \pi_r = \frac{\tan(i_e - i_b)}{\tan(i_e + i_b)}; \tag{9.17a}$$

$$\boldsymbol{E}_{0rs} = \sigma_r \boldsymbol{E}_{0es};\quad \sigma_r = -\frac{\sin(i_e - i_b)}{\sin(i_e + i_b)}; \tag{9.17b}$$

$$\boldsymbol{E}_{0bp} = \pi_b \boldsymbol{E}_{0ep};\quad \pi_b = \frac{2\sin i_b \cos i_e}{\sin(i_e + i_b)\cos(i_e - i_b)}; \tag{9.17c}$$

$$\boldsymbol{E}_{0bs} = \sigma_b \boldsymbol{E}_{0es};\quad \sigma_b = \frac{2\sin i_b \cos i_e}{\sin(i_e + i_b)}\,. \tag{9.17d}$$

In den Fresnelschen Formeln ist die Schreibweise der Größen $\boldsymbol{E}$ als Vektoren nur mit der getroffenen Festlegung möglich, daß man sich dabei auf die Ausbreitungsrichtung der jeweiligen Welle bezieht. Im raumfesten Koordinatensystem behalten die Parallelkomponenten ihre Richtung bei der Reflexion und Brechung natürlich nicht bei.

Die Fresnelschen Formeln ermöglichen die Berechnung der Amplituden $\boldsymbol{E}_{0r}$ und $\boldsymbol{E}_{0b}$ der reflektierten und der gebrochenen Welle bei vorgegebener Amplitude $\boldsymbol{E}_{0e}$ und vorgegebenem Einfallswinkel i_e der einfallenden Welle und bei bekannten Brechzahlen n_e und n_b.

Phasensprung bei Reflexion

Nach dem Reflexionsgesetz (S 9.2) tritt bei Reflexion am optisch dichteren Medium ($n_b > n_e$, $i_e > i_b$ und $i_e + i_b < \pi/2$) ein Phasensprung von π auf. Diese Gesetzmäßigkeit ist aus den Fresnelschen Formeln zu folgern. Nach (9.17a) und (9.17b) gilt für diesen Fall $\pi_r > 0$ und $\sigma_r < 0$. Beachtet man die Festlegungen der Richtungen von $\boldsymbol{E}_{0ep}$ und $\boldsymbol{E}_{0rp}$, so erkennt man, daß sowohl $\boldsymbol{E}_{0rp}$ als auch $\boldsymbol{E}_{0rs}$ bei der Reflexion ihre Richtung umkehren, d.h.

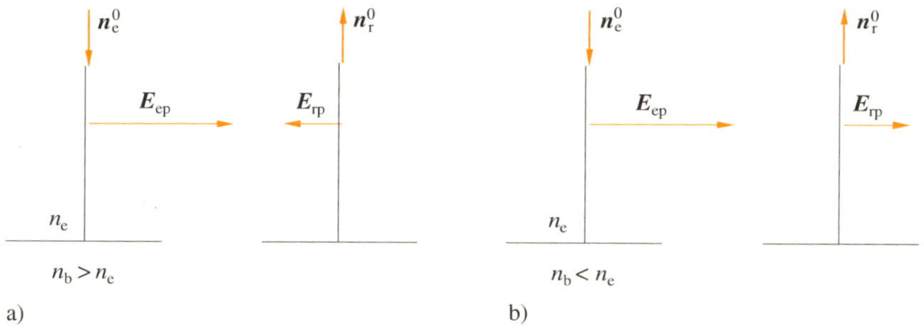

Abb. 9.6
Zum Phasensprung bei Reflexion
a) Reflexion am optisch dichteren Medium ($\pi_r > 0$, $\sigma_r < 0$). Die Komponente $\boldsymbol{E}_{es}$ der einfallenden Welle zeigt aus der Papierebene heraus, die Komponente $\boldsymbol{E}_{rs}$ der reflektierten Welle in die Papierebene hinein. Es tritt ein Phasensprung von π auf.
b) Reflexion am optisch dünneren Medium ($\pi_r < 0$, $\sigma_r > 0$). Beide Komponenten $\boldsymbol{E}_{es}$ und $\boldsymbol{E}_{rs}$ zeigen aus der Papierebene heraus. Damit tritt kein Phasensprung auf.

ein Phasensprung von π erfolgt (siehe Abb. 9.6a). Läßt man man dagegen die Welle am optisch dünneren Medium ($n_e < n_b$, $i_e < i_b$ und $i_e + i_b < \pi/2$) reflektieren, dann gilt $\pi_r < 0$ und $\sigma_r > 0$; ein Phasensprung tritt nicht auf (siehe Abb. 9.6b).

9.5 Beersches Gesetz

Trifft eine elektromagnetische Welle auf einen homogenen Körper mit einer ideal glatten Oberfläche, so spaltet die mitgeführte Energie in einen *reflektierten,* einen *absorbierten* und einen *transmittierten Anteil* auf. Tritt im Körper zusätzlich Streuung auf, dann werden die Vorgänge der Absorption und der Streuung gemeinsam als *Extinktion* bezeichnet. Zur quantitativen Formulierung dienen die folgenden Begriffe:

Transmission
Extinktion

Das Verhältnis der von einem Körper reflektierten Intensität I_r zu der auf ihn auftreffenden Intensität I_e heißt sein Reflexionsgrad (Reflexionsvermögen)

$$R = I_r/I_e,$$

das Verhältnis der von einem Körper absorbierten Intensität I_a zu der auf ihn auftreffenden Intensität heißt sein Absorptionsgrad (Absorptionsvermögen)

$$A = I_a/I_e\,.$$

(D 9.3)
Reflexionsgrad R
(Reflexionsvermögen)
Absorptionsgrad A
(Absorptionsvermögen)

Reflexions- und Absorptionsgrad sind reine Zahlen. Sie werden meist in Prozent angegeben.

Auf einen Isolator der Brechzahl n_b falle unpolarisiertes Licht (vgl. (S 10.14)), d.h. Licht, für das $\overline{\boldsymbol{E}_{ep}^2} = \overline{\boldsymbol{E}_{es}^2}$ gilt. Zwischen der Intensität I und dem quadratischen zeitlichen Mittelwert $\overline{\boldsymbol{E}_0^2}$ der Amplitude besteht nach (A 15.8), (9.14) und $\boldsymbol{E}_p \cdot \boldsymbol{E}_s = 0$ der Zusammenhang

$$I \sim \overline{\boldsymbol{E}_0^2} = \overline{\boldsymbol{E}_{0p}^2} + \overline{\boldsymbol{E}_{0s}^2}\,. \tag{9.18}$$

Die Fresnelschen Formeln (9.17) ermöglichen bei bekannten Brechzahlen n_e, n_b und gegebenem Einfallswinkel i_e die Berechnung der reflektierten und gebrochenen Anteile $\boldsymbol{E}_{0rp}$, $\boldsymbol{E}_{0rs}$, $\boldsymbol{E}_{0bp}$, $\boldsymbol{E}_{0bs}$ aus den Eingangsgrößen $\boldsymbol{E}_{0ep}$ und $\boldsymbol{E}_{0es}$. Man erhält mit ihnen als Reflexionsgrad des Isolators

$$R = \frac{\overline{E_{0rp}^2} + \overline{E_{0rs}^2}}{\overline{E_{0ep}^2} + \overline{E_{0ep}^2}} = \frac{\pi_r^2 \overline{E_{0ep}^2} + \sigma_r^2 \overline{E_{0es}^2}}{\overline{E_{0ep}^2} + \overline{E_{0es}^2}}\,. \tag{9.19a}$$

Beim unpolarisierten Licht ist keine Richtung von $\boldsymbol{E}$ ausgezeichnet, also gilt

$$\overline{E_{0ep}^2} = \overline{E_{0es}^2} \tag{9.20}$$

und damit für den Reflexionsgrad

$$R = \frac{\pi_r^2 + \sigma_r^2}{2}\,. \tag{9.19b}$$

Vorstehende Beziehung gestattet die Berechnung des Reflexionsgrades von unpolarisiertem Licht in Abhängigkeit vom Einfallswinkel.

Wir betrachten den Fall $i_e \approx 0$ (praktisch senkrechter Einfall). Mit den Fresnelschen Formeln (S. 17a) und (9.17b), $\sin x \approx x$ und $\tan x \approx x$ für $|x| \ll 1$ erhält man

$$R_\perp = \frac{(i_e - i_b)^2}{(i_e + i_b)^2} = \frac{(\sin i_e - \sin i_b)^2}{(\sin i_e + \sin i_b)^2} = \frac{\left(\dfrac{\sin i_e}{\sin i_b} - 1\right)^2}{\left(\dfrac{\sin i_e}{\sin i_b} + 1\right)^2}\,,$$

woraus bei Beachtung des Brechungsgesetzes (S. 9.3) für den Reflexionsgrad bei senkrechtem Einfall

$R_\perp$ für unpolarisiertes Licht

$$R_\perp = \frac{\left(\dfrac{n_b}{n_e} - 1\right)^2}{\left(\dfrac{n_b}{n_e} + 1\right)^2} \tag{9.21}$$

folgt. Hätten wir bei vorstehender Betrachtung sofort $i_e = 0$ statt $i_e \approx 0$ gewählt, so hätten wir für π_r und σ_r unbestimmte Ausdrücke erhalten. Um die damit verbundenen Komplikationen zu vermeiden, wurde zunächst mit $i_e \approx 0$ gerechnet und dann auf den Fall $i_e = 0$ geschlosssen.

Da die Brechzahlen der meisten Isolatoren kleiner als 2 sind, ist der Reflexionsgrad der Dielektrika relativ gering. Zum Beispiel ergibt sich für eine senkrechte Reflexion an einer Luft-Quarzglas-Schicht ($n_e = 1$, $n_b = 1{,}5$) $R_\perp = 0{,}04 = 4\%$, bei der Reflexion an einer Luft-Diamant-Schicht ($n_e = 1$, $n_b = 2{,}4$) $R_\perp = 0{,}17 = 17\%$.

Diese relativ geringe Reflexion macht sich bei technischen Optiken trotzdem störend bemerkbar. Sie werden daher meist mit reflexmindernden Schichten versehen (vgl. Abschnitt 10.1.2.5). Weitere Werte für $R_\perp$ können Tab. 9.1 entnommen werden.

Die Beziehung (9.21) ist auch auf elektrisch leitende Substanzen übertragbar. Nach (S 9.4) muß hierzu in (9.21) nur die reelle Brechzahl n durch die komplexe Brechzahl $\hat{n}$ ersetzt werden. Bei Beachtung von (A 1.7) erhält man

$$R_\perp = \frac{\left(\frac{\hat{n}_b}{\hat{n}_e} - 1\right)\left(\frac{\hat{n}_b}{\hat{n}_e} - 1\right)^*}{\left(\frac{\hat{n}_b}{\hat{n}_e} + 1\right)\left(\frac{\hat{n}_b}{\hat{n}_e} + 1\right)^*} = \frac{\left(\frac{n_b}{n_e} - 1\right)^2 + \frac{n_b^2}{n_e^2}\varkappa^2}{\left(\frac{n_b}{n_e} + 1\right)^2 + \frac{n_b^2}{n_e^2}\varkappa^2}\,.$$

Fällt eine elektromagnetische Welle vom Isolator der Brechzahl n_e senkrecht auf ein Medium der Brechzahl n_b und des Absorptionskoeffizienten $n_b\varkappa$, so beträgt der Reflexionsgrad

$$R_\perp = \frac{\left(\frac{n_b}{n_e} - 1\right)^2 + \frac{n_b^2}{n_e^2}\varkappa^2}{\left(\frac{n_b}{n_e} + 1\right)^2 + \frac{n_b^2}{n_e^2}\varkappa^2}\,.$$

(Beersches Gesetz).

(S 9.5)
Beersches Gesetz

August Beer
(1825–1863)

Die Beziehung (9.21) ist in (S 9.5) als Sonderfall $\varkappa = 0$ enthalten.

Für Metalle ist im sichtbaren Spektralbereich $\varkappa$ sehr groß und deshalb $\left(\frac{n_b}{n_e}\varkappa\right)^2 \gg \left(\frac{n_b}{n_e} + 1\right)^2$; der Reflexionsgrad liegt nahe bei Eins (für Silber $R_\perp \approx 0{,}95 = 95\%$). Deshalb werden z. B. Spiegel mit Metallen hinterlegt.

Weitere Werte für $R_\perp$ können Tab. 9.1 entnommen werden.

9.6 Zur Bestimmung von n und $n\varkappa$ eines stark absorbierenden Mediums

Die Bestimmung der Brechzahl n_M und des Absorptionskoeffizienten $n_M\varkappa$ eines stark absorbierenden Mediums, z. B. eines Metalles, ist nur in Reflexion möglich. Die Gründe hierfür sind einerseits die geringe Eindringtiefe d der elektromagnetichen Welle in das absorbierende Medium (z. B.

Bestimmung von n und $n\varkappa$ nur aus Reflexionsmessungen möglich

$d \approx 50\,\text{nm}$ bei $\lambda = 1\,\mu\text{m}$ in Silber oder Kupfer, vgl. Abschn. 7.2.1.1), andererseits der hohe Reflexionsgrad ($R_\perp \geq 95\%$, siehe Tab. 9.1). Ein entsprechendes Verfahren zur Bestimmung von n_M und $n_\text{M}\varkappa$ soll nachfolgend angegeben werden. Wir betrachten hierzu die Reflexion einer elektromagnetischen Welle an der ideal glatten Grenzfläche zwischen einem Dielektrikum der Brechzahl n_e und einem Metall der Brechzahl n_M. Für den Brechungswinkel i_b folgt nach dem Brechungsgesetz (S 9.3), nach (S 9.4) und der Definition (D 9.2) der komplexen Brechzahl $\hat{n}_\text{M}$

$$\sin i_\text{b} = \frac{n_\text{e} \sin i_\text{e}}{\hat{n}_\text{M}} = \frac{n_\text{e} \sin i_\text{e}}{n_\text{M}(1 - \text{i}\varkappa)} \,. \tag{9.22}$$

Wir zerlegen $\boldsymbol{E}_{0\text{e}}$ entsprechend (9.14) in $\boldsymbol{E}_{0\text{es}}$ und $\boldsymbol{E}_{0\text{ep}}$, wobei die komplexen Amplituden dieser Teilwellen gleich sein sollen:

$$\hat{\boldsymbol{E}}_{0\text{ep}} = \hat{\boldsymbol{E}}_{0\text{es}} \,. \tag{9.23}$$

Für das Amplitudenverhältnis $\hat{E}_{0\text{rp}}/\hat{E}_{0\text{rs}}$ der reflektierten Teilwellen ergibt sich (siehe A. 41) aus den Fresnelschen Formeln (9.17a) und (9.17b) unter Beachtung der Voraussetzung (9.23)

$$\frac{\hat{E}_{0\text{rp}}}{\hat{E}_{0\text{rs}}} = \varrho\, \text{e}^{\text{i}\Delta\varphi} \tag{9.24}$$

mit

$$\varrho = \frac{|\hat{E}_{0\text{rp}}|}{|\hat{E}_{0\text{rs}}|} \,, \tag{9.24a}$$

$$\Delta\varphi = \varphi_\text{p} - \varphi_\text{s} \,. \tag{9.24b}$$

$\Delta\varphi$ gibt die Phasenverschiebung zwischen den beiden reflektierten Teilwellen $\boldsymbol{E}_\text{rp}$ und $\boldsymbol{E}_\text{rs}$ an.

Haupteinfallswinkel

Man bezeichnet den Einfallswinkel $i_\text{e} = \varphi$, für den sich $\Delta\varphi = \pi/2$ ergibt, als *Haupteinfallswinkel*. Fällt die elektromagnetische Welle mit dem Haupteinfallswinkel auf die Metallfläche, so kann man nach (A 41.9) für das Intensitätsverhältnis I_rp/I_rs

$$\tan\Psi = \varrho_\text{H} = \left|\sqrt{\frac{I_\text{rp}}{I_\text{rs}}}\right|_{i_\text{e} = \Phi} \tag{9.25}$$

schreiben. Nach einigen elementaren Rechnungen folgen unter der Voraussetzung eines stark absorbierenden Mediums, d.h. für

$$n_\text{M}^2 |(1 - \text{i}\kappa)|^2 \gg 1 \,, \tag{9.26}$$

Cauchysche Formeln

die *Cauchyschen Formeln* (vgl. A. 41)

$$n_\text{M} = n_\text{e} \sin\varphi \tan\varphi \cos 2\psi \,, \tag{9.27a}$$

$$\kappa = \tan 2\psi \tag{9.27b}$$

zur Bestimmung der gesuchten Größen n_M und κ. Vorstehende Beziehungen wurden von Cauchy 1849, also vor der Entwicklung der Maxwellschen Theorie gefunden.

Für die Anwendung der Cauchyschen Formeln müssen der Haupteinfallswinkel φ und das Intensitätsverhältnis I_{rp}/I_{rs} für $i_e = \Phi$ unter Einhaltung der Voraussetzung (9.23) bestimmt werden. Hierzu läßt man linear polarisiertes Licht (siehe Abschn. 10.3), dessen Schwingungsebene mit der Einfallsebene einen Winkel von 45° bildet, entsprechend Abb. 9.7 an zwei Oberflächen des Metalles reflektieren. Der Schnittwinkel von 45° garantiert nach Abb. 10.43 die Einhaltung der Voraussetzung (9.23). Die zweifache Reflexion führt beim Haupteinfallswinkel zu einer Gesamtphasenverschiebung von $2\Delta\varphi = \pi$, d.h. wieder zu linear polarisiertem Licht, dessen Schwingungsebene dann aber senkrecht zu der des einfallenden Lichtes liegt. Die Durchlaßrichtung des Analysators A wird deshalb senkrecht zu der des Polarisators P gewählt. Es wird dann der Einfallswinkel i_e gesucht, bei dem die Intensität des durch A hindurchtretenden Lichtes maximal wird. Er entspricht φ. Für diesen Einfallswinkel bestimmt man danach für eine Reflexion das Intensitätsverhältnis I_{rp}/I_{rs} und berechnet mit (9.25) $\tan\psi$.

experimentelle Bestimmung von Φ und I_{rp}/I_{rs}

AUGUSTIN LOUIS CAUCHY (1789–1857)

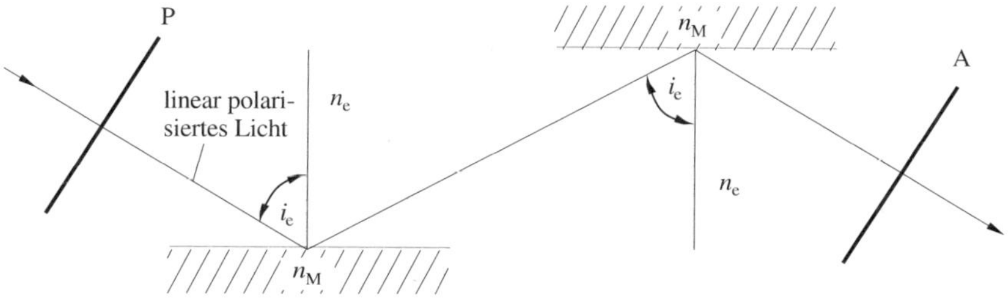

Abb. 9.7
Zur Bestimmung des Haupteinfallswinkels (P Polarisator, A Analysator)

Für einige Metalle können n und $n\varkappa$ aus Tabelle 9.1 entnommen werden. Ergibt sich $n < 1$, so ist nach (D 9.1) $v_{ph} > c$. Dies ist kein Widerspruch zur speziellen Relativitätstheorie, denn sie begrenzt nach (S 14.8) nur die Gruppengeschwindigkeit einer Welle, nicht aber ihre Phasengeschwindigkeit.

9.7 Totalreflexion

Eine elektromagnetische Welle falle vom optisch dichteren Medium der Brechzahl n_e auf ein optisch dünneres der Brechzahl $n_b (n_e > n_b)$. Nach dem Brechungsgesetz (S 9.3)

$$\sin i_b = \frac{\sin i_e}{\frac{n_b}{n_e}}$$

erfolgt die Brechung vom Lot weg ($i_b > i_e$, vgl. Abb. 9.8). Daher existiert ein Einfallswinkel $i_{e,gr} < 90°$, für den die gebrochene Welle, parallel zur Grenzfläche verläuft ($i_b = 90°$):

$$\sin i_e > i_{e,gr} = \frac{n_b}{n_e}.$$

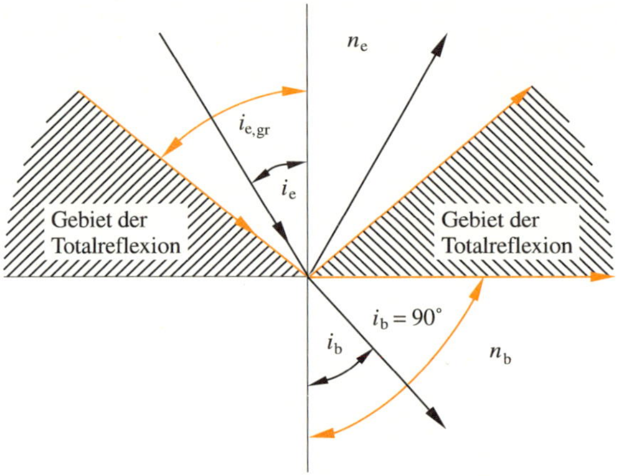

Abb. 9.8
Zur Totalreflexion. Beim Grenzwinkel $i_{e,gr}$ der Totalreflexion verläuft die gebrochene Welle parallel zur Grenzfläche. Das Gebiet der Totalreflexion ist schraffiert.

Für Einfallswinkel $i_e > i_{e,gr}$ wird $\sin i_b > 1$. Das Brechungsgesetz ist dann durch reelle Winkel nicht mehr erfüllbar. Die gesamte auf das zweite Medium auffallende Welle wird nach dem Reflexionsgesetz reflektiert (*Totalreflexion*).

(D 9.4) Grenzwinkel $i_{e,gr}$ der Totalreflexion

Beim Übergang des Lichtes vom optisch dichteren zum optisch dünneren Medium heißt der durch

$$i_{e,gr} = \arcsin \frac{n_b}{n_e} \quad (n_e > n_b)$$

festgelegte Winkel $i_{e,gr}$ Grenzwinkel der Totalreflexion.

Vorstehende Betrachtungen lassen sich wie folgt zusammenfassen:

(S 9.6) Totalreflexion

Für Einfallswinkel größer als der Grenzwinkel der Totalreflexion ist eine Brechung des Lichtes vom optisch dichteren ins optisch dünnere Medium unmöglich. Am optisch dünneren Medium erfolgt eine totale Reflexion des Lichtes nach dem Reflexionsgesetz (Totalreflexion).

Die nachstehende wellentheoretische Betrachtung der Totalreflexion zeigt, daß die Welle etwa eine Wellenlänge tief in das zweite Medium eintritt und erst dann reflektiert wird. Für die geometrische Optik (siehe Kapitel 11) ist dieser Effekt wegen der kleinen Wellenlängen des sichtbaren Lichtes (400 nm bis 700 nm) belanglos.

Läßt man ein *paralleles* Lichtbündel in die Achse eines Wasserstrahles fallen (vgl. Abb. 9.9), so nimmt das Licht den Weg des Wasserstrahles, da die Totalreflexion ein Austreten des Lichtes aus dem Strahl verhindert. Eine Vielzahl von Totalreflexionen lenkt es zum Auftreffpunkt des Wassers, der als heller Fleck erscheint.

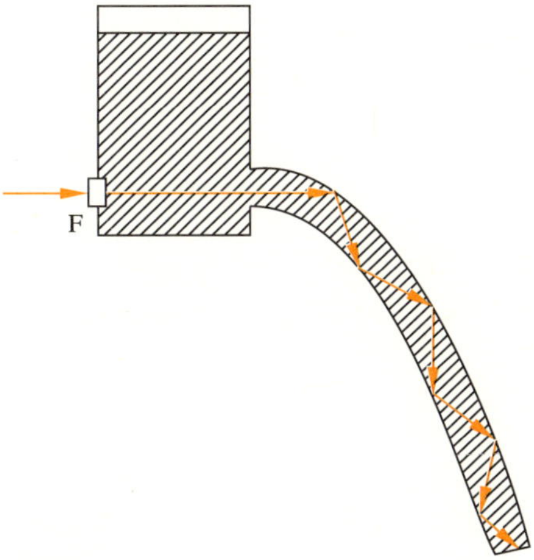

Abb. 9.9
Zum Prinzip des Lichtleiters. Ein paralleles Lichtbündel tritt durch das Fenster F in die Achse des Wasserstrahles und wird durch Totalreflexion zur Auftreffstelle des Wassers gelenkt.

Besäße der Wasserstrahl eine ideal glatte Oberfläche, wäre von außen der Lichtdurchgang durch den Wasserstrahl überhaupt nicht bemerkbar. Als Folge der immer vorhandenen Oberflächeninhomogenitäten und der Abweichungen des Lichtbündels von der Parallelität unterschreitet jedoch das auftreffende Licht an bestimmten Stellen des Wasserstrahles den Grenzwinkel der Totalreflexion. Der Wasserstrahl erscheint dem Betrachter deshalb diffus leuchtend.

Faseroptik

Dieser Versuch demonstriert das Prinzip der *Faseroptik*. Bei ihr übernehmen dünne Glasfasern die Funktion des „Lichtleiters" (des Wasserstrahles). Die einzelne Faser besitzt einen Durchmesser von einigen zehn Mikrometern.

Lichtleitkabel
Bildleitkabel

Man unterscheidet *Lichtleitkabel* und *Bildleitkabel*. Lichtleitkabel bestehen aus einem ungeordneten Faserbündel. Sie werden u.a. zur Beleuchtung schwer zugänglicher Orte genutzt. Bildleitkabel dienen der Bildübertragung. Bei ihnen besitzt die Austrittsfläche des Lichtes die gleiche räumliche Anordnung der Fasern wie die Lichteintrittsfläche.

Lichtleitfaser ist in Kern und Mantel unterteilt

Damit die Totalreflexion nicht durch die gegenseitige Berührung der Fasern gestört wird, werden die einzelnen Glasfasern mit einem Glasmantel mit einer gegenüber der des Faserkernes kleineren Brechzahl überzogen. Dadurch wird das Licht nicht an der Oberfläche der Faser totalreflektiert, sondern an der Grenzfläche Kern – Mantel. Abbildung 9.10 zeigt dies für zwei sich berührende Fasern.

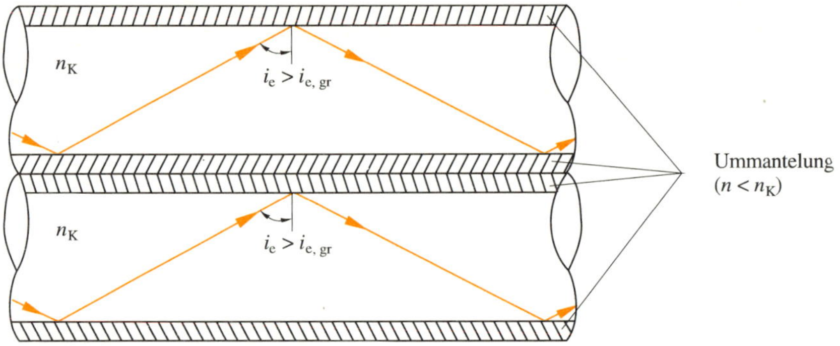

Abb. 9.10
Das Licht wird nicht an der Faseroberfläche totalreflektiert, sondern an der Grenzfläche Faserkern-Ummantelung.

Durch Licht- bzw. Bildleitkabel kann das Licht an schwer zugängliche Orte geleitet bzw. das Bild schwer zugänglicher Objekte betrachtet werden. In der Medizin läßt sich z.B. das Innere eines Magens durch ein kombiniertes Licht-Bildleitkabel betrachten. Das Lichtleitkabel dient zur Beleuchtung des Mageninneren, das Bildleitkabel zu seiner Betrachtung.

Wegen des unstetigen Überganges von der Kernzone zur Mantelzone läßt sich mit einem ummantelten Lichtleitkabel Licht höchstens bis zu Entfernungen von 50 m leiten, denn die Fläche zwischen Kern und Mantel ist nie ideal glatt und das Fasermaterial innerhalb der beiden Zonen nicht vollkommen homogen. Die Verluste sind bei derartigen Fasern vor allem durch diese Ursachen bedingt. Man hat deshalb Glasfasern entwickelt, deren Brechzahl von der Mitte zum Rand hin stetig abnimmt (*Gradientenfasern*). Die bei der Totalreflexion auftretenden Verluste sind bei ihnen so weit reduziert, daß wesentlich größere Übertragungsstrecken möglich werden. So werden zunehmend *Glasfaserkabel* zur Informationsübertragung auch über weite Strecken genutzt.

Gradientenfaser

Glasfaserkabel

Die optische Informationsübertragung hat gegenüber der herkömmlichen Technik u.a. die Vorteile, daß die zu übertragende Information nicht durch elektromagnetische Störfelder beeinflußt wird und daß durch die große Lichtfrequenz ($\nu \approx 10^{14}$ Hz) wesentlich mehr Informationskanäle pro Leitung zur Verfügung stehen.

Weitere Anwendung findet die Totalreflexion u.a. zur Umkehrung von Lichtwegen (vgl. Abschnitt 11.2.2)

Bei vorstehenden Überlegungen wurde angenommen, daß die Welle entsprechend Abbildung 9.11a an der Grenzfläche beider Medien total reflektiert wird, die Welle also nicht ins zweite Medium eindringt. Die wellentheoretische Betrachtung der Totalreflexion bestätigt diese Aussage nicht. Dies ist auch nicht verwunderlich, da diese Auffassung dem Verhalten der Feldvektoren an Grenzflächen (sie (S 9.1)) widerspricht.

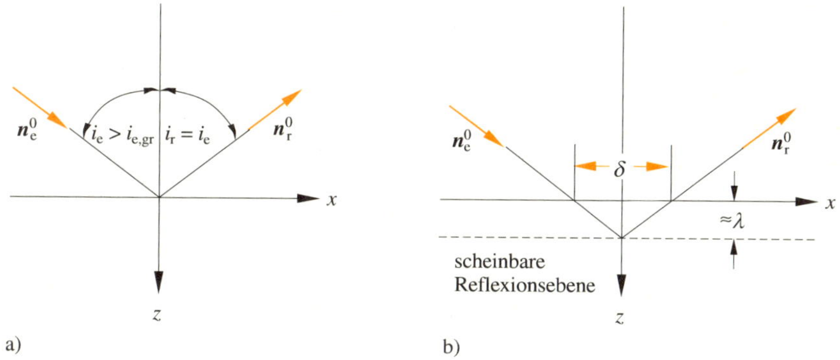

Abb. 9.11 Zur Strahlversetzung

Bei der wellentheoretischen Betrachtung der Totalreflexion geht man davon aus (siehe A. 42), daß das Brechungsgesetz für Einfallswinkel $i_e > i_{e,gr}$ wohl nicht durch reelle, aber entsprechend (A 1.10) durch komplexe Brechungswinkel

wellentheoretische Betrachtung der Totalreflexion

$$\hat{i}_b = \frac{\pi}{2} + \mathrm{i}\, i'_b \tag{9.28a}$$

erfüllbar ist. Man erhält dann die inhomogene Welle (siehe (A 42.7)).

$$\hat{\boldsymbol{E}}_b = \boldsymbol{E}_{0b}\, \mathrm{e}^{-kz \sinh i'_b}\, \mathrm{e}^{\mathrm{i}(\omega t - kx \cosh i'_b + \varphi)}, \tag{9.28}$$

wobei i'_b nach (A 42.1) und (A 42.5a) entsprechend

$$\cosh i'_b = \frac{\sin i_e}{\dfrac{n_b}{n_e}} \tag{9.28b}$$

durch den Einfallswinkel i_e und die beiden Brechzahlen n_e und n_b eindeutig festgelegt ist. sinh x und cosh x bedeuten die durch (A 42.3a) und (A 42.3b) festgelegten Hyperbelfunktionen.

Die inhomogene Welle (9.28) breitet sich x-Richtung, d. h. in der Grenzfläche beider Medien aus, ihre Amplitude ist in positiver z-Richtung, d. h. im zweiten Medium mit wachsendem Abstand von der Grenzfläche exponentiell gedämpft.

inhomogene Welle bei Totalreflexion

Die totale Reflexion der Welle wird auch wellentheoretisch bestätigt, denn nach (A 42.9) und (A 42.10) gilt nach den Fresnelschen Formeln für die komplexen Amplituden der Komponenten der reflektierten Welle

$$\hat{\boldsymbol{E}}_{0\mathrm{rp}} = \boldsymbol{E}_{0\mathrm{ep}}\,\mathrm{e}^{-2\mathrm{i}\varphi_\mathrm{p}}$$
$$\hat{\boldsymbol{E}}_{0\mathrm{rs}} = \boldsymbol{E}_{0\mathrm{es}}\,\mathrm{e}^{-2\mathrm{i}\varphi_\mathrm{s}}$$

und damit unter Beachtung von $I_\mathrm{r} \sim \boldsymbol{E}_{0\mathrm{r}}^2$ (A 15.8), $\boldsymbol{E}_{\mathrm{rp}} \cdot \boldsymbol{E}_{\mathrm{rs}} = 0$ (siehe (A 3.5a) und $|\mathrm{e}^{\mathrm{i}\varphi}| = 1$ (siehe (A 1.1b)) für die reflektierte Intensität

$$I_\mathrm{r} \sim |\hat{\boldsymbol{E}}_{0\mathrm{rp}} + \hat{\boldsymbol{E}}_{0\mathrm{rs}}|^2 = |\hat{\boldsymbol{E}}_{0\mathrm{rp}}{}^2| + |\hat{\boldsymbol{E}}_{0\mathrm{rs}}{}^2|$$
$$= \boldsymbol{E}_{0\mathrm{ep}}{}^2 + \boldsymbol{E}_{0\mathrm{es}}$$

oder

$$I_\mathrm{r} = I_\mathrm{ep} + I_\mathrm{es} = I_\mathrm{e}\,. \qquad (9.29)$$

Die gesamte auf die Grenzfläche auffallende Intensität I_e wird also reflektiert, die Bezeichnung Totalreflexion ist damit gerechtfertigt.

Phasenänderung bei Totalreflexion

Da die beiden parallel und senkrecht zur Einfallsebene schwingenden Komponenten der reflektierten Welle einen Phasenunterschied

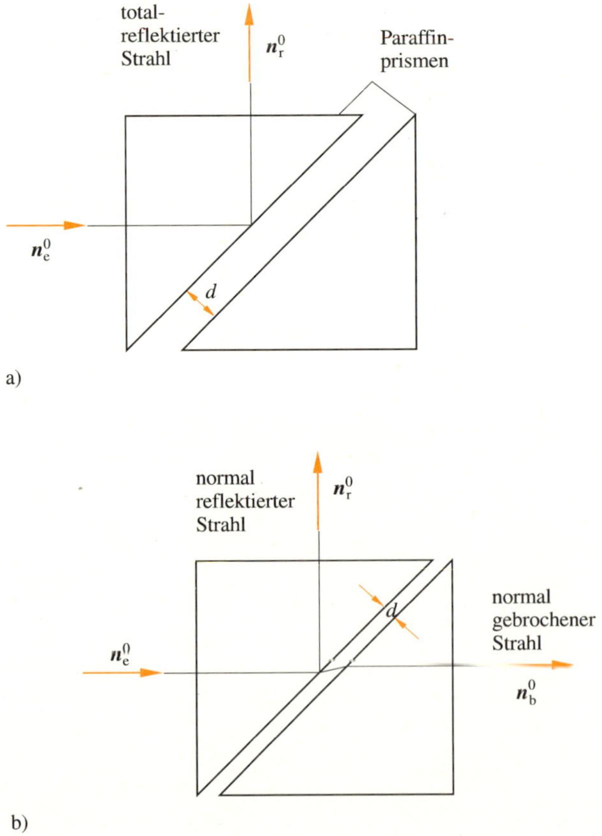

Abb. 9.12
Zur behinderten Totalreflexion
a) Luftspalt $d > \lambda$, es erfolgt Totalreflexion
b) Luftspalt $d < \lambda$, die Totalreflexion wird unterdrückt

$\Delta\varphi = (2\varphi_p - 2\varphi_s)$ aufweisen, ist die reflektierte Welle im allgemeinen elliptisch polarisiert, wenn die einfallende Welle als linear polarisiert vorausgesetzt wird (vgl. Abschn. 10.3). $\Delta\varphi$ hängt dabei nach (A 42.9a) und (A 42.10a) vom Einfallswinkel ab. Nach (9.28b) liegen die Werte $\cosh i_b'$ etwa im Intervall $1 < \cosh i_b' < 10$. Damit dringt nach (9.28) und $k = 2\pi/\lambda$ die inhomogene Welle etwa eine Wellenlänge tief in das 2. Medium ein. Abb. 9.11a ist also durch Abb. 9.11b zu ersetzen.

Experimenteller Nachweis der behinderten Totalreflexion

Das Eindringen der Welle in das 2. Medium kann leicht mit Hilfe elektromagnetischer Wellen mit Wellenlängen im Zentimeterbereich nachgewiesen werden. Verwendung finden zwei durch einen Luftspalt getrennte Paraffinprismen (s. Abb. 9.12). Ist der Luftspalt zwischen den Prismen größer als die verwendete Wellenlänge, so erfolgt entsprechend Abbildung 9.12a Totalreflexion. Wählt man ihn jedoch kleiner als λ, so kann die Welle fast ungehindert den Luftspalt passieren (Abb. 9.12b). Man spricht dann von *behinderter Totalreflexion.*

behinderte Totalreflexion

Strahlversetzung

Das Eindringen des Lichtes ins zweite Medium führt zur *Strahlversetzung* δ (siehe Abb. 9.11b). Diese rührt daher, daß die elektromagnetische Welle etwa eine Wellenlänge tief in das 2. Medium eindringt und damit erst dort an einer scheinbaren Reflexionsebene reflektiert wird. Die Strahlenversetzung konnte man 1947 für Licht mit der in Abbildung 9.13 skizzierten Versuchsanordnung nachweisen. Wegen der Kleinheit von δ (δ liegt in der Größenordnung der Wellenlänge des Lichtes, siehe Abb. 9.11b) wird zu ihrem Nachweis eine Vielzahl von Totalreflexionen genutzt und der Auftreffpunkt P des Lichtstrahles auf dem Schirm S bestimmt. Danach werden die reflektierenden Flächen verspiegelt. Dann erfolgt die Reflexion an der Metalloberfläche und somit ohne Strahlversetzung, der Lichtstrahl trifft daher den Schirm im Punkt P'. Aus dem Abstand beider Punkte und der Anzahl der Totalreflexionen konnte die Strahlversetzung in Übereinstimmung mit der Theorie bestätigt werden. Wegen der genannten Zusammenhänge wird die Totalreflexion immer mehr zur Untersuchung von Grenz- und Oberflächen genutzt.

Experimenteller Nachweis der Strahlversetzung

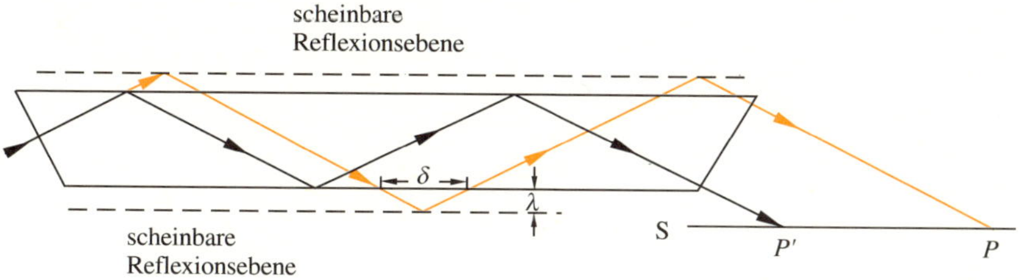

Abb. 9.13
Zum Nachweis der Strahlversetzung
——— Reflexion am Metall
——— totalreflektierter Strahl

Analoge Verhältnisse zu den hier diskutierten findet man auch für Materiewellen (Tunneleffekt, vgl. Bd. III).

9.8 Aufgaben

9.1
Zeigen Sie, daß sich bei streifendem Einfall von Licht auf die Grenzfläche zweier Medien der Reflexionsgrad R dem Wert 1 nähert!

9.2
Berechnen Sie den Reflexionsgrad von unpolarisiertem Licht an der Grenzfläche Luft-Wasser ($n_W = 1{,}333$) für die Einfallswinkel $0°$ und $45°$!

9.3
Leiten Sie aus den Fresnelschen Formeln die Beziehung für den Reflexionsgrad beim Einfallswinkel $i_e = 0$ für eine Grenzfläche Luft-Dielektrikum her! Das einfallende Licht sei linear polarisiert mit $\boldsymbol{E}_0 = \boldsymbol{E}_{0p}$.

9.4
Zeigen Sie, daß es für unpolarisiert einfallendes Licht einen Winkel i_e gibt, für den das reflektierte Licht linear polarisiert ist!

9.5
Berechnen Sie für unpolarisiert einfallendes Licht das Reflexionsvermögen an der Grenzfläche Luft-Quarzglas ($n_{Gl} = 1{,}459$) unter der Bedingung, daß das reflektierte Licht linear polarisiert sein soll!

9.6
Beweisen Sie mit den Fresnelschen Formeln, daß für den Grenzwinkel der Totalreflexion unpolarisiert einfallendes Licht auch unpolarisiert in das dichtere Medium reflektiert wird!

9.7
Am Grunde eines Wasserbeckens von 1 m Tiefe leuchtet eine Punktlichtquelle. Direkt über der Lichtquelle befindet sich auf der Wasseroberfläche der Mittelpunkt einer kreisförmigen undurchsichtigen Scheibe mit dem Durchmesser 2 m. Wie breit wird der Kreisring am Rande der Scheibe, aus dem Licht in Luft übertreten kann? ($n_W = 1{,}333$)

9.8
Ein Prisma zur Strahlumlenkung um $180°$ (s. Abbildung) bestehe aus Glas mit der Brechzahl $n = 1{,}56$. Erfüllt das Prisma seine Aufgabe auch, wenn es in Wasser ($n_W = 1{,}333$) eingebettet ist?

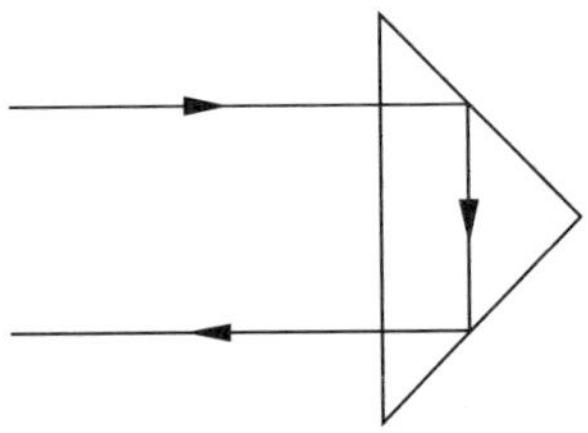

9.9
Beim Experiment zur Totalreflexion (s. Abbildung) wird angenommen, daß der Wasserstrahl einen Durchmesser von 0,5 cm hat. Mit welcher Mindestgeschwindigkeit muß das Wasser ausströmen, damit auch der am unterem Rande eintretende Lichtstrahl Totalreflexion erfährt? Welche Füllhöhe h über der Oberkante ist dafür erforderlich?

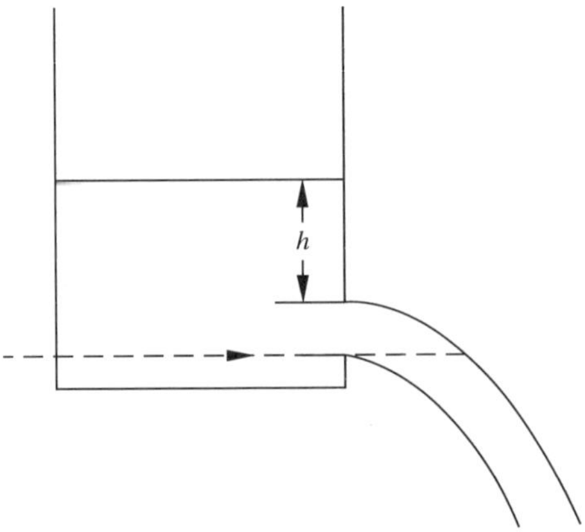

10 Wellencharakter des Lichtes

Die physikalische Erscheinung Licht ist nach Kapitel 7 eine elektromagnetische Welle im sichtbaren Wellenlängenbereich, der zwischen 360 nm und 780 nm liegt (*sichtbares Licht*). Dabei gehört die größte Wellenlänge zum roten und die kleinste zum violetten Anteil des sichtbaren Spektrums. Diese Festlegung ist physiologisch begründet und deshalb nicht ganz frei von Willkür. Den an die rote Grenze anschließenden Wellenlängenbereich $780\,\text{nm} \leq \lambda \leq 100\,\mu\text{m}$ nennt man *ultrarotes Licht,* den an die violette Grenze anschließenden Wellenlängenbereich $14\,\text{nm} \leq \lambda \leq 360\,\text{nm}$ *ultraviolettes Licht.* Licht einer einzigen Wellenlänge λ heißt *monochromatisches* Licht.

sichtbares Licht

ultrarotes Licht

ultraviolettes Licht

monochromatisches Licht

Licht muß als Welle entsprechend Kapitel I 10 Interferenz- und Beugungseffekte, als Transversalwelle darüber hinaus auch Polarisationseffekte zeigen. Der experimentelle Nachweis dieser Effekte ist nach (I S 10.18) zugleich auch die experimentelle Bestätigung für die Richtigkeit der theoretischen Auffassung vom Wellencharakter des Lichtes und einschließlich einiger Anwendungen dieser Effekte der Gegenstand dieses Kapitels. In Bd. III wird dann gezeigt, daß die Erscheinung Licht noch weitaus komplizierter ist und weder im klassischen Wellenbild noch im klassischen Teilchenbild vollständig beschrieben werden kann.

10.1 Interferenz

10.1.1 Zeitliche und räumliche Kohärenz

Interferenz von Licht liegt dann vor, wenn die Überlagerung des Lichtes zweier Lichtquellen Q_1 und Q_2, die in einem Punkt P_0 einzeln die Intensitäten I_1 bzw. I_2 bewirken, zur Gesamtintensität

Interferenz

$$I_g = I_1 + I_2 + I_{\text{int}} \tag{10.1a}$$

führt und dabei das *Interferenzglied*

Interferenzglied

$$I_{\text{int}} = 2\sqrt{I_1 I_2}\,\cos(\varphi_1^* - \varphi_2^*) \tag{10.1}$$

nicht identisch verschwindet (vgl. (A 15.12) und (A 15.13)). Die Grundlage für die Beziehungen (10.1a) und (10.1) bildet die Gültigkeit des Superpositionsprinzipes (A 15.9).

Handelt es sich z.B. um Punktlichtquellen und sind die interferierenden Lichtwellen somit Kugelwellen, so beträgt die Phasendifferenz nach (A 15.12a)

$$\varphi_1^* - \varphi_2^* = \varphi_1 - \varphi_2 - k(r_{10} - r_{20}), \tag{10.1b}$$

wobei r_{10} der Abstand zwischen Q_1 und P_0, r_{20} derjenige zwischen Q_2 und P_0 ist. Ganz allgemein bezeichnet man die Größe

$$\Delta = \frac{|\varphi_1^* - \varphi_2^*|}{k} \tag{10.1c}$$

Gangunterschied

als *Gangunterschied* (vgl. (A 15.12b)).

Überlagert man das Licht zweier Glühlampen, dann findet man im Widerspruch zu der in den beiden vorangegangenen Kapiteln 8 und 9 mit Erfolg praktizierten Beschreibung des Lichtes als eine harmonische Welle keine Interferenz. Die Ursachen dieser Diskrepanz zwischen Theorie und Experiment liegen im Elementarvorgang der Lichtemission begründet.

Wellenzug (Wellengruppe)

Licht entsteht durch kurzzeitige Energieübergänge einzelner Atome (vgl. Bd. III). Lichtquellen strahlen daher nicht einen einzigen unendlichen Wellenzug ab, der (5.9a) entspricht, sondern eine Vielzahl voneinander unabhängige Wellenzüge *endlicher* Länge l_K. Jeder *Wellenzug* oder jede *Wellengruppe* (vgl. Abschnitt 10.3) entspricht der Strahlung eines einzelnen Atoms der Lichtquelle. Aus der Länge der Wellengruppe (l_K beträgt im allgemeinen wenige Meter, vgl. Abschnitt 10.1.3) kann auf die mittlere Strahlungsdauer τ des Atoms (oder seine mittlere Verweilzeit im angeregten Zustand, vgl. Bd. III) geschlossen werden. Sie beträgt in der Regel ($l_K = c\tau$, $c \approx 10^8\,\text{ms}^{-1}$, vgl. (7.20)) ungefähr 10^{-8} s. Überlagert man das Licht zweier Punktlichtquellen, so bekommt man wohl während der Zeit τ eine bestimmte Phasendifferenz $|\varphi_1^* - \varphi_2^*|$ und damit nach (10.1) eine bestimmte Interferenzfigur, für $t > \tau$ kommen am Ort der Beobachtung aber andere Wellengruppen zur Interferenz. Da keine festen Phasenbeziehungen zwischen den Wellengruppen existieren, verändert sich demnach die Interferenzfigur alle 10^{-8} s völlig regellos. So kann zum Beispiel an den Stellen der Helligkeitsmaxima nach 10^{-8} s Dunkelheit herrschen. Wenn die Strahlungsdetektoren eine Zeitkonstante $t \gg \tau$ besitzen, registrieren sie nicht die Einzelerscheinungen, sondern mitteln über eine extrem große Anzahl von Interferenzbildern. Jedem dieser Interferenzbilder entspricht eine bestimmte Phasendifferenz $|\varphi_1^* - \varphi_2^*|$. Weil für die Wellenlänge $\lambda \ll l_K$ gilt, treten die positiven und die negativen Werte von $\cos(\varphi_1^* - \varphi_2^*)$ bei der großen Anzahl der Einzelinterferenzen mit gleicher Häufigkeit auf. Deshalb ergibt die zeitliche Mittelung $\overline{\cos(\varphi_1^* - \varphi_2^*)} = 0$, d.h., das Interferenzglied (10.1) verschwindet identisch:

$\bar{I}_{\text{int}} \equiv 0$ für natürliches Licht

$$\bar{I}_{\text{int}} = 2\sqrt{I_1 I_2}\,\overline{\cos(\varphi_1^* - \varphi_2^*)} \equiv 0 \tag{10.2}$$

(für herkömmliche Lichtquellen).

Interferenzerscheinungen sind damit nicht beobachtbar. Für die Beobachtung von Interferenzerscheinungen ist somit die Herstellung stationärer Phasenbeziehungen zwischen den zur Überlagerung gebrachten Wellen notwendig.

Der Zustand der Interferenzfähigkeit von Wellen wird durch den Begriff *Kohärenz* fixiert:

Kohärenz

(D 10.1)
zeitliche Kohärenz

> Zwei oder mehrere Wellen heißen zeitlich vollständig kohärent, wenn ihre Schwingungsebenen gleich und ihre Phasenbeziehungen zeitlich konstant sind. Wellen, bei deren Überlagerung das Interferenzglied identisch verschwindet, heißen vollständig inkohärent. Quellen kohärenter Lichtwellen heißen kohärente Lichtquellen.

In der vorstehenden Definition wurde die Gleichheit der Schwingungsrichtungen der beiden zur Überlagerung kommenden Wellen, d.h. $\boldsymbol{E}_1^0 = \boldsymbol{E}_2^0$ verlangt. Der Begriff Kohärenz ist aber auch für den Fall $\boldsymbol{E}_1^0 \neq \boldsymbol{E}_2^0$ nützlich. Dazu betrachten wir zunächst den Sonderfall, daß $\boldsymbol{E}_1$ und $\boldsymbol{E}_2$ senkrecht aufeinander stehen und eine zeitlich konstante Phasendifferenz zwischen den beiden Wellen besteht. Es werde angenommen, daß sich beide Wellen in positiver z-Richtung fortpflanzen, die positive x-Achse in Richtung von $\boldsymbol{E}_1^0$ und die y-Achse parallel zu $\boldsymbol{E}_2^0$ liegt, also $\boldsymbol{E}_1^0 = \boldsymbol{i}$ sowie $\boldsymbol{E}_2^0 = \pm \boldsymbol{j}$ gilt. Als Amplitudenvektor $\boldsymbol{E}_0$ der Überlagerungswelle folgt dann

$$\boldsymbol{E}_0 = E_{01}\,\boldsymbol{i} \pm E_{02}\,\boldsymbol{j}$$

und demzufolge nach $I \sim \boldsymbol{E}_0^2$ für die Gesamtintensität

$$I = I_1 + I_2 \,.$$

Das Interferenzglied verschwindet identisch, nach (D 10.1) sind die Wellen vollständig inkohärent. Dieser Sachverhalt wird meist so ausgedrückt: Senkrecht zueinander linear polarisierte Wellen können nicht miteinander interferieren. Schließen nun die Schwingungsrichtungen $\boldsymbol{E}_1^0$ und $\boldsymbol{E}_2^0$ den Winkel $0 < \alpha < \pi/2$ ein, dann zerlegt man z.B. $\boldsymbol{E}_2$ in eine Komponente parallel zu $\boldsymbol{E}_1^0$ und in eine Komponente senkrecht zu $\boldsymbol{E}_1^0$. Die Wellen sind somit zueinander teilweise kohärent. Die parallelen Vektoren ergeben den kohärenten Anteil, die zueinander senkrechten den inkohärenten Anteil. Die Interferenzfigur wird durch den inkohärenten Anteil gleichmäßig aufgehellt. Teilweise Kohärenz liegt auch dann vor, wenn für endliche Wellenzüge, die die Bedingungen für die zeitliche Kohärenz erfüllen, ein von Null verschiedener Gangunterschied existiert, der kleiner als die Kohärenzlänge ist (vgl. Abschnitt 10.1.3).

Senkrecht zueinander linear polarisierte Wellen interferieren nicht

Vorstehende Überlegungen lassen sich mit (D 10.1) in folgender Weise zusammenfassen:

(S 10.1)
inkohärente Lichtquellen

> Licht herkömmlicher Lichtquellen (nicht das Licht von Lasern) ist vollkommen inkohärent. Bei Überlagerung von Licht vollkommen inkohärenter Lichtquellen ergibt sich die Intensität für jeden Raumpunkt durch einfache Addition der Einzelintensitäten.

Sind zwei Lichtquellen zeitlich kohärent, so erhält man für die von zwei Punkten ausgehenden Lichtwellen einen von Raumpunkt zu Raumpunkt verschiedenen, aber stationären Wert der Phasendifferenz $|\varphi_1^* - \varphi_2^*|$, damit nach (10.1) ein nicht identisch verschwindendes Interferenzglied. Trotzdem wird man bei realen Lichtquellen auch dann vielfach keine Interferenz beobachten, d.h., man findet im Widerspruch zu (10.1) und (10.1a) im gesamten betrachteten Raum eine Gesamtintensität, die sich als Summe der Einzelintensitäten ergibt. Dies liegt darin begründet, daß die realen Lichtquellen nicht den Voraussetzungen von (10.1) und (10.1a) entsprechen. Der ebenen Welle entspricht ideal paralleles Licht, der Kugelwelle das Licht einer idealen Punktlichtquelle. Alle unsere herkömmlichen Lichtquellen sind aber Flächenstrahler und strahlen das Licht stets mit einem

Öffnungswinkel

endlichen *Öffnungswinkel* ab. Der Öffnungswinkel u des Lichtkegels wird in der Optik so festgelegt, daß er dem halben Raumwinkel des Öffnungskegels des Lichtbündels entspricht (vgl. Abb. 10.1). Im Beobachtungspunkt P überlagern sich somit alle von den verschiedenen Punkten des Flächenstrahlers ausgehenden Teilwellen. Mit wachsender Größe der strahlenden Fläche und des Raumwinkels kann deshalb die Interferenz verschwinden,

räumliche Kohärenz

das Licht ist nicht *räumlich kohärent*. Eine Bedingung, bis zu welchen Werten von A und u noch Interferenzen zu erhalten sind, soll im Folgenden gegeben werden.

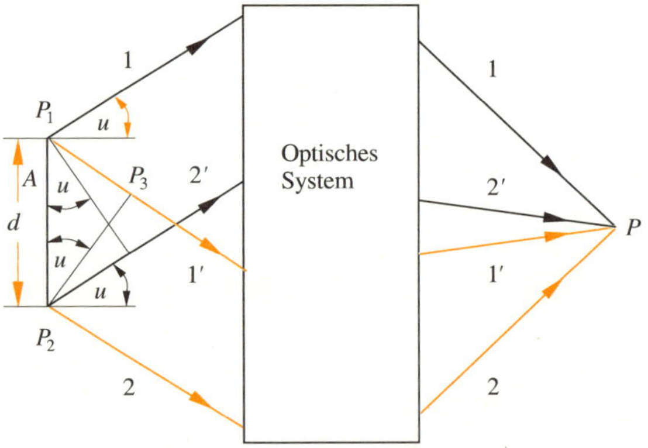

Abb. 10.1 Zur Herleitung der räumlichen Kohärenzbedingung

Das von der ebenen Fläche A abgestrahlte Licht werde durch ein optisches System im Punkt P vereinigt (vgl. Abb. 10.1). Wir betrachten auf der Fläche A die Punkte P_1 und P_2 mit dem größtmöglichen Abstand d voneinander. Von diesen Punkten gehen Lichtbündel mit dem Öffnungswinkel u aus. Die Strahlen 1 und 1′ bzw. 2 und 2′ charakterisieren die Randstrahlen dieser Bündel. Die Differenz der optischen Weglängen längs dieser Randstrahlen beträgt

$$\Delta_1 = \delta_1 - \delta_{1'}, \quad \Delta_2 = \delta_{2'} - \delta_2. \tag{10.3a}$$

Diesen Gangunterschieden entsprechen bestimmte Interferenzfiguren in P. Sollen beide Lichtbündel gleiche Interferenzen in diesem Punkt erzeugen, so muß nach (A 15.14)

$$|\Delta_1 - \Delta_2| \ll \lambda \qquad (10.3\text{b})$$

gefordert werden. Weiter kann aus Abbildung 10.1

$$\delta_{1'} = \delta_2 + d \sin u; \quad \delta_{2'} = \delta_1 + d \sin u$$

entnommen werden. Man erkennt dies sofort, wenn man den Strahlengang in Abbildung 10.1 rückwärts verfolgt. Besitzen die zu 2 und 1′ zugehörigen Wellen in P die gleiche Phase, dann müssen sie in den Punkten P_1 und P_2 den angegebenen Gangunterschied besitzen, denn sie bilden im Gegenstandsraum ein paralleles Bündel. Die Strecke $\overline{P_2 P_3}$ ist demzufolge die Schnittlinie einer Fläche konstanter Phase mit der Zeichenebene.

Aus (10.3b) folgt mit (10.3a) als Bedingung für die räumliche Kohärenz

$$2d \sin u \ll \lambda.$$

Das Licht eines Flächenstrahlers kann nur dann interferieren, wenn zwischen seiner größten Abmessung d, dem Öffnungswinkel u und der Wellenlänge λ des abgestrahlten Lichtes die Bedingung

(S 10.2) räumliche Kohärenzbedingung

$$2d \sin u \ll \lambda$$

eingehalten wird (räumliche Kohärenzbedingung).

Punktlichtquellen sind durch $d = 0$ charakterisiert und erfüllen demnach die räumliche Kohärenzbedingung unabhängig vom Öffnungswinkel u, parallele Lichtbündel wegen $u = 0$ unabhängig von ihrem Querschnitt. Da reale Lichtquellen weder ideale Punktlichtquellen sind noch ideal parallele Lichtbündel aussenden, muß bei allen Interferenzexperimenten auf die Realisierung von zeitlicher *und* räumlicher Kohärenz geachtet werden.

paralleles Licht und das Licht einer Punktlichtquelle sind räumlich kohärent

10.1.2 Anordnungen zum Nachweis der Interferenz

Die Beobachtung stationärer Interferenzerscheinungen erfordert die Überlagerung zeitlich kohärenter Lichtwellen unter Einhaltung der räumlichen Kohärenzbedingung. Wir wollen für das weitere ideale Punktlichtquellen bzw. ideal paralleles Licht voraussetzen, wodurch die räumliche Kohärenzbedingung erfüllt ist. Zwei zeitlich kohärente Wellen erfordern eine stationäre Phasendifferenz $|\varphi_1^* - \varphi_2^*|$. Dies läßt sich z. B. dadurch erreichen, daß man das Licht einer Punktlichtquelle oder ein paralleles Lichtbündel in zwei Teilwellen aufspaltet, diese unterschiedliche Wege durchlaufen läßt und sie danach wieder vereinigt. Wenn die Differenz der unterschiedlichen Lichtwege kleiner als die Länge l_K der Wellengruppe ist, so sind die Teilwellen kohärent, ihre Überlagerung führt damit zur Interferenz. Für die meisten Interferenzanordnungen wird dieser experimentelle Kunstgriff in den verschiedensten Varianten benutzt. Einige dieser Anordnungen werden im Folgenden beschrieben.

Realisierung der zeitlichen Kohärenz

10.1.2.1 Fresnelscher Spiegelversuch (1821)

Interferenzversuch mit einem Doppelspiegel

Beim Fresnelschen Spiegelversuch werden zur Aufspaltung eines Lichtbündels zwei um wenige Bogenminuten gegeneinander geneigte Spiegel Sp_1 und Sp_2 (vgl. Abb. 10.2a) benutzt. Das von einer Punktlichtquelle L ausgesendete monochromatische Licht fällt auf die Spiegel, wird nach dem Reflexionsgesetz (S 9.2) reflektiert und auf dem Schirm S vereinigt. Es zeigen sich Interferenzstreifen. Zu ihrer Deutung konstruieren wir die virtuellen Lichtquellen L_1 und L_2 (vgl. Abschn. 11.4.1) der reflektierten Teilbündel. L_1 und L_2 sind virtuelle Bilder der *gleichen* Lichtquelle L (vgl. (D 11.3)). Die scheinbar von ihnen ausgehenden Teilwellen sind daher kohärent. Sie treffen mit einem bestimmten Gangunterschied auf den Schirm und führen dort entsprechend (S 10.1) zu einer Interferenzfigur, deren Entstehung aus Abb. 10.2b hervorgeht. Diese zeigt das Momentanbild der Welle für die beliebige, aber feste Zeit $t = t_0$. Die Orte auf den eingezeichneten Kreisen sind von den Quellen ein ganzzahliges bzw. ein halbzahliges Vielfaches der Wellenlänge entfernt. Weiterhin sind die Punkte miteinander verbunden, in denen die Wellen einen Gangunterschied von λ, 2λ, 3λ usw. aufweisen. Ihr geometrischer Ort sind konfokale Hyperbeln mit Brennpunkten in den virtuellen Lichtquellen L_1 und L_2, denn die Hyperbel ist entsprechend ihrer Definition der geometrische Ort aller der Punkte, für die die Differenz des Abstandes von zwei Punkten (den Brennpunkten) konstant ist. In den Schnittpunkten dieser Hyperbelschar mit dem Schirm liegt maximale Helligkeit vor.

Beim Fresnelschen Spiegelversuch sind die Kurven maximaler Helligkeit konfokale Hyperbeln

Zur Berechnung des Abstandes der Orte gleicher Helligkeit betrachten wir Abbildung 10.2c. Im gewählten Mittelpunktskoordinatensystem ist die Hyperbel darstellbar durch

$$\frac{x^2}{a^2} - \frac{y^2}{b^2} = 1. \tag{10.4}$$

Dabei gilt zwischen den Konstanten a und b und dem Abstand d der beiden virtuellen, in den Brennpunkten ($x_F = \pm d/2$) liegenden Lichtquellen die Beziehung $a^2 + b^2 = x_F^2 = d^2/4$. Die Schnittpunkte $x = x_0$ der Hyperbeläste mit der x-Achse liegen bei $x_0 = \pm a$; die Differenz der Entfernungen des betrachteten Ortes von den Brennpunkten, d.h. von den virtuellen Lichtquellen L_1 und L_2, beträgt $\pm 2a$. Da nach Voraussetzung $2a = N\lambda$ ($N = 1, 2, \ldots$,) und $d \gg \lambda$ gilt, kann $a \ll |x_F|$ angenommen und in (10.4) $a = N\lambda/2$ sowie $b \approx |x_F| = d/2$ gesetzt werden:

Augustin Fresnel (1788–1827)

$$\frac{x^2}{N^2\lambda^2} - \frac{y^2}{d^2} = \frac{1}{4} \quad (N = 1, 2, \ldots). \tag{10.4a}$$

Die Schnittlinie des Schirmes mit der y, x-Ebene sei

$$y_l = -l, \quad x \text{ beliebig}, \quad l > 0. \tag{10.4b}$$

Wählt man $l \gg d$ (im Experiment stets erfüllt), dann können zur Berechnung der Schnittpunkte der Hyperbeln (10.4a) mit den Geraden (10.4b)

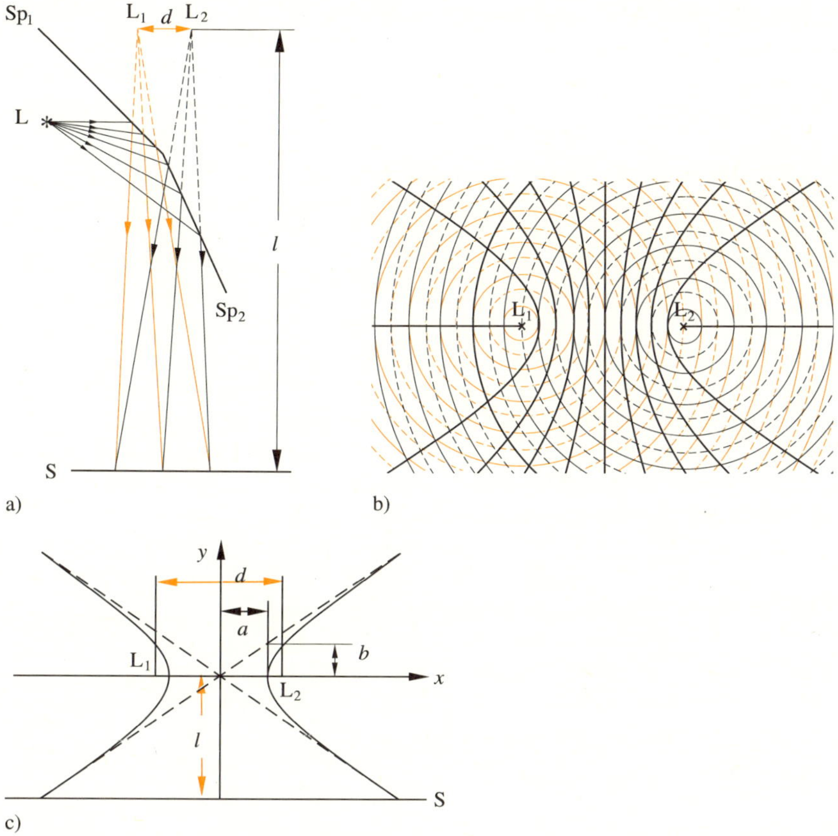

Abb. 10.2
Fresnelscher Spiegelversuch
a) Der Fresnelsche Doppelspiegel bildet die Punktlichtquelle L in zwei virtuelle Lichtquellen L_1 und L_2 mit dem Abstand d ab
b) ———, ——— Phasenflächen mit einem ganzzahligen Vielfachen der Wellenlänge,

— — —, — — —, Phasenflächen mit einem ungeradzahligen Vielfachen der halben Wellenlänge
c) Zur Bestimmung der Orte maximaler Helligkeit

die Hyperbeln durch ihre Asymptoten

$$y_{as} = \pm \frac{b}{a} x = \pm \frac{d}{N\lambda} x \tag{10.4c}$$

ersetzt werden. Mit $y_{as} = y_l = -l$ erhält man als Orte maximaler Helligkeit x_{max} in der Schirmebene

$$x_{max} = \pm \frac{N l \lambda}{d} \quad (N = 1, 2, \ldots). \tag{10.5}$$

Ordnung N der Interferenz

N heißt *Ordnung der betrachteten Interferenz.*

Der Abstand Δx_{max} benachbarter Streifen gleicher Helligkeit beträgt demnach für nicht allzu große N (siehe Voraussetzung)

$$\Delta x_{max} = \frac{l\lambda}{d}. \tag{10.5a}$$

Durch Messung von Δx_{max} kann bei bekanntem l und d die Wellenlänge λ des verwendeten Lichtes ermittelt werden.

10.1.2.2 Fresnelsches Biprisma (1826)

Interferenzversuch mit einem Biprisma

Der Strahlengang im Interferometer entspricht dem des Fresnelschen Spiegelversuches, nur wird hier der Doppelspiegel durch ein Doppelprisma mit zwei gleichgroßen, wenig von Null verschiedenen brechenden Winkeln γ ersetzt (Biprisma, vgl. Abb. 10.3a). Es liefert durch Brechung die für die Interferenz notwendigen zwei virtuellen Bilder (Lichtquellen) L_1 und L_2 der reellen Punktlichtquelle L (vgl. Abb. 10.3b).

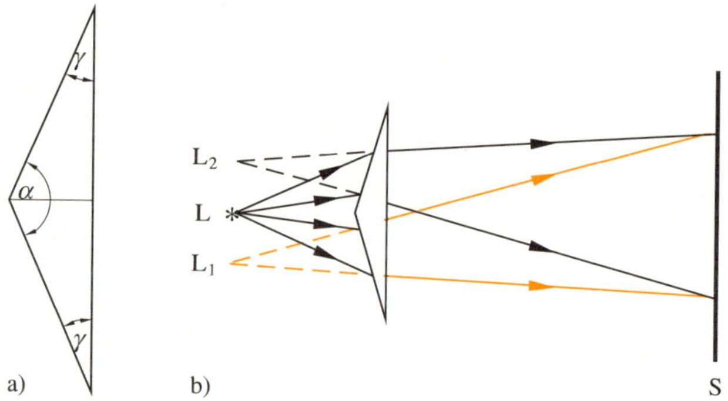

Abb. 10.3
Interferenzversuch mit dem Fresnelschen Biprisma
a) Biprisma
b) Das Biprisma bildet die Lichtquelle L in die zwei virtuellen Lichtquellen L_1 und L_2 ab

Da der brechende Winkel γ nur sehr wenig von Null verschieden ist (er beträgt bei technischen Biprismen nur wenige Bogenminuten), kann die Gesamtstrahlablenkung Δi aus (11.4a) bestimmt werden. Da hier ein Doppelprisma vorliegt, ist der in (11.4a) gegebene Wert der Strahlablenkung mit dem Faktor 2 zu versehen; somit gilt

$$\Delta i = 2\gamma\left(\frac{n_{Pr}}{n} - 1\right). \tag{10.6}$$

Die Lichtwege unterscheiden sich um so weniger, das Interferenzbild ist deshalb um so ausgeprägter, je dichter die beiden virtuellen Lichtquellen

L_1 und L_2 beieinander liegen, d.h., je kleiner Δi ist. Aus technischen Gründen kann ein bestimmter Minimalwert des brechenden Winkels nicht unterschritten werden. Eine Verbesserung der Interferenzfigur läßt sich aber dadurch erreichen, indem man das Prisma in eine Flüssigkeit der Brechzahl $n \approx n_{\mathrm{Pr}}$ taucht. $\frac{n_{\mathrm{Pr}}}{n} - 1$ wird dann sehr klein, was eine merkliche Verringerung von Δi bedeutet.

10.1.2.3 Lloydscher Spiegelversuch (1839)

Interferenzversuch mit einem ebenen Spiegel

HUMPHREY LLOYD (1800–1881)

Der ebene Spiegel Sp bildet die Lichtquelle L in die virtuelle Lichtquelle L′ ideal ab (vgl. Abb. 10.4, (S 11.7) und (S 11.8)). Bei streifendem Einfall des Lichtes ($i_e \approx 90°$) läßt sich auf dem Schirm S die direkt einfallende Teilwelle mit der der virtuellen Lichtquelle L′, d.h. mit der reflektierten Teilwelle, zur Interferenz bringen.

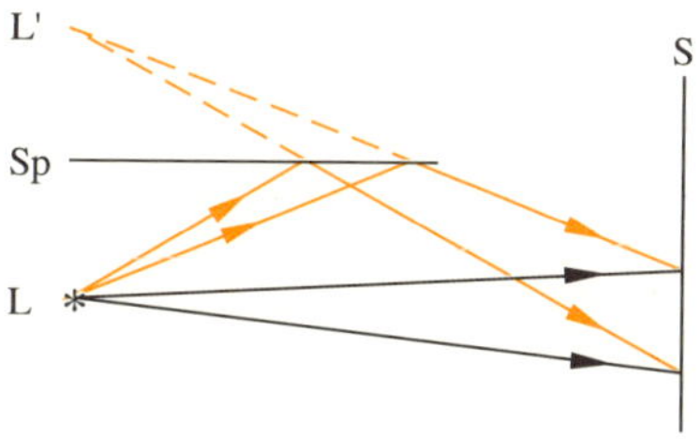

Abb. 10.4
Lloydsche Interferenzanordnung
Ein Teil des Lichtbündels wird durch den Spiegel in die virtuelle Lichtquelle L′ abgebildet

10.1.2.4 Michelsonsches Interferometer (1882)

Michelson-Interferometer

ALBERT ABRAHAM MICHELSON (1852–1931)
Nobelpreis 1907

Die Michelsonsche Versuchsanordnung ist wohl eine der durchsichtigsten Anordnungen zur Gewinnung von zwei zeitlich kohärenten Wellen. Den prinzipiellen Aufbau eines Michelsonschen Interferometers zeigt Abb. 10.5. Das *parallele* Licht der monochromatischen Quelle L fällt auf den halbdurchlässigen Spiegel Sp. Seine Normale ist gegenüber der Einfallsrichtung um 45° geneigt. Dadurch wird das einfallende parallele Lichtbündel in zwei gegeneinander um 90° geneigte Teilbündel 1 und 2 geteilt. Sie fallen auf den Spiegel Sp_1 bzw. Sp_2, werden in sich reflektiert, treffen wieder auf den halbdurchlässigen Spiegel und werden danach auf dem Beobachtungsschirm S vereinigt. Bei ideal parallelem Licht und idealer Anordnung und optischer Beschaffenheit der Spiegel erhält man eine gleiche Ausleuchtung des Schirmes. Die Intensität I des Lichtes ist nach (10.1) durch den Phasenunterschied $|\varphi_1^* - \varphi_2^*|$ der beiden Teilwellen festgelegt. Ändert man die Entfernung zwischen einem der Spiegel Sp_1 oder Sp_2 und dem halbdurchlässigen Spiegel kontinuierlich, so findet man für I alle Werte im Intervall $0 \leq I \leq I_{\max}$. Die vorstehend angenommene ideale Anordnung läßt sich experimentell nicht verwirklichen. Statt einer gleichmäßigen

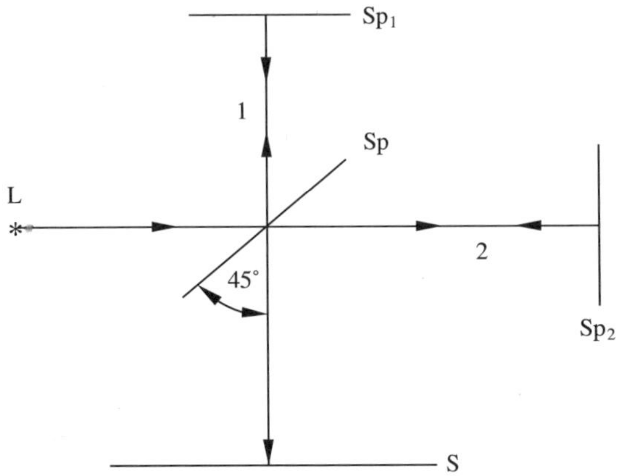

Abb. 10.5 Michelsonsches Interferometer

Ausleuchtung des Schirmes findet man dann auf dem Schirm ein Interferenzbild von abwechselnd hellen und dunklen Streifen.

Das Michelsonsche Interferometer hatte u.a. große Bedeutung für den experimentellen Nachweis der Nichtexistenz des Lichtäthers (vgl. Abschn. 14.2.2). Weiter erfolgte mit ihm 1895 die interferometrische Anschlußmessung der roten Cadmiumlinie an das Urmeter (siehe Abschn. I 2.2.1).

10.1.2.5 Interferenz an planparallelen Platten, optische Weglänge

Interferenz an planparallelen Platten

Ein monochromatisches paralleles Lichtbündel falle mit dem Einfallswinkel i_e auf eine planparallele Platte der Dicke d und der Brechzahl n_{Pl}. Es erfolgt sowohl Brechung als auch Reflexion des auffallenden Lichtes. Der Strahl 1 (vgl. Abb. 10.6) dringt teilweise in die Platte ein, wird an deren rückseitiger Grenzfläche teilweise reflektiert und überlagert sich nach nochmaliger Brechung dem direkt an der Oberfläche der Platte reflektierten Anteil von Strahl 2. Dieser Vorgang kann auch so gedeutet werden, daß sich zwei kohärente parallele Wellenbündel gleicher Ausbreitungsrichtung mit dem Gangunterschied Δ überlagern.

In (A 15.14) sind die Maximum- und Minimumbedingungen für die Intensität der Überlagerungswelle bei gegebenem Gangunterschied Δ formuliert. Voraussetzung für diese Beziehung ist allerdings, daß sich die überlagerten Teilwellen im gleichen Medium, d.h. mit der gleichen Wellenlänge λ ausbreiten. Das ist aber hier nicht mehr der Fall. Teilbündel 2 verläuft im Medium der Brechzahl n_e, Teilbündel 1′ im Medium der Brechzahl n_{Pl}. Die Berechnung des Gangunterschiedes muß also die verschiedenen Werte für n berücksichtigen. Um sie durchzuführen, nehmen wir zunächst an, daß sich beide Teilwellen im Vakuum ausbreiten. Ihre *Vakuumwellenlänge* sei λ_V. Ihr Gangunterschied Δ_V am Vereinigungspunkt ergibt sich dann aus der durchlaufenen Weglängendifferenz $\Delta_V = |s_2 - s_1|$.

Vakuumwellenlänge λ_V

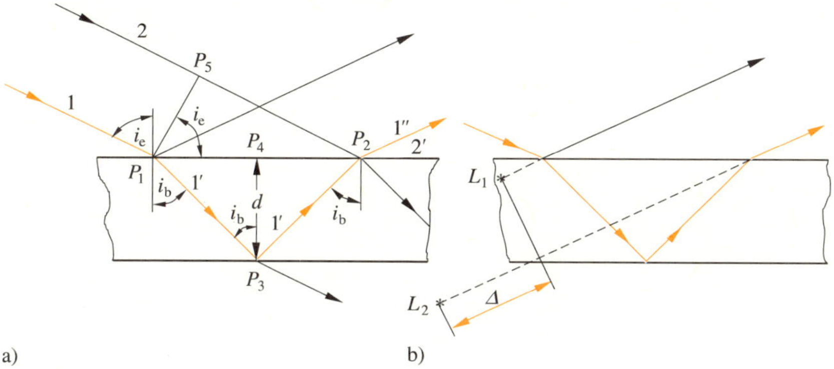

Abb. 10.6
Zur Interferenz an der planparallelen Platte
a) Strahlengang
b) Die an der Vorder- und Rückseite der Platte reflektierten Wellen überlagern sich genau so, wie zwei mit dem Gangunterschied Δ von den kohärenten Lichtquellen L_1 und L_2 ausgehende Wellen

Die Maximumbedingung lautet $\Delta_V = N\lambda_V$ ($N = 0, 1, 2, \ldots$). Breitet sich aber eine der Teilwellen in einem Medium mit $n > 1$ aus (hier im Glas der Platte), so hat sie die Wellenlänge $\lambda < \lambda_V$, denn nach $\lambda f = v_{ph}$ und $n = c/v_{ph}$ folgt $\lambda_V = n\lambda$. Deshalb muß zur Berechnung des Gangunterschiedes der durchlaufene Weg mit der Brechzahl n des Mediums multipliziert werden. Das führt zu folgender Definition:

Durchläuft eine Welle die Strecke s im Medium der Brechzahl n, dann heißt ns die von der Welle durchlaufene optische Weglänge.

(D 10.2)
optische Weglänge ns

Mit Hilfe der optischen Weglänge können wir entsprechend vorstehender Überlegungen formulieren:

Wird eine Welle an einem bestimmten Ort O in zwei Teilwellen aufgespalten und durchläuft die eine der Teilwellen von O bis zu ihrer Wiedervereinigung mit der anderen Teilwelle im Punkt P die Strecke s_1 im Medium der Brechzahl n_1, die andere die Strecke s_2 im Medium der Brechzahl n_2, dann besitzen beide Teilwellen im Punkt P den Gangunterschied

$$\Delta = |n_2 s_2 - n_1 s_1| .$$

Die Intensität der Überlagerungswelle besitzt in P ein

Maximum	wenn der Gangunterschied beider Wellen in P	$\Delta = N\lambda_V$
Minimum		$\Delta = (2N+1)\lambda_V/2$ ($N = 0, 1, 2, \ldots$)

beträgt (λ_V Vakuumwellenlänge).

(S 10.3)
Gangunterschied als Differenz der optischen Weglängen

Breiten sich z.B. zwei ebene Teilwellen mit dem Gangunterschied $\Delta = n(s_2 - s_1)$ im Medium der Brechzahl n aus, dann nimmt die Maximumbedingung in (S 10.3) in Übereinstimmung zu (A 15.14) die Form $\Delta = n(s_2 - s_1) = N\lambda_V = Nn\lambda$ oder $s_2 - s_1 = N\lambda$ an.

Nach diesen Vorüberlegungen wenden wir uns wieder der Interferenz an der planparallelen Platte zu. Die Platte befinde sich in Luft ($n_e \approx 1$, $\lambda \approx \lambda_V$). Wird beachtet, daß nach dem Reflexionsgesetz (S 9.2) die Welle bei der Reflexion am optisch dichteren Medium einen Phasensprung von π, d.h. einen zusätzlichen Gangunterschied von $\lambda/2$ erfährt, dann folgt nach dem Reflexions- und dem Brechungsgesetz und der Abbildung 10.6 ein Gangunterschied zwischen den Teilwellen 2′ und 1″ von

$$\Delta = 2n_{Pl}\overline{P_1P_3} - \overline{P_5P_2} + \frac{\lambda}{2} = 2n_{Pl}\overline{P_1P_3} - \overline{P_1P_2}\sin i_e + \frac{\lambda}{2}$$

$$= 2n_{Pl}\overline{P_1P_3} - 2\overline{P_1P_4}\sin i_e + \frac{\lambda}{2} = 2\overline{P_1P_3}(n_{Pl} - \sin i_e \sin i_b) + \frac{\lambda}{2}$$

$$= \frac{2d}{\cos i_b}(n_{Pl} - \sin i_e \sin i_b) + \frac{\lambda}{2}$$

$$= \frac{2d}{\sqrt{1-\sin^2 i_b}}\left(n_{Pl} - \frac{\sin^2 i_e}{n_{Pl}}\right) + \frac{\lambda}{2}$$

$$= \frac{2d}{\sqrt{1-\dfrac{\sin^2 i_e}{n_{Pl}^2}}}\left(n_{Pl} - \frac{\sin^2 i_e}{n_{Pl}}\right) + \frac{\lambda}{2}$$

$$= \frac{2d}{\sqrt{n_{Pl}^2 - \sin^2 i_e}}(n_{Pl}^2 - \sin^2 i_e) + \frac{\lambda}{2}$$

oder

$$\Delta = 2d\sqrt{n_{Pl}^2 - \sin^2 i_e} + \frac{\lambda}{2}. \tag{10.7}$$

Intensitätsmaxima und -minima bei der planparallelen Platte

Nach (S 10.3) findet man Intensitätsmaxima bei

$$\Delta = N\lambda \quad (N = 1, 2, 3, \dots),$$

d.h. nach (10.7) für

$$\lambda = \frac{4d}{2N-1}\sqrt{n_{Pl}^2 - \sin^2 i_e} \quad (N = 1, 2, 3, \dots) \tag{10.8a}$$

(Intensitätsmaxima),

Intensitätsminima bei $\Delta = (2N+1)\frac{\lambda}{2}$ $(N = 1, 2, 3, \dots)$, d.h. für

$$\lambda = \frac{2d}{N}\sqrt{n_{Pl}^2 - \sin^2 i_e} \quad (N = 1, 2, 3, \dots) \tag{10.8b}$$

(Intensitätsminima).

Bei gegebenem λ, d und n_{Pl} bestimmt der Einfallswinkel i_e die Lage der Intensitätsmaxima und -minima. Für alle Strahlen auf einem Kegelmantel um das Einfallslot ergibt sich demzufolge die gleiche Interferenzfigur (*Interferenzen gleicher Neigung*). Bei Beobachtung in Richtung der Flächennormalen besteht sie aus hellen und dunklen konzentrischen Kreisen.

Interferenzen gleicher Neigung

Das durch die Platte hindurchtretende Licht ergibt die komplementäre Erscheinung, die dunklen Kreise werden zu hellen, die hellen Kreise zu dunklen. Die Reflexion am optisch dichteren Medium fällt hier fort, Δ verschiebt sich demnach gegenüber der Betrachtung in Reflexion um $\lambda/2$.

Sehr eindrucksvoll läßt sich diese Interferenzfigur in Reflexion durch den Pohlschen Interferenzversuch demonstrieren. Als planparallele Platte dient ein Glimmerplättchen von etwa 10^{-2} mm Stärke. Den Strahlengang zeigt Abbildung 10.7a, die resultierende Interferenzfigur Abbildung 10.7b.

Pohlscher Interferenzversuch

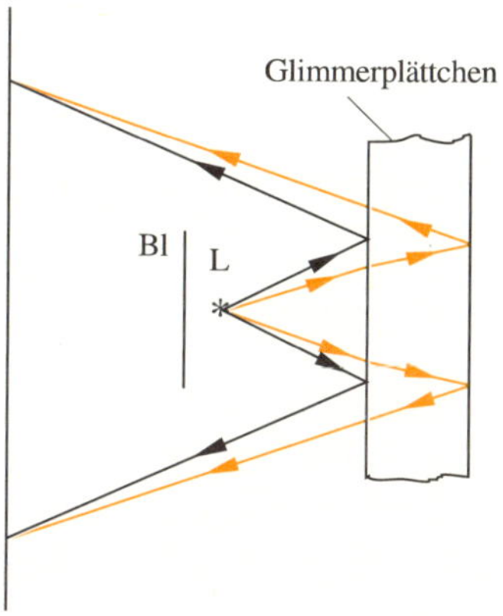

a)

Abb. 10.7
Pohlscher Interferenzversuch
a) Strahlengang. L Lichtquelle, S Schirm, Bl Blende
b) Interferenzfigur (Ausschnitt)

Robert Wichard Pohl
(1884–1976)

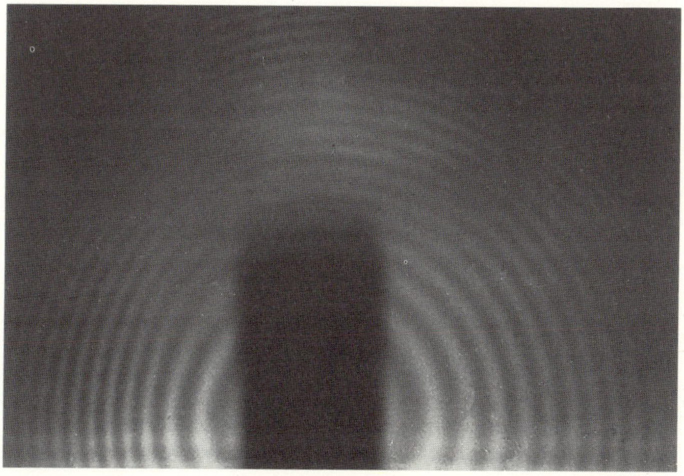

b)

Die Blende Bl verhindert die direkte Beleuchtung des Projektionsschirmes durch die Lichtquelle. Entsprechend (10.8a) und (10.8b) stellen sich die Maxima und Minima ein.

Die Reflexionswinkel i_{r1} und i_{r2} für zwei benachbarte helle bzw. dunkle Kreise sind nach (S 10.3) durch die Bedingung bestimmt, daß die Differenz $|\Delta_1 - \Delta_2|$ des zugehörigen optischen Weglängenunterschiedes gleich der Wellenlänge ist. Mit (10.7) gilt

$$\lambda = 2d\left|\sqrt{n_{\mathrm{Pl}}^2 - \sin^2 i_{r1}} - \sqrt{n_{\mathrm{Pl}}^2 - \sin^2 i_{r2}}\right|. \qquad (10.8\,\mathrm{c})$$

Messung von i_{r1} und i_{r2} ermöglicht die Bestimmung der Wellenlänge λ.

Bestrahlt man dünne Folien (Seifenblasen, Ölfilme auf Wasser usw.) mit weißem Licht, dann liegen für die verschiedenen Wellenlängen die Maxima und Minima unterschiedlich. Die einzelnen Farben werden an unterschiedlichen Stellen ausgelöscht. Statt heller und dunkler Kreise beobachtet man sowohl im reflektierten als auch im durchgehenden Licht eine farbenprächtige Interferenzfigur (*Farben dünner Plättchen*).

Farben dünner Plättchen

Wird die Foliendicke erheblich kleiner als die Wellenlänge, dann ergibt sich nach (10.7) für den Gangunterschied $\Delta \approx \lambda/2$, d.h. der Gangunterschied wird dann praktisch durch den Phasensprung an der unteren Begrenzungsebene bestimmt. Unabhängig vom Einfallswinkel und der Wellenlänge erfolgt dann Auslöschung des Lichtes, die Interferenzen und damit auch die Farben dünner Plättchen verschwinden.

Auf der Interferenz an dünnen Schichten beruht auch die Wirkung der *reflexmindernden Schichten* auf optischen Flächen. Dazu wird ein dünner durchsichtiger Belag bestimmter Brechzahl so auf die Fläche gebracht, daß die an seiner Vorder- und Rückseite reflektierten Wellen gerade einen Gangunterschied von $\lambda/2$ besitzen, sich also durch Interferenz auslöschen.

reflexmindernde Schichten

10.1.2.6 Interferenz an keilförmigen Schichten

Interferenzen an keilförmigen Schichten

Ein Körper der Brechzahl n_{Pl} werde von zwei ebenen polierten Flächen mit dem Neigungswinkel α begrenzt (*keilförmige Schicht*). Auf ihn falle ein paralleles Bündel monochromatischen Lichtes der Wellenlänge λ (siehe Abb. 10.8a) Der einfallende Strahl 1 spaltet sich an der Oberfläche des Keils in einen gebrochenen Anteil und in einen reflektierten Anteil 1′ auf. Der gebrochene Strahl wird teilweise an der unteren Fläche des Keils reflektiert, und nach nochmaliger Brechung tritt der Anteil 1″ an der Oberfläche aus. Die beiden Teilbündel 1′ und 1″ sind zeitlich kohärent, sie sind aber zueinander nicht mehr parallel. Je nach der Größe des Einfallswinkels schneiden sich die in Abbildung 10.8 eingezeichneten Strahlen nach der Reflexion, oder sie divergieren, und es existiert ein Schnittpunkt ihrer rückwärtigen Verlängerungen. Damit bedarf es zur Beobachtung der Interferenzfigur einer Linse. Dazu kann natürlich auch die Augenlinse dienen. Der Gangunterschied ist von Ort zu Ort verschieden. Setzen wir einen fast senkrechten Auffall des Lichtes und einen sehr kleinen Neigungswinkel α voraus, dann legt der Strahl 1″ im Keil einen Weg zurück, der der doppelten Dicke d des Keils an dieser Stelle entspricht. Damit entspricht der Gangunterschied bei Beachtung des Phasensprungs bei der Reflexion am dichteren Medium $\Delta = 2n_{\text{Pl}}d + \lambda/2$, und man findet an den Orten Minima der Intensität, für die die Keildicke d der Bedingung

$$d = \frac{N\lambda}{2n_{\text{Pl}}} \qquad (N = 0, 1, 2, 3, \ldots) \tag{10.9a}$$

genügt (*Interferenzen gleicher Dicke*). Blickt man auf den Keil, dann vereinigt die Augenlinse die divergierenden reflektierten Strahlen, und man sieht diese Interferenzen als dunkle Striche. An der Keilkante $(d = 0)$ muß Dunkelheit herrschen, da zwischen der an der Vorder- und der an der Rückseite reflektierten Welle eine Phasenverschiebung von π, d.h. ein Weglängenunterschied von $\lambda/2$ vorliegt.

Interferenzen gleicher Dicke

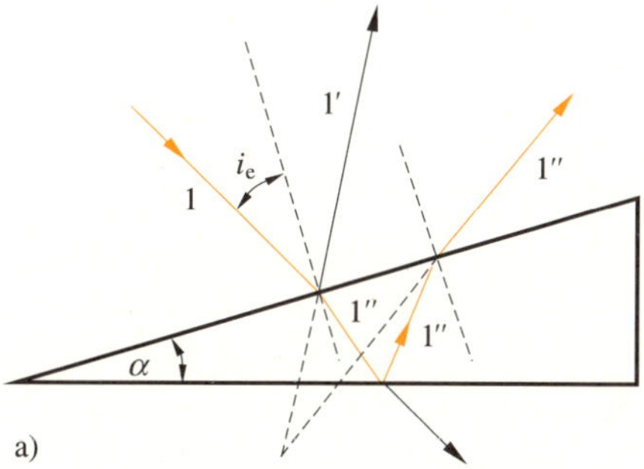

a)

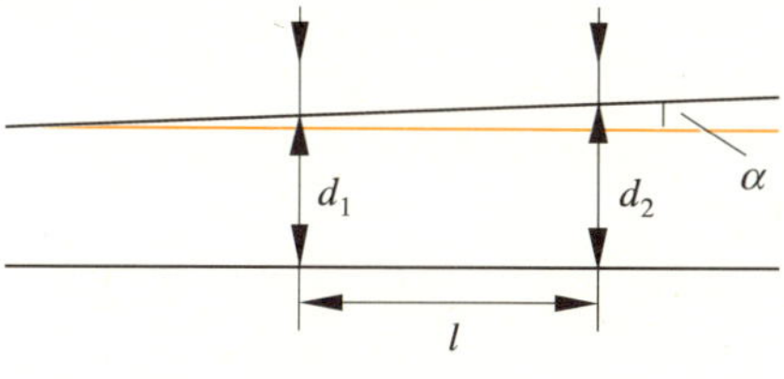

b)

Abb. 10.8
Zur Interferenz an keilförmigen Schichten
a) Die divergierenden Teilbündel 1′ und 1″ sind kohärent und können durch eine Konvexlinse zur Interferenz gebracht werden
b) Zur Berechnung des Abstandes l benachbarter Minima

Für einen sehr kleinen Keilwinkel $(\tan\alpha \approx \alpha)$ findet man als Abstand l (vgl. Abb. 10.8b) benachbarter Minima (bzw. Maxima) $d_2 - d_1 = \alpha l$, oder mit (10.9a)

$$l = \frac{\lambda}{2\alpha n_{\text{Pl}}}. \tag{10.9b}$$

Im durchfallenden Licht erhält man analog zur planparallelen Platte die komplementäre Interferenzfigur.

10.1.2.7 Newtonsche Ringe

Newtonsche Ringe

ROBERT HOOKE (1635–1703)

Legt man eine plankonvexe Linse von großem Radius R mit ihrem Scheitel auf eine ebene Glasfläche, dann beobachtet man bei senkrechter Beleuchtung mit parallelem monochromatischen Licht sowohl in Reflexion als auch im durchgehenden Licht konzentrische helle und dunkle Kreise (*Newtonsche Ringe*, vgl. Abb. 10.9 b und 10.9 c). Diese Interferenzfigur wurde schon 1665 von HOOKE und unabhängig davon 1676 von NEWTON gefunden, 1802 erstmalig von YOUNG als Interferenzerscheinung interpretiert und als Beweis für den Wellencharakter des Lichtes angeführt.

Zur Deutung dieser Erscheinung betrachten wir Abbildung 10.9 a. Der Punkt P habe den Abstand r von der Symmetrieachse. Zwischen ihm und der Glasplatte befindet sich eine Luftschicht der Dicke d. Für d folgt mit Hilfe des Satzes von PYTHAGORAS

$$R^2 = (R-d)^2 + r^2 = R^2 - 2Rd + d^2 + r^2$$

oder, da $r^2 \gg d^2$ ist,

$$d = \frac{r^2}{2R}.$$

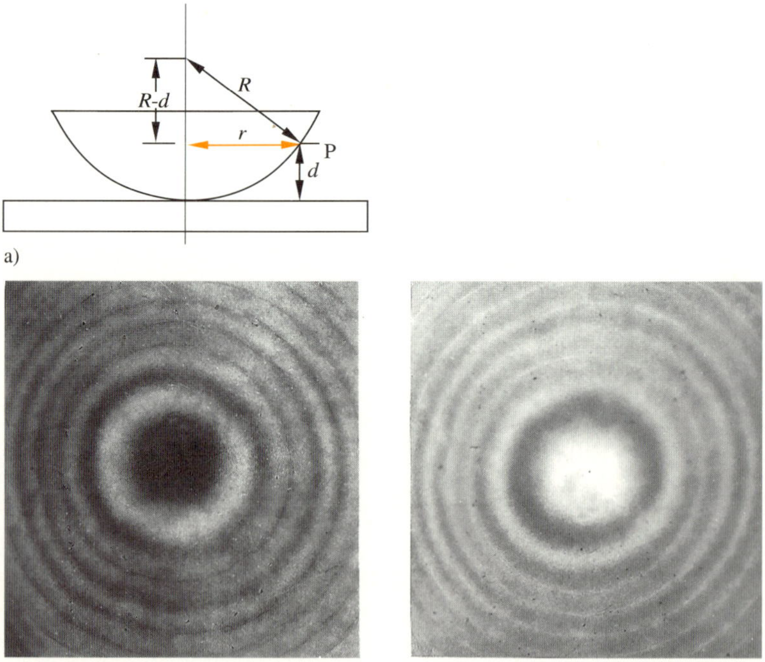

ISAAC NEWTON (1643–1727)

Abb. 10.9
Newtonsche Ringe
a) Zur Bestimmung des geometrischen Ortes der Interferenzminima
b) Interferenzfigur im reflektierten Licht
c) Interferenzfigur im durchfallenden Licht

Die Luftschicht wirkt als Keil zwischen der ebenen Platte und der Linse. Es wird demzufolge (10.9a) herangezogen und für die Brechzahl n_{Pl} des Keiles $n_{\mathrm{Pl}}=1$ gesetzt. Beachtet man noch die Rotationssymmetrie der betrachteten optischen Anordnung, so erhält man als Interferenzminima Kreise um die Rotationsachse mit den Radien

THOMAS YOUNG (1773–1829)

$$r_N = \sqrt{N R \lambda} \quad (N = 0, 1, 2, 3, \ldots). \tag{10.10}$$

Im durchfallenden Licht findet man wieder die komplementäre Interferenzfigur, weil der Phasensprung von π infolge Reflexion an der unteren Glasplatte entfällt.

10.1.3 Kohärenzlänge

Ein Michelsonsches Interferometer habe die Armlängen l_1 und l_2 (vgl. Abb. 10.10). Der Arm 1 befinde sich im Medium der Brechzahl n_1, der Arm 2 im Medium der Brechzahl n_2. Die Länge l_2 werde so gewählt, daß auf dem Schirm S Interferenzstreifen beobachtbar sind. Danach wird l_2 stetig vergrößert. Bei einer bestimmten Differenz $l_{\mathrm{K}} = |n_2 l_2 - n_1 l_1|$ der optischen Weglängen der Teilwellen verschwindet die Interferenzfigur, der Schirm S ist gleichmäßig ausgeleuchtet. l_{K} heißt *Kohärenzlänge* des verwendeten Lichtes.

Kohärenzlänge l_{K}

Zur Deutung dieses Effektes betrachten wir Abbildung 10.10a. Zunächst sollen sich beide Arme des Interferometers in Luft befinden ($n_1 = n_2 \approx 1$). Ihre Längendifferenz $|l_2 - l_1|$ betrage nur einige Wellenlängen. Sich entsprechende Wellengruppen treffen dann zur gleichen Zeit mit einem stationären Phasenunterschied auf den Schirm und erzeugen dort eine Interferenzfigur. Vergrößern wir jetzt l_2 immer mehr, dann macht sich die in Abschnitt 10.1.1 erwähnte Tatsache bemerkbar, daß Licht aus Wellenzügen endlicher Länge besteht. Schließlich wird die optische Wellenlängendifferenz beider Teilwellen so groß, daß der Schirm von den sich entsprechenden Wellengruppen der Teilwellen nacheinander erreicht wird. Sie können nicht mehr miteinander interferieren, eine stationäre Interferenzfigur kann sich nicht mehr ausbilden, Interferenzen sind nicht beobachtbar (vgl. Abb. 10.10b). Der gleiche Effekt läßt sich erreichen, wenn bei gleichen Längen der Arme ($l_1 = l_2$) ein Medium so großer Brechzahl zwischen den halbdurchlässigen und einen der vollständig reflektierenden Spiegel gebracht wird, daß die Differenz der optischen Weglängen größer als die Kohärenzlänge wird (vgl. Abb. 10.10c).

Sollen zwei kohärente Wellen miteinander interferieren, so muß die Differenz ihrer optischen Weglängen kleiner als die Kohärenzlänge sein.

(S 10.4)
Einfluß der Kohärenzlänge auf Interferenzexperimente

Für gut monochromatisches Licht findet man Werte für l_{K} von ca. 1 m, für weißes Licht liegt l_{K} dagegen bei 10^{-6} m (s.u.).

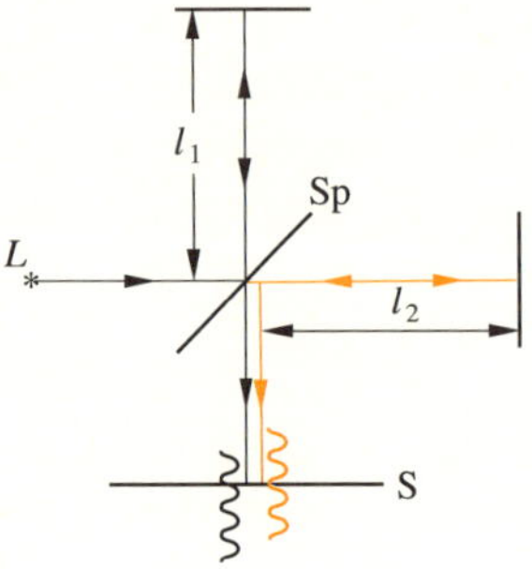

a)

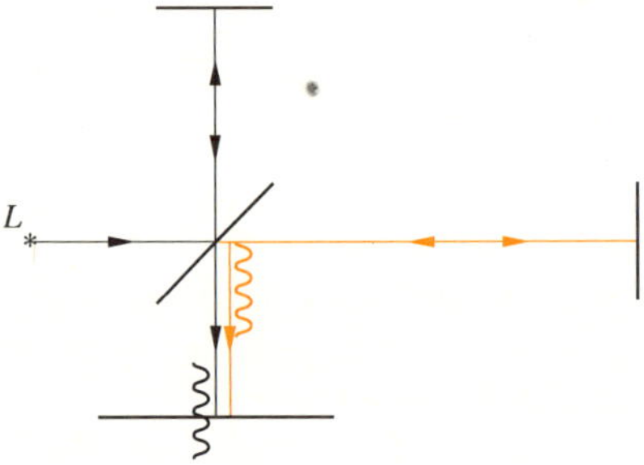

b)

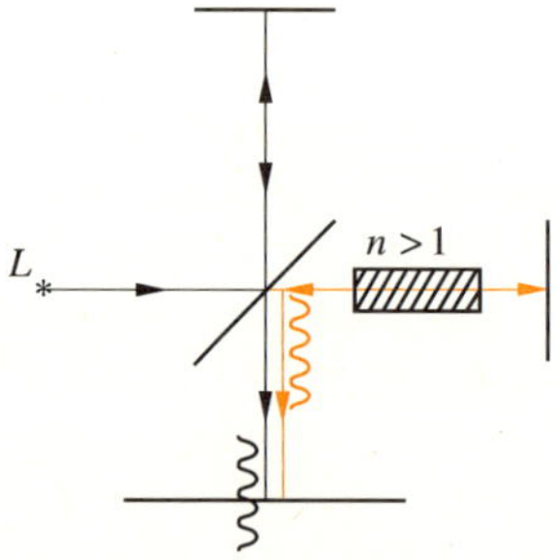

c)

Abb. 10.10
Zum Begriff Kohärenzlänge

a) Die Armlängen eines Michelson-Interferometers unterscheiden sich nur um einige Wellenlängen (zum besseren Verständnis werden die sich entsprechenden zum Schirm laufenden Wellenzüge der Teilwellen getrennt gezeichnet). Die durch den halbdurchlässigen Spiegel getrennten Wellengruppen können auf dem Schirm paarweise interferieren.

b) Sind l_1 und l_2 sehr unterschiedlich, so fallen die sich entsprechenden Wellengruppen nacheinander auf den Spiegel. Sie können nicht interferieren.

c) Die eine Teilwelle durchläuft ein Medium der Brechzahl $n > 1$. Die optische Weglänge wird dadurch vergrößert. Die sich entsprechenden Wellengruppen treffen ebenfalls nacheinander am Ort des Spiegels ein. Sie können nicht interferieren.

Die Kohärenzlänge läßt sich auch mit Hilfe der Anzahl N_{max} der beim Fresnelschen Spiegelversuch beobachtbaren Interferenzstreifen ermitteln, denn zwischen l_K und N_{max} muß die Beziehung

$$l_K = N_{max}\lambda \qquad (10.11)$$

bestehen. Wählt man in (10.5) $N_{max}+1$ statt N_{max}, so treffen die entsprechenden Wellengruppen nacheinander auf den Schirm auf, die zugehörige Interferenzfigur verschwindet. Gut monochromatisiertes grünes Licht ($\lambda \approx 550\,\text{nm}$) einer herkömmlichen Lichtquelle besitzt eine Kohärenzlänge von ca. 1 m, die Anzahl der auszuzählenden Interferenzstreifen liegt dann in der Größenordnung von $N_{max} \approx 10^6$. Für weißes Licht findet man dagegen $N_{max} = 2$ oder 3 (s. u.).

Nach (I S 10.17) besitzen Wellengruppen ein kontinuierliches Frequenzspektrum (vgl. Abb. 10.11). Die Intensität I der Wellengruppe sei bei den Wellenlängen $\lambda_0 - \Delta\lambda/2$ und $\lambda_0 + \Delta\lambda/2$ $(\Delta\lambda > 0)$ auf die Hälfte ihres Maximalwertes gesunken. $\Delta\lambda$ heißt *Halbwertsbreite* des Frequenzspektrums. Sie legt den Wellenlängenbereich $\lambda_0 - \Delta\lambda/2 \leqq \lambda \leqq \lambda_0 + \Delta\lambda/2$ fest, der mindestens in die Betrachtungen einbezogen werden muß. Nach Abschnitt I 10.3 und (I S 9.9) ist die Halbwertsbreite einer Wellengruppe um so größer, je kürzer die Wellengruppe ist.

Halbwertsbreite des Frequenzspektrums

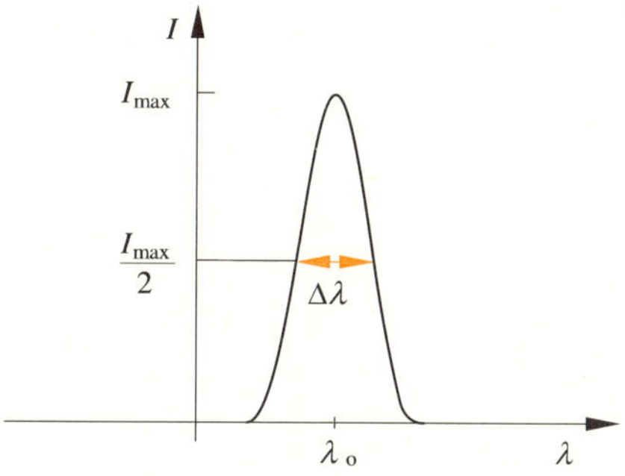

Abb. 10.11 Zur Definition der Halbwertsbreite

Durch die Halbwertsbreite $\Delta\lambda$ wird die Anzahl der beobachtbaren Interferenzstreifen begrenzt. Zum Beispiel gehört zum Gangunterschied $N\lambda_0$ das N-te Interferenzmaximum der Wellenlänge λ_0, zum Gangunterschied $(N-1/2)\lambda_0$ das N-te Minimum. Für gleiches N ist der Gangunterschied für die Wellenlänge $\lambda_0 + \Delta\lambda/2$ größer, für $\lambda_0 - \Delta\lambda/2$ kleiner als $N\lambda_0$, die zugehörigen Interferenzstreifen fallen nicht zusammen. Die Differenz wird um so größer, je größer N ist. Bei einem bestimmten $N = N_{max}$ wird der Fall erreicht, daß das $(N+1)$-te Minimum für $\lambda_0 - \Delta\lambda/2$ und das N-te Minimum für $\lambda_0 + \Delta\lambda/2$ in das betrachtete N-te Intensitätsmaximum für λ_0 fällt. Die Minima werden vom Maximum von λ_0 überlagert, die Interferenz verschwindet. Das zugehörige N_{max} bestimmt sich, da beide Minima zusammenfallen müssen, aus

$$\left(N_{\max}+\frac{1}{2}\right)\left(\lambda_0-\frac{\Delta\lambda}{2}\right)=\left(N_{\max}-\frac{1}{2}\right)\left(\lambda_0+\frac{\Delta\lambda}{2}\right)$$

oder

$$N_{\max}=\frac{\lambda_0}{\Delta\lambda}. \qquad (10.11\,\mathrm{a})$$

Je monochromatischer das Licht, um so größer seine Kohärenzlänge

Mit der Halbwertsbreite $\Delta\lambda$ ist damit die Anzahl $N_{\max}$ der zu beobachtenden Interferenzstreifen festgelegt. Für ein festes λ_0 wird $N_{\max}$ und damit nach (10.11) auch die Kohärenzlänge um so größer, je kleiner $\Delta\lambda$, d.h. je monochromatischer das betrachtete Licht ist. So besitzt das Licht eines He-Ne-Lasers (vgl. Bd. III) der Wellenlänge $\lambda = 1153\,\mathrm{nm}$ eine Kohärenzlänge von bis zu $3 \cdot 10^4\,\mathrm{m}$. Für weißes Licht ($\lambda_0 = 550\,\mathrm{nm}$, $\Delta\lambda = 750\,\mathrm{nm} - 400\,\mathrm{nm} = 350\,\mathrm{nm}$) folgt dagegen $N_{\max} = 2$ und somit eine Kohärenzlänge von angenähert $10^{-6}\,\mathrm{m}$.

10.2 Beugung

10.2.1 Zur mathematischen Behandlung von Beugungserscheinungen

Eine Welle (z.B. eine Kugelwelle oder eine ebene Welle) falle auf ein Hindernis (siehe Abb. 10.12). Wir konstruieren auf einer ihrer Phasenflächen (Kugel oder Ebene) alle diejenigen Ausbreitungsvektoren, die auf einer, das Hindernis nicht schneidenden Geraden liegen. Dasjenige Gebiet, das hinter dem Hindernis nicht von diesen so konstruierten Vektoren durchsetzt wird, heißt Gebiet des geometrischen Schattens der Welle. Es ist das Gebiet, das bei Voraussetzung geradliniger Ausbreitung der Welle wegen des Hindernisses von ihr nicht erfaßt werden kann.

(D 10.3) Geometrischer Schatten

Diejenigen Gebiete des Raumes, die unter Voraussetzung geradliniger Ausbreitung der Welle wegen vorhandener Hindernisse vom Wellenvorgang nicht erreicht werden können, heißen Gebiete des geometrischen Schattens.

Erfahrungsgemäß ist die Annahme einer geradlinigen Wellenfortpflanzung im homogenen Medium nur für nicht begrenzte Phasenflächen (bei einer ebenen Welle für unendlich ausgedehnte Ebenen als Phasenflächen, bei einer Kugelwelle für ideale Kugeln als Phasenflächen usw.) richtig. Sie versagt stets, wenn die Ausbreitung der Welle durch Hindernisse begrenzt wird. Besonders auffallende Abweichungen von der geradlinigen Ausbreitung beobachtet man dann, wenn die Abmessungen der Hindernisse in der Größenordnung der Wellenlänge des betrachteten Wellenvorganges liegen.

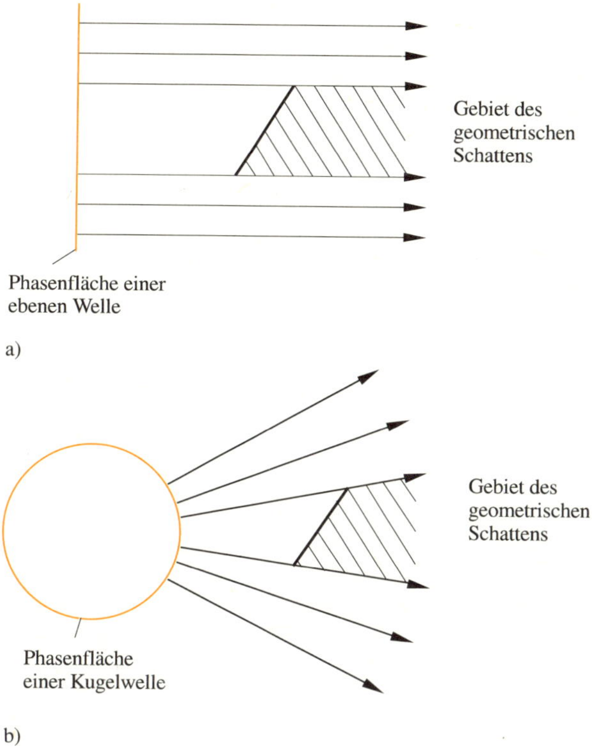

Abb. 10.12
Gebiet des geometrischen Schattens hinter einem Hindernis
a) für eine ebene Welle
b) für eine Kugelwelle

Man beobachtet in diesem Fall auch im Gebiet des geometrischen Schattens teilweise recht ausgeprägte Wellenvorgänge (Abb. 10.13). Diese Erscheinungen werden unter dem Begriff Beugung der Welle zusammengefaßt.

Die Gesamtheit aller derjenigen Erscheinungen, die durch Abweichungen von der geradlinigen Wellenausbreitung im homogenen Medium als Folge vorhandener Hindernisse bedingt sind, heißt Beugung der Welle.

(D 10.4)
Beugung

Die Beugung ist ebenso wie die Interferenz ein typisches Merkmal eines Wellenvorganges. Die Beobachtung von Beugungserscheinungen rechtfertigt deshalb die Anwendung des Wellenmodells.

Die Beugung ist ein typisches Merkmal eines Wellenvorganges

Ein Beugungsproblem ist dann mathematisch exakt gelöst, wenn innerhalb der beugenden Hindernisse und in ihrem Außenraum eine Lösung der Maxwellschen Gleichungen für die Feldvektoren $\boldsymbol{E}$ und $\boldsymbol{H}$ gefunden ist, die an den Grenzflächen der Hindernisse den Stetigkeitsbedingungen für die Feldvektoren (vgl. (S 9.1)) genügt. Die mathematischen Schwierigkeiten für

Beugungsprobleme sind nur für Spezialfälle exakt lösbar

Abb. 10.13 Beugungserscheinung bei Wasserwellen

ein derartiges Vorgehen sind so groß, daß eine solche Lösung nur für die Ausnahmefälle gelingt, für die die Maxwellschen Gleichungen so auf spezielle Koordinaten transformiert werden können, daß sich die beugenden Hindernisse als Parameterflächen dieser Koordinaten darstellen lassen. MIE berechnete 1908 auf diese Weise die Beugung elektromagnetischer Wellen an Kugeln. Weiter wurden u.a. exakte Lösungen für die Beugung am unendlich langen Zylinder, für den parabolischen Zylinder und für den unendlich langen Spalt gefunden. Weiter wurden vor allem durch SOMMERFELD bestimmte ebene Beugungsprobleme, wie zum Beispiel die Beugung an einer Halbebene, mit Hilfe funktionentheoretischer Hilfsmittel exakt berechnet. Für die meisten Beugungsprobleme ist man jedoch auf Näherungslösungen angewiesen.

GUSTAV ADOLF LUDWIG MIE (1868–1957)

ARNOLD SOMMERFELD (1868–1951)

Die erste Erklärung der Beugungserscheinungen gab 1690 HUYGENS. Er nahm an, daß jeder Ort einer Phasenfläche einer Welle selbst Ursprungspunkt einer Sekundärwelle (*Elementarwelle* (Kugelwelle)) ist. Die nachfolgende Phasenfläche ergibt sich als Umhüllungsfläche der Phasenflächen dieser Elementarwellen (siehe Abb. 10.14).

Eine Erweiterung des Huygensschen Vorgehens nahm 1819 FRESNEL vor, indem er den resultierenden Wellenvorgang als Überlagerung der Elementarwellen unter Berücksichtigung ihrer Phasenunterschiede betrachtete.

(S 10.5) Huygens-Fresnelsches Prinzip

Jeder Ort einer Phasenfläche einer Welle ist selbst Ausgangspunkt einer Elementarwelle (Kugelwelle). Der nachfolgende Wellenvorgang ergibt sich durch Überlagerung dieser Elementarwellen (Huygens-Fresnelsches Prinzip).

Mit Hilfe des Huygens-Fresnelschen Prinzips wurden in Bd. I u.a. das Reflexions- und das Brechungsgesetz hergeleitet.

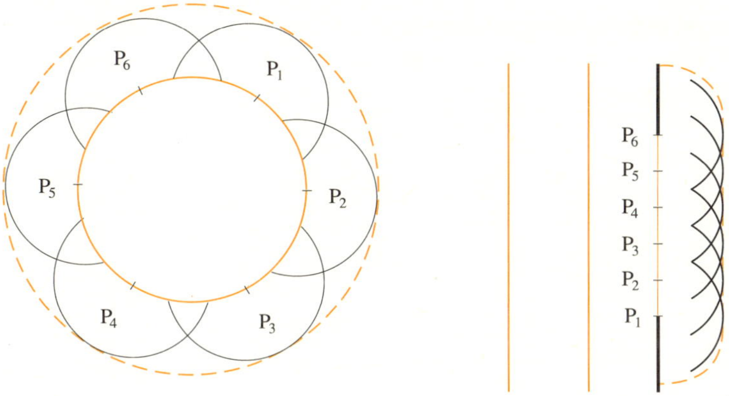

a) b)

CHRISTIAN HUYGENS (1629–1695)

Abb. 10.14
Zum Huygens-Fresnelschen Prinzip
——— Primäre Phasenfläche als Ausgangspunkt der Elementarwellen
— — — Sekundäre Phasenfläche als Einhüllende der Elementarwellen
a) Kugelwelle ohne Hindernis
b) Ebene Welle mit Hindernis

Die mathematische Formulierung des Huygens-Fresnelschen Prinzips gab KIRCHHOFF 1891 an. Er ging hierzu von folgenden Annahmen aus:

a) Die vektorielle komplexe Amplitude $\hat{\boldsymbol{E}}_0$ wird durch eine skalare Funktion $\hat{u}_0 = \hat{u}_0(x, y, z)$, die *Lichterregung*, ersetzt.

Lichterregung

b) Die Lichterregung $\hat{u}_0$ genügt der zeitfreien Wellengleichung (vgl. (7.9))

$$\nabla^2 \hat{u}_0 + k^2 \hat{u}_0 = 0. \quad (10.12\,\text{a})$$

c) Die Intensität I ist proportional $|\hat{u}_0|^2$:

$$I \sim |\hat{u}_0|^2 = \hat{u}_0 \hat{u}_0^*. \quad (10.12\,\text{b})$$

Durch die Annahmen a) und b) wird die wellenförmige Ausbreitung der vektoriellen Größen $\boldsymbol{E}$ und $\boldsymbol{H}$ durch die wellenförmige Ausbreitung der skalaren Größe u ersetzt. Aussagen über Polarisationserscheinungen können somit nicht gewonnen werden. Die Bedingung (10.12b) entspricht (A. 15.8).

GEORGE GREEN (1793–1841)

Greenscher Satz

Auf die so festgelegte Funktion $\hat{u}_0$ wendete KIRCHHOFF den Greenschen Satz (A. 11) an und gewann so zur Berechnung der Lichterregung im

Aufpunkt P die *Kirchhoffsche Formel* (siehe A. 30)

Kirchhoffsche Formel

$$\hat{u}_0(P) = \frac{1}{4\pi} \oint_A \left(\frac{e^{-ikr}}{r} \operatorname{grad} \hat{u}_0 - \hat{u}_0 \operatorname{grad} \frac{e^{-ikr}}{r} \right) \cdot d\boldsymbol{A} . \qquad (10.13\,a)$$

In ihr ist A eine beliebige, den Aufpunkt P umschließende Fläche (vgl. Abb. 10.15).

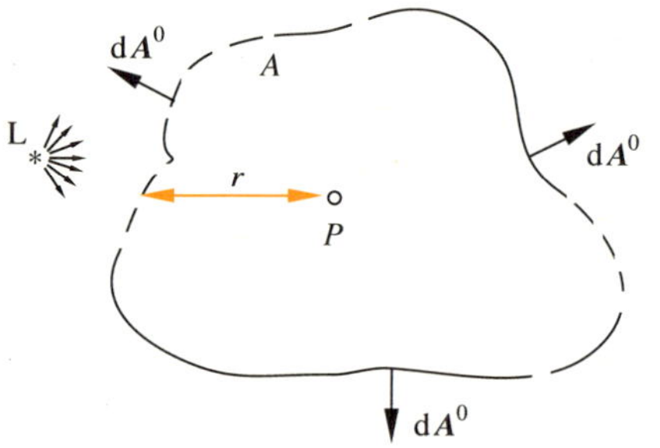

Abb. 10.15
Zur Kirchhoffschen Formel

Die Kirchhoffsche Formel ermöglicht die Berechnung von $\hat{u}_0(P)$, wenn $\hat{u}_0$ und $\operatorname{grad} \hat{u}_0$ auf der ganzen, den Aufpunkt P umschließenden Fläche bekannt sind. Dazu müßte das Problem aber schon gelöst sein. Man gewinnt deshalb ihre Werte durch folgende Festlegungen:

Annahmen zur Lösung der Kirchhoffschen Formel

a) Die Fläche A wird mit dem beugenden Schirm identifiziert und gegebenenfalls über das Unendliche geschlossen.

b) Für die Öffnungen des beugenden Schirmes werden die Werte von $\hat{u}_0$ und von $\operatorname{grad} \hat{u}_0$ angenommen, die $\hat{u}_0$ und $\operatorname{grad} \hat{u}_0$ an diesen Orten haben würden, wenn der beugende Schirm nicht vorhanden wäre.

c) Außerhalb der Öffnungen, d.h. auf dem beugenden Schirm, werden $\hat{u}_0$ und $\operatorname{grad} \hat{u}_0$ zu

$$\hat{u}_0 = 0; \quad \operatorname{grad} \hat{u}_0 = \boldsymbol{0}$$

festgelegt.

Mit diesen Annahmen nimmt die Kirchhoffsche Formel die Form

$$\hat{u}_0(P) = \frac{1}{4\pi} \iint_{\text{Ö}} \left(\frac{e^{-ikr}}{r} \operatorname{grad} \hat{u}_0 - \hat{u}_0 \operatorname{grad} \frac{e^{-ikr}}{r} \right) \cdot d\boldsymbol{A} \qquad (10.13)$$

an, wobei $\iint_{\text{Ö}}$ die Integration über die Öffnungen des beugenden Schirmes bedeutet.

Die gemachten Annahmen gestatten es nicht, die Materialeigenschaften des beugenden Schirmes zu erfassen. Sie entsprechen im wesentlichen den Verhältnissen eines ideal schwarzen Schirmes. Weiter sind sie deswegen bedenklich, da $\hat{u}_0$ und grad $\hat{u}_0$ nicht unabhängig voneinander sind, also auch nicht – wie in der Annahme c) geschehen – unabhängig voneinander festgelegt werden können. Ferner sind durch diese Annahmen $\hat{u}_0$ und grad $\hat{u}_0$ an der Grenze der beugenden Öffnung unstetig, d.h., diese Wahl verstößt gegen die Voraussetzungen des Greenschen Satzes (vgl. A. 11). Außerdem ist die Herleitung der Kirchhoffschen Formel (vgl. A. 30) unendlich vieldeutig, denn mit gleichem Recht wie $\frac{e^{-ikr}}{r}$ hätte man zu ihrer Herleitung auch irgendeine andere Lösung der Wellendifferentialgleichung (7.9) verwenden können, wenn sie nur im Unendlichen wie $1/r$ verschwindet.

Trotz ihrer Mängel sind die mit der Kirchhoffschen Formel gewonnenen Ergebnisse in guter Übereinstimmung mit dem Experiment. Durch die exakten Lösungen bzw. durch bessere Näherungen werden ihre Ergebnisse wohl verfeinert, aber nicht prinzipiell revidiert.

10.2.2 Einteilung der Beugungserscheinungen, Reziprozitätssatz der Beugungstheorie

Für die weiteren Betrachtungen erweist sich nachfolgende Einteilung der Beugungserscheinungen als günstig:

Liegen sowohl Lichtquelle als auch Aufpunkt in unendlicher Entfernung vom beugenden Hindernis, dann heißt die Beugung Fraunhofersche Beugung. Ist dagegen einer der Abstände endlich, so spricht man von Fresnelscher Beugung.

(D 10.5)
Fraunhofersche Beugung
Fresnelsche Beugung

Das Licht einer Punktlichtquelle falle auf eine beugende Öffnung. Sie wird als eben vorausgesetzt und diese Ebene zur x,y-Ebene eines kartesischen Koordinatensystems gewählt. Die z-Achse zeige vom Schirm aus in das den Aufpunkt enthaltende Gebiet (vgl. Abb. 10.16).
Die Punktlichtquelle L habe die Koordinaten x_L, y_L, z_L, der Aufpunkt die Koordinaten x, y, z. Mit Bezug auf den Koordinatenursprungspunkt werden ihre Lagen durch die Ortsvektoren $\boldsymbol{R}_L$ und $\boldsymbol{R}$ festgelegt. Um Verwechslungen zwischen den Koordinaten des Aufpunktes und denen des Integrationspunktes zu vermeiden, werden letztere statt mit x und y mit ξ und η bezeichnet. Der vom Integrationspunkt $P = P(\xi, \eta)$ zur Lichtquelle weisende Vektor sei $\boldsymbol{r}_L$, der zum Aufpunkt weisende $\boldsymbol{r}$.

Umformung der Kirchhoffschen Formel

Von der Punktlichtquelle geht eine Kugelwelle aus. Wird entsprechend (7.8) der Zeitfaktor $e^{i\omega t}$ abgespalten, dann ist nach den im vorhergehenden Abschnitt getroffenen Festlegungen über die Lichterregung $\hat{u}_0$ diese Funktion in der Öffnung des Schirmes darstellbar durch

$$\hat{u}_0 = u_0 \frac{e^{-ikr_L}}{r_L}.$$

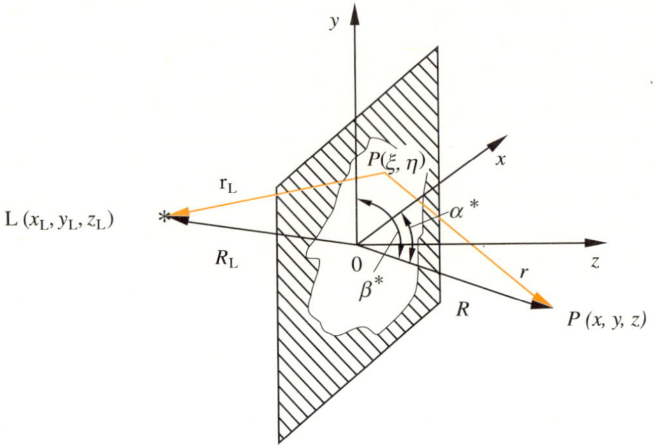

Abb. 10.16 Zur Umformung der Kirchhoffschen Formel

Wird weiter beachtet, daß die Entfernung r_L der Lichtquelle vom beugenden Schirm stets groß gegenüber der Wellenlänge ist und damit nach (A 30.5)

$$\operatorname{grad} \hat{u}_0 = -\frac{\mathrm{i} k u_0}{r_L} \mathrm{e}^{-\mathrm{i}kr_L} \boldsymbol{r}_L^0$$

gilt, dann kann die Kirchhoffsche Formel (10.13) mit (A 3.5) und $\mathrm{d}A = \mathrm{d}\xi\,\mathrm{d}\eta$ in die Form

$$\hat{u}_0(P) = -\frac{u_0 \mathrm{i} k}{4\pi} \iint_{\text{Ö}} \frac{\mathrm{e}^{-\mathrm{i}k(r_L + r)}}{r_L r} (\cos(\boldsymbol{r}_L, \mathrm{d}\boldsymbol{A}) - \cos(\boldsymbol{r}, \mathrm{d}\boldsymbol{A}))\,\mathrm{d}\xi\,\mathrm{d}\eta \tag{10.14a}$$

überführt werden.

Beim Vertauschen von P mit L, d.h. beim Vertauschen von r mit r_L, verändert $\hat{u}_0(P)$ lediglich sein Vorzeichen. Da nach (10.12b) $I(P) \sim |\hat{u}_0(P)|^2$ ist, wird durch diese Vertauschung die beobachtete Intensität nicht verändert.

(S 10.6)
Reziprozitätssatz der Beugungstheorie

Ruft die Lichtquelle im Aufpunkt eine bestimmte Beugungsfigur hervor und werden danach Lichtquelle und Aufpunkt miteinander vertauscht, so beobachtet man am ursprünglichen Ort der Lichtquelle dieselbe Beugungserscheinung (Reziprozitätssatz der Beugungstheorie).

Wegen $kr = \frac{2\pi r}{\lambda} \gg 1$ ist $\mathrm{e}^{-\mathrm{i}k(r + r_L)}$ wesentlich stärker mit r bzw. r_L veränderlich als $\frac{1}{r_L r}$ und die Differenz $\cos(\boldsymbol{r}_L, \mathrm{d}A) - \cos(\boldsymbol{r}, \mathrm{d}A)$. Letztere können daher bei der Integration als konstant angesehen werden:

$$\hat{u}_0(P) = -\frac{u_0 \mathrm{i} k (\cos(\boldsymbol{r}_\mathrm{L}, \mathrm{d}\boldsymbol{A}) - \cos(\boldsymbol{r}, \mathrm{d}\boldsymbol{A}))}{4\pi r_\mathrm{L} r} \iint\limits_{\mathrm{Ö}} \mathrm{e}^{-\mathrm{i}k(r_\mathrm{L}+r)}\, \mathrm{d}\xi\, \mathrm{d}\eta. \tag{10.14b}$$

Ferner sind Beugungserscheinungen nur in Nähe der geometrischen Schattengrenze merklich. Wir können daher näherungsweise

$$\cos(\boldsymbol{r}_\mathrm{L}, \mathrm{d}\boldsymbol{A}) = -\cos(\boldsymbol{r}, \mathrm{d}\boldsymbol{A})$$

setzen:

$$\hat{u}_0(P) = -\frac{u_0 \mathrm{i} k \cos(\boldsymbol{r}_\mathrm{L}, \mathrm{d}\boldsymbol{A})}{2\pi r_\mathrm{L} r} \iint\limits_{\mathrm{Ö}} \mathrm{e}^{-\mathrm{i}k(r_\mathrm{L}+r)}\, \mathrm{d}\xi\, \mathrm{d}\eta. \tag{10.14c}$$

Werden noch der Ort der Lichtquelle und der Aufpunkt mit Bezug auf den Koordinatenursprung durch ihre Richtungskosinus festgelegt (vgl. Abb. 10.16), d.h.

$$\begin{aligned} \cos\alpha_\mathrm{L}^* &= -\frac{x_\mathrm{L}}{R_\mathrm{L}}, \quad \cos\alpha^* = \frac{x}{R}, \\ \cos\beta_\mathrm{L}^* &= -\frac{y_\mathrm{L}}{R_\mathrm{L}}, \quad \cos\beta^* = \frac{y}{R} \end{aligned} \tag{10.14d}$$

gesetzt, $r_\mathrm{L} + r$ nach ξ und η entwickelt (vgl. A. 31) und (10.14b) beachtet, so gewinnt man zur Bestimmung der Intensität $I(P)$ im Aufpunkt die Beziehung

$$I(P) \sim \left|\iint\limits_{\mathrm{Ö}} \mathrm{e}^{-\mathrm{i}k\Phi(\xi,\eta)}\, \mathrm{d}\xi\, \mathrm{d}\eta\right|^2 \tag{10.14}$$

mit

$$\begin{aligned} \Phi(\xi,\eta) = {} & \xi(\cos\alpha_\mathrm{L}^* - \cos\alpha^*) + \eta(\cos\beta_\mathrm{L}^* - \cos\beta^*) \\ & + \frac{1}{2}\left[\left(\frac{1}{R_\mathrm{L}} + \frac{1}{R}\right)(\xi^2 + \eta^2) - \frac{(\xi\cos\alpha_\mathrm{L}^* + \eta\cos\beta_\mathrm{L}^*)^2}{R_\mathrm{L}} \right. \\ & \left. - \frac{(\xi\cos\alpha^* + \eta\cos\beta^*)^2}{R}\right] + \cdots \end{aligned} \tag{10.15}$$

Joseph von Fraunhofer (1787–1826)

Für die Fraunhofersche Beugung ($R_\mathrm{L} \to \infty$, $R \to \infty$) geht (10.15) über in

$$\Phi(\xi,\eta) = \xi(\cos\alpha_\mathrm{L}^* - \cos\alpha^*) + \eta(\cos\beta_\mathrm{L}^* - \cos\beta^*). \tag{10.16}$$

Für die Fresnelsche Beugung ist die Berücksichtigung der Glieder bis einschließlich 2. Ordnung ausreichend.

10.2.3 Fraunhofersche Beugung

Experimentelle Realisierung der Fraunhoferschen Beugung

Experimentell erhält man Fraunhofersche Beugung, indem man sowohl die Lichtquelle L als auch den Aufpunkt P in den Brennpunkt einer Sammellinse legt (vgl. Abb. 10.17). Fraunhofersche Beugungsanordnungen sind also leicht zu realisieren. Ihr besonderer Vorteil liegt aber darin, daß sich Beugungsprobleme im allgemeinen nur für diesen Beugungstyp analytisch lösen lassen, sie damit für spezielle Anwendungen (wie z. B. im Gitterspektrografen) besonders geeignet sind. Einige derartige Beugungsprobleme werden nachfolgend besprochen.

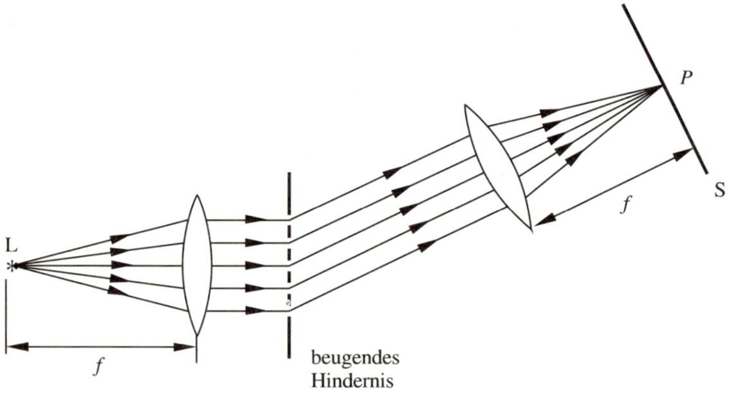

Abb. 10.17
Experimentelle Anordnung zur Beobachtung Fraunhoferscher Beugungserscheinungen

10.2.3.1 Beugung am Spalt und am Rechteck

Eine ebene monochromatische Welle falle senkrecht auf einen ebenen Schirm mit einer rechteckigen beugenden Öffnung der Länge l und der Breite d (vgl. Abb. 10.18). Zunächst wird $l \gg d$ angenommen. Man spricht dann vom beugenden *Spalt*. Abb. 10.19 zeigt eine Schnittebene senkrecht zum Spalt. Nach dem Huygens-Fresnelschen Prinzip (S 10.5) wird das Licht hinter dem Spalt in alle Richtungen gebeugt. Der Winkel zwischen der Betrachtungsrichtung und der Spaltnormalen sei α. Wir wollen die Betrachtungsrichtungen α auffinden, für die ein Minimum bzw. Maximum der Intensität vorliegt. Hierzu denken wir uns zunächst die einfallende ebene Welle in neun Teilwellen der Breite δ zerlegt (siehe Abb. 10.19). Die von ihren Randstrahlen in der Spaltebene getroffenen Punkte P_1 bis P_{10} nehmen wir als die Zentren von Elementarwellen an. In der Betrachtungsrichtung α bekommt man ein Maximum oder ein Minimum der Intensität des Wellenvorganges, je nachdem, ob sich die von den Zentren ausgehenden Elementarwellen durch Interferenz maximal verstärken oder schwächen.

beugender Spalt

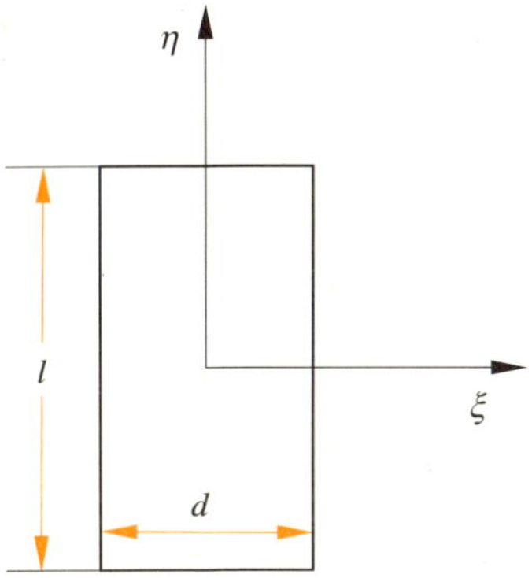

Abb. 10.18 Rechteck als beugende Öffnung

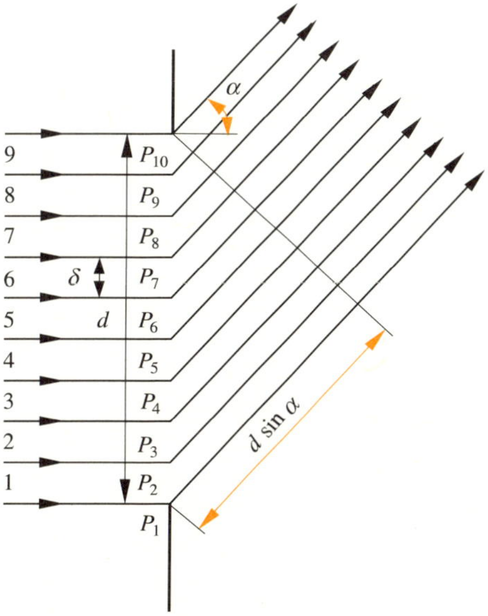

Abb. 10.19 Zur Beugung am Spalt

Anwendung des Huygens-Fresnelschen Prinzips auf die Beugung am Spalt

Nach (A 15.12a) und Abbildung 10.19 besitzen die von den Zentren P_1 und P_{10} ausgehenden Elementarwellen die Phasendifferenz

$$\Delta\varphi = kd\sin\alpha. \tag{10.17a}$$

Betrachtet man jetzt statt 10 eine beliebige Anzahl m äquidistanter Punkte in der Spaltöffnung, dann besitzen nach (10.17a) die von benachbarten Punkten ausgehenden Elementarwellen eine Phasendifferenz von

$$\Delta\varphi_b = \frac{kd\sin\alpha}{m-1}. \tag{10.17}$$

Nach dem Huygens-Fresnelschen Prinzip (S 10.5) ergibt sich der in einem Punkt vorliegende Wellenvorgang als Überlagerung aller Elementarwellen in diesem Punkt. Die einfallende ebene Welle haben wir in $m-1$ Teilwellen zerlegt. Da $d=(m-1)\,\delta$ ist, müssen die Amplituden der von den m Zentren ausgehenden Elementarwellen proportional zu δ, d.h. umgekehrt proportional zu $(m-1)$ sein. Beachtet man noch die Beziehung $e^{a+b} = e^a \cdot e^b$, so gilt nach (A 15.2a), (10.17) und (S 10.5) für die Lichterregung in einem Punkt, dessen Abstand r_0 vom Spalt groß gegenüber der Spaltbreite ist ($r_0 \gg d$),

$$\hat{u}_\alpha \sim \frac{e^{i(\omega t - kr_0)}}{(m-1)r_0} \left[1 + e^{i\Delta\varphi_b} + e^{2i\Delta\varphi_b} + \cdots + e^{(m-1)i\Delta\varphi_b}\right], \tag{10.18}$$

woraus unter Beachtung des Grenzüberganges $m \longrightarrow \infty$ für die Intensität in der Betrachtungsrichtung α

$$I_\alpha = I_0 \frac{\sin^2\left(\frac{\pi d}{\lambda}\sin\alpha\right)}{\left(\frac{\pi d}{\lambda}\sin\alpha\right)^2} \tag{10.19}$$

folgt (vgl. A. 32, insbesondere (A 32.2c)). I_0 ist dabei die Intensität in der Betrachtungsrichtung $\alpha = 0$.

Mit der Abkürzung

$$x = \frac{\pi d}{\lambda}\sin\alpha \tag{10.19a}$$

ergibt sich

$$I_\alpha = I_0 \left(\frac{\sin x}{x}\right)^2. \tag{10.19b}$$

Abbildung 10.20a zeigt den Verlauf der Funktion $\frac{\sin x}{x}$, Abbildung 10.20b den von $\left(\frac{\sin x}{x}\right)^2$ bzw. $\frac{I_\alpha}{I_0} = f(\sin\alpha)$.

Hauptmaximum
Nebenmaximum

Ein ausgeprägtes Maximum der Intensität (*Hauptmaximum*) liegt für $x = 0$ ($\alpha = 0$) vor. Weitere Maxima (*Nebenmaxima*) findet man für $x = \pm\frac{2N+1}{2}\pi$ ($N = 1, 2, \ldots$). Diese Maxima sind deutlich kleiner als das Hauptmaximum (vgl. Abb. 10.20b). Während das Hauptmaximum die Intensität I_0 besitzt, findet man bei $x = \frac{\pi}{2}$ nur noch die Intensität 0,406 I_0, für $x = \frac{3}{2}\pi$ nur noch 0,045 I_0. Minima erhält man für $x = \pm N\pi$ ($N = 1, 2, \ldots$). Wie aus Abbildung 10.20b ersichtlich ist, bekommt man nur dann merkliche Beugungserscheinungen, wenn die Spaltbreite d in der Größenordnung der Wellenlänge λ liegt und $d > \lambda$ gilt. Nach Abbildung 10.20 haben aufeinanderfolgende Minima der Intensität I_α bei ihrer Darstellung über $\sin\alpha$ den konstanten Abstand λ/d. Nur die beiden Minima, die das Hauptmaximum begrenzen, haben einen Abstand von $\frac{2\lambda}{d}$.

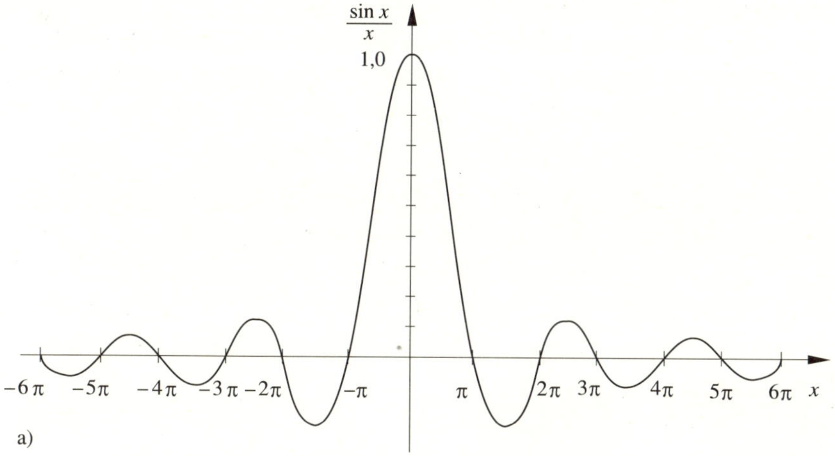

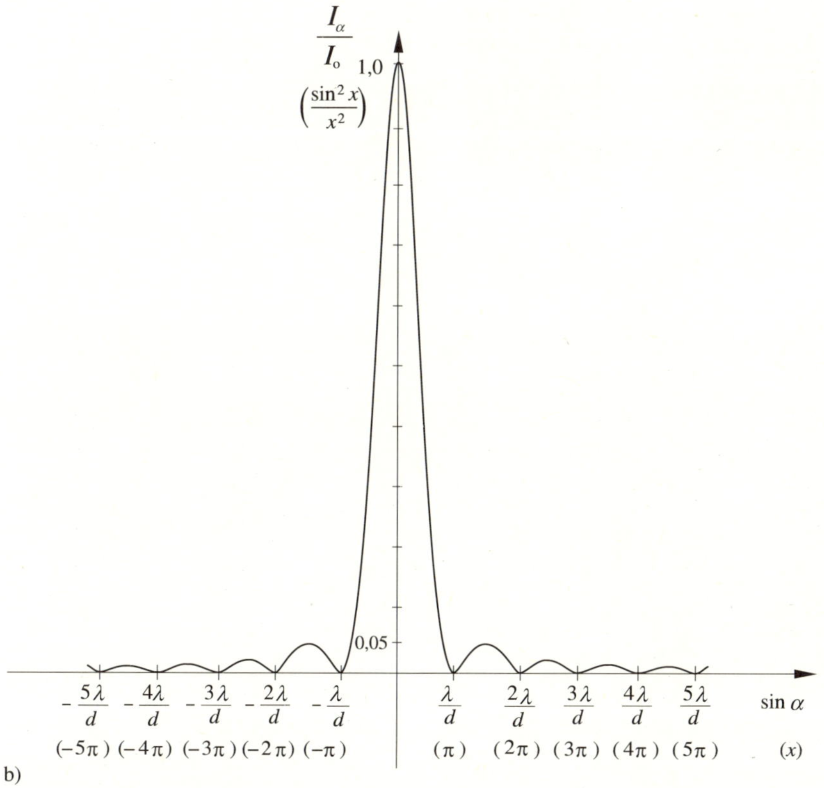

Abb. 10.20
Zur Intensitätsverteilung bei der Beugung am Spalt

a) $\frac{\sin x}{x} = f(x)$ b) $\frac{I_\alpha}{I_0} = f(\sin\alpha)$

(S 10.7)
Beugung am Spalt

Fällt paralleles Licht der Wellenlänge λ senkrecht auf einen Spalt der Breite d, so findet man für die Intensität hinter dem Spalt
das Hauptmaximum für $\alpha = 0$,
Nebenmaxima für $d \sin\alpha = \pm(2N+1)\lambda/2$,
Minima für $d \sin\alpha = \pm N\lambda$
$(N = 1, 2, 3, \dots)$.
α ist der Winkel zwischen der Wellennormalen der einfallenden und der Wellennormalen der betrachteten gebeugten Welle.

Abbildung 10.21 zeigt die Beugung von Licht an einem Spalt.

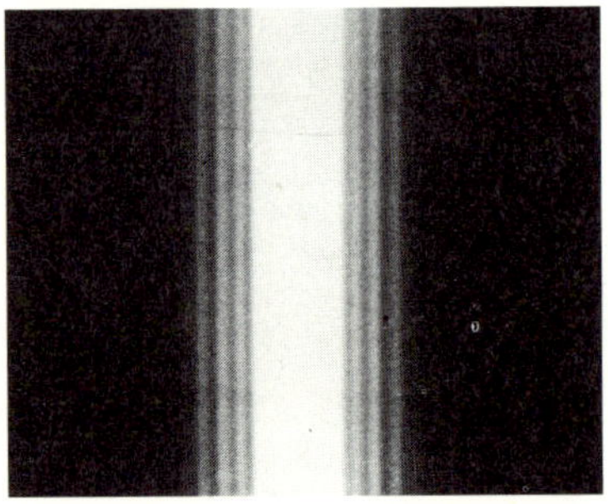

Abb. 10.21
Fraunhofersche Beugung am Spalt

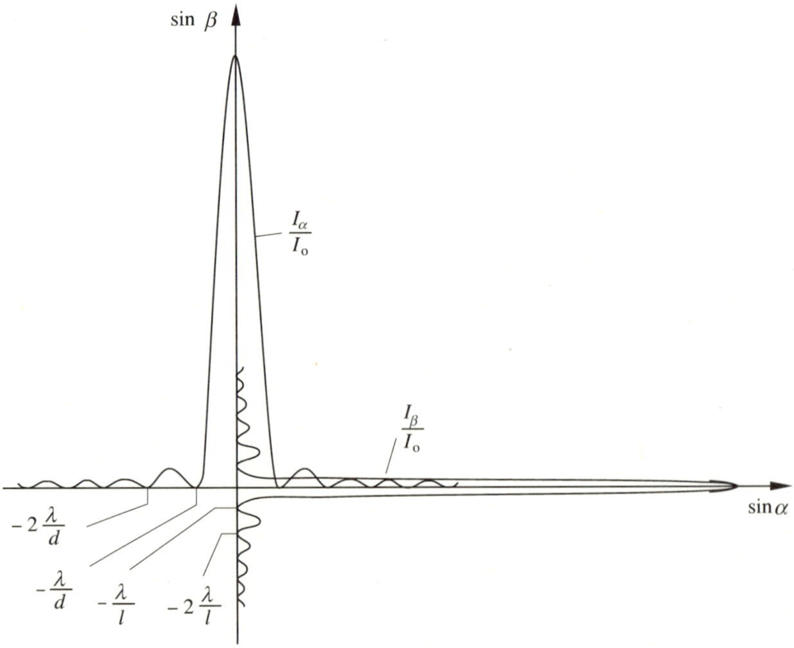

a)

Abb. 10.22 a

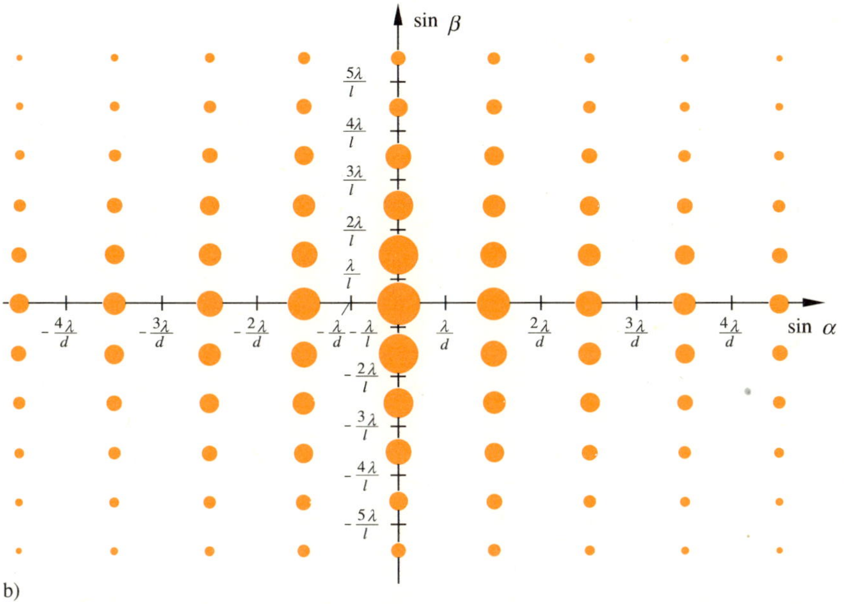

b)

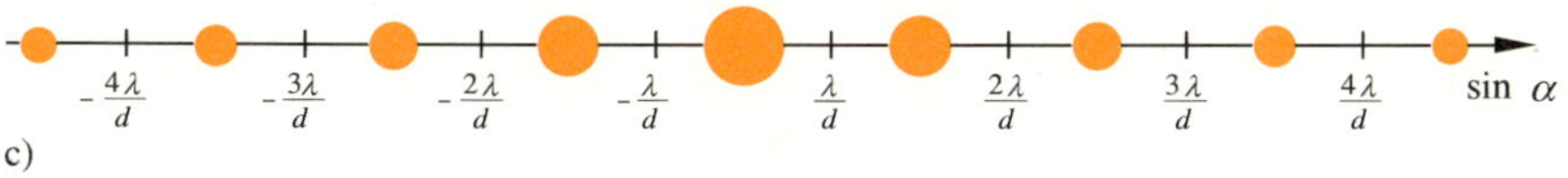

c)

Abb. 10.22 Fraunhofersche Beugung am Rechteck
a) Intensitätsverhältnisse
$I_\alpha/I_0 = f(\sin\alpha)$ und $I_\beta/I_0 = f(\sin\beta)$ der Beugungsfigur in den Richtungen der $\sin\alpha$- und der $\sin\beta$-Achse ($l : d = 2 : 1$)
b) Beugungsfigur für $l : d = 2 : 1$ (schematisch)
c) Beugungsfigur für $l \gg d$ (schematisch)

Im allgemeinen Fall der Beugung an einer rechteckigen Öffnung des Schirmes ist die Voraussetzung $l \gg d$ nicht erfüllt. Fällt wiederum paralleles Licht der Wellenlänge λ senkrecht auf den Schirm (somit gilt in (10.16) $\cos\alpha_L^* = \cos\beta_L^* = 0$), so beobachtet man nach (A 33.2) statt (10.19) im Aufpunkt P die Intensität

Beugung am Rechteck

$$I(P) = I_0 \frac{\sin^2 \dfrac{\pi d \sin\alpha}{\lambda}}{\left(\dfrac{\pi d \sin\alpha}{\lambda}\right)^2} \cdot \frac{\sin^2 \dfrac{\pi l \sin\beta}{\lambda}}{\left(\dfrac{\pi l \sin\beta}{\lambda}\right)^2}. \tag{10.20}$$

Eine merkliche Beugungserscheinung tritt auch hier nur dann auf, wenn die Abmessungen des Rechteckes in der Größenordnung der Wellenlänge des Lichtes liegen und $d > \lambda$ und $l > \lambda$ gilt. Ist $l \gg d$, d.h. $l \gg \lambda$, dann rücken die Beugungsminima bzw. -maxima in Richtung der $\sin\beta$-Achse so dicht zusammen, daß sich die Beugungsfigur praktisch auf die $\sin\alpha$-Achse zusammenzieht (s. Abb. 10.22c). Beziehung (10.20) geht in die eines Spaltes (10.19) über.

Abbildung 10.22a zeigt die auf einem Schirm senkrecht zur z-Achse (Einfallsrichtung) in x- und in y-Richtung zu beobachtenden Beugungsfiguren. Danach findet man bei der Betrachtung der Intensität in Abhängigkeit von $\sin\beta$ bzw. $\sin\alpha$ dunkle Streifen parallel zur $\sin\beta$-Achse im Abstand λ/l, parallel zur $\sin\alpha$-Achse im Abstand λ/d. Sie schneiden sich rechtwinklig und teilen demzufolge die x-y-Ebene in ein schachbrettartiges Beugungsmuster ein. Jedes der rechteckigen Felder hat die Größe λ^2/ld. Nur das zentrale Beugungsbild, welches durch die beiden Hauptmaxima gegeben ist, hat die vierfache Fläche $4\lambda^2/ld$. Die Intensität in den einzelnen Flächen nimmt sehr stark mit dem Abstand vom zentralen Beugungsbild ab. Auf ihre Berechnung sei hier verzichtet. Diese Intensitätsverteilung führt dazu, daß eine merkliche Intensität der Beugungsfigur praktisch nur längs der beiden Achsen beobachtet wird (vgl. Abb. 10.22b).

10.2.3.2 Babinetsches Theorem

Für die weiteren Betrachtungen wird der Begriff des komplementären beugenden Schirmes eingeführt:

(D 10.6) komplementäre Schirme

Zwei beugende Schirme, von denen der eine dort die Öffnungen besitzt, wo der andere absolut absorbiert und umgekehrt, heißen zueinander komplementär.

Ein Spalt der Breite d und ein Draht vom Durchmesser d sind zueinander komplementär. Vergleicht man ihre Beugungsfiguren, so findet man keine prinzipiellen Unterschiede. So zeigen die in den Abbildungen 10.21 und 10.23 dargestellten Beugungsfiguren von Spalt und Draht beide in der Mitte eine Aufhellung. Die unterschiedliche Lage der Beugungsstreifen erklärt sich aus den unterschiedlichen geometrischen Abmessungen von Spalt und Draht. Dies ist ein Spezialfall des 1837 von Babinet formulierten Prinzips:

(S 10.8) Babinetsches Theorem

Ersetzt man in einer Fraunhoferschen Beugungsanordnung den beugenden Schirm durch den entsprechenden komplementären, so wird außerhalb des Bereiches der geometrisch-optischen Abbildung die Beugungsfigur nicht verändert (Babinetsches Theorem).

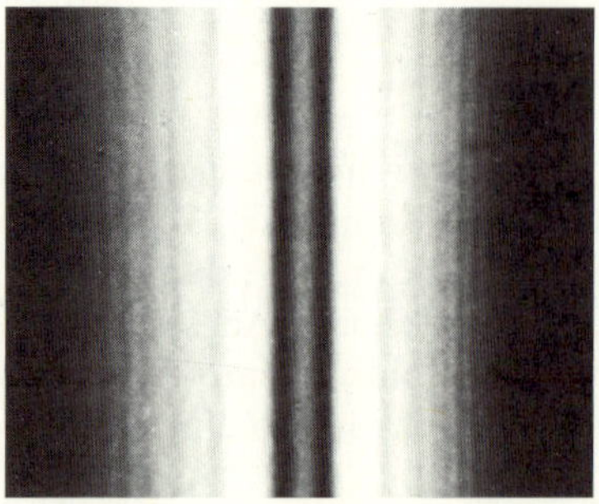

Abb. 10.23
Fraunhofersche Beugung am Draht

Das Babinetsche Theorem kann unmittelbar aus der Kirchhoffschen Formel gefolgert werden. Der beugende Schirm S gebe im Aufpunkt die Lichterregung $\hat{u}_{01}$, der komplementäre Schirm die Lichterregung $\hat{u}_{02}$. Beide Schirme zusammen haben die gleiche Wirkung wie ein einziger durchweg schwarzer Schirm. In die Kirchhoffsche Formel ist dann für jeden Punkt der Integrationsfläche $\hat{u}_0 = 0$ und $\operatorname{grad} \hat{u}_0 = 0$ einzusetzen, die Lichterregung im Aufpunkt ist Null ($\hat{u}_0(P) = 0$). Mithin gilt

JACQUES BABINET (1794–1872)

$$\hat{u}_{01}(P) + \hat{u}_{02}(P) = 0$$

oder mit (10.12 b)

$$I_1(P) = I_2(P).$$

Beide beugenden Anordnungen rufen – wie es das Babinetsche Theorem besagt – auf dem Beobachtungsschirm die gleiche Intensitätsverteilung hervor.

Die Voraussetzung „außerhalb der geometrisch-optischen Abbildung" ist deswegen notwendig, weil sonst $\hat{u}_{01}(P) + \hat{u}_{02}(P) = 0$ nicht erfüllbar ist. Bildet man z. B. die Lichtquelle L durch eine optische Anordnung in den Punkt L′ der Bildebene ab, so findet man nach dem Babinetschen Theorem in allen Punkten der Bildebene dieselbe Beugungsfigur durch den komplementären Schirm, ausgenommen im Bildpunkt L′.

Eine eventuell vorhandene optische Anordnung kann zu zusätzlichen Beugungserscheinungen (z. B. an den Linsenfassungen und den Blenden) führen. Diese sind aber meist vom Fresnelschen Typ. Um sie auszuschließen, wurde im Babinetschen Theorem Fraunhofersche Beugung vorausgesetzt.

10.2.3.3 Beugung am Gitter

Gitter
Gitterkonstante

Ein Schirm mit vielen dicht benachbarten gleichgroßen rechteckigen Öffnungen heißt *Gitter* (vgl. Abb. 10.24). Jeder Einzelspalt des Gitters habe die Länge l und die Breite d, ihre Anzahl sei p, ihr Abstand voneinander betrage g (*Gitterkonstante*).

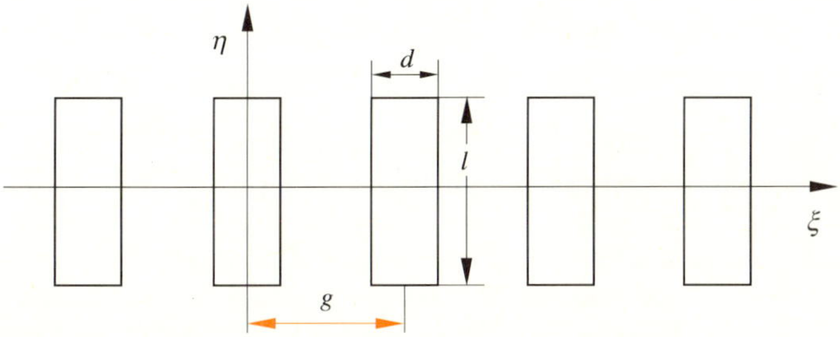

Abb. 10.24 Gitter

Für die in der Optik verwendeten Gitter gilt $l \gg d$, man spricht dann

Strichgitter

auch vom *Strichgitter*. Es besteht aus vielen parallelen äquidistanten Spalten.

Für die Berechnung der resultierenden Beugungsfigur $I_{g\alpha}$ eines aus p Spalten bestehenden Strichgitters muß sowohl die Interferenz des durch einen Spalt tretenden Bündels, die eine Intensitätsverteilung I_α (vgl. (10.19)) hervorruft, als auch die Interferenz der durch die verschiedenen Spalte tretenden Teilbündel berücksichtigt werden.

Man gewinnt $I_{g\alpha}$, indem man auf die Interferenz zwischen den durch die verschiedenen Spalte tretenden Teilbündeln die Überlegungen des vorhergehenden Abschnittes anwendet. Wie der Vergleich von Abbildung 10.19 mit Abbildung 10.25 zeigt, ist dann $\Delta\varphi_b$ durch $\Delta\varphi = kg\sin\alpha = \frac{2\pi}{\lambda} g\sin\alpha$ (vgl. (10.17)) und in (A 32.1e) weiterhin m durch p zu ersetzen.

Man erhält als Ergebnis den Faktor

$$\frac{\sin^2\left(\frac{\pi g}{\lambda} p\sin\alpha\right)}{\sin^2\left(\frac{\pi g}{\lambda}\sin\alpha\right)}. \tag{10.21 a}$$

Multiplikation mit der Intensität I_α des Einzelspaltes in der durch α gekennzeichneten Betrachtungsrichtung führt zu

$$I_{g\alpha} = I_\alpha \frac{\sin^2\left(\frac{\pi g}{\lambda} p\sin\alpha\right)}{\sin^2\left(\frac{\pi g}{\lambda}\sin\alpha\right)}, \tag{10.21 b}$$

woraus mit (10.19) für die Beugung am Strichgitter

Intensität $I_{g\alpha}$ hinter einem Strichgitter

$$I_{g\alpha} = I_0 \frac{\sin^2\left(\frac{\pi d}{\lambda}\sin\alpha\right)}{\left(\frac{\pi d}{\lambda}\sin\alpha\right)^2} \cdot \frac{\sin^2\left(\frac{\pi g}{\lambda} p\sin\alpha\right)}{\sin^2\left(\frac{\pi g}{\lambda}\sin\alpha\right)} \tag{10.21}$$

folgt. Dabei ist I_0 die für $p=1$ in der Richtung $\alpha=0$ vorliegende Intensität.

Der erste Faktor beschreibt das Beugungsbild eines einzelnen Spaltes, der zweite die Interferenzwirkung der p Spalte. Da stets $g > d$ und $p > 1$ gilt (vgl. auch Abb. 10.25), ist der Einfluß des zweiten Faktors, d.h. der Einfluß der Interferenz der p Spalte, auf die Intensitätsverteilung im Beugungsbild des Gitters größer als der Einfluß des Beugungsbildes des Einzelspaltes (vgl. Abb. 10.26b). Die Nullstellen des ersten Faktors (vgl. (S 10.7)) bleiben selbstverständlich auch hier Nullstellen der Intensität. Zwischen ihnen liegen aber, bedingt durch die Nullstellen des zweiten Faktors, weitere Intensitätsminima und somit auch -maxima. Ihre Anzahl wächst mit der Anzahl der Spalte (s. (A 34.5a)). Man beobachtet daher zwischen zwei Maxima des Beugungsbildes des Einzelspaltes noch eine beträchtliche Anzahl weiterer Maxima und Minima. Der Einfluß des Beugungsbildes des Einzelspaltes

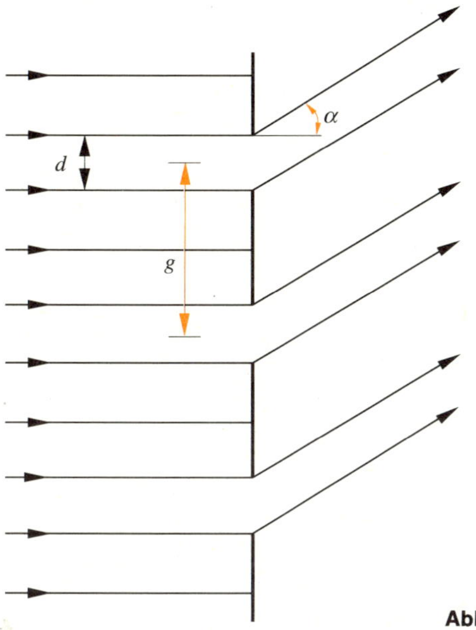

Abb. 10.25 Zur Beugung am Strichgitter

auf das des Gitters kann somit als Intensitätsmodulation des Interferenzbildes der p Spalte aufgefaßt werden, die sich um so weniger auf das Beugungsbild auswirkt, je größer die Spaltanzahl p gewählt wird. Es ist daher im allgemeinen ausreichend, sich mit den Maxima und Minima des zweiten Faktors in (10.21)

$$f(\alpha) = \frac{\sin^2\left(\frac{\pi g}{\lambda} p \sin\alpha\right)}{\sin^2\left(\frac{\pi g}{\lambda} \sin\alpha\right)} \tag{10.22}$$

zu beschäftigen. Die Funktion (10.22) besitzt nach (A 34.5 a) und (A 34.5 b) Intensitätsminima für

$$\sin\alpha_{\min} = \frac{m\lambda}{pg} \quad \begin{pmatrix} m = 1, 2, 3, \ldots \\ m \neq N p, N = 1, 2, 3, \ldots \end{pmatrix} \tag{10.23 a}$$

und ausgeprägte Intensitätsmaxima (*Hauptmaxima*) für

Hauptmaxima
Ordnung N
des Hauptmaximums

$$\sin\alpha_{\mathrm{H\,max}} = \frac{N\lambda}{g} \quad (N = 0, 1, 2, \ldots). \tag{10.23 b}$$

Die Laufzahl N gibt die *Ordnung* des betrachteten Hauptmaximums an (Abb. 10.26 a).

Für die Hauptmaxima nimmt (10.22) den Wert (vgl. (A 34.4 a))

$$f(\alpha_{\mathrm{H\,max}}) = p^2 \tag{10.22 a}$$

Intensität im Hauptmaximum

und somit (10.21 b) den Wert

$$I_{g\alpha\mathrm{Hmax}} = I_{\alpha\mathrm{Hmax}}\, p^2 \tag{10.24}$$

an. Die Intensität in den Hauptmaxima wächst quadratisch mit der Anzahl der Spalte (vgl. Abb. 10.26 a). Weiterhin ist nach (A 34.6 c) die

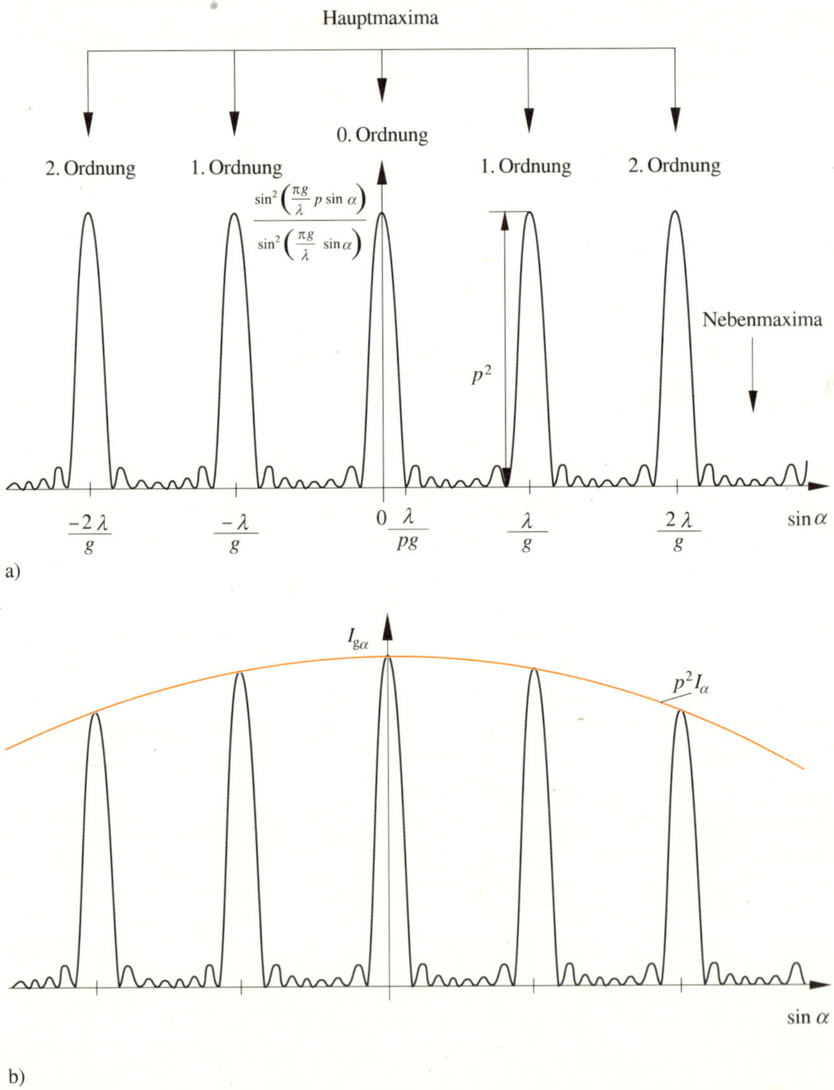

Abb. 10.26
Zur Intensitätsverteilung bei der Beugung am Gitter.
a) Interferenzfigur der die p Spalte passierenden Teilbündel bei Vernachlässigung der Beugung des Einzelspaltes.
b) Intensität $I_{g\alpha}$ eines Beugungsgitters in Abhängigkeit von $\sin\alpha$. Die Intensitätsmodulation $p^2 I_\alpha$ wird durch die Beugung am Einzelspalt bewirkt.

Halbwertsbreite der Hauptmaxima umgekehrt proportional zur Spaltanzahl, d.h., mit wachsender Spaltanzahl werden die Hauptmaxima immer schmaler. Die Intensitätsmodulation durch den Einzelspalt, d.h. der Faktor $I_{\alpha_{\mathrm{Hmax}}}$ in (10.24), bedingt eine Intensitätsabnahme der Hauptmaxima mit wachsender Ordnung N der Hauptmaxima (vgl. Abb. 10.26b).

Abhängigkeit der Halbwertsbreite des Hauptmaximums von der Spaltanzahl

Zwischen zwei Hauptmaxima liegen weitere Maxima (*Nebenmaxima*; vgl. (A 34.3c) und Abb. 10.26). Ihre Intensität beträgt nur einen Bruchteil von der der Hauptmaxima (vgl. (A 34.4b)). Für große Spaltzahlen (z.B. optische Gitter) sind sie daher ohne Bedeutung.

Nebenmaxima

(S 10.9) Beugung durch ein Strichgitter

Fällt eine ebene Welle der Wellenlänge λ senkrecht auf ein Strichgitter der Gitterkonstanten g und der Spaltanzahl p, so findet man hinter dem Gitter Hauptmaxima der Intensität für

$$\sin\alpha = \pm\frac{N\lambda}{g} \quad (N = 0, 1, 2, \ldots)$$

(α ist der Winkel zwischen der Gitternormalen und der Wellennormalen der betrachteten gebeugten Welle).
Die Intensität der Hauptmaxima ist proportional p^2, ihre Halbwertsbreite umgekehrt proportional p.

Robert Williams Wood (1868–1955)

Strichgitter finden u.a. Anwendung zur Wellenlängenbestimmung. Mißt man bei bekannter Gitterkonstanten g des Gitters den zu dem Hauptmaximum der Ordnung $N \geq 1$ gehörenden Winkel $\alpha_{\mathrm{Hmax},N}$, dann kann aus (S 10.9) die Wellenlänge des betrachteten Wellenvorganges bestimmt werden (Gitterspektrometer, siehe Abschnitt 10.2.6.1).

Optische Gitter besitzen Spaltanzahlen bis zu einigen 10^5. Mit ihnen werden deshalb nach (S 10.9) äußerst schmale Hauptmaxima beträchtlicher Intensität erreicht.

Nach (S 10.9) muß stets $g > \lambda$ gewählt werden. Will man z.B. die Hauptmaxima bis einschließlich vierter Ordnung erfassen, dann muß ein Gitter mit der Gitterkonstanten $g > 4\lambda$ gewählt werden.

Durch eine geeignete Formgebung des Gitters gelingt es, nahezu die gesamte Intensität in einem gewünschten Hauptmaximum zu vereinigen. Bei dem 1910 von Wood zu diesem Zweck entwickelten *Echelettegitter* handelt es sich um ein *Reflexionsgitter* spezieller Furchenform (vgl. Abb. 10.27). Das in Richtung $\boldsymbol{n}_\mathrm{e}^0$ auf das Gitter auffallende parallele Licht

Echelettegitter

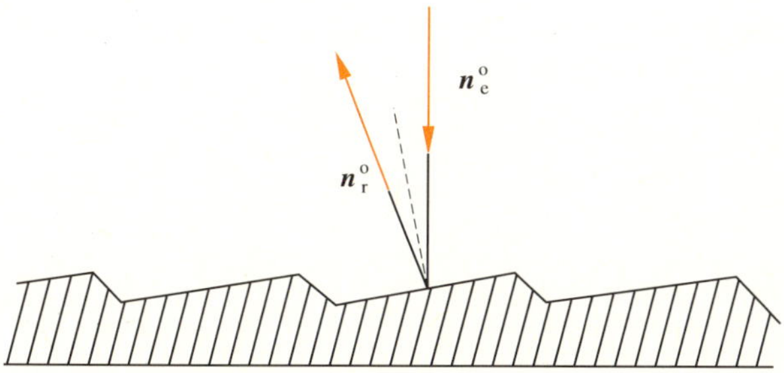

Abb. 10.27
Echelettegitter

wird regulär in die Richtung $\boldsymbol{n}_\mathrm{r}^0$ reflektiert. Damit wird erreicht, daß der größte Teil der auffallenden Lichtenergie dem Teil des Spektrums zugeführt wird, der in Richtung $\boldsymbol{n}_\mathrm{r}^0$ liegt. Derartige Gitter erlauben eine hohe Auflösung bei zugleich hoher Intensität. Sie finden vor allem für die Spektroskopie im fernen Ultrarot Verwendung.

Reflexionsgitter

Ist die Voraussetzung $l \gg d$ nicht erfüllt, dann ergibt sich nach (A 35.2) im Aufpunkt P hinter dem Gitter die Intensität

Beugung am Gitter

$$I(P) = I_0 \frac{\sin^2 \dfrac{\pi p g \sin\alpha}{\lambda}}{\sin^2 \dfrac{\pi g \sin\alpha}{\lambda}} \cdot \frac{\sin^2 \dfrac{\pi d \sin\alpha}{\lambda}}{\left(\dfrac{\pi d \sin\alpha}{\lambda}\right)^2} \cdot \frac{\sin^2 \dfrac{\pi l \sin\beta}{\lambda}}{\left(\dfrac{\pi l \sin\beta}{\lambda}\right)^2}. \tag{10.25}$$

Vergleicht man diesen Ausdruck für die Intensitätsverteilung mit dem für die Beugung am einzelnen Rechteck (10.20), so erkennt man, daß (10.20) nur noch mit einem zusätzlichen Faktor versehen ist. Er gibt den Einfluß der Interferenz der p Rechtecke auf die Beugungsfigur des einzelnen Rechteckes wieder und ist identisch mit dem entsprechenden Faktor für das Strichgitter. Die dort zu diesem Faktor führenden Überlegungen treffen also auch für Gitter mit rechteckigen Öffnungen zu.

10.2.3.4 Beugung am Flächengitter

Zwei übereinander gelegte Strichgitter der Gitterkonstanten g_x und g_y ergeben ein *Flächengitter* (Abb. 10.28 a). Dort, wo die Spalte beider Gitter übereinanderfallen, kann das Licht die beugende Öffnung passieren. Nach dem Babinetschen Theorem (S 10.8) ist die Beugungsfigur eines derartigen Gitters mit der einer *regelmäßigen* Anordnung beugender Zentren in einer Ebene identisch (Abb. 10.28 b).

Flächengitter

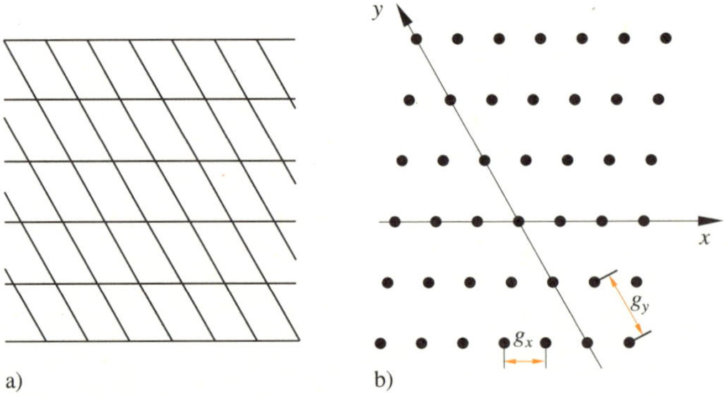

Abb. 10.28
Zur Entstehung eines Flächengitters
a) Zwei übereinandergelegte Strichgitter
b) Beugende Zentren eines Flächengitters

Um die Beugungsfigur eines derartigen Flächengitters zu erkennen, betrachten wir zunächst eine lineare Kette beugender Zentren vom Abstand g_x (Abb. 10.29). Wir legen die x-Achse eines im allgemeinen nicht rechtwinkligen x,y-Koordinatensystems in die Kettenrichtung (vgl. Abb. 20.28 b). Das einfallende parallele Lichtbündel der Wellenlänge λ schließe mit der Normalen zur x-Kette in der durch die Kettenrichtung und die Wellennormale festgelegten Ebene (Einfallsebene) den Winkel (Einfallswinkel) α_e ein. Die Überlagerung des von den benachbarten Beugungszentren abgebeugten Lichtes führt nach (S 10.3) dann zu einem Interferenzmaximum, wenn das von ihnen abgebeugte Licht einen Gangunterschied Δ von $\pm N_x \lambda$ ($N_x = 0, 1, 2, \ldots$) aufweist, d. h., wenn (vgl. Abb. 10.29)

$$\Delta = \overline{P_1 P_4} - \overline{P_3 P_2} = \pm N_x \lambda \qquad (N_x = 0, 1, 2, \ldots)$$

gilt. Da aus Abbildung 10.29

$$\cos\left(\frac{\pi}{2} - \alpha_e\right) = \sin\alpha_e = \frac{\overline{P_3 P_2}}{g_x}$$

und analog

$$\sin\alpha = \frac{\overline{P_1 P_4}}{g_x}$$

entnommen werden kann, müssen für ein Beugungsmaximum λ, α_e und α der Bedingung

$$g_x(\sin\alpha - \sin\alpha_e) = \pm N_x \lambda \qquad (N_x = 0, 1, 2, \ldots) \qquad (10.26\,a)$$

genügen.

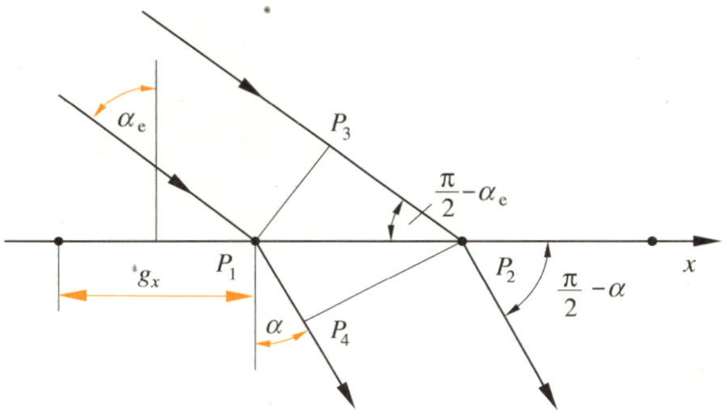

Abb. 10.29 Zur Beugung an einer linearen Kette von Beugungszentren

Die Ausbreitungsrichtung der einfallenden ebenen Welle und damit auch die der gebeugten kann in einer beliebigen, die x-Achse enthaltenden Ebene liegen. Es sind demnach alle Ausbreitungsrichtungen der einfallenden bzw. der gebeugten Wellen gleichberechtigt, die mit der jeweiligen Normalen zur Kette den Winkel α_e bzw. α einschließen. Die Gesamtheit dieser Richtungen bildet einen Kegel mit der Kette als Achse und dem halben Öffnungswinkel $\pi/2-\alpha_e$ bzw. $\pi/2-\alpha$. Für die vorgegebene Einfallsrichtung α_e bilden demnach die zugehörigen Beugungsmaxima Kegelschnitte (im allgemeinen Hyperbeln) mit der Beobachtungsebene (s. u.).

Vorstehende Betrachtungen sollen jetzt auf das Flächengitter von Abbildung 10.28b erweitert werden. Das einfallende parallele Lichtbündel schließt mit der y-Kette den Winkel $(\pi/2)-\beta_e$, das gebeugte Licht den Winkel $(\pi/2)-\beta$ ein. Der Abstand benachbarter Beugungszentren in Richtung y betrage g_y. Analog zur linearen Kette gelten die Bedingungen

Beugungsbedingung für ein Flächengitter

$$\begin{aligned} g_x(\sin\alpha-\sin\alpha_e) &= \pm N_x\lambda \qquad (N_x=0, 1, 2, \ldots) \\ g_y(\sin\beta-\sin\beta_e) &= \pm N_y\lambda \qquad (N_y=0, 1, 2, \ldots). \end{aligned} \tag{10.26}$$

Für monochromatisches Licht existieren bei gegebenen Einfallswinkeln α_e und β_e nur für diskrete Beugungsrichtungen (für bestimmte Werte von α und β) Beugungsmaxima. Abbildung 10.30 zeigt eine Beugungsfigur, die entsteht, wenn monochromatisches Licht senkrecht auf ein Flächengitter fällt ($\alpha_e=\beta_e=0$). Die Beobachtungsebene liegt parallel zur Ebene des Flächengitters, die y- und x-Richtung stehen senkrecht aufeinander. Die Richtungen des an den x- bzw. y-Ketten gebeugten Lichtes, für die Beugungsmaxima auftreten können, bilden Kegel um die x- bzw. y-Achse. Da beide Beziehungen (10.26) gleichzeitig erfüllt werden müssen, ergeben die gemeinsamen Punkte beider Hyperbelscharen die Orte der Beugungsmaxima (vgl. Abb. 10.30b).

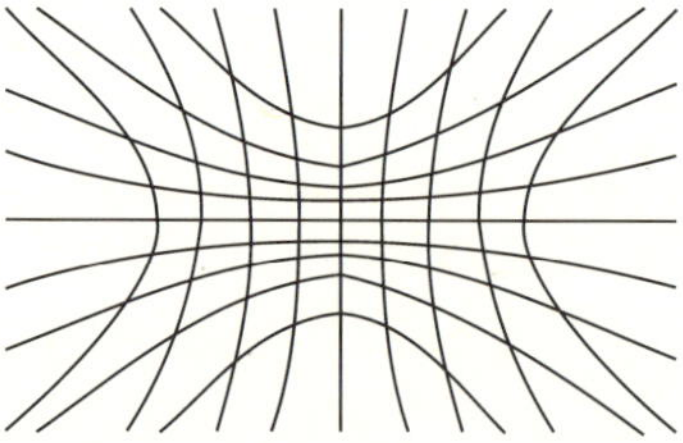

a)

b)

Abb. 10.30
Zur Beugung am Flächengitter
a) Geometrische Konstruktion der Beugungsmaxima
b) Beugungsfigur

10.2.3.5 Beugung am Raumgitter

Raumgitter
Kristalle als Raumgitter

Eine räumlich periodische Anordnung von Beugungszentren heißt *Raumgitter.* Ein Raumgitter wird z.B. durch die regelmäßige Anordnung der Atome bzw. Ionen in einem Kristall gebildet. Da die atomaren Abstände in Kristallen in der Größenordnung der Wellenlänge von Röntgenstrahlen liegen, kann ein Kristall bekannter Gitterstruktur als Beugungsobjekt für die Spektroskopie von Röntgenstrahlen dienen. Andererseits kann durch Umkehrung dieses Gedankenganges aus der mit Röntgenstrahlung bekannter Wellenlänge erhaltenen Beugungsfigur auf die Kristallstruktur geschlossen werden. Deshalb sind die Überlegungen zur Beugung an Raumgittern von besonderem Interesse.

Ein Raumgitter wird durch eine dreidimensionale Folge von Beugungszentren aufgebaut (vgl. Abb. 10.31). Wir wählen als Richtung der z-Achse die nicht in der x,y-Ebene liegenden Ketten mit den kleinsten Abständen zwischen den Beugungszentren. Das so entstandene x,y,z-Koordinatensystem ist – wie schon in Abschnitt 10.2.3.4 angeführt – im allgemeinen nicht orthogonal. In Bezug auf die z-Kette ist die Richtung des einfallenden Lichtes durch $(\pi/2)-\gamma_e$, die des gebeugten Lichtes durch $(\pi/2)-\gamma$ gegeben.

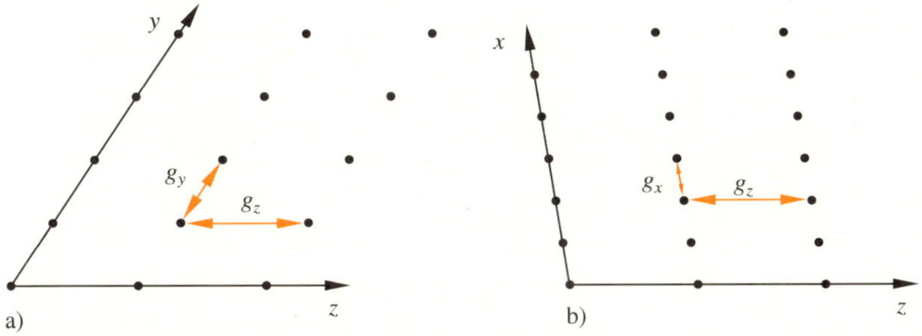

Abb. 10.31
Anordnung der beugenden Zentren in der y,z-Ebene (a) und in der x,z-Ebene (b) eines Raumgitters

Analog zu (10.26) folgt:

(S 10.10) Beugung am Raumgitter

Fällt ein paralleles Lichtbündel der Wellenlänge λ auf ein Raumgitter mit den Koordinatenabständen g_x, g_y und g_z für benachbarte Beugungszentren im (im allgemeinen nicht rechtwinkligen) x,y,z-Koordinatensystem, so können nur für die Richtungen Beugungsmaxima auftreten, für die die Bedingungen

$$g_x(\sin\alpha - \sin\alpha_e) = \pm N_x\lambda \qquad (N_x = 0, 1, 2, \ldots),$$
$$g_y(\sin\beta - \sin\beta_e) = \pm N_y\lambda \qquad (N_y = 0, 1, 2, \ldots),$$
$$g_z(\sin\gamma - \sin\gamma_e) = \pm N_z\lambda \qquad (N_z = 0, 1, 2, \ldots)$$

erfüllbar sind ($(\pi/2)-\alpha_e$, $(\pi/2)-\beta_e$, $(\pi/2)-\gamma_e$ sind die Winkel des einfallenden Lichtbündels, $(\pi/2)-\alpha$, $(\pi/2)-\beta$, $(\pi/2)-\gamma$ die Winkel des gebeugten Lichtbündels mit der x-, y- bzw. z-Achse).

Nach den Überlegungen der vorstehenden Abschnitte sind bei der Beugung eines monochromatischen parallelen Lichtbündels am Strich- und am Flächengitter immer Beugungsmaxima beobachtbar, sofern die Gitterkonstanten $g > \lambda$ sind und in der Größenordnung der Wellenlänge liegen. Für das Raumgitter gilt diese Aussage nicht mehr. Man muß nämlich beachten, daß die Winkel α, β und γ nicht unabhängig voneinander sind. Zum Beispiel gilt unter Voraussetzung eines rechtwinkligen x,y,z-Koordinatensystems zwischen ihnen die Bedingungsgleichung (vgl. (A 3.6))

$$\cos^2\alpha + \cos^2\beta + \cos^2\gamma = 1\,. \tag{10.27}$$

Für das schiefwinklige System nimmt diese Beziehung nur eine etwas kompliziertere Gestalt an, im Prinzip ändert sich nichts. Demnach müssen bei gegebenem λ, α_e, β_e und γ_e die Winkel α, β, γ nicht nur drei, sondern vier Bedingungsgleichungen genügen. Dies ist aber nicht allgemein, sondern höchstens für bestimmte Werte der Wellenlänge möglich.

(S 10.11)
Die Beugung am Raumgitter wird durch vier Bedingungsgleichungen eingeschränkt

Bei der Beugung am Raumgitter sind für eine vorgegebene Richtung (bzw. Wellenlänge) des einfallenden Lichtes Beugungsmaxima nur für bestimmte diskrete Wellenlängen (bzw. Einfallsrichtungen) möglich.

Nach (S 10.11) gibt es für die Beobachtung von Beugungsmaxima am Raumgitter prinzipiell zwei Wege:

Max von Laue (1879–1962) Nobelpreis 1914

a) Man bestrahlt den Kristall statt mit monochromatischem Licht mit Licht eines bestimmten kontinuierlichen Wellenlängenbereiches (polychromatisches Röntgen-Licht). Bei vorgegebenem Einfallswinkel treten dann nur für die Richtungen α_i, β_i, γ_i und die Wellenlängen λ_i Beugungsmaxima auf, für die die vier Gleichungen erfüllbar sind (*Laue-Verfahren*, s.u.). Das Beugungsgitter „sucht“ sich demnach aus dem konti-

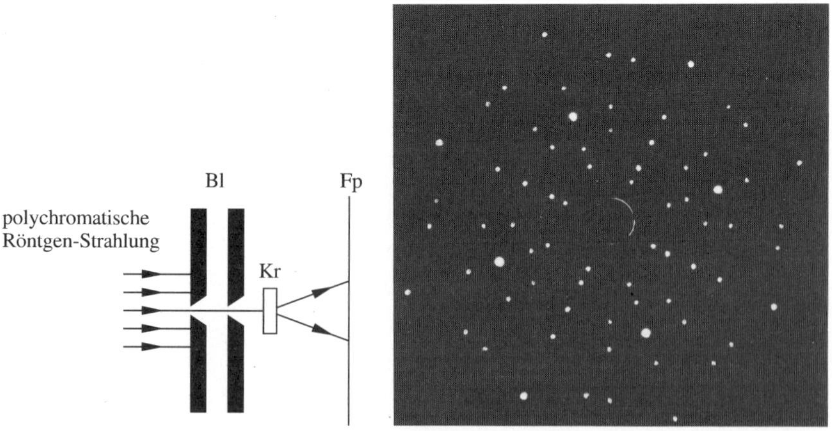

a) b)

Abb. 10.32
Zum Nachweis des Wellencharakters der Röntgen-Strahlen
a) Versuchsaufbau (Bl Blenden, Kr Kristall, Fp Fotoplatte)
b) Laue-Diagramm von einem Zirkondioxidkristall

Walther Friedrich (1883–1968)

nuierlichen Wellenlängenbereich die diskreten Wellenlängen λ_i aus, für die Beugungsreflexe möglich sind.

PAUL KNIPPING (1883–1935)

Mit einem derartigen Verfahren konnten 1912 v. LAUE, FRIEDRICH und KNIPPING den Wellencharakter der Röntgen-Strahlung nachweisen. Als Raumgitter benutzten sie die periodische Anordnung der Atome bzw. Ionen im Kristall (vgl. Bd. IV), denn nach dem Babinetschen Theorem (S 10.8) rufen die regelmäßig angeordneten Atome des Kristallgitters die gleiche Beugungsfigur hervor wie ein schwarzer Schirm mit Öffnungen an den Orten der Atome. Die Gitterkonstanten g_x, g_y, g_z erwiesen sich als von gleicher Größenordnung wie die Wellenlänge, deshalb sind Beugungsmaxima nach (S 10.10) prinzipiell möglich. Der Kristall wird mit polychromatischem Röntgen-Licht bestrahlt (vgl. Abb. 10.32 a), das Beugungsspektrum (*Laue-Diagramm*, vgl. Abb. 10.32 b) mit einer Fotoplatte registriert. Dieses Experiment bestätigte gleichzeitig die periodische Anordnung der Atome bzw. Ionen im Kristall und den Wellencharakter der Röntgenstrahlung.

Laue-Verfahren

Experimenteller Nachweis, daß Röntgenstrahlen elektromagnetische Wellen sind

Laue-Diagramm

b) Man arbeitet mit monochromatischem Röntgen-Licht und dreht den Kristall mit Bezug auf die Quelle derart, daß alle möglichen Einfallsrichtungen des Lichtes erfaßt werden (*Drehkristallverfahren*, vgl. Bd. IV). Für bestimmte Einfallsrichtungen sind dann Beugungsmaxima beobachtbar.

Drehkristallverfahren

10.2.3.6 Beugung an der Lochblende

Wir betrachten einen ebenen Schirm mit einer kreisförmigen Öffnung vom Radius R (*Lochblende*). Auf ihn falle senkrecht monochromatisches Licht der Wellenlänge λ. Die z-Achse eines dreidimensionalen Koordinatensystems wird senkrecht zur Schirmebene durch den Mittelpunkt der Lochblende gelegt. Sie ist dann die Rotationsachse der optischen Anordnung (vgl. Abb. 10.33 a). Gesucht wird die Intensität I_γ des in die Richtung γ gebeugten Lichtes.

Lochblende

Wegen des senkrechten Lichteinfalles gilt in (10.16) $\cos\alpha_L^* = \cos\beta_L^* = 0$. $\Phi(\zeta, \eta)$ nimmt damit die Form

$$\Phi(\zeta, \eta) = -(\zeta \cos\alpha^* + \eta \cos\beta^*) \tag{10.28}$$

an. Wegen der Rotationssymmetrie des Problems führen wir Polarkoordinaten ein:

$$\zeta = \varrho \cos\varphi \tag{10.29 a}$$

$$\eta = \varrho \sin\varphi . \tag{10.29 b}$$

Nach (10.15), (10.28), (10.29 a), (10.29 b) und (A 12.7 b) ist dann für die Beugungsfigur das Integral

$$In = \int\limits_{\varrho=0}^{R} \int\limits_{\varphi=0}^{2\pi} e^{ik\varrho(\cos\varphi\cos\alpha^* + \sin\varphi\cos\beta^*)}\, \varrho \,d\varrho \,d\varphi \tag{10.30 a}$$

maßgebend. Integration ergibt (siehe A. 36)

$$In = \pi R^2 \frac{2 J_1 (k R \sin\gamma)}{k R \sin\gamma}, \tag{10.30}$$

wobei J_1 die Besselsche Funktion 1. Ordnung bedeutet (siehe Abb. A 36.1).

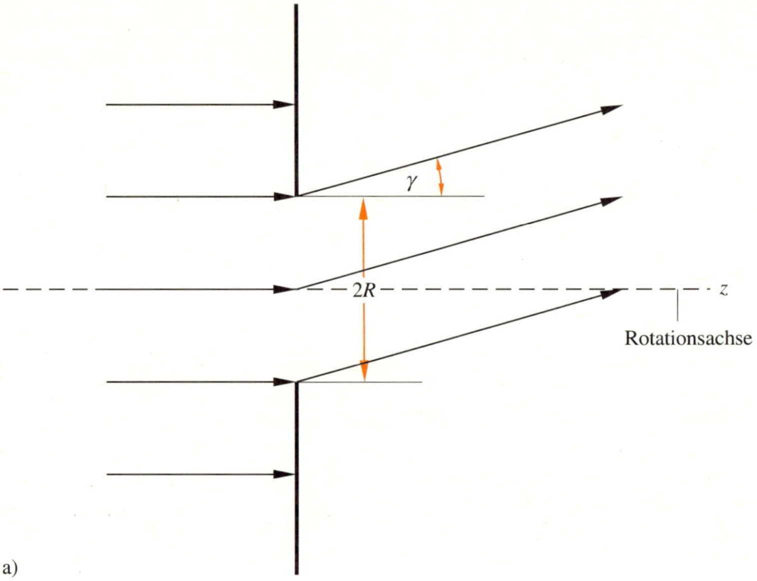

a)

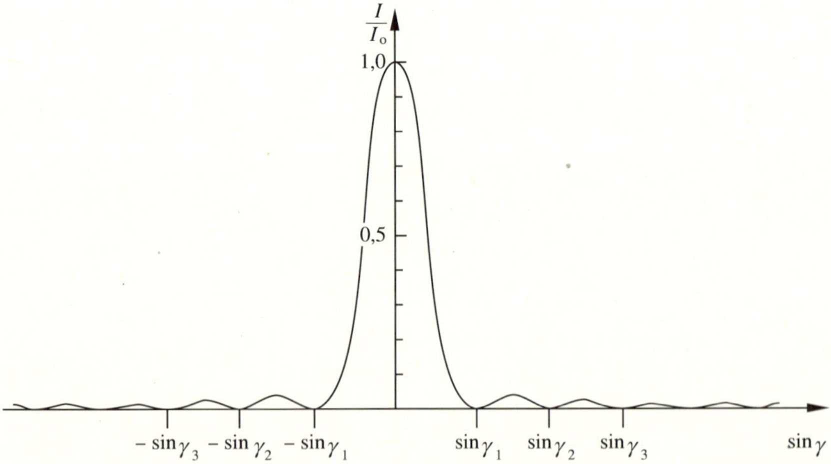

b)

Abb. 10.33
Zur Beugung an der Lochblende
a) Beugungsanordnung
b) Intensitätsverhältnis I/I_0 in Abhängigkeit von $\sin\gamma$

Mit (10.14) findet man so für die gesuchte Lichtintensität in Richtung γ

$$I_\gamma = I_0 \left[\frac{2 J_1 (kR \sin\gamma)}{kR \sin\gamma}\right]^2 . \qquad (10.31)$$

Abbildung 10.33 b zeigt die Intensitätsverteilung $\frac{I_\gamma}{I_0} = f(\sin\gamma)$. Als Beugungsfigur findet man eine zentrale helle Kreisfläche, die von abwechselnd dunklen und hellen Ringen umgeben ist. Nach Abbildung 10.33 b erhält man die ersten drei Intensitätsminima in den Richtungen

Intensitätsminima für die Beugung an der Lochblende

$$\sin\gamma_1 = \frac{0{,}610\,\lambda}{R}; \quad \sin\gamma_2 = \frac{1{,}116\,\lambda}{R}; \quad \sin\gamma_3 = \frac{1{,}619\,\lambda}{R}. \qquad (10.32)$$

Die Beugung an der Lochblende hat u.a. große Bedeutung für die Auflösungsgrenze optischer Instrumente (siehe Abschn. 10.2.5.1), da jede Linse als Lochblende wirkt und somit die Beugung an der Linsenfassung die optische Abbildung beeinflußt.

10.2.3.7 Beugung an regellos verteilten identischen Zentren

Ein ebener Schirm besitze eine Vielzahl identischer, regellos verteilter Öffnungen. Er liege in der Ebene eines ξ,η-Koordinatensystems, dessen Ursprungspunkt ein beliebiger Schirmpunkt ist. Weiter wählen wir in jeder der p identischen Öffnungen einen gleichartigen Punkt $O_m = O_m(\xi_m, \eta_m)$ $(m = 1, 2, \ldots, p)$ als Bezugspunkt dieser Öffnung (vgl. Abb. 10.34). Durch diese Wahl des Koordinatensystems ist der Bezugspunkt der m-ten Öffnung nicht – wie für (10.14) und (10.16) vorausgesetzt – durch $\xi = 0$ und $\eta = 0$, sondern durch $\xi = \xi_m$ und $\eta = \eta_m$ festgelegt. Zur Bestimmung des Anteiles $I_m(P)$ der m-ten Öffnung zur Gesamtbeugung müssen daher in (10.14) und (10.16) die Koordinaten ξ und η durch $\xi + \xi_m$ und $\eta + \eta_m$

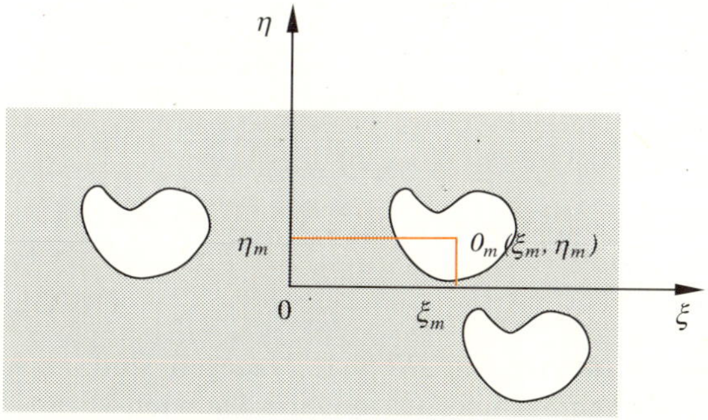

Abb. 10.34
Gewähltes Koordinatensystem bei der Beschreibung der Beugung an regellos verteilten gleichartigen Öffnungen.

ersetzt werden:

$$I_m(P) = C\left|\iint_{\text{Ö}} e^{-ik\Phi(\xi+\xi_m,\eta+\eta_m)}\,d\xi\,d\eta\right|^2$$

mit

$$\Phi(\xi+\xi_m,\eta+\eta_m) = (\xi+\xi_m)(\cos\alpha_L^* - \cos\alpha^*) + (\eta+\eta_m)(\cos\beta_L^* - \cos\beta^*).$$

Die Gesamtintensität im Aufpunkt ergibt sich durch Überlagerung der einzelnen Beiträge der p Öffnungen:

$$\begin{aligned} I(P) &= \sum_{m=1}^{p} I_m(P) \\ &= C\left|\sum_{m=1}^{p}\iint_{\text{Ö}} e^{-ik[(\xi+\xi_m)(\cos\alpha_L^*-\cos\alpha^*)+(\eta+\eta_m)(\cos\beta_L^*-\cos\beta^*)]}\,d\xi\,d\eta\right|^2 \\ &= C\left|\iint_{\text{Ö}} e^{-ik[\xi(\cos\alpha_L^*-\cos\alpha^*)+\eta(\cos\beta_L^*-\cos\beta^*)]}\,d\xi\,d\eta\right|^2 \\ &\quad\times\left|\sum_{m=1}^{p}\iint_{\text{Ö}} e^{-ik[\xi_m(\cos\alpha_L^*-\cos\alpha^*)+\eta_m(\cos\beta_L^*-\cos\beta^*)]}\,d\xi\,d\eta\right|^2. \end{aligned} \quad (10.33\,\text{a})$$

Der erste Term

$$I_{\text{Ö}}(P) = C\left|\iint_{\text{Ö}} e^{-ik[\xi(\cos\alpha_L^*-\cos\alpha^*)+\eta(\cos\beta_L^*-\cos\beta^*)]}\,d\xi\,d\eta\right|^2 \quad (10.33\,\text{b})$$

beschreibt die Beugung einer einzelnen Öffnung, der zweite die Überlagerung der Einzelanteile der p kohärenten Beugungszentren. Da für ihn nach (A 1.6) und (A 1.7)

$$\begin{aligned} &\left|\sum_{m=1}^{p}\iint_{\text{Ö}} e^{-ik[\xi_m(\cos\alpha_L^*-\cos\alpha^*)+\eta_m(\cos\beta_L^*-\cos\beta^*)]}\,d\xi\,d\eta\right|^2 \\ &\quad= \sum_{m=1}^{p}\iint_{\text{Ö}} e^{-ik[\xi_m(\cos\alpha_L^*-\cos\alpha^*)+\eta_m(\cos\beta_L^*-\cos\beta^*)]}\,d\xi\,d\eta \\ &\qquad\times\sum_{l=1}^{p}\iint_{\text{Ö}} e^{ik[(\xi_l(\cos\alpha_L^*-\cos\alpha^*)+\eta_l(\cos\beta_L^*-\cos\beta^*)]}\,d\xi\,d\eta \\ &\quad= \sum_{m=1}^{p}\sum_{l=1}^{p}\iint_{\text{Ö}} e^{-ik[(\xi_m-\xi_l)(\cos\alpha_L^*-\cos\alpha^*)+(\eta_m-\eta_l)(\cos\beta_L^*-\cos\beta^*)]}\,d\xi\,d\eta \end{aligned}$$

geschrieben werden kann, geht (10.33 a) mit (10.33 b) über in

$$I(P) = I_{\text{Ö}}\sum_{m=1}^{p}\sum_{l=1}^{p}\iint_{\text{Ö}} e^{-ik[(\xi_m-\xi_l)(\cos\alpha_L^*-\cos\alpha^*)+(\eta_m-\eta_l)(\cos\beta_L^*-\cos\beta^*)]}\,d\xi\,d\eta. \quad (10.33\,\text{c})$$

Für $m=l$ ergibt die Doppelsumme den Wert 1. Dagegen sind nach (A 1.9) für $m \neq l$ alle Werte zwischen -1 und $+1$ möglich. Da nach Voraussetzung eine *große* Anzahl ($p \gg 1$) vollkommen unregelmäßig angeordneter Öffnungen vorliegt, ist keiner der möglichen Werte bevorzugt. Zu jedem positiven Wert gibt es praktisch auch den entsprechenden negativen, die

Anteile für $m \neq l$ heben sich gegenseitig auf, und (10.33c) geht somit über in

$$I(P) = p\, I_{\ddot{O}}(P). \tag{10.33}$$

Meist hat man es nun nicht mit einem Schirm mit regellos verteilten gleichartigen Öffnungen zu tun, sondern mit regellos verteilten gleichartigen beugenden Zentren, wie z.B. bei der Beugung des Sonnenlichtes an unregelmäßig in der Atmosphäre verteilten Wassertröpfchen. Mit Hilfe des Babinetschen Theorems (S 10.8) erhält man hierfür aus (10.33):

(S 10.12) Beugung an einer großen Anzahl von gleichartigen regellos verteilten Zentren

Wird Licht an einer Vielzahl ($p \gg 1$) gleichartiger, völlig regellos verteilter Zentren gebeugt, so ist die beobachtete Beugungsfigur mit der des einzelnen beugenden Zentrums identisch. Die große Anzahl p der beugenden Zentren bewirkt lediglich die Verstärkung der Intensität bei Beugung am Einzelzentrum auf das p-fache.

Statt von Beugung an unregelmäßig verteilten Objekten spricht man meist von *Streuung*.

Streuung

Sind die beugenden Öffnungen im Gegensatz zur Voraussetzung dieses Abschnittes regelmäßig angeordnet, so heben sich die Glieder für $m \neq l$ nicht gegenseitig auf, sondern werden im Gegenteil für die Beugungserscheinung bestimmend (vgl. u.a. Strich-, Flächen- und Raumgitter).

Beugung an unregelmäßig angeordneten gleichartigen beugenden Zentren ist die Ursache der sogenannten *Höfe* von Mond und Sonne. Die beugenden Zentren sind hier unregelmäßig in der Atmosphäre verteilte Wassertröpfchen. Nach (S 10.12) ermöglicht die große Anzahl der Tropfen die Beobachtung. Diese Naturerscheinung kann auch in einem Analogieexperiment im Labor gezeigt werden. Als beugende Zentren dienen hierzu meist Samenkörner von Bärlapp (Duchmesser ca. 30 µm). Man streut sie auf ein Deckglas und beleuchtet es mit einem parallelen monochromatischen Lichtbündel. Da im vorstehenden Experiment die beugenden Zentren weder vollkommen identisch noch vollkommen ungeordnet sind, ist die Beugungserscheinung etwas unscharf.

Sonnenhof
Mondhof

10.2.3.7.1 Rayleigh-Streuung

Auf der Beugung von Licht an ungeordneten Teilchen beruhen auch weitere Erscheinungen, wie zum Beispiel die blaue Farbe des wolkenlosen Himmels, das Morgen- und das Abendrot. Sie haben ihre Ursache in der Beugung des einfallenden Sonnenlichtes an den regellos verteilten Molekülen der Lufthülle unserer Erde. Die strenge theoretische Begründung dieser Phänomene übersteigt den Rahmen dieser Darstellung. Wir beschränken uns daher auf eine Plausibilitätsbetrachtung.

Nach (S 10.12) bestimmt die Beugung am Einzelmolekül die Beugungsfigur. Das betrachtete Molekül habe das Volumen V_m, das einfallende Licht am Ort des Moleküls die Amplitude u_{0e}. Nach dem Huygens-Fresnelschen Prinzip (S 10.5) ist das Molekül Ausgangspunkt einer sekundären Kugelwelle. Ein Beobachter im Abstand r beobachtet demnach eine Streuwelle der Amplitude

$$u_{0B} = C\frac{u_{0e} V_m}{r}, \tag{10.34a}$$

da u_{0B} sowohl der Amplitude u_{0e} des einfallenden Lichtes am Ort des Moleküls als auch dem Molekülvolumen V_m proportional sein muß. Die Proportionalität mit $1/r$ entspricht der bekannten Abnahme der Amplitude einer Kugelwelle mit dem Abstand r vom Wellenzentrum.

Zur Bestimmung der noch unbekannten Proportionalitätskonstanten C beachten wir, daß $\frac{C V_m}{r}$ nach (10.34a) eine reine Zahl, C demnach eine Größe der Größenart $(\text{Länge})^{-2}$ ist. Für die Beugung ist die Wellenlänge λ des gebeugten Lichtes charakteristisch. Es erscheint damit der Ansatz

$$C = \frac{C^*}{\lambda^2} \tag{10.34b}$$

plausibel, wobei C^* eine reine Zahl bedeutet.

Um C etwas eingehender zu interpretieren, muß man auf den Elementarakt der Wechselwirkung zwischen dem einfallenden Licht und dem streuenden Molekül eingehen. Das ist im Rahmen der klassischen Physik nur begrenzt möglich. Trotzdem lassen sich einige qualitative Zusammenhänge auch auf der Basis der klassischen Elektrodynamik verstehen. In Atomen und Molekülen existieren um die positiven Atomkerne negative, relativ leicht deformierbare Elektronenhüllen. Im elektromagnetischen Wechselfeld können Atome und Moleküle deshalb wie ein Hertzscher Dipol zu erzwungenen Dipolschwingungen angeregt werden. Dabei strahlen sie die aufgenommene Energie wieder ab, aber nicht nur in der Ausbreitungsrichtung der anregenden Lichtwelle, sondern entsprechend der Strahlungscharakteristik des Dipols. Näherungsweise kann man die Verteilung als kugelförmig auffassen. Da nach der Hertzschen Theorie der Dipolstrahlung die Amplitude der von einem mit der Frequenz ν schwingenden Dipol abgestrahlten Feldstärke proportional dem Quadrat der Schwingungsfrequenz ist, wird $C \sim \nu^2 \sim \lambda^{-2}$ verständlich.

Lord RAYLEIGH (JOHN WILLIAM STRUTT) (1842–1919)

Einsetzen von (10.34b) in (10.34a) ergibt

$$u_{0B} = \frac{C^* u_{0e} V_m}{r} \cdot \frac{1}{\lambda^2} \sim \frac{1}{\lambda^2}$$

oder, da nach (10.12b) die Intensität einer Welle dem Quadrat ihrer Amplitude proportional ist,

Rayleighsche Streuformel

$$I \sim \frac{1}{\lambda^4} \sim \nu^4. \tag{10.34}$$

(*Rayleighsche Streuformel*).

Nach der Rayleighschen Streuformel wird der kurzwelligere (blaue) Anteil des sichtbaren Spektrums wesentlich stärker an den Molekülen der Lufthülle gebeugt als der rote ($I \sim \nu^4$). Der Himmel erscheint dem Beobachter blau. (10.34) erklärt weiter das Morgen- und das Abendrot. Die Sonne steht dann dicht über dem Horizont, das direkt zum Beobachter gelangende Licht durchläuft eine relativ große Strecke in der Erdatmosphäre. Dies bedingt eine hohe Streuung des Blauanteiles, das ursprünglich weiße Licht erscheint dem Beobachter als Folge dieses gestreuten und damit fehlenden Anteiles rot.

Himmelsblau Morgen- und Abendrot

10.2.4 Fresnelsche Beugung

Fresnelsche Beugungserscheinungen (vgl. (D 10.5)) können prinzipiell (vgl. Abschnitt 10.2.1) mit der Kirchhoffschen Theorie behandelt werden. Im Gegensatz zur Fraunhoferschen Näherung muß dann nur statt (10.16) die Beziehung (10.15) in (10.14) Verwendung finden. Die Berücksichtigung der quadratischen Glieder kompliziert allerdings den Rechengang beträchtlich bzw. macht für die meisten Fälle eine explizite Angabe der Beugungsfigur unmöglich. So ist zum Beispiel schon das physikalisch äußerst einfache Problem der Fresnelschen Beugung an der Halbebene nicht mehr mit elementaren Funktionen lösbar. Prinzipiell neue physikalische Erkenntnisse bringt die Fresnelsche Behandlung jedoch nicht. Da auch im Rahmen dieser Darstellung die mathematische Beschreibung Fresnelscher Beugungserscheinungen nicht benötigt wird, beschränken wir uns auf die Angabe eines speziellen Ergebnisses.

Abbildung 10.35 zeigt die Fresnelsche Beugung an der Halbebene (Kante). Im geometrischen Schattengebiet findet man weder Maxima noch Minima der Intensität. Die Intensität beginnt schon im Schattengebiet monoton zu wachsen und erreicht erst außerhalb dieses Gebietes ihr erstes Maximum. Diesem Maximum folgen dann weitere Maxima und Minima.

Bei der Fresnelschen Beugung an der Halbebene beginnt die Beugungsfigur im geometrischen Schattengebiet

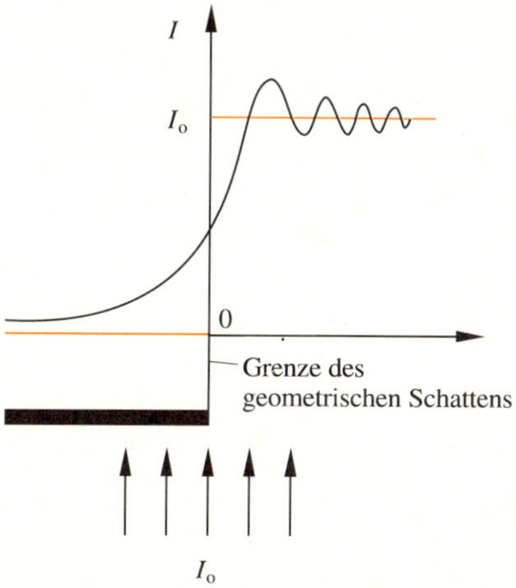

Abb. 10.35
Theoretischer Intensitätsverlauf bei Fresnel-Beugung an der Halbebene (——) und nach der geometrischen Optik (——)

Das hat zur Folge, daß die Begrenzung des geometrischen Schattens (Kante) nicht scharf erscheint und sich an sie helle und dunkle Streifen anschließen. Diese Beugungsstreifen bewirken, daß man bei der mikroskopischen Bestimmung des Durchmessers eines sehr dünnen Fadens diesen zu groß bestimmt, falls man den Ort des ersten Beugungsmaximums als Ort der Fadenkante ansieht.

10.2.5 Beugung und optische Abbildung

10.2.5.1 Auflösungsgrenze optischer Instrumente

Als Folge der nie zu vermeidenden Beugung an den Linsenfassungen bildet ein optisches System (vgl. Abschnitte 11.4.4.4 und 11.4.4.5) einen punktförmigen Gegenstand nicht als punktförmiges Bild, sondern stets als Beugungsscheibchen ab. Besitzen benachbarte Gegenstandspunkte einen so großen Abstand voneinander, daß sich im Bild ihre Beugungsscheibchen nicht überdecken, so kann aus der Struktur des Bildes die Struktur des Gegenstandes entnommen werden. Das optische System gestattet dann die

Auflösung

Auflösung der Struktur des Gegenstandes. Verkleinert man den Abstand der Punkte stetig, dann rücken im Bild die zugehörigen Beugungsscheibchen immer mehr zusammen. Im Bild beginnt die Struktur des Gegenstandes zu verschwimmen. Unterhalb eines Mindestabstandes $d_{\min}$ der Gegenstandspunkte können sie daher im Bild nicht mehr getrennt wahrgenommen werden, das System löst die Struktur des Gegenstandes nicht mehr auf. Erfahrungsgemäß kann man zwei Punkte dann noch als aufgelöst ansehen, wenn sie einen solchen Mindestabstand $d_{\min}$ voneinander besitzen, daß im Bild das nullte Beugungsmaximum des einen mit dem ersten Beugungsminimum des anderen zusammenfällt (vgl. Abb. 10.36). $d_{\min}$ heißt *Auflösungsgrenze* des optischen Systems.

Auflösungsgrenze eines optischen Systems

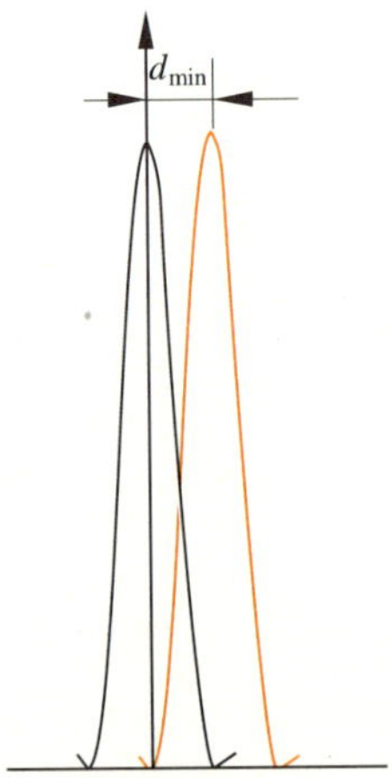

Abb. 10.36 Zur Definition der Auflösungsgrenze

10.2.5.1.1 Auflösungsgrenze des Fernrohres

Die Entfernung des abzubildenden Gegenstandes ist beim Fernrohr sehr groß gegenüber dem Objektivdurchmesser. Daher fällt das vom Gegenstand kommende Licht praktisch als paralleles Bündel in das Objektiv, welches gleichzeitig als Eintrittspupille (vgl. Abschnitt 11.4.3.1) wirkt. Die Beugung an der Eintrittspupille kann als Fraunhofersche Beugung angesehen werden. Die Fraunhofersche Beugung an dem als Lochblende wirkenden Objektiv mit dem Durchmesser $2R$ bestimmt somit die Auflösungsgrenze des Fernrohres. Nach (10.32) und Abb. 10.33b und unter Beachtung, daß $w_{\min} \ll 1$ und damit $\sin w_{\min} \approx w_{\min}$ gilt, werden demnach vom Fernrohr zwei Gegenstandspunkte dann noch getrennt abgebildet, wenn ihr Winkelabstand w mindestens

Auflösungsgrenze des Fernrohres

$$w_{\min} = \frac{0{,}610\,\lambda}{R} \tag{10.35}$$

beträgt. Man erkennt, daß ein Fernrohr eine um so bessere Auflösungsgrenze besitzt, je größer sein Objektivdurchmesser ist. Da Linsen der zu fordernden Güte höchstens bis zu einem Durchmesser $2R = 1$ m technisch herstellbar sind, wird in astronomischen Fernrohren heute meist die Objektivlinse durch einen Spiegel ersetzt (Spiegelteleskope, siehe Abschn. 11.4.4.5.1).

Auflösungsgrenze des menschlichen Auges

Beim Auge bestimmt die Beugung an der Augenpupille seine Auflösungsgrenze. Sie liegt beim menschlichen Auge etwa bei einer halben Bogenminute. Zum Vergleich sei angeführt, daß einem irdischen Betrachter die Sonne unter einem Winkel von 32′ erscheint. (Näheres siehe Abschn. 11.4.4.1).

10.2.5.1.2 Auflösungsgrenze des Mikroskopes

Beim Mikroskop ist die Entfernung Objektiv–Bild groß gegenüber dem Objektivdurchmesser (vgl. Abschnitt 11.4.4.4). Das abbildende Lichtbündel kann somit im Bildraum näherungsweise als parallel angesehen und demzufolge die die Auflösung begrenzende Beugung zweckmäßig als Fraunhofersche Beugung an der Austrittspupille (siehe Abschn. 11.4.3.1) behandelt werden. Deren Radius sei R. Betrachtet werden zwei Punkte im Abstand $d_{\min}$ (vgl. Abb. 10.37). Einer der Punkte liege auf der optischen Achse. Dem Punktabstand $Y_G = d_{\min}$ entspricht im Bild die Strecke $Y_B = d_{\min,B}$. Entsprechend der Definition der Auflösungsgrenze $d_{\min}$ gilt dann mit (10.32) bzw. Abbildung 10.33b und Abbildung 10.37

$$\begin{aligned} d_{\min,B} &= l \tan\alpha_{1B} \approx l\alpha_{1B} \approx l \sin\alpha_{1B} \\ &= \frac{0{,}610\,l\lambda_B}{R} = \frac{0{,}610\,\lambda_B}{\tan u_B} = \frac{0{,}610\,\lambda_B}{\sin u_B}, \end{aligned} \tag{10.36a}$$

wobei l den Abstand Austrittspupille – Bild, λ_B die Wellenlänge des Lichtes im Bildraum und u_B den bildseitigen Öffnungswinkel bedeuten. Das Mikroskop soll einen ebenen Gegenstand durch ein endlich geöffnetes Bündel in ein ebenes Bild abbilden. Hierfür ist nach ABBE die Erfüllung der Bedingung (vgl. (A 46.4))

Abbesche Sinusbedingung

$$n_G Y_G \sin u_G = n_B Y_B \sin u_B \tag{10.37}$$

erforderlich (*Abbesche Sinusbedingung*). Die Anwendung der Sinusbedingung setzt die Korrektur des Öffnungsfehlers (vgl. Abschnitt 11.4.2.2.1.1) voraus. Mit (10.37) geht (10.36 a) über in ($Y_G = d_{min}$, $Y_B = d_{min,B}$)

$$d_{min} = \frac{0{,}610\,\lambda_B n_B}{n_G \sin u_G}. \tag{10.36 b}$$

ERNST ABBE
(1840–1905)

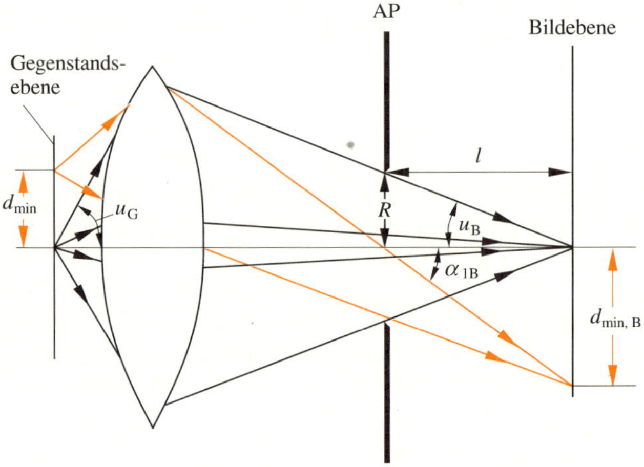

Abb. 10.37 Zur Auflösungsgrenze des Mikroskopes

Wird weiter beachtet, daß nach (A 15.4) und (D 9.1) für die Wellenlänge des abbildenden Lichtes im Bildraum $\lambda_B v = v_{Ph} = c/n_B$, im Vakuum dagegen $\lambda_V v = c$ gilt, d.h., zwischen der Wellenlänge λ_B im Medium der Brechzahl n_B und der Vakuumwellenlänge λ_V die Beziehung

$$n_B \lambda_B = \lambda_V \tag{10.38}$$

besteht, dann nimmt die Auflösungsgrenze d_{min} des Mikroskopes die Form

Auflösungsgrenze des Mikroskopes

$$d_{min} = \frac{0{,}610\,\lambda_V}{n_G \sin u_G} \tag{10.36}$$

an. Die Diskussion dieser Beziehung erfolgt in Abschnitt 11.4.4.4.

10.2.6 Spektroskopie

10.2.6.1 Gitter- und Prismenspektrometer

Vielfach besteht Licht aus einem Gemisch von Wellen verschiedener Wellenlängen (*polychromatisches Licht*). Zum Beispiel enthält *weißes Licht* Wellen aller Wellenlängen des sichtbaren Spektralbereiches in bestimmter Zusammensetzung. Aufgabe der Spektroskopie ist es, eine gegebene polychromatische Wellenerscheinung auf experimentellem Wege in ihre harmonischen Bestandteile zu zerlegen. Die hierfür entwickelten Spektralapparate bezeichnet man als *Spektrometer*.

polychromatisches Licht, weißes Licht

Spektrometer

Alle optischen Spektrometer lassen sich auf zwei Grundtypen, das *Gitter-* und das *Prismenspektrometer* zurückführen. Durch eine geeignete Optik (*Kollimator*) wird von der zu untersuchenden Welle ein paralleles Bündel erzeugt und aus ihm mittels eines sehr schmalen Spaltes ein Teilbündel ausgeblendet. Beim Gitterspektrometer (vgl. Abb. 10.38 a) fällt dieses Bündel senkrecht auf ein Strichgitter. Die Intensitätsmaxima treten entsprechend (S 10.9) für verschiedene Wellenlängen in verschiedenen Richtungen auf. Damit wird das Beugungsbild des Spaltes für unterschiedliche Wellenlängen an verschiedenen Orten registriert, aus deren Lage man die Wellenlänge ermitteln kann. Das Prismenspektrometer unterscheidet sich vom Gitterspektrometer (vgl. Abb. 10.38 b) dadurch, daß bei ihm an Stelle

Gitterspektrometer
Prismenspektrometer
Kollimator

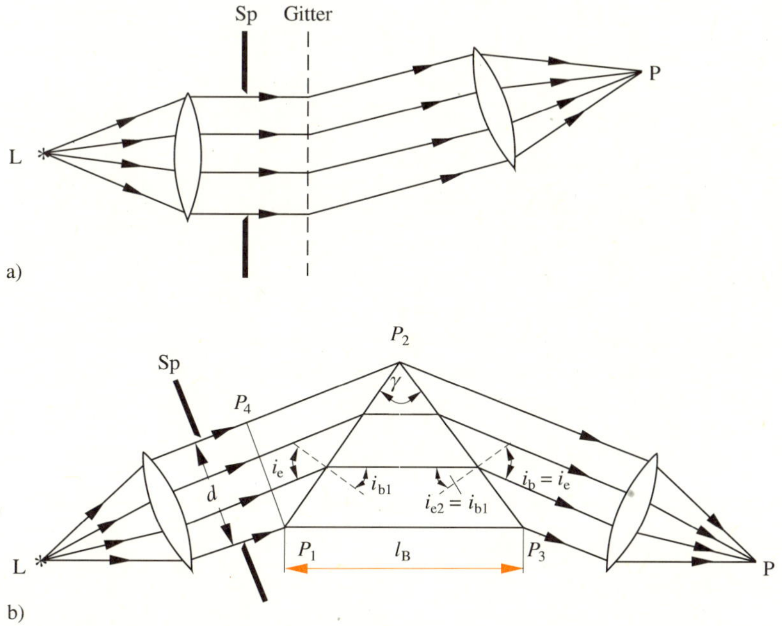

Abb. 10.38
Spektrometer
a) Gitterspektrometer
b) Prismenspektrometer

des Gitters ein dispergierendes Prisma (vgl. Abschnitt 11.2.2 und 11.4) tritt. Um eine Veränderung des Spaltbildes durch das Prisma auszuschließen, arbeitet man beim Minimum der Strahlablenkung.

Beugungsspektrum
Dispersionsspektrum

Beim Gitterspektrometer erfolgt nach (S 10.9) eine wellenlängenproportionale Spreizung des Spektrums (*Beugungsspektrum*), beim Prismenspektrometer wird demgegenüber der kürzerwellige Teil des Spektrums wesentlich stärker als sein längerwelliger Teil auseinandergezogen (*Dispersionsspektrum*, vgl. Abschnitt 11.4). Bei Verwendung eines Gitterspektrometers reicht demnach für Wellenlängenbestimmungen im Prinzip die Kenntnis der Gitterkonstanten. Beim Prismenspektrometer muß dagegen die Dispersion $n = n(\lambda)$ für den gesamten untersuchten Spektralbereich bekannt sein. Bei nicht allzu hoher Auflösung ist hinsichtlich der Lichtstärke das Prismenspektrometer dem Gitterspektrometer überlegen, da ein gewöhnliches Gitter die Welle nicht nur in eine Richtung, sondern in die Vielzahl der Beugungsordnungen abbeugt. Eine Ausnahme hiervon bilden die Echelettegitter. Bei ihnen wird durch eine spezielle Formgebung des Gitters die Vereinigung nahezu des gesamten Lichtes in einer Beugungsordnung (meistens der ersten) erreicht (s. Abschn. 10.2.3.3).

10.2.6.1.1 Auflösungsgrenze des Gitters

Betrachtet werde ein Strichgitter mit p Spalten und der Gitterkonstanten g (vgl. Abschnitt 10.2.3.3). Auf dieses Gitter falle senkrecht ein paralleles Lichtbündel der Wellenlänge $\lambda_1 = \lambda$. Nach (S 10.9) findet man das Hauptmaximum N-ter Ordnung in der Betrachtungsrichtung

$$\sin \alpha_{\max} = \frac{N\lambda}{g},$$

das ihm unmittelbar benachbarte Minimum nach (10.23a) bei

$$\sin \alpha_{\min} = \frac{N\lambda}{g} + \frac{\lambda}{pg}.$$

Findet statt λ_1 eine Wellenlänge $\lambda_2 = \lambda \pm \Delta\lambda$ Verwendung, so sehen wir nach der Festlegung der Auflösungsgrenze (vgl. Abschnitt 10.2.5.1) beide Wellen dann durch das Gitter als getrennt an, wenn das zur Wellenlänge $\lambda + \Delta\lambda$ gehörende N-te Hauptmaximum $\sin \alpha_{\max} = \frac{N(\lambda + \Delta\lambda)}{g}$ mit dem zum N-ten Hauptmaximum der Wellenlänge λ nächstbenachbarten Minimum zusammenfällt:

$$\frac{N(\lambda + \Delta\lambda_{\min})}{g} = \frac{N\lambda}{g} + \frac{\lambda}{pg}$$

oder

Auflösungsgrenze des Gitters

$$\Delta\lambda_{\min} = \frac{\lambda}{pN}. \tag{10.39}$$

$\Delta\lambda_{min}$ heißt *Auflösungsgrenze des Gitters*. Bei gegebener Wellenlänge λ können mit Gittern Wellenlängenunterschiede $\Delta\lambda \geqq \Delta\lambda_{min}$ nachgewiesen werden. $\Delta\lambda_{min}$ wird um so kleiner, d.h. die Auflösungsgrenze des Gitters um so günstiger, je größer seine Spaltanzahl p und die zum Nachweis benutzte Beugungsordnung N ist.

Ein Beispiel soll (10.39) erläutern: Die gelbe Natriumlinie ist eine Doppellinie der Wellenlängen $\lambda_1 = 589{,}6\,\text{nm}$ und $\lambda_2 = 589{,}0\,\text{nm}$ (vgl. Bd. III). Soll mit einem Gitter der Nachweis dieser Struktur unter Benutzung der Beugungsmaxima 3. Ordnung erfolgen, dann ist bei der Wellenlänge $\lambda = 589{,}3\,\text{nm}$ nach (10.39) mindestens eine Strichzahl des Gitters von $p = \frac{589{,}3}{0{,}6 \cdot 3} \approx 330$ erforderlich.

Moderne Gitter arbeiten mit Strichzahlen von ca. $2 \cdot 10^5$. Nutzt man zum Nachweis des Wellenlängenunterschiedes die Beugungsmaxima 3. Ordnung, dann ist damit noch ein relativer Wellenlängenunterschied von $\frac{\Delta\lambda_{min}}{\lambda} \approx 2 \cdot 10^{-6}$ meßbar.

10.2.6.1.2 Auflösungsgrenze des Prismas

Zur Bestimmung der Auflösungsgrenze des Prismas werde Abbildung 10.38 b betrachtet. Ein paralleles Teilbündel des zu analysierenden Lichtes durchläuft den Spalt der Breite d und durchsetzt danach das Prisma symmetrisch. Befindet es sich in Luft ($n = 1$), so wird nach (11.4 b) beim Durchgang der ebenen Welle durch das Prisma die Wellennormale um den Winkel

$$\Delta i_{min} = -\gamma + 2 \arcsin\left(n_{Pr} \sin\frac{\gamma}{2}\right) \qquad (10.40\,a)$$

Herleitung der Auflösungsgrenze des Prismas

im Hauptschnitt gedreht.

Das Prisma besteht aus einem Material bekannter Dispersion ($n_{Pr} = n_{Pr}(\lambda)$, vgl. Abschnitt 11.3). Seine Brechzahl bestimmt sich aus (10.40 a):

$$n_{Pr} = \frac{\sin\frac{\Delta i_{min} + \gamma}{2}}{\sin\frac{\gamma}{2}}, \qquad (10.40\,b)$$

woraus bei Beachtung von (A 2.3), (A 2.7), (A 2.8), (A 2.9) und (A 2.10) für die Veränderung von n_{Pr} mit der Wellenlänge

$$\frac{d n_{Pr}}{d\lambda} = \frac{\frac{1}{2}\frac{d\Delta i_{min}}{d\lambda}\cos\frac{\Delta i_{min} + \gamma}{2}}{\sin\frac{\gamma}{2}}$$

folgt. Eine Veränderung der Wellenlänge λ um $\Delta\lambda$ bedingt demnach eine Veränderung von $\Delta i_{\min}$ um

$$\Delta\Delta i_{\min} = \frac{2\sin\frac{\gamma}{2}}{\cos\frac{\Delta i_{\mathrm{m}} + \gamma}{2}} \frac{\mathrm{d}n_{\mathrm{Pr}}}{\mathrm{d}\lambda} \Delta\lambda. \tag{10.41 a}$$

Mit Hilfe des Sinussatzes (Im ebenen Dreieck verhalten sich je zwei Seiten wie die Sinus der gegenüberliegenden Winkel.) und $\cos(\pi/2 \mp \alpha) = \pm \sin\alpha$ ergibt sich aus dem Dreieck $P_1 P_2 P_3$

$$\frac{\overline{P_1 P_2}}{l_{\mathrm{B}}} = \frac{\sin\left(\frac{\pi}{2} - i_{\mathrm{b1}}\right)}{\sin\gamma} = \frac{\cos i_{\mathrm{b1}}}{\sin\gamma},$$

aus dem Dreieck $P_1 P_4 P_2$

$$\frac{\overline{P_1 P_2}}{d} = \frac{\sin\frac{\pi}{2}}{\sin\left(\frac{\pi}{2} - i_{\mathrm{e}}\right)} = \frac{1}{\cos i_{\mathrm{e}}}$$

und somit

$$\frac{l_{\mathrm{B}}}{d} = \frac{\sin\gamma}{\cos i_{\mathrm{e}} \cos i_{\mathrm{b1}}}.$$

Da bei Beachtung von $i_{\mathrm{e}} = i_{\mathrm{b}}$ und $i_{\mathrm{b1}} = i_{\mathrm{e2}}$ (symmetrischer Strahlengang, vgl. Abschnitt 11.2.2) die Beziehungen (11.3 b) und (11.3 c) übergehen in

$$\gamma = 2 i_{\mathrm{b1}}; \quad i_{\mathrm{e}} = \frac{\Delta i_{\min} + \gamma}{2},$$

kann hierfür mit $\sin 2\alpha = 2\sin\alpha\cos\alpha$ auch

$$\frac{l_{\mathrm{B}}}{d} = \frac{\sin\gamma}{\cos\frac{\Delta i_{\min} + \gamma}{2} \cos\frac{\gamma}{2}} = \frac{2\sin\frac{\gamma}{2}}{\cos\frac{\Delta i_{\min} + \gamma}{2}}$$

geschrieben werden. Mit (10.41 a) folgt

$$\Delta\Delta i_{\min} = \frac{l_{\mathrm{B}}}{d} \frac{\mathrm{d}n_{\mathrm{Pr}}}{\mathrm{d}\lambda} \Delta\lambda. \tag{10.41}$$

Die ins Prisma fallende Welle wird am Spalt der Breite d gebeugt. Mit Bezug auf die Einfallsrichtung der Welle findet man nach (S 10.7) das erste Beugungsminimum bei

$$\sin\alpha_1 = \frac{\lambda}{d}. \tag{10.42 a}$$

Entsprechend der Festlegung der Auflösungsgrenze sieht man den Wellenlängenunterschied $\Delta\lambda$ dann durch das Prisma als getrennt an, wenn die Wellennormalen der Wellen mit den Wellenlängen λ und $\lambda+\Delta\lambda$ nach deren Durchgang durch das Prisma einen Winkel $\Delta\Delta i_{\min}$ einschließen, der mindestens so groß ist wie die Richtungsdifferenz zwischen dem Hauptmaximum der gebeugten einfallenden Welle und dem ersten Beugungsminimum. Demnach ist die Auflösungsgrenze $\Delta\lambda_{\min}$ des Prismas bestimmt durch $\Delta\Delta i_{\min}=\sin\alpha_1$ oder mit (10.41) und (10.42a) durch

$$\Delta\lambda_{\min}=\frac{\lambda}{l_B\dfrac{\mathrm{d}n_{Pr}}{\mathrm{d}\lambda}}. \qquad (10.42)$$

Auflösungsgrenze des Prismas

Bei gegebener Dispersion $n_{Pr}(\lambda)$ des Prismenmaterials und gegebener Wellenlänge λ hängt die Auflösungsgrenze des Prismas nur noch von seiner *Basislänge* l_B ab. Sie ist dagegen unabhängig vom brechenden Winkel.

Basislänge eines Prismas

Als Beispiel für (10.42) werde wiederum die gelbe Natriumdoppellinie betrachtet. Mit Flintgläsern lassen sich Werte von $\dfrac{\mathrm{d}n_{Pr}}{\mathrm{d}\lambda}\approx 0{,}1\ \mu\mathrm{m}^{-1}$ erreichen. Zur Auflösung der Natriumdoppellinie ($\Delta\lambda=0{,}6$ nm, $\lambda=589{,}3$ nm) benötigt man damit ein Prisma der Basislänge

$$l_B=\frac{589{,}3\ \mathrm{nm}}{0{,}6\ \mathrm{nm}\ 0{,}1}\ \mu\mathrm{m}\approx 1\ \mathrm{cm}.$$

Aus dieser einfachen Abschätzung erkennt man, daß hochauflösende Prismenspektrometer einer erheblichen Prismengröße bedürfen.

hochauflösende Prismen sind von beträchtlichen Abmessungen

10.2.6.2 Einige Bemerkungen zur Interferenzspektroskopie

Auch die Interferenzen an planparallelen Platten (vgl. Abschnitt 10.1.2.5) sind zur Messung von Wellenlängenunterschieden ausnutzbar. Auf diesem Prinzip beruhen u.a. das Interferometer von FABRY-PEROT, die Lummer-Gehrke-Platte und das Michelsonsche Stufengitter.

Das *Interferometer nach FABRY-PEROT* (siehe Abb. 10.39a) arbeitet mit einer planparallelen Luftschicht zwischen zwei Glas- bzw. Quarzplatten Pl_1 und Pl_2. Zur Erhöhung des Reflexionsgrades der Welle zwischen den beiden Platten werden die einander gegenüberliegenden Plattenseiten mit einer halbdurchlässigen Silberschicht versehen. Bei dem aus der zweiten Platte austretenden Licht sind Interferenzen gleicher Neigung zu beobachten. Fokussiert man das austretende Licht durch eine Sammellinse, dann entstehen in deren Brennebene helle und dunkle konzentrische Ringe um den Brennpunkt, wenn das einfallende Lichtbündel als parallel und monochromatisch vorausgesetzt wird. Jedem hellen Ring entspricht ein Interferenzmaximum von bestimmter Ordnung. Um störende Reflexionen an den äußeren Oberflächen der Platten und in ihrem Inneren zu vermeiden, werden die Platten nicht exakt planparallel, sondern mit einer Abweichung von 1′ bis 20′ davon keilförmig gestaltet.

Fabry-Perot-Interferometer

Otto Lummer
(1860–1925)

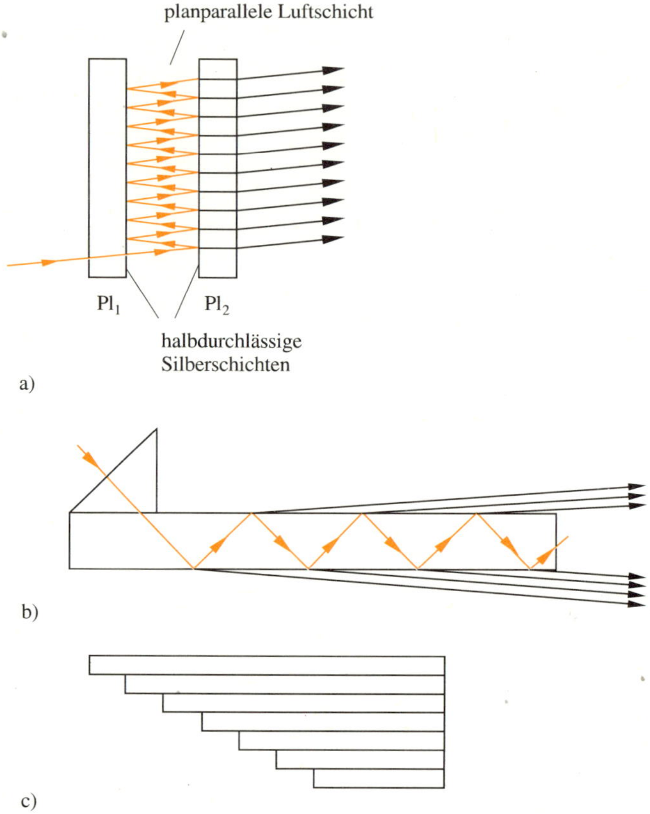

Abb. 10.39
Interferometer
a) Fabry–Pérot-Luftplatte
b) Lummer–Gehrke-Platte
c) Michelsonsches Stufengitter

Lummer-Gehrke-Platte

Ernst Gehrke (1878–1960)

Bei der *Lummer-Gehrke-Platte* (siehe Abb. 10.39 b) läßt man das Licht nahe am Grenzwinkel der Totalreflexion einfallen. Man erreicht so einen hohen Reflexionsgrad des Lichtes in der Platte und somit in ihr eine große Anzahl von Reflexionen. Bei jeder Reflexion tritt ein gewisser Anteil der Welle aus der Platte aus. Diese Anteile interferieren, und man beobachtet genau wie beim Fabry-Perot-Interferometer Interferenzen gleicher Neigung. Die sehr starke und damit störende Reflexion der Welle bei ihrem Eintritt in die Platte wird durch ein Prisma vermieden.

Michelsonsches Stufengitter

Das *Michelsonsche Stufengitter* (siehe Abb. 10.39 c) besteht aus einer Anzahl stufenförmig aufeinandergepackter, gleichdicker planparalleler Platten. Die einfallende Welle erfährt in den einzelnen Stufen unterschiedliche Gangunterschiede.

Zur Erläuterung der Vorgehensweise bei der Interferenzspektroskopie wird wieder davon ausgegangen, daß zwei Wellen verschiedener Wellenlängen $\lambda_1 = \lambda$ und $\lambda_2 = \lambda + \Delta\lambda$ in ein Fabry-Perot-Interferometer einfallen.

Jede der beiden Wellen gibt eine Interferenzfigur von konzentrischen hellen und dunklen Ringen. Sie besitzen nach (10.8 a) für λ_1 und λ_2 wohl den gleichen Ursprung, aber nicht die gleichen Radien. Das resultierende Interferenzbild erscheint daher verwaschen.

Nach den Überlegungen in Abschnitt 10.1.2.5 lassen sich aber stets Ordnungen von Interferenzen finden, bei denen für beide Wellenlängen die Ringe maximaler Helligkeit übereinstimmen. An diesen Stellen erscheint dem Beobachter die Interferenzfigur scharf. Wir greifen N_{1l} und N_{2l} als zwei bestimmte dieser Ordnungen heraus. Nach (S 10.3) gilt für sie

$$N_{1l}\lambda_1 = N_{2l}\lambda_2. \tag{10.43 a}$$

Mit wachsender Ordnung wandern die zu λ_1 und λ_2 gehörenden Ringe maximaler Helligkeit immer mehr auseinander, denn nach (10.8 a) besitzen die zur größeren Wellenlänge gehörenden Ringe den größeren Radius. Für die Ordnung $N_{2l} + \Delta N/2$ falle erstmals ein Maximum für λ_2 mit einem Minimum für λ_1 zusammen. Die Interferenzfigur erscheint an dieser Stelle besonders verwaschen. Mit weiter wachsender Ordnung der Interferenz gelangt man zur nächsten Stelle, bei der beide Helligkeitsmaxima übereinstimmen. Das $(N_{2l} + \Delta N)$-te Maximum von λ_2 fällt dort mit dem $(N_{1l} + \Delta N + 1)$-ten Maximum von λ_1 zusammen. Es gilt

$$(N_{2l} + \Delta N)\,\lambda_2 = (N_{1l} + \Delta N + 1)\,\lambda_1$$

oder mit (10.43 a), $\lambda_1 = \lambda$ und $\lambda_2 = \lambda + \Delta\lambda$

$$\frac{\Delta\lambda}{\lambda} = \frac{1}{\Delta N}. \tag{10.43}$$

Durch Auszählen der Anzahl der Interferenzordnungen ΔN zwischen zwei benachbarten scharfen Orten der Interferenzfigur läßt sich demnach der Wellenlängenunterschied $\Delta\lambda = \lambda_2 - \lambda_1$ ermitteln. Dies ist der Grundgedanke der *Interferenzspektroskopie.*

Interferenzspektroskopie

Als Beispiel sei wieder die gelbe Natriumlinie ($\Delta\lambda = 0{,}6$ nm, $\lambda = 589{,}3$ nm) gewählt. Zum Nachweis ihrer Doppelstruktur müssen $\Delta N = \frac{589{,}3}{0{,}6} \approx 980$ Interferenzen ausgezählt werden. Dies gelang mit einer derartigen Anordnung 1862 erstmalig FIZEAU.

Auflösungsgrenze des Interferenzspektrometers

Die Auflösungsgrenze $\Delta\lambda_{\min}$ eines Interferenzspektrometers entspricht der des Gitterspektrometers (vgl. (10.39)):

$$\Delta\lambda_{\min} = \frac{\lambda}{p\,\Delta N}, \tag{10.44}$$

denn in beiden Fällen wird die Überlagerung von p Teilbündeln in der N-ten Beugungs- bzw. ΔN-ten Interferenzordnung betrachtet. Die erreichbaren Werte für p (Anzahl der Spalte des Beugungsgitters bzw. Anzahl der Reflexionen im Fabry-Perot-Interferometer bzw. in der Lummer-Gehrke-Platte) und N bzw. ΔN (beobachtbare Beugungs- bzw. Interferenzordnung) unterscheiden sich dagegen grundsätzlich. Beim Gitterspektrometer arbeitet man mit Spaltzahlen (p-Werten) in der Größenordnung von 10^5,

Vergleich von Interferenz- und Gitterspektrometern

während man im Fabry-Perot-Interferometer bzw. in der Lummer-Gehrke-Platte nicht einmal 50 Reflexionen erreicht. Dagegen sind beim Gitterspektrometer nur wenige Beugungsordnungen (höchstens $N=4$) ausnutzbar, beim Interferenzspektrometer dagegen bis zu einigen 10^5. Große Werte von ΔN bedeuten aber eine sehr dichte Folge der Maxima und Minima. Um nicht zu große Werte für ΔN zu erhalten, kann nach (10.43) im Gegensatz zum Gitterspektrometer mit dem Interferenzspektrometer nur ein kleiner Wellenlängenbereich gleichzeitig untersucht werden. Man erreicht dies durch eine Vorzerlegung der zu analysierenden Welle mit Hilfe eines Gitter- bzw. Prismenspektrometers mit geringer Auflösung. Daher werden Interferenzspektrometer meist nur zur Strukturuntersuchung einzelner Spektrallinien eingesetzt.

10.2.6.3 Spektroskopie in verschiedenen Wellenlängenbereichen

Je nach dem zu untersuchenden Wellenlängenbereich werden Gitter- und Prismenspektrometer verschiedenster Konstruktionen sowie spezielle Methoden zur Aufnahme des entworfenen Spektrums angewandt:

Sichtbarer Bereich ($400\,\mathrm{nm} \leqq \lambda \leqq 700\,\mathrm{nm}$)

Verwendung finden Gitter- und Prismenspektrometer (Glasprismen). Die Registrierung des Spektrums erfolgt visuell, mit Hilfe der üblichen fotografischen Materialien, mittels Fotozellen oder Halbleiterdetektoren.

Naher ultravioletter Bereich ($200\,\mathrm{nm} \leqq \lambda \leqq 400\,\mathrm{nm}$)

Im Prinzip unterscheidet sich die verwendete Meßanordnung nicht vom sichtbaren Bereich. Da Glas diesen Wellenlängenbereich schon stark absorbiert, wird lediglich die Glas- durch eine Quarzoptik ersetzt.

Vakuum-Ultraviolett ($10\,\mathrm{nm} \leqq \lambda \leqq 200\,\mathrm{nm}$)

Da dieser Wellenlängenbereich stark in Luft absorbiert wird, arbeitet man im Vakuum (Vakuum-Ultraviolett). Verwendet werden meist Reflexionsgitter. Zur Erhöhung der Auflösung im kurzwelligen Bereich finden entweder der streifende Einfall oder interferenzspektroskopische Methoden Anwendung. Die Registrierung des Spektrums erfolgt durch spezielle fotografische Schichten oder Sekundärelektronenvervielfacher.

Röntgen- und γ-Strahlung ($\lambda \leqq 10\,\mathrm{nm}$)

Es gibt für diesen Wellenlängenbereich keine geeigneten Materialien für die Herstellung von Prismen. Anwendung findet die Beugung am Kristallgitter (vgl. Abschnitt 10.2.3.5). Die Aufnahme des Spektrums erfolgt durch spezielle fotografische Schichten oder Quantendetektoren. Besondere Formgebungen der Kristalle ermöglichen Wellenlängenbestimmungen noch unterhalb von 1 pm.

Fotografisches Ultrarot (0,7 µm $\leqq \lambda \leqq$ 1 µm)

Die Spektrometer entsprechen denen des sichtbaren Bereiches. Da Glas in diesem Wellenlängenbereich stark absorbiert, finden als Prismenmaterialien Alkalihalogenid-Kristalle (insbesondere LiF, NaCl, KBr) Anwendung. Die Aufnahme erfolgt mit ultrarotsensibilisierten Fotoschichten, mit Fotozellen oder Halbleiterdetektoren.

Kurzwelliges Ultrarot (1 µm $\leqq \lambda \leqq$ 5 µm)

Benutzt werden meist Gitterspektrometer. Die Aufnahme erfolgt mittels Fotowiderstandszellen.

Mittleres Ultrarot (5 µm $\leqq \lambda \leqq$ 50 µm)

Als dispergierende Elemente dienen Prismen, insbesondere aus Metallhalogenid-Mischkristallen, und speziell geformte Gitter. Die Messung der Strahlungsintensität erfolgt durch Bolometer, Thermoelemente oder Golay-Zellen (Membranstrahlungsmesser: die einfallende Strahlung erwärmt ein kleines Gasvolumen, durch dessen Ausdehnung eine Membran durchgebogen wird).

Fernes Ultrarot (50 µm $\leqq \lambda \leqq$ 400 µm)

Verwendung finden Echelettegitter, die Aufnahme des Spektrums erfolgt wie im mittleren Ultrarot.

Mikro- und Hertzsche Wellen ($\lambda >$ 400 µm)

Mit dem Übergang in diesen Wellenlängenbereich muß eine völlig andere Technik angewendet werden. Da Strahlungsquellen in diesem Bereich weitestgehend monochromatisch sind, entfallen dispergierende Bauelemente. Der Strahlungsnachweis erfolgt mittels abstimmbarer Schwingkreise. Weil die Spektroskopie in diesem Wellenlängenbereich das von der Elektronik her gesehen hochfrequente Gebiet umfaßt, spricht man von *Hochfrequenzspektroskopie*.

Hochfrequenzspektroskopie

10.2.7 Grundgedanken der Holografie

Bei der üblichen optischen Abbildung (vgl. Kapitel 11) wird durch ein optisches System das von einem Gegenstandspunkt ausgehende Licht in einem zugehörigen Bildpunkt wieder vereinigt. Als Bild bezeichnet man dabei die Intensitätsverteilung, die das von den Gegenstandspunkten ausgehende Licht in der Bildebene verursacht. Da $I \sim u_0^2$ gilt, wird bei diesem Verfahren nur die Amplitude der Welle registriert, ihre Phase bleibt unbeachtet.

Mit den in Kapitel 11 behandelten optischen Abbildungssystemen können i. allg. nur für ebene Gegenstände scharfe Abbildungen erzeugt werden, die in jeweils einer Bildebene liegen. Fotografiert man einen dreidimensionalen Gegenstand, so gibt das ebene Bild nur den Eindruck wieder, der der gewählten Aufnahmerichtung und der gewählten Einstellebene entspricht. Gegenstandspunkte außerhalb der Einstellebene liefern je nach der mit dem Objektiv zu erzielenden Schärfentiefe mehr oder weniger unscharfe Bildpunkte.

Stereofotografie

Einen für unsere sinnliche Wahrnehmung ausreichenden räumlichen Eindruck kann die *Stereofotografie* vermitteln. Dabei werden in Analogie zu dem mit zwei Augen gleichzeitig erfolgenden Sehvorgang vom abzubildenden Gegenstand von zwei verschiedenen, im geeigneten Abstand liegenden Raumpunkten aus zwei Fotografien angefertigt. Damit liegen scharfe Bilder für zwei verschiedene und gegeneinander etwas geneigte Gegenstandsebenen vor. Die gleichzeitige Betrachtung je eines Bildes mit je einem Auge kann einen räumlichen Eindruck vom Gegenstand vermitteln. Bei der Stereofotografie werden also streng genommen nur zwei Ebenen des Gegenstandes scharf abgebildet. Für eine exaktere Erfassung des Gegenstandes müßten mehr als zwei Bilder angefertigt, d. h. mehr als zwei Aufnahmerichtungen gewählt werden. Die bildhafte Rekonstruktion des Gegenstandes ist dann aber visuell nicht mehr möglich. Sie könnte nur rechnerisch erfolgen, wäre aufwendig und nicht sehr genau.

Holografie

Mit Hilfe der 1948 von GABOR begründeten *Holografie* ist es nun möglich, in wesentlich umfassenderer Weise ein räumliches Bild von einem räumlich ausgedehnten Gegenstand zu erhalten. Die Holografie ermöglicht die vollständige Registrierung eines dreidimensionalen Objektes auf einer zweidimensionalen Fotoplatte. Zum Verständnis dieser Möglichkeit kann man nach GABOR von der Überlegung ausgehen, daß man beim Blick durch ein Fenster alle Informationen über die räumliche Gliederung der Landschaft vor dem Fenster durch die Fensterebene hindurch erhält. Es muß also möglich sein, in dieser Ebene alle diese optischen Informationen zu speichern.

DENNIS GABOR (1900–1979) Nobelpreis 1971

Die Holografie beruht darauf, daß außer den Amplituden auch die Phasenbeziehungen zwischen den von den Gegenstandspunkten ausgehenden Teilwellen erfaßt werden. In einer gewählten ebenen Fläche werden dazu Amplitude und Phase des Wellenfeldes mit Hilfe eines Interferenzverfahrens gespeichert. Die Teilwellen müssen deshalb kohärent sein. Das ist der Fall, wenn man den Gegenstand mit kohärentem Licht beleuchtet. Die kohärenten Teilwellen entstehen dann infolge Reflexion, Brechung, Transmission, Beugung oder Streuung des Lichtes an den Gegenstandspunkten. Die Fotoplatte, die die genannten Informationen über das Wellenfeld in der gewählten Ebene enthält, bezeichnet man als *Hologramm* des Gegenstandes. Mit dem Hologramm kann das Wellenfeld für jeden Raumpunkt rekonstruiert und damit ein räumliches Bild des Gegenstandes aus einer beliebigen Blickrichtung gewonnen werden.

Hologramm

Die Aufnahme eines Hologrammes und die mit seiner Hilfe mögliche Erzeugung eines räumlichen Bildes des Gegenstandes sollen nun etwas näher dargestellt werden. Das Verfahren der Holografie muß die oben genannte Zielstellung realisieren, die von den einzelnen Gegenstandspunkten ausgehenden Kugelwellen einschließlich ihrer Phase zu registrieren. Das Prinzip ist in Abbildung 10.40a für die vom Gegenstandspunkt G ausgehende Kugelwelle dargestellt. Die Registrierung der Phase dieser Kugelwelle erfolgt durch Vergleich mit der Phase einer zu ihr kohärenten, als *Referenzwelle* bezeichneten ebenen Welle, indem man beide überlagert. An den Stellen, an denen sich die Gangunterschiede beider Wellen um ein ganzzahliges Vielfaches von λ unterscheiden, findet man ein Intensitätsmaximum, an den Stellen, an denen die Gangunterschiede um ein ungeradzahliges Vielfaches von $\lambda/2$ verschieden sind, ein Intensitätsminimum (vgl. (S 10.3)). Das auf einer Fotoplatte, die in einer Phasenfläche der ebenen Referenzwelle liegt, zu registrierende Interferenzbild (es wird als Hologramm der Kugelwelle bezeichnet) besteht aus hellen und dunklen konzentrischen Kreisen. In einer beliebigen Ebene entstehen Kegelschnittkurven. Beleuchtet man das Hologramm seinerseits wieder mit dem Referenzlicht, so wird dieses an jedem Punkt des Hologramms gebeugt. Da im Hologramm die Phasendifferenzen zwischen Kugel- und Referenzwelle ohne Vorzeicheninformation gespeichert sind, besteht das gebeugte Licht aus zwei Teilwellen: an jedem Punkt P des Hologramms wird das Licht gleichberechtigt in die Richtungen α_i und $-\alpha_i$ gebeugt (siehe Abb. 10.40b). Damit entstehen außer der Welle nullter Beugungsordnung zwei weitere Wellen. Die eine Kugelwelle läuft zum Zentrum B_r hin (*reelles Bild* von G), während die andere aus dem Zentrum B_V zu kommen scheint (*virtuelles Bild* von G, siehe Abb. 10.40c). Das ursprüngliche Wellenfeld ist also wiedergefunden. Da jeder Gegenstand in Gegenstandspunkte zerlegbar ist, kann auf die beschriebene Weise das Wellenfeld des Gegenstandes gespeichert und durch Bestrahlen des Hologramms mit der Referenzwelle rekonstruiert werden. Die Form der Phasenfläche der Referenzwelle (hier als Ebene angenommen) ist im Prinzip gleichgültig. Es muß nur zur Aufnahme des Hologramms und zu seiner Rekonstruktion Referenzlicht mit gleichen Phasenflächen Verwendung finden.

Referenzwelle

reelles Bild eines Hologramms

virtuelles Bild eines Hologramms

Das virtuelle Bild des Hologramms liegt am Ort des Gegenstandes und entspricht diesem in allen Einzelheiten. Es kann visuell betrachtet werden. Um die näheren bzw. entfernteren Teile des Gegenstandes im Bild scharf erkennen zu können, muß man das Auge dabei mehr oder weniger stark akkomodieren. Will man das virtuelle Bild fotografieren, so muß man durch entsprechende Blendenwahl die dazu notwendige Schärfentiefe sichern.

Das reelle Bild liegt im gleichen Abstand hinter dem Hologramm wie das virtuelle Bild vor ihm (siehe Abb. 10.40c). Die linke und die rechte

Seite des Gegenstandes sind im reellen Bild vertauscht. Vorhandene Vertiefungen des Gegenstandes liegen näher am Betrachter als vorhandene Erhöhungen. Man sieht also Vertiefungen im Gegenstand als Erhöhungen im Bild und Erhöhungen im Gegenstand entsprechend als Vertiefungen im Bild. Das reelle Bild ist praktisch ein „Abdruck" des Gegenstandes und

pseudokopisches Bild

wird als *pseudokopisches Bild* bezeichnet. Dreht man das Hologramm bei

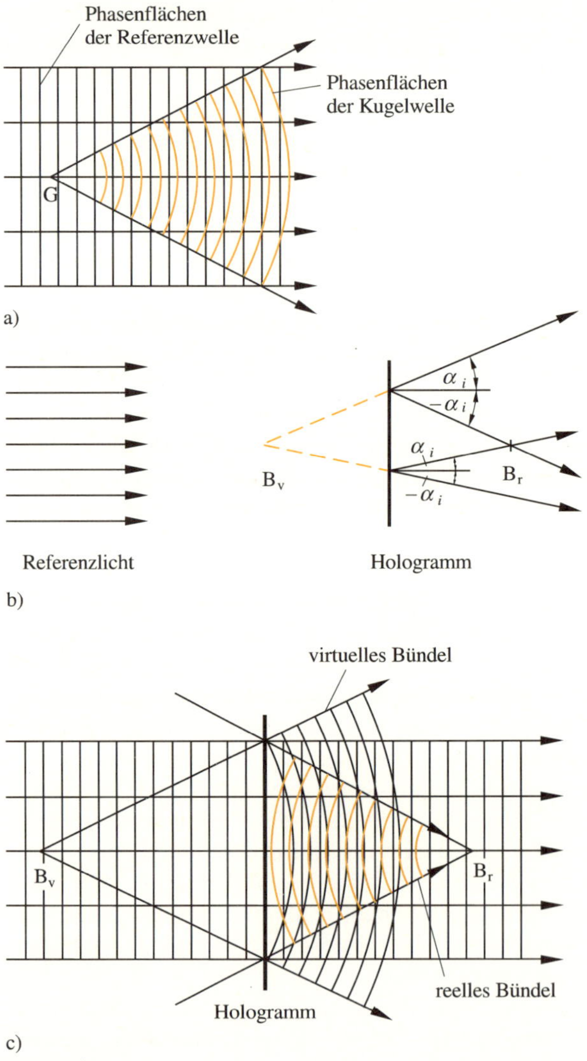

Abb. 10.40
Zur Holografie
a) Zur Entstehung des Hologramms der Kugelwelle (dargestellt sind die Flächen konstanter Phase)
b) Bei der Beugung einer Welle am Hologramm entstehen zwei Wellen
c) Bildentstehung in der Holografie

der Rekonstruktion (Abbildung 10.41 b) um 180° um eine Achse senkrecht zur Papierebene, dann entspricht das reelle Bild exakt dem Gegenstand, während das virtuelle Bild pseudokopisch wird.

Aufnahme eines Hologramms

Bei der *Aufnahme des Hologramms* darf sich die Phasendifferenz zwischen dem vom Gegenstand ausgehenden Licht und dem Referenzlicht zeitlich nicht verändern. Das Licht zur Beleuchtung des Gegenstandes und das Referenzlicht werden deshalb der gleichen Lichtquelle entnommen (vgl. Abb. 10.41 a). Außerdem muß überall die Bedingung für die räumliche Kohärenz erfüllt sein. Prinzipiell könnte man in einer derartigen Anordnung Hologramme auch mit einer herkömmlichen Lichtquelle, z.B. mit einer Quecksilberhochdrucklampe herstellen, sofern die räumliche Kohärenzbedingung (S 10.2) eingehalten wird. Die ausnutzbaren Intensitäten sind dann aber so gering, daß die Herstellung von Hologrammen dadurch sehr kompliziert wird. Die Realisierung der Holografie wurde aus diesem Grunde erst 1962 möglich, als mit dem Laser (vgl. Bd. III) eine kohärente Lichtquelle mit hoher Intensität zur Verfügung stand.

Abbildung 10.41 a zeigt eine zur Hologrammaufnahme mögliche optische Anordnung. Das durch ein Linsensystem aufgeweitete Lichtbündel eines Lasers wird durch einen Strahlenteiler in zwei Teilbündel aufgespalten. Das eine Teilbündel fällt als Referenzwelle direkt auf die Fotoplatte. Das andere Teilbündel wird über einen Spiegel zur Fotoplatte gelenkt, durchsetzt auf seinem Weg aber noch den Gegenstand. Man bezeichnet es als *Objektwelle*. In der Ebene der Fotoplatte interferieren die Objekt- und die Referenzwelle miteinander. Statt der hier angenommenen Durchstrahlung des Objektes kann natürlich auch das von einem Gegenstand reflektierte Licht zur Herstellung eines Hologramms genutzt werden.

Objektwelle

Für die Speicherung des Interferenzmusters kann die Veränderung der Transmission (Schwärzung) der Fotoschicht genutzt werden. Da die Transmission die Amplitude der Rekonstruktionswelle bestimmt, bezeichnet man derartige Hologramme als *Amplituden-* oder *Transmissionshologramme*. Die Informationsspeicherung kann aber auch durch die Veränderung des Oberflächenreliefs oder der Brechzahlverteilung erfolgen. Derartige Hologramme werden *Phasenhologramme* genannt. Bei Phasenhologrammen kann man die Emulsionsschicht der Fotoplatte nach der Entwicklung bleichen. Deshalb lassen sich mit Phasenhologrammen rekonstruierte Bilder mit wesentlich größerer Leuchtdichte als mit Amplitudenhologrammen erzielen.

Amplitudenhologramm (Transmissionshologramm)

Phasenhologramm

Rekonstruktion eines Bildes

Zur *Rekonstruktion des Bildes* wird das Hologramm mit monochromatischem Licht bestrahlt, das Phasenflächen von gleicher Art wie die bei der Aufnahme verwendete Referenzwelle besitzt. Für den in Abbildung 10.41 dargestellten Fall ist also eine ebene Welle erforderlich (Abb. 10.41 b). Dabei muß das Licht unter dem gleichen Winkel und von der gleichen Seite auf das Hologramm auftreffen wie die Referenzwelle bei dessen Erzeugung. Da für den Winkel α bei der Beugung des Lichtes am Hologramm $\sin\alpha \sim \lambda$ gilt, sind die Lage und die Größe des rekonstruierten Bildes mit der Lage und der Größe des abgebildeten Gegenstandes identisch, wenn die Wellenlängen von Rekonstruktionswelle und Referenzwelle gleich sind. Wird jedoch bei der Rekonstruktion z.B. eine kleinere Wellenlänge verwendet, so ist das rekonstruierte Bild kleiner als der Gegenstand und liegt weiter vom Hologramm entfernt als der Gegenstand bei der Aufnahme (vgl. Abb. 10.40 b).

An das zur Rekonstruktion dienende Licht sind hinsichtlich seiner zeitlichen und räumlichen Kohärenz wesentlich geringere Anforderungen zu stellen als an das Licht bei der Aufnahme. Zur Rekonstruktion kann an Stelle von Laserlicht deshalb auch das Licht konventioneller Lichtquellen dienen, wenn es z. B. mittels Monochromatfilter monochromatisiert wird und im gewünschten Spektralbereich eine ausreichende Intensität besitzt.

Bei der Aufnahme sind die zwischen der Objektwelle und der Referenzwelle in der Ebene der Fotoplatte entstehenden Gangunterschiede von der Größenordnung des abzubildenden Gegenstandes (vgl. Abb. 10.41 a). Damit muß das zur Aufnahme verwendete Licht meist so große Kohärenzlängen aufweisen, wie es nur mit Laserlicht zu erreichen ist. Die Bilderzeugung hingegen basiert auf der Beugung der Rekonstruktionswelle am ebenen Hologramm. Dieser Vorgang ist mit der Beugung an einem optischen Gitter vergleichbar. Deshalb liegt die Größenordnung der Gangunterschiede der miteinander interferierenden Teilwellen wie beim Beugungsgitter in der Nähe der Größenordnung der Wellenlänge. In diesem Fall reicht auch die Kohärenzlänge des Lichtes herkömmlicher Lichtquellen zum Zustandekommen von Interferenzen aus, wenn zusätzlich darauf geachtet wird, daß die Ausdehnung der Lichtquelle nicht die räumliche Kohärenz beeinträchtigt. Für eine ebene Welle ist letzteres von vornherein erfüllt. Die Anforderungen an die zeitliche Kohärenz des zur Rekonstruktion dienenden Lichtes sind somit durch die Bedingung bestimmt, daß die durch Licht unterschiedlicher Wellenlängen entstehenden Objektbilder nicht merklich gegeneinander verschoben sein dürfen. Wenn das in der oben beschriebenen Weise den Monochromatfilter passierende Licht durch die Wellenlänge λ_0 und deren Halbwertsbreite $\Delta\lambda_0$ charakterisiert ist, so müssen die zu den Wellenlängen $\lambda_1 = \lambda_0 + (\Delta\lambda_0/2)$ und $\lambda_2 = \lambda_0 - (\Delta\lambda_0/2)$ gehörenden Bildpunkte unter einem Sehwinkel erscheinen, der unter der Auflösungsgrenze des menschlichen Auges ($\omega_{\min} \approx 2{,}3 \cdot 10^{-4}$ rad, siehe (11.31 b)) liegt. Das kann mit konventionellen Lichtquellen erreicht werden. Mit einer Verbesserung der Monochromasie des Lichtes wird nach Abschnitt 10.1.3 auch die Kohärenzlänge vergrößert.

Die Anforderungen an die räumliche und die zeitliche Kohärenz des zur Rekonstruktion dienenden Lichtes können noch wesentlich reduziert werden, wenn der Gegenstand in unmittelbarer Nähe der Hologrammoberfläche abgebildet wird. Dadurch sind die Abmessungen, die Gestalt und der Entstehungsort des rekonstruierten Bildes unabhängig von der Wellenlänge und der Art der Rekonstruktionswelle. Man nennt derartige Hologramme *Bildfeldhologramme*.

Bildfeldhologramm

Da mit einem Hologramm die vom abzubildenden Gegenstand ausgehende Welle vollständig rekonstruiert werden kann, sieht man aus in bezug auf das Hologramm verschiedenen Blickrichtungen auch vom rekonstruierten Bild verschiedene Ansichten. Außerdem sind in jedem Flächenelement des Hologramms Informationen über den gesamten Gegenstand gespeichert. Denn ebenso, wie bei dem von Gabor diskutierten Blick

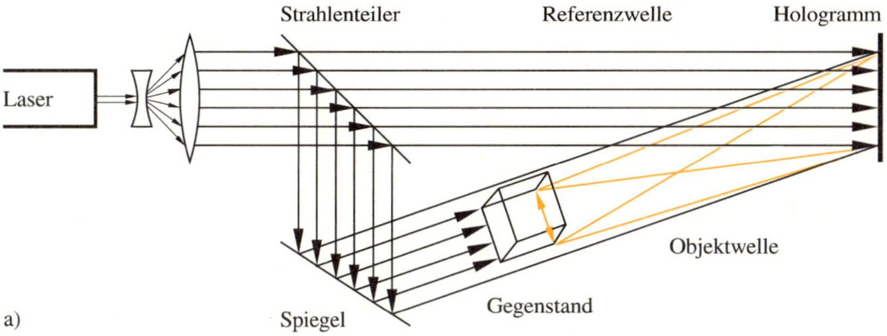

a)

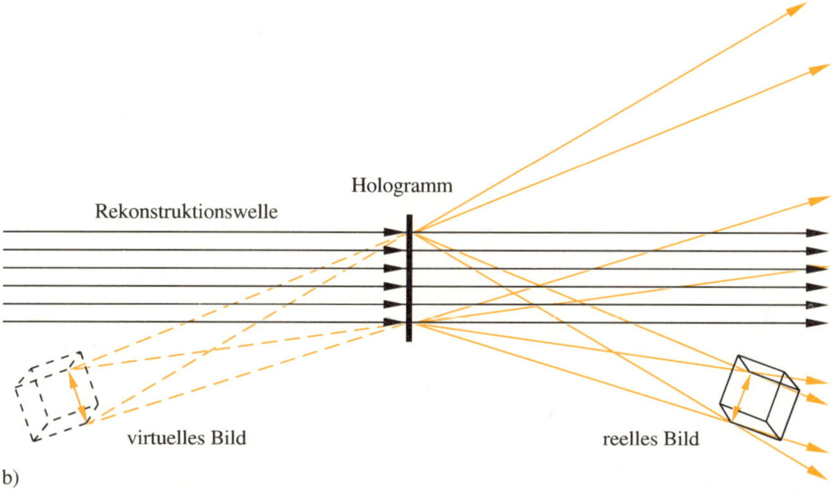

b)

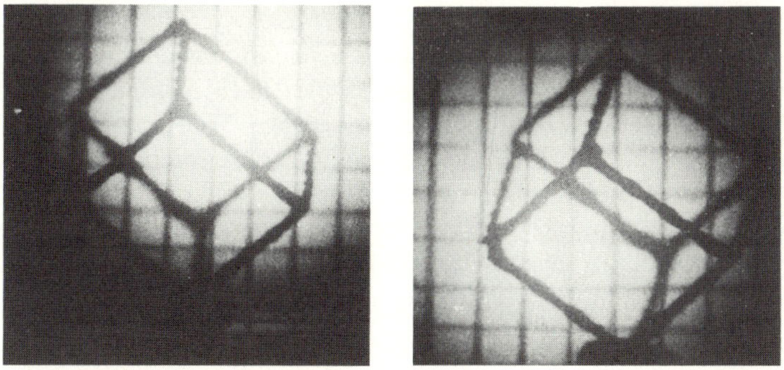

c)

Abb. 10.41
Hologramm
a) Aufnahme eines Hologramms
b) Rekonstruktion des Wellenfeldes
c) Bilder aus verschiedenen Blickrichtungen

durchs Fenster von jedem Gegenstandspunkt aus Licht durch jedes Element der Fensterfläche tritt, wird auch bei der Herstellung des Hologramms jedes Flächenelement von jedem Gegenstandspunkt aus beleuchtet. Bei der Rekonstruktion genügt es deshalb, wenn nur ein Ausschnitt des Hologramms beleuchtet wird. Der Betrachter sieht das Bild trotzdem im vollen Umfang. Die Größe des beleuchteten Hologrammteiles bestimmt lediglich die Intensität und den Kontrast des Bildes und damit seine Wiedergabequalität.

Im allgemeinen können Fotoschichten nur Helligkeitsunterschiede von etwa zwei Größenordnungen registrieren, während reale Objekte meist wesentlich größere Helligkeitsunterschiede besitzen. Da ein Hologramm nun aber das auf die gesamte Fläche auffallende Licht für die Rekonstruktion des Bildes nutzt, sind mit Hologrammen Helligkeitsunterschiede bis zu etwa sechs Größenordnungen übertragbar.

Abbildung 10.41 c zeigt das rekonstruierte Bild eines Hologramms in verschiedenen Betrachtungsrichtungen.

10.3 Polarisation

10.3.1 Polarisiertes Licht

Sowohl skalare als auch vektorielle Größen können schwingen, und diese Schwingungszustände können sich als *skalare* oder als *vektorielle Welle* im Raum ausbreiten. Zur Beschreibung einer skalaren Welle (z. B. Druckwelle, Temperaturwelle, siehe Bd. I) genügt die Angabe der Feldfunktion in Abhängigkeit von Ort und Zeit. Für vektorielle Wellen hingegen muß für jeden Ort und zu jeder Zeit auch die Richtung des Feldvektors angegeben werden.

skalare Welle, vektorielle Welle

Einfache Sonderfälle sind reine *Longitudinalwellen* (Schwingung parallel zur Ausbreitungsrichtung) und reine *Transversalwellen* (Schwingung senkrecht zur Ausbreitungsrichtung). Elektromagnetische Wellen sind nach (S 7.3) Transversalwellen. Der Feldvektor $\boldsymbol{D}$ steht stets senkrecht zur Ausbreitungsrichtung $\boldsymbol{n}^0$. Der elektrische Feldvektor $\boldsymbol{E}$ einer sich in positiver z-Richtung eines kartesischen Koordinatensystems in einem isotropen Medium ausbreitenden ebenen elektromagnetischen Welle ist damit darstellbar durch

Longitudinalwellen, Transversalwellen

$$\boldsymbol{E} = E_{0x}\,\boldsymbol{i}\cos(\omega t - kz + \varphi_x) + E_{0y}\,\boldsymbol{j}\cos(\omega t - kz + \varphi_y). \tag{10.45}$$

Betrachtet man diesen Wellenvorgang zu einem beliebigen, aber festen Zeitpunkt t_0, so beschreibt die Spitze des Vektors $\boldsymbol{E}$ in Abhängigkeit vom Ort eine bestimmte Kurve (vgl. Abb. 10.42). Die Charakterisierung der im allgemeinen Fall räumlich und zeitlich veränderlichen Feldrichtung erfolgt durch den Begriff *Polarisation* der Welle, der im folgenden durch die Betrachtung der wichtigsten Spezialfälle konkretisiert werden soll. Das Wort

Polarisation

Polarisation ist dabei historisch begründet. Bei der Entwicklung eines Wellenmodelles für das Licht gingen HUYGENS, FRESNEL und YOUNG zunächst davon aus, daß sich Licht prinzipiell in einem Medium und ähnlich wie die Druckwelle des Schalls in Gasen als Longitudinalwelle ausbreitet. Nach dieser Vorstellung sollten alle mit der Erscheinung Licht verbundenen Beobachtungen in Ebenen senkrecht zur Ausbreitungsrichtung durch räumliche Symmetrie gekennzeichnet sein. Durch den Nachweis der Existenz linear polarisierten Lichtes (siehe unten) wurde diese Symmetrievorstellung widerlegt. Statt dessen wird durch die Richtung der Vektoren des elektromagnetischen Wellenfeldes eine räumliche Unsymmetrie, d.h. eine Polarisation erzeugt.

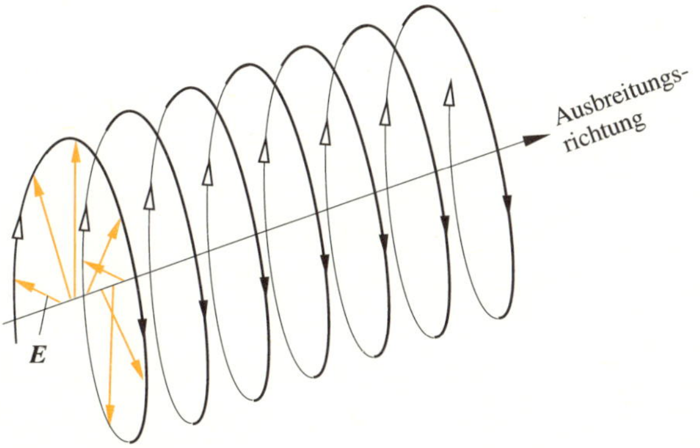

Abb. 10.42
Bei einer sich in einem isotropen Medium ausbreitenden ebenen elektromagnetischen Welle bilden die Endpunkte jedes der Feldvektoren ***D, E, H*** und ***B*** längs eines Ausbreitungsvektors im allgemeinsten Fall eine schraubenartige Kurve auf dem Mantel eines geraden Zylinders mit elliptischer Grundfläche, dessen Achse in der Ausbreitungsrichtung liegt.

Arten der Polarisation

Um die Polarisation näher beschreiben zu können, denken wir uns eine Ebene senkrecht zur Ausbreitungsrichtung z durch einen beliebigen Punkt $z = z_0$. Mit den Abkürzungen

$$\varphi_x^* = \varphi_x - k z_0, \tag{10.46a}$$

$$\varphi_y^* = \varphi_y - k z_0 \tag{10.46b}$$

ist $\boldsymbol{E}$ in dieser durch $z = z_0$ gehenden Ebene darstellbar durch

$$\boldsymbol{E} = E_{0x}\, \boldsymbol{i} \cos(\omega t + \varphi_x^*) + E_{0y}\, \boldsymbol{j} \cos(\omega t + \varphi_y^*). \tag{10.45a}$$

Wir wollen nun die Bahnkurve $\boldsymbol{E}(t)$ bestimmen, die die Spitze von $\boldsymbol{E}$ in dieser Ebene beschreibt. Dazu werden spezielle Werte für die Phasenverschiebung $\varphi_y^* - \varphi_x^* = \varphi_y - \varphi_x$ zwischen den Komponenten $\boldsymbol{E}_y$ und $\boldsymbol{E}_x$ von $\boldsymbol{E}$ betrachtet.

a) $\Delta\varphi^* = \varphi_y^* - \varphi_x^* = 0$

Nach (10.45a) gilt

$$E_y = E_{0y}\cos(\omega t + \varphi_x^*)$$

$$E_x = E_{0x}\cos(\omega t + \varphi_x^*)$$

oder

$$E_y = \frac{E_{0y}}{E_{0x}} E_x. \tag{10.47}$$

lineare Polarisation

Schwingungsebene des Lichtes

Polarisationsebene des Lichtes

Die Spitze von $\boldsymbol{E}$ durchläuft in der x-y-Ebene eine Gerade positiver Steigung (siehe Abb. 10.43a). Man nennt derartige Wellen *linear polarisiert.* Die von der Fortpflanzungsrichtung $\boldsymbol{n}^0$ und von $\boldsymbol{E}$ aufgespannte Ebene heißt in Übereinstimmung zu (D 7.5) *Schwingungsebene* des Lichtes, die dazu senkrechte, d.h. nach (S 7.3) die durch $\boldsymbol{n}^0$ und $\boldsymbol{H}$ aufgespannte Ebene *Polarisationsebene* des Lichtes.

b) $\Delta\varphi^* = \varphi_y^* - \varphi_x^* = \pi/2$

Nach (10.45) gilt mit $\cos(x \pm \pi/2) = \mp\sin x$

$$E_y = E_{0y}\cos(\omega t + \varphi_y^*)$$

$$= E_{0y}\cos(\omega t + \varphi_x^* + \pi/2)$$

$$= -E_{0y}\sin(\omega t + \varphi_x^*) \tag{10.48a}$$

$$E_x = E_{0x}\cos(\omega t + \varphi_x^*) \tag{10.48b}$$

oder mit $\sin^2 x + \cos^2 x = 1$

$$\left(\frac{E_x}{E_{0x}}\right)^2 + \left(\frac{E_y}{E_{0y}}\right)^2 = 1. \tag{10.48}$$

elliptische Polarisation

Die Vektorspitze durchläuft eine Ellipse (vgl. Abb. 10.43c). Man nennt diese Welle daher *elliptisch polarisiert.* Um die Umlaufrichtung von $\boldsymbol{E}$ zu erkennen, gehen wir von dem Zeitpunkt t_1 aus, für den $\omega t_1 + \varphi_x^* = 0$ gilt. Nach (10.48a) und (10.48b) hat die Spitze des Vektors $\boldsymbol{E}$ dann die Koordinaten $E_x(t_1) = E_{0x}$, $E_y(t_1) = 0$ (P_1 in Abb. 10.43c). Zu dem späteren Zeitpunkt $t_2 > t_1$, für den $\omega t_2 + \varphi_x^* = \pi/2$ gilt, besitzt die Spitze von $\boldsymbol{E}$ nach (10.48a) und (10.48b) die Koordinaten $E_x(t_2) = 0$ und $E_y(t_2) = -E_{0y}$ (P_2 in Abb. 10.43c). Die Vektorspitze von $\boldsymbol{E}(t)$ durchläuft damit die Ellipse im Uhrzeigersinn. Man bezeichnet eine derartige Welle als *rechtselliptisch polarisiert.*

rechtselliptische Polarisation

rechtszirkulare Polarisation

Für $E_{0y} = E_{0x}$ artet die Ellipse in einen Kreis aus. Dieser Sonderfall wird als *rechtszirkular polarisierte* Welle bezeichnet.

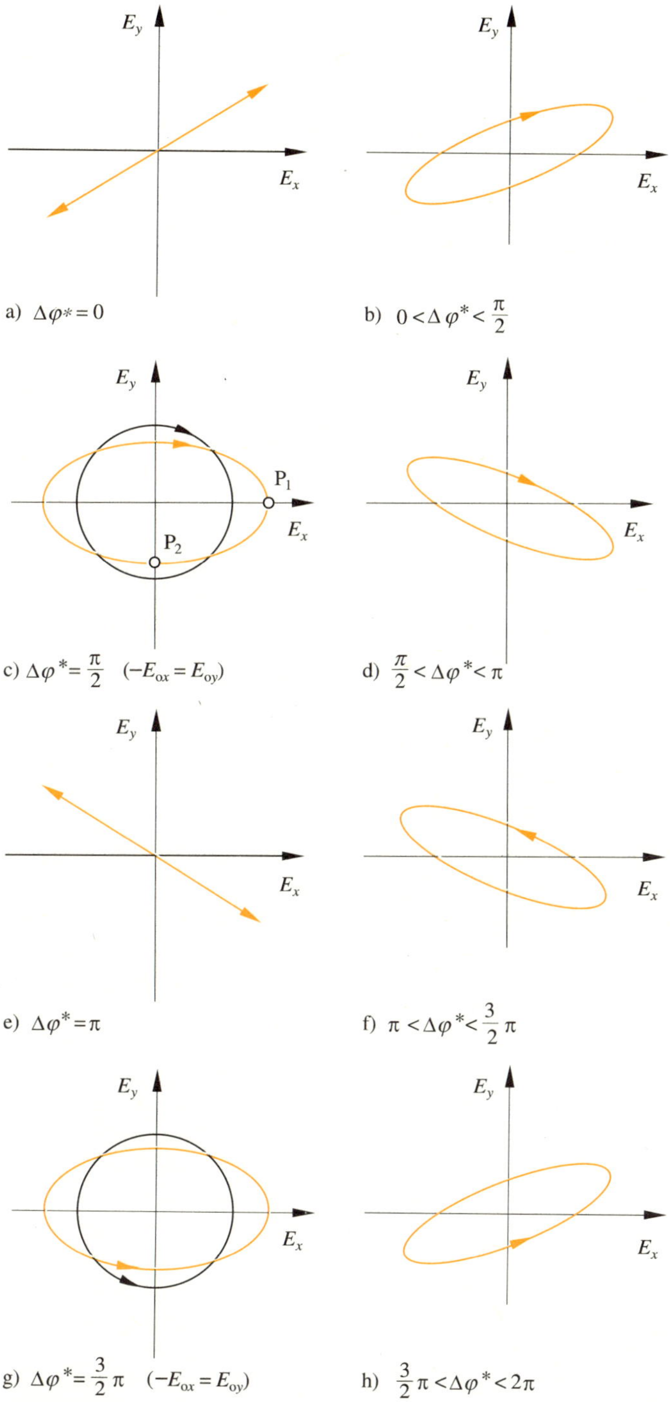

Abb. 10.43
Überlagerung zweier harmonischer Schwingungen mit gleicher Frequenz und zueinander senkrechten Schwingungsrichtungen

c) $\Delta\varphi^* = \varphi_y^* - \varphi_x^* = \pi$

Durch analoge Rechnungen wie im Fall a) erhält man

$$E_y = -\frac{E_{0x}}{E_{0y}} E_x . \qquad (10.49)$$

Die Spitze von $\boldsymbol{E}(t)$ durchläuft in der x-y-Ebene eine Gerade mit negativer Steigung (Abb. 10.43e). Die Welle ist linear polarisiert.

d) $\Delta\varphi^* = \varphi_y^* - \varphi_x^* = \frac{3}{2}\pi .$

Durch analoge Betrachtungen wie in Fall b) erhält man

$$\left(\frac{E_x}{E_{0x}}\right)^2 + \left(\frac{E_y}{E_{0y}}\right)^2 = 1 . \qquad (10.50)$$

linkselliptische Polarisation

linkszirkulare Polarisation

Analog zu (10.48) durchläuft die Spitze von $\boldsymbol{E}(t)$ wieder eine Ellipse, allerdings entgegengesetzt zum Uhrzeigersinn (*linkselliptisch* polarisierte Welle, vgl. Abb. 10.43g). Für $E_{0y} = E_{0x}$ erhält man den Sonderfall der *linkszirkular polarisierten* Welle.

Alle anderen denkbaren Phasenverschiebungen $\Delta\varphi^*$ ergeben Ellipsen, deren Hauptachsen nicht mehr mit den Koordinatenachsen übereinstimmen (siehe Abb. 10.43). Sie werden für Phasendifferenzen $0 < \Delta\varphi^* < \pi$ im Uhrzeigersinn (rechtselliptisch polarisiert), für die Werte $\pi < \Delta\varphi^* < 2\pi$ im entgegengesetzten Sinn durchlaufen (linkselliptisch polarisiert).

Im isotropen Medium ist $\boldsymbol{E}^0 = \boldsymbol{D}^0$. Vorstehende Überlegungen gelten damit auch für das Vektorfeld $\boldsymbol{D}$. Im anisotropen Medium dagegen liegt nur $\boldsymbol{D}$ transversal zur Ausbreitungsrichtung $\boldsymbol{n}^0$, damit sind dann vorstehende Gesetzmäßigkeiten nur noch für das Vektorfeld $\boldsymbol{D}$ gültig. Formuliert man sie daher mit $\boldsymbol{D}$ statt mit $\boldsymbol{E}$, dann behalten sie auch für das anisotrope Medium ihre Gültigkeit. Mit $\Delta\varphi^* = \Delta\varphi$ (vgl. (10.46)) gilt:

(S 10.13)
Arten der Polarisation

Der allgemeine Fall der Polarisation einer elektromagnetischen Welle ist die elliptische. Für die Phasendifferenzen $\Delta\varphi = 0$ und π der zueinander und zur Ausbreitungsrichtung $\boldsymbol{n}^0$ senkrechten Teilwellen $\boldsymbol{D}_y$ und $\boldsymbol{D}_x$ artet die elliptische Polarisation zur linearen Polarisation aus, bei Amplitudengleichheit dieser beiden Teilwellen und den Phasendifferenzen $\Delta\varphi = \pi/2$ und $(3/2)\pi$ zur zirkularen Polarisation.

Die elektrische Feldstärke der von einem Dipol abgestrahlten elektromagnetischen Welle liegt in der von der Ausbreitungsrichtung und der Dipolachse aufgespannten Ebene (siehe Abb. 7.11). Die Welle ist also linear polarisiert, was man leicht – wie in Abschn. 7.2.1.5 beschrieben – mit einem abgestimmten Nachweisdipol zeigen kann (vgl. Abb. 7.15). Untersucht man dagegen das Polarisationsverhalten des von einer herkömmlichen Lichtquelle (z. B. Glühlampe, Leuchtstoffröhre, Bogenlampe, Sonne) abgestrahlten Lichtes, so findet man keine Polarisationseffekte. Das liegt darin begründet, daß diese Lichtquellen nicht zeitlich kohärent sind. Das von herkömmlichen Lichtquellen oder von der Sonne abgestrahlte Licht (*natürliches Licht*) setzt sich aus einer sehr großen Anzahl voneinander vollkommen unabhängiger Wellenzüge zusammen (vgl. Abschnitt 10.1.1). Jeder Wellenzug entsteht durch einen Energieübergang in einem bestimmten Atom und ist entsprechend (S 7.3) linear polarisiert. Da aber die Lagen der Schwingungsebenen der einzelnen Wellenzüge völlig unregelmäßig verteilt sind, registriert der Beobachter eine vollkommen unpolarisierte Strahlung.

natürliches Licht

In Ergänzung zu (S 10.1) kann demnach fomuliert werden:

Natürliches Licht ist unpolarisiert.

(S 10.14)
Licht herkömmlicher Lichtquellen ist unpolarisiert

Vielfach ist polarisiertes Licht hoher Intensität erforderlich. Wird kein Laser verwendet, so muß es aus dem Licht herkömmlicher Lichtquellen gewonnen werden. Entsprechende Methoden und die ihnen zugrunde liegenden physikalischen Prinzipien werden im folgenden skizziert.

10.3.2 Methoden zur Gewinnung von polarisiertem Licht aus natürlichem Licht

10.3.2.1 Brewstersches Gesetz

Eine Möglichkeit zur Gewinnung von polarisiertem Licht aus natürlichem Licht ist die Nutzung der Tatsache, daß bei der Reflexion natürlichen Lichtes an einem Dielektrikum der Reflexionsgrad R_p des parallel zur Einfallsebene schwingenden Anteils im allgemeinen von dem Reflexionsgrad R_s des senkrecht dazu schwingenden Anteils verschieden ist, denn man erhält aus (D 9.3) mit den Fresnelschen Formeln (9.17a) und (9.17b) unter Beachtung von $\overline{E^2_{0\,\mathrm{ep}}} = \overline{E^2_{0\,\mathrm{es}}}$ (9.20)

$$\frac{R_\mathrm{p}}{R_\mathrm{s}} = \frac{\overline{\boldsymbol{E}^2_{0\,\mathrm{rp}}}}{\overline{\boldsymbol{E}^2_{0\,\mathrm{rs}}}} = \frac{\pi_\mathrm{r}^2\,\overline{E^2_{0\,\mathrm{ep}}}}{\sigma_\mathrm{r}^2\,\overline{E^2_{0\,\mathrm{es}}}} = \frac{\pi_\mathrm{r}^2}{\sigma_\mathrm{r}^2} = \frac{\tan^2(i_\mathrm{e}-i_\mathrm{b})\sin^2(i_\mathrm{e}+i_\mathrm{b})}{\tan^2(i_\mathrm{e}+i_\mathrm{b})\sin^2(i_\mathrm{e}-i_\mathrm{b})}$$

oder mit $\tan\alpha = \sin\alpha/\cos\alpha$

$$\frac{R_\mathrm{p}}{R_\mathrm{s}} = \frac{\overline{\boldsymbol{E}^2_{0\,\mathrm{rp}}}}{\overline{\boldsymbol{E}^2_{0\,\mathrm{rs}}}} = \frac{\cos^2(i_\mathrm{e}+i_\mathrm{b})}{\cos^2(i_\mathrm{e}-i_\mathrm{b})}. \tag{10.51}$$

Das Verhältnis $R_\mathrm{p}/R_\mathrm{s}$ ist vom Einfallswinkel des Lichtes abhängig (vgl. Abb. 10.44).

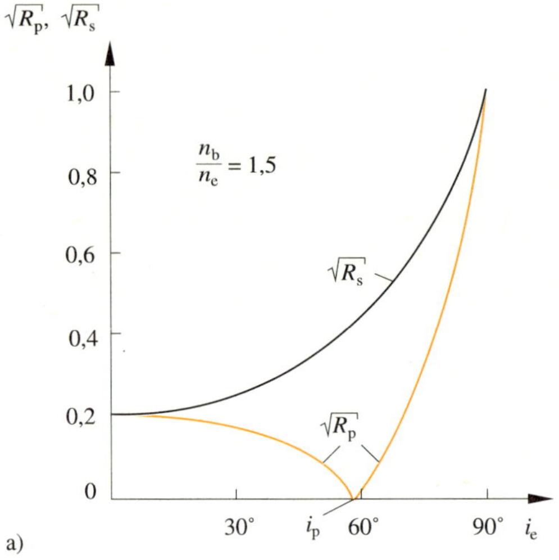

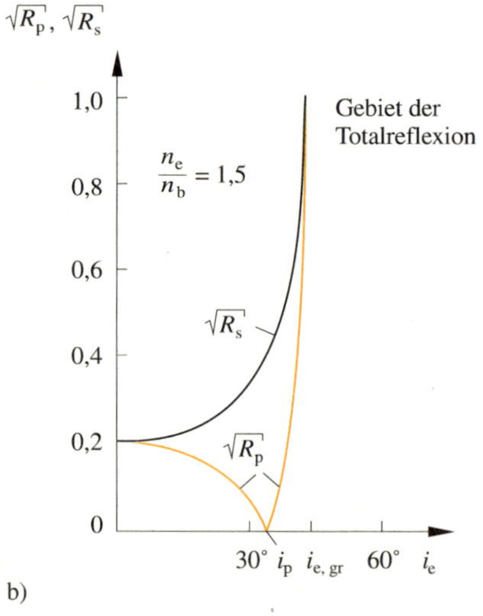

Abb. 10.44
Darstellung von $\sqrt{R_p} = f(i_e)$ und $\sqrt{R_s} = f(i_e)$
a) bei Reflexion am optisch dichteren Medium
b) bei Reflexion am optisch dünneren Medium

Sonderfälle, für die bei Reflexion von natürlichem Licht wieder natürliches Licht entsteht

Für die folgenden Fälle gilt für die Reflexion am Dielektrikum $R_p/R_s = 1$, für sie ist das reflektierte Licht also wieder unpolarisiert:

Senkrechter Einfall ($i_e = i_b = 0$)

$$\frac{R_p}{R_s} = \frac{\overline{E_{0\,rp}^2}}{\overline{E_{0\,rs}^2}} = 1 \qquad \text{(natürliches Licht).}$$

Streifender Einfall bei Reflexion am optisch dichteren Medium ($n_b > n_e$, $i_e = \pi/2$, $i_b < \pi/2$)

$$\frac{R_p}{R_s} = \frac{\overline{E_{0\,rp}^2}}{\overline{E_{0\,rs}^2}} = \frac{\cos^2\left(\frac{\pi}{2} + i_b\right)}{\cos^2\left(\frac{\pi}{2} - i_b\right)} = 1 \qquad \text{(natürliches Licht)}$$

(siehe Abb. 10.44 a).

Einfall beim Grenzwinkel der Totalreflexion ($n_b < n_e$, $i_e = i_{e,gr}$, $i_b = \pi/2$)

$$\frac{R_p}{R_s} = \frac{\overline{E_{0\,rp}^2}}{\overline{E_{0\,rs}^2}} = \frac{\cos^2\left(i_{e,gr} + \frac{\pi}{2}\right)}{\cos^2\left(i_{e,gr} - \frac{\pi}{2}\right)} = 1 \qquad \text{(natürliches Licht)}$$

(siehe Abb. 10.44 b).

Für alle anderen Fälle gilt $\frac{R_p}{R_s} \neq 1$, das reflektierte Licht ist teilweise polarisiert.

Wir betrachten den speziellen Fall, bei dem die reflektierte und die gebrochene Welle senkrecht aufeinander stehen:

$$i_r + i_b = i_e + i_b = \frac{\pi}{2}.$$

Da $i_e - i_b \neq \pi/2$, folgt aus (10.51)

$$\frac{R_p}{R_s} = \frac{\cos^2\frac{\pi}{2}}{\cos^2(i_e - i_b)} = 0;$$

der parallel zur Einfallsebene schwingende Anteil wird nicht reflektiert. Das reflektierte Licht ist linear polarisiert. Der zugehörige Einfallswinkel $i_P = \frac{\pi}{2} - i_b$ heißt daher *Polarisationswinkel*. Aus dem Brechungsgesetz (S 9.3) bestimmt er sich mit $\sin(\pi/2 - \alpha) = \cos\alpha$ zu

Polarisationswinkel

$$\frac{n_b}{n_e} = \frac{\sin i_e}{\sin i_b} = \frac{\sin i_P}{\sin\left(\frac{\pi}{2} - i_P\right)} = \frac{\sin i_P}{\cos i_P} = \tan i_P.$$

(S 10.15)
Brewstersches Gesetz

Fällt natürliches Licht unter dem Polarisationswinkel

$$i_P = \arctan\frac{n_b}{n_e}$$

vom Dielektrikum der Brechzahl n_e auf das Dielektrikum der Brech-

David Brewster (1781–1868)

zahl n_b, dann ist der reflektierte Anteil linear polarisiert. Die Schwingungsebene des reflektierten Lichtes steht senkrecht zur Einfallsebene.
(Brewstersches Gesetz)

Auf Grund des geringen Reflexionsgrades der Isolatoren wird in der praktischen Optik zur Wandlung von natürlichem Licht in linear polarisiertes kaum vom Brewsterschen Gesetz Gebrauch gemacht. Von Bedeutung ist es aber für den Abschluß der Gasentladungsrohre von Gaslasern. Die Normalen der Abschlußplatten werden gegenüber der Rohrachse um den Polarisationswinkel geneigt. Dadurch werden die Reflexionsverluste des Lichtes beim Austritt aus dem Gasentladungsrohr gemindert und gleichzeitig kann – wenn gewollt – eine bestimmte Schwingungsebene des Lichtes festgelegt, d.h. die lineare Polarisation des Laserlichtes erreicht werden (Näheres siehe Bd. III).

Führt man die obigen Betrachtungen für den gebrochenen Anteil des Lichtes durch, so folgt analog zu (10.51)

$$\frac{\overline{\boldsymbol{E}^2_{0\,\mathrm{bp}}}}{\overline{\boldsymbol{E}^2_{0\,\mathrm{bs}}}} = \frac{1}{\cos^2(i_e - i_b)}, \qquad (10.52)$$

d.h., es gilt stets $\overline{E^2_{0\,\mathrm{bp}}} \geqq \overline{E^2_{0\,\mathrm{bs}}}$ (vgl. Abb. 10.44). Durch *eine* Brechung kann aus natürlichem Licht kein linear polarisiertes gewonnen werden. Wohl läßt sich aber durch eine Vielzahl von Brechungen, zum Beispiel an einem Glasplattensatz, $\overline{E^2_{0\,\mathrm{bp}}} \gg \overline{E^2_{0\,\mathrm{bs}}}$ erreichen und so annähernd linear polarisiertes Licht herstellen.

Glasplattensatz als Polarisator

10.3.2.2 Doppelbrechung

10.3.2.2.1 Dielektrischer Tensor, Fresnelsches Gesetz

Die bisherigen Betrachtungen zur Ausbreitung elektromagnetischer Wellen waren auf isotrope optische Medien beschränkt. Diese Überlegungen sollen jetzt auf den anisotropen Isolator erweitert werden. Als Folge der *Anisotropie der Kristalle* kann der Zusammenhang von $\boldsymbol{E}$ und $\boldsymbol{D}$ nicht mehr in der Form $\boldsymbol{D} = \varepsilon \boldsymbol{E}$, d.h. nicht mehr als Proportionalität zwischen $\boldsymbol{D}$ und $\boldsymbol{E}$ dargestellt werden. Stattdessen muß man annehmen, daß im Kristall die elektrische Verschiebung $\boldsymbol{D}$ sowohl vom Betrag als auch von der Richtung der elektrischen Feldstärke abhängig wird. Die einfachste Möglichkeit, einen derartigen Zusammenhang funktional zu erfassen, ist, $\boldsymbol{D}$ als lineare Vektorfunktion von $\boldsymbol{E}$ aufzufassen (vgl. I A. 16):

Im anisotropen Medium ist $\boldsymbol{D}$ eine lineare Vektorfunktion von $\boldsymbol{E}$

$$\begin{aligned} \boldsymbol{D}_x &= \varepsilon_{xx}\boldsymbol{E}_x + \varepsilon_{xy}\boldsymbol{E}_y + \varepsilon_{xz}\boldsymbol{E}_z, \\ \boldsymbol{D}_y &= \varepsilon_{yx}\boldsymbol{E}_x + \varepsilon_{yy}\boldsymbol{E}_y + \varepsilon_{yz}\boldsymbol{E}_z, \\ \boldsymbol{D}_z &= \varepsilon_{zx}\boldsymbol{E}_x + \varepsilon_{zy}\boldsymbol{E}_y + \varepsilon_{zz}\boldsymbol{E}_z. \end{aligned} \qquad (10.53\,\mathrm{a})$$

Führt man analog zum Trägheitstensor Θ (vgl. (I D 5.6)) den *dielektrischen Tensor* $\boldsymbol{\epsilon}$ ein durch

$$\boldsymbol{\epsilon} = \begin{pmatrix} \varepsilon_{xx} & \varepsilon_{xy} & \varepsilon_{xz} \\ \varepsilon_{yx} & \varepsilon_{yy} & \varepsilon_{yz} \\ \varepsilon_{zx} & \varepsilon_{zy} & \varepsilon_{zz} \end{pmatrix}, \quad (10.54)$$

Dielektrischer Tensor

dann erfordert nach (I A 16.1) und (I A 16.2) der Übergang vom isotropen zum anisotropen Isolator den Ersatz der Materialgleichung $\boldsymbol{D} = \varepsilon \boldsymbol{E}$ durch die allgemeinere Beziehung

$$\boldsymbol{D} = \boldsymbol{\epsilon} \boldsymbol{E}. \quad (10.53)$$

Wie in A. 38 gezeigt, ist der dielektrische Tensor ebenso wie der Trägheitstensor (vgl. Abschn. I 5.4.1) ein symmetrischer Tensor 2. Stufe, d.h. es gilt

$\boldsymbol{\epsilon}$ ist ein symmetrischer Tensor 2. Stufe

$$\varepsilon_{xy} = \varepsilon_{yx}; \quad \varepsilon_{yz} = \varepsilon_{zy}; \quad \varepsilon_{zx} = \varepsilon_{xz}. \quad (10.55)$$

Zunächst stellt sich mit der vorliegenden Anisotropie der dielektrischen Eigenschaften und der damit nicht mehr vorhandenen Parallelität zwischen $\boldsymbol{D}$ und $\boldsymbol{E}$ die Aufgabe, zu einer gegebenen Richtung von $\boldsymbol{E}$ die zugehörige Richtung von $\boldsymbol{D}$ zu finden. Der mathematische Lösungsweg für diese Problemstellung geht davon aus, daß jeder symmetrische Tensor 2. Stufe durch eine Fläche 2. Grades darstellbar ist, da beide durch 6 Bestimmungsstücke festgelegt sind (vgl. I A. 16). Man findet diese den dielektrischen Tensor darstellende Fläche in gleicher Weise wie beim Trägheitstensor, indem man analog zu (I 5.14) und (I 5.15a) die vom Nullpunkt des gewählten kartesischen Koordinatensystems ausgehenden Vektoren

$$\boldsymbol{u} = C\boldsymbol{E} \quad \text{mit} \quad \boldsymbol{u} \cdot \boldsymbol{\epsilon}\boldsymbol{u} = 1 \quad (10.56)$$

konstruiert. Da aus (10.56) mit (10.54) nach (A 3.5b)

$$\begin{aligned} \boldsymbol{u} \cdot \boldsymbol{\epsilon}\boldsymbol{u} &= u_x(\boldsymbol{\epsilon}\boldsymbol{u})_x + u_y(\boldsymbol{\epsilon}\boldsymbol{u})_y + u_z(\boldsymbol{\epsilon}\boldsymbol{u})_z \\ &= u_x(\varepsilon_{xx}u_x + \varepsilon_{xy}u_y + \varepsilon_{xz}u_z) \\ &\quad + u_y(\varepsilon_{yx}u_x + \varepsilon_{yy}u_y + \varepsilon_{yz}u_z) \\ &\quad + u_z(\varepsilon_{zx}u_x + \varepsilon_{zy}u_y + \varepsilon_{zz}u_z) \end{aligned}$$

folgt, liegen bei Beachtung von (10.55) die Spitzen des Vektors $\boldsymbol{u}$ auf der Fläche 2. Grades

$$\begin{aligned} f(u_x, u_y, u_z) = \varepsilon_{xx}u_x^2 + \varepsilon_{yy}u_y^2 + \varepsilon_{zz}u_z^2 + 2\varepsilon_{xy}u_x u_y \\ + 2\varepsilon_{yz}u_y u_z + 2\varepsilon_{zx}u_z u_x = 1. \end{aligned} \quad (10.56\text{a})$$

Da $|\boldsymbol{u}|$ stets endlich ist, beschreibt (10.56a) im u_x-, u_y-, u_z-Koordinatensystem ein Ellipsoid (*Fresnelsches Ellipsoid*).

Fresnelsches Ellipsoid

Zweckmäßigerweise transformiert man das u_x-, u_y-, u_z-Koordinatensystem in das Hauptachsensystem $u_{\mathfrak{x}}$, $u_{\mathfrak{y}}$, $u_{\mathfrak{z}}$. Das ist das Koordinatensystem, in dem die Hauptachsen des Ellipsoides auf den Koordinatenachsen liegen. Im Hauptachsensystem nimmt das Ellipsoid (10.56a) die durch

$$\varepsilon_{\mathfrak{x}\mathfrak{x}}u_{\mathfrak{x}}^2 + \varepsilon_{\mathfrak{y}\mathfrak{y}}u_{\mathfrak{y}}^2 + \varepsilon_{\mathfrak{z}\mathfrak{z}}u_{\mathfrak{z}}^2 = 1 \quad (10.57)$$

beschriebene Lage ein.

dielektrische Hauptachsen
Hauptdielektrizitätskonstanten

optisch zweiachsiger Kristall
optisch einachsiger Kristall

Die aufeinander senkrechten Achsen $\hat{x}$, $\hat{y}$ und $\hat{z}$ heißen *dielektrische Hauptachsen* des Kristalles, die Konstanten $\varepsilon_{\hat{x}\hat{x}}$, $\varepsilon_{\hat{y}\hat{y}}$ und $\varepsilon_{\hat{z}\hat{z}}$ seine *Hauptdielektrizitätskonstanten.* Gilt $\varepsilon_{\hat{x}\hat{x}} \neq \varepsilon_{\hat{y}\hat{y}} \neq \varepsilon_{\hat{z}\hat{z}}$, dann heißt der Kristall *optisch zweiachsig*. Artet das Ellipsoid (10.57) zu einem Rotationsellipsoid aus, so nennt man ihn *optisch einachsig.*

Um die zu einer gegebenen Richtung $\boldsymbol{E}^0$ gehörende Richtung von $\boldsymbol{D}^0$ zu finden, bildet man den entsprechenden Gradienten von (10.56a). Unter Beachtung von (A 4.3) und (10.55) erhält man

$$\begin{aligned}\frac{1}{2}\operatorname{grad} f = &(\varepsilon_{xx}u_x + \varepsilon_{xy}u_y + \varepsilon_{xz}u_z)\boldsymbol{i}\\ &+(\varepsilon_{yx}u_x + \varepsilon_{yy}u_y + \varepsilon_{yz}u_z)\boldsymbol{j}\\ &+(\varepsilon_{zx}u_x + \varepsilon_{zy}u_y + \varepsilon_{zz}u_z)\boldsymbol{k}\end{aligned}$$

oder unter Beachtung von (10.54), (10.56) und (10.53)

$$\frac{1}{2}\operatorname{grad} f = \boldsymbol{\varepsilon}\boldsymbol{u} = C\boldsymbol{\varepsilon}\boldsymbol{E} = C\boldsymbol{D}. \tag{10.58}$$

Da nach A. 4 grad f auf der Fläche $f(u_x, u_y, u_z) = \text{const.}$ senkrecht steht, gilt dies nach (10.58) auch für den Vektor $\boldsymbol{D}^0$. Die zu einer vorgegebenen Richtung $\boldsymbol{u}^0$ und damit nach (10.56) auch die zu $\boldsymbol{E}^0$ gehörende Richtung $\boldsymbol{D}^0$ des Vektors $\boldsymbol{D}$ ist gleich der Richtung des Stellungsvektors der Tangentialebene an das Tensorellipsoid beim Durchstoßungspunkt der Verlängerung von $\boldsymbol{E}^0$ durch das Fresnelsche Ellipsoid (*Konstruktion von Poinsot*, siehe Abb. 10.45).

Konstruktion von Poinsot

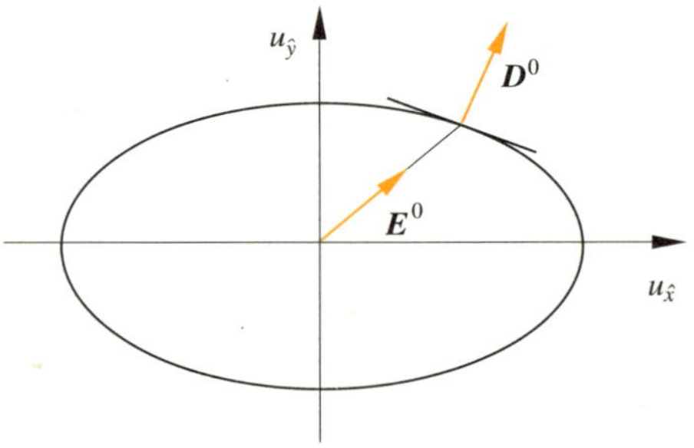

Louis Poinsot (1777–1859)

Abb. 10.45 Konstruktion von Poinsot

Beim optisch zweiachsigen Kristall sind $\boldsymbol{E}$ und $\boldsymbol{D}$ nur in Richtung der drei dielektrischen Hauptachsen zueinander parallel, beim optisch einachsigen Kristall gilt $\boldsymbol{E}^0 = \boldsymbol{D}^0$ zusätzlich für alle Vektoren $\boldsymbol{E}$ und $\boldsymbol{D}$ in Ebenen senkrecht zu der durch die Rotationssymmetrie ausgezeichneten Hauptachse. Stimmen alle Hauptdielektrizitätskonstanten überein, dann gilt die Aussage $\boldsymbol{E}^0 = \boldsymbol{D}^0$ für alle Richtungen. Ein solcher Kristall ist ein optisch isotropes Medium. Das trifft z.B. für die Alkalihalogenid-Kristalle (z.B. LiF, NaCl, KBr) zu und ist eine Voraussetzung dafür, daß sie – wie in Abschnitt 10.2.6.3 angeführt – als dispergierende Medien für Prismenspektrometer im ultraroten Spektralbereich Anwendung finden können.

Eine ebene elektromagnetische Welle pflanze sich im Kristall in Richtung $\boldsymbol{n}^0$ fort:

$$\hat{\boldsymbol{E}} = \boldsymbol{E}_0 \, e^{i(\omega t - k(\boldsymbol{s} \cdot \boldsymbol{n}^0) + \varphi)}.$$

Nach (A 39.3) bestimmt sich die zugehörige elektrische Verschiebung zu

Lage der Vektoren ***E, D, B, H*** und ***S*** bei der Wellenfortpflanzung in Kristallen

$$\boldsymbol{D} = \frac{1}{\mu_0 v_{ph}^2} (\boldsymbol{E} - (\boldsymbol{E} \cdot \boldsymbol{n}^0) \boldsymbol{n}^0). \tag{10.59}$$

Da nach (10.53) $\boldsymbol{D}$ in Kristallen im allgemeinen nicht mit $\boldsymbol{E}$ richtungsgleich ist (vgl. auch Abb. 10.45), muß $\boldsymbol{E} \cdot \boldsymbol{n}^0 \neq 0$ gelten. Mit (A 3.5a) heißt das: die elektrische Feldstärke $\boldsymbol{E}$ einer elektromagnetischen Welle in einem Kristall steht im allgemeinen nicht senkrecht zur Wellennormalen $\boldsymbol{n}^0$. Skalare Multiplikation von (10.59) mit $\boldsymbol{n}^0$ ergibt dagegen $\boldsymbol{D} \cdot \boldsymbol{n}^0 = 0$. In Übereinstimmung mit (S 7.3) liegt der Vektor $\boldsymbol{D}$ zur Wellennormalen $\boldsymbol{n}^0$ orthogonal. Nach (S 7.6) bestimmt $\boldsymbol{S}^0 = \boldsymbol{E}^0 \times \boldsymbol{H}^0$ die Richtung der Energieströmung. Da $\boldsymbol{E}^0$ im allgemeinen nicht senkrecht zur Wellennormalen gerichtet ist, stimmen bei der Ausbreitung der elektromagnetischen Welle im Kristall im allgemeinen auch nicht die Richtungen von Wellennormale und Energieströmung überein. Die Vektoren $\boldsymbol{H}^0$, $\boldsymbol{S}^0$, $\boldsymbol{E}^0$ und die Vektoren $\boldsymbol{H}^0$, $\boldsymbol{n}^0$, $\boldsymbol{D}^0$ bilden dann zwei nichtidentische Rechtssysteme (vgl. Abb. 10.46) mit der gemeinsamen Achse $\boldsymbol{H}^0$.

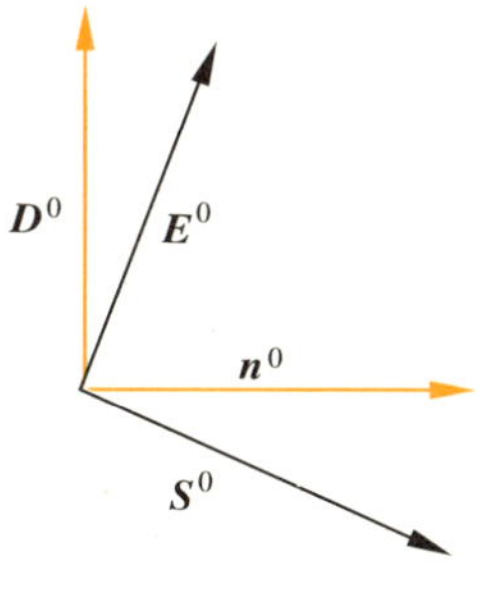

Abb. 10.46
Lage der Vektoren $\boldsymbol{H}^0$, $\boldsymbol{S}^0$, $\boldsymbol{n}^0$, $\boldsymbol{E}^0$ und $\boldsymbol{D}^0$ für die elektromagnetische Welle im Kristall (***H*** zeigt aus der Papierebene heraus)

Führt man analog zu (S 7.1) mit $\mu_r = 1$ (Isolator, vgl. (9.11)) als *Hauptlichtgeschwindigkeiten*

Hauptlichtgeschwindigkeiten

$$v_{ph\,i} = \frac{1}{\sqrt{\varepsilon_{ii}\mu_0}} \qquad (i = \hat{x}, \hat{y}, \hat{z}) \tag{10.60}$$

ein, so kann aus (10.59) das *Fresnelsche Gesetz* (vgl. (A 39.5))

Fresnelsches Gesetz

$$\frac{n_{\hat{x}}^{0\,2}}{v_{ph\hat{x}}^2 - v_{ph}^2} + \frac{n_{\hat{y}}^{0\,2}}{v_{ph\hat{y}}^2 - v_{ph}^2} + \frac{n_{\hat{z}}^{0\,2}}{v_{ph\hat{z}}^2 - v_{ph}^2} = 0 \tag{10.61}$$

gefolgert werden. Das Fresnelsche Gesetz ist eine biquadratische Gleichung zur Bestimmung von v_{ph}^2. Da $v_{ph} > 0$, gibt es demnach zu jeder Richtung

$\boldsymbol{n}^0$ der Wellennormalen im allgemeinen *zwei* Phasengeschwindigkeiten und damit nach (D 9.1) zwei Brechzahlen für die Welle (*Doppelbrechung*). Die Richtungen $\boldsymbol{n}_i^0$, für die beide Lösungen von (10.61) zusammenfallen, bezeichnet man als *optische Achsen* des Kristalls.

Doppelbrechung

optische Achsen

Ist die Wellennormale $\boldsymbol{n}^0$ nicht mit der Richtung einer optischen Achse identisch, dann existieren zu dieser Richtung zwei Teilwellen unterschiedlicher Phasengeschwindigkeit ($v_{\text{ph},1} \neq v_{\text{ph},2}$). Nach (A 39.6) gilt für sie $\boldsymbol{D}_1^0 \cdot \boldsymbol{D}_2^0 = 0$, damit nach Abbildung 10.46 auch $\boldsymbol{E}_1^0 \cdot \boldsymbol{E}_2^0 = 0$. Die beiden Teilwellen sind linear polarisiert, ihre Schwingungsebenen (vgl. (D 7.5)) stehen senkrecht aufeinander. Eine gegenseitige Beeinflussung und damit Interferenz dieser Teilwellen ist nicht möglich (vgl. Abschn. 10.1.1).

bei der Doppelbrechung sind die beiden Teilwellen senkrecht zueinander linear polarisiert

Wir fassen zusammen:

(S 10.16)
Ausbreitung elektromagnetischer Wellen in Kristallen

Der Übergang vom optisch isotropen zum optisch anisotropen Isolator bedeutet den Ersatz der Materialgleichung $\boldsymbol{D} = \varepsilon \boldsymbol{E}$ durch $\boldsymbol{D} = \boldsymbol{\epsilon} \boldsymbol{E}$.
Pflanzt sich eine elektromagnetische Welle im optisch zweiachsigen Kristall fort, so
stimmen die Richtungen von $\boldsymbol{E}$ und $\boldsymbol{D}$ nur noch in Richtung der dielektrischen Hauptachsen des Kristalls überein,
bilden die Vektoren $\boldsymbol{H}^0$, $\boldsymbol{S}^0$, $\boldsymbol{E}^0$ und die Vektoren $\boldsymbol{H}^0$, $\boldsymbol{n}^0$, $\boldsymbol{D}^0$ je ein Rechtssystem,
gibt es für die nicht mit den optischen Achsen des Kristalls identischen Richtungen von $\boldsymbol{n}^0$ stets zwei linear polarisierte Teilwellen unterschiedlicher Phasengeschwindigkeit mit zueinander senkrechten Schwingungsebenen.

10.3.2.2.2 Optisch einachsige Kristalle, Nicolsches Prisma, Polarisationsfolien

Eine elektromagnetische Welle pflanze sich in einem optisch einachsigen Kristall (z.B. Quarz oder Kalkspat) in Richtung $\boldsymbol{n}^0$ fort. Die ausgezeichnete dielektische Hauptachse, d.h. die optische Achse des Kristalls wählen wir zur $\hat{z}$-Achse des Hauptachsensystems ($\varepsilon_{\hat{x}\hat{x}} = \varepsilon_{\hat{y}\hat{y}} \neq \varepsilon_{\hat{z}\hat{z}}$). Mit ihr bilde die Wellennormale den Winkel ϑ. Dann folgt wegen $|\boldsymbol{n}^0| = 1$ mit (A 3.6) und $\sin^2 x + \cos^2 x = 1$

$$n_{\hat{x}}^{0\,2} + n_{\hat{y}}^{0\,2} = \sin^2 \vartheta; \quad n_{\hat{z}}^0 = \cos \vartheta . \tag{10.62}$$

Das Fresnelsche Gesetz lautet für diesen Spezialfall ($v_{\text{ph}\hat{x}} = v_{\text{ph}\hat{y}}$)

$$(n_{\hat{x}}^{0\,2} + n_{\hat{y}}^{0\,2})\,(v_{\text{ph}\hat{x}}^2 - v_{\text{ph}}^2)\,(v_{\text{ph}\hat{z}}^2 - v_{\text{ph}}^2) + n_{\hat{z}}^{0\,2}\,(v_{\text{ph}\hat{x}}^2 - v_{\text{ph}}^2)^2 = 0$$

oder mit (10.62)

$$(v_{\text{ph}\hat{x}}^2 - v_{\text{ph}}^2)\,[(v_{\text{ph}\hat{z}}^2 - v_{\text{ph}}^2)\sin^2 \vartheta + (v_{\text{ph}\hat{x}}^2 - v_{\text{ph}}^2)\cos^2 \vartheta] = 0 .$$

Da ein Produkt skalarer Größen dann und nur dann gleich Null ist, wenn einer seiner Faktoren verschwindet, erhalten wir als Lösung

$$v_{\text{ph}1} = v_{\text{ph}\hat{x}}; \quad (v_{\text{ph}\hat{z}}^2 - v_{\text{ph}2}^2)\sin^2 \vartheta + (v_{\text{ph}\hat{x}}^2 - v_{\text{ph}2}^2)\cos^2 \vartheta = 0,$$

woraus mit (D 9.1) und $\sin^2 x + \cos^2 x = 1$ für die Brechzahlen der beiden Teilwellen

$$n_0 = \frac{c}{v_{\mathrm{ph}1}} = \frac{c}{v_{\mathrm{ph}\hat{x}}}; \quad \frac{1}{n_{\mathrm{a}0}^2} = \frac{v_{\mathrm{ph}2}^2}{c^2} = \frac{v_{\mathrm{ph}\hat{z}}^2}{c^2} \sin^2 \vartheta + \frac{v_{\mathrm{ph}\hat{x}}^2}{c^2} \cos^2 \vartheta \qquad (10.63)$$

folgt.

Eine der Teilwellen besitzt – wie im isotropen Medium – eine von der Ausbreitungsrichtung $\boldsymbol{n}^0$ unabhängige Brechzahl n_0. Sie genügt dem Brechungsgesetz (*ordentliche Welle*). Die Brechzahl $n_{\mathrm{a}0}$ der anderen Teilwelle ist demgegenüber von der Ausbreitungsrichtung der Welle abhängig (*außerordentliche Welle*).

ordentliche Welle
außerordentliche Welle

Wir betrachten zwei Sonderfälle:

a) $\boldsymbol{n}^0 = \boldsymbol{k}, \qquad \vartheta = 0.$

Wellennormale und optische Achse fallen zusammen. Es gilt $n_0 = n_{\mathrm{a}0}$.

b) $\boldsymbol{n}^0 \perp \boldsymbol{k}, \qquad \vartheta = \frac{\pi}{2}.$

Wellennormale und optische Achse stehen aufeinander senkrecht. Für diesen Spezialfall geht (10.63) über in

$$n_0 = \frac{c}{v_{\mathrm{ph}\hat{x}}}; \quad n_{\mathrm{a}0} = \frac{c}{v_{\mathrm{ph}\hat{z}}}. \qquad (10.63\,\mathrm{a})$$

Gilt für diesen Spezialfall $n_0 < n_{\mathrm{a}0}$, d.h., ist die Phasengeschwindigkeit der ordentlichen Welle größer als die der außerordentlichen, dann nennt man den Kristall *positiv einachsig* (z.B. Quarz), im entgegengesetzten Fall *negativ einachsig* (z.B. Kalkspat). Die von der optischen Achse und der Wellennormalen aufgespannte Ebene heißt *Hauptschnitt* des Kristalls.

positiv einachsige Kristalle
negativ einachsige Kristalle

Hauptschnitt eines Kristalles

Läßt man z.B. ein paralleles Lichtbündel mit kreisförmigem Querschnitt senkrecht und unter der Voraussetzung $0 < \vartheta < \pi/2$ auf einen Kalkspatkristall (Kalkspat oder Calcit, $CaCO_3$) fallen, so beobachtet man bei genügend kleinem Bündelquerschnitt Doppelbrechung der in Abb. 10.47a skizzierten Art. Auf einem ebenfalls senkrecht zur Einfallsrichtung hinter dem Kristallplättchen angeordneten Schirm beobachtet man zwei Leuchtflecke, die den Auftreffpunkten der ordentlichen und der außerordentlichen Teilwelle entsprechen. Dreht man den Kristall um die Achse des einfallenden Bündels, dann dreht sich der Lichtfleck des außerordentlichen Bündels um den des ordentlichen auf einem Kreisbogen (Abb. 10.47b). Ordnet man zusätzlich zwischen Kristall und Schirm ein Polarisationsfilter (s.u.) als Analysator für polarisiertes Licht an, dann beobachtet man beim Drehen eine periodische Aufhellung bzw. Abdunkelung der beiden Leuchtflecke. Bei einer bestimmten Stellung des Kristalles verschwindet der eine Leuchtfleck, der andere besitzt seine größte Helligkeit. Dreht man den Kristall um 90° weiter, dann zeigt sich ein umgekehrtes Verhalten der Leuchtflecke (vgl. Abb. 10.47c). Damit ist gezeigt, daß beide Teilwellen mit zueinander senkrechten Schwingungsebenen linear polarisiert sind.

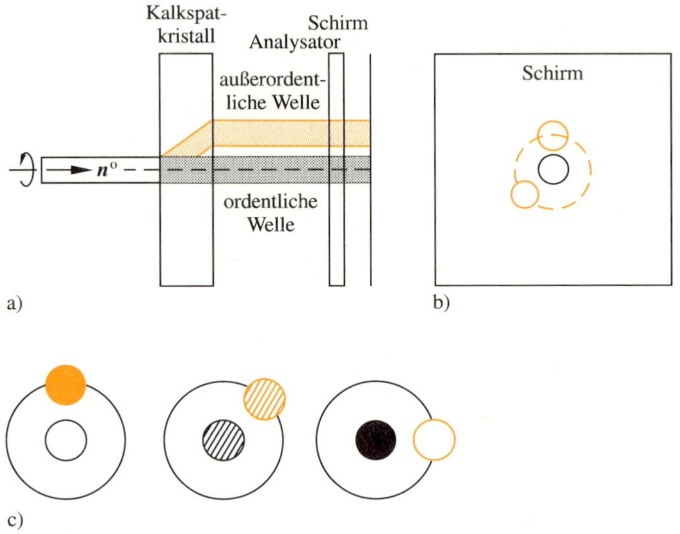

Abb. 10.47
Zum Nachweis der Doppelbrechung in einem Kalkspatkristall
a) schematischer Strahlengang
b) Die Wellennormale $\boldsymbol{n}^0$ steht senkrecht auf der Schirmebene. Der Leuchtfleck der außerordentlichen Welle wandert während der Drehung des Kristalles um den der ordentlichen Welle herum
c) Zum Nachweis, daß beide Teilwellen senkrecht zueinander linear polarisiert sind

Optisch einachsige Kristalle dienen u.a. zur Gewinnung von linear polarisiertem aus natürlichem Licht. Der Grundgedanke der Anordnung ist, eine der Teilwellen aus dem Strahlengang zu entfernen. Die verbleibende Welle ist dann nach (S 10.16) linear polarisiert. Bei dem 1828 entwickelten *Nicolschen Prisma* erfolgt die Aussonderung der ordentlichen Welle durch Totalreflexion (vgl. Abschn. 9.7) und danach ihre vollständige Absorption. Hierzu werden die Stirnflächen eines natürlichen Kalkspatrhomboeders so weit abgeschliffen, daß sie mit den Längskanten einen Winkel von 68° einschließen (vgl. Abb. 10.48). Dann wird er längs der durch die Punkte P_1 und P_2 gehenden Diagonalebene getrennt. Danach werden die Teilstücke in der ursprünglichen Lage mit Kanadabalsam wieder verkittet. Für die ordentliche Welle ist die Kanadabalsamschicht ($n = 1{,}54$) optisch dünner als der Kristall ($n_0 = 1{,}66$), während für die außerordentliche Welle ($n_{a0} = 1{,}49$) die umgekehrten Verhältnisse gelten. Durch den speziellen Schliff fällt die ordentliche Welle mit einem Einfallswinkel größer als der Grenzwinkel der Totalreflexion auf die Kanadabalsamschicht und wird total reflektiert. Die außerordentliche Welle passiert dagegen nach einer normalen Brechung den Kristall.

Nicolsches Prisma

William Nicol (1768–1851)

Manche Kristalle absorbieren die ordentliche und die außerordentliche Welle unterschiedlich stark. Man nennt diese Erscheinung *Dichroismus*. Ein klassisches Beispiel ist Turmalin, ein metallische Kationen enthaltendes Borsilikat. Schneidet man ein Turmalinplättchen parallel zur optischen

Dichroismus

Achse aus dem Kristall, so genügt eine Dicke von nur wenigen Millimetern, um die ordentliche Welle praktisch vollständig zu absorbieren. Praktische Anwendung findet der Dichroismus vor allem bei den sogenannten *Polarisationsfolien*, bei denen Kristalle organischer Verbindungen als dichroitisch wirksame Substanz gerichtet in dünne Trägerfolien eingebettet sind.

Polarisationsfolie

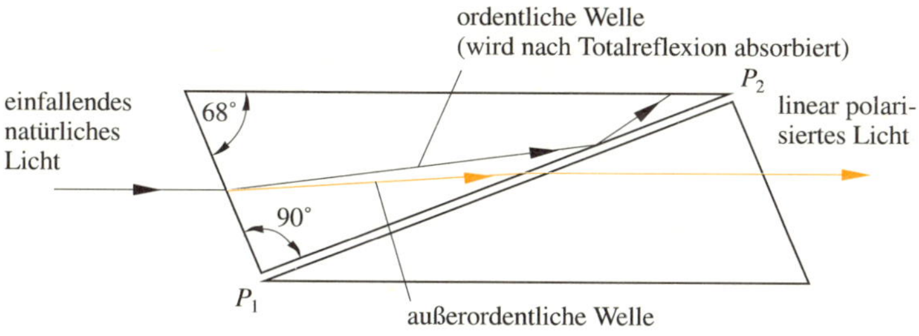

Abb. 10.48 Hauptschnitt des Nicolschen Prismas

Läßt man natürliches Licht auf ein Nicolsches Prisma oder eine Polarisationsfolie fallen, so erhält man linear polarisiertes Licht. Optische Vorrichtungen mit derartigen Eigenschaften nennt man *Polarisatoren.* Ein Polarisator läßt nur Licht mit einer bestimmten Schwingungsrichtung passieren. Wir bezeichnen die Lage dieser Ebene im weiteren als *Durchlaßrichtung des Polarisators.* Ist beim einfallenden Licht die Schwingungskomponente in der Durchlaßrichtung Null, ist es also exakt senkrecht zur Durchlaßrichtung linear polarisiert, so ist die Intensität hinter dem Polarisator Null. Durch zwei hintereinander angeordnete Polarisatoren kann daher der Polarisationszustand des einfallenden Lichtes analysiert werden. Man nennt den zweiten Polarisator deshalb auch *Analysator.*

Polarisator

Durchlaßrichtung eines Polarisators

Analysator

10.3.2.2.3 λ/4-Plättchen, Kompensatoren

Schneidet man einen optisch einachsigen Kristall so, daß eine planparallele Platte entsteht und die optische Achse parallel zu den Plattenflächen liegt (Abb. 10.49), und läßt man das Licht senkrecht auf das Plättchen auffallen, dann passiert es nach (S 10.16) und (10.63 a) den Kristall ungebrochen, aber mit unterschiedlichen Phasengeschwindigkeiten von ordentlicher und außerordentlicher Welle. Ordentliche und außerordentliche Welle erhalten dadurch einen von der Kristalldicke abhängigen Gangunterschied, einfallendes linear polarisiertes Licht wird zu elliptisch polarisiertem Licht. Wählt man die Plattendicke so, daß sie einen Gangunterschied von $\lambda/4$ bewirkt, dann spricht man vom *λ/4-Plättchen.* Es dient u. a. zur Gewinnung von zirkular polarisiertem Licht aus linear polarisiertem. Damit beide Teilwellen gleiche Amplituden besitzen (vgl. Abb. 10.43 c), muß die Schwingungsebene des einfallenden linear polarisierten Lichtes mit den Schwin-

λ/4-Plättchen

Gewinnung von zirkular polarisiertem Licht

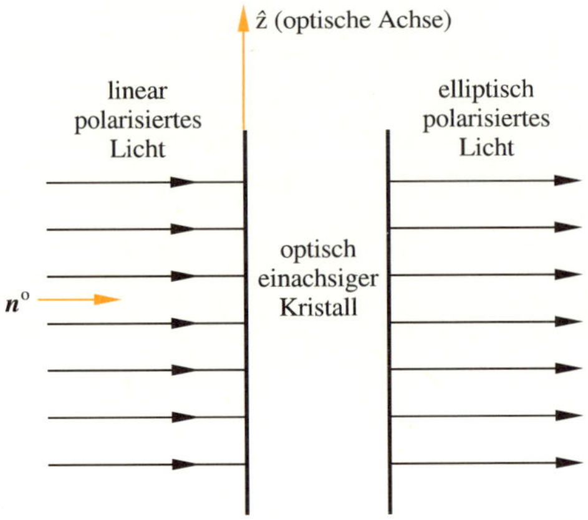

Abb. 10.49
Anordnung zur Erzeugung von elliptisch polarisiertem Licht aus linear polarisiertem.

gungsebenen von ordentlicher und außerordentlicher Welle, d.h. mit der optischen Achse, einen Winkel von 45° einschließen (siehe Abb. 10.50). Hält man diese Bedingung nicht ein, so bekommt man auch bei einem Gangunterschied von $\lambda/4$ elliptisch polarisiertes Licht.

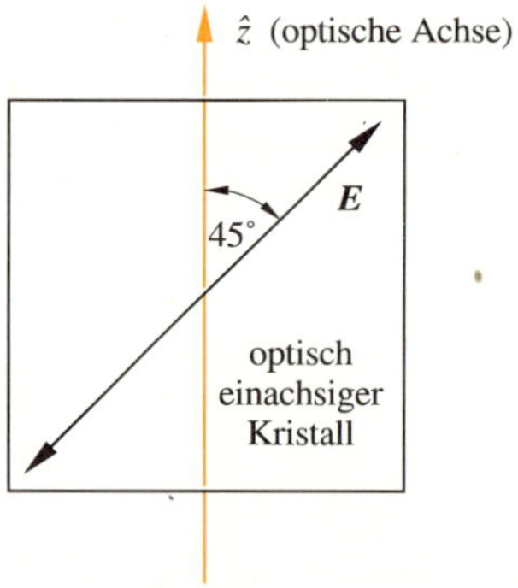

Abb. 10.50
Lage der Schwingungsrichtung des einfallenden linear polarisierten Lichtes ($\boldsymbol{n}^0$ liegt senkrecht zur Papierebene) bei der Erzeugung von zirkularpolarisiertem Licht mit einem $\lambda/4$-Plättchen

Nachweis von zirkular polarisiertem Licht

Läßt man zirkular polarisiertes Licht auf ein Polarisationsfilter als Analysator fallen, dann wird es wegen der axialen Symmetrie von $\boldsymbol{E}$ (vgl. Abb. 10.43c) in jeder Stellung des Analysators mit gleicher Intensität durchgelassen. Ein Nachweis der Polarisation ist so nicht möglich. Bringt man jedoch vor den Analysator ein weiteres $\lambda/4$-Plättchen in gleicher Orientierung an, so wird das zirkular polarisierte Licht in linear polarisiertes Licht zurückverwandelt, dessen Polarisation dann mit dem nachgeschalteten Analysator nachgewiesen werden kann. Zum Nachweis von zirkular polarisiertem Licht bedarf es daher eines $\lambda/4$-Plättchens mit nachgeschaltetem Analysator (vgl. Abb. 10.51).

$\lambda/2$-Plättchen

Durch eine andere Dicke des Quarz- oder des Kalkspatplättchens lassen sich natürlich auch andere feste Gangunterschiede erzielen, z.B. beim *$\lambda/2$-Plättchen* der Gangunterschied von $\lambda/2$. Derartige Plättchen werden vielfach zum Nachweis der Spannungsdoppelbrechung genutzt (s. Abschn. 10.3.2.2.5).

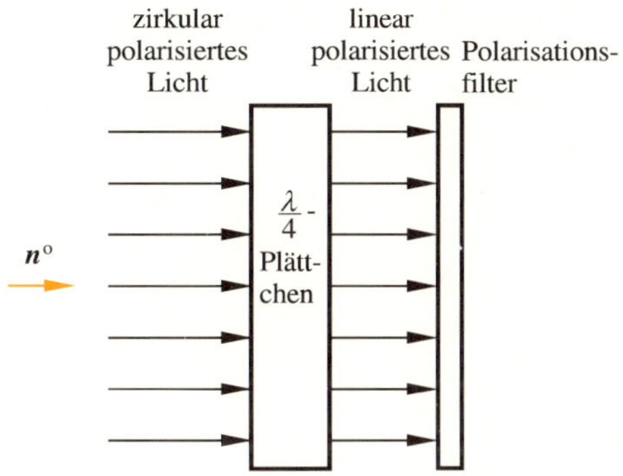

Abb. 10.51
Analysator für zirkular polarisiertes Licht

Gewinnung von elliptisch polarisiertem Licht durch Totalreflexion

Auch durch Totalreflexion läßt sich eine zusätzliche Phasendifferenz zwischen der parallel zur Einfallsebene schwingenden Komponente $\boldsymbol{E}_{rp}$ des total reflektierten Lichtes und der dazu senkrecht schwingenden Komponente $\boldsymbol{E}_{rs}$ erzielen. Man erhält für sie nach (A 42.11 a)

$$\varphi_p - \varphi_s = \arctan \frac{\cos i_e \sqrt{\sin^2 i_e - \left(\frac{n_b}{n_e}\right)^2}}{\sin^2 i_e}. \tag{10.64}$$

Läßt man linear polarisiertes Licht total reflektieren, so ergibt sich im allgemeinen elliptisch polarisiertes Licht. Sorgt man für gleiche Amplituden $E_{0ep} = E_{0es}$, dann erhält man für $\varphi_p - \varphi_s = \pi/2$ wiederum zirkular polarisiertes Licht.

Kompensator

Jean Baptiste François Soleil (1798–1878)

Eine optische Vorrichtung zur Erzeugung eines variablen Gangunterschiedes bezeichnet man als *Kompensator*. Seine Wirkungsweise soll am Kompensator von *Babinet-Soleil* erläutert werden. Er besteht aus zwei flachen, gegeneinander verschiebbaren Quarzkeilen K_1 und K_2 und einer darübergelagerten planparallelen Quarzplatte Pl (Abb. 10.52). Die optischen

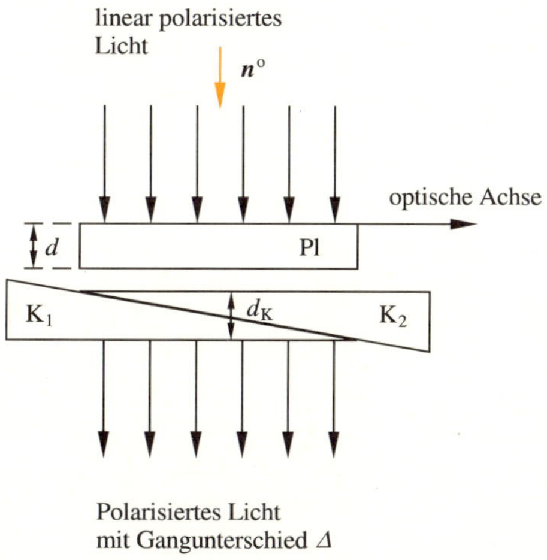

Abb. 10.52
Kompensator nach Babinet-Soleil (schematisch). Die optische Achse der Keile K_1 und K_2 liegt senkrecht zur Papierebene

Achsen der beiden Keile K_1 und K_2 liegen senkrecht zur Papierebene, die optische Achse der planparallelen Quarzplatte dagegen senkrecht zu ihnen in der Papierebene und parallel zu ihrer Oberfläche. Fällt linear polarisiertes Licht mit einer um 45° gegenüber der optischen Achse gedrehten Schwingungsebene senkrecht auf die Quarzplatte (vgl. Abb. 10.50), so erhält man hinter den Keilen nach (10.63 a) einen Gangunterschied zwischen ordentlicher und außerordentlicher Welle von

$$\Delta = (n_0 - n_{a0})\,(d - d_K), \tag{10.65}$$

wobei d die Dicke der Quarzplatte und d_K die vom Licht durchlaufene Strecke in den beiden Keilen bedeuten. Daß in (10.65) die Differenz $d - d_K$ und nicht ihre Summe auftritt, liegt an der unterschiedlichen Lage der optischen Achse in den Keilen und in der planparallelen Platte. Durch Verschieben der Keile kann d_K und damit Δ kontinuierlich verändert und somit durch den Einbau des Kompensators in ein optisches System jeder vorhandene Gangunterschied kompensiert werden, woraus sich der Name dieser optischen Vorrichtung erklärt. Auf Grund der Dispersion des Lichtes ist der Gangunterschied des Kompensators für verschiedene Wellenlängen unterschiedlich. Arbeitet man statt mit monochromatischem Licht mit weißem Licht, dann beobachtet man deswegen eine mehr oder minder starke farbige Leuchterscheinung.

10.3.2.2.4 Kerr-Effekt

Bestimmte Flüssigkeiten (z. B. Nitrobenzol, Nitrotoluol) werden in einem starken elektrischen Feld ($E_ä > 10^4\,\mathrm{Vcm}^{-1}$) doppelbrechend. Sie verhalten sich dann wie ein optisch einachsiger Kristall, dessen optische Achse mit der äußeren Feldrichtung $\boldsymbol{E}_ä^0$ zusammenfällt. Dieser elektrooptische Effekt heißt *Kerr-Effekt*. Der Kerr-Effekt läßt sich realisieren, indem man in eine die Flüssigkeit enthaltende Küvette die Platten eines Kondensators einbaut oder die Küvette zwischen die Platten eines Kondensators bringt (*Kerr-Zelle* (siehe Abb. 10.53)). Fällt senkrecht zum Feld $\boldsymbol{E}_ä$ linear polarisiertes Licht mit einem Winkel der Schwingungsebene von 45° gegenüber

Kerr-Effekt

Kerr-Zelle

John Kerr
(1824–1907)

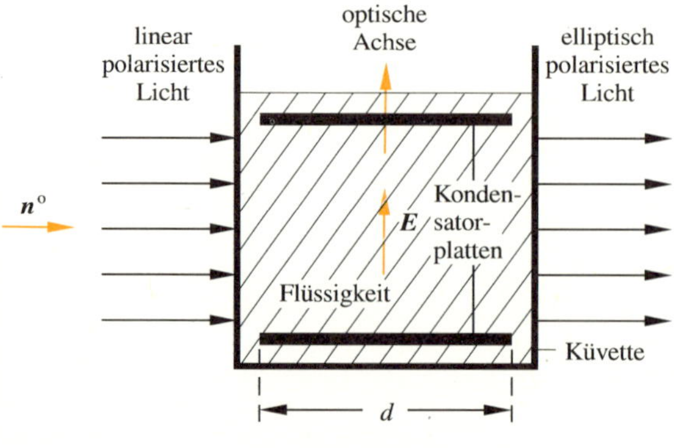

Abb. 10.53 Kerr-Zelle (schematisch)

$E_ä$ in die Kerr-Zelle (vgl. Abb. 10.50), dann erweist sich der Gangunterschied $\Delta = (n_0 - n_{a0})d$ (vgl. (10.63a), d ist dabei die vom Licht im Feld zurückgelegte Wegstrecke) zwischen der ordentlichen und der außerordentlichen Welle als proportional zu $E_ä^2$:

$$\Delta = (n_0 - n_{a0})d = K\,d\,E_ä^2\,. \tag{10.66}$$

Die als *Kerr-Konstante* bezeichnete Proportionalitätskonstante K ist eine Materialkonstante. Kerr-Konstante

Durch die Kerr-Zelle wird das einfallende linear polarisierte Licht in elliptisch polarisiertes Licht gewandelt. Bringt man eine Kerr-Zelle zwischen zwei Polarisationsfolien mit um 90° verdrehten Durchlaßebenen, so beobachtet man bei Anlegen des elektrischen Feldes eine von seiner Größe abhängige Aufhellung. Kerr-Zellen finden daher u.a. Anwendung zur Steuerung der Lichtintensität, z.B. als elektrooptische Verschlüsse in der Kurzzeitfotografie. Sie arbeiten praktisch bis zu Frequenzen von 10^8 Hz trägheitslos.

Kerr-Zellen als optische Verschlüsse

Auch feste Körper (z.B. Gläser) und Gase zeigen den Kerr-Effekt. Ihre Kerr-Konstanten sind aber einige Größenordnungen kleiner als die der Flüssigkeiten.

10.3.2.2.5 Spannungsdoppelbrechung

Auch durch eine Kompression bzw. Dehnung können feste isotrope Körper doppelbrechend werden. Man spricht dann von *Spannungsdoppelbrechung*. Bringt man z.B. einen Plexiglasstab in den Strahlengang zwischen zwei Polarisationsfilter P_1 und P_2 mit gegeneinander um 90° gedrehten Durchlaßrichtungen (siehe Abb. 10.54a), so bemerkt man praktisch keine Veränderung, der Schirm hinter den Polarisatoren bleibt dunkel. Biegt

Spannungsdoppelbrechung

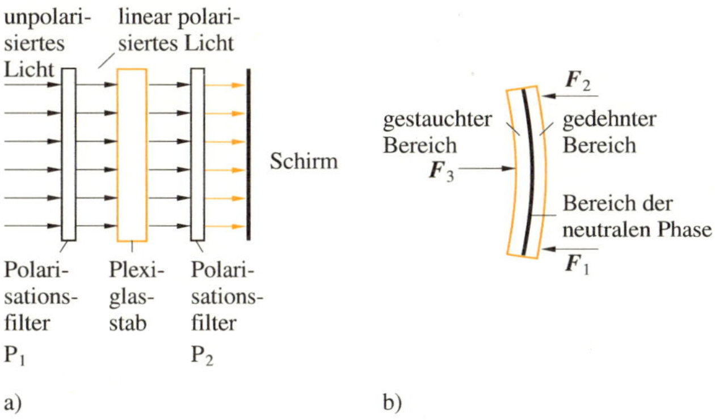

Abb. 10.54
Zum Nachweis der Spannungsdoppelbrechung
a) Das den Plexiglasstab durchdringende Licht gelangt auf den Schirm, wenn der Plexiglasstab durch einwirkende Kräfte (die in der Skizze senkrecht zur Papierebene zu denken sind) eine Biegung erfährt.
b) Gebogener Plexiglasstab bei Betrachtung in Richtung des einfallenden Lichtes. $\boldsymbol{F}_1$, $\boldsymbol{F}_2$, $\boldsymbol{F}_3$ sind die biegenden Kräfte.

man jedoch den Stab, dann erkennt man im Projektionsbild des Stabes auf dem Schirm charakteristische Aufhellungen an den Stellen, an denen er gedehnt bzw. gestaucht wird (siehe Abb. 10.54 b). Nur der Bereich, der weder eine Dehnung noch eine Stauchung erfährt, bleibt weiter dunkel. Das erklärt sich dadurch, daß der Stab in den gedehnten und gestauchten Bereichen doppelbrechend wird und das linear polarisierte Licht beim Durchgang durch diese doppelbrechenden Bereiche in elliptisch polarisiertes Licht gewandelt wird und deshalb die als Analysator wirkende 2. Polarisationsfolie teilweise passieren kann. Vorstehendes Experiment kann man auch so abändern, daß man das erste Polarisationsfilter durch ein $\lambda/2$-Plättchen ersetzt und das zweite entfernt. Dann addieren bzw. subtrahieren sich die Gangunterschiede des Lichtes im Stab und im Plättchen. Speziell findet man Subtraktion beider Gangunterschiede im gedehnten Teil des Stabes, Addition im gestauchten Teil. Das führt zu verschiedenartigen Farbeffekten, aus denen man ablesen kann, ob es sich um gestauchte oder gedehnte Bereiche handelt. Auf diese Weise lassen sich auch eventuelle Spannungszustände in schnell abgekühlten Gläsern erkennen.

10.3.3 Methoden zur Drehung der Schwingungsebene

10.3.3.1 Optisch aktive Medien

Bestimmte Festkörper (z.B. Quarz für Licht, das sich in Richtung seiner optischen Achse ausbreitet), Flüssigkeiten (insbesondere Kohlenstoffverbindungen) und Lösungen (z.B. Zuckerlösungen) besitzen die Eigenschaft, beim Durchgang von linear polarisiertem Licht dessen Schwingungsebene zu drehen. Man nennt sie *optisch aktive Medien.*

optisch aktive Medien

Wie in A. 40 gezeigt ist, kann jede linear polarisierte Welle als Überlagerung einer rechts- mit einer linkszirkular polarisierten Welle aufgefaßt werden. Die Drehung der Schwingungsebene kommt dadurch zustande, daß die Phasengeschwindigkeiten $v_{\mathrm{Ph,r}}$ und $v_{\mathrm{Ph,l}}$ dieser Wellen im optisch aktiven Medium unterschiedlich sind. Man erhält (vgl. (A 40.4)) für den Drehwinkel δ

Drehung der Schwingungsebene

$$\delta = \omega \left[\frac{d}{2} \left(\frac{1}{v_{\mathrm{Ph,l}}} - \frac{1}{v_{\mathrm{Ph,r}}} \right) \right] \tag{10.67 a}$$

oder, wenn alle Konstanten zu der Materialkonstanten δ_0 zusammengefaßt werden,

$$\delta = \delta_0 d\,. \tag{10.67}$$

Der Drehwinkel ist proportional der Dicke d des durchstrahlten optischen Mediums. Die Materialkonstante δ_0 hängt von der Wellenlänge $\lambda = v_{\mathrm{Ph}}\, 2\pi\, \omega^{-1}$ des Lichtes ab und ist bei optisch aktiven Lösungen der Konzentration der gelösten optisch aktiven Substanz proportional.

Die Drehung der Schwingungsebene von linear polarisiertem Licht durch ein aktives Medium läßt sich durch die Anordnung eines Polarisators vor der optisch aktiven Substanz und eines Analysators hinter ihr messen (siehe Abb. 10.55 a). Die Analysatorstellung weicht in der Dunkelstellung um δ vom Winkel $\pi/2$ gegenüber der Polarisatorstellung ab (siehe Abb. 10.55 b). Da für gelöste optisch aktive Stoffe der Drehwinkel δ der Konzentration der Lösung proportional ist, wird die Drehung der Polarisationsebene zur Konzentrationsbestimmung von Lösungen (z. B. Zuckerlösungen) genutzt. Die dazu entwickelten Geräte heißen *Polarimeter*.

Polarimeter

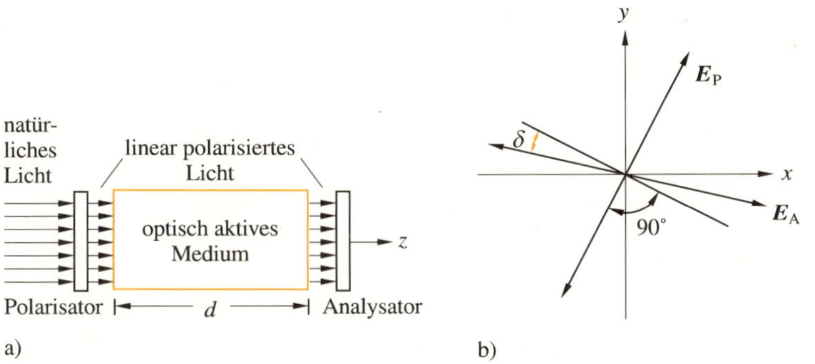

Abb. 10.55
Zur Drehung der Schwingungsebene von linear polarisiertem Licht durch ein optisch aktives Medium
a) Meßanordnung
b) Stellung der Durchlaßrichtung des Polarisators $\boldsymbol{E}_\mathrm{p}$ zur Durchlaßrichtung des Analysators $\boldsymbol{E}_\mathrm{A}$ bei Dunkelheit hinter dem Analysator

Optisch aktive Festkörper, Flüssigkeiten und Lösungen zeigen die gleiche Gesetzmäßigkeit (10.67) für den Drehwinkel der Schwingungsebene. Die Ursachen für die Drehung sind aber unterschiedlich. Bei Festkörpern ist meist eine schraubenförmige Struktur ihres Raumgitters für sie verantwortlich, bei Flüssigkeiten und Lösungen eine charakteristische Strukturasymmetrie der Flüssigkeitsmoleküle bzw. der Moleküle des gelösten Stoffes.

Ursachen für die Drehung der Schwingungsebene

10.3.3.2 Faraday-Effekt

Bestimmte Stoffe (z. B. Bleiglas, Quarz, NaCl) bewirken ebenfalls eine Drehung der Schwingungsebene des Lichtes, wenn man sie in ein starkes magnetische Feld bringt (*Faraday-Effekt* (1846) oder *Magnetorotation*). Ist $\boldsymbol{H}^0 = \pm \boldsymbol{n}^0$, dann ist die Drehung sowohl der Dicke der durchlaufenen Schicht als auch dem Betrag der magnetischen Feldstärke proportional. Die Proportionalitätskonstante ist eine Materialkonstante (*Verdetsche Konstante*).

Faraday-Effekt (Magnetorotation)

Verdetsche Konstante

MARCEL EMILE VERDET (1824–1866)

10.4 Aufgaben

10.1
Bei der Verschiebung des beweglichen Spiegels eines Michelson-Interferometers um 0,358 mm werden 1253 Interferenzstreifen registriert, d.h., es wird am Empfänger 1253mal hell und wieder dunkel. Berechnen Sie die Wellenlänge des verwendeten Lichtes!

10.2
In einem Arm eines Michelson-Interferometers befindet sich eine Röhre mit planparallelen Glasscheiben als Abschluß. Pumpt man die darin befindliche Luft ($n_L = 1{,}000295$) vollständig aus, so verschiebt sich das Interferenzbild um 147 Streifen. Füllt man die Röhre danach mit CO_2, so wird eine Verschiebung um 236 Interferenzstreifen registriert. Berechnen Sie die Brechzahl von CO_2!

10.3
Leiten Sie eine Formel für den Radius des N-ten dunklen Newtonschen Ringes im reflektierten Licht her! Die Brechzahl n des Mediums sei kleiner als die des Glases n_{Gl}.
Die Vakuumwellenlänge des Lichtes sei λ_V.
Wie verändert sich die Formel, wenn $n > n_{Gl}$ gilt?

10.4
Mit zwei Linsen werden Newtonsche Ringe erzeugt. Wie müssen sich ihre Krümmungsradien zueinander verhalten, wenn im reflektierten Licht bei der einen Linse bei Interferenz in Luft der dritte dunkle Ring dort auftritt, wo bei der anderen Linse mit einem wassergefüllten Keil ($n_W = 1{,}333$) der vierte dunkle Ring entsteht?

10.5
Die Natrium-D-Linie ist eine Doppellinie mit den Wellenlängen 589,0 nm und 589,6 nm. Berechnen Sie die Anzahl der beobachtbaren Interferenzen und die Kohärenzlänge für dieses Natrium-Licht unter der Annahme, daß der halbe Linienabstand die Halbwertsbreite sei.

10.6
Auf eine Glasfläche ($n = 1{,}58$) wird eine Antireflexschicht der Dicke 0,1 μm mit der Brechzahl 1,3 aufgedampft. Für welche Vakuumwellenlänge des senkrecht einfallenden Lichts wird die Reflexion am stärksten vermindert?

10.7
Berechnen Sie die Auflösungsgrenze des menschlichen Auges unter der Annahme, daß der Pupillendurchmesser 2 mm ist und Licht der Wellenlänge 550 nm verwendet wird.

10.8
Auf ein optisches Gitter mit 290 Strichen pro Millimeter fällt paralleles weißes Licht senkrecht ein. Unter welchem Winkel erscheint dabei gelbes Licht der Wellenlänge 576 nm, das sich mit blauem Licht ($\lambda = 432$ nm) des Spektrums der nächsthöheren Ordnung überlagert?

10.9
Natürliches Licht fällt unter dem Brewsterschen Winkel aus der Luft kommend auf einen Glasplattensatz. Die Brechzahl des Glases sei 1,5. Berechnen Sie mit Hilfe der Fresnelschen Formeln das Verhältnis der Intensitäten des parallel polarisierten Lichts zum senkrecht polarisierten Licht nach Durchgang durch 10 Glasplatten sowie den Polarisationsgrad P als Quotient aus der Differenz und der Summe der Intensitäten!

11 Die geometrisch-optische Näherung der Wellenoptik (Strahlenoptik)

11.1 Strahlenmodell des Lichtes

Wenn bei der Ausbreitung einer elektromagnetischen Welle die Auswirkungen von Beugungs-, Interferenz- und Polarisationserscheinungen vernachlässigt werden können, so kann der Vorgang in vereinfachender Weise im Strahlenmodell betrachtet werden. Das ist insbesondere bei optischen Abbildungen weitgehend der Fall. Zur Einführung des Strahlenmodells wurden in Kapitel 9 zu allen Punkten einer beliebig ausgewählten Phasenfläche der sich ungehindert ausbreitenden elektromagnetischen Welle zur Zeit $t = t_1$ die Normaleneinheitsvektoren $\boldsymbol{n}^0$ konstruiert. Da diese Phasenfläche mit der Zeit ihre Lage verändert, durchlaufen in Abhängigkeit von der Zeit die Endpunkte der Vektoren $\boldsymbol{n}^0$ bestimmte Kurven (vgl. Abb. 9.4). Sie werden als die der Welle zugeordneten Strahlen bezeichnet, für die elektromagnetischen Wellen im sichtbaren Bereich speziell als *Lichtstrahlen*. Die Vereinfachung der Betrachtungsweise besteht darin, statt des Wellenvorganges nur den Strahlenverlauf zu verfolgen. Lichtstrahlen

Man beachte, daß der Strahl einer Welle nur ein rein rechnerisches und anschauliches Hilfsmittel darstellt, ihm aber keine eigentliche physikalische Bedeutung zukommt. Der Strahl kann wegen der Beugungserscheinungen auch nicht als ein Wellenbündel unendlich kleinen Querschnittes aufgefaßt werden.

Breitet sich die elektromagnetische Welle im unendlich ausgedehnten Medium konstanter Brechzahl aus (unendlich ausgedehntes *optisch homogenes* Medium), sind die ihr zuzuordnenden Lichtstrahlen Geraden. Der Lichtstrahl verläuft im optisch homogenen Medium geradlinig. Ist das betrachtete optische Medium nicht unendlich ausgedehnt, d.h., behindern Blenden usw. die allseitige Ausbreitung des Lichtes, so wird die Darstellbarkeit des Wellenvorganges durch Lichtstrahlen insofern problematisch, als nach dem Huygens-Fresnelschen Prinzip (S 10.5) jede behinderte Wellenausbreitung mit Beugungserscheinungen (z.B. an den Kanten der Blenden) verknüpft ist. Die Beschreibung des Wellenvorganges durch Lichtstrahlen ist in diesem Fall nur dann noch sinnvoll, wenn die Beugungserscheinungen auf den eigentlich betrachteten Wellenvorgang (z.B. die Abbildung eines Gegenstandes durch ein Mikroskop) von vernachlässigbarem Einfluß sind. Die Abbildungen 11.1 und 11.2 sollen das erläutern. Sind in Abbildung 11.1 die Seitenlängen der Fläche A sehr groß gegenüber der Wellenlänge des Lichtes, so beobachtet man auf dem Schirm S den Schatten der Fläche A. Nur im Grenzgebiet des geometrischen Schattens können sich Beugungserscheinungen bemerkbar machen. Sie sind aber

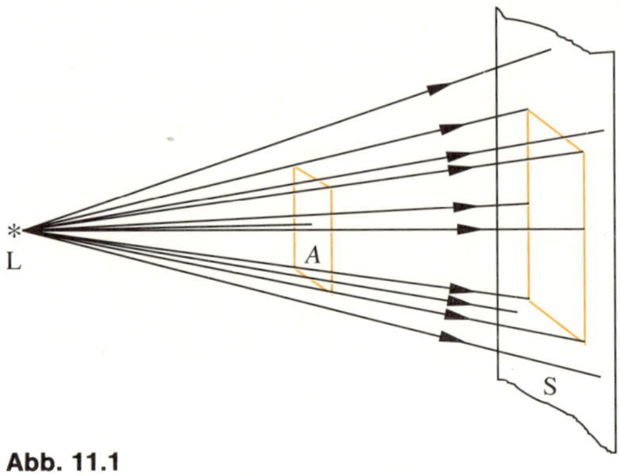

Abb. 11.1
Schattenwurf der Fläche A auf den Schirm S. Das von L ausgehende Licht kann durch Lichtstrahlen beschrieben werden

im Vergleich zur Größe der Schattenfläche unerheblich. Der Schattenwurf „beweist" praktisch die geradlinige Ausbreitung des Lichtes im optisch homogenen Medium. Der Wellenvorgang kann dann bedenkenlos mit Lichtstrahlen beschrieben werden. Läßt man aber A immer kleiner werden, so werden die Beugungserscheinungen immer ausgeprägter und bestimmen, wenn die Seitenlängen von A in die Größenordnung der Wellenlänge des Lichtes kommen, die Verteilung der Lichtintensität auf dem Schirm. Das Modell des Lichtstrahles versagt. Gleiches gilt für die in Abb. 11.2 dargestellte *Lochkamerawirkung*. Ist die Blendenöffnung sehr groß gegenüber der Wellenlänge des Lichtes, so kann der Wellenvorgang, abgesehen vom Grenzgebiet des geometrischen Schattens, bedenkenlos durch Lichtstrahlen beschrieben werden. Liegt dagegen die Größe des Blendendurchmessers in der Größenordnung der Wellenlänge des Lichtes, so bestimmen die Beugungserscheinungen maßgeblich die Wellenausbreitung. Eine Beschreibung durch Lichtstrahlen ist nicht möglich. Das zeigt nochmals die vorstehend angeführte Tatsache, daß Lichtstrahlen nicht als Wellenbündel unendlich kleinen Querschnittes definierbar sind. Die Anwendung des Strahlenmodells ist nur für Bündel mit bestimmtem Mindestquerschnitt sinnvoll.

Lochkamerawirkung

Der Bereich der optischen Erscheinungen, der folgerichtig mit dem Strahlenmodell des Lichtes beschrieben werden kann, heißt *geometrische Optik* oder *Strahlenoptik*.

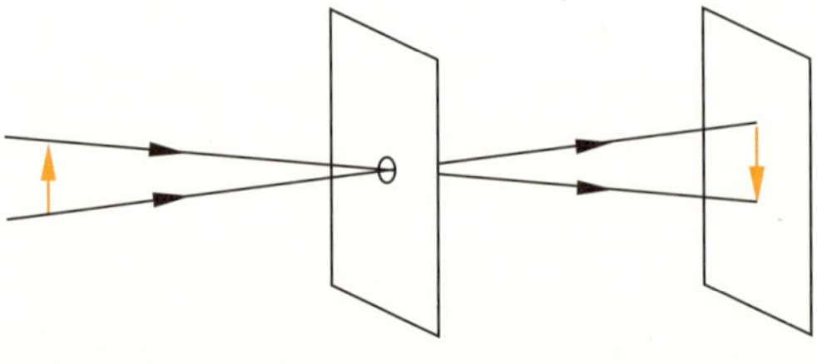

Abb. 11.2 Wirkung der Lochkamera

Bei der Beschreibung der Lichtausbreitung durch Lichtstrahlen müssen noch folgende Tatsachen berücksichtigt werden:

Vertauscht man in Abb. 11.2 Gegenstand und Bild, so wechselt der Lichtstrahl seinen Richtungssinn. Dieses Gesetz von der *Umkehrbarkeit des Lichtstrahles* gilt für einen Wellenvorgang immer dann, wenn er durch Lichtstrahlen beschrieben werden kann.

Umkehrbarkeit des Lichtstrahles

Fällt eine Welle auf die glatte Grenzfläche zweier verschiedener optischer Medien, so tritt im allgemeinen Brechung und reguläre Reflexion ein. Gebrochener und reflektierter Anteil der Welle genügen dem Brechungs- und dem Reflexionsgesetz (vgl. (S 9.3) und (S 9.2)). Der Lichtstrahl verändert seine Richtung bei diesen Vorgängen in gleicher Weise wie die Normale der Wellenfront.

Das Licht der Glühlampe L_1 falle auf den Schirm S_1 (siehe Abb. 11.3). Wird dieses Licht von dem von einer zweiten Glühlampe L_2 ausgehenden Licht durchsetzt, so verändert sich die Leuchtfigur auf dem Schirm S_1 dadurch nicht. Gleiches beobachtet man auf den Schirm S_2, wenn man die Lampe L_1 zu- bzw. abschaltet. Die Lichtbündel bzw. die ihnen zuzuordnenden Lichtstrahlen können als voneinander *unabhängig* angesehen werden.

Unabhängigkeit der Lichtstrahlen

Die Überlegungen zur Anwendung des Strahlenmodells lassen sich in folgender Weise zusammenfassen:

Der Bereich der Optik, in dem für die optischen Erscheinungen Interferenz, Beugung und Polarisation der elektromagnetischen Welle vernachlässigbar sind, heißt Strahlenoptik oder geometrische Optik.

(D 11.1)
Strahlenoptik
Geometrische Optik

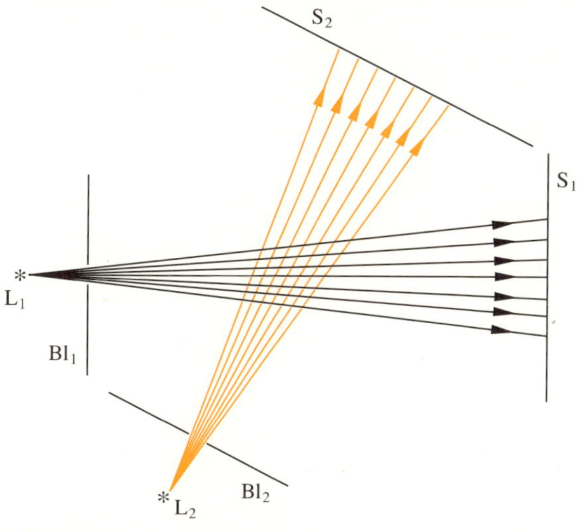

Abb. 11.3
Zur störungsfreien gegenseitigen Durchdringung von Lichtstrahlen. Die auf dem Schirm S_1 (bzw. S_2) beobachtbare Lichtfigur ist von der Lichtquelle L_2 (bzw. L_1) unabhängig

Im Bereich der geometrischen Optik gilt:

(S 11.1)
Eigenschaften der Lichtstrahlen

Sind bei der Ausbreitung einer elektromagnetischen Welle Interferenz-, Beugungs- und Polarisationserscheinungen zu vernachlässigen, dann kann die Ausbreitung dieser Welle durch Lichtstrahlen beschrieben werden.
Lichtstrahlen breiten sich im optisch homogenen Medium ($n = \text{const}$) geradlinig aus.
Die Richtung der Lichtstrahlen ist umkehrbar.
An Grenzflächen entspricht die Richtungsänderung der Lichtstrahlen dem Reflexions- und dem Brechungsgesetz.
Lichtstrahlen sind voneinander unabhängig.

Satz (S 11.1) und die aus ihm zu ziehenden Schlußfolgerungen können sinngemäß auf andere Wellen (z.B. Schallwellen) übertragen werden.

11.1.1 Prinzip von Fermat

Nach Fermat lassen sich die in (S 11.1) für Lichtstrahlen formulierten Gesetzmäßigkeiten zu folgendem Satz zusammenfassen:

(S 11.2)
Prinzip von Fermat

Pierre Fermat (1601–1665)

Ein Lichtstrahl durchläuft zwischen den Punkten P_1 und P_2 stets den Weg, für den die zugehörige optische Weglänge ein Extremwert wird:

$$\int_{P_1}^{P_2} n\,\mathrm{d}s = \text{Extremwert}$$

(Fermatsches Prinzip).

Gilt $n = \text{const}$, so spezialisiert sich (S 11.2) zu $\int_{P_1}^{P_2} \mathrm{d}s = \text{Extremwert}$. Der Extremwert ist dann ein Minimum. Der Lichtstrahl durchläuft also die kürzeste Verbindung der Punkte P_1 und P_2, d.h., in Übereinstimmung mit (S 11.1) eine Gerade.

Aus $\int_{P_1}^{P_2} n\,\mathrm{d}s = \text{Extremwert}$ folgt auch $\int_{P_2}^{P_1} n\,\mathrm{d}s = \text{Extremwert}$, d.h., die Richtung der Lichtstrahlen ist umkehrbar.

Außer dem Ausgangspunkt P_1 und dem Endpunkt P_2 geht nur noch die Brechzahl n in das Fermatsche Prinzip ein. Der vom Lichtstrahl zwischen den Punkten P_1 und P_2 zurückgelegte Weg ist daher unabhängig davon, ob ein zweiter von P_3 nach P_4 gehender Lichtstrahl seinen Weg kreuzt oder nicht.

Herleitung des Brechungsgesetzes aus dem Fermatschen Prinzip

Ein Lichtstrahl werde aus dem homogenen optischen Medium der Brechzahl n_e durch eine ebene Grenzfläche in das homogene Medium der Brechzahl n_b gebrochen (siehe Abb. 11.4). Auch in diesem Fall liegt ein Minimum der optischen Weglänge vor. Für ein Minimum ist aber notwendig, daß Einfallslot, einfallender und gebrochener Lichtstrahl in einer Ebene liegen. Nach (S 11.2) und Abb. 11.4 gilt dann

$$n_e \overline{P_1 P_3} + n_b \overline{P_3 P_2} = \text{Extremwert} \qquad (11.1)$$

oder mit Hilfe des Satzes von PYTHAGORAS

$$y = f(x) = n_e \sqrt{y_1^2 + x^2} + n_b \sqrt{(x_2 - x)^2 + y_2^2} = \text{Extremwert}. \qquad (11.1\text{a})$$

Nach A.2 muß beim Extremwert $x = x_0$ der erste Differentialquotient von $y = f(x)$ verschwinden. Das führt mit (A 2.3), (A 2.4), (A 2.7) und (A 2.9) zu der Bedingung

$$\frac{n_e x_0}{\sqrt{y_1^2 + x_0^2}} - \frac{n_b (x_2 - x_0)}{\sqrt{(x_2 - x_0)^2 + y_2^2}} = 0$$

oder (vgl. Abb. 11.4) zum Brechungsgesetz

$$n_e \sin i_e = n_b \sin i_b .$$

Analog kann aus (S 11.2) das Reflexionsgesetz gefolgert werden (vgl. A. 43). Hierzu muß man beachten, daß zu seiner Herleitung aus (S 11.2) ein solcher Lichtstrahl benutzt wird, der mit der Grenzfläche beider Medien einen Punkt gemeinsam hat.

PYTHAGORAS von Samos
(um 580 bis 496 v.u.Z.)

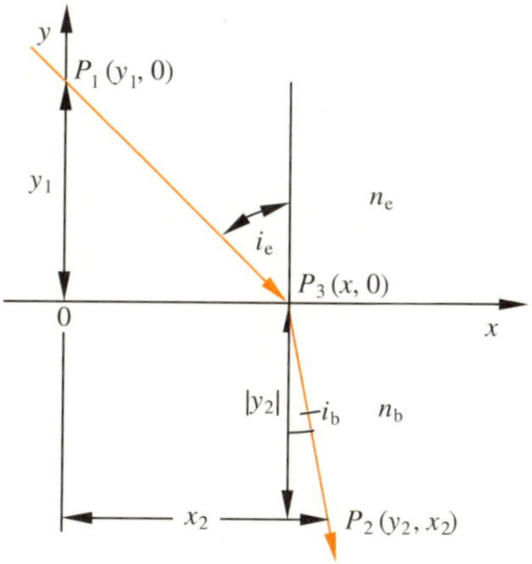

Abb. 11.4
Zur Herleitung des Brechungsgesetzes aus dem Fermatschen Prinzip

In vorstehenden Beispielen nimmt das Licht den Weg, auf dem die zugehörige optische Weglänge ein Minimum wird. Das muß aber nicht immer so sein, sondern als Extremwert kann ebensogut ein Maximum auftreten. Ersetzt man z.B. die spiegelnde bzw. brechende Ebene durch eine gekrümmte Fläche, so hängt es u.a. von der Art der Wölbung gegenüber dem einfallenden Strahl ab, ob die optische Weglänge ein Minimum oder ein Maximum wird.

11.2 Strahlablenkung durch eben begrenzte Körper

11.2.1 Planparallele Platte

Planparallele Platte
Strahlengang in der planparallelen Platte

Ein von zwei parallelen Flächen begrenztes Medium (meist Glas) der Brechzahl n_{Pl} nennt man *planparallele Platte* (Abb. 11.5). Zur Vermeidung diffuser Reflexionen werden planparallele Platten gut geschliffen und poliert.

Fällt ein Lichtstrahl mit dem Einfallswinkel i_e auf die planparallele Platte, erleidet er beim Durchgang durch die Platte eine zweifache Brechung. Ist die Platte in ein einheitliches optisches Medium der Brechzahl n eingebettet, führen diese zwei Brechungen lediglich zu einer Parallelverschiebung des Strahles um die Strecke s (vgl. Abb. 11.5). Diese ausschließliche Parallelverschiebung des Strahles kommt dadurch zustande, daß der Brechungswinkel i_{b1} bei der Brechung an der ersten Fläche identisch ist mit Einfallswinkel i_{e2} des Strahles auf die zweite Grenzebene.

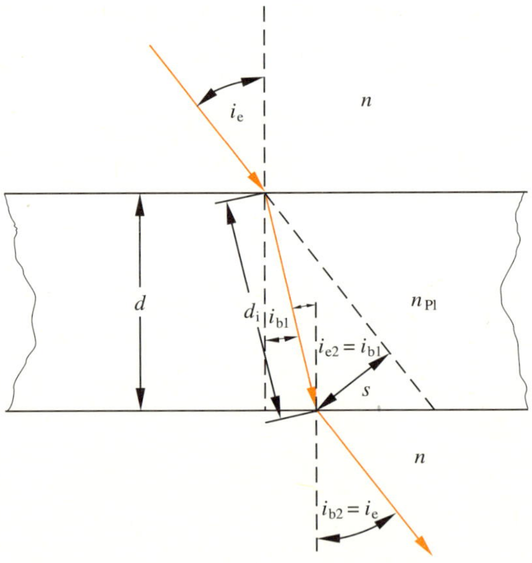

Abb. 11.5
Ablenkung eines Lichtstrahles beim Durchgang durch eine planparallele Platte

Aus Abb. 11.5 ergibt sich für die Parallelverschiebung s

$$s = d_i \sin(i_e - i_{b1}) \tag{11.2a}$$

oder mit der ebenfalls aus Abb. 11.5 ersichtlichen Beziehung

$$d_i = \frac{d}{\cos i_{b1}}$$

und mit $\sin(x_1 \pm x_2) = \sin x_1 \cos x_2 \pm \cos x_1 \sin x_2$ und dem Brechungsgesetz (S 9.3)

$$s = \frac{d \sin(i_e - i_{b1})}{\cos i_{b1}} = \frac{d(\sin i_e \cos i_{b1} - \cos i_e \sin i_{b1})}{\cos i_{b1}}$$

$$= d \sin i_e \left[1 - \frac{\sin i_{b1}}{\sin i_e} \frac{\cos i_e}{\cos i_{b1}}\right] = d \sin i_e \left[1 - \frac{n}{n_{Pl}} \frac{\cos i_e}{\cos i_{b1}}\right]. \qquad (11.2b)$$

Da nach $\sin^2 x + \cos^2 x = 1$ und dem Brechungsgesetz (S 9.3)

$$\cos i_{b1} = \sqrt{1 - \sin^2 i_{b1}} = \sqrt{1 - \frac{\sin^2 i_{b1}}{\sin^2 i_e} \sin^2 i_e} = \frac{n}{n_{Pl}} \sqrt{\frac{n_{Pl}^2}{n^2} - \sin^2 i_e}$$

gilt, ergibt sich mit (11.2b) die gesuchte Parallelverschiebung zu

$$s = d \sin i_e \left[1 - \frac{\cos i_e}{\sqrt{\frac{n_{Pl}^2}{n^2} - \sin^2 i_e}}\right]. \qquad (11.2)$$

Bei bekannter Dicke d und Brechzahl der Platte (des umgebenden Mediums) kann durch Messung (z.B. mit Hilfe eines Mikroskops) der beim Einfallswinkel i_e auftretenden Parallelverschiebung s die Brechzahl des umgebenden Mediums (der Platte) bestimmt werden.

11.2.2 Prismen

Ein prismatisch begrenztes optisches Medium (meist Glas) der Brechzahl n_{Pr} heißt optisches *Prisma* (Abb. 11.6). Zur Vermeidung diffuser Reflexionen werden zwei sich schneidende Flächen des Prismas außerordentlich gut poliert. Sie heißen *brechende Flächen,* ihre gemeinsame Schnittlinie heißt *brechende Kante* und der von ihnen eingeschlossene Winkel *brechender Winkel* γ des Prismas. Jede Schnittebene mit einer Flächen-

Prisma
brechende Flächen eines Prismas
brechende Kante eines Prismas
brechender Winkel eines Prismas

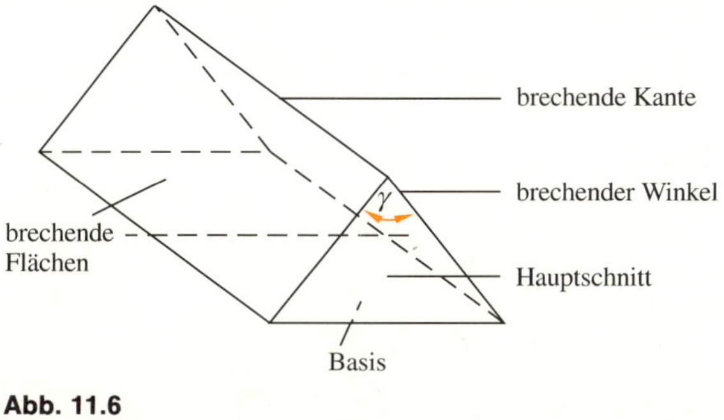

Abb. 11.6
Brechende Flächen, brechende Kante, Basis, brechender Winkel und Hauptschnitt eines Prismas

Hauptschnitt eines Prismas
Basis eines Prismas

normalen in Richtung der brechenden Kante heißt *Hauptschnitt,* die der brechenden Kante gegenüberliegende Fläche *Basis* des Prismas.

Das Prisma sei in ein optisch homogenes Medium der Brechzahl n eingebettet. Ein Lichtstrahl falle in einem Hauptschnitt mit dem Einfallswinkel i_e auf eine brechende Fläche des Prismas (Abb. 11.7). Im allgemeinen erfährt der Strahl genau wie beim Durchgang durch eine planparalle Platte eine zweifache Brechung. Da hier im Gegensatz zur planparallelen Platte die brechenden Flächen einen Winkel $\gamma \neq 0$ miteinander einschließen, sind eintretender und austretender Strahl nicht mehr zueinander parallel. Der Strahl erfährt beim Durchgang durch das Prisma in bezug auf seine ursprüngliche Richtung eine Ablenkung um den Winkel Δi. Zur Berechnung von Δi betrachten wir den in Abb. 11.7 dargestellten Hauptschnitt des Prismas. Man entnimmt:

Berechnung der Strahlablenkung durch ein Prisma

$$\Delta i = i_e - i_{b1} + i_b - i_{e2} \tag{11.3a}$$

$$\gamma = i_{b1} + i_{e2} \tag{11.3b}$$

oder

$$\Delta i = i_e + i_b - \gamma\,. \tag{11.3c}$$

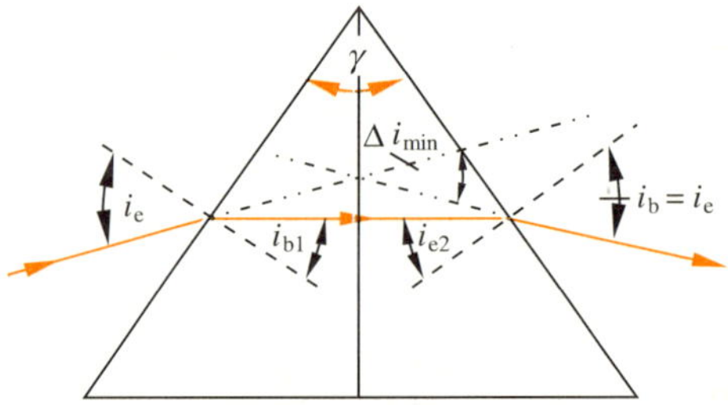

Abb. 11.7
Strahldurchgang durch den Hauptschnitt des Prismas

Weiter gilt mit dem Brechungsgesetz (S 9.3), Gleichung (11.3b), $\sin(x_1 \pm x_2) = \sin x_1 \cos x_2 \pm \cos x_1 \sin x_2$ und $\sin^2 x + \cos^2 x = 1$

$$\sin i_b = \frac{n_{Pr}}{n} \sin i_{e2} = \frac{n_{Pr}}{n} \sin(\gamma - i_{b1})$$

$$= \frac{n_{Pr}}{n} \sin\gamma \cos i_{b1} - \frac{n_{Pr}}{n} \sin i_{b1} \cos\gamma$$

$$= \frac{n_{Pr}}{n} \sin\gamma \sqrt{1 - \sin^2 i_{b1}} - \sin i_e \cos\gamma$$

$$= \frac{n_{Pr}}{n} \sin\gamma \sqrt{1 - \frac{\sin^2 i_{b1}}{\sin^2 i_e} \sin^2 i_e} - \sin i_e \cos\gamma$$

$$= \frac{n_{Pr}}{n} \sin\gamma \sqrt{1 - \frac{n^2}{n_{Pr}^2} \sin^2 i_e} - \sin i_e \cos\gamma$$

oder

$$\sin i_\mathrm{b} = \sin\gamma \sqrt{\frac{n_\mathrm{Pr}^2}{n^2} - \sin^2 i_\mathrm{e}} - \sin i_\mathrm{e} \cos\gamma\,. \qquad (11.3\mathrm{d})$$

Für die Strahlablenkung folgt so aus (11.3c) und (11.3d)

$$\Delta i = i_\mathrm{e} - \gamma + \arcsin\left[\sin\gamma \sqrt{\frac{n_\mathrm{Pr}^2}{n^2} - \sin^2 i_\mathrm{e}} - \sin i_\mathrm{e} \cos\gamma\right]. \qquad (11.4)$$

Für sehr kleine Einfallswinkel und einen sehr kleinen brechenden Winkel kann mit $\cos\gamma \approx 1$, $\sin\gamma \approx \gamma$, $\sin i_\mathrm{b} \approx i_\mathrm{b}$, $\sin i_\mathrm{e} \approx i_\mathrm{e}$ und $\sin^2 i_\mathrm{e} \ll \frac{n_\mathrm{Pr}^2}{n^2}$ für (11.3d) näherungsweise

$$i_\mathrm{b} = \gamma \frac{n_\mathrm{Pr}}{n} - i_\mathrm{e}$$

und damit für (11.3c)

$$\Delta i = \gamma \left(\frac{n_\mathrm{Pr}}{n} - 1\right) \quad (\gamma \ll 1\,,\ i_\mathrm{e} \ll 1) \qquad (11.4\mathrm{a})$$

geschrieben werden.

Die Strahlablenkung wird ein Minimum, wenn der Strahl das Prisma symmetrisch durchsetzt, d.h., wenn der Strahl im Prisma senkrecht zur Winkelhalbierenden des brechenden Winkels verläuft ($i_\mathrm{e} = i_\mathrm{b}$, vgl. A.44 und Abb. 11.8). Die Strahlablenkung ergibt sich in diesem Fall (vgl. (A 44.4)) zu

Minimum der Strahlablenkung durch ein Prisma

$$\Delta i_\mathrm{min} = -\gamma + 2 \arcsin\left(\frac{n_\mathrm{Pr}}{n} \sin\frac{\gamma}{2}\right). \qquad (11.4\mathrm{b})$$

Das Minimum Δi_min der Strahlablenkung ist leicht experimentell zu ermitteln. Man läßt dazu den Einfallswinkel i_e des einfallenden Strahles von Null beginnend wachsen. Entsprechend (11.4) nimmt die Strahlablenkung zuerst ab, erreicht bei $i_\mathrm{e} = i_\mathrm{b}$ ihren kleinsten Wert und steigt dann wieder an. Durch Messung von Δi_min kann die Brechzahl des Prismenmaterials nach (11.4b) ermittelt werden, sofern der brechende

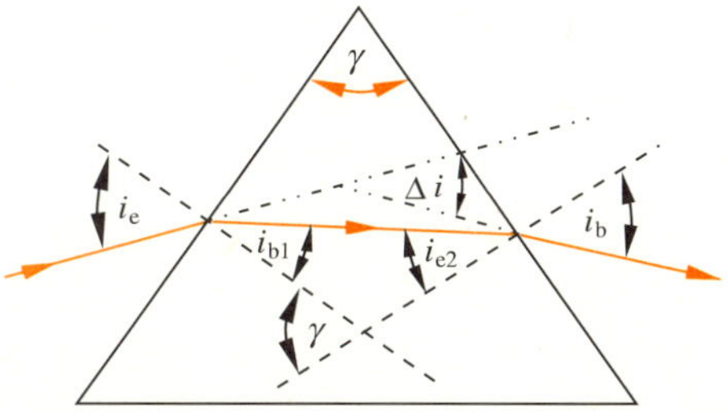

Abb. 11.8
Symmetrischer Strahldurchgang durch ein Prisma. Im Prisma verläuft der Strahl senkrecht zur Winkelhalbierenden der brechenden Kante

Winkel und die Brechzahl des Einbettungsmediums bekannt sind. Zur Bestimmung der Brechzahlen von Flüssigkeiten und Gasen verwendet man Hohlprismen mit planparallelen Platten als brechende Wände. Die zu untersuchende Substanz wird in das Hohlprisma gefüllt bzw. in ihm eingeschlossen. Die planparallelen Wände des Prismas bewirken nach Abschnitt 11.2.1 nur eine Parallelverschiebung des Strahles, tragen also zur Strahlablenkung nichts bei.

Überschreitet der Winkel i_{e2} (vgl. Abb. 11.7) den Grenzwinkel der Totalreflexion, so wird der Strahl im Prisma totalreflektiert. Durch geeignete Formgebung lassen sich Prismen deshalb zur Strahlumlenkung (zum Bei-

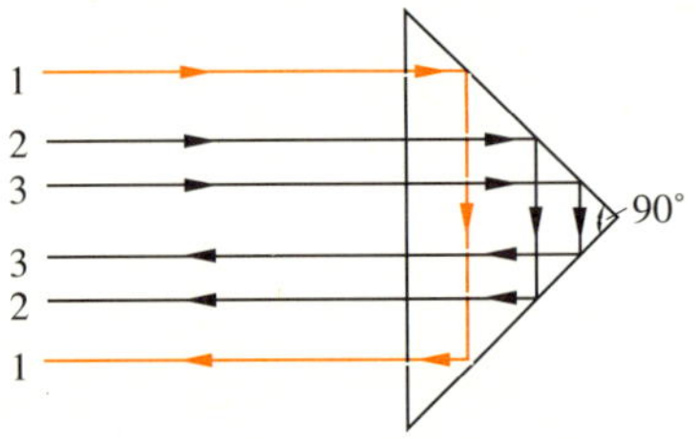

a)

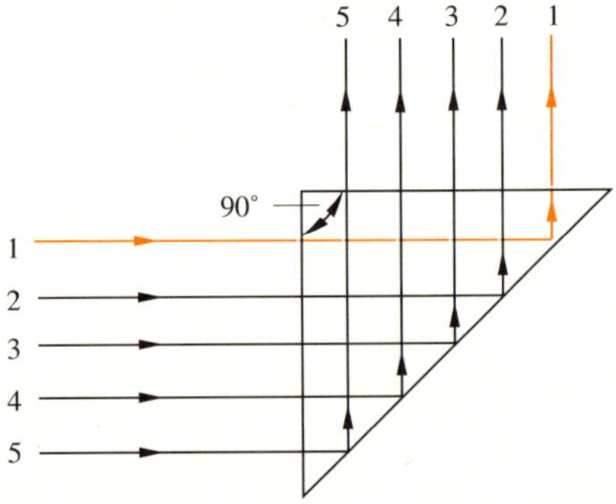

b)

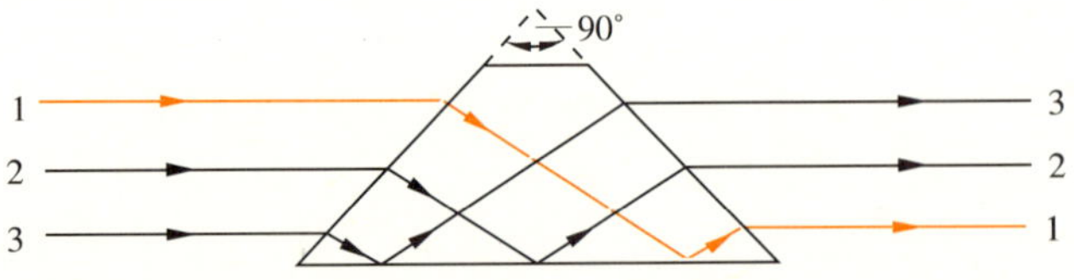

c)

Abb. 11.9
Prismen für spezielle Strahlumlenkungen
a) Prisma zur Strahlumlenkung von 180°
b) Prisma zur Strahlumlenkung von 90°
c) Prisma zur Bilddrehung um 180°

spiel um 180° bzw. 90°, Abb. 11.9a und 11.9b) verwenden. Prinzipiell ließen sich derartige Strahlablenkungen auch mit Spiegeln (Metallspiegel bzw. metallhinterlegte Glasspiegel) erreichen. Spiegel haben aber gegenüber totalreflektierenden Prismen den Nachteil, daß sie das Licht nie vollständig reflektieren und daß sich ferner bei metallhinterlegten Spiegeln Doppelreflexionen (Reflexionen an Vorder- und Hinterseite) nicht vermeiden lassen. Abb. 11.9c zeigt ein Umkehrprisma für Bilddrehungen um 180°.

Strahlumlenkung durch Prismen

11.2.2.1 Refraktometer

Refraktometer dienen zur Brechzahlbestimmung. Zum Verständnis ihres Wirkungsprinzips betrachten wir die optische Anordnung in Abbildung 11.10. Die zu untersuchende Substanz (meist eine Flüssigkeit) wird zwischen die beiden Prismen Pr_1 und Pr_2 gebracht. Die Prismen bestehen aus Glas mit großer Brechzahl. Auf das Prisma Pr_1 fällt mit dem Einfallswinkel i_e ein paralleles monochromatisches Lichtbündel. Läßt man den Einfallswinkel von $i_e = 0$ an wachsen, so tritt von einem bestimmten Winkel ab Totalreflexion auf (vgl. Abb. 11.10), sofern die Flüssigkeitsschicht zwischen den Platten eine kleinere Brechzahl als das Prismenmaterial besitzt. Fokussiert man das Licht mit Hilfe einer Linse L auf den Schirm S, dann wandert der Fokuspunkt auf dem Schirm in Abbildung 11.10 mit wachsendem i_e von rechts nach links bis zum Punkt P_T. Als Folge der hier einsetzenden Totalreflexion verschwindet der Fokuspunkt, links von P_T herrscht Dunkelheit. Ist die Brechzahl des Prismenmaterials gegeben, kann aus der Lage der Hell-Dunkel-Grenze die Brechzahl des Mediums zwischen den Prismen errechnet werden.

Refraktometer

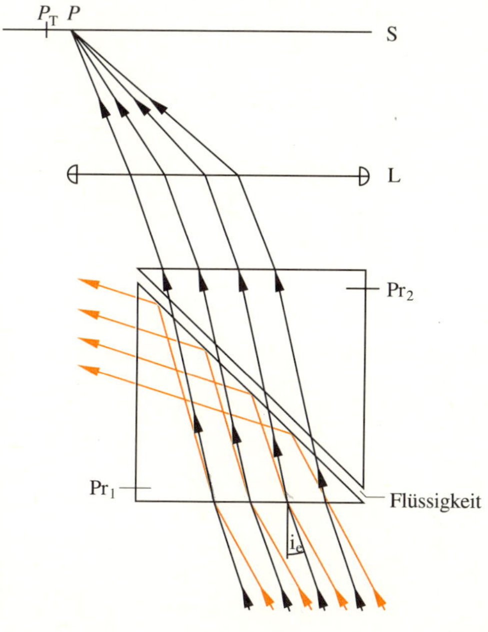

Abb. 11.10
Zur Wirkungsweise eines Refraktometers

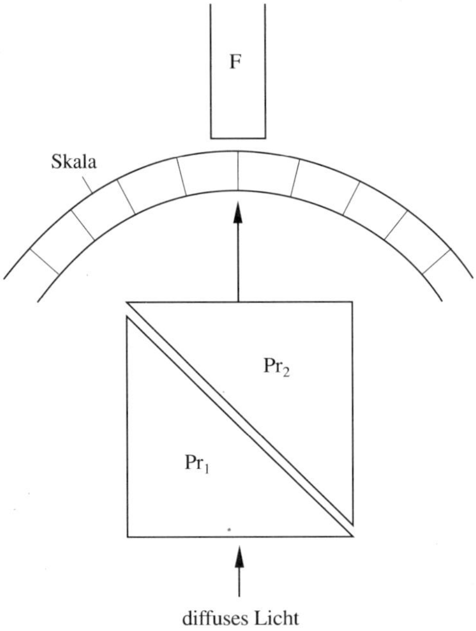

Abb. 11.11
Refraktometer (schematisch)

Im Refraktometer (Abb. 11.11) werden die Prismen drehbar um eine Achse senkrecht zur Papierebene gelagert. Das Prisma Pr_1 wird mit monochromatischem Licht diffus beleuchtet (vgl. Abschnitt 13.2), die Hell-Dunkel-Grenze wird mit einem Fernrohr F beobachtet, das zur genauen Festlegung der Hell-Dunkel-Grenze mit einem Fadenkreuz versehen ist. Durch Drehen der Prismen bringt man die Hell-Dunkel-Grenze mit dem Fadenkreuz zur Deckung. Die hierzu notwendige Drehung ist ein Maß für die Brechzahl des Mediums zwischen den Prismen. Das Meßprinzip setzt selbstverständlich voraus, daß die Brechzahl der auszumessenden Substanz kleiner als die des Prismenmaterials ist. Moderne Refraktometer gestatten Brechzahlbestimmungen an dünnen Schichten bis auf $\pm 0{,}005$, an kompakten Körpern bis zur fünften Dezimale.

11.3 Dispersion

weißes Licht

Fällt Sonnenlicht (*weißes Licht*) auf einen weißen Schirm, so erscheint der beleuchtete Teil als weißer Fleck. Bringt man dagegen ein Prisma in den Strahlengang, dann wird der weiße Fleck in ein farbig leuchtendes Band aufgefächert (vgl. Abb. 11.12). Wir beobachten das farbige *Spektrum* des sichtbaren Lichtes, wobei das rote Licht die geringste, das violette die größte Ablenkung erfährt. Mit wachsender Ablenkung erfolgt ein kontinuierlicher Farbübergang von rot nach violett über die Zwischenfarben orange, gelb, grün, blau (*Spektralfarben* des sichtbaren Lichtes). Fokussiert

Spektrum

Spektralfarben

man das Licht des gesamten Spektrums in einen Punkt, so liegt wieder weißes Licht vor.

Mit Hilfe eines Prismas kann weißes Licht spektral zerlegt werden, die Vereinigung dieses Spektrums ergibt wieder weißes Licht. Das Experiment ist durch die Annahme erklärbar, daß weißes Licht aus einer bestimmten Mischung von Licht der verschiedenen Spektralfarben besteht und jeder Spektralfarbe eindeutig eine bestimmte Brechzahl des Prismenmaterials zuzuordnen ist. Schickt man weißes Licht durch ein Prisma, so wird es infolge der unterschiedlichen Brechzahlen seiner Bestandteile in sein Spektrum zerlegt (vgl. Abschnitt 10.2.6.1).

Zerlegung von weißem Licht in seine Spektralfarben

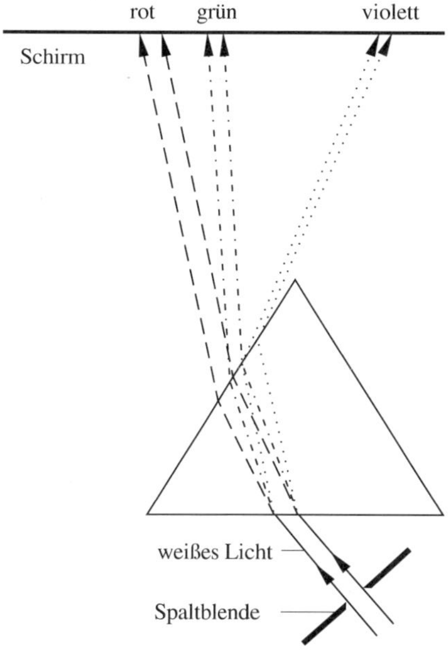

Abb. 11.12
Anordnung zum Nachweis der Dispersion des Lichtes

Alle Stoffe zeigen Dispersion, jedoch nicht das Vakuum. Auch ist die Dispersion nicht auf den sichtbaren Spektralbereich des elektromagnetischen Spektrums beschränkt.

Die mikrophysikalische Deutung der Dispersion erfordert die Kenntnis bestimmter atomphysikalischer Gesetzmäßigkeiten und kann daher erst im Band IV erfolgen. Die weiteren Ausführungen beschränken sich deshalb auf die Angabe einiger fundamentaler Gesetzmäßigkeiten.

Im sichtbaren Spektralbereich wächst n für die meisten Stoffe mit abnehmender Wellenlänge (vgl. Abb. 11.13a). Dieses Verhalten bezeichnet man als *normale Dispersion*. Normale Dispersion findet man in den Frequenzbereichen schwacher Absorption der elektromagnetischen Welle. Da strahlablenkende optische Medien (Linsen, Prismen u.ä.) aus Stoffen geringer Absorption gefertigt werden, zeigen sie stets normale Dispersion. Glasprismen ziehen deshalb den blau-violetten Teil des sichtbaren Spek-

normale Dispersion

trums wesentlich stärker auseinander als den rot-gelben. Bei Verwendung eines Gitters erfolgt dagegen eine wellenlängenproportionale Spreizung des Spektrums.

anomale Dispersion

In den Bereichen mit starker Absorption nimmt n mit wachsender Wellenlänge zu (*anomale Dispersion*). Dabei können sogar Werte $n < 1$ auftreten. Ein Beispiel dafür ist das Dispersionsverhalten des Fuchsins im sichtbaren Spektralbereich (Abb. 11.13b).

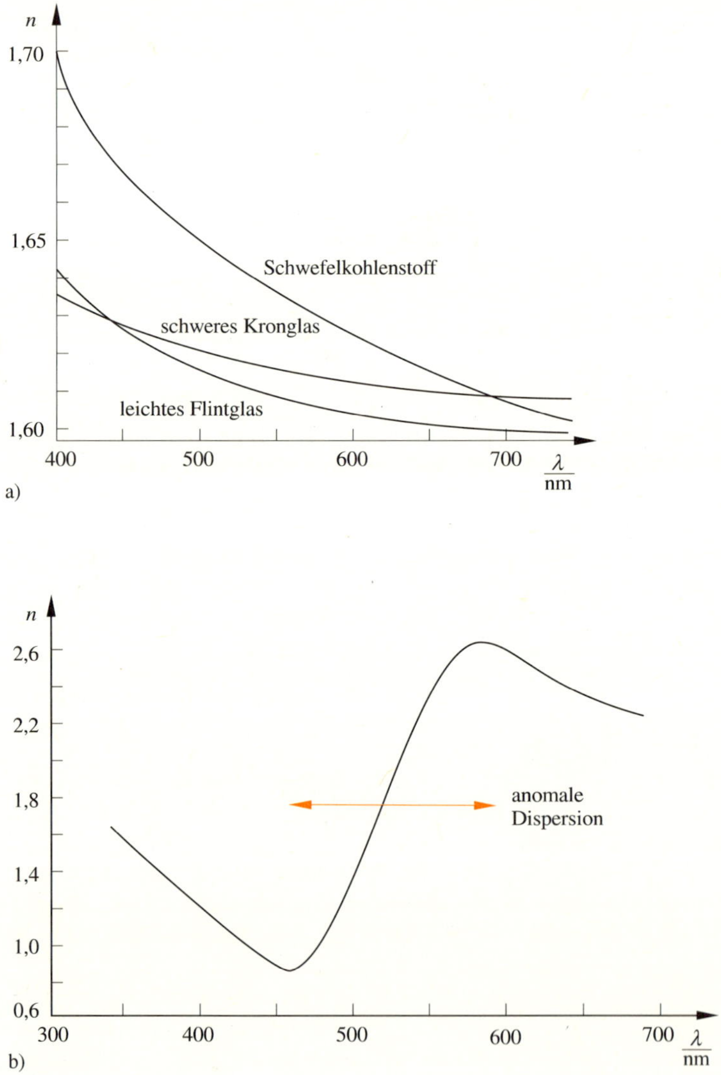

Abb. 11.13
Dispersion
a) Normale Dispersion
b) Anomale Dispersion des Fuchsins

Im gesamten Bereich des elektromagnetischen Spektrums weist das Dispersionsverhalten eines Stoffes stets Abschnitte normaler und anomaler Dispersion auf.

Die Ausbreitung einer elektromagnetischen Welle im Vakuum erfolgt ohne Dispersion. Bei der Ausbreitung in optischen Medien tritt stets Dispersion auf. In Bereichen schwacher Absorption ist die Dispersion normal, in Bereichen starker Absorption anomal.

(S 11.3)
normale Dispersion bei schwacher Absorption
anomale Dispersion bei starker Absorption

Zur Charakterisierung des Dispersionsverhaltens optischer Medien werden benutzt:

die *relative Teildispersion*

$$\vartheta_\lambda = \frac{n_\lambda - n_{656}}{n_{486} - n_{656}} \qquad (11.5a)$$

relative Teildispersion

oder

die *Abbesche Zahl*

$$\beta = \frac{n_{589} - 1}{n_{486} - n_{656}}. \qquad (11.5b)$$

Abbesche Zahl

Die als Index angegebenen Zahlen bedeuten die Wellenlänge in nm, für die n in (11.5a) und (11.5b) einzusetzen ist. Gläser mit $\beta < 50$ heißen *Flintgläser,* Gläser mit $\beta > 50$ *Krongläser*. Eine anschauliche Deutung der Abbeschen Zahl ist in Abschnitt 11.4.2.2.2 gegeben.

Flintgläser
Krongläser

Die Dispersion des Lichtes kann sich auf optische Messungen und in optischen Geräten äußerst störend bemerkbar machen (s. z.B. Farbfehler) bzw. das Meßverfahren vollkommen in Frage stellen (s. z.B. Refraktometer). Man ist dann gezwungen, mit monochromatischem Licht zu arbeiten.

Jeder Spektrallinie des sichtbaren Spektrums und damit jeder Spektralfarbe entspricht eine bestimmte Wellenlänge. Hieraus darf nicht gefolgert werden, daß jeder beliebigen Farbe eine bestimmte Wellenlänge zuzuordnen wäre. Man sieht das schon aus dem Vergleich der Vielfalt möglicher Farbeindrücke mit der geringen Anzahl der Spektralfarben. Zum Beispiel fehlt im Sonnenspektrum das Braun genauso wie alle Zwischentöne (z.B. Purpur). Alle Farben sind, falls es sich nicht um reine Spektralfarben handelt, Mischungen von Spektralfarben. Z.B. wird in der Farbfotografie und im Farbfernsehen der farbige Eindruck durch eine spezielle Mischung von drei Farben (blau, grün, rot) erreicht.

Ist die diffuse Reflexion des Lichtes an der Oberfläche eines Körpers von der Wellenlänge unabhängig, so erscheint er bei Bestrahlung mit weißem Licht je nach Größe seines Reflexionsgrades schwarz, grau oder weiß. Werden dagegen eine oder bestimmte Farben bei der Reflexion bevorzugt, so erscheint er farbig. Da die Farbenlehre nicht ein rein physikalisches, sondern auch ein physiologisches und psychologisches Problem ist, wird im Rahmen dieser Darstellung auf sie nicht weiter eingegangen.

11.4 Optische Abbildung

11.4.1 Gegenstand, Bild, optische Abbildung, Abbildungsmaßstab und Vergrößerung

Gegenstandspunkt (Objektpunkt)

optische Achse

Für die Überlegungen zur optischen Abbildung denkt man sich zweckmäßig den betrachteten, als eben vorausgesetzten und entweder selbstleuchtenden oder beleuchteten Gegenstand in leuchtende Punkte (*Gegenstands-* oder *Objektpunkte*) zerlegt, d.h., der Gegenstand wird als Gesamtheit einer unendlichen Anzahl von Gegenstandspunkten angesehen. Das von einem Objektpunkt in einen Kegel vom Öffnungswinkel u_G (vgl. Abb. 11.14a) ausgestrahlte Licht falle auf ein beliebiges rotationssymmetrisches optisches System, zum Beispiel auf eine Kombination von zentrierten sphärischen Linsen. Die Rotationsachse nennt man *optische Achse* des Systems.

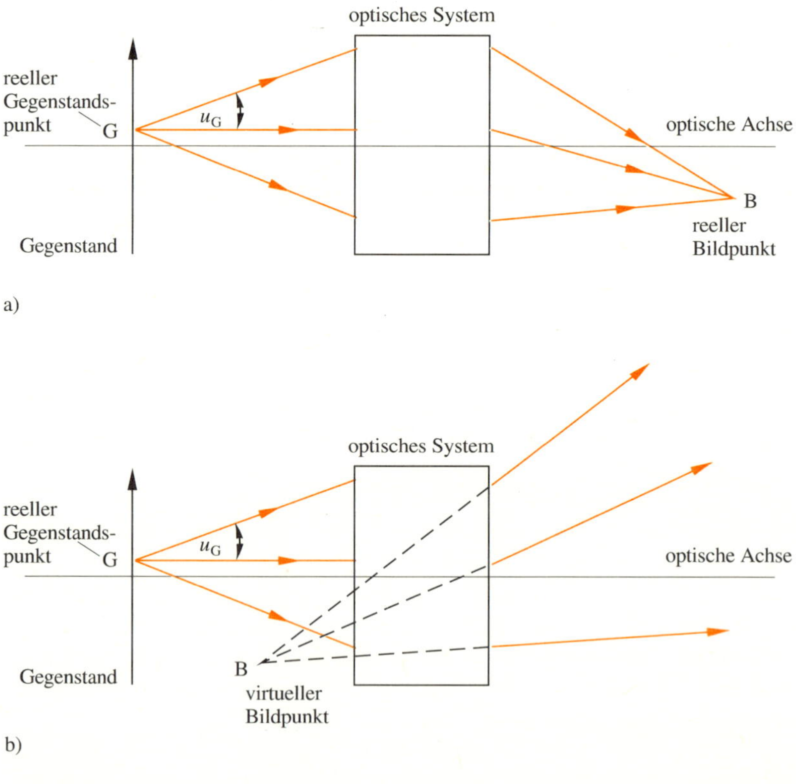

Abb. 11.14
Optische Abbildung
a) Die vom Gegenstandspunkt G ausgehenden Lichtstrahlen werden durch ein optisches System im reellen Bildpunkt B vereinigt.
b) Die vom Gegenstandspunkt G ausgehenden Lichtstrahlen werden durch ein optisches System im virtuellen Bildpunkt B vereinigt

Werden durch ein optisches System die von einem Gegenstandspunkt G ausgehenden Lichtstrahlen wiederum in einem Punkt B vereinigt, heißt B reeller Bildpunkt des Gegenstandspunktes G. Schneiden sich nach Durchlaufen der optischen Anordnung die rückwärtigen Verlängerungen der Lichtstrahlen in einem Punkt B, heißt B virtueller Bildpunkt des Gegenstandspunktes G. Die Gesamtheit aller Gegenstandspunkte heißt Gegenstand, die Gesamtheit aller reellen (virtuellen) Bildpunkte reelles (virtuelles) scharfes Bild des Gegenstandes.

(D 11.2)
reeller Bildpunkt,
reelles Bild
virtueller Bildpunkt,
virtuelles Bild

Im reellen Bildpunkt erfolgt eine wirkliche Vereinigung der vom Gegenstandspunkt ausgehenden Lichtstrahlen (siehe Abb. 11.14a). Das reelle Bild kann daher auf einem Schirm oder auf einer Fotoplatte direkt nachgewiesen werden. Zum Nachweis virtueller Bilder (siehe Abb. 11.14b) bedarf es dagegen zusätzlicher optischer Vorrichtungen, zum Beispiel der Augenlinse oder des Objektivs eines Fotoapparates. Sie vereinigen die divergierenden Strahlen in der Netzhaut bzw. Filmebene. Der virtuelle Bildpunkt ist für diese optischen Vorrichtungen der abzubildende virtuelle Gegenstandspunkt. Deshalb können auch virtuelle Bilder gesehen (siehe Lupe oder Mikroskop, Abschnitte 11.4.4.2 und 11.4.4.4) bzw. fotografisch aufgenommen werden (vgl. Abb. 11.15).

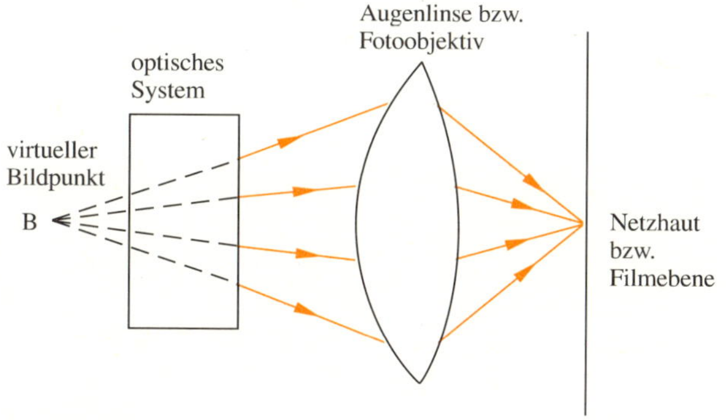

Abb. 11.15
Die Augenlinse bzw. das Fotoobjektiv bildet das virtuelle Bild reell auf die Netzhaut bzw. Filmebene ab

Aufgabe der meisten abbildenden optischen Systeme ist es, vom Gegenstand ein ähnliches Bild zu erzeugen.

Bildet ein rotationssymmetrisches optisches System alle Punkte eines ebenen Gegenstandes scharf und in ihrer Lage zueinander ähnlich ab, so heißt die Abbildung scharfe und ähnliche optische Abbildung. Alle Abweichungen von der scharfen und ähnlichen optischen Abbildung heißen Abbildungsfehler des rotationssymmetrischen optischen Systems, das dann entstehende Bild reale optische Abbildung des Gegenstandes.

(D 11.3)
scharfe und ähnliche
optische Abbildung
Abbildungsfehler
eines optischen
Systems

Scharfe und ähnliche optische Abbildungen sind nur im Paraxialgebiet möglich (vgl. (S 11.5)). Die praktische Optik kann allerdings die Forderungen für den paraxialen Strahlengang nur in Näherung erfüllen. Alle Optiken ermöglichen daher nur reale Abbildungen.

Kontrast

Um im Bild die Strukturen des Gegenstandes nachweisen zu können, müssen vom optischen System auch die Intensitätsunterschiede (der *Kontrast*) ins Bild übertragen werden. Andernfalls erhält man bei der scharfen und ähnlichen Abbildung wohl ein geometrisch ähnliches Bild des Gegenstandes, auf Grund nicht vorhandenen bzw. zu geringen Kontrastes können dem Bild jedoch nicht die gewünschten Informationen über die Struktur des Gegenstandes entnommen werden. Jedes abbildende System muß daher auch eine genügende *Kontrastübertragung* gewährleisten.

Kontrastübertragung

Amplitudenkontrast

Phasenkontrast

Beim selbstleuchtenden bzw. beleuchteten Gegenstand kommt der Kontrast durch die verschieden starke Emission des Lichtes bzw. durch den verschieden großen Reflexions- und Absorptionsgrad der einzelnen Bereiche des Gegenstandes zustande (*Amplitudenkontrast*). Mitunter kann durch geeignetes Anfärben des Gegenstandes eine erhebliche Kontrasterhöhung erreicht werden. Zum Teil können auch die Phasenunterschiede der von den einzelnen Gegenstandspunkten ausgehenden Wellen zur Strukturerkennung des Gegenstandes ausgenutzt werden (*Phasenkontrast,* siehe Abschnitt 11.4.4.4).

Eine weitere wichtige geometrisch-optische Größe ist das wahrgenommene Größenverhältnis von Gegenstand zu Bild. Es wird je nach Art der benutzten optischen Anordnung charakterisiert:

(D 11.4)
Abbildungsmaßstab β
Vergrößerung v

Besitzt der Gegenstand die Größe Y_G, das von ihm mittels einer optischen Vorrichtung erzeugte Bild die Größe Y_B, so heißt

$$\beta = \frac{Y_B}{Y_G}$$

Abbildungsmaßstab der verwendeten optischen Anordnung.
Sieht man den Gegenstand ohne optische Hilfsmittel in einer Entfernung $s_0 = 25$ cm (deutliche Sehweite) unter dem Winkel w_0, mit einer optischen Vorrichtung dagegen unter dem Winkel w, so heißt

$$v = \frac{w}{w_0}$$

Vergrößerung der verwendeten optischen Anordnung.

Bildet ein optisches System einen Gegenstand auf einen Schirm ab, wird das Größenverhältnis von Bild zu Gegenstand durch den Abbildungsmaßstab bestimmt. Betrachtet man jedoch den Gegenstand mit einer Lupe, so gibt man das dadurch erreichte Größenverhältnis durch die Vergrößerung an (vgl. Abschnitt 11.4.4).

11.4.2 Abbildung durch sphärische Flächen

In den nachfolgenden Abschnitten werden die Abbildungseigenschaften brechender und reflektierender *sphärischer Flächen* betrachtet. Bei ihnen besteht die Trennfläche zweier optischer Medien bzw. die reflektierende Fläche aus der polierten Teilfläche einer Kugel vom Radius R.

sphärische Flächen

Der größte Teil der heutigen Optiken ist sphärisch. Aus technologischen Gründen werden asphärische Flächen (*Asphären,* z.B. Zylinderlinsen) meist nur dann verwandt, wenn die gewünschten Abbildungseigenschaften durch sphärische Flächen nicht oder nur mit einem nicht vertretbaren Aufwand zu erreichen sind. Asphären werden in dieser Darstellung nicht betrachtet.

Asphären

Die optische Achse geht wegen der vorausgesetzten Rotationssymmetrie des optischen Systems durch den Krümmungsmittelpunkt M der sphärischen Fläche und durchstößt sie im Punkt S (*Linsen-* oder *Spiegelscheitel*). Diesen Punkt wählen wir als Koordinatenursprungspunkt eines zweidimensionalen kartesischen Koordinatensystems, dessen x-Achse wir in die optische Achse legen (Abb. 11.16). Vor dem Auftreffen auf die sphärische Fläche schneide der Lichtstrahl (bzw. bei virtuellen Gegenständen seine rückwärtige Verlängerung) die optische Achse beim Abszissenwert x_G, nach erfolgter Brechung bzw. Reflexion werde sie beim Wert x_B geschnitten. Die Größen

Linsenscheitel
Spiegelscheitel

$$s_G = x_G - x_S\,, \qquad (11.6a)$$

$$s_B = x_B - x_S \qquad (11.6b)$$

gegenstandseitige Schnittweite s_G
bildseitige Schnittweite s_B

werden als *gegenstandseitige* und *bildseitige Schnittweiten* bezeichnet. Die zugehörigen Winkel, die der Strahl mit der optischen Achse einschließt, heißen *gegenstandseitiger* und *bildseitiger Öffnungswinkel* u_G und u_B. Den

gegenstandseitiger Öffnungswinkel u_G
bildseitiger Öffnungswinkel u_B

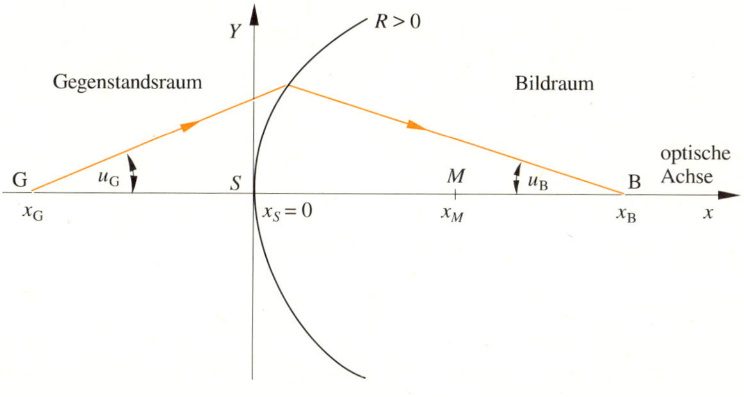

Abb. 11.16
Zur Vorzeichenfestlegung bei der Brechung:
$x_G < 0$ reeller Gegenstand; $x_B > 0$ reelles Bild; $x_M > 0$ ($R > 0$) Fläche gegenüber dem einfallenden Strahl konvex, gegenüber dem gebrochenen konkav gewölbt

Gegenstandsraum
Bildraum

Raum, den der Lichtstrahl bis zu seiner ersten Brechung bzw. Reflexion durchläuft, bezeichnet man als *Gegenstandsraum,* den Raum, den er nach der letzten Brechung bzw. Reflexion durchläuft, als *Bildraum.*

Vorzeichenfestlegung der geometrischen Optik

Als positive x-Richtung wird die Richtung des auf diese Achse projizierten Lichtstrahles festgelegt. Denkt man sich (wie allgemein in der geometrischen Optik angenommen) das Licht von links her einfallend, so haben für brechende Flächen die Achsen des Y, x-Koordinatensystems die übliche Orientierung (vgl. Abb. 11.16). Beim Spiegel kehrt dagegen die x-Achse beim Übergang vom Gegenstands- zum Bildraum ihre Richtung um (vgl. die Abb. 11.17a und 11.17b). Der Krümmungsradius der Fläche wird ebenfalls entsprechend dieser Vorzeichenkonvention festgelegt:

$$R = x_M - x_S\,. \tag{11.6c}$$

Die sphärische Fläche besitzt einen positiven Radius, wenn sie gegenüber dem einfallenden Licht konvex, gegenüber dem ausfallenden Licht konkav gewölbt ist (vgl. Abb. 11.17 und Abb. 11.16). Entsprechend dieser

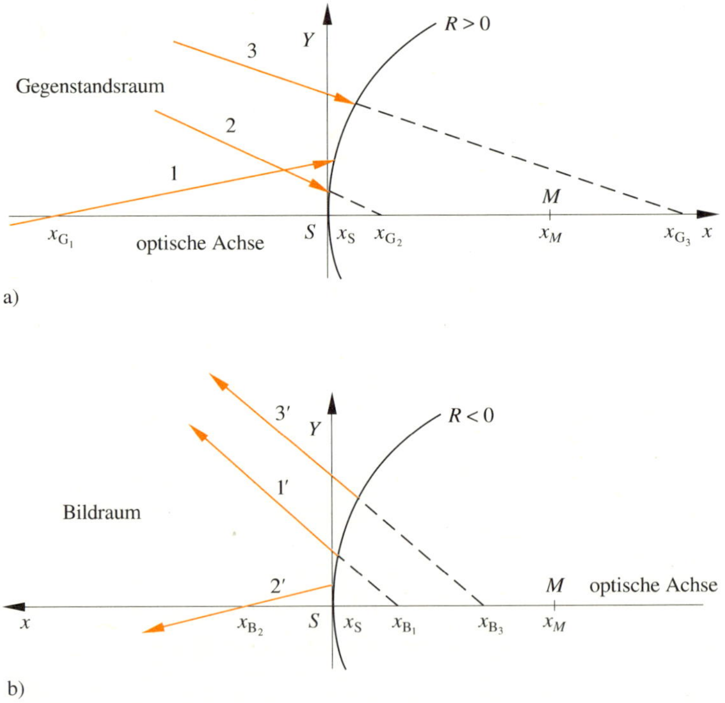

Abb. 11.17
Zur Vorzeichenfestlegung bei der Reflexion
a) Vorzeichenfestlegung im Gegenstandsraum
$x_G < 0$ reller Gegenstand, $x_G > 0$ virtueller Gegenstand, $x_M > 0$ ($R > 0$), Fläche gegenüber dem einfallenden Strahl konvex
b) Vorzeichenfestlegung im Bildraum
$x_B > 0$ reelles Bild, $x_B < 0$ virtuelles Bild, $x_M < 0$ ($R < 0$), Fläche gegenüber dem reflektierten Strahl konvex gewölbt

Vorzeichenkonvention bleibt bei der Brechung das Vorzeichen des Radius der Fläche erhalten, bei der Reflexion dreht sich dagegen das Vorzeichen um (vgl. Abb. 11.17a und b). Das Vorzeichen der Winkel wird durch das Vorzeichen der den Winkel charakterisierenden Strecken bestimmt.

Die getroffene Vorzeichenfestlegung bedeutet, daß die Schnittweiten reeller Gegenstände und virtueller Bilder negativ, die reeller Bilder und virtueller Gegenstände positiv werden (vgl. u.a. Abb. 11.25). Einem negativen Abbildungsmaßstab entspricht nach (D 11.4) eine Drehung des Bildes gegenüber dem Gegenstand um 180° (*Bildumkehr*). Bildumkehr

11.4.2.1 Paraxialer Strahlengang

Um die charakteristischen Eigenschaften brechender und reflektierender sphärischer Flächen erkennen zu können, bedarf es zusätzlicher Annahmen über die Art des Strahlenganges. Zur Festlegung hierzu geeigneter Bedingungen betrachten wir folgende optische Anordnung: Das Licht falle von einem unendlich fernen reellen Gegenstand ($x_G = -\infty$) parallel zur optischen Achse auf eine reflektierende sphärische Fläche mit $R < 0$ (Abb. 11.18). Der Schnittpunkt eines willkürlich herausgegriffenen reflektierten Lichtstrahles mit der optischen Achse sei F_B. Da das Dreieck MPF_B gleichschenklig ist, folgt aus Abbildung 11.18

$$\cos i_e = \frac{\overline{PM}}{2\overline{F_B M}}$$

oder

$$\overline{F_B M} = \frac{R}{2\cos i_e}\,.$$

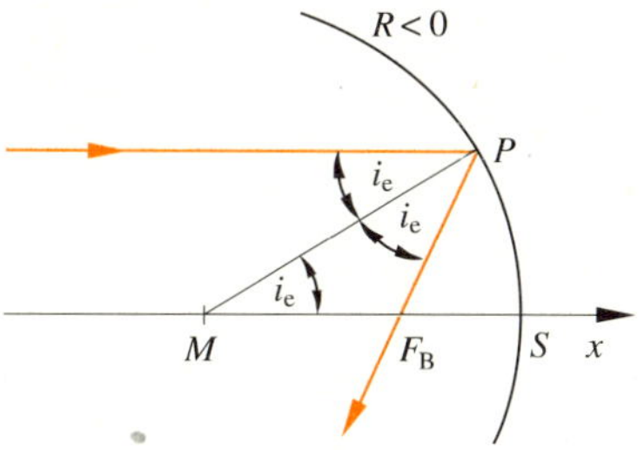

Abb. 11.18
Zur Erläuterung des paraxialen Strahlenganges

Der Schnittpunkt F_B des reflektierten Strahles mit der optischen Achse ist vom Einfallswinkel i_e abhängig, d.h. abhängig vom Abstand (von der Einfallshöhe) zwischen der optischen Achse und dem achsenparallel einfallenden Lichtstrahl. Der sphärische Spiegel vermittelt im Gegensatz zum ebenen (vgl. (S 11.8)) nicht für alle Einfallswinkel i_e eine scharfe Abbildung. Nur dann, wenn man so kleine Gegenstände voraussetzt, daß entsprechend $\cos x \approx 1$ für $|x| \ll 1$ für die Cosinusfunktion $\cos i_e = 1$ gesetzt werden kann, haben alle einfallenden Parallelstrahlen nach ihrer Reflexion den gemeinsamen Schnittpunkt F_B (bildseitiger Brennpunkt, s. (D 11.6)). Deshalb wird eingeführt:

(D 11.5) paraxialer Strahlengang

Das Gebiet des geometrisch-optischen Strahlenganges, das sich durch so kleine Gegenstandshöhen und Bündelöffnungen auszeichnet, daß man sich sowohl für alle Einfalls-, Reflexions- und Brechungswinkel i als auch für alle Öffnungswinkel u auf die linearen Glieder in den Reihenentwicklungen der trigonometrischen Funktionen, d.h. auf

$$\cos u = \cos i = 1\,,$$

$$\tan i = \sin i = i\,,$$

$$\tan u = \sin u = u$$

beschränken kann, heißt paraxiales Gebiet der geometrischen Optik, der zugehörige Strahlengang paraxialer Strahlengang.

Der paraxiale Strahlengang ist eine Idealannahme. Die praktische Optik kann diese Forderung höchstens in Näherung erfüllen, denn die abzubildenden Gegenstände besitzen keine beliebig kleinen Abmessungen, und aus Intensitätsgründen werden im Gegensatz zu (D 11.5) ausreichend weit geöffnete Strahlenbündel zur Abbildung gewünscht. Damit zeigt jede reale Abbildung mehr oder weniger große Abweichungen vom paraxialen Strahlengang, die *Abbildungsfehler* des optischen Systems verursachen. Trotzdem besitzt der paraxiale Strahlengang große Bedeutung für die abbildende Optik, da sich durch geeignete Linsenkombinationen die auftretenden Abbildungsfehler teilweise kompensieren lassen, so daß dann die Gesetze des paraxialen Strahlenganges näherungsweise gültig bleiben, obwohl man ihre Voraussetzungen nicht einhält. Deshalb werden zunächst die Gesetze des paraxialen Strahlenganges besprochen und später dann einige der in der Praxis auftretenden Abbildungsfehler diskutiert.

Abbildungsfehler

11.4.2.1.1 Brechende Fläche, Abbesche Invariante

Eine sphärische Fläche vom Radius R bilde die Trennebene von zwei optisch homogenen isotropen Medien der Brechzahlen n_G (Gegenstandsraum) und n_B (Bildraum, vgl. Abb. 11.19). Gesucht wird eine Beziehung zwischen gegenstandseitiger und bildseitiger Schnittweite.

Zur Vermeidung von Vorzeichenkomplikationen nehmen wir den Gegenstand als virtuell an ($x_G > 0$). Wird noch beachtet, daß in paraxialer Näherung $\overline{GS'} = \overline{GS}$ und $\overline{BS'} = \overline{BS}$ gesetzt werden kann, so folgt aus Abbildung 11.19, (D 11.5), dem Brechungsgesetz (S 9.3) und der getroffenen

Vorzeichenkonvention

$$\tan u_G = u_G = \frac{h}{s_G}\,, \tag{11.7a}$$

$$\tan u_B = u_B = \frac{h}{s_B}\,, \tag{11.7b}$$

$$\sin\varphi = \varphi = \frac{h}{R}\,, \tag{11.7c}$$

$$\frac{\sin i_e}{\sin i_b} = \frac{i_e}{i_b} = \frac{n_B}{n_G}\,. \tag{11.7d}$$

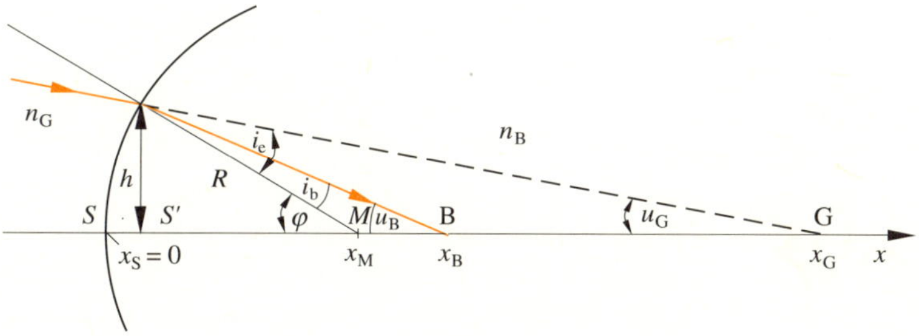

Abb. 11.19 Zur Herleitung der Abbeschen Invarianten

Da nach Abbildung 11.19 weiter

$$i_e = \varphi - u_G\,, \tag{11.7e}$$

$$i_b = \varphi - u_B \tag{11.7f}$$

gilt, folgt aus (11.7d), (11.7e) und (11.7f)

$$n_G(\varphi - u_G) = n_B(\varphi - u_B)$$

und mit (11.7a), (11.7b) und (11.7.c)

$$n_G\left(\frac{1}{R} - \frac{1}{s_G}\right) = n_B\left(\frac{1}{R} - \frac{1}{s_B}\right). \tag{11.7g}$$

(S 11.4)
Abbesche Invariante

Im paraxialen Gebiet ist die Größe

$$Q = n\left(\frac{1}{R} - \frac{1}{s}\right)$$

gegenüber Brechung invariant

(*Abbesche Invariante*).

Als Abbildungsformel der brechenden Fläche ergibt sich aus (11.7g)

$$\frac{n_B}{s_B}-\frac{n_G}{s_G}=\frac{n_B-n_G}{R}. \tag{11.7}$$

(11.7) gestattet die Berechnung der bildseitigen Schnittweite s_B bei vorgegebener gegenstandseitiger Schnittweite s_G.

11.4.2.1.2 Abbildungsgesetze der sphärischen Linse

sphärische Linse

Einen von zwei sphärischen Flächen begrenzten Körper bezeichnet man als *sphärische Linse* (Abb. 11.20). Die Brechzahl der Linse sei n_L, die des umgebenden Mediums n. Wir betrachten vorerst die beiden brechenden Flächen als brechende Einzelflächen mit gleicher optischer Achse. Die ihnen zugeordneten Koordinatensysteme seien Y, x_1 und Y, x_2. In diesen Koordinatensystemen schreiben sich die entsprechenden Schnittweiten

$$s_{1G}=s_G=x_{1G}-x_{1S_1}, \tag{11.8a}$$

$$s_{1B}=x_{1B}-x_{1S_1}, \tag{11.8b}$$

$$s_{2G}=x_{2G}-x_{2S_2}, \tag{11.8c}$$

$$s_{2B}=s_B=x_{2B}-x_{2S_2}, \tag{11.8d}$$

mit denen sich nach (11.7) die Abbildungsgesetze der beiden Teilflächen zu (vgl. Abb. 11.20)

$$\frac{n_L}{s_{1B}}-\frac{n}{s_G}=\frac{n_L-n}{R_1}, \tag{11.9a}$$

$$\frac{n}{s_B}-\frac{n_L}{s_{2G}}=\frac{n-n_L}{R_2} \tag{11.9b}$$

oder unter Beachtung von (11.7a), (11.7b) und Abbildung 11.20 zu

$$n_L u_{1B}-n u_G=\frac{h_1(n_L-n)}{R_1}, \tag{11.9c}$$

$$n u_B-n_L u_{2G}=\frac{h_2(n-n_L)}{R_2} \tag{11.9d}$$

ergeben.

Übergangsbedingungen

Bei einer Linse liegen nun die beiden brechenden Flächen nicht willkürlich zueinander, sondern sie müssen die *Übergangsbedingungen* (vgl. Abb. 11.20)

$$u_{2G}=u_{1B}, \tag{11.10a}$$

$$h_2=h_1-u_{1B}d \tag{11.10b}$$

mit

$$x_{2S_2}-x_{1S_1}=d$$

erfüllen.

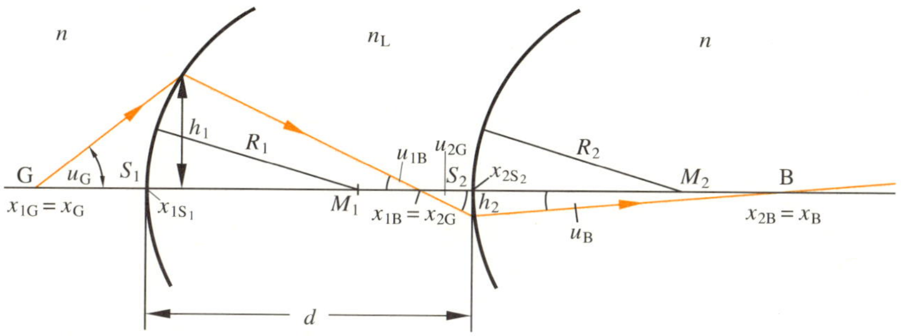

Abb. 11.20 Strahlengang durch eine Linse

Für die weiteren Überlegungen führen wir ein:

Der Punkt F_B, in dem eine Linse alle von einem unendlich fernen Gegenstand ausgehenden Strahlen vereinigt, heißt ihr bildseitiger Brennpunkt, der Punkt F_G, der von der Linse ins Unendliche abgebildet wird, ihr gegenstandseitiger Brennpunkt.
Fällt der Lichtstrahl im Abstand h parallel zur optischen Achse auf die Linse, so heißt

$$D = \frac{n u_B}{h}$$

Brechkraft,

$$\frac{h}{u_B} = f$$

Brennweite der Linse (u_B bildseitiger Schnittwinkel, n Brechzahl des Einbettungsmediums der Linse).

(D 11.6)
bildseitiger Brennpunkt F_B, gegenstandseitiger Brennpunkt F_G
Brechkraft D
Brennweite f

Mögliche Maßeinheiten: $[f] = \text{mm}$; $[D] = \text{m}^{-1}$ mit der speziellen Bezeichnung

1 Dioptrie = 1 dptr = 1 m^{-1}.

(D 11.7)
Maßeinheit Dioptrie (dptr)

Die Maßeinheit Dioptrie darf nur für die Brechkraft verwendet werden.

Nach (D 11.7) erfährt der Strahl beim Durchgang durch die Linse eine um so stärkere Ablenkung, je größer die Brechkraft der Linse ist, und es besteht zwischen Brechkraft und Brennweite die Beziehung

$$D = \frac{n}{f}\,. \qquad (11.11)$$

Man beachte, daß hier für die Linse ein einheitliches Einbettungsmedium angenommen wurde. Ist dies nicht der Fall, so existieren nach (11.11) für den Gegenstands- und Bildraum unterschiedliche Brennweiten.

Dies ist z.B. der Fall, wenn das Licht aus dem Medium Luft in ein verkittetes Linsensystem tritt.

Herleitung der Newtonschen Abbildungsformel

Ein Lichtstrahl falle im Abstand h_1 parallel zur optischen Achse auf eine Linse ($u_G = 0$, vgl. Abb. 11.21, Strahl 1). Aus (11.9d) und (11.9c) folgt unter Beachtung der Übergangsbedingungen (11.10a) und (11.10b)

$$n u_B = n_L u_{2G} + \frac{h_2 (n - n_L)}{R_2} = u_{1B} \left(n_L - \frac{(n - n_L)\, d}{R_2} \right) + \frac{h_1 (n - n_L)}{R_2}$$

$$= \frac{h_1 (n_L - n)}{R_1} + \frac{h_1 (n_L - n)^2\, d}{n_L R_1 R_2} + \frac{h_1 (n - n_L)}{R_2}$$

oder mit

$$D = (n_L - n) \left(\frac{1}{R_1} - \frac{1}{R_2} \right) + \frac{(n_L - n)^2\, d}{n_L R_1 R_2} \tag{11.12}$$

für den bildseitigen Öffnungswinkel

$$u_B = \frac{h_1 D}{n}\,. \tag{11.13a}$$

Der Vergleich mit (D 11.7) zeigt, daß (11.12) die Brechkraft der Linse ist.

Führen wir entsprechend unserer Koordinatenfestlegung die Schnittweiten der Brennpunkte ein durch

$$s_{1F_G} = s_{F_G} = x_{1F_G} - x_{1S_1}\,, \tag{11.14a}$$

$$s_{2F_B} = s_{F_B} = x_{2F_B} - x_{2S_2}\,, \tag{11.14b}$$

so gilt nach (11.7b), (11.10b), (11.9c) mit $u_G = 0$

$$s_{F_B} = \frac{h_2}{u_B} = \frac{h_1 - u_{1B} d}{u_B} = \frac{h_1}{u_B} \left(1 - \frac{(n_L - n)\, d}{n_L R_1} \right)$$

und mit (D 11.7) und (11.14b) bei Beachtung von $x_{2S_2} = 0$

$$s_{F_B} = x_{2F_B} = f \left(1 - \frac{(n_L - n)\, d}{n_L R_1} \right). \tag{11.15a}$$

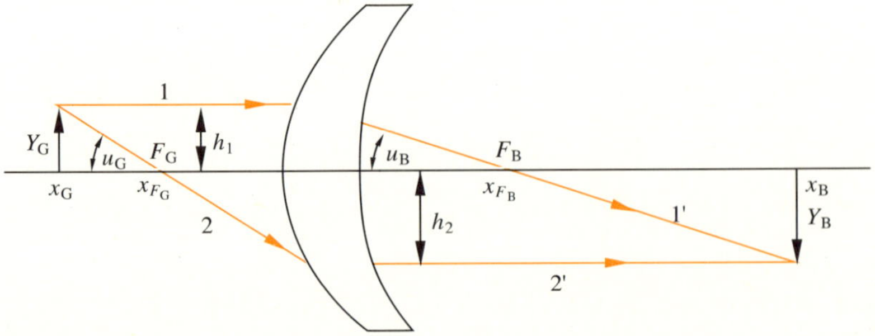

Abb. 11.21 Zur Herleitung der Newtonschen Abbildungsgleichung

Analog folgt für die Schnittweite des gegenstandseitigen Brennpunktes (vgl. A.45)

$$s_{F_G} = x_{1F_G} = -f\left(1 + \frac{(n_L - n)\,d}{n_L R_2}\right) \tag{11.15b}$$

und für den Schnittwinkel des im Bildraum im Abstand h_2 parallel zur optischen Achse verlaufenden Strahles (vgl. Abb. 11.21, Strahl 2)

$$u_G = -\frac{h_2 D}{n}\,. \tag{11.13b}$$

Bezieht man die Lage von Gegenstand und Bild auf die zugehörigen Brennpunkte, d.h., setzt man

$$X_G{}' = x_G - x_{F_G}, \tag{11.16a}$$

$$X_B{}' = x_B - x_{F_B}, \tag{11.16b}$$

so folgt aus Abbildung 11.21 unter Beachtung der Vorzeichenkonvention und (D 11.5)

$$u_G = -\frac{Y_G}{X_G{}'}, \tag{11.17a}$$

$$u_B = -\frac{Y_B}{X_B{}'}, \tag{11.17b}$$

während sich aus (11.13a), (11.13b) und (11.11) mit $h_1 = Y_G$ bzw. $h_2 = Y_B$

$$u_G = -\frac{Y_B}{f}, \tag{11.17c}$$

$$u_B = \frac{Y_G}{f} \tag{11.17d}$$

ergibt. Durch Elimination von u_G bzw. u_B folgt für den Abbildungsmaßstab

$$\beta = \frac{Y_B}{Y_G} = \frac{f}{X_G{}'} = -\frac{X_B{}'}{f} \tag{11.18}$$

und für den Zusammenhang von Gegenstands- und Bildlage die *Newtonsche Abbildungsformel*

Newtonsche Abbildungsformel

$$X_G{}' X_B{}' = -f^2. \tag{11.19}$$

Mit (11.19) kann bei bekannten Brennpunkten und bekannter Brennweite der Linse zu jeder Gegenstandslage die zugehörige Bildlage berechnet werden. Der zugehörige Abbildungsmaßstab folgt aus (11.18). Das geometrisch-optische Verhalten der Linse ist also durch die Lage ihrer Brennpunkte und ihre Brennweite eindeutig bestimmt. Man bezeichnet diese Größen daher auch als *Kardinalelemente* der Linse.

Kardinalelemente einer Linse

Für die weiteren Betrachtungen wird eingeführt:

(D 11.8)
gegenstandseitiger Hauptpunkt
bildseitiger Hauptpunkt
gegenstandseitige Hauptebene H_G
bildseitige Hauptebene H_B

Der durch

$$x_{H_G} = x_{F_G} + f$$

auf der optischen Achse festgelegte Punkt heißt gegenstandseitiger Hauptpunkt, der durch

$$x_{H_B} = x_{F_B} - f$$

festgelegte Punkt bildseitiger Hauptpunkt der Linse,
die in den jeweiligen Hauptpunkten senkrecht zur optischen Achse errichteten Ebenen gegenstandseitige Hauptebene H_G und bildseitige Hauptebene H_B.

Gegenstand- und bildseitiger Hauptpunkt haben nach (D 11.8), (11.15a) und (11.15b) in dem von uns gewählten System die Koordinaten

$$x_{1H_G} = -\frac{(n_L - n)\, d}{n_L R_2} f, \tag{11.20a}$$

$$x_{2H_B} = -\frac{(n_L - n)\, d}{n_L R_1} f. \tag{11.20b}$$

Ist eine Fläche der Linse plan ($R_1 \to \infty$ oder $R_2 \to \infty$), so liegt nach (11.20a) bzw. (11.20b) eine Hauptebene im Scheitel der gekrümmten Fläche. Die zugehörige Brennweite beträgt nach (11.12) und (11.11) das $\frac{n}{n_L - n}$-fache des Radius der gekrümmten Fläche. Gilt $R_2 = -R_1$, dann liegen die Hauptpunkte symmetrisch zur Mittelebene der Linse.

Bezieht man die Lage von Gegenstand und Bild nicht wie in (11.16a) und (11.16b) auf die Brennpunkte, sondern auf die entsprechenden Hauptpunkte, d.h., führt man unter Beachtung von (D 11.8), (11.16a) und (11.16b) zur Charakterisierung der Lage von Gegenstand und Bild die Größen

$$X_G = x_G - x_{H_G} = X_G' - f \tag{11.21a}$$

und

$$X_B = x_B - x_{H_B} = X_B' + f \tag{11.21b}$$

ein, so geht die Newtonsche Abbildungsformel (11.19) über in

$$X_G' X_B' = (X_G + f)(X_B - f) = X_G X_B + f X_B - f X_G - f^2 = -f^2$$

oder

$$\frac{1}{X_B} - \frac{1}{X_G} = \frac{1}{f}. \tag{11.19a}$$

Für den Abbildungsmaßstab folgt nach (11.18) und (11.21b)

$$\beta = -\frac{X_B'}{f} = \frac{f - X_B}{f}$$

und mit (11.19a)

$$\beta = \frac{X_B}{X_G}. \qquad (11.18a)$$

Die Ergebnisse der Betrachtungen können in folgendem Satz zusammengefaßt werden:

Von einer sphärischen Linse wird ein Gegenstand nur im paraxialen Gebiet scharf und ähnlich abgebildet. Im paraxialen Gebiet sind die Abbildungseigenschaften der Linse eindeutig durch die Lage ihrer Brennpunkte und durch ihre Brennweite f bestimmt. Bezieht man die Lage von Gegenstand und Bild auf die entsprechenden Brennpunkte, dann errechnet sich die zur Gegenstandslage X_G' gehörende Bildlage X_B' aus

$$X_G' X_B' = -f^2,$$

der zugehörige Abbildungsmaßstab aus

$$\beta = \frac{f}{X_G'} = -\frac{X_B'}{f}.$$

Bezieht man die Lage von Gegenstand und Bild auf die entsprechenden Hauptpunkte, so lauten die analogen Beziehungen

$$\frac{1}{X_B} - \frac{1}{X_G} = \frac{1}{f},$$

$$\beta = \frac{X_B}{X_G}.$$

(S 11.5) Abbildungsgesetze für den paraxialen Strahlengang

11.4.2.1.2.1 Listingsche Bildkonstruktion

Mit Hilfe der Kardinalelemente der Linse lassen sich leicht das zu einem Gegenstand zugehörige Bild und der zugehörige Abbildungsmaßstab grafisch ermitteln. Man benutzt hierzu zwei spezielle, von der Spitze des Gegenstandes ausgehende Strahlen (Parallelstrahl und Brennpunktstrahl). Der Parallelstrahl (Strahl 1 in Abb. 11.22) verläuft zwischen Gegenstand und gegenstandseitiger Hauptebene parallel zur optischen Achse, der Brennpunktstrahl (Strahl 2) geht durch den gegenstandseitigen Brennpunkt. Beide Strahlen werden bis zur gegenstandseitigen Hauptebene durchgezogen. Mit gleichem Abstand von der optischen Achse treten beide Strahlen aus der bildseitigen Hauptebene H_B aus. Der ursprüngliche Parallelstrahl wird zum Brennpunktstrahl (Strahl 1′), der ursprüngliche Brennpunktstrahl zum Parallelstrahl (Strahl 2′). Durch den Schnittpunkt beider Strahlen werden die Lage und die Größe des Bildes festgelegt (*Listingsche Bildkonstruktion*). Unter Beachtung der Vorzeichenkonvention sowie von (11.16) und (D 11.8) folgt aus den Dreiecken $F_G A G$ und

JOHANN BENEDIKT LISTING (1808–1882)

Listingsche Bildkonstruktion

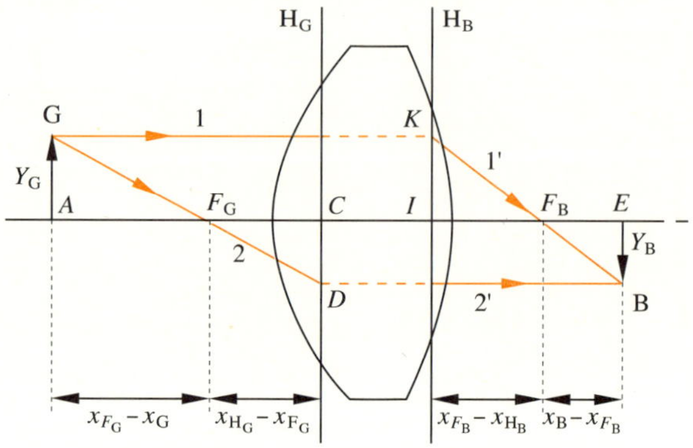

Abb. 11.22 Zur Listingschen Bildkonstruktion

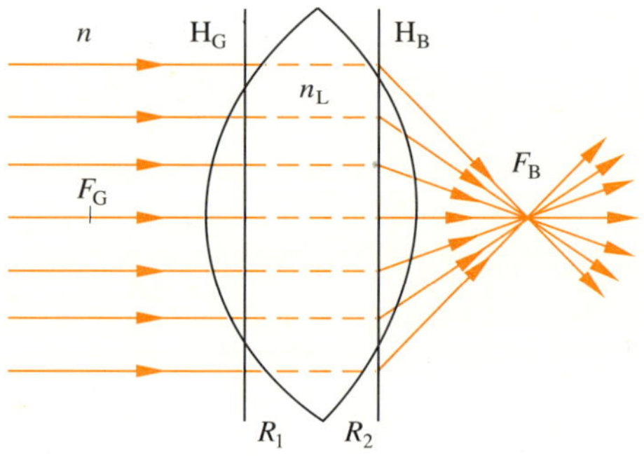

a)

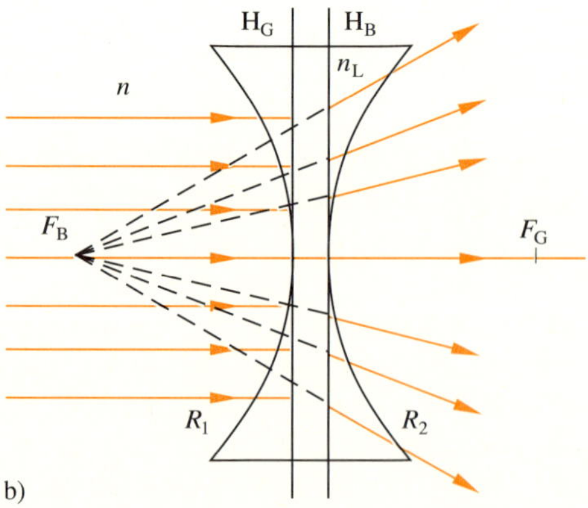

b)

Abb. 11.23
Linsen
a) Sammellinse
($R_1 > 0$, $R_2 < 0$, $n < n_L$, $f > 0$)
b) Zerstreuungslinse
($R_1 < 0$, $R_2 > 0$, $n < n_L$, $f < 0$)

$CF_G D$ in Abbildung (11.22)

$$\frac{Y_G}{-X_G'} = \frac{-Y_B}{f}$$

und aus den Dreiecken $EF_B B$ und $F_B IK$

$$\frac{-Y_B}{X_B'} = \frac{Y_G}{f} .$$

Die Listingsche Bildkonstruktion erfüllt damit (S 11.5), womit ihre Richtigkeit für paraxiale Strahlengänge bewiesen ist.

Nach der Listingschen Bildkonstruktion bildet die Linse alle Gegenstandspunkte der gegenstandseitigen Hauptebene mit dem Abbildungsmaßstab $\beta = +1$ auf die bildseitige Hauptebene ab, ein Ergebnis, welches natürlich sofort auch aus (S 11.5) folgt, weil dann nach (D 11.8) und (11.16a) bzw. (11.16b) $X_G' = f$ bzw. $X_B' = -f$ gilt.

gegenstandseitige Hauptebene wird auf bildseitige Hauptebene mit $\beta = 1$ abgebildet

Gilt $f > 0$, nennt man die Linse *Sammellinse,* gilt $f < 0$, *Zerstreuungslinse.* Blickt man in Richtung des einfallenden Lichtstrahles, so liegt nach (11.15a) und (11.15b) bei einer Sammellinse der gegenstandseitige Brennpunkt vor dem bildseitigen (vgl. Abb. 11.23a). Für die Zerstreuungslinse gilt das umgekehrte (vgl. Abb. 11.23b). Ferner kann bei der Zerstreuungslinse die bildseitige Hauptebene vor der gegenstandseitigen liegen.

Sammellinse
Zerstreuungslinse

Ob eine Linse als Sammel- oder Zerstreuungslinse wirkt, hängt nach (11.12) außer von R_1 und R_2 auch noch von $n_L - n$ und von d ab. Wählt man im Gegensatz zu Abb. 11.23 $n_L < n$ statt $n < n_L$, so läßt sich immer ein d finden, für das die in Abbildung 11.23a dargestellte Linse zur Zerstreuungslinse, die in 11.23b dargestellte zur Sammellinse wird. Hiervon kann man sich leicht überzeugen, indem man paralleles Licht statt auf eine Glaslinse in Luft auf eine Luftlinse (z.B. zwei dünne verkittete sphärische Uhrgläser) in Wasser fallen läßt.

Abbildung 11.24 zeigt die Listingsche Bildkonstruktion für eine Sammellinse, Abb. 11.25 für eine Zerstreuungslinse.

Eine schnelle Übersicht über die gegenseitige Lage von Gegenstand und Bild und über die entsprechenden Größenverhältnisse gewinnt man, wenn man entsprechend (11.18) $Y_B = Y_B(X_B')$ grafisch darstellt. Für konstantes Y_G liegen die Endpunkte der möglichen Bilder auf der Geraden

$$Y_B = -\frac{Y_G}{f} X_B' .$$

Wird ein reeller Gegenstand vom Unendlichen her dem gegenstandseitigen Brennpunkt einer Sammellinse ($f > 0$) genähert (Gegenstandslagen 1 bis 6 in Abb. 11.26), dann wandert das zugehörige umgekehrte reelle Bild aus dem bildseitigen Brennpunkt ins Unendliche. Überschreitet man den gegenstandseitigen Brennpunkt, so wird für $0 < X_G' < f$ das zugehörige Bild virtuell aufrecht vergrößert (Gegenstandslagen 7 bis 10), für $X_G' > f$ reell aufrecht verkleinert (Gegenstandslagen 10 bis 12). Nähere Einzelheiten sind aus Tabelle 11.1 zu entnehmen. Nähert man dagegen den Gegenstand dem gegenstandseitigen Brennpunkt einer Zerstreuungslinse ($f < 0$), so

gegenstandseitige Lage von Gegenstand und Bild für eine Sammellinse

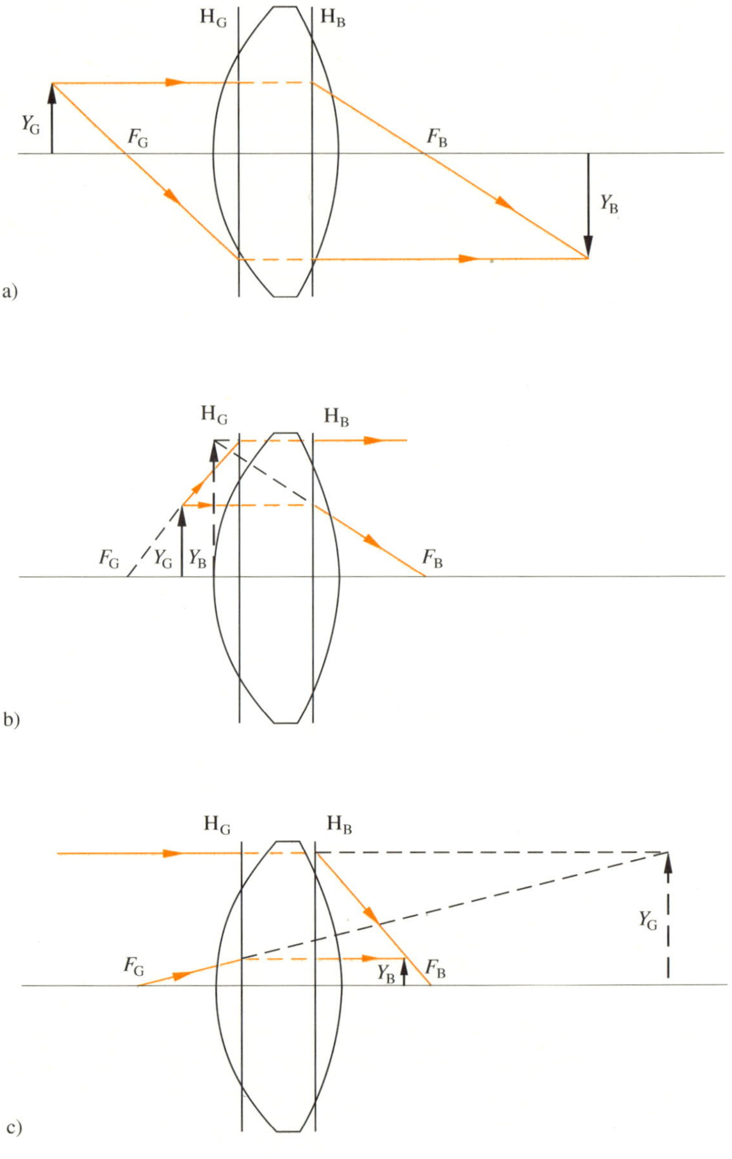

a) b) c)

Abb. 11.24
Listingsche Bildkonstruktion für eine Sammellinse

a) $-f < X_G' < 0$
Der reelle Gegenstand liegt außerhalb der einfachen Brennweite. Er wird in ein umgekehrtes, vergrößertes, reelles Bild abgebildet

b) $0 < X_G' < f$
Der reelle Gegenstand liegt zwischen gegenstandseitigem Brennpunkt und gegenstandseitiger Hauptebene. Das zugehörige Bild ist aufrecht, virtuell und vergrößert

c) $X_G' > f$
Der virtuelle Gegenstand wird in ein aufrechtes, verkleinertes, reelles Bild abgebildet

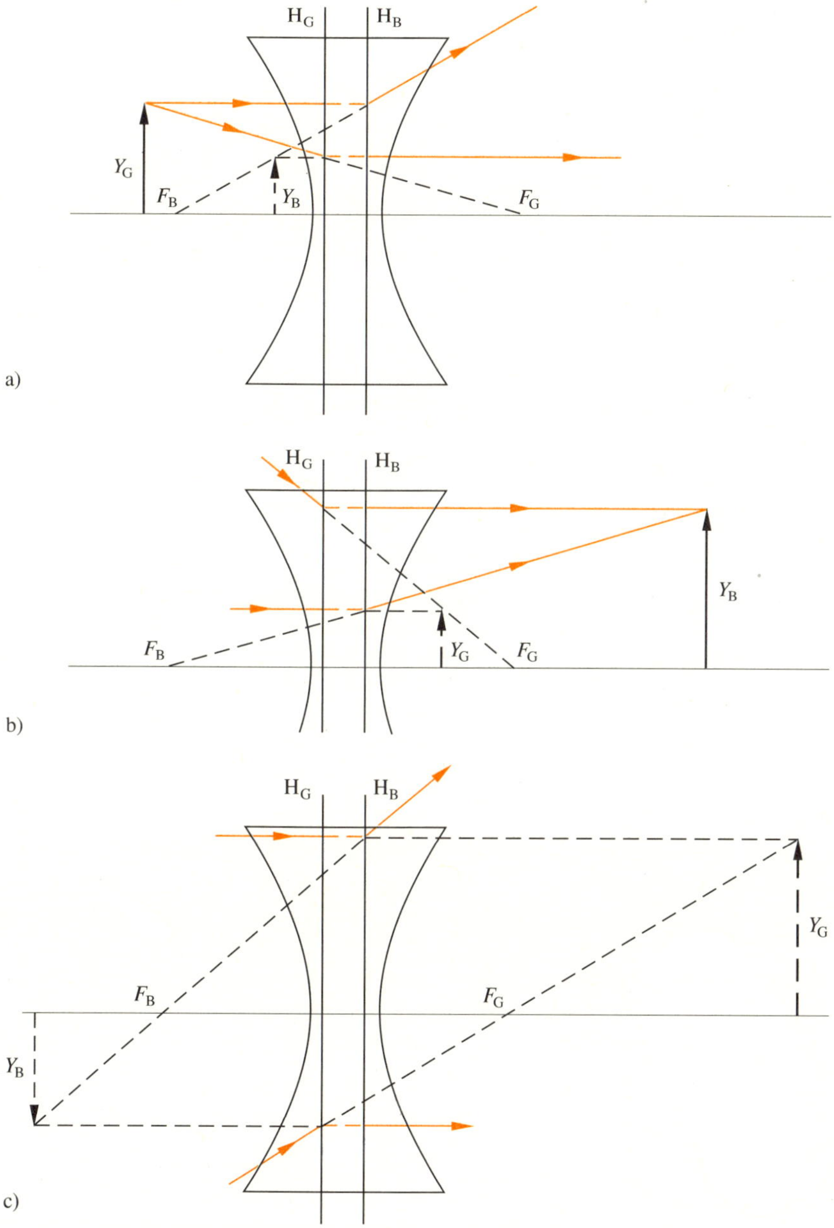

Abb. 11.25 Listingsche Bildkonstruktion für eine Zerstreuungslinse

a) $X_G' < f$
Der reelle Gegenstand liegt außerhalb der einfachen Brennweite. Er wird in ein virtuelles, aufrechtes, verkleinertes Bild abgebildet

b) $f < X_G' < 0$
Der virtuelle Gegenstand wird in ein reelles, aufrechtes, vergrößertes Bild abgebildet

c) $X_G' > -f$
Der virtuelle Gegenstand wird in ein virtuelles, umgekehrtes, verkleinertes Bild abgebildet

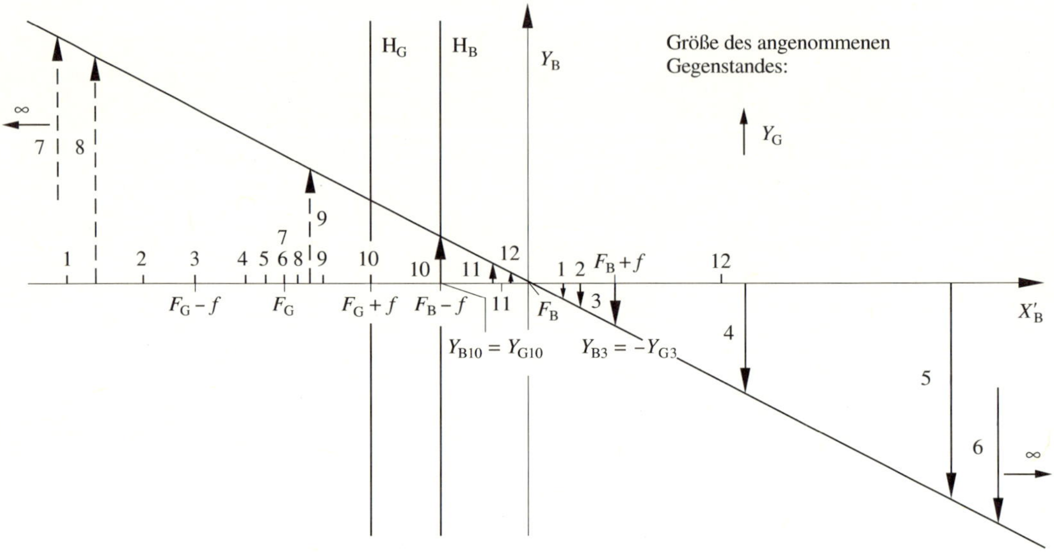

Abb. 11.26

$$Y_B = -\frac{Y_G}{f} X'_B$$

für die Sammellinse ($Y_G/f = 0{,}5$, die Zahlen bedeuten die zu den eingezeichneten Bildern gehörenden Gegenstandslagen)

Tabelle 11.1
Gegenseitige Lage von Gegenstand und Bild für eine Sammellinse bzw. einen Sammelspiegel

Gegenstandslage	**Art des zugehörigen Gegenstandes**	**zugehörige Bildlage**	**Art des zugehörigen Bildes**
$X_G' < -f$	reell	$0 \leqq X_B' < f$	reell umgekehrt verkleinert
$X_G' = -f$	reell	$X_B' = f$	reell umgekehrt gleichgroß
$-f < X_G' < 0$	reell	$f < X_B' < \infty$	reell umgekehrt vergrößert
$0 < X_G' < f$	reell	$-\infty < X_B' < -f$	virtuell aufrecht vergrößert
$X_G' > f$	virtuell	$-f < X_B' < 0$	reell aufrecht verkleinert

gegenseitige Lage von Gegenstand und Bild für eine Zerstreuungslinse

wandert ein aufrechtes Bild aus dem bildseitigen Brennpunkt ins Unendliche. Für $X_G' < f$ ist das Bild virtuell und verkleinert (Gegenstandslagen 1 bis 3 in Abb. 11.27), für $f < X_G' < 0$ reell und vergrößert (Gegenstandslagen 4 bis 6). Überschreitet man den Brennpunkt, so wird das zugehörige Bild umgekehrt und virtuell. Es wandert vom Unendlichen in den bildseitigen Brennpunkt (Gegenstandslagen 7 bis 12). Nähere Einzelheiten können aus Tabelle 11.2 entnommen werden.

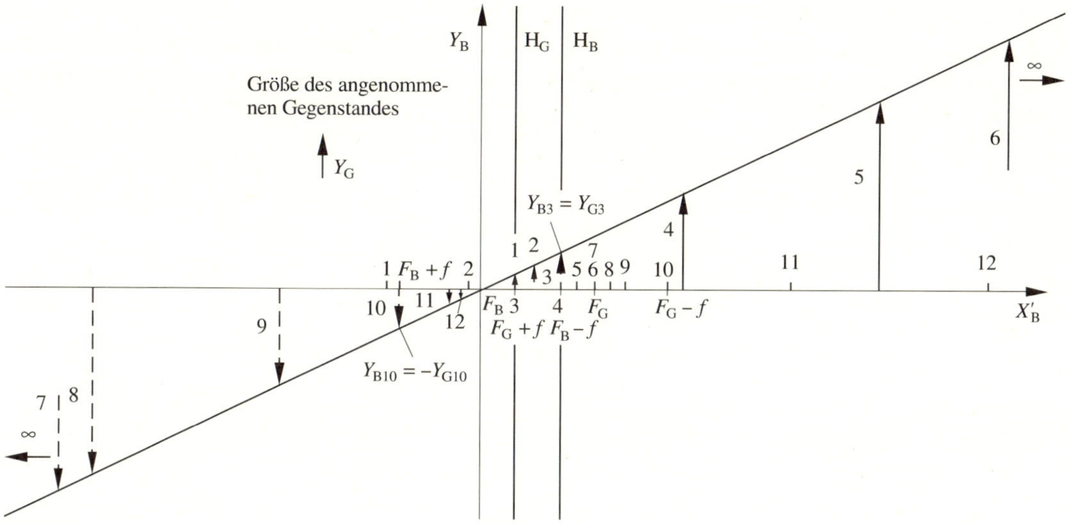

Abb. 11.27

$$Y_B = -\frac{Y_G}{f} X'_B$$

für die Zerstreuungslinse ($Y_G/f = -0{,}5$, die Zahlen bedeuten die zu den eingezeichneten Bildern gehörenden Gegenstandslagen)

Tabelle 11.2
Gegenseitige Lage von Gegenstand und Bild für eine Zerstreuungslinse bzw. einen Zerstreuungsspiegel

Gegenstandslage	**Art des zugehörigen Gegenstandes**	**zugehörige Bildlage**	**Art des zugehörigen Bildes**
$X_G' < f$	reell	$0 \leqq X_B' < -f$	virtuell aufrecht verkleinert
$f < X_G' < 0$	virtuell	$-f < X_B' < \infty$	reell aufrecht vergrößert
$0 < X_G' < -f$	virtuell	$-\infty < X_B' < f$	virtuell umgekehrt vergrößert
$X_G' = -f$	virtuell	$X_B' = f$	virtuell umgekehrt gleichgroß
$X_G' > -f$	virtuell	$f < X_B' \leqq 0$	virtuell umgekehrt verkleinert

11.4.2.1.2.2 Dünne Linsen

dünne Linse

Linsen mit vernachlässigbarer Dicke d bezeichnet man als *dünne Linsen.* Ihre Abbildungseigenschaften sind in den Beziehungen (11.10c), (11.12), (11.20a) und (11.20b) als Sonderfall $d=0$ enthalten. Es folgt:

$$D=(n_L-n)\left(\frac{1}{R_1}-\frac{1}{R_2}\right), \qquad (11.12a)$$

$$x_{H_G}=x_{H_B}=0. \qquad (11.20c)$$

Bei der dünnen Linse fallen die Hauptebenen mit der Mittelebene der Linse zusammen. Die Listingsche Bildkonstruktion wird daher besonders einfach (vgl. Abb. 11.28).

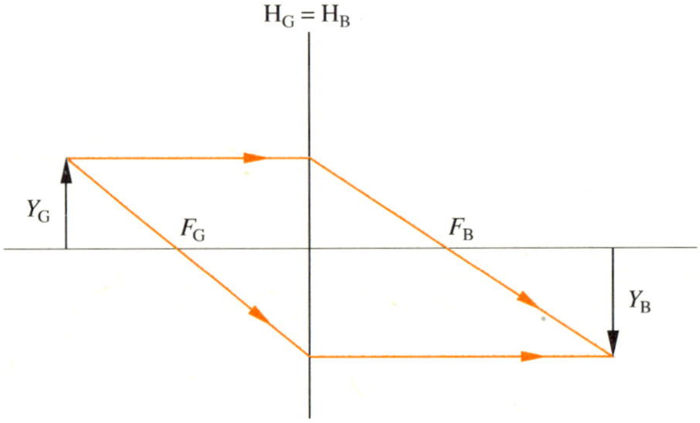

Abb. 11.28 Listingsche Bildkonstruktion für die dünne Linse

Wenn man sich auf die Behandlung dünner Linsen beschränkt, wird häufig $X_B=b$ und $X_G=-a$ gesetzt, so daß die Abbildungsgleichung (11.19a) die Form

$$\frac{1}{a}+\frac{1}{b}=\frac{1}{f} \qquad (11.19b)$$

Abbildungsgesetze für die dünne Linse (Linsenformel)

annimmt (*Linsenformel*).

Ist eine Fläche der Linse plan (z.B. $R_2 \to \infty$, $R_1 = R$), dann folgt für ihre Brennweite nach (11.11) und (11.12a)

$$f=\frac{nR}{n_L-n}, \qquad (11.19c)$$

gilt $R_1 = -R_2 = R$, so folgt

$$f=\frac{nR}{2(n_L-n)}. \qquad (11.19d)$$

11.4.2.1.3 Abbildungsgesetze des Spiegels

Reflektierende sphärische Flächen heißen *sphärische Spiegel*. Ihre Abbildungsgesetze lassen sich leicht aus (S 11.4) erkennen, wenn man die getroffene Vorzeichenkonvention beachtet. Danach muß nach erfolgter Spiegelung des Strahles die x-Achse um 180° gedreht (vgl. Abb. 11.17b), d.h. der Bild- in den Gegenstandsraum geklappt werden. Damit besitzt der Radius der reflektierenden Fläche im Gegenstands- und im Bildraum ein unterschiedliches Vorzeichen. Charakterisiert der Index G die Größen im Gegenstandsraum, der Index B die entsprechenden Größen im Bildraum, so gilt nach (S 11.4)

sphärischer Spiegel

$$n_G\left(\frac{1}{R_G}-\frac{1}{s_G}\right)=n_B\left(\frac{1}{R_B}-\frac{1}{s_B}\right)$$

oder mit $n=n_G=n_B$ und $R_G=-R_B=R$

$$\frac{1}{s_B}-\frac{1}{s_G}=-\frac{2}{R}. \tag{11.22a}$$

R_G und R_B charakterisieren die gleiche Fläche. Da nach (11.10c) dann $d=0$ gilt, fallen nach (11.20a) und (11.20b) beide Hauptpunkte des Spiegels in den Spiegelscheitel:

$$x_{1H_G}=x_{2H_B}=x_S, \tag{11.23}$$

womit unter Beachtung von (11.21a), (11.22a), (11.8a) und (11.8d)

$$\frac{1}{X_B}-\frac{1}{X_G}=\frac{1}{f}$$

mit

$$f=-\frac{R}{2} \tag{11.24a}$$

gilt. Beachtet man das mit der Reflexion verbundene Umklappen des Bildraumes in den Gegenstandsraum, so fallen nach (11.23) und (D 11.9) auch bildseitiger und gegenstandseitiger Brennpunkt in einem Punkt F zusammen. Bezieht man seine Lage auf den Gegenstandsraum, dann gilt nach (11.24a) und (D 11.8)

$$x_F=\frac{R}{2}. \tag{11.24}$$

Der Vergleich vorstehender Ergebnisse mit (S 11.5) zeigt:

Der sphärische Spiegel bildet einen Gegenstand nur im paraxialen Gebiet scharf und ähnlich ab. Bild- und gegenstandseitiger Brennpunkt fallen in einem Punkt F zusammen. Wird nach erfolgter Reflexion der Bild- in den Gegenstandsraum geklappt, so gelten die in (S 11.5) für Linsen gegebenen Abbildungsgesetze auch für den Spiegel.

(S 11.6)
Abbildungsgesetze für den sphärischen Spiegel

Sammelspiegel (Hohlspiegel) Zerstreuungsspiegel (Wölbspiegel)

Gilt $f > 0$, so nennt man den Spiegel *Sammelspiegel* (Hohlspiegel), im Fall $f < 0$ *Zerstreuungsspiegel* (Wölbspiegel). Nach (11.24a) bestimmt das Vorzeichen von R eindeutig das optische Verhalten des Spiegels ($R < 0$ Sammelspiegel, $R > 0$ Zerstreuungsspiegel). Blickt man in Richtung des einfallenden Strahles, so liegt nach (11.24) der Brennpunkt des Sammelspiegels vor der spiegelnden Fläche, der des Zerstreuungsspiegels hinter der spiegelnden Fläche (Abb. 11.29), d.h., der Brennpunkt des Sammelspiegels ist reell, der des Zerstreuungsspiegels virtuell. Alle achsenparallel einfallenden Strahlen vereinigt der Sammelspiegel im Brennpunkt. Beim Zerstreuungsspiegel schneiden sich die rückwärtigen Verlängerungen der achsenparallel eingefallenen und dann reflektierten Strahlen im Brennpunkt.

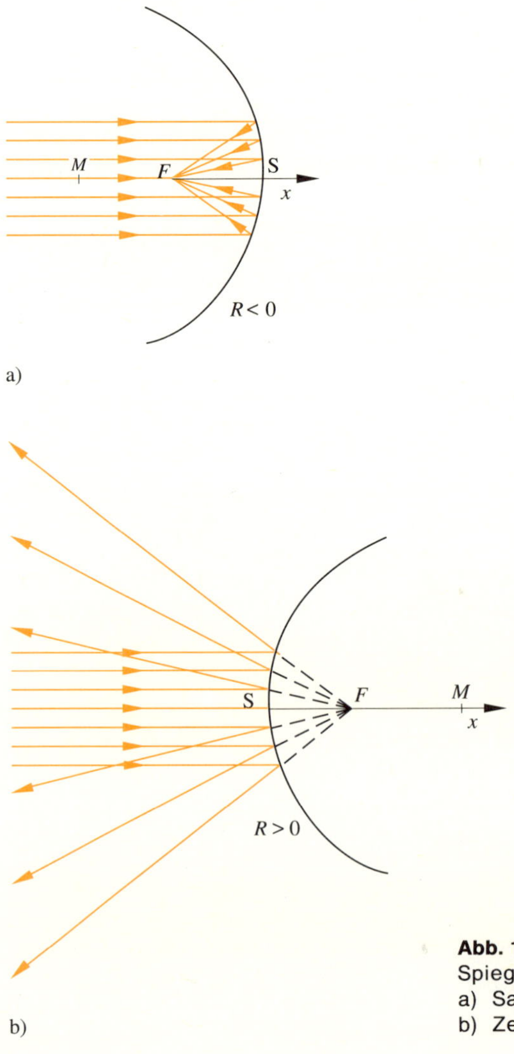

Abb. 11.29
Spiegel
a) Sammelspiegel ($R < 0$, $f > 0$)
b) Zerstreuungsspiegel ($R > 0$, $f < 0$)

Nach (S 11.6) ist auch beim Spiegel die Listingsche Bildkonstruktion anwendbar. Es muß nur beachtet werden, daß nach der Reflexion der Bild- in den Gegenstandsraum hineinzuklappen ist, bildseitige und gegenstandseitige Brenn- und Hauptpunkte damit zusammenfallen und im Gegenstandsraum die Koordinaten von Brenn- und Hauptpunkt durch (11.23) bzw. (11.24) festgelegt sind. Der Parallelstrahl im Gegenstandsraum (Strahl 1 in Abb. 11.30a) wird bis zur Hauptebene durchgezogen, im Bildraum wird dieser Strahl zum Brennpunktstrahl (1′). Beide Strahlen haben einen

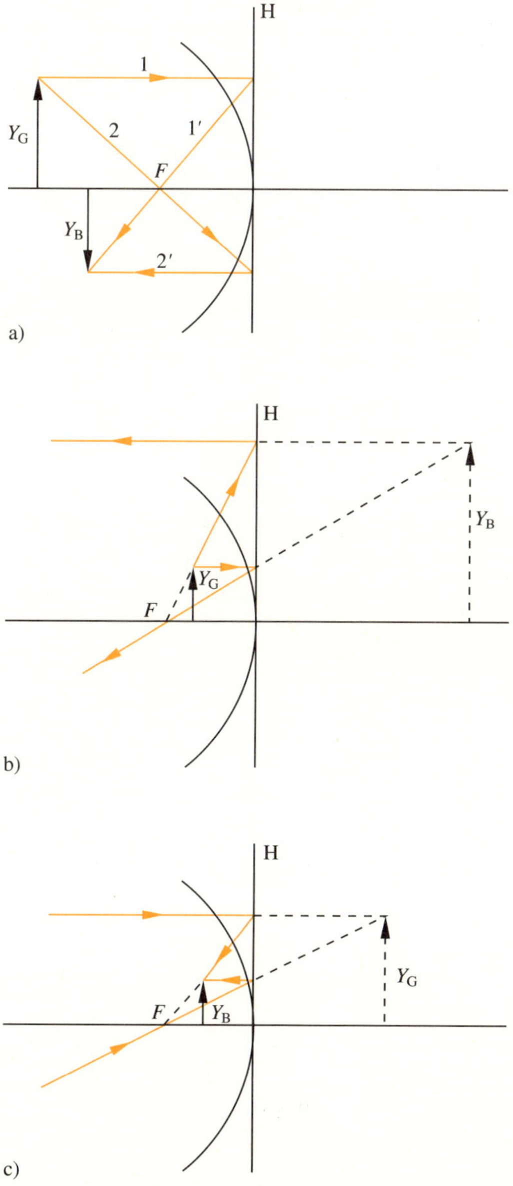

Abb. 11.30
Listingsche Bildkonstruktion für einen Sammelspiegel
a) $X_G' < 0$
b) $0 < X_G' < f$
c) $X_G' > f$

gemeinsamen Schnittpunkt mit der Hauptebene. Der Brennpunktstrahl im Gegenstandsraum (2) wird zum Parallelstrahl im Bildraum (2′). Der Schnittpunkt beider Strahlen (1′ und 2′) im Bildraum gibt den zum Gegenstandspunkt gehörigen Bildpunkt.

Abbildung 11.30 zeigt die Listingsche Bildkonstruktion für einen Sammelspiegel, Abb. 11.31 für einen Zerstreuungsspiegel.

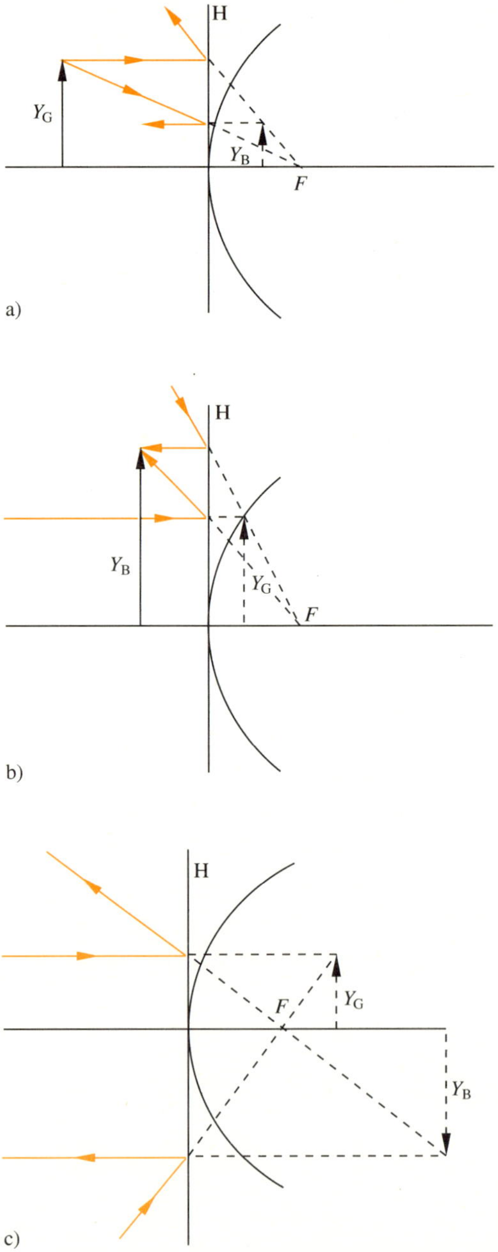

Abb. 11.31
Listingsche Bildkonstruktion für einen Zerstreuungsspiegel
a) $X_G' < f$
b) $f < X_G' < 0$
c) $X_G' > 0$

Auch für den sphärischen Spiegel läßt sich aus der grafischen Darstellung $Y_B = Y_B(X_B{}')$ eine schnelle Übersicht über die gegenseitige Lage von Gegenstand und Bild gewinnen, denn nach (S 11.6) gilt auch für den Spiegel, daß die Endpunkte der Bilder von gleichgroßen Objekten auf der Geraden

$$Y_B = -\frac{Y_G}{f}\, X_B{}'$$

gegenseitige Lage von Gegenstand und Bild für einen Sammelspiegel

liegen. Abbildung 11.32 zeigt eine entsprechende Konstruktion für einen Sammelspiegel. Nähert man den reellen Gegenstand vom Unendlichen her dem Brennpunkt des Spiegels (Gegenstandslagen 1 bis 5), so wandert das zugehörige reelle umgekehrte Bild aus dem Brennpunkt ins Unendliche (Bilder 1 bis 5). Ist die Entfernung des Gegenstandes vom Brennpunkt größer als die Brennweite des Spiegels, so liegt das verkleinerte Bild zwischen dem Krümmungsmittelpunkt des Spiegels und dem Brennpunkt. Im Krümmungsmittelpunkt des Spiegels fallen der Gegenstand und das umgekehrte, gleichgroße Bild zusammen (Gegenstandslage 2). Ist die Entfernung des Gegenstandes von der Hauptebene größer als die einfache, aber kleiner als die doppelte Brennweite (Gegenstandslagen 3 bis 5), dann erhält man ein vergrößertes Bild. Liegt der Gegenstand zwischen Brennpunkt und Hauptebene (Gegenstandslagen 6 bis 8), dann ist das zugehörige vergrößerte aufrechte Bild virtuell. Verschiebt man den Gegenstand vom Brennpunkt zum Scheitel des Spiegels, so wandert dieses Bild vom

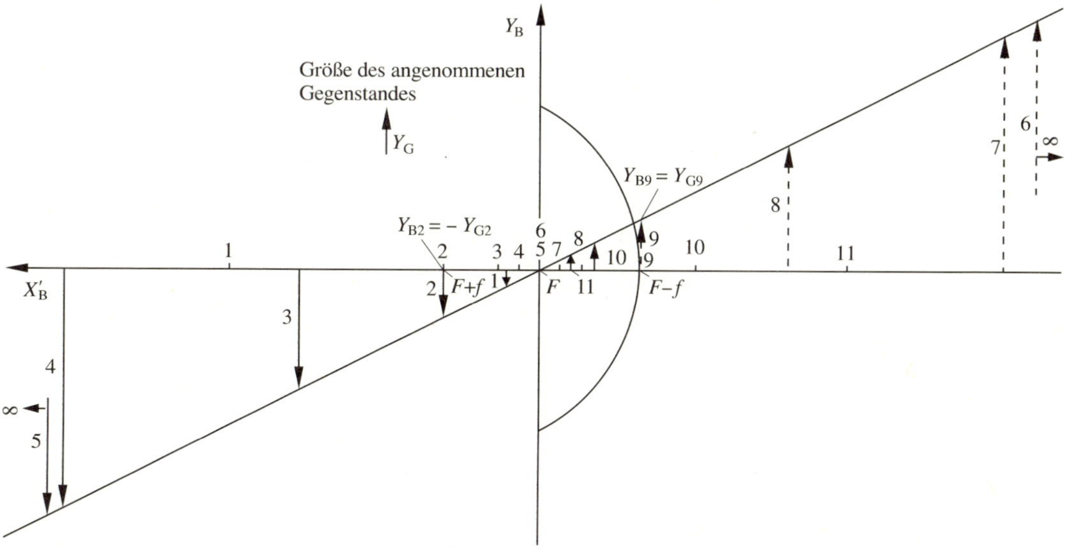

Abb. 11.32

$Y_B = -\dfrac{Y_G}{f}\, X_B{}'$ für den Sammelspiegel $\left(\dfrac{Y_G}{f} = 0{,}5\right)$

Unendlichen in den Linsenscheitel (Gegenstandslage 9). Für virtuelle Gegenstände (Gegenstandslagen 10 und 11) ergeben sich reelle aufrechte verkleinerte Bilder. Wandert der virtuelle Gegenstand ins Unendliche, so wandert das zugehörige Bild vom Linsenscheitel in den Brennpunkt.

gegenseitige Lage von Gegenstand und Bild für einen Zerstreuungsspiegel

Abbildung 11.33 zeigt die entsprechenden Verhältnisse beim Zerstreuungsspiegel. Wandert ein reeller Gegenstand aus dem Unendlichen zum Durchstoßungspunkt der optischen Achse durch den Spiegel (Gegenstandslagen 1 und 2), so wandert das zugehörige virtuelle aufrechte verkleinerte Bild aus dem Brennpunkt zum Durchstoßungspunkt der optischen Achse durch den Spiegel (Bilder 1 und 2). Im Durchstoßungspunkt fallen Gegenstand und Bild zusammen (Gegenstandslage 3 und Bild 3). Bei weiterer Annäherung an den Brennpunkt wird der jetzt virtuelle Gegenstand in ein aufrechtes vergrößertes reelles Bild abgebildet (Gegenstandslagen 4 bis 6, Bilder 4 bis 6). Nähert sich der Gegenstand dem Brennpunkt, so wandert das Bild ins Unendliche. Wird der virtuelle Gegenstand weiter vom Brennpunkt ins Unendliche verschoben (Gegenstandslagen 7 bis 11), so wandert das jetzt ebenfalls virtuelle umgekehrte Bild aus dem Unendlichen zum Brennpunkt (Bilder 7 bis 11). Im Krümmungsmittelpunkt des Spiegels fallen die Lagen von virtuellem Gegenstand und gleichgroßem umgekehrten virtuellen Bild zusammen (Bild 10).

Die Tabellen 11.1 und 11.2 bleiben damit auch für den sphärischen Spiegel gültig.

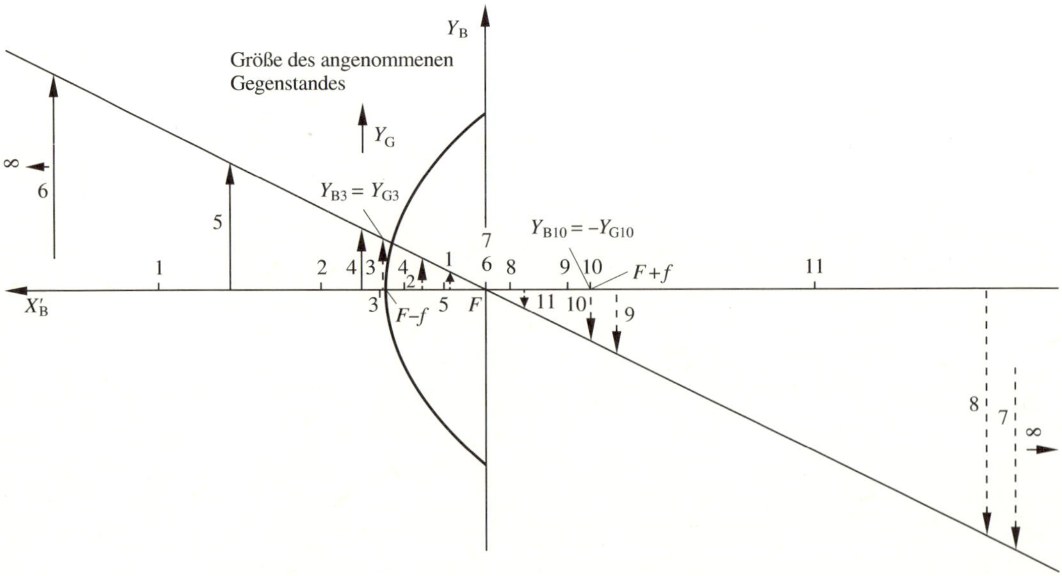

Abb. 11.33

$Y_B = -\frac{Y_G}{f} X_B'$ für den Zerstreuungsspiegel $\left(\frac{Y_G}{f} = -0{,}5\right)$

11.4.2.1.3.1 Ebener Spiegel

Eine ebene reflektierende ideal glatte Fläche heißt *ebener Spiegel*. Seine Abbildungsgesetze sind in (11.22a) als Sonderfall $R = \pm\infty$ enthalten. Mit (11.24a) und (S 11.6) folgt

ebener Spiegel

$$X_G = X_B ,$$

$$\beta = 1 .$$

Beachtet man die Vorzeichenumkehr der x-Achse beim Übergang vom Gegenstands- in den Bildraum und (11.23), dann gilt (vgl. Abb. 11.34):

> Durch einen ebenen Spiegel entsteht von einem reellen (virtuellen) Gegenstand im Abstand x_G vor dem Spiegel ein gleichgroßes aufrechtes virtuelles (reelles) Bild mit gleichem Abstand ($x_B = x_G$) hinter dem Spiegel.

(S 11.7)
Abbildungsgesetz für den ebenen Spiegel

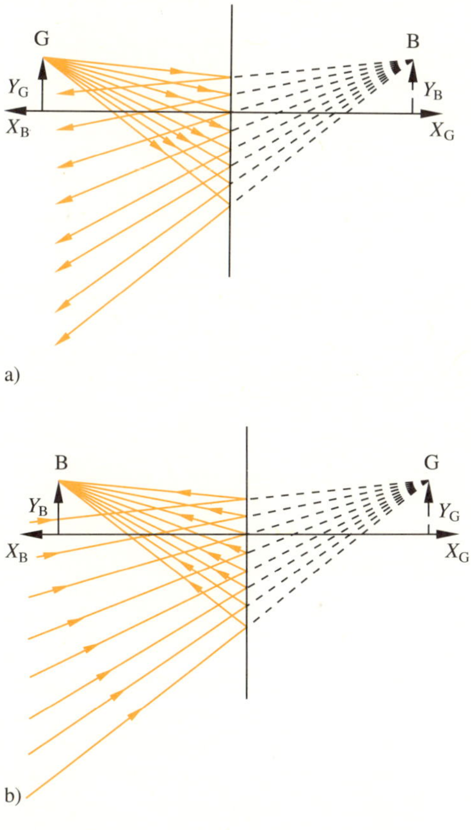

Abb. 11.34
Abbildung durch einen ebenen Spiegel
a) Abbildung eines reellen Gegenstandes ($X_G < 0$) in ein virtuelles Bild ($X_B < 0$)
b) Abbildung eines virtuellen Gegenstandes ($X_G > 0$) in ein reelles Bild ($X_B > 0$)

11.4.2.2 Abbildungsfehler

Die im Abschnitt 11.4.2.1 für sphärische Linsen und Spiegel dargelegten Abbildungsgesetze gelten bis auf die Ausnahme des ebenen Spiegels nur für den paraxialen Strahlengang. Die praktische Optik kann die für ihre Gültigkeit notwendigen Voraussetzungen nur in Näherung erfüllen, denn die abzubildenden Gegenstände besitzen eine endliche Ausdehnung und zur Abbildung wird aus Intensitäts- und Auflösungsgründen meist ein möglichst weit geöffnetes Strahlenbündel gewünscht. Die Abbildung ist dann mit Abbildungsfehlern behaftet (vgl. (D 11.3)).

Als Beispiele betrachten wir den ebenen und den sphärischen Spiegel. Der ebene Spiegel bildet den reellen (virtuellen) Gegenstandspunkt G in den virtuellen (reellen) Bildpunkt B ab (Abb. 11.34 und 11.35). Die Verbindungsgerade $\overline{GB}$ steht senkrecht auf der Spiegeloberfläche. Bild- und Gegenstandspunkt haben den gleichen Abstand vom Spiegel (vgl. (S 11.7)). Da die Lage von B unabhängig von der Größe des Einfallswinkels i_e ist, erzeugt der ebene Spiegel ein scharfes und ähnliches gleichgroßes Bild vom Gegenstand. Der Betrachter sieht dieses Bild seitenverkehrt hinter dem Spiegel.

(S 11.8) ebene Spiegel sind abbildungsfehlerfrei

Die Abbildung durch einen ebenen Spiegel ist scharf und ähnlich, sie ist abbildungsfehlerfrei.

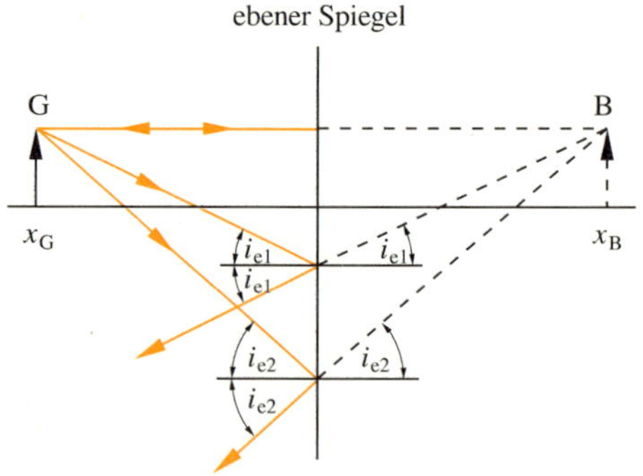

Abb. 11.35
Abbildung durch einen ebenen Spiegel außerhalb des Paraxialgebietes

Licht beliebiger Einfallshöhe falle parallel zur optischen Achse auf einen Sammelspiegel (Abb. 11.36). Nur die der optischen Achse unmittelbar benachbarten Strahlen schneiden sich im Brennpunkt. Die Schnittpunkte der anderen wandern um so mehr zur Hauptebene, je weiter die Strahlen von der optischen Achse entfernt sind. Man überzeugt sich hiervon leicht, indem man die Reflexion der einzelnen Strahlen streng mit Hilfe des Reflexionsgesetzes (S 9.2) konstruiert. Statt eines leuchtenden Punktes bekommt man ein kompliziertes rotationssymmetrisches Leuchtgebilde, dessen Spitze im Brennpunkt des Spiegels liegt. Seine Hüllfläche heißt *Kaustik*.

Kaustik

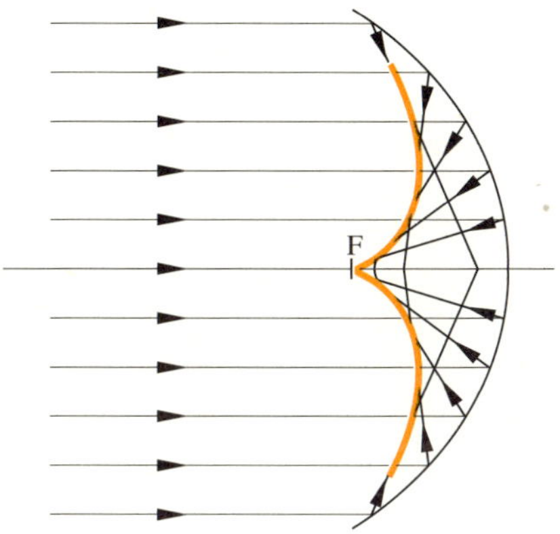

Abb. 11.36
Kaustik des sphärischen Spiegels

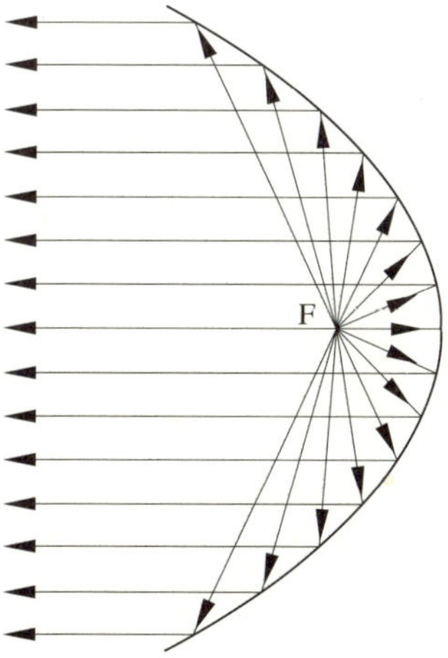

Abb. 11.37
Parabolischer Sammelspiegel (punktförmige Lichtquelle befindet sich im Brennpunkt des Spiegels)

Wird die Einzellinse durch ein System von Linsen ersetzt, so kann durch geeignete Formgebung, durch entsprechende Wahl der Brechzahlen und der Abstände der Einzellinsen eine Teilkompensation der Abbildungsfehler der Einzellinsen erreicht werden (*korrigiertes Linsensystem*).

korrigiertes Linsensystem

Für spezielle optische Probleme ist die Verwendung von asphärischen Flächen weitaus günstiger. Beim sphärischen Spiegel entsteht die Kaustik dadurch, daß die weiter außen einfallenden Strahlen durch die Reflexion eine zu große Ablenkung erfahren. Durch eine geeignetere Formgebung des Spiegels muß also dieser Abbildungsfehler korrigierbar sein. Man erreicht das, indem man die reflektierende Kugeloberfläche durch ein Rotationsparaboloid ersetzt (*parabolischer Sammelspiegel*). Befindet sich im Brennpunkt des Parabolspiegels eine punktförmige Lichtquelle, so reflektiert der Spiegel ein paralleles Lichtbündel (Prinzip des Scheinwerfers, siehe Abb. 11.37).

parabolischer Sammelspiegel

11.4.2.2.1 Abbildungsfehler 3. Ordnung

Die vorstehend diskutierten Abbildungsgesetze setzen bis auf die des ebenen Spiegels den paraxialen Strahlengang voraus, für den nach (D 11.5) so kleine Gegenstandshöhen und Öffnungswinkel vorausgesetzt werden, daß die Reihenentwicklungen für $\sin x$ und $\tan x$ nach dem linearen Glied abgebrochen werden können. Läßt man größere Gegenstandshöhen bzw. Öffnungswinkel zu, dann erfordert dies die Berücksichtigung weiterer Glieder in diesen Reihenentwicklungen. Die dadurch von den Gesetzen des paraxialen Strahlenganges gegebenen Abweichungen, d.h. die Abbildungsfehler, werden nach der höchsten noch berücksichtigten Potenz in diesen Reihenentwicklungen eingeteilt (Abbildungsfehler 3. Ordnung, 5. Ordnung usf.). Wir wollen uns hier auf die Diskussion der Abbildungsfehler 3. Ordnung beschränken.

Klassifizierung der Abbildungsfehler

(D 11.9) Abbildungsfehler dritter Ordnung

Werden im Gebiet des geometrisch-optischen Strahlenganges Gegenstandshöhen und Bündelöffnungen von einer Größe zugelassen, die sowohl für alle Einfalls-, Reflexions- und Brechungswinkel i als auch für alle Öffnungswinkel u die Berücksichtigung der Glieder bis einschließlich 3. Ordnung in den Reihenentwicklungen der trigonometrischen Funktionen verlangen, d.h., wird gegenüber dem paraxialen Strahlengang die geometrisch-optische Abbildung auf das Gebiet

$$\cos u = 1 - \frac{u^2}{2},$$

$$\cos i = 1 - \frac{i^2}{2},$$

$$\sin u = u - \frac{u^3}{6},$$

$$\sin i = i - \frac{i^3}{6}$$

erweitert, so heißen die hierdurch bedingten Abweichungen vom paraxialen Strahlengang Abbildungsfehler dritter Ordnung.

Im folgenden sollen die möglichen Abbildungsfehler dritter Ordnung kurz erläutert werden. Hierzu wird angenommen, daß vom Gegenstandspunkt $G(x_G, Y_G)$ mit dem Abstand Y_G von der optischen Achse ein Strahlenbündel vom Öffnungswinkel u_G ausgeht. Die möglichen Abbildungsfehler diskutieren wir bezüglich ihrer Abhängigkeit von $u_G^a\, Y_G^b$, wobei entsprechend (D 11.9) $a + b = 3$ gilt. Demzufolge gibt es vier Abbildungsfehler 3. Ordnung. Sie werden nachfolgend diskutiert.

11.4.2.2.1.1 Öffnungsfehler

Die Anwendung des Brechungsgesetzes auf den Strahlenverlauf in sphärischen Linsen führt in Analogie zur Reflexion an sphärischen Spiegeln für verschiedene Abstände der einfallenden Strahlen vom Linsenscheitelpunkt zu unterschiedlichen Schnittweiten. Statt eines der paraxialen Näherung entsprechenden Bildpunktes führt die Abbildung deshalb zu einem Bildscheibchen vom Radius

$$r \sim u_G^3 . \tag{11.25}$$

Die Proportionalitätskonstante ist durch die Konstruktionsdaten der Linse bzw. des Spiegels eindeutig festgelegt. Der Radius des Bildscheibchens ist proportional zu u_G^3, d.h. proportional der dritten Potenz der Öffnung des Strahlenbündels (*Öffnungsfehler*). Da (11.25) von Y_G unabhängig ist, tritt der Öffnungsfehler als einziger der Abbildungsfehler dritter Ordnung auch für Gegenstandspunkte auf der optischen Achse auf. Schneiden sich die Randstrahlen des Bündels bei größeren Werten x_B als die Paraxialstrahlen, so bezeichnet man den Öffnungsfehler als *positiv*, sonst als *negativ*. Die Brechkraft von Linsen ist für achsenferne Strahlen größer als für Paraxialstrahlen. Bei Sammellinsen liegt der Schnittpunkt der achsenfernen Strahlen deshalb zu kleineren x hin (negativer Öffnungsfehler) und bei Zerstreuungslinsen zu größeren x hin verschoben (positiver Öffnungsfehler, siehe Abbildung 11.38). Durch eine geeignete Kombination von Linsen mit positivem und negativem Öffnungsfehler läßt dieser sich für das Gesamtsystem wesentlich vermindern (*Bildfehlerkorrektur*).

Öffnungsfehler

positiver Öffnungsfehler

negativer Öffnungsfehler

Bildfehlerkorrektur

Man beachte, daß alle hier diskutierten Abbildungsfehler gemeinsam auftreten, es also vielfach nicht ausreicht, das optische System nur hinsichtlich seines Öffnungsfehlers zu korrigieren.

11.4.2.2.1.2 Koma

Ein von einem Gegenstandspunkt außerhalb der optischen Achse ausgehendes Lichtbündel kann die Linse nicht symmetrisch zur optischen Achse durchlaufen. Die unterschiedliche Brechkraft der verschiedenen Linsenzonen führt dann dazu, daß dem Gegenstandspunkt kein exakter Bildpunkt zugeordnet werden kann, sondern statt dessen ein kometenschweifartiges Gebilde entsteht (*Koma*). Die Symmetrieachse der Koma liegt in der Y-Achse (Abb. 11.39). Die Länge der Komafigur ergibt sich zu

Koma

$$l \sim u_G^2 Y_G , \tag{11.26a}$$

der Radius R des größten Kreises zu

$$R = \frac{1}{3} l . \tag{11.26b}$$

Damit beträgt der Winkel zwischen den die Komafigur einschließenden Geraden 60°. Die Proportionalitätskonstante ist durch die Konstruktionsdaten der Linse festgelegt. Nach (11.26a) verschwindet die Koma für axiale Gegenstandspunkte ($Y_G = 0$).

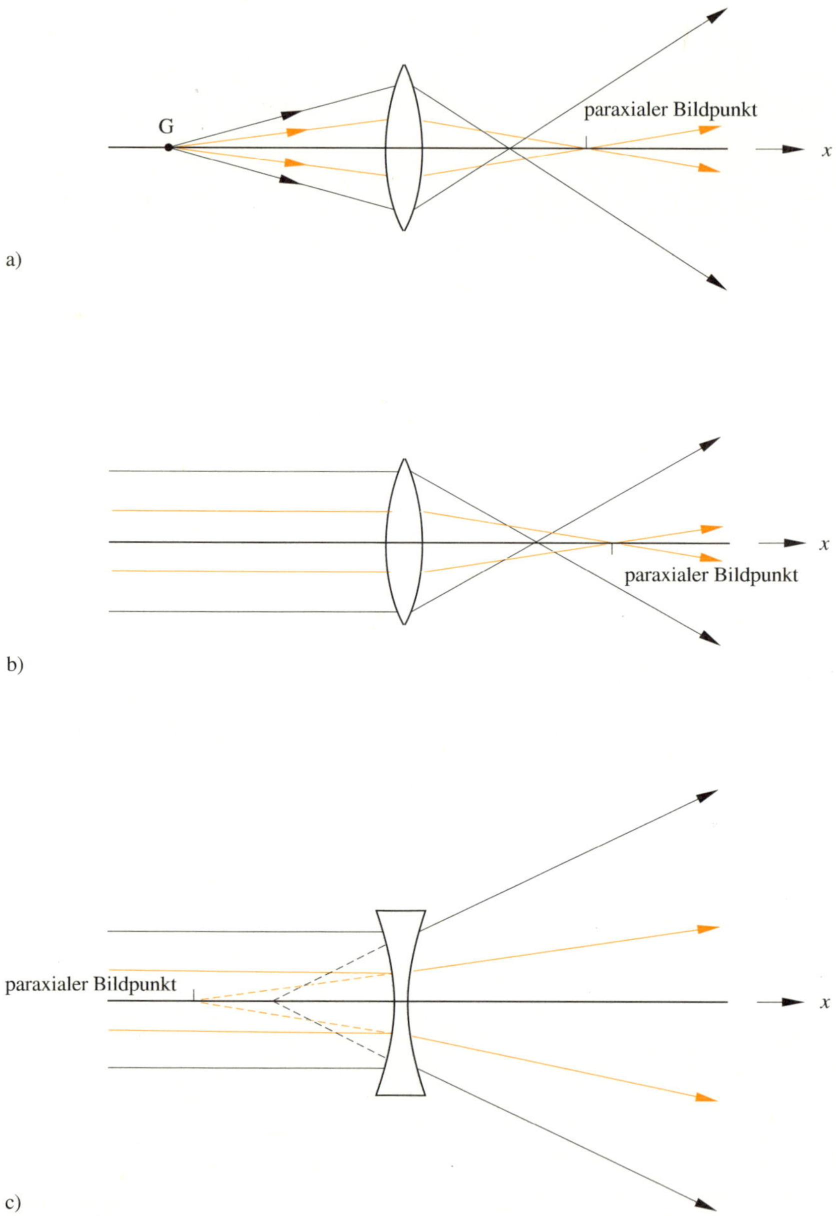

Abb. 11.38
Öffnungsfehler
a) Öffnungsfehler für einen Gegenstandspunkt auf der optischen Achse
b) negativer Öffnungsfehler
c) positiver Öffnungsfehler

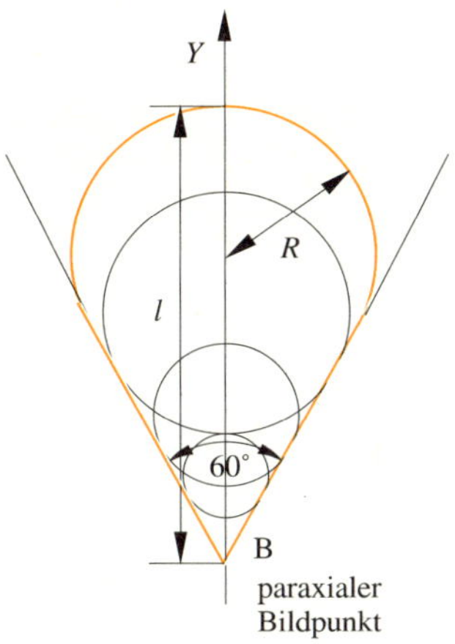

Abb. 11.39 Koma

11.4.2.2.1.3 Astigmatismus und Bildfeldwölbung

Die die optische und die Y-Achse enthaltende Ebene heißt *Meridionalebene,* die auf ihr senkrecht stehende, ebenfalls die optische Achse enthaltende Ebene *Sagittalebene* des optischen Systems. Wir betrachten in der Sagittal- und Meridionalebene wenig gegenüber einem Bezugsstrahl (*Hauptstrahl*) geneigte Strahlen. Die Gesamtheit der in der Meridional- bzw. Sagittalebene liegenden Strahlen wird als Meridional- bzw. Sagittalbüschel bezeichnet. Für außeraxiale Gegenstandspunkte werden Meridional- und Sagittalbüschel in unterschiedlichen Punkten auf dem Bezugsstrahl vereinigt (*meridionaler* und *sagittaler Bildpunkt* in Abb. 11.40). Beim meridionalen Bildpunkt wird das sagittale Büschel auf der gekrümmten *meridionalen Bildfeldschale* in einen Strich (*sagittale Bildlinie*) abgebildet. Das meridionale Büschel vereinigt sich auf der ebenfalls gekrümmten *sagittalen Bildfeldschale* in der *meridionalen Bildlinie* (siehe Abb. 11.40). Die sich entsprechenden meridionalen und sagittalen Bildpunkte sind Punkte auf den jeweiligen Bildfeldschalen. Ihr Abstand heißt astigmatische Differenz, der dadurch bedingte Abildungsfehler *Astigmatismus* oder Zweischalenfehler. Bildet man z.B. ein Kreuz ab, dann werden bei Vorliegen eines astigmatischen Fehlers die beiden Kreuzbalken an verschiedenen Orten scharf abgebildet.

Im allgemeinen sind die Krümmungen beider Bildfeldschalen unterschiedlich. Bedeuten R_m und R_s die Krümmungsradien von meridionaler und sagittaler Bildfeldschale, so definiert man die mittlere *Bildfeldwölbung* $\bar{R}$ durch

$$\frac{1}{\bar{R}}=\frac{1}{2}\left(\frac{1}{R_m}+\frac{1}{R_s}\right). \qquad (11.27a)$$

Meridionalebene des optischen Systems
Sagittalebene des optischen Systems
Hauptstrahl
meridionaler Bildpunkt
sagittaler Bildpunkt
meridionale Bildfeldschale
sagittale Bildlinie
sagittale Bildfeldschale
meridionale Bildlinie
Astigmatismus
Bildfeldwölbung

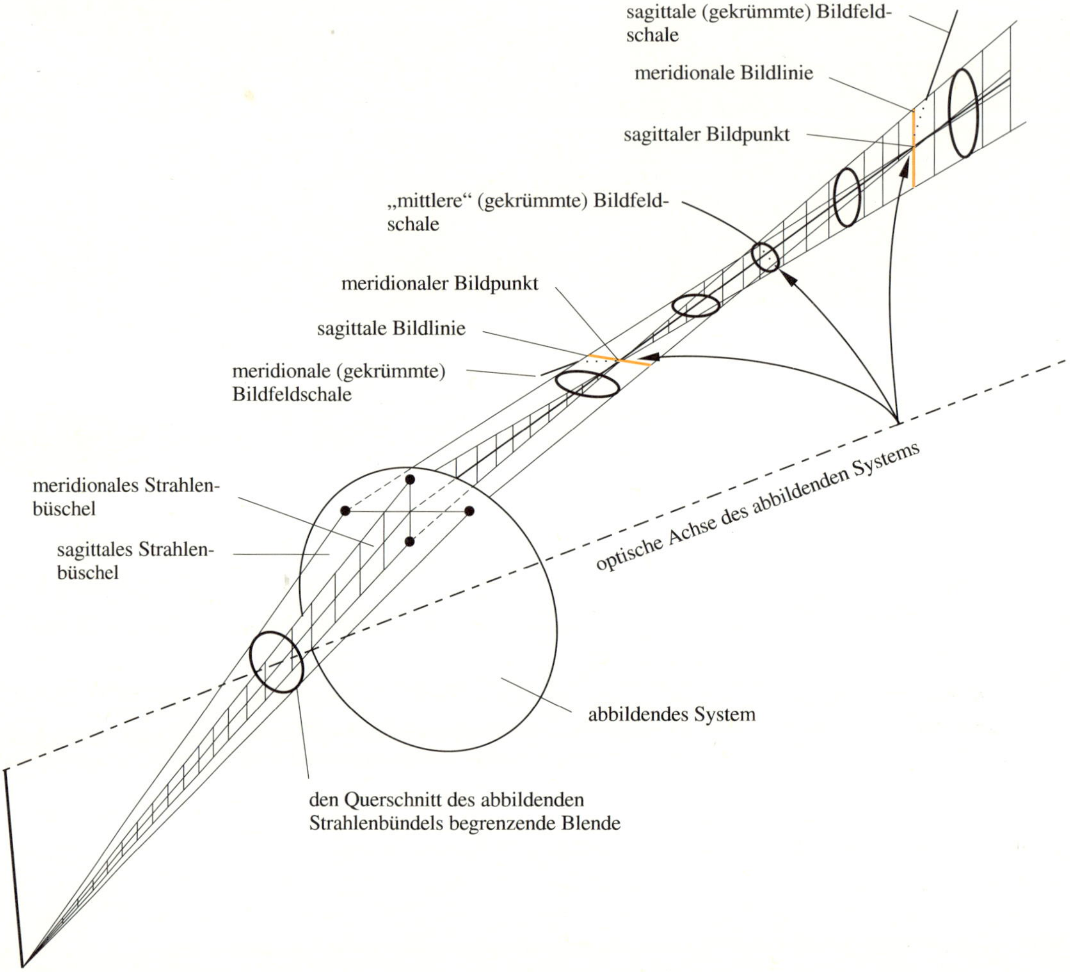

Abb. 11.40 Astigmatismus und Bildfeldwölbung

Auf die zugehörige mittlere Bildfeldschale wird der Gegenstandspunkt als Kreis vom Radius

$$r \sim u_G Y_G^2 \tag{11.27b}$$

abgebildet. Die Proportionalitätskonstante ist durch die Linsendaten bestimmt. Nach (11.27b) besitzen axiale Gegenstandspunkte keinen Astigmatismus.

Bildfeldwölbung und Astigmatismus sind unabhängig voneinander und somit einzeln korrigierbar.

11.4.2.2.1.4 Verzeichnung

Man spricht bei der optischen Abbildung von *Verzeichnung*, wenn ein Gegenstandspunkt zwar wie im Paraxialgebiet wieder in einem Punkt scharf abgebildet wird, Bild und Gegenstand aber nicht mehr ähnlich zueinander sind. Die Ursache der Verzeichnung ist, daß der Abbildungsmaßstab vom Abstand des Gegenstandspunktes von der optischen Achse abhängt. Ist Y_B die Bildgröße des paraxialen Gegenstandes Y_G und $Y_B{}^*$ die des endlichen Gegenstandes $Y_G{}^*$, dann gilt

Verzeichnung

$$Y_B{}^* - Y_B = C\, Y_G{}^{*3}. \qquad (11.28)$$

Für $C > 0$ rücken im umgekehrten Bild wegen $\beta = \frac{Y_B}{Y_G} < 0$ die achsenfernen Punkte näher an die optische Achse (*tonnenförmige Verzeichnung*, Abb. 11.41 b), für $C < 0$ entfernen sie sich von ihr (*kissenförmige Verzeichnung*, Abb. 14.41 c).

tonnenförmige Verzeichnung
kissenförmige Verzeichnung

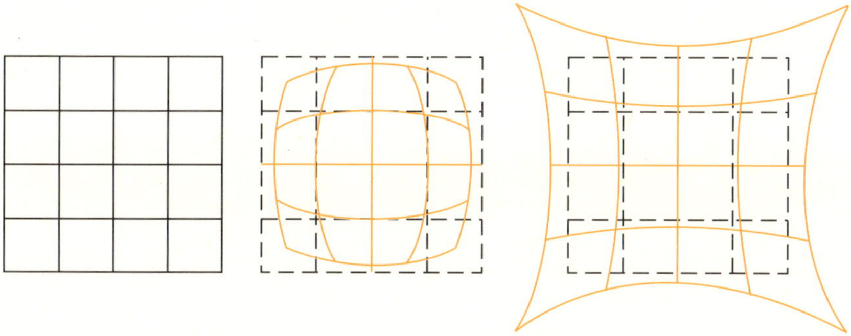

a) b) c)

Abb. 11.41
Verzeichnung
a) Testgegenstand
b) tonnenförmige Verzeichnung
c) kissenförmige Verzeichnung

11.4.2.2.2 Farbfehler

Für vorstehende Überlegungen zu den Abbildungsgesetzen wurde monochromatisches Licht vorausgesetzt. Bildet man dagegen einen Gegenstand durch weißes Licht ab, so werden als Folge der Dispersion des Lichtes die den verschiedenen Farben entsprechenden Strahlen unterschiedlich gebrochen (Abb. 11.42), Bildort und Abbildungsmaßstab werden zusätzlich von der Wellenlänge des zur Abbildung benutzten Lichtes abhängig (*Farbfehler*).

Farbfehler

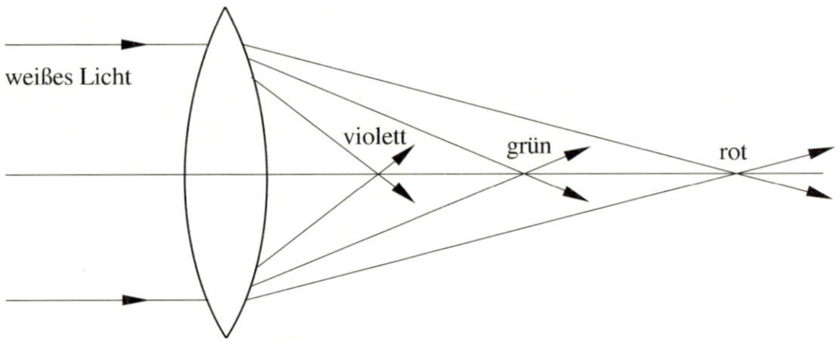

Abb. 11.42 Zur Entstehung des Farbfehlers

Zur Abschätzung des Farbfehlers betrachten wir eine dünne Linse in Luft ($n=1$). Entsprechend (11.12a) ist ihre Brechkraft wellenlängenabhängig. Speziell folgt für die drei zur Definition der Abbeschen Zahl β (vgl. (11.5 b)) verwendeten Wellenlängen

$$D_{656} = (n_{L_{656}} - 1)\left(\frac{1}{R_1} - \frac{1}{R_2}\right), \tag{11.29a}$$

$$D_{589} = (n_{L_{589}} - 1)\left(\frac{1}{R_1} - \frac{1}{R_2}\right), \tag{11.29b}$$

$$D_{486} = (n_{L_{486}} - 1)\left(\frac{1}{R_1} - \frac{1}{R_2}\right) \tag{11.29c}$$

und somit für die Brechzahldifferenz des roten und blauen Anteiles

$$\Delta D = D_{486} - D_{656} = (n_{L_{486}} - n_{L_{656}})\left(\frac{1}{R_1} - \frac{1}{R_2}\right) = \frac{n_{L_{486}} - n_{L_{656}}}{n_{L_{589}} - 1} D_{589}$$

und mit (11.5b) und (11.11)

$$\Delta D = \frac{1}{\beta f_{589}}. \tag{11.29}$$

Die Abbesche Zahl stellt ein unmittelbares Maß für die Größe ΔD dar. ΔD verschwindet mit $\beta \to \infty$, Linsen aus Kronglas besitzen demzufolge einen kleineren Farbfehler als Linsen aus Flintglas.

Korrektur des Farbfehlers

Soll durch eine weitere Linse der Farbfehler korrigiert, d. h. ΔD kompensiert werden, so muß nach (11.29) zwischen den Brennweiten und den Abbeschen Zahlen der Einzellinsen näherungsweise (d. h., wenn die beiden Hauptebenen der Linsen zusammenfallen) die Beziehung

$$\frac{\beta_1}{\beta_2} = -\frac{f_{2_{589}}}{f_{1_{589}}} \tag{11.30a}$$

bestehen. Da für optische Gläser stets $\beta > 0$ gilt (normale Dispersion), kann die Farbfehlerkorrektur nur durch Kombination einer Sammel- und einer Zerstreuungslinse erfolgen. Weiter müssen im hier betrachteten Fall Gläser unterschiedlicher Abbescher Zahlen gewählt werden, da sonst

$f_1 = -f_2$, d.h. die Brechkraft des Systems verschwindet. Besitzen dagegen die Hauptebenen beider Linsen den nicht zu vernachlässigenden Abstand d, dann gilt (wie man leicht aus den Abbildungsgesetzen der dünnen Linsen erkennt) statt (11.30a)

$$\frac{\beta_1}{\beta_2} = -\frac{f_{2_{589}} - d}{f_{1_{589}} - d}\,. \tag{11.30}$$

Beide Linsen können dann aus dem gleichen Material gefertigt werden, zwischen dem Abstand ihrer Hauptebenen und den Brennweiten besteht die Beziehung

$$d = \frac{f_{1_{589}} + f_{2_{589}}}{2}\,.$$

Wird gleichzeitig noch der Öffnungsfehler bezüglich der Wellenlänge $\lambda = 589$ nm korrigiert, spricht man von einem *Achromaten*.

Achromat

11.4.3 Blenden

Die Leistungsfähigkeit eines optischen Systems wird nicht nur durch die Bildfehlerkorrektur der zur Abbildung verwendeten Linsen oder Linsensysteme bestimmt, sondern sie hängt auch maßgeblich von der richtigen Auswahl und Anordnung der den Strahlenverlauf begrenzenden Vorrichtungen (*Blenden*) ab. Der Bau eines blendenfreien optischen Systems ist unmöglich, da zumindest die Linsenbegrenzungen (-fassungen) als Blenden wirken.

Blenden

Die Wirkung einer Blende auf die Abbildungseigenschaften eines optischen Systems hängt entscheidend von ihrer Anordnung im Strahlengang ab. Wir wollen uns nachfolgend auf die Diskussion von zwei wichtigen Blendentypen, der Öffnungsblende und der Gesichtsfeldblende, beschränken.

11.4.3.1 Öffnungsblende

Die *Öffnungsblende* bestimmt die Bildhelligkeit. Zum Verständnis ihrer Wirkung wird Abb. 11.43a betrachtet. Der axiale Gegenstandspunkt wird in den axialen Bildpunkt abgebildet. Die Öffnungsblende ÖB begrenzt den Öffnungswinkel des abbildenden Strahlenbündels. Das Bild, das die der Öffnungsblende nachfolgenden abbildenden Flächen von ihr entwerfen, heißt *Austrittspupille* AP. Das Bild, das die vor ihr stehenden abbildenden Flächen im Gegenstandsraum von ihr entwerfen, heißt *Eintrittspupille* EP.

Öffnungsblende

Austrittspupille

Eintrittspupille

Um die Wirkungsweise der Öffnungsblende darzustellen, sind in Abbildung 11.43 die Randstrahlen des Strahlenbündels eingezeichnet, das zur Abbildung des Gegenstandes beiträgt. Die zur Konstruktion des Bildpunktes B und der Bilder AP und EP der Öffnungsblende notwendigen Strahlen wurden der Übersichtlichkeit wegen weggelassen.

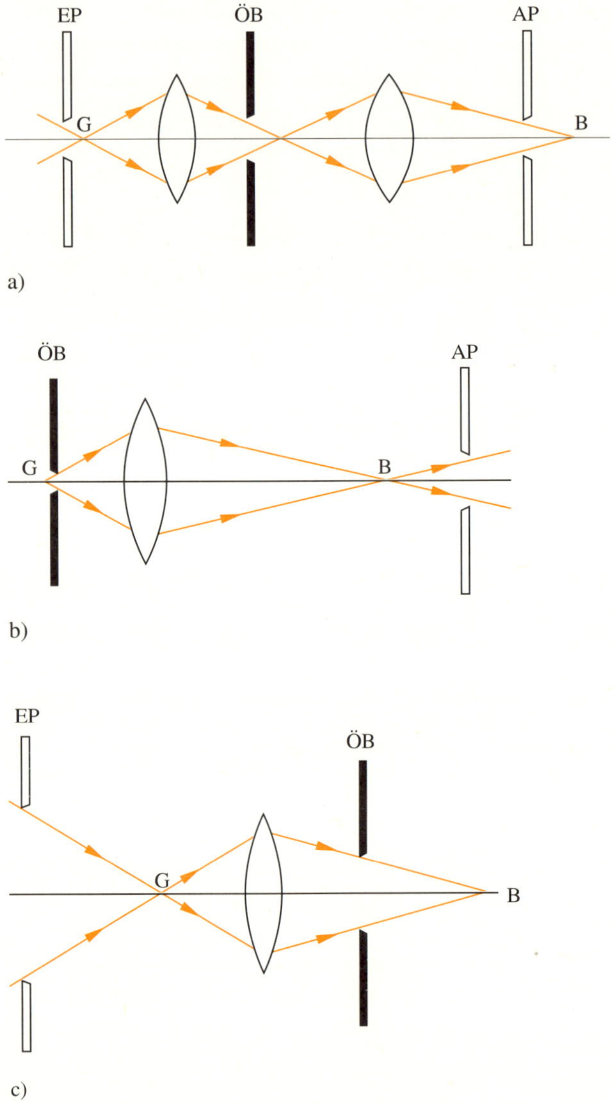

Abb. 11.43
Öffnungsblende
a) Eintrittspupille EP, Öffnungsblende ÖB, Austrittspupille AP
b) Öffnungsblende ist zugleich Eintrittspupille
c) Öffnungsblende ist zugleich Austrittspupille

Besteht das System aus nur einer Linse (oder aus nur einem verkitteten Linsensystem), so fallen Eintrittspupille und Öffnungsblende (Abb. 11.43 b) oder Austrittspupille und Öffnungsblende zusammen (Abb. 11.43c).

Die Eintrittspupille bestimmt den maximalen gegenstandseitigen, die Austrittspupille den maximalen bildseitigen Öffnungswinkel. Eine bekannte Öffnungsblende ist die Blende im Fotoapparat.

11.4.3.2 Gesichtsfeldblende

Gesichtsfeldblende

Die *Gesichtsfeldblende* bestimmt den Bereich eines ausgedehnten Gegenstandes, der durch das optische System abgebildet wird. Ihre Wirkungsweise ist aus Abb. 11.44a ersichtlich. Der transparente Gegenstand G werde durch eine punktförmige Lichtquelle L beleuchtet und durch die Linse als Bild B abgebildet. Die in der Bildebene angeordnete Blende GB begrenzt das von L ausgehende und zur Abbildung beitragende Lichtbündel, dessen Randstrahlen in der Abbildung eingezeichnet sind. Es wird also nur der Gegenstandsbereich abgebildet, den dieses Lichtbündel durchsetzt. Die Blende wirkt als Gesichtsfeldblende.

Abbildung 11.44b zeigt eine erweiterte Anordnung. Dabei wurde an die Stelle des Schnittpunktes der abbildenden Lichtstrahlen mit der optischen Achse eine Öffnungsblende angeordnet, deren Eintrittspupille nun als Lichtquelle aufgefaßt werden kann. Damit kann die Betrachtung auch auf selbstleuchtende Gegenstände erweitert werden. Jeder im Gesichtsfeld liegende Gegenstandspunkt sendet dann ein Strahlenbündel aus, von dem ein Strahl (*Hauptstrahl*) die optische Achse in der Ebene der Öffnungsblende schneidet und bei Annahme einer punktförmigen Blendenöffnung als einziger zur Abbildung des betreffenden Gegenstandspunktes beiträgt. Außerdem enthält Abbildung 11.44b eine zweite abbildende Linse. Der durch sie abgebildete Gegenstandsbereich kann dann mit Hilfe der Gesichtsfeldblende in der Bildebene der ersten Linse scharf begrenzt werden.

Das Bild, das die der Gesichtsfeldblende nachfolgenden abbildenden Flächen von ihr entwerfen, heißt *Austrittsluke* AL, und das Bild, das die vor ihr stehenden abbildenden Flächen im Gegenstandsraum von ihr entwerfen, *Eintrittsluke* EL. Besteht das System aus nur einer Linse (oder aus nur einem verkitteten Linsensystem), so fallen Eintrittsluke und Gesichtsfeldblende (Abb. 11.44c) oder Austrittsluke und Gesichtsfeldblende zusammen (Abb. 11.44d).

Austrittsluke
Eintrittsluke

11.4.3.3 Zusammenwirken mehrerer Blenden

In den Abbildungen 11.44b bis 11.44d befindet sich die Öffnungsblende am Ort eines reellen Bildes der Lichtquelle, die Gesichtsfeldblende am Ort des reellen Zwischenbildes des Gegenstandes. Durch diese Blendenanordnung wird gewährleistet, daß beide Blenden unabhängig voneinander den Strahlengang beeinflussen. Die Öffnungsblende bestimmt die Helligkeit des Bildes, die Gesichtsfeldblende den abzubildenden Gegenstandsbereich.

Bei beliebiger Anordnung mehrerer Blenden kann dagegen die Beeinflussung des Strahlenganges durch die verschiedenen Blenden unterschiedlich und nicht mehr unabhängig voneinander sein. Dies ist zum Beispiel bei der in Abb. 11.45 gegebenen Blendenanordnung der Fall. Die Blende B_1 gibt die Blendenwirkung der Linsenfassung wieder. Außerdem befindet sich an einem beliebigen Ort vor der Linse eine zweite Blende B_2. Für die im Intervall $-Y_1 \leqq Y \leqq Y_1$ liegenden Gegenstandspunkte wirkt B_2 als Öff-

Abschattung des Bildes durch falsche Blendenanordnung

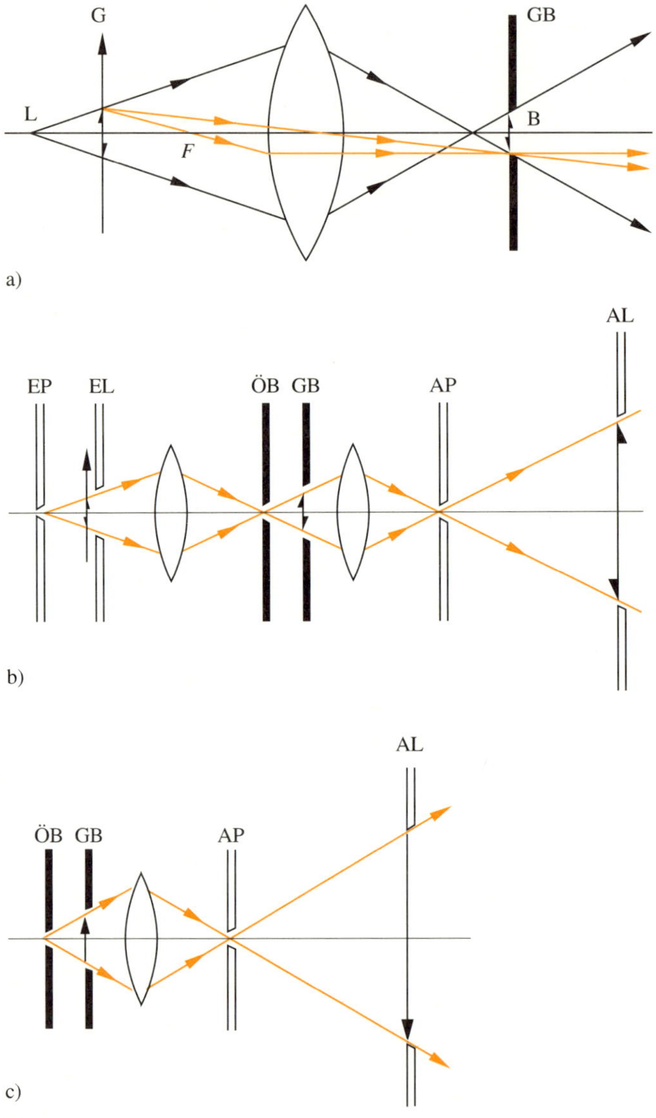

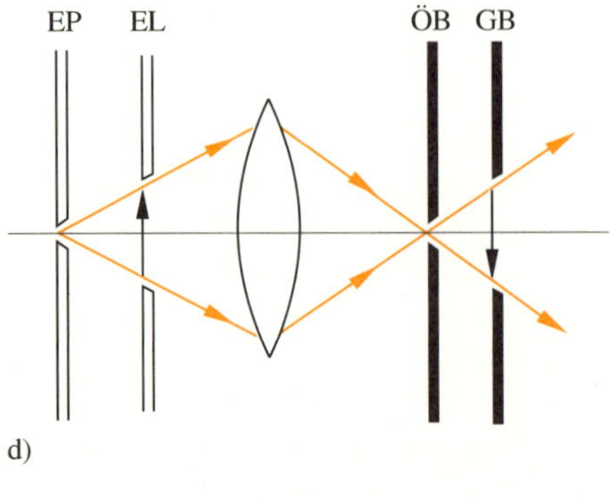

Abb. 11.44
Gesichtsfeldblende
a) Gesichtsfeldblende in der Bildebene
b) Eintrittsluke EL, Gesichtsfeldblende GB, Austrittsluke AL
c) Gesichtsfeldblende ist zugleich Eintrittsluke
d) Gesichtsfeldblende ist zugleich Austrittsluke

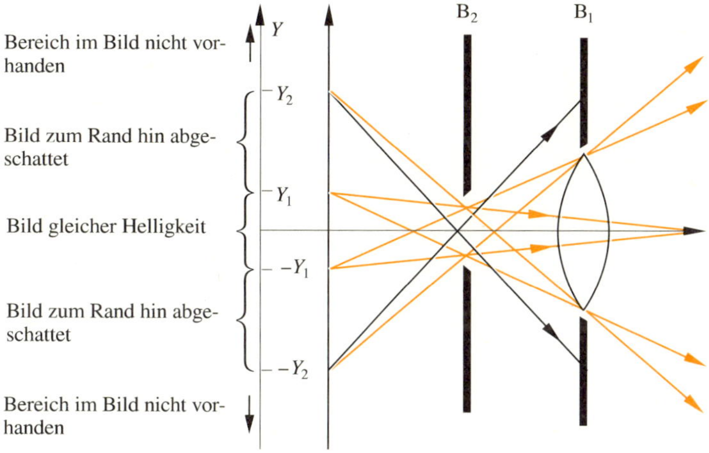

Abb. 11.45 Wirkung von zwei Blenden beliebiger Lage auf den Strahlengang

nungsblende, denn alle durch sie hindurchgehenden Strahlen passieren auch die Blende B_1, d.h. die Linse. Das zugehörige Bild ist gleichmäßig hell.

Für Gegenstandspunkte im Intervall $|Y_1| \leqq Y < |Y_2|$ wirken beide Blenden gemeinsam strahlbegrenzend. Die Öffnung des Bündels und damit die Helligkeit des Bildes werden durch die Anordnung und Größe von zwei Blenden bestimmt. Je mehr sich der abzubildende Gegenstandspunkt dem Wert $|Y_2|$ nähert, um so weniger Strahlen können die Blenden B_1 und B_2 passieren. Das zugehörige Bild ist zum Rand hin abgeschattet. Für $|Y| > |Y_2|$ wirkt B_1 als Gesichtsfeldblende. Dieser Gegenstandsbereich wird nicht mehr abgebildet.

11.4.4 Optische Vorrichtungen

11.4.4.1 Auge

Aufbau des menschlichen Auges

Einen Schnitt durch das menschliche Auge zeigt Abb. 11.46a. Die mit einer farblosen Flüssigkeit gefüllte vordere Augenkammer wird von der durchsichtigen gekrümmten Hornhaut und von der Iris (Regenbogenhaut) begrenzt. Durch eine Öffnung der Iris (Pupille) fällt das Licht auf die Augenlinse. Die Krümmung der Augenlinse und damit ihre mittlere Brechzahl sind innerhalb bestimmter Grenzen veränderlich; oberhalb einer bestimmten Mindestentfernung von Gegenstand und Auge kann daher der Gegenstand scharf betrachtet werden.

Im Ruhezustand bildet die Augenlinse den unendlich fernen Gegenstand in ein reelles umgekehrtes Bild auf die Netzhaut ab (Abb. 11.46b). Diese ist mit einer großen Zahl lichtempfindlicher Detektoren (Stäbchen (ca.

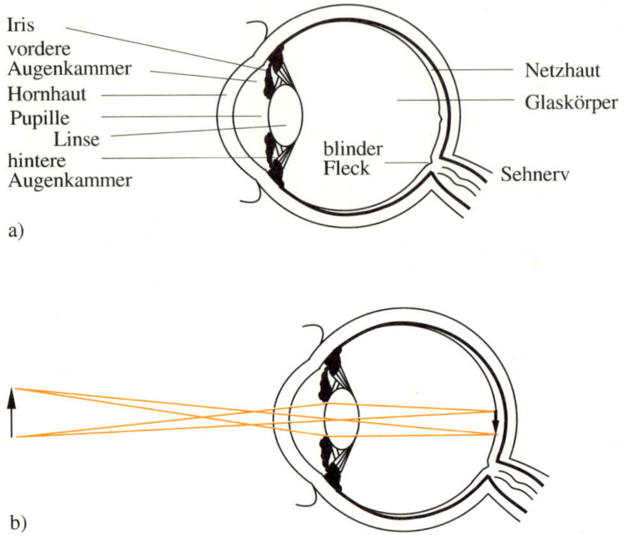

Abb. 11.46
Menschliches Auge
a) Schnitt
b) Strahlengang

$1{,}3 \cdot 10^8$) und Zäpfchen (ca. $7 \cdot 10^6$)) überzogen. Die in ihnen vom Licht hervorgerufenen Reize leitet der Sehnerv ins Gehirn.

Auflösungsgrenze des Auges

Die Beugung des Lichtes an der Augenpupille bestimmt den Mindestabstand, den zwei Gegenstandspunkte haben müssen, um noch getrennt wahrgenommen zu werden. Für die Auflösungsgrenze des menschlichen Auges folgt aus (10.36) mit Abb. 11.47 und $n_G = 1$

$$w_{\min} = \frac{0{,}61\,\lambda}{R} \tag{11.31a}$$

und mit dem Pupillenradius $R = 1{,}5\text{ mm} = 1{,}5 \cdot 10^{-3}\text{ m}$ und $\lambda = 550\text{ nm} = 5{,}5 \cdot 10^{-7}\text{ m}$ (maximale Augenempfindlichkeit)

$$w_{\min} = \frac{0{,}61 \cdot 5{,}5 \cdot 10^{-7}}{1{,}5 \cdot 10^{-3}}\text{ rad} = 2{,}3 \cdot 10^{-4}\text{ rad} = 48''\,. \tag{11.31b}$$

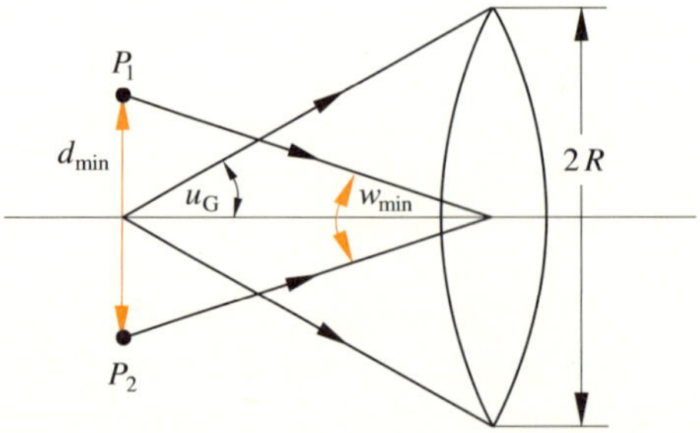

Abb. 11.47
Zur Auflösungsgrenze des Auges

Auf Grund seines Aufbaues sieht das menschliche Auge zwei Punkte nur dann getrennt, wenn sie unter einem Winkel $w > 1'$ erscheinen. Dies bedeutet, daß in der deutlichen Sehweite (Abstand Gegenstand–Auge beträgt 25 cm) zwei Punkte mindestens 0,04 mm voneinander getrennt sein müssen, um noch getrennt wahrnehmbar zu sein. Zum Vergleich sei angegeben, daß die Sonne einem irdischen Betrachter unter einem Winkel von 32′ erscheint.

Ein normalsichtiger Mensch kann Gegenstände ab ca. 8 cm Entfernung (Nahpunkt) bis zu unendlich großen Entfernungen scharf betrachten. Der Gegenstandsabstand 25 cm heißt deshalb *deutliche Sehweite* s_0, weil etwa in dieser Entfernung ein Gegenstand mit der geringsten Anstrengung für das Auge betrachtet werden kann.

deutliche Sehweite s_0

Die Einstellung des Auges auf verschieden weit entfernte Gegenstände bezeichnet man als seine *Akkommodation*. Bei Akkommodation auf den unendlich fernen Punkt beträgt die Brechkraft des Auges ca. $D_\infty = 60$ dptr. Gegenüber D_∞ kann das Auge seine Brechkraft maximal um die Anpassungsbreite ΔD auf $D = D_\infty + \Delta D$ erhöhen. Die Anpassungsbreite des menschlichen Auges nimmt mit zunehmendem Alter ab, d.h., bei älteren Menschen liegt der Nahpunkt wesentlich weiter als 8 cm vom Auge entfernt (Tab. 11.3).

Akkommodation des menschlichen Auges

Tabelle 11.3
Nahpunkt s und Anpassungsbreite ΔD des menschlichen Auges in Abhängigkeit vom Alter

Alter a	ΔD dptr	s cm
10	14	6,5
15	12,5	7,5
20	11	8–12
25	10	13
30	9	14–15
40	6	20–30
50	2	60–100

Die Anpassung der Netzhaut an die Lichtintensität heißt *Adaptation*. Beim hell adaptierten Auge wirken die Zäpfchen, beim dunkel adaptierten Auge (Beleuchtungsstärken $< 10^{-3}$ cd m^{-2}, vgl. Abschn. 12.3) die Stäbchen als Detektoren. Die Stäbchen sind wesentlich lichtempfindlicher als die Zäpfchen, tragen aber zur Farbempfindung nichts bei. Daher kann das dunkel adaptierte Auge nur hell-dunkel Unterschiede, aber keine Farbunterschiede registrieren.

Adaptation des menschlichen Auges

spektraler Hellempfindlichkeitsgrad des menschlichen Auges

Abbildung 11.48 zeigt den relativen *spektralen Hellempfindlichkeitsgrad* $\frac{V_\lambda}{V_{\lambda\,max}}$ des menschlichen Auges. Im Jahre 1924 wurde an Hand umfangreicher experimenteller Untersuchungen $V_\lambda = f(\lambda)$ international für den „Normalbeobachter" festgelegt. Für das hell adaptierte Auge liegt die maximale Empfindlichkeit bei $\lambda_{max} = 555$ nm, d.h. im grünen Farbbereich. Für kleine Intensitäten (dunkel adaptiertes Auge) verschiebt sich der spektrale Empfindlichkeitsgrad in Richtung kleinerer Wellenlängen. Das Empfindlichkeitsmaximum liegt dann bei ca. 510 nm.

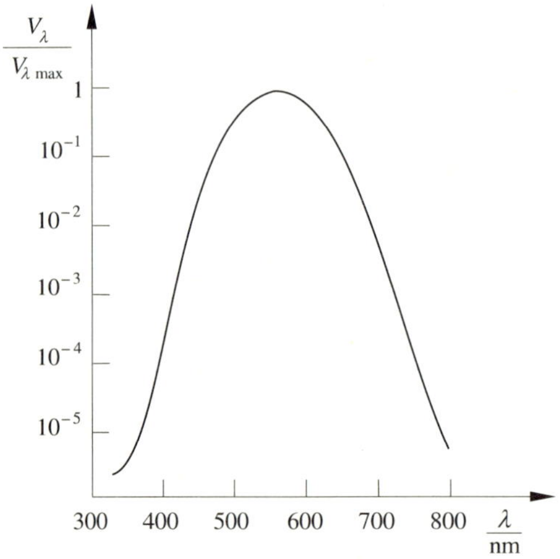

Abb. 11.48
Relativer spektraler Hellempfindlichkeitsgrad des Normalbeobachters

Im Empfindlichkeitsmaximum kann das Auge Intensitäten bis zu $5 \cdot 10^{-13}$ Wm^{-2} registrieren. Wird noch die zugehörige Pupillenfläche von angenähert $5 \cdot 10^{-5}\ m^{-2}$ beachtet, so kann man die Empfindlichkeit unseres Auges abschätzen: es vermag Strahlungsleistungen bis herab zu ca. $3 \cdot 10^{-17}$ W, d.h. einen Strom von noch 100 Photonen (siehe Bd. III) pro Sekunde wahrzunehmen. Es besitzt damit eine Empfindlichkeit, die z.Zt. von keinem technischen Lichtdetektor erreicht wird.

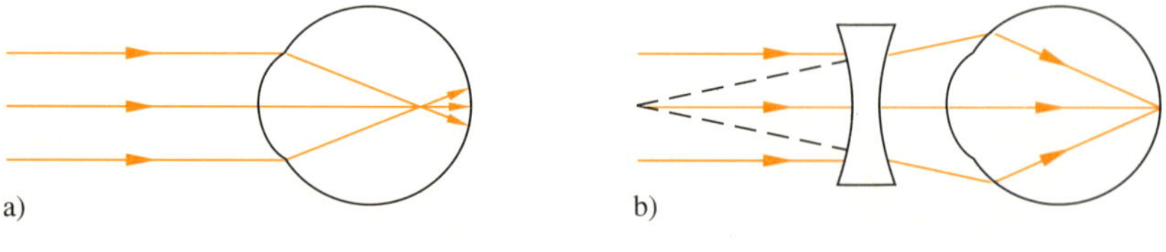

Abb. 11.49
Kurzsichtigkeit
a) Strahlengang bei Kurzsichtigkeit
b) Korrektur der Kurzsichtigkeit durch eine Zerstreuungslinse

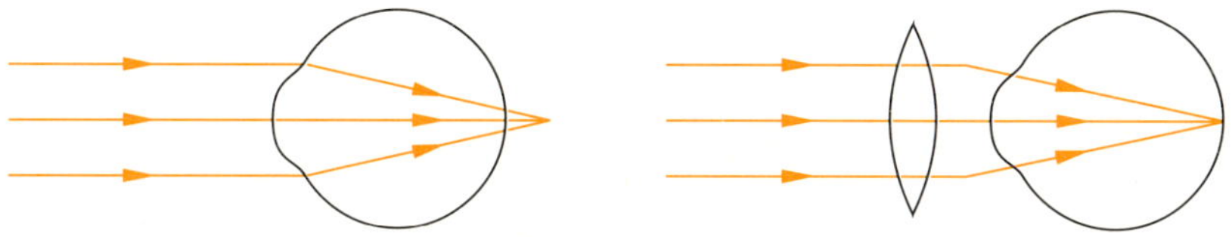

a) b)

Abb. 11.50
Weitsichtigkeit
a) Strahlengang bei Weitsichtigkeit
b) Korrektur der Weitsichtigkeit durch eine Sammellinse

Liegt das Bild des unendlich fernen Gegenstandes vor der Augennetzhaut (Abb. 11.49), so spricht man von *Kurzsichtigkeit*, liegt es hinter der Netzhaut, von *Weitsichtigkeit* (Abb. 11.50). Innerhalb bestimmter Grenzen ist die Kurzsichtigkeit durch eine Zerstreuungslinse (Abb. 11.49 b), die Weitsichtigkeit durch eine Sammellinse (Abb. 11.50 b) korrigierbar.

Kurzsichtigkeit
Weitsichtigkeit

Zur Korrektur von Kurz- und Weitsichtigkeit

11.4.4.2 Lupe

Die *Lupe* ist ein sehwinkelvergrößerndes optisches Instrument. Sie besteht aus einer Sammellinse kleiner Brennweite ($f \ll s_0$). Der zu betrachtende Gegenstand liegt entweder in der Brennebene der Lupe (sein virtuelles Bild liegt dann im Unendlichen, vgl. Tab. 11.2) oder so zwischen Hauptebene und Brennpunkt, daß sein virtuelles Bild in der deutlichen Sehweite liegt.

Lupe

Ohne Instrument erscheint der im Abstand s_0 befindliche Gegenstand unter dem Sehwinkel w_0 (vgl. Abb. 11.51). Liegt der gleiche Gegenstand in der Brennebene der Lupe, dann sieht das Auge das ankommende Licht so, als ob es von einem im Unendlichen liegenden Gegenstand käme. Die Augenlinse bildet das im Unendlichen liegende virtuelle Bild als reelles Bild auf die Netzhaut ab (in Abb. 11.51 b nicht mitgezeichnet). Für kleine Objekte ($\tan w \approx w$) gilt

$$w = \frac{Y_G}{f}, \qquad (11.32a)$$

$$w_0 = \frac{Y_G}{s_0}, \qquad (11.32b)$$

woraus mit (D 11.4) als Lupenvergrößerung

$$v_{L\infty} = \frac{s_0}{f} \qquad (11.32c)$$

Lupenvergrößerung (virtuelles Bild im Unendlichen)

folgt.

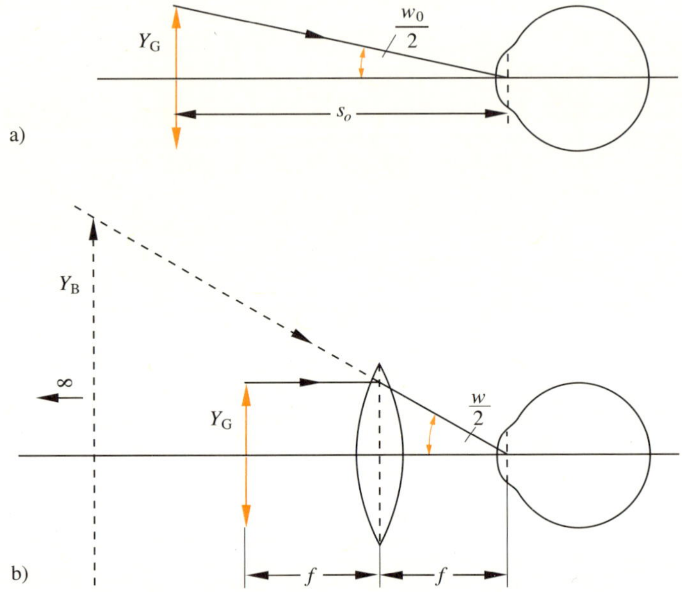

Abb. 11.51
Zur Lupe
a) Sehwinkel ohne Lupe
b) Sehwinkel mit Lupe. Der Gegenstand steht in der Brennebene der Lupe

Liegt das virtuelle Bild nicht im Unendlichen, sondern in der deutlichen Sehweite, dann gilt statt (11.32a) mit der Bildgröße Y_B

$$w = \frac{Y_B}{s_0} \tag{11.32d}$$

und mit (D 11.6), (11.32b), (D 11.5), (S 11.5) und $X_B = -s_0$ für die zugehörige Vergrößerung

$$v_{Ls_0} = \frac{\frac{Y_B}{s_0}}{\frac{Y_G}{s_0}} = \frac{Y_B}{Y_G} = \frac{X_B}{X_G} = -\frac{s_0}{X_G}$$

oder, da sich nach (11.19a) weiter

$$-\frac{1}{X_G} = \frac{1}{f} + \frac{1}{s_0} = \frac{s_0 + f}{f s_0}$$

ergibt,

Lupenvergrößerung (virtuelles Bild in der deutlichen Sehweite)

$$v_{Ls_0} = \frac{s_0 + f}{f}. \tag{11.32e}$$

Ist wie angenommen $f \ll s_0$, so stimmen $v_{L\infty}$ und v_{Ls_0} praktisch überein. Mit Lupen lassen sich Vergrößerungen bis etwa $v = 30$ erreichen.

11.4.4.3 Kondensoren

Wir betrachten Abbildung 11.52a. Der Gegenstand Y_G (z. B. ein Diapositiv) soll durch die Linse auf einen Schirm projiziert werden. Die möglichst punktförmige Lichtquelle bildet die Öffnungsblende und Eintrittspupille, die Linsenfassung die Gesichtsfeldblende, Austritts- und Eintrittsluke des optischen Systems (vgl. Abb. 11.44a). Der Gesamtgegenstand kann nur dann abgebildet werden, wenn die Gesichtsfeldblende, d. h. die Abbildungslinse, in ihren Abmessungen größer als der abzubildende Gegenstand gewählt wird. Da abbildende Linsen eine gute Bildfehlerkorrektur aufweisen müssen, ist eine derartige Lösung ökonomisch ungangbar. Deshalb wird die Lichtquelle durch eine zusätzliche Linse K (*Kondensor*) zwischen Lampe und Gegenstand auf die Abbildungslinse abgebildet. Dann wirkt die Abbildungslinse nicht mehr als Gesichtsfeldblende, sondern als Aus- Kondensor

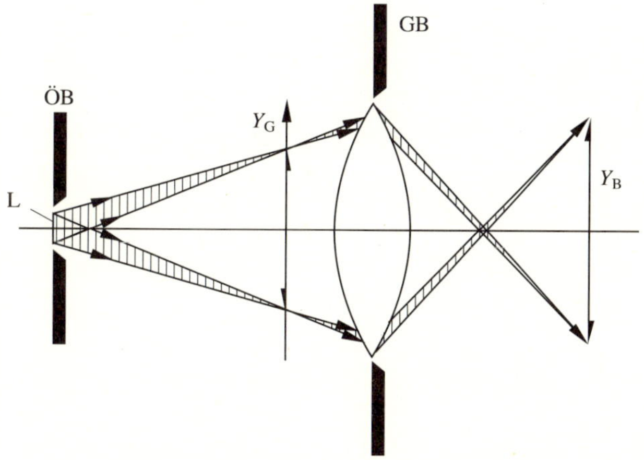

a)

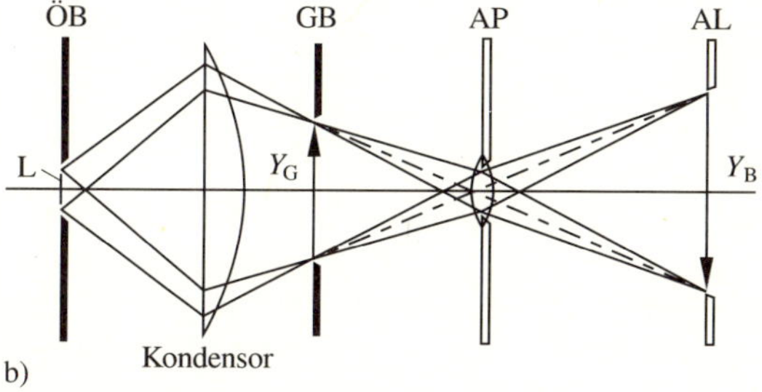

b)

Abb. 11.52
Zur Wirkungsweise des Kondensors
a) Abbildung ohne Kondensor
b) Abbildung mit Kondensor

trittspupille (Abb. 11.52b). Sie kann klein gewählt werden. Der Rand des Gegenstandes wird zur Gesichtsfeldblende, der Gegenstand selbst durch den Kondensor gleichmäßig ausgeleuchtet. Da der Kondensor die Lichtquelle in die Abbildungslinse und nicht in den Gegenstand abbildet, kann deren Struktur (z. B. die der Glühwendel) die Abbildung nicht beeinflussen.

11.4.4.3.1 Köhlersche Beleuchtungsmethode

Köhlersche Beleuchtungsmethode

August Karl Johann Valentin Köhler (1866–1948)

Irisblende

Zusätzlich zu den Funktionen eines Kondensors beim Diaprojektor wird z. B. in der Mikroskopie noch die stetige Regelung der Helligkeit und des Ausschnittes des abzubildenden Gegenstandes gewünscht. Man kann das durch Anwendung der *Köhlerschen Beleuchtungsmethode* erreichen. Diese ermöglicht die gleichmäßige Ausleuchtung und scharfe Begrenzung des gewünschten Gegenstandsbereiches bei stetiger und voneinander unabhängiger Einstellbarkeit der Helligkeit und des Gesichtsfeldes. Benutzt werden zwei Kondensoren und zwei regelbare Blenden (*Irisblenden*). Der Kondensor K_1 (vielfach auch *Kollektor* genannt) bildet die Lichtquelle in den Kondensor K_2 ab (vgl. Abb. 11.53). Die am Ort von K_2 befindliche Blende ÖB regelt die Helligkeit, die Blende GB am Ort K_1 bestimmt das Gesichtsfeld. Der Kondensor K_2 bildet den Kollektor in den Gegenstand Y_G ab.

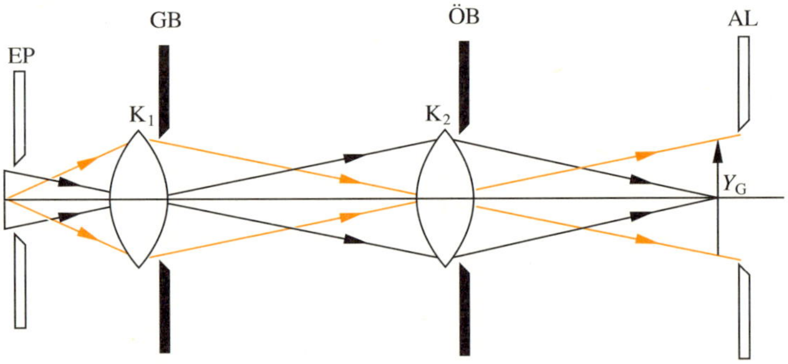

Abb. 11.53 Köhlersche Beleuchtungsmethode

11.4.4.4 Mikroskop

Mikroskop

Objektiv, Okular

Zwischenbild

Tubuslänge

Eine wesentlich stärkere Vergrößerung als mit der Lupe erzielt man mit dem *Mikroskop* (Abb. 11.54). Angewendet wird eine zweistufige Abbildung. Die Linse Ob (*Objektiv*) entwirft vom Gegenstand ein vergrößertes umgekehrtes reelles Bild (*Zwischenbild*). Dieses wird mit einer Lupe Ok (*Okular)* betrachtet. Der Abstand des bildseitigen Brennpunktes des Objektivs vom gegenstandseitigen Brennpunkt des Okulars ist eine apparative Konstante und heißt *Tubuslänge t* des Mikroskopes.

Um ein möglichst großes reelles Zwischenbild zu erzielen, wird der Abstand des Gegenstandes von der gegenstandseitigen Hauptebene des Objektivs wenig größer als die Brennweite $f_{Ob} > 0$ gewählt (vgl. Gegenstandslage 5 in Abb. 11.26). Die Lage des Okulars wird so festgelegt, daß entweder das Zwischenbild in seine Brennebene fällt (das virtuelle Bild des Zwischenbildes liegt im Unendlichen und wird mit auf Unendlich akkommodiertem Auge betrachtet, vgl. Abb. 11.51b) oder das virtuelle Bild in der deutlichen Sehweite betrachtet werden kann (Abb. 11.54).

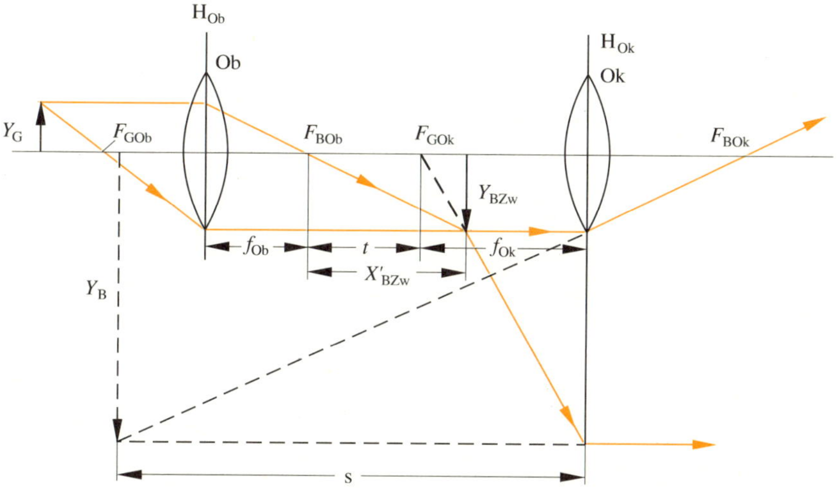

Abb. 11.54
Listingsche Bildkonstruktion für das Mikroskop bei Voraussetzung dünner Linsen. Je mehr das Zwischenbild Y_{BZw} dem gegenstandseitigen Brennpunkt F_{GOk} des Okulars genähert wird, um so größer wird der Abstand s

Liegt das Zwischenbild in der Brennebene des Okulars, so gilt $X'_{BZw} = t$ und somit nach (11.18) für den Betrag des Abbildungsmaßstabes des Zwischenbildes

$$|\beta_{Zw}| = \frac{t}{f_{Ob}} . \tag{11.33}$$

Die Vergrößerung des Mikroskops beträgt mit $f_{Ok} > 0$ als Brennweite des Okulars nach (11.33) und (11.32c)

$$v_M = |\beta_{Zw}|\, v_{L\infty} = \frac{t\, s_0}{f_{Ob} f_{Ok}} . \tag{11.34}$$

Vergrößerung des Mikroskopes

Betrachtet man das virtuelle Bild in der deutlichen Sehweite, so bleibt auch dann, da $X'_{BZw} \approx t$ und $f_{Ok} \ll s_0$ gilt, (11.34) gültig.

Aus beugungstheoretischen Betrachtungen folgt nach (10.36) für die Auflösungsgrenze des Mikroskopes

Auflösungsgrenze des Mikroskopes

$$d_{\min} = \frac{0{,}610\,\lambda_V}{n_G\ \sin u_G}$$

(λ_V Vakuumwellenlänge des abbildenden Lichtes, n_G Brechzahl und u_G Öffnungswinkel des Lichtes im Gegenstandsraum). $A = n_G \sin u_G$ wird als *numerische Apertur des Mikroskopes* bezeichnet.

numerische Apertur

Moderne Mikroskope besitzen numerische Aperturen von etwa 1,6. Hierzu ist notwendig, daß der Gegenstand nicht in Luft, sondern in ein strukturloses Medium (*Immersionsflüssigkeit*) möglichst hoher Brechzahl eingebettet wird (*Immersionsmikroskop*). Eine geeignete Immersionsflüssigkeit ist Monobromnaphthalin. Das Auflösungsvermögen beträgt dann $d_{\min} = 0{,}4\,\lambda$, d.h., mit grünem Licht ($\lambda = 550$ nm) lassen sich demzufolge höchstens Strukturabstände von $d_{\min} = 220$ nm auflösen. Kleinere Strukturen sind im Bild nicht mehr wahrnehmbar. Es ist daher sinnlos, optische Mikroskope mit $v_M > 10^3$ zu bauen. Die Vergrößerung $v_{Mf} = 10^3$ wird als *förderliche Vergrößerung* des Mikroskopes bezeichnet.

Immersionsmikroskop

förderliche Vergrößerung

Eine umfassende beugungstheoretische Begründung der Bildentstehung im Mikroskop gab 1873 ABBE. Um das Grundsätzliche seiner Überlegungen zu erkennen, denken wir uns den abzubildenden Gegenstand als Strichgitter. Auf dieses Gitter falle senkrecht eine monochromatische ebene Welle. Die Anordung entspricht damit der Beobachtung der Fraunhoferschen Beugung (Abschnitt 10.2.3). Mit dem vom Gitter gebeugten Licht erzeugt das Objektiv in seiner Brennebene ein Beugungsbild der unendlich entfernten Lichtquelle, das sich in die verschiedenen Ordnungen untergliedert (vgl. (S 10.9)). ABBE nannte dieses Beugungsbild das *primäre Bild*.

primäres Bild

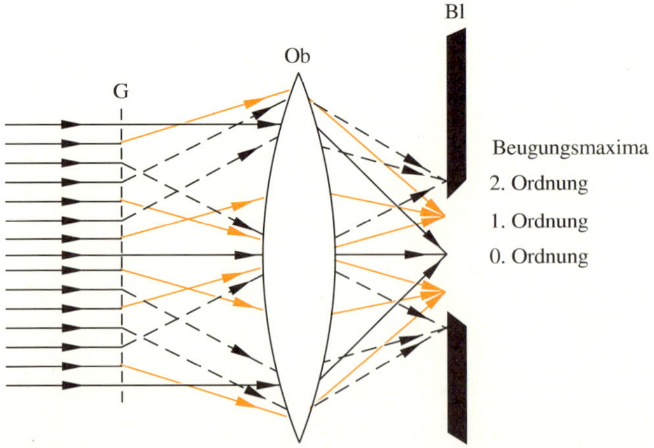

Abb. 11.55
Zur Entstehung des primären Bildes beim Mikroskop. In der bildseitigen Brennebene des Objektives Ob entsteht das Beugungsbild des Gitters G. Die Blende Bl schneidet aus dem Beugungsbild alle Beugungsmaxima von höherer als 1. Ordnung heraus

Dessen Entstehung ist in Abbildung 11.55 dargestellt. Beim Gitterspektrografen (vgl. Abb. 10.17) wird dieses Beugungsbild auf einem Schirm aufgefangen. Im Mikroskop jedoch läuft das Licht weiter und erzeugt entsprechend den Abbildungsgesetzen für Linsen im Bildraum des Objektivs ein reelles Zwischenbild des Gegenstandes, d.h. des Gitters. ABBE bezeichnete dieses Bild als *sekundäres Bild* und erkannte, daß es durch interferenzmäßige Überlagerung der die verschiedenen Bereiche des primären Beugungsbildes hervorrufenden Lichtwellen zustande kommt, daß also die Strukturen des sekundären Bildes denen des abzubildenden Gegenstandes um so ähnlicher werden, je unverfälschter und vollständiger das Licht vom primären Bild zum sekundären Bild gelangt. Dies ist sofort verständlich, denn das Licht wird am Gegenstand gebeugt, das Beugungsbild muß damit alle Informationen über die Strukturen des Gegenstandes enthalten.

sekundäres Bild

Einfluß des primären Bildes auf das sekundäre

Um im Bild eine Struktur des Gegenstandes nachweisen zu können, muß vom Mikroskop mindestens das Beugungsmaximum 1. Ordnung erfaßt werden. Zum Beweis dieser Aussage wollen wir zeigen, daß dann die Auflösungsgrenze des Mikroskopes gerade der Gitterkonstanten entspricht. Nach (S 10.9) wird das Beugungsmaximum erster Ordnung in der Richtung

$$\sin\alpha_1 = \frac{\lambda_G}{g}$$

beobachtet. Wird entsprechend (10.38) die Wellenlänge λ_G im Gegenstandsraum durch die Vakuumwellenlänge λ_V ersetzt, so erhält man

$$\sin\alpha_1 = \frac{\lambda_V}{n_G g}. \qquad (11.35a)$$

Da nach Voraussetzung das Mikroskop nur das nullte und erste Beugungsmaximum erfassen soll, ist α_1 der gegenstandseitige Öffnungswinkel u_G und damit die Gitterkonstante darstellbar durch

$$g = \frac{\lambda_V}{n_G \sin u_G}. \qquad (11.35)$$

(11.35) stimmt bis auf den Faktor 0,61 mit der Auflösungsgrenze (10.36) des Mikroskopes überein, d.h., wird vom Mikroskop das Beugungsmaximum 1. Ordnung erfaßt, dann beginnen sich im Bild die Strukturen des Gegenstandes abzuzeichnen.

Sekundäres Bild und Gegenstand werden um so ähnlicher, je mehr Beugungsmaxima zur Abbildung beitragen. Blendet man dagegen vom primären Bild alle Beugungsmaxima bis auf das nullter Ordnung aus, dann besteht das sekundäre Bild aus einem strukturlosen hellen Fleck und täuscht damit einen strukturlosen Gegenstand vor.

Die Strukturen des Gegenstandes sind im sekundären Bild des Mikroskopes nur dann nachweisbar, wenn die Austrittspupille so groß gewählt wird, daß vom primären Bild mindestens das Beugungsmaximum 1. Ordnung erfaßt wird. Bild und Gegenstand werden um so ähnlicher, je mehr Beugungsmaxima des primären Bildes zur Abbildung beitragen.

(S 11.9)
Bedeutung des primären Bildes für die optische Abbildung

Zum Nachweis der Abbeschen Theorie

Die Abbesche Theorie der Bildentstehung im Mikroskop ist eindrucksvoll experimentell zu belegen. Hierzu wird zum Beispiel ein Flächengitter (vgl. Abschnitt 10.2.3.4)· mit monochromatischem Licht beleuchtet und auf einen Schirm abgebildet. Am Ort des primären Bildes der Lichtquelle (bei Belichtung mit einem parallelen Bündel ist das die Brennebene der abbildenden Linse) befindet sich eine spaltförmige Blende veränderlicher Spaltbreite (vgl. Abb. 11.56). Sie ist um die optische Achse drehbar.

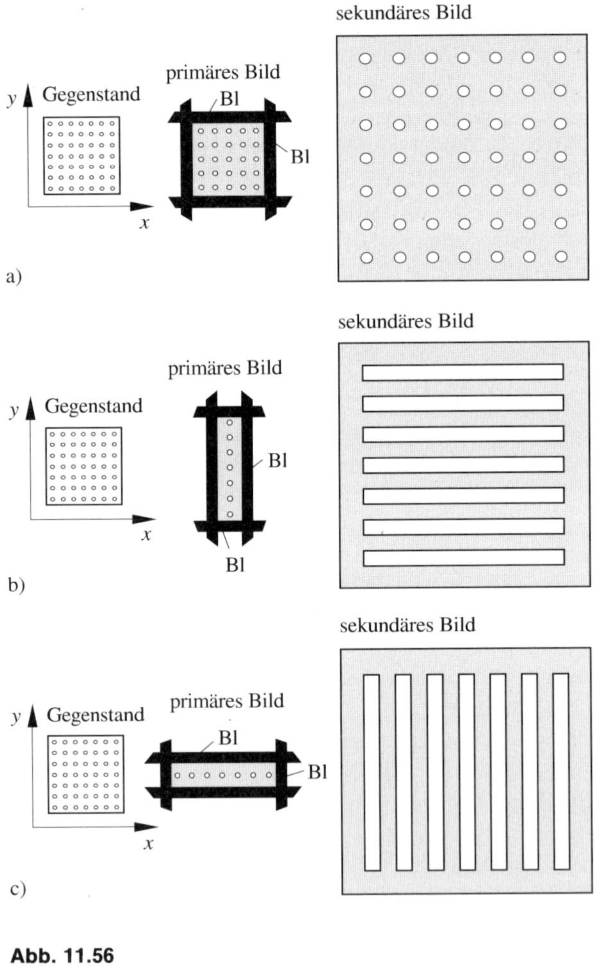

Abb. 11.56
Zur experimentellen Bestätigung der Abbeschen Theorie
Dargestellt sind die Struktur des Gegenstandes und des Bildes und das zugehörige ausgeblendete primäre Bild.

a) Vom primären Bild gelangen Beugungsmaxima hoher Ordnung zur Abbildung. Sekundäres Bild und Gegenstand besitzen gleiche Struktur.
b) Vom Spalt werden die Beugungsmaxima in x-Richtung einschließlich 1. Ordnung weggeschnitten. Im sekundären Bild wird dadurch die Struktur eines Strichgitters vorgetäuscht.
c) Eine Drehung des Spaltes um 90° bewirkt eine Drehung der vorgetäuschten Struktur um 90°

Die in x- und y-Richtung angeordneten beugenden Zentren des als Gegenstand dienenden Flächengitters erzeugen im primären Bild in beiden Richtungen Beugungsmaxima. Durch entsprechend intensive Beleuchtung sind auch die Beugungsmaxima höherer Ordnung gut ausgeprägt. Ist der Spalt so weit geöffnet, daß Licht von sowohl in x-Richtung als auch in y-Richtung liegenden Beugungsmaxima höherer Ordnung zur Abbildung des Gegenstandes auf dem Schirm beiträgt, so beobachtet man im Bild die Struktur des Gegenstandes (vgl. Abb. 11.56a). Wird der Spalt zum Beispiel in x-Richtung zusammengezogen, dann verschwimmt im Bild die zu den x-Ketten gehörige Struktur immer mehr und verschwindet gänzlich, wenn das Beugungsmaximum 1. Ordnung des von den x-Ketten abgebeugten Lichtes nicht mehr erfaßt wird. Im Bild wird dann ein Strichgitter statt eines Flächengitters beobachtet (vgl. Abb. 11.56b), da die das eigentliche Bild aufbauende Beugungsstruktur des primären Bildes der eines Strich- und nicht mehr der eines Flächengitters entspricht. Im Bild wird eine Struktur vorgetäuscht, die in Wahrheit gar nicht existiert. Dreht man den Spalt um 90°, so beobachtet man ein ebenfalls um 90° gedrehtes Strichgitter, sofern wieder die Spaltbreite so klein gewählt wird, daß die Beugungsmaxima des von den y-Ketten gebeugten Lichtes einschließlich der 1. Ordnung nichts mehr zur Abbildung beitragen können (vgl. Abb. 11.56c). Entfernt man das Flächengitter, so ist das primäre Bild strukturlos. Auf dem Schirm beobachtet man einen hellen Fleck. Ruft man jetzt jedoch durch eine geeignete Blende im primären Bild die Beugungsfigur eines Strich- bzw. Flächengitters hervor, so wird im Bild wieder ein Strich- bzw. Flächengitter beobachtbar, obwohl überhaupt kein Gegenstand vorhanden ist. Abbildung 11.57 zeigt dies für die elektronenmikroskopische

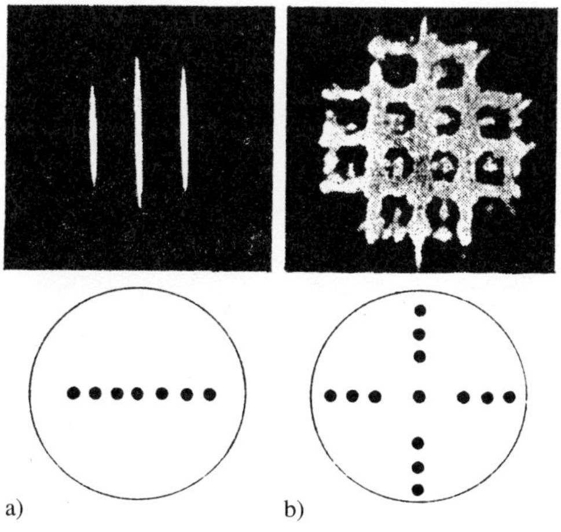

a) b)

Abb. 11.57
Vorgetäuschte Struktur eines Gegenstandes durch künstlich erzeugte primäre Bilder (obere Abbildung: erzeugtes sekundäres Bild, untere Abbildung: benutzte Blende) (nach H. Boersch: Z. techn. Physik **11** (1938) 337)
a) Strichgitter
b) Flächengitter

Abbildung. Die Bilder wurden dadurch gewonnen, daß in der bildseitigen Brennebene des Objektivs eines Elektronenmikroskopes durch eine geeignete Lochblende die einem Flächen- bzw. einem Strichgitter zugehörige Beugungsfigur erzeugt wurde. Im Bild zeigen sich die entsprechenden Strukturen, obwohl sich im Strahlengang überhaupt kein Gitter befindet. Dies ist zugleich der experimentelle Beleg dafür, daß die Abbesche Theorie auch für die elektronenmikroskopische Abbildung volle Gültigkeit besitzt.

Verbesserung der Auflösungsgrenze durch schräge Beleuchtung

Bei senkrechtem Auffall des Lichtes auf das Gitter werden nach Abbildung 11.55 die Beugungsmaxima 1. Ordnung (und eventuell auch die höherer Ordnung) rechts und links vom Beugungsmaximum 0. Ordnung, d.h. jede der Ordnungen doppelt erfaßt, was nach (S 11.9) eigentlich für das Erreichen einer bestimmten Auflösungsgrenze unnötig ist. Demzufolge kann durch entsprechende schräge Beleuchtung die Auflösungsgrenze des Mikroskopes etwa um den Faktor zwei verbessert werden (siehe Abb. 11.58).

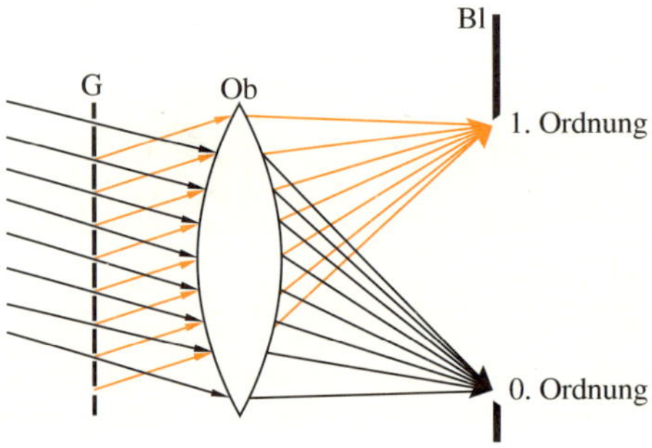

Abb. 11.58 Verbesserung der Auflösungsgrenze durch schräge Beleuchtung

Im Bild sind die Strukturen des Gegenstandes nur durch Intensitätsunterschiede (Helligkeitsunterschiede) nachweisbar. Bei der mikroskopischen Abbildung können diese Helligkeitsunterschiede durch ein unterschiedliches Reflexions- und Absorptionsverhalten der einzelnen Bereiche des durchstrahlten Gegenstandes hervorgerufen werden. Die Amplitude der durch den Gegenstand tretenden Welle wird in unterschiedlichen Bereichen verschieden geschwächt, man spricht vom *Amplitudenkontrast*. Mitunter kann dieser Kontrast durch Anfärben des Gegenstandes wesentlich erhöht werden.

Amplitudenkontrast

Ein Gegenstand kann aus Bereichen mit unterschiedlichen Brechzahlen, aber mit fast gleichen, äußerst kleinen Absorptionskoeffizienten bestehen. Dann sind diese unterschiedlichen Bereiche durch Amplitudenkontrast nicht mehr nachweisbar. Auf Grund ihrer unterschiedlichen Brechzahlen rufen sie aber nach (7.12) unterschiedliche Phasenveränderungen bei der sie durchstrahlenden Welle hervor, da $k=\omega/v_{\mathrm{Ph}}=\omega n/c$ gilt. Es entsteht ein *Phasenkontrast*. Da aber unser Auge und alle anderen Strahlungsdetektoren nicht auf die Phasenlage der Welle ansprechen, ist – im Gegensatz zum Amplitudenkontrast – der Phasenkontrast nicht unmittelbar im Bild nach-

Phasenkontrast

weisbar. Das Bild erscheint strukturlos, falls nicht gleichzeitig ein Amplitudenkontrast vorliegt. Durch einen Kunstgriff gelang es 1932 ZERNIKE, den Phasenkontrast in einen Amplitudenkontrast zu überführen und somit die Strukturen vorher strukturlos erscheinender Gegenstände im Bild nachzuweisen. Zum Verständnis des von ihm entwickelten *Phasenkontrastverfahrens* betrachten wir die in den Abbildungen 11.59 und 11.60 gegebenen Zeigerdiagramme (vgl. auch Abschn. 5.4.1, insbesondere Abb. 5.8). Ein Gegenstand mit Amplitudenkontrast und ein Gegenstand mit Phasenkontrast werden gleichartig beleuchtet. Die Abbildungen 11.59a und 11.60a geben die komplexen Amplituden $\hat{E}_{0e}$ der Lichtwellen nach dem Passieren von nicht strukturierten Bereichen des Gegenstandes, die Abbildungen 11.59b und 11.60b die komplexen Amplituden $\hat{E}_{0a}$ des Lichtes nach Passieren von strukturierten Teilen des Gegenstandes wieder. Ohne Einschränkung der allgemeinen Gültigkeit unserer weiteren Überlegungen kann für $\hat{E}_{0e}$ die Phasenlage $\varphi = 0$ angenommen werden. Entsprechend der Voraussetzung finden wir beim Übergang von Abbildung 11.59a zu 11.59b eine Veränderung der Amplitude bei gleichbleibender Phasenlage (Amplitudenkontrast), beim Übergang von Abbildung 11.60a zu 11.60b eine Veränderung der Phasenlage bei konstantem Betrag der Amplitude (Phasenkontrast). Die Intensität (nur sie ist beobachtbar) ist proportional dem Amplitudenquadrat (vgl. (10.12b)). Beim Amplitudenkontrast ruft die

Phasenkontrastverfahren

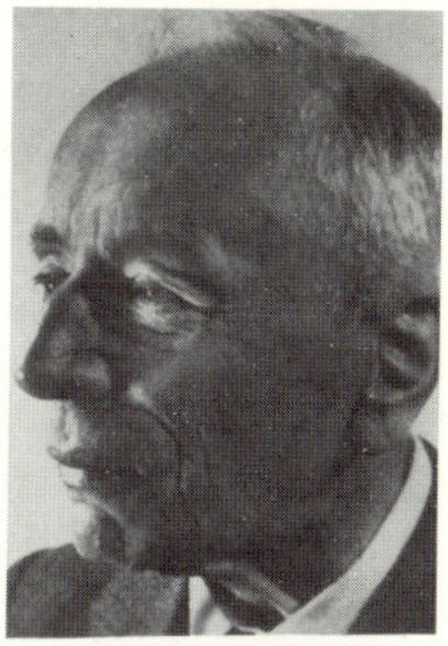

FREDERIK ZERNIKE
(1888–1966)
Nobelpreis 1953

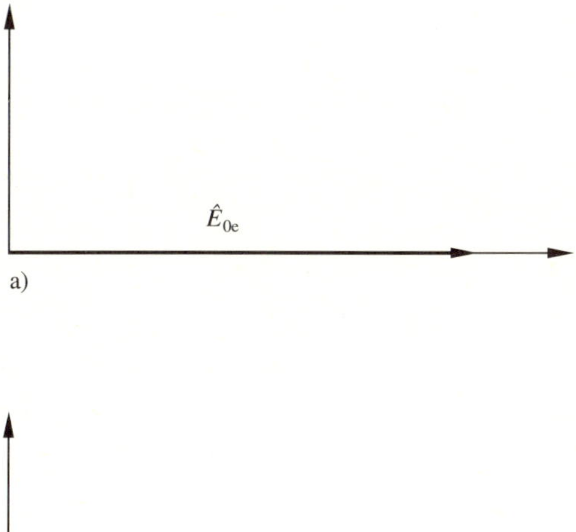

a)

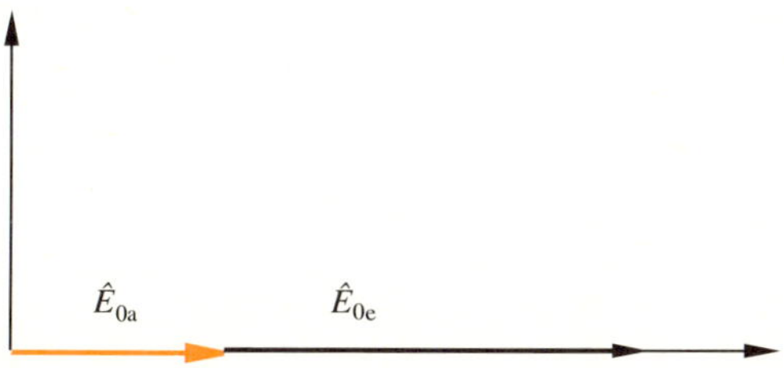

b)

Abb. 11.59
Zum Amplitudenkontrast
a) Komplexe Amplitude $\hat{E}_{oe}$ in den strukturlosen Bereichen des Gegenstandes
b) Komplexe Amplitude $\hat{E}_{oa}$ in den Strukturen des Gegenstandes

Amplitudenänderung

$$\Delta\hat{E}_0 = |\hat{E}_{0e}| - |\hat{E}_{0a}| \neq 0$$

eine beobachtbare Intensitätsveränderung hervor. Beim Phasenkontrast ist dagegen $\Delta\hat{E}_0 = 0$, er ist also in dieser Form nicht nachweisbar. Dreht man dagegen zusätzlich die Phase von $\hat{E}_{0e}$ um $\pi/2$, d.h den Zeiger von $\hat{E}_{0e}$ in $\hat{E}_{0e}{}^*$ ($|\hat{E}_{0e}{}^*| = |\hat{E}_{0e}|$), dann verwandelt man den Phasenkontrast bezüglich $\hat{E}_e$ in einen Amplitudenkontrast $\Delta\hat{E}_0 = |\hat{E}_{0e}| \pm |\Delta\hat{E}_{0a}|$ bezüglich $\hat{E}_e{}^*$ (vgl. Abb. 11.60c). Dem Anteil $\hat{E}_e$ entspricht in der bildseitigen Brennebene des Objektivs das Beugungsbild eines strukturlosen Gegenstandes, d.h. nur ein

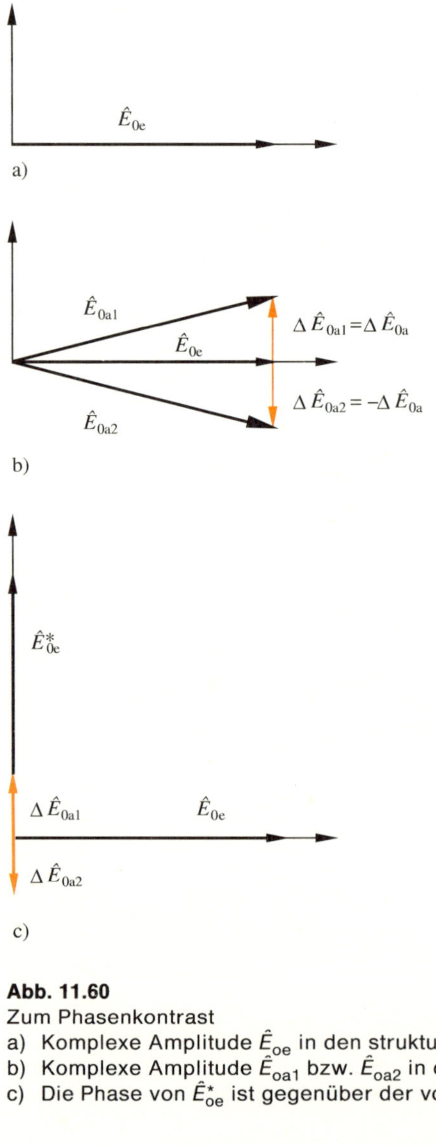

Abb. 11.60
Zum Phasenkontrast
a) Komplexe Amplitude $\hat{E}_{oe}$ in den strukturlosen Bereichen des Gegenstandes
b) Komplexe Amplitude $\hat{E}_{oa1}$ bzw. $\hat{E}_{oa2}$ in den Strukturen des Gegenstandes
c) Die Phase von $\hat{E}^*_{oe}$ ist gegenüber der von $\hat{E}_{oe}$ um $\pi/2$ gedreht

Beugungsmaximum nullter Ordnung. Dreht man also die Phasenlage der Lichtwelle am Ort des nullten Beugungsmaximums um $\pi/2$, so führt das zur gewünschten Veränderung der Phasenlage von $\hat{E}_e$, und man erhält statt $\hat{E}_e$ die Welle $\hat{E}_e^*$. ZERNIKE realisierte diese Phasenveränderung, indem er im primären Bild am Ort des nullten Beugungsmaximums durch ein $\lambda/4$-Plättchen einen zusätzlichen Gangunterschied der Lichtwelle von $\lambda/4$ hervorrief. Die Dicke dieses planparallelen Plättchens bestimmt sich wie folgt (vgl. Abschn. 10.3.2.2.3): Durchläuft das Licht einmal die Strecke d in der Platte, das andere Mal in Luft, dann gilt für die Differenz Δ der zugehörigen optischen Weglängen $\Delta = d(n-1)$. Da nun $\Delta = \lambda/4$ gefordert wird, ergibt sich als Plattendicke $d = \lambda/4(n-1)$.

Bei der praktischen Ausführung dieser Idee wird das einfallende Licht im Kondensor K_1 in einem schmalen Kreisring vereinigt und dieser durch den Kondensor K_2 und das Objektiv in das reelle Zwischenbild abgebildet (vgl. Abb. 11.61). Der Konsensor K_2 formt aus dem von K_1 kommenden Licht für jeden Punkt des Kreisringes ein paralleles Lichtbündel. Diese verschiedenen parallelen Bündel durchsetzen den Gegenstand und fallen dann auf das Objektiv. Somit entsteht in der Brennebene des Objektivs sowohl das reelle Zwischenbild des Kreisringes als auch das Beugungsbild des Gegenstandes. Die Beugungsfigur in der Brennebene des Objektivs besteht dann aus Kreisringen R (vgl. Abb. 11.61). Ebenfalls wird das $\lambda/4$-Plättchen als Kreisring ausgebildet. Fällt der Kreisring des nullten Beugungsmaximums auf den Kreisring des $\lambda/4$-Plättchens, so entspricht das dem Phasenkontrastverfahren, denn in das nullte Beugungsmaximum fällt das die nicht strukturierten Bereiche des Gegenstandes durchsetzende, durch $\hat{E}_e$ erfaßte Licht. Das $\lambda/4$-Plättchen dreht – wie gefordert – die

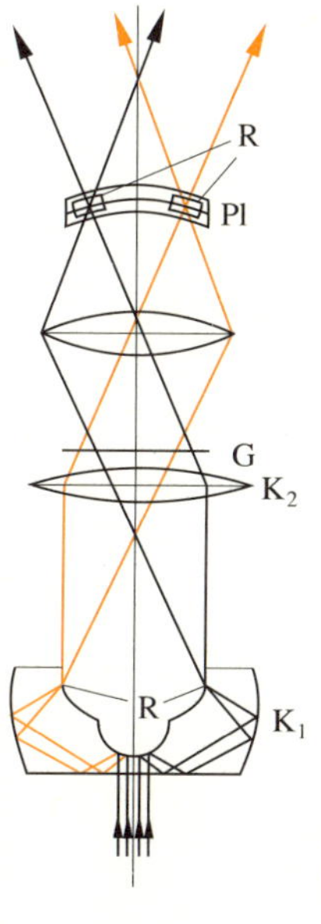

Abb. 11.61
Kondensor für Phasen- und Amplitudenkontrastverfahren

Phase von $\hat{E}_{0e}$ um $\pi/2$. Gleiches geschieht allerdings auch mit dem nullten Beugungsmaximum der strukturierten Gegenstandsbereiche und damit mit einem Teil der durch $\hat{E}_a$ erfaßten Lichtwellen. Da aber nach (S 11.9) das nullte Beugungsmaximum zur Wiedergabe der Struktur im Bild nichts beiträgt, ist dieser Fakt belanglos.

Durch Verschieben von K_1 kann man ferner erreichen, daß das nullte Beugungsmaximum innerhalb oder außerhalb der ringförmigen Phasenplatte liegt. Das Gerät arbeitet dann mit dem Amplitudenkontrast, im ersten Fall im *Hellfeld*, im zweiten Fall im Dunkelfeld (s. u.), wenn dafür gesorgt wird, daß das außerhalb der Phasenplatten liegende Licht nichts zur Abbildung beitragen kann. Die angegebene Konstruktion vereint damit mehrere Verfahren in einem Gerät.

Hellfeldbeleuchtung

Dunkelfeldbeleuchtung

Bei der *Dunkelfeldbeleuchtung* gelangt nur das von den Gegenstandsstrukturen abgebeugte Licht ins Objektiv. Teilchengrößen unterhalb der Auflösungsgrenze des Mikroskopes (submikroskopische Teilchen) sind dann als helle Beugungsscheibchen auf dunklem Grund nachweisbar. Aussagen über ihre Form sind nicht möglich. Die mit dieser Methode erreichbare Nachweisgrenze liegt bei einer Teilchengröße von ca. $\lambda/100$.

Polarisationsmikroskop

Zur Untersuchung anisotroper Objekte wird vielfach das *Polarisationsmikroskop* genutzt. Bei ihm besitzt die Beleuchtungsoptik zusätzlich einen Polarisator, so daß auf den Gegenstand nicht natürliches, sondern linear polarisiertes Licht fällt. Im Mikroskoptubus wird ein Analysator angeordnet. Vielfach besitzt der Tubus noch eine weitere Vorrichtung zum Einbringen von Kompensatoren, Quarzkeilen oder anderen, die Phase der Lichtwelle verschiebenden optischen Bauelementen. Das Licht erfährt in unterschiedlich strukturierten Bereichen des Gegenstandes eine von seiner Polarisationsrichtung und auch Frequenz abhängige Beeinflussung, so daß sich die Struktur des Gegenstandes im Bild bei entsprechender Analysatoreinstellung sehr farbenprächtig darstellen kann (vgl. Abschn. 10.3.2.2.3).

11.4.4.5 Fernrohr

Keplersches Fernrohr

Fernrohre dienen zur Sehwinkelvergrößerung und Helligkeitssteigerung weit entfernter Gegenstände. Das *Keplersche Fernrohr* besteht genau wie das Mikroskop aus zwei Sammellinsen, dem Objektiv und dem Okular. Im Unterschied zum Mikroskop wird eine Objektivlinse großer Brennweite benutzt. Die Anordnung des Okulars erfolgt so, daß sein gegenstandseitiger Brennpunkt mit dem bildseitigen des Objektivs zusammenfällt (vgl. Abb. 11.62). Das Objektiv erzeugt in unmittelbarer Nähe der gegenstandseitigen Brennebene des Okulars ein reelles, umgekehrtes, verkleinertes Zwischenbild des weit entfernten Gegenstandes (vgl. Gegenstandslage 1 in Abb. 11.26). Es wird vom Okular in ein virtuelles, verkleinertes, umgekehrtes Bild des Gegenstandes abgebildet, das mit auf Unendlich akkommodiertem Auge betrachtet werden kann (Abb. 11.62a).

Galileisches (holländisches) Fernrohr

Beim *Galileischen* oder *holländischen Fernrohr* wird das Okular durch eine Zerstreuungslinse kleiner Brennweite ersetzt. Die Anordnung von

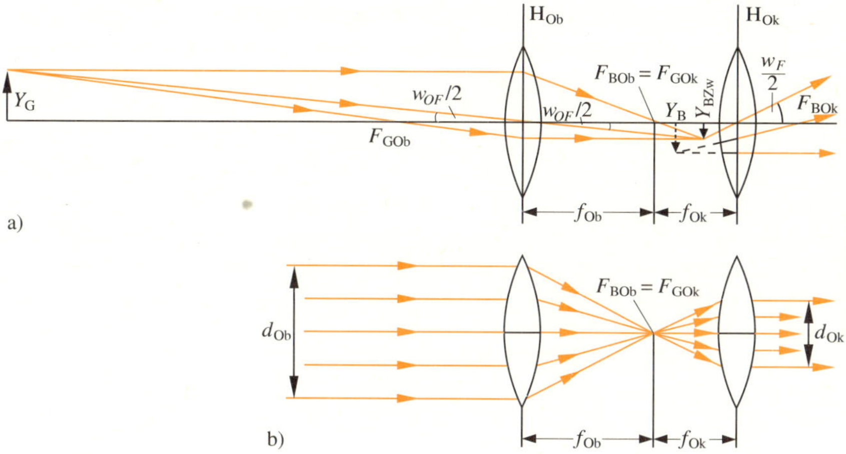

JOHANNES KEPLER
(1571–1630)

Abb. 11.62
Keplersches Fernrohr
a) Listingsche Bildkonstruktion unter Voraussetzung dünner Linsen. Je weiter entfernt sich der Gegenstand vom Objektiv befindet, um so mehr nähert sich das Zwischenbild Y_{BZw} dem bildseitigen Objektivbrennpunkt F_{BOb} und das virtuelle Bild Y_{B} dem unendlich fernen Punkt
b) Zur Bestimmung des Bündelquerschnittes

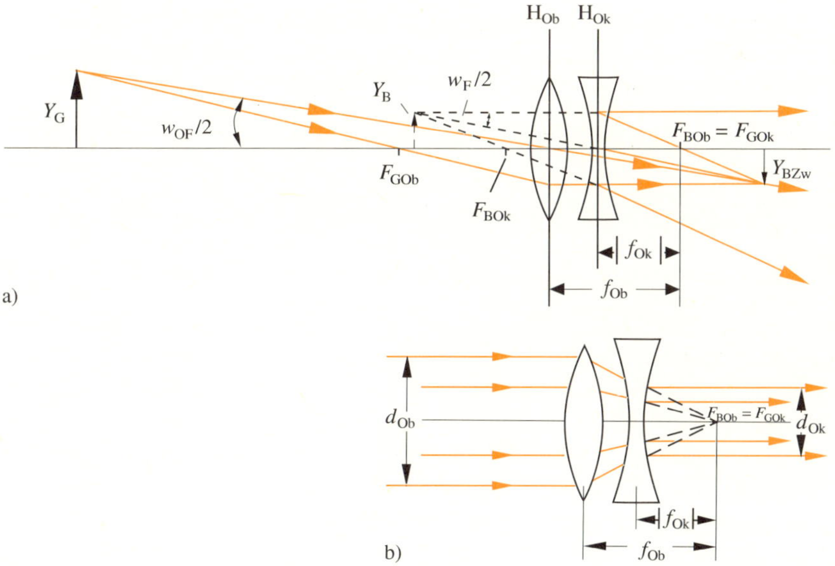

GALILEO GALILEI
(1564–1642)

Abb. 11.63
Galileisches Fernrohr
a) Listingsche Bildkonstruktion unter Voraussetzung dünner Linsen. Je weiter entfernt sich der Gegenstand vom Objektiv befindet, um so mehr nähert sich das Zwischenbild Y_{BZw} dem bildseitigen Objektivbrennpunkt F_{BOb} und das virtuelle Bild Y_{B} dem unendlich fernen Punkt
b) Zur Bestimmung des Bündelquerschnittes

Okular und Objektiv erfolgt so, daß der gegenstandseitige Brennpunkt des Okulars mit dem bildseitigen des Objektivs zusammenfällt (Abb. 11.63).

In sinngemäßer Abänderung von (D 11.4) bezeichnet man als Vergrößerung des Fernrohres

Fernrohr-vergrößerung

$$v_F = \frac{w_F}{w_{0F}} \tag{11.36a}$$

(w_{0F} Sehwinkel des weit entfernten Gegenstandes ohne Fernrohr, w_F Sehwinkel des weit entfernten Gegenstandes mit Fernrohr).

Die Sehwinkel w_{0F} und w_F ergeben sich nach Abb. 11.62a bzw. 11.63a bei Beachtung, daß w_{0F} und w_F nach Voraussetzung kleine Winkel sind und daß das Zwischenbild für den weit entfernten Gegenstand praktisch in die gegenstandseitige Brennebene des Objektivs fällt, zu

$$w_{0F} = \frac{Y_{BZw}}{f_{Ob}},$$

$$\frac{w_F}{2} = \frac{Y_{BZw}}{|f_{Ok}|}.$$

Damit folgt nach (11.36a) als Fernrohrvergrößerung

$$v_F = \frac{f_{Ob}}{|f_{Ok}|}. \tag{11.36}$$

Zwischen den Querschnitten $A_{Ob} = \pi r_{Ob}^2$ und $A_{Ok} = \pi r_{Ok}^2$ des in das Objektiv einfallenden und des aus dem Okular austretenden Strahlenbündels besteht nach Abb. 11.62b bzw. 11.63b die Beziehung

$$\frac{A_{Ob}}{A_{Ok}} = \frac{d_{Ob}^2}{d_{Ok}^2} = \frac{f_{Ob}^2}{f_{Ok}^2}, \tag{11.36b}$$

womit nach (11.36) für die Fernrohrvergrößerung auch

$$v_F = \sqrt{\frac{A_{Ob}}{A_{Ok}}} = \frac{d_{Ob}}{d_{Ok}} \tag{11.36c}$$

geschrieben werden kann.

Fixsterne sind so weit von uns entfernt, daß sie auch bei Betrachtung mit einem Fernrohr nur unter einem Winkel $w_F < 1'$ erscheinen. Ihre Struktur (z.B. ein eventuelles Planetensystem um diesen Zentralstern) ist daher auch mit den besten derzeit bekannten Fernrohren nicht auflösbar. Sie erscheinen als helle Beugungsscheibchen.

visuelle Helligkeit eines Sternes

Die *visuelle Helligkeit,* mit der wir einen Stern wahrnehmen, wird durch seine Beleuchtungsstärke E (siehe Abschnitt 12.3) bestimmt. Auf Grund der Tatsache, daß die Empfindung des menschlichen Auges mit dem Logarithmus der Beleuchtungsstärke zunimmt, ist für die Angabe der visuellen Helligkeit eine logarithmische Skala zweckmäßig. In der Astronomie wird statt der visuellen Helligkeit die *Größenklasse* eines Sternes angegeben, wobei der Größenklassenunterschied Δm eines Sternes, der die Beleuchtungsstärke E_2 hervorruft, in bezug auf einen Stern, der die Be-

Größenklasse eines Sternes

leuchtungsstärke E_1 hervorruft, durch

$$\Delta m = -2{,}5 \lg \frac{E_2}{E_1} \text{ magnitudo}$$

Maßeinheit magnitudo

festgelegt ist. Die Einheit *magnitudo* wird dadurch definiert, daß man dem Polarstern die Größenklasse

$$m_P = 2{,}12 \text{ magnitudo}$$

zuordnet. Man schreibt in der Astronomie dafür:

$$m_P = 2{,}^m12\,.$$

Größenklasse des Polarsternes

Mit abnehmender Helligkeit nimmt die Größenklasse des Sternes zu, für sehr helle Sterne wird m negativ (z.B. Sirus $m_{Si} = -1{,}^m58$). Mit bloßem Auge sind Sterne bis zu 7^m beobachtbar.

Wenn auch das Fernrohr die Struktur der Fixsterne nicht aufzulösen vermag, so erhöht es doch ihre scheinbare Helligkeit. Da die Beleuchtungsstärke E proportional dem Querschnitt des Strahlenbündels ist, gilt für das Verhältnis der Beleuchtungsstärken nach (11.36b)

$$v_F^2 = \frac{E_F}{E_0} \tag{11.37}$$

(E_F Beleuchtungsstärke des Fixsternes mit Fernrohr, E_0 Beleuchtungsstärke des Fixsternes ohne Fernrohr). Weiter nimmt die Beleuchtungsstärke eines Sternes mit dem Quadrat seines Abstandes vom Beobachter ab (vgl. (12.3a)). Somit folgt, daß ein Stern, der auf Grund seiner Helligkeit gerade noch in der Entfernung r_0 mit bloßem Auge erkennbar ist, mit dem Fernrohr noch in einer Entfernung $r = v_F r_0$ wahrnehmbar wäre. Die Benutzung des Fernrohres erweitert also den für das Erkennen eines derartigen Objekts zugänglichen Raum auf das v_F^3-fache. Mit den größten astronomischen Instrumenten lassen sich heute Sterne bis zu einer Größenklasse von 24^m erkennen.

11.4.4.5.1 Spiegelteleskop

Eine hohe Fernrohrvergrößerung erfordert nach (11.36) eine möglichst große Objektiv- und eine möglichst kleine Okularbrennweite. Die technische Variationsmöglichkeit für f_{Ok} ist begrenzt. Somit sind hohe Vergrößerungen nur durch große Objektivbrennweiten erreichbar. Nach (11.36b) erfordert dies bei möglichst großer Bildhelligkeit einen großen Objektivdurchmesser. Da Linsen der geforderten Güte höchstens bis zu einem Durchmesser von 1 m technisch herstellbar sind, wird in astronomischen Fernrohren heute meist die Objektivlinse durch einen Spiegel ersetzt (*Spiegelteleskop*, Abb. 11.64). Der Spiegel wird aus einem großen Glasblock geschliffen und mit einer metallischen Verspiegelung versehen. Ein Hilfsspiegel HSp vereinigt das vom Spiegel Sp reflektierte Licht im Brennpunkt des Okulars.

Spiegelteleskop

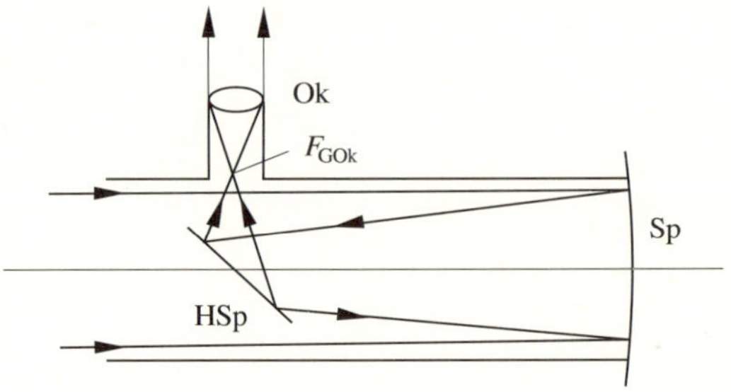

Abb. 11.64 Spiegelteleskop

Das bisher größte fertiggestellte Spiegelteleskop in Selentschuk im Nordkaukasus besitzt einen Spiegeldurchmesser von 6 m, das Spiegelteleskop in Tautenburg bei Jena einen von 2 m.

Ein noch größeres Spiegelteleskop wurde für die europäische Südsternwarte konzipiert und soll auf dem 2660 m hohen Paranal in Chile errichtet werden. Es wird aus vier miteinander kombinierten Spiegeln von je 8 m Durchmesser bei einer Dicke von nur 17 cm bestehen. Der erste dieser vier Spiegel wurde 1991 gegossen und soll nach entsprechendem Feinschliff 1994 installiert werden. Die Inbetriebnahme des Teleskopes ist um die Jahrtausendwende vorgesehen. Seine Auflösungsgrenze liegt bei 0,0005″. Man hofft, mit diesem Teleskop etwa 10 Milliarden Lichtjahre (1 Lichtjahr = $9{,}4605 \cdot 10^{15}$ m) in das Weltall hinein blicken zu können und auch eventuell vorhandene Planeten uns benachbarter Sterne auffinden zu können.

11.5 Aufgaben

11.1
Monochromatisches Licht fällt senkrecht auf die Seitenfläche eines Glasprismas mit der Brechzahl 1,5 und dem brechenden Winkel 40°. Um welchen Winkel wird der Strahl abgelenkt? Das umgebende Medium ist Luft.

11.2
Zur experimentellen Bestimmung der Vergrößerung eines Mikroskops wird über einen halbdurchlässigen Spiegel das virtuelle Bild des Mikroskops mit dem Spiegelbild eines Maßstabs verglichen. Welche Vergrößerung hat das Mikroskop, wenn dabei 4 Teilstriche des Objektmikrometers (0,04 mm) und 4 cm eines Maßstabs in 62,5 cm Entfernung gleich groß erscheinen?

11.3
Auf einen sphärischen Hohlspiegel mit dem Krümmungsradius 1 m fallen achsenparallele Strahlen mit den Abständen $h_1 = 5$ cm und $h_2 = 45$ cm von der optischen Achse. Welchen Abstand haben ihre Schnittpunkte mit der optischen Achse voneinander?

11.4
In einer Glaskugel mit dem Durchmesser 3 cm und der Brechzahl 1,56 befinde sich 7,5 mm unter der Oberfläche ein Gegenstand. In welcher Entfernung von der Kugeloberfläche entsteht bei paraxialer Betrachtung das Bild?

11.5
Eine Glasscherbe (Teilstück einer Kugelschale) habe beiderseits den gleichen Krümmungsradius. Ist es möglich, daß eine solche Scherbe als Brennglas wirken und einen Waldbrand verursachen kann? Rechnen Sie das Problem für Krümmungsradien von je 10 cm, eine Wanddicke von 0,5 cm und eine Brechzahl von 1,6 durch!

11.6
Eine Plankonvexlinse in Luft habe einen Krümmungsradius von 10 cm, eine Dicke von 4 cm und bestehe aus Material mit der Brechzahl 1,5. Berechnen Sie den Abstand der beiden Hauptebenen vom Scheitel der Linse!

11.7
Eine „Schusterkugel" (wassergefüllte Glaskugel) wurde früher zur Arbeitsplatzbeleuchtung verwendet. Welche Entfernung zwischen Kugelwand und Punktlichtquelle ist in paraxialer Näherung erforderlich, wenn paralleles Licht erzeugt werden soll? Der Durchmesser der Kugel ist 20 cm, die Brechzahl des Wassers 1,33.

11.8
Das Kleinbild-Teleobjektiv „Sonnar" hat eine Brennweite von 135 mm. Bei Einstellung auf ∞ ist die Filmebene 120 mm vom Scheitel S der Frontlinse entfernt. Zur Scharfeinstellung auf 1 m (Entfernung Gegenstand – Filmebene) muß das Objektiv um 25,8 mm nach vorn verstellt werden. Berechnen Sie die Lage der Hauptebenen des Objektivs bezüglich des Frontlinsenscheitels!

11.9
Aus zwei dünnen Linsen mit den Brennweiten $f_1 = 50$ mm, $f_2 = -10$ mm soll ein Teleobjektiv mit der Brennweite 135 mm hergestellt werden. Welchen Abstand müssen die beiden Linsen haben? (Die zur Berechnung benötigte Formel kann aus (11.12) für den Sonderfall zweier plankonvexer Linsen hergeleitet werden.)

11.10

Aus Schwerstkronglas (Brechzahl 1,65, Abbesche Zahl $\beta = 53$) und Leichtflintglas (Brechzahl 1,5) soll durch Verkitten der Flächen mit gleichem Radius ein als dünne Sammellinse wirkendes Linsensystem mit ebenen Außenflächen hergestellt werden. Welcher Radius der beiden Sphären ist für eine Brennweite der Kombination von 20 cm erforderlich? Welche Abbesche Zahl müßte das Leichtflintglas aufweisen, damit der Farbfehler korrigiert würde?

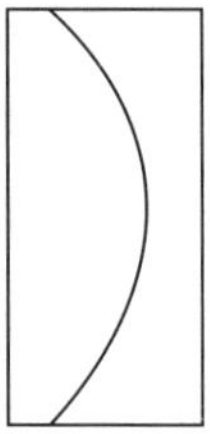

12 Fotometrie

12.1 Grundgröße Lichtstärke, Basiseinheit Candela

Will man ausschließlich die physiologische Lichtempfindung erfassen, die eine elektromagnetische Welle im menschlichen Auge hervorruft, so erweisen sich die Größen Leistung und Intensität einer elektromagnetischen Welle als hierfür ungeeignet. Nach Abschnitt 11.4.4.1 ist das menschliche Auge ein stark selektiver Detektor. Es spricht nur auf einen schmalen Frequenzbereich des elektromagnetischen Spektrums an und auch in diesem noch mit einer unterschiedlichen Wellenlängenempfindlichkeit (vgl. Abb. 11.48). Die Größen Leistung einer Wellenquelle und Intensität der von ihr ausgesandten Welle beziehen sich dagegen auf alle abgestrahlten Frequenzen. Die Erfassung der von Lichtquellen hervorgerufenen physiologischen Lichtempfindung erfordert deshalb die Verwendung spezieller Größen. Hierzu wird die Grundgröße *Lichtstärke* I eingeführt. Sie ermöglicht den quantitativen Vergleich der Helligkeit zweier Lichtquellen L_1 und L_2 von gleicher Farbe, gleicher Fläche und gleicher räumlicher Orientierung gegenüber dem Meßinstrument.

Grundgröße Lichtstärke

Als Meßinstrument dient entweder das menschliche Auge (*visuelle Methode*, vgl. Abschnitt 12.4.1) oder zum Beispiel eine Fotozelle (vgl. Abschnitt 12.4.2) mit einer spektralen Empfindlichkeit, die identisch ist mit dem spektralen Hellempfindlichkeitsgrad V_λ (vgl. Abb. 11.48) des Normalbeobachters (*objektive Methode*, siehe Abschnitt 12.4.2). Führt man zur Absolutbestimmung von Lichtstärken noch eine Normlichtstärke ein, dann besitzt der so eingeführte Begriff Lichtstärke alle nach (I D 1.1) erforderlichen Merkmale einer physikalischen Größe. Das Meßobjekt ist die zu vermessende Lichtquelle, die Meßapparatur bildet z.B. das Auge oder eine Fotozelle, die Meßvorschrift ist die Vorschrift über die Anordnung beider Lampen und die Verwendung des Auges bzw. der Fotozelle als Detektor. Zum Beispiel kann diese Vorschrift die Anordnung der Lampen in solchen Entfernungen vom Beobachter vorsehen, daß sie gleiche Lichtempfindungen im Auge bzw. gleiche Fotoströme hervorrufen, und die Messung der hierfür notwendigen Entfernungen verlangen. Die Maßeinheit wird durch eine Normlichtquelle festgelegt.

visuelle und objektive Methoden zur Bestimmung von Lichtstärken

Für Deutschland wurde 1894 die Hefner-Kerze als Einheit der Lichtstärke eingeführt:

Die unter Normbedingungen brennende Hefner-Lampe besitzt in horizontaler Richtung die Lichtstärke 1 Hefner-Kerze (HK).

(D 12.1a)
Maßeinheit Hefner-Kerze (HK)

Hefner-Lampe

Die Normlichtquelle Hefner-Lampe ist eine Flammendochtlampe festgelegter, reproduzierbarer Bauweise, als Brennsubstanz dient Isoamylacetat. Unter Normbedingungen versteht man ihren Betrieb bei 40 mm Flammenhöhe, bei gesättigtem Docht in ruhiger Luft bei $p = 760$ Torr ($p_N = 1{,}01325 \cdot 10^5$ Pa $= 760$ Torr, vgl. (I 6.10c)) und einem Feuchtigkeitsgehalt von 8,8 l Wasserdampf und einem CO_2-Gehalt von 0,75 l in 1 m^3 Luft.

FRIEDRICH VON HEFNER-ALTENECK (1845–1904)

Obwohl sich einige andere europäische Länder der Festlegung (D 12.1a) angeschlossen hatten, konnte sich die Hefner-Kerze nicht als internationaler Lichtstärkestandard durchsetzen. Die einzuhaltenden Brennbedingungen sind zu kompliziert, Fehlbestimmungen daher zu leicht möglich. Ferner besitzt das Licht der Hefner-Lampe in bezug auf technische Lichtquellen einen zu großen Rotanteil; der Anschluß technischer Lichtquellen an den Standard ist daher mit einem zu großen Meßaufwand verbunden (s. u).

Maßeinheit International Candle Power (I.C.P.)
Maßeinheit Internationale Kerze (IK)

Von den USA, Frankreich und England wurden Kohlefaden-Glühlampen als Normlichtquellen benutzt. Auf dieser Basis wurde durch die mittlere Lichtstärke eines bestimmten Normalsatzes unterbelasteter Kohlefadenlampen die *„International Candle Power“* (I.C.P.) oder *„Internationale Kerze“* (IK) zunächst 1909 für die USA, Frankreich und England verbindlich festgelegt, 1921 als internationaler Standard der Lichtstärke eingeführt. Deutschland trat dieser Vereinbarung nicht bei.

Die internationale Kerze bewährte sich ebenfalls nicht, denn sie ist ebenso wie die Hefner-Kerze an ein körperliches Normal als Normlichtquelle gebunden und weist damit die gleichen Nachteile wie z. B. auch das Urmeter (vgl. Abschnitt I 2.2.1) auf. Aus diesem Grunde versuchte man, die Lichtstärkeeinheit an eine stets reproduzierbare und substanzunabhängige Normlichtquelle anzuschließen. Dies führte 1948 zur internationalen Einführung der Basiseinheit Candela:

(D 12.1)
Basiseinheit Candela (cd)

Die Basiseinheit 1 Candela (1 cd) ist die Lichtstärke, die ein schwarzer Körper der Fläche $\frac{1}{6 \cdot 10^5}$ m^2 bei der Erstarrungstemperatur des Platins beim Normdruck $p_N = 1{,}01325 \cdot 10^5$ Pa senkrecht zu seiner Oberfläche ausstrahlt.

schwarzer Körper

Ein *schwarzer Körper* ist ein Körper, der die gesamte auf ihn auffallende Strahlung absorbiert, d. h. ein Körper, der nach (D 9.3) den Absorptionsgrad $\alpha = 1$ für alle Wellenlängen besitzt.

Farbtemperatur

Das vom schwarzen Körper bei der Erstarrungstemperatur des Platins ($T = 2042{,}5$ K) ausgesandte Licht hat eine bestimmte Farbe. Mit der Veränderung der Temperatur eines glühenden Körpers ist aber auch stets eine Veränderung seiner Farbe verbunden. Bei abnehmender Temperatur wird der Farbeindruck stärker rot, bei zunehmender stärker blau (vgl. Wiensches Verschiebungsgesetz, Bd. III). Zur Festlegung der Farbe eines glühenden Körpers ordnet man ihm daher eine *Farbtemperatur* T_F zu. Sie ist die Temperatur des schwarzen Körpers, bei der dessen Strahlung den gleichen Farbeindruck hervorruft wie der betrachtete glühende Körper.

Der Vergleich der Lichtstärken zweier Lichtquellen hat stets bei gleicher Farbtemperatur zu erfolgen. Es ist deshalb notwendig, die Einheit Candela auch für andere Farbtemperaturen als $T_F = 2042{,}5$ K zu kennen. Das geschieht mit Hilfe international festgelegter Filter. Sie werden dem durch (D 12.1) festgelegten Normal vorgeschaltet, das ausgesandte Licht hat dann die Lichtstärke τ cd statt 1 cd, wobei $\tau < 1$ durch das jeweilige Filter festgelegt ist.

Für die Farbtemperatur $T_F = 2042{,}5$ K fand man die Umrechnungsbeziehung

$$1\,\text{cd} = 0{,}981\,\text{IK} = 1{,}107\,\text{HK} \tag{12.1}$$

(für $T_F = 2042{,}5$ K).

Umrechnung von cd in IK und HK

12.2 Leuchtdichte, Lambertsches Gesetz

Lichtquellen besitzen eine endliche Ausdehnung. Deshalb wird als weitere Größe sowohl für den *Selbststrahler* (selbstleuchtenden Körper) als auch für den *Fremdstrahler* (beleuchteten Körper) seine Leuchtdichte eingeführt:

Selbststrahler
Fremdstrahler

(D 12.2)
Leuchtdichte L

Geht senkrecht von einem Flächenelement der Größe dA Licht der Lichtstärke dI aus, so heißt

$$L = \frac{dI}{dA}$$

Leuchtdichte des Flächenelementes.

Mögliche Maßeinheit: $[L] = \text{cd m}^{-2}$.

Als spezielle Maßeinheiten der Leuchtdichte finden Verwendung:

(D 12.3)
Maßeinheit Stilb (sb)
Maßeinheit Apostilb (asb)

$$1\,\text{Stilb} = 1\,\text{sb} = 10^4\,\text{cd} \cdot 1\,\text{m}^{-2},$$

$$1\,\text{Apostilb} = 1\,\text{asb} = \frac{1\,\text{cd} \cdot 1\,\text{m}^{-2}}{\pi} = \frac{10^{-4}}{\pi}\,\text{Stilb} = \frac{10^{-4}}{\pi}\,\text{sb}.$$

Die Leuchtdichten einiger Lichtquellen sind aus Tabelle 12.1 ersichtlich. Das menschliche Auge kann sich Leuchtdichten in dem Intervall $10^{-6}\,\text{asb} \leqq L \leqq 10^5\,\text{asb}$ anpassen.

Die Leuchtdichte eines Strahlers hängt im allgemeinen von der Betrachtungsrichtung ab. Das ist z.B. bei einem Fremdstrahler der Fall, der das auffallende Licht *regulär* (vgl. Abschnitt 9.2) reflektiert. Es gilt dann das Reflexionsgesetz (S 9.2). Erfolgt die Reflexion dagegen vollkommen diffus, so ist keine Richtung bei der Reflexion ausgezeichnet, die beleuchtete Fläche erscheint aus allen Betrachtungsrichtungen gleich hell, d.h. mit

Leuchtdichte eines diffus reflektierenden Körpers

Tabelle 12.1
Ungefähre Leuchtdichten einiger Lichtquellen

Lichtquelle	$\frac{L}{\text{asb}}$
Mittagssonne	$4.7 \cdot 10^9$
Nachthimmel	10^{-11}
weiße Wolken	$3 \cdot 10^{-4}$
blauer Himmel	10^{-4}
graue Wolkendecke	$3 \cdot 10^{-5}$
Mond	10^{-4}
Gegenstände im Freien	10
Gegenstände in beleuchteten Räumen	$\leqq 0{,}3$
Glimmlampe	$6 \cdot 10^2$
Stearinkerze	$2 \cdot 10^4$
Leuchtstofflampe	$2 \cdot 10^4$
Glühlampe (mattiert)	$\leqq 1{,}3 \cdot 10^5$
Glühlampe (nicht mattiert)	$\leqq 5 \cdot 10^7$
Projektionslampen	$\leqq 10^8$
Quecksilber-Höchstdrucklampe	$\leqq 1{,}3 \cdot 10^9$
Kohlebogen	$\leqq 3{,}8 \cdot 10^9$
Xenon-Höchstdrucklampe	$\leqq 5.7 \cdot 10^9$

gleicher Leuchtdichte

$$L_\vartheta = L_0 = \text{const.} \quad \text{(für diffuse Strahler).} \tag{12.2a}$$

Diffus reflektieren zum Beispiel Gips und Kreide.

Für die Lichtstärke I_ϑ in der Betrachtungsrichtung ϑ einer vollkommen diffus strahlenden ebenen Fläche folgt nach (12.2a), (D 12.2) und Abbildung 12.1

$$I_\vartheta = L_0 A_\vartheta = L_0 A_0 \cos\vartheta , \tag{12.2b}$$

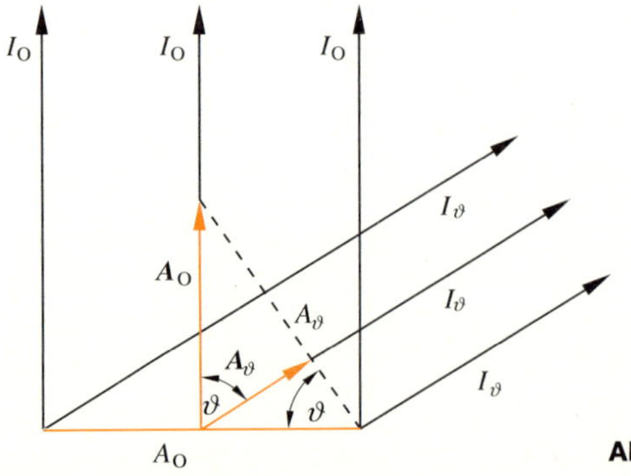

Abb. 12.1 Zum Lambertschen Gesetz

damit für den Spezialfall senkrechter Betrachtungsrichtung ($\vartheta = 0$)

$$I_0 = L_0 A_0 \tag{12.2c}$$

und somit aus (12.2b) und (12.2c)

$$I_\vartheta = I_0 \cos \vartheta .$$

Beträgt die Lichtstärke einer vollkommen diffus strahlenden ebenen Fläche in Richtung der Flächennormalen I_0, dann beobachtet man in der Richtung ϑ die Lichtstärke

$$I_\vartheta = I_0 \cos \vartheta$$

(ϑ Winkel zwischen der Flächennormalen und der Betrachtungsrichtung)
(Lambertsches Gesetz).

(S 12.1)
Lambertsches Gesetz

Eine Lichtquelle, die dem Lambertschen Gesetz genügt, heißt *Lambert-Strahler*. Zum Beispiel kann die Sonne in guter Näherung als Lambert-Strahler behandelt werden (s.u.). Streng erfüllt wird das Lambertsche Gesetz jedoch nur durch die Hohlraumstrahlung (siehe Bd. III).

Lambert-Strahler

Setzen wir jedes Flächenelement der Sonne als idealen Lambert-Strahler voraus, dann registriert der irdische Beobachter nach (D 12.2) und (12.2) als Leuchtdichte L_ϑ des Flächenelementes $\mathrm{d}A_\vartheta$ (vgl. Abb. 12.2)

Sonne als Lambert-Strahler

$$L_\vartheta = \frac{\mathrm{d}I_\vartheta}{\mathrm{d}A_\vartheta} = \frac{\mathrm{d}I_0 \cos \vartheta}{\mathrm{d}A_0 \cos \vartheta} = \text{const.}$$

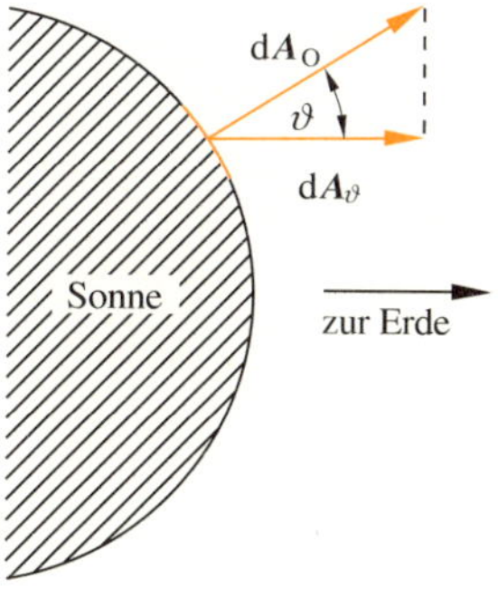

Abb. 12.2
Bestimmung der Leuchtdichte der Sonne durch einen irdischen Beobachter

Johann Heinrich Lambert (1728–1777)

Die spezielle Lage des Flächenelementes fällt heraus. Die Sonne erscheint dem irdischen Beobachter statt als leuchtende Kugel als leuchtende Scheibe konstanter Leuchtdichte. Messungen ergaben jedoch eine Abnahme der Leuchtdichte der Randzonen der Sonne um 10% gegenüber der Leuchtdichte des Sonnenmittelpunktes. Die Sonne ist damit kein idealer Lambert-Strahler.

12.3 Lichtstrom, Beleuchtungsstärke

In den vorstehenden Abschnitten wurde vielfach das Denkmodell Punktlichtquelle genutzt. Wir hatten gesehen, daß dieses Denkmodell für viele Überlegungen sehr nützlich ist, obwohl Punktlichtquellen nur in Näherung realisierbar sind. Zum Beispiel kann als sekundäre Punktlichtquelle ein in einem Brennpunkt konzentriertes Strahlenbündel benutzt werden. Auch flächenhafte Strahler können bei Betrachtung in großer Entfernung zum Teil als Punktlichtquellen behandelt werden, wie zum Beispiel die Fixsterne von einem irdischen Betrachter.

Ausgehend vom Denkmodell Punktlichtquelle werden die Größen Lichtstrom und Lichtmenge eingeführt:

(D 12.4)
Lichtstrom Φ
Lichtmenge Q

Strahlt eine Punktlichtquelle Licht der Lichtstärke I in den Raumwinkel Ω, so heißt

$$\Phi = I\Omega$$

Lichtstrom,
das Produkt

$$Q = \Phi t$$

Lichtmenge.

Mögliche Maßeinheit: $[\Phi] = \mathrm{cd} \cdot \mathrm{sr}$. Das führt zur Festlegung der speziellen Maßeinheit Lumen:

(D 12.5)
Maßeinheit Lumen (lm)

$$1\ \text{Lumen} = 1\ \mathrm{lm} = 1\ \mathrm{cd} \cdot 1\ \mathrm{sr}.$$

Als mögliche Maßeinheit für die Lichtmenge Q folgt damit $[Q] = \mathrm{lm} \cdot \mathrm{s}$.

Weiter findet die Größe Beleuchtungsstärke Verwendung:

(D 12.6)
Beleuchtungsstärke E

Fällt der Lichtstrom $\mathrm{d}\Phi$ auf die Fläche $\mathrm{d}A$, so heißt

$$E = \frac{\mathrm{d}\Phi}{\mathrm{d}A}$$

Beleuchtungsstärke der Fläche.

Für die Beleuchtungsstärke wird ausschließlich die Maßeinheit Lux benutzt:

(D 12.7)
Maßeinheit Lux (lx)

$$1\ \text{Lux} = 1\ \mathrm{lx} = 1\ \mathrm{lm} \cdot 1\ \mathrm{m}^{-2}.$$

Ein Lichtstrom $\mathrm{d}\Phi$ in der Ausbreitungsrichtung $\boldsymbol{r}^0$ falle im Abstand r von der Lichtquelle auf die Fläche $\mathrm{d}\boldsymbol{A}$ (vgl. Abb. 12.3a). Nach (D 12.7), (A 2.7) und (A 3.5) gilt für die Beleuchtungsstärke dieser Fläche

$$E = \frac{\mathrm{d}\Phi}{\mathrm{d}A} = \frac{\mathrm{d}\Phi}{\mathrm{d}\Omega}\frac{\mathrm{d}\Omega}{\mathrm{d}A} = \frac{\mathrm{d}\Phi}{\mathrm{d}\Omega}\frac{\cos(\boldsymbol{r}^0, \mathrm{d}\boldsymbol{A}^0)\,\mathrm{d}\Omega}{\mathrm{d}A_0}$$

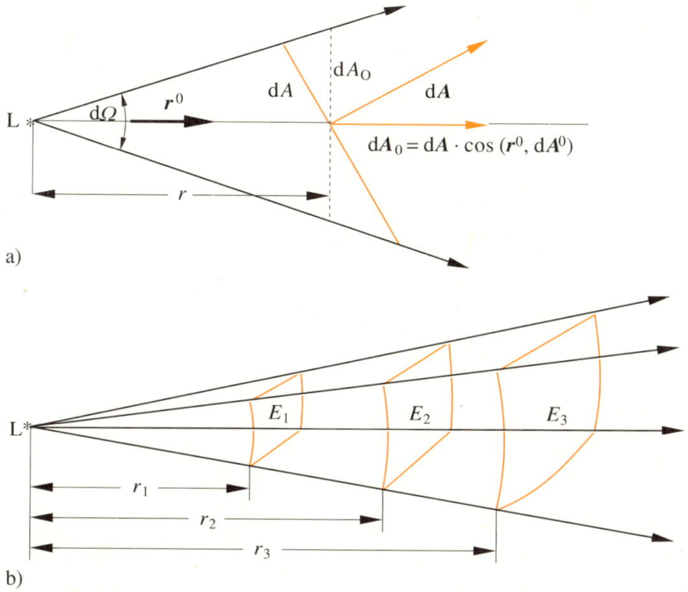

Abb. 12.3 Zur Bestimmung der Beleuchtungsstärke

oder mit $\mathrm{d}\Phi = I\,\mathrm{d}\Omega$ (D 12.4) und $\mathrm{d}\Omega = \mathrm{d}A_0/r^2$ (vgl. (I D 2.6a))

$$E = \frac{I \cos(\boldsymbol{r}^0, \mathrm{d}\boldsymbol{A}^0)}{r^2}. \tag{12.3}$$

Bei senkrechtem Einfall ($\boldsymbol{r}^0 = \mathrm{d}\,\boldsymbol{A}^0$) spezialisiert sich (12.3) zu

$$E = \frac{I}{r^2} \tag{12.3a}$$

(vgl. Abb. 12.3b).

12.4 Experimentelle Methoden der Fotometrie

Die Ermittlung von Lichtstärken, Leuchtdichten, Lichtströmen usw. ist Aufgabe der experimentellen Fotometrie. Erfolgt die Beobachtung des Lichtes visuell, spricht man von *subjektiver Fotometrie,* bei Verwendung von Fotozellen u.ä. als Strahlungsdetektoren von *objektiver Fotometrie.*

subjektive Fotometrie
objektive Fotometrie

12.4.1 Visuelle Methoden

Die Ermittlung der Lichtstärke I einer Lichtquelle L erfolgt über die Messung der Beleuchtungsstärke E. Man vergleicht E mit der bekannten Beleuchtungsstärke E_n einer Fläche, die durch eine Normlichtquelle L_n

Messung der Lichtstärke

bekannter Lichtstärke I_n hervorgerufen wird. Da das menschliche Auge wohl sehr empfindlich kleine Helligkeitsunterschiede zu registrieren vermag, aber keine Auskunft über den Absolutwert dieser Unterschiede geben kann, wird eine solche Meßanordnung gewählt (s. u.), die auf den gut zu beobachtenden Spezialfall $E = E_n$ eingestellt werden kann. Mit E ist dann unter Berücksichtigung der jeweiligen geometrischen Anordnung von Lichtquelle und beleuchteter Fläche auch I bekannt.

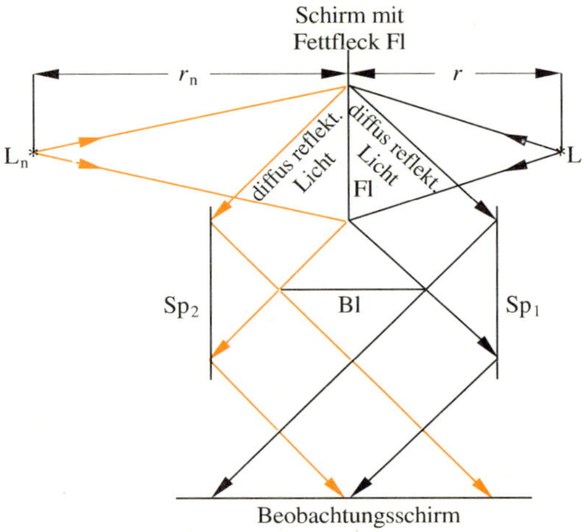

Abb. 12.4 Strahlengang im Fettfleckfotometer

Um auch kleinste Unterschiede von E und E_n noch erfassen zu können, beleuchten zwei Lampen L und L_n aneinandergrenzende Flächen A und A_n. Der Fall $E = E_n$ ist dann durch das Verschwinden der Grenzlinien zwischen diesen Flächen gut beobachtbar. Beim *Fettfleckfotometer* wird hierzu auf einem Stück weißen Papier ein Fettfleck erzeugt (z. B. durch einen Stearintropfen) und in den Strahlengang der sich gegenüberstehenden Lampen L und L_n gebracht (vgl. Abb. 12.4). Durch ein Spiegelsystem (Sp_1 und Sp_2 in Abb. 12.4) können die beiden diffus reflektierenden Seiten des Schirmes gleichzeitig beobachtet werden. Die Blende Bl schützt den Beobachtungsschirm vor direkter Beleuchtung. Da der Fettfleck vom auffallenden Licht weniger reflektiert als das ihn umgebende weiße Papier, erscheint er bei ausschließlicher Beleuchtung durch L_n von L_n aus gesehen dunkel auf hellem Grund, von L aus gesehen hell gegenüber der dunkleren Umgebung. Läßt man jetzt zusätzlich das Licht von L auf den Fettfleck fallen, dann ändert sich an dem vorstehend Beschriebenen im Prinzip nichts, solange $E < E_n$ gilt. Für $E > E_n$ dagegen vertauscht sich der Einfluß der Lichtquellen auf den Fettfleck. Der Fall $E = E_n$ zeichnet sich also durch das Verschwinden des Fettfleckes aus, er kann damit relativ genau bestimmt werden.

Zur Präzisionsbestimmung von E bzw. I ist das Fettfleckfotometer ungeeignet. Wesentlich genauer läßt sich mit dem *Fotometerwürfel* von

Fettfleckfotometer

Fotometerwürfel

LUMMER und BRODHUN messen (Abb. 12.5a). Er besteht aus zwei rechtwinkligen Prismen gleichen Materials, die mit ihren Basen aufeinandergekittet werden. Die Basis eines Prismas enthält Aussparungen, so daß das Licht nur an den Kittstellen ungehindert von einem Prisma in das andere übertreten kann, an den Aussparungen jedoch total reflektiert wird (vgl. Abschnitt 9.7). Das von L und L_n kommende Licht beleuchtet damit aneinandergrenzende Gesichtsfelder. Der Fall $E = E_n$ ist durch das Verschwinden der Grenzlinien zwischen diesen Feldern (gleiche Helligkeit aller Felder für den Betrachter) gekennzeichnet. Die gesamte Fotometer-Anordnung zeigt Abb. 12.5b. Die Lichtquellen L und L_n beleuchten jeweils eine Seite des diffus reflektierenden Schirmes S (z.B. einer Gipsplatte). Durch die Spiegel Sp_1 und Sp_2 fällt das diffus reflektierte Licht auf den Fotometerwürfel, der zum Beispiel mit einem Fernrohr F beobachtet wird. Die Blende Bl verhindert den direkten Lichteinfall in den Fotometerwürfel.

EUGEN HEINRICH BRODHUN (1860–1938)

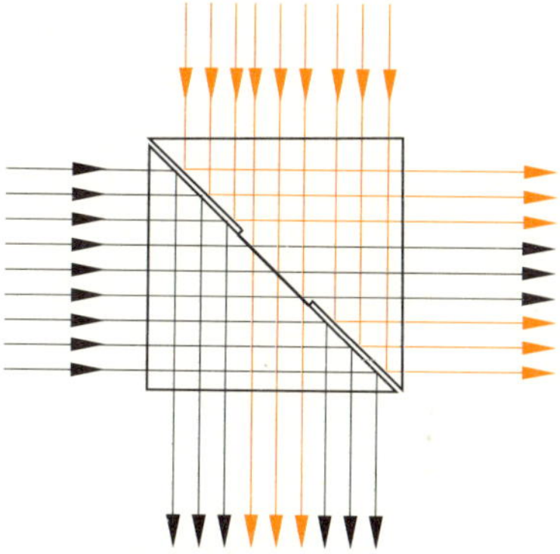

a)

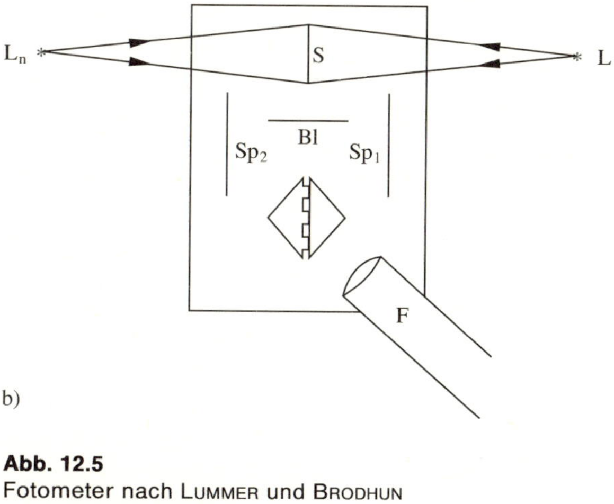

b)

Abb. 12.5
Fotometer nach LUMMER und BRODHUN
a) Fotometerwürfel
b) Aufbau des Fotometers
(Strahlengang im Fotometer vgl. Abb. 12.4)

Die Gleichheit der Beleuchtungsstärken ($E = E_n$) läßt sich durch entsprechende Wahl der Abstände r und r_n der Lampen L und L_n vom Fotometer erreichen. Dazu werden beide Lampen auf eine optische Bank montiert, die Entfernung einer Lampe festgelegt und die andere so lange verschoben, bis am Fotometer $E = E_n$ abgelesen werden kann. Nach (12.3a) gilt für den Fall $E = E_n$

$$\frac{I}{I_n} = \frac{r_n^2}{r^2}. \qquad (12.4)$$

Bei Kenntnis von I_n ist durch Messung von r_n und r die unbekannte Lichtstärke gefunden.

Die Gleichheit von E und E_n kann durch die gezielte Schwächung des Lichtes einer Lampe (z.B. das der Normlampe) erfolgen. Es muß nur beachtet werden, daß eine gleichmäßige Schwächung des gesamten sichtbaren Spektralbereiches erfolgt. Man kann das durch Einbringen einer rotierenden Sektorscheibe in den Strahlengang erreichen. Die Größe der Schwächung ist durch die Winkelgeschwindigkeit der Scheibe und die Anordnung und Fläche ihrer Sektoren bestimmt. Gleichfalls sind *Graufilter* (Filter, die das Licht aller Farben des sichtbaren Spektralbereiches um den gleichen Faktor schwächen) geeignet. Benutzt werden entweder ein Satz verschiedener Graufilter oder zur stetigen Schwächung des Lichtes zwei *Graukeile* in der aus Abb. 12.6 ersichtlichen Anordnung.

Graufilter

Graukeile

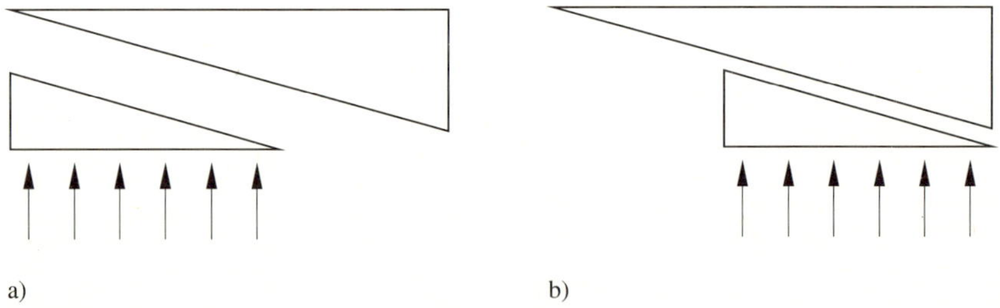

Abb. 12.6
Graukeile zur stetigen Schwächung des Lichtes
a) minimale Schwächung
b) maximale Schwächung

Flimmermethode

Besitzen die Vergleichslampen unterschiedliche Farbtemperaturen, so lassen sich die Farbunterschiede durch entsprechende Filter ausgleichen (vgl. Abschnitt 12.1). Ist das nicht möglich, findet meist die *Flimmermethode* Anwendung. Dabei wird die Tatsache ausgenutzt, daß der Mensch periodisch wechselnde Farbeindrücke von einer bestimmten Frequenz ab nicht mehr farblich unterschiedlich, sondern als einheitliche Mischfarbe sieht. Das Gesichtsfeld des Fotometers erscheint dann bei $E = E_n$ trotz unterschiedlicher Farben seiner Teilbereiche gleichmäßig hell.

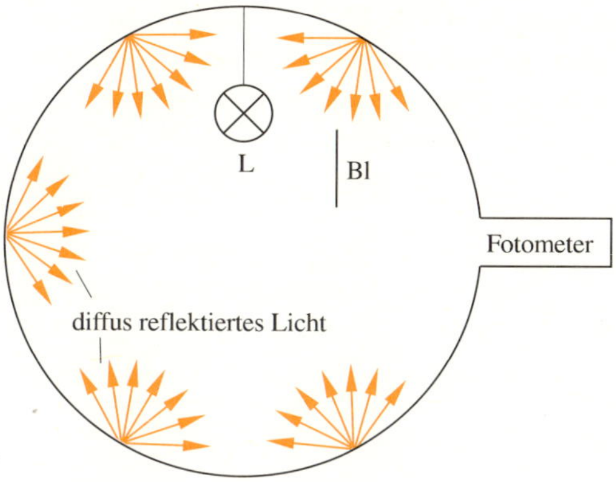

Abb. 12.7 Ulbrichtsche Kugel

Ulbrichtsche Kugel

RICHARD ULBRICHT
(1849–1923)

Lichtströme werden mit der *Ulbrichtschen Kugel* bestimmt (Abb. 12.7). Die Innenwand einer Hohlkugel wird mit einem diffus reflektierenden Anstrich versehen, die Lampe an eine bestimmte Stelle der Kugel gebracht. Die Öffnung der Kugel wird durch eine Blende Bl vor direktem Lichteinfall geschützt, so daß durch die Öffnung der Kugel nur das diffuse Streulicht in das angebrachte Fotometer fallen kann. Die im Fotometer bestimmte Beleuchtungsstärke ist dem Lichtstrom der Lampe proportional. Eicht man die Ulbrichtsche Kugel mit einer Normlampe L_n bekannten Lichtstromes, dann ist der Lichtstrom von L fotometrisch bestimmbar. Da die Innenwand der Kugel nicht ideal diffus reflektiert, müssen die auszumessenden Lampen stets an der gleichen Stelle wie die Normlampe angeordnet werden.

12.4.2 Objektive Methoden

Objektive Verfahren verwenden statt des Auges als Strahlungsdetektoren Fotozellen (vgl. Abschnitt 3.2.1.5.2), Thermoelemente (vgl. 3.2.2.5.1) oder Bolometer (vgl. Abschnitt 10.2.6.3). Thermoelemente und Bolometer sind im sichtbaren Spektralbereich praktisch nicht selektiv, sie registrieren im sichtbaren Wellenlängenbereich die elektromagnetische Welle unabhängig von ihrer Wellenlänge mit gleicher Empfindlichkeit. Paßt man durch entsprechende Filter die auf sie auffallende Strahlung dem spektralen Hellempfindlichkeitsgrad V_λ des Normalbeobachters an, dann wird die auffallende Strahlung wie durch das menschliche Auge gemessen. Erreicht wird allerdings nicht dessen Meßempfindlichkeit. Man kann auch so vorgehen, daß man mit Hilfe von Filtern die auffallende Strahlung für einzelne Wellenlängen mißt und daraus unter Berücksichtigung der verwendeten Filter die Gesamtstrahlung entsprechend dem spektralen Hellempfindlichkeitsgrad des Normalbeobachters zusammensetzt.

Fotozellen sind wesentlich empfindlicher als Thermoelemente oder Bolometer, allerdings sind sie im sichtbaren Spektralbereich selektiv. Durch entsprechende Filter kann ihre Meßempfindlichkeit ebenfalls V_λ angepaßt werden.

12.5 Aufgaben

12.1
Eine Punktlichtlampe hat eine Lichtstärke von 115 cd. Berechnen Sie den gesamten von der Lampe ausgehenden Lichtstrom sowie die Leuchtdichte einer Mattglaskugel mit dem Durchmesser 16 cm, in deren Mittelpunkt sich die Lichtquelle befindet.

12.2
Zur Zeit der Tagundnachtgleiche steht die Sonne senkrecht über einem Punkt des Äquators. Berechnen Sie für den Mittag dieses Tages für einen Ort am 52. Breitengrad das Verhältnis der Beleuchtungsstärken einer horizontal am Boden liegenden Fläche zu einer vertikal aufgestellten Fläche, deren Normalenvektor nach Süden zeigt!

12.3
Um welchen Winkel muß die vertikal aufgestellte Fläche der Aufgabe 12.2 um eine vertikale Achse gedreht werden, wenn die Beleuchtungsstärken für beide Flächen gleich groß sein sollen?

12.4
Auf einer ebenen Fläche wird bei direkter Sonnenbestrahlung eine Beleuchtungsstärke von $4{,}9 \cdot 10^4$ lx gemessen. Der Winkel zwischen Flächennormale und Richtung zur Sonne ist dabei 52°. Berechnen Sie die Leuchtdichte der Sonne unter der Annahme, sie wäre ein Lambert-Strahler. (Absorption und Streuung in der Erdatmosphäre vernachlässigen!)
Der Sonnendurchmesser ist $1{,}39 \cdot 10^9$ m, der mittlere Abstand der Erde von der Sonne $1{,}5 \cdot 10^8$ km.

12.5
In der Mitte eines Raumes von 6 m Länge befinde sich eine Punktlichtquelle mit der Lichtstärke 500 cd. Wie groß ist die Beleuchtungsstärke in der Mitte einer Längswand, wenn an der gegenüberliegenden Wandseite in Höhe der Lampe ein ebener Spiegel hängt?

12.6
In der Mitte eines Hohlwürfels befinde sich eine Punktlichtquelle. Wie verhält sich die größte zur kleinsten der an differentiellen Wandflächen vorliegenden Beleuchtungsstärken? (Reflektiertes Licht werde vernachlässigt.)

13 Grundlagen der elektronenoptischen Abbildung

Unter bestimmten Voraussetzungen lassen sich die von einem Punkt ausgehenden elektrisch geladenen Teilchen (z. B. Elektronen) durch elektrische und magnetische Felder wieder in einem Punkt vereinigen. In Analogie zu (D 11.2) spricht man dann von einer *elektronenoptischen Abbildung*. Im folgenden sollen Analogien zwischen der licht- und der elektronenoptischen Abbildung aufgezeigt werden.

elektronenoptische Abbildung

13.1 Das elektrische und das magnetische Feld als anisotropes inhomogenes elektronenoptisches Medium

Ein Strahl geladener Teilchen (in der technischen Anwendung meist Elektronen) des Impulses $\boldsymbol{p}_e$ falle mit der Strahlrichtung $\boldsymbol{n}_e^0 = \boldsymbol{p}_e^0$ auf die Äquipotentialfläche $\varphi = \text{const}$ (vgl. Abb. 13.1). Die Strahlrichtung sei um den Winkel i_e gegenüber der zum Strahl hin gerichteten Normalen der Äquipotentialfläche geneigt. Nach (D 1.5) wirkt im elektrischen Feld $\boldsymbol{E}$ auf

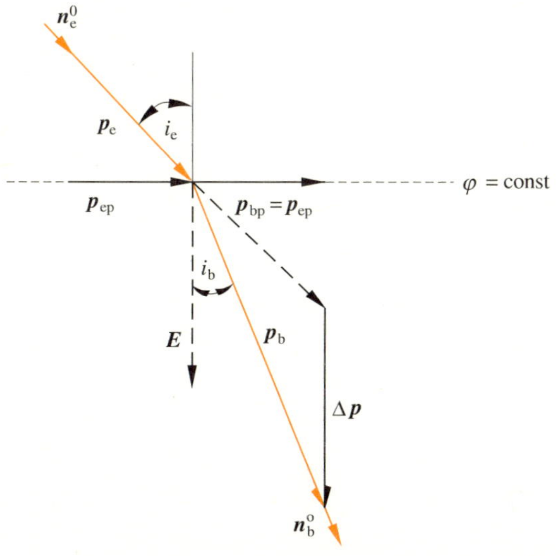

Abb. 13.1
Zur Herleitung der elektronenoptischen Brechzahl

Teilchen der Ladung q die Kraft $\boldsymbol{F}=q\boldsymbol{E}$. Der durch sie bedingte Impuls $\Delta\boldsymbol{p}$ verändere $\boldsymbol{p}_\mathrm{e}$ auf $\boldsymbol{p}_\mathrm{b}$ und die Strahlrichtung von $\boldsymbol{n}_\mathrm{e}^0$ auf $\boldsymbol{n}_\mathrm{b}^0$. Da nach (S 1.5) $\boldsymbol{E}$ senkrecht auf der Äquipotentialfläche steht, erfolgt auch die Impulsänderung $\Delta\boldsymbol{p}$ senkrecht zu ihr; die Impulskomponente $\boldsymbol{p}_\mathrm{ep}$ in Richtung der Äquipotentialfläche bleibt erhalten. Bezeichnet man den Winkel zwischen $\boldsymbol{n}_\mathrm{b}^0$ und zugehöriger Flächennormale mit i_b, so gilt nach Abbildung 13.1, (A 3.5) und (A 3.1)

$$\frac{\sin i_\mathrm{e}}{\sin i_\mathrm{b}}=\frac{p_\mathrm{b}}{p_\mathrm{e}}=\frac{\boldsymbol{p}_\mathrm{b}\cdot\boldsymbol{n}_\mathrm{b}^0}{\boldsymbol{p}_\mathrm{e}\cdot\boldsymbol{n}_\mathrm{e}^0}. \tag{13.1}$$

Brechung eines geladenen Teilchenstrahles an einer Äquipotentialfläche

Wie der Vergleich von (13.1) mit dem Brechungsgesetz (S 9.3) zeigt, erfährt ein geladener Teilchenstrahl beim Durchgang durch die Äquipotentialfläche eine Brechung analog der des Lichtstrahles beim Durchgang durch die Grenzfläche zweier optischer Medien.

elektronenoptische Brechzahl

Eine vollkommene Übereinstimmung von (13.1) mit (S 9.3) läßt sich erreichen, wenn man mit dem Betrag p_0 des Anfangsimpulses der Teilchen analog zur Definition (D 9.1) der Brechzahl des optischen Mediums als *elektronenoptische Brechzahl*

$$n_{\mathrm{e}1}=\frac{\boldsymbol{p}\cdot\boldsymbol{n}^0}{p_0} \tag{13.2a}$$

einführt. Die optische Brechzahl ist auf die Vakuumlichtgeschwindigkeit bezogen. Da eine entsprechende Naturkonstante für den Impuls eines elektrisch geladenen Teilchens nicht existiert, muß die elektronenoptische Brechzahl in bezug auf irgendeinen beliebigen Bezugsimpuls p_0 festgelegt werden. Dieser Unterschied in beiden Definitionen ist belanglos, da in das Brechungsgesetz sowieso nur der Quotient zweier Brechzahlen eingeht.

Setzt man (13.2a) unter Beachtung von (A 3.1) und $p_0=\mathrm{const}$ in das Fermatsche Prinzip (S 11.2) ein, so nimmt das geladene Teilchen zwischen zwei gegebenen Punkten P_1 und P_2 immer den Weg, der der Forderung

$$\int_{P_1}^{P_2}\boldsymbol{p}\cdot\mathrm{d}\boldsymbol{s}=\text{Extremwert}$$

entspricht. Diese Aussage gilt für ein freies Teilchen (Anzahl seiner Freiheitsgrade $f=3$) unabhängig von der Art des kraftausübenden Feldes.

(S 13.1a) Extremalprinzip für die Bahnbestimmung eines Massenpunktes

Ein freies elektrisch geladenes Teilchen durchläuft unabhängig von der Art der wirkenden Felder zwischen den Punkten P_1 und P_2 stets den Weg, für den

$$\int_{P_1}^{P_2}\boldsymbol{p}\cdot\mathrm{d}\boldsymbol{s}$$

einen Extremwert annimmt.

In der hier aus dem Fermatschen Prinzip erhaltenen Beziehung (S 13.1a) kann die Integration über den Weg durch eine Integration über die Zeit ersetzt werden. Führt man dabei unter Beachtung von $\mathrm{d}\boldsymbol{s} = \boldsymbol{v}\,\mathrm{d}t$ und $\boldsymbol{p}^0 = \boldsymbol{v}^0$ als *Lagrange*-Funktion L

Lagrange-Funktion

$$\boldsymbol{p} \cdot \mathrm{d}\boldsymbol{s} = \boldsymbol{p} \cdot \boldsymbol{v}\,\mathrm{d}t = pv\,\mathrm{d}t = 2\,L\,\mathrm{d}t \tag{13.3}$$

ein, so erhält man in Übereinstimmung mit (I S 4.9) das Hamiltonsche Prinzip:

(S 13.1) Hamiltonsches Prinzip

Befindet sich ein freies Teilchen zur Zeit t_1 im Punkt P_1 und zur Zeit t_2 im Punkt P_2, so durchläuft es zwischen den beiden Punkten P_1 und P_2 stets den Weg, für den

$$\int_{t_1}^{t_2} L\,\mathrm{d}t$$

einen Extremwert annimmt (Hamiltonsches Prinzip).

WILLIAM ROWAN HAMILTON (1805–1865)

Ein freies (Anzahl der Freiheitsgrade $f = 3$) geladenes Teilchen besitzt im elektrischen und magnetischen Feld die Lagrange-Funktion (siehe (A 47.1))

$$L = \frac{m}{2}\,\boldsymbol{v}^2 - q\varphi + q\boldsymbol{A} \cdot \boldsymbol{v} \tag{13.4}$$

oder mit (A 3.5b)

$$L = \frac{m}{2}\,(v_x{}^2 + v_y{}^2 + v_z{}^2) - q\varphi(x, y, z) + q(A_x v_x + A_y v_y + A_z v_z)\,. \tag{13.4a}$$

JOSEPH LOUIS LAGRANGE (1736–1812)

Da zwischen $\boldsymbol{p}$ und L nach (13.3) die Beziehung

$$\boldsymbol{p} = \frac{\partial L}{\partial v_x}\,\boldsymbol{i} + \frac{\partial L}{\partial v_y}\,\boldsymbol{j} + \frac{\partial L}{\partial v_z}\,\boldsymbol{k} \tag{13.5}$$

besteht, folgt aus (13.4a), (13.5), (A 2.3), (A 2.9) und (A 3.5a)

$$\boldsymbol{p} = m\boldsymbol{v} + q\boldsymbol{A} \tag{13.6}$$

und somit nach (13.2a) für die elektronenoptische Brechzahl des elektrischen und magnetischen Feldes

elektronenoptische Brechzahl des elektrischen und magnetischen Feldes

$$n_{\mathrm{el}} = \frac{m\boldsymbol{v} \cdot \boldsymbol{n}^0}{p_0} + \frac{q\boldsymbol{A} \cdot \boldsymbol{n}^0}{p_0}\,. \tag{13.2}$$

Der erste Term beinhaltet die Wirkung des elektrischen, der zweite die Wirkung des magnetischen Feldes auf den elektronenoptischen Strahlverlauf. Da $\boldsymbol{v} \cdot \boldsymbol{n}^0 = v$ gilt und der Betrag der Geschwindigkeit im allgemeinen ortsabhängig ist, beeinflußt das elektrische Feld den Bahnverlauf wie ein isotropes, aber inhomogenes optisches Medium den Verlauf des Lichtstrahles. Im Ausdruck $\boldsymbol{A} \cdot \boldsymbol{n}^0 = A\boldsymbol{A}^0 \cdot \boldsymbol{n}^0$ ist A orts- und $\boldsymbol{A}^0 \cdot \boldsymbol{n}^0$ richtungsabhängig. Das magnetische Feld wirkt daher auf den Strahlverlauf wie ein inhomogenes anisotropes optisches Medium auf den Lichtstrahl.

(S 13.2) Analogie zwischen Elektronen- und Lichtoptik

Elektrische und magnetische Felder beeinflussen den Verlauf eines Strahles elektrisch geladener Teilchen wie inhomogene anisotrope optische Medien den Verlauf eines Lichtstrahles. Wirkt nur ein elektrisches Feld, so ist die elektronenoptische Brechzahl im allgemeinen ortsabhängig (isotropes inhomogenes elektronenoptisches Medium), wirkt nur ein magnetisches Feld, so ist sie richtungs- und im allgemeinen auch ortsabhängig (anisotropes inhomogenes elektronenoptisches Medium).

elektronenoptische Abbildungsfehler

Auf Grund der durch (S 13.2) gegebenen Analogie zwischen Elektronen- und Lichtoptik besitzen rotationssymmetrische elektrische Felder die gleichen Abbildungsfehler 3. Ordnung wie sphärische optische Systeme, während auf Grund der Anisotropie ihrer Brechzahl rotationssymmetrische magnetische Felder drei zusätzliche Abbildungsfehler dritter Ordnung aufweisen (vgl. 13.2.2).

13.2 Elektronenoptische Abbildung durch rotationssymmetrische elektrische und magnetische Felder

13.2.1 Elektronenoptische Abbildungsgesetze für den paraxialen Strahlengang

optische Achse des elektronenoptischen Systems

Im Kapitel 11 wurde die Ablenkung des Lichtes in rotationssymmetrischen optischen Systemen betrachtet. Diese Überlegungen sollen jetzt auf die Ablenkung von Elektronen im elektrischen und magnetischen Feld übertragen werden, wobei diese Felder als rotationssymmetrisch und ihre Rotationsachsen als identisch vorausgesetzt werden. In Analogie zur Lichtoptik nennt man diese gemeinsame Achse *optische Achse* des elektronenoptischen Systems. Wir wählen sie zur x-Achse eines rechtwinkligen kartesischen Koordinatensystems. Nach (D 1.5) und (S 2.9) wirkt auf das Elektron die Kraft

$$\boldsymbol{F} = -e(\boldsymbol{E} + (\boldsymbol{v} \times \boldsymbol{B})), \tag{13.7}$$

woraus mit dem 1. Newtonschen Axiom

$$\boldsymbol{F} = \frac{\mathrm{d}\boldsymbol{p}}{\mathrm{d}t} = \frac{\mathrm{d}^2\boldsymbol{s}}{\mathrm{d}t^2} \quad \text{(vgl. (I S 3.5)) als Bewegungsgleichung des Elektrons}$$

$$m_e \boldsymbol{a} = m_e \frac{\mathrm{d}^2\boldsymbol{s}}{\mathrm{d}t^2} = -e\left(\boldsymbol{E} + \left(\frac{\mathrm{d}\boldsymbol{s}}{\mathrm{d}t} \times \boldsymbol{B}\right)\right) \tag{13.8}$$

folgt. Mit (A 3.10b) und (A 3.3a) gilt für die Koordinaten a_y und a_z der Beschleunigung a

$$a_y = \frac{d^2 y}{dt^2} = \frac{e}{m_e}\left(-E_y + \left(\frac{dx}{dt} B_z - \frac{dz}{dt} B_x\right)\right), \tag{13.8a}$$

$$a_z = \frac{d^2 z}{dt^2} = \frac{e}{m_e}\left(-E_z + \left(\frac{dy}{dt} B_x - \frac{dx}{dt} B_y\right)\right). \tag{13.8b}$$

Im weiteren werde der Abstand $r = \sqrt{y^2 + z^2}$ der Elektronen von der optischen Achse als so klein vorausgesetzt, daß in den Reihenentwicklungen für das elektrische und das skalare magnetische Potential entsprechend A. 48 nur Glieder bis einschließlich r^2 Berücksichtigung finden müssen (vgl. (A 48.1) und (A 48.2)):

$$\varphi(x, \sqrt{y^2 + z^2}) = \varphi_a(x) - \frac{y^2 + z^2}{4} \frac{d^2 \varphi_a(x)}{dx^2}, \tag{13.9a}$$

$$\varphi_m(x, \sqrt{y^2 + z^2}) = \varphi_{ma}(x) - \frac{y^2 + z^2}{4} \frac{d^2 \varphi_{ma}(x)}{dx^2}. \tag{13.9b}$$

Die Reihenentwicklungen der Komponenten der zugehörigen Feldvektoren $\boldsymbol{E}$ und $\boldsymbol{B}$ enthalten dann höchstens noch lineare Glieder von y und z (siehe (A 48.3) und (A 48.4)). In Analogie zu (D 11.5) wird deshalb der durch (13.9) festgelegte Bereich des elektronenoptischen Strahlenganges *paraxialer elektronenoptischer Strahlengang* genannt.

paraxialer elektronenoptischer Strahlengang

Bei Beschränkung auf das elektronenoptische Paraxialgebiet gehen (11.8a) und (11.8b) mit (A 48.3) und (A 48.4) über in

$$\frac{d^2 y}{dt^2} = -\frac{e}{m_e}\left[\frac{y}{2}\frac{d^2\varphi_a}{dx^2} + \frac{z}{2}\frac{dx}{dt}\frac{dB_{ax}}{dx} + \frac{dz}{dt} B_{ax}\right], \tag{13.8c}$$

$$\frac{d^2 z}{dt^2} = -\frac{e}{m_e}\left[\frac{z}{2}\frac{d^2\varphi_a}{dx^2} - \frac{y}{2}\frac{dx}{dt}\frac{dB_{ax}}{dx} - \frac{dy}{dt} B_{ax}\right]. \tag{13.8d}$$

Zur Vereinfachung vorstehender Gleichungen führen wir statt des raumfesten x, y, z-Koordinatensystems ein um die x-Achse mit dem zeitlich veränderlichen Winkel $\alpha(t)$ in mathematisch negativem Sinne rotierendes x, Y, Z-Koordinatensystem ein. Nach Abb. 13.2 ergeben sich seine Y- und seine Z-Koordinate zu

$$Y = y\cos\alpha + z\sin\alpha, \tag{13.10a}$$

$$Z = -y\sin\alpha + z\cos\alpha. \tag{13.10b}$$

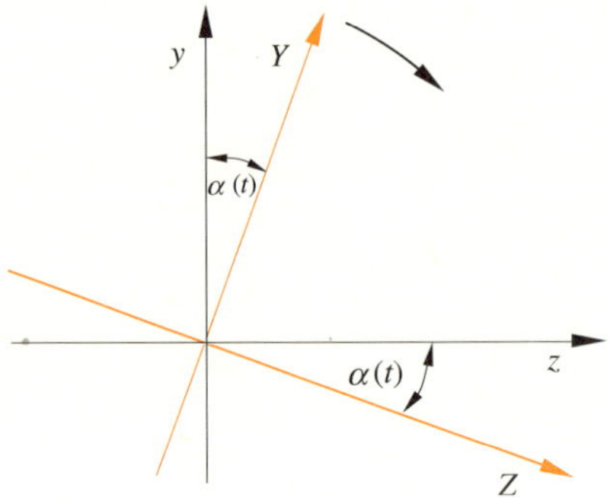

Abb. 13.2
Übergang vom raumfesten zum um die x-Achse rotierenden Koordinatensystem

Nach (A 49.3) schreibt sich (11.8c) mit Bezug auf dieses rotierende Koordinatensystem mit $\omega = \frac{\mathrm{d}\alpha}{\mathrm{d}t}$

$$\frac{\mathrm{d}^2 Y}{\mathrm{d}t^2} = -\frac{e}{2m_\mathrm{e}} Y \frac{\mathrm{d}^2 \varphi_\mathrm{a}}{\mathrm{d}x^2} + \left(\omega^2 - \frac{e}{m_\mathrm{e}} B_{\mathrm{a}x}\omega\right) Y$$
$$+ \left(2\omega - \frac{e}{m_\mathrm{e}} B_{\mathrm{a}x}\right)\frac{\mathrm{d}Z}{\mathrm{d}t} + \left(\dot{\omega} - \frac{e}{2m_\mathrm{e}} \frac{\mathrm{d}x}{\mathrm{d}t} \frac{dB_{\mathrm{a}x}}{\mathrm{d}x}\right) Z . \tag{13.11}$$

Wählt man für ω die spezielle Winkelgeschwindigkeit

$$\omega_\mathrm{L} = \frac{e}{2m_\mathrm{e}} B_{\mathrm{a}x} \tag{13.12}$$

Larmor-Präzession

(*Larmor-Präzession*), so geht (13.11) mit (vgl. (A 2.7))

$$\dot{\omega}_\mathrm{L} = \frac{e}{2m_\mathrm{e}} \frac{\mathrm{d}B_{\mathrm{a}x}}{\mathrm{d}x} \frac{\mathrm{d}x}{\mathrm{d}t}$$

über in

$$\frac{\mathrm{d}^2 Y}{\mathrm{d}t^2} + \frac{e}{2m_\mathrm{e}}\left(\frac{\mathrm{d}^2 \varphi_\mathrm{a}}{\mathrm{d}x^2} + \frac{e}{2m_\mathrm{e}} B_{\mathrm{a}x}^2\right) Y = 0 . \tag{13.13a}$$

Analog folgt

$$\frac{\mathrm{d}^2 Z}{\mathrm{d}t^2} + \frac{e}{2m_\mathrm{e}}\left(\frac{\mathrm{d}^2 \varphi_\mathrm{a}}{\mathrm{d}x^2} + \frac{e}{2m_\mathrm{e}} B_{\mathrm{a}x}^2\right) Z = 0 . \tag{13.13b}$$

JOSEPH LARMOR
(1857–1942)

Durch die Festlegung $\omega = \omega_\mathrm{L}$ erreicht man, daß im Gegensatz zu (13.8c) und (13.8d) die Differentialgleichung (13.13a) nur noch von Y, die Differentialgleichung (13.13b) nur von Z abhängt und beide Differentialgleichungen die gleiche Form annehmen.

Aus der obigen Voraussetzung eines paraxialen Strahlenganges folgt $v_x{}^2 \gg v_y{}^2 + v_z{}^2$ und mit (3.4a) und (D 1.6)

$$\frac{m_\mathrm{e}}{2} v_x{}^2 = e\varphi_\mathrm{a} ,$$

hieraus mit $v_x = \frac{\mathrm{d}x}{\mathrm{d}t}$ und (A 2.18)

$$\mathrm{d}x = \sqrt{\frac{2e\varphi_a}{m_e}}\,\mathrm{d}t\,. \qquad (13.14)$$

Damit kann geschrieben werden

$$\frac{\mathrm{d}^2 Y}{\mathrm{d}t^2} = \frac{\mathrm{d}}{\mathrm{d}t}\frac{\mathrm{d}Y}{\mathrm{d}t} = \sqrt{\frac{2e\varphi_a}{m_e}}\frac{\mathrm{d}}{\mathrm{d}x}\left(\frac{\mathrm{d}Y}{\mathrm{d}t}\right) = \frac{2e}{m_e}\sqrt{\varphi_a}\frac{\mathrm{d}}{\mathrm{d}x}\left(\sqrt{\varphi_a}\frac{\mathrm{d}Y}{\mathrm{d}x}\right)$$

und somit für (13.13a)

$$\frac{\mathrm{d}}{\mathrm{d}x}\left(\sqrt{\varphi_a}\frac{\mathrm{d}Y}{\mathrm{d}x}\right) + \frac{1}{4\sqrt{\varphi_a}}\left(\frac{\mathrm{d}^2\varphi_a}{\mathrm{d}x^2} + \frac{e}{2m_e}B_{ax}^2\right)Y = 0\,, \qquad (13.15a)$$

entsprechend für (13.13b)

$$\frac{\mathrm{d}}{\mathrm{d}x}\left(\sqrt{\varphi_a}\frac{\mathrm{d}Z}{\mathrm{d}x}\right) + \frac{1}{4\sqrt{\varphi_a}}\left(\frac{\mathrm{d}^2\varphi_a}{\mathrm{d}x^2} + \frac{e}{2m_e}B_{ax}^2\right)Z = 0\,. \qquad (13.15b)$$

Die Existenz der elektronenoptischen Abbildung (vgl. (D 11.3)) im Paraxialgebiet eines rotationssymmetrischen elektrischen und magnetischen Feldes kann aus dem Typ der Differentialgleichungen (13.15) gefolgert werden. $Y(x)$ und $Z(x)$ genügen der gleichen homogenen linearen gewöhnlichen Differentialgleichung 2. Ordnung (vgl. I A. 18). Sind $u_1(x)$ und $u_2(x)$ zwei voneinander linear unabhängige Lösungen von (13.15a) bzw. (13.15b), so ergeben nach (I A 18.2) mit den vier Konstanten C_i ($i = 1, 2, 3, 4$) sich die allgemeinen Lösungen zu

Nachweis der Existenz der elektronenoptischen Abbildung

$$Y(x) = C_1 u_1(x) + C_2 u_2(x)\,, \qquad (13.16a)$$

$$Z(x) = C_3 u_1(x) + C_4 u_2(x)\,. \qquad (13.16b)$$

Der Gegenstandspunkt G liege am Ort $x = x_G$. Entsprechend der in der Strahlenoptik verwendeten Bezeichnungsweise wird geschrieben

$$Y(x_G) = Y_G\,, \qquad (13.17a)$$

$$Z(x_G) = Z_G\,. \qquad (13.17b)$$

Von dem durch die Koordinaten x_G, Y_G, Z_G bestimmten *Gegenstandspunkt* gehen Elektronenstrahlen mit verschiedenen Neigungen zur optischen Achse aus. Nach (13.16a) und (13.16b) gilt dann

elektronenoptischer Gegenstandspunkt

$$Y_G = C_1 u_1(x_G) + C_2 u_2(x_G)\,,$$

$$Z_G = C_3 u_1(x_G) + C_4 u_2(x_G)$$

oder

$$C_1 = \frac{Y_G}{u_1(x_G)} - C_2\frac{u_2(x_G)}{u_1(x_G)}\,, \qquad (13.18a)$$

$$C_3 = \frac{Z_G}{u_1(x_G)} - C_4\frac{u_2(x_G)}{u_1(x_G)}\,. \qquad (13.18b)$$

Eliminiert man aus den Gleichungen (13.16) mit Hilfe dieser Beziehungen die Konstanten C_1 und C_3, dann erhält man für den Bahnverlauf der vom Gegenstandspunkt ausgehenden Elektronen

$$Y(x) = Y_G \frac{u_1(x)}{u_1(x_G)} + C_2 \left(u_2(x) - \frac{u_2(x_G)}{u_1(x_G)} u_1(x) \right), \tag{13.19a}$$

$$Z(x) = Z_G \frac{u_1(x)}{u_1(x_G)} + C_4 \left(u_2(x) - \frac{u_2(x_G)}{u_1(x_G)} u_1(x) \right). \tag{13.19b}$$

Die Konstanten C_2 und C_4 bestimmen die Richtung, mit der die Elektronen vom Gegenstandspunkt ausgehen. Die elektronenoptische Abbildung eines Punktes erfordert, daß sich alle von diesem Punkt ausgehenden Elektronenstrahlen unabhängig von ihrer Ausgangsrichtung, d.h. für jeden Wert von C_2 und C_4, wieder in einem Punkt, dem Bildpunkt B, vereinigen (vgl. (D 11.3)). Nach (13.19a) und (13.19b) erfüllt der Ort $x = x_B$, für den

$$u_2(x_B) - \frac{u_2(x_G)}{u_1(x_G)} u_1(x_B) = 0 \tag{13.20}$$

gilt, diese Forderung, denn nach (13.19a) und (13.19b) schneiden sich dann alle von G ausgehenden Elektronenstrahlen in dem durch

$$Y(x_B) = Y_B, \tag{13.17c}$$

$$Z(x_B) = Z_B \tag{13.17d}$$

elektronenoptischer Bildpunkt

festgelegten *Bildpunkt* B.

Für den Abbildungsmaßstab der elektronenoptischen Abbildung gilt nach (D 11.4), (13.20), (13.17c), (13.17d) und (13.19a) bzw. (13.19b)

$$\beta = \frac{Y_B}{Y_G} = \frac{Z_B}{Z_G} = \frac{u_1(x_B)}{u_1(x_G)} = \frac{u_2(x_B)}{u_2(x_G)}. \tag{13.21}$$

elektronenoptische Linse

Im Paraxialgebiet besitzen demzufolge rotationssymmetrische elektrische und magnetische Felder die gleichen Abbildungseigenschaften wie sphärische optische Linsen. Sie werden daher als rotationssymmetrische *elektronenoptische Linsen* bezeichnet.

Rechnerisch findet man den zu einer vorgegebenen Gegenstandslage gehörigen Bildort aus (13.20), den zugehörigen Abbildungsmaßstab aus (13.21). Erforderlich sind hierzu zwei linear unabhängige Lösungen von (13.15a) bzw. (13.15b).

kurze elektronenoptische Linse

Um eine vollständige Analogie zwischen den lichtoptischen und den elektronenoptischen Abbildungsgesetzen herzustellen, werden für die elektronenoptische Abbildung so stark abklingende elektrische und magnetische Felder, d.h. so *kurze Linsen* angenommen, daß sowohl der Gegenstand als auch das Bild im feldfreien Raum liegen. Die Linsen der Elektronenmikroskope (siehe Abschnitt 13.3) entsprechen dieser Voraussetzung. Auf Grund dieser Annahme sind für $x \leqq x_G$ und $x \geqq x_B$ die Elektronenbahnen Geraden (vgl. Abb. 13.3).

Wir betrachten die vom Gegenstand parallel zur optischen Achse ausgehenden Elektronen. Charakterisiert $U_1(x)$ die spezielle Lösung von (13.15a) bzw. (13.15b) für Strahlen vom Abstand $h=1$ und der Neigung $U_1'(x_G)=0$, so gilt wegen der Linearität der zu lösenden Differentialgleichung für den mit dem Abstand h von der optischen Achse parallel zu ihr ausgehenden Strahl

$$U_h(x)=hU_1(x). \tag{13.22}$$

Während für $x \leqq x_G$ dieser Strahl durch die Gerade

$$U_h(x)=U_h(x_G) \quad (x \leqq x_G) \tag{13.22a}$$

beschrieben wird, entspricht ihm am Bildort eine Gerade mit dem Abstand $U_h(x_B)$ von der optischen Achse und einer Neigung $U_h'(x_B)$, d.h., es gilt für $x \geqq x_B$

$$U_h(x)=U_h(x_B)+(x-x_B)\,U_h'(x_B), \quad (x \geqq x_B). \tag{13.22b}$$

Schneidet der Strahl $U_1(x)$ die optische Achse in dem Punkt $x_{B\infty}$ ($U_1(x_{B\infty})=0$), so wird sie nach (13.22) von allen parallel zu ihm vom Gegenstand ausgehenden Strahlen im gleichen Punkt geschnitten (vgl. Abb. 13.3), d.h., $x_{B\infty}$ ist das Bild des unendlich fernen Gegenstandes. Es ist allerdings unzweckmäßig, diesen Punkt in Analogie zu (D 11.6) als bildseitigen Brennpunkt der elektronenoptischen Linse anzusehen. Zur Festlegung von bildseitigem Brennpunkt und bildseitiger Hauptebene ist es günstiger, von den rückwärtigen Verlängerungen der Geraden (13.22a) und (13.22b) in den Feldraum auszugehen, d.h., virtuelle Brennpunkte einzuführen. Für die Schnittpunkte der Geraden (13.22b) mit der optischen Achse ergibt sich

$$U_h(x_B)+(x_{F_B}-x_B)\,U_h'(x_B)=0$$

und daraus mit (13.22)

$$x_{F_B}=x_B-\frac{U_1(x_B)}{U_1'(x_B)}, \tag{13.23a}$$

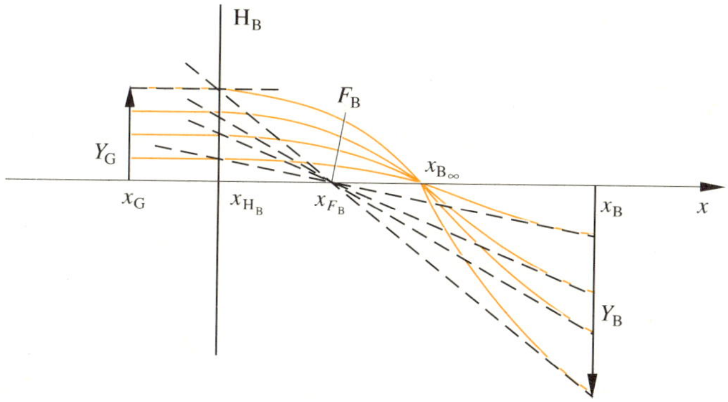

Abb. 13.3
Zur Definition von bildseitigem Brennpunkt F_B und bildseitiger Hauptebene H_B

während für die Schnittpunkte der Geraden (13.22b) mit den Geraden (13.22a)

$$U_h(x_G) = U_h(x_B) + (x_{H_B} - x_B)\, U_h'(x_B)$$

und mit (13.22)

$$x_{H_B} = x_B + \frac{U_1(x_G) - U_1(x_B)}{U_1'(x_B)} \qquad (13.24a)$$

folgt (vgl. Abb. 13.3).

bildseitiger Brennpunkt

Die Geraden (13.22b) besitzen nach (13.23a) mit der optischen Achse den gemeinsamen Schnittpunkt F_B. Er wird als *bildseitiger Brennpunkt* der elektronenoptischen Linse bezeichnet. Die Schnittpunkte der Geraden (13.22a) mit den Geraden (13.22b) liegen nach (13.24a) in einer Ebene H_B senkrecht zur optischen Achse. Man bezeichnet diese Ebene als *bildseitige Hauptebene*, ihren Schnittpunkt mit der optischen Achse als *bildseitigen Hauptpunkt* der elektronenoptischen Linse. Führt man als *bildseitige Brennweite* analog (D 11.8)

bildseitige Hauptebene
bildseitiger Hauptpunkt
bildseitige Brennweite

$$f_B = x_{F_B} - x_{H_B} \qquad (13.25a)$$

ein, so gilt für sie nach (13.23a) und (13.24a)

$$f_B = -\frac{U_1(x_G)}{U_1'(x_B)}. \qquad (13.26a)$$

gegenstandseitiger Brennpunkt
gegenstandseitige Hauptebene
gegenstandseitige Brennweite

Entsprechend zu F_B, H_B und f_B werden der *gegenstandseitige Brennpunkt* F_G, die *gegenstandseitige Hauptebene* H_G und die *gegenstandseitige Brennweite* f_G definiert. Statt $U_1(x)$ wird hierzu die spezielle Lösung $V_1(x)$ von (13.15a) bzw. (13.15b) benutzt, die den am Bildort x_B in der Höhe $h=1$ parallel zur optischen Achse verlaufenden Strahl darstellt (Abb. 13.4). Analog zu (13.22), (13.22a) und (13.22b) gilt für diese spezielle Lösung

$$V_h(x) = h\,V_1(x),$$
$$V_h(x) = V_h(x_G) + (x - x_G)\,V_h'(x_G) \qquad (x \leqq x_G),$$
$$V_h(x) = V_h(x_B) \qquad (x \geqq x_B),$$

gegenstandseitiger Brennpunkt

womit sich durch entsprechende Betrachtungen für die Lage des *gegenstandseitigen Brennpunktes*

$$x_{F_G} = x_G - \frac{V_1(x_G)}{V_1'(x_G)}, \qquad (13.23b)$$

für die Lage des *gegenstandseitigen Hauptpunktes*

gegenstandseitiger Hauptpunkt

$$x_{H_G} = x_G + \frac{V_1(x_B) - V_1(x_G)}{V_1'(x_G)} \qquad (13.24b)$$

und mit (siehe (D 11.8))

$$f_G = x_{H_G} - x_{F_G} \qquad (13.25b)$$

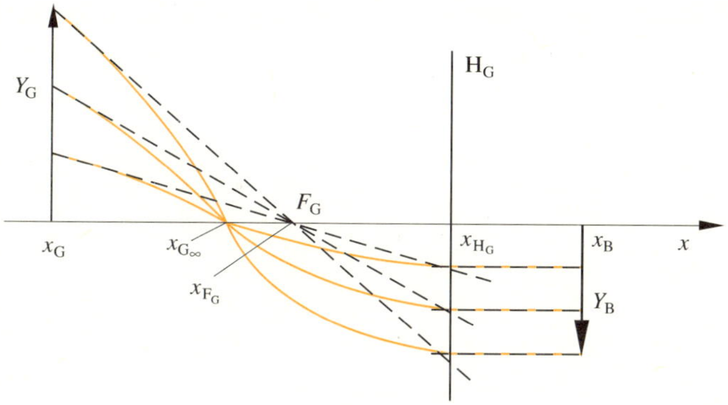

Abb. 13.4
Zur Definition von gegenstandseitigem Brennpunkt F_G und gegenstandseitiger Hauptebene H_G

für die *gegenstandseitige Brennweite*

gegenstandseitige Brennweite

$$f_G = \frac{V_1(x_B)}{V_1'(x_G)} \tag{13.26b}$$

ergibt.

Die numerische Berechnung der Brennpunkte und Brennweiten aus den gegebenen Beziehungen erfordert die Kenntnis der speziellen Lösungen $U_1(x)$ und $V_1(x)$ von (13.15a) bzw. (13.15b), d.h. die Lösung einer dieser Differentialgleichungen.

Bezieht man genau wie in der Lichtoptik die Lage von Gegenstand und Bild auf die entsprechenden Brennpunkte, d.h., setzt man in Übereinstimmung mit (11.16a) und (11.16b)

$$X_G' = x_G - x_{F_G},$$

$$X_B' = x_B - x_{F_B},$$

so folgt aus (13.23a), (13.23b), (13.26a) und (13.26b)

$$\frac{f_G}{X_G'} = \frac{V_1(x_B)}{V_1(x_G)},$$

$$-\frac{X_B'}{f_B} = \frac{U_1(x_B)}{U_1(x_G)}.$$

Wird noch beachtet, daß (13.20) für jedes Paar linear unabhängiger Lösungen von (13.15a) bzw. (13.15b) gilt, so folgt auch für die elektronenoptische Abbildung in Übereinstimmung mit der Lichtoptik (vgl. (11.19)) die Newtonsche Abbildungsgleichung

Newtonsche Abbildungsgleichung

$$X_G' X_B' = -f_G f_B.$$

Der Abbildungsmaßstab berechnet sich mit (13.21) analog zu (11.18) aus

$$\beta = \frac{f_G}{X_G'} = -\frac{X_B'}{f_B}.$$

Bezieht man die Lage von Gegenstand und Bild statt auf die Brenn- auf die zugehörigen Hauptpunkte, d.h., setzt man entsprechend (11.21a) und (11.21b)

$$X_G = X_G' - f_G,$$

$$X_B = X_B' + f_B,$$

so folgt analog zu (11.19a) und (11.18a)

$$\frac{f_B}{X_B} - \frac{f_G}{X_G} = 1,$$

$$\beta = \frac{X_B}{X_G}.$$

Zusammenfassend kann gesagt werden:

(S 13.3)
Abbildungsgesetze für die elektronenoptische Linse

Eine rotationssymmetrische elektronenoptische kurze Linse bildet einen Gegenstand nur im Paraxialgebiet scharf und ähnlich ab. Im paraxialen Gebiet sind die Abbildungseigenschaften der Linse eindeutig durch ihre Brennpunkte und ihre Brennweiten bestimmt.
Bezieht man die Lage von Gegenstand und Bild auf die entsprechenden Brennpunkte, dann errechnet sich die zur Gegenstandslage X_G' zugehörige Bildlage X_B' aus

$$X_G' X_B' = -f_G f_B,$$

der zugehörige Abbildungsmaßstab aus

$$\beta = \frac{f_G}{X_G'} = -\frac{X_B'}{f_B}.$$

Bezieht man die Lage von Gegenstand und Bild auf die entsprechenden Hauptpunkte, so lauten die analogen Beziehungen

$$\frac{f_B}{X_B} - \frac{f_G}{X_G} = 1,$$

$$\beta = \frac{X_B}{X_G}.$$

Listingsche Bildkonstruktion gilt auch für die elektronenoptische Linse

Die Abbildungsgesetze der rotationssymmetrischen elektronenoptischen kurzen Linse sind identisch mit denen der sphärischen optischen Linse (vgl. (S 13.3) mit (S 11.5)). Deshalb sind alle aus (S 11.5) gezogenen Schlußfolgerungen, zum Beispiel auch die Listingsche Bildkonstruktion (vgl. Abschnitt 11.4.2.1.2.1), auf die elektronenoptische Abbildung übertragbar.

Vorstehende Überlegungen gelten im rotierenden x, Y, Z-Koordinatensystem. Betrachtet man den Vorgang dagegen im raumfesten x, y, z-Koordinatensystem, so ist nach (13.12) und (13.14) zusätzlich die Drehung des Bildes gegenüber dem Gegenstand um den Winkel

elektronenoptische Bilddrehung

$$\alpha = \sqrt{\frac{e}{8m_e}} \int_{x_G}^{x_B} \frac{B_{ax}(x)}{\sqrt{\varphi_a(x)}} \mathrm{d}x \tag{13.27}$$

zu beachten. Sie ist für die meisten elektronenoptischen Probleme belanglos.

13.2.2 Abbildungsfehler

In Analogie zur Lichtoptik (vgl. (D 11.3)) werden Abweichungen von der scharfen und ähnlichen elektronenoptischen Abbildung als Abbildungsfehler der elektronenoptischen Linse bezeichnet. Bricht man die Reihenentwicklungen (13.9a) und (13.9b) nicht schon nach dem Glied $r^2 = y^2 + z^2$ ab, sondern läßt man noch Glieder mit $r^3 = (y^2 + z^2)^{3/2}$ zu, d.h., läßt man in den zugehörigen Reihenentwicklungen der Felder (vgl. (A 48.3) und (A 48.4)) noch Glieder mit y^3 bzw. z^3 zu, dann bezeichnet man analog zu (D 11.9) die hierdurch bedingten Abweichungen vom paraxialen Strahlengang als Abbildungsfehler 3. Ordnung der elektronenoptischen Linse. Wirkt nur ein abbildendes elektrisches Feld, so beeinflußt dieses den Elektronenstrahl nach (S 13.2) in gleicher Weise wie ein optisch isotropes Medium den Lichtstrahl. Die rotationssymmetrische elektronenoptische Linse besitzt für diesen Spezialfall (rein elektrisches Feld) die gleichen Abbildungsfehler 3. Ordnung (*Öffnungsfehler, Koma, Astigmatismus* und *Bildfeldwölbung, Verzeichnung*) wie die sphärische optische Linse (vgl. Abschnitt 11.4.2.2.1). Dem abbildenden magnetischen Feld entspricht dagegen ein anisotropes optisches Medium. Diese Anisotropie führt bei der rotationssymmetrischen magnetischen Linse zu drei *zusätzlichen* Bildfehlern 3. Ordnung: der *anisotropen Koma*, dem *anisotropen Astigmatismus* und der *anisotropen Verzeichnung*.

elektronenoptische Abbildungsfehler 3. Ordnung

Abbildungsfehler 3. Ordnung sind u.a. Öffnungsfehler, Koma, Astigmatismus, Bildfeldwölbung, Verzeichnung

Die anisotrope Koma vergrößert die in Abbildung 11.39 dargestellte Komafigur (l (vgl. (11.26a)) wird größer) und dreht sie zusätzlich aus der Y-Richtung heraus.

anisotrope Koma

Der anisotrope Astigmatismus vergrößert ebenfalls den astigmatischen Fehler, die sagittalen und meridionalen Bildlinien werden zusätzlich aus ihren Richtungen herausgedreht.

anisotroper Astigmatismus

Die anisotrope Verzeichnung bewirkt eine zusätzliche Verdrehung des Bildes (Abb. 13.5). Während bei der gewöhnlichen Verzeichnung eine Gerade durch die optische Achse stets wieder in eine Gerade abgebildet wird (vgl. Abb. 11.41), werden durch die anisotrope Verzeichnung diese Geraden und entsprechend alle anderen noch zusätzlich in sich verdreht.

anisotrope Verzeichnung

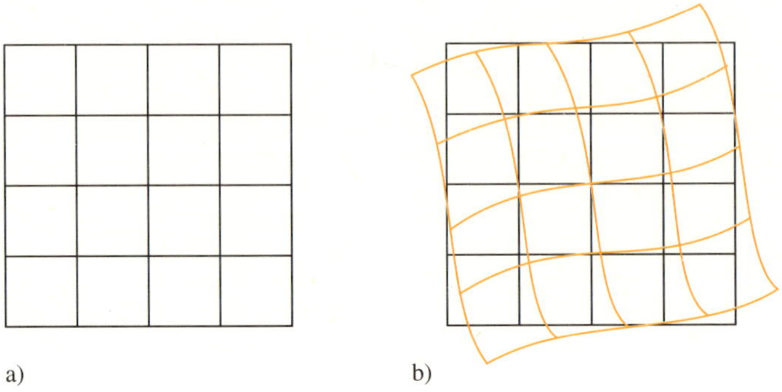

Abb. 13.5
Anisotrope Verzeichnung
a) Testobjekt
b) Anisotrop verzeichnetes Bild des Testobjektes

Neben den genannten elektronenoptischen Bildfehlern dritter Ordnung sind der *elektronenoptische Farbfehler* und der *axiale Astigmatismus* von Bedeutung.

Farbfehler

Der Farbfehler ist durch geringe Geschwindigkeitsunterschiede der abbildenden Elektronen bedingt. Sie werden u.a. verursacht durch die unterschiedlichen Austrittsgeschwindigkeiten der Elektronen aus der Glühkatode, durch Schwankungen der Beschleunigungsspannung und die Wechselwirkung der abbildenden Elektronen mit dem Gegenstand. Wie in Band III gezeigt wird, muß der Elektronenbewegung eine *Materiewelle* der Wellenlänge

Materiewelle

$$\lambda = \frac{h}{p} = \frac{h}{mv} \tag{13.28}$$

(h Planck-Konstante) zugeordnet werden. Unterschiedliche Geschwindigkeiten bedeuten unterschiedliche Wellenlängen, der hierdurch bedingte Fehler entspricht damit vollkommen dem optischen Farbfehler. Schwankungen der Linsenspannungen bei elektrischen Linsen bzw. der Linsenströme bei magnetischen Linsen während der Abbildung führen zu einer Veränderung der elektronenoptischen Brechzahl, der nach (13.6), (13.2a) und (13.28) eine Wellenlängenänderung entspricht. Auch diese Schwankungen wirken sich damit im Farbfehler aus. Beschleunigungs- und Linsenspannungen und Linsenströme bedürfen daher einer sehr guten Stabilisierung.

axialer Astigmatismus

Beim axialen Astigmatismus tritt im Gegensatz zu Abschnitt 11.4.2.2.1.3 der astigmatische Fehler auch für Gegenstandspunkte auf der optischen Achse auf. Ursache des axialen Astigmatismus sind Abweichungen der abbildenden Felder von der Rotationssymmetrie.

Bildfehler mit entscheidendem Einfluß auf die Abbildung

Entscheidenden Einfluß auf die elektronenoptische Abbildung besitzen der Öffnungs-, der Farbfehler und der axiale Astigmatismus, während die anderen als Folge des geringen Öffnungswinkels der abbildenden Elektronenstrahlen von untergeordneter Bedeutung sind (siehe Abschnitt 13.3).

13.3 Elektronenmikroskope

Durchstrahlungselektronenmikroskop

Das erste zweistufige magnetische *Durchstrahlungselektronenmikroskop* wurde 1933 von RUSKA zusammen mit M. KNOLL entwickelt. Es erreichte noch nicht die Auflösungsgrenze des Lichtmikroskops, während neueste Gerätegenerationen eine Auflösungsgrenze von etwa 0,1 nm erreichen.

prinzipieller Aufbau eines Durchstrahlungselektronenmikroskops

Der prinzipielle Aufbau eines *Durchstrahlungselektronenmikroskops* unterscheidet sich von dem des Lichtmikroskops nur insofern, als virtuelle elektronenoptische Bilder nicht beobachtbar sind, das beim Lichtmikroskop vom Okular entworfene virtuelle Bild daher in der Elektronenmikroskopie durch ein reelles zu ersetzen ist. An die Stelle der Lichtquelle tritt die Elektronenquelle (meist eine Glühkatode). Ein elektrisches Beschleunigungsfeld erteilt den Elektronen die notwendige Geschwindigkeit. Die Beschleunigungsspannungen liegen meist zwischen 60 und 150 kV. Es werden aber auch Höchstspannungsmikroskope bis zu einigen MV gebaut. Die Elektronen durchsetzen den abzubildenden Gegenstand und werden durch rotationssymmetrische elektrische und magnetische Linsen (meist entweder elektrische oder magnetische Linsen) auf den Bildschirm (Fluoreszenzschirm oder Fotoplatte) abgebildet. Elektrische Linsen bestehen aus geeignet geformten und gepolten Elektroden, magnetische Linsen sind meist eisengekapselte Spulen mit speziell geformten Polschuhen. Genau wie beim Lichtmikroskop wird durch eine Elektronenlinse, das *Objektiv*, ein reelles vergrößertes Zwischenbild des Gegenstandes entworfen. Dieses wird durch eine weitere Elektronenlinse (das *Projektiv*) vergrößert, aber im Gegensatz zur Lichtoptik reell auf die Bildebene abgebildet. Zur besseren *„Ausleuchtung“* des Gegenstandes erhält das Elektronenmikroskop genau wie das Lichtmikroskop eine weitere Elektronenlinse als *Kondensor*. Ferner wird zur Kompensation des axialen Astigmatismus zusätzlich eine steuerbare Zylinderlinse (*Stigmator*) in den Strahlengang gebracht.

Objektiv

Projektiv

Kondensor

Stigmator

Auflösungsgrenze des Durchstrahlungselektronenmikroskops

Für die Auflösungsgrenze des Elektronenmikroskops gilt analog zu (11.33)

$$d_{\min} = \frac{0{,}61\,\lambda}{\sin u_G}, \tag{13.29}$$

wobei λ die durch (13.28) gegebene Wellenlänge bedeutet. Für eine Strahlspannung von 100 kV folgt für sie $\lambda = 4$ pm und damit nach (13.29) eine theoretische Auflösungsgrenze von ca. 2,4 pm. Diese Auflösung wird experimentell bei weitem nicht erreicht, denn der für Elektronenlinsen praktisch nicht korrigierbare Öffnungsfehler läßt im Gegensatz zur Lichtoptik nur Öffnungswinkel von ca. einem Grad zu. Die Korrektur des Farbfehlers erfordert höchste Konstanz der Spannungen und Spulenströme (z. B. muß für $d_{\min} \approx 0{,}5$ nm eine Strahlspannung von 100 kV auf ca. ± 1 V konstant gehalten werden). Moderne Elektronenmikroskope erreichen Auflösungsgrenzen bis zu $d_{\min} = 0{,}12$ nm. Damit lassen sich Strukturen bis zu atomaren Dimensionen untersuchen. Derartige Durchstrahlungselektronenmikroskope bestehen aus bis zu neun Elektronenlinsen und arbeiten mit Strahlspannungen zwischen 200 und 400 kV.

ERNST RUSKA (1906–1988) Nobelpreis 1986

Ultramikrotom

Mit einem Durchstrahlungselektronenmikroskop können i. allg. nur Objektdicken bis zu einigen Zehntel Mikrometern durchstrahlt werden. Zur Herstellung hierzu ausreichend dünner Objekte ist eine vielseitige elektronenmikroskopische Präparationstechnik entwickelt worden, z. B. *Ultramikrotome* zur Anfertigung von Dünnschnitten. Durch die Herstellung von Abdruckfilmen lassen sich auf indirektem Wege auch Oberflächen mit Durchstrahlungselektronenmikroskopen untersuchen.

Zu direkten Untersuchungen von Oberflächen wurden das Elektronenreflexionsmikroskop, das Elektronenspiegelmikroskop und das Rasterelektronenmikroskop entwickelt.

Elektronenreflexionsmikroskop (Rückstrahlmikroskop)

Beim *Elektronenreflexionsmikroskop* (Rückstrahlmikroskop) werden die von der Oberfläche reflektierten Elektronen zur elektronenoptischen Abbildung genutzt. Um einen hohen Reflexionsgrad und eine möglichst homogene Energie der reflektierten Elektronen zu erreichen, wird bei fast streifendem Einfall der Elektronen auf die abzubildende Oberfläche gearbeitet. Mit diesem Gerät lassen sich Auflösungsgrenzen von einigen nm erreichen.

Elektronenspiegelmikroskop

Beim *Elektronenspiegelmikroskop* (vgl. Abb. 13.6) wird die Oberfläche direkt abgebildet. Damit sie für die Elektronen als ebener Spiegel wirkt, wird sie gegenüber der Katode negativ vorgespannt. Die negative Vorspannung wird so gewählt, daß die Richtungsumkehr der Elektronengeschwindigkeit unmittelbar vor der Oberfläche erfolgt, die Elektronen somit nicht direkt mit der Oberfläche in Berührung kommen. Zur Abbildung werden die durch die Oberflächenstruktur in ihrer unmittelbaren Nähe verursachten Feldinhomogenitäten ausgenutzt, denn diese führen bei der

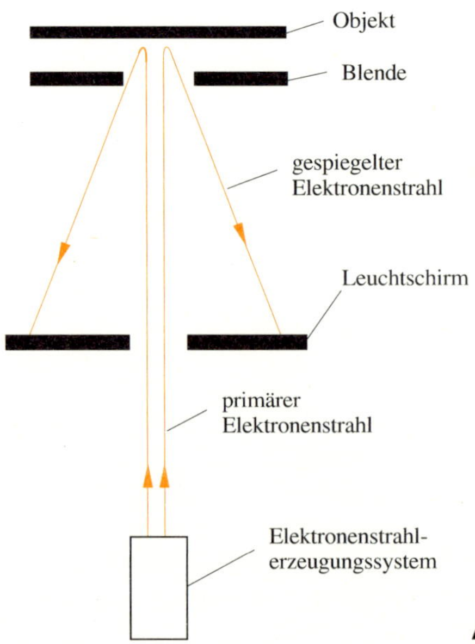

Abb. 13.6 Elektronenspiegelmikroskop

Richtungsumkehr der Elektronen zu unterschiedlichen zusätzlichen tangentialen Geschwindigkeitskomponenten der Elektronen. Mit Elektronenspiegelmikroskopen gewinnt man somit neben Informationen über die Struktur von Oberflächen auch Angaben über Feldinhomogenitäten an den Oberflächen, die nicht strukturbedingt sind. Der Nachteil dieser Geräte ist ihre gegenüber Lichtmikroskopen nur wenig bessere Auflösungsgrenze.

Rasterelektronenmikroskop

Beim *Rasterelektronenmikroskop* (vgl. Abb. 13.7) wird durch spezielle magnetische Felder eine Elektronensonde mit einem Durchmesser von etwa 10 nm erzeugt und mit dieser zeilenweise die zu untersuchende Oberfläche abgerastert. Hierdurch werden aus ihr Sekundärelektronen ausgelöst, die auf einen Szintillationskristall mit nachgeschaltetem Sekundärelektronenvervielfacher (vgl. Abschnitt 3.2.1.5.3) gelangen. Aus dem Szintillationskristall lösen die auftreffenden Elektronen Photonen aus, die im Sekundärelektronenvervielfacher ein verstärktes Elektronensignal erzeugen. Dieses wird einer Bildröhre zugeführt, deren Raster mit dem der Sonde synchronisiert ist. Rasterelektronenmikroskope besitzen eine sehr große Tiefenschärfe, ihre Auflösungsgrenze liegt bei etwa 10 nm.

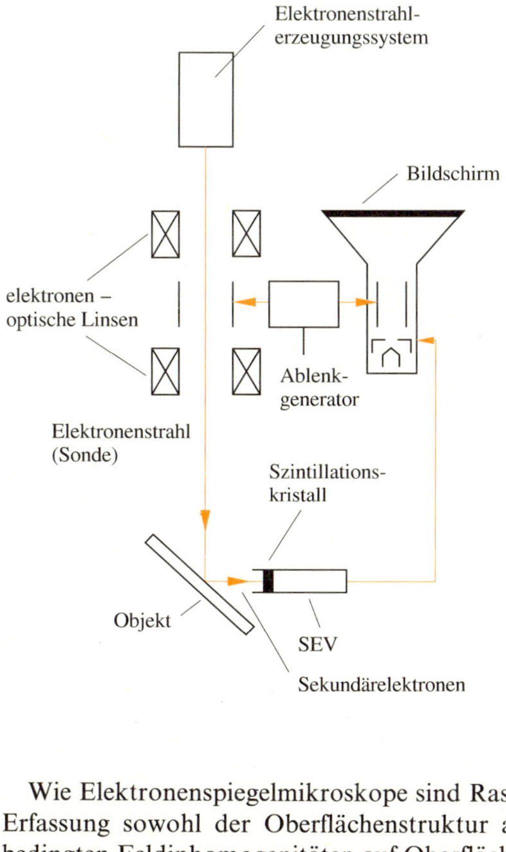

Abb. 13.7
Rasterelektronenmikroskop

Wie Elektronenspiegelmikroskope sind Rasterelektronenmikroskope zur Erfassung sowohl der Oberflächenstruktur als auch von nicht strukturbedingten Feldinhomogenitäten auf Oberflächen geeignet.

13.4 Aufgaben

13.1

In dem homogenen Magnetfeld $\boldsymbol{B} = B_0 \boldsymbol{i}$ gehen von dem Punkt G Elektronen einheitlicher kinetischer Energie aus. Man bestimme für den nichtrelativistischen Fall

a) die Elektronenbahnen;
b) die Zeit, nach der die Elektronen die Ausgangsfeldlinie erstmalig wieder schneiden und den Abstand Δx des zugehörigen Ortes vom Punkt G;
c) die Bedingung dafür, daß sich alle von G ausgehenden Elektronen in einem gemeinsamen Bildpunkt schneiden und den Abstand $\Delta x_0 = x_B - x_G$ des Bildes vom Gegenstand!

Wie verändern sich die Elektronenbahnen und der in b) bestimmte Abstand Δx, wenn dem homogenen Magnetfeld noch ein gleichgerichtetes homogenes elektrisches Feld $\boldsymbol{E} = E_0 \boldsymbol{i}$ überlagert wird?

13.2

Man berechne mit Hilfe der elektronenoptischen Abbildungsgleichung für das Paraxialgebiet und für ein homogenes Magnetfeld $\boldsymbol{B} = B_0 \boldsymbol{i}$

a) den Abstand $\Delta x = x_B - x_G$ des Bildes vom Gegenstand,
b) den Abbildungsmaßstab und die Bilddrehung!

13.3

Ein Elektronenstrahl falle mit dem Einfallswinkel i_e auf zwei dicht benachbarte aufgeladene Metallnetze (s. Abbildung). Ihre Potentiale seien φ_e und $\varphi_b = \varphi_e + \Delta\varphi$. Man gebe eine Beziehung für den Brechungswinkel i_b an! Unter welchen Bedingungen erfolgt die Brechung zum Lot hin bzw. vom Lot weg? Von welchem Einfallswinkel ab erfolgt eine vollständige Reflexion der Elektronen an der elektrischen Doppelschicht?

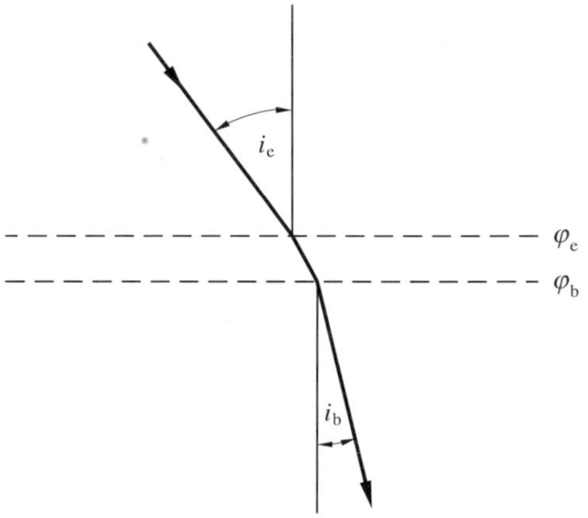

13.4

Elektronen werden durch die Spannung U_{AK} beschleunigt und fallen danach senkrecht zu den Feldlinien in ein homogenes elektrisches Feld $\boldsymbol{E} = E\boldsymbol{j}$ der Länge l bzw. ein homogenes magnetisches Feld $\boldsymbol{B}$ der Länge l (s. Abbildungen). Wie groß ist der Ablenkungswinkel α? Wie müssen die Spannung U am Kondensator bzw. die magnetische Induktion verändert werden, wenn man die Beschleunigungsspannung verdoppelt, die jeweiligen Ablenkungswinkel jedoch unverändert bleiben sollen?

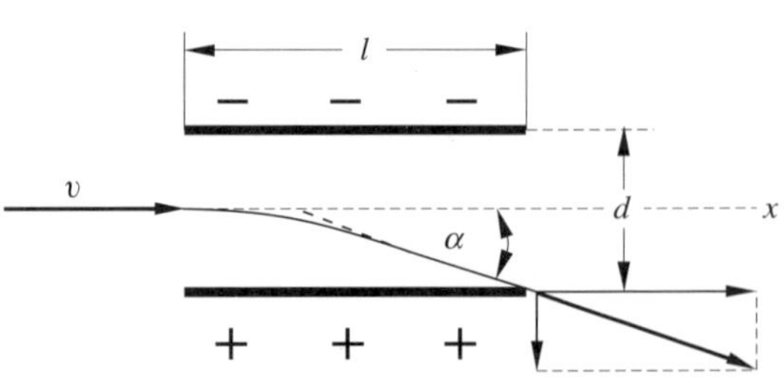

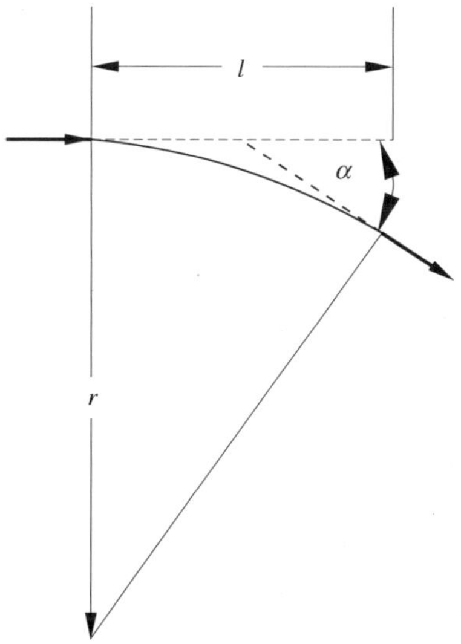

13.5
Leiten Sie die Gleichung (13.12)

$$\omega_{\mathrm{L}} = \frac{e}{2m_{\mathrm{e}}} B_{ax}$$

für die Larmorfrequenz eines kreisenden Elektrons in einem magnetischem Feld her!

14 Raum und Zeit

14.1 Inertialsystem

Im Abschnitt I 3.4 wurde die klassische Mechanik auf der Basis der drei Newtonschen Axiome

Newtonsche Axiomatik

$$\boldsymbol{F} = \frac{\mathrm{d}\boldsymbol{p}}{\mathrm{d}t}, \quad \boldsymbol{F}_{ab} = -\boldsymbol{F}_{ba}, \quad \boldsymbol{F} = \sum_{k=1}^{n} \boldsymbol{F}_k$$

behandelt. Diese Beschreibungsmöglichkeit des mechanischen Geschehens gilt jedoch nur im Rahmen bestimmter ausgezeichneter Bezugssysteme.

Mißt zum Beispiel der Beobachter A in seinem System den Bewegungsablauf eines Massenpunktes als geradlinig gleichförmig ($\boldsymbol{F} = \boldsymbol{0}$), so erscheint dem mit $\boldsymbol{\omega} \perp \boldsymbol{v}$ rotierenden Beobachter B die gleiche Bahnkurve als gekrümmt (vgl. Abschnitt 14.3.1). Zur Deutung des Bahnverlaufs muß er im Gegensatz zu A eine am Massenpunkt angreifende Kraft (Trägheitskraft) annehmen. Es wird daher eingeführt:

(D 14.1) Inertialsystem

Ein Bezugssystem, in dem mechanische Bewegungen exakt durch die Newtonsche Axiomatik beschreibbar sind, heißt Inertialsystem.

Für Bewegungen in unserem Sonnensystem kann ein mit dem Fixsternhimmel fest verankertes Koordinatensystem als Inertialsystem aufgefaßt werden, dagegen nicht ein mit der Erde fest verbundenes (vgl. Abschnitt 14.3.1.2).

14.2 Gegeneinander unbeschleunigte Bezugssysteme

14.2.1 Galilei-Transformation

Das rechtwinklige kartesische Koordinatensystem Σ sei ein Inertialsystem. Wie üblich bezeichnen wir seine Koordinaten mit x, y, z, seinen Ursprungspunkt mit 0. Ein anderes rechtwinkliges kartesisches Koordinatensystem Σ' mit den Koordinaten x', y', z' und dem Ursprung $0'$ bewege sich gegenüber diesem System unbeschleunigt, d.h. mit der konstanten Geschwindigkeit $\boldsymbol{v} = \boldsymbol{const}$. Weiter werde die nach den Gesetzen der nichtrelativistischen Physik plausible Annahme gemacht, daß sich ein Zeitintervall beim Übergang von dem einen System in das andere System nicht verändert. Beschreibt t den Zeitablauf im System Σ, t' den im System Σ', dann gilt mit dieser Annahme

$$t = t' .$$

Das bedeutet, daß unabhängig vom gewählten räumlichen Bezugssystem eine *absolute Zeit* existiert. absolute Zeit

Wir betrachten die Bahnkurve eines Massenpunktes einmal vom Inertialsystem Σ, das andere Mal vom Inertialsystem Σ' aus. Dabei wird angenommen, daß auch die Messung der Masse m eines Massenpunktes in beiden Systemen den gleichen Wert

$$m = m'$$

ergibt. Die Bahnkurve des Massenpunktes wird im System Σ durch den Ortsvektor

$$\boldsymbol{s}(t) = x(t)\,\boldsymbol{i} + y(t)\,\boldsymbol{j} + z(t)\,\boldsymbol{k},$$

im System Σ' durch den Ortsvektor

$$\boldsymbol{s}'(t') = x'(t')\,\boldsymbol{i}' + y'(t')\,\boldsymbol{j}' + z'(t')\,\boldsymbol{k}'$$

beschrieben.

Die Ursprungspunkte beider Systeme und der Zeitnullpunkt werden so gewählt, daß für $t = 0$ beide Ursprungspunkte zusammenfallen. Zwischen $\boldsymbol{s}$ und $\boldsymbol{s}'$ gilt dann (vgl. Abb. 14.1a)

$$\boldsymbol{s}(t) = \boldsymbol{s}'(t') + \boldsymbol{v}\,t \tag{14.1}$$

$$(\boldsymbol{v} = \boldsymbol{const}).$$

Als Ursache dieser Bewegung mißt der Beobachter im Inertialsystem Σ die Kraft

$$\boldsymbol{F} = m\boldsymbol{a} = m\,\frac{\mathrm{d}^2\boldsymbol{s}}{\mathrm{d}t^2}.$$

Da nach (14.1) und (A 2.8) mit der Annahme $t = t'$

$$\frac{\mathrm{d}\boldsymbol{s}}{\mathrm{d}t} = \frac{\mathrm{d}\boldsymbol{s}'}{\mathrm{d}t} + \boldsymbol{v} = \frac{\mathrm{d}\boldsymbol{s}'}{\mathrm{d}t'} + \boldsymbol{v},$$

$$\frac{\mathrm{d}^2\boldsymbol{s}}{\mathrm{d}t^2} = \frac{\mathrm{d}}{\mathrm{d}t'}\,\frac{\mathrm{d}\boldsymbol{s}}{\mathrm{d}t} = \frac{\mathrm{d}^2\boldsymbol{s}'}{\mathrm{d}t'^2} = \boldsymbol{a}'$$

gilt, mißt ein Beobachter in Σ' bei Beachtung der oben vorausgesetzten Gleichheit der Massen m und m' die Kraft

$$\boldsymbol{F}' = m'\,\boldsymbol{a}' = m'\,\frac{\mathrm{d}^2\boldsymbol{s}'}{\mathrm{d}t'^2} = m\,\frac{\mathrm{d}^2\boldsymbol{s}}{\mathrm{d}t^2} = \boldsymbol{F}. \tag{14.2}$$

Der Beobachter in Σ' findet dasselbe Kraftgesetz wie der Beobachter in Σ und somit dasselbe Axiomensystem für die Mechanik, Σ und Σ' sind zwei zur Beschreibung mechanischer Vorgänge gleichwertige Koordinatensysteme.

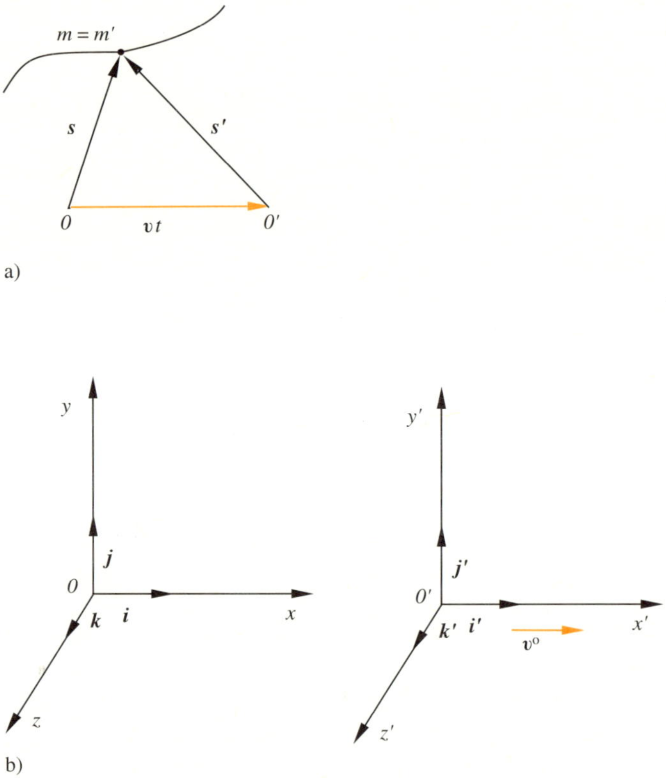

Abb. 14.1
Zur Galilei-Transformation
a) Der Koordinatenursprungspunkt O' des Systems Σ' bewegt sich geradlinig gleichförmig gegenüber O. Die Bahnkurve von m ist in Σ darstellbar durch den Ortsvektor $\boldsymbol{s}(t)$, in Σ' durch den Ortsvektor $\boldsymbol{s}'(t')$.
b) Wahl der Achsenrichtungen

(S 14.1) Galileisches Relativitätsprinzip

Ist Σ ein Inertialsystem, so sind es auch alle Systeme Σ', die sich gegenüber Σ unbeschleunigt bewegen.
Keines dieser Systeme kann durch ein *mechanisches* Experiment vor den anderen ausgezeichnet werden.
(Galileisches oder mechanisches Relativitätsprinzip)

Nach (S 14.1) gibt es nicht nur ein Inertialsystem, sondern eine dreifach unendliche Mannigfaltigkeit von mechanisch gleichwertigen Bezugssystemen.

Ohne Einschränkung der allgemeinen Gültigkeit der weiteren Betrachtungen können die positiven x- und x'-Achsen in Richtung von $\boldsymbol{v}^0$, die y- *und* y'-Achsen und die z- und z'-Achsen zueinander parallel angenommen werden (siehe Abb. 14.1 b):

$$\boldsymbol{v} = v\boldsymbol{i}; \quad \boldsymbol{i} \uparrow\uparrow \boldsymbol{i}'; \quad \boldsymbol{j} \uparrow\uparrow \boldsymbol{j}'; \quad \boldsymbol{k} \uparrow\uparrow \boldsymbol{k}'. \tag{14.3}$$

(14.1) geht dann mit $t=t'$ in die (spezielle) *Galilei*-Transformation

Galilei-Transformation

$$x = x' + vt, \tag{14.1a}$$

$$y = y'; \quad z = z', \tag{14.1b}$$

$$t = t' \tag{14.1c}$$

über.

Durch die mit (14.3) getroffene spezielle Wahl des Koordinatensystems sind die drei Koordinatenachsen nicht mehr gleichwertig. Die x-Achse liegt in der Bewegungsrichtung beider Systeme und nimmt daher gegenüber den beiden anderen Achsen eine Sonderstellung ein. Wenn man die Bezugssysteme beliebig zur Bewegungsrichtung legen würde und damit die Sonderstellung der x-Achse aufhebt, tritt lediglich eine Komplizierung der Gleichungen ein, ohne daß sich die physikalische Aussage verändert.

14.2.2 Zur experimentellen Überprüfung von Schlußfolgerungen aus der Galilei-Transformation

Zur Herleitung des Galileischen Relativitätsprinzips wurde durch (14.1c) eine vom gewählten räumlichen Bezugssystem unabhängige Zeit (*absolute Zeit*) postuliert. Nur bei Annahme einer absoluten Zeit ist dieses Prinzip damit mit der klassischen Mechanik vereinbar. Bis zum Ende des vorigen Jahrhunderts schienen alle experimentellen Befunde diese Annahme zu rechtfertigen. Dagegen kann durch mechanische Experimente die eventuelle Existenz eines von allen phyikalischen Gegebenheiten unabhängigen räumlichen Bezugssystems (eines *absoluten Raumes*) nicht überprüft werden, denn nach dem Galileischen Relativitätsprinzip ist mit den Gesetzen der Mechanik die Bewegung eines Systems gegenüber einem eventuell existierenden ausgezeichneten System nur dann möglich, wenn es sich diesem ausgezeichneten System gegenüber anders als geradlinig gleichförmig bewegt. Ausgehend von der Erkenntnis, daß die physikalische Erscheinung Licht ein elektromagnetischer Wellenvorgang ist (vgl. Abschnitt 10), wurde die durch mechanische Experimente nicht lösbare Frage nach einem eventuellen absoluten Raum erneut an der Schwelle des 20. Jahrhunderts heftig diskutiert. Analog zur Ausbreitung von Schallwellen nahm man an, daß auch die Ausbreitung von Lichtwellen ein bestimmtes Medium erfordere, den sogenannten *Lichtäther*. Wenn der Lichtäther existieren würde, so wäre das räumliche Bezugssystem, in dem er ruht, vor allen anderen Bezugssystemen ausgezeichnet und damit der absolute Raum gefunden. Durch optische Experimente müßte demnach die Existenz eines absoluten räumlichen Bezugssystems nachweisbar sein.

absoluter Raum

Lichtäther

Die mit den Mitteln des vorigen Jahrhunderts möglichen Experimente schienen zunächst die Hypothese der Existenz eines absoluten Raumes zu bestätigen. Zwei Beispiele sollen hierfür gegeben werden:

Experimente zur Bestätigung der Existenz des Lichtäthers

Beim Schall kann durch Beobachtung des *longitudinalen Doppler-Effektes* mit Hilfe von Frequenzmessungen entschieden werden, ob sich die

longitudinaler Doppler-Effekt für Schallwellen

CHRISTIAN DOPPLER (1803–1853)

Schallquelle in bezug auf den im Ausbreitungsmedium ruhenden Beobachter bewegt oder umgekehrt der Beobachter in bezug auf die im Ausbreitungsmedium ruhende Schallquelle. Nach (I 10.20) gilt im Fall des ruhenden Beobachters

$$\nu_B = \frac{\nu_Q}{1 \mp \dfrac{v}{v_{ph}}} \tag{14.4a}$$

und im Fall der ruhenden Schallquelle nach (I 10.19)

$$\nu_B = \nu_Q \left(1 \pm \frac{v}{v_{ph}}\right). \tag{14.4b}$$

v ist dabei die Geschwindigkeit des Beobachters B bzw. der Schallquelle Q. Bei Annäherung gilt das obere, bei Entfernung das untere Vorzeichen. Die genannte Entscheidung ist möglich, weil für die Schallwellen ein Ausbreitungsmedium und damit ein ausgezeichnetes Koordinatensystem existiert, in dem man die Wellenbewegung beschreiben muß. Nur für $v \ll v_{ph}$ geht (14.4a) nach Anwendung der Näherung $(1+x)^{-1} = 1-x$ für $|x| \ll 1$ in (14.4b) über. Dann ist eine Aussage darüber, ob sich der Beobachter oder die Schallquelle relativ zum Ausbreitungsmedium bewegt, nicht mehr möglich.

Doppler-Effekt des Lichtes

Würde auch für Licht ein Ausbreitungsmedium und damit ein irgendwie im Fixsternhimmel ruhendes absolutes Bezugssystem existieren, dann wären die Beziehungen (14.4a) und (14.4b) sofort auf das Licht übertragbar, indem man in ihnen $v_{ph} = c$ setzt. Wegen $v \ll c$ würde aber für Licht (14.4a) im allgemeinen in (14.4b) übergehen und in beiden Fällen somit

$$\nu_B = \nu_Q \left(1 \pm \frac{v}{c}\right) \quad (v \ll c) \tag{14.4}$$

gelten. Diese Näherung ist unerheblich, da sich zur damaligen Zeit bei den in einem irdischen Labor durchgeführten Experimenten nur $v \ll c$ erreichen ließ, man demzufolge die durch die beiden Gleichungen (14.4a) und (14.4b) gegebene Unterscheidungsmöglichkeit auch im Falle ihrer Realität meßtechnisch nicht hätte erfassen können. Prinzipiell wurden aber zunächst die beiden Fälle auch für das Licht als unterscheidbar angesehen.

Doppler-Rotverschiebung

Bewegt sich die Lichtquelle vom Beobachter weg, so ist $\nu_B < \nu_Q$; die beoachtete Wellenlänge ist zum roten Spektralbereich verschoben (*Doppler-Rotverschiebung*). Bewegt sich dagegen die Lichtquelle auf den Beobachter zu, so verschiebt sich die Wellenlänge zum blauen Spektralbereich. Ein transversaler Doppler-Effekt dürfte nach (I S 10.7) nicht auftreten. Die Beziehung für den longitudinalen Doppler-Effekt wird für $v \ll c$ durch die Experimente bestätigt (vgl. Abschnitt 14.2.3.1.1.5). So zeigt z. B. das Licht der Fixsterne eine Rotverschiebung seiner Spektrallinien gegenüber der Lage gleichartiger, aber von irdischen Lichtquellen ausgesandten Spektrallinien. Daraus wird auf eine *Expansion des Weltalls* geschlossen.

Expansion des Weltalls

astronomische Aberration

Als weiterer Beweis für die Existenz des ausgezeichneten Koordinatensystems wurde die 1727 von BRADLEY entdeckte *astronomische Aberration* angesehen. Sie wird verursacht durch den Einfluß, den die Bewegung der Erde auf ihrer Bahn um die Sonne auf die mit einem Fernrohr erfolgende Anvisierung von Fixsternen hervorruft (siehe Abb. 14.2a). Wenn das Fernrohr und der Fixstern im Äther ruhen würden und das Licht vom Fixstern in der Richtung der optischen Achse in das Fernrohr einfiele, so würde das Licht im Fernrohr die Strecke $\overline{AB}$ zurücklegen. Tatsächlich bewegt sich das Fernrohr aber mit der Erde inzwischen weiter, und das Licht trifft nicht mehr im Punkt B auf. Diese Tatsache macht es erforderlich, daß die Fernrohrachse gegenüber der Verbindungsgeraden Fixstern L – Fernrohrdrehpunkt 0 um den Winkel ε in Richtung der Erdbahngeschwindigkeit gekippt werden muß, wenn das vom Fixstern kommende Licht parallel zur optischen Achse in das Fernrohr einfallen soll. Das Licht scheint also nicht von der Quelle L zu kommen, sondern von L′ (astronomische Aberration). Fällt das Licht senkrecht zur Erdbahngeschwindigkeit $\boldsymbol{v}$ ein und betrachtet man die Lichtausbreitung im als absolut ruhend vorausgesetzten Fixsternsystem, so folgt für den Kippwinkel ε des Fernrohres aus Abbildung 14.2b

Herleitung der astronomischen Aberration nach der Äthertheorie

$$\tan\varepsilon = \frac{\overline{BC}}{\overline{AB}} = \frac{vt}{ct} = \frac{v}{c} \approx \varepsilon = 20{,}511''. \qquad (14.5)$$

Dieser Wert wird durch astronomische Messungen bestätigt. So beschreiben z.B. die während eines Jahres zur Beobachtung des Polarsternes zu wählenden Richtungen der Fernrohrachse den Mantel eines Kegels, dessen Öffnungswinkel ε entspricht.

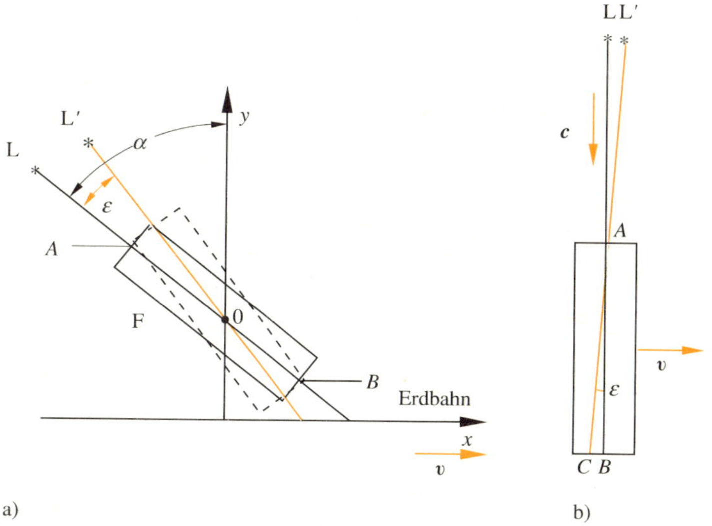

Abb. 14.2
Zur astronomischen Aberration. Die Erdbahngeschwindigkeit $\boldsymbol{v}$ erfordert während der astronomischen Beobachtung eine Veränderung der Fernrohrneigung (a). Bei zu $\boldsymbol{v}$ senkrechtem Lichteinfall kann der erforderliche Neigungswinkel mit Bezug auf einen absoluten Raum auf sehr einfache Weise berechnet werden (b)

JAMES BRADLEY (1693–1762)

Die genannten Experimente schienen die Existenz eines Trägermediums für das Licht zu belegen. Zum gleichen Schluß führte auch die Beobachtung anderer Effekte, die ebenso wie die genannten linear von v/c abhängen (*Effekte 1. Ordnung*). In der Folgezeit erwies sich aber die mit der Äthertheorie zu begründende Abhängigkeit dieser Effekte von v/c als eine Näherung. Die Übereinstimmung der Meßergebnisse mit der Äthertheorie ist damit nur im Rahmen dieser Näherung gegeben. Als es dann MICHELSON mit einem erstmalig 1881 in Potsdam durchgeführten und gemeinsam mit MORLEY 1887 in Cleveland wiederholten Experiment gelang, einen *Effekt 2. Ordnung* (das bedeutet Abhängigkeit von v^2/c^2) der Untersuchung zugänglich zu machen, geriet man deshalb erstmalig zu obiger Hypothese in Widerspruch.

Effekte 1. Ordnung

EDWARD WILLIAM MORLEY (1838–1923)

Effekte 2. Ordnung

Dem Michelsonschen Experiment liegt die Überlegung zugrunde, daß man auf der Erde eine unterschiedliche Lichtgeschwindigkeit messen müßte, je nachdem, ob sich das Licht parallel oder antiparallel zur Geschwindigkeit der Erde gegenüber dem Bezugssystem des ruhenden Lichtäthers ausbreitet. Den prinzipiellen Aufbau der Versuchsanordnung zeigt Abbildung 14.3. Das parallele Licht der Quelle L fällt auf den halbdurchlässigen Spiegel Sp. Seine Normale ist gegenüber der Einfallsrichtung um 45° geneigt und teilt so das auffallende parallele Lichtbündel in die um 90° gegeneinander geneigten Teilbündel 1 und 2. Sie fallen auf den Spiegel Sp_1 bzw. Sp_2, werden in sich reflektiert, treffen wieder auf den halbdurchlässigen Spiegel und werden so im Fernrohr F vereinigt. Nach Abschnitt 10.1.2.4 entsteht in F ein Interferenzbild von abwechselnd hellen und dunklen Streifen. Für die folgenden Betrachtungen nehmen wir an, daß sich das in der einen Interferometerachse von L zum Spiegel Sp_1 fortpflanzende Licht parallel zur Geschwindigkeit $\boldsymbol{v}$ des Interferometers im Bezugssystem des ruhenden Lichtäthers bewegt. Diese Geschwindigkeit $\boldsymbol{v}$ ist überwiegend durch die Bewegung der Erde um die Sonne bestimmt. Gegenüber der Erdbahngeschwindigkeit von etwa 30 km s^{-1} trägt die Erdrotation, die für einen Körper auf dem Äquator etwa 0,46 km s^{-1} ausmacht, nur einen kleinen Anteil bei. Während der Meßdauer kann die Geschwindigkeit $\boldsymbol{v}$ nach Betrag und Richtung als konstant angesehen werden. Die Voraussetzungen einer gleichförmigen geradlinigen Bewegung der Bezugssysteme

Versuch von Michelson

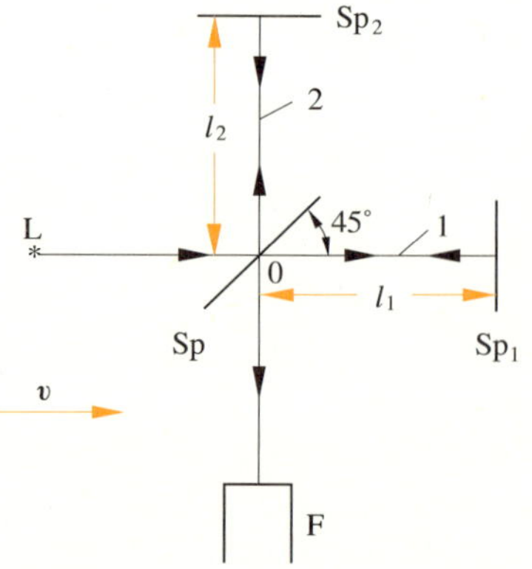

Abb. 14.3 Versuch von MICHELSON

gegeneinander ist damit während der Messung gewährleistet. Weiter ist die gesamte Apparatur um eine Achse durch *0* senkrecht zur Papierebene drehbar. Bedeutet $\boldsymbol{c}$ die Lichtgeschwindigkeit im ruhenden Trägermedium der elektromagnetischen Welle, $\boldsymbol{c}'$ seine Geschwindigkeit im mit der Erde fest verbundenen Koordinatensystem, so gilt

$$\boldsymbol{c} = \boldsymbol{c}' + \boldsymbol{v}. \tag{14.6}$$

Das Teilbündel 1 benötigt damit zum Durchlaufen der Strecke $\overline{0\,\mathrm{Sp}_1} = l_1$ hin und zurück ($\boldsymbol{c}' \uparrow\uparrow \boldsymbol{v}$ bzw. $\boldsymbol{c}' \uparrow\downarrow \boldsymbol{v}$) die Zeit

$$t_1 = \frac{l_1}{c+v} + \frac{l_1}{c-v} = \frac{2cl_1}{c^2 - v^2}, \tag{14.7a}$$

das Teilbündel 2 zum Durchlaufen von $\overline{0\,\mathrm{Sp}_2} = l_2$ hin und zurück wegen $\boldsymbol{c}' \perp \boldsymbol{v}$, d.h. $\boldsymbol{c}' \cdot \boldsymbol{v} = 0$ und damit nach (A 3.5) $c' = \sqrt{c^2 - v^2}$, die Zeit

$$t_2 = \frac{2l_2}{\sqrt{c^2 - v^2}}. \tag{14.7b}$$

Am Ort des Fernrohres beträgt daher der Laufzeitunterschied beider Teilbündel

$$t = t_2 - t_1 = \frac{2l_2}{c\sqrt{1 - \frac{v^2}{c^2}}} - \frac{2l_1}{c\left(1 - \frac{v^2}{c^2}\right)}.$$

Da $v \ll c$ ($v \approx 30\,\mathrm{km\,s^{-1}}$, $c \approx 300000\,\mathrm{km\,s^{-1}}$), können die Näherungen $\frac{1}{1+x} \approx 1 - x$ und $\frac{1}{\sqrt{1+x}} \approx 1 - \frac{1}{2}x$ für $|x| \ll 1$ Anwendung finden. Damit folgt

$$t = \frac{2}{c}\left[l_2\left(1 + \frac{v^2}{2c^2}\right) - l_1\left(1 + \frac{v^2}{c^2}\right)\right]. \tag{14.7c}$$

Dieser Laufzeitunterschied bedingt eine bestimmte Interferenzfigur. Die Meßapparatur wird im Anschluß an deren Messung im Uhrzeigersinn um 90° gedreht. l_1 und l_2 vertauschen dadurch ihre Stellung gegenüber $\boldsymbol{v}$. Statt (14.7c) erhält man

$$t' = \frac{2}{c}\left[l_2\left(1 + \frac{v^2}{c^2}\right) - l_1\left(1 + \frac{v^2}{2c^2}\right)\right], \tag{14.7d}$$

d.h., mit dieser Drehung ist eine Veränderung des Laufzeitunterschiedes der beiden Teilbündel um

$$\Delta t = t' - t = \frac{(l_1 + l_2)\,v^2}{c^3} \tag{14.7}$$

verbunden. Die Interferenzfigur müßte sich deshalb bei vorausgesetzter Existenz eines ruhenden Trägermediums infolge der Drehung verändern. Das Experiment zeigt dagegen während der Drehung keine Verschiebung der Interferenzstreifen. Das Interferometer muß dabei um mindestens 180° gedreht werden, weil man seine Stellung in bezug auf die Richtung seiner Bewegung gegenüber dem Lichtäther nicht kennt. Bei Drehung um 180° ist jedoch die Parallelität der Strecke $\overline{LSp_1}$ zur Bewegungsrichtung in einer Interferometerstellung erfüllt. Die weitere Drehung um 90° müßte dann zum vorausgesagten Effekt führen, der jedoch nicht beobachtet wird. Die zur Herleitung von (14.7) benutzte Hypothese eines Trägermediums für elektromagnetische Wellen erweist sich also als nicht haltbar.

Ergebnis des Michelsonschen Versuches widerspricht der Äthertheorie

Gegen vorstehende Interpretation des Michelsonschen Experimentes wurden zunächst erhebliche Bedenken erhoben. Zusatzhypothesen wurden eingeführt, um den „negativen" Ausfall des Experimentes zu erklären. Auch sie erwiesen sich als nicht haltbar. Eine dieser Hypothesen besagt, daß die Erde ebenso wie ihre Lufthülle auch das Trägermedium der elektromagnetischen Welle mitführe (Mitführungstheorie). Das Ergebnis des Michelsonschen Experimentes wäre dann sofort verständlich: Die Erde ruht im Trägermedium, der Michelsonsche Versuch kann keine Verschiebung der Interferenzstreifen zeigen. Nicht zu erklären wäre aber dann die astronomische Aberration, denn ihre Deutung fordert gerade die Bewegung der Erde gegenüber dem ausgezeichneten Koordinatensystem des ruhenden Äthers. Eine weitere Hypothese nahm an, daß die Lichtgeschwindigkeit in dem Bezugssystem vom Betrag c ist, in dem die jeweilige Lichtquelle ruht. In jedem System muß dann zur Lichtgeschwindigkeit die Geschwindigkeit der Lichtquelle gegenüber diesem System addiert werden. Auch dann wäre das Ergebnis des Michelsonschen Experimentes sofort verständlich, da Lichtquelle und Interferometer relativ zueinander ruhen. Auch dieser Hypothese widerspricht eine astronomische Beobachtung: Doppelsterne (zwei dichtbenachbarte Sterne, die um ihren gemeinsamen Massenmittelpunkt rotieren) erscheinen stets getrennt. Diese Tatsache ist mit der aufgestellten Hypothese unvereinbar. Das Licht jedes der beiden Sterne müßte nach der Hypothese eine andere Geschwindigkeit besitzen je nachdem, mit welcher Geschwindigkeit sich der Stern der Erde gerade nähert oder von ihr entfernt. Infolge der großen Entfernung zwischen Stern und Erde hätten bereits kleine Geschwindigkeitsunterschiede große Laufzeitunterschiede des Lichtes zur Folge. Dadurch würde man auf der Erde jeden der beiden Sterne gleichzeitig an verschiedenen Stellen auf seiner Bahn wahrnehmen, ihr Licht würde sich auf dem Wege zur Erde durchmischen, die Sterne wären nicht als getrennte Objekte wahrnehmbar. Außerdem wurde 1924 von TOMASCHEK das Michelsonsche Experiment mit einer außerirdischen Lichtquelle (Planeten- und Fixsternlicht) wiederholt. Es zeigte kein anderes Ergebnis als bei der ursprünglichen Durchführung von MICHELSON.

Hypothesen zur Erklärung des „negativen" Ausfalls des Michelsonschen Experimentes

RUDOLPH TOMASCHEK (1895–1966)

Die Michelsonsche Versuchsanordnung besaß eine Genauigkeit, mit der noch eine Geschwindigkeit der Erde von $v = 5\,\mathrm{km\,s^{-1}}$ gegenüber einem eventuellen Trägermedium des elektronenmagnetischen Feldes nachweisbar gewesen wäre. Wegen seiner prinzipiellen Bedeutung für die Physik wurde der Michelsonsche Versuch mit verbesserten Versuchsmethodiken mehrmals wiederholt. So erreichte JOOS 1930 eine Nachweisempfindlichkeit

JAKOB CHRISTOPH GEORG JOOS (1894–1959)

von $v = 1{,}5\,\mathrm{km\,s^{-1}}$. In den letzten Jahrzehnten konnte durch Verwendung von Laserlicht und des Mößbauer-Effektes (siehe Bd. III) die Nachweisempfindlichkeit auf $v \approx 3\,\mathrm{cm\,s^{-1}}$ gesteigert werden (CHAMPENEY 1963). Die Ergebnisse von MICHELSON wurden dadurch bestätigt und erhärtet.

Das Ergebnis des Michelsonschen Versuches läßt sich so interpretieren, daß ihm die Existenz eines absoluten Raumes widerspricht. Damit steht im Zusammenhang, daß bei der Ausbreitung des Lichtes die Geschwindigkeiten nicht in der im Rahmen der Newtonschen Mechanik üblichen Weise addiert werden dürfen. Das wiederum führt zum Zweifel an der Existenz einer absoluten Zeit.

Die Problematik äußert sich auch darin, daß das Galileische Relativitätsprinzip unter Beibehaltung der bisherigen Begriffsbildung nicht für Kräfte in elektromagnetischen Feldern gilt. Zum Beispiel kann eine elektrische Ladung von einem ihr gegenüber ruhenden Beobachter allein durch ihre Coulomb-Kraft nachgewiesen werden. Ein Beobachter in einem anderen Inertialsystem registriert dagegen zusätzlich die Lorentz-Kraft (vgl. Abschnitt 14.2.3.2.1).

14.2.3 Spezielle Relativitätstheorie

14.2.3.1 Axiom der speziellen Relativitätstheorie, Lorentz-Transformation

ALBERT EINSTEIN (1879–1955) Nobelpreis 1921

Erst EINSTEIN gelang es 1905, die im vorstehenden Abschnitt diskutierten Widersprüche zwischen Experiment und theoretischer Auffassung zu beseitigen. Er erkannte, daß dies ohne eine grundlegende Revision unserer Raum-Zeit-Auffassung unmöglich ist. Er ging von folgender Fragestellung aus: Wie müssen unsere Naturgesetze beschaffen sein, damit sie den im Michelsonschen Versuch gefundenen Sachverhalt beschreiben? Das Ergebnis des Michelsonschen Experimentes wird damit Ausgangspunkt seiner theoretischen Betrachtungen, es wird zum Axiom der *speziellen Relativitätstheorie*:

(S 14.2) Axiom der speziellen Relativitätstheorie

> Alle Inertialsysteme sind gleichberechtigt. Durch kein Experiment kann ein Inertialsystem vor einem anderen ausgezeichnet werden. (Axiom der speziellen Relativitätstheorie)

(S 14.2) stellt eine Erweiterung des mechanischen Relativitätsprinzips auf die gesamte Physik dar. Da dem Ergebnis des Michelson-Versuches die Existenz einer absoluten Zeit und damit auch die vom Standpunkt der Newtonschen Mechanik gegebene Begründung des Relativitätsprinzipes widerspricht, erfordert (S 14.2) eine neue Auffassung von Raum und Zeit, die im folgenden diskutiert wird.

Aus (S 14.2) kann sofort gefolgert werden:

(S 14.3) Satz von der Konstanz der Lichtgeschwindigkeit

> In allen Inertialsystemen breitet sich das Licht im Vakuum isotrop mit derselben Vakuumlichtgeschwindigkeit c aus. (Satz von der Konstanz der Lichtgeschwindigkeit)

Würde (S 14.3) nicht gelten, so ließen sich im Widerspruch zum Axiom der speziellen Relativitätstheorie die Inertialsysteme an Hand der in ihnen vorliegenden Lichtgeschwindigkeiten ordnen, damit klassifizieren und eines dieser Systeme als „absolutes" Koordinatensystem auswählen.

Experimentelle Bestätigung der Konstanz der Lichtgeschwindigkeit

Die Gültigkeit des Satzes (S 14.3) bildet auch die Basis für das internationale Netz zur Funknavigation, das auf dem Empfang von Signalen synchronisierter Zeitsender (Atomuhren) beruht, die an verschiedenen Orten der Erde aufgestellt sind. Um z.B. die Position eines Schiffes zu bestimmen, benötigt man mindestens drei dieser Sender. Die Signale von zwei Sendern treffen auf Grund ihrer verschiedenen Abstände r_1 und r_2 vom Schiff mit dem zeitlichen Abstand

$$\Delta t = \frac{|r_2 - r_1|}{c}$$

am Ort des Schiffes ein. Damit liegt der Ort des Schiffes auf einer Hyperbel, deren Brennpunkte die Orte der Sender sind. Kombiniert man anschließend einen dieser Sender mit einem dritten, so bekommt man wiederum eine Hyperbel. Das Schiff befindet sich im Schnittpunkt der beiden Hyperbeln. Das Verfahren setzt entsprechend (S 14.3) die isotrope Ausbreitung der Wellen mit gleichem c voraus, sein Erfolg bestätigt also den Satz von der Konstanz der Lichtgeschwindigkeit. Würde (S 14.3) nicht gelten, dann müßte (14.6) Anwendung finden. Das würde z.B. bedeuten, daß das Signal eines Senders in Amerika um 12.00 Uhr mit der Geschwindigkeit $c-v$ nach Europa gelangt, dagegen um 24.00 Uhr wegen der Erddrehung mit der Geschwindigkeit $c+v$. Damit kämen diese Signale mit periodisch wechselnder Verzögerung in Europa an. Der Effekt wird jedoch nicht beobachtet, obwohl er beim Stand der heutigen Meßgenauigkeit meßbar wäre.

Die Galilei-Transformation (14.1a bis c) ist unvereinbar mit dem Axiom der speziellen Relativitätstheorie. Zur Herleitung einer dieses Axiom berücksichtigenden Transformation wird die Lichtausbreitung in zwei Inertialsystemen Σ und Σ' betrachtet. Deren Orts- und Zeitkoordinaten seien x, y, z, t bzw. x', y', z', t'. Die Systeme bewegen sich mit der Geschwindigkeit $\boldsymbol{v}$ gleichförmig geradlinig gegeneinander (vgl. Abb. 14.1). Vom Ursprungspunkt beider Systeme gehe zum Zeitnullpunkt ($t=0$ bzw. $t'=0$) ein Lichtsignal in Form einer Kugelwelle aus. Nach (S 14.3) erreicht dieses Signal in Σ nach der Zeit t eine Kugelschale vom Radius $R=ct$ um den Ursprung 0, in Σ' nach der Zeit t' eine Kugelschale vom Radius $R'=ct'$ um $0'$. Es gilt somit

Herleitung der Lorentz-Transformation

$$x^2+y^2+z^2-c^2t^2=0\,,$$

$$x'^2+y'^2+z'^2-c^2t'^2=0$$

oder

$$x^2+y^2+z^2-c^2t^2=C(x'^2+y'^2+z'^2-c^2t'^2)\,. \tag{14.8a}$$

Da alle Raum- und Zeitpunkte gleichberechtigt sind, kann C weder von den räumlichen Koordinaten noch von der Zeitkoordinate abhängig sein.

Auch eine Abhängigkeit von $\boldsymbol{v}^0$ ist wegen der Isotropie des Raumes unmöglich. Demzufolge könnte nur noch $C = C(v)$ gelten. Zur Überprüfung dieser Annahme betrachten wir drei Inertialsysteme Σ, Σ_1 und Σ_2. Der Betrag der Relativgeschwindigkeit zwischen Σ und Σ_i sei v_i ($i = 1, 2$), entsprechend v_{12} der zwischen Σ_1 und Σ_2. Stellt man für diese Systeme die zu (14.8a) analogen Beziehungen

$$x^2+y^2+z^2-c^2t^2 = C(v_1)\,[x_1^2+y_1^2+z_1^2-c^2t_1^2],$$

$$x^2+y^2+z^2-c^2t^2 = C(v_2)\,[x_2^2+y_2^2+z_2^2-c^2t_2^2],$$

$$x_1^2+y_1^2+z_1^2-c^2t_1^2 = C(v_{12})\,[x_2^2+y_2^2+z_2^2-c^2t_2^2]$$

auf und setzt die beiden letzten Beziehungen in die erste ein, dann gewinnt man die Gleichung

$$\frac{C(v_2)}{C(v_1)} = C(v_{12}). \tag{14.8b}$$

Der Betrag v_{12} der Relativgeschwindigkeit zwischen den Systemen Σ_1 und Σ_2 hängt aber nicht nur von den Beträgen der Geschwindigkeiten $\boldsymbol{v}_1$ und $\boldsymbol{v}_2$ ab, sondern auch vom Winkel zwischen den Vektoren $\boldsymbol{v}_1$ und $\boldsymbol{v}_2$, eine Abhängigkeit, die (14.8b) gar nicht zeigt. Demzufolge muß C eine Konstante sein ($C(v_1) = C(v_2) = C(v_{12})$), für deren Wert nach (14.8b) $C = 1$ folgt. Man gewinnt so aus (14.8a) die Identität

$$x^2+y^2+z^2-c^2t^2 \equiv x'^2+y'^2+z'^2-c^2t'^2. \tag{14.8}$$

Das (14.8) entsprechende Transformationsschema wurde von LORENTZ gefunden. Orientiert man die Achsen entsprechend Abbildung 14.1b, so erhält man die (spezielle) *Lorentz-Transformation* (vgl. A. 50):

Lorentz-Transformation

$$x = \frac{x'+vt'}{\sqrt{1-\frac{v^2}{c^2}}}; \quad y = y'; \quad z = z'; \quad t = \frac{t'+\frac{vx'}{c^2}}{\sqrt{1-\frac{v^2}{c^2}}} \tag{14.9a}$$

bzw.

$$x' = \frac{x-vt}{\sqrt{1-\frac{v^2}{c^2}}}; \quad y' = y; \quad z' = z; \quad t' = \frac{t-\frac{vx}{c^2}}{\sqrt{1-\frac{v^2}{c^2}}}. \tag{14.9b}$$

Die spezielle Relativitätstheorie ersetzt die Galilei-Transformation (14.1a bis 14.1c) durch die Lorentz-Transformation.

Die Identität (14.8) ist nur dann erfüllbar, wenn auch die Zeit mittransformiert wird. Der Zeitablauf wird vom Bewegungszustand des Systems abhängig. Gleiches gilt für die räumlichen Abmessungen eines Körpers (Längenkontraktion Abschnitt 14.2.3.1.1.2). Es gibt weder einen absoluten Raum noch eine absolute Zeit. Den Teilbereich der Physik, der diese grundlegenden Erkenntnisse berücksichtigt, bezeichnet man als *relativistische Physik*.

Es gibt keine absolute Zeit und keinen absoluten Raum

relativistische Physik

Die bisherige Annahme, daß man die Zeit als vierte, von den räumlichen Koordinaten unabhängige Koordinate betrachten kann, ist also allgemein nicht haltbar. Nur dann, wenn $v \ll c$ gilt, kann (14.9a) bzw. (14.9b) durch die Galilei-Transformation

Galilei-Transformation als Näherung der Lorentz-Transformation

$$x = x' + vt; \quad y = y'; \quad z = z'; \quad t = t'$$

angenähert werden. Nur für diesen Grenzfall kann die Zeit als von den räumlichen Koordinaten unabhängig betrachtet werden, nur dann können die Gesetze der nichtrelativistischen Physik Anwendung finden. Wegen der Größe von c ($\approx 300\,000\,\mathrm{km\,s^{-1}}$, vgl. (7.22)) entsprechen zum Beispiel die meisten mechanischen Probleme diesem Grenzfall. Abweichungen von den nichtrelativistischen Gesetzmäßigkeiten werden nur dann merklich, wenn Geschwindigkeiten nahe der Lichtgeschwindigkeit (etwa $v > c/10$) betrachtet werden. Als Beispiel sei erwähnt, daß Elektronen, die mit $v = 0$ aus der Katode austreten und eine Anodenspannung von $U_{\mathrm{AK}} = 100\,\mathrm{kV}$ durchlaufen, eine Geschwindigkeit von $165\,000\,\mathrm{km\,s^{-1}}$ ($\approx c/2$) erreichen.

Der Vergleich von (14.9a) mit (14.9b) zeigt:

(S 14.4)
Transformation von Σ in Σ' und umgekehrt

> Die im System Σ (bzw. Σ') zu beobachtenden ungestrichenen (bzw. gestrichenen) Größen gewinnt man aus den ihnen in Σ' (bzw. Σ) entsprechenden Größen, indem man in den Transformationsbeziehungen v durch $-v$ sowie die gestrichenen Größen durch die ungestrichenen und umgekehrt ersetzt.

(S 14.4) hat insbesondere für die Umrechnung von Beziehungen der Art $x' = f(x)$ bzw. $t' = f(t)$ in $x = f(x')$ bzw. $t = f(t')$ Bedeutung, wie in den nachfolgenden Überlegungen gezeigt wird.

14.2.3.1.1 Einige Folgerungen aus der Lorentz-Transformation

14.2.3.1.1.1 Zeitdilatation

Am Ort x_1 werde ein Zeitnormal der Dauer

Herleitung der Zeitdilatation

$$\Delta t = t_2 - t_1$$

gegeben. Ein Beobachter in Σ' registriert nach (14.9b) statt dessen ein Signal der Dauer ($x_1 = x_2$ nach Voraussetzung)

$$\Delta t' = t_2' - t_1' = \frac{t_2}{\sqrt{1 - \frac{v^2}{c^2}}} - \frac{t_1}{\sqrt{1 - \frac{v^2}{c^2}}}$$

oder mit $\Delta t = t_2 - t_1$

$$\Delta t' = \frac{\Delta t}{\sqrt{1 - \frac{v^2}{c^2}}}.$$

Er beobachtet statt Δt in seinem System das gedehnte Zeitintervall $\Delta t' > \Delta t$. Beachtung von (S 14.4) ergibt:

Ein Zeitintervall Δt im System Σ bestimmt ein Beobachter in Σ' zu

$$\Delta t' = \frac{\Delta t}{\sqrt{1-\frac{v^2}{c^2}}},$$

ein Zeitintervall $\Delta t'$ im System Σ' bestimmt der Beobachter in Σ zu

$$\Delta t = \frac{\Delta t'}{\sqrt{1-\frac{v^2}{c^2}}}$$

(*Zeitdilatation*).

(S 14.5)
Zeitdilatation

Die Zeitdilatation ist nicht symmetrisch bezüglich der Inertialsysteme Σ und Σ', denn die mit Bezug auf den Beobachter bewegte Uhr geht stets langsamer. Dieser scheinbare Widerspruch liegt im Meßvorgang begründet. Zur Zeit $t_1 = t'_1 = 0$ befinde sich die in Σ' ruhende Uhr an einem bestimmten Ort in Σ, werde dort mit einer in Σ ruhenden Uhr verglichen und bewege sich weiter. Zum späteren Zeitpunkt muß demnach der Vergleich ihres Ganges mit einer anderen in Σ ruhenden Uhr erfolgen. Während die Vergleichsuhr in Σ' den Zeitunterschied $\Delta t'$ zeigt, registriert der Beobachter in Σ das Zeitintervall $\Delta t > \Delta t'$. Das Zeitmaß der einen Vergleichsuhr in Σ' bleibt gegenüber dem der beiden Uhren in Σ zurück. Allgemein kann man sagen: Will man den Gang von Uhren von zwei Inertialsystemen aus vergleichen, so benötigt man dazu in dem einen System nur eine Uhr, in dem zweiten dagegen zwei Uhren. Die Messung ist – in Übereinstimmung mit (S 14.5) – in bezug auf beide Systeme nicht symmetrisch. Deshalb darf die Beziehung $\Delta t' = f(\Delta t)$ nicht einfach nach Δt umgestellt werden, sondern es muß dazu (S 14.4) Anwendung finden.

Beschreibt eine der Uhren eine geschlossene Bahn, d.h., kehrt diese Uhr nach einer endlichen Zeit zum Ort der anderen Uhr zurück, so muß sie gegenüber dieser nachgehen. Ein entsprechendes Experiment wurde 1976 von einer Forschungsgruppe der Universität Maryland durchgeführt (*Maryland-Experiment*). Dabei wurde der Gang einer Atomuhr auf der Erde mit dem Gang einer in einem Flugzeug mitfliegenden Atomuhr verglichen. Die Flughöhe betrug etwa 10 km, die Flugzeit ca. 15 h. Die Höhe und die Geschwindigkeit des Flugzeuges wurden ständig gemessen und der Gang der beiden Uhren mit Hilfe von Laserimpulsen von 0,1 ns Dauer laufend verglichen. Der Einfluß der Gravitationsrotverschiebung wurde eliminiert (vgl. Abschnitt 14.3.2.3.1 und Abb. 14.16). Zur Realisierung des Zeitvergleichs sendete die Bodenstation einen Laserimpuls zum Flugzeug, der von dort wieder zur Bodenstation reflektiert wurde. Der Zeitpunkt des Eintreffens wurde von den Borduhren direkt registriert. Von der Bodenstation wurde dieser Zeitpunkt aus der Sendezeit und der Empfangszeit am Boden ermittelt. Aufeinanderfolgende Zeitvergleiche lie-

Maryland-Experiment zum Nachweis der Zeitdilatation

ferten eine stetig zunehmende Differenz $\Delta t'$, die in Abbildung 14.4 über der Flugzeit dargestellt ist. Innerhalb der Fehlergrenze bestätigt dieses Experiment die Beziehung (S 14.5).

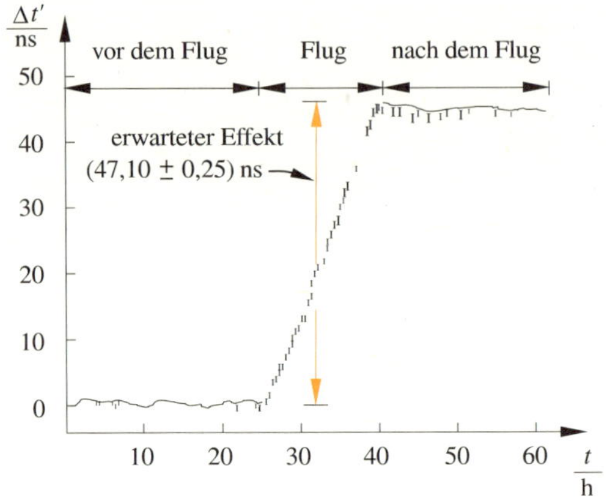

Abb. 14.4 Meßergebnis des Maryland-Experimentes (vgl. auch Abb. 14.16)

Müonenzerfall als Nachweis der Zeitdilatation

Die Zeitdilatation wird auch durch den Müonen-Zerfall bestätigt. Müonen sind instabile Elementarteilchen mit einer positiven oder negativen Elementarladung und der 210fachen Masse des Elektrons. Sie entstehen u.a. als Folge der Wechselwirkung der primären kosmischen Strahlung (s. Bd. III) mit der Erdatmosphäre in einer Höhe oberhalb von 38 km, wie durch Ballonaufstiege von Meßsonden nachgewiesen werden konnte. Sie gelangen als Bestandteil der sekundären Komponente der kosmischen Strahlung mit einer mittleren Energie von ca. 5 GeV auf die Erdoberfläche. Sie legen also von ihrem Entstehungsort bis zur Erdoberfläche mindestens einen Weg von 38 km zurück. Ihrer mittleren Energie entspricht ein Mittelwert der Geschwindigkeit von $v = 0{,}9998\,c$. Die mittlere Lebensdauer ruhender Müonen wurde zu $\tau = 2{,}2\,\mu\text{s}$ bestimmt. Danach dürften die Müonen während ihrer Lebensdauer nur einen Weg von der Länge $s = v\tau \approx c\tau = 600\,\text{m}$ durchlaufen. Statt dessen wird aber ein mittlerer Weg von 38 km gefunden. Dieser Widerspruch löst sich sofort, wenn man die Zeitdilatation beachtet. Im mit der Erde fest verbundenen Koordinatensystem Σ mißt man als mittlere Müonen-Lebensdauer $\tau = 2{,}2\,\mu\text{s}$, im System Σ', in dem die Müonen ruhen und das sich daher mit der Geschwindigkeit v relativ zur Erde bewegt, dagegen nach (S 14.5) die größere Lebensdauer

$$\Delta t' = \tau' = \frac{\tau}{\sqrt{1-(0{,}9998)^2}} \approx 1{,}1 \cdot 10^{-4}\,\text{s}\,.$$

Die Müonen können demnach in ihrem System einen mittleren Weg von $s' \approx \tau' c = 33\,\text{km}$ zurücklegen. Innerhalb der Meßgenauigkeit stimmt diese Strecke mit dem geforderten Wert von 38 km überein.

14.2.3.1.1.2 Längenkontraktion

Herleitung der Längenkontraktion

Im System Σ werden von einem Beobachter die Abmessungen eines Körpers in x-Richtung (d.h. in Richtung der Relativbewegung) zu

$$\Delta l = x_2 - x_1 \qquad (14.10a)$$

bestimmt. Der Beobachter in Σ' mißt dagegen nach (14.9b) statt Δl die Länge

$$\Delta l' = x_2' - x_1' = \frac{x_2 - x_1 - v(t_2 - t_1)}{\sqrt{1 - \frac{v^2}{c^2}}} . \qquad (14.10b)$$

Wird beachtet, daß die Längenbestimmung in Σ' die Festlegung der Koordinaten x_1' und x_2' zur gleichen Zeit ($t_1' = t_2'$) erfordert, dann folgt aus (14.9b)

$$t_1 - \frac{v}{c^2} x_1 = t_2 - \frac{v}{c^2} x_2$$

oder

$$t_2 - t_1 = (x_2 - x_1) \frac{v}{c^2} . \qquad (14.10c)$$

Einsetzen von (14.10c) in (14.10b) ergibt

$$\Delta l' = \Delta l \sqrt{1 - \frac{v^2}{c^2}} .$$

Im Vergleich zum Beobachter in Σ mißt der in Σ' eine kleinere Länge, der Körper erscheint ihm in Bewegungsrichtung verkürzt ($\Delta l' < \Delta l$). Längenmessungen senkrecht zur Bewegungsrichtung ergeben dagegen wegen $y = y'$ bzw. $z = z'$ in beiden Systemen den gleichen Wert.

(S 14.6) Längenkontraktion

Statt einer Länge Δl in Richtung der Relativbewegung zwischen Σ und Σ' im System Σ mißt der Beobachter in Σ' die Länge

$$\Delta l' = \Delta l \sqrt{1 - \frac{v^2}{c^2}} ,$$

eine Länge $\Delta l'$ im System Σ' wird entsprechend (S 14.4) vom System Σ aus zu

$$\Delta l = \Delta l' \sqrt{1 - \frac{v^2}{c^2}}$$

gemessen.
(*Längenkontraktion*)
Längenmessungen senkrecht zur Bewegungsrichtung ergeben in beiden Systemen den gleichen Wert.

Die Abmessungen eines Körpers und somit seine Gestalt sind von der Relativbewegung Körper-Beobachter abhängig. Ruht der Körper mit Bezug auf Σ und bestimmt der Beobachter in Σ die Körpergestalt als Kugel, dann erscheint derselbe Körper dem Beobachter in Σ' in der Bewegungsrichtung beider Systeme verkürzt. Dieser bestimmt die Gestalt als Rotationsellipsoid mit der kleinen Achse als Rotationsachse in x-Richtung. So würde zum Beispiel ein Beobachter auf der Sonne den Durchmesser der Erde ($\approx 12\,000$ km) in Erdbahnrichtung um 6 cm kleiner als ein Beobachter auf der Erde bestimmen.

Aus meßtechnischen Gründen konnte die Längenkontraktion bisher nicht experimentell nachgewiesen werden.

14.2.3.1.1.3 Relativistisches Additionstheorem der Geschwindigkeiten

Herleitung des relativistischen Additionstheorems der Geschwindigkeiten

In der nichtrelativistischen Mechanik addieren sich nach (I S 3.3) die Geschwindigkeiten vektoriell. Wir wollen zeigen, daß diese Beziehung nur für die nichtrelativistische Physik gilt. Ein Körper (z.B. ein Massenpunkt) bewege sich im System Σ' mit der Geschwindigkeit

$$\boldsymbol{v}' = v'_{x'}\,\boldsymbol{i}' + v'_{y'}\,\boldsymbol{j}' + v'_{z'}\,\boldsymbol{k}' . \tag{14.11a}$$

Welche Geschwindigkeit mißt der Beobachter in Σ? Da nach (14.9a)

$$x_2 - x_1 = \frac{x'_2 - x'_1 + v(t'_2 - t'_1)}{\sqrt{1 - \frac{v^2}{c^2}}} \tag{14.11b}$$

und

$$t_2 - t_1 = \frac{t'_2 - t'_1 + \frac{v(x'_2 - x'_1)}{c^2}}{\sqrt{1 - \frac{v^2}{c^2}}}, \tag{14.11c}$$

d.h.

$$\frac{x_2 - x_1}{t_2 - t_1} = \frac{x'_2 - x'_1 + v(t'_2 - t'_1)}{t'_1 - t'_2 + \frac{v(x'_2 - x'_1)}{c^2}}$$

gilt, folgt

$$v_x = \lim_{t_2 \to t_1} \frac{x_2 - x_1}{t_2 - t_1} = \lim_{t'_2 \to t'_1} \frac{\frac{x'_2 - x'_1}{t'_2 - t'_1} + v}{1 + \frac{v}{c^2}\left[\frac{x'_2 - x'_1}{t'_2 - t'_1}\right]} = \frac{v'_{x'} + v}{1 + \frac{v v'_{x'}}{c^2}} .$$

Entsprechend ergibt sich mit $y_2 - y_1 = y_2' - y_1'$ und (14.11c)

$$v_y = \lim_{t_2 \to t_1} \frac{y_2 - y_1}{t_2 - t_1} = \lim_{t_2' \to t_1'} \frac{\dfrac{y_2' - y_1'}{t_2' - t_1'} \sqrt{1 - \dfrac{v^2}{c^2}}}{1 + \dfrac{v}{c^2}\left[\dfrac{x_2' - x_1'}{t_2' - t_1'}\right]} = \frac{v_{y'}' \sqrt{1 - \dfrac{v^2}{c^2}}}{1 + \dfrac{v v_{x'}'}{c^2}}$$

und analog zu v_y

$$v_z = \frac{v_{z'}' \sqrt{1 - \dfrac{v^2}{c^2}}}{1 + \dfrac{v v_{x'}'}{c^2}} .$$

Wird noch (S 14.4) beachtet, dann gilt:

(S 14.7)
Relativistisches Additionstheorem der Geschwindigkeiten

Bewegt sich ein Körper im System Σ' mit der Geschwindigkeit

$\boldsymbol{v}' = v_{x'}' \boldsymbol{i}' + v_{y'}' \boldsymbol{j}' + v_{z'}' \boldsymbol{k}'$,

so mißt ein Beobachter in Σ die Geschwindigkeitskomponenten

$$\boldsymbol{v}_x = \frac{v_{x'}' + v}{1 + \dfrac{v v_{x'}'}{c^2}} \boldsymbol{i}; \quad \boldsymbol{v}_y = \frac{v_{y'}' \sqrt{1 - \dfrac{v^2}{c^2}}}{1 + \dfrac{v v_{x'}'}{c^2}} \boldsymbol{j}; \quad \boldsymbol{v}_z = \frac{v_{z'}' \sqrt{1 - \dfrac{v^2}{c^2}}}{1 + \dfrac{v v_{x'}'}{c^2}} \boldsymbol{k} .$$

Bewegt sich ein Körper im System Σ mit der Geschwindigkeit

$\boldsymbol{v} = v_x \boldsymbol{i} + v_y \boldsymbol{j} + v_z \boldsymbol{k}$,

so werden in Σ' die Geschwindigkeitskomponenten

$$\boldsymbol{v}_{x'}' = \frac{v_x - v}{1 - \dfrac{v v_x}{c^2}} \boldsymbol{i}'; \quad \boldsymbol{v}_{y'}' = \frac{v_y \sqrt{1 - \dfrac{v^2}{c^2}}}{1 - \dfrac{v v_x}{c^2}} \boldsymbol{j}'; \quad \boldsymbol{v}_{z'}' = \frac{v_z \sqrt{1 - \dfrac{v^2}{c^2}}}{1 - \dfrac{v v_x}{c^2}} \boldsymbol{k}' .$$

gemessen.
(Relativistisches Additionstheorem der Geschwindigkeiten)

Das relativistische Additionstheorem der Geschwindigkeiten geht im Grenzfall kleiner Geschwindigkeiten ($v \ll c$) näherungsweise in (I S 3.3) über. Nur Geschwindigkeiten $|\boldsymbol{v}| \ll c$ können also vektoriell addiert werden.

Die Sonderstellung der Transformationsbedingung für v_x ist durch die Parallelität der x-Achse und der x'-Achse zur Richtung der Relativgeschwindigkeit zwischen beiden Systemen bedingt.

Fizeauscher Mitführungsversuch

Experimentell wird das relativistische Additionstheorem der Geschwindigkeiten u.a. durch den „Mitführungsversuch“ von Fizeau (1851) bestätigt. Dieser Versuch wurde ursprünglich zum Nachweis der „Mitführung

Experimenteller Beleg für das relativistische Additionstheorem der Geschwindigkeiten

des Trägermediums des Lichtes“ durchgeführt und so lange Zeit falsch gedeutet. Der prinzipielle Aufbau des Fizeauschen Versuches ist aus Abbildung 14.5 erkennbar. Das von der Lichtquelle L ausgehende Lichtbündel wird durch den halbdurchlässigen Spiegel Sp_1, einen weiteren Spiegel Sp_2 und das Umlenkprisma Pr derart in zwei Teilbündel aufgespalten, daß das Teilbündel 1 eine strömende Flüssigkeit in Strömungsrichtung, das Teilbündel 2 die Flüssigkeit in entgegengesetzter Richtung durchläuft. Nach ihrem Durchgang durch die Flüssigkeit treffen beide Teilbündel wieder auf den halbdurchlässigen Spiegel und werden im Fernrohr F vereinigt. Aus der Verschiebung der Interferenzstreifen in Abhängigkeit von der Strömungsgeschwindigkeit v_{Fl} kann auf die Abhängigkeit der Phasengeschwindigkeit $v_{\mathrm{ph},v}$ des Lichtes im strömenden Medium von der Strömungsgeschwindigkeit geschlossen werden. FIZEAU fand

$$v_{\mathrm{ph},v} = v_{\mathrm{ph},0} + \left(1 - \frac{1}{n^2}\right) v_{\mathrm{Fl}},$$

wobei n die Brechzahl der Flüssigkeit, $v_{\mathrm{ph},0}$ die Phasengeschwindigkeit des Lichtes in der ruhenden Flüssigkeit bedeutet. Dieses Ergebnis kann unmittelbar aus (S 14.7) gefolgert werden. Setzt man dort $v = v_{\mathrm{Fl}}$, $v_x = v_{\mathrm{ph},v}$, $v'_{x'} = v_{\mathrm{ph},0} = c/n$ und $v'_{y'} = v'_{z'} = 0$, so folgt mit $1/(x+1) \approx 1 - x$ für $|x| \ll 1$ für die Phasengeschwindigkeit

$$v_{\mathrm{ph},v} = \frac{\frac{c}{n} + v_{\mathrm{Fl}}}{1 + \frac{v_{\mathrm{Fl}}}{nc}} \approx \left(\frac{c}{n} + v_{\mathrm{Fl}}\right)\left(1 - \frac{v_{\mathrm{Fl}}}{nc}\right)$$

und bei Vernachlässigung des sehr kleinen Gliedes $\frac{v_{\mathrm{Fl}}^2}{nc}$ in Übereinstimmung mit dem Experiment

$$v_{\mathrm{ph},v} = v_{\mathrm{ph},0} + \left(1 - \frac{1}{n^2}\right) v_{\mathrm{Fl}}.$$

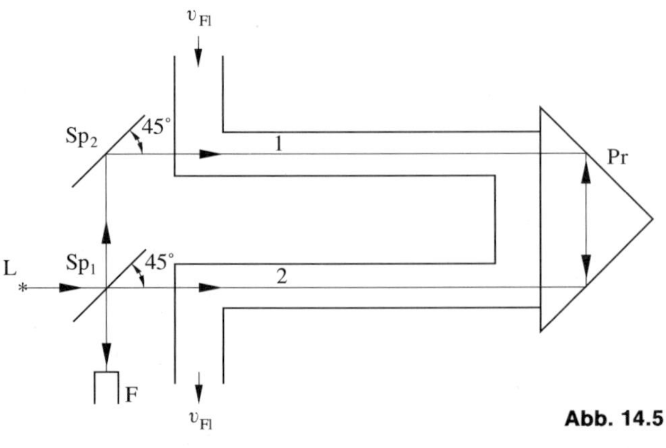

Abb. 14.5 Versuch von FIZEAU

14.2.3.1.1.4 Vakuumlichtgeschwindigkeit als Grenzgeschwindigkeit kausal verknüpfter Vorgänge

Ein äußerst interessantes Ergebnis der speziellen Relativitätstheorie erhält man, wenn man zur Lichtgeschwindigkeit c irgendeine Geschwindigkeit addiert, d. h., wenn in (S 14.7)

$$v'_{x'} = c; \quad v'_{y'} = v'_{z'} = 0; \quad v = Ac \quad (A > 0, \text{ beliebige positive Zahl})$$

gesetzt wird. Ein Beobachter in Σ mißt dann ebenfalls nur

$$v_x = \frac{c + Ac}{1 + \frac{Ac^2}{c^2}} = c\,.$$

> Die Vakuumlichtgeschwindigkeit ist die größte Geschwindigkeit, mit der Ursache und Wirkung verknüpft sein können.

(S 14.8) Vakuumlichtgeschwindigkeit als Grenzgeschwindigkeit

Die Geschwindigkeit eines Teilchens kann die Vakuumlichtgeschwindigkeit nie überschreiten. Gleiches gilt für die Geschwindigkeit, mit der eine Welle ein Signal überträgt, d. h. nach (A 15.5) für ihre Gruppengeschwindigkeit. Die Phasengeschwindigkeit unterliegt demgegenüber keinen Beschränkungen.

physikalischer Unterschied zwischen der Lorentz- und der Galilei-Transformation

Läßt man in der Lorentz-Transformation (14.9) c gegen Unendlich gehen, so ergibt der Grenzwert die Galilei-Transformation (14.1a) bis (14.1c). Der physikalische Unterschied beider Transformationen kann daher auch so interpretiert werden: Während die Lorentz-Transformation die Endlichkeit der Signalgeschwindigkeit beinhaltet, basiert die Galilei-Transformation auf der der physikalischen Realität nicht entsprechenden Voraussetzung, daß es prinzipiell möglich sei, mit einer unendlich großen Geschwindigkeit Ursache und Wirkung zu verknüpfen.

14.2.3.1.1.5 Optischer Doppler-Effekt und astronomische Aberration

Die ebene elektromagnetische Welle

$$\hat{\boldsymbol{E}} = \boldsymbol{E}_0 \, \mathrm{e}^{\mathrm{i}(\omega t - k(\boldsymbol{s} \cdot \boldsymbol{n}^0))}$$

pflanze sich in Σ fort. Für die weiteren Überlegungen wird sie unter Beachtung von (A 3.5b), $\omega = 2\pi\nu$, $\lambda\nu = c$ und $k = 2\pi/\lambda$ durch

$$\hat{\boldsymbol{E}} = \boldsymbol{E}_0 \, \mathrm{e}^{\mathrm{i}\Phi}$$

mit

$$\Phi = 2\pi\nu \left(t - \frac{x n_x^0 + y n_y^0 + z n_z^0}{c} \right) \qquad (14.12\text{a})$$

dargestellt. Nach der Lorentz-Tranformation (14.9a) registriert der Beobachter in Σ' eine Welle mit der Phase

$$\Phi' = 2\pi\nu\left[\frac{t' + \frac{vx'}{c^2}}{\sqrt{1-\frac{v^2}{c^2}}} - \frac{1}{c}\left(\frac{x'+vt'}{\sqrt{1-\frac{v^2}{c^2}}}n_x^0 + y' n_y^0 + z' n_z^0\right)\right]. \qquad (14.12\text{b})$$

Setzt man

$$\nu' = \nu\frac{1-\frac{v}{c}n_x^0}{\sqrt{1-\frac{v^2}{c^2}}}, \qquad (14.13\text{a})$$

$$n_{x'}'^0 = \frac{\nu}{\nu'}\frac{n_x^0 - \frac{v}{c}}{\sqrt{1-\frac{v^2}{c^2}}} = \frac{n_x^0-\frac{v}{c}}{1-\frac{v}{c}n_x^0}, \qquad (14.13\text{b})$$

$$n_{y'}'^0 = \frac{\nu}{\nu'}n_y^0 = \frac{\sqrt{1-\frac{v^2}{c^2}}}{1-\frac{v}{c}n_x^0}n_y^0, \qquad (14.13\text{c})$$

$$n_{z'}'^0 = \frac{\nu}{\nu'}n_z^0 = \frac{\sqrt{1-\frac{v^2}{c^2}}}{1-\frac{v}{c}n_x^0}n_z^0, \qquad (14.13\text{d})$$

so nimmt Φ' analog zu (14.12a) die Form

$$\Phi' = 2\pi\nu'\left(t' - \frac{x' n_{x'}'^0 + y' n_{y'}'^0 + z' n_{z'}'^0}{c}\right) \qquad (14.12\text{c})$$

an. Der Beobachter in Σ' registriert ebenfalls eine ebene Welle, allerdings mit anderer Frequenz (*optischer Doppler-Effekt*) und anderer Ausbreitungsrichtung (astronomische Aberration).

optischer Doppler-Effekt und astronomische Aberration

Wir untersuchen zunächst den optischen Doppler-Effekt und betrachten als ersten Sonderfall die speziellen Ausbreitungsrichtungen $n_x^0 = \pm 1$, $n_y^0 = n_z^0 = 0$ der Welle. Der Beobachter in Σ' bewegt sich von der Lichtquelle weg ($n_x^0 = +1$) bzw. auf sie zu ($n_x^0 = -1$). Analog zum Schall (vgl. (14.4a) und (14.4b)) bezeichnet man vorliegenden Fall als *longitudinalen*

relativistischer longitudinaler optischer Doppler-Effekt

optischen Doppler-Effekt. Aus (14.13a) erhält man

$$\nu_B = \nu_Q \frac{1 \pm \dfrac{v}{c}}{\sqrt{1 - \dfrac{v^2}{c^2}}}, \tag{14.14}$$

wobei das Pluszeichen für den Fall gilt, daß sich Lichtquelle und Beobachter aufeinander zu bewegen. In der Näherung $v/c \ll 1$ geht (14.14) in (14.4) über:

$$\nu_B = \nu_Q \left(1 \pm \frac{v}{c}\right). \tag{14.14a}$$

Dieses Ergebnis wurde schon in Abschnitt 14.2.2 diskutiert.

transversaler optischer Doppler-Effekt

Im Gegensatz zur Akustik (vgl. (I S 10.7)) existiert auch ein *transversaler optischer Doppler-Effekt*, denn wählt man $n_x^0 = 0$, $n_y^0 \neq 0$ und $n_z^0 \neq 0$, so registriert der Beobachter die Frequenz

$$\nu_B = \frac{\nu_Q}{\sqrt{1 - \dfrac{v^2}{c^2}}}. \tag{14.14b}$$

zum Nachweis des longitudinalen und des transversalen optischen Doppler-Effektes

Die experimentelle Bestätigung des longitudinalen Doppler-Effektes in der Näherung von (14.14a) lieferte STARK 1906 mit Kanalstrahlen (vgl. Abschnitt 3.4). Der Nachweis der relativistischen Abhängigkeit der beobachteten Frequenzänderung von der Geschwindigkeit entsprechend (14.14) gelang erst 1938 an Kanalstrahlen mit sehr homogener Geschwindigkeit und definierter Richtung. Der transversale Doppler-Effekt (14.14b) konnte sogar erst in den fünfziger Jahren experimentell bestätigt werden.

Wenn sowohl $n_x^0 \neq 0$ und $n_y^0 \neq 0$ bzw. $n_z^0 \neq 0$ gilt, treten longitudinaler und transversaler Doppler-Effekt gemeinsam auf.

Der optische Doppler-Effekt wird heutzutage außer zur Messung der Expansion des Weltalles u. a. auch zur Geschwindigkeitsbestimmung von Erdsatelliten genutzt.

Akustischer und optischer Doppler-Effekt unterscheiden sich fundamental. Während der akustische Doppler-Effekt davon abhängt, ob die Schallquelle im Ausbreitungsmedium ruht und der Beobachter sich ihr gegenüber bewegt oder umgekehrt der Beobachter ruht, ist der optische nur von der Relativbewegung zwischen Lichtquelle und Beobachter abhängig. Die physikalische Ursache dieses Unterschiedes ist, daß der Schall an ein Ausbreitungsmedium gebunden ist, das Licht dagegen nicht.

JOHANNES STARK (1874–1957) Nobelpreis 1919

astronomische Aberration als relativistischer Effekt

Die Beziehungen (14.13b) bis (14.13d) ermöglichen die relativistische und damit die exakte Beschreibung der *astronomischen Aberration.* Dazu wird angenommen, daß in Σ ein Fixstern ruht und in großer Entfernung das von ihm ausgesandte Licht als ebene Welle in Richtung $\boldsymbol{n}^0 = -\boldsymbol{j}$ aufgefaßt werden kann. Ein Beobachter in Σ' (z. B. auf der Erde) registriert dann nach (14.13b) bis (14.13d) ein ebene Welle in der durch

$$n'^0_{x'} = -\frac{v}{c}, \quad n'^0_{y'} = -\sqrt{1-\frac{v^2}{c^2}}, \quad n'^0_{z'} = 0$$

festgelegten Ausbreitungsrichtung. Ihm erscheint demnach die Wellenfront gegenüber der ursprünglichen Richtung um den Winkel

$$\tan\varepsilon = \frac{n'^0_{x'}}{n'^0_{y'}} = \frac{\frac{v}{c}}{\sqrt{1-\frac{v^2}{c^2}}} \tag{14.15}$$

gedreht (vgl. Abb. 14.6). Bei Beschränkung auf bezüglich v/c lineare Glieder (nur sie sind z.Z. experimentell erfaßbar) geht (14.15) in den schon in Abschnitt 14.2.2 für die astronomische Aberration diskutierten Ausdruck (14.5) über.

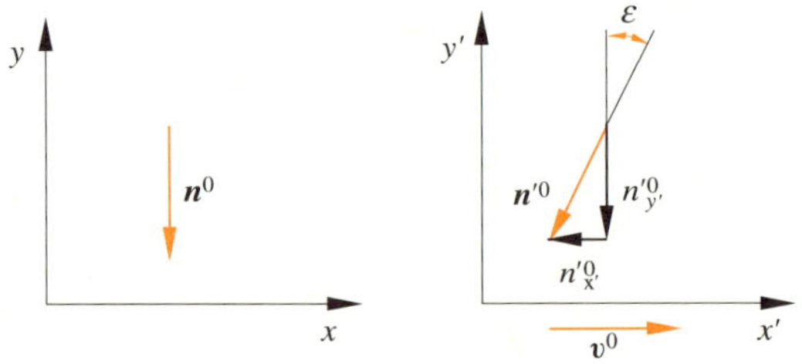

Abb. 14.6 Zur Herleitung der astronomischen Aberration

(S 14.9)
Optischer Doppler-Effekt und astronomische Aberration

Registriert ein Beobachter in Σ eine ebene elektromagnetische Welle der Ausbreitungsrichtung $\boldsymbol{n}^0$ und der Frequenz ν, so bestimmt ein Beobachter in Σ' den gleichen Vorgang als ebene elektromagnetische Welle in Richtung $\boldsymbol{n}'^0 \neq \boldsymbol{n}^0$ (astronomische Aberration) und der Frequenz $\nu' \neq \nu$ (optischer Doppler-Effekt).
Im Gegensatz zur Akustik existiert für elektromagnetische Wellen sowohl ein longitudinaler als auch ein transversaler Doppler-Effekt. Es kann nicht mehr entschieden werden, ob sich der Beobachter mit Bezug auf eine ruhende Lichtquelle oder sich die Lichtquelle mit Bezug auf einen ruhenden Beobachter bewegt.

Im Abschnitt 14.2.2 wurde darauf eingegangen, daß der longitudinale optische Doppler-Effekt und die astronomische Aberration historisch als Beleg für die Existenz des Lichtäthers galten. (S 14.9) zeigt, daß beide Effekte in der dort betrachteten Näherung auch durch die spezielle Relativitätstheorie deutbar sind. Die Näherungen (14.4) und (14.5) erlauben also keine Entscheidung zwischen Äthertheorie und Relativitätstheorie. Die experimentelle Bestätigung der exakten Beziehungen (14.14) und (14.14b) dagegen stützt ausschließlich die spezielle Relativitätstheorie.

14.2.3.1.1.6 Zur Gleichzeitigkeit von Ereignissen

Zwei Ereignisse an verschiedenen Orten $x_1 \neq x_2$ werden in Σ zur gleichen Zeit $t_1 = t_2$ registriert. Wie sieht ein Beobachter in Σ' diese Vorgänge? Da $x_1 \neq x_2$, beobachtet er sie nach (14.9b) zu den verschiedenen Zeiten

$$t'_1 = \frac{t_1 - \frac{v x_1}{c^2}}{\sqrt{1 - \frac{v^2}{c^2}}}, \quad t'_2 = \frac{t_2 - \frac{v x_2}{c^2}}{\sqrt{1 - \frac{v^2}{c^2}}} \neq t'_1 .$$

(S 14.10) Registrierung gleichzeitiger Ereignisse

> Gleichzeitige Ereignisse an verschiedenen Orten in Σ registrieren Beobachter in anderen Inertialsystemen nicht mehr als gleichzeitig.

Ein experimenteller Beleg für (S 14.10) ist die astronomische Aberration. Betrachtet man in Σ zur Zeit t_1 die Punkte gleicher Phase einer ebenen Welle, so liegen sie auf Ebenen mit dem Normalenvektor $\boldsymbol{n}^0$. Ein Beobachter in Σ' hingegen registriert diese Phasenzustände nicht mehr als gleichzeitige Ereignisse, sondern er findet die Punkte gleicher Phase auf Ebenen mit dem Normalenvektor $\boldsymbol{n}'^0 \neq \boldsymbol{n}^0$, d.h., er sieht die Wellenfronten gekippt.

14.2.3.1.1.7 Zur Reihenfolge von kausal verknüpften Vorgängen

Wir wollen die Frage prüfen, ob sich als Folge von (S 14.10) die zeitliche Reihenfolge von kausal verknüpften Ereignissen bei der Beobachtung von verschiedenen Inertialsystemen aus umkehren kann. In Σ werde am Ort x_1 zur Zeit t_1 das Ereignis 1, am Ort $x_2 > x_1$ zur späteren Zeit $t_2 > t_1$ das Ereignis 2 registriert. Ein Beobachter in Σ' sieht nach (14.9b) die Ereignisse im zeitlichen Abstand

$$t'_2 - t'_1 = \frac{t_2 - t_1 - \frac{v}{c^2}(x_2 - x_1)}{\sqrt{1 - \frac{v^2}{c^2}}} \qquad (14.16a)$$

bzw.

$$t'_2 - t'_1 = \frac{1 - \frac{v}{c^2}\frac{x_2 - x_1}{t_2 - t_1}}{(t_2 - t_1)^{-1}\sqrt{1 - \frac{v^2}{c^2}}} . \qquad (14.16b)$$

Vertauschung der Reihenfolge der Ereignisse heißt, daß mit $t_2 - t_1 > 0$ in Σ' $t'_2 - t'_1 < 0$ gilt. Da der Nenner von (14.16b) nach Voraussetzung stets positiv ist, kann $t'_2 - t'_1 < 0$ nur dann auftreten, wenn

$$\frac{v}{c^2}\frac{x_2 - x_1}{t_2 - t_1} > 1 \qquad (14.19c)$$

gilt. Sind die Ereignisse kausal bedingt, d.h. das Ereignis 1 bedingt das Ereignis 2, dann ist nach (S 14.8) stets

$$\frac{x_2 - x_1}{t_2 - t_1} \leqq c,$$

obige Ungleichung also nicht möglich.

(S 14.11)
Reihenfolge kausal bedingter Ereignisse

Kausal bedingte Ereignisse werden in allen Inertialsystemen in gleicher zeitlicher Reihenfolge beobachtet.

14.2.3.2 Zur Lorentz-Invarianz der Axiomensysteme von Elektrodynamik, Mechanik und Thermodynamik

Die Axiomensysteme der Mechanik (vgl. die Abschnitte I 3.4 und 14.1), Thermodynamik (vgl. Abschnitt I 7.4) und Elektrodynamik-Optik (vgl. Abschnitt 6.3) bilden den theoretischen Ausgangspunkt der bisher behandelten physikalischen Erscheinungen. Bleiben die Axiome auch nach einer Lorentz-Transformation gültig (d.h., sind sie *invariant* gegenüber Lorentz-Transformationen), so erfüllen alle die aus ihnen gezogenen Schlußfolgerungen von sich aus das Einsteinsche Relativitätsprinzip. In diesem Abschnitt soll untersucht werden, inwieweit das der Fall ist. Wir werden erkennen, daß die Maxwellschen Gleichungen eine lorentzinvariante Formulierung der elektromagnetischen Erscheinungen darstellen, die Axiome der Mechanik und Thermodynamik dagegen dem Relativitätsprinzip angepaßt werden müssen.

14.2.3.2.1 Maxwellsche Gleichungen

Im System Σ gelten die Maxwellschen Gleichungen (vgl. (6.9a) bis (6.19d)):

$$\operatorname{rot} \boldsymbol{E} = -\dot{\boldsymbol{B}} \qquad \operatorname{rot} \boldsymbol{H} = \dot{\boldsymbol{D}} + \boldsymbol{J},$$

$$\operatorname{div} \boldsymbol{D} = \varrho \qquad \operatorname{div} \boldsymbol{B} = 0.$$

Wie in A. 51 rechnerisch gezeigt wird, gilt für den Beobachter in Σ' dasselbe Axiomensystem

$$\operatorname{rot}' \boldsymbol{E}' = -\dot{\boldsymbol{B}}' \qquad \operatorname{rot}' \boldsymbol{H}' = \dot{\boldsymbol{D}}' + \boldsymbol{J}',$$

$$\operatorname{div}' \boldsymbol{D}' = \varrho' \qquad \operatorname{div}' \boldsymbol{B}' = 0,$$

wobei sich die Feldvektoren, der Stromdichtevektor und die Raumladungsdichte wie folgt transformieren (vgl. (A 51.7a) bis (A 51.7f); $\boldsymbol{v}_q$ ist die

Geschwindigkeit der Ladung q in Σ):

$$E'_{x'} = E_x; \quad E'_{y'} = \frac{E_y - vB_z}{\sqrt{1-\frac{v^2}{c^2}}}; \quad E'_{z'} = \frac{E_z + vB_y}{\sqrt{1-\frac{v^2}{c^2}}}, \tag{14.17a}$$

Transformationsbeziehungen für $\boldsymbol{E}'$, $\boldsymbol{B}'$, $\boldsymbol{D}'$, $\boldsymbol{H}'$, $\boldsymbol{J}'$ und ϱ'

$$B'_{x'} = B_x; \quad B'_{y'} = \frac{B_y + \frac{vE_z}{c^2}}{\sqrt{1-\frac{v^2}{c^2}}}; \quad B'_{z'} = \frac{B_z - \frac{vE_y}{c^2}}{\sqrt{1-\frac{v^2}{c^2}}}, \tag{14.17b}$$

$$D'_{x'} = D_x; \quad D'_{y'} = \frac{D_y - \frac{vH_z}{c^2}}{\sqrt{1-\frac{v^2}{c^2}}}; \quad D'_{z'} = \frac{D_z + \frac{vH_y}{c^2}}{\sqrt{1-\frac{v^2}{c^2}}}, \tag{14.17c}$$

$$H'_{x'} = H_x; \quad H'_{y'} = \frac{H_y + vD_z}{\sqrt{1-\frac{v^2}{c^2}}}; \quad H'_{z'} = \frac{H_z - vD_y}{\sqrt{1-\frac{v^2}{c^2}}}, \tag{14.17d}$$

$$J'_{x'} = \frac{J_x - v\varrho}{\sqrt{1-\frac{v^2}{c^2}}}; \quad J'_{y'} = J_y; \quad J'_{z'} = J_z, \tag{14.17e}$$

$$\varrho' = \varrho\,\frac{1 - \frac{v v_{qx}}{c^2}}{\sqrt{1-\frac{v^2}{c^2}}}. \tag{14.17f}$$

Der Strich an den Vektordifferentialoperationen bedeutet, daß sie im System Σ', also mit den Koordinaten x', y', z' zu bilden sind.

In Σ und Σ' gilt das gleiche Axiomensystem:

(S 14.12) Lorentzinvarianz der Maxwellschen Gleichungen

Die Maxwellschen Gleichungen sind gegenüber Lorentz-Transformationen invariant.

Die Gesetze der Elektrodynamik enthalten von sich aus die spezielle Relativitätstheorie. Sie brauchen ihr nicht angepaßt zu werden.

Geht man vom System Σ' zum System Σ über, so brauchen in (14.17) nach (S 14.4) nur die gestrichenen Größen durch die ungestrichenen und umgekehrt, v nur durch $-v$ ersetzt zu werden. Man erhält:

Transformationsbeziehungen für $\boldsymbol{E}$, $\boldsymbol{B}$, $\boldsymbol{D}$, $\boldsymbol{H}$, $\boldsymbol{J}$ und ϱ

$$E_x = E'_{x'}\,; \qquad E_y = \frac{E'_{y'} + vB'_{z'}}{\sqrt{1-\frac{v^2}{c^2}}}\,; \qquad E_z = \frac{E'_{z'} - vB'_{y'}}{\sqrt{1-\frac{v^2}{c^2}}}\,, \tag{14.18a}$$

$$B_x = B'_{x'}\,; \qquad B_y = \frac{B'_{y'} - \frac{vE'_{z'}}{c^2}}{\sqrt{1-\frac{v^2}{c^2}}}\,; \qquad B_z = \frac{B'_{z'} + \frac{vE'_{y'}}{c^2}}{\sqrt{1-\frac{v^2}{c^2}}}\,, \tag{14.18b}$$

$$D_x = D'_{x'}\,; \qquad D_y = \frac{D'_{y'} + \frac{vH'_{z'}}{c^2}}{\sqrt{1-\frac{v^2}{c^2}}}\,; \qquad D_z = \frac{D'_{z'} - \frac{vH'_{y'}}{c^2}}{\sqrt{1-\frac{v^2}{c^2}}}\,, \tag{14.18c}$$

$$H_x = H'_{x'}\,; \qquad H_y = \frac{H'_{y'} - vD'_{z'}}{\sqrt{1-\frac{v^2}{c^2}}}\,; \qquad H_z = \frac{H'_{z'} + vD'_{y'}}{\sqrt{1-\frac{v^2}{c^2}}}\,, \tag{14.18d}$$

$$J_x = \frac{J'_{x'} + v\varrho}{\sqrt{1-\frac{v^2}{c^2}}}\,; \qquad J_y = J'_{z'}\,, \tag{14.18e}$$

$$\varrho = \varrho' \frac{1 + \frac{v v'_{qx'}}{c^2}}{\sqrt{1-\frac{v^2}{c^2}}}\,. \tag{14.18f}$$

Die Transformationsbedingungen (14.17) und (14.18) bestätigen nochmals den in den Abschnitten 1.1.6 und 1.2.4 diskutierten Sachverhalt, daß sich die Vektoren $\boldsymbol{E}$ und $\boldsymbol{B}$ und die Vektoren $\boldsymbol{D}$ und $\boldsymbol{H}$ entsprechen (vgl. auch Tab. 1.5).

Im System Σ befinde sich im ortsfesten ($v_{qx} = v_{qy} = v_{qz} = 0$) Volumenelement $\Delta V = \Delta l_x \Delta l_y \Delta l_z$ die Ladung Δq. Der Beobachter in Σ' bestimmt das gleiche Volumen zu $\Delta V' = \Delta l'_{x'} \Delta l'_{y'} \Delta l'_{z'}$. Welche Ladung $\Delta q'$ registriert er? Mit (D 1.7), (14.17f) und (S 14.6) gilt

$$\Delta q' = \varrho' \Delta V' = \frac{\varrho}{\sqrt{1-\frac{v^2}{c^2}}} \Delta l_x \sqrt{1-\frac{v^2}{c^2}}\, \Delta l_y \Delta l_z = \varrho \Delta V = \Delta q\,.$$

(S 14.13)
Lorentzinvarianz der elektrischen Ladung

Die elektrische Ladung ist gegenüber Lorentz-Transformationen invariant.

Nach (14.17) und (14.18) haben elektrische und magnetische Felder keine selbständige Bedeutung. Ob ein rein elektrisches oder ein rein magnetisches Feld beobachtet wird, hängt vom Bewegungszustand des Betrachters ab. Ein in Σ rein elektrisches (oder rein magnetisches) Feld registriert der Beobachter in Σ' als elektrisches und magnetisches Feld. Elektrisches und magnetisches Feld bilden somit eine Einheit. Der folgende Abschnitt gibt hierzu ein Beispiel.

Zusammenhang zwischen elektrischem und magnetischem Feld

In Abschnitt 6.3 wurden ruhende Medien für die differentielle Form des Axiomensystems der Elektrodynamik-Optik vorausgesetzt. Wie (S 14.13) zeigt, ist diese Voraussetzung nicht erforderlich. Die Integral- und die Differentialform des Axiomensystems sind gleichwertig.

14.2.3.2.1.1 Biot-Savartsches Gesetz

Die Punktladung q' ruhe in Σ'. Sie erzeugt im Vakuum nach (1.6a) das elektrische Feld

$$\boldsymbol{E}' = \frac{q'}{4\pi\varepsilon_0 r'^3}\,\boldsymbol{r}' \tag{14.19}$$

mit

$$\boldsymbol{r}' = x'\boldsymbol{i}' + y'\boldsymbol{j}' + z'\boldsymbol{k}'\,. \tag{14.19a}$$

Ein magnetisches Feld tritt nicht auf:

$$\boldsymbol{B}' = \boldsymbol{0}\,. \tag{14.20}$$

Nach (14.18a) und (14.18b) mißt ein Beobachter in Σ demgegenüber sowohl ein elektrisches als auch ein magnetisches Feld:

$$E_x = E'_{x'}; \qquad E_y = \frac{E'_{y'}}{\sqrt{1-\frac{v^2}{c^2}}}; \qquad E_z = \frac{E'_{z'}}{\sqrt{1-\frac{v^2}{c^2}}}, \tag{14.21a}$$

$$B_x = 0; \qquad B_y = -\frac{vE'_{z'}}{c^2\sqrt{1-\frac{v^2}{c^2}}}; \quad B_z = \frac{vE'_{y'}}{c^2\sqrt{1-\frac{v^2}{c^2}}}. \tag{14.22a}$$

Für ihn bewegt sich die Ladung mit der Geschwindigkeit $\boldsymbol{v}$ in Richtung $\boldsymbol{v}^0 = \boldsymbol{i}$. Nach (S 14.6), (14.19), (14.19a), (14.21a) und (S 14.13) registriert er das elektrische Feld

$$\boldsymbol{E} = \frac{q(x\boldsymbol{i} + y\boldsymbol{j} + z\boldsymbol{k})}{4\pi\varepsilon_0\left(\dfrac{x^2}{1-\frac{v^2}{c^2}} + y^2 + z^2\right)^{3/2}\sqrt{1-\frac{v^2}{c^2}}}. \tag{14.21}$$

Die Feldlinien von $\boldsymbol{E}$ sind ebenso wie die von $\boldsymbol{E}'$ Geraden, der Betrag von $\boldsymbol{E}$ ist aber nicht mehr wie der von $\boldsymbol{E}'$ für alle Punkte mit gleichem Abstand von der Ladung konstant. Weiter findet der Beobachter zusätzlich nach (14.22a) und (14.19) das magnetische Feld

$$\boldsymbol{B}=\frac{qv(-z\boldsymbol{j}+y\boldsymbol{k})}{4\pi\varepsilon_0 c^2\left(1-\frac{v^2}{c^2}\right)\left(\frac{x^2}{1-\frac{v^2}{c^2}}+y^2+z^2\right)^{3/2}}\,. \tag{14.22b}$$

Da nach (A 3.10b) $\boldsymbol{v}^0\times\boldsymbol{r}=-z\boldsymbol{j}+y\boldsymbol{k}$ gilt, kann für (14.22b) bei Beachtung von $(\varepsilon_0\mu_0)^{-1}=c^2$ (vgl. (D 7.3))

Biot-Savartsches Gesetz in relativistischer Form

$$\boldsymbol{B}=\frac{\mu_0 q\,\boldsymbol{v}\times\boldsymbol{r}}{4\pi\left(1-\frac{v^2}{c^2}\right)\left(\frac{x^2}{1-\frac{v^2}{c^2}}+y^2+z^2\right)^{3/2}} \tag{14.22}$$

geschrieben werden. Wie ein Vergleich mit (S 2.7) zeigt, entspricht diese Beziehung bis auf die in v/c quadratische relativistische Korrektur dem Biot-Savartschen Gesetz. Nur ist in der hier gegebenen allgemeineren Formulierung dieses Gesetzes $I\,\mathrm{d}\boldsymbol{s}$ durch $q\,\boldsymbol{v}$ ersetzt.

14.2.3.2.2 Newtonsche Axiome

Die Maxwellschen Gleichungen sind lorentzinvariant. Alle aus ihnen gezogenen Schlußfolgerungen genügen damit der speziellen Relativitätstheorie. Die Newtonschen Axiome (I S 3.5), (I S 3.7) und (I S 3.8)

$$\boldsymbol{F}=\frac{\mathrm{d}}{\mathrm{d}t}m\boldsymbol{v}\quad (m \text{ unabhängig vom Bewegungszustand});$$

$$\boldsymbol{F}_{ab}=-\boldsymbol{F}_{ab};\quad \boldsymbol{F}=\sum_{k=1}^{n}\boldsymbol{F}_k$$

dagegen genügen statt der Lorentz- der Galilei-Transformation (vgl. Abschn. 14.2.3.1). Das hat zur Folge, daß für große Geschwindigkeiten $v\approx c$ z.T. erhebliche Abweichungen zwischen den aus diesem Axiomensystem geschlußfolgerten Gesetzmäßigkeiten und den experimentellen Befunden auftreten.

Transformation des Kraftgesetzes

Zum Auffinden eines lorzentzinvarianten Axiomensystems der Mechanik betrachten wir eine solche Kraft, deren Transformationsgesetz beim Übergang von einem Inertialsystem zu einem anderen im Prinzip bereits bekannt ist. Ein Massenpunkt m trage die Ladung q und bewege sich gegenüber einem Beobachter in Σ mit der Geschwindigkeit $\boldsymbol{v}$. Weiter registriere dieser Beobachter in Σ das elektrische Feld $\boldsymbol{E}$ und das magnetische Feld $\boldsymbol{B}$. Nach (D 1.5) und (S 2.9) wirkt in seinem System auf die Ladung q die Kraft

$$\boldsymbol{F}=q(\boldsymbol{E}+\boldsymbol{v}\times\boldsymbol{B})\,. \tag{14.23a}$$

Das System Σ' denken wir uns mit dem Massenpunkt fest verbunden. Die Ursprungspunkte beider Systeme und ihre Achsenrichtungen werden entsprechend Abbildung 14.1b gewählt. Der Beobachter in Σ' registriert dann die Masse $m' = m_0$ (Ruhmasse, siehe (D 14.2)), die Ladung q' und die Felder $\boldsymbol{E}'$ und $\boldsymbol{B}'$.

Für kleine Geschwindigkeiten ($v' \approx 0$) des Massenpunktes bestätigt das Experiment in Σ' alle aus

$$m_0 \frac{\mathrm{d}\boldsymbol{v}'}{\mathrm{d}t'} = \boldsymbol{F}'$$

gezogenen Schlußfolgerungen. Wir können daher annehmen, daß für den in Σ' *ruhenden* Massenpunkt ($\boldsymbol{v}' = \boldsymbol{0}$) diese Beziehung streng gilt. Der Beobachter in Σ' mißt dann nach (D 1.5) die Kraft

$$\boldsymbol{F}' = m_0 \frac{\mathrm{d}\boldsymbol{v}'}{\mathrm{d}t'} = q'\boldsymbol{E}' \tag{14.24}$$

mit der Nebenbedingung

$$v'_{x'} = v'_{y'} = v'_{z'} = 0\,. \tag{14.24a}$$

Transformiert man (14.24) unter Einhaltung der Nebenbedingung (14.24a) vom System Σ' auf das System Σ, so ergibt sich (siehe (A 52.4a) bis (A 52.4c))

$$\frac{\mathrm{d}}{\mathrm{d}t} \frac{m_0 \dfrac{\mathrm{d}x}{\mathrm{d}t}}{\sqrt{1 - \dfrac{v^2}{c^2}}} = qE_x\,, \tag{14.25a}$$

$$\frac{\mathrm{d}}{\mathrm{d}t} \frac{m_0 \dfrac{\mathrm{d}y}{\mathrm{d}t}}{\sqrt{1 - \dfrac{v^2}{c^2}}} = q(E_y - vB_z)\,, \tag{14.25b}$$

$$\frac{\mathrm{d}}{\mathrm{d}t} \frac{m_0 \dfrac{\mathrm{d}z}{\mathrm{d}t}}{\sqrt{1 - \dfrac{v^2}{c^2}}} = q(E_z + vB_y)\,. \tag{14.25c}$$

Um uns von der speziellen Wahl des Koordinatensystems zu lösen, fassen wir diese Beziehungen in einen Anteil parallel und in einen Anteil senkrecht zur Bewegungsrichtung des Teilchens zusammen. Werden diese Anteile durch die Indizes p (Komponente parallel zu $\boldsymbol{v}^0$) und s (Komponente senkrecht zu $\boldsymbol{v}^0$) charakterisiert, so kann für (14.25a) mit Hilfe des vektoriellen Produktes (vgl. (A 3.7), (A 3.9) und (A 3.10))

$$\frac{d}{dt}\left(\frac{m_0 v}{\sqrt{1-\frac{v^2}{c^2}}}\right)_p = qE_p = q(E_p + (\boldsymbol{v}\times\boldsymbol{B})_p)$$

geschrieben werden. Entsprechend lassen sich (14.25b) und (14.25c) zusammenfassen zu

$$\frac{d}{dt}\left(\frac{m_0 v}{\sqrt{1-\frac{v^2}{c^2}}}\right)_s = q(E_s + (\boldsymbol{v}\times\boldsymbol{B})_s).$$

Addition beider Gleichungen ergibt

$$\frac{d}{dt}\frac{m_0 \boldsymbol{v}}{\sqrt{1-\frac{v^2}{c^2}}} = q(\boldsymbol{E} + (\boldsymbol{v}\times\boldsymbol{B})). \qquad (14.23\,b)$$

Wie der Vergleich von (14.23b) mit (14.23a) zeigt, muß in der relativistischen Mechanik statt

$$\boldsymbol{F} = \frac{d}{dt}(m\boldsymbol{v}) \qquad (m \text{ unabhängig vom Bewegungszustand})$$

das Kraftgesetz

$$\boldsymbol{F} = \frac{d}{dt}\frac{m_0 \boldsymbol{v}}{\sqrt{1-\frac{v^2}{c^2}}} \qquad (m_0 = \text{const}) \qquad (14.23)$$

Anwendung finden. Die Masse m wird geschwindigkeitsabhängig.

(S 14.14) Geschwindigkeitsabhängigkeit der Masse

Die Masse m eines Teilchens ist entsprechend

$$m = \frac{m_0}{\sqrt{1-\frac{v^2}{c^2}}}$$

von seiner Geschwindigkeit abhängig.

Für das ruhende Teilchen gilt $m = m_0$. Es wird daher festgelegt:

(D 14.2) Ruhmasse m_0 Impulsmasse m

m_0 heißt Ruhmasse, m Impulsmasse.

Experimenteller Nachweis der Geschwindigkeitsabhängigkeit der Masse

Die relativistische Massenformel (S 14.14) konnte experimentell u.a. mit Elektronen veränderlicher Geschwindigkeit bestätigt werden. Zu diesem Nachweis kann die in Abschnitt 3.1.2 beschriebene Schustersche Anordnung zur Bestimmung der spezifischen Ladung e/m_e des Elektrons dienen. Nach (3.5) ist diese durch

$$\frac{e}{m_e} = \frac{2\,U_{AK}}{B^2 r^2}$$

bestimmt. Steigert man U_{AK}, so nimmt e/m_e ab. Da nach (S 14.13) die Elementarladung e lorentzinvariant ist, muß dies nach (S 14.14) bei wachsender Elektronengeschwindigkeit der Fall sein. Präzessionsmessungen bestätigten die Beziehung

$$m_e = \frac{m_{0e}}{\sqrt{1 - \frac{v^2}{c^2}}}\,.$$

Für $U_{AK} = 10^3$ V ($v = 18\,760$ km s^{-1}) ergibt sich $m_e/m_{0e} = 1{,}0019$, für $U_{AK} = 10^8$ V ($v = 299\,789$ km s^{-1}) dagegen schon $m_e/m_{0e} = 195$. Die spezifische Ladung des Elektrons wird deshalb auf seine Ruhmasse m_{0e} bezogen.

Die relativistische Massenabhängigkeit macht sich bei Teilchenbeschleunigern unangenehm bemerkbar und zwingt zur Anwendung aufwendiger Konstruktionsprinzipien (vgl. Bd. III). Sie bestätigt weiter c als maximale Signalgeschwindigkeit (vgl. (S 14.8)). Da die Masse stets eine reelle Größe sein muß, gilt $v \leqq c$. Mit $v \to c$ geht $m \to \infty$. Die Beschleunigung eines materiellen Teilchens auf Lichtgeschwindigkeit erfordert eine unendlich große Energie und ist deswegen nicht möglich.

Zusammenfassend kann gesagt werden:

(S 14.15) relativistisches Kraftgesetz

Das Axiomensystem der nichtrelativistischen Mechanik geht in das der relativistischen Mechanik über, wenn die Kraft $\boldsymbol{F} = \frac{\mathrm{d}}{\mathrm{d}t}(m_0 \boldsymbol{v})$ durch $\boldsymbol{F} = \frac{\mathrm{d}}{\mathrm{d}t} \frac{m_0 \boldsymbol{v}}{\sqrt{1 - \frac{v^2}{c^2}}}$ bzw. der Impuls $\boldsymbol{p} = m_0 \boldsymbol{v}$ durch $\boldsymbol{p} = \frac{m_0}{\sqrt{1 - \frac{v^2}{c^2}}}\,\boldsymbol{v}$ ersetzt wird.

Für $v \ll c$ gelten die Gesetze der nichtrelativistischen Mechanik

Gilt $v \ll c$, dann ist $m = \frac{m_0}{\sqrt{1 - \frac{v^2}{c^2}}} \approx m_0$; es kann die nichtrelativistische Mechanik Anwendung finden. Im Bd. I wurde dieser Fall generell vorausgesetzt. In den dort gegebenen Beziehungen bedeutet m demzufolge die Ruhmasse ($m = m_0$).

Da $\boldsymbol{v} = \boldsymbol{v}(t)$ gilt, kann (14.23) nicht mehr auf die Form Kraft = Masse mal Beschleunigung (vgl. (I 3.7)) gebracht werden, es gibt keine relativistische Formulierung des Grundgesetzes der Mechanik.

14.2.3.2.2.1 Masse-Energie-Äquivalenz

Verschiebt die Kraft $\boldsymbol{F}$ die Masse m um die Strecke $\mathrm{d}\boldsymbol{s}$, so verrichtet sie nach (I D 3.14) die Arbeit $\mathrm{d}W_\mathrm{A} = \boldsymbol{F} \cdot \mathrm{d}\boldsymbol{s}$ und bewirkt damit nach (I S 3.17) eine Veränderung der kinetischen Energie um

$$\mathrm{d}W_\mathrm{k} = \mathrm{d}W_\mathrm{A} = \boldsymbol{F} \cdot \mathrm{d}\boldsymbol{s}.$$

Mit $\boldsymbol{v} = \mathrm{d}\boldsymbol{s}/\mathrm{d}t$, (A 2.7) und $\boldsymbol{A} \cdot \boldsymbol{B} = \boldsymbol{B} \cdot \boldsymbol{A}$ (vgl. (A 3.5)) folgt daraus

$$\mathrm{d}W_\mathrm{k} = \boldsymbol{F} \cdot \frac{\mathrm{d}\boldsymbol{s}}{\mathrm{d}t} \cdot \mathrm{d}t = \boldsymbol{F} \cdot \boldsymbol{v}\,\mathrm{d}t = \boldsymbol{v} \cdot \boldsymbol{F}\,\mathrm{d}t. \tag{14.26a}$$

Weiter gilt mit (14.23), (A 2.3), (A 2.7), (A 2.9) und (A 3.5)

$$\boldsymbol{v} \cdot \boldsymbol{F} = \boldsymbol{v} \cdot \frac{\mathrm{d}}{\mathrm{d}t} \frac{m_0 \boldsymbol{v}}{\sqrt{1 - \frac{\boldsymbol{v}^2}{c^2}}} = m_0 \boldsymbol{v} \cdot \left[\frac{\frac{\boldsymbol{v}^2 \frac{\mathrm{d}\boldsymbol{v}}{\mathrm{d}t}}{c^2}}{\left(1 - \frac{\boldsymbol{v}^2}{c^2}\right)^{3/2}} + \frac{\frac{\mathrm{d}\boldsymbol{v}}{\mathrm{d}t}}{\left(1 - \frac{\boldsymbol{v}^2}{c^2}\right)^{1/2}} \right]$$

$$= \frac{m_0 \boldsymbol{v} \cdot \frac{\mathrm{d}\boldsymbol{v}}{\mathrm{d}t}}{\left(1 - \frac{\boldsymbol{v}^2}{c^2}\right)^{3/2}} = \frac{\mathrm{d}}{\mathrm{d}t} \frac{m_0 c^2}{\sqrt{1 - \frac{\boldsymbol{v}^2}{c^2}}} \tag{14.26b}$$

und somit für (14.26a)

$$\mathrm{d}W_\mathrm{k} = \mathrm{d}\,\frac{m_0 c^2}{\sqrt{1 - \frac{v^2}{c^2}}}.$$

Integration ergibt

$$W_\mathrm{k} = \frac{m_0 c^2}{\sqrt{1 - \frac{v^2}{c^2}}} - W_0. \tag{14.26c}$$

Die Integrationskonstante $-W_0$ bestimmt sich aus der Bedingung, daß für $v \rightarrow 0$ auch $W_\mathrm{k} \rightarrow 0$ gehen muß:

$$W_0 = m_0 c^2.$$

Mit (S 14.14) geht (14.26c) über in

$$W_\mathrm{k} = \frac{m_0 c^2}{\sqrt{1 - \frac{v^2}{c^2}}} - m_0 c^2 = (m - m_0)\, c^2. \tag{14.26c}$$

Nach (I A 3.8) lautet die Entwicklung von $\frac{1}{\sqrt{1-\frac{v^2}{c^2}}}$ nach steigenden Potenzen von v^2/c^2:

$$\frac{1}{\sqrt{1-\frac{v^2}{c^2}}} = 1 + \frac{1}{2}\frac{v^2}{c^2} + \frac{1\cdot 3}{2\cdot 4}\frac{v^4}{c^4} + \frac{1\cdot 3\cdot 5}{2\cdot 4\cdot 6}\frac{v^6}{c^6} + \ldots .$$

Die kinetische Energie W_k ist damit darstellbar durch

$$W_k = \frac{m_0}{2} v^2 + \frac{1\cdot 3}{2\cdot 4} m_0 \frac{v^4}{c^2} + \frac{1\cdot 3\cdot 5}{2\cdot 4\cdot 6} m_0 \frac{v^6}{c^4} + \ldots . \qquad (14.26\text{d})$$

Für $v \ll c$ kann man sich auf das erste Glied dieser Reihenentwicklung beschränken. In Übereinstimmung mit (I D 3.18) gilt für diesen Spezialfall

$$W_k = \frac{m_0}{2} v^2 .$$

Als *Gesamtenergie* W des Systems muß nach (14.26c) $W = W_k + W_0$ angesehen werden. Da mit $v \to 0$ auch $W_k \to 0$ geht, besitzt auch das ruhende Teilchen eine bestimmte Energie, die *Ruhenergie* $W_0 = m_0 c^2$.

Gesamtenergie

Ruhenergie

(S 14.16)
relativistische kinetische Energie

Die kinetische Energie W_k ergibt sich als Differenz von Gesamtenergie $W = mc^2$ und Ruhenergie $W_0 = m_0 c^2$:

$$W_k = W - W_0 = (m - m_0)\, c^2 = \left(\frac{1}{\sqrt{1-\frac{v^2}{c^2}}} - 1 \right) m_0 c^2 .$$

Für Geschwindigkeiten $v \ll c$ kann W_k durch die nichtrelativistische Beziehung

$$W_k = \frac{m_0}{2} v^2$$

angenähert werden.

Die Ruhenergie $W_0 = m_0 c^2$ besagt, daß jeder Ruhmasse m_0 die Energie W_0 äquivalent ist. Umgekehrt wurde von EINSTEIN gefolgert, daß auch jeder Energie W_0 die Masse $m_0 = W_0/c^2$ zugeordnet werden kann.

(S 14.17)
Äquivalenz von Masse und Energie

Jeder Ruhmasse m_0 ist die Energie

$$W_0 = m_0 c^2 ,$$

jeder Energie W_0 ist die Ruhmasse

$$m_0 = \frac{W_0}{c^2}$$

äquivalent.
(Äquivalenz von Masse und Energie)

Trägheit der Energie

Die Gesetzmäßigkeit $W = mc^2$ (vgl. (S 14.16)) wird auch als *Trägheit der Energie* bezeichnet. Nach ihr kann jeder Energieform W die träge Masse $m = W/c^2$ zugeordnet werden. Die Veränderung der Energie eines Systems von Massenpunkten um ΔW ist damit gleichbedeutend mit einer Veränderung seiner trägen Masse m um $\Delta m = \Delta W/c^2$. Als seine Ruhenergie bezeichnet man die Gesamtenergie des Systems, wenn dessen resultierender Impuls gleich Null ist. Zum Beispiel ist für ein Gas, dessen resultierender Impuls den Wert Null hat, die Ruhmasse nicht allein durch die Summe der Ruhmassen seiner einzelnen, d.h. voneinander isolierten Gasatome gegeben, sondern zu dieser Summe muß noch der Anteil $\Delta m = \Delta W/c^2$ hinzugefügt werden, der die potentiellen und die kinetischen Energien aller dieser Atome umfaßt.

Während der Energieerhaltungssatz der Mechanik nur für konservative Systeme (vgl. (I S 3.18)) Gültigkeit besitzt, ist $W = mc^2$ allgemein gültig. Dabei ist zu beachten, daß zur Ruhmasse des Systems alle die ihm innewohnenden Energien von unterschiedlicher Form beitragen, die keinen Anteil zur Impulsmasse des Systems liefern. Die Ruhmasse eines Systems wird z.B. durch die thermische Energie oder, anders formuliert, durch die dem Temperaturunterschied des Systems entsprechende kinetische Energie seiner atomaren Bausteine, durch seine potentielle Energie W_P in einem äußeren Kraftfeld, durch die Anregungsenergie von Atomen des Systems oder durch die chemische Bindungsenergie zwischen seinen atomaren Bausteinen vergrößert. Die Ruhmasse eines Körpers ist demzufolge von seinem Zustand abhängig. Wegen der Größe von c^2 ist diese Aussage für praktische Belange jedoch meist ohne nennenswerte Konsequenzen.

Das Masse-Energie-Äquivalenzprinzip stellt eines der wesentlichen Ergebnisse der speziellen Relativitätstheorie dar. Experimentell konnte diese theoretische Folgerung vollkommen gesichert werden. Eine bedeutende Rolle spielt sie u.a. in der Kern- und Elementarteilchenphysik. Einige Beispiele seien hierzu angeführt (vgl. dazu Bd. III).

Kernmassendefekt und Kernbindungsenergie

Vergleicht man die Ruhmasse m_{0k} eines Atomkernes mit der Summe der Ruhmassen der ihn aufbauenden Nukleonen, so findet man, daß m_{0k} stets kleiner als die Summe der Massen seiner Nukleonen ist (*Kernmassendefekt*). Die diesem Kernmassendefekt äquivalente Energie entspricht der *Kernbindungsenergie*.

Kernenergie

Bei der Spaltung des $^{235}_{92}$U-Kernes ist die Summe der Ruhmassen der Spaltprodukte kleiner als die Ruhmasse des ungespaltenen Kernes; die dieser Massendifferenz äquivalente Energie wird in Form der *Kernenergie* frei.

Paarvernichtung

In der Hochenergiephysik (z.B. bei Wechselwirkungsprozessen der kosmischen Höhenstrahlung mit der Erdatmosphäre) findet man den Prozeß der *Paarvernichtung* und -erzeugung. Paarvernichtung tritt u.a. auf, wenn ein Elektron mit einem Positron in Wechselwirkung tritt. Beide Teilchen verschwinden, sie werden in (meist) zwei Photonen (siehe Bd. III) der Gesamtenergie $2m_{0e}c^2$ „zerstrahlt". Auch die umgekehrte Erscheinung der

Paarerzeugung

Paarerzeugung wird beobachtet. Dabei verschwindet ein Photon der Energie $W > 2m_{0e}c^2$ bei gleichzeitiger Erzeugung eines Elektron-Positron-Paares.

Als Folge der von ihr abgestrahlten Energie verliert die Sonne in jeder Sekunde die Masse $m_0 = 4 \cdot 10^{12}$ kg. Dieser sekundliche Massenverlust erscheint sehr hoch. Setzt man ihn jedoch zur Gesamtmasse der Sonne von $m_{0S} = 2 \cdot 10^{30}$ kg ins Verhältnis, dann erkennt man, daß eine vollständige Zerstrahlung der Sonne ca. 10^{13} Jahre erfordern würde (gleiche Strahlungsleistung zu allen Zeiten vorausgesetzt).

Massenverlust der Sonne

Die mit chemischen Umsetzungen verbundenen Energieänderungen führen dagegen zu so geringen Massenänderungen, daß dieser Effekt an der Grenze der Nachweisbarkeit liegt. Der Beobachter stellt die Gültigkeit des Massenerhaltungssatzes fest. Ein gleiches Ergebnis findet man immer dann, wenn die mit den Energieänderungen nach (S 14.17) äquivalenten Massenänderungen unmeßbar klein sind.

Massendefekt bei chemischen Umsetzungen und anderen Energieänderungen

In Tabelle 14.1 auf Seite 560 sind einige wichtige Beziehungen der nichtrelativistischen und der relativistischen Mechanik gegenübergestellt.

14.2.3.2.3 Thermodynamik

Auch im Begriffssystem der Thermodynamik erfordert die spezielle Relativitätstheorie einige Veränderungen. Temperatur T und Wärmemenge Q werden vom Bewegungszustand des Systems abhängig. Demgegenüber erweisen sich Druck p und Entropie S als lorentzinvariant.

Auf die Fläche $A'_{y'} = l'_{x'} l'_{z'}$ eines in Σ' ruhenden Quaders der Masse m_0 wirke die Kraft $F'_{y'}$. Nach (S 14.15) mißt der Beobachter in Σ' den Druck

$$p' = \frac{F'_{y'}}{A'_{y'}} = \frac{m_0 \dfrac{\mathrm{d}v'_{y'}}{\mathrm{d}t'}}{l'_{x'} l'_{z'}}, \tag{14.27a}$$

nach (S 14.15), (S 14.6), (S 14.5) und (S 14.7) ein Beobachter in Σ dagegen ($v'_{x'} = 0$, $v = \text{const}$) den Druck

$$p = \frac{F_y}{A_y} = \frac{\dfrac{m_0}{\sqrt{1-\dfrac{v^2}{c^2}}} \dfrac{\mathrm{d}v_y}{\mathrm{d}t}}{l_x l_z} = \frac{\dfrac{m_0}{\sqrt{1-\dfrac{v^2}{c^2}}} \dfrac{\mathrm{d}v'_{y'}\sqrt{1-\dfrac{v^2}{c^2}}}{\dfrac{\mathrm{d}t'}{\sqrt{1-\dfrac{v^2}{c^2}}}}}{l'_{x'}\sqrt{1-\dfrac{v^2}{c^2}}\, l'_{z'}} = \frac{m_0 \dfrac{\mathrm{d}v'_{y'}}{\mathrm{d}t}}{l'_{x'} l'_{z'}} = p'. \tag{14.27}$$

Der Druck ist gegenüber Lorentz-Transformationen invariant.

Zum Auffinden der Transformationsbedingungen für T und Q werde ein ideales Gas betrachtet. Es genügt nach (I 7.10) der Zustandsgleichung

$$m_{\text{mol}} \frac{p}{mR} = \frac{T}{V} .$$

Tabelle 14.1
Gegenüberstellung einiger fundamentaler Beziehungen der nichtrelativistischen und der relativistischen Mechanik

nichtrelativistische Mechanik	**relativistische Mechanik**
Geschwindigkeit $v \ll c$	Geschwindigkeit $v < c$
Ruhmasse m_0	Impulsmasse $m = \frac{m_0}{\sqrt{1 - \frac{v^2}{c^2}}}$
Impuls $\boldsymbol{p} = m_0 \boldsymbol{v}$	Impuls $\boldsymbol{p} = m\boldsymbol{v} = \frac{m_0}{\sqrt{1 - \frac{v^2}{c^2}}} \boldsymbol{v}$
Kraft $\boldsymbol{F} = \frac{\mathrm{d}\boldsymbol{p}}{\mathrm{d}t} = \frac{\mathrm{d}}{\mathrm{d}t} m_0 \boldsymbol{v}$ Unter der Voraussetzung $\frac{\mathrm{d}m_0}{\mathrm{d}t} = 0$ folgt $\boldsymbol{F} = m_0 \frac{\mathrm{d}\boldsymbol{v}}{\mathrm{d}t} = m_0 \boldsymbol{a}$	Kraft $\boldsymbol{F} = \frac{\mathrm{d}\boldsymbol{p}}{\mathrm{d}t} = \frac{\mathrm{d}}{\mathrm{d}t} m\boldsymbol{v} = \frac{\mathrm{d}}{\mathrm{d}t} \frac{m_0 \boldsymbol{v}}{\sqrt{1 - \frac{v^2}{c^2}}}$ Eine Formulierung der Kraft als Produkt aus Masse und Beschleunigung ist unter keiner Voraussetzung möglich
kinetische Energie $W_k = \frac{m_0}{2} v^2$	kinetische Energie $W_k = (m - m_0) c^2$
Gesamtenergie $W = W_k + W_p$ (nur für konservative Systeme)	Gesamtenergie $W = W_k + W_0 = mc^2$ (allgemein gültig)

$\frac{m_{\text{mol}}}{m}$ hängt wie die relative Molekülmasse M_r (vgl. (I D 7.4a) und (I D 7.6a)) nur vom Verhältnis zweier Massen ab, die beim Übergang von Σ' zu Σ den gleichen Transformationsbedingungen genügen. Es muß daher $\frac{m_{\text{mol}}}{m} = \frac{m'_{\text{mol}}}{m'}$ und demnach mit (14.27)

$$\frac{T}{V} = \frac{T'}{V'} \tag{14.28}$$

gelten. Mißt man in Σ das Volumen eines Quaders zu $V = l_x l_y l_z$, so registriert ein Beobachter in Σ' nach (S 14.6) das Volumen

$$V' = l'_{x'} l'_{y'} l'_{z'} = l_x \sqrt{1 - \frac{v^2}{c^2}}\, l_y l_z = V \sqrt{1 - \frac{v^2}{c^2}} \tag{14.29}$$

und demzufolge nach (14.28) die Temperatur

$$T' = T \sqrt{1 - \frac{v^2}{c^2}}\,.$$

Das Gas werde im System Σ bei der Temperatur T vom Volumen V_1 auf das Volumen V_2 ausgedehnt. Nach (I 7.25a) erfordert dies die Wärmemenge

$$Q = \frac{m}{m_{\text{mol}}} R T \ln \frac{V_2}{V_1}\,.$$

Der Beobachter in Σ' findet demgegenüber

$$Q' = \frac{m'}{m'_{\text{mol}}} R T' \ln \frac{V'_2}{V'_1} = \frac{m'}{m'_{\text{mol}}} R T \sqrt{1 - \frac{v^2}{c^2}} \ln \frac{V_2}{V_1}$$

oder mit $\frac{m}{m_{\text{mol}}} = \frac{m'}{m'_{\text{mol}}}$ (s. o.)

$$Q' = Q \sqrt{1 - \frac{v^2}{c^2}}\,.$$

Für die Transformation der Größe Entropie folgt

$$\mathrm{d}S' = \frac{\delta Q'_{\text{rev}}}{T'} = \frac{\delta Q_{\text{rev}} \sqrt{1 - \frac{v^2}{c^2}}}{T \sqrt{1 - \frac{v^2}{c^2}}} = \frac{\delta Q_{\text{rev}}}{T} = \mathrm{d}S\,.$$

Zusammenfassend kann bei Beachtung von (S14.4) formuliert werden:

(S 14.18) Transformationsbeziehungen für p, S, Q und T

Entropie S und Druck p eines thermodynamischen Systems sind lorentzinvariant:

$$S' = S; \quad p' = p\,.$$

Mißt ein Beobachter in Σ die Wärmemenge Q und die Temperatur T, dann findet der Beobachter in Σ'

$$Q' = Q\sqrt{1-\frac{v^2}{c^2}}, \quad T' = T\sqrt{1-\frac{v^2}{c^2}};$$

mißt ein Beobachter in Σ' die Wärmemenge Q' und die Temperatur T', dann findet der Beobachter in Σ

$$Q = Q'\sqrt{1-\frac{v^2}{c^2}}, \quad T = T'\sqrt{1-\frac{v^2}{c^2}}.$$

14.2.3.3 Vierdimensionales Raum-Zeit-Kontinuum

dreidimensionales Raum-Kontinuum

In der nichtrelativistischen Physik können drei voneinander unabhängige Ortskoordinaten eines dreidimensionalen Euklidischen Raumes zur Beschreibung des räumlichen Geschehens dienen (*dreidimensionales Raum-Kontinuum*). Die Zeit kann als vierte, hiervon unabhängige Koordinate betrachtet werden. Die erhaltenen Gleichungen sind dreidimensionale Vektorgleichungen. Damit sind die gewonnenen Beziehungen gegenüber Drehungen des x, y, z-Koordinatensystems invariant (vgl. Abschn. I A. 11).

MINKOWSKI zeigte, daß die Gesetze der relativistischen Physik eine gleichartige geometrische Interpretation in einem vierdimensionalen Raum-Zeit-Kontinuum zulassen. Dazu denken wir uns durch die vier Größen

$$x_1 = x; \quad x_2 = y; \quad x_3 = z; \quad x_4 = \mathrm{i}ct \tag{14.30a}$$

vierdimensionales Raum-Zeit-Kontinuum

einen vierdimensionalen Euklidischen Raum (*vierdimensionales Raum-Zeit-Kontinuum*) aufgespannt und legen in ihm durch die Einheitsvektoren

$$\mathbf{e}_1 = \boldsymbol{i}; \quad \mathbf{e}_2 = \boldsymbol{j}; \quad \mathbf{e}_3 = \boldsymbol{k}; \quad \mathbf{e}_4, \tag{14.30b}$$

$$\mathbf{e}_\varkappa \cdot \mathbf{e}_\lambda = \mathbf{e}_\lambda \cdot \mathbf{e}_\varkappa = \begin{matrix} 1 \\ 0 \end{matrix} \quad \text{für} \quad \begin{matrix} \lambda = \varkappa \\ \lambda \neq \varkappa \end{matrix} \tag{14.30c}$$

Weltpunkt

vierdimensionaler Ortsvektor

ein vierdimensionales kartesisches Koordinatensystem fest. Die Lage des *Weltpunktes* $P(x_1, x_2, x_3, x_4)$ bezüglich des Koordinatenursprungspunktes O des gewählten Koordinatensystems ist durch den *vierdimensionalen Ortsvektor*

$$\mathbf{s} = x_1\mathbf{e}_1 + x_2\mathbf{e}_2 + x_3\mathbf{e}_3 + x_4\mathbf{e}_4, \tag{14.31}$$

die Lage des Weltpunktes $P'(x_1', x_2', x_2', x_4')$ entsprechend durch

$$\mathbf{s}' = x_1'\mathbf{e}_1 + x_2'\mathbf{e}_2 + x_3'\mathbf{e}_3 + x_4'\mathbf{e}_4 \tag{14.31a}$$

festgelegt. Bildet man mit (14.30c) und (14.30a) die Quadrate dieser beiden Ortsvektoren

$$\mathbf{s}^2 = x_1^2 + x_2^2 + x_3^2 + x_4^2 = x^2 + y^2 + z^2 - c^2t^2, \tag{14.32a}$$

$$\mathbf{s}'^2 = x_1'^2 + x_2'^2 + x_3'^2 + x_4'^2 = x'^2 + y'^2 + z'^2 - c^2t'^2 \tag{14.32b}$$

und beachtet die der Lorentz-Transformation zugrunde liegende Beziehung (14.8), so gilt

$$\mathbf{s}^2 = \mathbf{s}'^2 . \qquad (14.32)$$

Der Betrag des Vierervektors ist gegenüber Lorentz-Transformationen invariant. Im vierdimensionalen Raum-Zeit-Kontinuum ist daher die Lorentz-Transformation als Drehung des Koordinatensystems zu interpretieren. Die Gesetze der relativistischen Physik werden deshalb zweckmäßig durch vierdimensionale Vektorgleichungen beschrieben.

Hermann Minkowski (1864–1909)

Das Koordinatensystem x_1, x_2, x_3, x_4 werde um eine Achse durch den Koordinatenursprungspunkt O orthogonal zur x_1, x_4-Ebene um den Winkel α in das System x_1', x_2', x_3', x_4' gedreht. Man erhält (vgl. Abb. 14.7 und I A. 11)

$$\begin{aligned} x_1' &= x_1 \cos\alpha + x_4 \sin\alpha , \\ x_2' &= x_2, \quad x_3' = x_3 , \\ x_4' &= -x_1 \sin\alpha + x_4 \cos\alpha \end{aligned} \qquad (14.33a)$$

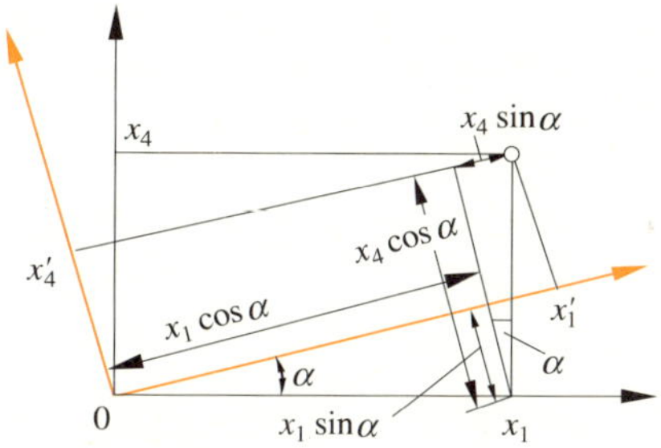

Abb. 14.7
Zur Drehung des Systems x_1, x_2, x_3, x_4 in das System x_1', x_2', x_3', x_4'

oder mit (14.30a)

$$\begin{aligned} x' &= x \cos\alpha + \mathrm{i}ct \sin\alpha , \\ y' &= y, \quad z' = z , \\ \mathrm{i}ct' &= -x \sin\alpha + \mathrm{i}ct \cos\alpha . \end{aligned} \qquad (14.33b)$$

(14.33b) gilt für beliebiges α. Nach (14.9b)

$$x' = \frac{x}{\sqrt{1-\frac{v^2}{c^2}}} - \frac{vt}{\sqrt{1-\frac{v^2}{c^2}}}$$

muß mit $\mathrm{i}^2 = -1$

$$\cos\alpha = \frac{1}{\sqrt{1-\frac{v^2}{c^2}}} ; \quad \sin\alpha = \frac{\frac{\mathrm{i}v}{c}}{\sqrt{1-\frac{v^2}{c^2}}}$$

gewählt werden, damit (14.33b) in die Lorentz-Transformation (14.9b)

$$x' = \frac{x - vt}{\sqrt{1 - \frac{v^2}{c^2}}}; \quad y' = y; \quad z' = z; \quad t' = \frac{t - \frac{vx}{c^2}}{\sqrt{1 - \frac{v^2}{c^2}}}$$

übergeht.

(S 14.19) Lorentz-Transformation als Drehung des Koordinatensystems im vierdimensionalen Raum-Zeit-Kontinuum

Im vierdimensionalen Raum-Zeit-Kontinuum entspricht der Lorentz-Transformation eine Drehung des Koordinatensystems. Dreht man speziell das System x_1, x_2, x_3, x_4 um die durch den Nullpunkt orthogonal zur x_1, x_4-Ebene gehende Achse um den durch die Bedingungen

$$\alpha = \arccos \frac{1}{\sqrt{1 - \frac{v^2}{c^2}}}; \quad \alpha = \arcsin \frac{\frac{\mathrm{i}v}{c}}{\sqrt{1 - \frac{v^2}{c^2}}}$$

festgelegten Winkel α in das System x_1', x_2', x_3', x_4', so entspricht dieser Übergang der speziellen Lorentz-Transformation.

Nach (S 14.19) ist $\cos \alpha > 1$ und α damit ein komplexer Winkel.

Zwei aufeinanderfolgende Drehungen ergeben das relativistische Additionstheorem der Geschwindigkeiten

Ein Beispiel soll (S 14.19) erläutern. Wir denken uns zwei aufeinanderfolgende Drehungen um die Winkel α_1 und α_2 durchgeführt und fragen nach der physikalischen Bedeutung dieser Operation. Da nach $\tan \alpha = \frac{\sin \alpha}{\cos \alpha}$ und (S 14.19)

$$\tan \alpha = \frac{\mathrm{i}v}{c}$$

gilt, folgt für die resultierende Drehung

$$\tan \alpha = \frac{\mathrm{i}v}{c} = \tan(\alpha_1 + \alpha_2) = \frac{\tan \alpha_1 + \tan \alpha_2}{1 - \tan \alpha_1 \tan \alpha_2} = \frac{\frac{\mathrm{i}v_1}{c} + \frac{\mathrm{i}v_2}{c}}{1 + \frac{v_1 v_2}{c^2}}$$

und mit $v = v_x$, $v_1 = v_{x'}'$ und $v_2 = v$ das in (S 14.7) formulierte relativistische Additionstheorem der Geschwindigkeiten

$$v_x = \frac{v_{x'}' + v}{1 + \frac{v_{x'}' v}{c^2}}.$$

Vorstehende geometrische Interpretation der Lorentz-Transformation zeigt, daß die der speziellen Relativitätstheorie angepaßten physikalischen Beziehungen als Vektorgleichungen im vierdimensionalen Raum-Zeit-Kontinuum darstellbar sein müssen.

Zum Unterschied von polaren und axialen Vektoren

Beim Umschreiben der dreidimensionalen Vektorgleichungen auf das vierdimensionale Raum-Zeit-Kontinuum kommt der unterschiedliche Charakter von polaren und axialen Vektoren (vgl. Abschn. I A. 12) zum Tragen. Die axialen Vektoren (z.B. das Vektorprodukt, das Drehmoment, die Winkelgeschwindigkeit, der Rotor) sind eigentlich antisymmetrische Tensoren 2. Stufe (vgl. Abschn. I A. 16). Da auch ein Vektor durch drei Bestimmungsstücke (drei Koordinaten) festgelegt ist, kann dem antisymmetrischen Tensor 2. Stufe eindeutig ein axialer Vektor zugeordnet werden. Die Koordinaten des axialen Vektors genügen dann allerdings nicht mehr den Transformationsbedingungen (I A. 11.9) für Vektorkoordinaten. Dieser Unterschied ist für die mathematische Darstellung der physikalischen Gesetzmäßigkeiten im dreidimensionalen Raum praktisch belanglos, da er nur zu einem verschiedenartigen Verhalten von polaren und axialen Vektoren bei Spiegelungen (Übergang vom rechts- zum linkshändigen Koordinatensystem) führt. In der vierdimensionalen Schreibweise kommt dagegen der Unterschied von polaren und axialen Vektoren voll zur Geltung. Der polare Vektor (z.B. der Ortsvektor) geht in einen Vierervektor über (vgl. (14.31)), d.h., er wird durch vier Koordinaten festgelegt. Ein axialer Vektor (antisymmetrischer Tensor 2. Stufe im dreidimensionalen Raum) muß dagegen zu einem antisymmetrischen Tensor 2. Stufe im Vierdimensionalen erweitert werden. Er besitzt dann sechs statt vier Komponenten, die Zuordnung eines Vierervektors ist nicht möglich.

Die Darstellung der Elektrodynamik und der Mechanik in vierdimensionaler Form erfolgt in den anschließenden Abschnitten.

14.2.3.3.1 Elektrodynamik im vierdimensionalen Raum-Zeit-Kontinuum

Die Überführung der dreidimensionalen Vektorgleichungen der Maxwellschen Theorie in ihre vierdimensionale Form bietet keine prinzipiellen Schwierigkeiten. Nach (S 14.12) sind die Maxwellschen Gleichungen lorentzinvariant, sie müssen sich demnach im Vierdimensionalen darstellen lassen.

14.2.3.3.1.1 Feld- und Erregungstensor

Für die Koordinaten der elektrischen Feldstärke gilt nach (7.13) und (A 10.3)

$$E_x = -\frac{\partial A_x}{\partial t} - \frac{\partial \varphi_s}{\partial x}, \tag{14.34a}$$

$$E_y = -\frac{\partial A_y}{\partial t} - \frac{\partial \varphi_s}{\partial y}, \tag{14.34b}$$

$$E_z = -\frac{\partial A_z}{\partial t} - \frac{\partial \varphi_s}{\partial z}. \tag{14.34c}$$

Um diese Beziehungen im vierdimensionalen Raum-Zeit-Kontinuum darstellen zu können, werden durch

Viererpotential $\boldsymbol{A}$

$$\boldsymbol{A} = A_1 \mathbf{e}_1 + A_2 \mathbf{e}_2 + A_3 \mathbf{e}_3 + A_4 \mathbf{e}_4 \tag{14.35}$$

mit

$$A_1 = A_x; \quad A_2 = A_y; \quad A_3 = A_z; \quad A_4 = \frac{\mathrm{i}}{c}\,\varphi_{\mathrm{s}} \tag{14.35a}$$

und

Viererstromdichte $\boldsymbol{J}$

$$\boldsymbol{J} = J_1 \mathbf{e}_1 + J_2 \mathbf{e}_2 + J_3 \mathbf{e}_3 + J_4 \mathbf{e}_4 \tag{14.36}$$

mit

$$J_1 = J_x; \quad J_2 = J_y; \quad J_3 = J_z; \quad J_4 = \mathrm{i} c \varrho \tag{14.36a}$$

das Vektorpotential A und das skalare Potential φ_{s} zu dem *Viererpotential* $\boldsymbol{A}$ und die Stromdichte $\boldsymbol{J}$ und die elektrische Raumladung ϱ zu der *Viererstromdichte* $\boldsymbol{J}$ zusammengefaßt. Durch die Multiplikation von ϱ mit der lorentzinvarianten Lichtgeschwindigkeit c bzw. durch die Division von φ_{s} durch c wird sichergestellt, daß die Koordinaten der entsprechenden Vierervektoren Größen gleicher Größenart sind.

Begonnen werde mit der Überführung von (14.34a) in die vierdimensionale Form. Durch Einsetzen von (14.30a) und (14.35a) in diese Beziehung erhält man

$$E_x = -\mathrm{i} c \frac{\partial A_1}{\partial x_4} - \frac{c}{\mathrm{i}} \frac{\partial A_4}{\partial x_1} = \mathrm{i} c \left(\frac{\partial A_4}{\partial x_1} - \frac{\partial A_1}{\partial x_4} \right). \tag{14.37a}$$

Entsprechend folgen aus (14.34b) und (14.34c) die Beziehungen

$$E_y = \mathrm{i} c \left(\frac{\partial A_4}{\partial x_2} - \frac{\partial A_2}{\partial x_4} \right), \tag{14.37b}$$

$$E_z = \mathrm{i} c \left(\frac{\partial A_4}{\partial x_3} - \frac{\partial A_3}{\partial x_4} \right). \tag{14.37c}$$

Führt man analog zur Vektordifferentialoperation Rotor im Dreidimensionalen (vgl. Abschn. A.7, insbesondere (A 7.7a) bis (A 7.7c)) als Rotorkomponenten eines vierdimensionalen Vektors

Rotor eines vierdimensionalen Vektors

$$\mathrm{ROT}_{kl} \boldsymbol{A} = \frac{\partial A_l}{\partial x_k} - \frac{\partial A_k}{\partial x_l} \quad (k, l = 1, 2, 3, 4) \tag{14.38}$$

ein, so kann für obige Gleichungen

$$E_x = \mathrm{i} c\, \mathrm{ROT}_{14} \boldsymbol{A}, \tag{14.39a}$$

$$E_y = \mathrm{i} c\, \mathrm{ROT}_{24} \boldsymbol{A}, \tag{14.39b}$$

$$E_z = \mathrm{i} c\, \mathrm{ROT}_{34} \boldsymbol{A} \tag{14.39c}$$

geschrieben werden.

Entsprechend folgt aus $\boldsymbol{B} = \operatorname{rot} \boldsymbol{A}$ (D 6.3)

$$B_x = \mathrm{ROT}_{23}\,\mathbf{A}\,, \tag{14.39d}$$

$$B_y = \mathrm{ROT}_{31}\,\mathbf{A}\,, \tag{14.39e}$$

$$B_z = \mathrm{ROT}_{12}\,\mathbf{A}\,. \tag{14.39f}$$

Wie der Vergleich von (14.38) mit (A 7.7) unter Beachtung der Definition des Viererpotentials $\mathbf{A}$ (vgl. 14.35a)) zeigt, transformieren sich bei Drehung des Koordinatensystems die Größen $\mathrm{ROT}_{kl}\mathbf{A}$ nach derselben Gesetzmäßigkeit wie die Größen $\operatorname{rot}_x \boldsymbol{A}$, $\operatorname{rot}_y \boldsymbol{A}$ und $\operatorname{rot}_z \boldsymbol{A}$, d.h. wie die Komponenten eines Tensors 2. Stufe. In Erweiterung von (I A 16.2) auf den vierdimensionalen Raum können daher

$$T_{kl} = \mathrm{ROT}_{kl}\,\mathbf{A} \tag{14.40a}$$

als Komponenten eines Tensors 2. Stufe im vierdimensionalen Raum

$$\vec{\mathbf{T}} = \begin{pmatrix} T_{11} & T_{12} & T_{13} & T_{14} \\ T_{21} & T_{22} & T_{23} & T_{24} \\ T_{31} & T_{32} & T_{33} & T_{34} \\ T_{41} & T_{42} & T_{43} & T_{44} \end{pmatrix} \tag{14.40}$$

aufgefaßt werden. Nach (14.38) unterliegen sie den Bedingungen

$$T_{kl} = -T_{lk} \quad (l \neq k); \quad T_{kk} = 0\,. \tag{14.40b}$$

$\vec{\mathbf{T}}$ ist analog (I A 16.5a) antisymmetrisch. Im Unterschied zum Dreidimensionalen kann im vierdimensionalen Raum dem antisymmetrischen Tensor kein Vektor zugeordnet werden, denn $\vec{\mathbf{T}}$ besitzt nach (14.40b) im allgemeinen sechs und nicht – wie dazu erforderlich wäre – vier von Null verschiedene Komponenten.

Für das weitere wird eingeführt:

Die Größen

$$E_{kl} = c\,\mathrm{ROT}_{kl}\,\mathbf{A}$$

heißen Komponenten des Feldtensors $\vec{\mathbf{E}}$, die Größen

$$D_{kl} = \frac{1}{\mu_0}\,\mathrm{ROT}_{kl}\,\mathbf{A}$$

Komponenten des Erregungstensors $\vec{\mathbf{D}}$.

(D 14.3)
Komponenten des Feldtensors $\vec{\mathbf{E}}$
Komponenten des Erregungstensors $\vec{\mathbf{D}}$

Mit (D 14.3), (14.39a) bis (14.39f) und $\mathrm{i}^2 = -1$ schreibt sich der Feldtensor

$$\vec{\mathbf{E}} = c\,\mathrm{ROT}\,\mathbf{A} = \begin{pmatrix} 0 & cB_z & -cB_y & -\mathrm{i}E_x \\ -cB_z & 0 & cB_x & -\mathrm{i}E_y \\ cB_y & -cB_x & 0 & -\mathrm{i}E_z \\ \mathrm{i}E_x & \mathrm{i}E_y & \mathrm{i}E_z & 0 \end{pmatrix}, \tag{14.41}$$

mit (D 7.3), (6.8e) und (6.8f) der Erregungstensor

$$\vec{\mathbf{D}} = \frac{1}{\mu_0}\,\mathrm{ROT}\,\boldsymbol{A} = \begin{pmatrix} 0 & H_z & -H_y & -\mathrm{i}cD_x \\ -H_z & 0 & H_x & -\mathrm{i}cD_y \\ H_y & -H_x & 0 & -\mathrm{i}cD_z \\ \mathrm{i}cD_x & \mathrm{i}cD_y & \mathrm{i}cD_z & 0 \end{pmatrix}. \quad (14.42)$$

Erregungs- und Feldtensor sind nach (6.8e) und (6.8f) durch die vierdimensionale Materialgleichung

Materialgleichungen $\boldsymbol{D} = \varepsilon_0 \boldsymbol{E}$ und $\boldsymbol{B} = \mu_0 \boldsymbol{H}$ in vierdimensionaler Form

$$\vec{\mathbf{D}} = \sqrt{\frac{\varepsilon_0}{\mu_0}}\,\vec{\mathbf{E}} \quad (14.43\text{a})$$

miteinander verknüpft, d.h., in der vierdimensionalen Schreibweise der Elektrodynamik tritt (14.43a) an die Stelle der beiden Materialgleichungen $\boldsymbol{D} = \varepsilon_0 \boldsymbol{E}$ und $\boldsymbol{B} = \mu_0 \boldsymbol{H}$.

14.2.3.3.1.2 Maxwellsche Gleichungen in vierdimensionaler Form

2. Maxwellsche Gleichung und Zusatzaxiom $\mathrm{div}\,\boldsymbol{D} = \varrho$ in vierdimensionaler Form

Das Axiomensystem der Elektrodynamik und Optik (vgl. Abschnitt 6.3) soll in seine vierdimensionale Form überführt werden. Wir beginnen mit der 2. Maxwellschen Gleichung (6.9b) $\mathrm{rot}\,\boldsymbol{H} = \dot{\boldsymbol{D}} + \boldsymbol{J}$ oder, in Koordinatenschreibweise,

$$\mathrm{rot}_x \boldsymbol{H} = \frac{\partial D_x}{\partial t} + J_x, \quad (14.44\text{a})$$

$$\mathrm{rot}_y \boldsymbol{H} = \frac{\partial D_y}{\partial t} + J_y, \quad (14.44\text{b})$$

$$\mathrm{rot}_z \boldsymbol{H} = \frac{\partial D_z}{\partial t} + J_z. \quad (14.44\text{c})$$

Mit (A 7.7a), (14.30a) und (14.36a) geht (14.44a) über in

$$\mathrm{rot}_x \boldsymbol{H} = \frac{\partial H_z}{\partial y} - \frac{\partial H_y}{\partial z} = \frac{\partial H_z}{\partial x_2} - \frac{\partial H_y}{\partial x_3} = \mathrm{i}c\,\frac{\partial D_x}{\partial x_4} + J_1.$$

Werden nun nach (D 14.3) und (14.42) die Koordinaten der Feldvektoren $\boldsymbol{H}$ und $\boldsymbol{D}$ durch die entsprechenden Komponenten des Erregungstensors ersetzt, dann kann somit für die erste Koordinate J_1 der Viererstromdichte $\boldsymbol{J}$

$$J_1 = \frac{\partial D_{12}}{\partial x_2} + \frac{\partial D_{13}}{\partial x_3} + \frac{\partial D_{14}}{\partial x_4} \quad (14.45\text{a})$$

geschrieben werden.

Analog folgen aus (14.44b) und (14.44c) die Beziehungen

$$J_2 = \frac{\partial D_{21}}{\partial x_1} + \frac{\partial D_{23}}{\partial x_3} + \frac{\partial D_{24}}{\partial x_4}, \tag{14.45b}$$

$$J_3 = \frac{\partial D_{31}}{\partial x_1} + \frac{\partial D_{32}}{\partial x_2} + \frac{\partial D_{34}}{\partial x_4}. \tag{14.45c}$$

Das Zöusatzaxiom div $\boldsymbol{D} = \varrho$, d. h. mit (A 6.3) ausführlich geschrieben

$$\frac{\partial D_x}{\partial x} + \frac{\partial D_y}{\partial y} + \frac{\partial D_z}{\partial z} = \varrho\,,$$

geht mit (14.30a) und (14.36a) über in

$$\frac{\partial D_x}{\partial x_1} + \frac{\partial D_y}{\partial x_2} + \frac{\partial D_z}{\partial x_3} = \frac{J_4}{\mathrm{i}c}\,.$$

Werden auch hier die Koordinaten des Vektors der elektrischen Erregung durch die entsprechenden Komponenten des Erregungstensors ersetzt (vgl. (14.42) und (D 14.3)), so entspricht im Vierdimensionalen der Beziehung div $\boldsymbol{D} = \varrho$ die Gleichung

$$J_4 = \frac{\partial D_{41}}{\partial x_1} + \frac{\partial D_{42}}{\partial x_2} + \frac{\partial D_{43}}{\partial x_3}. \tag{14.45d}$$

Tensorverjüngung

Durch die Rechenoperation *Tensorverjüngung* (abgekürzt $\mathscr{div}$)

$$\mathscr{div}\,\vec{\mathbf{T}} = \sum_{n=1}^{4} \mathscr{div}_n \vec{\mathbf{T}}\,\mathbf{e}_n = \boldsymbol{B} \tag{14.46}$$

mit

$$\mathscr{div}_n \vec{\mathbf{T}} = \sum_{m=1}^{4} \frac{\partial T_{nm}}{\partial x_m} \quad (m \neq n) \tag{14.46a}$$

ordnen wir im Vierdimensionalen dem Tensor $\vec{\mathbf{T}}$ eindeutig den Vierervektor $\boldsymbol{B}$ zu. Anwendung dieser Operation auf den Erregungstensor $\vec{\mathbf{D}}$ ergibt nach (14.45a) bis (14.45d) und (14.36)

$$\mathscr{div}\,\vec{\mathbf{D}} = \boldsymbol{J}. \tag{14.43b}$$

In dieser Beziehung werden im Vierdimensionalen die Maxwellsche Gleichung rot $\boldsymbol{H} = \dot{\boldsymbol{D}} + \boldsymbol{J}$ und das Zusatzaxiom div $\boldsymbol{D} = \varrho$ zusammengefaßt.

1. Maxwellsche Gleichung und Zusatzaxiom div $\boldsymbol{B} = 0$ in vierdimensionaler Form

Die erste Maxwellsche Gleichung, rot $\boldsymbol{E} = -\dot{\boldsymbol{B}}$, lautet nach (A 7.7a), (A 7.7b) und (A 7.7c) in Koordinatenschreibweise

$$\mathrm{rot}_x \boldsymbol{E} = \frac{\partial E_z}{\partial y} - \frac{\partial E_y}{\partial z} = -\frac{\partial B_x}{\partial t}\,,$$

$$\mathrm{rot}_y \boldsymbol{E} = \frac{\partial E_x}{\partial z} - \frac{\partial E_z}{\partial x} = -\frac{\partial B_y}{\partial t}\,,$$

$$\mathrm{rot}_z \boldsymbol{E} = \frac{\partial E_y}{\partial x} - \frac{\partial E_x}{\partial y} = -\frac{\partial B_z}{\partial t}$$

oder mit (14.30a)

$$\frac{\partial E_z}{\partial x_2} - \frac{\partial E_y}{\partial x_3} = -\mathrm{i}c\,\frac{\partial B_x}{\partial x_4}, \tag{14.47a}$$

$$\frac{\partial E_x}{\partial x_3} - \frac{\partial E_z}{\partial x_1} = -\mathrm{i}c\,\frac{\partial B_y}{\partial x_4}, \tag{14.47b}$$

$$\frac{\partial E_y}{\partial x_1} - \frac{\partial E_x}{\partial x_2} = -\mathrm{i}c\,\frac{\partial B_z}{\partial x_4}. \tag{14.47c}$$

Analog geht das Zusatzaxiom div $\boldsymbol{B}=0$ über in

$$\frac{\partial B_x}{\partial x_1} + \frac{\partial B_y}{\partial x_2} + \frac{\partial B_z}{\partial x_3} = 0. \tag{14.47d}$$

Um auch diese Beziehungen als Tensorverjüngung darstellen zu können, wird der zum Feldtensor $\vec{\mathbf{E}}$ (14.41) *duale Tensor*

zum Feldtensor dualer Tensor

$$\vec{\mathbf{E}}^* = \begin{pmatrix} 0 & -\mathrm{i}E_z & \mathrm{i}E_y & cB_x \\ iE_z & 0 & -\mathrm{i}E_x & cB_y \\ -iE_y & \mathrm{i}E_x & 0 & cB_z \\ -cB_x & -cB_y & -cB_z & 0 \end{pmatrix} \tag{14.48}$$

eingeführt.

Ersetzt man in den Beziehungen (14.47a) bis (14.47d) die Koordinaten der Feldvektoren $\boldsymbol{E}$ und $\boldsymbol{B}$ durch die entsprechenden Komponenten von (14.48), dann gehen sie mit (14.46a) über in

$$\frac{\partial E^*_{12}}{\partial x_2} + \frac{\partial E^*_{13}}{\partial x_3} + \frac{\partial E^*_{14}}{\partial x_4} = \mathcal{div}_1\,\vec{\mathbf{E}}^* = 0,$$

$$\frac{\partial E^*_{21}}{\partial x_1} + \frac{\partial E^*_{23}}{\partial x_3} + \frac{\partial E^*_{24}}{\partial x_4} = \mathcal{div}_2\,\vec{\mathbf{E}}^* = 0,$$

$$\frac{\partial E^*_{31}}{\partial x_1} + \frac{\partial E^*_{32}}{\partial x_2} + \frac{\partial E^*_{34}}{\partial x_4} = \mathcal{div}_3\,\vec{\mathbf{E}}^* = 0,$$

$$\frac{\partial E^*_{41}}{\partial x_1} + \frac{\partial E^*_{42}}{\partial x_2} + \frac{\partial E^*_{43}}{\partial x_3} = \mathcal{div}_4\,\vec{\mathbf{E}}^* = 0,$$

d.h. in

$$\mathcal{div}\,\vec{\mathbf{E}}^* = \boldsymbol{0}. \tag{14.43c}$$

Dieser Beziehung entsprechen im Dreidimensionalen die 1. Maxwellsche Gleichung rot $\boldsymbol{E} = -\dot{\boldsymbol{B}}$ und das Zusatzaxiom div $\boldsymbol{B}=0$. Der Feldtensor (14.41) faßt die elektrische Feldstärke und die magnetische Induktion, der Erregungstensor (14.42) die elektrische Verschiebung und die magnetische Feldstärke zusammen. Es entsprechen einander also – wie schon mehrfach gezeigt – $\boldsymbol{E}$ und $\boldsymbol{B}$ sowie $\boldsymbol{D}$ und $\boldsymbol{H}$.

Die Gleichungen (14.43c), (14.43b) und (14.43a) stellen das Axiomensystem der Elektrodynamik und Optik im vierdimensionalen Raum–Zeit–

Kontinuum dar. In ihrem physikalischen Inhalt entsprechen diese Gleichungen den dreidimensionalen Beziehungen:

Axiomensystem der Elektrodynamik und Optik in vierdimensionaler Form

$$div\ \vec{\mathbf{E}}^* = \mathbf{0} \rightarrow \begin{cases} \mathrm{rot}\, \boldsymbol{E} = -\dot{\boldsymbol{B}} \\ \mathrm{div}\, \boldsymbol{B} = 0 \end{cases}$$

$$div\ \vec{\mathbf{D}}^* = \boldsymbol{J} \rightarrow \begin{cases} \mathrm{rot}\, \boldsymbol{H} = \dot{\boldsymbol{D}} + \boldsymbol{J} \\ \mathrm{div}\, \boldsymbol{D} = \varrho \end{cases}$$

$$\vec{\mathbf{D}} = \sqrt{\frac{\varepsilon_0}{\mu_0}}\, \vec{\mathbf{E}} \rightarrow \begin{cases} \boldsymbol{D} = \varepsilon_0 \boldsymbol{E} \\ \boldsymbol{B} = \mu_0 \boldsymbol{H}. \end{cases}$$

Aus der vierdimensionalen Form des Axiomensystems der Elektrodynamik und Optik kann nach (S 14.19) sofort auf die Lorentz-Invarianz der Maxwellschen Gleichungen (vgl. (S 14.12)) geschlossen werden.

Die in Abschnitt 14.2.3.2.1 gegebenen Transformationsbeziehungen für die elekrischen und magnetischen Feldvektoren lassen sich selbstverständlich auch aus der vierdimensionalen Schreibweise der Elektrodynamik folgern (siehe A. 53).

14.2.3.3.1.3 Vierdimensionale Potentialdarstellungen

Die elektrodynamischen Potentiale genügen im Vakuum nach (7.14a), (7.14b), (7.14c) und (D 7.3) den Differentialgleichungen

$$\nabla^2 \boldsymbol{A} - \frac{1}{c^2}\frac{\partial^2 \boldsymbol{A}}{\partial t^2} = -\mu_0 \boldsymbol{J}, \tag{14.49a}$$

$$\nabla^2 \varphi_s - \frac{1}{c^2}\frac{\partial^2 \varphi_s}{\partial t^2} = -\frac{\varrho}{\varepsilon_0} \tag{14.49b}$$

mit der Nebenbedingung (*Lorenz-Konvention*)

Lorenz-Konvention

$$\mathrm{div}\, \boldsymbol{A} + \frac{1}{c^2}\frac{\partial \varphi_s}{\partial t} = 0. \tag{14.49c}$$

Ludwig Lorenz (1829–1891)

Führt man in Analogie zum dreidimensionalen Nablaoperator (A 10.1) als *vierdimensionalen* Nablaoperator

vierdimensionaler Nablaoperator

$$\vec{\nabla} = \mathbf{e}_1 \frac{\partial}{\partial x_1} + \mathbf{e}_2 \frac{\partial}{\partial x_2} + \mathbf{e}_3 \frac{\partial}{\partial x_3} + \mathbf{e}_4 \frac{\partial}{\partial x_4} \tag{14.50}$$

ein und beachtet, daß für sein Quadrat nach (14.30c) und (14.30a)

$$\vec{\nabla}^2 = \frac{\partial^2}{\partial x_1^2} + \frac{\partial^2}{\partial x_2^2} + \frac{\partial^2}{\partial x_3^2} + \frac{\partial^2}{\partial x_4^2} = \frac{\partial^2}{\partial x^2} + \frac{\partial^2}{\partial y^2} + \frac{\partial^2}{\partial z^2} - \frac{1}{c^2}\frac{\partial^2}{\partial t^2} \tag{14.50a}$$

gilt, so kann für (14.49a) und (14.49b)

$$\vec{\nabla}^2 \boldsymbol{A} = -\mu_0 \boldsymbol{J}, \tag{14.51a}$$

$$\vec{\nabla}^2 \varphi_s = -\frac{\varrho}{\varepsilon_0} \tag{14.51b}$$

geschrieben werden. Faßt man entsprechend (14.35) das Vektorpotential A und das skalare Potential φ_s zum Viererpotential $\mathbf{A}$ und entsprechend (14.36) die Stromdichte J und die elektrische Raumladung ϱ zur Viererstromdichte $\mathbf{J}$ zusammen, so lassen sich (14.51a) und (14.51b) vereinigen zu

$$\vec{\nabla}^2 \mathbf{A} = -\mu_0 \mathbf{J} . \tag{14.51}$$

Divergenz eines Vierervektors

Wird analog zur dreidimensionalen Divergenz (vgl. (A 10.4) und (A 6.3)) die *Divergenz eines Vierervektors* durch

$$\mathrm{DIV}\, \mathbf{A} = \vec{\nabla} \cdot \mathbf{A} = \frac{\partial A_1}{\partial x_1} + \frac{\partial A_2}{\partial x_2} + \frac{\partial A_3}{\partial x_3} + \frac{\partial A_4}{\partial x_4} \tag{14.52}$$

definiert, so schreibt sich die Lorenz-Konvention (14.49c)

$$\mathrm{DIV}\, \mathbf{A} = 0 . \tag{14.51c}$$

Wendet man die Vektordifferentialoperation Div (14.52) auf die Viererstromdichte $\mathbf{J}$ an, so folgt mit (14.43b) und (14.46a)

vierdimensionale Form der Kontinuitätsgleichung

$$\mathrm{DIV}\, \mathbf{J} = \mathrm{DIV}\, \mathit{div}\, \vec{\mathbf{D}} = \sum_{n=1}^{4} \sum_{\substack{m=1 \\ (m \neq n)}}^{4} \frac{\partial D_{nm}}{\partial x_m} = 0 , \tag{14.53}$$

da für die Komponenten des Erregungstensors $\vec{\mathbf{D}}$ entsprechend (14.40b) $D_{nm} = -D_{mn}$ gilt. (14.53) ist die vierdimensionale Form der Kontinuitätsgleichung (2.1), wie man sofort durch Einsetzen von $\mathbf{J}$ in (14.53) erkennt.

In vierdimensionaler und dreidimensionaler Schreibweise entsprechen nach den Ergebnissen dieses Abschnittes und nach (14.41) die folgenden Beziehungen dem gleichen physikalischen Sachverhalt:

vierdimensionale Darstellung der elektrodynamischen Potentiale

$$\vec{\mathbf{E}} = c\, \mathrm{ROT}\, \mathbf{A} \rightarrow \begin{cases} \boldsymbol{E} = -\dfrac{\partial \boldsymbol{A}}{\partial t} - \operatorname{grad} \varphi_s , \\ \boldsymbol{B} = \operatorname{rot} \boldsymbol{A} , \end{cases}$$

$$\vec{\nabla}^2 \mathbf{A} = -\mu_0 \mathbf{J} \rightarrow \begin{cases} \nabla^2 \boldsymbol{A} - \dfrac{1}{c^2} \dfrac{\partial^2 \boldsymbol{A}}{\partial t^2} = -\mu_0 \boldsymbol{J} , \\ \nabla^2 \varphi_s - \dfrac{1}{c^2} \dfrac{\partial^2 \varphi_s}{\partial t^2} = -\dfrac{\varrho}{\varepsilon_0} , \end{cases}$$

$$\mathrm{DIV}\, \mathbf{A} = 0 \quad \rightarrow \quad \operatorname{div} \boldsymbol{A} + \frac{1}{c^2} \frac{\partial \varphi_s}{\partial t} = 0 ,$$

$$\mathrm{DIV}\, \mathbf{J} = 0 \quad \rightarrow \quad \operatorname{div} \boldsymbol{J} + \frac{\partial \varrho}{\partial t} = 0 .$$

14.2.3.3.2 Mechanik im vierdimensionalen Raum–Zeit–Kontinuum

Der vierdimensionale Ortsvektor (14.31) legt die Lage des Weltpunktes $P(x_1, x_2, x_3, x_4)$ mit Bezug auf den Koordinatenursprungspunkt O des vierdimensionalen Koordinatensystems im Raum–Zeit–Kontinuum fest. Bewegt sich der Massenpunkt, so verändert sich die Lage des zugehörigen Weltpunktes. Die Spitze von $\mathbf{s}$ beschreibt im x_1, x_2, x_3, x_4-Koordinatensystem eine „Kurve". Sie wird als *Weltlinie* des Massenpunktes bezeichnet. So ist z. B. die Weltlinie des ruhenden Massenpunktes eine Parallele zur x_4-Achse.

Weltlinie

Wir betrachten die beiden infinitesimal benachbarten Weltpunkte $P_1(x_1, x_2, x_3, x_4)$ und $P_2(x_1 + \mathrm{d}x_1, x_2 + \mathrm{d}x_2, x_3 + \mathrm{d}x_3, x_4 + \mathrm{d}x_4)$. Nach (14.31) ist

$$\mathrm{d}\mathbf{s} = \mathrm{d}x_1\, \mathbf{e}_1 + \mathrm{d}x_2\, \mathbf{e}_2 + \mathrm{d}x_3\, \mathbf{e}_3 + \mathrm{d}x_4\, \mathbf{e}_4 \tag{14.54a}$$

der von P_1 nach P_2 weisende Vektor und damit

$$|\mathrm{d}\mathbf{s}| = \sqrt{\mathrm{d}x_1^2 + \mathrm{d}x_2^2 + \mathrm{d}x_3^2 + \mathrm{d}x_4^2} \tag{14.54}$$

der Abstand beider Weltpunkte. $|\mathrm{d}\mathbf{s}|$ heißt *Weltlinienelement.*

Weltlinienelement

Das Weltlinienelement $|\mathrm{d}\mathbf{s}|$ ist nach (14.32) gegenüber Lorentz-Transformationen invariant. Demnach muß sich aus ihm durch Division mit einer lorentzinvarianten Geschwindigkeit ein lorentzinvariantes Zeitelement $\mathrm{d}\tau$ entwickeln lassen. Hierzu bietet sich nach (S 14.3) die zur Vakuumlichtgeschwindigkeit c proportionale Geschwindigkeit Cc (C Proportionalitätskonstante) an:

$$\mathrm{d}\tau^2 = \frac{|\mathrm{d}\mathbf{s}|^2}{C^2 c^2} = \frac{\mathrm{d}x_1^2 + \mathrm{d}x_2^2 + \mathrm{d}x_3^2 + \mathrm{d}x_4^2}{C^2 c^2}$$

oder mit (14.30a), $\dfrac{\mathrm{d}x}{\mathrm{d}t} = v_x$, (A 3.6) und $\mathrm{i}^2 = -1$

$$\mathrm{d}\tau^2 = \frac{\mathrm{d}t^2}{C^2}\left(\frac{\left(\frac{\mathrm{d}x}{\mathrm{d}t}\right)^2 + \left(\frac{\mathrm{d}y}{\mathrm{d}t}\right)^2 + \left(\frac{\mathrm{d}z}{\mathrm{d}t}\right)^2}{c^2} - 1\right) = \frac{\mathrm{d}t^2}{C^2}\left(\frac{v^2}{c^2} - 1\right). \tag{14.55}$$

Die relativistische Mechanik kann für kleine Geschwindigkeiten ($v \ll c$) durch die nichtrelativistische angenähert werden (vgl. Abschnitt 14.2.3.2.2). Soll mit $\mathrm{d}\tau$ eine lorentzinvariante Schreibweise der Mechanik aufgebaut werden, so muß demnach $\mathrm{d}\tau$ für $v \to 0$ in $\mathrm{d}t$ übergehen. Diese Bedingung legt die Proportionalitätskonstante in (14.55) zu $C^2 = -1$ oder nach (A 1.1a) zu $C = \mathrm{i}$ fest. Damit wird als *Minkowski-Eigenzeit*

$$\mathrm{d}\tau = \frac{|\mathrm{d}\mathbf{s}|}{\mathrm{i}c} = \sqrt{1 - \frac{v^2}{c^2}}\, \mathrm{d}t$$

definiert. Mit ihr werden weiter in Analogie zu $\boldsymbol{v}=\frac{\mathrm{d}\boldsymbol{s}}{\mathrm{d}t}$ die Vierergeschwindigkeit $\mathbf{v}=\frac{\mathrm{d}\mathbf{s}}{\mathrm{d}t}$ und mit der Ruhmasse m_0 analog zu $\boldsymbol{p}=m_0\boldsymbol{v}$ der Viererimpuls $\mathbf{p}=m_0\mathbf{v}$ eingeführt.

(D 14.4)
Weltlinienelement $|\mathrm{d}\mathbf{s}|$
Minkowski-Eigenzeit $\mathrm{d}\tau$
Vierergeschwindigkeit $\mathbf{v}$
Viererimpuls $\mathbf{p}$

Im vierdimensionalen Raum–Zeit–Kontinuum heißen

$$|\mathrm{d}\mathbf{s}|=\sqrt{\mathrm{d}x_1^2+\mathrm{d}x_2^2+\mathrm{d}x_3^2+\mathrm{d}x_4^2}$$

Weltlinienelement,

$$\mathrm{d}\tau=\frac{|\mathrm{d}\mathbf{s}|}{\mathrm{i}c}=\sqrt{1-\frac{v^2}{c^2}}\,\mathrm{d}t$$

Minkowski-Eigenzeit,

$$\mathbf{v}=\frac{\mathrm{d}\mathbf{s}}{\mathrm{d}\tau}$$

Vierergeschwindigkeit und

$$\mathbf{p}=m_0\mathbf{v}$$

Viererimpuls.

Die im 1. Newtonschen Axiom $\boldsymbol{F}=\frac{\mathrm{d}\boldsymbol{p}}{\mathrm{d}t}$ (I S 3.5) formulierte Erfahrung wird durch

$$\mathbf{F}=\frac{\mathrm{d}\mathbf{p}}{\mathrm{d}\tau} \tag{14.56}$$

Vierer-Kraft (Minkowski-Kraft)

ins Vierdimensionale übertragen. $\mathbf{F}$ heißt *Vierer-* oder Minkowski-Kraft.

Wie unten gezeigt wird, enthalten die ersten drei Komponenten der Viererkraft den im Dreidimensionalen durch (14.23) formulierten Zusammenhang zwischen Kraft und Impuls. Die Zweckmäßigkeit des Ansatzes (14.56) wird damit bestätigt.

Wie hängen die Vierervektoren $\mathbf{v}$, $\mathbf{p}$ und $\mathbf{F}$ mit den im Dreidimensionalen definierten Größen Geschwindigkeit $\boldsymbol{v}$, Impuls $\boldsymbol{p}$ und Kraft $\boldsymbol{F}$ zusammen?

Zur Beantwortung dieser Fragestellung wird zunächst mit (D 14.4.), (14.31), (14.30a) und $\boldsymbol{v}=\frac{\mathrm{d}\boldsymbol{s}}{\mathrm{d}t}$ die Komponentenzerlegung der Vierergeschwindigkeit durchgeführt:

$$\begin{aligned}\mathbf{v}&=v_1\mathbf{e}_1+v_2\mathbf{e}_2+v_3\mathbf{e}_3+v_4\mathbf{e}_4\\&=\frac{\mathrm{d}x_1}{\mathrm{d}\tau}\mathbf{e}_1+\frac{\mathrm{d}x_2}{\mathrm{d}\tau}\mathbf{e}_2+\frac{\mathrm{d}x_3}{\mathrm{d}\tau}\mathbf{e}_3+\frac{\mathrm{d}x_4}{\mathrm{d}\tau}\mathbf{e}_4\end{aligned}$$

$$= \frac{1}{\sqrt{1-\frac{v^2}{c^2}}} \left[\frac{dx_1}{dt} \mathbf{e}_1 + \frac{dx_2}{dt} \mathbf{e}_2 + \frac{dx_3}{dt} \mathbf{e}_3 + \frac{dx_4}{dt} \mathbf{e}_4 \right]$$

$$= \frac{1}{\sqrt{1-\frac{v^2}{c^2}}} [v_x \mathbf{e}_1 + v_y \mathbf{e}_2 + v_z \mathbf{e}_3 + ic\mathbf{e}_4], \qquad (14.57)$$

woraus man für den Zusammenhang der ersten drei Koordinaten der Vierergeschwindigkeit mit den Koordinaten der Geschwindigkeit

$$v_x = v_1 \sqrt{1-\frac{v^2}{c^2}}\,; \quad v_y = v_2 \sqrt{1-\frac{v^2}{c^2}}\,; \quad v_z = v_3 \sqrt{1-\frac{v^2}{c^2}} \qquad (14.57\text{a})$$

erhält.

Analog folgt mit (D 14.4) für den Viererimpuls

$$\mathbf{p} = m_0 \mathbf{v} = \frac{1}{\sqrt{1-\frac{v^2}{c^2}}} (p_x \mathbf{e}_1 + p_y \mathbf{e}_2 + p_z \mathbf{e}_3 + \mathrm{i} m_0 c \mathbf{e}_4) \qquad (14.58)$$

mit

$$p_x = p_1 \sqrt{1-\frac{v^2}{c^2}}\,; \quad p_y = p_2 \sqrt{1-\frac{v^2}{c^2}}\,; \quad p_z = p_3 \sqrt{1-\frac{v^2}{c^2}}\,, \qquad (14.58\text{a})$$

und damit nach (D 14.4), (14.56) und (14.23) für die Viererkraft

$$\mathbf{F} = F_1 \mathbf{e}_1 + F_2 \mathbf{e}_2 + F_3 \mathbf{e}_3 + F_4 \mathbf{e}_4$$

$$= \frac{1}{\sqrt{1-\frac{v^2}{c^2}}} \left(\frac{dp_1}{dt} \mathbf{e}_1 + \frac{dp_2}{dt} \mathbf{e}_2 + \frac{dp_3}{dt} \mathbf{e}_3 + \frac{dp_4}{dt} \mathbf{e}_4 \right)$$

$$= \frac{1}{\sqrt{1-\frac{v^2}{c^2}}} \left(\frac{d}{dt} \frac{p_x}{\sqrt{1-\frac{v^2}{c^2}}} \mathbf{e}_1 + \frac{d}{dt} \frac{p_y}{\sqrt{1-\frac{v^2}{c^2}}} \mathbf{e}_2 \right.$$

$$\left. + \frac{d}{dt} \frac{p_z}{\sqrt{1-\frac{v^2}{c^2}}} \mathbf{e}_3 + \frac{d}{dt} \frac{\mathrm{i} m_0 c}{\sqrt{1-\frac{v^2}{c^2}}} \mathbf{e}_4 \right)$$

$$= \frac{1}{\sqrt{1-\frac{v^2}{c^2}}} \left(F_x \mathbf{e}_1 + F_y \mathbf{e}_2 + F_z \mathbf{e}_3 + \frac{d}{dt} \frac{\mathrm{i} m_0 c}{\sqrt{1-\frac{v^2}{c^2}}} \mathbf{e}_4 \right) \qquad (14.59)$$

mit

$$F_x = F_1 \sqrt{1-\frac{v^2}{c^2}}\,; \quad F_y = F_2 \sqrt{1-\frac{v^2}{c^2}}\,; \quad F_z = F_3 \sqrt{1-\frac{v^2}{c^2}}\,. \tag{14.59a}$$

Das Quadrat der Vierergeschwindigkeit ist nach (D 14.4) konstant:

$$\boldsymbol{v}^2 = \left(\frac{\mathrm{d}\boldsymbol{s}}{\mathrm{d}\tau}\right)^2 = -c^2, \tag{14.60a}$$

damit nach (A 2.8)

$$\frac{\mathrm{d}}{\mathrm{d}\tau}(m_0 \boldsymbol{v}^2) = 2m_0 \frac{\mathrm{d}\boldsymbol{v}}{\mathrm{d}\tau} \cdot \boldsymbol{v} = 0,$$

d.h. mit (14.56)

$$\boldsymbol{F} \cdot \boldsymbol{v} = 0. \tag{14.60}$$

Vierergeschwindigkeit und Viererkraft sind zueinander orthogonal

Viererkraft und Vierergeschwindigkeit sind zueinander stets orthogonal. Setzt man in (14.60) für die Viererkraft $\boldsymbol{F}$ den Ausdruck (14.59) und für die Vierergeschwindigkeit $\boldsymbol{v}$ den Ausdruck (14.57) unter Berücksichtigung von (14.30c) ein, so ergibt sich in Übereinstimmung mit (14.26b)

vierdimensionale Formulierung des relativistischen Kraftgesetzes und des Masse-Energie-Äquivalenzprinzips

$$\boldsymbol{F} \cdot \boldsymbol{v} = \frac{\boldsymbol{F} \cdot \mathbf{v}}{1-\frac{v^2}{c^2}} - \frac{1}{\left(1-\frac{v^2}{c^2}\right)} \frac{\mathrm{d}}{\mathrm{d}t} \frac{m_0 c^2}{\sqrt{1-\frac{v^2}{c^2}}} = 0$$

oder

$$\boldsymbol{F} \cdot \mathbf{v} = \frac{\mathrm{d}}{\mathrm{d}t} \frac{m_0 c^2}{\sqrt{1-\frac{v^2}{c^2}}}\,.$$

Vorstehende vierdimensionale Formulierung der Mechanik enthält das relativistische Kraftgesetz der Mechanik (S 14.15) und das Masse-Energie-Äquivalenzprinzip (S 14.16). Sie ist damit die zur im dreidimensionalen Raumkontinuum formulierten relativistischen Mechanik physikalisch gleichwertige Darstellung im vierdimensionalen Raum-Zeitkontinuum.

14.3 Gegeneinander beschleunigte Bezugssysteme

Die bisherigen Überlegungen zur relativistischen Physik setzen voraus, daß sich die betrachteten Bezugssysteme gleichförmig gegeneinander bewegen. In diesem Abschnitt hingegen werden Probleme besprochen, die sich aus der gegeneinander beschleunigten Bewegung der Bezugssysteme ergeben.

14.3.1 Trägheitskräfte

Das Bezugssystem ${}^a\Sigma$ bewege sich beschleunigt gegenüber dem Inertialsystem Σ. In Σ wirke auf den Massenpunkt m die Kraft $\boldsymbol{F}$. Welche Kraft ${}^a\boldsymbol{F}$ mißt dann ein Beobachter im beschleunigten System ${}^a\Sigma$?

Aus Abbildung 14.8 liest man in Analogie zu Abbildung 14.1a und zu (14.1)

$$\boldsymbol{s}(t) = \boldsymbol{s}_a(t) + \boldsymbol{s}_r(t) \tag{14.61a}$$

ab, wobei $\boldsymbol{s}_r(t)$ der Ortsvektor vom Ursprungspunkt O des Systems Σ zum Ursprungspunkt ${}^aO$ des Systems ${}^a\Sigma$ ist. Zunächst wird für beide Systeme die Gleichheit der Zeitkoordinaten und damit die Gültigkeit der Galilei-Transformation angenommen (vgl. (14.1c)). Diese Annahme setzt $v \ll c$ voraus (vgl. Abschn. 14.2.3.1). Davon wird im Abschnitt 14.3.1 im weiteren ausgegangen, weshalb innerhalb dieses Abschnittes auch die Masse m stets als Ruhmasse aufgefaßt werden muß.

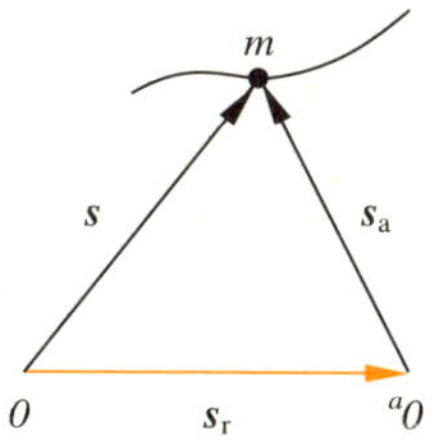

Abb. 14.8
Der Koordinatenursprungspunkt ${}^aO$ von ${}^a\Sigma$ bewegt sich beschleunigt gegenüber $O\left(\frac{\mathrm{d}^2\boldsymbol{s}_r}{\mathrm{d}t^2} = \boldsymbol{a}_r \neq \boldsymbol{0}\right)$

Da nach (A 3.11) und (A 2.4)

$$\frac{\mathrm{d}\boldsymbol{s}}{\mathrm{d}t} = \frac{\mathrm{d}\boldsymbol{s}_a}{\mathrm{d}t} + \frac{\mathrm{d}\boldsymbol{s}_r}{\mathrm{d}t} \quad \text{und} \quad \frac{\mathrm{d}^2\boldsymbol{s}}{\mathrm{d}t^2} = \frac{\mathrm{d}^2\boldsymbol{s}_a}{\mathrm{d}t^2} + \frac{\mathrm{d}^2\boldsymbol{s}_r}{\mathrm{d}t^2}$$

gilt, besteht nach $\boldsymbol{a} = \frac{\mathrm{d}\boldsymbol{v}}{\mathrm{d}t} = \frac{\mathrm{d}^2\boldsymbol{s}}{\mathrm{d}t^2}$ und $\boldsymbol{F} = m\boldsymbol{a}$ zwischen $\boldsymbol{F}$ und ${}^a\boldsymbol{F}$ der Zusammenhang

$$m\boldsymbol{a} = m\boldsymbol{a}_a + m\boldsymbol{a}_r \tag{14.61}$$

oder

$$\boldsymbol{F} = {}^a\boldsymbol{F} + m\boldsymbol{a}_r.$$

Wirkt im Inertialsystem Σ auf den Massenpunkt m die Kraft $\boldsymbol{F}$, so mißt ein Beobachter im gegenüber Σ mit $\boldsymbol{a}_r$ beschleunigten System ${}^a\Sigma$ die Kraft

$${}^a\boldsymbol{F} = \boldsymbol{F} + {}^{\mathrm{Tr}}\boldsymbol{F}$$

mit

$${}^{\mathrm{Tr}}\boldsymbol{F} = -m\boldsymbol{a}_r,$$

solange $v \ll c$ angenommen werden kann.

(S 14.20)
Kraftgesetz in einem beschleunigten System für $v \ll c$

Zur Unterscheidung der Kräfte $\boldsymbol{F}$ und ${}^{\mathrm{Tr}}\boldsymbol{F}$ wird festgelegt:

(D 14.5)
Trägheitskraft ${}^{\mathrm{Tr}}\boldsymbol{F}$

Die in beschleunigten Bezugssystemen zusätzlich zur Kraft $\boldsymbol{F}=\frac{\mathrm{d}}{\mathrm{d}t}\boldsymbol{p}$ auftretenden Kräfte ${}^{\mathrm{Tr}}\boldsymbol{F}$ heißen Trägheitskräfte.

Durch Messung der Trägheitskräfte ist feststellbar, ob sich ein System in bezug auf ein Inertialsystem beschleunigt bewegt oder nicht. In den Abschnitten 14.3.1.1 und 14.3.1.2 werden hierzu einige Beispiele gegeben.

Zum Unterschied zwischen d'Alembert-Kraft und Trägheitskraft

Formelmäßig stimmen Trägheitskraft und die zur Formulierung des d'Alembertschen Prinzips (I S 3.10) eingeführte d'Alembert-Kraft überein. Physikalisch unterscheiden sich beide Kräfte dagegen grundsätzlich. Während das d'Alembertsche Prinzip dazu dient, in einem Inertialsystem durch Einführung der *fiktiven* d'Alembert-Kraft ein dynamisches Problem auf ein Gleichgewichtsproblem zurückzuführen, tritt eine Trägheitskraft als *meßbare* Kraft in beschleunigten Bezugssystemen auf.

14.3.1.1 Einige spezielle Trägheitskräfte

Wägung im Fahrstuhl

Ein Beobachter stehe im Fahrstuhl auf einer Waage. Ruht er relativ zur Erde bzw. bewegt sich der Fahrstuhl unbeschleunigt, so registriert er nach (I 3.21) die Kraft (das Gewicht)

$$\boldsymbol{F}=\boldsymbol{G}=m\boldsymbol{g}.$$

Bewegt sich dagegen der Fahrstuhl beschleunigt, dann mißt er statt dessen nach (S 14.20)

$${}^{a}\boldsymbol{F}=\boldsymbol{G}+{}^{\mathrm{Tr}}\boldsymbol{F}=m(\boldsymbol{g}-\boldsymbol{a}_{\mathrm{r}})=m(g\mp a_{\mathrm{r}})\boldsymbol{g}^{0}. \tag{14.62a}$$

Das Minuszeichen gilt für $\boldsymbol{a}_{\mathrm{r}}^{0}=\boldsymbol{g}^{0}$, wenn also der Fahrstuhl zum Erdmittelpunkt hin beschleunigt wird.

Trägheitskraft beim Beschleunigen von Fahrzeugen

Der Beobachter bewege sich in einem Fahrzeug unbeschleunigt parallel zur Erdoberfläche. Wird das Fahrzeug abgebremst, so wirkt auf ihn eine zur Bremskraft entgegengesetzte Trägheitskraft, er fällt nach vorn. Beim Anfahren bemerkt er den umgekehrten Effekt. Diese Erfahrung bestätigt auch folgendes Experiment: Ein Holzquader stehe mit seiner kleinsten Fläche auf einem Wagen. Beim Anfahren bzw. Abbremsen des Wagens kippt er um, falls die Angriffslinie der Resultierenden aus Schwer- und Trägheitskraft nicht mehr durch die Standfläche des Quaders geht (siehe Abb. 14.9). Wird der ruhende Wagen gegenüber der Horizontalen genügend stark geneigt, kippt der Quader ebenfalls um. Bewegt sich der Wagen dagegen beschleunigt auf einer zur Horizontalen geneigten Bahn, so bleibt der Quader bei entsprechender Wahl der Beschleunigung stehen (siehe Abb. 14.10).

resultierende Kraft beim Schaukeln

Die Existenz von derartigen Trägheitskräften kann auch mit einer Schaukel demonstriert werden. Die Resultierende aus Schwer- und Trägheitskraft steht immer senkrecht zum Schaukelbrett (vgl. Abb. 14.11). Stellt man ein mit Wasser gefülltes U-Rohr auf die Schaukel, so steht das

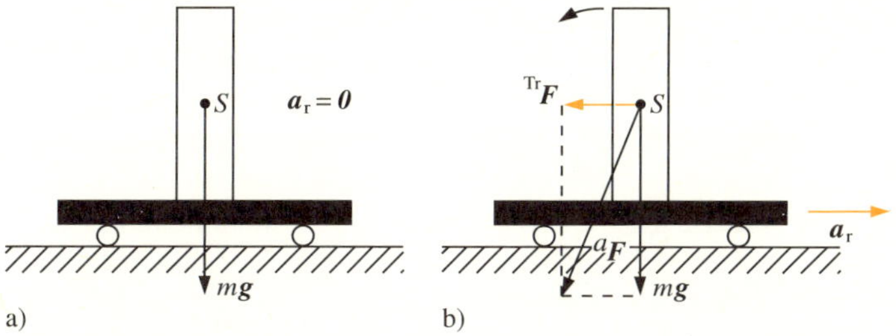

Abb. 14.9
a) Unbeschleunigter Wagen. Die Angriffslinie der Kraft geht durch die Standfläche des Holzklotzes. Er befindet sich im Gleichgewicht.
b) Beschleunigter Wagen. Bei genügend großer Beschleunigung geht die Angriffslinie der Resultierenden $^{a}\boldsymbol{F}$ aus Trägheits- und Schwerkraft nicht mehr durch die Standfläche. Der Klotz kippt entgegengesetzt zu $\boldsymbol{a}_r$ um

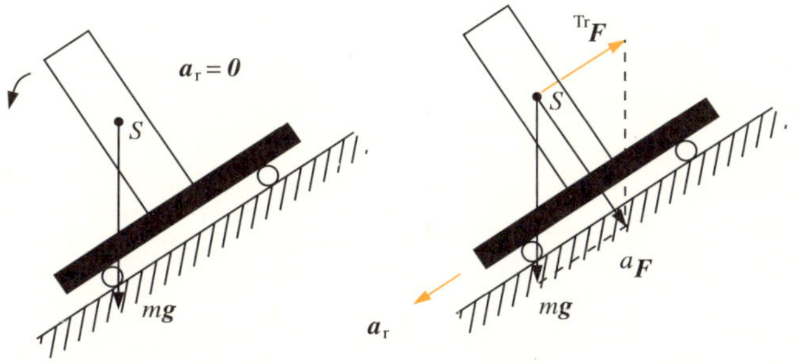

Abb. 14.10
a) Unbeschleunigter, zur Horizontalen geneigter Wagen. Die Angriffslinie der Schwerkraft geht nicht durch die Standfläche. Der Klotz kippt um.
b) Beschleunigter Wagen auf einer zur Horizontalen geneigten Bahn. Bei geeigneter Beschleunigung geht die Angriffslinie der Resultierenden $^{a}\boldsymbol{F}$ aus Schwer- und Trägheitskraft durch die Standfläche. Der Klotz befindet sich im Gleichgewicht

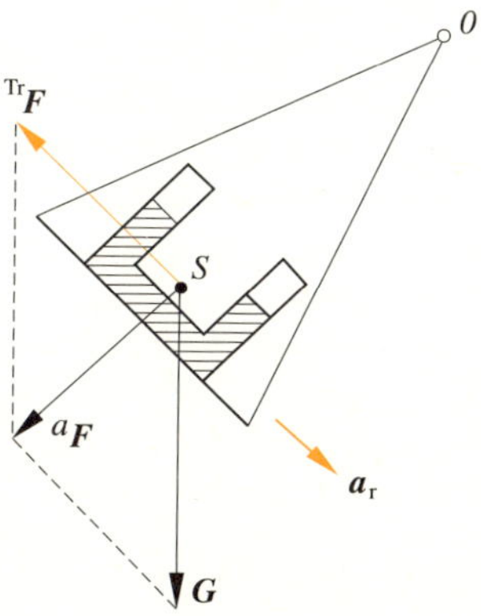

Abb. 14.11 Resultierende Kraft $^{a}\boldsymbol{F}$ beim Schaukeln

Wasser daher in beiden Schenkeln gleich hoch und parallel zum Schaukelbrett, da Flüssigkeitsoberflächen stets senkrecht zur resultierenden Kraft gerichtet sind (vgl. (I S 6.2)).

Ein Fahrzeug bewege sich mit $v = \text{const}$ auf einer Kreisbahn. Da sich die Richtung der Geschwindigkeit dauernd verändert, unterliegt der mitfahrende Beobachter in seinem System Trägheitskräften. Ruht der Beobachter im Fahrzeug, so bewegt er sich nach (S 14.20) mit der Normalbeschleunigung $\boldsymbol{a}_\text{n} = r\omega^2 \boldsymbol{n}^0 = \boldsymbol{a}_\text{r}$ (r Krümmungsradius, vgl. (I S 3.4)), und nach (I 3.15) wirkt damit auf ihn die Trägheitskraft (vgl. auch den folgenden Abschnitt)

$$^{\text{Tr}}\boldsymbol{F} = -mr\omega^2 \boldsymbol{n}^0 = {}^{\text{Z}}\boldsymbol{F}. \tag{14.62b}$$

Zentrifugalkraft

Die auftretende Trägheitskraft wird – wie schon in Abschnitt I 3.6 angeführt – als Zentrifugalkraft $^{\text{Z}}\boldsymbol{F}$ bezeichnet.

Schwerelosigkeit in einem Erdsatelliten

Ein Satellit bewege sich auf einer stationären Kreisbahn um die Erde. Für den Beobachter auf der Erde zwingt die Schwerkraft den Satelliten auf diese Bahn. Der Astronaut im fest mit dem Satelliten verbundenen System registriert zusätzlich die Zentrifugalkraft als Trägheitskraft. Da sich beim vorausgesetzten stationären Umlauf beide Kräfte das Gleichgewicht halten, gilt im System des Astronauten $^{a}\boldsymbol{F} = \boldsymbol{0}$. Er befindet sich im Zustand der Schwerelosigkeit und kann „oben“ und „unten“ nicht unterscheiden.

14.3.1.2 Die Erde als rotierendes System

Die Bewegung eines Massenpunktes werde einmal von einem im Fixsternhimmel ruhenden Inertialsystem Σ, das andere Mal von einem mit der rotierenden Erde fest verbundenen System $^{a}\Sigma$ betrachtet. Die Entfernung der Ursprungspunkte beider Systeme denken wir uns sehr groß gegenüber dem Erdbahndurchmesser, so daß trotz des Erdumlaufes um die Sonne der von O zu ^{a}O weisende Vektor $\boldsymbol{s}_0$ als konstant angesehen werden kann. Analog zu (14.61a) gilt dann

$$\boldsymbol{s}(t) = \boldsymbol{s}_\text{E}(t) + \boldsymbol{s}_0$$

oder mit (A 3.3)

$$\boldsymbol{s}(t) = x_\text{E}\boldsymbol{i}_\text{E} + y_\text{E}\boldsymbol{j}_\text{E} + z_\text{E}\boldsymbol{k}_\text{E} + \boldsymbol{s}_0. \tag{14.63a}$$

Bei der zeitlichen Differentiation von (14.63a) ist zu beachten, daß das mit der Erde verbundene System $^{a}\Sigma$ mit der Winkelgeschwindigkeit $\boldsymbol{\omega}_\text{E}$ gegenüber dem Fixsternhimmel rotiert, die Einheitsvektoren $\boldsymbol{i}_\text{E}$, $\boldsymbol{j}_\text{E}$ und $\boldsymbol{k}_\text{E}$ somit ebenfalls Funktionen der Zeit sind. Dann folgt (siehe A. 54):

$$\frac{\mathrm{d}^2\boldsymbol{s}}{\mathrm{d}t^2} = \frac{\mathrm{d}^2\boldsymbol{s}_\text{E}}{\mathrm{d}t^2} + 2\boldsymbol{\omega}_\text{E} \times \boldsymbol{v}_\text{E} + (\boldsymbol{\omega}_\text{E} \times (\boldsymbol{\omega}_\text{E} \times \boldsymbol{s}_\text{E})). \tag{14.63}$$

$\boldsymbol{v}_\text{E}$ bedeutet die Geschwindigkeit des Massenpunktes in bezug auf das Erdsystem $^{a}\Sigma$ (vgl. A 54.4a):

$$\boldsymbol{v}_\text{E} = \frac{\mathrm{d}x_\text{E}}{\mathrm{d}t}\boldsymbol{i}_\text{E} + \frac{\mathrm{d}y_\text{E}}{\mathrm{d}t}\boldsymbol{j}_\text{E} + \frac{\mathrm{d}z_\text{E}}{\mathrm{d}t}\boldsymbol{k}_\text{E}. \tag{14.63b}$$

Der mitrotierende Beobachter mißt nach (S 14.20) und $\boldsymbol{F}=m\boldsymbol{a}=m\frac{\mathrm{d}^2\boldsymbol{s}}{\mathrm{d}t^2}$ die Kraft

$$^{\mathrm{E}}\boldsymbol{F}=\boldsymbol{F}-2m\boldsymbol{\omega}_{\mathrm{E}}\times\boldsymbol{v}_{\mathrm{E}}-m\boldsymbol{\omega}_{\mathrm{E}}\times(\boldsymbol{\omega}_{\mathrm{E}}\times\boldsymbol{s}_{\mathrm{E}}). \tag{14.63c}$$

Der Massenpunkt ruhe im Erdsystem ($\boldsymbol{v}_{\mathrm{E}}=\boldsymbol{0}$). Sein Abstand von der Rotationsachse der Erde (Nord – Süd-Richtung) sei r. Ist $\boldsymbol{n}^0$ die Richtung des Lotes vom Massenpunkt auf $\boldsymbol{\omega}_{\mathrm{E}}$, so gilt mit der Konstanten C (vgl. Abb. 14.12)

$$\boldsymbol{s}_{\mathrm{E}}=C\boldsymbol{\omega}_{\mathrm{E}}-r\boldsymbol{n}^0$$

und somit nach (A 3.15), (A 3.12), (A 3.5a) und (14.62b)

$$\begin{aligned}-m\boldsymbol{\omega}_{\mathrm{E}}\times(\boldsymbol{\omega}_{\mathrm{E}}\times\boldsymbol{s}_{\mathrm{E}})&=-m(\boldsymbol{\omega}_{\mathrm{E}}\cdot\boldsymbol{s}_{\mathrm{E}})\boldsymbol{\omega}_{\mathrm{E}}+m\omega_{\mathrm{E}}^2\boldsymbol{s}_{\mathrm{E}}\\&=-m(\boldsymbol{\omega}_{\mathrm{E}}\cdot(C\boldsymbol{\omega}_{\mathrm{E}}-r\boldsymbol{n}^0))\boldsymbol{\omega}_{\mathrm{E}}+m\omega_{\mathrm{E}}^2(C\boldsymbol{\omega}_{\mathrm{E}}-r\boldsymbol{n}^0)\\&=-mC\omega_{\mathrm{E}}^2\boldsymbol{\omega}_{\mathrm{E}}+mr(\boldsymbol{\omega}_{\mathrm{E}}\cdot\boldsymbol{n}^0)\boldsymbol{\omega}_{\mathrm{E}}+mC\omega_{\mathrm{E}}^2\boldsymbol{\omega}_{\mathrm{E}}-mr\omega_{\mathrm{E}}^2\boldsymbol{n}^0\\&=-mr\omega_{\mathrm{E}}^2\boldsymbol{n}^0={}^{\mathrm{Z}}\boldsymbol{F}.\end{aligned}$$

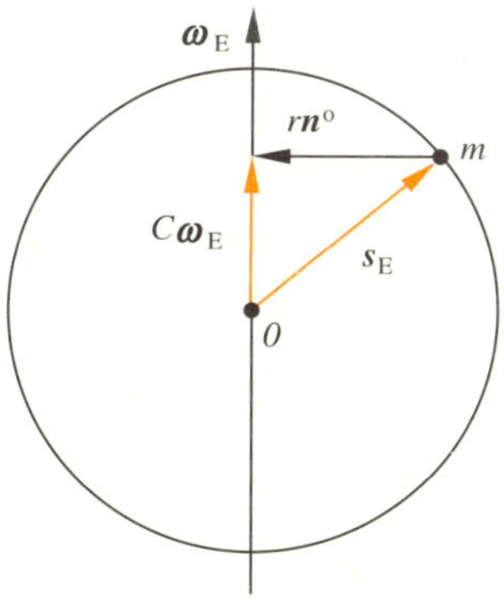

Abb. 14.12 Zur Zentrifugalkraft im Erdsystem

Der im Erdsystem ruhende Massenpunkt unterliegt der Zentrifugalkraft als Trägheitskraft.

Zentrifugalkraft als Trägheitskraft

Bewegt sich der Massenpunkt im Erdsystem mit der Geschwindigkeit $\boldsymbol{v}_{\mathrm{E}}$, so wirkt auf ihn nach (14.63c) zusätzlich als weitere Trägheitskraft die *Coriolis-Kraft* (vgl. (A 3.8))

Coriolis-Kraft

$$^{\mathrm{C}}\boldsymbol{F}=2m\boldsymbol{v}_{\mathrm{E}}\times\boldsymbol{\omega}_{\mathrm{E}}.$$

(S 14.21) Kraftgesetz in einem rotierenden Bezugssystem

Ein rotierendes Koordinatensystem, z.B. das Erdsystem, ist kein Inertialsystem. Bestimmt ein Beobachter in einem Inertialsystem die auf einen Massenpunkt m wirkende Kraft zu $\boldsymbol{F}$, dann mißt der Beobachter im rotierenden System die Kraft

$$^{\mathrm{R}}\boldsymbol{F}=\boldsymbol{F}+{}^{\mathrm{Z}}\boldsymbol{F}+{}^{\mathrm{C}}\boldsymbol{F}$$

GASPARD GUSTAVE DE CORIOLIS (1792–1843)

mit

$$^{Z}\boldsymbol{F} = -m\boldsymbol{\omega} \times (\boldsymbol{\omega} \times \boldsymbol{s}) = -mr\omega^2 \boldsymbol{n}^0$$

(Zentrifugalkraft) und

$$^{C}\boldsymbol{F} = 2m\boldsymbol{v} \times \boldsymbol{\omega}$$

(Coriolis-Kraft)

($\boldsymbol{\omega}$ Winkelgeschwindigkeit des rotierenden Systems, $\boldsymbol{s}$ Ortsvektor und $\boldsymbol{v}$ Geschwindigkeit des Massenpunktes im rotierenden System, r kürzeste Entfernung des Massenpunktes von der Rotationsachse).

Im Erdsystem gilt im allgemeinen $^{Z}F \ll F$ und $^{C}F \ll F$. Coriolis- und Zentrifugalkraft sind deshalb vernachlässigbar, und das mit der Erde fest verbundene Koordinatensystem kann in Näherung als Inertialsystem angesehen werden. Es gibt aber auch Effekte, die nur mit Hilfe der Trägheitskräfte $^{Z}\boldsymbol{F}$ und $^{C}\boldsymbol{F}$ deutbar sind. Zwei von ihnen werden in den folgenden Abschnitten behandelt.

14.3.1.2.1 Zum Einfluß der Erdrotation auf die Erdbeschleunigung

Ein Massenpunkt ruhe auf der Erdoberfläche an einem Ort der geografischen Breite ϑ. Auf ihn wirkt nach (S 14.21) außer der Schwerkraft noch die Zentrifugalkraft. Wie Abbildung 14.13 zeigt, wird die Schwerkraft $\boldsymbol{F} = m\boldsymbol{g}$ nur von der Vertikalkomponente der Zentrifugalkraft

$$^{Z}F_{\mathrm{v}} = m\omega_{\mathrm{E}}^2 r_{\mathrm{E}} \cos^2 \vartheta$$

beeinflußt. Der Beobachter auf der Erde ermittelt als Gewicht

$$G_\vartheta = mg - m\omega_{\mathrm{E}}^2 \cos^2 \vartheta = mg_\vartheta \qquad (14.64)$$

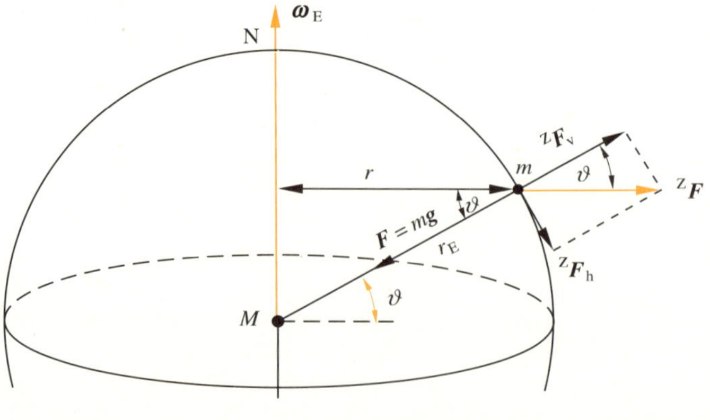

Abb. 14.13
Zur Abhängigkeit der Erdbeschleunigung von der geografischen Breite

mit

$$g_\vartheta = g_{90^\circ} - \omega_E^2 r_E \cos^2\vartheta$$

oder, da $\omega_E = \frac{2\pi}{24}\,\mathrm{h}^{-1}$; $r_E = 6{,}378$ Mm,

$$g_\vartheta = g_{90^\circ} - 3{,}4 \cdot 10^{-2} \cos^2\vartheta \,\mathrm{ms}^{-2}. \qquad (14.64\mathrm{a})$$

Erdbeschleunigung am Ort der geografischen Breite ϑ

Die Erdbeschleunigung ist an den Polen ($\vartheta = 90°$) am größten, am Äquator am geringsten. Vom Experiment wird diese theoretische Folgerung bestätigt.

14.3.1.2.2 Foucaultsches Pendel

Am Ort der geografischen Breite ϑ schwinge ein Pendel. Denken wir uns ein so kleines Zeitintervall Δt, daß während dieser Zeit v als konstant angesehen werden kann, dann beträgt der vom Pendelkörper in der Zeit Δt zurückgelegte Weg

$$\Delta s = v \Delta t. \qquad (14.65\mathrm{a})$$

Nach (S 14.21) greift am Pendelkörper senkrecht zur Bewegungsrichtung die Coriolis-Kraft

$$^{\mathrm{C}}F = 2 m v \omega_\vartheta = 2 m v \omega_E \sin\vartheta \qquad (14.65\mathrm{b})$$

an. Da im betrachteten Zeitintervall $v = \mathrm{const}$ ist, gilt dies nach (14.65b) auch für die Coriolis-Beschleunigung $^{\mathrm{C}}a = {}^{\mathrm{C}}F/m$. Das Pendel erfährt in der Zeit Δt nach $\Delta s_\perp = \frac{a}{2}(\Delta t)^2$ für $a = \mathrm{const}$ (vgl. (I 3.14b)) die zusätzliche Auslenkung

$$\Delta s_\perp = v \omega_E \sin\vartheta (\Delta t)^2 \qquad (14.65\mathrm{c})$$

ein schwingendes Pendel erfährt auf der Erde als Folge der Coriolis-Kraft eine Ablenkung senkrecht zur Schwingungsrichtung

senkrecht zur ursprünglichen Bewegungsrichtung. Sie verdreht in der Zeit Δt die Schwingungsrichtung des Pendels um den Winkel (s. Abb. 14.14)

$$\Delta\varphi = \frac{\Delta s_\perp}{\Delta s} = \omega_E \sin\vartheta \,\Delta t. \qquad (14.65\mathrm{d})$$

Entsprechend $\omega = \mathrm{d}\varphi/\mathrm{d}t$ registriert der Beobachter eine Drehung der Schwingungsebene des Pendels mit der Winkelgeschwindigkeit

$$\omega = \omega_E \sin\vartheta \qquad (14.65)$$

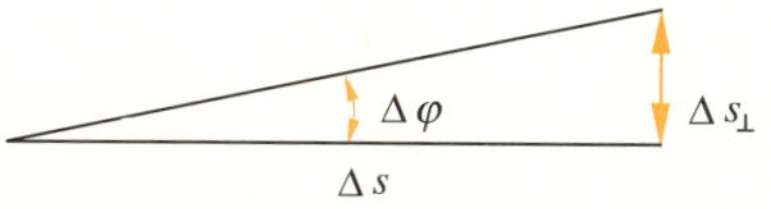

Abb. 14.14 Zum Foucaultschen Pendelversuch

bzw. wegen $\omega_E = \frac{2\pi}{24} h^{-1}$ mit der Periodendauer

$$T = \frac{2\pi}{\omega} = \frac{2\pi}{\omega_E \sin\vartheta} = \frac{24}{\sin\vartheta} h. \tag{14.65e}$$

An den Polen dreht sich die Pendelebene in 24 h um sich selbst ($T = 24$ h). Am Äquator ist dagegen $T = \infty$, eine Drehung der Pendelebene ist nicht beobachtbar. Dies ist auch sofort verständlich, denn am Äquator ist nach (14.65b) ${}^C\boldsymbol{F} = \boldsymbol{0}$, eine Drehung der Schwingungsebene des Pendels als Folge der Coriolis-Kraft ist nicht möglich. Für Potsdam ($\vartheta = 52{,}41°$) beträgt $T \approx 30$ h.

Foucaultscher Pendelversuch

Mit Hilfe eines Pendels von 67 m Länge und von 28 kg Masse des Pendelkörpers gelang es 1850 erstmalig FOUCAULT, diese Drehung der Pendelebene nachzuweisen und damit die Eigendrehung der Erde durch ein mechanisches Experiment zu belegen.

Ein im Fixsternhimmel (Inertialsystem) ruhender Experimentator beobachtet nur die auf das Pendel wirkende Schwerkraft, Trägheitskräfte sind ihm unbekannt. Für ihn bleibt daher die Schwingungsebene des Pendels erhalten, während sich die Erde unter dem Pendel mit der Winkelgeschwindigkeit (14.65) wegdreht. Je nach dem Bezugssystem des Beobachters ist also die Interpretation des Foucaultschen Pendelexperimentes verschieden.

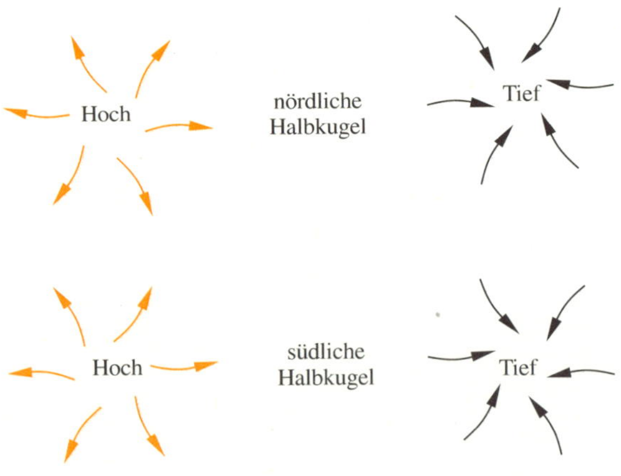

Abb. 14.15
Linksdrehende und rechtsdrehende Zyklone als Folge der Coriolis-Kraft

Als Folge der Coriolis-Kraft erfährt die auf der nördlichen Halbkugel in ein Tiefdruckgebiet einströmende Luft eine Rechtsablenkung. Man beobachtet eine linksdrehende Zyklone (vgl. Abb. 14.15). Auf der südlichen Halbkugel findet man wegen ${}^C\boldsymbol{F} \sim \boldsymbol{v} \times \boldsymbol{\omega}_E$ den umgekehrten Richtungssinn.

14.3.2 Grundgedanken der allgemeinen Relativitätstheorie

14.3.2.1 Einsteinsches Äquivalenzprinzip

Die spezielle Relativitätstheorie beschreibt die physikalischen Gesetzmäßigkeiten in zueinander unbeschleunigten Systemen. Sie besagt, daß durch physikalische Messungen sowohl der Beobachter in Σ als auch der in Σ' nur die Relativbewegung beider Systeme feststellen kann, daß aber keine Aussagen der Form möglich sind, Σ ruhe und Σ' bewege sich gegenüber diesem System mit konstanter Geschwindigkeit oder umgekehrt. Die Formulierung der Naturgesetze im System Σ ist ihrer Formulierung in Σ' völlig gleichwertig. Stillschweigende Voraussetzung hierzu war, daß nur physikalische Größen in Betracht gezogen werden, die dem jeweiligen System angehören. Gravitationskräfte waren daher aus den Überlegungen ausgeschlossen.

Einstein erweiterte 1915 in seiner allgemeinen Relativitätstheorie die Gesetzmäßigkeiten der speziellen Relativitätstheorie durch Zulassen beschleunigter Bezugssysteme und erfaßte so die Erscheinungen der Gravitation mit. Die Grundgedanken dieser Theorie einschließlich einiger Folgerungen sollen kurz skizziert werden.

Zur Wesensgleichheit von Trägheit und Gravitation

Ausgangspunkt der Überlegungen Einsteins ist die in (I S 3.12) formulierte experimentelle Erkenntnis der Proportionalität von träger und schwerer Masse, d.h. die Wesensgleichheit von Trägheit und Gravitation. Wir knüpfen nochmals an die Wahrnehmungen eines Beobachters an, der in einem sich bewegenden Fahrstuhl auf einer Waage steht. Nach (14.62a) registriert er das Gewicht

$$^{a}\boldsymbol{G} = m(g \mp a_{\mathrm{r}})\boldsymbol{g}^{0}.$$

Bewegt er sich unbeschleunigt ($a_{\mathrm{r}} = 0$), so mißt er das gleiche Gewicht $\boldsymbol{G} = m_0\boldsymbol{g}$ wie im ruhenden Zustand. Das entspricht der Aussage der speziellen Relativitätstheorie. In beiden Systemen findet man die gleichen mechanischen Gesetze. Wird der Fahrstuhl dagegen gleichmäßig in Richtung Erdmittelpunkt beschleunigt, so ist für $a_{\mathrm{r}} < g$ auch $^{a}G < G$. Fällt der Fahrstuhl frei im Erdfeld $\boldsymbol{a}_{\mathrm{r}} = a_{\mathrm{r}}\boldsymbol{g}^{0} = \boldsymbol{g}$, dann ist $^{a}\boldsymbol{G} = \boldsymbol{0}$. Durch diese gleichmäßig beschleunigte Bewegung ist die Wirkung der Gravitation aufgehoben, der frei fallende Beobachter registriert in seinem System einen von Gravitationsfeldern freien Raum. Er ist genau wie der Astronaut in einem um die Erde kreisenden Satelliten schwerelos. Ein homogenes Gravitationsfeld läßt sich durch ein geeignetes gleichmäßig beschleunigtes Bezugssystem beseitigen. Man sagt auch kurz: Ein homogenes Gravitationsfeld kann wegtransformiert werden. Auch die umgekehrte Aussage trifft zu: Durch eine gleichförmige Beschleunigung läßt sich ein homogenes Gravitationsfeld schaffen. Einstein beschrieb dazu ein entsprechendes Gedankenexperiment wie folgt (Einstein, A.: Über die spezielle und allgemeine Relativitätstheorie, Berlin 1969):

„Wir denken uns ein geräumiges Stück leeren Weltraumes, so weit weg von Sternen und erheblichen Massen, daß wir mit hinreichender Genauigkeit den Fall vor uns haben, der im Galileischen Grundgesetz vorgesehen ist. Es ist dann möglich, für diesen Teil der Welt einen Galileischen Bezugskörper zu wählen, relativ zu welchem ruhende Punkte ruhend bleiben, bewegte dauernd in geradlinig gleichförmiger Bewegung verharren. Als Bezugskörper denken wir uns einen geräumigen Kasten von der Gestalt eines Zimmers; darin befinde sich ein mit Apparaten ausgestatteter Beobachter. Für diesen gibt es natürlich keine Schwere. Er muß sich mit Schnüren am Boden befestigen, wenn er nicht beim leisesten Stoß gegen den Boden langsam gegen die Decke des Zimmers entschweben will.

In der Mitte der Kastendecke sei außen ein Haken mit Seil befestigt und an diesem fange nun ein Wesen von uns gleichgültiger Art mit konstanter Kraft zu ziehen an. Dann beginnt der Kasten samt dem Beobachter in gleichförmig beschleunigtem Fluge nach ‚oben' zu fliegen. Seine Geschwindigkeit wird im Laufe der Zeit ins Phantastische zunehmen – falls wir all dies beurteilen von einem anderen Bezugskörper aus, an dem nicht mit einem Stricke gezogen wird.

Wie beurteilt aber der Mann im Kasten den Vorgang? Die Beschleunigung des Kastens wird vom Boden desselben durch Gegendruck auf ihn übertragen. Er muß also diesen Druck mittels seiner Beine aufnehmen, wenn er nicht seiner ganzen Länge nach den Boden berühren will. Er steht dann im Kasten genau wie einer in einem Zimmer eines Hauses auf unserer Erde steht. Läßt er einen Körper los, den er vorher in der Hand hatte, so wird auf diesen die Beschleunigung des Kastens nicht mehr übertragen; der Körper wird sich daher in beschleunigter Relativbewegung dem Boden des Kastens nähern. Der Beobachter wird sich ferner überzeugen, *daß die Beschleunigung des Körpers gegen den Boden immer gleich groß ist, mit was für einem Körper er auch den Versuch ausführen mag.*

Der Mann im Kasten wird also, gestützt auf seine Kenntnisse vom Schwerefelde, zu dem Ergebnis kommen, daß er samt dem Kasten sich in einem zeitlich konstanten Schwerefeld befinde. Er wird allerdings einen Augenblick verwundert sein darüber, daß der Kasten in diesem Schwerefelde nicht falle. Da entdeckt er aber den Haken in der Mitte der Decke und das an demselben befestigte gespannte Seil, und er kommt folgerichtig zu dem Ergebnis, daß der Kasten in dem Schwerefeld ruhend aufgehängt sei."

Dieses Einsteinsche Gedankenexperiment ist heute in einer etwas abgewandelten Form bei jedem Satellitenstart nachprüfbar. Der Astronaut registriert entsprechend (14.62a) vor dem Start ein Gewicht $\boldsymbol{G} = m\boldsymbol{g}$. Wird er beim Startvorgang zum Beispiel mit $\boldsymbol{a}_r = -5\boldsymbol{g}$ beschleunigt, so mißt er (ein homogenes Schwerkraftfeld vorausgesetzt) ein Gewicht von ${}^a\boldsymbol{G} = 6\,m\boldsymbol{g}$. Wüßte er nichts vom Startvorgang, dann würde er diese Erfahrung so interpretieren, daß er sich in einem homogenen Schwerefeld der Erdbeschleunigung $6\boldsymbol{g}$ befände. Überprüft er diese Hypothese experimentell, zum Beispiel, indem er durch Fallversuche in seinem Raumschiff die Größe der Erdbeschleunigung bestimmt, so würden die experimentellen Befunde ihr nicht widersprechen. Wüßte er demgegenüber nichts vom Schwerefeld der Erde, dann würde er die auf ihn wirkende Kraft als Trägheitskraft interpretieren, bedingt durch die Beschleunigung seines Systems mit $\boldsymbol{a} = -6\boldsymbol{g}$ gegenüber dem Fixsternhimmel. Beide Interpretationen sind gleichwertig. Der Astronaut kann durch ein physikalisches Experiment in seinem Raumschiff nicht entscheiden, ob die zusätzliche Kraft durch eine Beschleunigung seines Raumschiffes oder durch ein Anwachsen der Gravitation bedingt ist.

Vorstehende Überlegungen führen zum *Einsteinschen Äquivalenzprinzip*:

Einsteinsches Äquivalenzprinzip

(S 14.22) Axiom der allgemeinen Relativitätstheorie

> Die Beschreibung physikalischer Erscheinungen in Gravitationsfeldern ist der Beschreibung in beschleunigten Bezugssystemen gleichwertig. Alle gegeneinander beschleunigten Bezugssysteme sind zur Beschreibung des Naturgeschehens gleichberechtigt.
> (Axiom der allgemeinen Relativitätstheorie)

Trägheit und Gravitation sind vollkommen äquivalente Erscheinungen.

14.3.2.2 Versagen der euklidischen Geometrie

Ein physikalischer Vorgang werde im Inertialsystem x_1, x_2, x_3, x_4 betrachtet. Das Quadrat des Weltlinienelementes (vgl. (14.54))

$$\mathrm{d}\mathbf{s}^2 = \mathrm{d}x_1^2 + \mathrm{d}x_2^2 + \mathrm{d}x_3^2 + \mathrm{d}x_4^2 \tag{14.54a}$$

bleibt nach (14.32) beim Übergang zu einem anderen Inertialsystem invariant. Wie transformiert sich $\mathrm{d}\mathbf{s}^2$ beim Übergang zum beschleunigten System ${}^a x_1, {}^a x_2, {}^a x_3, {}^a x_4$? Da $x_1 = x_1({}^a x_1, {}^a x_2, {}^a x_3, {}^a x_4)$, gilt nach (A 2.22)

$$\mathrm{d}x_1 = \frac{\partial x_1}{\partial^a x_1}\mathrm{d}^a x_1 + \frac{\partial x_1}{\partial^a x_2}\mathrm{d}^a x_2 + \frac{\partial x_1}{\partial^a x_3}\mathrm{d}^a x_3 + \frac{\partial x_1}{\partial^a x_4}\mathrm{d}^a x_4 .$$

Wird $\mathrm{d}x_1$ quadriert und zusammen mit den analog herzuleitenden Ausdrücken $\mathrm{d}x_2^2$, $\mathrm{d}x_3^2$ und $\mathrm{d}x_4^2$ in (14.54a) eingesetzt, so gewinnt man im beschleunigten System für das Quadrat des Weltlinienelementes

BERNHARD RIEMANN (1826–1866)

$$\mathrm{d}\mathbf{s}^2 = \sum_{i=1}^{4}\sum_{k=1}^{4} g_{ik}\,\mathrm{d}^a x_i\,\mathrm{d}^a x_k \tag{14.66}$$

mit

$$g_{ik} = \sum_{n=1}^{4} \frac{\partial x_n}{\partial^a x_i}\cdot\frac{\partial x_n}{\partial^a x_k} = g_{ki} . \tag{14.66a}$$

(14.66) ist die Darstellung von $\mathrm{d}\mathbf{s}^2$ in einem vierdimensionalen gekrümmten Raum (*Riemannscher Raum*). Dieser Raum ist nur dann euklidisch, wenn

Riemannscher Raum

$$g_{ik} = \begin{cases} 1 & \text{für } i = k \\ 0 & \text{für } i \neq k \end{cases} \tag{14.67}$$

gilt. Durch Vergleich mit (14.54a) erweist sich diese Bedingung als gleichwertig mit der Forderung, daß beide Systeme sich unbeschleunigt gegeneinander bewegen, d.h., daß die Gesetze der speziellen Relativitätstheorie gelten. Diese Theorie setzt aber das Fehlen von Gravitationsfeldern voraus (vgl. Abschnitt 14.3.2.1). Die zehn Größen g_{ik} beschreiben demnach die

Einsteinsche Gravitationspotentiale

Eigenschaft der Gravitation (*Einsteinsche Gravitationspotentiale*). Da nach (14.66) die g_{ik} die Krümmung des Raumes festlegen, diese Größen selbst aber durch die Gravitation festgelegt sind, bestimmt die Gravitation und damit die Massenverteilung die Krümmung des Raumes. In einer hinreichend kleinen Umgebung des betrachteten Raumpunktes kann stets der riemannsche Raum durch einen euklidischen Tangentialraum angenähert werden.

Zur Nichteuklidizität eines von einem System ${}^a\Sigma$ aus vermessenen Raumes werde ein Beispiel betrachtet:

Beispiel für die Nichteuklidizität eines Raumes

Im Inertialsystem Σ ruhe eine Kreisscheibe. Ihren Mittelpunkt wählen wir als Ursprungspunkt eines kartesischen Koordinatensystems, dessen z-Achse wir senkrecht zur Kreisscheibe orientieren. Der Beobachter in Σ mißt als Durchmesser der Scheibe $d = 2R$, als Umfang $U = 2R\pi$ und damit

$$\frac{U}{2R} = \pi .$$

Für ihn ist der Raum euklidisch. Die Vermessung des Durchmessers bietet keine Schwierigkeiten. Die Ausmessung des Kreisumfanges wird auf eine Längenmessung zurückgeführt, indem ein Maßstab beliebig kleiner Länge $\mathrm{d}l$ tangential zum Kreis angelegt und ausgezählt wird, wieviel Mal ein derartiges Anlegen des Maßstabes erfolgen muß, um zum Ausgangspunkt der Messung zurückzukehren.

Derselbe Meßvorgang werde anschließend von einem um die z-Achse rotierenden System ${}^a\Sigma$ aus beobachtet. Die Winkelgeschwindigkeit betrage ω. Wir denken uns das Anlegen des Meßstabes jeweils in so kurzer Zeit ausgeführt, daß während des Meßvorganges die Rotation in jedem Punkt der Kreisscheibe angenähert als gleichförmige Translationsbewegung angesehen werden kann. Es wird also die gleiche Voraussetzung wie beim Michelsonschen Experiment zugrunde gelegt, denn auch bei diesem kann während des Meßvorganges die Erdbahngeschwindigkeit sowohl betrags- als auch richtungsmäßig als konstant angesehen werden (vgl. Abschnitt 14.2.2). Damit sind die Gesetze der speziellen Relativitätstheorie anwendbar. Da bei der Rotation um die z-Achse in der y,x-Ebene keine Strecke ausgezeichnet ist, bestimmt der Beobachter in ${}^a\Sigma$ den auszumessenden Körper ebenfalls als Kreisscheibe. $\boldsymbol{v}$ steht stets senkrecht auf dem Radius. In der Richtung von R kann deshalb nach (S 14.6) keine Längenkontraktion auftreten, es wird der gleiche Radius wie im System Σ ermittelt:

$$R' = R . \tag{14.68a}$$

Bei der Messung des Umfanges U' der Scheibe ist jedoch der Maßstab in Bewegungsrichtung orientiert, die Länge des Maßstabes unterliegt demnach der Längenkontraktion. Nach (S 14.6) folgt mit $v = R\omega$ (I 3.3)

$$\Delta l' = \Delta l \sqrt{1 - \frac{v^2}{c^2}} = \Delta l \sqrt{1 - \frac{R^2\omega^2}{c^2}} . \tag{14.68b}$$

Legt bei der Umfangsbestimmung der Beobachter in Σ den Maßstab n-mal an, so muß das der Beobachter in Σ' wegen der Verkürzung des Maßstabes

n'-mal tun, wobei

$$n' = \frac{n}{\sqrt{1 - \frac{R^2\omega^2}{c^2}}}$$

ist. Er ermittelt mit (14.68a) als Umfang

$$U' = \frac{U}{\sqrt{1 - \frac{R^2\omega^2}{c^2}}} = \frac{2\pi R}{\sqrt{1 - \frac{R^2\omega^2}{c^2}}} = \frac{2\pi\ R'}{\sqrt{1 - \frac{R^2\omega^2}{c^2}}}. \tag{14.68c}$$

Im Widerspruch zur euklidischen Geometrie mißt er demzufolge

$$\frac{U'}{2R'} = \frac{\pi}{\sqrt{1 - \frac{R^2\omega^2}{c^2}}} > \pi. \tag{14.68}$$

14.3.2.3 Einige experimentell überprüfbare Folgerungen aus der allgemeinen Relativitätstheorie

Die Folgerungen aus der allgemeinen Relativitätstheorie sind der experimentellen Überprüfung schwer zugänglich. Bis etwa 1960 war die Überprüfbarkeit ausschließlich auf den astrophysikalischen Nachweis der Gravitationsrotverschiebung, auf die Vermessung der Lichtablenkung im Gravitationsfeld der Sonne und auf den astronomischen Nachweis der Periheldrehung der sonnennächsten Planeten beschränkt. Erst danach wurden durch neuartige Methoden (Radio- und Röntgenastronomie, Mößbauer-Effekt, Messungen des Abstandes und der Richtung von Planeten, Satelliten und vom Erdmond mittels Radarwellen und Laserstrahlen) weitere Möglichkeiten eröffnet. Einige der die allgemeine Relativitätstheorie bestätigenden Effekte sollen im Folgenden kurz besprochen werden.

14.3.2.3.1 Gravitationsrotverschiebung, Schwarze Löcher

Die Masse m_1 falle frei im Gravitationsfeld (vgl. Abschnitt I 3.7.4) der Masse m. Am Anfangspunkt ihrer Bewegung (in unendlich großer Entfernung von m, $r = \infty$) besitze sie die Geschwindigkeit $v_\infty = 0$. Für ihre Geschwindigkeit in der Entfernung r von m folgt mit dem Gravitationsgesetz $\boldsymbol{F} = -\gamma \frac{m_1 m}{r^2} \boldsymbol{r}^0$ (I S 3.13), $W_\mathrm{A} = \int \boldsymbol{F} \cdot \mathrm{d}\boldsymbol{s} = \Delta W_\mathrm{k}$ (vgl. (I D 3.14) und (I S 3.17)), (A 3.5) und (A 2.30)

$$\int\limits_\infty^r \boldsymbol{F} \cdot \mathrm{d}\boldsymbol{s} = -\gamma \int\limits_\infty^r \frac{m_1 m}{r^2} \boldsymbol{r}^0 \cdot \mathrm{d}\boldsymbol{r} = \gamma \frac{m_1 m}{r} = \frac{m_1}{2} v^2$$

oder

$$v=\sqrt{\frac{2\gamma m}{r}}. \tag{14.69}$$

Wie im vorstehenden Abschnitt werde wieder eine so kurze Meßzeit vorausgesetzt, daß v während der Messung als konstant angesehen werden kann. Mißt der ruhende Beobachter (der Beobachter in $r=\infty$) das Zeitintervall Δt, dann bestimmt der mit m_1 mitbewegte Beobachter in der Entfernung r als Folge der Zeitdilatation (S 14.5) das Zeitintervall

$$\Delta t'=\frac{\Delta t}{\sqrt{1-\frac{v^2}{c^2}}}$$

oder nach (14.69)

$$\Delta t'=\frac{\Delta t}{\sqrt{1-\frac{2\varphi}{c^2}}}, \tag{14.70a}$$

Gravitationspotential

wobei φ das *Gravitationspotential*

$$\varphi=\frac{\gamma m}{r} \tag{14.70b}$$

bedeutet.

Da für die praktischen Probleme stets $\frac{2\varphi}{c^2}\ll 1$ gilt, kann die Näherungsformel $\frac{1}{\sqrt{1+x}}\approx 1-\frac{1}{2}x$ ($|x|\ll 1$) Anwendung finden:

$$\Delta t'=\Delta t\left(1+\frac{\varphi}{c^2}\right).$$

(S 14.23)
Abhängigkeit der Zeit vom Gravitationspotential

Mißt ein Beobachter am Ort mit dem Gravitationspotential $\varphi=0$ das Zeitintervall Δt, dann bestimmt ein Beobachter am Ort mit dem Gravitationspotential $\varphi=\frac{\gamma m}{r}$ das Zeitintervall

$$\Delta t'=\Delta t\left(1+\frac{\varphi}{c^2}\right).$$

Der Gang einer Uhr erfolgt um so langsamer, je größer das Gravitationspotential am Ort der Uhr ist.

Die Maßeinheit der Zeit ist durch eine Frequenz festgelegt, die dem Übergang zwischen zwei bestimmten Energieniveaus des Cäsiumatoms entspricht (siehe (I D 2.1)). Nach (S 14.23) und $T = \nu^{-1}$ ist diese Frequenz um so kleiner und die zugehörige Wellenlänge $\lambda = c/\nu$ um so mehr zum roten Spektralbereich verschoben, je größer das Gravitationspotential am betrachteten Ort ist.

(S 14.24) Gravitationsrotverschiebung

Entspricht dem Übergang zwischen zwei bestimmten Energieniveaus eines Atoms am Ort des Gravitationspotentials $\varphi = 0$ eine elektromagnetische Welle der Frequenz ν, so strahlt dieses Atom unter gleichen Bedingungen am Ort mit $\varphi \neq 0$ mit der kleineren Frequenz

$$\nu' = \frac{\nu}{1 + \frac{\varphi}{c^2}}$$

(Gravitationsrotverschiebung).

Zum experimentellen Nachweis der Gravitationsrotverschiebung

Die Gravitationsrotverschiebung ist z. B. durch Vergleich der Wellenlängen von Spektrallinien nachweisbar, die das eine Mal auf der Sonne und das andere Mal auf der Erde emittiert werden. Für die Erdoberfläche gilt $\frac{\varphi_E}{c^2} = \frac{\gamma m_E}{c^2 r_E} = 7 \cdot 10^{-10}$, für die Sonnenoberfläche dagegen $\frac{\varphi_S}{c^2} = \frac{\gamma m_S}{c^2 r_S} = 2 \cdot 10^{-6}$ (vgl. Tab. I 3.1a und (I 3.19)). Die Wellenlängen der auf der Sonnenoberfläche abgestrahlten und von einem irdischen Observatorium aus beobachtbaren Spektrallinien sind gegenüber den gleichen, aber auf der Erde abgestrahlten Spektrallinien um $\Delta\lambda = \lambda_S - \lambda_E = 2 \cdot 10^{-6}\, \lambda_E$ zum roten Spektralbereich hin verschoben. Als Folge der großen Teilchenströmungsgeschwindigkeiten auf der Sonne, d.h. der großen Geschwindigkeiten der strahlenden Atome relativ zur Erde, überlagert sich der Gravitationsrotverschiebung die Doppler-Rotverschiebung (vgl. (S 14.9)). Trotz der dadurch bedingten Schwierigkeiten konnte durch Ausmessung und Vergleich einer Vielzahl einander entsprechender Spektrallinien die Existenz der Gravitationsrotverschiebung experimentell gesichert werden.

Die Gravitationsrotverschiebung wurde u.a. auch an einem Siriusbegleiter nachgewiesen. Dieser Fixstern besitzt seiner enormen Dichte wegen (ca. 24000mal größer als die mittlere Dichte der Erde) einen Wert von $\frac{\varphi_{Si}}{c^2} \approx 30 \frac{\varphi_S}{c^2}$, zeigt also einen 30fach größeren Effekt als die Sonne.

Auch auf der Erde gelang 1960 der Nachweis der Gravitationsrotverschiebung in einem Turm der Havard-Universität. Ausgenutzt wurde die Tatsache, daß das Gravitationspotential der Erde nach (14.70b) mit der Höhe abnimmt. Man verglich den Wert von φ in einem Punkt auf der Erdoberfläche ($r_1 = r_E$) mit dem in einem Punkt in 22,6 m $\approx$ 23 m Höhe ($r_2 = r_E + 23$ m). Nach (S 14.24) und (14.70b) entsprechen an diesen Orten dem gleichen Energieniveauübergang eines Atoms die Frequenzen

$$\nu'_1 = \frac{\nu}{1+\dfrac{\varphi_1}{c^2}} = \frac{\nu}{1+\dfrac{\gamma m_E}{c^2 r_E}}, \tag{14.71a}$$

$$\nu'_2 = \frac{\nu}{1+\dfrac{\varphi_2}{c^2}} = \frac{\nu}{1+\dfrac{\gamma m_E}{c^2(r_E + 23\,\mathrm{m})}}. \tag{14.71b}$$

Bei Berücksichtigung von $\dfrac{\varphi_1}{c^2} \ll 1$ und $r_E(r_E + 23\,\mathrm{m}) \approx r_E^2$ folgt somit die relative Frequenzänderung

$$\frac{\nu'_2 - \nu'_1}{\nu'_2} = 1 - \frac{\nu'_1}{\nu'_2} = 1 - \frac{1+\dfrac{\varphi_2}{c^2}}{1+\dfrac{\varphi_1}{c^2}}$$

$$= \frac{\dfrac{\varphi_1}{c^2} - \dfrac{\varphi_2}{c^2}}{1+\dfrac{\varphi_1}{c^2}} \approx \frac{\varphi_1}{c^2} - \frac{\varphi_2}{c^2} = \frac{\gamma m_E}{c^2}\left(\frac{1}{r_1} - \frac{1}{r_2}\right)$$

$$= \frac{\gamma m_E (r_2 - r_1)}{c^2 r_1 \cdot r_2} = \frac{\gamma m_E\, 23\,\mathrm{m}}{c^2 r_E (r_E + 23\,\mathrm{m})}$$

$$\approx \frac{\gamma m_E}{c^2} \cdot \frac{23\,\mathrm{m}}{r_E^2} = 2 \cdot 10^{-15}. \tag{14.71}$$

Diese enorm kleine relative Frequenzänderung konnte durch eine Präzisionsmessung mit Hilfe des Mößbauer-Effektes nachgewiesen werden (siehe Band III). Die durchgeführten Experimente bestätigten den theoretischen Wert mit einer Genauigkeit von 1 %.

Gravitationsrotverschiebung beim Maryland-Experiment

Die Gravitationsrotverschiebung muß auch bei dem im Abschnitt 14.2.3.1.1.1 beschriebenen Maryland-Experiment zum Nachweis der Zeitdilatation beachtet werden. Beim Aufstieg des Flugzeuges nimmt nach (14.70b) das Gravitationspotential ab, nach (S 14.23) wird deshalb der Gang der im Flugzeug installierten Uhr schneller. Dagegen führt die gleichzeitig vorliegende Zeitdilatation zu einer Verlangsamung des Uhrenganges. Wird mit t_R die Zeitmessung mit der auf der Erde ruhenden Uhr bezeichnet, mit t die mit der im Flugzeug installierten Uhr, dann führt nach (S 14.5) die Zeitdilatation zu einem Gangunterschied beider Uhren von

$$\Delta t_Z = (t - t_R)_Z = t_R\left[\sqrt{1-\frac{v^2}{c^2}} - 1\right]$$

oder bei Beachtung der Näherung $\sqrt{1+x} \approx 1+\frac{x}{2} \quad (x \ll 1)$ von

$$\Delta t_Z = -\frac{v^2}{2c^2} t_R, \tag{14.72a}$$

während die Gravitationsrotverschiebung nach (14.71) ($t_R \mathrel{\hat{=}} 1/\nu'_1$, $t \mathrel{\hat{=}} 1/\nu'_2$, 23 m $\mathrel{\hat{=}}$ Flughöhe h) zu einer Zeitverschiebung der beiden Uhren von

$$\Delta t_G = (t - t_R)_G = \frac{\gamma m_E h}{c^2 r_E^2} t_R \tag{14.72b}$$

führt. Damit erhält man als resultierenden Effekt

$$\Delta t' = (t - t_R)_Z + (t - t_R)_G = t_R \left[\frac{\gamma m_E h}{c^2 r_E^2} - \frac{v^2}{2c^2}\right]. \tag{14.72}$$

Das Experiment bestätigt diese Voraussage mit einer Abweichung von weniger als 1 % (vgl. Abb. 14.16).

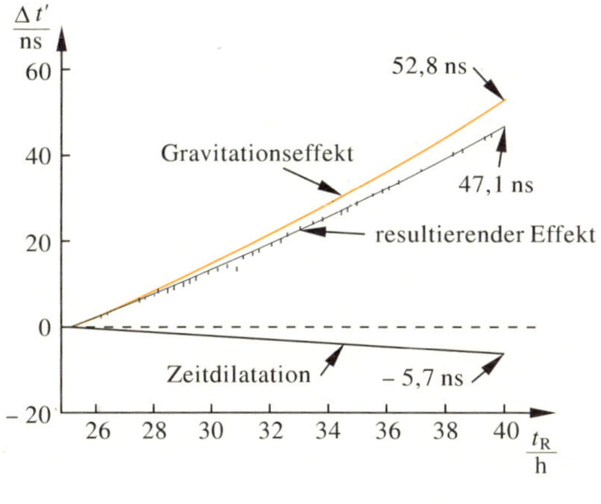

Abb. 14.16
Vergleich der theoretischen Vorhersage mit dem Meßergebnis beim Maryland-Experiment

KARL SCHWARZSCHILD (1873–1916)

Für das Gravitationspotential der Größe $\varphi_{Sch} = \frac{c^2}{2}$ gilt nach (14.70a) $\Delta t' = \infty$. Diesem Wert von φ_{Sch} entspricht nach (14.70b) der Radius

$$r_{Sch} = \frac{2\gamma m}{c^2}. \tag{14.73}$$

Schwarzschild-Radius

r_{Sch} wird *Schwarzschild-Radius* genannt. Für Körper mit etwa Erdmasse ist $r_{Sch} \approx 1$ cm, für Körper mit etwa Sonnenmasse $r_{Sch} \approx 3$ km. Der Schwarzschild-Radius ist damit äußerst klein gegenüber den Abmessungen der Erde bzw. der Sonne und besitzt daher für sie keine physikalische Bedeutung. Gleiches gilt für die überwiegende Anzahl der anderen bekannten kosmischen Objekte. Bei bestimmten Neutronensternen wäre es jedoch auf Grund ihrer enormen Dichte denkbar, daß ihre körperlichen Abmessungen kleiner als ihr Schwarzschild-Radius sind. Bewegt sich ein

physikalische Bedeutung des Schwarzschild-Radius

Sender der Frequenz ν auf ein derartiges Objekt zu, so nimmt die beobachtete Frequenz ν' nach (14.70a) bei der Annäherung an den Stern immer mehr ab und erreicht im Abstand r_{Sch} vom Mittelpunkt des Sternes den Wert $\nu' = 0$. Man umschreibt diesen physikalischen Sachverhalt auch so, indem man sagt, daß das Licht von einer Quelle am Ort $r < r_{\mathrm{Sch}}$ einen Beobachter am Ort $r > r_{\mathrm{Sch}}$ niemals erreichen kann. Das Gebiet $r < r_{\mathrm{Sch}}$ wird deshalb auch als *Schwarzes Loch* bezeichnet.

Schwarzes Loch

Zum experimentellen Nachweis von Schwarzen Löchern

Weil Licht ein Schwarzes Loch nicht verlassen kann, entziehen sich Schwarze Löcher der unmittelbaren optischen Beobachtung. Trotzdem glaubt man die Existenz von Schwarzen Löchern indirekt experimentell bestätigt zu haben. In einem Schwarzen Loch herrscht nach (14.70b) ein äußerst starkes Gravitationspotential, weshalb Materie der Nachbarschaft sehr intensiv in das Schwarze Loch hineingezogen wird. Dabei heizt sich die Materie im Gebiet $r > r_{\mathrm{Sch}}$ sehr stark auf und emittiert dadurch Röntgenstrahlung, die zur Identifikation von Schwarzen Löchern ausgenutzt wird. Auf diese Weise glaubt man die Existenz einiger Schwarzer Löcher in unserer Milchstraße nachgewiesen zu haben.

Im Sternbild des Schwanes befindet sich ein Objekt von etwa 10 Sonnenmassen, das sich wie ein Stern eines Doppelsternsystems verhält, dessen zweiten Partner man jedoch nicht nachweisen kann. Man nimmt daher an, daß es sich bei diesem ebenfalls um ein Schwarzes Loch handelt.

14.3.2.3.2 Lichtstrahlkrümmung im Gravitationsfeld

Die Wirkung eines Gravitationsfeldes äußert sich ebenso durch eine Krümmung des Raumes wie durch die Krümmung von Lichtstrahlen gegenüber ihrem geradlinigen Verlauf im gedachten euklidischen Raum.

In jedem Inertialsystem breitet sich das Lichtsignal isotrop mit der Vakuumlichtgeschwindigkeit c aus (S 14.3). Anders ist das für einen mit seinem Laboratorium frei im Gravitationsfeld der Masse m fallenden Beobachter. Da er nach (S 14.23) an Orten unterschiedlichen Gravitationspotentials einen verschiedenen Zeitablauf registriert, kann für ihn die Lichtgeschwindigkeit nicht isotrop sein. Welche Geschwindigkeit mißt er?

Wir denken uns einen Spiegel mit seinem Laboratorium fest verbunden und betrachten die Reflexion eines vom Ort P_1 in Richtung Spiegel ausgesandten Lichtsignals. Die Abmessungen der gesamten Meßanordnung werden als so klein vorausgesetzt, daß während des Meßvorganges die Geschwindigkeit v als konstant angesehen werden kann.

Herleitung der Lichtstrahlkrümmung im Gravitationsfeld

Der Beobachter A im Inertialsystem sieht den Vorgang wie folgt: Während sich der Beobachter B im fallenden Laboratorium am Ort P befindet, wird von P_1 das Lichtsignal ausgesandt (Abb. 14.17a). Nach einer Laufzeit t_1 (Abb. 14.17b) erreicht es den Beobachter B in P', denn er hat sich während dieser Zeit um die Strecke vt_1 von P nach P' weiterbewegt. Aus Abbildung 14.17b kann man entnehmen:

$$\boldsymbol{c}t_1 = \boldsymbol{s} + \boldsymbol{v}t_1$$

oder

$$c^2 t_1^2 = s^2 + v^2 t_1^2 + 2\boldsymbol{s} \cdot \boldsymbol{v} t_1 .$$

Da die Lösung der quadratischen Gleichung $x^2 + px + q = 0$ sich zu

$$x_{1,2} = -\frac{p}{2} \pm \sqrt{\frac{p^2}{4} - q}$$

ergibt, erhält man ($t_1 > 0$)

$$t_1 = \frac{\boldsymbol{s} \cdot \boldsymbol{v}}{c^2 - v^2} + \sqrt{\left(\frac{\boldsymbol{s} \cdot \boldsymbol{v}}{c^2 - v^2}\right)^2 + \frac{s^2}{c^2 - v^2}} . \tag{14.74a}$$

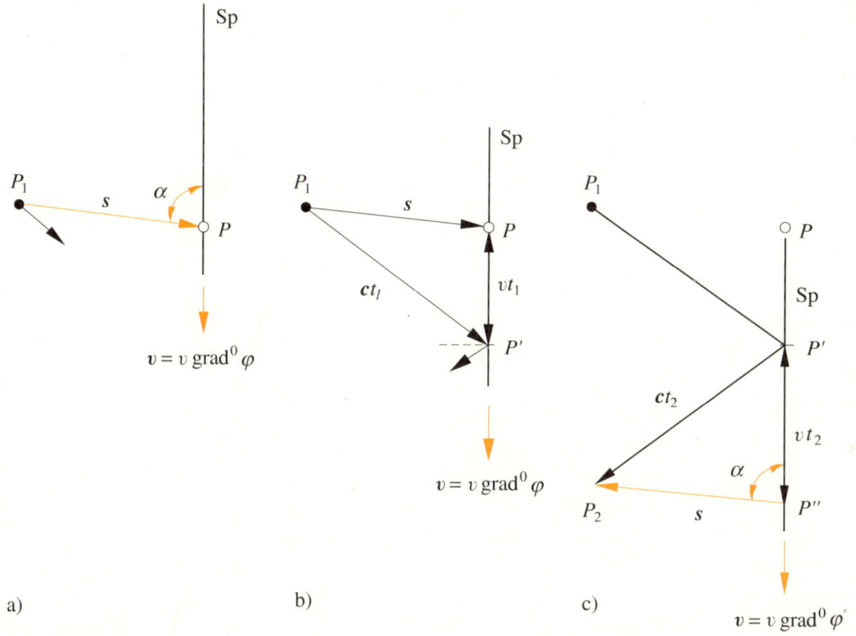

Abb. 14.17
Zur Messung der Lichtgeschwindigkeit im Gravitationsfeld

a) Der Beobachter A im Inertialsystem sieht bei Aussendung des Lichtsignals den Beobachter B im fallenden Laboratorium im Punkt P.
Der Beobachter B im fallenden Laboratorium registriert den Punkt P_1 unter dem Winkel α in der Entfernung s.

b) Das Lichtsignal erreicht nach der Zeit t_1 den Spiegel Sp. Der Beobachter A im Inertialsystem findet den Beobachter im fallenden Laboratorium im Punkt P'.

c) Nach der Zeit t_2 erreicht das vom Spiegel reflektierte Licht den Punkt P_2. Der Beobachter A im Inertialsystem registriert den Beobachter im fallenden Laboratorium im Punkt P''.
Der Beobachter B im fallenden Laboratorium mißt den Punkt P_2 in gleicher Entfernung und unter gleichem Winkel wie P_1. Für ihn sind beide Punkte identisch.

Während der Beobachter B um die Strecke vt_2 von P' nach P'' fällt, gelangt das Licht nach der Reflexion am mitgeführten Spiegel von P' nach P_2 (vgl. Abb. 14.17c). Die hierfür benötigte Zeit t_2 erhält man sofort aus (14.74a) durch Vertauschen von $\boldsymbol{s}$ mit $-\boldsymbol{s}$ (vgl. Abb. 14.17b mit Abb. 14.17c):

$$t_2 = -\frac{\boldsymbol{s}\cdot\boldsymbol{v}}{c^2-v^2} + \sqrt{\left(\frac{\boldsymbol{s}\cdot\boldsymbol{v}}{c^2-v^2}\right)^2 + \frac{s^2}{c^2-v^2}}. \tag{14.74b}$$

Demnach durchläuft das Licht die Strecke $P_1 \to P' \to P_2$ in der Zeit

$$t = t_1 + t_2 = 2\sqrt{\left(\frac{\boldsymbol{s}\cdot\boldsymbol{v}}{c^2-v^2}\right)^2 + \frac{s^2}{c^2-v^2}}. \tag{14.74c}$$

Der Beobachter B im frei fallenden Laboratorium registriert die Lichtausbreitung ganz anders. Entsprechend der Längenkontraktion (S 14.6) mißt er in seinem System statt s die Strecke s', entsprechend der Zeitdilatation (S 14.5) statt der Zeit t die Zeit

$$t' = 2\sqrt{\left(\frac{\boldsymbol{s}'\cdot\boldsymbol{v}}{c^2-v^2}\right)^2 + \frac{s'^2}{c^2-v^2}}. \tag{14.74}$$

Am Beginn des Vorganges sieht er den Punkt P_1 im Abstand s' unter dem Winkel α (vgl. Abb. 14.17a), am Ende des Vorganges den Ort P_2 unter dem gleichen Winkel im gleichen Abstand. Für ihn läuft das Licht zum Ausgangspunkt zurück, d.h., für ihn durchläuft es in der Zeit t' die Strecke $2s'$. Er mißt nach (14.74) die Lichtgeschwindigkeit

$$c' = \frac{2s'}{t'} = \frac{s'}{\sqrt{\left(\frac{\boldsymbol{s}'\cdot\boldsymbol{v}}{c^2-v^2}\right)^2 + \frac{s'^2}{c^2-v^2}}} = \frac{c^2-v^2}{\sqrt{v^2(\boldsymbol{v}^0\cdot\boldsymbol{c}'^0)^2 + c^2 - v^2}}$$

$$= \frac{c\left(1-\frac{v^2}{c^2}\right)}{\sqrt{1-\frac{v^2}{c^2}\left(1-(\boldsymbol{v}^0\cdot\boldsymbol{c}'^0)^2\right)}}.$$

Nach (14.70b) und (14.69) gilt $v=\sqrt{2\varphi}$. Wird weiter $\frac{1}{\sqrt{1+x}} \approx 1-\frac{1}{2}x$ $(|x| \ll 1)$ beachtet und setzt man $\boldsymbol{v}^0 = \operatorname{grad}^\circ \varphi$, dann geht c' über in

($2\varphi/c^2 \ll 1$, siehe vorigen Abschnitt)

$$c' = \frac{c\left(1-\dfrac{2\varphi}{c^2}\right)}{\sqrt{1-\dfrac{2\varphi}{c^2}\left(1-(\mathrm{grad}^0\varphi\cdot \boldsymbol{c}'^0)^2\right)}}$$

$$= c\left(1-\frac{2\varphi}{c^2}\right)\left(1+\frac{\varphi}{c^2}\left(1-(\mathrm{grad}^0\varphi\cdot \boldsymbol{c}'^0)^2\right)\right)$$

$$= c\left(1+\frac{\varphi}{c^2}-\frac{\varphi}{c^2}(\mathrm{grad}^0\varphi\cdot \boldsymbol{c}'^0)^2-\frac{2\varphi}{c^2}-\frac{2\varphi^2}{c^4}\left(1-(\mathrm{grad}^0\varphi\cdot \boldsymbol{c}'^0)^2\right)\right)$$

und bei Vernachlässigung höherer Potenzen von $\dfrac{\varphi}{c^2}$ in

$$c' = c\left(1-\frac{\varphi}{c^2}\left(1+(\mathrm{grad}^0\varphi\cdot \boldsymbol{c}'^0)^2\right)\right).$$

Im Gravitationsfeld ist die Lichtgeschwindigkeit und damit auch die nach (D 9.1) dem Medium zuzuordnende Brechzahl $n = c/c'$ sowohl orts- ($\varphi = \varphi(r)$) als auch richtungsabhängig ($\mathrm{grad}^0\varphi\cdot \boldsymbol{c}'^0$). Das Gravitationsfeld hat auf den Verlauf der Lichtstrahlen die gleiche Wirkung wie ein optisch inhomogenes anisotropes Medium (vgl. Abschnitt 11.1). Der Lichtstrahl beschreibt im Gravitationsfeld eine gekrümmte Bahn.

Das Gravitationsfeld wirkt auf Lichtstrahlen wie ein optisch inhomogenes anisotropes Medium

(S 14.25)
Lichtstrahlkrümmung im Gravitationsfeld

Im Gravitationsfeld ist die Lichtgeschwindigkeit c' sowohl orts- als auch richtungsabhängig:

$$c' = c\left(1-\frac{\varphi}{c^2}\left(1+(\mathrm{grad}^0\varphi\cdot \boldsymbol{c}'^0)^2\right)\right).$$

Der Lichtstrahl verläuft im Gravitationsfeld gekrümmt (Lichtstrahlkrümmung im Gravitationsfeld).

Die Orts- und Richtungsabhängigkeit der Lichtgeschwindigkeit im Gravitationsfeld entzieht sich ihrer Kleinheit wegen zur Zeit noch dem direkten irdischen Nachweis. Nach (S 14.25) müßte an der Erdoberfläche ($r = r_\mathrm{E}$, $\varphi = \varphi_\mathrm{E}$) das Licht in horizontaler ($\mathrm{grad}^0\varphi\cdot \boldsymbol{c}'^0_\mathrm{h} = 0$, vgl. (A 3.5a)) und in vertikaler ($\mathrm{grad}^0\varphi\cdot \boldsymbol{c}'^0_\mathrm{v} = \pm 1$) Richtung die unterschiedlichen Geschwindigkeiten

$$c'_\mathrm{h} = c\left(1-\frac{\varphi_\mathrm{E}}{c^2}\right), \qquad c'_\mathrm{v} = c\left(1-\frac{2\varphi_\mathrm{E}}{c^2}\right)$$

besitzen. Mit dem im vorigen Abschnitt gegebenen Wert $\varphi_E/c^2 = 7 \cdot 10^{-10}$ und $c \approx 3 \cdot 10^8\,\mathrm{ms}^{-1}$ folgt so als theoretisch zu erwartende Differenz beider Geschwindigkeiten

$$c'_h - c'_v = c\frac{\varphi_E}{c^2} \approx 2\,\mathrm{cm\,s}^{-1}.$$

Mit dieser Genauigkeit ist die Lichtgeschwindigkeit zur Zeit nicht bestimmbar.

experimenteller Nachweis der Lichtstrahlkrümmung

Indirekt konnte aber die Orts- und Richtungsabhängigkeit der Lichtgeschwindigkeit durch den Nachweis der Lichtstrahlkrümmung im Gravitationsfeld der Sonne nachgewiesen werden (vgl. Abb. 14.18). Beobachtet wird dazu ein Fixstern nahe dem Sonnenrand. Sein Licht passiert das Gravitationsfeld der Sonne, unterliegt somit der Lichtstrahlkrümmung. Nach (A 55.7) erleidet speziell der am Sonnenrand ($d = r_S$) vorbeigehende Lichtstrahl die Ablenkung

$$\alpha = \frac{4\gamma m_S}{c^2 r_S} = 0{,}848 \cdot 10^{-5}\,\mathrm{rad} = 1{,}745''.$$

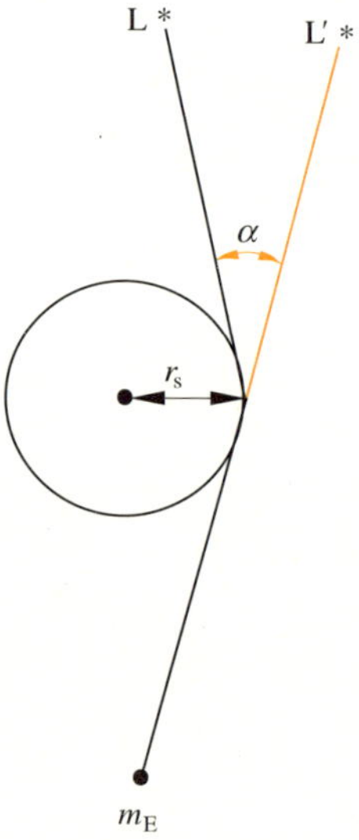

Abb. 14.18
Zur Strahlablenkung des Fixsternlichtes im Gravitationsfeld der Sonne
L wirklicher Ort des Fixsterns;
L′ beobachteter Ort des Fixsterns

Der Fixstern erscheint dem irdischen Beobachter um diesen Winkel gegenüber seiner erwarteten Lage verschoben. Dieser Effekt konnte schon 1919 bei einer totalen Sonnenfinsternis nachgewiesen werden.

Die durchgeführten Experimente bestätigen wohl die Existenz der Lichtstrahlkrümmung, der ermittelte Wert für α war jedoch um ca. 10% größer als der theoretisch vorhergesagte. Wegen der Kleinheit des zu messenden Winkels von $1{,}75''$ ist eine Verfälschung durch Beobachtungsfehler nicht auszuschließen. Insbesondere beeinflußt die schwer abzuschätzende Lichtbrechung in der Erdatmosphäre die Messung. Diese ist prinzipiell nur während der Dauer der Totalität einer Sonnenfinsternis durchführbar und deshalb auf sehr kurze Meßzeiten (ca. 3 min) beschränkt, nicht beliebig oft und nicht an beliebigen Orten durchführbar und an günstige, nur schwer langfristig voraussagbare meteorologische Bedingungen geknüpft.

Neuere Experimente nutzen die Ablenkung von Hertzschen Wellen im Schwerefeld der Sonne. Sie konnten den nach (S 14.25) zu erwartenden Effekt mit einer relativen Genauigkeit von 2% bestätigen.

In den Jahren 1966 bis 1968 wurde die Abhängigkeit der Lichtgeschwindigkeit vom Gravitationspotential nach folgender Methode direkt gemessen: Ein Radarsignal wird von der Erde so ausgesandt, daß es von einem inneren Planeten (Venus bzw. Merkur) wieder zur Erde reflektiert wird. Die Messung erfolgt bei zwei verschiedenen Stellungen des Planeten: einmal, wenn die Sonne praktisch auf der Verbindungslinie Erde – reflektierender Planet liegt, die elektromagnetische Welle also maximal das Schwerefeld der Sonne durchläuft, das andere Mal, wenn der Planet so steht, daß der Einfluß des Gravitationsfeldes der Sonne minimal ist. Nach (S 14.25) muß das Signal bei der ersten Messung eine Verzögerung gegenüber der zweiten besitzen. Die Verzögerung wird gemessen, daraus werden die beiden verschiedenen Lichtgeschwindigkeiten berechnet. Die Sendeleistung betrug 300 kW, die Leistung des reflektierten Signals auf der Erde 10^{-23} W. Ausgewertet wurden ca. 4 Milliarden Echos. Das Experiment bestätigte die theoretische Voraussage (S 14.25) wiederum mit einer Genauigkeit von etwa 2 %.

Interpretiert man das Ergebnis der zuletzt genannten Versuche in der Weise, daß sich die Unterschiedlichkeit der Laufzeiten durch die stärkere Raumkrümmung in der Nähe der Sonne ergibt, das Licht damit in Sonnennähe einen längeren als den unter Voraussetzung der euklidischen Geometrie berechneten Weg zurückgelegt, so ist damit auch die Raumkrümmung experimentell bestätigt.

Die Lichtstrahlkrümmung im Gravitationsfeld wird auch zum Nachweis der *Dunkelmaterie* im Weltraum genutzt. Unter Dunkelmaterie versteht man die Materie des Weltraumes, die keine elektromagnetischen Wellen in einem astronomisch beobachtbaren Spektralbereich emittiert, also weder in der optischen Astronomie noch in der Röntgen- oder Radioastronomie nachweisbar ist. Sie führt aber zur Lichtstrahlkrümmung und ist somit über diese indirekt nachweisbar (*Gravitationslinseneffekt*).

Dunkelmaterie

Gravitationslinseneffekt

14.3.2.3.3 Perihelwanderung der Planetenbahnellipsen

Die Lagen der großen und der kleinen Achsen der Bahnellipsen der Planeten sind nicht – wie in den Keplerschen Gesetzen (I S 3.11) formuliert – stationär, sondern die Ellipsen drehen sich während eines Umlaufes der Planeten um einen bestimmten Winkel (vgl. Abb. 14.19, *Perihelwanderung der Planetenbahnellipsen*). Diese Drehung wird einmal dadurch bewirkt, daß die Planeten gegenseitig ihre Bewegung beeinflussen. Ein weite-

Perihelwanderung der Planetenbahnellipsen

rer Anteil kann aus den Einsteinschen Gravitationspotentialen gefolgert werden. Dieser im weiteren allein betrachtete Anteil ist um so größer, je größer das Gravitationspotential am Ort des Planeten ist, d.h., je näher sich der Planet an der Sonne befindet.

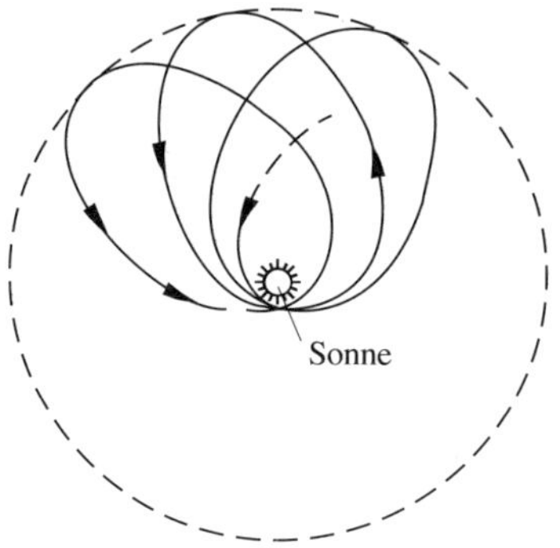

Abb. 14.19 Perihelwanderung der Planetenbahnellipsen

Der Effekt ist äußerst klein. So muß sich in hundert Jahren die große Achse der Bahnellipse des sonnennächsten Planeten Merkur um 43,03″, die der Venus um 8,3″, die der Erde um 3,8″ und die des Jupiters um nur 0,06″ drehen. Diese theoretischen Voraussagen wurden durch astronomische Messungen für die Planeten Merkur, Venus und Erde bestätigt (Merkur 43,11″ ± 0,45″, Venus 8,4″ ± 4,8″, Erde 5,0″ ± 1,2″). Auch Messungen mit Radarwellen bestätigten die theoretische Vorhersage für die Periheldrehung der Bahnellipse des Merkur und zwar mit einer Genauigkeit von 1%.

14.4 Aufgaben

14.1
In Luft sei die Schallgeschwindigkeit $v_{ph} = 340\,m/s$. Die Schallquelle sende eine Welle mit der Frequenz von 1000 Hz aus. Berechnen Sie die vom Beobachter registrierte Frequenz, wenn sich in ruhender Luft

a) der Beobachter mit der Geschwindigkeit 20 m/s zum ruhenden Sender hin bewegt,
b) der Sender mit der gleichen Geschwindigkeit dem ruhenden Beobachter nähert!

14.2
In einem nichtrelativistischen Analogieversuch zum Michelson-Experiment werde angenommen, daß in einem gleichförmig mit der Geschwindigkeit $\boldsymbol{v}$ strömenden Fluß drei Punkte P_1, P_2 und P_3 durch je einen Pfahl markiert sind. Der Vektor von P_1 zu P_2 liege senkrecht, der von P_1 zu P_3 parallel zu $\boldsymbol{v}$. Beide seien 50 m lang. Zwei Boote sollen relativ zum Wasser die gleiche Geschwindigkeit c entwickeln, von P_1 aus in Richtung P_2 bzw. P_3 starten und dort ohne Zeitverzug umkehren können.
Berechnen Sie die Zeiten beider Boote für die Hin- und Rückfahrt mit $v = 2\,m/s$ und $c = 5\,m/s$!

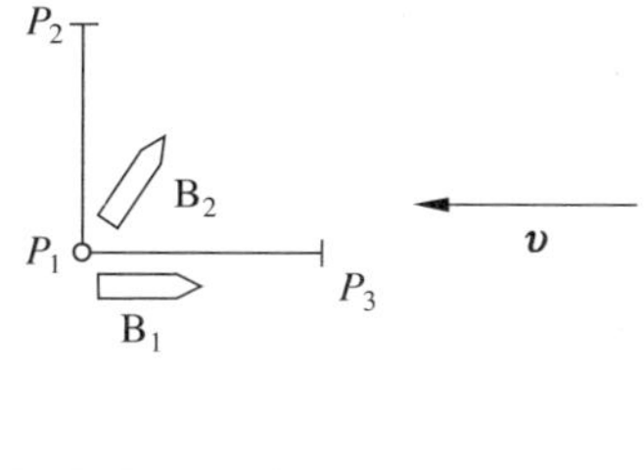

14.3
Welche Geschwindigkeit muß ein gegenüber dem Bezugssystem bewegter Gegenstand haben, damit seine Abmessung in Bewegungsrichtung für einen ruhenden Beobachter um 1% verkürzt ist?

14.4
Im System „Erde“ werden Teilchen aus zwei Beschleunigern gleichzeitig mit den Geschwindigkeiten $2 \cdot 10^8\,m/s$ in die positive und in die negative x-Richtung abgeschossen.
Welche Geschwindigkeit haben die mit „1“ indizierten Teilchen bezüglich des Systems Σ_2?

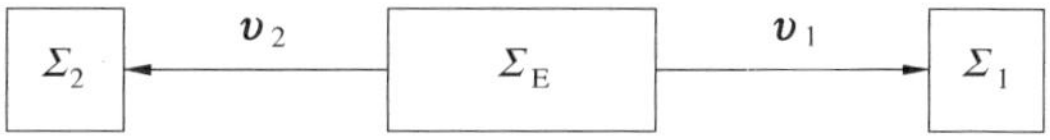

14.5
Ein Elektron mit der Ruhmasse $9{,}1 \cdot 10^{-31}\,kg$ und der Ladung $1{,}6 \cdot 10^{-19}\,C$ soll auf $^1/_{10}$ der Vakuumlichtgeschwindigkeit beschleunigt werden.
Berechnen Sie die erforderliche Beschleunigungsspannung sowohl nichtrelativistisch als auch bei Berücksichtigung der relativistischen Massenveränderung!

14.6
In einem Protonen-Zyklotron soll wegen der konstanten Frequenz die relativistische Massenzunahme nicht mehr als 1% der Ruhmasse betragen. Welchen Durchmesser muß die Beschleunigungskammer haben, wenn ein homogenes Magnetfeld mit der magnetischen Induktion $B = 0{,}8\,Vs/m^2$ zur Verfügung steht?
Die Ruhmasse des Protons ist $1{,}673 \cdot 10^{-27}\,kg$.

14.7
Elektronen werden aus der Ruhelage durch eine Spannung von 10^5 Volt beschleunigt. Um wieviel Prozent ändert sich dadurch ihre spezifische Ladung e/m gegenüber ruhenden Elektronen?

14.8
Man erweitere die nichtrelativistischen Beziehungen

$$e\,U_{AK} = \frac{m_{oe}}{2} v^2$$

$p = \sqrt{2 e\, U_{AK}\, m_{oe}}\, \boldsymbol{v}^{o}$ und, ausgehend von

$$\frac{m_{oe} v}{r} = e B, \qquad (3.5a)$$

$$\frac{e}{m_{oe}} = \frac{2\,U_{AK}}{B^2 r^2} \qquad (3.5)$$

auf den relativistischen Fall!

14.9
Ein Carnot-Prozeß finde auf der Erde zwischen der Siedetemperatur des Wassers bei Normaldruck (373,15 K) und der Tripeltemperatur des Wassers (273,16 K) statt.
Welche Temperaturen registriert ein Beobachter im System Σ', das sich mit $v = 0{,}1\,c$ gegenüber der Erde bewegt? Welchen Wirkungsgrad η' hat der Kreisprozeß für diesen Beobachter?

14.10
Da auf einen auf der Erdoberfläche ruhenden Körper außer der Schwerkraft auch die Zentrifugalkraft wirkt, wird ein frei hängendes Pendel um einen kleinen Winkel φ aus der senkrechten Lage ausgelenkt. Berechnen Sie diesen Winkel für 52° nördlicher Breite!
Die Erde wird als homogene Kugel angenommen. ($T = 86164$ s; $r_E = 6370$ km; $g = 9{,}81$ m/s^2)

14.11
Zur Definition der Sekunde wird die Frequenz des ^{133}Cs-Hyperfeinstrukturüberganges mit $\nu = 9192631770\,\text{s}^{-1}$ genutzt. In welcher Höhe über der Erdoberfläche hat sich diese Frequenz infolge der Gravitationsrotverschiebung um $\Delta\nu = 1\,\text{s}^{-1}$ geändert?

Anhang

A.1 Komplexe Zahlen

Im vorliegenden Abschnitt werden häufig benötigte Beziehungen der komplexen Zahlen zusammengestellt. Eine umfassendere Darstellung findet man in I A.8.

Darstellungsmöglichkeiten:

$$z = a + \mathrm{i}\,b = r\,(\cos\varphi + \mathrm{i}\sin\varphi) = r\,\mathrm{e}^{\mathrm{i}\varphi} \quad (\textit{komplexe Zahl}) \tag{A 1.1}$$

$$\text{mit } \mathrm{i}^2 = -1 \quad (\textit{imaginäre Einheit}) \tag{A 1.1 a}$$

$$|z| = r = +\sqrt{a^2 + b^2} \quad (\textit{Betrag} \text{ von } z) \tag{A 1.1 b}$$

$$\arg z = \varphi = \arctan\frac{\operatorname{Im} z}{\operatorname{Re} z} = \arctan\frac{b}{a} \quad (\textit{Argument} \text{ von } z) \tag{A 1.1 c}$$

$$\operatorname{Re} z = a = r\cos\varphi \quad (\textit{Realteil} \text{ von } z) \tag{A 1.1 d}$$

$$\operatorname{Im} z = b = r\sin\varphi \quad (\textit{Imaginärteil} \text{ von } z). \tag{A 1.1 e}$$

Abb. A 1.1 zeigt die Darstellung einer komplexen Zahl in der *Gaußschen Zahlenebene*.

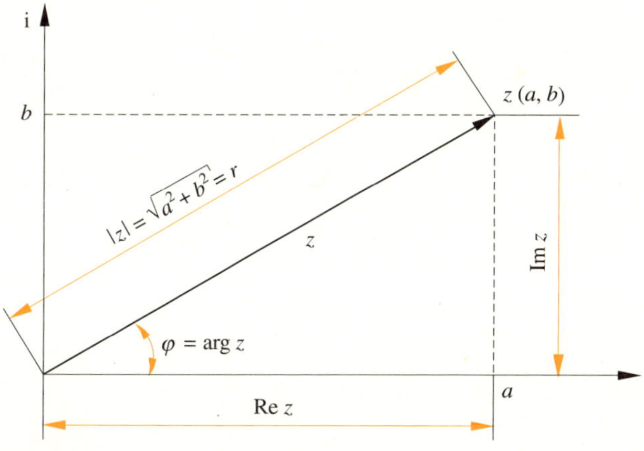

Abb. A 1.1
Darstellung der komplexen Zahl $z = a + \mathrm{i}b = (a, b)$ in der Gaußschen Zahlenebene

Rechenoperationen:

Multiplikation mit einem Skalar λ

$$\lambda z = \lambda a + \mathrm{i}\lambda b \tag{A 1.2}$$

Addition und Subtraktion

$$z_1 \pm z_2 = (a_1 + \mathrm{i} b_1) \pm (a_2 + \mathrm{i} b_2) = a_1 \pm a_2 + \mathrm{i}\,(b_1 \pm b_2) \tag{A 1.3}$$

Multiplikation

$$z_1 \cdot z_2 = (a_1 + \mathrm{i} b_1)(a_2 + \mathrm{i} b_2) = a_1 a_2 - b_1 b_2 + \mathrm{i}\,(a_1 b_2 + b_1 a_2) \tag{A 1.4a}$$

$$z_1 \cdot z_2 = r_1 \mathrm{e}^{\mathrm{i}\varphi_1} \cdot r_2 \mathrm{e}^{\mathrm{i}\varphi_2} = r_1 \cdot r_2 \mathrm{e}^{\mathrm{i}(\varphi_1 + \varphi_2)} \tag{A 1.4b}$$

Division

$$\frac{z_1}{z_2} = \frac{a_1 + \mathrm{i} b_1}{a_2 + \mathrm{i} b_2} = \frac{a_1 a_2 + b_1 b_2}{a_2{}^2 + b_2{}^2} + \mathrm{i}\,\frac{b_1 a_2 - b_2 a_1}{a_2{}^2 + b_2{}^2} \tag{A 1.5a}$$

$$\frac{z_1}{z_2} = \frac{r_1 \mathrm{e}^{\mathrm{i}\varphi_1}}{r_2 \mathrm{e}^{\mathrm{i}\varphi_2}} = \frac{r_1}{r_2}\,\mathrm{e}^{\mathrm{i}(\varphi_1 - \varphi_2)}. \tag{A 1.5b}$$

Konjugiert komplexe Zahl z^* von z:

$$z^* = a - \mathrm{i} b = r(\cos\varphi - \mathrm{i}\sin\varphi) = r\mathrm{e}^{-\mathrm{i}\varphi} \tag{A 1.6}$$

$$z z^* = r^2 = a^2 + b^2 = |z|^2. \tag{A 1.7}$$

Eulersche Relationen:

$$\mathrm{e}^{\mathrm{i}\varphi} = \cos\varphi + \mathrm{i}\sin\varphi \tag{A 1.8}$$

$$\cos\varphi = \frac{\mathrm{e}^{\mathrm{i}\varphi} + \mathrm{e}^{-\mathrm{i}\varphi}}{2} \tag{A 1.9}$$

$$\sin\varphi = \frac{\mathrm{e}^{\mathrm{i}\varphi} - \mathrm{e}^{-\mathrm{i}\varphi}}{2\mathrm{i}} \tag{A 1.10}$$

$$\mathrm{e}^{\mathrm{i}(\varphi + 2\pi n)} = \mathrm{e}^{\mathrm{i}\varphi} \quad \text{für} \quad n = 0, 1, 2, 3, \dots. \tag{A 1.11}$$

A. 2 Einige Beziehungen der Differential- und Integralrechnung

Abb. A 2.1 zeigt die Darstellung einer Funktion $y = f(x)$ im rechtwinkligen x, y-Koordinatensystem. Der Abszissendifferenz $\Delta x = x_2 - x_1 = x + \Delta x - x$ entspricht die Ordinatendifferenz $\Delta y = y_2 - y_1 = f(x + \Delta x) - f(x)$.

Differenzenquotient:

$$\frac{\Delta y}{\Delta x} = \frac{f(x + \Delta x) - f(x)}{\Delta x}. \tag{A 2.1a}$$

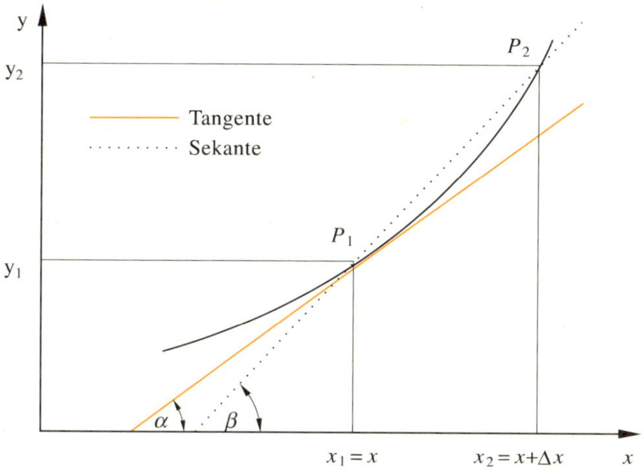

Abb. A 2.1 Zur Definition des Differenzen- und des Differentialquotienten

Schnittwinkel der Sekante durch die Punkte $P_1(x_1; y_1)$ und $P_2(x_2; y_2)$ mit der $+x$-Achse:

$$\beta = \arctan \frac{\Delta y}{\Delta x} = \frac{f(x+\Delta x) - f(x)}{\Delta x}. \qquad \text{(A 2.2 a)}$$

Differentialquotient oder 1. Ableitung der Funktion $f(x)$ im Punkt P_1:

$$\frac{dy}{dx} = y' = f'(x) = \lim_{\Delta x \to 0} \frac{f(x+\Delta x) - f(x)}{\Delta x}. \qquad \text{(A 2.1)}$$

Schnittwinkel der Tangente im Punkt P_1 mit der $+x$-Achse:

$$\alpha = \arctan \frac{dy}{dx} = \arctan \lim_{\Delta x \to 0} \frac{f(x+\Delta x) - f(x)}{\Delta x}. \qquad \text{(A 2.2)}$$

Für einen *Extremwert* der Funktion $f(x)$ an der Stelle x ist notwendig $f'(x) = 0$.

Eine Funktion $f(x)$ heißt an der Stelle x *differenzierbar*, wenn linksseitiger ($\Delta x \to -0$) und rechtsseitiger ($\Delta x \to +0$) Differentialquotient übereinstimmen.

Für zwei differenzierbare Funktionen $u(x)$ und $v(x)$ und die Funktion $y = f(\varphi(x))$ gelten mit C als Konstante die Regeln

$$\frac{dCu}{dx} = C \frac{du}{dx} \quad (C = \text{const}) \qquad \text{(A 2.3)}$$

(*Faktorregel*)

$$\frac{d(u+v)}{dx} = \frac{du}{dx} + \frac{dv}{dx} \qquad \text{(A 2.4)}$$

(*Summenregel*)

$$\frac{\mathrm{d}(u \cdot v)}{\mathrm{d}x} = u\frac{\mathrm{d}v}{\mathrm{d}x} + v\frac{\mathrm{d}u}{\mathrm{d}x} \tag{A 2.5}$$

(*Produktregel*)

$$\frac{\mathrm{d}\frac{u}{v}}{\mathrm{d}x} = \frac{v\frac{\mathrm{d}u}{\mathrm{d}x} - u\frac{\mathrm{d}v}{\mathrm{d}x}}{v^2} \tag{A 2.6}$$

(*Quotientenregel*)

$$\frac{\mathrm{d}y}{\mathrm{d}x} = \frac{\mathrm{d}f}{\mathrm{d}\varphi} \cdot \frac{\mathrm{d}\varphi}{\mathrm{d}x} \quad \text{mit} \quad f = f(\varphi(x)). \tag{A 2.7}$$

(*Kettenregel*).

Die Anwendung von (A 2.1) auf elementare Funktionen ergibt für deren erste Ableitungen

$$\frac{\mathrm{d}C}{\mathrm{d}x} = 0, \tag{A 2.8}$$

$$\frac{\mathrm{d}x^n}{\mathrm{d}x} = n x^{n-1} \quad (n \neq -1), \tag{A 2.9}$$

$$\frac{\mathrm{d}\sin x}{\mathrm{d}x} = \cos x, \tag{A 2.10}$$

$$\frac{\mathrm{d}\cos x}{\mathrm{d}x} = -\sin x, \tag{A 2.11}$$

$$\frac{\mathrm{d}\tan x}{\mathrm{d}x} = \frac{1}{\cos^2 x} \quad \left(x \neq (2k+1)\frac{\pi}{2}, k = 0, 1, 2, \ldots\right), \tag{A 2.12}$$

$$\frac{\mathrm{d}\cot x}{\mathrm{d}x} = -\frac{1}{\sin^2 x} \quad (x \neq k\pi, k = 0, 1, 2, \ldots), \tag{A 2.13}$$

$$\frac{\mathrm{d}a^x}{\mathrm{d}x} = a^x \ln a \quad (0 < a), \tag{A 2.14}$$

$$\frac{\mathrm{d}e^x}{\mathrm{d}x} = e^x, \tag{A 2.14a}$$

$$\frac{\mathrm{d}\log_a x}{\mathrm{d}x} = \frac{1}{x}\log_a e, \tag{A 2.15}$$

$$\frac{\mathrm{d}\ln x}{\mathrm{d}x} = \frac{1}{x} \quad (x > 0), \tag{A 2.15a}$$

$$\frac{\mathrm{d}\arcsin x}{\mathrm{d}x} = -\frac{\mathrm{d}\arccos x}{\mathrm{d}x} = \frac{1}{\sqrt{1-x^2}} \quad (x \neq \pm 1), \tag{A 2.16}$$

$$\frac{\mathrm{d}\arctan x}{\mathrm{d}x} = -\frac{\mathrm{d}\operatorname{arccot} x}{\mathrm{d}x} = \frac{1}{1+x^2}. \tag{A 2.17}$$

Ist $y=f(x)$ im Intervall $a<x<b$ differenzierbar und $f'(x)\neq 0$ und betrachtet man in diesem Intervall nicht x, sondern y als Veränderliche, so gilt mit $x=\varphi(y)$ die *Umkehrregel*

$$\frac{\mathrm{d}f(x)}{\mathrm{d}x}=\left(\frac{\mathrm{d}\varphi(y)}{\mathrm{d}y}\right)^{-1} \tag{A 2.18 a}$$

oder

$$\frac{\mathrm{d}y}{\mathrm{d}x}=\frac{1}{\frac{\mathrm{d}x}{\mathrm{d}y}}. \tag{A 2.18}$$

Unterwirft man die 1. Ableitung der Funktion $f(x)$ wiederum der Beziehung (A 2.1), so erhält man die *2. Ableitung* von $f(x)$

$$\frac{\mathrm{d}}{\mathrm{d}x}\frac{\mathrm{d}y}{\mathrm{d}x}=\frac{\mathrm{d}^2y}{\mathrm{d}x^2}=\frac{\mathrm{d}^2f}{\mathrm{d}x^2}=f''(x)=y''(x)=y^{(2)}(x) \tag{A 2.19}$$

usw.

Für die Funktion $y=f(x_1,x_2,\dots,x_i,\dots,x_n)$ der n unabhängigen Variablen $x_i\,(i=1,2,3,\dots,n)$ heißt der Grenzwert

$$\begin{aligned}\frac{\partial y}{\partial x_i}&=\frac{\partial f}{\partial x_i}=f_{x_i}\\ &=\lim_{\Delta x_i\to 0}\frac{f(x_1,x_2,\dots,x_i+\Delta x_i,\dots,x_n)-f(x_1,x_2,\dots,x_i,\dots,x_n)}{\Delta x_i}\end{aligned} \tag{A 2.20}$$

partieller Differentialquotient der Funktion $f(x_1,x_2,\dots,x_n)$ nach der Variablen x_i.

In bezug auf die einzige bei der partiellen Differentiation nicht konstant gehaltene Variable x_i gelten die gleichen Differentiationsregeln wie für die Differentiation einer Funktion mit einer Variablen.

Satz von Schwarz:

Sind die gemischten partiellen Ableitungen $\frac{\partial^2 f}{\partial x_k\,\partial x_i}$ und $\frac{\partial^2 f}{\partial x_i\,\partial x_k}$ in einem Bereich stetige Funktionen der Variablen $x_i\,(i=1,2,\dots,n)$, dann gilt im Inneren des Bereiches für jedes i und jedes k

$$\frac{\partial^2 f}{\partial x_k\,\partial x_i}=\frac{\partial^2 f}{\partial x_i\,\partial x_k}. \tag{A 2.21}$$

Vollständiges Differential der Funktion $f(x_1,x_2,\dots,x_i,\dots,x_n)$:

$$\mathrm{d}f=\sum_{i=1}^{n}\frac{\partial f}{\partial x_i}\,\mathrm{d}x_i. \tag{A 2.22}$$

Ein stetig differenzierbarer Ausdruck der Form

$$\sum_{i=1}^{n}U_i(x_1,x_2,\dots,x_n)\,\mathrm{d}x_i \tag{A 2.23 a}$$

ist dann und nur dann ein vollständiges Differential einer Funktion $f(x_1, x_2, \ldots, x_n)$, wenn für jedes k und i

$$\frac{\partial U_i}{\partial x_k} = \frac{\partial U_k}{\partial x_i} \tag{A 2.23 b}$$

gilt (Umkehrung des Satzes von SCHWARZ).

Unbestimmtes Integral:
Ist die Ableitung der Funktion $I(x)$ nach x gleich einer vorgegebenen Funktion $f(x)$, also $\mathrm{d}I(x)/\mathrm{d}x = f(x)$, so heißt $I(x)$ *Stammfunktion* von $f(x)$. Die Gesamtheit aller zu $f(x)$ gehörenden Stammfunktionen heißt *unbestimmtes Integral* von $f(x)$:

$$\int f(x)\,\mathrm{d}x = I(x) + \text{const.} \tag{A 2.24}$$

Durch Umkehr der Beziehungen (A 2.3), (A 2.4), (A 2.5) und (A 2.7) ergeben sich die einfachsten und meistgebrauchten Regeln zur Bestimmung von Stammfunktionen:

$$\int C f(x)\,\mathrm{d}x = C \int f(x)\,\mathrm{d}x \quad (C = \text{const}), \tag{A 2.25}$$

$$\int (u + v)\,\mathrm{d}x = \int u\,\mathrm{d}x + \int v\,\mathrm{d}x, \tag{A 2.26}$$

$$\int u v'\,\mathrm{d}x = uv - \int v u'\,\mathrm{d}x \tag{A 2.27}$$
(*partielle* Integration),

$$\int f(x)\,\mathrm{d}x = \int f(\varphi(t))\,\varphi'(t)\,\mathrm{d}t \tag{A 2.28}$$
(*Substitutionsmethode*).

Durch Umkehrung der Beziehungen (A 2.8) bis (A 2.17) ergeben sich die *Grundintegrale*

$$\int \mathrm{d}x = x + C, \tag{A 2.29}$$

$$\int x^n\,\mathrm{d}x = \frac{x^{n+1}}{n+1} + C \quad (n \neq -1), \tag{A 2.30}$$

$$\int \cos x\,\mathrm{d}x = \sin x + C, \tag{A 2.31}$$

$$\int \sin x\,\mathrm{d}x = -\cos x + C, \tag{A 2.32}$$

$$\int \frac{\mathrm{d}x}{\cos^2 x} = \tan x + C, \tag{A 2.33}$$

$$\int \frac{\mathrm{d}x}{\sin^2 x} = -\cot x + C, \tag{A 2.34}$$

$$\int a^x\,\mathrm{d}x = \frac{a^x}{\ln a} + C \quad (0 < a \neq 1), \tag{A 2.35}$$

$$\int \mathrm{e}^x\,\mathrm{d}x = \mathrm{e}^x + C, \tag{A 2.36}$$

$$\int \frac{\mathrm{d}x}{x} = \ln|x| + C \quad (x \neq 0), \tag{A 2.37}$$

$$\int \frac{\mathrm{d}x}{\sqrt{1-x^2}} = \arcsin x + C \quad (|x| < 1), \tag{A 2.38}$$

$$\int \frac{\mathrm{d}x}{1+x^2} = \arctan x + C, \tag{A 2.39}$$

$$\int \frac{f'(x)}{f(x)}\,\mathrm{d}x = \ln|f(x)| + C. \tag{A 2.40}$$

A. 3 Vektoren

In diesem Abschnitt werden häufig benötigte Beziehungen der Vektoralgebra zusammengestellt. Ausführlicher wird auf den Umgang mit Vektoren in den Abschnitten I A. 9, I A. 11, I A. 12 und I A. 14 eingegangen.

Geometrisch wird ein Vektor durch eine gerichtete Strecke veranschaulicht. Jeder *Vektor* $\boldsymbol{A}$ kann als Produkt aus seinem *Betrag* $|\boldsymbol{A}| = A$ und einem *Einheitsvektor* $\boldsymbol{A}^\circ$ dargestellt werden:

$$\boldsymbol{A} = |\boldsymbol{A}|\boldsymbol{A}^\circ = A\boldsymbol{A}^\circ. \tag{A 3.1}$$

Multiplikation mit einem Skalar λ:

$$\lambda\boldsymbol{A} = \lambda A\boldsymbol{A}^\circ. \tag{A 3.2}$$

Wird der Anfangspunkt des Vektors $\boldsymbol{A}$ in den Koordinatenursprungspunkt eines rechtwinkligen Koordinatensystems gelegt, so ist $\boldsymbol{A}$ entsprechend Abb. A 3.1 durch seine Komponenten $\boldsymbol{A}_x$, $\boldsymbol{A}_y$, $\boldsymbol{A}_z$ darstellbar:

$$\boldsymbol{A} = \boldsymbol{A}_x + \boldsymbol{A}_y + \boldsymbol{A}_z. \tag{A 3.3 a}$$

Mit den Einheitsvektoren $\boldsymbol{i}$, $\boldsymbol{j}$ und $\boldsymbol{k}$ in Richtung der positiven x- bzw. y- bzw. z-Achse und den Koordinaten A_x, A_y, A_z von $\boldsymbol{A}$ folgt für die *Komponenten* des Vektors $\boldsymbol{A}$

$$\boldsymbol{A}_x = A_x\boldsymbol{i}, \quad \boldsymbol{A}_y = A_y\boldsymbol{j}, \quad \boldsymbol{A}_z = A_z\boldsymbol{k} \tag{A 3.3 b}$$

und für $\boldsymbol{A}$ selbst

$$\boldsymbol{A} = A_x\boldsymbol{i} + A_y\boldsymbol{j} + A_z\boldsymbol{k}. \tag{A 3.3}$$

Addition und Subtraktion:

$$\boldsymbol{A} \pm \boldsymbol{B} = (A_x \pm B_x)\boldsymbol{i} + (A_y \pm B_y)\boldsymbol{j} + (A_z \pm B_z)\boldsymbol{k} \tag{A 3.4}$$

Skalares Produkt:

$$\boldsymbol{A} \cdot \boldsymbol{B} = \boldsymbol{B} \cdot \boldsymbol{A} = AB\cos(\boldsymbol{A}, \boldsymbol{B}), \tag{A 3.5}$$

$$\boldsymbol{A} \cdot \boldsymbol{B} = 0, \quad \text{wenn} \quad \boldsymbol{A} = \boldsymbol{0} \quad \text{oder} \quad \boldsymbol{B} = \boldsymbol{0} \quad \text{oder} \quad \boldsymbol{A} \perp \boldsymbol{B}. \tag{A 3.5 a}$$

Mit (A 3.3) folgt für das skalare Produkt

$$\boldsymbol{A} \cdot \boldsymbol{B} = A_xB_x + A_yB_y + A_zB_z, \tag{A 3.5 b}$$

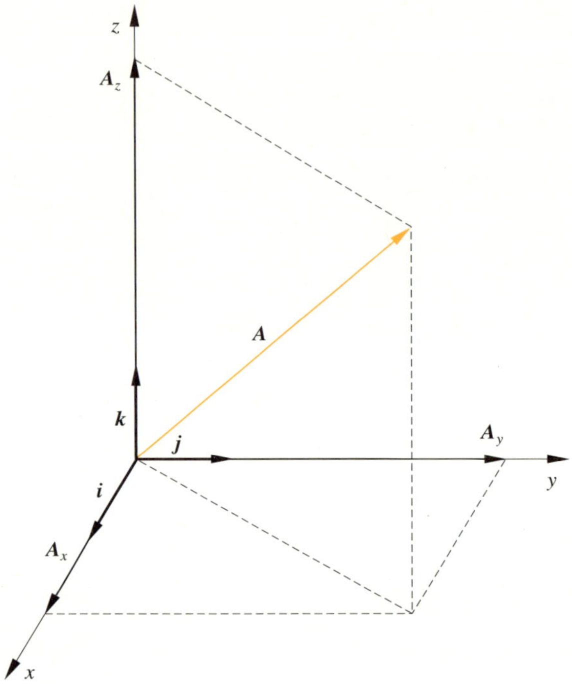

Abb. A 3.1 Zerlegung des Vektors $\boldsymbol{A}$ in seine Komponenten $\boldsymbol{A}_x$, $\boldsymbol{A}_y$ und $\boldsymbol{A}_z$.

daraus im Fall $\boldsymbol{A} = \boldsymbol{B}$ für den Betrag von $\boldsymbol{A}$

$$|\boldsymbol{A}| = +\sqrt{A_x^2 + A_y^2 + A_z^2}\,. \tag{A 3.6}$$

Vektorielles Produkt:

$$\boldsymbol{C} = \boldsymbol{A} \times \boldsymbol{B}, \tag{A 3.7}$$

wobei

$$\boldsymbol{C} \perp \boldsymbol{A} \quad \text{und} \quad \boldsymbol{C} \perp \boldsymbol{B}, \tag{A 3.7 a}$$

$$\boldsymbol{A}, \boldsymbol{B} \text{ und } \boldsymbol{C} \text{ ein Rechtssystem} \tag{A 3.7 b}$$

bilden,

$$C = A\,B \sin(\boldsymbol{A}, \boldsymbol{B}), \tag{A 3.7 c}$$

$$\boldsymbol{A} \times \boldsymbol{B} = -\boldsymbol{B} \times \boldsymbol{A}, \tag{A 3.8}$$

$$\boldsymbol{A} \times \boldsymbol{B} = \boldsymbol{0}, \quad \text{wenn} \quad \boldsymbol{A} = \boldsymbol{0} \quad \text{oder} \quad \boldsymbol{B} = \boldsymbol{0} \quad \text{oder} \quad \boldsymbol{A} \uparrow\uparrow \boldsymbol{B} \quad \text{oder} \quad \boldsymbol{A} \uparrow\downarrow \boldsymbol{B}. \tag{A 3.9}$$

Sind die Vektoren $\boldsymbol{A}$ und $\boldsymbol{B}$ in der Komponentendarstellung (A 3.3) gegeben, dann folgt für ihr vektorielles Produkt

$$\boldsymbol{A} \times \boldsymbol{B} = (A_y B_z - A_z B_y)\boldsymbol{i} + (A_z B_x - A_x B_z)\boldsymbol{j} + (A_x B_y - A_y B_x)\boldsymbol{k} \tag{A 3.10 a}$$

oder in Determinantenschreibweise

$$\boldsymbol{A}\times\boldsymbol{B}=\begin{vmatrix} \boldsymbol{i} & \boldsymbol{j} & \boldsymbol{k} \\ A_x & A_y & A_z \\ B_x & B_y & B_z \end{vmatrix}. \tag{A 3.10b}$$

Differentiation eines Vektors $\boldsymbol{A}(t)=A_x(t)\boldsymbol{i}+A_y(t)\boldsymbol{j}+A_z(t)\boldsymbol{k}$ nach einem Skalar:

$$\frac{\mathrm{d}\boldsymbol{A}}{\mathrm{d}t}=\frac{\mathrm{d}A_x}{\mathrm{d}t}\boldsymbol{i}+\frac{\mathrm{d}A_y}{\mathrm{d}t}\boldsymbol{j}+\frac{\mathrm{d}A_z}{\mathrm{d}t}\boldsymbol{k}. \tag{A 3.11}$$

Häufige Rechenoperationen:

$$\boldsymbol{A}\cdot(\boldsymbol{B}+\boldsymbol{C})=\boldsymbol{A}\cdot\boldsymbol{B}+\boldsymbol{A}\cdot\boldsymbol{C}, \tag{A 3.12}$$

$$\boldsymbol{A}\times(\boldsymbol{B}+\boldsymbol{C})=\boldsymbol{A}\times\boldsymbol{B}+\boldsymbol{A}\times\boldsymbol{C}, \tag{A 3.13}$$

$$\boldsymbol{A}\cdot(\boldsymbol{B}\times\boldsymbol{C})=\boldsymbol{B}\cdot(\boldsymbol{C}\times\boldsymbol{A})=\boldsymbol{C}\cdot(\boldsymbol{A}\times\boldsymbol{B})=\begin{vmatrix} A_x & A_y & A_z \\ B_x & B_y & B_z \\ C_x & C_y & C_z \end{vmatrix}, \tag{A 3.14}$$

$$\boldsymbol{A}\times(\boldsymbol{B}\times\boldsymbol{C})=(\boldsymbol{A}\cdot\boldsymbol{C})\boldsymbol{B}-(\boldsymbol{A}\cdot\boldsymbol{B})\boldsymbol{C}, \tag{A 3.15}$$

$$(\boldsymbol{A}\times\boldsymbol{B})\cdot(\boldsymbol{C}\times\boldsymbol{D})=(\boldsymbol{A}\cdot\boldsymbol{C})(\boldsymbol{B}\cdot\boldsymbol{D})-(\boldsymbol{A}\cdot\boldsymbol{D})(\boldsymbol{B}\cdot\boldsymbol{C}), \tag{A 3.16}$$

$$\frac{\mathrm{d}}{\mathrm{d}t}(\boldsymbol{A}\cdot\boldsymbol{B})=\frac{\mathrm{d}\boldsymbol{A}}{\mathrm{d}t}\cdot\boldsymbol{B}+\boldsymbol{A}\cdot\frac{\mathrm{d}\boldsymbol{B}}{\mathrm{d}t}, \tag{A 3.17}$$

$$\frac{\mathrm{d}}{\mathrm{d}t}(\boldsymbol{A}\times\boldsymbol{B})=\frac{\mathrm{d}\boldsymbol{A}}{\mathrm{d}t}\times\boldsymbol{B}+\boldsymbol{A}\times\frac{\mathrm{d}\boldsymbol{B}}{\mathrm{d}t}. \tag{A 3.18}$$

A. 4 Gradient

Nach (A 2.22) ist das vollständige Differential der Funktion $f=f(x, y, z)$

$$\mathrm{d}f=\frac{\partial f}{\partial x}\mathrm{d}x+\frac{\partial f}{\partial y}\mathrm{d}y+\frac{\partial f}{\partial z}\mathrm{d}z. \tag{A 4.1}$$

Nach (A 3.3) ist der *Ortsvektor* $\boldsymbol{s}$ vom Koordinatenursprungspunkt zum Punkt $P(x, y, z)$ gegeben durch

$$\boldsymbol{s}=x\boldsymbol{i}+y\boldsymbol{j}+z\boldsymbol{k}, \tag{A 4.2}$$

woraus sich für seine Änderung beim infinitesimalen Fortschreiten vom Punkt P zum Punkt P' (siehe Abb. A 4.1)

$$\mathrm{d}\boldsymbol{s}=\mathrm{d}x\boldsymbol{i}+\mathrm{d}y\boldsymbol{j}+\mathrm{d}z\boldsymbol{k}$$

ergibt. Definiert man einen neuen Vektor durch

$$\operatorname{grad} f=\frac{\partial f}{\partial x}\boldsymbol{i}+\frac{\partial f}{\partial y}\boldsymbol{j}+\frac{\partial f}{\partial z}\boldsymbol{k},$$

so kann unter Beachtung von (A 3.5 b) für das vollständige Differential (A 4.1)

$$\mathrm{d}f = \operatorname{grad} f \cdot \mathrm{d}\boldsymbol{s} \qquad \text{(A 4.1 a)}$$

geschrieben werden. Der so eingeführte Vektor grad f heißt *Gradient von f*.

Um die Eigenschaften des Gradienten erkennen zu können, wird die Änderung df der Funktion f betrachtet, die sich beim Fortschreiten von einem Punkt P um die Strecke d$\boldsymbol{s}$ zum Punkt P' ergibt. Wählt man die Richtung des Fortschreitens so, daß d$\boldsymbol{s}$ in eine Fläche gleichen Niveaus $f(x, y, z) = \text{const}$ fällt, so ist d$f = 0$ (Abb. A 4.1 a). Man bezeichnet Flächen, für die $f(x, y, z) = \text{const}$ gilt, im Hinblick auf ihre physikalische Bedeutung als Äquipotentialflächen. Aus (A 4.1 a) folgt im Fall d$f = 0$ mit (A 3.5 a) $\mathrm{d}\boldsymbol{s} \perp \operatorname{grad} f$, der Gradient grad f steht stets senkrecht auf den Äquipotentialflächen $f = \text{const}$. Schließt nun d$\boldsymbol{s}$ mit dem Vektor grad f einen beliebigen Winkel φ ein, so gilt mit (A 3.5) $\mathrm{d}f = \operatorname{grad} f \cdot \mathrm{d}\boldsymbol{s} = |\operatorname{grad} f|\,\mathrm{d}s \cdot \cos\varphi$. d$f$ ist dann am größten, wenn d$\boldsymbol{s}$ parallel zu grad f liegt (Abb. A 4.1 b). Der Gradient zeigt daher in Richtung des stärksten Anstieges der Funktion f. Für den Betrag des Gradienten folgt nach (A 4.1 a) beim Fortschreiten in dieser Richtung $|\operatorname{grad} f| = \mathrm{d}f/\mathrm{d}s$.

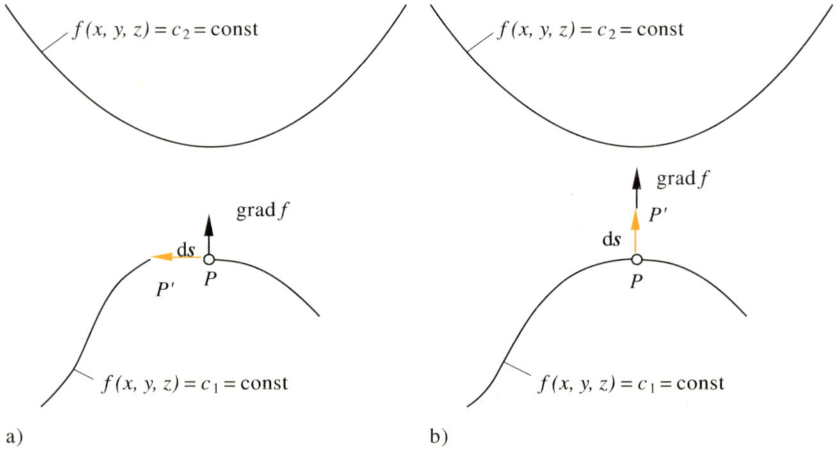

Abb. A 4.1 Zum Begriff des Gradienten einer Funktion

Zusammenfassend ist zu sagen:
Der Gradient der Funktion f ist ein Vektor, der auf den Äquipotentialflächen $f(x, y, z) = \text{const}$ senkrecht steht und in Richtung des stärksten Anstiegs der Funktion f zeigt. In kartesischen Koordinaten wird der Gradient dargestellt durch

$$\operatorname{grad} f = \frac{\partial f}{\mathrm{d}x}\boldsymbol{i} + \frac{\partial f}{\partial y}\boldsymbol{j} + \frac{\partial f}{\partial z}\boldsymbol{k}\,. \qquad \text{(A 4.3)}$$

Der Betrag des Gradienten in Richtung des stärksten Anstieges von f beträgt

$$|\mathrm{grad}\, f| = \frac{\mathrm{d}f}{\mathrm{d}s}. \tag{A 4.3 a}$$

Aus (A 4.3 a) folgt mit (A 3.5) für die Differentiation von f in Richtung $\boldsymbol{n}$

$$\mathrm{grad}\, f \cdot \boldsymbol{n}^0 = \frac{\partial f}{\partial n}. \tag{A4.3 b}$$

A. 5 Linienintegral

Der Ortsvektor (A 4.2) sei eine Funktion des Parameters t (z. B. der Zeit, $\boldsymbol{s} = \boldsymbol{s}(t)$). Mit dem Parameter t verändert sich der Endpunkt des Vektors $\boldsymbol{s}$. Die Funktion

$$\boldsymbol{s} = \boldsymbol{s}(t) = x(t)\boldsymbol{i} + y(t)\boldsymbol{j} + z(t)\boldsymbol{k} \tag{A 5.1}$$

beschreibt eine Raumkurve (Abb. A 5.1). $x(t)$, $y(t)$, $z(t)$ seien stetig differenzierbar. Nach (A 3.11) gilt dann

$$\mathrm{d}\boldsymbol{s} = \left(\frac{\mathrm{d}x}{\mathrm{d}t}\boldsymbol{i} + \frac{\mathrm{d}y}{\mathrm{d}t}\boldsymbol{j} + \frac{\mathrm{d}z}{\mathrm{d}t}\boldsymbol{k}\right)\mathrm{d}t. \tag{A 5.1 a}$$

Weiter sei das auf $\boldsymbol{s}$ stetig differenzierbare Vektorfeld

$$\boldsymbol{A}(t) = A_x(x(t), y(t), z(t))\boldsymbol{i} + A_y(x(t), y(t), z(t))\boldsymbol{j} + A_z(x(t), y(t), z(t))\boldsymbol{k} \tag{A 5.2}$$

gegeben. Mit den Koordinaten von (A 5.1 a) und (A 5.2) bilden wir das bestimmte Integral

$$\int_{t_1}^{t_2} \left(A_x(x(t), y(t), z(t))\frac{\mathrm{d}x}{\mathrm{d}t} + A_y(x(t), y(t), z(t))\frac{\mathrm{d}y}{\mathrm{d}t} + A_z(x(t), y(t), z(t))\frac{\mathrm{d}z}{\mathrm{d}t}\right)\mathrm{d}t,$$

für das nach (A 3.5 b), (A 5.1 a) und (A 5.2) auch

$$\int_{\substack{P_1\\ \boldsymbol{s}}}^{P_2} \boldsymbol{A}\cdot\mathrm{d}\boldsymbol{s} = \int_{t_1}^{t_2} \left(A_x(x(t), y(t), z(t))\frac{\mathrm{d}x}{\mathrm{d}t} + A_y(x(t), y(t), z(t))\frac{\mathrm{d}y}{\mathrm{d}t} + A_z(x(t), y(t), z(t))\frac{\mathrm{d}z}{\mathrm{d}t}\right)\mathrm{d}t \tag{A 5.2 a}$$

geschrieben werden kann. (A 5.2a) heißt *Linienintegral* des Vektors $\boldsymbol{A}$ über die Raumkurve $\boldsymbol{s}$. Es läßt sich zeigen, daß diese Definition unabhängig von der speziellen Wahl der Parameterdarstellung der Kurve $\boldsymbol{s}(t)$ ist.

Wählt man $\boldsymbol{A} = \mathrm{d}\boldsymbol{s}^0$, dann folgt mit (A 3.5) (A 3.1), (A 3.6) und (A 5.1 a)

$$\int_{P_1}^{P_2} \boldsymbol{A} \cdot \mathrm{d}\boldsymbol{s} = \int_{P_1}^{P_2} |\mathrm{d}\boldsymbol{s}| = s = \int_{t_1}^{t_2} \sqrt{\left(\frac{\mathrm{d}x}{\mathrm{d}t}\right)^2 + \left(\frac{\mathrm{d}y}{\mathrm{d}t}\right)^2 + \left(\frac{\mathrm{d}z}{\mathrm{d}t}\right)^2}\, \mathrm{d}t. \qquad \text{(A 5.2b)}$$

Der Integrand $\boldsymbol{A} \cdot \mathrm{d}\boldsymbol{s}$ sei ein vollständiges Differential der Funktion f:

$$\mathrm{d}f = \boldsymbol{A} \cdot \mathrm{d}\boldsymbol{s}.$$

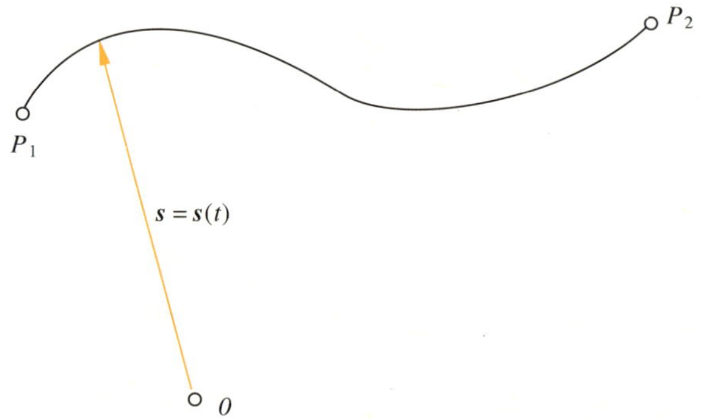

Abb. A 5.1 Darstellung einer Raumkurve durch den Ortsvektor **s**

Ein Vergleich vorstehender Beziehung mit (A 4.1 a) zeigt, daß dann $\boldsymbol{A} = \operatorname{grad} f$ gesetzt werden und für das Linienintegral

$$\int_{\substack{P_1\\ \boldsymbol{s}}}^{P_2} \boldsymbol{A} \cdot \mathrm{d}\boldsymbol{s} = \int_{P_1}^{P_2} \mathrm{d}f = f(P_2) - f(P_1)$$

geschrieben werden kann. Der Wert des Integrals hängt nur noch vom Anfangs- und Endpunkt des Weges ab, er ist vom Wege unabhängig, d.h. unabhängig davon, auf welcher Raumkurve man vom Anfangspunkt P_1 zum Endpunkt P_2 gelangt. Für jeden *beliebig* geschlossenen Weg muß dann gelten

$$\oint \boldsymbol{A} \cdot \mathrm{d}\boldsymbol{s} = 0.$$

Mit der Beziehung (A 5.1) kann unter Beachtung von (A 3.5) für den Integranden

$$\boldsymbol{A} \cdot \mathrm{d}\boldsymbol{s} = A_x\, \mathrm{d}x + A_y\, \mathrm{d}y + A_z\, \mathrm{d}z$$

geschrieben werden. Nach (A 2.23 b) ist dieser Ausdruck dann und nur dann ein vollständiges Differential einer Funktion $f(x, y, z)$, wenn die

Koordinaten des Vektors $\boldsymbol{A}$ die Bedingungen

$$\frac{\partial A_x}{\partial y}=\frac{\partial A_y}{\partial x}; \quad \frac{\partial A_x}{\partial z}=\frac{\partial A_z}{\partial x}; \quad \frac{\partial A_y}{\partial z}=\frac{\partial A_z}{\partial y}$$

erfüllen. Definiert man einen neuen Vektor rot $\boldsymbol{A}$ (Rotor von $\boldsymbol{A}$, Näheres siehe Abschnitt A. 7) durch

$$\operatorname{rot} \boldsymbol{A}=\begin{vmatrix} \boldsymbol{i} & \boldsymbol{j} & \boldsymbol{k} \\ \frac{\partial}{\partial x} & \frac{\partial}{\partial y} & \frac{\partial}{\partial z} \\ A_x & A_y & A_z \end{vmatrix},$$

so ist (vgl. auch (A 3.10 b)) vorstehende Aussage identisch mit rot $\boldsymbol{A}=\boldsymbol{0}$.

Zusammenfassend folgt:

Das Linienintegral $\int\limits_{P_1 \atop s}^{P_2} \boldsymbol{A} \cdot \mathrm{d}\boldsymbol{s}$ ist dann und nur dann unabhängig vom Weg, d. h., es ist

$$\int\limits_{P_1 \atop s}^{P_2} \boldsymbol{A} \cdot \mathrm{d}\boldsymbol{s}=f(P_2)-f(P_1) \tag{A 5.3 a}$$

bzw.

$$\oint \boldsymbol{A} \cdot \mathrm{d}\boldsymbol{s}=0 \text{ auf jedem beliebig geschlossenen Weg,} \tag{A 5.3 b}$$

wenn

$$\frac{\partial A_x}{\partial y}=\frac{\partial A_y}{\partial x}; \quad \frac{\partial A_x}{\partial z}=\frac{\partial A_z}{\partial x}; \quad \frac{\partial A_y}{\partial z}=\frac{\partial A_z}{\partial y} \tag{A 5.3 c}$$

bzw.

$$\operatorname{rot} \boldsymbol{A}=\begin{vmatrix} \boldsymbol{i} & \boldsymbol{j} & \boldsymbol{k} \\ \frac{\partial}{\partial x} & \frac{\partial}{\partial y} & \frac{\partial}{\partial z} \\ A_x & A_y & A_z \end{vmatrix}=\boldsymbol{0} \tag{A 5.3 d}$$

gilt. Die Beziehungen (A 5.3 a) und (A 5.3 b) und die Beziehungen (A 5.3 c) und (A 5.3 d) sind gleichwertig.

Ist das Linienintegral $\int\limits_{P_1 \atop s}^{P_2} \boldsymbol{A} \cdot \mathrm{d}\boldsymbol{s}$ unabhängig vom Wege, dann ist der Vektor $\boldsymbol{A}$ als Gradient einer skalaren Ortsfunktion darstellbar:

$$\boldsymbol{A}=\operatorname{grad} f, \quad \text{wenn} \quad \oint \boldsymbol{A} \cdot \mathrm{d}\boldsymbol{s}=0 \tag{A 5.4}$$

A. 6 Oberflächenintegral, Divergenz

Bei einem Doppelintegral

$$I = \iint_A f(x, y)\,\mathrm{d}A \tag{A 6.1 a}$$

ist die Integration über das Flächenelement $\mathrm{d}A$ in der x,y-Ebene zu erstrecken (vgl. I A. 6). Entsprechend I A. 21 wird die Orientierung des Flächenelementes durch den Vektor der Flächennormale $\boldsymbol{A}^0$ festgelegt ($\mathrm{d}\boldsymbol{A} = \mathrm{d}A\,\boldsymbol{A}^0$). Setzen wir weiter $\boldsymbol{B} = z\,\boldsymbol{A}^0 = f(x, y)\,\boldsymbol{A}^0$, dann kann unter Beachtung von (A 3.5) für (A 6.1 a) auch

$$I = \iint_A B\,\mathrm{d}A = \int_A \boldsymbol{B} \cdot \mathrm{d}\boldsymbol{A} \tag{A 6.1}$$

geschrieben werden. Es läßt sich zeigen, daß die Darstellung (A 6.1) für beliebige Winkel zwischen $\boldsymbol{B}$ und $\mathrm{d}\boldsymbol{A}$, d.h. auch für *gekrümmte* Flächen, Gültigkeit besitzt. (A 6.1) wird daher vielfach als *Oberflächenintegral* bezeichnet.

Wir betrachten das von der geschlossenen Oberfläche A begrenzte Volumen V. In diesem Volumen existiere das stetig nach den Ortskoordinaten differenzierbare Vektorfeld $\boldsymbol{B}$. Mit dem Oberflächenintegral $\oint_A \boldsymbol{B} \cdot \mathrm{d}\boldsymbol{A}$ über die geschlossene Fläche A ($\mathrm{d}\boldsymbol{A}$ zeigt aus dem betrachteten Volumen heraus) wird der Ausdruck

$$\frac{1}{V} \oint_A \boldsymbol{B} \cdot \mathrm{d}\boldsymbol{A} \tag{A 6.2 a}$$

gebildet. Für ein bestimmtes Flächenelement $\mathrm{d}\boldsymbol{A}$ ist dann $\boldsymbol{B} \cdot \mathrm{d}\boldsymbol{A}$ positiv, Null oder negativ, je nachdem, ob $\boldsymbol{B}$ aus dem Volumen herauszeigt, tangential zu $\mathrm{d}\boldsymbol{A}$ verläuft oder in das Volumen hineinzeigt. (A 6.2 a) ist daher ein Maß dafür, ob das Vektorfeld $\boldsymbol{B}$ (im Fall des elektrischen Feldes zum Beispiel durch die elektrischen Feldlinien dargestellt) die Oberfläche des Volumens in stärkerem Umfang von innen nach außen oder umgekehrt von außen nach innen durchsetzt (Abb. A 6.1). (A 6.2 a) stellt also ein Maß für die Differenz der Anzahl der *Quellen* (Feldlinien entspringen im Volumen, z. B. die $\boldsymbol{D}$-Linien an den positiven elektrischen Ladungen) und der *Senken* (Feldlinien enden im Volumen, z. B. die $\boldsymbol{D}$-Linien an den negativen Ladungen) des Vektorfeldes $\boldsymbol{B}$ im betrachteten Volumen V dar.

Da (A 6.2 a) sowohl von der Größe als auch von der Gestalt des Volumens V abhängt, ist zur eindeutigen Charakterisierung der Quellen und Senken des Vektorfeldes $\boldsymbol{B}$ diese Beziehung ungeeignet. Dagegen gibt der Grenzwert

$$\operatorname{div} \boldsymbol{B} = \lim_{V \to 0} \frac{1}{V} \oint_A \boldsymbol{B} \cdot \mathrm{d}\boldsymbol{A} \tag{A 6.2}$$

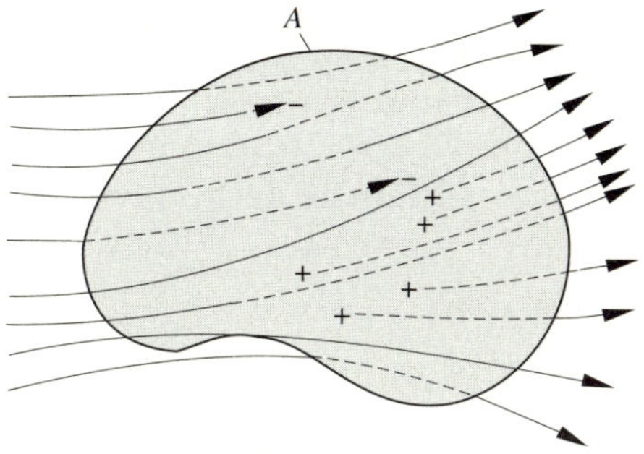

Abb. A 6.1
Quellen (+) und Senken (–) eines Vektorfeldes im Volumen V

(unter der Voraussetzung, daß er existiert, was im weiteren vorausgesetzt sein soll) eindeutig Auskunft über eventuelle Quellen und Senken des Vektorfeldes $\boldsymbol{B}$ in dem durch $V \to 0$ gekennzeichneten Punkt. Dieser Grenzwert heißt *Divergenz* von $\boldsymbol{B}$ (abgekürzt: div $\boldsymbol{B}$).

Durch die Vektoroperation Divergenz wird einem Vektorfeld eindeutig ein Skalarfeld zugeordnet. An den Orten des Vektorfeldes $\boldsymbol{B}$, für die $\operatorname{div} \boldsymbol{B} > 0$ gilt, befinden sich Quellen, an den Orten mit $\operatorname{div} \boldsymbol{B} < 0$ Senken des Vektorfeldes. Gilt $\operatorname{div} \boldsymbol{B} = 0$, so ist an diesen Stellen das Vektorfeld frei von Quellen und Senken.

Für praktische Rechnungen ist der Grenzwert (A 6.2) ungeeignet. Es soll daher für die Vektoroperation Divergenz ein Ausdruck in kartesischen Koordinaten hergeleitet werden. Wir betrachten hierzu als Volumen V in (A 6.2) einen Quader der Kantenlängen Δx, Δy und Δz zwischen den Koordinaten x und $x + \Delta x$, y und $y + \Delta y$ und z und $z + \Delta z$ (Abb. A 6.2). Für dieses Volumenelement errechnet sich mit (A 3.5) die Divergenz (A 6.2) zu

$$\begin{aligned}\operatorname{div} \boldsymbol{B} = \lim_{\substack{\Delta x \to 0 \\ \Delta y \to 0 \\ \Delta z \to 0}} \frac{1}{\Delta x \;\; \Delta y \;\; \Delta z} &[(B_x(x + \Delta x, y, z) - B_x(x, y, z))\, \Delta y\, \Delta z \\ &+ (B_y(x, y + \Delta y, z) - B_y(x, y, z))\, \Delta x\, \Delta z \\ &+ (B_z(x, y, z + \Delta z) - B_z(x, y, z))\, \Delta x\, \Delta y] \,.\end{aligned} \tag{A 6.3 a}$$

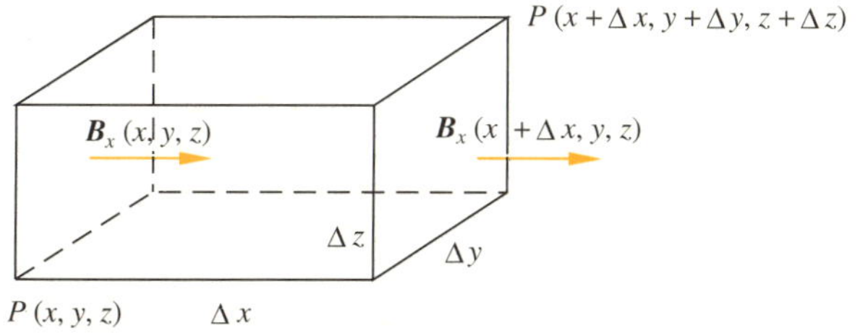

Abb. A 6.2
Zur Herleitung von (A 6.3a). Der besseren Übersicht wegen wird nur die x-Komponente von $\boldsymbol{B}$ betrachtet.

Zur Herleitung von (A 6.3 a) muß beachtet werden, daß nach (A 6.2) die Orientierung von $\mathrm{d}\boldsymbol{A}$ so zu wählen ist, daß $\mathrm{d}\boldsymbol{A}$ stets aus dem Quader herauszeigt. Dies bedingt die negativen Vorzeichen von $B_x(x, y, z)$, $B_y(x, y, z)$ und $B_z(x, y, z)$ in (A 6.3 a).

Entwicklung von $B_x(x+\Delta x, y, z)$ in eine Taylorsche Reihe ergibt (vgl. (I A 3.1 b))

$$B_x(x+\Delta x, y, z) = B_x(x, y, z) + \frac{\partial B_x(x, y, z)}{\partial x} \Delta x + \text{Glieder mit } \Delta x^n \, (n = 2, 3, \ldots) . \tag{A 6.3 b}$$

Werden (A 6.3 b) und die entsprechenden Ausdrücke für $B_y(x, y+\Delta y, z)$ und $B_z(x, y, z+\Delta z)$ in (A 6.3 a) eingesetzt, so folgt

$$\operatorname{div} \boldsymbol{B} = \lim_{\substack{\Delta x \to 0 \\ \Delta y \to 0 \\ \Delta z \to 0}} \frac{1}{\Delta x \;\Delta y \;\Delta z} \left[\left(\frac{\partial B_x}{\partial x} + \frac{\partial B_y}{\partial y} + \frac{\partial B_z}{\partial z} \right) \Delta x \,\Delta y \,\Delta z + \text{Glieder mit } \Delta x^n \,\Delta y \,\Delta z,\; \Delta x \,\Delta y^n \,\Delta z,\; \Delta x \,\Delta y \,\Delta z^n \right] \quad (n = 2, 3, \ldots)$$

und nach Bildung des Grenzwertes

$$\operatorname{div} \boldsymbol{B} = \frac{\partial B_x}{\partial x} + \frac{\partial B_y}{\partial y} + \frac{\partial B_z}{\partial z} . \tag{A 6.3}$$

Die Divergenz eines Vektorfeldes läßt sich aus den Vektorkoordinaten durch Differentiation gewinnen. Man bezeichnet die Divergenz daher genau wie den Gradienten und den Rotor als *Vektordifferentialoperation.*

A.7 Rotor

Es existiere das Vektorfeld $\boldsymbol{B}$, das nach den Ortskoordinaten differenzierbar sei. Für bestimmte physikalische Probleme (vgl. u.a. (S 1.4)) ist die Kenntnis des über einen geschlossenen Weg $\boldsymbol{s}$ erstreckten Linienintegrals $\oint_{\boldsymbol{s}} \boldsymbol{B} \cdot \mathrm{d}\boldsymbol{s}$ von Bedeutung. $\boldsymbol{s}_n$ sei die Berandungskurve einer ebenen Fläche $\boldsymbol{A}_n$, wobei der Index n die Orientierung der Ebene angibt ($\boldsymbol{n}^0 = \boldsymbol{A}_n{}^0$). Wir bilden den Ausdruck

$$\frac{1}{A_n} \oint_{\boldsymbol{s}_n} \boldsymbol{B} \cdot \mathrm{d}\boldsymbol{s} . \tag{A 7.1 a}$$

Die Integrationsrichtung wird so festgelegt, daß mit Bezug auf die Richtung $\boldsymbol{n}^0$ der Integrationsweg $\boldsymbol{s}_n$ die Berandung im mathematisch negativen Sinn umläuft (vgl. Abb. A 7.1). (A 7.1 a) gibt ein mittleres Maß für das

Skalarprodukt $\boldsymbol{B} \cdot \mathrm{d}\boldsymbol{s}$ längs des geschlossenen Integrationsweges $\boldsymbol{s}_n$ an. Der Wert von (A 7.1 a) hängt außer von der Orientierung der Fläche noch von ihrer Form und Größe ab und ist deshalb keine eindeutige charakteristische Größe des Vektorfeldes. Um diese charakteristische Größe mit Bezug auf die Richtung $\boldsymbol{n}^0$ zu gewinnen, bildet man von (A 7.1 a) analog zu (A 6.2) den Grenzwert

$$\operatorname{rot}_n \boldsymbol{B} = \lim_{A_n \to 0} \frac{1}{A_n} \oint_{\boldsymbol{s}_n} \boldsymbol{B} \cdot \mathrm{d}\boldsymbol{s}. \qquad \text{(A 7.1)}$$

(A 7.1) wird als Koordinate des *Rotors des Vektorfeldes* $\boldsymbol{B}$ *in Richtung* $\boldsymbol{n}^0$ (abgekürzt: $\operatorname{rot}_n \boldsymbol{B}$) in dem durch $A_n \to 0$ festgelegten Punkt bezeichnet.

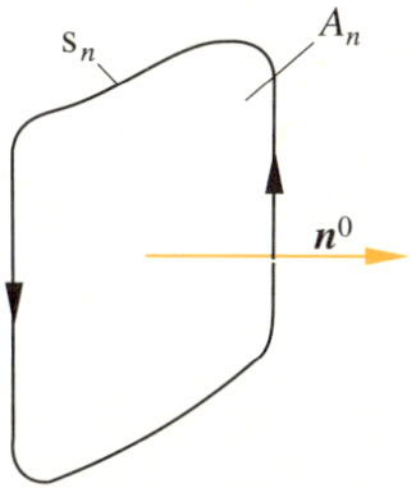

Abb. A 7.1 Zur Festlegung der Umlaufrichtung von $\boldsymbol{s}_n$

Im weiteren soll gezeigt werden, daß man den Rotor für jede beliebige Richtung angeben kann, wenn man seine Koordinaten bezüglich der Richtungen $\boldsymbol{i}$, $\boldsymbol{j}$ und $\boldsymbol{k}$ kennt. Wir betrachten hierzu Abb. A 7.2. Die Projektion des Vektors $\boldsymbol{A}_n$ auf die Koordinatenebenen ergibt nach (A 3.5)

$$\begin{aligned} \boldsymbol{A}_n \cdot \boldsymbol{i} &= A_x = A_n \cos(\boldsymbol{n}^0, \boldsymbol{i}), \\ \boldsymbol{A}_n \cdot \boldsymbol{j} &= A_y = A_n \cos(\boldsymbol{n}^0, \boldsymbol{j}), \\ \boldsymbol{A}_n \cdot \boldsymbol{k} &= A_z = A_n \cos(\boldsymbol{n}^0, \boldsymbol{k}). \end{aligned} \qquad \text{(A 7.2 a)}$$

Werden noch die Randkurven von $\boldsymbol{A}_x$, $\boldsymbol{A}_y$ und $\boldsymbol{A}_z$ mit $\boldsymbol{s}_x$, $\boldsymbol{s}_y$ und $\boldsymbol{s}_z$ bezeichnet, dann kann das Linienintegral (A 7.1) zerlegt werden in (vgl. Abb. A 7.2)

$$\oint_{\boldsymbol{s}_n} \boldsymbol{B} \cdot \mathrm{d}\boldsymbol{s} = \oint_{\boldsymbol{s}_x} \boldsymbol{B} \cdot \mathrm{d}\boldsymbol{s} + \oint_{\boldsymbol{s}_y} \boldsymbol{B} \cdot \mathrm{d}\boldsymbol{s} + \oint_{\boldsymbol{s}_z} \boldsymbol{B} \cdot \mathrm{d}\boldsymbol{s}, \qquad \text{(A 7.2 b)}$$

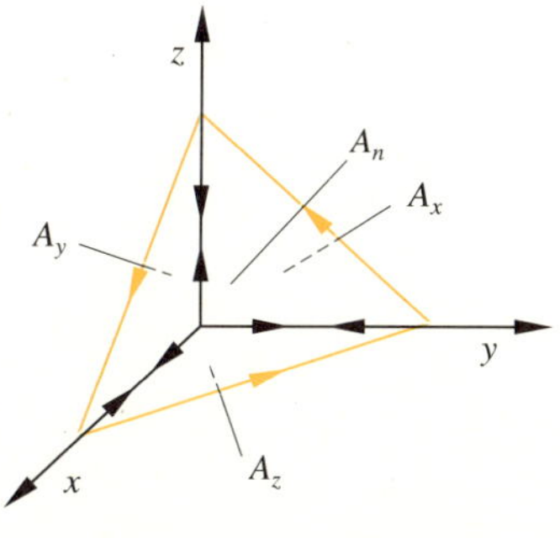

Abb. A 7.2 Zur Herleitung von (A 7.2b)

da sich die Integrale längs der doppelt durchlaufenen Strecken wegen der antiparallelen Richtungen der Integrationswege gegenseitig aufheben. Durch Einsetzen von (A 7.2b) und (A 7.2a) in (A 7.1) erhält man

$$\begin{aligned}\operatorname{rot}_n \boldsymbol{B} = &\lim_{A_n \to 0} \frac{1}{A_n} \left[\oint_{s_x} \boldsymbol{B} \cdot \mathrm{d}\boldsymbol{s} + \oint_{s_y} \boldsymbol{B} \cdot \mathrm{d}\boldsymbol{s} + \oint_{s_z} \boldsymbol{B} \cdot \mathrm{d}\boldsymbol{s} \right] \\ = &\cos(\boldsymbol{n}^0, \boldsymbol{i}) \lim_{A_x \to 0} \frac{1}{A_x} \oint_{s_x} \boldsymbol{B} \cdot \mathrm{d}\boldsymbol{s} \\ &+ \cos(\boldsymbol{n}^0, \boldsymbol{j}) \lim_{A_y \to 0} \frac{1}{A_y} \oint_{s_y} \boldsymbol{B} \cdot \mathrm{d}\boldsymbol{s} \\ &+ \cos(\boldsymbol{n}^0, \boldsymbol{k}) \lim_{A_z \to 0} \frac{1}{A_z} \oint_{s_z} \boldsymbol{B} \cdot \mathrm{d}\boldsymbol{s}\end{aligned}$$

oder mit (A 7.1)

$$\operatorname{rot}_n \boldsymbol{B} = \cos(\boldsymbol{n}^0, \boldsymbol{i}) \operatorname{rot}_x \boldsymbol{B} + \cos(\boldsymbol{n}^0, \boldsymbol{j}) \operatorname{rot}_y \boldsymbol{B} + \cos(\boldsymbol{n}^0, \boldsymbol{k}) \operatorname{rot}_z \boldsymbol{B}. \tag{A 7.3a}$$

Bezeichnet man als *Rotor* von $\boldsymbol{B}$ (abgekürzt: rot $\boldsymbol{B}$) den Vektor

$$\operatorname{rot} \boldsymbol{B} = \boldsymbol{i} \operatorname{rot}_x \boldsymbol{B} + \boldsymbol{j} \operatorname{rot}_y \boldsymbol{B} + \boldsymbol{k} \operatorname{rot}_z \boldsymbol{B} \tag{A 7.4}$$

und berücksichtigt

$$\boldsymbol{n}^0 = \cos(\boldsymbol{n}^0, \boldsymbol{i})\,\boldsymbol{i} + \cos(\boldsymbol{n}^0, \boldsymbol{j})\,\boldsymbol{j} + \cos(\boldsymbol{n}^0, \boldsymbol{k})\,\boldsymbol{k} \tag{A 7.5}$$

und (A 3.5), dann kann für (A 7.3a)

$$\operatorname{rot}_n \boldsymbol{B} = \boldsymbol{n}^0 \cdot \operatorname{rot} \boldsymbol{B} \tag{A 7.3}$$

geschrieben werden. Bei Kenntnis des Vektors rot $\boldsymbol{B}$ läßt sich nach (A 7.3) $\operatorname{rot}_n \boldsymbol{B}$ für jede beliebige Richtung $\boldsymbol{n}^0$ angeben.

Für praktische Rechnungen wird meist der Rotor in kartesischen Koordinaten benötigt. Zur Herleitung einer entsprechenden Beziehung betrachten wir die spezielle Fläche $\boldsymbol{A}_x = \Delta y \, \Delta z \, \boldsymbol{i}$ zwischen den Koordinaten y und $y + \Delta y$, z und $z + \Delta z$ (vgl. Abb. A 7.3). Für diese Fläche besitzt das Linienintegral $\oint_{s_x} \boldsymbol{B} \cdot \mathrm{d}\boldsymbol{s}$ den Wert

$$\begin{aligned}\oint_{s_x} \boldsymbol{B} \cdot \mathrm{d}\boldsymbol{s} = &B_y(x, y, z)\,\Delta y + B_z(x, y + \Delta y, z)\,\Delta z \\ &- B_y(x, y, z + \Delta z)\,\Delta y - B_z(x, y, z)\,\Delta z .\end{aligned} \tag{A 7.6a}$$

Analog zu (A 6.3 b) gelten die Beziehungen

$$B_y(x, y, z+\Delta z) = B_y(x, y, z) + \frac{\partial B_y(x, y, z)}{\partial z}\Delta z + \text{Glieder mit } \Delta z^n \quad (n = 2, 3, \ldots),$$

$$B_z(x, y+\Delta y, z) = B_z(x, y, z) + \frac{\partial B_z(x, y, z)}{\partial y}\Delta y + \text{Glieder mit } \Delta y^n \quad (n = 2, 3, \ldots),$$

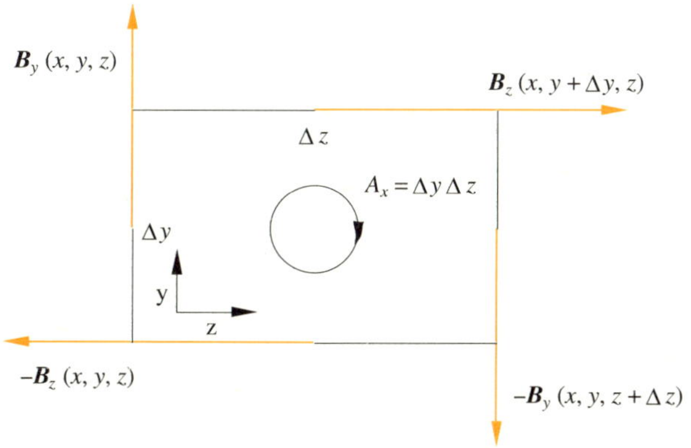

Abb. A 7.3 Zur Herleitung von (A 7.6 a)

mit denen aus (A 7.6 a)

$$\oint_{s_x} \boldsymbol{B} \cdot \mathrm{d}\boldsymbol{s} = \left(\frac{\partial B_z}{\partial y} - \frac{\partial B_y}{\partial z}\right)\Delta y \Delta z + \text{Glieder mit } \Delta z^n \Delta y \text{ und } \Delta y^n \Delta z \quad (n = 2, 3, \ldots) \qquad \text{(A 7.6 b)}$$

folgt. Wählt man in (A 7.1) als $\boldsymbol{n}^0$ den Einheitsvektor in positiver x-Richtung, so folgt

$$\mathrm{rot}_x \boldsymbol{B} = \lim_{A_x \to 0} \frac{1}{A_x} \oint_{s_x} \boldsymbol{B} \cdot \mathrm{d}\boldsymbol{s}.$$

Mit $A_x = \Delta y \Delta z$ und (A 7.6 b) ergibt sich

$$\operatorname{rot}_x \boldsymbol{B} = \lim_{\substack{\Delta y \to 0 \\ \Delta z \to 0}} \frac{1}{\Delta y \Delta z} \left[\left(\frac{\partial B_z}{\partial y} - \frac{\partial B_y}{\partial z} \right) \Delta y \Delta z \right.$$

$$\left. + \text{Glieder mit } \Delta z^n \Delta y \text{ und } \Delta y^n \Delta z \right] \qquad (n = 2, 3, \ldots)$$

und nach dem Grenzübergang

$$\operatorname{rot}_x \boldsymbol{B} = \frac{\partial B_z}{\partial y} - \frac{\partial B_y}{\partial z}. \qquad \text{(A 7.7 a)}$$

Analog folgen

$$\operatorname{rot}_y \boldsymbol{B} = \frac{\partial B_x}{\partial z} - \frac{\partial B_z}{\partial x}, \qquad \text{(A 7.7 b)}$$

$$\operatorname{rot}_z \boldsymbol{B} = \frac{\partial B_y}{\partial x} - \frac{\partial B_x}{\partial y}. \qquad \text{(A 7.7 c)}$$

Diese Beziehungen lassen sich mit (A 7.4) in Übereinstimmung zu Abschnitt A. 5 zusammenfassen zu

$$\operatorname{rot} \boldsymbol{B} = \begin{vmatrix} \boldsymbol{i} & \boldsymbol{j} & \boldsymbol{k} \\ \dfrac{\partial}{\partial x} & \dfrac{\partial}{\partial y} & \dfrac{\partial}{\partial z} \\ B_x & B_y & B_z \end{vmatrix}. \qquad \text{(A 7.7)}$$

Die Vektordifferentialoperation Rotor ordnet dem Vektorfeld $\boldsymbol{B}$ das Vektorfeld rot $\boldsymbol{B}$ zu.

A. 8 Gaußscher und Stokesscher Satz

Das Volumen V werde durch die geschlossene Oberfläche A begrenzt. Wir zerlegen das Volumen in m Teilvolumina ΔV_i $(i = 1, 2, \ldots, m)$ mit den Oberflächen A_i. Weiter existiere das stetig nach den Ortskoordinaten in V und auf seiner Oberfläche differenzierbare Vektorfeld $\boldsymbol{B}$. Für jedes Teilvolumen ΔV_i läßt sich nach (A 6.2) ein Mittelwert der Divergenz

$$\overline{\operatorname{div}_i \boldsymbol{B}} = \frac{1}{\Delta V_i} \oint_{A_i} \boldsymbol{B} \cdot \mathrm{d}\boldsymbol{A}$$

angeben, woraus durch Summation über alle Teilvolumina

$$\sum_{i=1}^{m} \overline{\mathrm{div}_i \boldsymbol{B}} \Delta V_i = \sum_{i=1}^{m} \oint_{A_i} \boldsymbol{B} \cdot \mathrm{d}\boldsymbol{A} \qquad \text{(A 8.1 a)}$$

folgt. Betrachtet man die Oberflächen A_i der Volumenelemente ΔV_i, so erkennt man (vgl. Abb. A 8.1), daß es zu jeder im Innern des Volumens gelegenen Fläche $\Delta \boldsymbol{A}_{i\lambda}$ eine gleichgroße mit umgekehrter Orientierung $\Delta \boldsymbol{A}_{k\mu} = -\Delta \boldsymbol{A}_{i\lambda}$ gibt. Zum Gesamtoberflächenintegral in (A 8.1 a) trägt demnach nur die Integration über die äußere Begrenzungsfläche von V bei. Führt man noch den Grenzübergang $m \to \infty$, $\Delta V_i \to 0$ durch, so geht nach (I A 7.1) die Summe (A 8.1 a) über in das Integral

$$\int_V \mathrm{div}\, \boldsymbol{B} \,\mathrm{d}V = \int_A \boldsymbol{B} \cdot \mathrm{d}\boldsymbol{A}. \qquad \text{(A 8.1)}$$

(*Gaußscher Satz*)

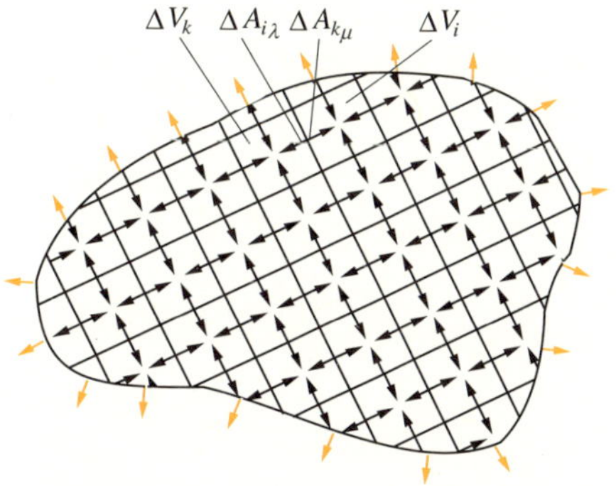

Abb. A 8.1 Zur Herleitung des Gaußschen Satzes

Der Gaußsche Satz überführt ein Volumenintegral von div $\boldsymbol{B}$ über das Volumen V in ein Oberflächenintegral von $\boldsymbol{B}$ über die das Volumen umschließende Fläche A.

Wir betrachten die Fläche $\boldsymbol{A}$ mit der Randkurve $\boldsymbol{s}$ und nähern diese Fläche durch m ebene Teilflächen $\Delta \boldsymbol{A}_l$ ($l = 1, 2, \ldots, m$) mit den Randkurven $\boldsymbol{s}_l$ an. Weiter existiere das stetig differenzierbare Vektorfeld $\boldsymbol{B}$. Mit $\boldsymbol{n}_l^0 = \boldsymbol{A}_l^0$ läßt sich für jede Teilfläche nach (A 7.1) ein Mittelwert des Rotors von $\boldsymbol{B}$ in Richtung $\boldsymbol{n}_l^0$ angeben:

$$\overline{\mathrm{rot}_{n_l} \boldsymbol{B}} = \frac{1}{\Delta A_l} \oint_{s_l} \boldsymbol{B} \cdot \mathrm{d}\boldsymbol{s},$$

woraus durch Summation über die Teilflächen

$$\sum_{l=1}^{m} \overline{\mathrm{rot}_{n_l} \boldsymbol{B}}\, \Delta A_l = \sum_{l=1}^{m} \oint_{s_l} \boldsymbol{B} \cdot \mathrm{d}\boldsymbol{s} \qquad \text{(A 8.2 a)}$$

folgt. Die Betrachtung der Randkurven $\boldsymbol{s}_l$ der Teilflächen $\Delta \boldsymbol{A}_l$ zeigt (vgl. Abb. A 8.2), daß es zu jeder im Innern der Fläche gelegenen Randkurve $\boldsymbol{s}_{l\lambda}$ eine gleichgroße mit umgekehrtem Richtungssinn $\boldsymbol{s}_{i\mu} = -\boldsymbol{s}_{l\lambda}$ gibt. Zum Gesamtlinienintegral in (A 8.2 a) trägt deshalb nur die Integration über die äußere Begrenzungskurve $\boldsymbol{s}$ der Fläche $\boldsymbol{A}$ bei. Beim Grenzübergang $\Delta A_l \rightarrow 0$, $m \rightarrow \infty$ geht nach Abschnitt I A.6 und (A 6.1) die Summe (A 8.2 a) in das Integral

$$\int_{A} \mathrm{rot}\, \boldsymbol{B} \cdot \mathrm{d}\boldsymbol{A} = \oint_{s} \boldsymbol{B} \cdot \mathrm{d}\boldsymbol{s} \qquad \text{(A 8.2)}$$

(*Stokesscher Satz*)

über. Der Stokessche Satz überführt ein Oberflächenintegral von rot $\boldsymbol{B}$ über die Fläche A in ein über die Randkurve dieser Fläche erstrecktes Linienintegral von $\boldsymbol{B}$.

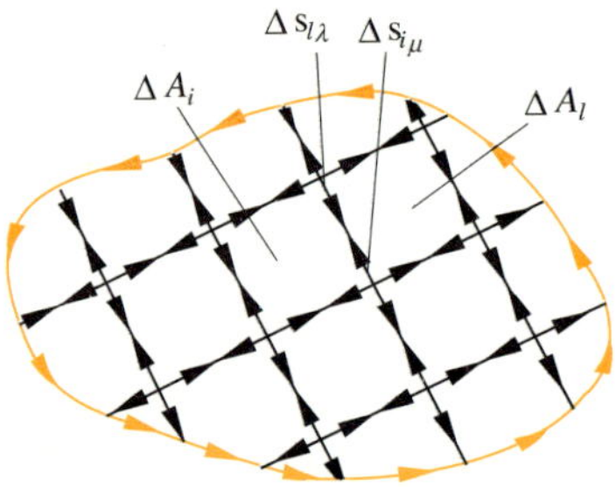

Abb. A 8.2 Zur Herleitung des Stokesschen Satzes

Wir betrachten zwei Folgerungen aus vorstehenden Sätzen. Das Vektorfeld $\boldsymbol{B}$ sei darstellbar als Gradient der skalaren Ortsfunktion f (vgl. A. 4), also $\boldsymbol{B} = \mathrm{grad}\, f$. Nach (A 8.2) und (A 4.1 a) folgt dann

$$\int_{A} \mathrm{rot\, grad}\, f \cdot \mathrm{d}\boldsymbol{A} = \oint_{s} \mathrm{grad}\, f \cdot \mathrm{d}\boldsymbol{s} = \oint_{s} \mathrm{d}f = 0\,. \qquad \text{(A 8.3 a)}$$

Da die Bedingung (A 8.3 a) für jede Fläche gilt, muß sie für den Integranden selbst gelten, d.h.,

$$\mathrm{rot\, grad}\, f = \boldsymbol{0}\,. \qquad \text{(A 8.3)}$$

Gilt umgekehrt für ein Vektorfeld (z.B. die elektrische Feldstärke) $\oint \boldsymbol{E} \cdot \mathrm{d}\boldsymbol{s} = 0$ für jeden geschlossenen Weg oder rot $\boldsymbol{E} = \boldsymbol{0}$ (vgl. (S 1.4)), so kann nach (A 8.3) $\boldsymbol{E}$ mit dem elektrischen Potential φ durch $\boldsymbol{E} = -\operatorname{grad} \varphi$ ausgedrückt werden (vgl. (S 1.5)).

Das Vektorfeld $\boldsymbol{B}$ sei darstellbar durch $\boldsymbol{B} = \operatorname{rot} \boldsymbol{C}$. Nach (A 8.1) und (A 8.2) folgt dann

$$\int_V \operatorname{div} \boldsymbol{B} \, \mathrm{d}V = \int_V \operatorname{div} \operatorname{rot} \boldsymbol{C} \, \mathrm{d}V = \oint_A \operatorname{rot} \boldsymbol{C} \cdot \mathrm{d}\boldsymbol{A}$$

$$= \oint_s \boldsymbol{C} \cdot \mathrm{d}\boldsymbol{s} = 0, \qquad \text{(A 8.4 a)}$$

denn die Randkurve einer geschlossenen Fläche verschwindet. Da (A 8.4 a) für jedes Volumen gilt, folgt

$$\operatorname{div} \operatorname{rot} \boldsymbol{C} = 0. \qquad \text{(A 8.4)}$$

Zum Beispiel gilt für die magnetische Induktion im ganzen Raum $\operatorname{div} \boldsymbol{B} = 0$ (vgl. (6.9 d)). Sie ist daher mit dem Vektorpotential $\boldsymbol{A}$ darstellbar durch $\boldsymbol{B} = \operatorname{rot} \boldsymbol{A}$ (vgl. (D 6.3)).

A. 9 Vektordifferentialoperator Nabla

Wird einer Größe X (z. B. einem Skalarfeld) durch eine bestimmte Rechenvorschrift (Operation) eindeutig eine Größe Y (z. B. ein Vektorfeld) zugeordnet, so bezeichnet man diese Zuordnungsvorschrift als *Operator* O und schreibt $Y = \mathrm{O}X$. Die Vektordifferentialoperationen $\operatorname{grad} f$, $\operatorname{div} \boldsymbol{A}$ und $\operatorname{rot} \boldsymbol{A}$ sind in kartesischen Koordinaten darstellbar durch

$$\operatorname{grad} f = \boldsymbol{i} \frac{\partial f}{\partial x} + \boldsymbol{j} \frac{\partial f}{\partial y} + \boldsymbol{k} \frac{\partial f}{\partial z},$$

$$\operatorname{div} \boldsymbol{A} = \frac{\partial A_x}{\partial x} + \frac{\partial A_y}{\partial y} + \frac{\partial A_z}{\partial z},$$

$$\operatorname{rot} \boldsymbol{A} = \begin{vmatrix} \boldsymbol{i} & \boldsymbol{j} & \boldsymbol{k} \\ \dfrac{\partial}{\partial x} & \dfrac{\partial}{\partial y} & \dfrac{\partial}{\partial z} \\ A_x & A_y & A_z \end{vmatrix}.$$

Führt man den Vektordifferentialoperator *Nabla*

$$\nabla = \boldsymbol{i} \frac{\partial}{\partial x} + \boldsymbol{j} \frac{\partial}{\partial y} + \boldsymbol{k} \frac{\partial}{\partial z} \qquad \text{(A 9.1)}$$

ein, so lassen sich diese Vektordifferentialoperationen nach (A 2.4), (A 3.5) und (A 3.10 b) darstellen durch

$$\operatorname{grad} f = \nabla f, \tag{A 9.2a}$$

$$\operatorname{div} \boldsymbol{A} = \nabla \cdot \boldsymbol{A}, \tag{A 9.2b}$$

$$\operatorname{rot} \boldsymbol{A} = \nabla \times \boldsymbol{A}. \tag{A 9.2c}$$

Die Verwendung des Operators ∇ ist besonders zweckmäßig zur Berechnung der Vektordifferentialoperationen komplizierterer skalarer und vektorieller Funktionen. Drei Beispiele sollen dies erläutern:

Nach (A 9.2c) und (A 9.2a) gilt in Übereinstimmung mit (A 8.3)

$$\operatorname{rot} \operatorname{grad} f = \nabla \times \nabla f = (\nabla \times \nabla) f = \boldsymbol{0},$$

da nach (A 3.9) $\nabla \times \nabla = \boldsymbol{0}$ ist.

Nach (A 9.2b), (A 9.2c) und (A 3.14) gilt in Übereinstimmung mit (A 8.4)

$$\operatorname{div} \operatorname{rot} \boldsymbol{A} = \nabla \cdot (\nabla \times \boldsymbol{A}) = 0.$$

Nach (A 3.17), (A 9.2b) und (A 9.2a) gilt

$$\operatorname{div} f \boldsymbol{A} = \nabla \cdot f \boldsymbol{A} = \boldsymbol{A} \cdot \nabla f + f \nabla \cdot \boldsymbol{A} = \boldsymbol{A} \cdot \operatorname{grad} f + f \operatorname{div} \boldsymbol{A}. \tag{A 9.3}$$

Weitere Umrechnungsbeziehungen sind in A. 10 zusammengestellt.

A. 10 Einige wichtige Beziehungen der Vektoranalysis

$$\nabla = \boldsymbol{i} \frac{\partial}{\partial x} + \boldsymbol{j} \frac{\partial}{\partial y} + \boldsymbol{k} \frac{\partial}{\partial z} \quad \text{(vgl. (A 9.1))} \tag{A 10.1}$$

$$\nabla \cdot \nabla = \nabla^2 = \triangle = \frac{\partial^2}{\partial x^2} + \frac{\partial^2}{\partial y^2} + \frac{\partial^2}{\partial z^2} \tag{A 10.2}$$

(*Laplace-Operator*)

$$\nabla f = \operatorname{grad} f \quad \text{(vgl. A. 4 und (A 9.2a))} \tag{A 10.3}$$

$$\nabla \cdot \boldsymbol{A} = \operatorname{div} \boldsymbol{A} \quad \text{(vgl. A. 6 und (A 9.2b))} \tag{A 10.4}$$

$$\nabla \times \boldsymbol{A} = \operatorname{rot} \boldsymbol{A} \quad \text{(vgl. A. 7 und (A 9.2c))} \tag{A 10.5}$$

$$\operatorname{div} \operatorname{rot} \boldsymbol{A} = 0 \quad \text{(vgl. (A 8.4) und A. 9)} \tag{A 10.6}$$

$$\operatorname{rot} \operatorname{grad} f = \boldsymbol{0} \quad \text{(vgl. (A 8.3) und A. 9)} \tag{A 10.7}$$

$$\operatorname{rot} \operatorname{rot} \boldsymbol{A} = \operatorname{grad} \operatorname{div} \boldsymbol{A} - \nabla^2 \boldsymbol{A} \tag{A 10.8}$$

$$\operatorname{grad} f_1 f_2 = f_1 \operatorname{grad} f_2 + f_2 \operatorname{grad} f_1 \tag{A 10.9}$$

$$\operatorname{div} \operatorname{grad} f = \nabla^2 f \tag{A 10.10}$$

$$\operatorname{div} f \boldsymbol{A} = f \operatorname{div} \boldsymbol{A} + \boldsymbol{A} \cdot \operatorname{grad} f \quad \text{(vgl. (A 9.3))} \tag{A 10.11}$$

$$\operatorname{div} \boldsymbol{A} \times \boldsymbol{B} = \boldsymbol{B} \cdot \operatorname{rot} \boldsymbol{A} - \boldsymbol{A} \cdot \operatorname{rot} \boldsymbol{B} \tag{A 10.12}$$

$$\text{grad}\,(f_1 + f_2) = \text{grad}\,f_1 + \text{grad}\,f_2 \qquad \text{(A 10.13)}$$

$$\text{div}\,(\boldsymbol{A} + \boldsymbol{B}) = \text{div}\,\boldsymbol{A} + \text{div}\,\boldsymbol{B} \qquad \text{(A 10.14)}$$

$$\text{rot}\,(\boldsymbol{A} + \boldsymbol{B}) = \text{rot}\,\boldsymbol{A} + \text{rot}\,\boldsymbol{B} \qquad \text{(A 10.15)}$$

$$\int_V \text{div}\,\boldsymbol{B}\,\text{d}V = \oint_A \boldsymbol{B} \cdot \text{d}\boldsymbol{A} \quad \text{(vgl. (A 8.1))} \qquad \text{(A 10.16)}$$

(Gaußscher Satz)

$$\int_A \text{rot}\,\boldsymbol{B} \cdot \text{d}\boldsymbol{A} = \oint_s \boldsymbol{B} \cdot \text{d}\boldsymbol{s} \quad \text{(vgl. (A 8.2))} \qquad \text{(A 10.17)}$$

(Stokesscher Satz).

A. 11 Greenscher Integralsatz

Gegeben seien die beiden im Volumen V und auf seiner Oberfläche A zweimal stetig differenzierbaren skalaren Ortsfunktionen $f_1 = f_1(x, y, z)$ und $f_2 = f_2(x, y, z)$. Das mit ihnen zu bildende Volumenintegral

$$\int_V (f_1 \nabla^2 f_2 - f_2 \nabla^2 f_1)\,\text{d}V \qquad \text{(A 11.1)}$$

soll in ein Oberflächenintegral über die Oberfläche A des Volumens V überführt werden. In (A 10.11)

$$\text{div}\,f\boldsymbol{B} = f\,\text{div}\,\boldsymbol{B} + \boldsymbol{B} \cdot \text{grad}\,f$$

setzen wir hierzu $f = f_1$ und entsprechend (A 10.3) $\boldsymbol{B} = \nabla f_2 = \text{grad}\,f_2$. Mit (A 10.11) und (A 10.10) folgt dann

$$\begin{aligned} \text{div}\,(f_1\,\text{grad}\,f_2) &= f_1\,\text{div}\,\text{grad}\,f_2 + \text{grad}\,f_2 \cdot \text{grad}\,f_1 \\ &= f_1 \nabla^2 f_2 + \text{grad}\,f_2 \cdot \text{grad}\,f_1 \qquad \text{(A 11.2)} \end{aligned}$$

und analog

$$\text{div}\,(f_2\,\text{grad}\,f_1) = f_2 \nabla^2 f_1 + \text{grad}\,f_1 \cdot \text{grad}\,f_2.$$

Subtraktion beider Gleichungen ergibt bei Beachtung von $\boldsymbol{A} \cdot \boldsymbol{B} = \boldsymbol{B} \cdot \boldsymbol{A}$ und (A 10.14)

$$\text{div}\,(f_1\,\text{grad}\,f_2 - f_2\,\text{grad}\,f_1) = f_1 \nabla^2 f_2 - f_2 \nabla^2 f_1$$

und somit für (A 11.1 a)

$$\int_V (f_1 \nabla^2 f_2 - f_2 \nabla^2 f_1)\,\text{d}V = \int_V \text{div}\,(f_1\,\text{grad}\,f_2 - f_2\,\text{grad}\,f_1)\,\text{d}V.$$

Überführung des rechten Integrales mit Hilfe des Gaußschen Satzes (A 10.16) in ein Oberflächenintegral ergibt den *Greenschen Integralsatz*

$$\int_V (f_1\,\nabla^2 f_2 - f_2\,\nabla^2 f_1)\,\mathrm{d}V = \oint_A (f_1 \operatorname{grad} f_2 - f_2 \operatorname{grad} f_1)\cdot \mathrm{d}\boldsymbol{A}\,. \qquad \text{(A 11.3)}$$

Das Oberflächenintegral ist hierbei über die das Volumen V begrenzende Oberfläche A zu erstrecken (vgl. (A. 8)).

A. 12 Linien-, Oberflächen- und Volumenelement in beliebigen Koordinaten

Der vom Koordinatenursprungspunkt zum Punkt $P = P(u, v, w)$ weisende Ortsvektor $\boldsymbol{s}$ sei eine Funktion der drei beliebigen unabhängigen Variablen u, v, w:

$$\boldsymbol{s} = \boldsymbol{s}(u, v, w) = x(u, v, w)\,\boldsymbol{i} + y(u, v, w)\,\boldsymbol{j} + z(u, v, w)\,\boldsymbol{k}\,. \qquad \text{(A 12.1)}$$

Sind $u = \text{const}$ und $v = \text{const}$, die Koordinate w dagegen veränderlich, dann beschreibt $\boldsymbol{s}_{u,v} = \boldsymbol{s}(w)$ eine bestimmte Raumkurve (vgl. A. 4). Entsprechendes gilt für die anderen Koordinaten. Wird dagegen nur eine Koordinate festgehalten (z. B. $u = \text{const}$), dann liegt die Spitze des Vektors $\boldsymbol{s}_u = \boldsymbol{s}(v, w)$ auf einer im allgemeinen gekrümmten Fläche.

$\boldsymbol{s}_{v,w}$, $\boldsymbol{s}_{u,v}$, $\boldsymbol{s}_{u,w}$ bilden ein räumliches Koordinatennetz, während die Vektoren $\boldsymbol{s}_u$, $\boldsymbol{s}_v$, $\boldsymbol{s}_w$ bestimmte Flächen im Raum beschreiben. u, v, w heißen deshalb beliebige (krummlinige) Koordinaten des Raumes.

Mit dem nach (A 2.22) gebildeten Vektor (*Linienelement*)

$$\mathrm{d}\boldsymbol{s} = \frac{\partial \boldsymbol{s}}{\partial u}\,\mathrm{d}u + \frac{\partial \boldsymbol{s}}{\partial v}\,\mathrm{d}v + \frac{\partial \boldsymbol{s}}{\partial w}\,\mathrm{d}w \qquad \text{(A 12.1 a)}$$

werden entsprechend den Abschnitten I A. 6, I A. 7, A. 4 und den Definitionen des skalaren und des vektoriellen Produktes (siehe Abschn. A. 3) das Quadrat des Linienelementes, das Oberflächen- und das Volumenelement festgelegt durch

$$\mathrm{d}s^2 = \left(\frac{\partial \boldsymbol{s}}{\partial u}\right)^2 \mathrm{d}u^2 + \left(\frac{\partial \boldsymbol{s}}{\partial v}\right)^2 \mathrm{d}v^2 + \left(\frac{\partial \boldsymbol{s}}{\partial w}\right)^2 \mathrm{d}w^2$$
$$+\,2\,\frac{\partial \boldsymbol{s}}{\partial u}\cdot\frac{\partial \boldsymbol{s}}{\partial v}\,\mathrm{d}u\,\mathrm{d}v + 2\,\frac{\partial \boldsymbol{s}}{\partial v}\cdot\frac{\partial \boldsymbol{s}}{\partial w}\,\mathrm{d}v\,\mathrm{d}w + 2\,\frac{\partial \boldsymbol{s}}{\partial u}\cdot\frac{\partial \boldsymbol{s}}{\partial w}\,\mathrm{d}u\,\mathrm{d}w\,, \qquad \text{(A 12.2 a)}$$

$$\mathrm{d}\boldsymbol{A}_u = \frac{\partial \boldsymbol{s}}{\partial v}\times\frac{\partial \boldsymbol{s}}{\partial w}\,\mathrm{d}v\,\mathrm{d}w\,, \qquad \text{(A 12.2 b)}$$

$$\mathrm{d}\boldsymbol{A}_v = \frac{\partial \boldsymbol{s}}{\partial w}\times\frac{\partial \boldsymbol{s}}{\partial u}\,\mathrm{d}u\,\mathrm{d}w\,, \qquad \text{(A 12.2 c)}$$

$$\mathrm{d}\boldsymbol{A}_w = \frac{\partial \boldsymbol{s}}{\partial u} \times \frac{\partial \boldsymbol{s}}{\partial v} \,\mathrm{d}u\,\mathrm{d}v, \tag{A 12.2d}$$

$$\mathrm{d}V = \frac{\partial \boldsymbol{s}}{\partial u} \cdot \left(\frac{\partial \boldsymbol{s}}{\partial v} \times \frac{\partial \boldsymbol{s}}{\partial w}\right) \mathrm{d}u\,\mathrm{d}v\,\mathrm{d}w. \tag{A 12.2e}$$

Gilt

$$\frac{\partial \boldsymbol{s}}{\partial u} \cdot \frac{\partial \boldsymbol{s}}{\partial v} = \frac{\partial \boldsymbol{s}}{\partial u} \cdot \frac{\partial \boldsymbol{s}}{\partial w} = \frac{\partial \boldsymbol{s}}{\partial v} \cdot \frac{\partial \boldsymbol{s}}{\partial w} = 0,$$

dann nennt man das Koordinatensystem *orthogonal* (rechtwinklig), gilt $\mathrm{d}V > 0$, dann spricht man von einem *Rechtssystem.*

Vorstehende Beziehungen sollen auf einige wichtige orthogonale Rechtssysteme angewandt werden:

Kartesische Koordinaten x, y, z

Für den Ortsvektor gilt die Darstellung

$$\boldsymbol{s} = x\boldsymbol{i} + y\boldsymbol{j} + z\boldsymbol{k}$$

und mit (A 2.9)

$$\frac{\partial \boldsymbol{s}}{\partial x} = \boldsymbol{i}; \quad \frac{\partial \boldsymbol{s}}{\partial y} = \boldsymbol{j}; \quad \frac{\partial \boldsymbol{s}}{\partial z} = \boldsymbol{k}.$$

Bei Beachtung von (A 3.5), (A 3.9) und (A 3.14) folgt

$$\mathrm{d}\boldsymbol{s} = \mathrm{d}x\,\boldsymbol{i} + \mathrm{d}y\,\boldsymbol{j} + \mathrm{d}z\,\boldsymbol{k}, \tag{A 12.3a}$$

$$\mathrm{d}\boldsymbol{s}^2 = \mathrm{d}x^2 + \mathrm{d}y^2 + \mathrm{d}z^2, \tag{A 12.3b}$$

$$\mathrm{d}\boldsymbol{A}_x = \mathrm{d}y\,\mathrm{d}z\,\boldsymbol{i}; \quad \mathrm{d}\boldsymbol{A}_y = \mathrm{d}x\,\mathrm{d}z\,\boldsymbol{j}; \quad \mathrm{d}\boldsymbol{A}_z = \mathrm{d}x\,\mathrm{d}y\,\boldsymbol{k}, \tag{A 12.3c}$$

$$\mathrm{d}V = \mathrm{d}x\,\mathrm{d}y\,\mathrm{d}z. \tag{A 12.3d}$$

Zylinderkoordinaten ϱ, φ, z

Sie sind festgelegt durch

$$x = \varrho \cos\varphi; \quad y = \varrho \sin\varphi; \quad z = z. \tag{A 12.4}$$

Der Ortsvektor nimmt in diesem Koordinatensystem die Form

$$\boldsymbol{s} = \varrho \cos\varphi\,\boldsymbol{i} + \varrho \sin\varphi\,\boldsymbol{j} + z\boldsymbol{k} \tag{A 12.5}$$

an. Da nach (A 2.9), (A 2.10) und (A 2.11)

$$\frac{\partial \boldsymbol{s}}{\partial \varrho} = \cos\varphi\,\boldsymbol{i} + \sin\varphi\,\boldsymbol{j}; \quad \frac{\partial \boldsymbol{s}}{\partial \varphi} = -\varrho \sin\varphi\,\boldsymbol{i} + \varrho \cos\varphi\,\boldsymbol{j}; \quad \frac{\partial \boldsymbol{s}}{\partial z} = \boldsymbol{k}$$

gilt, folgt bei Beachtung von (A 3.5), (A 3.9) und (A 3.14)

$$\mathrm{d}\boldsymbol{s}^2 = \mathrm{d}\varrho^2 + \varrho^2 \mathrm{d}\varphi^2 + \mathrm{d}z^2, \tag{A 12.5a}$$

$$\mathrm{d}A_\varrho = \varrho\,\mathrm{d}\varphi\,\mathrm{d}z; \quad \mathrm{d}A_\varphi = \mathrm{d}\varrho\,\mathrm{d}z; \quad \mathrm{d}A_z = \varrho\,\mathrm{d}\varrho\,\mathrm{d}\varphi; \tag{A 12.5b}$$

$$\mathrm{d}V = \varrho\,\mathrm{d}\varrho\,\mathrm{d}\varphi\,\mathrm{d}z.$$

Ebene Polarkoordinaten ϱ, φ

Sie sind festgelegt durch

$$x = \varrho\cos\varphi; \quad y = \varrho\sin\varphi; \quad z = \text{const}. \tag{A 12.6}$$

Sie sind ein Sonderfall der Zylinderkoordinaten für $z = \text{const}$.

Man erhält aus (A 12.5 a) und (A 12.5 b)

$$\mathrm{d}\boldsymbol{s}^2 = \mathrm{d}\varrho^2 + \varrho^2\,\mathrm{d}\varphi^2, \tag{A 12.7a}$$

$$\mathrm{d}A_z = \varrho\,\mathrm{d}\varrho\,\mathrm{d}\varphi. \tag{A 12.7b}$$

Kugelkoordinaten (sphärische Polarkoordinaten) r, φ, ϑ

Sie sind festgelegt durch

$$x = r\cos\varphi\sin\vartheta; \quad y = r\sin\varphi\sin\vartheta; \quad z = r\cos\vartheta. \tag{A 12.8}$$

Analog den Überlegungen zu den Zylinderkoordinaten folgt

$$\boldsymbol{s} = r\cos\varphi\sin\vartheta\,\boldsymbol{i} + r\sin\varphi\sin\vartheta\,\boldsymbol{j} + r\cos\vartheta\,\boldsymbol{k}, \tag{A 12.9}$$

$$\frac{\partial\boldsymbol{s}}{\partial r} = \cos\varphi\sin\vartheta\,\boldsymbol{i} + \sin\varphi\sin\vartheta\,\boldsymbol{j} + \cos\vartheta\,\boldsymbol{k},$$

$$\frac{\partial\boldsymbol{s}}{\partial\varphi} = -r\sin\varphi\sin\vartheta\,\boldsymbol{i} + r\cos\varphi\sin\vartheta\,\boldsymbol{j},$$

$$\frac{\partial\boldsymbol{s}}{\partial\vartheta} = r\cos\varphi\cos\vartheta\,\boldsymbol{i} + r\sin\varphi\cos\vartheta\,\boldsymbol{j} - r\sin\vartheta\,\boldsymbol{k},$$

$$\mathrm{d}\boldsymbol{s}^2 = \mathrm{d}r^2 + r^2\,\mathrm{d}\vartheta^2 + r^2\,\mathrm{d}\varphi^2\sin^2\vartheta, \tag{A 12.9a}$$

$$\mathrm{d}A_r = r^2\sin\vartheta\,\mathrm{d}\vartheta\,\mathrm{d}\varphi, \tag{A 12.9b}$$

$$\mathrm{d}A_\varphi = r\,\mathrm{d}r\,\mathrm{d}\vartheta, \tag{A 12.9c}$$

$$\mathrm{d}\mathrm{A}_\vartheta = r\sin\vartheta\,\mathrm{d}\varphi\,\mathrm{d}r, \tag{A 12.9d}$$

$$\mathrm{d}V = r^2\sin\vartheta\,\mathrm{d}r\,\mathrm{d}\vartheta\,\mathrm{d}\varphi. \tag{A 12.9e}$$

A. 13 Unbestimmte Ausdrücke

Wir betrachten die Funktion

$$f(x)=\frac{f_1(x)}{f_2(x)}. \qquad \text{(A 13.1)}$$

Nehmen an der Stelle $x=x_0$ die beiden Funktionen $f_1(x)$ und $f_2(x)$ den Wert Null an, so ist

$$\lim_{x \to x_0} \frac{f_1(x)}{f_2(x)}=\frac{0}{0} \qquad \text{(A 13.1 a)}$$

ein *unbestimmter Ausdruck.*

Nach BERNOULLI-L'HOSPITAL gewinnt man den Grenzwert $\lim_{x \to x_0} f(x)$, indem man Zähler und Nenner von (A 13.1) *getrennt* (nicht nach der Quotientenregel!) differenziert und dann den Grenzübergang $x \longrightarrow x_0$ durchführt:

$$\lim_{x \to x_0} f(x)=\lim_{x \to x_0} \frac{f_1(x)}{f_2(x)}=\lim_{x \to x_0} \frac{f_1'(x)}{f_2'(x)} \qquad \text{(A 13.2)}$$

(*Bernoulli-l'Hospitalsche Regel*).

Der unbestimmte Ausdruck $\frac{0}{0}$ kann sowohl einen endlichen oder unendlichen Wert als auch den Wert Null besitzen.

Als Beispiel betrachten wir

$$f(x)=\frac{\sin x}{x}$$

an der Stelle $x=0$. Anwendung der Bernoulli-l'Hospitalschen Regel (A 13.2) ergibt mit (A 2.10) und (A 2.9)

$$\lim_{x \to 0} \frac{\sin x}{x}=\lim_{x \to 0} \frac{\cos x}{1}=1. \qquad \text{(A 13.3)}$$

Auch für unbestimmte Ausdrücke der Form

$$\lim_{x \to x_0} f(x)=\lim_{x \to x_0} \frac{f_1(x)}{f_2(x)}=\frac{\infty}{\infty}$$

ist die Bernoulli-l'Hospitalsche Regel gültig. Als Anwendung hierzu betrachten wir (vgl. (A 2.9) und (A 2.14 a))

$$\lim_{x \to \infty} \frac{x}{\mathrm{e}^x}=\lim_{x \to \infty} \frac{1}{\mathrm{e}^x}=0. \qquad \text{(A 13.4 a)}$$

Für den Grenzwert $\lim\limits_{x \to \infty} \frac{x^n}{e^x}$ führt die n-fache Anwendung der Bernoulli-l'Hospitalschen Regel zum Ziel. Man findet (vgl. (A 2.9) und (A 2.14 a))

$$\lim_{x \to \infty} \frac{x^n}{e^x} = \lim_{x \to \infty} \frac{n x^{n-1}}{e^x} = \lim_{x \to \infty} \frac{n(n-1) x^{n-2}}{e^x} = \lim_{x \to \infty} \frac{n! \, x}{e^x} = \lim_{x \to \infty} \frac{n!}{e^x} = 0 . \tag{A 13.4}$$

Die Exponentialfunktion e^x wächst stärker gegen Unendlich als jede Potenz von x.

A. 14 Grundlagen zur Beschreibung von Schwingungen

Im Kapitel I 9 sind die mechanischen Schwingungen ausführlich behandelt worden. In diesem Abschnitt werden deshalb die zur Beschreibung von Schwingungsvorgängen benötigten Beziehungen nur kurzgefaßt zusammengestellt.

Eine zeitlich periodische Veränderung der physikalischen Größe u

$$u(t+T) = u(t) \tag{A 14.1}$$

heißt *Schwingung* dieser Größe u, T *Perioden-* oder *Schwingungsdauer*. Erfolgt die zeitlich periodische Veränderung der physikalischen Größe u nach einer Kosinus- bzw. Sinusfunktion

$$u = u_0 \cos(\omega t + \varphi) , \tag{A 14.2}$$

dann nennt man die Schwingung *harmonisch* (vgl. Abb. A 14.1), sonst *anharmonisch*. u_0 (Maximalwert von u) heißt *Amplitude*, $\omega t + \varphi$ *Phase*, ω *Kreisfrequenz* und φ *Phasenkonstante* der Schwingung. Zwischen

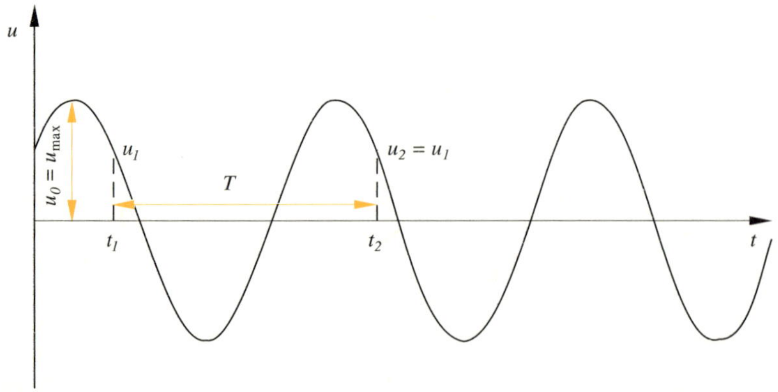

Abb. A 14.1
Zur Definition von Amplitude und Schwingungsdauer einer harmonischen Schwingung

Schwingungsdauer, Kreisfrequenz und *Frequenz* ν besteht die Beziehung

$$\omega = \frac{2\pi}{T} = 2\pi\nu\,. \qquad \text{(A 14.3)}$$

Für lineare Operationen kann die Darstellung (A 14.2) durch die *komplexe Darstellung*

$$\begin{aligned} \hat{u} &= u_0\,\mathrm{e}^{\mathrm{i}(\omega t + \varphi)} \\ &= u_0\,\mathrm{e}^{\mathrm{i}\varphi}\,\mathrm{e}^{\mathrm{i}\omega t} \\ &= \hat{u}_0\,\mathrm{e}^{\mathrm{i}\omega t} \end{aligned} \qquad \text{(A 14.2 a)}$$

ersetzt werden, wobei der physikalische Inhalt dem Realteil von $\hat{u}$ zugeordnet ist. Die Größe $\hat{u}_0$ heißt *komplexe Amplitude*. Der Betrag der komplexen Amplitude ist die Amplitude, ihr Argument die Phasenkonstante der Schwingung:

$$|\hat{u}_0| = u_0\,, \quad \arg \hat{u}_0 = \varphi\,. \qquad \text{(A 14.4)}$$

Die Veranschaulichung der komplexen Amplitude erfolgt im Zeigerdiagramm (siehe Abb. A 14.2). Das Zeigerdiagramm gestattet es, bei der Überlagerung von harmonischen Schwingungen gleicher Frequenz die resultierende Schwingung graphisch zu ermitteln.

Harmonische Schwingungen genügen der *Schwingungsdifferentialgleichung*

$$\frac{\mathrm{d}^2 u}{\mathrm{d}t^2} + \omega^2 u = 0\,. \qquad \text{(A 14.5)}$$

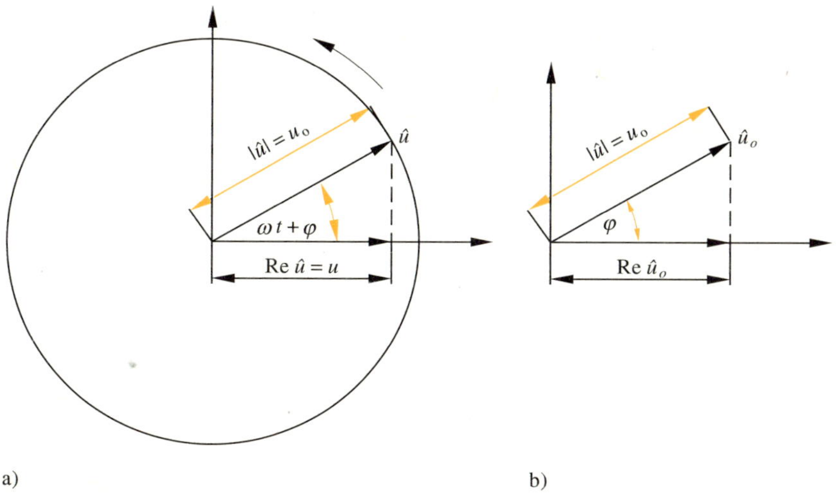

Abb. A 14.2
Zeigerdiagramm der harmonischen Schwingung (a) und Zeigerdiagramm der komplexen Amplitude der harmonischen Schwingung (b)

Ein mechanischer Federschwinger der Masse *m*, auf den die Reibungskraft $^{\mathrm{R}}\boldsymbol{F} = -R\boldsymbol{v}$ und die rücktreibende Kraft $\boldsymbol{F} = -Dx\boldsymbol{i}$ wirken, genügt der Differentialgleichung

$$m\frac{\mathrm{d}^2 x}{\mathrm{d}t^2} + R\frac{\mathrm{d}x}{\mathrm{d}t} + Dx = 0. \qquad \text{(A 14.6)}$$

Sie führt für $\frac{R^2}{4m^2} < \frac{D}{m}$ zur *exponentiell gedämpften harmonischen Schwingung*

$$x = x_0 \mathrm{e}^{-\frac{R}{2m}t} \cos(\omega t + \varphi). \qquad \text{(A 14.6a)}$$

Für $\frac{R^2}{4m^2} > \frac{D}{m}$ findet man aperiodisches Verhalten:

$$x = \mathrm{e}^{-\frac{R}{2m}t}\left[x_{01}\,\mathrm{e}^{+\sqrt{\frac{R^2}{4m^2}-\frac{D}{m}}\,t} + x_{02}\,\mathrm{e}^{-\sqrt{\frac{R^2}{4m^2}-\frac{D}{m}}\,t}\right]. \qquad \text{(A 14.6b)}$$

Für $\frac{R^2}{4m^2} = \frac{D}{m}$ ergibt sich der aperiodische Grenzfall

$$x = \mathrm{e}^{-\frac{R}{2m}t}(x_{01} + x_{02}^{*}\,t). \qquad \text{(A 14.6c)}$$

Wirkt zusätzlich zur Reibungskraft auf den Federschwinger noch eine periodische äußere Kraft $^{\mathrm{ä}}F = F_0 \cos\omega_{\mathrm{ä}}t$, dann erhält man statt (A 14.6) die

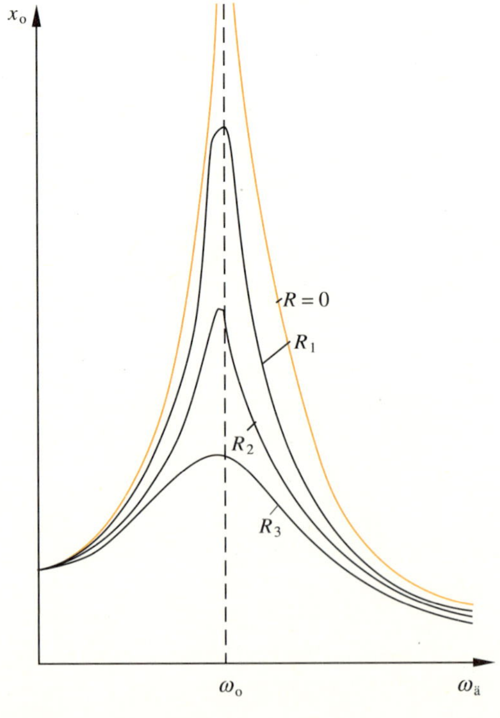

Abb. A 14.3
Resonanzkurve
$0 < R_1 < R_2 < R_3$

Differentialgleichung

$$m\frac{d^2x}{dt^2}+R\frac{dx}{dt}+Dx=F_0\cos\omega_{\ddot{a}}t. \qquad \text{(A 14.7)}$$

Der Federschwinger führt nach Ablauf des Einschwingvorganges die *erzwungene Schwingung*

$$x=x_0(\omega_{\ddot{a}})\cos(\omega_{\ddot{a}}t+\varphi) \qquad \text{(A 14.7 a)}$$

aus.

Der funktionale Zusammenhang

$$x_0=\frac{\frac{F_0}{m}}{\sqrt{(\omega_0^2-\omega_{\ddot{a}}^2)^2+\frac{R^2\omega_{\ddot{a}}^2}{m^2}}} \qquad \text{(A 14.8 a)}$$

heißt *Resonanzkurve* (vgl. Abb. A 14.3). Das Maximum von x_0 findet man für die *Resonanzkreisfrequenz*

$$\omega_{\ddot{a}R}=\sqrt{\omega_0^2-\frac{R^2}{2m^2}}, \qquad \text{(A 14.9)}$$

wobei ω_0 die Resonanzkreisfrequenz für das ungedämpfte System

$$\omega_0=\sqrt{\frac{D}{m}} \qquad \text{(A 14.9)}$$

bedeutet.

Zwischen erregender Kraft und schwingendem System besteht die Phasendifferenz

$$\varphi=\arctan\frac{\frac{\omega_{\ddot{a}R}}{m}}{\omega_0^2-\omega_{\ddot{a}}^2}. \qquad \text{(A 14.8 b)}$$

A. 15 Grundlagen zur Beschreibung von Wellen

Die Wellen sind ausführlich im Abschnitt I 10. behandelt worden. Der vorliegende Abschnitt bietet zur Wiederholung eine kurzgefaßte Zusammenstellung der in diesem Band benötigten Grundlagen zur Beschreibung von Wellen an.

Eine zeitlich und räumlich periodische Veränderung einer physikalischen Größe u heißt *Welle*. Jede Welle läßt sich als Überlagerung *harmonischer Wellen* darstellen. Man bezeichnet

$$u=u_0\cos(\omega t-k(\boldsymbol{s}\cdot\boldsymbol{n}^0)+\varphi) \qquad \text{(A 15.1)}$$

$$(\boldsymbol{s}=x\boldsymbol{i}+y\boldsymbol{j}+z\boldsymbol{k},\ \boldsymbol{n}^0=\boldsymbol{const.})$$

als *ebene harmonische Welle* und

$$u = \frac{u_0}{r} \cos(\omega t - kr + \varphi) \qquad \text{(A 15.2)}$$

$$(r = \sqrt{x^2 + y^2 + z^2},\ r = 0 \text{ Wellenzentrum})$$

als *harmonische Kugelwelle.*

u_0 bzw. u_0/r heißen *Amplituden* der Wellen, die Argumente der Kosinusfunktionen ihre *Phasen.* In den Phasen der Wellen (A 15.1) und (A 15.2) bedeuten ω die Kreisfrequenz und φ die Phasenkonstante (vgl. (A 14.3)). Der in Ausbreitungsrichtung der Welle gemessene Abstand λ zweier Punkte, in denen sich zu einer bestimmten Zeit die Phasen der Welle um 2π unterscheiden, heißt *Wellenlänge* λ. Mit ihr folgt für die Konstante k in den Phasen der Wellen (A 15.1) und (A 15.2)

$$k = \frac{2\pi}{\lambda}\,. \qquad \text{(A 15.3)}$$

k heißt Kreiswellenzahl.

An jedem von einem Wellenvorgang erfaßten festen Ort s_0 (*Ortsdarstellung* der Welle) verursacht diese Welle eine Schwingung. Betrachtet man die Welle zu einer beliebigen, aber festen Zeit t_0, dann spricht man von einer Momentandarstellung der Welle. Abbildung A 15.1. zeigt die Momentandarstellung einer harmonischen Welle.

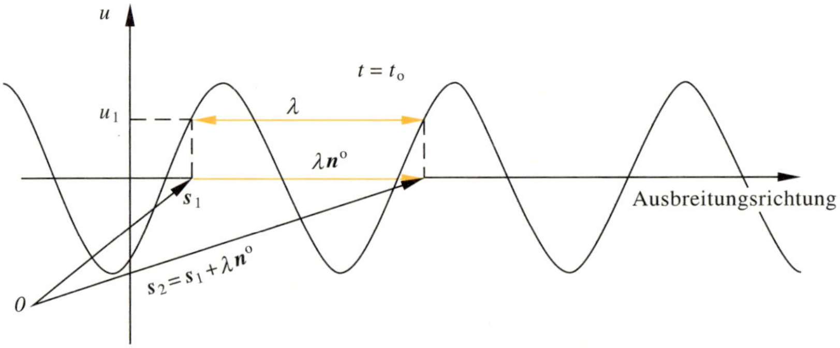

Abb. A 15.1 Momentandarstellung einer harmonischen Welle

Liegt die Schwingungsrichtung $\boldsymbol{u}^0$ von $\boldsymbol{u}$ senkrecht zur Ausbreitungsrichtung, dann spricht man von einer *Transversalwelle,* liegt sie in der Ausbreitungsrichtung, dann von einer *Longitudinalwelle.*

Entsprechend A.14 sind

$$\begin{aligned}\hat{u} &= u_0\, e^{i(\omega t - k(\boldsymbol{s}\cdot\boldsymbol{n}^0) + \varphi)} \\ &= u_0\, e^{i\varphi}\, e^{i(\omega t - k(\boldsymbol{s}\cdot\boldsymbol{n}^0))} \\ &= \hat{u}_0\, e^{i(\omega t - k(\boldsymbol{s}\cdot\boldsymbol{n}^0))}\end{aligned} \qquad \text{(A 15.1 a)}$$

die komplexe Darstellung der ebenen harmonischen Welle und

$$\hat{u} = \frac{u_0}{r} \, e^{i(\omega t - kr + \varphi)}$$

$$= \frac{u_0 \, e^{i\varphi}}{r} \, e^{i(\omega t - kr)}$$

$$= \hat{u}_0 \, e^{i(\omega t - kr)} \qquad \text{(A 15.2 a)}$$

die komplexe Darstellung der harmonischen Kugelwelle.

Die Phase einer Welle breitet sich mit der *Phasengeschwindigkeit*

$$v_{ph} = \lambda f = \frac{\omega}{k} \qquad \text{(A 15.4)}$$

aus. Die Übertragung eines Signals ist mit einer einzelnen harmonischen Welle nicht möglich. Die Ausbreitung eines Signals erfolgt mit der *Gruppengeschwindigkeit*

$$v_g = \frac{d\omega}{dk} = \frac{1}{\dfrac{1}{v_{ph}} - \dfrac{\omega}{v_{ph}^2} \dfrac{dv_{ph}}{d\omega}} . \qquad \text{(A 15.5)}$$

Für den dispersionsfreien Fall $\left(\text{d.h. für } \dfrac{dv_{ph}}{d\omega} = 0\right)$ gilt

$$v_{ph} = v_g \quad \left(\text{wenn } \frac{dv_{ph}}{d\omega} = 0\right). \qquad \text{(A 15.5 a)}$$

Alle harmonischen Wellen genügen der *Wellendifferentialgleichung*

$$\nabla^2 u - \frac{1}{v_{ph}^2} \frac{\partial^2 u}{\partial t^2} = 0. \qquad \text{(A 15.6)}$$

Liegt senkrecht zur Energiestromrichtung einer Wellenquelle das Flächenelement ΔA und bedeutet ΔP die durch dieses Flächenelement hindurchtretende Leistung (Energie pro Zeit), so heißt

$$I = \lim_{\Delta A \to 0} \frac{\Delta P}{\Delta A} = \frac{dP}{dA} \qquad \text{(A 15.7)}$$

Energiestromdichte oder *Intensität* der Welle. Die Intensität I einer Welle ist dem Quadrat ihrer Amplitude und dem Quadrat ihrer Kreisfrequenz proportional:

$$I \sim u_0^2 \omega^2 \quad \text{oder} \quad I \sim \hat{u}_0 \hat{u}_0^* \omega^2. \qquad \text{(A 15.8)}$$

Existieren in einem physikalischen System mehrere Teilwellen u_i ($i = 1, 2, .., n$) gleicher Größenart, so überlagern sich diese in jedem Punkt des Systems ohne gegenseitige Störung zu

$$u = u_1 + u_2 + \ldots + u_n \qquad \text{(A 15.9)}$$

(*Superpositionsprinzip* für Wellen).

Die Überlagerung zweier Wellen mit gleicher Amplitude, gleicher Phase und mit entgegengesetzter Ausbreitungsrichtung

$$\hat{u}_1 = u_0 e^{i(\omega t - kz)} \tag{A 15.10a}$$

$$\hat{u}_2 = u_0 e^{i(\omega t + kz)} \tag{A 15.10b}$$

ergibt die *stehende Welle*

$$\hat{u} = 2u_0 \cos(kz) e^{i\omega t}. \tag{A 15.10}$$

Sie hat ortsfeste

$$\textit{Bäuche}\ (|\hat{u}| = |\hat{u}_{max}|) \quad \text{für} \quad kz = (2N+1)\pi/2 \quad (N = 0, 1, 2, \ldots) \tag{A 15.11a}$$

und ortsfeste

$$\textit{Knoten}\ (\hat{u} = 0) \quad \text{für} \quad kz = 2N\pi \quad (N = 0, 1, 2, \ldots). \tag{A 15.11b}$$

Von zwei verschiedenen Wellenzentren mögen zwei Kugelwellen ausgehen, deren Überlagerung im Punkt P_0 wir betrachten wollen (vgl. Abb. A 15.2). P_0 habe vom Wellenzentrum 1 den Abstand r_{10}, vom Wellenzentrum 2 den Abstand r_{20}. Die Welle 1 besitze im Punkt P_0 die Intensität I_1, die Welle 2 die Intensität I_2. Dann folgt als Intensität I_g der Überlagerungswelle

$$I_g = I_1 + I_2 + 2\sqrt{I_1 I_2} \cos(\varphi_2^* - \varphi_1^*) \tag{A 15.12}$$

mit

$$\varphi_1^* = \varphi_1 - kr_{10},$$

$$\varphi_2^* = \varphi_2 - kr_{20}. \tag{A 15.12a}$$

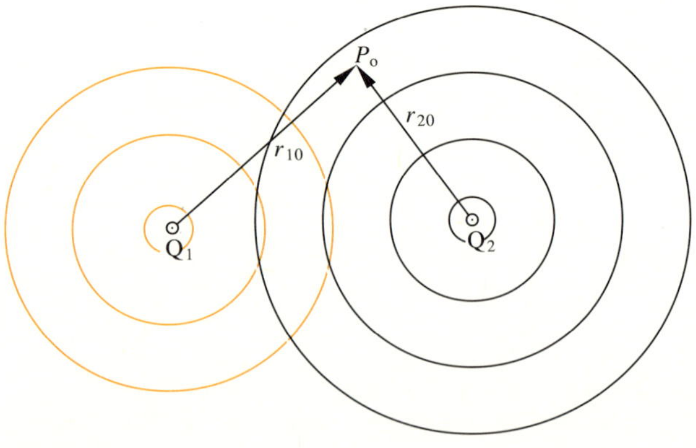

Abb. A 15.2
Momentanbild zweier mit unterschiedlicher Phase, aber gleicher Wellenlänge von den Zentren Q_1 und Q_2 ausgehender Kugelwellen. Dargestellt sind die Schnittlinien der Flächen gleicher Phase mit der Papierebene.

Der Term

$$2\sqrt{I_1 I_2}\,\cos(\varphi_2^* - \varphi_1^*) \qquad \text{(A 15.13)}$$

wird als *Interferenzglied* bezeichnet, der Ausdruck

$$\Delta = \frac{|\varphi_1^* - \varphi_2^*|}{k} \qquad \text{(A 15.12 b)}$$

heißt *Gangunterschied* beider Wellen im Punkt P_0. Die Intensität bei der Überlagerung der beiden Wellen besitzt im Punkt P_0 ein

$$\left.\begin{array}{l}\text{Maximum,}\\ \\ \text{Minimum,}\end{array}\right\}\ \begin{array}{l}\text{wenn der Gang-}\\ \text{unterschied bei-}\\ \text{der Wellen in } P_0\end{array}\ \left\{\begin{array}{l}\Delta = N\lambda\\ \Delta = \dfrac{2N+1}{2}\lambda\end{array}\right. \qquad \text{(A 15.14)}$$

$$(N = 0, 1, 2, \ldots)$$

beträgt.

A. 16 Magnetfeld eines Kreisstromes

Wir betrachten den Kreisstrom in Abbildung 2.12. Führt man in der x, y-Ebene Polarkoordinaten ein, so gilt

$$x = R\cos\varphi, \qquad \text{(A 16.1 a)}$$

$$y = R\sin\varphi. \qquad \text{(A 16.1 b)}$$

Die Vektoren $\mathrm{d}\boldsymbol{s}$ und $\boldsymbol{r}$ ergeben sich nach Abbildung 2.12 b zu

$$\mathrm{d}\boldsymbol{s} = \mathrm{d}x\,\boldsymbol{i} + \mathrm{d}y\,\boldsymbol{j}, \qquad \text{(A 16.2 a)}$$

$$\boldsymbol{r} = -x\boldsymbol{i} - y\boldsymbol{j} + z\boldsymbol{k}, \qquad \text{(A 16.2 b)}$$

mit (A 3.10 b) ist ihr vektorielles Produkt

$$\mathrm{d}\boldsymbol{s} \times \boldsymbol{r} = z\,\mathrm{d}y\,\boldsymbol{i} - z\,\mathrm{d}x\,\boldsymbol{j} + (x\,\mathrm{d}y - y\,\mathrm{d}x)\boldsymbol{k}.$$

Weiter folgt durch Einsetzen von (A 16.1 a), (A 16.1 b) und Beachtung von (A 2.10, (A 2.11) und $\sin^2\alpha + \cos^2\alpha = 1$

$$\mathrm{d}\boldsymbol{s} \times \boldsymbol{r} = zR\cos\varphi\,\mathrm{d}\varphi\,\boldsymbol{i} + zR\sin\varphi\,\mathrm{d}\varphi\,\boldsymbol{j} + R^2\,\mathrm{d}\varphi\,\boldsymbol{k}. \qquad \text{(A 16.3)}$$

Nach (S 2.7) ergibt sich mit (A 16.3) die magnetische Induktion auf der z-Achse zu

$$\boldsymbol{B} = \frac{I\mu_0\mu_r R}{4\pi r^3}\left[\boldsymbol{i}z\int_{2\pi}^{0}\cos\varphi\,\mathrm{d}\varphi + \boldsymbol{j}z\int_{2\pi}^{0}\sin\varphi\,\mathrm{d}\varphi + \boldsymbol{k}R\int_{2\pi}^{0}\mathrm{d}\varphi\right]$$

oder mit (A 4.8), (A 4.9), (A 4.6), $\sin(-\alpha) = -\sin\alpha$, $\sin(\alpha + 2\pi) = \sin\alpha$, $\cos(-\alpha) = \cos\alpha$ und $\cos(\alpha + 2\pi) = \cos\alpha$ zu

$$\boldsymbol{B} = \boldsymbol{B}_z = -\frac{I\mu_0\mu_r R^2}{2r^3}\boldsymbol{k},$$

woraus mit

$$r=\sqrt{R^2+z^2} \quad \text{und} \quad \boldsymbol{k}=\boldsymbol{E}^0\times\boldsymbol{R}^0$$

folgt:

$$\boldsymbol{B}_z=\frac{I\mu_0\mu_r R^2}{2(R^2+z^2)^{3/2}}(\boldsymbol{R}^0\times\boldsymbol{E}^0). \tag{A 16.4}$$

A. 17 Zur Kraftwirkung zwischen stromdurchflossenen Drähten

Wir betrachten zwei parallele Drähte der Länge l im Abstand d. Sie werden von den Strömen I_1 und I_2 durchflossen. Nach (6.8f) und (6.3) ruft der Strom I_1 am Ort des Leiters 2 ein senkrecht zum Leiterelement d$\boldsymbol{s}$ gerichtetes Magnetfeld vom Betrage

$$B=\frac{\mu_0\mu_r I_1}{2\pi d} \tag{A 17.1}$$

hervor. Damit wirkt nach (2.15b) und (A 3.7) der Leiter 1 auf das Leiterelement d$\boldsymbol{s}$ des vom Strom I_2 durchflossenen Leiters 2 mit der Kraft

$$\mathrm{d}F=\frac{\mu_0\mu_r I_1 I_2}{2\pi d}\,\mathrm{d}s,$$

woraus durch Integration über die gesamte Drahtlänge l entsprechend (A 2.29)

$$F=\frac{\mu_0\mu_r I_1 I_2 l}{2\pi d} \tag{A 17.2}$$

folgt.

A. 18 Herleitung der Poissonschen Differentialgleichung

Aus (D 1.12) folgt mit (D.1.7)

$$\oint \boldsymbol{D}\cdot\mathrm{d}\boldsymbol{A}=q=\int\limits_V \varrho\,\mathrm{d}V. \tag{A 18.1}$$

Wird das Oberflächenintegral in (A 18.1) mit Hilfe des Gaußschen Satzes (A 10.16) in ein Volumenintegral

$$\oint \boldsymbol{D}\cdot\mathrm{d}\boldsymbol{A}=\int\limits_V \operatorname{div}\boldsymbol{D}\,\mathrm{d}V=\int\limits_V \varrho\,\mathrm{d}V \tag{A 18.2a}$$

überführt und beachtet, daß (A 18.2 a) für jedes beliebige Volumen gilt, die Aussage damit auch für die Integranden der Volumenintegrale selbst gelten muß, so folgt (vgl. (6.9 c))

$$\operatorname{div} \boldsymbol{D} = \varrho \,. \tag{A 18.2}$$

Unter Voraussetzung der Ortsunabhängigkeit der Dielektrizitätszahl ε_r ergibt sich aus (A 18.2), (S 1.9) und (S 1.5)

$$\operatorname{div} \boldsymbol{D} = \operatorname{div} \varepsilon_0 \varepsilon_r \boldsymbol{E} = \varepsilon_0 \varepsilon_r \operatorname{div} \boldsymbol{E} = -\varepsilon_0 \varepsilon_r \operatorname{div} \operatorname{grad} \varphi = \varrho$$

und bei Beachtung von (A 10.10) und (A 10.2) für φ die *Poissonsche Differentialgleichung*

$$\nabla^2 \varphi = \frac{\partial^2 \varphi}{\partial x^2} + \frac{\partial^2 \varphi}{\partial y^2} + \frac{\partial^2 \varphi}{\partial z^2} = -\frac{\varrho}{\varepsilon_0 \varepsilon_r} \,. \tag{A 18.3}$$

A. 19 Herleitung des Schottky-Langmuirschen Raumladungsgesetzes

Katode und Anode werden als zwei parallele Ebenen im Abstand d vorausgesetzt. d sei so klein gegenüber den Abmessungen der beiden Elektroden, daß das elektrische Feld nur vom Abstand z des Aufpunktes von der Katode abhängig ist, also $\boldsymbol{E} = \boldsymbol{E}(z)$ und damit nach (S 1.5) auch für die Potentialfunktion $\varphi = \varphi(z)$ gilt. Für diese spezielle Elektrodenanordnung geht die Poissonsche Differentialgleichung (A 18.3) für $\varepsilon_r = 1$ (das Elektrodensystem befinde sich im Vakuum) über in die gewöhnliche Differentialgleichung

$$\frac{d^2 \varphi}{d z^2} = -\frac{\varrho}{\varepsilon_0} \tag{A 19.1a}$$

bzw. bei Beachtung von (3.4), (3.9 b), (D 3.1), $\varphi(P_1) = \varphi(\mathrm{K}) = 0$, $v_1 = v_\mathrm{K} = 0$, $\varphi(P_2) = \varphi(z)$, $v_2 = v_\mathrm{e}$, $q_\mathrm{e} = -e$ und $m = m_\mathrm{e}$ in die Gleichung

$$\frac{d^2 \varphi}{d z^2} = \frac{ne}{\varepsilon_0} = \frac{J}{\varepsilon_0 v_\mathrm{e}} = \frac{J}{\varepsilon_0 v_\mathrm{e}} = \frac{J \sqrt{\frac{m_\mathrm{e}}{2e}}}{\varepsilon_0} \varphi^{-\frac{1}{2}} \,. \tag{A 19.1}$$

Multiplikation von (A 19.1) mit $2 \frac{d\varphi}{dz}$ ergibt

$$2 \frac{d^2 \varphi}{d z^2} \frac{d\varphi}{dz} = 2 \frac{J \sqrt{\frac{m_\mathrm{e}}{2e}}}{\varepsilon_0} \varphi^{-\frac{1}{2}} \frac{d\varphi}{dz}$$

oder mit (A 2.7), (A 2.3), (A 2.9) und (A 2.19)

$$\frac{\mathrm{d}}{\mathrm{d}z}\left(\frac{\mathrm{d}\varphi}{\mathrm{d}z}\right)^2 = 4\,\frac{J\sqrt{\dfrac{m_\mathrm{e}}{2e}}}{\varepsilon_0}\,\frac{\mathrm{d}}{\mathrm{d}z}\,\varphi^{\frac{1}{2}}. \tag{A 19.2}$$

Durch Integration von $z=0$ bis $z=z$ unter Beachtung der Beziehung $\varphi(0)=\varphi(\mathrm{K})=0$ folgt

$$\left(\frac{\mathrm{d}\varphi}{\mathrm{d}z}\right)^2 - \left(\frac{\mathrm{d}\varphi}{\mathrm{d}z}\right)^2_{z=0} = \frac{4J\sqrt{\dfrac{m_\mathrm{e}}{2e}}}{\varepsilon_0}\,\varphi^{\frac{1}{2}}. \tag{A 19.3 a}$$

Nach (S 1.5), (A 10.3) und (A 10.1) bedeutet $\left(\frac{\mathrm{d}\varphi}{\mathrm{d}z}\right)_{z=0}$ den Betrag der elektrischen Feldstärke an der Katodenoberfläche. Auf Grund der vor der Katode existierenden negativen Raumladung kann das elektrische Feld in unmittelbarer Nähe der Katode zu Null angenommen werden, d.h., $\left(\frac{\mathrm{d}\varphi}{\mathrm{d}z}\right)^2_{z=0}=0$. Mit dieser Bedingung erhält man aus (A 19.3 a) zur Berechnung von φ die Differentialgleichung

$$\frac{\mathrm{d}\varphi}{\mathrm{d}z} = \frac{2J^{\frac{1}{2}}\sqrt[4]{\dfrac{m_\mathrm{e}}{2e}}}{\varepsilon_0^{\frac{1}{2}}}\,\varphi^{\frac{1}{4}}. \tag{A 19.3}$$

Trennung der Variabeln ergibt

$$\frac{\mathrm{d}\varphi}{\varphi^{\frac{1}{4}}} = \frac{2J^{\frac{1}{2}}\sqrt[4]{\dfrac{m_\mathrm{e}}{2e}}}{\varepsilon_0^{\frac{1}{2}}}\,\mathrm{d}z,$$

woraus durch Integration unter Beachtung von (A 2.30)

$$\frac{4}{3}\,\varphi^{\frac{3}{4}}\Bigg|_{\varphi(\mathrm{K})}^{\varphi(\mathrm{A})} = \frac{2J^{\frac{1}{2}}\sqrt[4]{\dfrac{m_\mathrm{e}}{2e}}}{\varepsilon_0^{\frac{1}{2}}}\,z\Bigg|_0^d$$

oder

$$\varphi(\mathrm{A})^{\frac{3}{4}} - \varphi(\mathrm{K})^{\frac{3}{4}} = U_{\mathrm{AK}}^{\frac{3}{4}} = \frac{3}{2}\,\frac{J^{\frac{1}{2}}\sqrt[4]{\dfrac{m_\mathrm{e}}{2e}}}{\varepsilon_0^{\frac{1}{2}}}\,d \tag{A 19.4 a}$$

folgt. Auflösung nach J ergibt das Schottky-Langmuirsche Raumladungsgesetz

$$J = \frac{4\varepsilon_0 \sqrt{\dfrac{2e}{m_e}}}{9d^2} U_{AK}^{\frac{3}{2}}. \tag{A 19.4}$$

A. 20 Zum Induktionsgesetz

Es soll das Integral $\frac{d}{dt} \int_A \boldsymbol{B} \cdot d\boldsymbol{A}$ unter der Voraussetzung berechnet werden, daß sowohl $\boldsymbol{B}$ als auch die Lage der Integrationsfläche A zeitlich veränderlich sind. Bedeutet $A(t)$ die Fläche zur Zeit t, so erhält man mit (A 2.5) und (A 2.1)

$$\frac{d}{dt} \int_A \boldsymbol{B} \cdot d\boldsymbol{A} = \int_A \frac{\partial \boldsymbol{B}}{\partial t} \cdot d\boldsymbol{A} + I \tag{A 20.1}$$

mit

$$I = \lim_{\Delta t \to 0} \frac{\int_{A(t+\Delta t)} \boldsymbol{B} \cdot d\boldsymbol{A} - \int_{A(t)} \boldsymbol{B} \cdot d\boldsymbol{A}}{\Delta t}. \tag{A 20.1a}$$

Die Fläche A bewege sich mit der Geschwindigkeit $\boldsymbol{v}$. Das Linienelement $d\boldsymbol{s}$ ihrer Randkurve überstreicht in der Zeit Δt die Fläche $\Delta \boldsymbol{A} = d\boldsymbol{s} \times \boldsymbol{v}\Delta t$ (vgl. Abb. A 20.1). Die Gesamtheit A_M dieser Flächen entspricht dem bei der Projektion von $A(t+\Delta t)$ auf $A(t)$ durch die Gesamtheit aller Projektionsgeraden entstehenden Zylindermantel. Für den magnetischen Fluß durch die Gesamtoberfläche A_Z dieses Zylinders folgt unter Beachtung von (D 1.18), (S 1.12) und dem festgelegten Richtungssinn der Flächennormalen

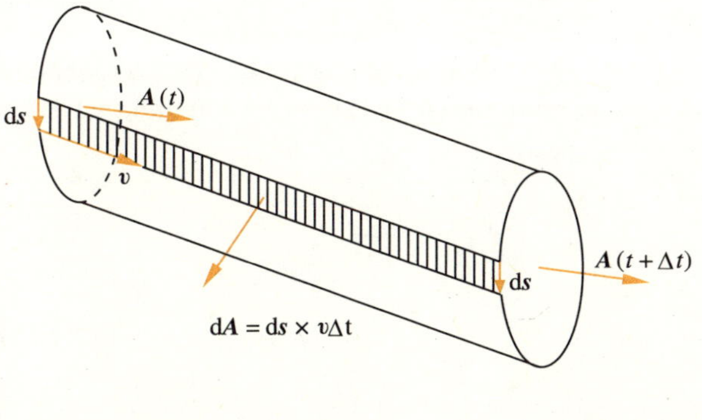

Abb. A 20.1
Zur Herleitung von (A 20.3)

(vgl. Abb. A 20.1)

$$\oint_{A_z} \boldsymbol{B} \cdot \mathrm{d}\boldsymbol{A} = \int_{A(t+\Delta t)} \boldsymbol{B} \cdot \mathrm{d}\boldsymbol{A} - \int_{A(t)} \boldsymbol{B} \cdot \mathrm{d}\boldsymbol{A} + \int_{A_M} \boldsymbol{B} \cdot \mathrm{d}\boldsymbol{A} = 0$$

oder

$$\int_{A(t+\Delta t)} \boldsymbol{B} \cdot \mathrm{d}\boldsymbol{A} - \int_{A(t)} \boldsymbol{B} \cdot \mathrm{d}\boldsymbol{A} = - \int_{A_M} \boldsymbol{B} \cdot \mathrm{d}\boldsymbol{A}. \qquad \text{(A 20.2)}$$

Wird noch das Flächenintegral über den Zylindermantel A_M mit Hilfe von $\mathrm{d}\boldsymbol{A} = \mathrm{d}\boldsymbol{s} \times \boldsymbol{v}\Delta t$ und (A 3.14) in das geschlossene Linienintegral über die Randkurve von A überführt, so ergibt sich nach (A 20.1a) und (A 20.2)

$$-I = \lim_{\Delta t \to 0} \frac{1}{\Delta t} \int_{A_M} \boldsymbol{B} \cdot \mathrm{d}\boldsymbol{A} = \oint_{\substack{\text{Rand-}\\ \text{kurve } \boldsymbol{s}\\ \text{von } A}} \boldsymbol{B} \cdot (\mathrm{d}\boldsymbol{s} \times \boldsymbol{v}) = \oint_{\substack{\text{Rand-}\\ \text{kurve } \boldsymbol{s}\\ \text{von } A}} (\boldsymbol{v} \times \boldsymbol{B}) \cdot \mathrm{d}\boldsymbol{s}$$

und somit für (A 20.1)

$$\frac{\mathrm{d}}{\mathrm{d}t} \int_{A} \boldsymbol{B} \cdot \mathrm{d}\boldsymbol{A} = \int_{A} \frac{\partial \boldsymbol{B}}{\partial t} \cdot \mathrm{d}\boldsymbol{A} - \oint_{\substack{\text{Rand-}\\ \text{kurve } \boldsymbol{s}\\ \text{von } A}} (\boldsymbol{v} \times \boldsymbol{B}) \cdot \mathrm{d}\boldsymbol{s}. \qquad \text{(A 20.3)}$$

A. 21 Zum Ohmschen Gesetz für Wechselstrom

Die für eine Serienschaltung von R, L und C gültige Beziehung

$$\hat{R} = R + \mathrm{i}\left(\omega L - \frac{1}{\omega C}\right) = \frac{\hat{U}_0}{\hat{I}_0}$$

schreibt sich mit (5.1a), (5.2a) und (D 5.1)

$$\hat{R} = R + \mathrm{i}\left(\omega L - \frac{1}{\omega C}\right) = \frac{U_{\text{eff}}\, \mathrm{e}^{\mathrm{i}\varphi_U}}{I_{\text{eff}}\, \mathrm{e}^{\mathrm{i}\varphi_I}} = \frac{U_{\text{eff}}}{I_{\text{eff}}}\, \mathrm{e}^{\mathrm{i}(\varphi_U - \varphi_I)}. \qquad \text{(A 21.1)}$$

Wird die sich aus (A 1.8), (A 1.1b) und $\sin^2 \varphi + \cos^2 \varphi = 1$ ergebende Gleichung $|\mathrm{e}^{\mathrm{i}\varphi}| = 1$ beachtet, so folgt aus (A 21.1) mit (A 1.1b) und (A 1.1c)

$$|\hat{R}| = \sqrt{R^2 + \left(\omega L - \frac{1}{\omega C}\right)^2} = \frac{U_{\text{eff}}}{I_{\text{eff}}}, \qquad \text{(A 21.1a)}$$

$$\arg \hat{R} = \frac{\omega L - \dfrac{1}{\omega C}}{R} = \arctan(\varphi_U - \varphi_I). \qquad \text{(A 21.1b)}$$

A. 22 Zur Energieaufnahme des Wechselstromkreises

Die mittlere Stromleistung P_j während der Dauer T einer Periode errechnet sich nach (S 2.5), (D 5.1) und (S 5.2) aus

$$P_j = \frac{\overline{W_j}}{T} = \frac{1}{T} \int_0^T U I \,\mathrm{d}t = \frac{U_0 I_0}{T} \int_0^T \cos\omega t \cos(\omega t - \varphi)\,\mathrm{d}t$$

oder mit $\cos(\alpha_1 \pm \alpha_2) = \cos\alpha_1 \cos\alpha_2 \mp \sin\alpha_1 \sin\alpha_2$ und $\omega = 2\pi/T = 2\pi\nu$ aus

$$P_j = \frac{U_0 I_0 \omega}{2\pi} \int_0^{\frac{2\pi}{\omega}} (\cos^2\omega t \cos\varphi + \cos\omega t \sin\omega t \sin\varphi)\,\mathrm{d}t.$$

Entsprechend (A 2.25) und (A 2.26) wird P_j in die Summe

$$P_j = \frac{U_0 I_0 \omega}{2\pi} (\cos\varphi K_1 + \sin\varphi K_2) \tag{A 22.1}$$

mit

$$K_1 = \int_0^{\frac{2\pi}{\omega}} \cos^2\omega t\,\mathrm{d}t, \tag{A 22.1a}$$

$$K_2 = \int_0^{\frac{2\pi}{\omega}} \cos\omega t \sin\omega t\,\mathrm{d}t \tag{A 22.1b}$$

zerlegt.

Zur Lösung von (A 22.1a) benutzen wir die Methode der partiellen Integration. Nach (A 2.27), (A 2.31), (A 2.11), $\sin^2\alpha + \cos^2\alpha = 1$, (A 2.26) und (A 2.29) gilt

$$\begin{aligned}\int \cos x \cos x\,\mathrm{d}x &= \cos x \sin x + \int \sin^2 x\,\mathrm{d}x \\ &= \cos x \sin x + \int (1 - \cos^2 x)\,\mathrm{d}x \\ &= \cos x \sin x + \int \mathrm{d}x - \int \cos^2 x\,\mathrm{d}x \\ &= \cos x \sin x + x + C - \int \cos^2 x\,\mathrm{d}x\end{aligned}$$

oder

$$\int \cos^2 x\,\mathrm{d}x = \frac{1}{2}(x + \cos x \sin x + C). \tag{A 22.2}$$

Setzt man in (A 22.1a) $x = \omega t$, $\mathrm{d}x = \omega\,\mathrm{d}t$, so folgt mit (A 2.28) und (A 22.2)

$$K_1 = \int_0^{\frac{2\pi}{\omega}} \cos^2\omega t\,\mathrm{d}t = \frac{1}{\omega}\int_0^{2\pi} \cos^2 x\,\mathrm{d}x = \frac{1}{2\omega}(x + \cos x \sin x)\Big|_0^{2\pi}$$

oder

$$K_1 = \frac{\pi}{\omega}. \tag{A 22.3}$$

Zur Lösung von K_2 wird die Substitutionsmethode verwandt. Setzen wir in (A 22.1b) $x = \sin \omega t$ und mit (A 2.7), (A 2.11) und (A 2.9) $\mathrm{d}x = \omega \cos \omega t \, \mathrm{d}t$, so folgt mit (A 2.30)

$$\int \sin \omega t \cos \omega t \, \mathrm{d}t = \frac{1}{\omega} \int x \, \mathrm{d}x = \frac{x^2}{2\omega} + C = \frac{\sin^2 \omega t}{2\omega} + C,$$

d.h.,

$$K_2 = \int_0^{\frac{2\pi}{\omega}} \sin \omega t \cos \omega t \, \mathrm{d}t = \frac{\sin^2 \omega t}{2\omega} \Bigg|_0^{\frac{2\pi}{\omega}} = 0. \tag{A 22.4}$$

Einsetzen von (A 22.3) und (A 22.4) in (A 22.1) ergibt

$$P_j = \frac{U_0 I_0}{2} \cos \varphi. \tag{A 22.5}$$

A. 23 Berechnung des T-Gliedes

(5.22) soll ohne Zuhilfenahme eines Zeigerdiagrammes hergeleitet werden. Die Addition der einzelnen Widerstände wird entsprechend Abb. 5.15 schrittweise durchgeführt.

Nach (S 5.5) und (S 2.4a) gilt für die Reihenschaltung des Wirkwiderstandes $\hat{R}_a = R_a$ mit dem Blindwiderstand $\hat{R}_1$ ($|\hat{R}_1| = R_{1\mathrm{Bl}}$)

$$\hat{R}' = R_a + \hat{R}_1. \tag{A 23.1}$$

Zu diesem Widerstand werde der Blindwiderstand $\hat{R}_2$($|\hat{R}_2| = R_{2\mathrm{Bl}}$) parallel geschaltet. Nach (S 5.5) und (S 2.4b) gilt für den resultierenden Widerstand $\hat{R}^*$

$$\frac{1}{\hat{R}^*} = \frac{1}{\hat{R}'} + \frac{1}{\hat{R}_2}$$

oder

$$\hat{R}^* = \frac{\hat{R}' \hat{R}_2}{\hat{R}' + \hat{R}_2}. \tag{A 23.2}$$

Für die weiteren Berechnungen wird die komplexe Zahl $\hat{R}$ entsprechend (A 1.1) in Real- und Imaginärteil

$$\hat{R} = R + \mathrm{i} Y \tag{A 23.3}$$

mit

$$|Y| = R_{\mathrm{Bl}} \tag{A 23.3a}$$

zerlegt. Wird beachtet, daß $\hat{R}_1$ und $\hat{R}_2$ reine Blindwiderstände darstellen, so folgt aus (A 23.2), (A 23.3), (A 23.1) und (A 1.7)

$$\hat{R}^* = \frac{(R_a + \mathrm{i}\,Y_1)\,(\mathrm{i}\,Y_2)}{R_a + \mathrm{i}(Y_1 + Y_2)} = \frac{-Y_1\,Y_2 + \mathrm{i}\,R_a\,Y_2}{R_a + \mathrm{i}(Y_1 + Y_2)}$$

$$= \frac{(-Y_1\,Y_2 + \mathrm{i}\,R_a\,Y_2)\,(R_a - \mathrm{i}(Y_1 + Y_2))}{R_a^{\,2} + (Y_1 + Y_2)^2}$$

$$= \frac{R_a\,Y_2^{\,2}}{R_a^{\,2} + (Y_1 + Y_2)^2} + \mathrm{i}\,\frac{Y_1\,Y_2^{\,2} + R_a^{\,2}\,Y_2 + Y_1^{\,2}\,Y_2}{R_a^{\,2} + (Y_1 + Y_2)^2}\,. \tag{A 23.4}$$

Die Reihenschaltung eines weiteren Blindwiderstandes $\hat{R}_1 = \mathrm{i}\,Y_1\,(|Y_1| = R_{1\,\mathrm{Bl}})$ zu $\hat{R}^*$ ergibt

$$\hat{R}^* + \hat{R}_1 = \frac{R_a\,Y_2^{\,2}}{R_a^{\,2} + (Y_1 + Y_2)^2} + \mathrm{i}\,\frac{Y_1\,Y_2^{\,2} + R_a^{\,2}\,Y_2 + Y_1^{\,2}\,Y_2}{R_a^{\,2} + (Y_1 + Y_2)^2} + \mathrm{i}\,Y_1$$

oder

$$\hat{R}^* + \hat{R}_1 = \frac{R_a\,Y_2^{\,2}}{R_a^{\,2} + (Y_1 + Y_2)^2} + \mathrm{i}\,\frac{Y_1\,Y_2^{\,2} + R_a^{\,2}\,Y_2 + Y_1^{\,2}\,Y_2 + R_a^{\,2}\,Y_1 + Y_1(Y_1 + Y_2)^2}{R_a^{\,2} + (Y_1 + Y_2)^2}\,. \tag{A 23.5}$$

Die beiden Blindwiderstände sollen nun so gewählt werden, daß $\hat{R}^* + \hat{R}_1 = R_a$ gilt (vgl. Abb. 5.15e). Notwendig hierfür ist, daß der Imaginärteil von $\hat{R}^* + \hat{R}_1$ verschwindet. Wir erhalten

$$Y_1\,Y_2^{\,2} + R_a^{\,2}\,Y_2 + Y_1^{\,2}\,Y_2 + R_a^{\,2}\,Y_1 + Y_1^{\,3} + 2\,Y_1^{\,2}\,Y_2 + Y_1\,Y_2^{\,2} = 0$$

oder

$$2\,Y_1\,Y_2^{\,2} + (R_a^{\,2} + 3\,Y_1^{\,2})\,Y_2 + R_a^{\,2}\,Y_1 + Y_1^{\,3} = 0\,.$$

Als Lösungen dieser quadratischen Gleichung ergeben sich

$$Y_{2,1} = -\frac{R_a^{\,2} + Y_1^{\,2}}{2\,Y_1}\,, \tag{A 23.6a}$$

$$Y_{2,2} = -Y_1\,. \tag{A 23.6b}$$

Werden diese beiden Lösungen in (A 23.5) eingesetzt, so erkennt man, daß nur die Lösung $Y_{2,1}$ zum gewünschten Wert $\hat{R}^* + \hat{R}_1 = R_a$ führt. Wird noch beachtet, daß entsprechend (A 23.3a) $|Y_1| = R_{1\,\mathrm{Bl}}$ und $|Y_2| = R_{2\,\mathrm{Bl}}$ gilt, so geht (A 23.6a) in die Kompensationsbedingung (5.22)

$$R_{2\,\mathrm{Bl}} = \frac{R_a^{\,2} + R_{1\,\mathrm{Bl}}^2}{2\,R_{1\,\mathrm{Bl}}}$$

über.

A. 24 Herleitung einiger Beziehungen der Elektrostatik aus den Maxwellschen Gleichungen

Für statische Felder folgt aus (6.9 a)

$$\operatorname{rot} \boldsymbol{E} = \mathbf{0}.$$

Diese Forderung für $\boldsymbol{E}$ entspricht (S 1.4). Nach (A 10.7) ist demnach $\boldsymbol{E}$ darstellbar durch

$$\boldsymbol{E} = -\operatorname{grad} \varphi,$$

d.h., $\boldsymbol{E}$ kann in Übereinstimmung mit (S 1.5) durch das elektrische Potential φ beschrieben werden.

Für das homogene Medium gilt nach (6.9 c) und (6.8 e)

$$\operatorname{div} \boldsymbol{D} = \operatorname{div} \varepsilon_0 \varepsilon_r \boldsymbol{E} = \varepsilon_0 \varepsilon_r \operatorname{div} \boldsymbol{E} = \varrho,$$

mit $\boldsymbol{E} = -\operatorname{grad} \varphi$ und (A 10.10)

$$\varepsilon_0 \varepsilon_r \operatorname{div} \operatorname{grad} \varphi = \varepsilon_0 \varepsilon_r \nabla^2 \varphi = -\varrho$$

oder

$$\nabla^2 \varphi = -\frac{\varrho}{\varepsilon_0 \varepsilon_r}. \qquad \text{(A 24.1)}$$

Das elektrische Potential gehorcht der Poissonschen Differentialgleichung (1.5). Deren Lösung für den unendlichen Raum gelingt mit dem Greenschen Integralsatz (A 11.3)

$$\int_V (f_1 \nabla^2 f_2 - f_2 \nabla^2 f_1) \, \mathrm{d}V = \oint_A (f_1 \operatorname{grad} f_2 - f_2 \operatorname{grad} f_1) \cdot \mathrm{d}\boldsymbol{A}, \qquad \text{(A 24.2)}$$

in dem $f_1(x, y, z)$ und $f_2(x, y, z)$ zwei im gesamten Volumen V und auf seiner Oberfläche A zweimal stetig differenzierbare skalare Ortsfunktionen bedeuten. f_1 sei die gesuchte Lösungsfunktion φ von (24.1). Da alle Quellen des elektrischen Feldes im Endlichen liegen wird vorausgesetzt, daß φ für $r \longrightarrow \infty$ mindestens wie $1/r$ gegen Null geht, wobei r den Abstand des Integrationspunktes vom gewählten Aufpunkt P bedeutet. Für die Funktion f_2 wählen wir

$$f_2 = \frac{1}{r}. \qquad \text{(A 24.3)}$$

Im Aufpunkt ($r = 0$) ist f_2 unstetig. Die Funktion f_2 verletzt damit in diesem Punkt die für sie geforderte zweimalige stetige Differenzierbarkeit. Wir umgehen diese Schwierigkeit dadurch, daß wir zunächst ein Kugelvolumen V_K mit dem Radius r_K und der Oberfläche A_K um den Aufpunkt aus dem Integrationsgebiet ausschließen, zunächst also statt über V über das Volumen $V^* = V - V_K$ integrieren, und danach den Grenzübergang

$r_K \to 0$ durchführen:

$$\int_V \left(\varphi \nabla^2 \frac{1}{r} - \frac{1}{r} \nabla^2 \varphi \right) \mathrm{d}V = \oint_A \left(\varphi \operatorname{grad} \frac{1}{r} - \frac{1}{r} \operatorname{grad} \varphi \right) \cdot \mathrm{d}\boldsymbol{A}$$

$$+ \lim_{r_K \to 0} \oint_{A_K} \left(\varphi \operatorname{grad} \frac{1}{r} - \frac{1}{r} \operatorname{grad} \varphi \right) \cdot \mathrm{d}\boldsymbol{A} . \tag{A 24.4}$$

In (A 24.4) wurde berücksichtigt, daß das Volumen V^* von zwei Oberflächen begrenzt wird, nämlich von der äußeren Oberfläche A des Volumens V und der Oberfläche der Kugel V_K. Entsprechend A. 11 zeigen die Normalen $\mathrm{d}\boldsymbol{A}$ der Oberflächen stets aus Volumen hinaus (s. Abb. A 24.1). Zur Lösung von (A 24.4) werden zunächst $\operatorname{grad}(1/r)$ und $\nabla^2(1/r)$ berechnet. Nach (A 2.7) und (A 2.9) gilt

$$\frac{\partial \frac{1}{r}}{\partial x} = \frac{\mathrm{d}\left(\frac{1}{r}\right)}{\mathrm{d}r} \frac{\partial r}{\partial x} = -\frac{1}{r^2} \frac{\partial \sqrt{x^2+y^2+z^2}}{\partial x} = -\frac{x}{r^3} . \tag{A 24.5 a}$$

Analog folgen die Beziehungen

$$\frac{\partial \frac{1}{r}}{\partial y} = -\frac{y}{r^3} , \tag{A 24.5 b}$$

$$\frac{\partial \frac{1}{r}}{\partial z} = -\frac{z}{r^3} \tag{A 24.5 c}$$

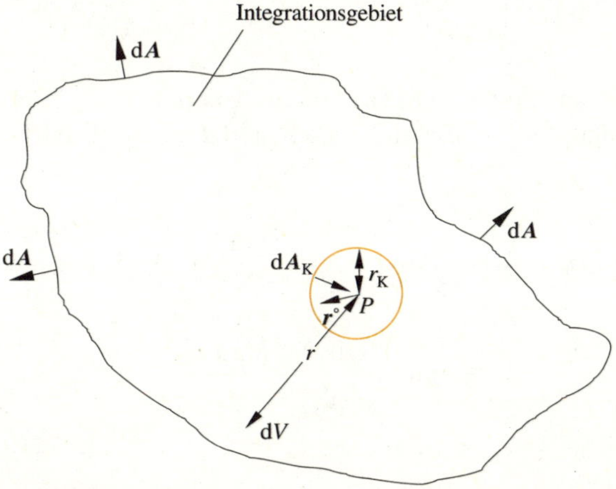

Abb. A 24.1 Zur Lösung der Poissonschen Differentialgleichung und damit nach (A 4.3) und (A 3.1)

$$\operatorname{grad}\frac{1}{r}=\frac{\partial\frac{1}{r}}{\partial x}\boldsymbol{i}+\frac{\partial\frac{1}{r}}{\partial y}\boldsymbol{j}+\frac{\partial\frac{1}{r}}{\partial z}\boldsymbol{k}=-\frac{\boldsymbol{r}^0}{r^2}. \tag{A 24.5}$$

Nochmalige Differentiation von (A 24.5 a) ergibt mit (A 2.5)

$$\frac{\partial^2\left(\frac{1}{r}\right)}{\partial x^2}=\frac{\partial}{\partial x}\frac{\partial\left(\frac{1}{r}\right)}{\partial x}=\frac{\partial}{\partial x}\left(-\frac{x}{r^3}\right)=-\frac{1}{r^3}+\frac{3x}{r^4}\frac{\partial r}{\partial x}$$

$$=-\frac{1}{r^3}+\frac{3x^2}{r^5}. \tag{A 24.6 a}$$

Mit den analog folgenden Beziehungen

$$\frac{\partial^2\left(\frac{1}{r}\right)}{\partial y^2}=-\frac{1}{r^3}+\frac{3y^2}{r^5}, \tag{A 24.6 b}$$

$$\frac{\partial^2\left(\frac{1}{r}\right)}{\partial z^2}=-\frac{1}{r^3}+\frac{3z^2}{r^5} \tag{A 24.6 c}$$

erhält man nach (A 10.2)

$$\nabla^2\frac{1}{r}=\frac{\partial^2\left(\frac{1}{r}\right)}{\partial x^2}+\frac{\partial^2\left(\frac{1}{r}\right)}{\partial y^2}+\frac{\partial^2\left(\frac{1}{r}\right)}{\partial z^2}=0. \tag{A 24.6}$$

Wir berechnen nun die drei Integrale in (A 24.4). Mit (A 24.1) und (A 24.6) ergibt sich

$$\int_V\left(\varphi\nabla^2\frac{1}{r}-\frac{1}{r}\nabla^2\varphi\right)\mathrm{d}V=\int_V\frac{\varrho}{\varepsilon_0\varepsilon_r r}\,\mathrm{d}V. \tag{A 24.7}$$

Weiter folgt für das Oberflächenintegral über die Kugeloberfläche A_K nach (A 24.5) bei Beachtung der Antiparallelität zwischen $\mathrm{d}\boldsymbol{A}^0$ und $\boldsymbol{r}^0$ (siehe Abb. A 24.1)

$$\lim_{r_K\to 0}\oint_{A_K}\left(\varphi\operatorname{grad}\frac{1}{r}-\frac{1}{r}\operatorname{grad}\varphi\right)\cdot\mathrm{d}\boldsymbol{A}=\lim_{r_K\to 0}\left(\frac{\varphi(r_K)}{r_K^2}-\frac{\operatorname{grad}\varphi_K}{r_K}\right)\cdot\oint_{A_K}\mathrm{d}A$$

$$=\lim_{r_K\to 0}\left(\frac{\varphi(r_K)}{r_K^2}-\frac{\operatorname{grad}\varphi_K}{r_K}\right)4\pi r_K^2$$

$$=4\pi\varphi(P). \tag{A 24.8}$$

Bei der Berechnung des dritten Integrals in (A 24.4) ist zu beachten, daß dieses Oberflächenintegral über die unendlich ferne Kugelfläche mit dem

Mittelpunkt im Aufpunkt zu erstrecken ist und daß auf ihr $\varphi(r)$ mindestens wie die Funktion $1/r$ gegen Null streben soll. Mit einer Konstanten C erhält man unter Beachtung von (A 24.5)

$$\left| \lim_{r \to \infty} \oint_{\text{Kugel}} \left(\varphi \operatorname{grad} \frac{1}{r} - \frac{1}{r} \operatorname{grad} \varphi \right) \cdot \mathrm{d}\boldsymbol{A} \right|$$

$$\leq \lim_{r \to \infty} \frac{C}{r^3} \oint_{\text{Kugel}} \mathrm{d}A = \lim_{r \to \infty} \frac{C}{r^3} 4\pi r^2 = 0$$

oder

$$\oint_A \left(\varphi \operatorname{grad} \frac{1}{r} - \frac{1}{r} \operatorname{grad} \varphi \right) \cdot \mathrm{d}\boldsymbol{A} = 0\,. \tag{A 24.9}$$

Einsetzen von (A 24.7), (A 24.8) und (A 24.9) in (A 24.4) ergibt als Lösung der Poissonschen Differentialgleichung für den unendlichen Raum

$$\varphi(P) = \frac{1}{4\pi} \int_V \frac{\varrho}{\varepsilon_0 \varepsilon_r r} \,\mathrm{d}V \tag{A 24.10}$$

(r ist der Abstand des Integrationspunktes vom Aufpunkt P).

Die Lösung (A 24.10) wurde mit der Hilfsfunktion (A 24.3), der *Greenschen Funktion*, gewonnen. Damit stellt sich die Frage der Eindeutigkeit von (A 24.10), denn die Wahl einer anderen Hilfsfunktion f_2 könnte ja zu einer anderen Lösung $\varphi^*(r) \neq \varphi(r)$ führen. Wir nehmen an, es wäre so, und bilden mit $\varphi(r) \neq \varphi^*(r)$ die Funktion

$$f(r) = \varphi(r) - \varphi^*(r)\,. \tag{A 24.11}$$

Für die weiteren Überlegungen benötigen wir das Volumenintegral über (A 11.2). Wir erhalten dafür

$$\int_V (f_1 \nabla^2 f_2 + \operatorname{grad} f_1 \cdot \operatorname{grad} f_2) \,\mathrm{d}V = \int_V \operatorname{div}(f_1 \operatorname{grad} f_2) \,\mathrm{d}V$$

oder bei Beachtung des Gaußschen Satzes (A 10.16)

$$\int_V (f_1 \nabla^2 f_2 + \operatorname{grad} f_1 \cdot \operatorname{grad} f_2) \,\mathrm{d}V = \oint_A f_1 \operatorname{grad} f_2 \cdot \mathrm{d}\boldsymbol{A}\,. \tag{A 24.12}$$

Wird in dieser Beziehung $f_1 = f_2 = f(r)$ gesetzt, erhält man

$$\int_V (f \nabla^2 f + (\operatorname{grad} f)^2) \,\mathrm{d}V = \oint_A f \operatorname{grad} f \cdot \mathrm{d}\boldsymbol{A}\,, \tag{A 24.13}$$

wobei das Oberflächenintegral wiederum über die unendlich ferne Kugeloberfläche zu erstrecken ist. Da auf dieser $\varphi(r)$ und $\varphi^*(r)$ und deshalb auch $f(r)$ mindestens wie $1/r$ gegen Null gehen sollen, erhält man analog zur Herleitung von (A 24.9)

$$\oint_A f \operatorname{grad} f \cdot \mathrm{d}\boldsymbol{A} = 0.$$

Damit folgt aus (A 24.13) bei Beachtung der Voraussetzung, daß φ und φ^* Lösungen der Poissonschen Differentialgleichung (A 24.1) sind und $\nabla^2 f$ deshalb verschwindet,

$$\int_V (\operatorname{grad} f)^2 \,\mathrm{d}V = \int_V |\operatorname{grad} f|^2 \,\mathrm{d}V = 0. \tag{A 24.14}$$

(A 24.14) ist für den unendlichen Raum nur dann erfüllt, wenn

$$\operatorname{grad} f = \operatorname{grad}(\varphi(r) - \varphi^*(r)) = 0 \tag{A 24.15}$$

gilt, d.h. nach (A 4.3), wenn $\varphi(r)$ und $\varphi^*(r)$ sich höchstens um eine Konstante unterscheiden. Da nach (D 1.6) das elektrische Potential sowieso nur bis auf eine additive Konstante festgelegt ist, ist dieser mögliche Unterschied von $\varphi(r)$ und $\varphi^*(r)$ belanglos, (A 24.10) damit die einzige Lösung von (A 24.1).

Spezialisiert man (A 24.1) auf eine Punktladung ($\varrho \neq 0$ nur in einem Punkt), so ergibt sich mit (2.2) die Beziehung (1.6 b):

$$\varphi(r) = \frac{1}{4\pi\varepsilon_0\varepsilon_r r} \int \varrho \,\mathrm{d}V = \frac{q}{4\pi\varepsilon_0\varepsilon_r r}$$

und daraus mit $\boldsymbol{E} = -\operatorname{grad}\varphi$, (A 10.3), (A 10.1), (A 2.7) und (A 2.9) die Beziehung (1.6 a):

$$\boldsymbol{E} = \frac{q}{4\pi\varepsilon_0\varepsilon_r r^2}\,\boldsymbol{r}^0.$$

Nach (D 1.5) wirkt die felderzeugende Ladung $q = q_1$ auf die Probeladung $q_P = q_2$ im Abstand r mit der Kraft

$$\boldsymbol{F} = \frac{q_1 q_2}{4\pi\varepsilon_0\varepsilon_r r^2}\,\boldsymbol{r}^0$$

(Coulombsches Gesetz (S 1.3)).

A. 25 Herleitung des Biot-Savartschen Gesetzes

Vergleicht man (6.7) mit (A 24.1a), so erkennt man, daß das magnetische Vektorpotential im unendlichen Raum entsprechend (A 24.1) darstellbar ist durch

$$\boldsymbol{A}(P) = \frac{\mu_0\mu_r}{4\pi} \int \frac{\boldsymbol{J}\,\mathrm{d}V}{r} \tag{A 25.1}$$

(r Abstand des Aufpunktes P vom Volumenelement V).

Für das Weitere werde ein Leiter vorausgesetzt, dessen Querschnitt gegenüber seiner Länge vernachlässigbar klein ist (*drahtförmiger Leiter*). Nach (D 2.2) und (S 2.2) gilt dann $\boldsymbol{J} \mathrm{d} V = I \mathrm{d}\boldsymbol{s} = I \mathrm{d}s \boldsymbol{E}^0$.

Nach (A 25.1) liefert das Leiterelement $\mathrm{d}\boldsymbol{s}$ zum magnetischen Vektorpotential im Aufpunkt P den Beitrag

$$\mathrm{d}\boldsymbol{A}(P) = \frac{I \mu_0 \mu_r}{4\pi} \frac{\mathrm{d}\boldsymbol{s}}{r}, \tag{A 25.1a}$$

nach (D 6.3) also zur magnetischen Induktion im Punkt P den Anteil

$$\mathrm{d}\boldsymbol{B}(P) = \operatorname{rot} \mathrm{d}\boldsymbol{A}(P) = \frac{I \mu_0 \mu_r}{4\pi} \operatorname{rot} \frac{\mathrm{d}\boldsymbol{s}}{r}. \tag{A 25.1 b}$$

Nach (A 10.5), A. 9 und (A 10.3) gilt

$$\operatorname{rot} \frac{\mathrm{d}\boldsymbol{s}}{r} = \nabla \times \frac{\mathrm{d}\boldsymbol{s}}{r} = \nabla \frac{1}{r} \times \mathrm{d}\boldsymbol{s} = \operatorname{grad} \frac{1}{r} \times \mathrm{d}\boldsymbol{s},$$

nach (A 24.5) ist

$$\operatorname{grad} \frac{1}{r} = -\frac{\boldsymbol{r}}{r^3}$$

und demzufolge mit (A 3.8)

$$\operatorname{rot} \frac{\mathrm{d}\boldsymbol{s}}{r} = \frac{\mathrm{d}\boldsymbol{s} \times \boldsymbol{r}}{r^3}, \tag{A 25.2}$$

wobei $\boldsymbol{r}$ entsprechend der Wahl des Koordinatenursprunges vom Leiterelement zum Aufpunkt zeigt.

Integriert man (A 25.1 b) unter Berücksichtigung von (A 25.2) über den gesamten Leiter, so folgt das Biot-Savartsche Gesetz

$$\boldsymbol{B}(P) = \frac{I \mu_0 \mu_r}{4\pi} \int_{\text{Leiter}} \frac{\mathrm{d}\boldsymbol{s} \times \boldsymbol{r}}{r^3} \tag{A 25.3}$$

($\boldsymbol{r}$ Vektor vom Leiterelement $\mathrm{d}\boldsymbol{s}$ zum Aufpunkt P).

A. 26 Zur Theorie des Drehspulgalvanometers

Im Abschnitt 1.3.7 wurde das Prinzip der Messung von Strömen und Spannungen mit Hilfe dynamischer Meßinstrumente erläutert. Diese Überlegungen sollen hier speziell mit Bezug auf die Funktionsweise des Drehspulgalvanometers und die daraus resultierenden Anwendungsmöglichkeiten ergänzt werden.

Dazu werden zunächst alle physikalischen Vorgänge erfaßt, die einen Einfluß auf die Bewegung der Drehspule ausüben. Diese bestehe aus N rechteckigen Windungen und befinde sich im Feld $\boldsymbol{B}$ eines Permanentmagneten (Abb. A 26.1). Die Drehachse liege parallel zu je zwei Seiten der Windungsrechtecke von den Längen l_1 und senkrecht zu $\boldsymbol{B}$. Fließt durch die Spule der Strom I, dann wirkt nach (2.15b) auf alle senkrecht zu $\boldsymbol{B}$ liegenden Teile der Spule die Kraft

$$F = I l_1 B$$

und damit nach $\boldsymbol{M} = \boldsymbol{s} \times \boldsymbol{F}$ ((I D 5.3), (A 3.7c)) auf die gesamte Spule ein Drehmoment vom Betrag $M_I = N|\boldsymbol{l}_2 \times \boldsymbol{F}| = NAIB \sin(l_2, \boldsymbol{F})$, wobei l_2 die Längen der senkrecht zur Drehachse liegenden Seiten der Windungsrechtecke sind und $A = l_1 l_2$ ihre Fläche bedeutet. Während der Drehung bewegen sich die Seiten l_1 der Windungsrechtecke auf einer Zylindermantelfläche. Durch geeignete Formgebung der Magnetpole kann erreicht werden, daß $\boldsymbol{B}$ auf dieser Zylindermantelfläche radiale Richtung und überall den gleichen Betrag besitzt. Dadurch wird $\sin(\boldsymbol{l}_2, \boldsymbol{F}) = 1$ und

$$M_I = NAIB\,.$$

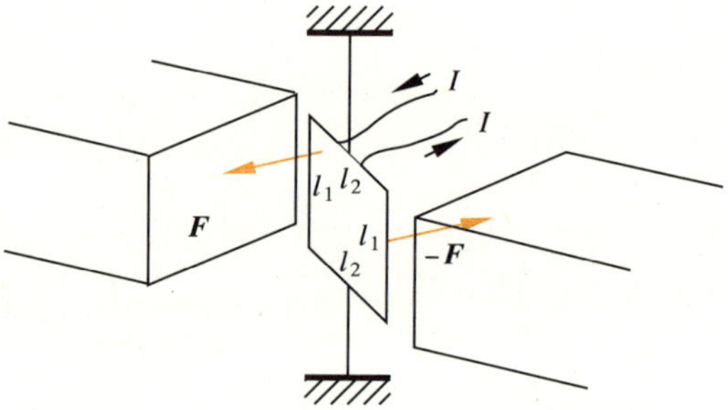

Abb. A 26.1 Stromdurchflossene Drehspule im permanenten Magnetfeld

Mit der Konstanten

$$G = NAB \tag{A 26.1}$$

erhält man

$$M_I = GI\,. \tag{A 26.2}$$

Durch die Drehung der Spule wird in ihr eine Spannung induziert, wodurch das Drehmoment M_I verkleinert wird. Unter Berücksichtigung der besonderen Form des Magnetfeldes und bei Verwendung des Drehwinkels α als verallgemeinerte Ortskoordinate (vgl. Abschn. I 4) ergibt sie sich nach (S 4.1) wegen $\mathrm{d}A = A\,\mathrm{d}\alpha$ zu

$$U_{\text{ind}} = -NAB\frac{\mathrm{d}\alpha}{\mathrm{d}t} = -G\frac{\mathrm{d}\alpha}{\mathrm{d}t}\,.$$

Bezeichnet R_G den Wirkwiderstand der Drehspule, R_a den im Galvanometerstromkreis liegenden Außenwirkwiderstand, so ergibt sich als Gesamtstrom nach (S 2.2) und (S 2.4 a)

$$I_g = I + I_{ind} = I + \frac{U_{ind}}{R_a + R_G} = I - \frac{G}{R_a + R_G} \frac{d\alpha}{dt}. \qquad (A\,26.3)$$

Dem Drehmoment (A 26.2) wirken auch die elastischen Eigenschaften der Drehspulaufhängung entgegen. Sie verursachen nach (I 9.12 a) ein Drehmoment

$$M_E = -D\alpha. \qquad (A\,26.4)$$

Die Drehbewegung wird außer durch die beiden soeben genannten noch durch andere Erscheinungen – zum Beispiel die Luftreibung – gedämpft. Sie lassen sich gemeinsam entsprechend den zwischen Translationsbewegungen und Rotationsbewegungen bestehenden Analogien (vgl. Tab. I 5.3) und den für die Differentialgleichung (A 14.6) vorausgesetzten Kraftansatz ${}^{R}F = -Rv$ durch ein zusätzliches Drehmoment

$$M_D = -\varrho \frac{d\alpha}{dt} \qquad (A\,26.5)$$

berücksichtigen. Dabei ist ϱ eine die Reibungseinflüsse erfassende Konstante.

Mit $\boldsymbol{M} = \Theta \frac{d\boldsymbol{\omega}}{dt}$ (siehe (I 5.10), Θ bedeutet das Trägheitsmoment entsprechend (I D 5.7)), (A 26.1), (A 26.2), (A 26.3), (A 26.4) und (A 26.5) sowie $M_{ind} = GI_{ind}$ erhält man als Bewegungsdifferentialgleichung der Drehspule

$$\Theta \frac{d^2\alpha}{dt^2} + \left(\varrho + \frac{G^2}{R_a + R_G}\right) \frac{d\alpha}{dt} + D\alpha = GI. \qquad (A\,26.6)$$

Sieht man vom Glied GI ab, so ist (A 26.6) nach (A 14.6) die Bewegungsdifferentialgleichung einer gedämpften harmonischen Schwingung.

Als erstes sollen Aussagen über die *Empfindlichkeit* des Galvanometers gemacht werden. Wir setzen dazu $I(t) = \text{const}$ voraus, d. h., es sei

$$\frac{d^2\alpha}{dt^2} = \frac{d\alpha}{dt} = 0.$$

Aus (A 26.6) folgt dann

$$D\alpha = GI.$$

Als *Stromempfindlichkeit* des Galvanometers bezeichnet man bei einem Dauerausschlag das Verhältnis

$$S_I = \frac{\alpha}{I} = \frac{G}{D}. \qquad (A\,26.7)$$

Eine große Stromempfindlichkeit erfordert nach (A 26.1) eine große Windungszahl N und damit einen großen Galvanometerwirkwiderstand

R_G. Entsprechend wird als *Spannungsempfindlichkeit* das Verhältnis

$$S_U = \frac{\alpha}{U} = \frac{\alpha}{I R_G} = \frac{G}{D R_G} \qquad \text{(A 26.8)}$$

angegeben.

Geht man von einer gegebenen Form des Permanentmagneten, d.h. einer gegebenen Luftspaltgröße und dadurch bestimmten Spulengröße aus, so folgt mit den Bezeichnungen A_S für den Querschnitt der Spulenwicklung, A_D für den Drahtquerschnitt, σ für die elektrische Leitfähigkeit des Drahtmaterials (siehe (2.3 b)) und $l = 2(l_1 + l_2)$

$$R_G = \frac{N l}{\sigma A_D} = \frac{N^2 l}{\sigma A_S}. \qquad \text{(A 26.9)}$$

Bei gegebener Spulengröße erreicht man demnach dann eine große Spannungsempfindlichkeit, wenn N und R_G klein gehalten werden.

Nach Abschnitt 2.7 müßte der Innenwirkwiderstand des Meßinstrumentes für eine ideale Strommessung verschwinden, für eine ideale Spannungsmessung unendlich sein. Hochempfindliche Strom- und Spannungsmessungen mit Drehspulgalvanometern bereiten deshalb infolge des Zusammenhanges zwischen R_G und Strom- bzw. Spannungsempfindlichkeit Schwierigkeiten.

Um den Einfluß des Verhältnisses zwischen Galvanometerwirkwiderstand und Außenwirkwiderstand auf die Empfindlichkeit genauer zu erfassen, wird in (A 26.8) berücksichtigt, daß im allgemeinen $R_a \neq 0$ und deshalb zu R_G zu addieren ist. Es folgt dann aus (A 26.8) mit (A 26.9) und (A 26.1)

$$S_U' = \frac{\dfrac{G}{D}}{R_G + R_a} = \frac{\dfrac{NAB}{D}}{\dfrac{N^2 l}{\sigma A_S} + R_a} = \frac{\dfrac{AB}{D}}{\dfrac{N l}{\sigma A_S} + \dfrac{R_a}{N}}.$$

Entsprechend A. 2 setzt man zur Berechnung des Extremwertes von S_U'

$$\frac{\mathrm{d}S_U'}{\mathrm{d}N} = \frac{\dfrac{l}{\sigma A_S} - \dfrac{R_a}{N^2}}{\left(\dfrac{N l}{\sigma A_S} + \dfrac{R_a}{N}\right)^2} \frac{AB}{D} = 0$$

und erhält

$$\frac{l}{\sigma A_S} = \frac{R_a}{N^2}$$

oder

$$R_G = R_a. \qquad \text{(A 26.10)}$$

Die größte Spannungsempfindlichkeit liegt vor, wenn Galvanometerwirkwiderstand und Außenwirkwiderstand gleich sind.

Im Abschnitt 5.4.2.3 wird gezeigt, daß bei einer sprunghaften Änderung der an einem Netzwerk (z.B. an einem Meßsystem) anliegenden Eingangsspannung die Ausgangsspannung im allgemeinen erst nach einer bestimmten Zeit ihren Endwert erreicht. Ändert man den durch ein Drehspulgalvanometer fließenden Strom zur Zeit $t=0$ sprunghaft, können nach (A 26.6) entsprechend Abschnitt A. 14 auch Schwingungen auftreten: Der Ausschlag α pendelt erst allmählich auf seinen Endwert ein. Je nach den Werten der charakteristischen Konstanten ist sowohl der Schwingfall als auch der aperiodische Fall möglich. Den Außenwirkwiderstand, für den beide ineinander übergehen, bezeichnet man als *äußeren Grenzwiderstand* $R_{\mathrm{a\,gr}}$. Der Vergleich der Differentialgleichung (A 26.6) mit (A 14.6) zeigt (GI wird vernachlässigt, siehe oben), daß sich in den Gleichungen entsprechen: $m \mathrel{\hat{=}} \Theta$, $R \mathrel{\hat{=}} \varrho + \dfrac{G^2}{R_{\mathrm{a}} + R_{\mathrm{G}}}$ und $D \mathrel{\hat{=}} D$. Mit der Annahme, daß der aperiodische Grenzfall realisiert ist (d.h., daß die Voraussetzung für (A 14.6c) erfüllt ist), bestimmt sich der Grenzwiderstand daher aus der Beziehung

$$\frac{\left(\varrho + \dfrac{G^2}{R_{\mathrm{a\,gr}} + R_{\mathrm{G}}}\right)^2}{4\Theta} = D$$

zu

$$R_{\mathrm{a\,gr}} = \frac{G^2}{2\sqrt{D\Theta} - \varrho} - R_{\mathrm{G}}. \qquad \text{(A 26.11)}$$

Um für eine Messung nicht unnötig viel Zeit aufwenden zu müssen, arbeitet man mit einem Galvanometer zweckmäßig im Schwingfall in unmittelbarer Nähe des aperiodischen Grenzfalles. Da der Wert des äußeren Grenzwiderstandes nicht mit dem Wirkwiderstand der Drehspule übereinstimmt, muß zwischen der maximalen Ausnutzung der Empfindlichkeit, d.h. der *Leistungsanpassung*, und der soeben besprochenen *Dämpfungsanpassung* ein geeigneter Kompromiß geschlossen werden.

Außer Strömen und Spannungen können mit einem Galvanometer auch Stromstöße bzw. Ladungen gemessen werden. Im Gegensatz zu dem in Abschnitt 5.4.2.3 besprochenen Problem der Messung einer zeitlich veränderlichen Größe ist hier die Proportionalität zwischen Maximalausschlag und Ladung q nur dann erfüllt, wenn die Schwingungszeit des Galvanometers T groß ist im Vergleich zur Dauer des Stromstoßes (*ballistisches Galvanometer*).

Unter dieser Voraussetzung erhält die Drehspule durch den Stromstoß zwar eine große Winkelbeschleunigung, dagegen sind sowohl Winkelgeschwindigkeit wie Ausschlag α auch am Ende des Stromstoßes noch klein, (A 26.6) erhält deshalb die vereinfachte Form

$$\frac{\mathrm{d}^2\alpha}{\mathrm{d}t^2} = \frac{G}{\Theta} I = \frac{G}{\Theta} \frac{\mathrm{d}q}{\mathrm{d}t}. \qquad \text{(A 26.12)}$$

Mit τ als Dauer des Stromstoßes ergibt sich durch Integration aus (A 26.12)

$$\frac{\mathrm{d}\alpha}{\mathrm{d}t} = \frac{G}{\Theta} \int_0^\tau \frac{dq}{\mathrm{d}t}\,\mathrm{d}t = \frac{G}{\Theta}\,q = \omega_\tau . \qquad \text{(A 26.12 a)}$$

Nach $\omega = \dfrac{\mathrm{d}\alpha}{\mathrm{d}t}$ ist ω_τ die am Ende des Stromstoßes erreichte Winkelgeschwindigkeit. Für $t > \tau$ gilt $I = 0$, die Bewegung der Drehspule wird dann durch die Differentialgleichung

$$\Theta \frac{\mathrm{d}^2\alpha}{\mathrm{d}t^2} + \left(\varrho + \frac{G^2}{R_\mathrm{a} + R_\mathrm{G}}\right)\frac{\mathrm{d}\alpha}{\mathrm{d}t} + D\alpha = 0 \qquad \text{(A 26.6 a)}$$

beschrieben.

Nach Voraussetzung ist $\tau \ll T$. Wir integrieren daher (A 26.6 a) näherungsweise mit den Anfangsbedingungen

$$\frac{\mathrm{d}\alpha}{\mathrm{d}t} = \omega_\tau \quad \text{und} \quad \alpha = 0 \quad \text{für} \quad t = 0 . \qquad \text{(A 26.13)}$$

Wie der Vergleich von (A 26.6 a) mit (A 14.6) zeigt, wird nach (A 14.6 a) die Differentialgleichung (A 26.6 a) durch

$$\alpha = \alpha_0\, \mathrm{e}^{-\frac{R}{2\Theta}t} \cos(\omega t + \varphi) \qquad \text{(A 26.14 a)}$$

gelöst, wobei

$$R = \varrho + \frac{G^2}{R_\mathrm{a} + R_\mathrm{G}} \qquad \text{(A 26.14 b)}$$

ist.

Die Anfangsbedingung $\alpha = 0$ für $t = 0$ führt zu $\varphi = -\dfrac{\pi}{2}$, d.h. mit $\cos\left(\dfrac{\pi}{2} \mp x\right) = \pm \sin x$ zu

$$\alpha = \alpha_0\, \mathrm{e}^{-\frac{R}{2\Theta}t} \sin \omega t .$$

Differentiation ergibt mit (A 2.5), (A 2.7), (A 2.10), (A 2.9) und (A 2.14 a)

$$\frac{\mathrm{d}\alpha}{\mathrm{d}t} = -\frac{R}{2\Theta}\alpha_0\, \mathrm{e}^{-\frac{R}{2\Theta}t} \sin \omega t + \omega \alpha_0\, \mathrm{e}^{-\frac{R}{2\Theta}t} \cos \omega t$$

und mit (A 26.13)

$$\alpha_0 = \frac{\omega_\tau}{\omega} .$$

Damit ist

$$\alpha = \frac{\omega_\tau}{\omega}\, \mathrm{e}^{-\frac{R}{2\Theta}t} \sin \omega t \qquad \text{(A 26.14)}$$

die Lösung von (A 26.6 a), die die Anfangsbedingungen erfüllt. Der Maximalausschlag α_{max} wird für $t = \frac{T}{4} = \frac{1}{4\nu} = \frac{\pi}{2\omega}$ erreicht. Man erhält

$$\alpha_{max} = \frac{\omega_\tau}{\omega} e^{-\frac{R}{8\Theta}T}$$

oder mit (A 26.12 a)

$$\alpha_{max} \sim q \quad (T \gg \tau). \tag{A 26.15}$$

Zwischen Maximalausschlag und der durch das Galvanometer geflossenen Ladung besteht unter der Voraussetzung $T \gg \tau$ Proportionalität.

Die beschriebene Meßmethode wurde zum Beispiel in Abschnitt 4.1 benutzt.

A. 27 Herleitung von Wellendifferentialgleichungen für *E* und *H*

Zunächst soll die magnetische Feldstärke $\boldsymbol{H}$ unter der Voraussetzung, daß $\varrho = 0$ und ε_r, μ_r und σ orts- und zeitunabhängig sind, aus den Maxwellschen Gleichungen eliminiert werden. Durch Anwendung der Vektordifferentialoperation Rotor auf die erste Maxwellsche Gleichung (6.9 a) folgt mit (A 6.8)

$$\operatorname{rot}\operatorname{rot}\boldsymbol{E} = \operatorname{grad}\operatorname{div}\boldsymbol{E} - \nabla^2\boldsymbol{E} = -\operatorname{rot}\frac{\partial \boldsymbol{B}}{\partial t} \tag{A 27.1 a}$$

und unter Beachtung obiger Voraussetzungen nach (6.9 c) und (6.8 e)

$$\operatorname{div}\boldsymbol{D} = \operatorname{div}\varepsilon_0\varepsilon_r\boldsymbol{E} = \varepsilon_0\varepsilon_r\operatorname{div}\boldsymbol{E} = 0$$

oder

$$\operatorname{div}\boldsymbol{E} = 0. \tag{A 27.1 b}$$

Zeitliche Differentiation der 2. Maxwellschen Gleichung (6.9 b) ergibt

$$\operatorname{rot}\frac{\partial \boldsymbol{H}}{\partial t} = \frac{\partial^2 \boldsymbol{D}}{\partial t^2} + \frac{\partial \boldsymbol{J}}{\partial t},$$

woraus nach Multiplikation mit $\mu = \mu_0\mu_r$ unter Beachtung von (6.8 e), (6.8 f), (6.8 g) und der Orts- und Zeitunabhängigkeit von μ_r und ε_r

$$\mu_0\mu_r\operatorname{rot}\frac{\partial \boldsymbol{H}}{\partial t} = \operatorname{rot}\frac{\partial \mu_0\mu_r\boldsymbol{H}}{\partial t} = \mu_0\mu_r\varepsilon_0\varepsilon_r\frac{\partial^2\boldsymbol{E}}{\partial t^2} + \mu_0\mu_r\sigma\frac{\partial \boldsymbol{E}}{\partial t}$$

oder

$$\operatorname{rot}\frac{\partial \boldsymbol{B}}{\partial t} = \mu_0\mu_r\varepsilon_0\varepsilon_r\frac{\partial^2\boldsymbol{E}}{\partial t^2} + \mu_0\mu_r\sigma\frac{\partial \boldsymbol{E}}{\partial t} \tag{A 27.1 c}$$

folgt.

Durch Einsetzen von (A 27.1 b) und (A 27.1 c) in (A 27.1 a) erhält man für $\boldsymbol{E}$ die Wellendifferentialgleichung

$$\nabla^2 \boldsymbol{E} - \varepsilon_0 \varepsilon_r \mu_0 \mu_r \frac{\partial^2 \boldsymbol{E}}{\partial t^2} - \mu_0 \mu_r \sigma \frac{\partial \boldsymbol{E}}{\partial t} = \boldsymbol{0}. \qquad \text{(A 27.2 a)}$$

Wird die Vektordifferentialoperation Rotor auf (6.9 b) bei Beachtung von (A 10.8), (6.8 e), 6.8 f), (6.8 g) und der Zeit- und Ortsunabhängigkeit von ε_r, μ_r und σ angewandt, so folgt

$$\operatorname{rot}\operatorname{rot} \boldsymbol{H} = \operatorname{grad}\operatorname{div} \boldsymbol{H} - \nabla^2 \boldsymbol{H} = \operatorname{rot} \frac{\partial \boldsymbol{D}}{\partial t} + \operatorname{rot} \boldsymbol{J}$$

$$= \varepsilon_0 \varepsilon_r \operatorname{rot} \frac{\partial \boldsymbol{E}}{\partial t} + \sigma \operatorname{rot} \boldsymbol{E}$$

oder, da nach (6.8 f) und (6.9 d)

$$\operatorname{div} \boldsymbol{B} = \mu_0 \mu_r \operatorname{div} \boldsymbol{H} = 0,$$

d. h.,

$$\operatorname{div} \boldsymbol{H} = 0$$

gilt,

$$\nabla^2 \boldsymbol{H} = -\varepsilon_0 \varepsilon_r \operatorname{rot} \frac{\partial \boldsymbol{E}}{\partial t} - \sigma \operatorname{rot} \boldsymbol{E}. \qquad \text{(A 27.3 a)}$$

Wird (6.9 a) nach t differenziert und (6.8 f) beachtet, so folgt

$$\frac{\partial}{\partial t} \operatorname{rot} \boldsymbol{E} = \operatorname{rot} \frac{\partial \boldsymbol{E}}{\partial t} = -\frac{\partial^2 \boldsymbol{B}}{\partial t^2} = -\mu_0 \mu_r \frac{\partial^2 \boldsymbol{H}}{\partial t^2} \qquad \text{(A 27.3 b)}$$

und durch Einsetzen von (A 27.3 b), (6.9 a) und (6.8 f) in (A 27.3 a) analog zu (A 27.2 a)

$$\nabla^2 \boldsymbol{H} - \varepsilon_0 \varepsilon_r \mu_0 \mu_r \frac{\partial^2 \boldsymbol{H}}{\partial t^2} - \mu_0 \mu_r \sigma \frac{\partial \boldsymbol{H}}{\partial t} = \boldsymbol{0}. \qquad \text{(A 27.2 b)}$$

A. 28 Berechnung von Real- und Imaginärteil der komplexen Kreiswellenzahl

Setzt man $\hat{k} = k(1 - \mathrm{i}\varkappa)$ in (7.11) ein, so erhält man mit (A 1.4 a)

$$k^2 - k^2 \varkappa^2 - \mathrm{i}\, 2 k^2 \varkappa = \varepsilon_0 \varepsilon_r \mu_0 \mu_r \omega^2 - \mathrm{i} \sigma \mu_0 \mu_r \omega$$

oder, da nach A. 1 zwei komplexe Zahlen dann und nur dann einander gleich sind, wenn sie in Real- und Imaginärteil übereinstimmen, das

Gleichungssystem

$$k^2 - k^2 \varkappa^2 = \varepsilon_0 \varepsilon_r \mu_0 \mu_r \omega^2 \tag{A 28.1a}$$

$$2k^2 \varkappa = \sigma \mu_0 \mu_r \omega \tag{A 28.1b}$$

zur Bestimmung von k und $k\varkappa$.

Löst man (A 28.1b) nach $\varkappa$ auf und setzt den so gefundenen Ausdruck für $\varkappa$ in (A 28.1a) ein, so folgt für k die biquadratische Gleichung

$$k^4 - \varepsilon_0 \varepsilon_r \mu_0 \mu_r \omega^2 k^2 - \frac{\sigma^2 \mu_0{}^2 \mu_r{}^2 \omega^2}{4} = 0. \tag{A 28.2}$$

Durch Einführung der Abkürzungen

$$x = k^2 > 0,$$

$$p = -\varepsilon_0 \varepsilon_r \mu_0 \mu_r \omega^2,$$

$$q = -\frac{\sigma^2 \mu_0{}^2 \mu_r{}^2 \omega^2}{4}$$

geht sie in die Normalform

$$x^2 + px + q = 0,$$

$$x_{1,2} = -\frac{p}{2} \pm \sqrt{\frac{p^2}{4} - q}$$

der quadratischen Gleichung über. Beachtet man noch, daß nur Lösungen $x > 0$ physikalisch sinnvoll sind, so ergibt sich

$$x = k^2 = \frac{\varepsilon_0 \varepsilon_r \mu_0 \mu_r \omega^2}{2} + \sqrt{\frac{\varepsilon_0{}^2 \varepsilon_r{}^2 \mu_0{}^2 \mu_r{}^2 \omega^4}{4} + \frac{\sigma^2 \mu_0{}^2 \mu_r{}^2 \omega^2}{4}}$$

$$= \frac{\mu_0 \mu_r \omega^2}{2} \left(\varepsilon_0 \varepsilon_r + \sqrt{\varepsilon_0{}^2 \varepsilon_r{}^2 + \frac{\sigma^2}{\omega^2}} \right)$$

oder

$$k = \omega \sqrt{\frac{\mu_0 \mu_r}{2} \left(\sqrt{\varepsilon_0{}^2 \varepsilon_r{}^2 + \frac{\sigma^2}{\omega^2}} + \varepsilon_0 \varepsilon_r \right)}. \tag{A 28.3a}$$

Wird k^2 in (A 28.1a) eingesetzt, so folgt

$$k\varkappa = \omega \sqrt{\frac{\mu_0 \mu_r}{2} \left(\sqrt{\varepsilon_0{}^2 \varepsilon_r{}^2 + \frac{\sigma^2}{\omega^2}} - \varepsilon_0 \varepsilon_r \right)}. \tag{A 28.3b}$$

A. 29 Zu den elektrodynamischen Potentialen

Zur Herleitung von (7.14a) multiplizieren wir die zweite Maxwellsche Gleichung (6.9 b) mit $\mu_0 \mu_r$:

$$\mu_0 \mu_r \operatorname{rot} \boldsymbol{H} = \mu_0 \mu_r (\dot{\boldsymbol{D}} + \boldsymbol{J}). \tag{A 29.1}$$

Beachtet man $\mu_r = \text{const}$, (6.8f), (D 6.3) und (A 10.8), so folgt

$$\begin{aligned} \mu_0 \mu_r \operatorname{rot} \boldsymbol{H} &= \operatorname{rot} \mu_0 \mu_r \boldsymbol{H} = \operatorname{rot} \boldsymbol{B} = \operatorname{rot} \operatorname{rot} \boldsymbol{A} \\ &= -\nabla^2 \boldsymbol{A} + \operatorname{grad} \operatorname{div} \boldsymbol{A}; \end{aligned} \tag{A 29.2a}$$

mit $\varepsilon_r = \text{const}$, (6.8e), (7.13) und (S 7.3) folgt

$$\begin{aligned} \mu_0 \mu_r (\dot{\boldsymbol{D}} + \boldsymbol{J}) &= \mu_0 \mu_r \varepsilon_0 \varepsilon_r \dot{\boldsymbol{E}} + \mu_0 \mu_r \boldsymbol{J} \\ &= -\mu_0 \mu_r \varepsilon_0 \varepsilon_r (\ddot{\boldsymbol{A}} + \operatorname{grad} \dot{\varphi}_s) + \mu_0 \mu_r \boldsymbol{J} \\ &= -\frac{1}{v_{ph}^2} (\ddot{\boldsymbol{A}} + \operatorname{grad} \dot{\varphi}_s) + \mu_0 \mu_r \boldsymbol{J} \end{aligned} \tag{A 29.2b}$$

und mit (A 29.1), (A 29.2a) und (A 10.15)

$$\nabla^2 \boldsymbol{A} - \frac{1}{v_{ph}^2} \ddot{\boldsymbol{A}} - \operatorname{grad}\left(\operatorname{div} \boldsymbol{A} + \frac{1}{v_{ph}^2} \dot{\varphi}_s \right) = -\mu_0 \mu_r \boldsymbol{J}. \tag{A 29.3a}$$

Beachtet man den durch (7.14c) festgelegten Zusammenhang von $\boldsymbol{A}$ und φ_s, so ergibt sich für $\boldsymbol{A}$ die Differentialgleichung

$$\nabla^2 \boldsymbol{A} - \frac{1}{v_{ph}^2} \ddot{\boldsymbol{A}} = -\mu_0 \mu_r \boldsymbol{J}. \tag{A 29.3}$$

Durch zeitliche Differentiation geht (7.14c) in

$$\operatorname{div} \dot{\boldsymbol{A}} + \frac{1}{v_{ph}^2} \ddot{\varphi}_s = 0, \tag{A 29.4a}$$

(7.13) durch Anwendung der Vektordifferentialoperation Divergenz bei Beachtung von (A 10.14), $\varepsilon_r = \text{const}$, (6.8e), (6.9c) und (A 10.10) in

$$\begin{aligned} \operatorname{div} \dot{\boldsymbol{A}} &= -\operatorname{div} \boldsymbol{E} - \operatorname{div} \operatorname{grad} \varphi_s \\ &= -\frac{1}{\varepsilon_0 \varepsilon_r} \operatorname{div} \varepsilon_0 \varepsilon_r \boldsymbol{E} - \nabla^2 \varphi_s \\ &= -\frac{1}{\varepsilon_0 \varepsilon_r} \operatorname{div} \boldsymbol{D} - \nabla^2 \varphi_s = -\frac{\varrho}{\varepsilon_0 \varepsilon_r} - \nabla^2 \varphi_s \end{aligned} \tag{A 29.4b}$$

über.

Elimination von $\operatorname{div} \dot{\boldsymbol{A}}$ aus (A 29.4a) und (A 29.4b) ergibt

$$\nabla^2 \varphi_s - \frac{1}{v_{ph}^2} \ddot{\varphi}_s = -\frac{\varrho}{\varepsilon_0 \varepsilon_r}. \tag{A 29.4}$$

A. 30 Kirchhoffsche Formel

Im Greenschen Integralsatz (A 11.3)

$$\int_V (f_1 \nabla^2 f_2 - f_2 \nabla^2 f_1)\,\mathrm{d}V = \oint_A (f_1 \operatorname{grad} f_2 - f_2 \operatorname{grad} f_1) \cdot \mathrm{d}\boldsymbol{A}$$

werden für die Funktionen f_1 und f_2 speziell die Ausdrücke

$$f_1 = \hat{u}_0, \quad f_2 = \frac{\mathrm{e}^{-ikr}}{r} \tag{A 30.1}$$

gesetzt. $\hat{u}_0$ bedeutet die im Abschnitt 10.2.1 festgelegte Lichterregung. Sie genügt der zeitfreien Wellengleichung (vgl. (10.12a))

$$\nabla^2 \hat{u}_0 + k^2 \hat{u}_0 = 0. \tag{A 30.2a}$$

Nach (A 15.2a), (A 15.6), (7.8) und (7.9) ist auch die Funktion f_2 eine Lösung dieser Differentialgleichung:

$$\nabla^2 f_2 + k^2 f_2 = 0. \tag{A 30.2b}$$

Den Koordinatenursprungspunkt ($r=0$) legen wir in den Aufpunkt P. Da $\frac{\mathrm{e}^{-ikr}}{r}$ in diesem Punkt unstetig ist, schließen wir vorerst diese Unstetigkeitsstelle durch eine Kugel vom Radius r_K um P aus dem Integrationsgebiet aus, d.h., wir integrieren im Greenschen Integralsatz statt über das eigentliche Volumen V über das um das Kugelvolumen V_K verkleinerte Volumen $V' = V - V_K$. Hierbei ist zu beachten, daß V' von zwei Oberflächen abgeschlossen wird, der ursprünglichen Oberfläche A und der zusätzlichen A_K über die Oberfläche der Kugel (siehe Abb. A 30.1). Mit (A 30.1) und (A 30.2) ergibt der Greensche Integralsatz

$$\oint_A \left(\hat{u}_0 \operatorname{grad} \frac{\mathrm{e}^{-ikr}}{r} - \frac{\mathrm{e}^{-ikr}}{r} \operatorname{grad} \hat{u}_0 \right) \cdot \mathrm{d}\boldsymbol{A}$$

$$+ \oint_{A_K} \left(\hat{u}_0 \operatorname{grad} \frac{\mathrm{e}^{-ikr}}{r} - \frac{\mathrm{e}^{-ikr}}{r} \operatorname{grad} \hat{u}_0 \right) \cdot \mathrm{d}\boldsymbol{A} = 0. \tag{A 30.3a}$$

$\mathrm{d}\boldsymbol{A}$ zeigt hierbei stets aus dem Volumen V' heraus.

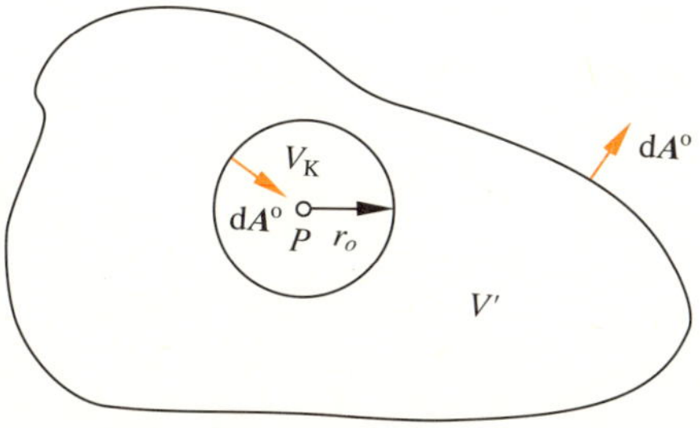

Abb. A 30.1
Zur Herleitung der Kirchhoffschen Formel

Das Integral über V' geht in das ursprüngliche über V über, wenn wir in (A 30.3 a) den Grenzübergang $r_K \longrightarrow 0$ bilden. Man erhält für das zweite Integral in (A 30.3 a)

$$I = \lim_{r_K \to 0} \oint_{A_K} \left(\hat{u}_0 \operatorname{grad} \frac{e^{-ikr}}{r} - \frac{e^{-ikr}}{r} \operatorname{grad} \hat{u}_0 \right) \cdot d\boldsymbol{A}. \qquad \text{(A 30.4 a)}$$

Da die Kugeloberfläche mit r_K^2 gegen Null geht und $\operatorname{grad} \hat{u}_0$ nach Voraussetzung beim Grenzübergang $r_K \longrightarrow 0$ stetig bleibt, verschwindet der zweite Term in (A 30.4 a) für $r_K \longrightarrow 0$. Das Integral reduziert sich damit auf

$$I = \lim_{r_K \to 0} \oint_{A_K} \hat{u}_0 \operatorname{grad} \frac{e^{-ikr}}{r} \cdot d\boldsymbol{A}. \qquad \text{(A 30.4 b)}$$

Weiter gilt mit (A 10.2), (A 10.1), (A 2.7), (A 2.5) und (A 2.9)

$$\operatorname{grad}_x \frac{e^{-ikr}}{r} = \frac{\partial}{\partial r}\left(\frac{e^{-ikr}}{r}\right)\frac{\partial r}{\partial x}\boldsymbol{i} = -\left(\frac{ik}{r} + \frac{1}{r^2}\right) e^{-ikr} \frac{x}{r} \boldsymbol{i}$$

und analog

$$\operatorname{grad}_y \frac{e^{-ikr}}{r} = -\left(\frac{ik}{r} + \frac{1}{r^2}\right) e^{-ikr} \frac{y}{r} \boldsymbol{j},$$

$$\operatorname{grad}_z \frac{e^{-ikr}}{r} = -\left(\frac{ik}{r} + \frac{1}{r^2}\right) e^{-ikr} \frac{z}{r} \boldsymbol{k},$$

woraus sich mit $\boldsymbol{r} = x\boldsymbol{i} + y\boldsymbol{j} + z\boldsymbol{k}$, (A 4.3) und (A 3.1)

$$\operatorname{grad} \frac{e^{-ikr}}{r} = -\left(\frac{ik}{r} + \frac{1}{r^2}\right) e^{-ikr} \boldsymbol{r}^0 \qquad \text{(A 30.5)}$$

ergibt. Beachtet man weiter, daß die Flächennormale aus der Oberfläche A_K des Volumens herauszeigt, also $dA_K^0 = -\boldsymbol{r}^0$ gilt, so folgt mit $dA_K = r_K^2 \, d\Omega$ durch Integration über die Kugel vom Radius r_K und nachfolgenden Grenzübergang $r_K \longrightarrow 0$

$$\begin{aligned} I &= \lim_{r_K \to 0} \oint_{A_K} \hat{u}_0 \left(\frac{ik}{r} + \frac{1}{r^2}\right) e^{-ikr} \, dA \\ &= \lim_{r_K \to 0} \int_0^{4\pi} \hat{u}_0 \left(\frac{ik}{r_K} + \frac{1}{r_K^2}\right) e^{-ikr_K} r_K^2 \, d\Omega \\ &= 4\pi \lim_{r_K \to 0} \hat{u}_0 (ikr_K + 1) \, e^{-ikr_K} = 4\pi \hat{u}_0(P) \end{aligned}$$

und somit aus (A 30.3 a) die *Kirchhoffsche Formel*

$$\hat{u}_0(P) = \frac{1}{4\pi} \oint_A \left(\frac{e^{-ikr}}{r} \operatorname{grad} \hat{u}_0 - \hat{u}_0 \operatorname{grad} \frac{e^{-ikr}}{r} \right) dA. \qquad \text{(A 30.3)}$$

Sie ermöglicht die Berechnung von $\hat{u}_0(P)$ bei Kenntnis von $\hat{u}_0$ und $\operatorname{grad} \hat{u}_0$ auf der das Volumen umschließenden Oberfläche A.

A.31 Zur Umformung der Kirchhoffschen Formel

Aus Abbildung 10.16 können die Darstellungen

$$r = \sqrt{(x-\xi)^2 + (y-\eta)^2 + z^2};$$

$$r_L = \sqrt{(x_L-\xi)^2 + (y_L-\xi)^2 + z_L^2}; \qquad \text{(A 31.1 a)}$$

$$R = \sqrt{x^2 + y^2 + z^2}; \quad R_L = \sqrt{x_L^2 + y_L^2 + z_L^2} \qquad \text{(A 31.1 b)}$$

entnommen werden. Partielle Differentiation von (A 31.1 a) entsprechend (A 2.19), (A 2.20), (A 2.7) und (A 2.9) ergibt

$$\frac{\partial r}{\partial x} = \frac{x}{r}; \quad \frac{\partial r}{\partial y} = \frac{y}{r} \qquad \text{(A 31.2 a)}$$

und mit (A 2.5)

$$\frac{\partial^2 r}{\partial x^2} = \frac{1}{r} - \frac{x^2}{r^3}; \quad \frac{\partial^2 r}{\partial y^2} = \frac{1}{r} - \frac{y^2}{r^3}; \qquad \text{(A 31.2 b)}$$

$$\frac{\partial^2 r}{\partial x \partial y} = -\frac{xy}{r^3}. \qquad \text{(A 31.2 c)}$$

Entsprechend (I A 3.1 b) liefert eine Taylor-Entwicklung

$$r(x-\xi, y-\eta, z) = r(x, y, z) - \xi \left(\frac{\partial r}{\partial x}\right)_{\substack{\xi=0\\\eta=0}} - \eta \left(\frac{\partial r}{\partial y}\right)_{\substack{\xi=0\\\eta=0}}$$

$$+ \frac{1}{2!}\left[\xi^2 \left(\frac{\partial^2 r}{\partial x^2}\right)_{\substack{\xi=0\\\eta=0}} + \eta^2 \left(\frac{\partial^2 r}{\partial y^2}\right)_{\substack{\xi=0\\\eta=0}} + 2\xi\eta \left(\frac{\partial^2 r}{\partial x \partial y}\right)_{\substack{\xi=0\\\eta=0}}\right] + \ldots$$

oder mit (A 31.1 a), (A 31.1 b) und (A 31.2 a) bis (A 31.2 c)

$$r = R - \frac{\xi x + \eta y}{R} + \frac{1}{2!}\left[\frac{\xi^2 + \eta^2}{R} - \frac{\xi^2 x^2 + \eta^2 y^2}{R^3} - \frac{2\xi\eta xy}{R^3}\right]$$

$$= R - \frac{\xi x + \eta y}{R} + \frac{1}{2!}\left[\frac{\xi^2 + \eta^2}{R} - \frac{(\xi x + \eta y)^2}{R^3}\right]$$

und analog

$$r_{\mathrm{L}} = R_{\mathrm{L}} - \frac{\xi x_{\mathrm{L}} + \eta y_{\mathrm{L}}}{R_{\mathrm{L}}} + \frac{1}{2!}\left[\frac{\xi^2+\eta^2}{R_{\mathrm{L}}} - \frac{(\xi x_{\mathrm{L}} + \eta y_{\mathrm{L}})^2}{R_{\mathrm{L}}^3}\right].$$

Werden noch die Richtungskosinus entsprechend (10.14 d)

$$\cos\alpha_{\mathrm{L}}^* = -\frac{x_{\mathrm{L}}}{R_{\mathrm{L}}};\quad \cos\alpha^* = \frac{x}{R};\quad \cos\beta_{\mathrm{L}}^* = -\frac{y_{\mathrm{L}}}{R_{\mathrm{L}}};\quad \cos\beta^* = \frac{y}{R}$$

eingeführt, dann gilt für $r_{\mathrm{L}} + r$ die Reihendarstellung

$$\begin{aligned} r_{\mathrm{L}} + r = R_{\mathrm{L}} + R &- \xi(\cos\alpha^* - \cos\alpha_{\mathrm{L}}^*) - \eta(\cos\beta^* - \cos\beta_{\mathrm{L}}^*) \\ &+ \frac{1}{2}\left[\left(\frac{1}{R_{\mathrm{L}}} + \frac{1}{R}\right)(\xi^2+\eta^2) - \frac{(\xi\cos\alpha_{\mathrm{L}}^* + \eta\cos\beta_{\mathrm{L}}^*)^2}{R_{\mathrm{L}}}\right. \\ &\left. - \frac{(\xi\cos\alpha^* + \eta\cos\beta^*)^2}{R}\right] + \dots, \end{aligned}$$

womit (10.14 c) übergeht in

$$\hat{u}_0(P) = -\frac{u_0 ik\cos(\boldsymbol{r}_{\mathrm{L}}^0;\, \mathrm{d}\boldsymbol{A}^0)\,\mathrm{e}^{-ik(R_{\mathrm{L}}+R)}}{2\pi r_{\mathrm{L}} r}\iint\limits_{\ddot{o}} \mathrm{e}^{-ik\Phi(\xi,\eta)}\,\mathrm{d}\xi\,\mathrm{d}\eta, \qquad \text{(A 31.3)}$$

wenn zur Abkürzung

$$\begin{aligned} \Phi(\xi,\eta) = &-\xi(\cos\alpha^* - \cos\alpha_{\mathrm{L}}^*) - \eta(\cos\beta^* - \cos\beta_{\mathrm{L}}^*) \\ &+ \frac{1}{2}\left[\left(\frac{1}{R_{\mathrm{L}}} + \frac{1}{R}\right)(\xi^2+\eta^2)\right. \\ &\left. - \frac{(\xi\cos\alpha_{\mathrm{L}}^* + \eta\cos\beta_{\mathrm{L}}^*)^2}{R_{\mathrm{L}}} - \frac{(\xi\cos\alpha^* + \eta\cos\beta^*)^2}{R}\right] + \dots \end{aligned} \qquad \text{(A 31.3 a)}$$

gesetzt wird.

A. 32 Zur Beugung am Spalt

Für einen durch die Betrachtungsrichtung α gekennzeichneten Punkt P, dessen Abstand r_0 vom Spalt sehr groß gegenüber der Spaltbreite d ist ($r_0 \gg d$), findet man nach (10.18) die Wellenfunktion

$$\hat{u}_\alpha \sim \frac{\mathrm{e}^{\mathrm{i}(\omega t - kr_0)}}{(m-1)r_0}\left[1 + \mathrm{e}^{\mathrm{i}\Delta\varphi_b} + \mathrm{e}^{2\mathrm{i}\Delta\varphi_b} + \dots + \mathrm{e}^{(m-1)\mathrm{i}\Delta\varphi_b}\right]. \qquad \text{(A 32.1)}$$

Setzt man

$$q = e^{\mathrm{i}\Delta\varphi_b}, \qquad \text{(A 32.1 a)}$$

so geht (A 32.1) in die geometrische Summe

$$\hat{u}_\alpha \sim \frac{e^{i(\omega t - kr_0)}}{(m-1)\, r_0} \sum_{\mu=0}^{m-1} q^\mu \tag{A 32.1b}$$

über. Ihr Wert bestimmt sich mit der Summenformel

$$\sum_{\mu=0}^{m-1} q^\mu = \frac{1-q^m}{1-q}$$

zu

$$\hat{u}_\alpha \sim \frac{e^{i(\omega t - kr_0)}(1-e^{im\Delta\varphi_b})}{(m-1)\, r_0 (1-e^{i\Delta\varphi_b})}. \tag{A 32.1c}$$

Weiter gilt mit $e^a e^b = e^{a+b}$ und (A 1.10)

$$\frac{1-e^{im\Delta\varphi_b}}{1-e^{i\Delta\varphi_b}} = \frac{e^{\frac{im\Delta\varphi_b}{2}}\left(e^{\frac{-im\Delta\varphi_b}{2}} - e^{\frac{im\Delta\varphi_b}{2}}\right)}{e^{\frac{i\Delta\varphi_b}{2}}\left(e^{\frac{-i\Delta\varphi_b}{2}} - e^{\frac{i\Delta\varphi_b}{2}}\right)} = e^{\frac{i\Delta\varphi_b}{2}(m-1)} \frac{\sin\dfrac{m\Delta\varphi_b}{2}}{\sin\dfrac{\Delta\varphi_b}{2}},$$

womit nach (A 32.1c) und (A 15.2a) für die komplexe Amplitude der Wellenfunktion am Ort P

$$\hat{u}_{\alpha 0} \sim \frac{e^{-ikr_0}\, e^{\frac{i\Delta\varphi_b}{2}(m-1)}}{(m-1)\, r_0} \frac{\sin\dfrac{m\Delta\varphi_b}{2}}{\sin\dfrac{\Delta\varphi_b}{2}} \tag{A 32.1d}$$

folgt. Nach dem Huygens-Fresnelschen Prinzip (S 10.5) ist *jeder* Punkt der Spaltebene Ausgangspunkt einer Elementarwelle. Deshalb muß man für die Intensität den Grenzwert $m \to \infty$ bilden. Nach (10.12), (A 1.7) und (A 1.6) beobachtet man daher in Richtung α die Intensität

$$I_\alpha \sim \lim_{m \to \infty} \frac{\sin^2 \dfrac{m\Delta\varphi_b}{2}}{(m-1)^2 \sin^2 \dfrac{\Delta\varphi_b}{2}} \tag{A 32.1e}$$

oder mit (10.17) und (A 15.3)

$$I_\alpha \sim \lim_{m \to \infty} \frac{\sin^2 \dfrac{m\pi d \sin\alpha}{(m-1)\lambda}}{(m-1)^2 \sin^2\left(\dfrac{\pi d \sin\alpha}{(m-1)\lambda}\right)}. \tag{A 32.2a}$$

Weil für $m \gg 1$ die Relation $\left|\dfrac{\pi d \sin\alpha}{(m-1)\lambda}\right| \ll 1$ gilt, kann weiterhin $\sin\dfrac{\pi d \sin\alpha}{(m-1)\lambda} \approx \dfrac{\pi d \sin\alpha}{(m-1)\lambda}$ gesetzt werden, womit (A 32.2a) bei Beachtung von

$\lim\limits_{m \to \infty} \dfrac{m}{m-1} = 1$ übergeht in

$$I_\alpha \sim \frac{\sin^2 \dfrac{\pi d \sin \alpha}{\lambda}}{\left(\dfrac{\pi d \sin \alpha}{\lambda}\right)^2}. \qquad \text{(A 32.2 b)}$$

Beobachtet man in der Betrachtungsrichtung $\alpha = 0$ die Intensität I_0, so folgt, da nach (A 13.3) $\lim\limits_{x \to 0} \dfrac{\sin x}{x} = 1$ gilt, aus (A 32.2 b) für die Intensität in der Betrachtungsrichtung α

$$I_\alpha = I_0 \frac{\sin^2 \dfrac{\pi d \sin \alpha}{\lambda}}{\left(\dfrac{\pi d \sin \alpha}{\lambda}\right)^2}. \qquad \text{(A 32.2 c)}$$

A. 33 Zur Beugung am Rechteck

Betrachtet werde eine beugende Öffnung rechteckiger Gestalt (vgl. Abb. 10.18) der Länge l und der Breite $d (l > d)$. Auf sie falle senkrecht Licht ($\cos \alpha_L^* = \cos \beta_L^* = 0$ in (10.16)). Die Beugungsfigur wird nach (10.16) und (10.14) durch das Integral

$$\text{In} = \int\limits_{\xi = -\frac{d}{2}}^{\xi = +\frac{d}{2}} \int\limits_{\eta = -\frac{l}{2}}^{\eta = +\frac{l}{2}} e^{ik(\xi \cos \alpha^* + \eta \cos \beta^*)} \, d\eta \, d\xi$$

oder durch

$$\text{In} = \int\limits_{\xi = -\frac{d}{2}}^{\xi = +\frac{d}{2}} e^{ik\xi \cos \alpha^*} \, d\xi \int\limits_{\eta = -\frac{l}{2}}^{\eta = +\frac{l}{2}} e^{ik\eta \cos \beta^*} \, d\eta \qquad \text{(A 33.1)}$$

bestimmt. Integration ergibt nach (A 2.28), (A 2.25), (A 2.30) und (A 2.36)

$$\text{In} = \frac{e^{\frac{ikd \cos \alpha^*}{2}} - e^{-\frac{ikd \cos \alpha^*}{2}}}{ik \cos \alpha^*} \cdot \frac{e^{\frac{ikl \cos \beta^*}{2}} - e^{-\frac{ikl \cos \beta^*}{2}}}{ik \cos \beta^*}$$

oder mit (A 1.10)

$$\text{In} = dl \frac{\sin \dfrac{kd \cos \alpha^*}{2}}{\dfrac{kd \cos \alpha^*}{2}} \cdot \frac{\sin \dfrac{kl \cos \beta^*}{2}}{\dfrac{kl \cos \beta^*}{2}}.$$

Im Aufpunkt wird nach (10.15) mit $k=\frac{2\pi}{\lambda}$, $\alpha=\frac{\pi}{2}-\alpha^*$, $\beta=\frac{\pi}{2}-\beta^*$ und $\cos(\pi/2\mp\alpha)=\pm\sin\alpha$ die Intensität

$$I(P)=I_0\frac{\sin^2\frac{\pi d\sin\alpha}{\lambda}\sin^2\frac{\pi l\sin\beta}{\lambda}}{\left(\frac{\pi d\sin\alpha}{\lambda}\right)^2\left(\frac{\pi l\sin\beta}{\lambda}\right)^2} \qquad \text{(A 32.2)}$$

beobachtet.

A. 34 Zur Beugung am Strichgitter

Es sollen die Maxima und Minima der Funktion (10.22)

$$f(\alpha)=\frac{\sin^2\left(\frac{\pi g}{\lambda}p\sin\alpha\right)}{\sin^2\left(\frac{\pi g}{\lambda}\sin\alpha\right)} \qquad \text{(A 34.1)}$$

bestimmt werden, die mit der Abkürzung

$$x=\frac{\pi g}{\lambda}\sin\alpha \qquad \text{(A 34.2)}$$

die Form

$$f(x)=\frac{\sin^2 px}{\sin^2 x}=\left(\frac{\sin px}{\sin x}\right)^2 \qquad \text{(A 34.1a)}$$

annimmt.

Wir betrachten zuerst die Werte

$$x_{\mathrm{Hmax}}=\pm N\pi \quad (N=0, 1, 2, \ldots). \qquad \text{(A 34.3a)}$$

Setzt man sie in (A 34.1a) ein, so folgt der unbestimmte Ausdruck $f(x_{\mathrm{Hmax}})=\frac{0}{0}$. Anwendung der Bernoulli-l'Hospitalschen Regel (A 13.2) ergibt mit (A 2.7), (A 2.9) und (A 2.10)

$$\lim_{x\to x_{\mathrm{Hmax}}}\sqrt{f(x)}=\lim_{x\to x_{\mathrm{Hmax}}}\frac{\sin px}{\sin x}=\lim_{x\to x_{\mathrm{Hmax}}}\frac{p\cos px}{\cos x}=\pm p$$

oder

$$f(x_{\mathrm{Hmax}})=p^2. \qquad \text{(A 34.4a)}$$

Wie die numerische Berechnung zeigt, sind durch die Bedingung (A 34.3a) Maxima von (A 34.1a) festgelegt. Da diese Maxima wesentlich ausgeprägter als die weiter unten durch (A 34.3c) bestimmten Maxima sind, nennt man sie *Hauptmaxima* (deshalb Index Hmax) von (A 34.1a).

Der Ausdruck (A 34.1a) wird Null für

$$x_{\min} = \pm \frac{m\pi}{p} \quad \begin{pmatrix} m = 1, 2, \dots \\ m \neq np, \quad n = 1, 2, 3, \dots \end{pmatrix}. \tag{A 34.3b}$$

Da $f(x) \geqq 0$ sein muß, liegen an diesen Stellen Minima.

Für $p > 2$ beobachtet man zwischen zwei benachbarten Hauptmaxima mehrere Minima. Da zwischen benachbarten Minima stets ein Maximum der Funktion $f(x)$ liegen muß, müssen für den angenommenen Fall weitere Maxima von (A 34.1a) existieren. Der Zähler von (A 34.1a) ist wesentlich stärker mit x veränderlich als der Nenner. Die Lage der weiteren Maxima kann daher für genügend große p näherungsweise durch die Lage der Maxima des Zählers von (34.1a) festgelegt werden:

$$x_{\mathrm{Nmax}} \approx \pm \frac{2m+1}{2p}\pi \quad \left(m \neq \frac{2Np-1}{2}, \; N = 1, 2, 3, \dots, m = 1, 2, 3, \dots\right). \tag{A 34.3c}$$

Wir betrachten kleine Werte von m. Für eine große Spaltzahl p kann dann $\sin^2 \frac{2m+1}{2p}\pi \approx \frac{(2m+1)^2}{4p^2}\pi^2$ gesetzt werden. Mit (A 34.3c) ergeben sich für die ersten drei Maxima von (A 34.3c) die Werte der Funktion (A 34.1a) zu

$$m = 1: \; f\left(\pm \frac{3}{2p}\pi\right) \approx \frac{4p^2}{9\pi^2} = \frac{p^2}{22} = \frac{f(x_{\mathrm{Hmax}})}{22},$$

$$m = 2: \; f\left(\pm \frac{5}{2p}\pi\right) \approx \frac{4p^2}{25\pi^2} = \frac{p^2}{62} = \frac{f(x_{\mathrm{Hmax}})}{62},$$

$$m = 3: \; f\left(\pm \frac{7}{2p}\pi\right) \approx \frac{4p^2}{49\pi^2} = \frac{p^2}{121} = \frac{f(x_{\mathrm{Hmax}})}{121}. \tag{A 34.4b}$$

Die zu x_{Nmax} zugehörigen Maxima (*Nebenmaxima*) können bedenkenlos gegenüber den Hauptmaxima vernachlässigt werden.

Aus (A 34.2) und (A 34.3a) bzw. (A 34.3b) erhält man für die Funktion (A 34.1)

$$\text{Minima für } \sin\alpha_{\min} = \pm \frac{m\lambda}{pg} \quad \begin{pmatrix} m = 1, 2, 3, \dots \\ m \neq Np, \quad N = 1, 2, 3, \dots \end{pmatrix} \tag{A 34.5a}$$

und

$$\text{Hauptmaxima für } \sin\alpha_{\mathrm{Hmax}} = \pm \frac{N\lambda}{g} \quad (N = 0, 1, 2, \dots). \tag{A 34.5b}$$

Als Halbwertsbreite des Hauptmaximums Δx wird der Abstand der beiden Abszissenwerte festgelegt, für die der Wert der Funktion auf die Hälfte seines Maximalwertes, d.h. nach (A 34.4a) auf $\frac{p^2}{2}$ abgefallen ist (Abb. A 34.1).

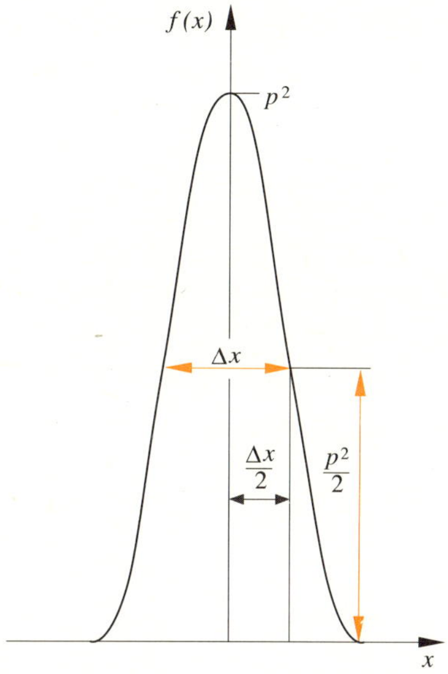

Abb. A 34.1
Zur Festlegung der Halbwertsbreite Δx eines Hauptmaximums

Für Δx folgt aus (A 34.1a)

$$\frac{\sin^2 \frac{p\Delta x}{2}}{\sin^2 \frac{\Delta x}{2}} = \frac{p^2}{2} \qquad \text{(A 34.6)}$$

oder, da wegen $\Delta x \ll 1$ für $\sin x \approx x$ gesetzt werden kann,

$$\sin^2 \frac{p\Delta x}{2} = \frac{p^2 (\Delta x)^2}{8}. \qquad \text{(A 34.6a)}$$

Setzt man in dieser Beziehung zur Abkürzung

$$\Delta\xi = \frac{p\Delta x}{2}, \qquad \text{(A 34.6b)}$$

so ergibt sich als Bestimmungsgleichung für $\Delta\xi$

$$\sin^2 \Delta\xi = \frac{(\Delta\xi)^2}{2}.$$

Als Lösung dieser Gleichung erhält man $\Delta\xi = 1{,}38$, woraus mit (A 34.6b) für die Breite des Hauptmaximums

$$\Delta x = \frac{2{,}76}{p} \qquad \text{(A 34.6c)}$$

folgt. Die Breite des Hauptmaximums ist der Spaltanzahl p des Gitters umgekehrt proportional.

A. 35 Anwendung der Kirchhoffschen Formel auf die Beugung am Gitter

Betrachtet werde ein Gitter aus p rechteckigen Öffnungen vom Abstand g (vgl. Abb. 10.24). Das Licht falle senkrecht auf diese beugenden Öffnungen ($\cos\alpha_L^* = \cos\beta_L^* = 0$ in (10.16)). Da in der Kirchhoffschen Formel über alle Öffnungen des Schirmes zu integrieren ist, durchläuft in (10.14) die Variable η das gleiche Integrationsintervall wie beim Rechteck, dagegen nimmt die Integrationsvariable ξ die Werte

$$-\frac{d}{2} + mg \leqq \xi \leqq +\frac{d}{2} + mg \quad (m = 0, 1, 2, \ldots, p-1)$$

an. Mit der Variablen

$$\chi = \xi - mg \tag{A 35.1a}$$

ist damit statt des Integrales (A 33.1) das Integral

$$\begin{aligned} \mathrm{In} &= \sum_{m=0}^{p-1} \int\limits_{\chi=-\frac{d}{2}}^{\chi=+\frac{d}{2}} \mathrm{e}^{\mathrm{i}k(\chi+mg)\cos\alpha^*}\,\mathrm{d}\chi \int\limits_{\eta=-\frac{l}{2}}^{\eta=+\frac{l}{2}} \mathrm{e}^{\mathrm{i}k\eta\cos\beta^*}\,\mathrm{d}\eta \\ &= \sum_{m=0}^{p-1} \mathrm{e}^{\mathrm{i}kmg\cos\alpha^*} \cdot \int\limits_{\chi=-\frac{d}{2}}^{\chi=+\frac{d}{2}} \mathrm{e}^{\mathrm{i}k\chi\cos\alpha^*}\,\mathrm{d}\chi \int\limits_{\eta=-\frac{l}{2}}^{\eta=+\frac{l}{2}} \mathrm{e}^{\mathrm{i}k\eta\cos\beta^*}\,\mathrm{d}\eta \end{aligned} \tag{A 35.1}$$

zu lösen. Diese Beziehung stimmt bis auf den zusätzlichen Faktor $\sum_{m=0}^{p-1} \mathrm{e}^{\mathrm{i}kmg\cos\alpha^*}$, der der Interferenzwirkung der p Rechtecke auf die Beugungsfigur entspricht, mit der für die Beugung am einzelnen Rechteck (vgl. (A 33.1)) überein. Mit der Summenformel für geometrische Reihen

$$\sum_{m=0}^{p-1} q^m = \frac{1-q^p}{1-q}$$

folgt

$$\sum_{m=0}^{p-1} \mathrm{e}^{\mathrm{i}kmg\cos\alpha^*} = \sum_{m=0}^{p-1} (\mathrm{e}^{\mathrm{i}kg\cos\alpha^*})^m = \frac{1-\mathrm{e}^{\mathrm{i}kpg\cos\alpha^*}}{1-\mathrm{e}^{\mathrm{i}kg\cos\alpha^*}},$$

daraus mit (A 33.2), $\alpha = \frac{\pi}{2} - \alpha^*$ und $\beta = \frac{\pi}{2} - \beta^*$

$$I(P) = I_0 \left| \frac{1-\mathrm{e}^{\mathrm{i}kpg\sin\alpha}}{1-\mathrm{e}^{\mathrm{i}kg\sin\alpha}} \right|^2 \frac{\sin^2 \dfrac{\pi d \sin\alpha}{\lambda}}{\left(\dfrac{\pi d\sin\alpha}{\lambda}\right)^2} \cdot \frac{\sin^2 \dfrac{\pi l \sin\beta}{\lambda}}{\left(\dfrac{\pi l\sin\beta}{\lambda}\right)^2}. \tag{A 35.2a}$$

Wird weiter beachtet, daß mit (A 1.6), (A 1.7), (A 1.9) und $\sin^2 \frac{\alpha}{2} = \frac{1-\cos\alpha}{2}$ die Umformung

$$\left|\frac{1-\mathrm{e}^{ikpg\sin\alpha}}{1-\mathrm{e}^{ikg\sin\alpha}}\right|^2 = \frac{(1-\mathrm{e}^{ikpg\sin\alpha})(1-\mathrm{e}^{-ikpg\sin\alpha})}{(1-\mathrm{e}^{ikg\sin\alpha})(1-\mathrm{e}^{-ikg\sin\alpha})}$$

$$= \frac{2-(\mathrm{e}^{ikpg\sin\alpha}+\mathrm{e}^{-ikpg\sin\alpha})}{2-(\mathrm{e}^{ikg\sin\alpha}+\mathrm{e}^{-ikg\sin\alpha})} = \frac{2-2\cos kpg\sin\alpha}{2-2\cos kg\sin\alpha}$$

$$= \frac{\sin^2\dfrac{kpg\sin\alpha}{2}}{\sin^2\dfrac{kg\sin\alpha}{2}} = \frac{\sin^2\dfrac{\pi pg\sin\alpha}{\lambda}}{\sin^2\dfrac{\pi g\sin\alpha}{\lambda}}$$

gilt, dann erhalten wir als Intensität im Aufpunkt

$$I(P) = I_0 \frac{\sin^2\dfrac{\pi pg\sin\alpha}{\lambda}}{\sin^2\dfrac{\pi g\sin\alpha}{\lambda}} \cdot \frac{\sin^2\dfrac{\pi d\sin\alpha}{\lambda}}{\left(\dfrac{\pi d\sin\alpha}{\lambda}\right)^2} \cdot \frac{\sin^2\dfrac{\pi l\sin\beta}{\lambda}}{\left(\dfrac{\pi l\sin\beta}{\lambda}\right)^2}. \qquad \text{(A 35.2)}$$

A. 36 Zur Beugung an der Lochblende

Es soll das Integral

$$\mathrm{In} = \int_{\varrho=0}^{R} \int_{\varphi=0}^{2\pi} \mathrm{e}^{ik\varrho(\cos\varphi\cos\alpha^* + \sin\varphi\cos\beta^*)}\, \varrho\, \mathrm{d}\varphi\, \mathrm{d}\varrho \qquad \text{(A 36.1)}$$

berechnet werden. Setzen wir zur Abkürzung

$$\cos\alpha^* = \varrho^* \cos\varphi^* \qquad \text{(A 36.2a)}$$

$$\cos\beta^* = \varrho^* \sin\varphi^* \qquad \text{(A 36.2b)}$$

und beachten das Additionstheorem

$$\cos(x_1 - x_2) = \cos x_1 \cos x_2 + \sin x_1 \sin x_2,$$

dann geht (A 36.1) über in

$$\mathrm{In} = \int_{\varrho=0}^{R} \int_{\varphi=0}^{2\pi} \mathrm{e}^{ik\varrho^*\varrho(\cos\varphi\cos\varphi^* + \sin\varphi\sin\varphi^*)}\, \varrho\, \mathrm{d}\varphi\, \mathrm{d}\varrho$$

$$= \int_{\varrho=0}^{R} \int_{\varphi=0}^{2\pi} \mathrm{e}^{ik\varrho^*\varrho\cos(\varphi-\varphi^*)}\, \mathrm{d}\varphi\, \varrho\, \mathrm{d}\varrho. \qquad \text{(A 36.3)}$$

Dieses Integral ist elementar nicht lösbar. Wie nachfolgend gezeigt, kann es jdoch auf spezielle Besselsche Funktionen zurückgeführt werden. Man findet als Partikularlösung der

Besselschen Differentialgleichung

$$\frac{d^2 y}{dx^2} + \frac{1}{x}\frac{dy}{dx} + \left(1 - \frac{n^2}{x^2}\right) y = 0 \tag{A 36.4}$$

die *Bessel-Funktionen* n-ter Ordnung

$$J_n(x) = \frac{i^{-n}}{2\pi} \int_0^{2\pi} e^{ix\cos\Theta}\, e^{in\Theta}\, d\Theta, \tag{A 36.4a}$$

die für bestimmte Werte von n und x tabellarisiert sind (vgl. Abb. A 36.1).

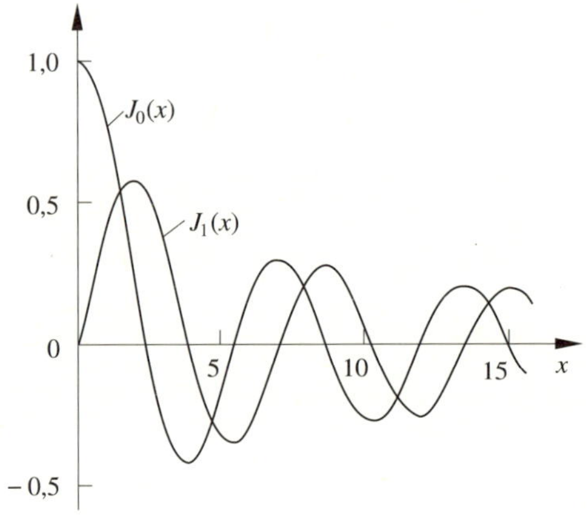

Abb. A 36.1 Bessel-Funktionen $J_0(x)$ und $J_1(x)$

Zwischen den Funktionen $J_n(x)$ und $J_{n-1}(x)$ gilt die Rekursionsformel

$$x\frac{dJ_n(x)}{dx} + nJ_n(x) = xJ_{n-1}(x). \tag{A 36.4b}$$

Wählt man in (A 36.4a)

$$n = 0; \quad \Theta = \varphi - \varphi^* \quad (\varphi^* = \text{const}); \quad x = k\varrho^*\varrho, \tag{A 36.5}$$

dann folgt die spezielle Bessel-Funktion

$$J_0(k\varrho^*\varrho) = \frac{1}{2\pi}\int_0^{2\pi} e^{ik\varrho^*\varrho\cos(\varphi-\varphi^*)}\, d\varphi, \tag{A 36.4c}$$

mit der für (A 36.3)

$$\text{In} = 2\pi \int_{\varrho=0}^{R} J_0(k\varrho^*\varrho)\,\varrho\, d\varrho \tag{A 36.3a}$$

bzw., wenn man noch $x = k\varrho^* \varrho$ substituiert,

$$\mathrm{In} = \frac{2\pi}{k^2 \varrho^{*2}} \int_0^{k\varrho^* R} J_0(x)\, x \,\mathrm{d}x \tag{A 36.3 b}$$

geschrieben werden kann. Da weiter aus (A 36.4 b) mit $n = 1$ und (A 2.5)

$$x \frac{\mathrm{d}J_1(x)}{\mathrm{d}x} + J_1(x) = \frac{\mathrm{d}(xJ_1(x))}{\mathrm{d}x} = xJ_0(x)$$

oder

$$\int J_0(x)\, x \,\mathrm{d}x = xJ_1(x)$$

gefolgert werden kann, ergibt sich für (A 36.3 b)

$$\mathrm{In} = \frac{2\pi}{k^2 \varrho^{*2}}\, xJ_1(x) \Bigg|_0^{k\varrho^* R} = \frac{2\pi}{k\varrho^*} RJ_1(k\varrho^* R) = \pi R^2 \frac{2J_1(k\varrho^* R)}{k\varrho^* R}, \tag{A 36.6 a}$$

wobei noch der Wert (vgl. Abb. A 36.1) $J_1(0) = 0$ Berücksichtigung fand. Beachtet man weiter, daß nach (10.27), (A 36.2 a), (A 36.2 b), mit

$$\sin^2 x + \cos^2 x = 1 \quad \text{und} \quad \gamma^* = \gamma,$$

$$\cos^2 \alpha^* + \cos^2 \beta^* = \varrho^{*2} = 1 - \cos^2 \gamma = \sin^2 \gamma$$

gilt, so erhält man

$$\mathrm{In} = \pi R^2 \frac{2J_1(kR \sin\gamma)}{kR \sin\gamma}. \tag{A 36.6}$$

A. 37 Zu den Fresnelschen Formeln

Es soll das Gleichungssystem

$$(E_{0\mathrm{ep}} - E_{0\mathrm{rp}}) \cos i_\mathrm{e} = E_{0\mathrm{bp}} \cos i_\mathrm{b}, \tag{A 37.1 a}$$

$$E_{0\mathrm{es}} + E_{0\mathrm{rs}} = E_{0\mathrm{bs}}, \tag{A 37.1 b}$$

$$(E_{0\mathrm{es}} - E_{0\mathrm{rs}}) \cos i_\mathrm{e} = \frac{n_\mathrm{b}}{n_\mathrm{e}} E_{0\mathrm{bs}} \cos i_\mathrm{b}, \tag{A 37.1 c}$$

$$E_{0\mathrm{ep}} + E_{0\mathrm{rp}} = \frac{n_\mathrm{b}}{n_\mathrm{e}} E_{0\mathrm{bp}} \tag{A 37.1 d}$$

gelöst werden.

Durch Elimination von $E_{0\mathrm{bp}}$ aus (A 37.1a) und (A 37.1d) gewinnt man die Beziehung

$$E_{0\mathrm{ep}} + E_{0\mathrm{rp}} = \frac{n_\mathrm{b}}{n_\mathrm{e}} \frac{(E_{0\mathrm{ep}} - E_{0\mathrm{rp}}) \cos i_\mathrm{e}}{\cos i_\mathrm{b}}$$

oder

$$E_{0\mathrm{rp}}\frac{\cos i_\mathrm{b}+\dfrac{n_\mathrm{b}}{n_\mathrm{e}}\cos i_\mathrm{e}}{\cos i_\mathrm{b}}=E_{0\mathrm{ep}}\frac{\dfrac{n_\mathrm{b}}{n_\mathrm{e}}\cos i_\mathrm{e}-\cos i_\mathrm{b}}{\cos i_\mathrm{b}},$$

woraus sich mit dem Brechungsgesetz (S 9.2) und den Beziehungen

$$\sin 2x_1=2\sin x_1\cos x_1,$$

$$\sin x_1\pm\sin x_2=2\sin\frac{x_1\pm x_2}{2}\cos\frac{x_1\mp x_2}{2}\quad \text{und}\quad \tan x=\frac{\sin x}{\cos x}$$

$E_{0\mathrm{rp}}$ zu

$$E_{0\mathrm{rp}}=E_{0\mathrm{ep}}\frac{\dfrac{n_\mathrm{b}}{n_\mathrm{e}}\cos i_\mathrm{e}-\cos i_\mathrm{b}}{\cos i_\mathrm{b}+\dfrac{n_\mathrm{b}}{n_\mathrm{e}}\cos i_\mathrm{e}}=E_{0\mathrm{ep}}\frac{\dfrac{\sin i_\mathrm{e}}{\sin i_\mathrm{b}}\cos i_\mathrm{e}-\cos i_\mathrm{b}}{\cos i_\mathrm{b}+\dfrac{\sin i_\mathrm{e}}{\sin i_\mathrm{b}}\cos i_\mathrm{e}}$$

$$=E_{0\mathrm{ep}}\frac{\sin i_\mathrm{e}\cos i_\mathrm{e}-\cos i_\mathrm{b}\sin i_\mathrm{b}}{\cos i_\mathrm{b}\sin i_\mathrm{b}+\sin i_\mathrm{e}\cos i_\mathrm{e}}=E_{0\mathrm{ep}}\frac{\sin 2i_\mathrm{e}-\sin 2i_\mathrm{b}}{\sin 2i_\mathrm{e}+\sin 2i_\mathrm{b}}$$

$$=E_{0\mathrm{ep}}\frac{\sin(i_\mathrm{e}-i_\mathrm{b})\cos(i_\mathrm{e}+i_\mathrm{b})}{\sin(i_\mathrm{e}+i_\mathrm{b})\cos(i_\mathrm{e}-i_\mathrm{b})}=E_{0\mathrm{ep}}\frac{\tan(i_\mathrm{e}-i_\mathrm{b})}{\tan(i_\mathrm{e}+i_\mathrm{b})} \tag{A 37.2}$$

ergibt. Analog lassen sich die Gleichungen nach den anderen drei Größen $E_{0\mathrm{rs}}$, $E_{0\mathrm{bp}}$ und $E_{0\mathrm{bs}}$ auflösen. Man erhält die *Fresnelschen Formeln*

$$E_{0\mathrm{rp}}=\pi_\mathrm{r}E_{0\mathrm{ep}};\quad \pi_\mathrm{r}=\frac{\tan(i_\mathrm{e}-i_\mathrm{b})}{\tan(i_\mathrm{e}+i_\mathrm{b})};$$

$$E_{0\mathrm{rs}}=\sigma_\mathrm{r}E_{0\mathrm{es}};\quad \sigma_\mathrm{r}=-\frac{\sin(i_\mathrm{e}-i_\mathrm{b})}{\sin(i_\mathrm{e}+i_\mathrm{b})};$$

$$E_{0\mathrm{bp}}=\pi_\mathrm{b}E_{0\mathrm{ep}};\quad \pi_\mathrm{b}=\frac{2\sin i_\mathrm{b}\cos i_\mathrm{e}}{\sin(i_\mathrm{e}+i_\mathrm{b})\cos(i_\mathrm{e}-i_\mathrm{b})};$$

$$E_{0\mathrm{bs}}=\sigma_\mathrm{b}E_{0\mathrm{es}};\quad \sigma_\mathrm{b}=\frac{2\sin i_\mathrm{b}\cos i_\mathrm{e}}{\sin(i_\mathrm{e}+i_\mathrm{b})}.$$

A. 38 Zur Symmetrie des dielektrischen Tensors

Nach (7.16), (7.16b), (S 1.10) und (A 2.5) gilt

$$\boldsymbol{E}\cdot\dot{\boldsymbol{D}}=\frac{\partial w_\mathrm{el}}{\partial t}=\frac{\partial}{\partial t}\frac{\boldsymbol{E}\cdot\boldsymbol{D}}{2}=\frac{\dot{\boldsymbol{E}}\cdot\boldsymbol{D}}{2}+\frac{\boldsymbol{E}\cdot\dot{\boldsymbol{D}}}{2}$$

oder

$$\boldsymbol{E}\cdot\dot{\boldsymbol{D}}-\dot{\boldsymbol{E}}\cdot\boldsymbol{D}=0. \tag{A 38.1}$$

Diese Bedingung geht mit (10.63 a) und (A 3.5 b) über in

$$
\begin{aligned}
&(\varepsilon_{yx}-\varepsilon_{xy})\,\boldsymbol{E}_x\dot{\boldsymbol{E}}_y+(\varepsilon_{zx}-\varepsilon_{xz})\,\boldsymbol{E}_x\dot{\boldsymbol{E}}_z\\
&+(\varepsilon_{xy}-\varepsilon_{yx})\,\boldsymbol{E}_y\dot{\boldsymbol{E}}_x+(\varepsilon_{zy}-\varepsilon_{yz})\,\boldsymbol{E}_y\dot{\boldsymbol{E}}_z\\
&+(\varepsilon_{xz}-\varepsilon_{zx})\,\boldsymbol{E}_z\dot{\boldsymbol{E}}_x+(\varepsilon_{yz}-\varepsilon_{zy})\,\boldsymbol{E}_z\dot{\boldsymbol{E}}_y=0,
\end{aligned}
$$

woraus, da sie für jedes $\boldsymbol{E}$ gelten muß, die Forderung

$$\varepsilon_{xy}=\varepsilon_{yx};\quad \varepsilon_{yz}=\varepsilon_{zy};\quad \varepsilon_{zx}=\varepsilon_{xz} \tag{A 38.2}$$

folgt. Der dielektrische Tensor ist symmetrisch (vgl. (I A 16.5 b)).

A. 39 Herleitung einiger Beziehungen der Kristalloptik

Im Kistall pflanze sich eine ebene elektromagnetische Welle in Richtung $\boldsymbol{n}^0$ fort:

$$\hat{\boldsymbol{E}}=\boldsymbol{E}_0\,\mathrm{e}^{\mathrm{i}(\omega t-k(\boldsymbol{s}\cdot\boldsymbol{n}^0)+\varphi)}.$$

Nach (A 7.7), (A 3.5 b), (A 2.25), (A 2.30) und (A 3.10 a) gilt

$$
\begin{aligned}
\operatorname{rot}\boldsymbol{E}&=\begin{vmatrix}\boldsymbol{i}&\boldsymbol{j}&\boldsymbol{k}\\ \dfrac{\partial}{\partial x}&\dfrac{\partial}{\partial y}&\dfrac{\partial}{\partial z}\\ E_x&E_y&E_z\end{vmatrix}\\
&=-\boldsymbol{i}\,\mathrm{i}k(n_y^0E_z-n_z^0E_y)-\boldsymbol{j}\,\mathrm{i}k(n_z^0E_x-n_x^0E_z)-\boldsymbol{k}\,\mathrm{i}k(n_x^0E_y-n_y^0E_x)\\
&=\mathrm{i}k\boldsymbol{E}\times\boldsymbol{n}^0
\end{aligned}
\tag{A 39.1 a}
$$

und mit der 1. Maxwellschen Gleichung (6.9 a) und (6.8 f)

$$\operatorname{rot}\boldsymbol{E}=\mathrm{i}k\boldsymbol{E}\times\boldsymbol{n}^0=-\frac{\partial\boldsymbol{B}}{\partial t}=-\mu_0\mu_\mathrm{r}\frac{\partial\boldsymbol{H}}{\partial t}.$$

Das ergibt mit $\partial\boldsymbol{H}/\partial t=\mathrm{i}\omega\boldsymbol{H}$ (vgl. (7.6 c)), $\omega/k=v_\mathrm{ph}$ und $\mu_\mathrm{r}=1$

$$\boldsymbol{H}=-\frac{\boldsymbol{E}\times\boldsymbol{n}^0}{\mu_0 v_\mathrm{ph}}. \tag{A 39.1}$$

Analog folgt aus $\operatorname{rot}\boldsymbol{H}=\dot{\boldsymbol{D}}$

$$\boldsymbol{D}=\frac{\boldsymbol{H}\times\boldsymbol{n}^0}{v_\mathrm{ph}} \tag{A 39.2}$$

und somit nach $\boldsymbol{A}\times(\boldsymbol{B}\times\boldsymbol{C})=(\boldsymbol{A}\cdot\boldsymbol{C})\,\boldsymbol{B}-(\boldsymbol{A}\cdot\boldsymbol{B})\boldsymbol{C}$ (vgl. (A 6.4))

$$\boldsymbol{D}=-\frac{(\boldsymbol{E}\times\boldsymbol{n}^0)\times\boldsymbol{n}^0}{\mu_0 v_\mathrm{ph}^2}=\frac{\boldsymbol{E}-(\boldsymbol{E}\cdot\boldsymbol{n}^0)\,\boldsymbol{n}^0}{\mu_0 v_\mathrm{ph}^2}. \tag{A 39.3}$$

Mit den im Hauptachsensystem gültigen Beziehungen

$$D_{\hat{x}} = \varepsilon_{\hat{x}\hat{x}} E_{\hat{x}}; \quad D_{\hat{y}} = \varepsilon_{\hat{y}\hat{y}} E_{\hat{y}}; \quad D_{\hat{z}} = \varepsilon_{\hat{z}\hat{z}} E_{\hat{z}}, \tag{A 39.4}$$

den Hauptlichtgeschwindigkeiten (10.70) und (D 7.3) ergibt sich im Hauptachsensystem

$$D_{\hat{x}} = \frac{1}{\mu_0 v_{\mathrm{ph}}^2} \left(\mu_0 v_{\mathrm{ph}\hat{x}}^2 D_{\hat{x}} - (\boldsymbol{E} \cdot \boldsymbol{n}^0)\, n_{\hat{x}}^0\right)$$

oder

$$\frac{D_{\hat{x}}}{\varepsilon_0 c^2 (\boldsymbol{E} \cdot \boldsymbol{n}^0)} = \frac{n_{\hat{x}}^0}{v_{\mathrm{ph}\hat{x}}^2 - v_{\mathrm{ph}}^2}. \tag{A 39.5a}$$

Multipliziert man diese Beziehung und die analog folgenden

$$\frac{D_{\hat{y}}}{\varepsilon_0 c^2 (\boldsymbol{E} \cdot \boldsymbol{n}^0)} = \frac{n_{\hat{y}}^0}{v_{\mathrm{ph}\hat{y}}^2 - v_{\mathrm{ph}}^2} \tag{A 39.5b}$$

$$\frac{D_{\hat{z}}}{\varepsilon_0 c^2 (\boldsymbol{E} \cdot \boldsymbol{n}^0)} = \frac{n_{\hat{z}}^0}{v_{\mathrm{ph}\hat{z}}^2 - v_{\mathrm{ph}}^2} \tag{A 39.5c}$$

mit $n_{\hat{x}}^0$ bzw. $n_{\hat{y}}^0$ oder $n_{\hat{z}}^0$, addiert sie unter Beachtung von (A 3.5 b) und $\boldsymbol{D} \cdot \boldsymbol{n}^0 = 0$, so folgt das Fresnelsche Gesetz

$$\frac{n_{\hat{x}}^{02}}{v_{\mathrm{ph}\hat{x}}^2 - v_{\mathrm{ph}}^2} + \frac{n_{\hat{y}}^{02}}{v_{\mathrm{ph}\hat{y}}^2 - v_{\mathrm{ph}}^2} + \frac{n_{\hat{z}}^{02}}{v_{\mathrm{ph}\hat{z}}^2 - v_{\mathrm{ph}}^2} = \frac{\boldsymbol{D} \cdot \boldsymbol{n}^0}{\varepsilon_0 c^2 (\boldsymbol{E} \cdot \boldsymbol{n}^0)} = 0. \tag{A 39.5}$$

$v_{\mathrm{ph},1} \neq v_{\mathrm{ph},2}$ seien Lösungen von (A 39.5) zur Wellennormalen $\boldsymbol{n}^0$. Nach (A 39.5 a) bis (A 39.5 c) und (A 3.1) gilt dann mit $C = \varepsilon_0 c^2 (\boldsymbol{E} \cdot \boldsymbol{n}^0)$

$$D_{\hat{x}i} = \frac{C n_{\hat{x}}^0}{v_{\mathrm{ph}\hat{x}}^2 - v_{\mathrm{ph},i}^2}; \quad D_{\hat{y}i} = \frac{C n_{\hat{y}}^0}{v_{\mathrm{ph}\hat{y}}^2 - v_{\mathrm{ph},i}^2}; \quad D_{\hat{z}i} = \frac{C n_{\hat{z}}^0}{v_{\mathrm{ph}\hat{z}}^2 - v_{\mathrm{ph},i}^2} \quad (i = 1,2)$$

und somit nach (A 3.5 b)

$$\begin{aligned} \boldsymbol{D}_1 \cdot \boldsymbol{D}_2 = C^2 \Bigg[& \frac{n_{\hat{x}}^{02}}{(v_{\mathrm{ph}\hat{x}}^2 - v_{\mathrm{ph},1}^2)(v_{\mathrm{ph}\hat{x}}^2 - v_{\mathrm{ph},2}^2)} \\ & + \frac{n_{\hat{y}}^{02}}{(v_{\mathrm{ph}\hat{y}}^2 - v_{\mathrm{ph},1}^2)(v_{\mathrm{ph}\hat{y}}^2 - v_{\mathrm{ph},2}^2)} \\ & + \frac{n_{\hat{z}}^{02}}{(v_{\mathrm{ph}\hat{z}}^2 - v_{\mathrm{ph},1}^2)(v_{\mathrm{ph}\hat{z}}^2 - v_{\mathrm{ph},2}^2)} \Bigg]. \end{aligned}$$

Beachtet man die Umrechnungsbeziehung

$$\frac{1}{(v_{\mathrm{ph}\hat{x}}^2 - v_{\mathrm{ph},1}^2)(v_{\mathrm{ph}\hat{x}}^2 - v_{\mathrm{ph},2}^2)} = \frac{1}{v_{\mathrm{ph},1}^2 - v_{\mathrm{ph},2}^2} \left[\frac{1}{v_{\mathrm{ph}\hat{x}}^2 - v_{\mathrm{ph},1}^2} - \frac{1}{v_{\mathrm{ph}\hat{x}}^2 - v_{\mathrm{ph},2}^2} \right],$$

so folgt mit (A 39.5)

$$D_1 \cdot D_2 = \frac{C^2}{v_{\mathrm{ph},1}^2 - v_{\mathrm{ph},2}^2} \left[\left(\frac{n_{\hat{x}}^{02}}{v_{\mathrm{ph}\hat{x}}^2 - v_{\mathrm{ph},1}^2} + \frac{n_{\hat{y}}^{02}}{v_{\mathrm{ph}\hat{y}}^2 - v_{\mathrm{ph},1}^2} + \frac{n_{\hat{z}}^{02}}{v_{\mathrm{ph}\hat{z}}^2 - v_{\mathrm{ph},1}^2} \right) - \left(\frac{n_{\hat{x}}^{02}}{v_{\mathrm{ph}\hat{x}}^2 - v_{\mathrm{ph},2}^2} + \frac{n_{\hat{y}}^{02}}{v_{\mathrm{ph}\hat{y}}^2 - v_{\mathrm{ph},2}^2} + \frac{n_{\hat{z}}^{02}}{v_{\mathrm{ph}\hat{z}}^2 - v_{\mathrm{ph},2}^2} \right) \right] = 0, \quad \text{(A 39.6)}$$

$\boldsymbol{D}_1^0$ und $\boldsymbol{D}_2^0$ sind zueinander orthogonal.

A. 40 Zur Drehung der Schwingungsebene linear polarisierten Lichtes durch ein optisch aktives Medium

Die linear polarisierte ebene Welle

$$\boldsymbol{E} = E_{0x} \boldsymbol{i} \cos \omega \left(t - \frac{z}{v_{\mathrm{Ph}}} \right) \quad \text{(A 40.1)}$$

trete am Ort $z = 0$ in ein optisch aktives Medium ein, am Ort $z = d$ aus diesem Medium aus. Man kann diese Welle auch als Überlagerung der rechtszirkular polarisierten Welle (vgl. (10.48 a) und (10.48 b))

$$\boldsymbol{E}_{\mathrm{r}} = \frac{E_{0x}}{2} \boldsymbol{i} \cos \omega \left(t - \frac{z}{v_{\mathrm{Ph,r}}} \right) - \frac{E_{0x}}{2} \boldsymbol{j} \sin \omega \left(t - \frac{z}{v_{\mathrm{Ph,r}}} \right) \quad \text{(A 40.2 a)}$$

und der linkszirkular polarisierten Welle

$$\boldsymbol{E}_{\mathrm{l}} = \frac{E_{0x}}{2} \boldsymbol{i} \cos \omega \left(t - \frac{z}{v_{\mathrm{Ph,l}}} \right) - \frac{E_{0x}}{2} \boldsymbol{j} \sin \omega \left(t - \frac{z}{v_{\mathrm{Ph,l}}} \right) \quad \text{(A 40.2 b)}$$

mit der gleichen Phasengeschwindigkeit $v_{\mathrm{ph}} = v_{\mathrm{ph,r}} = v_{\mathrm{ph,l}}$ auffassen, denn dann gilt $\boldsymbol{E} = \boldsymbol{E}_{\mathrm{r}} + \boldsymbol{E}_{\mathrm{l}}$. Die Voraussetzung einer gleichen Phasengeschwindigkeit von rechts- und von linkszirkular polarisierter Welle ist innerhalb eines optisch aktiven Mediums aber nicht erfüllt. Am Austrittsort $z = d$ der Wellen aus dem optisch aktiven Medium gilt deshalb

$$\boldsymbol{E}_{\mathrm{r}} = \frac{E_{0x}}{2} \boldsymbol{i} \cos \omega \left(t - \frac{d}{v_{\mathrm{Ph,r}}} \right) - \frac{E_{0x}}{2} \boldsymbol{j} \sin \omega \left(t - \frac{d}{v_{\mathrm{Ph,r}}} \right),$$

$$\boldsymbol{E}_{\mathrm{l}} = \frac{E_{0x}}{2} \boldsymbol{i} \cos \omega \left(t - \frac{d}{v_{\mathrm{Ph,l}}} \right) + \frac{E_{0x}}{2} \boldsymbol{j} \sin \omega \left(t - \frac{d}{v_{\mathrm{Ph,l}}} \right)$$

und damit unter Beachtung von

$$\cos x_1 + \cos x_2 = 2 \cos \frac{x_1 + x_2}{2} \cos \frac{x_1 - x_2}{2} \quad \text{und}$$

$$\sin x_1 - \sin x_2 = 2 \sin \frac{x_1 - x_2}{2} \cos \frac{x_1 + x_2}{2}$$

$$\boldsymbol{E}(d) = \boldsymbol{E}_{\mathrm{r}}(d) + \boldsymbol{E}_{\mathrm{l}}(d) = \boldsymbol{E}_x(d) + \boldsymbol{E}_y(d) \quad \text{(A 40.3)}$$

mit

$$\boldsymbol{E}_x(d) = E_{0x}\,\boldsymbol{i}\cos\omega\left[t - \frac{d}{2}\left(\frac{1}{v_{\mathrm{Ph,r}}} + \frac{1}{v_{\mathrm{Ph,l}}}\right)\right]\cos\frac{\omega d}{2}\left(\frac{1}{v_{\mathrm{Ph,l}}} - \frac{1}{v_{\mathrm{Ph,r}}}\right) \qquad \text{(A 40.3 a)}$$

$$\boldsymbol{E}_y(d) = E_{0x}\,\boldsymbol{j}\cos\omega\left[t - \frac{d}{2}\left(\frac{1}{v_{\mathrm{Ph,r}}} + \frac{1}{v_{\mathrm{Ph,l}}}\right)\right]\sin\frac{\omega d}{2}\left(\frac{1}{v_{\mathrm{Ph,l}}} - \frac{1}{v_{\mathrm{Ph,r}}}\right). \qquad \text{(A 40.3 b)}$$

Es liegt wieder eine linear polarisierte Welle vor, allerdings mit einer Komponente $E_y \neq 0$. Die Schwingungsebene des linear polarisierten Lichtes hat sich demnach beim Durchgang durch das optisch aktive Medium um den Winkel δ gedreht (siehe Abb. A 40.1). Für diesen Drehwinkel erhält man mit (A 40.3 a) und (A 40.3 b)

$$\tan\delta = \frac{E_y}{E_x} = \tan\frac{\omega d}{2}\left(\frac{1}{v_{\mathrm{Ph,l}}} - \frac{1}{v_{\mathrm{Ph,r}}}\right)$$

oder

$$\delta = \frac{\omega d}{2}\left(\frac{1}{v_{\mathrm{Ph,l}}} - \frac{1}{v_{\mathrm{Ph,r}}}\right). \qquad \text{(A 40.4)}$$

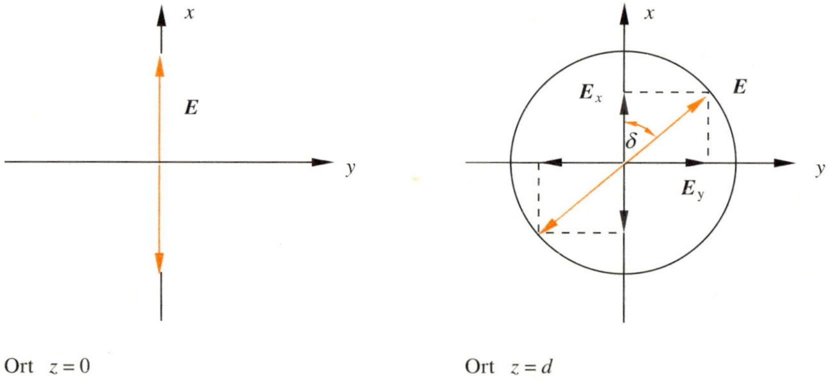

Abb. A 40.1
Lage der Schwingungsebene des linear polarisierten Lichtes beim Eintritt in ein optisch aktives Medium ($z = 0$) und beim Austritt aus demselben ($z = d$)

A. 41 Herleitung der Cauchyschen Formeln

Eine elektromagnetische Welle falle unter dem Einfallswinkel i_e vom Dielektrikum der Brechzahl $\hat{n}_e$ auf eine glatte ebene Fläche eines stark absorbierenden Mediums (z. B. eine Metallfläche) mit der Brechzahl $\hat{n}_M$.

Nach dem Brechungsgesetz (S 9.3), (S 9.4) und der Definition der komplexen Brechzahl $\hat{n}$ (D 9.2) berechnet sich der Brechungswinkel i_b aus

$$\sin i_b = \frac{n_e \sin i_e}{\hat{n}_M} = \frac{n_e \sin i_e}{n_M(1-\mathrm{i}\varkappa)}. \tag{A 41.1a}$$

Mit $\sin^2 x + \cos^2 x = 1$ und $n = \frac{n_M}{n_e}$ folgt aus (A 41.1a)

$$\cos i_b = \sqrt{1-\sin^2 i_b}$$
$$= \sqrt{1 - \frac{\sin^2 i_e}{n^2(1-\mathrm{i}\varkappa)^2}}$$

oder

$$\cos i_b = \sqrt{\frac{n^2(1-\mathrm{i}\varkappa)^2 - \sin^2 i_e}{n(1-\mathrm{i}\varkappa)}}. \tag{A 41.1b}$$

Entsprechend (9.14) wird die Amplitude $\boldsymbol{E}_{0e}$ der einfallenden Welle in eine Komponente $\boldsymbol{E}_{0ep}$ parallel und in eine Komponente $\boldsymbol{E}_{0es}$ senkrecht zur Einfallsebene zerlegt:

$$\boldsymbol{E}_{0e} = \boldsymbol{E}_{0ep} + \boldsymbol{E}_{0es}. \tag{A 41.2a}$$

Setzt man Gleichheit der komplexen Amplituden beider Komponenten voraus:

$$\hat{E}_{0ep} = \hat{E}_{0es}, \tag{A 41.2}$$

dann folgt aus den Fresnelschen Formeln (9.17a) und (9.17b) unter Beachtung von (A 1.1) und $\tan x = \frac{\sin x}{\cos x}$ für das Verhältnis der komplexen Amplituden der reflektierten Welle

$$\frac{\hat{E}_{0rp}}{\hat{E}_{0rs}} = -\frac{\cos(i_e+i_b)}{\cos(i_e-i_b)} = \varrho\, \mathrm{e}^{\mathrm{i}\varphi}. \tag{A 41.3}$$

Dabei bedeuten

$$\varrho = \frac{|\hat{E}_{0rp}|}{|\hat{E}_{0rs}|} \tag{A 41.4a}$$

und φ die Phasenverschiebung zwischen E_{rp} und E_{rs}:

$$\varphi = \varphi_p - \varphi_s. \tag{A 41.4b}$$

Wir bezeichnen den Einfallswinkel $i_e = \Phi$, für den $\varphi = \frac{\pi}{2}$ gilt, als *Haupteinfallswinkel*, das zugehörige Amplitudenverhältnis (A 41.4a) als ϱ_H.

Aus (A 41.3) folgt dann mit $e^{i\frac{\pi}{2}} = i$

$$\frac{1+\varrho_H e^{i\frac{\pi}{2}}}{1-\varrho_H e^{i\frac{\pi}{2}}} = \frac{1+i\,\varrho_H}{1-i\,\varrho_H} = \frac{1-\dfrac{\cos(\Phi+i_b)}{\cos(\Phi-i_b)}}{1+\dfrac{\cos(\Phi+i_b)}{\cos(\Phi-i_b)}}$$

$$= \frac{\cos(\Phi-i_b)-\cos(\Phi+i_b)}{\cos(\Phi-i_b)+\cos(\Phi+i_b)}$$

$$= \frac{\cos\Phi\cos i_b+\sin\Phi\sin i_b-\cos\Phi\cos i_b+\sin\Phi\sin i_b}{\cos\Phi\cos i_b+\sin\Phi\sin i_b+\cos\Phi\cos i_b-\sin\Phi\sin i_b}$$

$$= \frac{\sin\Phi\sin i_b}{\cos\Phi\cos i_b},$$

woraus sich mit (A 41.1a) und (A 41.1b)

$$\frac{1+i\,\varrho_H}{1-i\,\varrho_H} = \frac{\sin\Phi\tan\Phi}{\sqrt{n^2(1-i\varkappa)^2-\sin^2\Phi}} \tag{A 41.5a}$$

ergibt. Für stark absorbierende Medien gilt stets

$$n^2|(1-i\varkappa)|^2 \gg 1,$$

so daß man im Nenner von (A 41.5a) $\sin^2\Phi$ vernachlässigen kann. Man erhält dann

$$\frac{1+i\,\varrho_H}{1-i\,\varrho_H} = \frac{\sin\Phi\tan\Phi}{n(1-i\varkappa)}. \tag{A 41.5}$$

Da weiter nach (A 41.5) und (A 1.1)

$$\frac{1+i\,\varrho_H}{1-i\,\varrho_H}\cdot\frac{1-i\,\varrho_H}{1+i\,\varrho_H} = 1 = \frac{\sin^2\Phi\tan^2\Phi}{n^2(1-i\varkappa)(1+i\varkappa)}$$

oder

$$\sin^2\Phi\tan^2\Phi = n^2(1+\varkappa^2) \tag{A 41.6}$$

gilt, folgt aus (A 41.5) auch

$$(1+i\varrho_H)(n-i\varkappa n) = n\sqrt{1+\varkappa^2}\,(1-i\varrho_H)$$

oder

$$n+n\varrho_H\varkappa+i(n\varrho_H-\varkappa n) = n\sqrt{1+\varkappa^2}-in\varrho_H\sqrt{1+\varkappa^2}. \tag{A 41.7}$$

Da zwei komplexe Zahlen dann und nur dann einander gleich sind, wenn sie im Real- und Imaginärteil übereinstimmen, erhält man aus (41.7) zur Bestimmung von $\varkappa$ die Beziehung

$$1+\varrho_H\varkappa = \sqrt{1+\varkappa^2},$$

$$1+2\varrho_H\varkappa+\varrho_H^2\varkappa^2 = 1+\varkappa^2$$

oder

$$\varkappa = \frac{2\varrho_{\mathrm{H}}}{1-\varrho_{\mathrm{H}}^2}. \tag{A 41.8}$$

Beachtet man, daß nach (A 15.8) zwischen der Amplitude E_0 einer Welle und ihrer Intensität die Beziehung $I \sim E_0^2$ besteht, dann kann mit dem Ausdruck $\tan \Psi$ für ϱ_{H} nach (A 41.4a) beim Haupteinfallswinkel $i_{\mathrm{e}} = \Phi$

$$\tan \Psi = \varrho_{\mathrm{H}} = \left|\sqrt{\frac{I_{\mathrm{rp}}}{I_{\mathrm{rs}}}}\right|_{i_{\mathrm{e}}=\Phi} \tag{A 41.9}$$

geschrieben werden. Bei Beachtung von

$$\tan 2x = \frac{2\tan x}{1-\tan^2 x}$$

geht damit (A 41.8) in

$$\varkappa = \tan 2\Psi \tag{A 41.10a}$$

über.

Einsetzen von (A 41.10a) in (A 41.6) ergibt

$$n = \frac{\sin \Phi \tan \Phi}{\sqrt{1+\tan^2 2\Psi}}$$

oder mit dem Additionstheorem

$$1+\tan^2 x = \frac{1}{\cos^2 x}$$

und $n = \dfrac{n_{\mathrm{M}}}{n_{\mathrm{e}}}$

$$n_{\mathrm{M}} = n_{\mathrm{e}} \sin \Phi \tan \Phi \cos 2\Psi. \tag{A 41.10b}$$

Die Beziehungen (A 41.10) heißen *Cauchysche Formeln.*

A. 42 Zur Totalreflexion

Beim Übergang vom optisch dichteren zum optisch dünneren Medium ($n_{\mathrm{e}} > n_{\mathrm{b}}$) ist für Einfallswinkel $i_{\mathrm{e}} > i_{\mathrm{e,gr}}$ das Brechungsgesetz

$$\sin i_{\mathrm{b}} = \frac{\sin i_{\mathrm{e}}}{\dfrac{n_{\mathrm{b}}}{n_{\mathrm{e}}}} \tag{A 42.1}$$

für reelle Winkel i_{b} nicht mehr erfüllbar, wohl aber nach (A 1.10) durch den *komplexen* Brechungswinkel

$$\hat{i}_{\mathrm{b}} = \frac{\pi}{2} + \mathrm{i}\, i'_{\mathrm{b}}. \tag{A 42.2}$$

Für die weiteren Überlegungen werden die in Analogie zu (A 1.9) und (A 1.10) definierten *Hyperbelfunktionen* benötigt:

$$\textit{Sinus hyperbolicus}\, x = \sinh x = \frac{e^x - e^{-x}}{2}, \tag{A 42.3 a}$$

$$\textit{Cosinus hyperbolicus}\, x = \cosh x = \frac{e^x + e^{-x}}{2}, \tag{A 42.3 b}$$

$$\textit{Tangens hyperbolicus}\, x = \tanh x = \frac{\sinh x}{\cosh x}, \tag{A 42.3 c}$$

$$\textit{Cotangens hyperbolicus}\, x = \operatorname{ctanh} x = \frac{\cosh x}{\sinh x}. \tag{A 42.3 d}$$

Wie man aus (A 42.3 a) und (A 42.3 b) erkennt, bestehen die Beziehungen

$$\cosh x + \sinh x = e^x \tag{A 42.4 a}$$

$$\cosh^2 x - \sinh^2 x = 1. \tag{A 42.4 b}$$

Nach (A 42.1) folgt mit (A 1.9)

$$\sin i_b = \sin\left(\frac{\pi}{2} + i\, i'_b\right) = \frac{e^{i\left(\frac{\pi}{2} + i i'_b\right)} - e^{-i\left(\frac{\pi}{2} + i i'_b\right)}}{2i}$$

oder mit

$$e^{i\frac{\pi}{2}} = i, \quad e^{-i\frac{\pi}{2}} = -i \quad (\text{vgl. (A 1.8)}),$$

$$e^{a+b} = e^a\, e^b, \quad i^2 = -1 \quad \text{und} \quad (\text{A 42.3 b})$$

$$\sin i_b = \frac{e^{i'_b} + e^{-i'_b}}{2} = \cosh i'_b. \tag{A 42.5 a}$$

Weiter gilt mit $\sin^2 x + \cos^2 x = 1$, (A 42.4 b) und (A 42.5 a)

$$\cos i_b = \sqrt{1 - \sin^2 i_b} = \sqrt{1 - \cosh^2 i'_b}$$

$$= \sqrt{-\sinh^2 i'_b} = i \sinh i'_b. \tag{A 42.5 b}$$

Durch (A 42.5 a), (A 42.5 b) und (A 42.1) ist i'_b durch den Einfallswinkel i_e und die beiden Brechzahlen n_e und n_b festgelegt.

Nach (9.8 a) folgt mit $\gamma = 0$ für die Wellennormale der gebrochenen elektromagnetischen Welle

$$\boldsymbol{n}_b^0 = \boldsymbol{i} \sin i_b + \boldsymbol{k} \cos i_b \tag{A 42.6 a}$$

und damit unter Beachtung von (A 3.5 b) für die elektrische Feldstärke der gebrochenen Welle

$$\boldsymbol{E}_b = \boldsymbol{E}_{0b}\, e^{i(\omega t - k(\boldsymbol{s} \cdot \boldsymbol{n}_b^0) + \varphi)}$$

$$= \boldsymbol{E}_{0b}\, e^{i(\omega t - k(x \sin i_b + z \cos i_b) + \varphi)}. \tag{A 42.6}$$

Einsetzen von (A 42.5a) und (A 42.5b) ergibt unter Beachtung von $e^{a+b}=e^a e^b$ und $i^2=-1$ die inhomogene Welle

$$\boldsymbol{E}_b = \boldsymbol{E}_{0b}\, e^{-kz\sinh i_b'}\, e^{i(\omega t - kx\cosh i_b' + \varphi)}. \qquad \text{(A 42.7)}$$

Setzt man (A 42.5a) und (A 42.5b) in die Fresnelschen Formeln (10.56c) und (10.56d) ein, so sieht man, daß $\boldsymbol{E}_{0b} \neq 0$ gilt und damit die Welle $\boldsymbol{E}_b$ existiert. Trotz der Existenz von (A 42.7) ist es aber richtig, von Totalreflexion zu sprechen. Zum Beweis dieser Aussage berechnen wir zunächst $\boldsymbol{E}_{0rp}$ mit Hilfe der Fresnelschen Formeln. Mit $\sin^2 x + \cos^2 x = 1$ und $\sqrt{-1}=i$ gewinnt man aus (A 42.1) die Beziehung

$$\begin{aligned}\cos i_b &= \sqrt{1-\sin^2 i_b} = i\sqrt{\sin^2 i_b - 1}\\ &= i\sqrt{\frac{\sin^2 i_e}{\left(\frac{n_b}{n_e}\right)^2} - 1}\end{aligned}$$

und damit aus (A 37.2)

$$\begin{aligned}\boldsymbol{E}_{0rp} &= \boldsymbol{E}_{0ep}\frac{\frac{n_b}{n_e}\cos i_e - \cos i_b}{\cos i_b + \frac{n_b}{n_e}\cos i_e}\\ &= \boldsymbol{E}_{0ep}\frac{\frac{n_b}{n_e}\cos i_e - i\sqrt{\frac{\sin^2 i_e}{\left(\frac{n_b}{n_e}\right)^2}-1}}{\frac{n_b}{n_e}\cos i_e + i\sqrt{\frac{\sin^2 i_e}{\left(\frac{n_b}{n_e}\right)^2}-1}}\\ &= \boldsymbol{E}_{0ep}\frac{\cos i_e - \frac{i}{\left(\frac{n_b}{n_e}\right)^2}\sqrt{\sin^2 i_e - \left(\frac{n_b}{n_e}\right)^2}}{\cos i_e + \frac{i}{\left(\frac{n_b}{n_e}\right)^2}\sqrt{\sin^2 i_e - \left(\frac{n_b}{n_e}\right)^2}}.\end{aligned} \qquad \text{(A 42.8)}$$

Beachtet man noch (A 1.1) und (A 1.1c), so erhält man

$$\boldsymbol{E}_{0rp} = \boldsymbol{E}_{0ep}\, e^{-2i\varphi_p} \qquad \text{(A 42.9)}$$

mit

$$\tan\varphi_p = \frac{\sqrt{\sin^2 i_e - \left(\frac{n_b}{n_e}\right)^2}}{\left(\frac{n_b}{n_e}\right)^2 \cos i_e}. \qquad \text{(A 42.9a)}$$

Analog folgt für die Senkrechtkomponente

$$\boldsymbol{E}_{0\mathrm{rs}} = \boldsymbol{E}_{0\mathrm{es}}\, \mathrm{e}^{-2\mathrm{i}\varphi_\mathrm{s}} \tag{A 42.10}$$

mit

$$\tan\varphi_\mathrm{s} = \frac{\sqrt{\sin^2 i_\mathrm{e} - \left(\dfrac{n_\mathrm{b}}{n_\mathrm{e}}\right)^2}}{\cos i_\mathrm{e}}\,. \tag{A 42.10 a}$$

Da nach (A 1.1b) $|\mathrm{e}^{\mathrm{i}\varphi}| = 1$ gilt, ist also $|\boldsymbol{E}_{0\mathrm{rp}}| = |\boldsymbol{E}_{0\mathrm{ep}}|$ und $|\boldsymbol{E}_{0\mathrm{rs}}| = |\boldsymbol{E}_{0\mathrm{es}}|$, womit die Behauptung von der totalen Reflexion der Welle bewiesen ist, denn nach $I \sim E_0^2$ (vgl. (A 15.8)) gilt dann $I_\mathrm{r} = I_\mathrm{e}$, d.h., die Intensität der reflektierten Welle ist gleich der der einfallenden. Nach (A 42.9) und (A 42.10) erhalten die beiden Komponenten durch die Totalreflexion eine zusätzliche Phasendifferenz von

$$\Delta\varphi = 2(\varphi_\mathrm{p} - \varphi_\mathrm{s}). \tag{A 42.11}$$

$\dfrac{\Delta\varphi}{2}$ erhält man aus

$$\tan(\varphi_\mathrm{p} - \varphi_\mathrm{s}) = \frac{\tan\varphi_\mathrm{p} - \tan\varphi_\mathrm{s}}{1 + \tan\varphi_\mathrm{p}\tan\varphi_\mathrm{s}}$$

$$= \frac{\left[\dfrac{1}{\left(\dfrac{n_\mathrm{b}}{n_\mathrm{e}}\right)^2} - 1\right]\sqrt{\sin^2 i_\mathrm{e} - \left(\dfrac{n_\mathrm{b}}{n_\mathrm{e}}\right)^2}}{\cos i_\mathrm{e}\left[1 + \dfrac{\sin^2 i_\mathrm{e} - \left(\dfrac{n_\mathrm{b}}{n_\mathrm{e}}\right)^2}{\left(\dfrac{n_\mathrm{b}}{n_\mathrm{e}}\right)^2 \cos^2 i_\mathrm{e}}\right]}$$

$$= \frac{\cos i_\mathrm{e}\left[\dfrac{1}{\left(\dfrac{n_\mathrm{b}}{n_\mathrm{e}}\right)^2} - 1\right]\sqrt{\sin^2 i_\mathrm{e} - \left(\dfrac{n_\mathrm{b}}{n_\mathrm{e}}\right)^2}}{\dfrac{\left(\dfrac{n_\mathrm{b}}{n_\mathrm{e}}\right)^2 \cos^2 i_\mathrm{e} + \sin^2 i_\mathrm{e} - \left(\dfrac{n_\mathrm{b}}{n_\mathrm{e}}\right)^2}{\left(\dfrac{n_\mathrm{b}}{n_\mathrm{e}}\right)^2}}$$

$$= \frac{\cos i_\mathrm{e}\left[\dfrac{1}{\left(\dfrac{n_\mathrm{b}}{n_\mathrm{e}}\right)^2} - 1\right]\sqrt{\sin^2 i_\mathrm{e} - \left(\dfrac{n_\mathrm{b}}{n_\mathrm{e}}\right)^2}}{\cos^2 i_\mathrm{e} + \left(\dfrac{n_\mathrm{e}}{n_\mathrm{b}}\right)^2 \sin^2 i_\mathrm{e} - 1}$$

und damit aus

$$\tan(\varphi_p - \varphi_s) = \frac{\cos i_e \sqrt{\sin^2 i_e - \left(\frac{n_b}{n_e}\right)^2}}{\sin^2 i_e}. \qquad \text{(A 42.11 a)}$$

A. 43 Herleitung des Reflexionsgesetzes aus dem Fermatschen Prinzip

Für den Extremwert der optischen Weglänge ist eine notwendige Bedingung, daß Einfallslot, einfallender und reflektierter Strahl in einer Ebene liegen. Nach (S 11.1 a) und Abbildung A 43.1 gilt dann für das optisch homogene Medium ($n = \text{const}$)

$$\overline{P_1 P_3} + \overline{P_3 P_2} = \text{Extr.}$$

oder mit Hilfe des Satzes von PYTHAGORAS

$$f(x) = \sqrt{{y_1}^2 + x^2} + \sqrt{{y_2}^2 + (x - x_2)^2} = \text{Extr.}$$

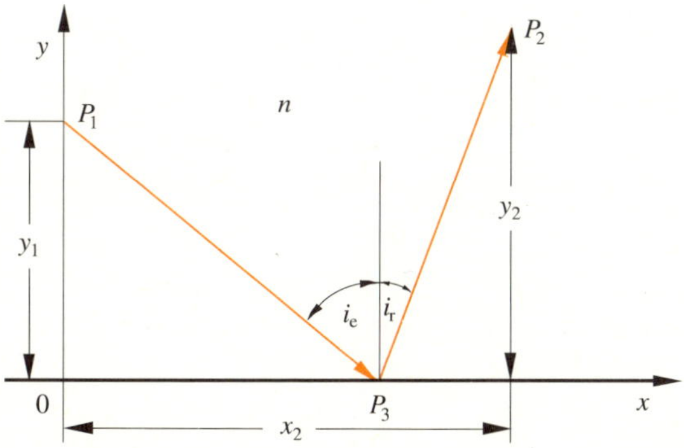

Abb. A 43.1
Zur Herleitung des Reflexionsgesetzes aus dem Fermatschen Prinzip

Nach A. 2 muß beim Extremwert $x = x_0$ der erste Differentialquotient von $f(x)$ verschwinden. Das führt mit (A 2.3), (A 2.4), (A 2.7) und (A 2.9) zu der Bedingung für die Lage des Punktes $P_3(x_0)$

$$\frac{x_0}{\sqrt{{y_1}^2 + {x_0}^2}} + \frac{x_0 - x_2}{\sqrt{{y_2}^2 + (x_0 - x_2)^2}} = 0$$

oder

$$\sin i_e = \sin i_r,$$

d.h.,

$$i_r = i_e.$$

A. 44 Minimale Strahlablenkung im Prisma

Es sollen die Bedingungen für den Einfallswinkel i_e des Strahles in ein Prisma gefunden werden, für die die Strahlablenkung durch das Prisma ein Minimum wird. Nach A. 2 und (11.3c) ist die notwendige Bedingung dafür

$$\frac{d\Delta i}{di_e} = 1 + \frac{di_b}{di_e} = 0. \tag{A 44.1a}$$

Nach dem Brechungsgesetz (S 9.3) gilt für die Winkel i_b und i_{e2} die Beziehung $\sin i_b = \frac{n_{Pr}}{n} \sin i_{e2}$, mit (A 2.22) und (A 2.10) demzufolge

$$\cos i_b \, di_b = \frac{n_{Pr}}{n} \cos i_{e2} \, di_{e2}$$

oder

$$\frac{di_b}{di_{e2}} = \frac{n_{Pr}}{n} \frac{\cos i_{e2}}{\cos i_b}. \tag{A 44.2a}$$

Nach (11.3b) ergibt sich mit (A 2.9) weiter

$$\frac{di_{e2}}{di_{b1}} = -1. \tag{A 44.2b}$$

Ferner besteht nach dem Brechungsgesetz (S 9.3) zwischen den Winkeln i_{b1} und i_e (vgl. Abb. 11.12b) die Beziehung $\sin i_e = \frac{n_{Pr}}{n} \sin i_{b1}$, woraus analog zur Herleitung von (A 44.2a)

$$\frac{di_{b1}}{di_e} = \frac{n \cos i_e}{n_{Pr} \cos i_{b1}} \tag{A 44.2c}$$

folgt. Mit Hilfe der Kettenregel (A 2.7) geht daher (A 44.1a) unter Beachtung von (A 44.2a), (A 44.2b) und (A 44.2c) über in

$$\frac{d\Delta i}{di_e} = 1 + \frac{di_b}{di_e} = 1 + \frac{di_b}{di_{e2}} \cdot \frac{di_{e2}}{di_{b1}} \cdot \frac{di_{b1}}{di_e} = 1 - \frac{\cos i_{e2} \cos i_e}{\cos i_b \cos i_{b1}} = 0$$

oder

$$\frac{\cos i_{e2} \cos i_e}{\cos i_b \cos i_{b1}} = 1. \tag{A 44.1b}$$

Mit $\sin i_{e2} = \frac{n}{n_{Pr}} \sin i_b$, $\sin i_{b1} = \frac{n}{n_{Pr}} \sin i_e$ und $\sin^2 x + \cos^2 x = 1$ folgt weiter

$$\cos i_{e2} = \sqrt{1 - \sin^2 i_{e2}} = \sqrt{1 - \frac{n^2}{n_{Pr}^2} \sin^2 i_b},$$

$$\cos i_{b1} = \sqrt{1 - \sin^2 i_{b1}} = \sqrt{1 - \frac{n^2}{n_{Pr}^2} \sin^2 i_e},$$

womit sich für (A 44.1b)

$$\frac{\sqrt{1-\frac{n^2}{n_{\mathrm{Pr}}^2}\sin^2 i_{\mathrm{b}}}\sqrt{1-\sin^2 i_{\mathrm{e}}}}{\sqrt{1-\sin^2 i_{\mathrm{b}}}\sqrt{1-\frac{n^2}{n_{\mathrm{Pr}}^2}\sin^2 i_{\mathrm{e}}}}=1$$

oder

$$\left(1-\frac{n^2}{n_{\mathrm{Pr}}^2}\sin^2 i_{\mathrm{b}}\right)(1-\sin^2 i_{\mathrm{e}})=(1-\sin^2 i_{\mathrm{b}})\left(1-\frac{n^2}{n_{\mathrm{Pr}}^2}\sin^2 i_{\mathrm{e}}\right) \qquad \text{(A 44.1 c)}$$

ergibt. Durch Ausmultiplizieren und Ordnen findet man aus (A 44.1c) als Minimumbedingung

$$\left(\frac{n^2}{n_{\mathrm{Pr}}^2}-1\right)(\sin^2 i_{\mathrm{e}}-\sin^2 i_{\mathrm{b}})=0$$

oder, da $\frac{n^2}{n_{\mathrm{Pr}}^2}\neq 1$ ist und ein Produkt dann und nur dann verschwindet, wenn mindestens einer der Faktoren verschwindet,

$$\sin i_{\mathrm{e}}=\sin i_{\mathrm{b}}.$$

Da $0\leqq i_{\mathrm{e}}\leqq\frac{\pi}{2}$ und $0\leqq i_{\mathrm{b}}\leqq\frac{\pi}{2}$, gilt damit

$$i_{\mathrm{e}}=i_{\mathrm{b}}. \qquad \text{(A 44.1)}$$

Bildet man $\frac{\mathrm{d}^2\Delta i}{\mathrm{d}i_{\mathrm{e}}^2}$ und setzt (A 44.1) ein, so folgt $\frac{\mathrm{d}^2\Delta i}{\mathrm{d}i_{\mathrm{e}}^2}>0$, d.h., es liegt ein Minimum vor.

Da weiter aus $\sin i_{\mathrm{e}2}=\frac{n}{n_{\mathrm{Pr}}}\sin i_{\mathrm{b}}$ und $\sin i_{\mathrm{b}1}=\frac{n}{n_{\mathrm{Pr}}}\sin i_{\mathrm{e}}$ mit (A 44.1) $i_{\mathrm{e}2}=i_{\mathrm{b}1}$ folgt, wird die minimale Ablenkung durch das Prisma dann erreicht, wenn der Strahl im Prisma senkrecht zur Winkelhalbierenden des brechenden Winkels verläuft (vgl. Abb. 11.12c).

Mit (A 44.1) geht (11.3d) über in

$$\sin i_{\mathrm{b}}=\sin\gamma\sqrt{\frac{n_{\mathrm{Pr}}^2}{n^2}-\sin^2 i_{\mathrm{b}}}-\sin i_{\mathrm{b}}\cos\gamma$$

oder

$$1=\sin\gamma\sqrt{\frac{n_{\mathrm{Pr}}^2}{n^2\sin^2 i_{\mathrm{b}}}-1}-\cos\gamma.$$

Durch elementare Rechnungen folgt hieraus:

$$1+\cos\gamma=\sin\gamma\sqrt{\frac{n_{\mathrm{Pr}}^2}{n^2\sin^2 i_{\mathrm{b}}}-1}\,,$$

$$1+2\cos\gamma+\cos^2\gamma=\sin^2\gamma\left(\frac{n_{\mathrm{Pr}}^2}{n^2\sin^2 i_{\mathrm{b}}}-1\right),$$

$$1+2\cos\gamma+\cos^2\gamma+\sin^2\gamma=\frac{n_{\mathrm{Pr}}^2\sin^2\gamma}{n^2\sin^2 i_{\mathrm{b}}}\,,$$

mit $\sin^2 x+\cos^2 x=1$

$$2(1+\cos\gamma)=\frac{n_{\mathrm{Pr}}^2\sin^2\gamma}{n^2\sin^2 i_{\mathrm{b}}}$$

oder

$$\sin^2 i_{\mathrm{b}}=\frac{n_{\mathrm{Pr}}^2\sin^2\gamma}{2n^2(1+\cos\gamma)}\,. \tag{A 44.3a}$$

Setzt man in

$$\sin 2x=2\sin x\cdot\cos x \quad \text{und}$$

$$2\cos x_1\cos x_2=\cos(x_1-x_2)+\cos(x_1+x_2)$$

$x=x_1=x_2=\gamma/2$, so folgt weiter

$$\sin\gamma=2\sin\frac{\gamma}{2}\cos\frac{\gamma}{2},$$

$$2\cos^2\frac{\gamma}{2}=1+\cos\gamma$$

und somit für (A 44.3 a)

$$\sin i_{\mathrm{b}}=\frac{n_{\mathrm{Pr}}}{n}\sin\frac{\gamma}{2}\,. \tag{A 44.3}$$

Mit (11.3 c), (A 44.1) und (A 44.3) ergibt sich als minimale Strahlablenkung des Prismas

$$\Delta i_{\min}=-\gamma+2\arcsin\left(\frac{n_{\mathrm{Pr}}}{n}\sin\frac{\gamma}{2}\right). \tag{A 44.4}$$

A. 45 Berechnung der Schnittweite des gegenstandseitigen Brennpunktes

Der Lichtstrahl verlaufe im Bildraum parallel zur optischen Achse ($u_B = 0$) im Abstand h_2. Aus (11.9c) und (11.9d) ergibt sich unter Beachtung der Übergangsbedingungen (11.10a) und (11.10b)

$$-nu_G = \frac{h_1(n_L - n)}{R_1} - n_L u_{1B}$$

$$= u_{2G}\left(\frac{(n_L - n)d}{R_1} - n_L\right) + \frac{h_2(n_L - n)}{R_1}$$

$$= \frac{h_2(n_L - n)^2 d}{n_L R_1 R_2} - \frac{h_2(n_L - n)}{R_2} + \frac{h_2(n_L - n)}{R_1}$$

und mit (11.12)

$$u_G = -\frac{h_2 D}{n}. \tag{A 45.1}$$

Mit (11.7a), (11.10b), (11.10a), (11.9d), (11.11) und $u_B = 0$ folgt aus (A 45.1)

$$s_{F_G} = \frac{h_1}{u_G} = \frac{h_2 + u_{2G} d}{u_G} = \frac{h_2}{u_G}\left(1 + \frac{(n_L - n)d}{n_L R_2}\right)$$

$$= -f\left(1 + \frac{(n_L - n)d}{n_L R_2}\right). \tag{A 45.2}$$

A. 46 Abbesche Sinusbedingung

Mit einem geöffneten Bündel soll die ebene Fläche A in ein gleichfalls ebenes Bild abgebildet werden. Die dazu notwendige Bedingung wurde erstmals von Clausius aufgestellt. Abbe folgerte sie später aus geometrisch-optischen Überlegungen und erkannte ihre prinzipielle Bedeutung für die geometrisch-optische Abbildung. Zu Ehren Abbes nennt man sie heute Abbesche Sinusbedingung.

Im folgenden schließen wir uns der Clausiusschen Herleitung der Sinusbedingung an. Das abbildende optische System sei mit Bezug auf den Öffnungsfehler korrigiert. Nach (S 11.4) ist dann die Abbesche Invariante

$$Q = n\left(\frac{1}{R} - \frac{1}{s}\right) \tag{A 46.1}$$

eine Invariante der Brechung. Weiter ist aus Abbildung A 46.1 zu entnehmen

$$\frac{-Y_B}{s_B - R} = \frac{Y_G}{-s_G + R} \tag{A 46.2a}$$

oder mit den aus (A 46.1) folgenden Beziehungen

$$-s_G+R=-\frac{Q\,s_G\,R}{n_G};\quad s_B-R=\frac{Q\,s_B\,R}{n_B}$$

und bei Beachtung von (D 11.5)

$$\frac{Y_B}{Y_G}=\beta=\frac{\dfrac{s_B}{n_B}}{\dfrac{s_G}{n_G}}\,. \tag{A 46.2}$$

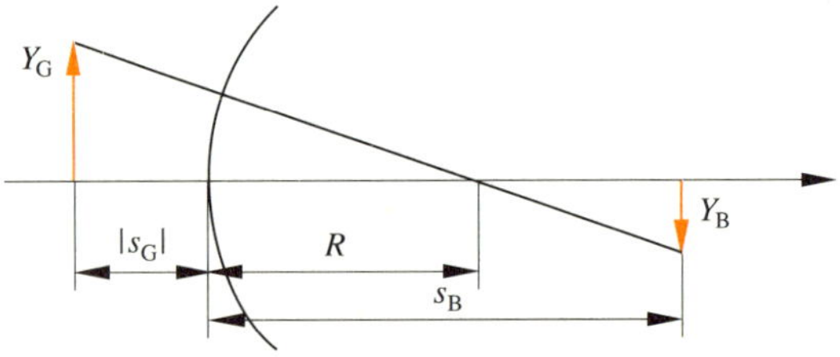

Abb. A 46.1
Zur Herleitung der Abbeschen Sinusbedingung

Führen wir statt der Schnittweiten die entsprechenden Öffnungswinkel nach (11.7 a) und (11.7 b) ein, dann gewinnen wir die *Helmholtzsche Invariante*

$$Y_B\,n_B\,u_B=Y_G\,n_G\,u_G \tag{A 46.3}$$

der Strahlenoptik.

Wird statt einer abzubildenden Strecke ein abzubildendes Flächenelement betrachtet, so erhält man dafür aus (A 46.3) die Invariante

$$A_B\,n_B^2\,\Omega_B=A_G\,n_G^2\,\Omega_G\,. \tag{A 46.3 a}$$

A_G charakterisiert die Fläche des ebenen abzubildenden Gegenstandes, A_B die Fläche seines gleichfalls ebenen Bildes. Ω_G und Ω_B sind die Raumwinkel des von A_G ausgehenden bzw. auf A_B auftreffenden Lichtbündels. Das Produkt $An^2\,\Omega$ wird auch *optischer Fluß* genannt.

Der Gegenstand besitze die Fläche $\mathrm{d}A_G$ und strahle mit konstanter Leuchtdichte (vgl. (D 12.2)). Das optische System sei absorptionsfrei. Dann muß die vom Gegenstand abgestrahlte Energie vollständig dem Bild zugestrahlt werden. Schließt die Achse des vom Gegenstand ausgehenden Strahlenkegels des räumlichen Öffnungswinkels $\mathrm{d}\Omega_G$ mit der optischen Achse den Winkel u_G ein, so gilt nach (A 46.3 a) bei analoger Bezeichnung der bildseitigen Größen und bei Beachtung des Lambertschen Gesetzes (12.2)

$$\mathrm{d}A_B\,n_B^2\,\mathrm{d}\Omega_B\cos u_B=\mathrm{d}A_G\,n_G^2\,\mathrm{d}\Omega_G\cos u_G\,. \tag{A 46.4 a}$$

Aus Abbildung A 46.2 ist weiter zu entnehmen:

$$\mathrm{d}u_G=\frac{a}{c};\quad \mathrm{d}\varphi=\frac{b}{d};\quad \sin u_G=\frac{d}{c}$$

oder

$$d\Omega_G = \frac{ab}{c^2} = \frac{a}{c}\,\frac{b}{d}\,\frac{d}{c} = \sin u_G \, du_G \, d\varphi\,.$$

Analog folgt

$$d\Omega_B = \sin u_B \, du_B \, d\varphi$$

und somit für (A 46.4 a)

$$dA_B\, n_B^2 \sin u_B \cos u_B \, du_B = dA_G\, n_G^2 \sin u_G \cos u_G \, du_G\,. \qquad \text{(A 46.4 b)}$$

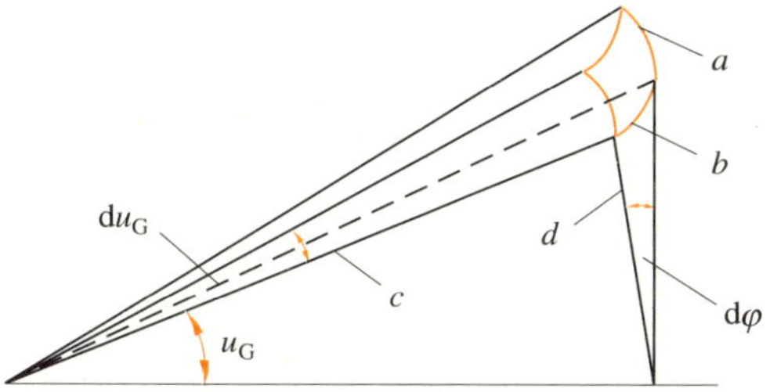

Abb. A 46.2
Zusammenhang zwischen u_G und dem räumlichen Öffnungswinkel $d\Omega_G$

Da weiter nach (A 2.7) und (A 2.10)

$$\frac{d \sin^2 u}{du} = 2 \sin u \cos u$$

gilt, kann für (A 46.4 b) auch

$$dA_B\, n_B^2 \, d \sin^2 u_B = dA_G\, n_G^2 \, d \sin^2 u_G$$

geschrieben werden. Integration ergibt

$$\frac{n_G^2 \sin^2 u_G}{n_B^2 \sin^2 u_B} = \frac{dA_B}{dA_G}\,. \qquad \text{(A 46.4 c)}$$

Zur Bestimmung von $\frac{dA_B}{dA_G}$ gehen wir zum Paraxialgebiet (vgl. (D 11.6)) über ($u \to 0$). $\frac{dA_B}{dA_G}$ entspricht dann nach (D 11.5) dem Quadrat der Lateralvergrößerung β. Da nun dieselben Abbildungseigenschaften auch für geöffnete Bündel gelten sollen, gewinnt man hierfür die Bedingung (*Abbesche Sinusbedingung*)

$$\frac{n_G^2 \sin^2 u_G}{n_B^2 \sin^2 u_B} = \beta^2 = \frac{Y_B^2}{Y_G^2}\,. \qquad \text{(A 46.4)}$$

Ihr muß ein mit Bezug auf den Öffnungsfehler korrigiertes optisches System genügen, damit es den ebenen Gegenstand durch ein geöffnetes Bündel in ein ebenes Bild abbildet.

A. 47 Lagrange-Funktion für ein elektrisch geladenes Teilchen im elektrischen und im magnetischen Feld

Es soll gezeigt werden, daß die Bewegung einer Punktladung q der Masse m im elektrischen und magnetischen Feld ($\boldsymbol{E} = -\operatorname{grad} q$, $\boldsymbol{B} = \operatorname{rot} \boldsymbol{A}$) durch die Lagrange-Funktion

$$L = \frac{m}{2} v^2 - q\varphi + q\boldsymbol{A} \cdot \boldsymbol{v} \tag{A 47.1}$$

beschrieben wird. Zum Beweis schreiben wir für (A 47.1) mit (A 3.5 b) und (A 3.6)

$$L = \frac{m}{2} (v_x{}^2 + v_y{}^2 + v_z{}^2) - q\varphi + q(A_x v_x + A_y v_y + A_z v_z) \tag{A 47.1 a}$$

und setzen L in die Lagrangesche Gleichung (I 4.5 a)

$$\frac{\mathrm{d}}{\mathrm{d}t} \frac{\partial L}{\partial v_x} - \frac{\partial L}{\partial x} = 0$$

ein. Unter Beachtung von (A 2.3), (A 2.4) und (A 2.9) folgt

$$\frac{\mathrm{d}}{\mathrm{d}t} m v_x + q \frac{\mathrm{d}A_x}{\mathrm{d}t} + q \frac{\partial \varphi}{\partial x} - q\left(\frac{\partial A_x}{\partial x} v_x + \frac{\partial A_y}{\partial x} v_y + \frac{\partial A_z}{\partial x} v_z\right) = 0. \tag{A 47.2}$$

Da nach (A 2.22)

$$\mathrm{d}A_x = \frac{\partial A_x}{\partial x} \mathrm{d}x + \frac{\partial A_x}{\partial y} \mathrm{d}y + \frac{\partial A_x}{\partial z} \mathrm{d}z,$$

d.h. bei Beachtung von $\frac{\mathrm{d}x}{\mathrm{d}t} = v_x$ usw.

$$\frac{\mathrm{d}A_x}{\mathrm{d}t} = \frac{\partial A_x}{\partial x} v_x + \frac{\partial A_x}{\partial y} v_y + \frac{\partial A_x}{dz} v_z$$

gilt, erhält man mit $\boldsymbol{p} = m\boldsymbol{v}$, dem 1. Newtonschen Axiom (I S 3.5), $\boldsymbol{E} = -\operatorname{grad} \varphi$ (S 1.5), (A 10.3) und (A 10.1) aus (A 47.2)

$$\frac{\mathrm{d}}{\mathrm{d}t} p_x = F_x = qE_x + q\left[\left(\frac{\partial A_y}{\partial x} - \frac{\partial A_x}{\partial y}\right) v_y - \left(\frac{\partial A_x}{\partial z} - \frac{\partial A_z}{\partial x}\right) v_z\right]. \tag{A 47.3 a}$$

Analog ergeben sich die anderen Koordinaten:

$$F_y = qE_y + q\left[\left(\frac{\partial A_z}{\partial y} - \frac{\partial A_y}{\partial z}\right) v_z - \left(\frac{\partial A_y}{\partial x} - \frac{\partial A_x}{\partial y}\right) v_x\right], \tag{A 47.3 b}$$

$$F_z = qE_z + q\left[\left(\frac{\partial A_x}{\partial z} - \frac{\partial A_z}{\partial x}\right) v_x - \left(\frac{\partial A_z}{\partial y} - \frac{\partial A_y}{\partial z}\right) v_y\right]. \tag{A 47.3 c}$$

Nach (A 7.7), (A 3.3) und (A 3.10 a) lassen sich (A 46.3 a), (A 46.3 b) und (A 46.3 c) zusammenfassen zu

$$\boldsymbol{F} = q\boldsymbol{E} + q(\boldsymbol{v} \times \operatorname{rot} \boldsymbol{A}), \tag{A 47.3}$$

woraus mit (D 6.3) in Übereinstimmung mit (D 1.5) und (S 2.9)

$$\boldsymbol{F} = q(\boldsymbol{E} + \boldsymbol{v} \times \boldsymbol{B})$$

folgt, womit der Beweis für unsere Behauptung erbracht ist.

A. 48 Reihenentwicklung des elektrostatischen und des skalaren magnetischen Potentials für rotationssymmetrische Felder

Es sei x die Rotationsachse eines rotationssymmetrischen elektrischen Feldes. Das elektrische Potential auf der Rotationsachse sei $\varphi_a(x)$, im Abstand $r = \sqrt{y^2 + z^2}$ von ihr $\varphi = \varphi(x, \sqrt{y^2 + z^2})$. Wir entwickeln φ nach Potenzen von r. Betrachtet man nur so kleine Abstände r von der Achse, daß in dieser Entwicklung lediglich Potenzen bis r^2 berücksichtigt zu werden brauchen, dann folgt mit den noch unbekannten Funktionen $\varphi_{a1}(x)$ und $\varphi_{a2}(x)$

$$\varphi(x, \sqrt{y^2 + z^2}) = \varphi_a(x) + \sqrt{y^2 + z^2}\ \varphi_{a1}(x) + (y^2 + z^2)\ \varphi_{a2}(x). \tag{A 48.1 a}$$

Zur Bestimmung der Funktionen $\varphi_{a1}(x)$ und $\varphi_{a2}(x)$ bilden wir mit (A 2.3), (A 2.4), (A 2.5), (A 2.7) und (A 2.9) die Ableitungen

$$\frac{\partial \varphi}{\mathrm{d} y} = \frac{y}{\sqrt{y^2 + z^2}}\ \varphi_{a1}(x) + 2y\,\varphi_{a2}(x),$$

$$\frac{\partial \varphi}{\partial z} = \frac{z}{\sqrt{y^2 + z^2}}\ \varphi_{a1}(x) + 2z\,\varphi_{a2}(x),$$

$$\frac{\partial^2 \varphi}{\partial x^2} = \frac{\mathrm{d}^2 \varphi_a(x)}{\mathrm{d} x^2},$$

$$\frac{\partial^2 \varphi}{\partial y^2} = \frac{\varphi_{a1}(x)}{\sqrt{y^2 + z^2}} - \frac{y^2\,\varphi_{a1}(x)}{(y^2 + z^2)^{\frac{3}{2}}} + 2\,\varphi_{a2}(x),$$

$$\frac{\partial^2 \varphi}{d z^2} = \frac{\varphi_{a1}(x)}{\sqrt{y^2 + z^2}} - \frac{z^2\,\varphi_{a1}(x)}{(y^2 + z^2)^{\frac{3}{2}}} + 2\,\varphi_{a2}(x)$$

und setzen diese unter der Voraussetzung $\varrho = 0$ (raumladungsfreies Medium) in die Poissonsche Differentialgleichung (1.5) ein:

$$\varphi_{a1}(x)\left[\frac{2}{\sqrt{y^2 + z^2}} - \frac{1}{\sqrt{y^2 + z^2}}\right] + 4\,\varphi_{a2}(x) + \frac{\mathrm{d}^2 \varphi_a(x)}{\mathrm{d} x^2} = 0. \tag{A 48.2 a}$$

Da (A 48.2 a) für jedes x und $r=\sqrt{y^2+z^2}$ gelten muß, folgt

$$\varphi_{a1}(x)=0,$$

$$\varphi_{a2}(x)=-\frac{1}{4}\frac{d^2\varphi_a(x)}{dx^2} \tag{A 48.2 b}$$

und somit für (A 48.1 a)

$$\varphi(x, \sqrt{y^2+z^2})=\varphi_a(x)-\frac{(y^2+z^2)}{4}\frac{d^2\varphi_a(x)}{dx^2}. \tag{A 48.1}$$

Da nach (6.4 d) das skalare magnetische Potential φ_m derselben Differentialgleichung wie das elektrische Potential im raumladungsfreien Feld genügt, folgt für ein rotationssymmetrisches magnetisches Feld analog zu (A 48.1)

$$\varphi_m(x, \sqrt{y^2+z^2})=\varphi_{ma}(x)-\frac{(y^2+z^2)}{4}\frac{d^2\varphi_{ma}(x)}{dx^2}. \tag{A 48.2}$$

In gleicher Näherung ergeben sich aus (A 47.1) bzw. (A 47.2) mit (S 1.5), (S 6.2), (6.8 f), (A 10.1) und (A 10.3) die Koordinaten von $\boldsymbol{E}$ und $\boldsymbol{B}$ zu

$$E_x(x, \sqrt{y^2+z^2})=-\frac{d\varphi_a}{dx}=E_x(x, 0)=E_{ax}, \tag{A 48.3 a}$$

$$E_y(x, \sqrt{y^2+z^2})=\frac{y}{2}\frac{d^2\varphi_a(x)}{dx^2}=-\frac{y}{2}\frac{dE_{ax}}{dx}, \tag{A 48.3 b}$$

$$E_z(x, \sqrt{y^2+z^2})=\frac{z}{2}\frac{d^2\varphi_a(x)}{dx^2}=-\frac{z}{2}\frac{dE_{az}}{dx}, \tag{A 48.3 c}$$

$$B_x(x, \sqrt{y^2+z^2})=-\mu_0\,\mu_r\frac{d\varphi_{ma}}{dx}=B_x(x, 0)=B_{ax}, \tag{A 48.4 a}$$

$$B_y(x, \sqrt{y^2+z^2})=-\frac{y}{2}\frac{dB_{ax}}{dx}, \tag{A 48.4 b}$$

$$B_z(x, \sqrt{y^2+z^2})=-\frac{z}{2}\frac{dB_{ax}}{dx}. \tag{A 48.4 c}$$

A. 49 Zur Herleitung der elektronenoptischen Abbildungsgleichung

Es soll der Übergang vom (13.8 c) zu (13.11) als Folge der Einführung des rotierenden Koordinatensystems

$$Y=y\cos\alpha+z\sin\alpha, \tag{A 49.1 a}$$

$$Z=-y\sin\alpha+z\cos\alpha \tag{A 49.1 b}$$

nachgewiesen werden. Zeitliche Differentiation von (A 49.1 a) führt nach (A 2.5), (A 2.7), (A 2.10) und (A 2.11) zu

$$\frac{\mathrm{d}Y}{\mathrm{d}t}=\frac{\mathrm{d}y}{\mathrm{d}t}\cos\alpha-y\frac{\mathrm{d}\alpha}{\mathrm{d}t}\sin\alpha+\frac{\mathrm{d}z}{\mathrm{d}t}\sin\alpha+z\frac{\mathrm{d}\alpha}{\mathrm{d}t}\cos\alpha$$

oder mit (A 49.1 b) und $\frac{\mathrm{d}\alpha}{\mathrm{d}t}=\omega$ zu

$$\frac{\mathrm{d}Y}{\mathrm{d}t}=\frac{\mathrm{d}y}{\mathrm{d}t}\cos\alpha+\frac{\mathrm{d}z}{\mathrm{d}t}\sin\alpha+Z\omega. \qquad \text{(A 49.2 a)}$$

Analog folgt aus (A 49.1 b)

$$\frac{\mathrm{d}Z}{\mathrm{d}t}=-\frac{\mathrm{d}y}{\mathrm{d}t}\sin\alpha+\frac{\mathrm{d}z}{\mathrm{d}t}\cos\alpha-Y\omega. \qquad \text{(A 49.2 b)}$$

Differentiation von (A 49.2 a) ergibt

$$\frac{\mathrm{d}^2Y}{\mathrm{d}t^2}=\frac{\mathrm{d}^2y}{\mathrm{d}t^2}\cos\alpha-\frac{\mathrm{d}y}{\mathrm{d}t}\omega\sin\alpha+\frac{\mathrm{d}^2z}{\mathrm{d}t^2}\sin\alpha+\frac{\mathrm{d}z}{\mathrm{d}t}\omega\cos\alpha+\frac{\mathrm{d}Z}{\mathrm{d}t}\omega+Z\frac{\mathrm{d}\omega}{\mathrm{d}t}$$

oder mit (A 49.2 b)

$$\frac{\mathrm{d}^2Y}{\mathrm{d}t^2}=\frac{\mathrm{d}^2y}{\mathrm{d}t^2}\cos\alpha+\frac{\mathrm{d}^2z}{\mathrm{d}t^2}\sin\alpha+Y\omega^2+2\frac{\mathrm{d}Z}{\mathrm{d}t}\omega+Z\frac{\mathrm{d}\omega}{\mathrm{d}t}. \qquad \text{(A 49.3 a)}$$

Durch Multiplikation von (13.8 c) mit $\cos\alpha$ und von (13.8 d) mit $\sin\alpha$ und Addition gewinnt man die Beziehung

$$\begin{aligned}\frac{\mathrm{d}^2y}{\mathrm{d}t^2}\cos\alpha+\frac{\mathrm{d}^2z}{\mathrm{d}t^2}\sin\alpha=&-\frac{e}{2m_\mathrm{e}}\frac{\mathrm{d}^2\varphi_\mathrm{a}}{\mathrm{d}x^2}[y\cos\alpha+z\sin\alpha]\\&+\frac{e}{2m_\mathrm{e}}\frac{\mathrm{d}x}{\mathrm{d}t}\frac{\mathrm{d}B_{\mathrm{ax}}}{\mathrm{d}x}[y\sin\alpha-z\cos\alpha]\\&+\frac{e}{m_\mathrm{e}}B_{\mathrm{ax}}\left[\frac{\mathrm{d}y}{\mathrm{d}t}\sin\alpha-\frac{\mathrm{d}z}{\mathrm{d}t}\cos\alpha\right]\end{aligned}$$

und mit (49.1 a), (A 49.1 b) und (A 49.2 b)

$$\begin{aligned}\frac{\mathrm{d}^2y}{\mathrm{d}t^2}\cos\alpha+\frac{\mathrm{d}^2z}{\mathrm{d}t^2}\sin\alpha=&-\frac{e}{2m_\mathrm{e}}\frac{\mathrm{d}^2\varphi_\mathrm{a}}{\mathrm{d}x^2}Y-\frac{e}{2m_\mathrm{e}}\frac{\mathrm{d}x}{\mathrm{d}t}\frac{\mathrm{d}B_{\mathrm{ax}}}{\mathrm{d}x}Z\\&-\frac{e}{m_\mathrm{e}}B_{\mathrm{ax}}\left[\frac{\mathrm{d}Z}{\mathrm{d}t}+Y\omega\right].\end{aligned}$$

Durch Einsetzen dieses Ausdruckes in (A 49.3 a) folgt in Übereinstimmung mit (13.11)

$$\begin{aligned}\frac{\mathrm{d}^2Y}{\mathrm{d}t^2}=&-\frac{e}{2m_\mathrm{e}}Y\frac{\mathrm{d}^2\varphi_\mathrm{a}}{\mathrm{d}x^2}+\left(\omega^2-\frac{e}{m_\mathrm{e}}B_{\mathrm{ax}}\omega\right)Y+\left(2\omega-\frac{e}{m_\mathrm{e}}B_{\mathrm{ax}}\right)\frac{\mathrm{d}Z}{\mathrm{d}t}\\&+\left(\dot{\omega}-\frac{e}{2m_\mathrm{e}}\frac{\mathrm{d}x}{\mathrm{d}t}\frac{\mathrm{d}B_{\mathrm{ax}}}{\mathrm{d}x}\right)Z. \qquad \text{(A 49.3)}\end{aligned}$$

A.50 Lorentz-Transformation

Für die durch Abbildung 14.1b festgelegte spezielle Lage der Koordinatensysteme Σ und Σ' gilt

$$y' = y; \quad z' = z, \tag{A 50.1a}$$

womit die Identität (14.8) übergeht in

$$x^2 - c^2 t^2 \equiv x'^2 - c^2 t'^2. \tag{A 50.2}$$

Der Ursprung O von Σ hat in Σ' die Koordinate $x' = -vt'$, der Ursprung O' von Σ' in Σ die Koordinate $x = vt$. Dieser Bedingung genügt die Transformationsvorschrift

$$x' = C(x - vt) \tag{A 50.3a}$$

$$x = C'(x' + vt'), \tag{A 50.3b}$$

denn für $x' = 0$ folgt $x = vt$, für $x = 0$ folgt $x' = -vt'$. Elimination von x' ergibt

$$x = C'(C(x - vt) + vt')$$

oder

$$t' = C\left[t - \frac{x}{v}\left(1 - \frac{1}{C'C}\right)\right]. \tag{A 50.3c}$$

Analog folgt durch Elimination von x

$$t = C'\left[t' + \frac{x'}{v}\left(1 - \frac{1}{C'C}\right)\right]. \tag{A 50.3d}$$

Zur Bestimmung der Konstanten C und C' werden (A 50.3a) und (A 50.3c) in (A 50.2) eingesetzt:

$$\begin{aligned} x^2 - c^2 t^2 &= C^2 (x - vt)^2 - c^2 C^2 \left[t^2 - \frac{2xt}{v}\left(1 - \frac{1}{C'C}\right) + \frac{x^2}{v^2}\left(1 - \frac{1}{CC'}\right)^2\right] \\ &= C^2 (x^2 - 2xvt + v^2 t^2) \\ &\quad - c^2 C^2 \left[t^2 - \frac{2xt}{v}\left(1 - \frac{1}{C'C}\right) + \frac{x^2}{v^2}\left(1 - \frac{2}{CC'} + \frac{1}{C^2 C'^2}\right)\right] \end{aligned}$$

oder

$$\begin{aligned} &\left[1 - C^2 + \frac{c^2 C^2}{v^2} - \frac{2c^2 C}{v^2 C'} + \frac{c^2}{v^2 C'^2}\right] x^2 \\ &\quad + \left[2C^2 v - \frac{2c^2 C^2}{v}\left(1 - \frac{1}{CC'}\right)\right] xt + [-c^2 - C^2 v^2 + c^2 C^2]\, t^2 \equiv 0. \end{aligned}$$

Vorstehende Beziehung ist für beliebige x und t dann und nur dann erfüllt, wenn die Koeffizienten von x^2, xt und t^2 einzeln verschwinden. Man gewinnt so aus den Koeffizienten von xt und t^2 die Gleichungen

$$(v^2 - c^2)\, C C' + c^2 = 0, \tag{A 50.4 a}$$

$$-c^2 - C^2 v^2 + c^2 C^2 = 0. \tag{A 50.4 b}$$

Aus (A 50.4 b) folgt

$$C^2\left(1 - \frac{v^2}{c^2}\right) = 1$$

oder

$$C = \frac{1}{\sqrt{1 - \frac{v^2}{c^2}}}. \tag{A 50.5 a}$$

Einsetzen von C in (A 50.4 a) ergibt

$$\frac{1 - \frac{v^2}{c^2}}{\sqrt{1 - \frac{v^2}{c^2}}}\, C' = 1$$

oder ebenfalls

$$C' = \frac{1}{\sqrt{1 - \frac{v^2}{c^2}}}. \tag{A 50.5 b}$$

Man erhält so mit (A 50.3 a) bis (A 50.3 d) die Transformationsbeziehungen (Lorentz-Transformation)

$$x' = \frac{x - vt}{\sqrt{1 - \frac{v^2}{c^2}}}, \tag{A 50.1 b}$$

$$x = \frac{x' + vt'}{\sqrt{1 - \frac{v^2}{c^2}}}, \tag{A 50.1 c}$$

$$t' = \frac{1}{\sqrt{1 - \frac{v^2}{c^2}}}\left[t - \frac{x}{c}\left(1 - \left(1 - \frac{v^2}{c^2}\right)\right)\right]$$

oder

$$t' = \frac{1 - \frac{v}{c^2} x}{\sqrt{1 - \frac{v^2}{c^2}}}, \tag{A 50.1d}$$

$$t = \frac{t' + \frac{v}{c^2} x'}{\sqrt{1 - \frac{v^2}{c^2}}}. \tag{A 50.1e}$$

A. 51 Zur Lorentz-Invarianz der Maxwellschen Gleichungen

Die Invarianz der Maxwellschen Gleichungen (vgl. (6.9 a) bis (6.9 d))

$$\operatorname{rot} \boldsymbol{E} = -\dot{\boldsymbol{B}}, \tag{A 51.1a}$$

$$\operatorname{rot} \boldsymbol{H} = \dot{\boldsymbol{D}} + \boldsymbol{J}, \tag{A 51.1b}$$

$$\operatorname{div} \boldsymbol{D} = \varrho, \tag{A 51.1c}$$

$$\operatorname{div} \boldsymbol{B} = 0 \tag{A 51.1d}$$

gegenüber Lorentz-Transformationen soll nachgewiesen werden.

Die Lorentz-Transformation (14.9) ermöglicht es, die Koordinaten x, y, z, t durch x', y', z', t' auszudrücken, d.h., die Maxwellschen Gleichungen auf das System Σ' umzurechnen. Mit (A 6.3) schreibt sich (A 51.1d)

$$\frac{\partial B_x}{\partial x} + \frac{\partial B_y}{\partial y} + \frac{\partial B_z}{\partial z} = 0. \tag{A 51.2a}$$

Mit (A 2.22) gilt

$$\mathrm{d}B_x = \frac{\partial B_x}{\partial x'} \mathrm{d}x' + \frac{\partial B_x}{\partial y'} \mathrm{d}y' + \frac{\partial B_x}{\partial z'} \mathrm{d}z' + \frac{\partial B_x}{\partial t'} \mathrm{d}t' \tag{A 51.3a}$$

und damit

$$\frac{\partial B_x}{\partial x} = \frac{\partial B_x}{\partial x'} \frac{\partial x'}{\partial x} + \frac{\partial B_x}{\partial y'} \frac{\partial y'}{\partial x} + \frac{\partial B_x}{\partial z'} \frac{\partial z'}{\partial x} + \frac{\partial B_x}{\partial t'} \frac{\partial t'}{\partial x}. \tag{A 51.3b}$$

Da weiter mit (14.9 b), (A 2.3), (A 2.4), (A 2.8) und (A 2.9)

$$\frac{\partial x'}{\partial x} = \frac{1}{\sqrt{1 - \frac{v^2}{c^2}}}; \quad \frac{\partial y'}{\partial x} = \frac{\partial z'}{\partial x} = 0;$$

$$\frac{\partial t'}{\partial x} = -\frac{v}{c^2 \sqrt{1 - \frac{v^2}{c^2}}} \tag{A 51.3c}$$

folgt, ergibt sich (A 51.3 b) zu

$$\frac{\partial B_x}{\partial x} = \frac{1}{\sqrt{1-\frac{v^2}{c^2}}} \frac{\partial B_x}{\partial x'} - \frac{v}{c^2\sqrt{1-\frac{v^2}{c^2}}} \frac{\partial B_x}{\partial t}, \tag{A 51.3d}$$

während für die beiden anderen Terme in (A 51.2 a)

$$\frac{\partial B_y}{\partial y} = \frac{\partial B_y}{\partial y'}; \quad \frac{\partial B_z}{\partial z} = \frac{\partial B_z}{\partial z'} \tag{A 51.3e}$$

geschrieben werden kann. Durch Einsetzen von (A 51.3 d) und (A 51.3 e) in (A 51.2 a) erhält man

$$\frac{1}{\sqrt{1-\frac{v^2}{c^2}}} \frac{\partial B_x}{\partial x'} + \frac{\partial B_y}{\partial y'} + \frac{\partial B_z}{\partial z'} = \frac{v}{c^2\sqrt{1-\frac{v^2}{c^2}}} \frac{\partial B_x}{\partial t'}. \tag{A 51.2b}$$

Zur Berechnung von $\frac{\partial B_x}{\partial t'}$ betrachten wir die x-Koordinate (vgl. (A 7.7 a)) von (A 51.1 a)

$$\frac{\partial B_x}{\partial t} = \frac{\partial E_y}{\partial z} - \frac{\partial E_z}{\partial y}. \tag{A 51.4a}$$

Differentiation von (A 51.3 a) nach t ergibt

$$\frac{\partial B_x}{\partial t} = \frac{\partial B_x}{\partial x'}\frac{\partial x'}{\partial t} + \frac{\partial B_x}{\partial y'}\frac{\partial y'}{\partial t} + \frac{\partial B_x}{\partial z'}\frac{\partial z'}{\partial t} + \frac{\partial B_x}{\partial t'}\frac{\partial t'}{\partial t} \tag{A 51.3f}$$

und, da nach (14.9 b), (A 2.3), (A 2.4), (A 2.8) und (A 2.9)

$$\frac{\partial x'}{\partial t} = \frac{-v}{\sqrt{1-\frac{v^2}{c^2}}}; \quad \frac{\partial y'}{\partial t} = \frac{\partial z'}{\partial t} = 0; \quad \frac{\partial t'}{\partial t} = \frac{1}{\sqrt{1-\frac{v^2}{c^2}}} \tag{A 51.3g}$$

gilt,

$$\frac{\partial B_x}{\partial t} = \frac{-v}{\sqrt{1-\frac{v^2}{c^2}}} \frac{\partial B_x}{\partial x'} + \frac{1}{\sqrt{1-\frac{v^2}{c^2}}} \frac{\partial B_x}{\partial t'}. \tag{A 51.3h}$$

Mit den analog zu (A 51.3 e) folgenden Beziehungen

$$\frac{\partial E_y}{\partial y} = \frac{\partial E_y}{\partial y'}; \quad \frac{\partial E_z}{\partial z} = \frac{\partial E_z}{\partial z'} \tag{A 51.3i}$$

kann $\frac{\partial B_x}{\partial t}$ aus (A 51.4 a) und (A 51.3 h) eliminiert werden:

$$\frac{\partial B_x}{\partial t'} = \sqrt{1-\frac{v^2}{c^2}} \left[\frac{\partial E_y}{\partial z'} - \frac{\partial E_z}{\partial y'}\right] + v\frac{\partial B_x}{\partial x'}. \tag{A 51.4b}$$

Setzt man hier $\frac{\partial B_x}{\partial x'}$ aus (A 51.2 b) ein, so gewinnt man

$$\frac{\partial B_x}{\partial t'} = \sqrt{1-\frac{v^2}{c^2}}\left[\frac{\partial E_y}{dz'} - \frac{\partial E_z}{\partial y'}\right] + \frac{v^2}{c^2}\frac{\partial B_x}{\partial t'} - v\sqrt{1-\frac{v^2}{c^2}}\left[\frac{\partial B_y}{\partial y'} + \frac{\partial B_z}{\partial z'}\right]$$

oder

$$\frac{\partial B_x}{\partial t'} = \frac{\partial}{\partial z'}\frac{E_y - vB_z}{\sqrt{1-\frac{v^2}{c^2}}} - \frac{\partial}{\partial y'}\frac{E_z + vB_y}{\sqrt{1-\frac{v^2}{c^2}}}. \qquad \text{(A 51.5 a)}$$

Durch analoge Rechnungen folgen für die y- und die z-Koordinate von (A 51.1 a)

$$\frac{\partial}{\partial t'}\frac{B_y + \frac{vE_z}{c^2}}{\sqrt{1-\frac{v^2}{c^2}}} = \frac{\partial}{\partial x'}\frac{E_z + vB_y}{\sqrt{1-\frac{v^2}{c^2}}} - \frac{\partial E_x}{\partial z'}, \qquad \text{(A 51.5 b)}$$

$$\frac{\partial}{\partial t'}\frac{B_z - \frac{vE_y}{c^2}}{\sqrt{1-\frac{v^2}{c^2}}} = \frac{\partial E_x}{\partial y'} - \frac{\partial}{\partial x'}\frac{E_y - vB_z}{\sqrt{1-\frac{v^2}{c^2}}}. \qquad \text{(A 51.5 c)}$$

Einsetzen von $\frac{\partial B_x}{\partial t'}$ in (A 51.2 b) und Ordnen ergibt

$$\frac{\partial B_x}{\partial x'} + \frac{\partial}{\partial y'}\frac{B_y + \frac{vE_z}{c^2}}{\sqrt{1-\frac{v^2}{c^2}}} + \frac{\partial}{\partial z'}\frac{B_z - \frac{v}{c^2}E_y}{\sqrt{1-\frac{v^2}{c^2}}} = 0. \qquad \text{(A 51.6)}$$

Werden

$$E'_{x'} = E_x; \quad E'_{y'} = \frac{E_y - vB_z}{\sqrt{1-\frac{v^2}{c^2}}}; \quad E'_{z'} = \frac{E_z + vB_y}{\sqrt{1-\frac{v^2}{c^2}}} \qquad \text{(A 51.7 a)}$$

$$B'_{x'} = B_x; \quad B'_{y'} = \frac{B_y + \frac{vE_z}{c^2}}{\sqrt{1-\frac{v^2}{c^2}}}; \quad B'_{z'} = \frac{B_z - \frac{vE_y}{c^2}}{\sqrt{1-\frac{v^2}{c^2}}} \qquad \text{(A 51.7 b)}$$

als Koordinaten der elektrischen Feldstärke $\boldsymbol{E}'$ bzw. der magnetischen Induktion $\boldsymbol{B}'$ in Σ' angesehen, so gehen (A 51.5 a) bis (A 51.5 c) und (A 51.6) in

$$\frac{\partial B'_{x'}}{\partial t'} = \frac{\partial E'_{y'}}{\partial z'} - \frac{\partial E'_{z'}}{\partial y'}; \quad \frac{\partial B'_{y'}}{\partial t'} = \frac{\partial E'_{z'}}{\partial x'} - \frac{\partial E'_{x'}}{\partial z'};$$

$$\frac{\partial B'_{z'}}{\partial t'} = \frac{\partial E'_{x'}}{\partial y'} - \frac{\partial E'_{y'}}{\partial x'};$$

$$\frac{\partial B'_{x'}}{\partial x'} + \frac{\partial B'_{y'}}{\partial y'} + \frac{\partial B'_{z'}}{\partial z'} = 0$$

oder mit (A 7.7 a), (A 7.7 b), (A 7.7 c) und (A 6.3) in

$$\mathrm{rot}' \boldsymbol{E}' = -\dot{\boldsymbol{B}}', \tag{A 51.8 a}$$

$$\mathrm{div}' \boldsymbol{B}' = 0 \tag{A 51.8 b}$$

über. Dabei sollen rot′ und div′ andeuten, daß diese Operationen im Koordinatensystem Σ' zu bilden sind.

Zum Nachweis der Invarianz von (A 51.1 b) und (A 51.1c) gegenüber Lorentz-Transformationen wird beachtet, daß für die Stromdichte nach (D 1.7), (D 3.1) und (3.9 b) auch

$$\boldsymbol{J} = \varrho\, \boldsymbol{v}_q \tag{A 51.9}$$

geschrieben werden kann.

$$\boldsymbol{v}_q = v_{qx} \boldsymbol{i} + v_{qy} \boldsymbol{j} + v_{qz} \boldsymbol{k} \tag{A 51.9 a}$$

bedeutet hierbei die Geschwindigkeit der Raumladung ϱ in Σ. Die x-Koordinate von (A 51.1b) ergibt sich nach (A 7.7 a), (A 51.9) und (A 51.9 a) zu

$$\frac{\partial H_z}{\partial y} - \frac{\partial H_y}{\partial z} = \frac{\partial D_x}{\partial t} + \varrho\, v_{qx}, \tag{A 51.10 a}$$

(A 51.1c) mit (A 6.3) zu

$$\frac{\partial D_x}{\partial x} + \frac{\partial D_y}{\partial y} + \frac{\partial D_z}{\partial z} = \varrho\,. \tag{A 51.10 b}$$

Analog zu (A 51.2 b) folgt

$$\frac{1}{\sqrt{1-\frac{v^2}{c^2}}} \frac{\partial D_x}{\partial x'} + \frac{\partial D_y}{\partial y'} + \frac{\partial D_z}{\partial z'} = \frac{v}{c^2\sqrt{1-\frac{v^2}{c^2}}} \frac{\partial D_x}{\partial t'} + \varrho, \tag{A 51.11 a}$$

analog zu (A 51.4 b)

$$\frac{\partial D_x}{\partial t'} = \sqrt{1-\frac{v^2}{c^2}} \left(\frac{\partial H_z}{\partial y'} - \frac{\partial H_y}{\partial z'} - \varrho\, v_{qx}\right) + v\, \frac{\partial D_x}{\partial x'}\,. \tag{A 51.11 b}$$

Wird $\frac{\partial D_x}{\partial x'}$ aus (A 51.11a) in (A 51.11b) eingesetzt, dann erhält man

$$\frac{\partial D_x}{\partial t'} = \sqrt{1-\frac{v^2}{c^2}}\left(\frac{\partial H_z}{\partial y'} - \frac{\partial H_y}{\partial z'} - \varrho v_{qx}\right)$$
$$- v\sqrt{1-\frac{v^2}{c^2}}\left(\frac{\partial D_y}{\partial y'} + \frac{\partial D_z}{\partial z'}\right) + \frac{v^2}{c^2}\frac{\partial D_x}{\partial t'} + v\varrho\sqrt{1-\frac{v^2}{c^2}}$$

oder

$$\sqrt{1-\frac{v^2}{c^2}}\left[\frac{\partial}{\partial y'}(H_z - vD_y) - \frac{\partial}{\partial z'}(H_y + vD_z)\right]$$
$$= \left(1-\frac{v^2}{c^2}\right)\frac{\partial D_x}{\partial t'} + \varrho\sqrt{1-\frac{v^2}{c^2}}\,(v_{qx} - v)$$

und mit (S 14.7)

$$\frac{\partial}{\partial y'}\frac{H_z - vD_y}{\sqrt{1-\frac{v^2}{c^2}}} - \frac{\partial}{\partial z'}\frac{H_y + vD_z}{\sqrt{1-\frac{v^2}{c^2}}} = \frac{\partial D_x}{\partial t'} + \frac{\varrho}{\sqrt{1-\frac{v^2}{c^2}}}\left(\frac{v'_{qx'} + v}{1+\frac{vv'_{qx'}}{c^2}} - v\right)$$
$$= \frac{\partial D_x}{\partial t'} + \frac{\varrho}{\sqrt{1-\frac{v^2}{c^2}}}\,\frac{v'_{qx'} + v - v - \frac{v^2 v'_{qx'}}{c^2}}{1+\frac{vv'_{qx'}}{c^2}},$$

d.h.,

$$\frac{\partial}{\partial y'}\frac{H_z - vD_y}{\sqrt{1-\frac{v^2}{c^2}}} - \frac{\partial}{\partial z'}\frac{H_y + vD_z}{\sqrt{1-\frac{v^2}{c^2}}} = \frac{\partial D_x}{\partial t'} + \frac{\varrho\sqrt{1-\frac{v^2}{c^2}}\,v'_{qx'}}{1+\frac{vv'_{qx'}}{c^2}}. \qquad \text{(A 51.12a)}$$

Durch analoge Rechnung folgt für die y- bzw. z-Koordinate von (A 51.1b)

$$\frac{\partial \mathrm{H}_x}{\partial z'} - \frac{\partial}{\partial x'}\frac{H_z - vD_y}{\sqrt{1-\frac{v^2}{c^2}}} = \frac{\partial}{\partial t'}\frac{D_y - \frac{vH_z}{c^2}}{\sqrt{1-\frac{v^2}{c^2}}} + \frac{\varrho\sqrt{1-\frac{v^2}{c^2}}\,v'_{qy'}}{1+\frac{vv'_{qx'}}{c^2}}, \qquad \text{(A 51.12b)}$$

$$\frac{\partial}{\partial x'}\frac{H_y + vD_z}{\sqrt{1-\frac{v^2}{c^2}}} - \frac{\partial H_x}{\partial y'} = \frac{\partial}{\partial t'}\frac{D_z + \frac{vH_y}{c^2}}{\sqrt{1-\frac{v^2}{c^2}}} + \frac{\varrho\sqrt{1-\frac{v^2}{c^2}}\,v'_{qz'}}{1+\frac{vv'_{qx'}}{c^2}}. \qquad \text{(A 51.12c)}$$

Einsetzen von (A 51.11b) in (A 51.11a) ergibt

$$\frac{1}{\sqrt{1-\frac{v^2}{c^2}}}\frac{\partial D_x}{\partial x'}+\frac{\partial D_y}{\partial y'}+\frac{\partial D_z}{\partial z'}=\frac{v}{c^2}\left(\frac{\partial H_z}{\partial y'}-\frac{\partial H_y}{\partial z'}-\varrho v_{qx}\right)+\frac{v^2}{c^2\sqrt{1-\frac{v^2}{c^2}}}\frac{\partial D_x}{\partial x'}+\varrho$$

oder

$$\frac{\partial D_x}{\partial x'}+\frac{\partial}{\partial y'}\frac{D_y-\frac{vH_z}{c^2}}{\sqrt{1-\frac{v^2}{c^2}}}+\frac{\partial}{\partial z'}\frac{D_z+\frac{vH_y}{c^2}}{\sqrt{1-\frac{v^2}{c^2}}}=\frac{\varrho\left(1-\frac{vv_{qx}}{c^2}\right)}{\sqrt{1-\frac{v^2}{c^2}}}. \tag{A 51.13a}$$

Wird noch beachtet, daß mit (S 14.7)

$$1-\frac{vv_{qx}}{c^2}=1-\frac{\frac{vv'_{qx'}}{c^2}+\frac{v^2}{c^2}}{1+\frac{vv'_{qx'}}{c^2}}=\frac{1+\frac{vv'_{qx'}}{c^2}-\frac{vv'_{qx'}}{c^2}-\frac{v^2}{c^2}}{1+\frac{vv'_{qx'}}{c^2}}=\frac{1-\frac{v^2}{c^2}}{1+\frac{vv'_{qx'}}{c^2}}$$

gilt, dann gewinnt man die Beziehung

$$\frac{\partial D_x}{\partial x'}+\frac{\partial}{\partial y'}\frac{D_y-\frac{vH_z}{c^2}}{\sqrt{1-\frac{v^2}{c^2}}}+\frac{\partial}{\partial z'}\frac{D_z+\frac{vH_y}{c^2}}{\sqrt{1-\frac{v^2}{c^2}}}=\frac{\varrho\sqrt{1-\frac{v^2}{c^2}}}{1+\frac{vv'_{qx'}}{c^2}}. \tag{A 51.13}$$

Werden die Beziehungen

$$D'_{x'}=D_x;\quad D'_{y'}=\frac{D_y-\frac{vH_z}{c^2}}{\sqrt{1-\frac{v^2}{c^2}}};\quad D'_{z'}=\frac{D_z+\frac{vH_y}{c^2}}{\sqrt{1-\frac{v^2}{c^2}}}; \tag{A 51.7c}$$

$$H'_{x'}=H_x;\quad H'_{y'}=\frac{H_y+vD_z}{\sqrt{1-\frac{v^2}{c^2}}};\quad H'_{z'}=\frac{H_z-vD_y}{\sqrt{1-\frac{v^2}{c^2}}} \tag{A 51.7d}$$

und

$$\varrho'=\varrho\frac{1-\frac{vv_{qx}}{c^2}}{\sqrt{1-\frac{v^2}{c^2}}} \tag{A 51.7e}$$

sowie die durch Beachtung von (S 14.4) erhältliche Beziehung

$$\varrho=\varrho'\frac{1+\frac{vv'_{qx'}}{c^2}}{\sqrt{1-\frac{v^2}{c^2}}} \tag{A 51.7f}$$

als Transformationsbeziehungen für die Koordinaten der dielektrischen Verschiebung und der magnetischen Feldstärke bzw. für die Raumladungsdichte aufgefaßt, so gehen (A 51.12a) bis (A 51.12c) und (A 51.13a) bzw. (A 51.13) in

$$\frac{\partial H'_{z'}}{\partial y'} - \frac{\partial H'_{y'}}{\partial z'} = \frac{\partial D'_{x'}}{\partial t'} + \varrho' v'_{qx'},$$

$$\frac{\partial H'_{x'}}{\partial z'} - \frac{\partial H'_{z'}}{\partial x'} = \frac{\partial D'_{y'}}{\partial t'} + \varrho' v'_{qy'},$$

$$\frac{\partial H'_{y'}}{\partial x'} - \frac{\partial H'_{x'}}{\partial y'} = \frac{\partial D'_{z'}}{\partial t'} + \varrho' v'_{qz'},$$

$$\frac{\partial D'_{x'}}{\partial x'} + \frac{\partial D'_{y'}}{\partial y'} + \frac{\partial D'_{z'}}{\partial z'} = \varrho'$$

oder mit (A 7.7a), (A 7.7b), (A 7.7c), (A 6.3) und

$$\boldsymbol{J}' = \varrho' \boldsymbol{v}'_q, \tag{A 51.14}$$

$$\boldsymbol{v}'_q = v'_{qx'} \boldsymbol{i}' + v'_{qy'} \boldsymbol{j}' + v'_{qz'} \boldsymbol{k}' \tag{A 51.14a}$$

in

$$\text{rot}' \boldsymbol{H}' = \dot{\boldsymbol{D}}' + \boldsymbol{J}' \tag{A 51.8c}$$

$$\text{div}' \boldsymbol{D}' = \varrho' \tag{A 51.8d}$$

über.

Die Transformationsbedingung der Stromdichte gewinnt man mit (A 51.14), (A 51.7e), (S 14.7), (A 51.9) und (A 51.9a):

$$J'_{x'} = \varrho' v'_{qx'} = \varrho \frac{1 - \dfrac{v v_{qx}}{c^2}}{\sqrt{1 - \dfrac{v^2}{c^2}}} \cdot \frac{v_{qx} - v}{1 - \dfrac{v v_{qx}}{c^2}} = \frac{\varrho v_{qx} - \varrho v}{\sqrt{1 - \dfrac{v^2}{c^2}}} = \frac{J_x - \varrho v}{\sqrt{1 - \dfrac{v^2}{c^2}}}.$$

Analog berechnen sich die beiden anderen Komponenten. Man erhält

$$J'_{x'} = \frac{J_x - \varrho v}{\sqrt{1 - \dfrac{v^2}{c^2}}}; \quad J'_{y'} = J_y; \quad J'_{z'} = J_z. \tag{A 51.7f}$$

A. 52 Zum relativistischen Kraftgesetz

Die Beziehung (14.24)

$$\boldsymbol{F}' = m_0 \frac{\mathrm{d}\boldsymbol{v}'}{\mathrm{d}t'} = q' \boldsymbol{E}' \tag{A 52.1}$$

mit den Nebenbedingungen (14.24a)

$$v'_{x'} = v'_{y'} = v'_{z'} = 0 \tag{A 52.1a}$$

soll in das System Σ transformiert werden.

Hierzu wird zuerst von der Vektorgleichung (A 52.1) zur Koordinatenschreibweise übergegangen:

$$m_0 \frac{\mathrm{d}^2 x'}{\mathrm{d}t'^2} = q' E'_{x'} \tag{A 52.2a}$$

$$m_0 \frac{\mathrm{d}^2 y'}{\mathrm{d}t'^2} = q' E'_{y'} \tag{A 52.2b}$$

$$m_0 \frac{\mathrm{d}^2 z'}{\mathrm{d}t'^2} = q' E'_{z'}, \tag{A 52.2c}$$

um dann systematisch die gestrichenen Größen durch die ungestrichenen zu ersetzen. Wir beginnen mit der Transformation von (A 52.2a). Nach (14.9b) gilt

$$\frac{\mathrm{d}x'}{\mathrm{d}t} = \frac{\dfrac{\mathrm{d}x}{\mathrm{d}t} - v}{\sqrt{1 - \dfrac{v^2}{c^2}}}\,; \quad \frac{\mathrm{d}t'}{\mathrm{d}t} = \frac{1 - \dfrac{v}{c^2}\dfrac{\mathrm{d}x}{\mathrm{d}t}}{\sqrt{1 - \dfrac{v^2}{c^2}}} \tag{A 52.3a}$$

und mit (A 2.7) und (A 2.18)

$$\frac{\mathrm{d}x'}{\mathrm{d}t'} = \frac{\mathrm{d}x'}{\mathrm{d}t}\,\frac{\mathrm{d}t}{\mathrm{d}t'} = \frac{\dfrac{\mathrm{d}x}{\mathrm{d}t} - v}{1 - \dfrac{v}{c^2}\dfrac{\mathrm{d}x}{\mathrm{d}t}}\,. \tag{A 52.3b}$$

Nochmalige Differentiation nach t ergibt (vgl. (A 2.5), (A 2.7), (A 2.3) und (A 2.9))

$$\begin{aligned}
\frac{\mathrm{d}}{\mathrm{d}t}\,\frac{\mathrm{d}x'}{\mathrm{d}t'} &= \frac{\dfrac{\mathrm{d}^2 x}{\mathrm{d}t^2}}{1 - \dfrac{v}{c^2}\dfrac{\mathrm{d}x}{\mathrm{d}t}} + \frac{\dfrac{v}{c^2}\dfrac{\mathrm{d}x}{\mathrm{d}t}\dfrac{\mathrm{d}^2 x}{\mathrm{d}t^2} - \dfrac{v^2}{c^2}\dfrac{\mathrm{d}^2 x}{\mathrm{d}t^2}}{\left(1 - \dfrac{v}{c^2}\dfrac{\mathrm{d}x}{\mathrm{d}t}\right)^2} \\
&= \frac{\dfrac{\mathrm{d}^2 x}{\mathrm{d}t^2} - \dfrac{v}{c^2}\dfrac{\mathrm{d}x}{\mathrm{d}t}\dfrac{\mathrm{d}^2 x}{\mathrm{d}t^2} + \dfrac{v}{c^2}\dfrac{\mathrm{d}x}{\mathrm{d}t}\dfrac{\mathrm{d}^2 x}{\mathrm{d}t^2} - \dfrac{v^2}{c^2}\dfrac{\mathrm{d}^2 x}{\mathrm{d}t^2}}{\left(1 - \dfrac{v}{c^2}\dfrac{\mathrm{d}x}{\mathrm{d}t}\right)^2} \\
&= \frac{\left(1 - \dfrac{v^2}{c^2}\right)\dfrac{\mathrm{d}^2 x}{\mathrm{d}t^2}}{\left(1 - \dfrac{v}{c^2}\dfrac{\mathrm{d}x^2}{\mathrm{d}t}\right)^2}
\end{aligned}$$

und mit (A 2.7), (A 2.18) und (A 52.3a)

$$\frac{\mathrm{d}^2 x'}{\mathrm{d}t'^2} = \frac{\mathrm{d}\left(\dfrac{\mathrm{d}x'}{\mathrm{d}t'}\right)}{\mathrm{d}t}\,\frac{\mathrm{d}t}{\mathrm{d}t'} = \frac{\left(1 - \dfrac{v^2}{c^2}\right)^{3/2}\dfrac{\mathrm{d}^2 x}{\mathrm{d}t^2}}{\left(1 - \dfrac{v}{c^2}\dfrac{\mathrm{d}x}{\mathrm{d}t}\right)^3}\,. \tag{A 52.3c}$$

Nach (S 14.7) schreibt sich die Nebenbedingung (A 52.1a) im System Σ

$$v_x = \frac{dx}{dt} = v; \quad \frac{dy}{dt} = \frac{dz}{dt} = 0. \tag{A 52.1b}$$

Einsetzen von (A 52.1b) in (A 52.1a) ergibt bei Beachtung von (A 51.7a) und (S 14.20)

$$m_0 \frac{d^2x'}{dt'^2} = \frac{m_0 \dfrac{d^2x}{dt^2}}{\left(1 - \dfrac{\left(\dfrac{dx}{dt}\right)^2}{c^2}\right)^{3/2}} = \frac{d}{dt} \frac{m_0 \dfrac{dx}{dt}}{\sqrt{1 - \dfrac{\left(\dfrac{dx}{dt}\right)^2}{c^2}}} = qE_x, \tag{A 52.4a}$$

da nach (A 2.5), (A 2.7), (A 2.3) und (A 2.9)

$$\frac{d}{dt} \frac{\dfrac{dx}{dt}}{\sqrt{1 - \dfrac{\left(\dfrac{dx}{dt}\right)^2}{c^2}}} = \frac{\dfrac{d^2x}{dt^2}}{\sqrt{1 - \dfrac{\left(\dfrac{dx}{dt}\right)^2}{c^2}}} + \frac{\dfrac{\left(\dfrac{dx}{dt}\right)^2 \dfrac{d^2x}{dt^2}}{c^2}}{\left(1 - \dfrac{\left(\dfrac{dx}{dt}\right)^2}{c^2}\right)^{3/2}}$$

$$= \frac{\dfrac{d^2x}{dt^2} - \dfrac{\left(\dfrac{dx}{dt}\right)^2 \dfrac{d^2x}{dt^2}}{c^2} + \dfrac{\left(\dfrac{dx}{dt}\right)^2 \dfrac{d^2x}{dt^2}}{c^2}}{\left(1 - \dfrac{\left(\dfrac{dx}{dt}\right)^2}{c^2}\right)^{3/2}}$$

$$= \frac{\dfrac{d^2x}{dt^2}}{\left(1 - \dfrac{\left(\dfrac{dx}{dt}\right)^2}{c^2}\right)^{3/2}}$$

gilt.

Weiter folgt aus (14.9b) und (A 52.3a)

$$\frac{dy'}{dt'} = \frac{dy}{dt'} = \frac{dy}{dt}\frac{dt}{dt'} = \frac{\dfrac{dy}{dt}\sqrt{1 - \dfrac{v^2}{c^2}}}{1 - \dfrac{v}{c^2}\dfrac{dx}{dt}} \tag{A 52.5a}$$

und durch nochmalige Differentiation

$$\frac{\mathrm{d}}{\mathrm{d}t}\frac{\mathrm{d}y'}{\mathrm{d}t'}=\frac{\dfrac{\mathrm{d}^2y}{\mathrm{d}t^2}\sqrt{1-\dfrac{v^2}{c^2}}}{1-\dfrac{v}{c^2}\dfrac{\mathrm{d}x}{\mathrm{d}t}}+\frac{\dfrac{v}{c^2}\dfrac{\mathrm{d}^2x}{\mathrm{d}t^2}\dfrac{\mathrm{d}y}{\mathrm{d}t}\sqrt{1-\dfrac{v^2}{c^2}}}{\left(1-\dfrac{v}{c^2}\dfrac{\mathrm{d}x}{\mathrm{d}t}\right)^2}$$

$$=\frac{\sqrt{1-\dfrac{v^2}{c^2}}\left(\dfrac{\mathrm{d}^2y}{\mathrm{d}t^2}-\dfrac{v}{c^2}\dfrac{\mathrm{d}x}{\mathrm{d}t}\dfrac{\mathrm{d}^2y}{\mathrm{d}t^2}+\dfrac{v}{c^2}\dfrac{\mathrm{d}^2x}{\mathrm{d}t^2}\dfrac{\mathrm{d}y}{\mathrm{d}t}\right)}{\left(1-\dfrac{v}{c^2}\dfrac{\mathrm{d}x}{\mathrm{d}t}\right)^2},$$

womit sich $\frac{\mathrm{d}^2y'}{\mathrm{d}t'^2}$ nach (A 2.7), (A 2.18) und (A 52.3 a)

$$\frac{\mathrm{d}^2y'}{\mathrm{d}t'^2}=\frac{\mathrm{d}\left(\dfrac{\mathrm{d}y'}{\mathrm{d}t'}\right)}{\mathrm{d}t'}=\frac{\mathrm{d}\left(\dfrac{\mathrm{d}y'}{\mathrm{d}t'}\right)}{\mathrm{d}t}\frac{\mathrm{d}t}{\mathrm{d}t'}$$

$$=\frac{\left(1-\dfrac{v^2}{c^2}\right)\left[\dfrac{\mathrm{d}^2y}{\mathrm{d}t^2}+\dfrac{v}{c^2}\left(\dfrac{\mathrm{d}^2x}{\mathrm{d}t^2}\dfrac{\mathrm{d}y}{\mathrm{d}t}-\dfrac{\mathrm{d}x}{\mathrm{d}t}\dfrac{\mathrm{d}^2y}{\mathrm{d}t^2}\right)\right]}{\left(1-\dfrac{v}{c^2}\dfrac{\mathrm{d}x}{\mathrm{d}t}\right)^3} \qquad \text{(A 52.5 b)}$$

schreibt. Hiermit ergibt sich für (A 52.2 b) bei Beachtung der Nebenbedingung (A 52.1 b), (A 51.7 a) und (S 14.13)

$$m_0\frac{\mathrm{d}^2y'}{\mathrm{d}t'^2}=\frac{m_0\dfrac{\mathrm{d}^2y}{\mathrm{d}t^2}}{1-\dfrac{1}{c^2}\left(\dfrac{\mathrm{d}x}{\mathrm{d}t}\right)^2}=\frac{q(E_y-vB_z)}{\sqrt{1-\dfrac{1}{c^2}\left(\dfrac{\mathrm{d}x}{\mathrm{d}t}\right)^2}}.$$

Weiter gilt

$$\frac{\mathrm{d}}{\mathrm{d}t}\frac{\dfrac{\mathrm{d}y}{\mathrm{d}t}}{\sqrt{1-\dfrac{\left(\dfrac{\mathrm{d}x}{\mathrm{d}t}\right)^2}{c^2}}}=\frac{\dfrac{\mathrm{d}^2y}{\mathrm{d}t^2}}{\sqrt{1-\dfrac{\left(\dfrac{\mathrm{d}x}{\mathrm{d}t}\right)^2}{c^2}}}+\frac{\dfrac{\dfrac{\mathrm{d}x}{\mathrm{d}t}\dfrac{\mathrm{d}^2x}{\mathrm{d}t^2}\dfrac{\mathrm{d}y}{\mathrm{d}t}}{c^2}}{\left(1-\dfrac{\left(\dfrac{\mathrm{d}x}{\mathrm{d}t}\right)^2}{c^2}\right)^{3/2}}$$

und bei Beachtung von $\frac{\mathrm{d}y}{\mathrm{d}t}=0$, $\frac{\mathrm{d}x}{\mathrm{d}t}=v$ (vgl. (A 52.1 b))

$$\frac{\mathrm{d}}{\mathrm{d}t}\frac{\dfrac{\mathrm{d}y}{\mathrm{d}t}}{\sqrt{1-\dfrac{v^2}{c^2}}}=\frac{\dfrac{\mathrm{d}^2y}{\mathrm{d}t^2}}{\sqrt{1-\dfrac{1}{c^2}\left(\dfrac{\mathrm{d}x}{\mathrm{d}t}\right)^2}}.$$

Damit erhalten wir

$$\frac{\mathrm{d}}{\mathrm{d}t}\frac{m_0\dfrac{\mathrm{d}y}{\mathrm{d}t}}{\sqrt{1-\dfrac{v^2}{c^2}}}=q(E_y-vB_z). \tag{A 52.4 b}$$

Analog zur Herleitung von (A 52.4 b) folgt

$$\frac{\mathrm{d}}{\mathrm{d}t}\frac{m_0\dfrac{\mathrm{d}z}{\mathrm{d}t}}{\sqrt{1-\dfrac{v^2}{c^2}}}=q(E_z+vB_y). \tag{A 52.4 c}$$

A. 53 Zur Transformation der elekrischen Feldgrößen beim Übergang von einem Inertialsystem zum anderen

Der Abschnitt A. 51 enthält in dreidimensionaler Schreibweise die Herleitung der Transformationsbedingungen (14.17) für die elektrischen Feldgrößen beim Übergang von Σ zu Σ'. Eine entsprechende Herleitung dieser Beziehungen im vierdimensionalen Raum-Zeit-Kontinuum erfolgt hier. Da nur der prinzipielle Weg aufgezeigt werden soll, beschränken wir uns auf die Herleitung der Transformationsbeziehung für B_z. Die weiteren fünf Transformationsbedingungen ergeben sich durch analoge Betrachtungen.

Entsprechend (S 14.19) und (14.33 a) erfüllen die Koordinaten des Viererpotentials $\boldsymbol{A}$ beim Übergang von Σ zu Σ' die Bedingungen

$$\begin{aligned} A_1' &= A_1\cos\alpha + A_4\sin\alpha \\ A_2' &= A_2,\; A_3' = A_3 \\ A_4' &= -A_1\sin\alpha + A_4\cos\alpha. \end{aligned} \tag{A 53.1}$$

Da nach (14.33 a) $x_2 = x_2'$ gilt, folgt durch Differentiation der ersten Gleichung nach x_2'

$$\frac{\partial A_1'}{\partial x_2'}=\frac{\partial A_1'}{\partial x_2}=\frac{\partial A_1}{\partial x_2}\cos\alpha+\frac{\partial A_4}{\partial x_2}\sin\alpha. \tag{A 53.2 a}$$

Wegen $A_2 = A_2(x_1, x_2, x_3, x_4)$ kann mit (A 2.22)

$$\mathrm{d}A_2=\frac{\partial A_2}{\partial x_1}\mathrm{d}x_1+\frac{\partial A_2}{\partial x_2}\mathrm{d}x_2+\frac{\partial A_2}{\partial x_3}\mathrm{d}x_3+\frac{\partial A_2}{\partial x_4}\mathrm{d}x_4$$

geschrieben werden. Da weiter nach (14.33 a) und (A 2.8)

$$\frac{\partial x_2}{\partial x_1'}=\frac{\partial x_3}{\partial x_1'}=0$$

gilt, ergibt mit (A 53.1) die Differentiation von A'_2 nach x'_1

$$\frac{\partial A'_2}{\partial x'_1}=\frac{\partial A_2}{\partial x'_1}=\frac{\partial A_2}{\partial x_1}\frac{\partial x_1}{\partial x'_1}+\frac{\partial A_2}{\partial x_4}\frac{\partial x_4}{\partial x'_1}$$

oder, da nach (S 14.4), (14.33 a) und (S 14.19)

$$x_1=x'_1\cos\alpha-x'_4\sin\alpha,\quad x_4=x'_1\sin\alpha+x'_4\cos\alpha,$$

d.h.,

$$\frac{\partial x_1}{\partial x'_1}=\cos\alpha,\quad \frac{\partial x_4}{\partial x'_1}=\sin\alpha$$

folgt,

$$\frac{\partial A'_2}{\partial x'_1}=\frac{\partial A_2}{\partial x_1}\cos\alpha+\frac{\partial A_2}{\partial x_4}\sin\alpha. \tag{A 53.2 b}$$

Subtraktion von (A 53.2 a) ergibt

$$\frac{\partial A'_2}{\partial x'_1}-\frac{\partial A'_1}{\partial x'_2}=\left(\frac{\partial A_2}{\partial x_1}-\frac{\partial A_1}{\partial x_2}\right)\cos\alpha+\left(\frac{\partial A_2}{\partial x_4}-\frac{\partial A_4}{\partial x_2}\right)\sin\alpha$$

und mit (14.38)

$$\mathrm{ROT}'_{12}\,\boldsymbol{A}'=\mathrm{ROT}_{12}\,\boldsymbol{A}\cos\alpha+\mathrm{ROT}_{42}\,\boldsymbol{A}\sin\alpha. \tag{A 53.3}$$

Durch Einsetzen der entsprechenden Werte des Feldtensors

$$\mathrm{ROT}_{kl}\,\boldsymbol{A}=\frac{E_{kl}}{c}$$

aus (14.41) und des Wertes für α aus (S 14.19) erhält man in Übereinstimmung mit (14.17 b) die Transformationsbeziehung

$$B'_z=\frac{B_z}{\sqrt{1-\frac{v^2}{c^2}}}+\frac{\frac{\mathrm{i}}{c}E_y\frac{\mathrm{i}v}{c}}{\sqrt{1-\frac{v^2}{c^2}}}=\frac{B_z-\frac{v}{c^2}E_y}{\sqrt{1-\frac{v^2}{c^2}}}. \tag{A 53.4}$$

A. 54 Zum rotierenden Bezugssystem

Der Ausdruck (14.63 a)

$$\boldsymbol{s}(t)=x_\mathrm{E}(t)\,\boldsymbol{i}_\mathrm{E}(t)+y_\mathrm{E}(t)\,\boldsymbol{j}_\mathrm{E}(t)+z_\mathrm{E}(t)\,\boldsymbol{k}_\mathrm{E}(t)+\boldsymbol{const} \tag{A 54.1}$$

soll unter der Voraussetzung zweimal zeitlich differenziert werden, daß das System ${}^a\Sigma$ mit der konstanten Winkelgeschwindigkeit ω_E gegenüber Σ rotiert. Die Differentiation ergibt mit (A 2.4) und (A 2.5)

$$\frac{\mathrm{d}\boldsymbol{s}}{\mathrm{d}t}=\frac{\mathrm{d}x_\mathrm{E}}{\mathrm{d}t}\boldsymbol{i}_\mathrm{E}+\frac{\mathrm{d}y_\mathrm{E}}{\mathrm{d}t}\boldsymbol{j}_\mathrm{E}+\frac{\mathrm{d}z_\mathrm{E}}{\mathrm{d}t}\boldsymbol{k}_\mathrm{E}+x_\mathrm{E}\frac{\mathrm{d}\boldsymbol{i}_\mathrm{E}}{\mathrm{d}t}+y_\mathrm{E}\frac{\mathrm{d}\boldsymbol{j}_\mathrm{E}}{\mathrm{d}t}+z_\mathrm{E}\frac{\mathrm{d}\boldsymbol{k}_\mathrm{E}}{\mathrm{d}t}$$

oder, da nach $\boldsymbol{v} = \boldsymbol{\omega} \times \boldsymbol{s}$ (siehe (I 3.4))

$$\frac{\mathrm{d}\boldsymbol{i}_{\mathrm{E}}}{\mathrm{d}t} = \boldsymbol{\omega}_{\mathrm{E}} \times \boldsymbol{i}_{\mathrm{E}}; \quad \frac{\mathrm{d}\boldsymbol{j}_{\mathrm{E}}}{\mathrm{d}t} = \boldsymbol{\omega}_{\mathrm{E}} \times \boldsymbol{j}_{\mathrm{E}}; \quad \frac{\mathrm{d}\boldsymbol{k}_{\mathrm{E}}}{\mathrm{d}t} = \boldsymbol{\omega}_{\mathrm{E}} \times \boldsymbol{k}_{\mathrm{E}} \tag{A 54.2}$$

gilt,

$$\frac{\mathrm{d}\boldsymbol{s}}{\mathrm{d}t} = \frac{\mathrm{d}x_{\mathrm{E}}}{\mathrm{d}t}\boldsymbol{i}_{\mathrm{E}} + \frac{\mathrm{d}y_{\mathrm{E}}}{\mathrm{d}t}\boldsymbol{j}_{\mathrm{E}} + \frac{\mathrm{d}z_{\mathrm{E}}}{\mathrm{d}t}\boldsymbol{k}_{\mathrm{E}} + \boldsymbol{\omega}_{\mathrm{E}} \times (x_{\mathrm{E}}\boldsymbol{i}_{\mathrm{E}} + y_{\mathrm{E}}\boldsymbol{j}_{\mathrm{E}} + z_{\mathrm{E}}\boldsymbol{k}_{\mathrm{E}}). \tag{A 54.3}$$

Wird dieser Ausdruck nochmals unter Beachtung von $\boldsymbol{\omega}_{\mathrm{E}} = \boldsymbol{const}$, (A 2.3), (A 2.4), (A 2.5) und (A 54.2) nach t differenziert, so folgt

$$\begin{aligned}
\frac{\mathrm{d}^2\boldsymbol{s}}{\mathrm{d}t^2} &= \frac{\mathrm{d}^2x_{\mathrm{E}}}{\mathrm{d}t^2}\boldsymbol{i}_{\mathrm{E}} + \frac{\mathrm{d}^2y_{\mathrm{E}}}{\mathrm{d}t^2}\boldsymbol{j}_{\mathrm{E}} + \frac{\mathrm{d}^2z_{\mathrm{E}}}{\mathrm{d}t^2}\boldsymbol{k}_{\mathrm{E}} + \frac{\mathrm{d}x_{\mathrm{E}}}{\mathrm{d}t}\frac{\mathrm{d}\boldsymbol{i}_{\mathrm{E}}}{\mathrm{d}t} + \frac{\mathrm{d}y_{\mathrm{E}}}{\mathrm{d}t}\frac{\mathrm{d}\boldsymbol{j}_{\mathrm{E}}}{\mathrm{d}t} + \frac{\mathrm{d}z_{\mathrm{E}}}{\mathrm{d}t}\frac{\mathrm{d}\boldsymbol{k}_{\mathrm{E}}}{\mathrm{d}t} \\
&\quad + \boldsymbol{\omega}_{\mathrm{E}} \times \left(\frac{\mathrm{d}x_{\mathrm{E}}}{\mathrm{d}t}\boldsymbol{i}_{\mathrm{E}} + \frac{\mathrm{d}y_{\mathrm{E}}}{\mathrm{d}t}\boldsymbol{j}_{\mathrm{E}} + \frac{\mathrm{d}z_{\mathrm{E}}}{\mathrm{d}t}\boldsymbol{k}_{\mathrm{E}}\right) \\
&\quad + \boldsymbol{\omega}_{\mathrm{E}} \times \left(x_{\mathrm{E}}\frac{\mathrm{d}\boldsymbol{i}_{\mathrm{E}}}{\mathrm{d}t} + y_{\mathrm{E}}\frac{\mathrm{d}\boldsymbol{j}_{\mathrm{E}}}{\mathrm{d}t} + z_{\mathrm{E}}\frac{\mathrm{d}\boldsymbol{k}_{\mathrm{E}}}{\mathrm{d}t}\right) \\
&= \frac{\mathrm{d}^2\boldsymbol{s}_{\mathrm{E}}}{\mathrm{d}t^2} + v_{\mathrm{E}x}(\boldsymbol{\omega}_{\mathrm{E}} \times \boldsymbol{i}_{\mathrm{E}}) + v_{\mathrm{E}y}(\boldsymbol{\omega}_{\mathrm{E}} \times \boldsymbol{j}_{\mathrm{E}}) + v_{\mathrm{E}z}(\boldsymbol{\omega}_{\mathrm{E}} \times \boldsymbol{k}_{\mathrm{E}}) \\
&\quad + \boldsymbol{\omega}_{\mathrm{E}} \times (v_{\mathrm{E}x}\boldsymbol{i}_{\mathrm{E}} + v_{\mathrm{E}y}\boldsymbol{j}_{\mathrm{E}} + v_{\mathrm{E}z}\boldsymbol{k}_{\mathrm{E}}) \\
&\quad + \boldsymbol{\omega}_{\mathrm{E}} \times (x_{\mathrm{E}}(\boldsymbol{\omega}_{\mathrm{E}} \times \boldsymbol{i}_{\mathrm{E}}) + y_{\mathrm{E}}(\boldsymbol{\omega}_{\mathrm{E}} \times \boldsymbol{j}_{\mathrm{E}}) + z_{\mathrm{E}}(\boldsymbol{\omega}_{\mathrm{E}} \times \boldsymbol{k}_{\mathrm{E}})) \\
&= \frac{\mathrm{d}^2\boldsymbol{s}_{\mathrm{E}}}{\mathrm{d}t^2} + 2\boldsymbol{\omega}_{\mathrm{E}} \times \boldsymbol{v}_{\mathrm{E}} + \boldsymbol{\omega}_{\mathrm{E}} \times (\boldsymbol{\omega}_{\mathrm{E}} \times \boldsymbol{s}_{\mathrm{E}}),
\end{aligned} \tag{A 54.4}$$

wobei

$$\boldsymbol{s}_{\mathrm{E}}(t) = x_{\mathrm{E}}(t)\,\boldsymbol{i}_{\mathrm{E}} + y_{\mathrm{E}}(t)\,\boldsymbol{j}_{\mathrm{E}} + z_{\mathrm{E}}(t)\,\boldsymbol{k}_{\mathrm{E}}$$

beachtet wurde und

$$\boldsymbol{v}_{\mathrm{E}} = v_{\mathrm{E}x}\boldsymbol{i}_{\mathrm{E}} + v_{\mathrm{E}y}\boldsymbol{j}_{\mathrm{E}} + v_{\mathrm{E}}\boldsymbol{k}_{\mathrm{E}} \tag{A 54.4a}$$

die Geschwindigkeit des Massenpunktes im rotierenden System ${}^{a}\Sigma$ bedeutet.

A. 55 Zur Lichtstrahlkrümmung im Gravitationsfeld eines Fixsternes

Zur Berechnung der Lichtstrahlablenkung im Gravitationsfeld der Sonne oder eines anderen Fixsternes werden zwei infinitesimal benachbarte Lichtstrahlen 1 und 2 betrachtet (siehe Abb. A 55.1). Der kleinste Abstand des Strahles 1 vom Fixsternmittelpunkt sei d. In Richtung des kürzesten Abstandes des Strahles 1 vom Fixsternmittelpunkt legen wir die positive x-Achse eines zweidimensionalen kartesischen Koordinatensystems, dessen

Ursprung der Fixsternmittelpunkt ist. Die Strecke $\overline{P_1 P_2}$ entsteht durch den Schnitt einer Fläche konstanter Phase der Welle mit der x-y-Ebene. Diese Phasenfläche geht in der Zeit $\mathrm{d}t = \frac{\mathrm{d}y}{c}$ in die Strecke $\overline{P_1' P_2'}$ über. $\overline{P_1' P_2'}$ ist nicht parallel zu $\overline{P_1 P_2}$, denn der Lichtstrahl 2 verläuft zwischen Punkten kleineren Gravitationspotentials als der Strahl 1. Demzufolge ist nach (S 14.25) die zugehörige Lichtgeschwindigkeit c' größer als die des Strahles 1, die Fläche konstanter Phase dreht sich in der Zeit $\mathrm{d}t$ um den Winkel $\mathrm{d}\alpha$ (Lichtstrahlkrümmung). Aus Abbildung A 55.1 entnimmt man

$$\mathrm{d}\alpha = \frac{(\mathrm{d}c')_{\substack{x=d\\y=0}}\,\mathrm{d}t}{\mathrm{d}x} \tag{A 55.1}$$

mit (vgl. (A 2.22))

$$(\mathrm{d}c')_{\substack{x=d\\y=0}} = \left(\frac{\partial c'}{\partial x}\right)_{x=d} \mathrm{d}x + \left(\frac{\partial c'}{\partial y}\right)_{y=0} \mathrm{d}y. \tag{A 55.1a}$$

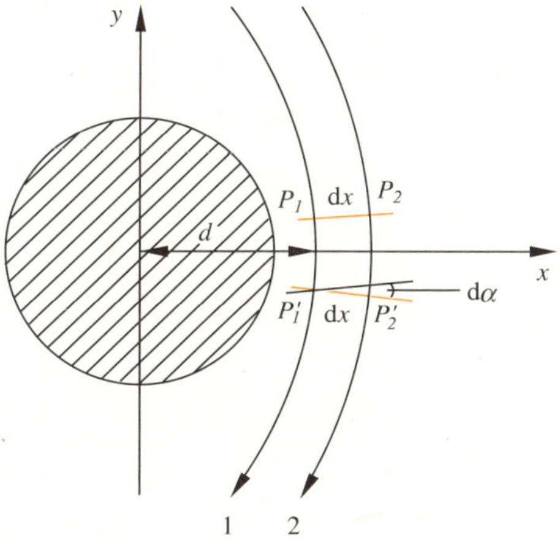

Abb. A 55.1
Zur Lichtstrahlkrümmung im Gravitationsfeld

Aus (S 14.25) folgt mit (vgl. (14.70 b), (A 4.3), (A 3.1) und (A 3.6))

$$\mathrm{grad}^0\,\varphi = -\frac{x\boldsymbol{i} + y\boldsymbol{j}}{\sqrt{x^2+y^2}},$$

bei Beachtung der speziellen Lage der x-Achse

$$\boldsymbol{c}_x'^0 = \boldsymbol{0}; \quad \boldsymbol{c}_y'^0 = \boldsymbol{j}$$

und der Beziehung (A 3.5 b)

$$\begin{aligned} c' &= c\left(1 - \frac{\gamma m}{c^2(x^2+y^2)^{1/2}}\left(1 + \frac{y^2}{x^2+y^2}\right)\right) \\ &= c\left(1 - \frac{\gamma m}{c^2}\left(\frac{1}{(x^2+y^2)^{1/2}} + \frac{y^2}{(x^2+y^2)^{3/2}}\right)\right). \end{aligned} \tag{A 55.2}$$

Differentiation nach x ergibt (vgl. (A 2.20), (A 2.3), (A 2.4), (A 2.5), (A 2.7) und (A 2.9)):

$$\frac{\partial c'}{\partial x} = -\frac{\gamma m}{c}\left(\frac{-x}{(x^2+y^2)^{3/2}} - \frac{3xy^2}{(x^2+y^2)^{5/2}}\right)$$

$$= \frac{\gamma m}{c}\left(\frac{x(x^2+y^2)+3xy^2}{(x^2+y^2)^{5/2}}\right) = \frac{\gamma m}{c}\,\frac{x^3+4xy^2}{(x^2+y^2)^{5/2}}$$

und damit speziell für $x = d$

$$\left(\frac{\partial c'}{\partial x}\right)_{x=d} = \frac{\gamma m d}{c}\,\frac{d^2+4y^2}{(d^2+y^2)^{5/2}}\,. \tag{A 55.3 a}$$

Entsprechend liefert die Differentiation nach y

$$\frac{\partial c'}{\partial y} = -\frac{\gamma m}{c}\left(\frac{-y}{(x^2+y^2)^{3/2}} - \frac{3y^3}{(x^2+y^2)^{5/2}} + \frac{2y}{(x^2+y^2)^{3/2}}\right)$$

und für $y = 0$

$$\left(\frac{\partial c'}{\partial y}\right)_{y=0} = 0\,. \tag{A 55.3 b}$$

Nach (A 55.1), (A 55.1 a), (A 55.3 a) und (A 55.3 b) ist damit die Strecke $\overline{P_1' P_2'}$ gegenüber $\overline{P_1 P_2}$ um den Winkel

$$\mathrm{d}\alpha = \frac{\gamma m d}{c}\,\frac{d^2+4y^2}{(d^2+y^2)^{5/2}}\,\mathrm{d}t$$

oder mit $\mathrm{d}y = c\,\mathrm{d}t$ (s. o.) um

$$\mathrm{d}\alpha = \frac{\gamma m d}{c^2}\,\frac{d^2+4y^2}{(d^2+y^2)^{5/2}}\,\mathrm{d}y \tag{A 55.4}$$

verdreht. Für die gesuchte Ablenkung α des Lichtstrahles folgt durch Integration über y:

$$\alpha = \frac{\gamma m d}{c^2}\int_{-\infty}^{+\infty}\frac{d^2+4y^2}{(d^2+y^2)^{5/2}}\,\mathrm{d}y = \frac{\gamma m d}{c^2}\,(d^2 I_1 + 4 I_2) \tag{A 55.5}$$

mit

$$I_1 = \int_{-\infty}^{+\infty}\frac{\mathrm{d}y}{(d^2+y^2)^{5/2}}\,, \tag{A 55.5 a}$$

$$I_2 = \int_{-\infty}^{+\infty}\frac{y^2\,\mathrm{d}y}{(d^2+y^2)^{5/2}}\,. \tag{A 55.5 b}$$

Zur Lösung von (A 55.5 a) substituieren wir (vgl. (A 2.28))

$$v = \frac{y}{(d^2+y^2)^{1/2}}\,. \tag{A 55.6}$$

Dann ist

$$dv = \frac{dy}{(d^2+y^2)^{1/2}} - \frac{y^2\,dy}{(d^2+y^2)^{3/2}} = \frac{d^2}{(d^2+y^2)^{3/2}}\,dy$$

oder

$$dy = \frac{(d^2+y^2)^{3/2}}{d^2}\,dv. \tag{A 55.6a}$$

Durch (A 55.6) und (A 55.6a) wird I_1 in das Integral

$$I_1 = \frac{1}{d^4}\int_{-1}^{+1}(1-v^2)\,dv$$

überführt, dessen Lösung sich mit (A 2.26), (A 2.29) und A (2.30) zu

$$I_1 = \frac{1}{d^4}\left(v-\frac{v^3}{3}\right)\Bigg|_{-1}^{+1} = \frac{4}{3d^4} \tag{A 55.7a}$$

ergibt. Entsprechend geht (A 55.5b) über in

$$I_2 = \frac{1}{d^2}\int_{-1}^{+1} v^2\,dv = \frac{v^3}{3d^2}\Bigg|_{-1}^{+1} = \frac{2}{3d^2}. \tag{A 55.7b}$$

Man erhält somit nach (A 55.5) als Strahlablenkung

$$\alpha = \frac{4\gamma m}{c^2 d}. \tag{A 55.7}$$

A. 56 Lösungen der Aufgaben

Aufgabe 1.1

Grundlagen:
Coulombsches Gesetz (S 1.3)

Aus Symmetriegründen ist für das Gleichgewicht des Gesamtsystems die Betrachtung der Kräfte auf eine Ladung in einem Eckpunkt des Quadrates erforderlich. Drei Ladungen $-q_1$, $-q_1$, $-q_2$ wirken auf $-q$ abstoßend, die Ladung $+Q$ wirkt anziehend.

Es gilt für
abstoßende Kräfte

$$F_{q_1} = \frac{q\cdot q_1}{4\pi\varepsilon_0\varepsilon_r a^2}$$

$$F^R_{q_1} = \sqrt{2}\,F_{q_1}$$

$$F_{q_2} = \frac{1}{4\pi\varepsilon_0\varepsilon_r}\,\frac{q\cdot q_2}{2a^2},$$

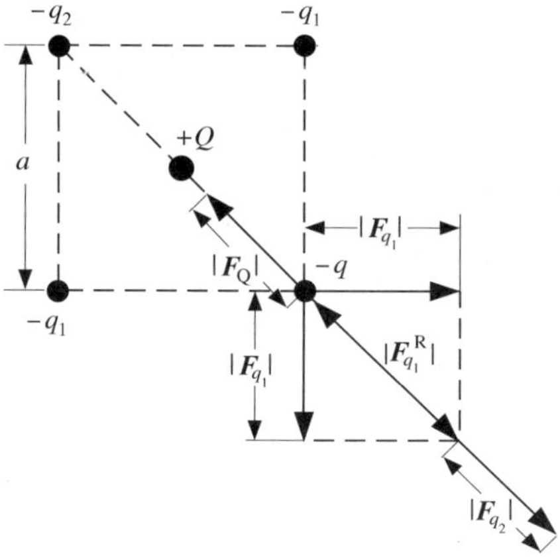

anziehende Kräfte

$$F_Q = \frac{1}{4\pi\,\varepsilon_0\,\varepsilon_r}\,\frac{2\cdot Q\cdot q}{a^2},$$

und für das Gleichgewicht

$$F_{q_1}^{R} + F_{q_2} = F_Q$$

$$Q = -\frac{q}{4}(1 + 2\sqrt{2})$$

Aufgabe 1.2

> Grundlagen:
> Elektrische Feldstärke (D 1.5) und elektrisches Potential (D 1.6);
> Gradient des elektrischen Potentials (S 1.5)

a) Elektrische Feldstärke E

Der Drahtring wird in differentielle Ringelemente $\mathrm{d}l$ mit der Ladung $\mathrm{d}q$ zerlegt. $\boldsymbol{E}$ erhält man durch Addition der Feldstärken $\mathrm{d}\boldsymbol{E}$, die im Punkt P von den Ringelementen verursacht werden. Die $\mathrm{d}\boldsymbol{E}$ können entsprechend der Abbildung in Komponenten zerlegt werden.

Die Komponenten $\mathrm{d}\boldsymbol{E}_n$ diametraler Ringelemente heben sich auf. Für den Betrag des Komponenten $\mathrm{d}\boldsymbol{E}_t$ ergibt sich

$$\mathrm{d}E_t = \mathrm{d}E\cos\alpha = \frac{1}{4\pi\,\varepsilon_0\,\varepsilon_r}\,\frac{\mathrm{d}q}{x^2}\cdot\frac{r}{x},$$

und damit

$$E = \int_0^q \frac{r\cdot\mathrm{d}q}{4\pi\,\varepsilon_0\,\varepsilon_r\,x^3} = \frac{r\cdot q}{4\pi\,\varepsilon_0\,\varepsilon_r\sqrt{(r^2+R^2)^3}}$$

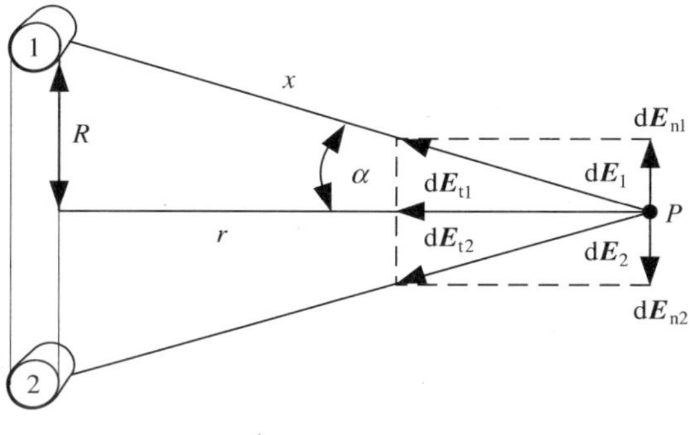

Spezialfälle:

$r=0$: $E=0$, der Ringmittelpunkt ist feldfrei.

$r \gg R$: $E=\dfrac{q}{4\pi\varepsilon_0\varepsilon_r r^2}$, der Ring wirkt wie eine Punktladung.

b) Elektrisches Potential φ

Wie bei der elektrischen Feldstärkeberechnung werden die Potentialbeiträge $d\varphi$ der differentiellen Ringelemente dl addiert:

$$\varphi = \int d\varphi = \frac{1}{4\pi\varepsilon_0\varepsilon_r}\int_0^q \frac{dq}{x}$$

$$\varphi = \frac{1}{4\pi\varepsilon_0\varepsilon_r}\frac{q}{x} = \frac{1}{4\pi\varepsilon_0\varepsilon_r}\cdot\frac{q}{\sqrt{r^2+R^2}}.$$

Mit dem Potential φ kann wieder die elektrische Feldstärke E berechnet werden:

$$E = -\frac{d\varphi}{dr}$$

$$= -\frac{q}{4\pi\varepsilon_0\varepsilon_r}\left(-\frac{2r}{(r^2+R^2)\,2\sqrt{r^2+R^2}}\right) = \frac{q}{4\pi\varepsilon_0\varepsilon_r}\cdot\frac{r}{(r^2+R^2)^{3/2}}.$$

Aufgabe 1.3

Grundlagen:
Elektrische Verschiebung (D 1.12), elektrischer Dipol (D 1.8), Kraft auf elektrische Ladungen (D 1.5); Drehmoment (I S 5.5)

Berechnung des elektrischen Feldes am Ort des Dipols im Abstand r vom Draht:

$$\int \boldsymbol{D}\,d\boldsymbol{A} = q \quad \text{mit} \quad \boldsymbol{D} = \varepsilon_0\varepsilon_r\boldsymbol{E} \quad \text{und} \quad q = \lambda\cdot l,$$

$$\boldsymbol{E} = \frac{\lambda}{2\pi\varepsilon_0\varepsilon_r}\frac{\boldsymbol{r}}{r^2}.$$

a) $\boldsymbol{r}$ parallel zu $\boldsymbol{d}$

Elektrisches Dipolmoment:

$$\boldsymbol{m}_{\mathrm{el}} = q \cdot \boldsymbol{d}.$$

Die Kraft $\boldsymbol{F} = q\boldsymbol{E}$ auf die beiden Ladungen q an den Orten $r - d/2$ und $r + d/2$ beträgt:

$$\boldsymbol{F} = q\boldsymbol{E}\left(r - \frac{d}{2}\right) - q\boldsymbol{E}\left(r + \frac{d}{2}\right)$$

$$\boldsymbol{F} = \frac{\lambda \cdot q}{2\pi\varepsilon_0\varepsilon_{\mathrm{r}}}\left(\frac{1}{r - \frac{d}{2}} - \frac{1}{d + \frac{d}{2}}\right)\frac{\boldsymbol{r}}{|r|} = \frac{\lambda q}{2\pi\varepsilon_0\varepsilon_{\mathrm{r}}}\frac{d}{r^2 - \frac{d^2}{4}}\frac{\boldsymbol{r}}{|r|} = -\frac{\lambda}{2\pi\varepsilon_0\varepsilon_{\mathrm{r}}}\frac{\boldsymbol{m}_{\mathrm{el}}}{r^2 - \frac{d^2}{4}}$$

Drehmoment:

$$\boldsymbol{M} = \boldsymbol{r} \times \boldsymbol{F} = \boldsymbol{0}, \qquad \text{da } \boldsymbol{r} \text{ parallel zu } \boldsymbol{F} \text{ ist.}$$

b) $\boldsymbol{r}$ senkrecht zu $\boldsymbol{d}$

Kraft:

$\boldsymbol{E}(r)$ ist an den Orten der beiden Dipolladungen gleich. Damit ist die Gesamtkraft Null:

$$\boldsymbol{F} = q\,\boldsymbol{E}(r) - q\,\boldsymbol{E}(r) = \boldsymbol{0}.$$

Drehmoment:

$$\begin{aligned}\boldsymbol{M} &= \boldsymbol{d} \times \boldsymbol{F} = q\,\boldsymbol{d} \times \boldsymbol{E}(r)\\ &= \boldsymbol{m}_{\mathrm{el}} \times \boldsymbol{E}(r)\\ &= \frac{\lambda\,\boldsymbol{m}_{\mathrm{el}}}{2\pi\varepsilon_0\varepsilon_{\mathrm{r}} r}\,(\boldsymbol{d}^0 \times \boldsymbol{r}^0).\end{aligned}$$

Aufgabe 1.4

Grundlagen:
Elektrisches Potential (D 1.6), Potential und Kapazität einer Kugel (1.11) und (1.12 a), elektrische Verschiebung (D 1.12)

Die elektrische Verschiebung D_{K} in der Umgebung einer Kugel berechnet sich aus

$$\oint_{A_{\mathrm{K}}} D_{\mathrm{K}} \cdot \mathrm{d}A = q = D_{\mathrm{K}} \cdot 4\pi R^2,$$

$$D_{\mathrm{K}} = \frac{q}{4\pi R^2}.$$

Die Kugeloberfläche ist eine Äquipotentialfläche mit gleichem Potential, als wenn die Gesamtladung im Mittelpunkt vereinigt wäre:

$$U = \frac{q}{C} = \frac{q}{4\pi\,\varepsilon_0 R},$$

$$q = U \cdot 4\pi\,\varepsilon_0 R.$$

Für D_K erhält man

$$D_K = \frac{q}{4\pi R^2} = \frac{U\varepsilon_0}{R} \quad \text{oder, mit} \quad D = \varepsilon_0 E,$$

$$E = \frac{U}{R}.$$

Für E_{max} ergibt der kleinste Krümmungsradius:

$$R = \frac{U}{E_{max}} = \frac{200\,\text{kV}}{20\,\text{kV/cm}} = \underline{\underline{10\,\text{cm}}}.$$

Aufgabe 1.5

Grundlagen:
Elektrische Verschiebung (D 1.12),
Zusammenhang zwischen den elektrischen Feldgrößen D und E (D 1.8)

a) Die Gesamtladung q berechnet sich wegen der radialen Geometrie der Ladungsverteilung $\varrho(r)$ mit dem Volumen $\mathrm{d}V = 4\pi r^2\,\mathrm{d}r$ einer Kugelschale der Dicke $\mathrm{d}r$ zu

$$q = \int_0^\infty \varrho(r)\,\mathrm{d}V$$

$$q = k \int_0^\infty \frac{\mathrm{e}^{-\frac{2r}{a}}}{r^2} \cdot 4\pi r^2\,\mathrm{d}r$$

$$= 2\pi a k.$$

b) Berechnung von E:

$$\oint_{A_K} D\,\mathrm{d}A = 4\pi \int_0^r \varrho(r)\,r^2\,\mathrm{d}r = 4\pi k \int_0^r \mathrm{e}^{-\frac{2r}{a}}\,\mathrm{d}r$$

$$\varepsilon_0 E\, 4\pi r^2 = 4\pi k \cdot \frac{a}{2}\left(1 - \mathrm{e}^{-\frac{2r}{a}}\right)$$

$$E = \frac{a \cdot k}{2\varepsilon_0} \cdot \frac{1 - \mathrm{e}^{-\frac{2r}{a}}}{r^2}.$$

Aufgabe 1.6

Grundlagen:
Homogenes elektrisches Feld (S 1.4) und (D 1.6), elektrische Verschiebung (D 1.12) und (D 1.3), Kapazität (1.13)

a) Feldstärke E und Spannungsabfall

Die elektrische Verschiebung D ist an den Grenzflächen stetig:

$$D_{n_1} = D_{n_2},$$

$$\varepsilon_0 \varepsilon_1 E_1 = \varepsilon_0 \varepsilon_2 E_2,$$

die elektrische Feldstärke E ist an den Grenzflächen unstetig:

$$U = \int E\,\mathrm{d}s = E_1 d_1 + E_2 d_2 = U_1 + U_2,$$

$$E_1 = \frac{2U}{d} \frac{\varepsilon_2}{\varepsilon_1 + \varepsilon_2}, \quad E_2 = \frac{2U}{d} \frac{\varepsilon_1}{\varepsilon_1 + \varepsilon_2}.$$

Zahlenwerte: $E_1 = 1{,}5 \cdot 10^4\ \mathrm{V/m}$, $U_1 = 75\ \mathrm{V}$,
$E_2 = 4{,}5 \cdot 10^4\ \mathrm{V/m}$, $U_2 = 225\ \mathrm{V}$.

b) Kapazität des Kondensators

Reihenschaltung:

$$\frac{1}{C} = \frac{1}{C_1} + \frac{1}{C_2}$$

$$C = \varepsilon_0 \frac{2A}{d} \frac{\varepsilon_1 \cdot \varepsilon_2}{\varepsilon_1 + \varepsilon_2}$$

Zahlenwert: $26{,}6\ \mathrm{pF}$.

c) elektrische Verschiebung

$D = \mathrm{const}$ im gesamten Kondensator

$$D = D_1 = D_2 = \varepsilon_0 \cdot \varepsilon_1 \cdot E_1$$

Zahlenwert: $D = 7{,}96 \cdot 10^{-7}\ \mathrm{C/m^2}$.

d) Änderung von D, E und U

$D = \mathrm{const}$, da auch für q als der Quelle von D $q = \mathrm{const}$ gilt.

Aus $D = \varepsilon_0 E_0$ für Vakuum folgt:

$$E_0 = \frac{D}{\varepsilon_0} = \frac{2}{d} \frac{\varepsilon_1 \cdot \varepsilon_2}{\varepsilon_1 + \varepsilon_2} \cdot U$$ Zahlenwert: $E_0 = 9 \cdot 10^4\ \mathrm{V/m}$

$$U = \int_0^d E_0\,\mathrm{d}s$$ Zahlenwert: $U = 900\ \mathrm{V}$.

Grundlagen:
Definition des Potentials (D 1.6), Kapazität des Kugelkondensators (1.12)

Aufgabe 1.7

Aus $\Delta\varphi = U = q C^{-1}$ folgt mit $\varphi_\infty = 0$ und der Kapazität des Kugelkondensators

$$C = 4\pi\,\varepsilon_0\,\varepsilon_r\,R$$

sofort

$$\varphi_E = \frac{q}{4\pi\,\varepsilon_0\,\varepsilon_r\,R_E}.$$

Mit $R_E = 6{,}37 \cdot 10^6$ m und $\varepsilon_r = 1$ sowie $q = 1$ C erhält man

$$C_E = 7{,}1 \cdot 10^{-4}\,\text{F} \text{ und } \varphi_E = 1{,}41 \cdot 10^3\,\text{V}.$$

Grundlagen:
Definition der Kapazität (D 1.10)

Aufgabe 1.8

Nach $q = CU$ haben die Kondensatoren zunächst die Ladungen $q_1 = 1 \cdot 10^{-4}$ As und $q_2 = 2 \cdot 10^{-4}$ As.

Bei der Verbindung der entgegengesetzt gepolten Kondensatorplatten erfolgt ein teilweiser Ladungsausgleich, so daß auf beiden Platten noch die Gesamtladung $q_{Ges} = 1 \cdot 10^{-4}$ As verbleibt.

Mit verbundenen Platten sind diese Kondensatoren parallel geschaltet, so daß gilt:

$$C_{Ges} = C_1 + C_2 = 3\,\mu\text{F}.$$

Damit erhält man

$$U = \frac{q_{Ges}}{C_{Ges}} = 33{,}3\,\text{V}.$$

Grundlagen:
Ohmsches Gesetz (D 2.3 a), homogener Stromleiter (2.3 a),
Reihen- und Parallelschaltung von Widerständen (S 2.4 a) und (S 2.4 b)

Aufgabe 2.1

Für die Berechnung wird der Kreisring in differentielle Hohlzylinder der Dicke dr zerlegt.

a) Wenn die Schnittflächen als Stromzuführungen dienen, liegt eine Parallelschaltung der differentiellen Hohlzylinder vor.

Widerstand eines Hohlzylinders:

$$\mathrm{d}\left(\frac{1}{R}\right) = \frac{1}{\varrho}\,\frac{h \cdot \mathrm{d}r}{2\pi r}$$

Gesamtwiderstand:

$$\frac{1}{R} = \int \mathrm{d}\left(\frac{1}{R}\right) = \frac{h}{2\pi\varrho} \int_{r_1}^{r_2} \frac{\mathrm{d}r}{r} = \frac{h}{2\pi\varrho} \ln\frac{r_2}{r_1}$$

$$R = \frac{2\pi\varrho}{h \ln\dfrac{r_2}{r_1}}$$

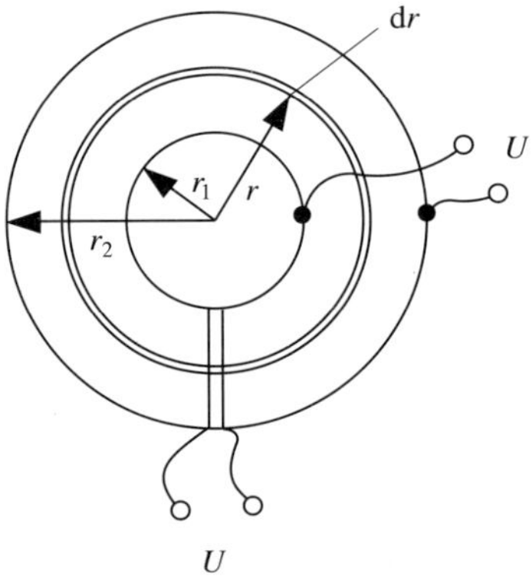

b) Wenn die Stromzuführung an den begrenzenden Zylinderflächen erfolgt, sind die Hohlzylinder in Reihe geschaltet.

Widerstand eines Hohlzylinders:

$$\mathrm{d}R = \varrho \frac{\mathrm{d}r}{2\pi r \cdot h}$$

$$R = \int \mathrm{d}R = \frac{\varrho}{2\pi h} \int_{r_1}^{r_2} \frac{\mathrm{d}r}{r}$$

$$R = \frac{\varrho}{2\pi h} \ln\frac{r_2}{r_1}.$$

Aufgabe 2.2

Grundlagen:
Kirchhoffsche Gesetze (S 2.3 a) und (S 2.3 b),
Stromrichtung in einem Leiter (D 2.2)

In der Schaltung werden willkürlich Stromrichtungen I_1, I_2, I_3 und der Umlaufsinn in den Maschen I und II festgelegt.

Knotensatz in A: $I_1 - I_2 - I_3 = 0$
Masche I: $U_1 - U_2 = R I_2 - R I_3$
Masche II: $U_3 + U_2 = (R + R_a) I_1 + R I_3$

Man erhält 3 Gleichungen für die 3 Unbekannten: I_1, I_2, I_3.

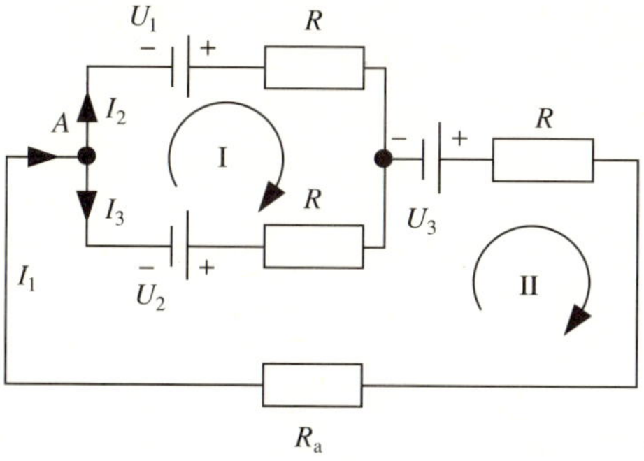

Lösung mit der Cramerschen Regel:

$$\begin{aligned} (R+R_a)I_1 \quad\quad\quad + R I_3 &= U_3 + U_2 \\ R I_2 - R I_3 &= U_1 - U_2 \\ I_1 - \quad I_2 - \quad I_3 &= 0 \end{aligned}$$

$$I_1 = \frac{\begin{vmatrix} U_3 + U_2 & 0 & R \\ U_1 - U_2 & R & -R \\ 0 & -1 & -1 \end{vmatrix}}{\begin{vmatrix} R + R_a & 0 & +R \\ 0 & R & -R \\ 1 & -1 & -1 \end{vmatrix}} = \frac{-2(U_2 + U_3)R - (U_1 - U_2)R}{-2(R + R_a)R - R^2}$$

$$I_1 = \frac{+U_1 + U_2 + 2U_3}{+3R + 2R_a} = \frac{6{,}8\ \text{VA}}{1{,}7\ \text{V}} = \underline{\underline{4\ \text{A}}}$$

$$I_3 = \frac{U_3 + U_2 - (R + R_a)I_1}{R} = \frac{3{,}5\ \text{V} - 0{,}75\ \Omega \cdot 4\ \text{A}}{0{,}2\ \Omega} = \frac{0{,}5}{0{,}2}\ \text{A} = \underline{\underline{2{,}5\ \text{A}}}$$

$$I_2 = I_1 - I_3 = 4\ \text{A} - 2{,}5\ \text{A} = \underline{\underline{1{,}5\ \text{A}}}.$$

Aufgabe 2.3

Grundlagen:
Ohmsches Gesetz (D 2.3a), Reihenschaltung (S 2.4a) und Parallelschaltung (S 2.4b) von Widerständen, Urspannung und innerer Wirkwiderstand einer Spannungsquelle (2.8)

Der Strom I durch R_a ist gegeben durch:

$$I = \frac{U}{R_a + R_{ig}},$$

wobei R_a der äußere Widerstand, R_{ig} der Gesamtinnenwiderstand der Batterieanordnung und $U = x \cdot U_0$ die Spannung der x Spannungsquellen eines Zweiges sind.

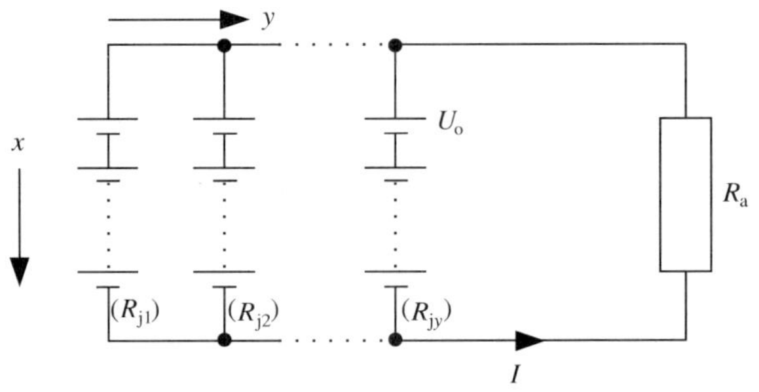

1. Berechnung von R_{ig}

Widerstand eines Zweiges:

$$R_j = x \cdot R_i.$$

Gesamtwiderstand aller Zweige:

$$\frac{1}{R_{ig}} = \frac{1}{R_{j1}} + \frac{1}{R_{j2}} + \cdots + \frac{1}{R_{jy}} = \frac{y}{x \cdot R_i}$$

$$R_{ig} = \frac{x R_i}{y}.$$

2. Strom I in Abhängigkeit von x und y

$$I(x, y) = \frac{U_0 \cdot x}{R_a + \dfrac{x \cdot R_i}{y}} \qquad \text{mit} \quad N = x \cdot y$$

$$I(x) = \frac{N U_0 x}{N R_a + R_i x^2}$$

Zur Berechnung des Maximums des Stroms fassen wir x als kontinuierlich veränderlich auf. Aus der Extremwertbedingung

$$\frac{\mathrm{d}I(x)}{\mathrm{d}x}=0$$

folgt dann

$$N R_a + x^2 R_i - 2x^2 R_i = 0$$

und daraus für den das Strommaximum charakterisierenden Wert von x

$$x=\sqrt{\frac{R_a}{R_i}N}\,.$$

Bei der Interpretation des Ergebnisses ist natürlich zu berücksichtigen, daß die Schaltung nur mit einem ganzzahligen x realisierbar ist.

Mit den gegebenen Zahlenwerten für R_i und R_a folgt $x=24$, $y=2$.

Ist auch R_a variabel, so folgt aus der Maximumbedingung für x mit $x^2 R_i = N R_{ig}$ für R_a unabhängig von N die Maximumbedingung $R_a = R_{ig}$.

Aufgabe 2.4

Grundlagen:
Klemmenspannung und Urspannung einer Spannungsquelle (2.7a);
Leistung im Stromkreis (S 2.5)

a) Leistung P_a und P_i:

$$U = U_i + U_K$$

$$I=\frac{U}{R_i+R_a}$$

Man erhält:

$$P_a = I^2 \cdot R_a \qquad P_i = I^2 \cdot R_i$$

$$P_a = U^2\frac{R_a}{(R_i+R_a)^2} \qquad P_i = U^2\frac{R_i}{(R_i+R_a)^2}$$

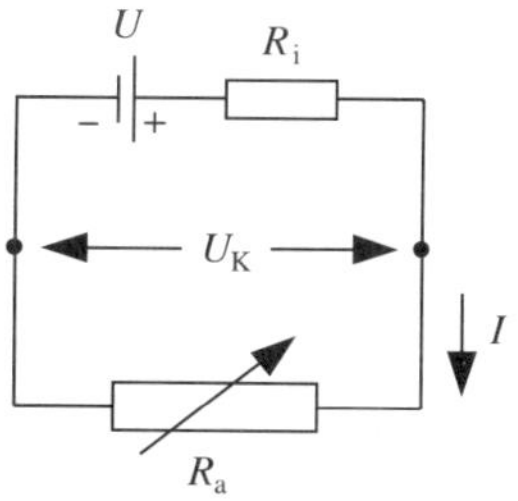

b) Maximum für P_a:

$$\frac{\mathrm{d}P_a}{\mathrm{d}R_a} = 0$$

$$R_i + R_a - 2R_a = 0$$

P_a maximal für $R_a = R_i$

c) Umformen von P_a und P_i:

$$P_a = \frac{U^2}{R_i} \frac{R_a/R_i}{\left(1 + \frac{R_a}{R_i}\right)^2}$$

$$P_i = \frac{U^2}{R_i} \frac{1}{\left(1 + \frac{R_a}{R_i}\right)^2}.$$

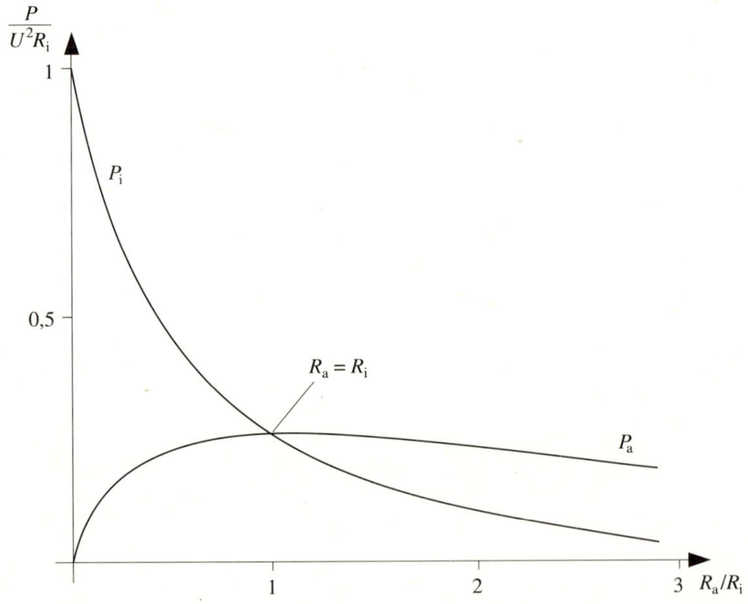

Aufgabe 2.5

Grundlagen:
Biot-Savartsches Gesetz (S 2.7)

Das Biot-Savartsche Gesetz wird jeweils auf die geraden Leiter und den Kreisabschnitt angewendet.

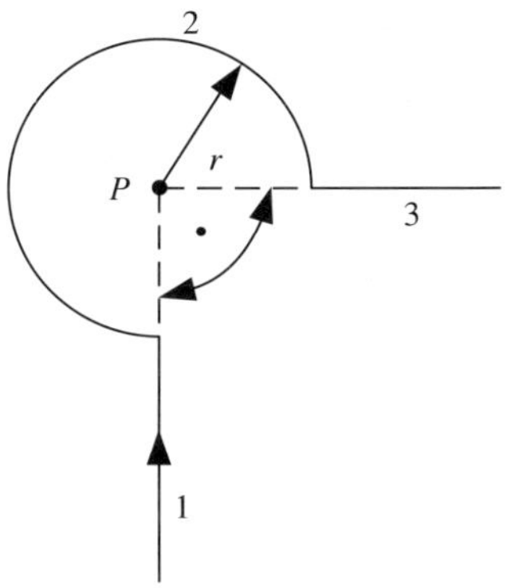

1. Gerade Leiterteile 1 und 3

$$\mathrm{d}\boldsymbol{B}(P) = \frac{I\,\mu_0\,\mu_r}{4\pi}\,\frac{\mathrm{d}\boldsymbol{s}\times\boldsymbol{r}}{r^3}.$$

Hier ist jeweils $\mathrm{d}\boldsymbol{s}$ parallel zu $\boldsymbol{r}$ und damit $\mathrm{d}\boldsymbol{s}\times\boldsymbol{r} = \boldsymbol{0}$, d.h. $\mathrm{d}\boldsymbol{B} = \boldsymbol{0}$.
Die geraden Leiterteile liefern keinen Beitrag zum Magnetfeld $\boldsymbol{B}$ im Punkt P.

2. Kreisabschnitt (Teil 2)

Für den gesamten 3/4 Kreis gilt $\mathrm{d}\boldsymbol{s}$ senkrecht zu $\boldsymbol{r}$.
B ergibt sich durch Integration:

$$B = \frac{\mu_0\,\mu_r}{4\pi}\,\frac{I}{r^2}\int\limits_0^{3/4\,(2\pi r)} \mathrm{d}s = \frac{3}{8}\,\mu_0\,\mu_r\,\frac{I}{r}.$$

Aufgabe 2.6

> Grundlagen:
> Kräfte im elektrischen Feld (D 1.5), Lorentz-Kraft (S 2.9);
> Magnetfeld einer Spule (2.14 a)

Die Elektronen werden im elektrischen Feld auf $\boldsymbol{v}_0$ beschleunigt. Die Komponente $\boldsymbol{v}_y$ bestimmt den Radius r der Schraubenbahn und $\boldsymbol{v}_x$ deren Ganghöhe s (siehe Abbildung).

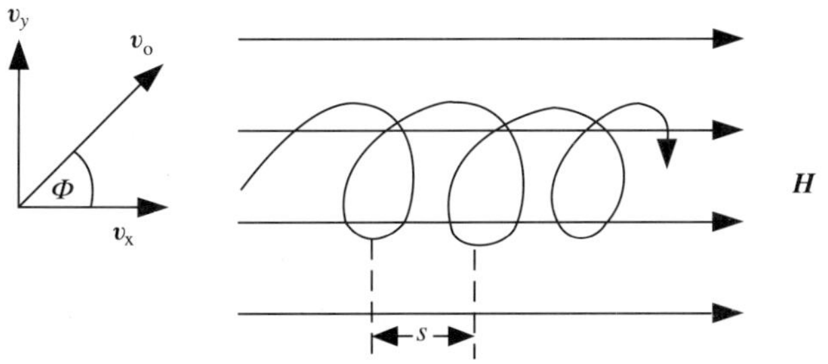

1. Geschwindigkeit v_0:

$$\frac{1}{2} m v_0^2 = e \cdot U$$

$$v_0 = \sqrt{2 \frac{e}{m} \cdot U}$$

2. Umlaufdauer T:

Das Kräftegleichgewicht zwischen Zentrifugalkraft und Lorentz-Kraft liefert

$$m \frac{v_y^2}{r} = e v_y B.$$

Umformen ergibt

$$r = \frac{v_y \cdot m}{e \cdot B},$$

$$\omega = \frac{v_y}{r} = \frac{eB}{m} = \frac{2\pi}{T},$$

$$T = \frac{2\pi}{\frac{e}{m} \cdot B}.$$

3. Ganghöhe s:

$$s = v_0 \cdot T \cdot \cos\Phi$$

$$B = \mu_0 \cdot H = \mu_0 \cdot \frac{I \cdot N}{l}$$

$$s = \frac{\sqrt{2 \frac{e}{m} U} \cdot 2\pi \cdot \cos\Phi}{\frac{e}{m} \mu_0 \frac{N \cdot I}{l}} = \frac{\sqrt{2U} \cdot l \cdot 2\pi \cdot \cos\Phi}{\sqrt{\frac{e}{m}} \cdot \mu_0 \cdot N \cdot I}$$

$$s = \frac{\sqrt{6000\,\mathrm{V}} \cdot 0{,}25\,\mathrm{m} \cdot 2\pi \cdot \cos 30^\circ}{\sqrt{1{,}76 \cdot 10^{11} \frac{\mathrm{As}}{\mathrm{kg}}} \cdot 12{,}57 \cdot 10^{-7} \frac{\mathrm{Vs}}{\mathrm{Am}} \cdot 5000 \cdot 1\,\mathrm{A}}$$

$$\underline{\underline{s = 3{,}99\,\mathrm{cm}}}.$$

Grundlagen:
Lorentz-Kraft (S 2.9); Strahlspannung (3.4 a), Normalkraft, Kreisbewegung

Aufgabe 2.7

Da die Lorentzkraft $\boldsymbol{F}_\mathrm{L} = -e\boldsymbol{v} \times \boldsymbol{B}$ stets senkrecht zu $\boldsymbol{v}$ gerichtet ist, wirkt sie als Normalkraft. Wegen $\boldsymbol{v} \perp \boldsymbol{B}$ gilt für die Beträge

$$F_\mathrm{L} = F_\mathrm{n}$$

$$evB = m_\mathrm{e} v^2 \cdot r^{-1}.$$

Mit $B = \mu_0 H$ (Vakuum) und $m_\mathrm{e} v^2/2 = e U_\mathrm{AK}$ (3.4 a) erhält man für den Durchmesser der Kreisbahn

$$d = 2r = \frac{2}{\mu_0 H} \sqrt{\frac{2 m_\mathrm{e} U_\mathrm{AK}}{e}}.$$

Mit $m_\mathrm{e} = m_{0\mathrm{e}} = 9{,}1 \cdot 10^{-31}\,\mathrm{kg}$ und $e = 1{,}6 \cdot 10^{-19}\,\mathrm{C}$ ist $d = 0{,}20\,\mathrm{m}$.

Grundlagen:
Definitionen von Teilchenzahldichte (D 3.1) und
Beweglichkeit (D 3.2), Elektrische Leitfähigkeit (3.10 a)

Aufgabe 3.1

Folgende Werte für Eisen wurden Tabellen entnommen:

Leitfähigkeit $\sigma = 1{,}1 \cdot 10^5\,\Omega^{-1}\,\mathrm{cm}^{-1}$

Dichte $\varrho = 7{,}86\,\mathrm{g\,cm}^{-3}$

molare Masse $m_\mathrm{mol} = 55{,}85\,\mathrm{g\,mol}^{-1}$.

Aus (3.10 a) folgt für die Beweglichkeit der Elektronen

$$b = \frac{\sigma}{ne}.$$

Hierin ist $n = N \cdot V^{-1}$ die Teilchenzahldichte.
Die Teilchenzahl N erhält man aus der Avogadrokonstanten N_A und der Stoffmenge ν zu $N = N_\mathrm{A}\nu$. Mit $V = m\varrho^{-1}$ und $m_\mathrm{mol} = m \cdot \nu^{-1}$ folgt für die Beweglichkeit

$$b = \frac{\sigma m_\mathrm{mol}}{N_\mathrm{A} \varrho e}.$$

Mit $N_\mathrm{A} = 6{,}02 \cdot 10^{23}\,\mathrm{mol}^{-1}$ und $e = 1{,}6 \cdot 10^{-19}\,\mathrm{C}$ ist

$$b = 8{,}11 \cdot 10^{-4}\,\frac{\mathrm{m}^2}{\mathrm{Vs}}.$$

Aufgabe 3.2

Grundlagen:
Hall-Effekt, Hall-Spannung (3.11),
Lorentz-Kraft (S 2.9)

Beim Stromfluß im Magnetfeld werden Ladungsträger so lange durch die Lorentz-Kraft abgelenkt, bis im stationären Fall die elektrische Feldkraft der Lorentzkraft (entgegengesetzt) gleich wird.

Für die Beträge gilt

$$e\frac{U_H}{l} = evB. \qquad (1)$$

Aus $I = \frac{q}{t}$ erhält man mit $q = Ne$, $N = nV = nAs$ sowie $t = \frac{s}{v}$:

$$I = enAv \qquad \text{bzw.} \qquad v = \frac{I}{enA}.$$

Die Querschnittsfläche der Probe ist $A = \frac{V}{s} = \frac{m}{s\varrho}$. Setzt man

$$v = \frac{Is\varrho}{enm} \qquad (2)$$

in Gleichung (1) ein und stellt nach der gesuchten Teilchenzahldichte (Ladungsträgerdichte) n um, so ergibt sich:

$$n = \frac{IBls\varrho}{emU_H}.$$

Rechnung mit den im Text angegebenen Werten ergibt

$$\underline{\underline{n_e = 8{,}48 \cdot 10^{24}\,\text{m}^{-3}}}.$$

Mit ähnlichen Überlegungen erhält man für die Gitterbausteindichte

$$n_G = \frac{N_G}{V} = \frac{N_G\varrho}{m} = \frac{N_A\varrho}{m_{mol}}.$$

Mit $m_{mol} = 209\,\text{g}\,\text{mol}^{-1}$ folgt $n_G = 2{,}82 \cdot 10^{28}\,\text{m}^{-3}$.
Das gesuchte Verhältnis ist

$$\frac{N_G}{N_e} = \frac{n_G}{n_e} = 3\,329.$$

Beim Wismut stellt von ca. 3000 Gitterbausteinen nur einer ein quasifreies Elektron für die Stromleitung.

Aufgabe 3.3

Grundlagen:
Beweglichkeit der Stromträger (D 3.2)

Geschwindigkeit der Stromträger nach Aufgabe 3.2, Gleichung (2)

$$v = \frac{I s \varrho}{e n m}.$$

Die Beweglichkeit der Stromträger ist

$$b = \frac{v}{E} = \frac{v s}{U},$$

also

$$b = \frac{I s^2 \varrho}{e n m U}.$$

Das ergibt mit den Daten der Aufgabe 3.2 und der dort berechneten Ladungsträgerdichte für Elektronen in Wismut

$$b = 6{,}71\,\mathrm{m^2\,V^{-1}\,s^{-1}} \quad \text{und} \quad v = 3{,}33\,\mathrm{ms^{-1}}.$$

Aufgabe 3.4

Grundlagen:
Temperaturabhängigkeit des elektrischen Widerstandes (3.18)
Tabelle 3.2

Für den Widerstand bei der Temperatur ϑ gilt näherungsweise

$$R(\vartheta) = R_0(1 + \beta\vartheta).$$

Soll sich bei der Reihenschaltung zweier Bauelemente aus Kohlenstoff (R_C; β_C) und Nickel (R_{Ni}; β_{Ni}) der Widerstand nicht ändern, so muß gelten

$$R_{0C}(1 + \beta_C\vartheta) + R_{0Ni}(1 + \beta_{Ni}\vartheta) = R_{0C} + R_{0Ni},$$

also

$$R_{0C}\beta_C + R_{0Ni}\beta_{Ni} = 0$$

bzw.

$$\frac{R_{0Ni}}{R_{0C}} = -\frac{\beta_C}{\beta_{Ni}}. \qquad (1)$$

Führt man den spezifischen Widerstand ϱ ein, so gilt

$$R = \varrho\frac{l}{A}.$$

Damit wird (1) für Stäbe gleicher Länge und Kreisflächen zu

$$\frac{\varrho_{Ni} d_C^{\,2}}{\varrho_C d_{Ni}^{\,2}} = -\frac{\beta_C}{\beta_{Ni}}.$$

Das gesuchte Verhältnis der beiden Stabdurchmesser ist

$$\frac{d_C}{d_{Ni}} = \sqrt{-\frac{\beta_C \varrho_C}{\beta_{Ni} \varrho_{Ni}}}.$$

Mit $\beta_C = -8 \cdot 10^{-3}\,\mathrm{K}^{-1}$ und $\varrho_C = \sigma_C{}^{-1} = 4 \cdot 10^{-3}\,\Omega\mathrm{cm}$ sowie den Tabellenwerten (Tab. 3.2) $\beta_{Ni} = 6{,}58 \cdot 10^{-3}\,\mathrm{K}^{-1}$ und $\varrho_{Ni} = \sigma_{Ni}{}^{-1} = 5{,}88 \cdot 10^{-6}\,\Omega\mathrm{cm}$ erhält man

$$\frac{d_C}{d_{Ni}} = 28{,}8.$$

Aufgabe 3.5

Grundlagen:
Ablenkung von Elektronenstrahlen in elektrischen Feldern (3.25);
Strahlspannung (3.4 a)

Durch die Strahlspannung U_{AK} werden die Elektronen in x-Richtung beschleunigt und erreichen die Geschwindigkeit

$$v_x = \sqrt{\frac{2eU_{AK}}{m_e}}.$$

Im Kondensator erfahren die Elektronen eine Beschleunigung in y-Richtung durch die Feldkraft $F_C = eE$. Es gilt

$$v_y = a_y t = \frac{eE}{m_e} t.$$

t ist dabei die für das Durchfliegen des Kondensators der Länge l erforderliche Zeit $t = l/v_x$. Drückt man die Feldstärke im Kondensator durch Kondensatorspannung U_C und Plattenabstand d aus, so erhält man

$$v_y = \frac{eU_C l}{m_e d v_x}.$$

Für den Ablenkwinkel gilt

$$\tan\alpha = \frac{v_y}{v_x} = \frac{eU_C l}{m_e d v_x{}^2}.$$

Nach Einsetzen von v_x erhält man

$$U_C = 2U_{AK} d \tan\alpha\, l^{-1} = 131\ \mathrm{V}.$$

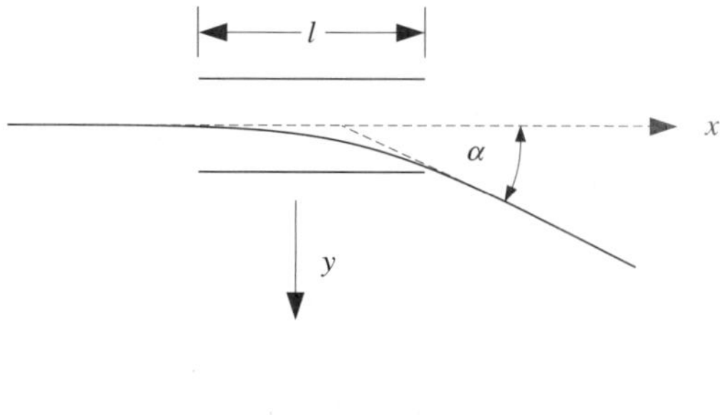

Grundlagen:
Thermische Aktivierungsenergie (3.26)

Aufgabe 3.6

Nach (3.26) gilt für die Temperaturabhängigkeit der elektrischen Leitfähigkeit

$$\sigma = \sigma_0 \exp\left(-\frac{\Delta W}{2kT}\right).$$

Also gilt

$$\frac{R_1}{R_2} = \frac{\sigma_2}{\sigma_1} = \exp\left[\frac{\Delta W}{2k}\left(\frac{1}{T_1} - \frac{1}{T_2}\right)\right],$$

$$\ln\frac{R_1}{R_2} = \frac{\Delta W}{2k}\left(\frac{1}{T_1} - \frac{1}{T_2}\right),$$

$$\Delta W = \frac{2k \ln\dfrac{R_1}{R_2}}{\dfrac{1}{T_1} - \dfrac{1}{T_2}}.$$

Mit $k = 1{,}38 \cdot 10^{-23}\,\mathrm{JK}^{-1}$, $T_1 = 293\,\mathrm{K}$ und $T_2 = 323\,\mathrm{K}$ ergibt sich

$$\Delta W = 1{,}79 \cdot 10^{-19}\,\mathrm{J} = 1{,}12\,\mathrm{eV}.$$

Grundlagen:
Definition der Teilchenzahldichte (D 3.1),
Avogadro-Konstante N_A

Aufgabe 3.7

Da bei der Dissoziation einwertige Ionen entstehen, ist deren Anzahl gleich der Zahl der Salzsäure-Moleküle.

$$n = \frac{N}{V} = \frac{\nu N_A}{V} = 2{,}01 \cdot 10^{26}\,\mathrm{m}^{-3}.$$

Grundlagen:
Faradaysches Gesetz (S 3.9)

Aufgabe 3.8

Im Faradayschen Gesetz

$$\frac{q \cdot m_{\mathrm{mol}}}{m} = f \cdot F$$

bedeuten:

$q = I\,t$ die transportierte Ladung,
m die abgeschiedene Masse,
m_{mol} die molare Masse der Ionen und $f = 3$ deren Wertigkeit,
$F = 9{,}648 \cdot 10^4\,\text{As}\,\text{mol}^{-1}$ ist die Faraday-Konstante.

$$m = \frac{I\,t\,m_{\text{mol}}}{f\,F} = 11{,}8\,\text{kg}.$$

Aufgabe 3.9

Grundlagen:
Faradaysches Gesetz (S 3.9)

Aus dem Faradayschen Gesetz folgt sofort

$$m_{\text{mol}} = \frac{f\,F\,m}{I\,t} = 16{,}1\,\text{g}\,\text{mol}^{-1}.$$

Aufgabe 4.1

Grundlagen:
Induktionsgesetz (S 4.1), (4.1)

Nach (S 4.1) ergibt sich für die induzierte Spannung im Hohlzylinder mit
dem Radius r und $\int B\,\mathrm{d}A = B(t)\,\pi\,r^2$

$$U_{\text{ind}} = -\frac{\mathrm{d}\int B\,\mathrm{d}A}{\mathrm{d}t}$$

$$= -\pi\,r^2\,\frac{\mathrm{d}\,B(t)}{\mathrm{d}t} = -\pi\,r^2\,c.$$

Für den differentiellen Strom im Hohlzylinder $\mathrm{d}\,I_{\text{ind}} = U_{\text{ind}}\,\mathrm{d}(1/R)$ ergibt sich mit $R = \varrho\,l/A$ bzw.

$$\mathrm{d}(1/R) = \frac{\mathrm{d}A}{\varrho\,l} = \frac{h\,\mathrm{d}r}{\varrho\,2\pi\,r}$$

$$\mathrm{d}\,I_{\text{ind}} = -\frac{h\,c}{2\varrho}\,r\,\mathrm{d}r.$$

Durch Integration über alle differentiellen Hohlzylinder erhält man

$$I_{\text{ind}} = -\frac{h\,c}{2\varrho}\int_{r_1}^{r_2} r\,\mathrm{d}r = -\frac{h\,c}{4\varrho}({r_2}^2 - {r_1}^2).$$

Aufgabe 4.2

Grundlagen:
Induktionsgesetz (S 4.1) und (4.2a); Lorentz-Kraft (S 2.3);
Biot-Savartsches Gesetz (S 2.7)

Nach (4.2a) gilt $U_{\text{ind}} = l v B$. Die magnetische Induktion B ist eine Funktion des Abstands r : $B(r) = \mu_0 H(r) = \mu_0 \frac{I}{2\pi r}$.

Durch Integration der in den differentiell kleinen Drahtstücken $\mathrm{d}r$ induzierten Spannungen erhält man die gesamte im Draht induzierte Spannung:

$$U_{\text{ind}} = \int_R^{l+R} v \mu_0 \frac{I}{2\pi r} \mathrm{d}r = v \mu_0 \frac{I}{2\pi} \ln\left(\frac{l+R}{R}\right).$$

Aufgabe 4.3

Grundlagen:
Induktionsgesetz (S 4.1) und (4.2a); Lorentz-Kraft (S 2.3);
Biot-Savartsches Gesetz (S 2.7)

Das Leiterstück bewegt sich in einem sich örtlich verändernden Magnetfeld $B(r)$:

$$B(r) = \mu_0 H(r) = \mu_0 \frac{I}{2\pi r(t)}.$$

Der zeitabhängige Abstand $r(t)$ ergibt sich aus der Geschwindigkeit des Leiterstückes v:

$$r(t) = r_0 + v t.$$

Unter Verwendung von (4.2a) erhält man für die im Leiterstück induzierte Spannung:

$$U_{\text{ind}} = \mu_0 \frac{l v I}{2\pi (r_0 + v t)}.$$

Aufgabe 4.4

Grundlagen:
Induktionsgesetz (S 4.1) und (4.2a); Lorentz-Kraft (S 2.3);
Biot-Savartsches Gesetz (S 2.7)

Zwischen den Enden des sich im Magnetfeld B bewegenden Leiterstücks wird eine Spannung

$$U_{\text{ind}} = l v B$$

induziert.

Da die Geschwindigkeit v eine Funktion des Abstandes r von der Drehachse ist:

$$v(r) = 2\pi \nu r,$$

ergibt sich für jedes differentielle Leiterstück $\mathrm{d}r$ die differentiell kleine Spannung

$$\mathrm{d}U_{\mathrm{ind}} = B\, 2\pi \nu r\, \mathrm{d}r$$

und durch Integration über die Leiterlänge l

$$U_{\mathrm{ind}} = B\pi \nu l^2 = 2{,}12\,\mathrm{V}.$$

Der Pluspol der induzierten Spannung befindet sich am Punkt A (Drehachse), falls $\boldsymbol{\omega}$ antiparallel zu $\boldsymbol{B}$ ist.

Aufgabe 4.5

Grundlagen:
Induktionsgesetz (S 4.1); Biot-Savartsches Gesetz (S 2.7)

Nach (S 4.1) ergibt sich für die induzierte Spannung in der Leiterschleife:

$$U_{\mathrm{ind}} = -N \frac{\mathrm{d} \int B(t)\, \mathrm{d}A}{\mathrm{d}t}$$

mit

$$B(t) = \mu_0 \frac{I(t)}{2\pi r} \qquad \text{und} \qquad \mathrm{d}A = a\, \mathrm{d}r,$$

wobei r der Abstand des Flächenelements $\mathrm{d}A$ vom stromdurchflossenen Leiter ist. Integration über die Fläche der Leiterschleife und anschließende zeitliche Differentiation ergeben für die induzierte Spannung:

$$U_{\mathrm{ind}} = N \frac{\mu_0 a}{2\pi} \ln(2)\, I_0 \omega \sin(\omega t).$$

Aufgabe 5.1

Grundlagen:
elektrische Schwingungen (S 5.2); Ohmsches Gesetz für Wechselstrom (D 5.2); Reihenschaltung (S 5.3)

Die über Induktivität und Kapazität abfallenden Spannungen ergeben sich nach (S 5.3) aus

$$U_{L0} = \omega L I_0 \qquad \text{bzw.} \qquad U_{C0} = \frac{1}{\omega C} I_0$$

und unter Verwendung des Scheinwiderstandes des Reihenkreises

$$R_{\text{Sch}} = \sqrt{R^2 + \left(2\pi\nu L - \frac{1}{2\pi\nu C}\right)^2} = 10{,}55\,\text{Ohm}$$

erhält man

$$U_{L0} = \frac{U_0}{R_{\text{Sch}}} 2\pi\nu L = 119\,\text{V} \qquad \text{bzw.}$$

$$U_{C0} = \frac{U_0}{R_{\text{Sch}}} \frac{1}{2\pi\nu C} = 151\,\text{V}.$$

Grundlagen:
erzwungene elektrische Schwingungen (S 5.2); Reihenschaltung (S 5.3); Spannungsüberhöhung (5.12 a–f)

Aufgabe 5.2

Nach Lösung 5.1 hängt z. B. U_{L0} wie folgt von der Kreisfrequenz ω ab:

$$U_{L0} = \omega L \frac{U_0}{\sqrt{R^2 + \left(\omega L - \frac{1}{\omega C}\right)^2}}.$$

Für den Extremwert von U_{L0} ist $\frac{\mathrm{d}U_{L0}}{\mathrm{d}\omega} = 0$ zu fordern, woraus man als Resonanzfrequenz ω_L

$$\omega_L = \frac{1}{\sqrt{LC}} \cdot \frac{1}{\sqrt{1 - \frac{R^2 C}{2L}}}$$

erhält.
Entsprechend ergibt sich für ω_C:

$$\omega_C = \frac{1}{\sqrt{LC}} \cdot \sqrt{1 - \frac{R^2 C}{2L}}.$$

Eingesetzt in die obigen Gleichungen erhält man für die Extremwerte

$$U_{L0}(\max) = U_{C0}(\max) = 151\,\text{V}.$$

Aufgabe 5.3

Grundlagen:
gedämpfte Schwingung (5.8 a–d), Induktivität einer Spule

Die Schaltung stellt einen gedämpften Schwingkreis dar, dessen Strom nach (5.8 b) exponentiell abnimmt:

$$I = I_0 \exp\left(-\frac{R}{2L}t\right)\cos(\omega t + \varphi).$$

Das Verhältnis zweier aufeinanderfolgender Stromamplituden ergibt sich daraus zu

$$\frac{I(t)}{I(t+T)} = \frac{\exp\left(-\frac{R}{2L}t\right)}{\exp\left(-\frac{R}{2L}(t+T)\right)} = \exp\left(+\frac{R}{2L}T\right).$$

Berechnung von R, L, T:

R ist der Wirkwiderstand des Spulendrahtes (l_D – Drahtlänge)

$$R = \varrho\frac{l_D}{q} = \frac{N 2\sqrt{\pi A}}{q}.$$

L ergibt sich aus

$$L = \frac{\mu_0 N^2 A}{l_{Sp}}.$$

T erhält man aus der Kreisfrequenz der gedämpften Schwingung ω zu

$$T = \frac{2\pi}{\omega} = \frac{2\pi}{\sqrt{\frac{1}{LC} - \left(\frac{R}{2C}\right)^2}}.$$

Oben eingesetzt ergibt sich für das Verhältnis zweier aufeinander folgender Stromamplituden:

$$\frac{I(t)}{I(t+T)} = 0{,}787.$$

Aufgabe 5.4

Grundlagen:
Ohmsches Gesetz für Wechselstrom (D 5.2), (S 5.3) und (S 5.5)

Der Effektivstrom ergibt sich aus $I_{eff} = \frac{U_{eff}}{R_{Sch}}$, wobei der Scheinwiderstand R_{Sch} nach (D 5.2) mittels

$$R_{Sch} = \sqrt{R^2 + R_{Bl}{}^2}$$

berechnet werden kann.

Bei gleichem Effektivstrom müssen die Scheinwiderstände übereinstimmen $R_{\mathrm{Sch},1} = R_{\mathrm{Sch},2}$, wobei R und R_{Bl} sich aus den entsprechenden Widerstandsoperatoren ergeben:

$$\hat{R}_1 = R_1 + \mathrm{i}\,\omega L$$

bzw.

$$\hat{R}_2 = R_1 + \frac{\mathrm{i}\,\omega L R_2}{R_2 + \mathrm{i}\,\omega L} = R_1 + \frac{R_2\,\omega^2 L^2}{R_2{}^2 + \omega^2 L^2} + \mathrm{i}\,\frac{\omega L R_2{}^2}{R_2{}^2 + \omega^2 L^2}.$$

Gleichsetzen der Scheinwiderstände liefert

$$R_1{}^2 + (\omega L)^2 = \left[R_1 + \frac{R_2\,\omega^2 L^2}{R_2{}^2 + \omega^2 L^2}\right]^2 + \left[\frac{\omega L R_2{}^2}{R_2{}^2 + \omega^2 L^2}\right]^2.$$

Durch Auflösen der Gleichung nach R_2 erhält man

$$R_2 = \frac{\omega^2 L^2}{2 R_1}.$$

Aufgabe 5.5

> Grundlagen:
> Ohmsches Gesetz für Wechselstrom (D 5.2), (S 5.3) und (S 5.5)

Der Widerstandsoperator $\hat{R}$ bzw. der entsprechende Leitwertoperator $\hat{G}$ besitzen keinen Imaginärteil.

$$\hat{G} = \frac{R - \mathrm{i}\,\omega L}{R^2 + \omega^2 L^2} + \mathrm{i}\,\omega C = \frac{R}{R^2 + \omega^2 L^2} + \mathrm{i}\,\frac{\omega C (R^2 + \omega^2 L^2) - \omega L}{R^2 + \omega^2 L^2}$$

Das bedeutet, daß

$$\frac{\omega C (R^2 + \omega^2 L^2) - \omega L}{R^2 + \omega^2 L^2} = 0$$

gilt, woraus sich

$$C = \frac{L}{R^2 + \omega^2 L^2} = 176\,\mathrm{nF}$$

ergibt.
Der Gesamtwiderstand R_{ges} entspricht dem Wirkwiderstand und beträgt

$$R_{\mathrm{ges}} = \frac{1}{G} = \frac{R^2 + \omega^2 L^2}{R} = 680\,\mathrm{Ohm}.$$

Aufgabe 5.6

Grundlagen:
passive Vierpole, Übertragungsfaktor (D 5.3) und (S 5.7); Spannungsteiler (5.17)

Voraussetzung: $\hat{U}_A = \hat{U}_B$.
Die komplexen Spannungen ergeben sich aus den entsprechenden Spannungsteilerschaltungen:

$$\hat{U}_A = \hat{U}_E \frac{\hat{R}_C}{\hat{R}_{ges}} = \hat{U}_E \frac{-i\frac{1}{\omega C}}{R_1 - i\frac{1}{\omega C}}$$

$$\hat{U}_B = \hat{U}_E \frac{\hat{R}_2}{\hat{R}_{ges}} = \hat{U}_E \frac{R_2}{R_2 + i\omega L}.$$

Aus $\hat{U}_A = \hat{U}_B$ folgt:

$$-i\frac{1}{\omega C}(R_2 + i\omega L) = R_2\left(R_1 - i\frac{1}{\omega C}\right)$$

bzw.

$$L = C R_1 R_2.$$

Aufgabe 5.7

Grundlagen:
passive Vierpole, Übertragungsfaktor (D 5.3) und (S 5.7); Spannungsteiler (5.17)

a)

Die Schaltung stellt ein Spannungsteiler dar, für den gilt

$$\frac{\hat{U}_2}{\hat{U}_1} = \frac{\hat{R}_2}{\hat{R}_g}$$

mit

$$\hat{R}_2 = \frac{i\omega L\left(-i\frac{1}{\omega C}\right)}{i\left(\omega L - \frac{1}{\omega C}\right)} = i\frac{\frac{L}{C}}{\frac{1}{\omega C} - \omega L}$$

und

$$\hat{R}_g = i\left(\omega L - \frac{1}{\omega C}\right) + i\frac{\frac{L}{C}}{\frac{1}{\omega C} - \omega L} = i\frac{\frac{L}{C} - \left(\omega L - \frac{1}{\omega C}\right)^2}{\frac{1}{\omega C} - \omega L}.$$

Daraus ergibt sich

$$U_2 = U_1 \frac{\frac{L}{C}}{\frac{L}{C} - \left(\omega L - \frac{1}{\omega C}\right)^2}.$$

b)

Ein relatives Minimum von U_2 tritt auf, wenn der Nenner maximal wird, d.h., wenn

$$\omega L = \frac{1}{\omega C} \qquad \text{bzw.} \quad \omega^2 = \frac{1}{LC}$$

gilt.
Die Spannung U_2 an der Resonanzstelle besitzt dann den Wert

$$U_2(\omega_{\mathrm{res}}) = U_1 \frac{\frac{L}{C}}{\frac{L}{C}} = U_1.$$

c)

Die Phasenverschiebung zwischen U_2 und U_1 beträgt im Resonanzfall 0°, da das Verhältnis von $\hat{U}_2$ zu $\hat{U}_1$ rein reell ist.

Grundlagen:
Leistung im Wechselstromkreis (S 5.6)

Aufgabe 5.8

a)

Der Wechselstrommotor kann als eine Reihenschaltung von Induktivität L und Wirkwiderstand R der Motorwicklung aufgefaßt werden.
Leistungsfaktor $\cos\varphi = 1$ bedeutet, daß der Imaginärteil des Widerstands- bzw. des Leitwertoperators bei Parallelschaltung von C verschwindet:

$$\hat{G}_2 = \frac{1}{R + \mathrm{i}\omega L} + \mathrm{i}\omega C = \frac{R - \mathrm{i}\omega L}{R^2 + \omega^2 L^2} + \mathrm{i}\omega C.$$

Aus $\mathrm{Im}(\hat{G}_2) = 0$ ergibt sich

$$C = \frac{L}{R^2 + \omega^2 L^2}.$$

Die Größen R und L ergeben sich aus der Wirkleistung

$$P_{\mathrm{j}} = U_{\mathrm{eff}} I_{\mathrm{eff}} \cos\varphi$$

und dem Effektivstrom

$$I_{\text{eff}} = \frac{U_{\text{eff}}}{R_{\text{sch}}} = \frac{U_{\text{eff}}}{\sqrt{R^2 + \omega^2 L^2}}$$

sowie der Phasenverschiebung zwischen Strom und Spannung ohne C

$$\tan\varphi = \frac{\text{Im}(\hat{R})}{\text{Re}(\hat{R})} = \frac{\omega L}{R}$$

zu

$$R = \omega L \frac{\cos\varphi}{\sin\varphi} \qquad \text{bzw.} \quad L = \frac{U_{\text{eff}}^2 \cos\varphi \sin\varphi}{P_{\text{j}}\,\omega}.$$

In den Ausdruck für C eingesetzt, ergibt sich

$$C = \frac{P_{\text{j}}\sqrt{1-\cos^2\varphi}}{\omega U_{\text{eff}}^2 \cos\varphi} = 88{,}8\,\mu\text{F}.$$

b)

$$\frac{I_{\text{eff},2}}{I_{\text{eff},1}} = \frac{|\hat{G}_2|}{|\hat{G}_1|} = \frac{R\sqrt{R^2+\omega^2 L^2}}{R^2+\omega^2 L^2} = \cos\varphi = 0{,}8.$$

Aufgabe 6.1

Grundlagen:
Maxwellsche Gleichung (6.8 b),
Materialgleichung (S 1.9)

Da im Vakuum kein Leitungsstrom fließt, vereinfacht sich mit $J = 0$ die Maxwellsche Gleichung zu

$$\oint \boldsymbol{H} \cdot \mathrm{d}\boldsymbol{s} = \int \dot{\boldsymbol{D}} \cdot \mathrm{d}\boldsymbol{A}. \tag{1}$$

Das Skalarprodukt $\dot{\boldsymbol{D}} \cdot \mathrm{d}\boldsymbol{A}$ wird wegen der gleichgerichteten Vektoren zu $\dot{D}\,\mathrm{d}A$. Mit einem homogenen elektrischen Feld im Kondensator läßt sich das Integral auf der rechten Seite lösen

$$\int \dot{D}\,\mathrm{d}A = \dot{D} R^2 \pi \qquad R \text{ – Radius der Kondensatorplatten.}$$

Wählt man als Integrationsweg für das Linienintegral einen konzentrischen Kreis mit dem Radius r, so erhält man mit ähnlichen Überlegungen

$$\oint \boldsymbol{H} \cdot \mathrm{d}\boldsymbol{s} = H\,2\pi r.$$

(1) wird zu

$$H\,2\pi r = \dot{D} R^2 \pi. \tag{2}$$

Mit $D=\varepsilon_0 E$ und $E=Ud^{-1}$ für das homogene Kondensatorfeld sowie $U=U_0\cos\omega t$ ergibt sich

$$\dot{D}=-\frac{\varepsilon_0}{d}\,\omega\,U_0\sin\omega t,$$

$$H=-\frac{R^2\varepsilon_0\,\omega\,U_0}{2rd}\sin\omega t.$$

Grundlagen:
Maxwellsche Gleichungen (6.9)

Aufgabe 6.2

Die Maxwellsche Gleichung in Differentialform vereinfacht sich wegen des fehlenden Leitungsstroms zu

$$\operatorname{rot}\boldsymbol{H}=\dot{\boldsymbol{D}}.$$

Da auch die Beträge dieser Vektoren gleich sein müssen, gilt:

$$|\operatorname{rot}\boldsymbol{H}|=\dot{D}=\varepsilon_0\dot{E}=\varepsilon_0 d^{-1}\dot{U}$$
$$=-\varepsilon_0\,\omega\,U_0 d^{-1}\sin\omega t.$$

Grundlagen:
2. Maxwellsche Gleichung (S 6.8 b),
Kirchhoffsche Sätze

Aufgabe 6.3

Wegen der vorhandenen Leitfähigkeit stellt das Innere des Kondensators einen Wirkwiderstand R_K dar:

$$R_K=\frac{1}{\sigma}\frac{l}{A}=\frac{l}{\sigma r^2\pi} \qquad (1)$$

$r=20\,\text{cm}$ (Plattenradius)
$l=\ 1\,\text{mm}$ (Plattenabstand).

Die Maxwellsche Gleichung lautet

$$\oint\boldsymbol{H}\cdot\mathrm{d}\boldsymbol{s}=\int(\boldsymbol{J}+\dot{\boldsymbol{D}})\cdot\mathrm{d}\boldsymbol{A}. \qquad (2)$$

Wie bei Aufgabe 6.1 können die Vektoren in den Skalarprodukten als parallel angenommen werden. Der in Reihe geschaltete Widerstand ist $R_V=10\,\text{k}\Omega$.
Unmittelbar nach dem Einschalten ist der Kondensator noch nicht aufgeladen. Die Spannung am Kondensator ist noch 0, es fließt also kein Leitungsstrom ($J=0$). Der Verschiebungsstrom im Kondensator $\int\dot{\boldsymbol{D}}\cdot\mathrm{d}\boldsymbol{A}$

muß zu diesem Zeitpunkt nach den Kirchhoffschen Sätzen gleich dem Leitungsstrom durch den Widerstand R_V sein:

$$\int \dot{D}\, \mathrm{d}A = \frac{U}{R_V}.$$

(2) wird zu

$$H\, 2\pi r = U R_V^{-1},$$

$$H_1 = U(2\pi r R_V)^{-1} = 0{,}080\ \mathrm{Am}^{-1}.$$

Im stationären Zustand ist $\dot{D} = 0$, (2) wird zu

$$H\, 2\pi r = I = \frac{U}{R_V + R_K},$$

$$H = \frac{U}{2\pi r (R_V + R_K)}.$$

R_K ergibt sich nach (1) zu 7958 Ω,

$$H_2 = 0{,}044\ \mathrm{Am}^{-1}.$$

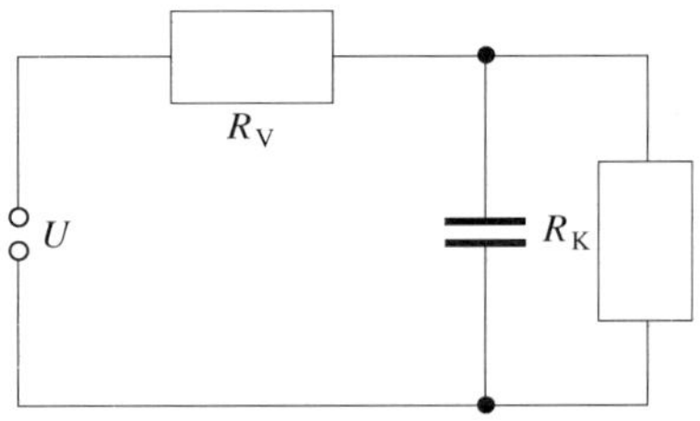

Aufgabe 6.4

Grundlagen:
Maxwellsche Gleichung (6.9a),
Materialgleichung (6.8f)

Nach der Maxwellschen Gleichung ist

$$\operatorname{rot} \boldsymbol{E} = -\dot{\boldsymbol{B}}.$$

Mit (6.8f) und $H = N I l^{-1}$ (N Windungszahl) folgt

$$|\operatorname{rot} \boldsymbol{E}| = -\mu_0 \mu_r N l^{-1} \dot{I}.$$

Für einen harmonischen Wechselstrom gilt

$$\dot{I} = I_0 \omega \cos \omega t = I_{\mathrm{eff}} \sqrt{2}\, \omega \cos \omega t.$$

Der Maximalwert des Rotors ergibt sich für $\cos \omega t = -1$, ist also

$$|\operatorname{rot} \boldsymbol{E}|_{\max} = \mu_0 \mu_r N \sqrt{2}\, I_{\mathrm{eff}}\, 2\pi \nu l^{-1} = 223\ \mathrm{Vm}^{-2}.$$

Grundlagen:
Zusatzaxiome zu den Maxwellschen Gleichungen (6.8 c),
Materialgleichungen (6.8 e)

Aufgabe 6.5

Für die eine Ladung einhüllende Fläche gilt

$$\oint \boldsymbol{D} \cdot \mathrm{d}\boldsymbol{A} = q .$$

Die Integration über eine konzentrische Kugelfläche kann ausgeführt werden, da auf dieser Fläche die Vektoren $\boldsymbol{D}$ und $\mathrm{d}\boldsymbol{A}$ parallel sind und außerdem gilt $D = \text{const}$.

$$D \oint \mathrm{d}A = q .$$

Das Integral über $\mathrm{d}A$ ist die Kugelfläche $4\pi r^2$. Mit $D = \varepsilon_0 \varepsilon_r E$ folgt sofort

$$E = q(4\pi \varepsilon_0 \varepsilon_r r^2)^{-1} ,$$

$$E = 8{,}55 \cdot 10^4 \,\mathrm{Vm}^{-1} .$$

Grundlagen:
(A. 24), Materialgleichung (6.8 f), (D 1.15)

Aufgabe 6.6

Analog dem elektrostatischen Fall ergibt sich als Lösung für den Punktpol p ($\varrho_m \neq 0$ nur im Punkt $r = 0$)

$$\varphi_m(r) = \frac{1}{4\pi r} \int \varrho_m \,\mathrm{d}V = \frac{p}{4\pi r} \tag{1}$$

und daraus mit $\boldsymbol{H} = -\operatorname{grad} \varphi_m$

$$\boldsymbol{H} = \frac{p}{4\pi r^2} \boldsymbol{r}^0 . \tag{2}$$

Nach (D 1.15) wirkt der magnetische Punktpol p_1 auf den magnetischen Punktpol $p_p = p_2$ mit der Kraft

$$\boldsymbol{F} = p_2 \boldsymbol{B} = p_2 \mu_0 \mu_r \boldsymbol{H} = \frac{p_1 p_2 \mu_0 \mu_r}{4\pi r^2} \boldsymbol{r}^0$$

($\boldsymbol{r}$ Vektor von p_1 nach p_2).

Grundlagen:
Lecher-Leitung (S 7.2),
Stehende Welle (A 15.10)

Aufgabe 7.1

Nach (S 7.2) existiert im Lecher-System eine stehende Welle mit einem Spannungsknoten am kurzgeschlossenen Ende. Da die Phasenverschiebung zwischen Strom und Spannung $\pi/2$ ist, existiert am Ende ein Strombauch.

Der 2. Spannungsknoten hat den Abstand $\frac{\lambda}{2} = \frac{c}{2\nu} = 0{,}42\,\text{m}$.

Der Abstand des 1. Stromknotens vom Ende ist $\frac{\lambda}{4} = 0{,}21\,\text{m}$, der des 2. Stromknotens $\frac{3}{4}\lambda = 0{,}63\,\text{m}$.

Für $\varepsilon_r \neq 1$ gilt $v_{Ph} = \frac{c}{\sqrt{\varepsilon_r}}$, also $\lambda = \frac{\lambda_V}{\sqrt{\varepsilon_r}}$.

Damit liegt der 2. Spannungsknoten im Abstand von 0,28 m. Die Stromknoten bilden sich bei 0,14 m und 0,42 m.

Aufgabe 7.2

Grundlagen:
Elektromagnetische Wellen (S 7.3), (7.6);
Zusatzaxiome zu den Maxwellschen Gleichungen (6.9 d)

Für die magnetische Feldstärke der Welle gilt in komplexer Schreibweise

$$\hat{\boldsymbol{H}} = \boldsymbol{H}_0 \, e^{i(\omega t - kz + \varphi_0)},$$

mit den Koordinaten

$$\hat{H}_x = H_{0x} \, e^{i(\omega t - kz + \varphi_0)}$$

und den analogen $\hat{H}_y$ und $\hat{H}_z$.
Aus (6.9 d) div $\hat{\boldsymbol{B}} = 0$ folgt div $\hat{\boldsymbol{H}} = 0$.
Die Gleichung

$$\operatorname{div} \hat{\boldsymbol{H}} = \frac{\partial \hat{H}_x}{\partial x} + \frac{\partial \hat{H}_y}{\partial y} + \frac{\partial \hat{H}_z}{\partial z} = 0 + 0 - \mathrm{i} k \hat{H}_z = 0$$

kann nur für $\hat{H}_z = 0$ erfüllt werden.
Die z-Komponente dieser elektromagnetischen Welle ist Null.

Aufgabe 7.3

Grundlagen:
Maxwellsche Gleichung (6.9 a),
Ebene harmonische Welle (7.6)

Ohne Einschränkung der Allgemeingültigkeit wird angenommen, daß sich die Welle in z-Richtung ausbreite und die elektrische Feldstärke in x-Richtung schwinge:

$$\hat{\boldsymbol{E}} = \hat{\boldsymbol{E}}_x = E_{0x} \boldsymbol{i} \, e^{i(\omega t - kz)}.$$

Die Berechnung des Rotors ergibt

$$\operatorname{rot} \hat{\boldsymbol{E}} = \nabla \times \hat{\boldsymbol{E}} = \boldsymbol{j}(-\mathrm{i} k \hat{E}_x).$$

Nach (6.9 a) rot $\hat{\boldsymbol{E}} = -\dot{\hat{\boldsymbol{B}}}$ folgt mit $\hat{\boldsymbol{B}} = \mu_0 \mu_r \hat{\boldsymbol{H}}$

$$\frac{d\hat{\boldsymbol{H}}}{dt} = \frac{\boldsymbol{j}\,ik}{\mu_0 \mu_r} \hat{E}_x$$

und damit

$$\hat{\boldsymbol{H}} = \frac{\boldsymbol{j}\,ik}{\mu_0 \mu_r} E_{0x} \int e^{i(\omega t - kz)} dt,$$

$$\hat{H} = \frac{\boldsymbol{j}\,ik}{\mu_0 \mu_r \omega i} E_{0x} e^{i(\omega t - kz)}.$$

Die Phase der $\hat{\boldsymbol{H}}$-Welle enthält keine Phasenverschiebung gegenüber der $\hat{\boldsymbol{E}}$-Welle.

Grundlagen:
Stehende Wellen (A 15.10)

Aufgabe 7.4

Der gegebenen Welle muß eine entgegengesetzt laufende Welle mit sonst identischen Parametern überlagert werden:

$$\hat{\boldsymbol{E}}_2 = \boldsymbol{E}_0 e^{i(\omega t + kz)},$$

$$\hat{\boldsymbol{E}} = \hat{\boldsymbol{E}}_1 + \hat{\boldsymbol{E}}_2 = \boldsymbol{E}_0 e^{i\omega t}(e^{ikz} + e^{-ikz}).$$

Nach der Eulerschen Beziehung kann man schreiben

$$\hat{\boldsymbol{E}} = \boldsymbol{E}_0 e^{i\omega t}(\cos kz + i \sin kz + \cos kz - i \sin kz),$$

$$\hat{\boldsymbol{E}} = 2\boldsymbol{E}_0 \cos kz\, e^{i\omega t}.$$

Das ist eine Schwingung mit der ortsabhängigen Amplitude $2E_0 \cos kz$, also ein stehende Welle.

Grundlagen:
Stehende Wellen (A 15.10),
Überlagerung von Wellen

Aufgabe 7.5

Die Wellenlänge ist $\lambda = c\nu^{-1} = 6 \cdot 10^{-2}$ m.
Die Wegdifferenz zwischen der hin- und zurücklaufenden Welle ist $s = 2 \cdot 0{,}9075\,\text{m} = N\lambda = 30\frac{1}{4}\lambda$.

Bei der Reflexion am dichteren Medium erfolgt ein Phasensprung, so daß die Wellen eine Gangdifferenz von $3/4\,\lambda$ haben.

Mit $k = 2\pi/\lambda$ folgt die Phasendifferenz $\Delta\varphi = \frac{3}{2}\pi$.

Die Addition der Amplituden erfolgt im Zeigerdiagramm:

$$E_0 = \sqrt{E_{01}^2 + E_{02}^2 + 2E_{01}E_{02}\cos\Delta\varphi}.$$

Da im gegebenen Fall $\cos\Delta\varphi = 0$, wird $E_0 = \sqrt{2}\,E_{01}$. Für die Intensität gilt $I \sim E_0^2$. Mit $E_{0\,\max} = 2E_{01}$ wird

$$\frac{I}{I_{\max}} = \frac{1}{2}.$$

Aufgabe 7.6

Grundlagen:
Die gedämpfte elektromagnetische Welle (7.12),
Dämpfung im Leiter (S 7.4)

Die Eindringtiefe ist $d = (k\varkappa)^{-1}$.
Die Gleichung $k\varkappa = \omega\sqrt{\ldots}$ (S 7.4) vereinfacht sich für gute Leiter mit $\varepsilon_0\varepsilon_r \ll \dfrac{\sigma}{\omega}$ zu

$$k\varkappa \approx \omega\sqrt{\frac{\mu_0\mu_r}{2}\frac{\sigma}{\omega}}.$$

Mit $\omega = \dfrac{2\pi c}{\lambda}$ und $\mu_r \approx 1$ wird die Eindringtiefe zu

$$d = \sqrt{\frac{\lambda}{\sigma}\frac{1}{\mu_0 c\pi}}.$$

Aus $\lambda = 3\,\text{cm}$ und $\sigma_{\text{Al}} = 4{,}2\cdot 10^7\,\Omega^{-1}\,\text{m}^{-1}$ (Tab. 3.2) erhält man

$$d = 7{,}77\cdot 10^{-7}\,\text{m}.$$

Soll die Amplitude auf 1 Promille des Anfangswertes absinken, so muß die Welle N „Eindringtiefen" durchlaufen mit

$$\left(\frac{1}{\text{e}}\right)^N = 10^{-3},$$

$$N = 6{,}9.$$

Die erforderliche Schichtdicke ist $N d = 5{,}4\cdot 10^{-6}\,\text{m}$.

Aufgabe 7.7

Grundlagen:
Definition von Bahn- und Winkelgeschwindigkeit (I D 3.4), (I D 3.5)

Bei der erstmaligen Verdunkelung ist das Zahnrad um die Hälfte eines Zahnabstandes weitergerückt. Die dafür erforderliche Zeit ist

$$\Delta t = \frac{T}{2\cdot 720} = (2\cdot 720\cdot n)^{-1} \qquad \left(n = \frac{1}{T}\right).$$

Die Lichtgeschwindigkeit ist $c = \frac{\Delta s}{\Delta t}$ mit $\Delta s = 2 \cdot 8633\,\mathrm{m}$

$$c = 3{,}13 \cdot 10^8\,\mathrm{ms}^{-1}.$$

Aufgabe 9.1

Grundlagen:
Fresnelsche Formeln (9.17),
Reflexionsgrad des Isolators (9.19 b)

$$R = \frac{\pi_r^2 + \sigma_r^2}{2}$$

mit

$$\pi_r = \frac{\tan(i_e - i_b)}{\tan(i_e + i_b)}$$

und

$$\sigma_r = -\frac{\sin(i_e - i_b)}{\sin(i_e + i_b)}.$$

Für streifenden Einfall gilt $i_e \to \frac{\pi}{2}$; $i_b < \frac{\pi}{2}$.

Wegen $\tan\left(\frac{\pi}{2} - i_e\right) = -\tan\left(\frac{\pi}{2} + i_e\right)$ wird $\pi_r = -1$. Aus ähnlichen Überlegungen folgt $\sigma_r = -1$. Damit ist

$$R = 1.$$

Aufgabe 9.2

Grundlagen:
Fresnelsche Formeln (9.17), Reflexionsgrad bei senkrechtem Einfall (9.21),
Reflexionsgrad (9.19 b), Brechungsgesetz (S 9.3)

Für senkrechten Einfall gilt

$$R = \frac{\left(\frac{n_b}{n_e} - 1\right)^2}{\left(\frac{n_b}{n_e} + 1\right)^2} \quad \text{mit} \quad n_e = 1 \text{ und } n_b = 1{,}33,$$

$$R = 2{,}03 \cdot 10^{-2}.$$

Für $i_e = 45°$ wird i_b nach dem Brechungsgesetz berechnet:

$$\frac{\sin i_b}{\sin i_e} = \frac{n_e}{n_b} \longrightarrow i_b = 32{,}03°.$$

$$\pi_r = \frac{\tan(i_e - i_b)}{\tan(i_e + i_b)} = 5{,}23 \cdot 10^{-2};$$

$$\sigma_r = -\frac{\sin(i_e - i_b)}{\sin(i_e + i_b)} = 23{,}01 \cdot 10^{-2}.$$

Damit ist mit (9.19 b)

$$R = 2{,}78 \cdot 10^{-2}.$$

Aufgabe 9.3

Grundlagen:
Fresnelsche Formeln (9.17),
Reflexionsgrad (9.19 a)

$$R = \frac{I_r}{I_e} = \frac{E_{0rp}{}^2}{E_{0ep}{}^2} = \pi_r^2,$$

$$\pi_r = \frac{\tan(i_e - i_b)}{\tan(i_e + i_b)}$$

würde mit $i_e = i_b = 0$ ein unbestimmter Ausdruck. Für *kleine* Winkel gilt aber die Näherung

$$\tan\beta \approx \beta \approx \sin\beta,$$

und damit

$$\pi_r \approx \frac{i_e - i_b}{i_e + i_b} \approx \frac{\sin i_e - \sin i_b}{\sin i_e + \sin i_b},$$

$$\pi_r = \frac{\dfrac{\sin i_e}{\sin i_b} - 1}{\dfrac{\sin i_e}{\sin i_b} + 1}.$$

Mit dem Brechungsgesetz und $n_e = 1$

$$\pi_r = \frac{(n_b - 1)}{(n_b + 1)} \longrightarrow R = \frac{(n_b - 1)^2}{(n_b + 1)^2}.$$

Grundlagen:
Fresnelsche Formeln (9.17),
Brechungsgesetz (S 9.3)

Aufgabe 9.4

Für das reflektierte Licht gelten nach (9.17a)

$$\pi_r = \frac{\tan(i_e - i_b)}{\tan(i_e + i_b)}$$

und

$$\sigma_r = -\frac{\sin(i_e - i_b)}{\sin(i_e + i_b)}.$$

Soll das reflektierte Licht linear polarisiert sein, so muß einer der beiden Ausdrücke Null werden, falls der andere ungleich Null ist.
Wegen $i_e - i_b \neq 0$ für $i_e \neq 0$ kann in beiden Fällen der Zähler nicht Null werden.
Da $\sin(i_e + i_b) \leq 1$, ist in jedem Fall $\sigma_r \neq 0$.
Für $i_e + i_b = \frac{\pi}{2}$ strebt aber $\tan(i_e + i_b)$ gegen ∞. Damit gilt

$$\pi_r = 0.$$

Grundlagen:
Brechungsgesetz (S 9.3),
Fresnelsche Formeln (9.17),
Reflexionsgrad (9.19b)

Aufgabe 9.5

Das reflektierte Licht ist linear polarisiert, wenn gilt

$$i_b = \frac{\pi}{2} - i_e.$$

Mit $n_e = 1$ und $\sin\left(\frac{\pi}{2} - i_e\right) = \cos i_e$ wird das Brechungsgesetz zu

$$\tan i_e = n_b.$$

Damit erhält man $i_e = 55{,}6°$.
Aus dem Brechungsgesetz folgt $i_b = 34{,}4°$.
Der Reflexionsgrad (9.19b) wird mit $\pi_r = 0$:

$$R = \frac{1}{2}\sigma_r{}^2 = \frac{\sin^2(i_e - i_b)}{2\sin^2(i_e + i_b)}.$$

Wegen $i_e + i_b = \frac{\pi}{2}$ ist

$$R = \frac{1}{2}\sin^2(i_e - i_b),$$

$$R = 6{,}5 \cdot 10^{-2} = 6{,}5\,\%.$$

Aufgabe 9.6

Grundlagen:
Totalreflexion (D 9.4),
Fresnelsche Formeln (9.17)

Ist i_e der Grenzwinkel der Totalreflexion, so ist $i_b = \frac{\pi}{2}$. Damit wird (9.17 a) zu

$$\pi_r = \frac{\tan\left(i_e - \frac{\pi}{2}\right)}{\tan\left(i_e + \frac{\pi}{2}\right)}.$$

Da aber

$$\tan\left(i_e - \frac{\pi}{2}\right) = -\cot i_e,$$

$$\tan\left(i_e + \frac{\pi}{2}\right) = -\cot i_e$$

gilt, folgt

$\pi_r = 1.$

Aus (9.17 b) folgt mit

$$\sin\left(i_e - \frac{\pi}{2}\right) = -\cos i_e;$$

$$\sin\left(i_e + \frac{\pi}{2}\right) = \cos i_e$$

auch

$$\sigma_r = 1.$$

Damit ist das reflektierte Licht unpolarisiert.

Aufgabe 9.7

Grundlagen:
Totalreflexion (D 9.4)

An der Grenzfläche Wasser – Luft gilt

$$\sin i_{egr} = \frac{1}{n_W}$$

$$i_{egr} = 48{,}6°.$$

Für den äußeren Ringdurchmesser erhält man

$$R = h \tan i_{egr} = 1{,}135\,\mathrm{m}.$$

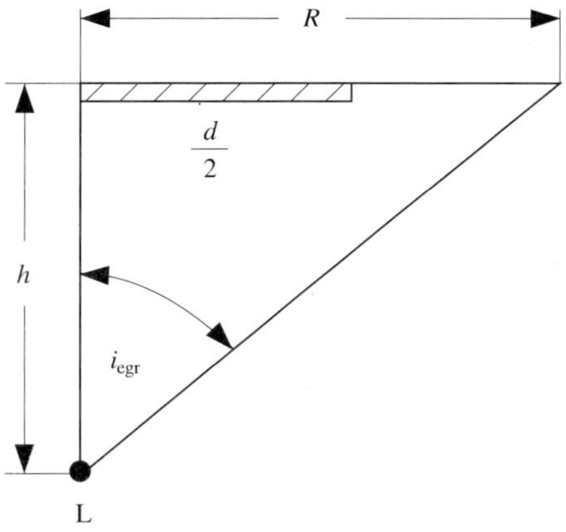

Mit d als Durchmesser der Scheibe wird die Breite b des Kreisringes

$$b = R - \frac{d}{2}$$

$$b = 13{,}5\,\text{cm}\,.$$

Aufgabe 9.8

Grundlagen:
Grenzwinkel der Totalreflexion (D 9.4)

Ist das Prisma von Luft umgeben, so erfolgt an zwei Flächen Totalreflexion mit $i_e = 45°$.
In Wasser gilt

$$\sin i_{egr} = \frac{n_W}{n_G}$$

$$i_{egr} = 58{,}7°\,.$$

Für $i_e < i_{egr}$ findet *keine* Totalreflexion statt.

Aufgabe 9.9

Grundlagen:
Grenzwinkel der Totalreflexion (D 9.4),
Waagerechter Wurf (I 3.28)

Soll Totalreflexion stattfinden, so darf der Neigungswinkel i_W der Wurfbahn nicht größer sein als

$$i_W = \frac{\pi}{2} - i_{egr}\,.$$

Mit

$$i_{\text{egr}} = \arcsin \frac{1}{n_{\text{W}}}$$

und $n_{\text{W}} = 1{,}333$ erhält man

$$i_{\text{W}} = 41{,}4^{\circ}.$$

Für den Neigungswinkel der Wurfbahn gilt

$$\tan i_{\text{W}} = \frac{v_y}{v_x}.$$

v_x ist die Ausströmgeschwindigkeit v_0.

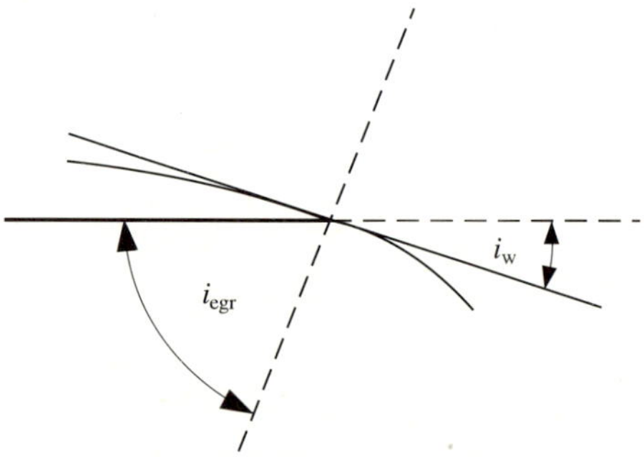

Nach Durchfallen der Höhe d (Strahldurchmesser) ist

$$v_y = \sqrt{2gd}.$$

$$v_0 = \frac{\sqrt{2gd}}{\tan i_{\text{W}}} = 0{,}355\,\text{ms}^{-1}.$$

Nach der Torricellischen Formel (s. (I S 6.5a) und (I 6.23)) ist die Ausströmgeschwindigkeit

$$v_0 = \sqrt{2gh}.$$

Daraus ergibt sich die Mindestfüllhöhe

$$h = 6{,}4\,\text{mm}.$$

Aufgabe 10.1

Grundlagen:
Michelson-Interferometer (Abb. 10.5)

Für die Veränderung des Lichtweges gilt $\Delta = N\lambda$. Ist s die Verschiebung des Spiegels, so ist wegen des Hin- und Rückweges $\Delta = 2s$.

$$\lambda = \frac{2s}{N} = 571\,\text{nm}.$$

Aufgabe 10.2

Grundlagen:
Michelson-Interferometer,
Brechungsgesetz (S 9.3)

Es werden folgende Bezeichnungen gewählt:

N_L Zahl der Interferenzänderungen beim Abpumpen der Luft
N_C Zahl der Interferenzänderungen beim Einlassen von CO_2
s Länge der Röhre
x Zahl der Vakuumwellenlängen in der Röhre
n_C; λ_C Brechzahl und Wellenlänge für CO_2-Füllung

$$2s = x\lambda_V$$

$$2s = (x + N_L)\lambda_L = \left(\frac{2s}{\lambda_V} + N_L\right)\lambda_L$$
$$= (2s + \lambda_V N_L)\frac{\lambda_L}{\lambda_V}.$$

Aus dem Brechungsgesetz folgt $n_L = \frac{\lambda_V}{\lambda_L}$. Damit wird

$$2sn_L = 2s + \lambda_V N_L$$

$$2s(n_L - 1) = \lambda_V N_L. \qquad (1)$$

Ebenso gilt für CO_2

$$2s(n_C - 1) = \lambda_V N_C. \qquad (2)$$

Division von (2) durch (1) und Auflösung nach n_C liefert für die Brechzahl von CO_2:

$$n_C = \frac{N_C}{N_L}(n_L - 1) + 1 = 1{,}000474.$$

Aufgabe 10.3

Grundlagen:
Brechungsgesetz (S 9.3),
Interferenz an keilförmigen Schichten

$$R^2 = (R - h)^2 + r_N{}^2$$

Bei Vernachlässigung von h^2:

$$h = \frac{r_N{}^2}{2R}.$$

Ist $2h = N\lambda$, so tritt wegen des Phasensprungs bei Reflexion am optisch dichteren Medium ein Interferenzminimum auf. Der Radius des N-ten dunklen Ringes ist

$$r_N = \sqrt{N R \lambda}\,.$$

Ersetzt man λ durch die Vakuumwellenlänge und Brechzahl n des Mediums im Keil, so wird

$$r_N = \sqrt{\frac{N R \lambda_V}{n}}\,.$$

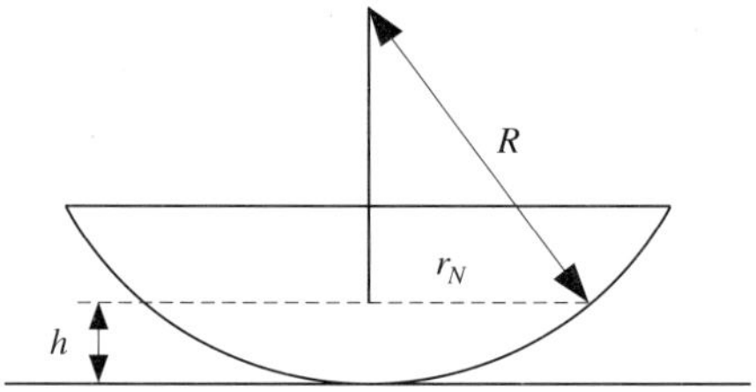

Für $n > n_{Gl}$ gibt es keine Änderung. Der Phasensprung tritt dabei bei der Reflexion an der Grenzfläche Linse – Medium auf.

Aufgabe 10.4

Grundlagen:
Brechungsgesetz (S 9.3),
Radien Newtonscher Ringe (10.10)

Für den Radius des N-ten Newtonschen Ringes gilt

$$r_N = \sqrt{N R \lambda} \qquad R \text{ Krümmungsradius der Linse.}$$

Aus dem Brechungsgesetz folgt mit $n_L = 1$

$$\lambda_W = \frac{\lambda_L}{n_W}\,.$$

Nach Aufgabenstellung ist

$$r_{L3} = r_{W4}$$

$$3 R_1 \lambda_L = 4 R_2 \lambda_W$$

$$\frac{R_1}{R_2} = \frac{4}{3} \cdot \frac{1}{n_W} = 1\,.$$

Grundlagen:
Kohärenzlänge (10.11),
Halbwertsbreite (I S 9.9), (I 10.3)

Aufgabe 10.5

Nach (10.11 a) gilt für die Zahl der beobachtbaren Interferenzen

$$N_{\max} = \frac{\lambda_0}{\Delta\lambda}.$$

Nimmt man für λ_0 die mittlere Wellenlänge der Natrium-Linien und für $\Delta\lambda$ den Abstand der beiden Einzellinien von der Mitte an (0,3 nm), so erhält man

$$N_{\max} = 1964.$$

Die Kohärenzlänge ist nach (10.11)

$$l_K = N_{\max}\lambda$$

$$l_K = 1{,}2\,\text{mm}.$$

Grundlagen:
Interferenzbedingung (S 10.3),
Brechungsgesetz (S 9.3)

Aufgabe 10.6

Beide Reflexionen erfolgen am dichteren Medium, führen also zum gleichen Phasensprung.
Für ein Interferenzminimum im reflektierten Licht muß mit der Schichtdicke d und der Wellenlänge in der Schicht λ_S gelten

$$2d = (2N-1)\frac{\lambda_S}{2}.$$

Aus dem Brechungsgesetz folgt

$$\lambda_S = \frac{\lambda_V}{n_S},$$

$$\lambda_V = \frac{4d\,n_S}{2N-1}.$$

Für $N = 1$ ist

$$\lambda_V = 520\,\text{nm}.$$

Für $N > 1$ liegen die Wellenlängen nicht im sichtbaren Bereich.

Aufgabe 10.7

Grundlagen:
Fraunhofersche Beugung an der Lochblende (10.32)

Mit R als Radius der Pupille gilt für das erste Beugungsminimum

$$\sin \gamma_1 = \frac{0{,}61\,\lambda}{R}.$$

Mindestens diesen Winkelabstand muß aber das nullte Beugungsmaximum des benachbarten Punktes haben.
Wegen $\gamma \approx \sin\gamma$ erhält man

$$\gamma = 3{,}35 \cdot 10^{-4}$$

$$\gamma = 1{,}2'.$$

Aufgabe 10.8

Grundlagen:
Beugung am Gitter (S 10.9),
Lage der Hauptmaxima (10.23 b)

Für die Hauptmaxima gilt

$$\sin \alpha = \frac{N\lambda}{g}.$$

Für gleiche α:

$$N\lambda_1 = (N+1)\,\lambda_2$$

$$N = \frac{\lambda_2}{\lambda_1 - \lambda_2} = 3.$$

Die Gitterkonstante ist

$$g = \frac{1}{290\,\mathrm{mm}^{-1}},$$

$$\sin\alpha = \frac{3\lambda_1}{g} = 0{,}501$$

$$\alpha = 30{,}1^\circ.$$

Aufgabe 10.9

Grundlagen:
Fresnelsche Formeln (9.17),
Polarisation durch Brechung (10.52)

Für einmalige Brechung gilt

$$E_{0\mathrm{bp}} = \pi_\mathrm{b} E_{0\mathrm{ep}},$$
$$E_{0\mathrm{bs}} = \sigma_\mathrm{b} E_{0\mathrm{es}}.$$

Wegen der Gleichheit von $E_{0\mathrm{ep}}$ und $E_{0\mathrm{es}}$ ist nach einmaliger Brechung das Intensitätsverhältnis

$$\frac{I_{\mathrm{bp}}}{I_{\mathrm{bs}}}=\frac{\pi_{\mathrm{b}}{}^2}{\sigma_{\mathrm{b}}{}^2}=\frac{1}{\cos^2(i_{\mathrm{e}}-i_{\mathrm{b}})}. \tag{10.52}$$

Der Brewster-Winkel ist $i_{\mathrm{e}}=\arctan n=56{,}31°$. Der Brechungswinkel ist $i_{\mathrm{b}}=\left(\frac{\pi}{2}-i_{\mathrm{e}}\right)=33{,}69°$. Damit wird nach (10.52)

$$\frac{I_{\mathrm{bp}}}{I_{\mathrm{bs}}}=1{,}1736.$$

Für den Übergang Glas – Luft gilt (10.52) ebenfalls, das Intensitätsverhältnis ändert sich nochmals um den gleichen Faktor. Nach Durchgang durch N Grenzflächen ist

$$\left(\frac{I_{\mathrm{p}}}{I_{\mathrm{s}}}\right)_N=\left(\frac{\pi_{\mathrm{b}}{}^2}{\sigma_{\mathrm{b}}{}^2}\right)^N.$$

Für 10 Platten ($N=20$) erhält man

$$\left(\frac{I_{\mathrm{p}}}{I_{\mathrm{s}}}\right)_{20}=(1{,}1736)^{20}=24{,}57.$$

Der Polarisationsgrad

$$P=\frac{I_{\mathrm{p}}-I_{\mathrm{s}}}{I_{\mathrm{p}}+I_{\mathrm{s}}}$$

wird mit $I_{\mathrm{p}}=24{,}57\,I_{\mathrm{s}}$ zu

$$P=0{,}92=92\,\%.$$

Aufgabe 11.1

Grundlagen:
Brechungsgesetz (S 9.3),
Strahlablenkung mit dem Prisma (11.4)

Der Ablenkungswinkel ist

$$\Delta i=i_{\mathrm{b}}-\gamma.$$

Das Brechungsgesetz wird zu

$$\frac{\sin i_{\mathrm{b}}}{\sin\gamma}=n$$

$$i_{\mathrm{b}}=\arcsin(n\sin\gamma)=74{,}6°.$$

Der Ablenkungswinkel ist

$$\Delta i=34{,}6°.$$

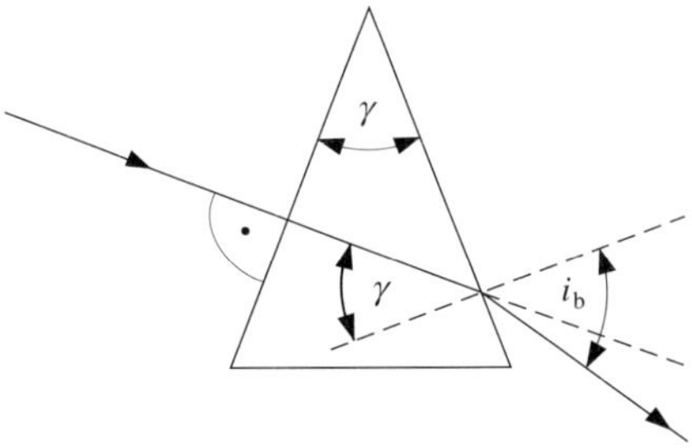

Aufgabe 11.2

Grundlagen:
Vergrößerung (D 11.4)

$$v = \frac{w}{w_0} \approx \frac{\tan w}{\tan w_0}.$$

Dabei ist w_0 der Winkel, unter dem der Gegenstand $G = 0{,}04\,\mathrm{mm}$ aus $s_0 = 25\,\mathrm{cm}$ gesehen würde:

$$\tan w_0 = \frac{G}{s_0}.$$

Das virtuelle Bild wird unter dem gleichen Winkel gesehen wie das Spiegelbild des Maßstabes:

$$\tan w = \frac{B'}{s}.$$

Mit $B' = 4\,\mathrm{cm}$ und $s = 62{,}5\,\mathrm{cm}$ folgt

$$v = 400.$$

Aufgabe 11.3

Grundlagen:
Paraxialer Strahlengang (Abb. 11.18)

Nach (Abb. 11.18) gilt:

$$\sin i_e = \frac{h}{R},$$

$$\cos i_e = \frac{\frac{R}{2}}{\overline{MF_B}}.$$

Mit

$$\cos i_e = \sqrt{1 - \sin^2 i_e}$$

folgt

$$\cos i_e = \frac{\sqrt{R^2 - h^2}}{R},$$

$$\overline{MF_B} = \frac{R^2}{2}\,\frac{1}{\sqrt{R^2 - h^2}};$$

mit h_1 und h_2 erhält man für den Abstand der Schnittpunkte

$$\Delta(\overline{MF_B}) = 5{,}9\,\text{cm}.$$

Aufgabe 11.4

Grundlagen:
Abbildung durch sphärische Flächen,
Vorzeichenfestlegung bei der Brechung (Abb. 11.16),
Abbesche Invariante (S 11.4)

Vorzeichenfestlegung:

s_G negativ; $s_G = -7{,}5\,\text{mm}$,
R negativ, da Sphäre gegenüber dem einfallenden Strahl konkav,
$n_G = 1{,}56$; $n_B = 1$ (Luft).

Nach (S 11.4) gilt

$$n_B\left(\frac{1}{R} - \frac{1}{s_B}\right) = n_G\left(\frac{1}{R} - \frac{1}{s_G}\right)$$

$$\frac{n_B}{s_B} = \frac{n_G}{s_G} + \frac{n_B - n_G}{R}$$

und mit $n_B = 1$

$$s_B = \frac{s_G R}{n_G R + s_G(1 - n_G)}$$

$$s_B = -5{,}86\,\text{mm}.$$

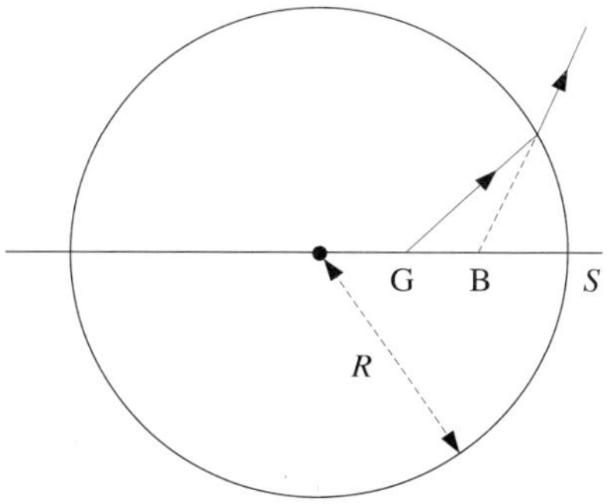

Das virtuelle Bild des eingeschlossenen Gegenstandes erscheint dem Betrachter im Innern der Kugel, aber der Oberfläche näher als der Gegenstand.

Aufgabe 11.5

> Grundlagen:
> Berechnung der Brechkraft einer Linse (11.12),

Die Brechkraft ist

$$D = (n_L - n)\left(\frac{1}{R_1} - \frac{1}{R_2}\right) + \frac{(n_L - n)^2 d}{n_L R_1 R_2}.$$

Für $R_1 = R_2$ wird der erste Term zu Null. Mit $n = 1$ wird

$$f = \frac{1}{D} = \frac{n_L R^2}{(n_L - 1)^2 d},$$

$$f = 8{,}9\,\mathrm{m}.$$

Eine Brennglaswirkung ist möglich, wenn die Scherbe z.B. auf einem Baum hängt.

Aufgabe 11.6

> Grundlagen:
> Abbildungsgesetze der Linse, Berechnung der Brechkraft (11.12),
> Lage der Hauptpunkte (11.20)

Den beiden brechenden Flächen werden die Koordinatensysteme x_1 und x_2 mit den Nullpunkten bei S_1 bzw. S_2 zugeordnet.

gegeben: $n = 1$ $\quad R_1 = 10\,\mathrm{cm}$ $\quad d = 4\,\mathrm{cm}$
$n_L = 1{,}5$ $\quad R_2 \to \infty$.

Aus (11.20a)

$$x_{1HG} = -\frac{(n_L - n)\,d}{n_L R_2} f$$

folgt mit $R_2 \to \infty$ sofort

$$x_{1HG} = 0.$$

Die gegenstandseitige Hauptebene geht durch S_1.

$$x_{2HB} = -\frac{(n_L - n)\,d}{n_L R_1} f \qquad (11.20\,b)$$

erfordert zunächst die Berechnung der Brennweite f. Aus (11.12)

$$D = (n_L - n)\left(\frac{1}{R_1} - \frac{1}{R_2}\right) + \frac{(n_L - n)^2 d}{n_L R_1 R_2}$$

folgt wegen $R_2 \to \infty$

$$f = \frac{n}{D} = \frac{R_1 n}{n_L - n},$$

$$x_{2HB} = -\frac{(n_L - n)d}{n_L R_{1n}} \frac{R_1 n}{n_L - n} = -\frac{dn}{n_L},$$

$x_{2HB} = -2{,}67\,\text{cm}$ (im Koordinatensystem x_2).

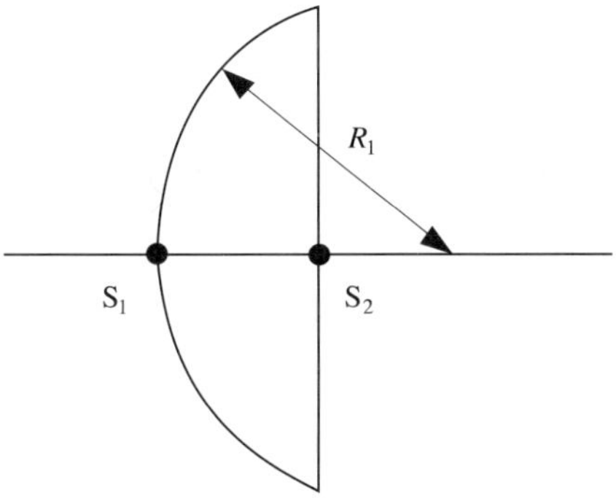

Die 2. Hauptebene liegt links von der Planfläche, hat also vom Scheitel S_1 der Linse den Abstand $+1{,}33\,\text{cm}$.

Aufgabe 11.7

Grundlagen:
Berechnung von Brennweite und Brechkraft (11.12)
Berechnung der Lage der Brennpunkte (11.15)

Die Punktlichtquelle muß im gegenstandseitigen Brennpunkt stehen.
Nach (11.15b) gilt

$$x_{1FG} = -f\left(1 + \frac{(n_L - n)d}{n_L R_2}\right).$$

D errechnet sich nach (11.12) mit $R_2 = -R_1$ und $d = 2R_1$ zu

$$D = (n_L - n)\frac{2}{R_1} - \frac{(n_L - n)^2\, 2}{n_L R_1} = 4{,}96\,\text{m}^{-1},$$

$$f = 20{,}2\,\text{cm}.$$

Bei der Berechnung von x_{1FG} muß für R_2 die Vorzeichenkonvention beachtet werden: $R_2 = -10\,\text{cm}$.
Damit wird

$$x_{1FG} = -10{,}2\,\text{cm}.$$

Die Lichtquelle muß 10,2 cm vor der Kugelwand stehen.

Aufgabe 11.8

Grundlagen:
Definition der Hauptpunkte eines optischen Systems (D 11.8),
Newtonsche Abbildungsformel (11.19),
Zusammenhänge zwischen Brennweite und Lage
verschiedener Punkte (11.16 a); (11.21 a/b)

Der Scheitelpunkt der Frontlinse erhält durch Definition die Koordinate $x_S = 0$. Damit werden die Koordinaten aller vor der Frontlinse liegenden Punkte negativ.

Fall 1 (∞ – Einstellung): $x_B = 120\,\text{mm}; f = 135\,\text{mm}$
Nach (11.21 b) ist

$$x_B - x_{HB} = X'_B + f.$$

Da für die Einstellung auf ∞ das Bild in der Brennpunktebene entsteht, ist $X'_B = 0$.

$$x_{HB} = x_B - f = -15\,\text{mm}.$$

Die bildseitige Hauptebene liegt außerhalb des Objektivs 15 mm vor S.

Fall 2 (1 m-Einstellung): $x_B = 145{,}8\,\text{mm}$; $x_B - x_G = 1000\,\text{mm}$ (x_G ist negativ).
Nach (11.21 b) gilt

$$X'_B = x_B - x_{HB} - f = 25{,}8\,\text{mm}.$$

Aus der Newtonschen Abbildungsformel (11.19) folgt

$$X'_G = -\frac{f^2}{X'_B} = -706{,}4\,\text{mm}.$$

Aus (11.16 a)

$$x_{FG} = x_G - X_G' = x_B - 1000\,\text{mm} - X'_G$$

ergibt sich nach Definition der Hauptpunkte (D 11.9):

$$x_{HG} = x_{FG} + f = x_B - X'_G + f - 1\,000\,\text{mm},$$

$$x_{HG} = -12{,}8\,\text{mm}.$$

Auch die gegenstandseitige Hauptebene liegt außerhalb des Objektivs. Sie liegt der Frontlinse aber näher als die bildseitige Hauptebene.

Aufgabe 11.9

Grundlagen:
Abbildungsgesetze der Linse, Brechkraft von Linsen (11.12),
Brechkraft und Brennweite dünner Linsen (11.12 a)

$$D = (n_L - n)\left(\frac{1}{R_1} - \frac{1}{R_2}\right) + \frac{(n_L - n)^2\, d}{n_L\, R_1\, R_2}. \tag{11.12}$$

Für eine dünne plankonvexe Linse gilt

$$D=(n_L-n)\frac{1}{R}$$

bzw.

$$f=\frac{R}{n_L-n}.$$

Da auch f_2 positiv sein soll, R_2 nach der Vorzeichenkonvention aber negativ ist, muß gelten:

$$R_1=(n_L-n)f_1 \qquad \text{und} \qquad R_2=-(n_L-n)f_2.$$

Damit ergibt sich

$$D=\left(\frac{1}{f_1}+\frac{1}{f_2}\right)-\frac{d}{n_L f_1 f_2}.$$

Berücksichtigt man die Idealisierung „dünne Linse", so ist die Brechzahl des Materials zwischen den brechenden Flächen Luft (also $n_L=1$). Damit ist die gesuchte Formel

$$\frac{1}{f}=\frac{1}{f_1}+\frac{1}{f_2}-\frac{d}{f_1 f_2}.$$

Da diese Formel nur die Brennweiten und den Abstand der dünnen Linsen enthält, gilt sie unabhängig von der speziellen Linsenform.
Für das Teleobjektiv ergibt sich mit
$f=135$ mm, $f_1=50$ mm und $f_2=-10$ mm:

$$d=\left(\frac{1}{f_1}+\frac{1}{f_2}-\frac{1}{f}\right)f_1 f_2=43{,}7\,\text{mm}.$$

Aufgabe 11.10

Grundlagen:
Dünne Linsen (11.12a),
Abbesche Zahl, Farbfehler und ihre Korrektur (11.29); (11.30)

Für beide dünne Linsen gilt

$$D=(n_L-n)\frac{1}{R}, \qquad (11.12\text{a})$$

außerdem

$$\frac{1}{f}=\frac{1}{f_1}+\frac{1}{f_2}.$$

Wegen der geforderten positiven Brennweite muß die Plankonvexlinse aus Material der größeren Brechzahl bestehen.

$n_1 = 1{,}65;\ n_2 = 1{,}5;\ R_1 = -R_2 = R$

$$\frac{1}{f} = \frac{n_1 - n}{R} - \frac{n_2 - n}{R}$$

$$R = 3\,\mathrm{cm}.$$

Zur Kompensation des Farbfehlers gilt bei zusammenfallenden Hauptebenen

$$\frac{\beta_1}{\beta_2} = -\frac{f_2}{f_1}, \qquad (11.30\,\mathrm{a})$$

mit $f_1 = \frac{R}{n_1 - n}$ und $f_2 = -\frac{R}{n_2 - n}$ folgt für $n = 1$ (Luft)

$$\beta_2 = 40{,}8.$$

Die verkittete Linse wäre bei Verwendung von Flintglas mit der Abbeschen Zahl 40,8 farbkorrigiert.

Aufgabe 12.1

Grundlagen:
Definition der Leuchtdichte (D 12.2),
Definition des Lichtstroms (D 12.5)

Aus

$$\mathrm{d}\Phi = I\,\mathrm{d}\Omega$$

erhält man durch Integration über eine Kugelfläche

$$\Phi_{\mathrm{ges}} = I\,4\pi = 1\,445\,\mathrm{lm}.$$

Aus $L = \frac{\mathrm{d}I}{\mathrm{d}A}$ folgt für eine Kugelfläche

$$L = 1{,}43 \cdot 10^3\,\mathrm{cd\,m^{-2}}.$$

Aufgabe 12.2

Grundlagen:
Definition der Beleuchtungsstärke (D 12.7),
Zusammenhang zwischen Lichtstärke und Beleuchtungsstärke (12.3)

Nach (12.3) gilt für eine Punktlichtquelle

$$E = \frac{I\cos(\boldsymbol{r}^\circ, \mathrm{d}\boldsymbol{A}^\circ)}{r^2}.$$

Für die horizontale Fläche ist

$$E_{\mathrm{H}} = \frac{I\cos\varphi}{r^2}.$$

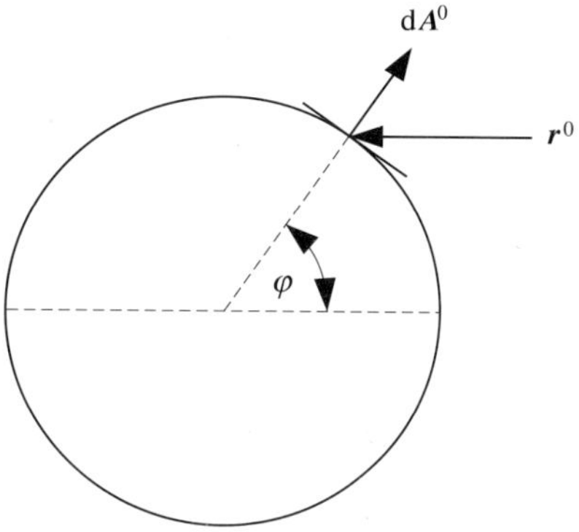

Für die vertikal aufgestellte Fläche gilt

$$E_V = \frac{I \cos\left(\frac{\pi}{2} - \varphi\right)}{r^2} = \frac{I \sin\varphi}{r^2},$$

$$\frac{E_H}{E_V} = \cot\varphi,$$

$$\frac{E_H}{E_V} = 0{,}78.$$

Grundlagen:
Zusammenhang zwischen Lichtstärke und Beleuchtungsstärke (12.3)

Aufgabe 12.3

Nach dem Ergebnis der Aufgabe 12.2 muß gelten

$$E_{V\alpha} = 0{,}78\, E_{V0}$$

Nach (12.3) ist $\cos\alpha = 0{,}78$

$$\alpha = 38{,}6^\circ.$$

Grundlagen:
Definition der Leuchtdichte (D 12.2),
Beziehungen zwischen Lichtstärke, Lichtstrom und Beleuchtungsstärke (D 12.7), (12.3)

Aufgabe 12.4

$$I = \frac{E r^2}{\cos(\boldsymbol{r}^\circ, \mathrm{d}\boldsymbol{A}^\circ)}$$

Aus $L = \frac{\mathrm{d}I}{\mathrm{d}A}$ folgt für die Sonne als Lambert-Strahler

$$L = \frac{I}{A},$$

wobei A eine Kreisfläche mit dem Sonnenradius ist. Damit ist mit R Radius der Sonne und r Abstand Sonne – Erde

$$L = \frac{E r^2}{R^2 \pi \cos(\boldsymbol{r}^\circ, \mathrm{d}\boldsymbol{A}^\circ)}$$

$$L = 1{,}18 \cdot 10^9 \, \mathrm{cd\,m^{-2}}.$$

Aufgabe 12.5

Grundlagen:
Zusammenhang zwischen Lichtstärke und Beleuchtungsstärke (12.3),
Bildentstehung am Spiegel (S 11.7)

Durch den als ideal angenommenen Spiegel entsteht hinter ihm in der Entfernung der reellen Lichtquelle ein virtuelles Bild dieser Lichtquelle. Die Beleuchtungsstärke ergibt sich als Summe der Anteile von 2 Lichtquellen in den Entfernungen 3 m und 9 m.

$$E = E_1 + E_2 = \frac{I}{{r_1}^2} + \frac{I}{{r_2}^2}$$

$$E = 61{,}7 \, \mathrm{lx}.$$

Aufgabe 12.6

Grundlagen:
Zusammenhang zwischen Lichtstärke und Beleuchtungsstärke (12.3)

Die größte Beleuchtungsstärke existiert in der Mitte einer Wandfläche

$$E_1 = \frac{I}{{r_1}^2}.$$

Dabei ist r_1 die halbe Kantenlänge des Würfels. Die kleinste Beleuchtungsstärke hat ein Flächenelement, das unmittelbar an eine Ecke anschließt.

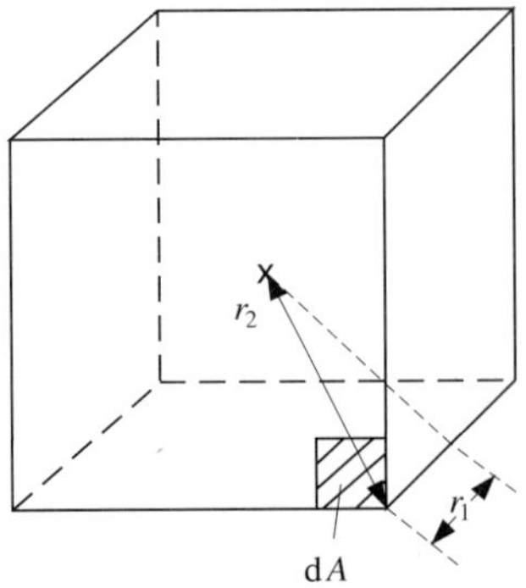

Für r_2 folgt aus dem Lehrsatz des Pythagoras

$$r_2 = r_1 \sqrt{3}.$$

Nimmt man als Flächenelement dA ein Element der Würfelvorderseite, so gilt für den Winkel zwischen $\boldsymbol{r}^\circ$ und d$\boldsymbol{A}^\circ$

$$\cos(\boldsymbol{r}^\circ, \mathrm{d}\boldsymbol{A}^\circ) = \frac{r_1}{r_2},$$

$$E_2 = \frac{I r_1}{r_2^{\,3}} = \frac{I}{3\sqrt{3}\, r_1^{\,2}},$$

$$\frac{E_1}{E_2} = 5{,}2.$$

Aufgabe 13.1

> Grundlagen:
> Lorentz-Kraft (S 2.9),
> Newtonsches Grundgesetz $\boldsymbol{F} = m\boldsymbol{a}$,
> Kraftwirkung im elektrischen Feld $\boldsymbol{F} = q\boldsymbol{E}$ (D 1.5)

a) Nach Voraussetzung besitzen die von G ausgehenden Elektronen einheitliche kinetische Energie, d.h. auch konstanten Betrag v_0 der Geschwindigkeit. Zerlegung der Geschwindigkeit in eine Komponente $\boldsymbol{v}_x$ in Richtung des Feldes und eine Komponente $\boldsymbol{v}_\mathrm{n}$ senkrecht zum Feld ergibt

$$v_{0x} = v_0 \cos\vartheta, \tag{1a}$$

$$v_{0\mathrm{n}} = v_0 \sin\vartheta \tag{1b}$$

(ϑ Winkel zwischen $\boldsymbol{v}_0$ und $\boldsymbol{B}$). Nach (S 2.9) wird v_{0x} vom Feld nicht beeinflußt. Demnach gilt

$$x = v_{0x} t = v_0 \cos\vartheta\, t. \tag{2a}$$

Die Bewegung senkrecht zum Magnetfeld führt zum Durchlaufen einer Kreisbahn vom Radius r.
Für sie gilt nach (3.5)

$$r = \frac{m_\mathrm{e} v_{0\mathrm{n}}}{e B_0} = \frac{m_\mathrm{e} v_0}{e B_0} \sin\vartheta. \tag{2b}$$

Die Elektronen durchlaufen Schraubenbahnen.

b) Die Elektronen durchlaufen die Kreisbahnen (2b) in der Zeit

$$t_0 = \frac{2\pi r}{v_{0\mathrm{n}}} = \frac{2\pi m_\mathrm{e}}{e B_0}, \tag{3}$$

schneiden damit die Ausgangsfeldlinie in der Entfernung

$$\Delta x = v_{0x} t_0 = \frac{2\pi m_e}{e B_0} v_0 \cos\vartheta \tag{4}$$

von G.

c) Beschränkung auf das paraxiale Gebiet, d.h. nach (D 11.5) auf $\cos\vartheta \approx 1$, ergibt

$$\Delta x_0 = x_B - x_G = \frac{2\pi m_e}{e B_0} v_0, \tag{5}$$

alle Elektronen haben denselben Schnittpunkt mit der Ausgangsfeldlinie.

Liegt zusätzlich ein gleichgerichtetes elektrisches Feld an, dann gilt nach dem Newtonschen Grundgesetz und (D 1.5)

$$\frac{d^2 x}{dt^2} = \frac{d v_x}{dt} = -E_0 \frac{e}{m_e},$$

woraus nach zweimaliger Integration statt (4)

$$v_x = -E_0 \frac{e}{m_e} t + v_{0x}$$

und damit

$$\Delta x = -\frac{e}{2 m_e} E_0 t_0^2 + v_{0x} t_0$$

folgt.

Aufgabe 13.2

> Grundlagen:
> Elektronenoptische Abbildungsgleichung (13.15),
> allgemeine Lösung der Schwingungsdifferentialgleichung (A 14.5),
> Bilddrehung (13.27)

a) Mit

$$e\varphi_a = \frac{m_e}{2} v_0^2$$

und $\boldsymbol{B} = B_0 \boldsymbol{i}$ lautet die paraxiale Abbildungsgleichung

$$\frac{d^2 U}{dx^2} + w^2 U = 0 \qquad (U = Y, Z), \tag{1}$$

mit

$$w^2 = \frac{e^2 B_0^2}{4 m_e^2 v_0^2}. \tag{1a}$$

Nach (A 14.2) sind

$$U_1(x) = \cos w x, \qquad U_2 = \sin w x \tag{2}$$

zwei linear unabhängige Lösungen von (1). Damit gilt nach (13.20)

$$\frac{\sin w x_G}{\cos w x_G} = \tan w x_G = \frac{\sin w x_B}{\cos w x_B} = \tan w x_B,$$

oder mit (1 a) in Übereinstimmung mit Aufgabe 13.1

$$x_B - x_G = \Delta x_0 = \frac{\pi}{w} = \frac{2\pi m_e}{e B_0} v_0. \tag{3}$$

b) Für den Abbildungsmaßstab folgt aus (13.21)

$$|\beta| = \frac{|\cos w x_B|}{|\cos w x_G|} = \frac{|\cos(w x_G + \pi)|}{|\cos w x_G|} = 1,$$

für die Bilddrehung nach (13.27)

$$\alpha = \sqrt{\frac{e}{8 m_e}} \int\limits_{x_G}^{x_B} \frac{B_0}{\sqrt{\frac{m_e}{2e} v_0^2}} \mathrm{d}x = \frac{e B_0}{2 m_e v_0}(x_B - x_G)$$

und mit (3) $\alpha = \pi$.

Aufgabe 13.3

Grundlagen:
Beziehung (13.1) und (1.3 c)

Es gilt

$$\frac{\sin i_e}{\sin i_b} = \frac{p_b}{p_e} = \frac{v_b}{v_e}$$

mit

$$\frac{m_e}{2} v_e^2 = e \varphi_e,$$

$$\frac{m_e}{2} v_b^2 = e \varphi_b,$$

damit

$$\frac{\sin i_e}{\sin i_b} = \sqrt{\frac{\varphi_b}{\varphi_e}} = \sqrt{\frac{\varphi_e + \Delta\varphi}{\varphi_e}}.$$

$\Delta\varphi > 0$ Brechung zum Lot hin,
$\Delta\varphi < 0$ Brechung vom Lot weg.

Für $i_b = 90°$ ist $\sin i_b = 1$, der zugehörige Einfallswinkel

$$i_{egr} = \arcsin \sqrt{1 + \frac{\Delta\varphi}{\varphi_e}}$$

erfordert $\Delta\varphi < 0$. Für $i_e > i_{egr}$ erfolgt totale Reflexion der Elektronen.

Aufgabe 13.4

Grundlagen:
(D 1.5), (3.4a) und (3.5a)

a) *elektrisches Feld*
Verweilzeit im Kondensator:

$$t = \frac{l}{v_x} \approx \frac{l}{v}.$$

Beschleunigung im Kondensator:

$$\boldsymbol{a}_y = -\frac{e}{m_e}\boldsymbol{E}.$$

$\boldsymbol{v}_y$ am Ende des Feldes:

$$\boldsymbol{v}_y = \boldsymbol{a}_y t = -\frac{el}{v m_e}\boldsymbol{E},$$

$$\tan\alpha = \frac{v_y}{v_x} = \frac{elE}{m_e v^2} = \frac{lE}{2U_{AK}} = \frac{lU}{2dU_{AK}}.$$

Bei Verdoppelung von U_{AK} muß ebenfalls U verdoppelt werden, damit α nicht verändert wird.

b) *magnetisches Feld*
Im Feldbereich kreisförmige Bahn vom Radius

$$r = \frac{m_e v}{eB}.$$

Ablenkungswinkel

$$\sin\alpha = \frac{l}{r} = \frac{eBl}{m_e v} = \sqrt{\frac{e}{2m_e U_{AK}}}\,Bl.$$

Bei Verdoppelung von U_{AK} muß B um das $\sqrt{2}$-fache vergrößert werden, damit α nicht verändert wird.

Aufgabe 13.5

Grundlagen:
Präzession eines Kreisels (I 5.16),
Magnetisches Moment eines Kreisstromes (S 2.8),
Drehmoment im Magnetfeld (1.18)

Das magnetische Feld soll im paraxialen Bereich die Richtung der x-Achse haben. (Betrag B_{ax})
Auf einen magnetischen Dipol wirkt im magnetischen Feld das Drehmoment

$$\boldsymbol{M} = \boldsymbol{m}_m \times \boldsymbol{B}$$

mit dem Betrag

$$M = m_m B_{ax} \cdot \sin \delta$$

δ ist der Winkel zwischen $\boldsymbol{m}_m$ und der x-Achse.
Für die Präzessions-Kreisfrequenz soll nach (I 5.16) gelten

$$\omega_p = \frac{M}{L}.$$

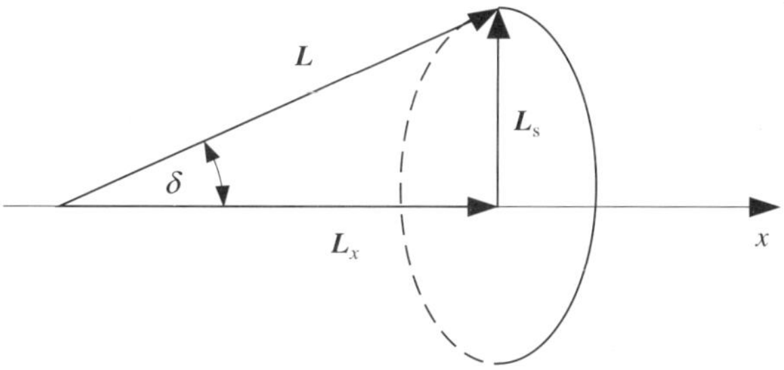

Diese Gleichung bedarf einer Präzisierung.
Die Spitze des Drehimpulsvektors $\boldsymbol{L}$ beschreibt in unserem Falle einen Kreis um die x-Achse.
Seine Zerlegung in Komponenten $\boldsymbol{L}_s$ und$\boldsymbol{L}_x$ zeigt, daß für den Präzessionswinkel $d\varphi_p$ gilt

$$d\varphi_p = \frac{dL}{L_s} = \frac{dL}{L \sin \delta}.$$

Mit

$$\frac{dL}{dt} = M$$

ergibt sich also

$$\omega_p = \frac{d\varphi_p}{dt} = \frac{M}{L \sin \delta} = \frac{m_m B_{ax} \sin \delta}{L \sin \delta} = \frac{m_m B_{ax}}{L}.$$

Für den Betrag des magnetischen Moments eines Kreisstroms gilt nach (S 2.8) $m_m = I R^2 \pi$. Mit

$$I = \frac{e}{t} \qquad \text{und} \qquad v = 2\pi R/t$$

folgt

$$I = \frac{e \cdot v}{2\pi R} \qquad \text{bzw.} \quad m_m = \frac{evR}{2}.$$

Ein kreisendes Elektron hat einen Drehimpuls vom Betrag

$$L = J \cdot \omega = m_e R^2 \cdot \frac{v}{R}.$$

Für die Larmorfrequenz ergibt sich

$$\omega_L = \frac{evR}{2} \frac{1}{m_e R v} B_{ax} = \frac{e}{2m_e} B_{ax}.$$

Aufgabe 14.1

Grundlagen:
Longitudinaler Doppler Effekt (14.4 a), (14.4 b)

Für Fall a gilt nach (14.4 b)

$$\nu_{aB} = \nu_Q \left(1 + \frac{v}{v_{Ph}}\right) = 1\,058{,}8\ \text{Hz}.$$

Für Fall b gilt nach (14.4 a)

$$\nu_{bB} = \frac{\nu_Q}{1 - \dfrac{v}{v_{Ph}}} = 1\,062{,}5\ \text{Hz}.$$

Im ruhenden Medium ist beim Schall eine Unterscheidung der beiden Fälle möglich. Das ist für Licht beim Michelson-Versuch nicht der Fall.

Aufgabe 14.2

Grundlagen:
Vektorielle Addition der Geschwindigkeiten (I S 3.3)

Boot 1 entwickelt gegen die Strömung die Geschwindigkeit $c - v$ und mit der Strömung $c + v$. Die Gesamt-Fahrzeit ist also

$$t_1 = \frac{l}{c - v} + \frac{l}{c + v} = 23{,}8\ \text{s}.$$

Boot 2 muß schräg gegen die Strömung lenken. Seine Geschwindigkeit ergibt sich für Hin- und Rückfahrt zu $\sqrt{c^2 - v^2}$

$$t_2 = \frac{2l}{\sqrt{c^2 - v^2}} = 21{,}8\,\text{s}.$$

Die Zeiten sind unterschiedlich. Beim Drehen der Pfahlanordnung um 90° wäre ein Effekt beobachtbar.
Beim analog aufgebauten Michelson-Versuch wurde dieser Effekt nicht gefunden.

Aufgabe 14.3

Grundlagen:
Längenkontraktion (S 14.6)

$$\Delta l = \Delta l' \sqrt{1 - \frac{v^2}{c^2}}.$$

Für die relative Längenänderung gilt:

$$\frac{\Delta l' - \Delta l}{\Delta l'} = 0{,}01,$$

$$\sqrt{1 - \frac{v^2}{c^2}} = 0{,}99$$

$$v = \sqrt{1 - (0{,}99)^2} \cdot c = 4{,}23 \cdot 10^7 \frac{\text{m}}{\text{s}}.$$

Aufgabe 14.4

Grundlagen:
Relativistisches Additionstheorem der Geschwindigkeiten (S 14.7)

Wir betrachten Σ_2 als System Σ und die Erde als gegen Σ mit der Geschwindigkeit $v = 2 \cdot 10^8\,\text{m/s}$ bewegtes System Σ'. In Σ' haben die Teilchen „1" die Geschwindigkeit $v'_{x'} = 2 \cdot 10^8\,\text{m/s}$. Nach (S 14.7) gilt für die Geschwindigkeitskoordinate

$$v_x = \frac{v'_{x'} + v}{1 + \frac{v v'_{x'}}{c^2}} = \frac{(2+2) \cdot 10^8 \frac{\text{m}}{\text{s}}}{1 + \frac{2 \cdot 2}{3 \cdot 3}} = 2{,}77 \cdot 10^8 \frac{\text{m}}{\text{s}}.$$

Die Relativgeschwindigkeit zwischen den Teilchen beträgt 92% der Vakuumlichtgeschwindigkeit.

Aufgabe 14.5

Grundlagen:
Arbeit im elektrischen Feld (1.3),
Masse-Energie-Äquivalenz (14.26), Impulsmasse (S 14.14)

a) Nichtrelativistische Rechnung:
Nach (1.3) ergibt sich bei Beschleunigung aus der Ruhelage $W_{\mathrm{kin}} = e\,U$

$$U = \frac{m_0 v^2}{2e}.$$

Mit $v = 3 \cdot 10^7$ m/s folgt

$$U = 2\,559\ \mathrm{V}.$$

b) Relativistische Rechnung:
Nach (14.26) ist

$$W_{\mathrm{K}} = (m - m_0)\,c^2.$$

Hierbei ist m die Impulsmasse nach (S 14.14)

$$U = \frac{m_0 c^2}{e}\left(\frac{1}{\sqrt{1 - \frac{v^2}{c^2}}} - 1\right) = 2\,579\ \mathrm{V}.$$

Wegen der relativistischen Massenveränderung ist die Beschleunigungsarbeit und damit die Beschleunigungsspannung größer als im nichtrelativistischen Fall.

Aufgabe 14.6

Grundlagen:
Relativistische kinetische Energie (14.26),
Lorentz-Kraft (S 2.9), Normalkraft (I 3.12b)

Da in einem Zyklotron die Lorentz-Kraft Normalkraft ist, gilt auch für den größten Bahnradius

$$q\,v\,B = m\frac{v^2}{r},$$

$$r = \frac{m\,v}{q\,B}.$$

Drückt man v durch die kinetische Energie aus

$$v = \sqrt{\frac{2\,W_{\mathrm{k}}}{m}},$$

so folgt

$$r = \frac{\sqrt{2\,m\,W_{\mathrm{k}}}}{q\,B}.$$

Für die relativistische kinetische Energie

$$W_k \doteq (m - m_0)\,c^2 \qquad (14.26)$$

ergibt sich mit der Massenzunahme von einem Prozent ($m = 1{,}01\,m_0$)

$$W_k = 0{,}01\,m_0\,c^2 .$$

Setzt man jetzt in der Formel für den Radius näherungsweise $m = m_0$, so ergibt sich

$$r = \frac{0{,}1\sqrt{2}\,m_0\,c}{q\,B} .$$

Mit $c = 3 \cdot 10^8$ m/s und $q = 1{,}6 \cdot 10^{-19}$ As erhält man

$$d = 2r = 1{,}1\ \text{m} .$$

Aufgabe 14.7

Grundlagen:
Masse-Energie-Äquivalenz (S 14.16),
Transformation der elektrischen Ladung (S 14.13),
Arbeit im elektrischen Feld (1.3)

Nach (S 14.13) ist die elektrische Ladung invariant gegenüber der Lorentz-Transformation.
Die Veränderung von e/m beruht also allein auf der relativistischen Massenänderung.
Die Impulsmasse ergibt sich aus (S 14.16) und 1.3:

$$W_k = e\,U = (m - m_0)\,c^2 ,$$

$$m = \frac{e\,U}{c^2} + m_0 .$$

Für die *relative* Änderung von e/m folgt

$$\frac{\dfrac{e}{m} - \dfrac{e}{m_0}}{\dfrac{e}{m_0}} = \frac{\dfrac{1}{m} - \dfrac{1}{m_0}}{\dfrac{1}{m_0}} = \frac{m_0}{m} - 1 .$$

Einsetzen der Impulsmasse liefert mit

$$e = 1{,}6 \cdot 10^{-19}\ \text{As} \qquad \text{und} \qquad m_0 = 9{,}1 \cdot 10^{-31}\ \text{kg}$$

$$\frac{m_0}{\dfrac{e\,U}{c^2} + m_0} - 1 = -\frac{e\,U}{e\,U + m_0\,c^2} = -0{,}163 .$$

e/m ist gegenüber ruhenden Elektronen um 16,3 % kleiner geworden.

Aufgabe 14.8

Grundlagen:
Tab. 14.1

$$e\,U_{AK} = W_k = (m_e - m_{0e})\,c^2 = m_{0e}\,c^2 \left(\frac{1}{\sqrt{1 - \frac{v^2}{c^2}}} - 1 \right), \tag{1}$$

$$\boldsymbol{p} = m_e \boldsymbol{v} = m_{0e} \frac{v\,\boldsymbol{v}^0}{\sqrt{1 - \frac{v^2}{c^2}}}. \tag{2}$$

Mit $x = \dfrac{e\,U_{AK}}{m_{0e}\,c^2}$ folgt aus (1)

$$\frac{v^2}{c^2} = 1 - \frac{1}{(1+x)^2} = \frac{2x + x^2}{(1+x)^2} \tag{3}$$

oder

$$v = c\frac{\sqrt{x(2+x)}}{(1+x)} = \frac{c\sqrt{\frac{e\,U_{AK}}{m_{0e}\,c^2}\left(2 + \frac{e\,U_{AK}}{m_{0e}\,c^2}\right)}}{\left(1 + \frac{e\,U_{AK}}{m_{0e}\,c^2}\right)}. \tag{4}$$

(2) geht mit (3) und (4) über in

$$\boldsymbol{p} = \sqrt{2e\,m_{0e}\,U_{AK}\left(1 + \frac{e}{2m_{0e}\,c^2}\,U_{AK}\right)} \cdot \boldsymbol{v}^0. \tag{5}$$

Mit (2) und (1) gilt

$$\frac{m_{0e}\,v}{e} = r\,B = \frac{p}{e}, \tag{6}$$

damit nach (5)

$$r^2 B^2 = \frac{p^2}{e^2} = \frac{2m_{0e}}{e}\,U_{AK}\left(1 + \frac{e}{2m_{0e}\,c^2}\,U_{AK}\right)$$

oder

$$\frac{e}{m_{0e}} = \frac{2}{r^2 B^2}\,U_{AK}\left(1 + \frac{e}{2m_{0e}\,c^2}\,U_{AK}\right).$$

Grundlagen:
Wirkungsgrad einer Carnot-Maschine (I 7.23),
Lorentz-Transformation thermodynamischer Größen (14.28), (14.29)

Aufgabe 14.9

Aus (14.28) und (14.29) gewinnt man die Transformation der Temperatur

$$T' = T\sqrt{1-\frac{v^2}{c^2}}.$$

Die Temperatur des siedenden Wassers ist also

$$T_1' = 373{,}15\,\mathrm{K}\sqrt{1-\frac{v^2}{c^2}} = 373{,}15\,\mathrm{K}\sqrt{0{,}99} = 371{,}28\,\mathrm{K}.$$

Die Tripeltemperatur des Wassers wird zu

$$T_{\mathrm{tr}}' = 273{,}16\,\mathrm{K}\sqrt{0{,}99} = 271{,}79\,\mathrm{K}.$$

Für den Wirkungsgrad des Carnotprozesses gilt nach (I 7.23)

$$\eta' = 1 - \frac{T_{\mathrm{tr}}'}{T_1'} = 1 - \frac{T_{\mathrm{tr}}}{\mathrm{T}_1} = \eta.$$

Der Wirkungsgrad des Carnot-Prozesses ist lorentzinvariant

$$\eta' = 1 - \frac{373{,}15}{273{,}16} = 0{,}268.$$

Grundlagen:
Die Erde als rotierendes System, Zentrifugalkraft (S 14.21)

Aufgabe 14.10

Die Auslenkung des Fadens aus der Senkrechten wird durch die Horizontalkomponente der Zentrifugalkraft bewirkt.
Für sie gilt nach (S 14.21) und Abb. 14.13

$$|{}^{z}F_{\mathrm{h}}| = m\omega^2 r_{\mathrm{E}} \cos\delta \sin\delta.$$

Für T ist die Zeit für eine Umdrehung der Erde gegenüber dem Fixsternhimmel (1 Sterntag) anzunehmen.

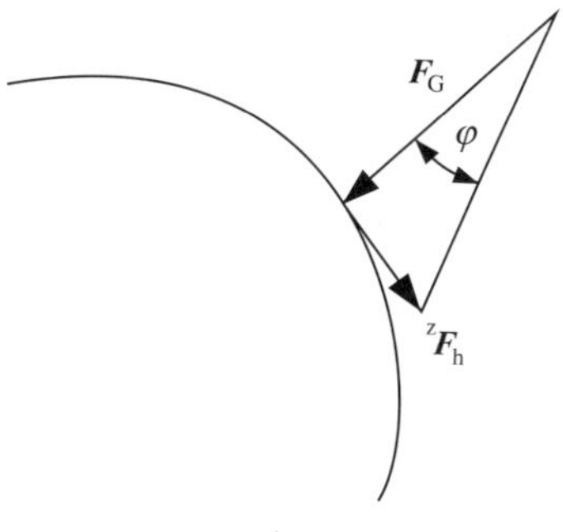

Es ergibt sich:

$$\tan\varphi = \frac{|{}^zF_h|}{|F_G|} = \frac{\left(\dfrac{2\pi}{T}\right)^2 r_E \cos\delta \sin\delta}{g} = 1{,}68 \cdot 10^{-3},$$

$$\varphi = 0{,}096° = 5'46''.$$

Aufgabe 14.11

> Grundlagen:
> Gravitationsrotverschiebung (S 14.24), Zeitdefinition (I D 2.1);
> Gravitationspotential (14.70 b), Gravitationskonstante (I 3.19), Daten: (I Tab. 3.1)

Für die Gravitationsrotverschiebung gilt allgemein

$$\nu' = \frac{\nu}{1 + \dfrac{\varphi}{c^2}}. \qquad \text{(S 14.24)}$$

Hierbei ist φ der Betrag des Gravitationspotentials $\varphi = \frac{\gamma m}{r}$ (14.70 b). Ist ν_1' die Cs-Frequenz an der Erdoberfläche und ν_2' die Frequenz in der Höhe h, so gilt:

$$\Delta\nu' = \nu_2' - \nu_1' = \nu\left(\frac{1}{1 + \dfrac{\varphi_2}{c^2}} - \frac{1}{1 + \dfrac{\varphi_1}{c^2}}\right).$$

Da $\frac{\varphi}{c^2} \ll 1$ erfüllt ist, kann mit der Näherung $\frac{1}{1+x} \approx 1 - x$ gearbeitet werden:

$$\Delta\nu' = \nu\left(\frac{\varphi_1}{c^2} - \frac{\varphi_2}{c^2}\right) = \frac{\nu}{c^2}\left(\frac{\gamma m_E}{r_E} - \frac{\gamma m_E}{r_E + h}\right),$$

$$r_E + h = \frac{r_E m_E \nu\gamma}{\nu\gamma m_E - c^2 r_E \Delta\nu'},$$

also

$$h = r_E\left(\frac{m_E \nu\gamma}{\nu\gamma m_E - c^2 r_E \Delta\nu'} - 1\right).$$

Ersetzt man hierin ν durch $\nu' \approx 9{,}2 \cdot 10^9\,\text{s}^{-1}$, so erhält man mit $m_E = 5{,}97 \cdot 10^{24}\,\text{kg}$, $r_E = 6{,}37 \cdot 10^6\,\text{m}$ und $\gamma = 6{,}67 \cdot 10^{-11}\,\text{m}^3\text{kg}^{-1}\text{s}^{-2}$

$$\underline{\underline{h = 1{,}18 \cdot 10^6\,\text{m}.}}$$

In dieser Höhe würde eine Cs-Atomuhr ihre Frequenz gegenüber der Uhr auf der Erdoberfläche um 1 Hz erhöht haben.

Namen- und Sachverzeichnis

H

I

J

K

M

N

O

S

W

Neue Physik-Bücher von Spektrum

Andrei Linde
Elementarteilchen und inflationärer Kosmos
1993, 305 Seiten, gebunden
DM 98,- / öS 765,- / sFr 100,10
ISBN 3-86025-036-1

Mit diesem Lehrbuch wird erstmals ein umfassender Überblick über gegenwärtige Vorstellungen zur Entwicklung des Kosmos vorgelegt. Ein Beitrag zur aktuellen Diskussion über „Das Werden der Welt".

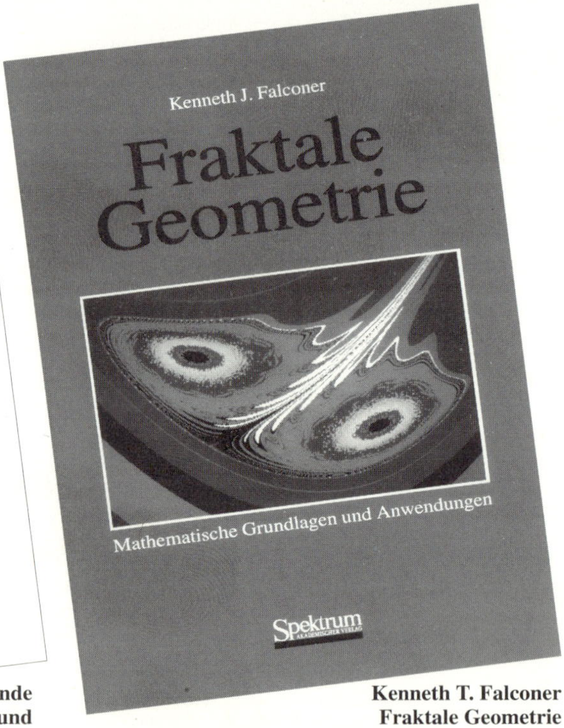

Kenneth T. Falconer
Fraktale Geometrie
1993, 304 Seiten, gebunden
DM 58,- / öS 453,- / sFr 59,60
ISBN 3-86025-075-2

Ein Lehrbuch zu Fraktalen und ihren Anwendungen in Mathematik und Physik. Übungsaufgaben am Ende eines jeden Kapitels erleichtern das Verständnis.

Spektrum
AKADEMISCHER VERLAG

Vangerowstraße 20 · 69115 Heidelberg

799